PLANEJAMENTO, EQUIPAMENTOS E MÉTODOS PARA A CONSTRUÇÃO CIVIL

P712　Planejamento, equipamentos e métodos para a construção civil / Robert L. Peurifoy ... [et al.] ; tradução: Alexandre Salvaterra, Francisco Araújo da Costa ; revisão técnica: Amir Elias Abdalla Kurban – 8. ed. – Porto Alegre : AMGH, 2015.
xiv, 802 p. il. ; 25 cm.

ISBN 978-85-8055-529-5

1. Engenharia civil. 2. Equipamentos – Métodos. I. Peurifoy, Robert L.

CDU 624.01

Catalogação na publicação: Poliana Sanchez de Araujo – CRB 10/2094

Robert L. Peurifoy, P.E.
Engenheiro e consultor (falecido)

Aviad Shapira, D.Sc.
Technion–Israel Institute of Technology

Clifford J. Schexnayder, P.E., Ph.D.
Arizona State University

Robert L. Schmitt, P.E., Ph.D.
University of Wisconsin–Platteville

PLANEJAMENTO, EQUIPAMENTOS E MÉTODOS PARA A CONSTRUÇÃO CIVIL

8ª EDIÇÃO

Tradução:
Alexandre Salvaterra
Francisco Araújo da Costa

Revisão técnica:
Amir Elias Abdalla Kurban
D. Sc. em Engenharia Civil pela COPPE/UFRJ
M. Sc. Engenheiro de Fortificação e Construção pelo Instituto Militar de Engenharia
Coordenador de Engenharia Civil da FTEC
Antigo comandante do Instituto Militar de Engenharia

AMGH Editora Ltda.
2015

Obra originalmente publicada sob o título
Construction Planning, Equipment and Methods, 8th Edition
ISBN 0073401129 / 9780073401126

Original edition copyright © 2011, McGraw-Hill Global Education Holdings, LLC., New York, New York 10121. All rights reserved.

Gerente editorial: *Arysinha Jacques Affonso*

Colaboraram nesta edição:

Editora: *Denise Weber Nowaczyk*

Capa: *Márcio Monticelli* (arte sobre capa original)

Foto da capa *cortesia de C. J. Schexnayder* e *Clifford J. Schexnayder*

Leitura final: *Frank Holbach Duarte*

Editoração: *Techbooks*

Reservados todos os direitos de publicação, em língua portuguesa, à
AMGH EDITORA LTDA., uma parceria entre GRUPO A EDUCAÇÃO S.A. e
McGRAW-HILL EDUCATION
Av. Jerônimo de Ornelas, 670 – Santana
90040-340 – Porto Alegre – RS
Fone: (51) 3027-7000   Fax: (51) 3027-7070

Unidade São Paulo
Av. Embaixador Macedo Soares, 10.735 – Pavilhão 5 – Cond. Espace Center
Vila Anastácio – 05095-035 – São Paulo – SP
Fone: (11) 3665-1100   Fax: (11) 3667-1333

É proibida a duplicação ou reprodução deste volume, no todo ou em parte, sob quaisquer formas ou por quaisquer meios (eletrônico, mecânico, gravação, fotocópia, distribuição na Web e outros), sem permissão expressa da Editora.

SAC 0800 703-3444 – www.grupoa.com.br

IMPRESSO NO BRASIL
PRINTED IN BRAZIL

OS AUTORES

R. L. Peurifoy (1902–1995), após atuar como o principal especialista em pedagogia da engenharia para o Escritório de Educação dos EUA durante a Segunda Guerra Mundial, começou a lecionar engenharia da construção na Texas A&M University em 1946. Nos anos seguintes, Peurifoy liderou a transformação do estudo sobre engenharia da construção em uma disciplina acadêmica. Em 1984, a American Society of Civil Engineers instituiu o Peurifoy Construction Research Award por recomendação do Construction Research Council. O prêmio foi instituído para honrar a liderança excepcional de R. L. Peurifoy na pesquisa e ensino de construção. Os ganhadores desse prêmio desde a última edição deste livro foram:
2006 Raymond E. Levitt, Stanford University
2007 James E. Diekmann, University of Colorado
2008 Simaan M. Abourizk, University of Alberta
2009 Phototios G. Ioannou, University of Michigan

Clifford J. Schexnayder é professor emérito na Del E. Webb School of Construction, Arizona State University. Assumindo as responsabilidades do falecido Robert L. Peurifoy, ele foi autor das 5ª, 6ª e 7ª edições deste livro.

Schexnayder recebeu seu doutorado em engenharia civil (gestão e engenharia da construção) da Purdue University e mestrado e bacharelado em engenharia civil do Georgia Institute of Technology. Engenheiro de construção com mais de 40 anos de experiência prática, o Dr. Schexnayder trabalhou com grandes empreiteiras de construção pesada e rodovias nos cargos de engenheiro de campo, estimador e engenheiro-chefe corporativo. Além disso, ele atuou no Corpo de Engenheiros do Exército dos EUA, em serviço ativo e na reserva, tendo se reformado no posto de coronel. Seu último cargo foi de Diretor Executivo do Diretorado de Programas Militares do Escritório do Chefe dos Engenheiros em Washington, D.C.

Schexnayder atuou como consultor da Autoridad del Canal de Panama na expansão da terceira faixa do Canal do Panamá e do Estado da Califórnia para revisar os custos e riscos de construir o tramo oriental principal da San Francisco-Oakland Bay Bridge. O Dr. Schexnayder é engenheiro profissional registrado em quatro estados e Distinguished Member da American Society of Civil Engineers. Ele atuou como presidente da Divisão de Construção da ASCE e na comissão de trabalho que formou o ASCE Construction Institute. De 1997 a 2003, presidiu a Seção de Construção do Transportation Research Board. Desde 2006, atua como membro do Comitê Coordenador Técnico de Renovação do Strategic Highway Research Program (SHRP 2).

Aviad Shapira é professor associado de gestão e engenharia da construção da faculdade de engenharia civil e ambiental do Technion – Instituto de Tecnologia de Israel. Ele se uniu ao Dr. Schexnayder em 2004 como autor da 7ª edição deste livro.

É bacharel, mestre e doutor em engenharia civil pelo Technion. Cursou seu pós-doutorado durante um ano na University of Illinois em Urbana-Champaign com uma bolsa da Força Aérea do EUA. Posteriormente, foi professor visitante na University of New Mexico em Albuquerque e na University of Wisconsin–Madison.

O Dr. Shapira obteve experiência prática como engenheiro de projeto e gerente de projeto em uma empreiteira antes de iniciar sua carreira acadêmica. Ele leciona sobre equipamentos de construção e projeto de cofragem em Israel e nos EUA desde 1985 e foi autor ou coautor de diversos textos sobre esses assuntos. Sua pesquisa se concentra no projeto de cofragens e em equipamentos de construção para a construção de edifícios, abrangendo planejamento, seleção, operação, produtividade e segurança de equipamentos. Ele foi codesenvolvedor de um sistema inovador de câmeras de vídeo em guindastes que serve como sistema de ajuda ao operador, usado na maioria dos projetos de arranha-céus construídos em Israel desde 1998.

O Dr. Shapira é Fellow da American Society of Civil Engineers e membro ativo do Comitê ACI 347 de Cofragem para Concreto. Ele é presidente do Comitê Técnico 120 do Standard Institution de Israel, que criou a nova norma de cofragem israelense.

Robert L. Schmitt é professor de engenharia civil na University of Wisconsin, campus de Platteville. Obteve seu Ph.D. em engenharia civil (gestão e engenharia da construção) pela University of Wisconsin, é mestre em engenharia civil pela Purdue University e bacharel em engenharia civil pela University of Wisconsin, Platteville.

O Dr. Schmitt tem 25 anos de experiência prática, de pesquisa e de ensino no setor de construção. Ele iniciou sua carreira como estimador e gerente de projeto para uma empreiteira e então atuou como engenheiro de projetos especiais para a cidade de Janesville, Wisconsin. Ele atua nas áreas de gestão e consultoria de projetos de construção pesada de edifícios civis e comerciais no Meio-Oeste dos EUA e em Washington, D.C. O Dr. Schmitt atuou também em diversos comitês técnicos da Associated General Contractors, American Society of Civil Engineers e Wisconsin Department of Transportation. Ele foi instrutor de gerenciamento de projetos da National Asphalt Pavement Association.

O Dr. Schmitt escreveu diversos relatórios técnicos para a FHWA, NCHRP, agências rodoviárias estaduais e clientes privados, tratando de métodos de projeto e procedimentos QC/QA para a construção de rodovias. Ele auxiliou na aplicação de sistemas de posicionamento global (GPS) e outras tecnologias de ponta para operações de construção de pavimento asfáltico e foi reconhecido pela ENR como um Top 25 Newsmaker. O Dr. Schmitt é engenheiro profissional registrado e membro da American Society of Civil Engineers, American Concrete Institute, Association of Asphalt Paving Technologists e membro educacional da seção local da Associated General Contractors of America. Ele leciona cursos de último ano em engenharia civil sobre estimativas, gerenciamento de projetos, equipamentos e materiais de construção.

PREFÁCIO

Durante a última década, presenciamos uma forte mudança na realização de projetos, com os proprietários cada vez mais buscando maneiras de acelerar a finalização. Os empreiteiros reagiram e estão conseguindo completar projetos com muito mais rapidez. Um elemento fundamental para a execução bem-sucedida desse esforço de aceleração é o planejamento. O planejamento deve incluir análises detalhadas de utilização de equipamentos. Além disso, é preciso haver planos de contingência para todos os obstáculos possíveis. A velocidade também acontece quando realizamos atividades simultâneas e abrimos múltiplos frontes, o que significa que o conhecimento sobre a produtividade de equipamentos é fundamental para quem deseja competir nesse novo ambiente.

O uso de contratos de projeto-construção está facilitando a introdução de inovações em projetos e construções. Além disso, o uso de uma nova metodologia de trabalho, baseada no profissional chamado Gerente de Construção/Empreiteiro (CMGC, do inglês *Construction Manager/General Contractor*), permite que o proprietário participe da fase de projeto ao mesmo tempo que obtém do empreiteiro as informações críticas relativas à construção. Essa abordagem CMGC permite uma relação cooperativa e também promove a inovação. Os empreiteiros que buscam trabalhar nesses novos ambientes de projeto estão descobrindo que o planejamento de equipamentos se tornou muito mais importante.

Hoje, na era dos *smartphones*, *tablets*, *ultrabooks*, Internet e *download* imediato de dados, é ainda mais necessário planejar adequadamente as operações de equipamentos. Uma máquina somente é econômica se for utilizada da maneira adequada e no ambiente em que possui as capacidades mecânicas para funcionar com eficácia. As melhorias tecnológicas aumentam significativamente nossa capacidade de formular decisões sobre equipamentos, planejamento e construção, mas antes precisamos entender as capacidades das máquinas e as maneiras apropriadas de aplicar tais capacidades aos desafios da construção.

Para acelerar o trabalho do projeto, o empreiteiro precisa desenvolver seus planos em muito mais detalhes devido às restrições de tempo e riscos gerais de empreitada. Esta oitava edição segue a tradição das primeiras sete e fornece ao leitor os fundamentos da seleção de máquinas e estimativas de produção utilizando um formato lógico, simples e conciso. Com base nesses fundamentos, o construtor está preparado para avaliar essas montanhas de dados gerados por computadores e desenvolver programas que aceleram o processo de decisão ou facilitam a análise de múltiplas opções.

Esta edição recebeu alterações significativas. Os guindastes são usados em projetos de construção e civis pesados para o movimento vertical de materiais, mas a cultura do uso de guindastes mudou. O texto agora captura essa mudança de perspectiva. A indústria da construção sofreu uma série de acidentes com guindastes desde a publicação da 7ª edição; assim, foi dada maior ênfase à segurança de guindastes e ao planejamento de levantamento.

Os contratos de projetos em ambientes urbanos estão se tornando mais restritivos em termos de agendas de trabalho, vibração e ruído, além das regulamentações que limitam as atividades de trabalho ou logística. Seguindo o plano estabelecido na sétima edição, incluímos no capítulo O Planejamento da construção de edificações mais materiais sobre como lidar com problemas de utilização de maquinário e informações relativas às máquinas pequenas utilizadas na construção de edifícios e projetos urbanos.

Os sistemas de formas são outro componente da construção acelerada. O capítulo Sistemas de formas enfoca os sistemas de formas modulares e industrializados avançados que possibilitam a realização de projetos com mais rapidez.

O conteúdo sobre caçambas de arrasto e de mandíbulas agora é parte do capítulo Escavadeiras, de modo que todas as atividades de escavação são analisadas em um único capítulo.

Também descobrimos que os fabricantes de equipamentos estão colocando cada vez mais especificações de maquinários e materiais de operação na Internet. Assim, são fornecidas fontes de consulta na Internet. O ícone ao lado indica que há material disponível (em inglês) no site da editora original (www.mmhe.com/peurifoy8e).  Os professores interessados em material complementar (também em inglês) devem fazer o cadastro no site www.grupoa.com.br, buscar por este livro e clicar no link Material do Professor.

Todos os capítulos foram revisados, desde simples esclarecimentos a modificações importantes, dependendo da necessidade de melhorar a organização e apresentação dos conceitos. Muitas fotografias dos capítulos foram atualizadas para ilustrar os mais novos métodos e equipamentos; esta edição também usa mais fotos de equipamentos operacionais. Foram adicionados desenhos a muitas das figuras para identificar claramente as características importantes sendo consideradas. As discussões sobre segurança são mais uma vez apresentadas em cada um dos capítulos que tratam sobre uso de máquinas ou formas.

O mundo dos equipamentos de construção é absolutamente globalizado, então tentamos realizar uma busca global pelas ideias mais avançadas na aplicação e tecnologia de máquinas. Visitamos fabricantes e locais de projeto em mais de 25 países de todo o mundo para coletar as informações apresentadas nesta edição.

Este livro é bastante usado como referência prática por profissionais e como livro-texto em faculdades. O uso de exemplos para reforçar os conceitos por meio da aplicação continuou a ser utilizado. Com base na prática profissional, tentamos apresentar formatos padrão para a análise de produção. Muitas empresas utilizam esses formatos para evitar erros em suas estimativas de produção durante os esforços acelerados que se fazem necessários na preparação para licitações.

Para tornar este volume mais valioso como livro-texto para faculdades, alteramos os problemas no final de cada capítulo. Também incluímos diversos problemas que forçam o aluno a aprender a usar uma abordagem passo a passo: esses problemas solicitam especificamente a solução de cada passo antes de chegar a uma solução final. A abordagem deixa a aprendizagem mais focada, pois define claramente as informações críticas necessárias para a solução de problemas. As soluções de alguns problemas estão inclusas no texto no final dos problemas. Em conjunto com os exemplos, elas facilitam a aprendizagem e dão aos alunos confiança para dominar os temas apresentados.

Somos profundamente agradecidos aos muitos indivíduos e empresas que forneceram informações e ilustrações. Com quatro indivíduos, temos uma dívida de gratidão especial por seu apoio e esforços. O professor John Zaniewski, diretor do Harley O. Staggers National Transportation Center, West Virginia University, nos auxiliou consistentemente com o capítulo "Produção e lançamento de mistura asfáltica", e nesta edição também confiamos na contribuição de Jeff Williams, vice-presidente de usinas de asfalto da Payne and Dolan, Inc. em Waukesha, Wisconsin. R. R. Walker, da Tidewater Construction Corporation, sempre trabalhou conosco para melhorar o capítulo "Estacas e equipamentos para cravar estacas". Além disso, o professor Amnon Katz, do the Technion de Israel, nos ajudou mais uma vez com o capítulo "Concreto e equipamentos para produção de concreto".

Gostaríamos de expressar nosso agradecimento pelos muitos comentários úteis e sugestões oferecidos pelos seguintes leitores:

Lauren Evans
Montana State University
Paul M. Goodrum
University of Kentucky
Jiong Hu
Texas State University–San Marcos
Victor Judnic
Lawrence Technological University–Michigan
Byung-Cheol Kim
Ohio University
Joel Lieberman
Phoenix College
Gene McGinnis
Christian Brothers University
Dustin Lee Olson
Brigham Young University
Aziz Saber
Louisiana Tech University
Steve Sanders
Clemson University
Scott Shuler
Colorado State University
Kenneth J. Tiss
SUNY College of Environmental Science and Forestry

Contudo, a responsabilidade pelo material é exclusivamente nossa. Finalmente, gostaríamos de reconhecer a importância dos comentários e sugestões de melhoria recebidas de usuários deste livro. Estamos todos cientes de quanto nossos alunos ajudam a refinar e fortalecer a apresentação do tema. Suas perguntas e comentários em sala de aula nos orientaram no desenvolvimento deste livro revisado. Por isso, e por muito mais, gostaríamos de agradecer nossos alunos na Air Force Academy, Arizona State University, Louisiana Tech, Purdue, Technion – Instituto de Tecnologia de Israel, University of New Mexico, University of Wisconsin– Platteville, Virginia Tech, the Universidad de Piura, Universidad Technica Particular de Loja e Universidad de Ricardo Palma, que contribuíram durante todos esses anos com conselhos valiosos sobre como esclarecer os temas deste livro.

Acima de tudo, gostaríamos de expressar nosso apreço sincero e amor por nossas esposas, Judy, Reuma e Lisa, que digitaram capítulos, revisaram manuscritos, preservaram nossa saúde e nos incentivaram a mergulhar no mundo incrível da construção, provavelmente mais do que elas próprias desejavam. Sem seu apoio, este texto não seria realidade.

Gostaríamos de receber comentários sobre esta edição.

Cliff Schexnayder
Del E. Webb School of Construction
Tempe, Arizona
Aviad Shapira
Technion – Instituto de Tecnologia de Israel
Haifa, Israel
Robert Schmitt
University of Wisconsin–Platteville
Platteville, Wisconsin

Foto de capa: Construção da Mike O'Callaghan–Pat Tillman Memorial Bridge, 880 pés acima do Rio Colorado. É a primeira ponte em arco híbrida dos EUA, com comprimento total de 1.900 pés e tramo do arco de 1.060 pés. O arco de concreto foi moldado usando concreto de 10.000 psi, o maior já utilizado nos EUA. A ponte foi inaugurada em outubro de 2010. Foto de C. J. Schexnayder

SUMÁRIO

1 As máquinas possibilitam a construção 1

Ser competitivo 1
A história dos equipamentos de construção 3
O setor da construção civil 10
Segurança 11
Os contratos de construção civil 13
O planejamento do uso dos equipamentos 14
    Resumo 16
    Problemas 16
    Fontes de consulta 17
    Fontes de consulta na Internet 17

2 A economia dos equipamentos 19

Perguntas importantes 19
Registros de equipamentos 20
O aluguel pago pelo uso do dinheiro 21
Custo de capital 27
Avaliação de alternativas de investimento 28
Elementos do custo de propriedade 30
Elementos do custo de operação 37
Custo para licitação 41
Decisões de substituição 49
Considerações sobre aluguel e arrendamento 51
    Resumo 55
    Problemas 55
    Fontes de consulta 59
    Fontes de consulta na Internet 59

3 O planejamento das obras de terraplenagem 61

O planejamento 61
A representação gráfica das obras de terraplenagem 66
Determinação de áreas e volumes de uma obra de terraplenagem 69
Diagrama de massas 77
O uso do diagrama de massas 79
Definição do preço dos serviços de terraplenagem 87
    Resumo 89
    Problemas 89
    Fontes de consulta 92
    Fontes de consulta na Internet 93

4 Solos e rochas 94

Introdução 94
Glossário 94
As propriedades dos solos e das rochas 95
A ESPECIFICAÇÃO E O CONTROLE DA COMPACTAÇÃO 105
Ensaios de compactação 106
O processamento do solo 110
    Resumo 114
    Problemas 115
    Fontes de consulta 117
    Fontes de consulta na Internet 117

5 Equipamentos para compactação e estabilização do terreno 118

A compactação do solo e da rocha 118
Glossário 119
Os tipos de equipamentos de compactação 120
A estimativa da produção de um compactador de solo 131
A estabilização do solo 132
A estabilização de solos com cal 133
A estabilização com solo-cimento 135
    Resumo 138
    Problemas 139
    Fontes de consulta 140
    Fontes de consulta na Internet 140

6 Requisitos de potência de equipamentos móveis 141

Informações gerais 141
Potência necessária 142
Potência disponível 149
Potência útil 155
Gráficos de desempenho 159
    Resumo 166
    Problemas 166
    Fontes de consulta 169
    Fontes de consulta na Internet 170

7 Buldôzeres 171

Introdução 171
MOVIMENTAÇÃO DE MATERIAIS 177
Informações gerais 177

Emprego em projetos 182
Estimativa de produção de buldôzeres 184
Formato da estimativa de produção de buldôzeres 190
Segurança de buldôzeres 195
Operações de limpeza do terreno 196
Estimativa de produção de limpeza do terreno 199
ESCARIFICAÇÃO DE ROCHAS 203
Escarificadores ou ríperes 203
Acessórios de ríperes 208
Estimativas de produção de escarificação 211
    Resumo 214
    Problemas 214
    Fontes de consulta 217
    Fontes de consulta na Internet 218

8 Escrêiperes 219

Informações gerais 219
Tipos de escrêiperes 220
Operação de escrêiperes 226
Gráficos de desempenho de escrêiperes 227
Ciclo de produção de escrêiperes 230
Formato da estimativa de produção de escrêiperes 231
Considerações operacionais 245
Segurança de escrêiperes 247
    Resumo 248
    Problemas 248
    Fontes de consulta 250
    Fontes de consulta na Internet 251

9 Escavadeiras 252

Escavadeiras hidráulicas 252
ESCAVADEIRAS COM CAÇAMBAS TIPO PÁ FRONTAL (SHOVEL) 256
Informações gerais: caçambas tipo pá frontal (shovel) 256
RETROESCAVADEIRAS (HOES) 265
Informações gerais: retroescavadeiras 265
PÁS-CARREGADEIRAS 274
Informações gerais: pás-carregadeiras 274
CAÇAMBAS DE ARRASTO E DE MANDÍBULAS 285
Informações gerais: caçambas de arrasto e de mandíbulas 285
Caçambas de arrasto 285
Escavadeiras com caçambas de mandíbulas 298
ESCAVADEIRAS AUXILIARES 303
Retroescavadeiras 303

Segurança das valas 304
    Resumo 306
    Problemas 307
    Fontes de consulta 310
    Fontes de consulta na Internet 310

10 Caminhões e equipamento de transporte de carga 312

Caminhões 312
Caminhões com estrutura rígida e descarga traseira 314
Caminhões basculantes articulados com descarga traseira 315
Unidades tratoras com reboques de descarga pelo fundo 316
Capacidades de caminhões e equipamento de transporte de carga 317
O tamanho do caminhão afeta a produtividade 319
Calculando a produtividade de caminhões 320
Questões de produção 328
Pneus 329
Cálculos de desempenho de caminhões 331
Segurança de caminhões 336
    Resumo 337
    Problemas 338
    Fontes de consulta 339
    Fontes de consulta na Internet 340

11 Equipamentos de acabamento 341

Introdução 341
MOTONIVELADORAS 341
Informações gerais 341
Operação de motoniveladoras 346
Estimativas de tempo 349
Produção do acabamento final 350
Controle de motoniveladoras por GPS 351
Segurança das motoniveladoras 352
GRADALLS 353
Informações gerais 353
Segurança 354
APLAINADORAS 354
Informações gerais 354
Operação 354
Produção 355
    Resumo 356
    Problemas 356
    Fontes de consulta 357
    Fontes de consulta na Internet 357

12 Perfuração de rochas e da terra   359

Introdução   359
Glossário de termos de perfuração   360
Brocas   363
Perfuratrizes de rochas   364
Produção e métodos de perfuração   369
Estimativas de produção de perfuração   372
GPS e sistemas de monitoramento por computador   381
Perfuração de solo   382
Remoção da rocha triturada   383
Tecnologia não destrutiva   384
Segurança   389
   Resumo   390
   Problemas   390
   Fontes de consulta   392
   Fontes de consulta na Internet   393

13 Desmonte de rocha   394

Desmonte   394
Glossário de termos de desmonte   395
Explosivos comerciais   397
ANFO   399
Cargas primárias e reforçadores   401
Sistemas de iniciação   402
Fragmentação de rochas   405
Plano de fogo   406
Fator de pólvora   418
Vala em rocha   420
Técnicas de controle da fragmentação   420
Vibração   423
Segurança   424
   Resumo   426
   Problemas   427
   Fontes de consulta   429
   Fontes de consulta na Internet   429

14 Produção de agregados   430

Introdução   430
REDUÇÃO DO TAMANHO DA PARTÍCULA   432
Informações gerais   432
Britadores de mandíbulas   434
Britadores giratórios   439
Britadores de rolos   443
Britadores de impacto   447
Unidades especiais de processamento de agregados   449
Alimentadores   450
Pilhas de regularização   451
Seleção de equipamentos de britagem   452
SEPARAÇÃO EM FAIXAS DE TAMANHOS DE PARTÍCULAS   454
Separação de pedra britada   454
Peneiramento de agregados   455
OUTRAS QUESTÕES DE PROCESSAMENTO DE AGREGADOS   460
Lavadores de pedras   460
Segregação   461
Segurança   462
   Resumo   462
   Problemas   463
   Fontes de consulta   465
   Fontes de consulta na Internet   465

15 Produção e lançamento de mistura asfáltica   466

Introdução   466
Glossário de termos de asfalto   467
Estrutura de pavimentos asfálticos   469
Pavimentos flexíveis   470
Concreto asfáltico   477
USINAS DE ASFALTO   478
Operação geral   478
Usinas de produção por batelada (produção descontínua ou gravimétricas)   479
Usinas de produção contínua (*drum-mixer*)   484
Coletores de pó   488
Armazenamento e aquecimento do asfalto   489
Recuperação e reciclagem   489
EQUIPAMENTO DE PAVIMENTAÇÃO   492
Vassoura mecânica/de arrasto   492
Caminhões de transporte de carga   492
Distribuidores (espargidores) de asfalto   493
Pavimentadoras de asfalto   496
Equipamento de compactação   502
Segurança   508
   Resumo   509
   Problemas   510
   Fontes de consulta   511
   Fontes de consulta na Internet   512

16 Concreto e equipamentos para produção de concreto   513

Introdução   513
CONCRETO   515
O concreto fresco   515
A dosagem dos materiais do concreto   516
A MISTURA DO CONCRETO   520
As técnicas de mistura do concreto   522
Concreto usinado (ou pré-misturado)   527
O concreto dosado em central   531

Sumário xiii

O LANÇAMENTO DO CONCRETO **533**
Caçambas 533
Carrinhos de mão e carrinhos motorizados 535
Calhas e tubulações de lançamento 535
Esteiras transportadoras 535
Bombas de concreto 536
O ADENSAMENTO E ACABAMENTO **546**
O adensamento do concreto 546
O acabamento e a cura do concreto 549
OS PAVIMENTOS DE CONCRETO **553**
A pavimentação com o uso de formas deslizantes 553
O cálculo da produção de uma pavimentação 558
APLICAÇÕES E CONSIDERAÇÕES ADICIONAIS **560**
O lançamento do concreto em um clima frio 560
O lançamento do concreto em um clima quente 561
SEGURANÇA **561**
O bombeamento do concreto 561
    Resumo 562
    Problemas 562
    Fontes de consulta 564
    Fontes de consulta na Internet 566

17 Guindastes 567

Principais tipos de guindastes 567
GUINDASTES MÓVEIS **569**
Guindastes de esteiras 569
Guindastes de lança telescópica sobre caminhões 572
Guindastes de lança reticulada (treliçada) sobre caminhões 574
Guindastes para terrenos acidentados 574
Guindastes todo-terreno 575
Guindastes modificados para levantamento pesado 576
Lanças de guindastes 578
Capacidades de içamento de cargas dos guindastes 579
Capacidades nominais para guindastes de lanças reticuladas (treliçadas) e telescópicas 579
Faixas de trabalho de guindastes 583
GUINDASTES DE TORRE **584**
Classificação 584
Operação 588
Seleção de guindaste de torre 597
Capacidades nominais para guindastes de torre 599

AMARRAÇÃO E MOVIMENTAÇÃO DE CARGAS **602**
Elementos básicos da amarração e movimentação 602
Cintas de amarração 605
SEGURANÇA **607**
Acidentes com guindastes 607
Programas e planos de segurança 609
Zonas de responsabilidade 611
    Resumo 612
    Problemas 613
    Fontes de consulta 614
    Fontes de consulta na Internet 615

18 Estacas e equipamentos para cravar estacas 617

Introdução 617
Glossário 617
TIPOS DE ESTACA **619**
Classificação das estacas 619
Estacas de madeira 620
Estacas de concreto 622
Estacas de aço 628
Estacas compostas 629
Estacas-pranchas 630
A CRAVAÇÃO DE ESTACAS **635**
A resistência das estacas à penetração 635
Análise do solo e programa de ensaios de estacas 636
Bate-estacas 638
O suporte e posicionamento das estacas durante a cravação 649
Estacas cravadas com jato de água 651
Perfuração inicial e pré-escavação 651
A seleção do bate-estacas ou martelo 652
Segurança na cravação de estacas 654
    Resumo 655
    Problemas 656
    Fontes de consulta 656
    Fontes de consulta na Internet 657

19 Compressores de ar e bombas 658

Equipamento de apoio 658
AR COMPRIMIDO **659**
Introdução 659
Glossário de termos das leis dos gases 659
Leis dos gases 661
Glossário de termos de compressores de ar 662
Compressores de ar 663
Sistema de distribuição de ar comprimido 666

Fator de diversidade 672
Segurança 673
EQUIPAMENTO PARA BOMBEAMENTO DE ÁGUA 675
Introdução 675
Glossário 675
Classificação das bombas 676
Bombas centrífugas 677
Perda de carga devida ao atrito no tubo 683
Mangueira de borracha 684
Selecionando uma bomba 685
Sistemas de ponteiras filtrantes (*wellpoint*) 687
Poços profundos 690
    Resumo 690
    Problemas 691
    Fontes de consulta 693
    Fontes de consulta na Internet 693

20 O planejamento da construção de edificações 695

Introdução 695
O *layout* do canteiro de obras 697
A entrega de elementos estruturais 704
O erguimento de estruturas de aço 705
A construção no sistema *tilt-up* 707
EQUIPAMENTOS PARA IÇAR E SUSTENTAR ELEMENTOS ESTRUTURAIS 711
Os guindastes 711
Plataformas de trabalho aéreas 714
Transportadores de ferramentas integradas 717
Manipuladores (*handlers*) telescópicos e empilhadeiras 718

Os geradores de energia 721
Os equipamentos de soldagem 723
O CONTROLE DAS PERTURBAÇÕES PROVOCADAS PELA CONSTRUÇÃO 726
Os ruídos da construção 726
A atenuação de ruídos 728
A iluminação 731
A poeira 732
As vibrações 733
    Resumo 733
    Problemas 734
    Fontes de consulta 735
    Fontes de consulta na Internet 736

21 Sistemas de formas 737

Classificação 737
A forma e o engenheiro de projeto 738
Projeto de formas 740
Economia das formas 744
Sistemas verticais 752
Sistemas horizontais 761
Sistemas verticais e horizontais combinados 766
Torres de escoramento 771
Segurança 779
    Resumo 781
    Problemas 782
    Fontes de consulta 783
    Fontes de consulta na Internet 783

Apêndice 785

Índice 787

1

As máquinas possibilitam a construção

A construção é o objetivo final de um projeto; e essa transformação de um projeto em uma estrutura ou edificação útil é conseguida por meio de homens e máquinas. Juntos, os homens e as máquinas tornam realidade uma planta projetada, e, à medida que as máquinas evoluem, há uma transformação contínua de como os projetos são executados. Este livro descreve os conceitos fundamentais da utilização de máquinas. Ele explica como a capacidade dos equipamentos mecânicos pode ser adequada de maneira econômica às exigências específicas de um projeto. Os esforços que as construtoras e os fabricantes de equipamentos dedicam ao desenvolvimento de novas ideias levam ao avanço constante da capacidade das máquinas. Contudo, ao mesmo tempo que aumentam as opções de equipamentos disponíveis, torna-se mais importante o planejamento cuidadoso das operações de construção.

SER COMPETITIVO

A última década foi caracterizada por uma mudança nos prazos de conclusão dos projetos, com os clientes solicitando alternativas para acelerar a finalização das obras. As construtoras têm respondido adequadamente e vêm executando os projetos com muito mais rapidez. Um elemento crucial para que se consiga acelerar a execução de uma obra é o planejamento, que deve incluir análises detalhadas do uso dos equipamentos. Além disso, também devem existir planos de contingência para responder a todos os imprevistos possíveis. Outra maneira de assegurar a rápida execução dos projetos é trabalhar com atividades concorrentes e em frentes múltiplas, o que significa que o conhecimento da produtividade dos equipamentos é fundamental para aqueles que buscam serem competitivos nesse novo ambiente de negócios.

O Viaduto da Ilha de Yerba Buena (Yerba Buena Island, YBI) leva a rodovia Interstate 80 através da Ilha Yerba Buena e conecta o vão leste da ponte da baía de San Francisco–Oakland (San Francisco – Oakland Bay Bridge, SFOBB) ao túnel da Ilha de Yerba Buena. Um trecho do viaduto, com 106 metros de extensão, precisava ser substituído. Decidiu-se construir a nova estrutura ao lado da existente e depois demolir rapidamente o trecho antigo e inserir o novo. O tráfego da ponte foi fechado às 20h da sexta-feira. Como não havia espaço para remover o vão da superestrutura existente, a construtora decidiu demolir a estrutura de 6.500 toneladas *in loco* em dois dias. As antigas vigas do tabuleiro da ponte (cada uma com 23m de comprimento) foram serradas e transportadas pelo lado leste da ponte até um aterro em Oakland. A infraestrutura foi demolida com o uso de martelos de demolição. O levantamento e a instalação do novo vão do viaduto levaram pouco menos de três horas. A folga entre o novo trecho do viaduto e a estrutura preexistente era 7,5cm em cada extremidade. A superestrutura foi apoiada sobre seus novos pilares e os pinos dos pilares foram então instalados. Os pinos dos pilares foram colocados através de furos pré-moldados na viga de borda, entrando nos orifícios também pré-moldados dos pilares. O sucesso da instalação dos pinos de coluna foi um desafio, devido à mínima tolerância para erros que a construtora teve de respeitar durante a construção e instalação do trecho do viaduto. Às 6h da tarde de segunda-feira, foi reaberto o tráfego da ponte da baía de San Francisco–Oakland, 11 horas antes do horário planejado para a abertura, que seria às 5h da manhã de terça-feira. No site da McGraw-Hill que complementa este livro, você pode assistir a um vídeo da operação de demolição parcial da ponte e instalação do novo trecho. Esse projeto é um exemplo claro do que se pode conseguir quando um serviço é planejado adequadamente.

Este livro é uma introdução aos fundamentos de engenharia para o planejamento, a seleção e a utilização de máquinas. Ele o ajudará a analisar os problemas operacionais e a encontrar soluções práticas para executar obras de construção. Seu foco é a aplicação dos fundamentos de engenharia e análise das atividades de construção, bem como a comparação econômica das opções de máquinas.

A capacidade que uma construtora tem em conseguir contratos e executá-los de modo a ter lucro é determinado por dois ativos vitais: pessoas e equipamentos. Para que sejam economicamente competitivos, os equipamentos de uma construtora também devem ser competitivos tanto em termos mecânicos como tecnológicos. As máquinas velhas, que exigem manutenção e reparos caros, não têm como concorrer com os custos mais baixos e a produtividade mais elevada dos novos equipamentos.

Na maioria dos casos, um equipamento isolado não é utilizado como se fosse uma unidade independente: os equipamentos são empregados em grupos. Uma escavadeira carregadeira carrega os caminhões, que transportam o material de construção ao local onde o projeto será executado. Neste ponto, o material é descarregado, e um buldôzer (trator com lâmina), por exemplo, o espalha no subleito de uma nova rodovia. A seguir, um rolo compactador compacta o material até que se consiga a densidade desejada. Portanto, um grupo de máquinas – neste caso uma escavadeira, caminhões, um buldôzer e um rolo compactador – compõe o que geralmente é conhecido como uma frota de máquinas.

É essencial que se otimize a gestão de uma frota de máquinas, tanto para conseguir preços competitivos nos orçamentos como para acumular o capital de giro corporativo necessário para o financiamento da ampliação da capacidade de execução de projetos. Esta obra descreve as características operacionais básicas dos principais tipos de equipamentos pesados de construção. No entanto, mais importante do que isso, é que ela explica os conceitos fundamentais da utilização das máquinas, os quais permitem o estabelecimento de uma relação economicamente viável às exigências de construção de uma obra específica.

Não há apenas uma solução para o problema da seleção de uma máquina que será empregada em um projeto de construção particular. Todos os problemas de seleção de equipamentos são influenciados pelas condições ambientais externas. O ruído e as vibrações causados pelas máquinas e operações de construção afetam as pessoas que estão próximas ao canteiro de obras. Os moradores do bairro reclamarão do barulho e do excesso de luz causados por sistemas de iluminação temporários e os códigos de construção municipais restringirão as operações. Consequentemente, devemos entender que a seleção de uma máquina para um projeto envolve o entendimento do local, em termos do tipo de solo e de suas condições de umidade – ou seja, conhecer o ambiente físico do canteiro de obras – e também em termos do local circunvizinho que sofrerá o impacto das operações de construção.

A HISTÓRIA DOS EQUIPAMENTOS DE CONSTRUÇÃO

As máquinas são sistemas mecânicos e/ou elétricos que ampliam a energia humana, melhoram nosso nível de controle e processam informações. Elas são recursos vitais para a execução da maioria dos projetos de construção civil (veja a Figura 1.1). Um dos problemas mais óbvios na execução de um projeto é como transportar materiais de construção pesados. E as máquinas oferecem a solução para esse problema. A prova de o quanto o projetista compreendeu o trabalho a ser realizado e de se ele selecionou as máquinas apropriadas para aquela finalidade é revelada quando se conta o dinheiro que restou quando o contrato foi terminado. A empresa teve lucros ou arcou com prejuízos?

Desde a época em que os primeiros hominídeos decidiram construir uma estrutura singela para se protegerem até a construção das pirâmides egípcias, da Grande Muralha da China, dos monumentos incas de Machu Picchu, e mesmo até meados do século XIX, as obras eram feitas praticamente só com a força dos músculos dos homens e animais. Quando Ferdinand de Lesseps começou a escavar o Canal de Suez

FIGURA 1.1 Uma carregadeira hidráulica moderna com pneus pneumáticos.

corveia
Trabalho não remunerado exigido em substituição ao pagamento de tributos.

em abril de 1859, trabalhadores em regime de **corveia**, fornecidos pelo vice-rei egípcio, executaram o trabalho de escavar a vala no deserto.

O trabalho humano para a abertura do canal, auxiliado por apenas umas poucas máquinas continuou durante quatro anos. Mas, em 1864, Lesseps e seus engenheiros começaram a experimentar o uso de máquinas e, após algum tempo, havia em funcionamento 300 dragas mecânicas com motor a vapor. Essas máquinas, nos últimos três anos do projeto, escavaram a maioria dos 74 milhões de metros cúbicos de solo do canal principal. A mecanização – ou seja, o uso de máquinas – transformou aquele projeto e ainda hoje continua transformando o modo como os projetos são executados.

Os sonhos

O desenvolvimento dos equipamentos de construção aconteceu depois de profundas mudanças nos meios de transporte. Onde o comércio e as viagens eram realizados por vias fluviais e marítimas, as construtoras começaram a sonhar com máquinas que pudessem ajudar a dragar portos, rios e canais. Já em 1420, o veneziano Giovanni Fontana sonhava com máquinas de dragagem e as desenhava. Leonardo da Vinci projetou uma dessas máquinas em 1503, e pelo menos um de seus modelos projetados foi efetivamente construído, mas a fonte de energia era um mero andador estacionário.

Em 4 de julho de 1817, em um terreno perto da cidade de Rome, no estado de Nova York, foram iniciadas as obras para a construção do Canal Erie, que teria cerca de 580 km de extensão. O canal foi escavado com o esforço de trabalhadores locais e imigrantes irlandeses, isto é, com mão de obra humana. No entanto, na década de 1830, as principais obras de construção nos Estados Unidos já estavam deixando de ser a abertura de canais, que davam lugar às ferrovias. O Canal Middlesex, que conectou a cidade de Boston ao Rio Merrimack em Lowell, já estava em funcionamento desde 1803, mas em 1835 foi inaugurada a Ferrovia Boston & Lowell. Ainda assim, a construção, seja de canais, seja de ferrovias, ainda era feita basicamente com a força muscular de homens e animais.

As máquinas a vapor

Em 1837, William S. Otis, um engenheiro civil da construtora Carmichael & Fairbanks de Filadélfia, construiu a primeira escavadeira mecânica a vapor com utilidade prática em 1837 (Figura 1.2). O primeiro "Yankee Geologist" ("geólogo ianque"), como era chamada sua máquina, entrou em funcionamento em 1838 na construção de uma ferrovia de Massachusetts. A edição de 10 de maio de 1838 do jornal *Springfield Republican* de Massachusetts noticiou: "Na estrada da parte leste da cidade, há um espécime que os irlandeses chamam de *digging by stame* ('escavadeira a vapor'). Ao atravessar a colina de areia, esta máquina de cavar a vapor deve estar poupando muita mão de obra".

O desenvolvimento subsequente da escavadeira mecânica a vapor foi determinado pela demanda por escavadeiras de grande porte que fossem econômicas. No início da década de 1880, iniciou-se uma era de grandes projetos de construção. Estes projetos exigiam máquinas que escavassem grandes quantidades de terra e rocha. Em 1881, a empresa francesa de Ferdinand de Lessep começou a trabalhar no Canal do Panamá. Menos de um ano antes, em 28 de dezembro de 1880, havia sido fundada a indústria Bucyrus Foundry and Manufacturing Company, em Bucyrus, Ohio. A Bucyrus se tor-

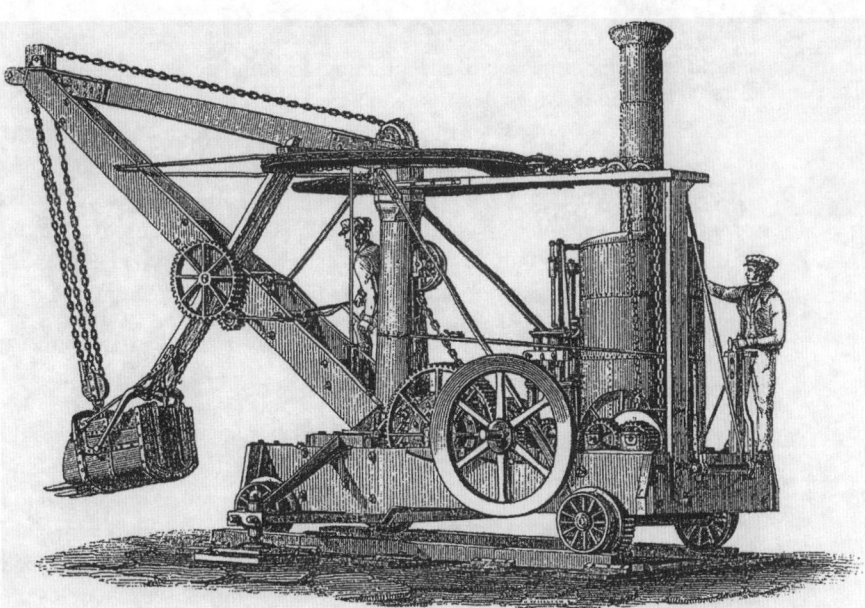

FIGURA 1.2 A escavadeira mecânica a vapor de Otis. Observe que esta máquina era dotada de rodas de aço que corriam sobre trilhos.[1]

nou um dos principais fabricantes de escavadeiras mecânicas a vapor, e 25 anos depois, quando os norte-americanos assumiram as obras do Canal do Panamá, a Bucyrus Company já era um dos principais fornecedores de escavadeiras da obra.

Todavia, a mais importante inovação que contribuiu para o desenvolvimento das escavadeiras foi a estrada de ferro. Entre 1885 e 1897, aproximadamente 110 mil quilômetros de ferrovias foram construídos nos Estados Unidos. William Otis desenvolveu sua máquina de escavar por que a construtora Carmichael & Fairbanks, para a qual ele trabalhava e na qual seu tio Daniel Carmichael era um dos principais sócios, se dedicava à construção de ferrovias.

Já a Bucyrus Foundry and Manufacturing Company surgiu por que Dan P. Eells, o presidente de um banco de Cleveland, investia na construção de várias ferrovias. Em 1882, a Ohio Central Railroad fez à companhia de Otis seu primeiro pedido de uma escavadeira mecânica a vapor e logo depois foram feitas várias vendas a outras ferrovias.

Motores de combustão interna

Em 1890, o poder judiciário de vários países europeus decidiu que o motor a gasolina de quatro ciclos patenteado por Nikolaus Otto era uma invenção valiosa demais para ser mantida restrita. Após a derrubada desta barreira legal, muitas empresas começaram a tentar a fabricação de carruagens com motor a gasolina. The Best Manufacturing Company (a antecessora da Caterpillar, Inc.) fez a demonstração de um trator a gasolina em 1893.

---

[1] "Steam Excavating Machine", *London Journal of Arts and Science*, vol. 22, 1843.

FIGURA 1.3 Uma fotografia com anotação de Eisenhower sobre o estado de uma estrada federal.
Cortesia da Biblioteca Dwight D. Eisenhower

A primeira aplicação do motor de combustão interna em um equipamento de escavação foi feita em 1910, quando a Monighan Machine Company de Chicago enviou uma draga dotada de um dos motores de Otto à Mulgrew-Boyce Company de Dubuque, Iowa. Henry Harnischfeger criou uma escavadeira mecânica com motor a gasolina em 1914. Após a Primeira Guerra Mundial, o motor a diesel começou a surgir nas escavadeiras. Um mecânico autodidata chamado C. L. "Clessie" Cummins, trabalhando em um velho moinho de Columbus, Indiana, desenvolveu o motor a diesel Cummins no início da década de 1900. Logo depois, o motor Cummins substituiu a máquina a vapor até então empregada nas escavadeiras. Warren A. Bechtel, que começou a se dedicar à construção em 1898 no território de Oklahoma Territory e rapidamente se tornou conhecido como um bom construtor de ferrovias, foi o pioneiro no uso de caminhões motorizados, tratores e escavadeiras a diesel na construção civil.

No inverno do final de 1922 e início de 1923, foi levada ao estado de Connecticut a primeira escavadeira mecânica a gás; e, na primavera de 1923, ela foi empregada em um projeto federal de apoio à construção de estradas. Havia começado a terceira fase da construção de vias de transporte e as construtoras precisavam de equipamentos para a execução de estradas. Em 1919, Dwight D. Eisenhower, o futuro presidente norte-americano, na época ainda um jovem oficial do exército, conduziu um comboio através do país, para *experimentar* as condições das rodovias nacionais (veja a Figura 1.3). Todavia, quando o país estava começando a melhorar sua rede rodoviária, irrompeu a Segunda Guerra Mundial e a construção de estradas foi praticamente paralisada durante todo o período.

As incubadoras da inovação de máquinas

O aqueduto de Los Angeles Os grandes projetos de construção foram solo fértil para as inovações nos equipamentos mecânicos. William Mulholland, o engenheiro responsável pela Secretaria de Obras da cidade de Los Angeles conduziu um verdadeiro exército de cinco mil homens durante a construção do Aqueduto de Los Angeles, que percorre cerca de 380 km, do Rio Owens até Los Angeles. Em 1908, a Holt Manufacturing Company (a outra antecessora da Caterpillar, Inc.) vendeu três tratores de lagartas com motor a gasolina à cidade de Los Angeles, para o uso na construção do aqueduto. Além de cruzar várias cadeias de montanha, o aqueduto passou através do Deserto do Mojave, um terreno muito árduo para o trabalho de qualquer máquina. O deserto e as montanhas serviram de campo de testes para as máquinas Holt, e Benjamin Holt considerou todo o projeto como um experimento e exercício de aprimoramento de seus produtos.

Entre outras coisas, Holt descobriu que as engrenagens de ferro fundido eram rapidamente desgastadas pela abrasão da areia, então as substituiu por engrenagens feitas de aço. O terreno brutal também quebrava as molas de suspensão e queimava as transmissões de duas velocidades de seus tratores. Além disso, as marchas baixas simplesmente não eram baixas o suficiente para que as máquinas pudessem subir as montanhas. Holt fez adaptações nos tratores, trabalhando tanto em sua fábrica como no próprio deserto. Seu gerente de oficina, Russell Springer, instalou oficinas de manutenção nos canteiros de obra do aqueduto. Após o término do projeto, Mulholland, em seu relatório final, considerou os tratores de Holt como a única aquisição insatisfatória que havia sido feita. Mas Holt havia aproveitado a experiência para desenvolver uma máquina muito superior.

A Barragem de Boulder No hiato entre as duas Guerras Mundiais, um projeto de construção em particular se destaca em virtude dos avanços em maquinaria que resultaram da obra. O projeto da Barragem de Boulder (posteriormente rebatizada como Barragem Hoover) foi um enorme campo de provas para equipamentos e técnicas de construção.

O uso de conexões parafusadas para a união de peças de máquinas foi abandonado no deserto de Nevada quando o projeto se tornou o campo de provas para as inovações de R. G. LeTourneau em equipamentos soldados e conexões com cabos. LeTourneau, por meio de suas inúmeras inovações no projeto de tratores e escrêiperes (unidades escavo-transportadoras), tornou possíveis as máquinas que futuramente construíram campos de aviação no mundo inteiro durante a Segunda Guerra Mundial. Outros avanços resultantes do projeto da Barragem de Boulder incluíram as fábricas de agregados sofisticados, as melhorias no preparo e lançamento do concreto e no uso de sistemas de longas esteiras rolantes/ para o transporte de materiais.

Três avanços significativos

Após a Segunda Guerra Mundial, intensificou-se a construção de estradas e, em 1956, Eisenhower, agora presidente dos Estados Unidos, sancionou a lei que lançou o Interstate Highway Program (um programa de rodovias federais). Para dar suporte a este esforço pela construção de estradas, a capacidade dos escrêiperes aumentou de 10 para 30 jardas cúbicas (cy, de 7,64 m³ para 22,94 m³). Com o desenvolvimento do **conversor de torque** e da transmissão com sistema de acionamento hidráulico, ou transmissão *power-shift*, as carregadeiras frontais começaram a substituir as antigas escavadeiras do tipo "dipper". As centrais e usinas de concreto deixaram de ser lentas engenhocas controladas manualmente e passaram a ser equipamentos com controle eletrônico e operação hidráulica. Mas os três avanços mais importantes foram os aços de alta resistência, os pneus de lona (malha) de náilon e os motores a diesel de alto rendimento.

conversor de torque
Acoplamento com fluido que permite que um motor se torne relativamente independente da transmissão.

1. *Os aços de alta resistência.* Até o término da Segunda Guerra Mundial, as estruturas das máquinas eram fabricadas com aços com limite de escoamento no intervalo entre 30 e 35 mil lb/in² (207 a 241 MPa). Após a Guerra, foram introduzidos os aços com limite de escoamento entre 40 e 45 mil lb/in² (276 a 310 MPa), com propriedades de resistência à fadiga proporcionalmente melhores. Estes novos aços de alta resistência possibilitaram a produção de máquinas com peso total muito reduzido. O peso de uma carroceria de caminhão fora-de-estrada com capacidade de 40 ton foi reduzido de 11.300 kg para 7.300 kg, sem nenhuma mudança em sua confiabilidade.

2. *Pneus de lona (malha) de náilon.* O emprego do fio de náilon nas estruturas dos pneus tornou possível a produção de pneus maiores e com capacidade de carga e resistência ao calor também superiores. O náilon permitiu que o número final de capas (camadas) em um pneu fosse reduzido em até 30%, mantendo-se a mesma resistência da estrutura, mas com uma espessura ou um volume muito menor. Isso possibilitou que os pneus se aquecessem menos e alcançassem uma melhor capacidade de tração, aumentando a produtividade das máquinas.

3. *Os motores a diesel de alto rendimento.* Os fabricantes desenvolveram novas maneiras de obter potências maiores por polegada cúbica de cilindrada do motor. Foram elevados os coeficientes de compressão e as velocidades dos motores e a arte da turbocompressão foi aperfeiçoada, resultando em um acréscimo de 10 a 15% na potência no volante.

Hoje já não se vislumbram equipamentos radicalmente inovadores, mas os fabricantes estão continuamente aperfeiçoando as invenções do passado e o desenvolvimento de novos acessórios solidários significará a melhoria da funcionalidade da frota da construtora. O futuro da tecnologia ou inovação dos equipamentos pode ser dividido em três grandes categorias:

- *Nível de controle*: os avanços nos equipamentos que transferem o controle operacional das mãos humanas para a máquina.
- *Ampliação da energia humana*: a transferência das exigências energéticas do homem para a máquina.
- *Processamento de informações*: a coleta e o processamento de informações pela máquina.

O futuro

Talvez chegue o dia no qual a máquina básica seja considerada apenas como um *contrapeso móvel com um motor hidráulico*. A máquina básica executará uma variedade de tarefas por meio de múltiplos acessórios. Esta tendência começou com as escavadeiras hidráulicas que possuem muitos acessórios solidários, como martelos, compactadores, tesouras e equipamentos para o manuseio de materiais. As carregadeiras sobre rodas, que já deixaram de ser as máquinas com caçamba padrão, também têm adotado o conceito do "suporte de ferramenta". Outros acessórios, como escovas, garfos e grampos já estão disponíveis, de modo que uma carregadeira pode executar uma diversidade de tarefas. Outros acessórios serão desenvolvidos, oferecendo à construtora mais versatilidade para uma base de investimento.

Os equipamentos de segurança e as melhorias na cabine do operador estão se desenvolvendo para compensar a mão de obra menos experiente típica de nossa época. Uma questão que se relaciona com a qualidade da mão de obra é o aumento do número das tecnologias de controle das máquinas de apoio. A navegação dos equipamentos é um tema amplo, que cobre um grande espectro de tecnologias e aplicações diferentes. Ela se baseia tanto em técnicas muito antigas como em algumas das últimas inovações da engenharia e da ciência aeroespacial.

O novo campo da engenharia geoespacial está rapidamente se expandindo e uma variedade de tecnologias está sendo desenvolvida para os fins de navegação aeronáutica, navegação de robôs móveis e geodésia. Esta tecnologia está sendo rapidamente transferida a aplicações na construção civil (Figura 1.4).

GPS
Um sistema extremamente preciso de navegação com o apoio de satélites.

O sistema de orientação a laser e **GPS** (*global positioning system*, ou sistema de posicionamento global) está se tornando mais comum e reduzindo a necessidade de que topógrafos loquem as obras. No futuro, tudo o que o operador de uma motoniveladora ou um buldôzer terá de fazer é alimentar o computador de bordo com um modelo digital do terreno e então

FIGURA 1.4 Uma motoniveladora trabalhando com um controle automático de lâmina.

guiar a máquina aos pontos indicados pelo mostrador. O posicionamento da máquina, junto com as informações sobre os cortes e aterros do terreno, estará o tempo todo no monitor à frente do operador. Isso pode transformar o trabalho do operador em uma espécie de video game.

Em última análise, talvez chegue o dia em que serão totalmente dispensados os operadores que ficam dentro da cabina das máquinas. A Caterpillar está inclusive desenvolvendo e testando unidades automáticas para o transporte de rochas em serviços de mineração. Estes equipamentos são acionados por rádio de dentro de um escritório e acompanhados por GPS. O operador precisa apenas usar um notebook para enviar o sinal de partida e os caminhões fazem o resto, partindo em intervalos programados e seguindo o percurso determinado. O operador acompanha o progresso de cada máquina no computador. Caso um caminhão tenha algum problema, a um sinal é enviado ao controlador, para que ele tome as medidas corretivas necessárias.

Os projetistas de máquinas imaginam que no futuro os operadores trabalharão em suas próprias casas. As operações em campo seriam projetadas por grandes monitores nas paredes de um cômodo e os operadores controlariam as máquinas usando estas imagens, que seriam aprimoradas com o uso de óculos 3D. Os dados sobre o desempenho das máquinas seriam enviados diretamente para a empresa contratada para a manutenção dos equipamentos. Os dados históricos e os arquivos eletrônicos dos projetos guiarão as atividades de controle dos operadores. Os dados de trabalho das máquinas também alimentarão diretamente os arquivos do cronograma de um projeto à medida que uma obra é desenvolvida.

O SETOR DA CONSTRUÇÃO CIVIL

Em função da própria natureza da atividade, as construtoras trabalham de acordo com um conjunto específico de condições de produção que afetam diretamente a administração dos equipamentos. Enquanto a maioria das empresas manufatureiras tem uma fábrica permanente na qual entram as matérias-primas e saem os produtos acabados em um processo repetitivo e de linha de montagem, as firmas de construção civil levam "sua fábrica" de um canteiro de obras a outro. Em cada novo local, a empresa se instala e começa a executar um projeto único. Se os trabalhos de construção saírem conforme o planejado, o serviço será finalizado dentro do prazo e gerará lucro.

Os projetos intensivos em termos de equipamento apresentam maiores riscos financeiros. Muitos projetos que envolvem obras de terraplenagem são orçados com base em preços unitários e podem existir grandes variações entre as quantidades estimadas e as efetivamente realizadas. Alguns projetos exigem uma alocação de equipamentos desproporcional ao valor que a construtora receberá para executar uma obra. Tal situação o obriga a contratar uma sequência contínua de serviços que possa sustentar o pagamento de equipamentos no longo prazo.

Outros fatores de risco que as construtoras enfrentam nas obras com uso intenso de maquinaria incluem a estrutura de financiamento, os níveis de atividade na construção (isto é, a quantidade de trabalho que será incluída em um contrato), a legislação e os contratos trabalhistas e as normas de segurança. O tamanho de um projeto e a quantidade de serviços que dependem das condições climáticas também contribuem para alongar a duração das obras. No setor da construção civil, não é raro ver projetos que exigem dois ou mais anos para sua execução.

As ações do Estado que afetam seriamente o ambiente de trabalho das construtoras civis são a legislação trabalhista e as normas de segurança. Em cada uma dessas áreas, muitas normas afetam as operações das construtoras. Essas intervenções podem influenciar diretamente as decisões relativas aos equipamentos. Entre as normas trabalhistas que exercem pressão direta sobre as questões de equipamento estão aquelas relacionadas com os salários mínimos para cada tipo de trabalhador da construção e aquelas que criam exigências de segurança nos canteiros de obra. Nos Estados Unidos, por exemplo, mais da metade do custo com mão de obra nos serviços de construção civil com uso intensivo de equipamentos está sujeito às imposições da lei Davis-Bacon, o que afeta profundamente os custos com mão de obra das construtoras. Já a OSHA (Occupational Safety and Health Act, lei da segurança e saúde ocupacional norte-americana), ao tornar obrigatório o uso da estrutura protetora contra acidentes na capotagem, aumentou significativamente o custo dos equipamentos da construção quando exigiu que sistemas de segurança e proteção à saúde fossem incluídos como itens obrigatórios nas máquinas básicas. Esta lei em particular teve um efeito significativo e imediato nas decisões tomadas sobre os equipamentos, de modo bastante similar à introdução de uma nova tecnologia de equipamentos. Da mesma maneira, existe sempre a possibilidade de que sejam instituídas normas de segurança adicionais. A geração de ruídos e a emissão de poluentes também são questões que tem recebido mais atenção das agências reguladoras. Alguns clientes, ao inserir cláusulas no contrato de execução de uma obra, estão limitando os níveis de ruídos gerados pelas máquinas.

> Os equipamentos de construção aceitos para a execução dos serviços estão listados na Tabela XX, que deverá ser mantida no canteiro de obras.
> Os equipamentos que estiverem em uso na obra deverão ser testados a cada seis meses. Todo equipamento utilizado durante a construção pode estar sujeito a testes confirmatórios de níveis de ruídos executados pelo próprio construtor, conforme a solicitação do engenheiro.

SEGURANÇA

A taxa de acidentes pessoais com ferimentos e mortes no trabalho resultantes dos serviços de construção civil é alta demais. Entre todas as principais classificações industriais, a construção apresenta um dos piores desempenhos em termos de segurança. Nos Estados Unidos, o setor da construção emprega aproximadamente 6,4 milhões de trabalhadores – cerca de 6% da mão de obra do país. Contudo, de acordo com o National Safety Council (conselho de segurança nacional norte-americano), o setor é responsável por cerca de 23% das mortes e 10,3% dos acidentes de trabalho com ferimentos de cada ano. Isso significa que, nas construções norte-americanas, todo ano entre 1.150 e 2.000 pessoas morrem e cerca de 400 mil sofrem acidentes graves. O Construction Industry Institute (instituto do setor da construção dos Estados Unidos) estima que os custos diretos e indiretos dos acidentes da construção civil possam chegar a 17 bilhões de dólares por ano. As principais causas de morte e ferimentos são quedas de alturas, eletrocuções, concussões causadas por equipamentos, esmagamentos provocados por máquinas e soterramentos durante a escavação de valas. E nós, por participarmos desse setor econômico, somos os responsáveis e responsabilizados por estas tristes estatísticas. Cabe aos gerentes de obra criar os programas de segurança que venham a evitar acidentes (Figuras 1.5 e 1.6). Temos o dever moral e profissional de fazer isso. A questão-chave é fornecer as lideranças, os programas e os incentivos para criar um setor seguro.

No final da década de 1960, o Congresso dos Estados Unidos, começou uma investigação das normas de segurança, e em 1970, aprovou a Lei Williams-Steiger, que geralmente é chamada OSHA (Ocuppational Safety and Health Act). Esta lei estabeleceu um conjunto abrangente de normas e regulamentos de segurança, procedimentos de inspeção e exigências de registros de segurança. Em suma, ela impôs padrões de segurança nacionais para o setor da construção civil norte-americana. Ela também permitiu que os estados criassem suas leis de segurança e saúde ocupacional próprias, desde que a legislação estadual fosse no mínimo tão exigente quanto a federal. De acordo com essa lei, os empregadores são obrigados a oferecer um local de trabalho seguro a seus empregados e a manter registros abrangentes de segurança.

A lei também estabeleceu uma entidade, a Occupational Safety and Health Administration (OSHA), que tem escritórios regionais em cidades de todo o país. A OSHA é responsável pela fiscalização do cumprimento da legislação e a criação de normas complementares e regulamentos necessários à implementação da lei. As normas e os regulamentos da OSHA são publicados no Federal Register (*Registro Federal*). O padrão *OSHA Safety and Health Standards, Title 29, Part 1910,* contém as exigências de segurança que devem ser incluídas nos projetos de construção executados por um arquiteto ou engenheiro.

Já o regulamento Construction and Health Regulations, Code of Federal Regulations, Part 1926, se aplica especificamente às construtoras e às obras de construção

FIGURA 1.5 Os guindastes tombam com facilidade se não forem operados adequadamente.

FIGURA 1.6 A limpeza e a organização do canteiro de obras e da oficina são importantes, por questões de segurança.

civil. A lei estabelece punições tanto civis como criminais para violações dos regulamentos da OSHA. A penalidade civil para quem deixar de corrigir uma infração autuada é de sete mil dólares por dia, chegando ao máximo de 70 mil dólares. Já as punições criminais podem ser a aplicação de multas e a pena de prisão. O objetivo da OSHA é estabelecer um conjunto uniforme de normas de segurança que seja aplicável à construção civil e possa ser exigido constantemente. As empresas de construção devem manter um arquivo atualizado das normas impostas pela OSHA e trabalhar de modo proativo para cumprir tais exigências.

OS CONTRATOS NA CONSTRUÇÃO CIVIL

As construtoras trabalham em um mercado bastante peculiar. As plantas e especificações para a execução de uma obra, que são fornecidas pelo cliente, ditam as condições de venda e o produto, mas não o preço. Quase todos os serviços no campo da construção com uso intensivo de equipamentos são contratados com base em orçamentos, que podem ser solicitados a fornecedores específicos ou abertos ao mercado em geral. No método de contratação para a execução de um projeto com preço fixo, a construtora estabelece um preço após estimar o custo, com base em um projeto completo fornecido pelo cliente. O preço apresentado inclui as despesas gerais ou indiretas, as contingências do risco do projeto e o lucro desejado.

Hoje vemos uma tendência a contratos do tipo "projeto e construção", nos quais a construtora também controla a elaboração do projeto. Neste tipo de contrato, a construtora deve apresentar um preço garantido antes de finalizar o projeto. Isso aumenta seu risco, pois a estimativa da quantidade de material necessária à execução total de um projeto se torna muito subjetiva. Porém, a vantagem para a construtora é que o projeto pode ser adequado do modo mais vantajoso possível à capacidade de construção da empresa. Em ambos os casos, pressupõe-se tacitamente que a construtora vencedora tenha conseguido superar os concorrentes em função de um plano de trabalho mais eficiente, de custos gerais e indiretos inferiores ou do interesse em trabalhar com uma margem de lucro inferior.

No entanto, não é raro que a variação entre as propostas com preço menor e maior esteja muito acima do que tais fatores poderiam justificar. Uma das principais causas da variação nos preços das propostas é a incapacidade dos construtores de estimar precisamente os custos. A maior parte da diferença em um orçamento provavelmente não é causada pelas diferenças entre projetos do passado e do futuro, mas pela falta de registros de custos precisos. A maioria das construtoras tem sistemas de registros de custos, mas em inúmeros casos os sistemas não conseguem alocar as despesas às fontes corretas, resultando em conclusões falsas quando tais informações são utilizadas em bancos de dados históricos para a orçamentação de obras futuras.

O proprietário de uma construtora frequentemente usará tanto o volume de contratos como a rotatividade de contratos para medir a força de sua empresa. O volume de contratos se refere ao valor total em numerário em função dos contratos assinados que a firma tem em sua contabilidade *em determinado momento*. Já a rotatividade de contratos mede as receitas obtidas com a construção que a empresa consegue executar durante determinado *intervalo de tempo*. O volume de contratos é um indicador da magnitude dos recursos que a empresa conseguiu alocar em determinado período e que provavelmente gerarão lucro se o serviço for completado conforme a estimativa. Todavia, o volume de contratos não consegue responder a quaisquer questões relacionadas ao prazo. Uma empresa de construção que, tendo o mesmo volume de contratos que a concorrência, conseguir terminar suas obras mais rapidamente e, portanto, tiver um índice de rotatividade de contratos superior mantendo a relação entre receitas e despesas, conseguirá ter lucros superiores. Ou seja, as construtoras que conseguem terminar suas obras antes do cronograma, geralmente ganham mais dinheiro.

O PLANEJAMENTO DO USO DOS EQUIPAMENTOS

Cada equipamento de construção é projetado especificamente por seu fabricante para executar determinadas operações mecânicas. A tarefa do projetista ou orçamentista de um projeto ou do engenheiro responsável é escolher a máquina certa ou a frota ideal de máquinas para a tarefa em questão. Considerando-se as tarefas individuais, a qualidade do desempenho é mensurada pela adequação da produção de uma frota de equipamentos em relação a seu custo. A produção é o trabalho realizado: pode ser o volume ou o peso de material removido, o número de componentes de um material cortados, a distância percorrida ou qualquer outra medição similar de progresso. Para estimar o quanto os equipamentos significam no custo de um projeto, o projetista ou orçamentista primeiramente deve calcular a *produtividade* das máquinas, que é determinada pelos princípios de engenharia e pela capacidade de gerenciamento. O Capítulo 5 cobre os mais importantes fundamentos de engenharia que controlam a produtividade das máquinas. Cada nível de produtividade tem um custo correspondente associado ao esforço dispendido. Os gastos efetuados por uma empresa com a compra e o uso de máquinas, bem como os métodos para analisar tais custos são apresentados no Capítulo 2.

Embora cada tipo principal de equipamento tenha diferentes características operacionais, nem sempre é óbvio qual o tipo de máquina ideal para uma tarefa específica do projeto. Após estudar o projeto e as especificações, visitar o terreno do projeto e fazer a quantificação, o planejador deve visualizar qual seria a melhor maneira de empregar equipamentos específicos para realizar o trabalho. Seria mais caro fazer uma escavação com escrêiperes ou caminhões de carregamento por cima com o apoio de uma draga? Ambos os métodos são possíveis para se alcançar o resultado final, mas qual seria o método de ataque mais econômico para as condições de projeto dadas?

Para responder a essa questão, o planejador desenvolve um plano inicial para o emprego de escrêiperes e então calcula sua produtividade e o custo resultante. O mesmo processo é seguido para o cálculo do uso dos caminhões de carregamento por cima. O tipo de equipamento que tiver o menor custo total estimado, incluindo o deslocamento das máquinas até o canteiro de obras, será selecionado para o serviço.

Para realizar essas análises, o projetista deve levar em consideração tanto a capacidade das máquinas como seus métodos de uso. Para desenvolver as técnicas de emprego de equipamentos adequadas, o projetista deve ter o conhecimento das quantidades de material envolvidas. Este livro não cobre a quantificação de materiais em si, mas esse processo é extremamente afetado pelos equipamentos e métodos que serão considerados. Uma vez que se sabe que diferentes equipamentos e métodos serão utilizados durante o avanço de uma escavação, é necessário dividir as diferentes quantificações de tal maneira que sejam compatíveis com o uso dos equipamentos propostos. A pessoa que fizer a quantificação deverá calcular as quantidades de tal modo que grupos de materiais similares (terra seca, terra úmida, rocha) sejam facilmente avaliados. Não é meramente uma questão de se estimar a quantidade total de rocha ou a quantidade total de material que será escavado. Todos os fatores que afetam o desempenho dos equipamentos e a escolha da técnica de construção devem ser considerados na quantificação, como a localização do lençol freático ou dos veios de argila ou areia, as dimensões do terreno, a profundidade das escavações e as exigências de compactação.

Os modos de operação normais dos tipos de equipamentos específicos serão discutidos nos Capítulos 5, 7 a 19 e 21. No entanto, essa apresentação não deve fazer com que o leitor ignore outras aplicações possíveis. As empresas de construção mais bem-sucedidas são aquelas que, para cada projeto individual, estudam cuidadosamente todas as abordagens possíveis ao processo de construção. Essas empresas usam técnicas de pré-planejamento de projeto, de identificação dos riscos e de quantificação de riscos para abordarem seus serviços. Uma vez que não há dois projetos exatamente idênticos, é importante que o projetista comece cada novo projeto com uma mente completamente aberta e analise todas as opções possíveis. Além disso, as máquinas estão sendo aprimoradas constantemente e novos equipamentos estão sendo introduzidos no mercado.

Os equipamentos pesados costumam ser classificados ou identificados por dois métodos: a identificação *funcional* ou a identificação *operacional*. Um buldôzer (trator com lâmina), utilizado para empurrar uma pilha de material, pode ser classificado como uma máquina de apoio para uma fábrica de produção de agregados; e na mesma categoria poderíamos incluir as pás-carregadeiras frontais. Mas o buldôzer poderia também poderia ser classificado como uma escavadeira, se levarmos em consideração sua *função*. Neste livro, são utilizadas combinações de agrupamentos funcionais e operacionais. O objetivo básico é explicar as características de desempenho crítico de um equipamento particular e então descrever as aplicações mais comuns para aquela máquina.

Os esforços das construtoras e dos fabricantes de equipamento que têm a coragem de desenvolver novas ideias estão constantemente aumentando a capacidade das máquinas. À medida que a variedade de equipamentos úteis se expande, aumenta a importância de um planejamento cuidadoso e da execução das operações de construção. As novas máquinas possibilitam maiores economias. Cabe ao orçamentista e ao pessoal do canteiro de obras adequarem os equipamentos às situações de projeto, e este é o foco central deste livro.

RESUMO

As civilizações são construídas pelos esforços de construção. Cada civilização do passado teve seu próprio setor da construção, que promoveu seu crescimento e a melhoria da qualidade de vida. Este capítulo apresentou uma história resumida dos equipamentos de construção, um panorama das obras de construção e os riscos associados à elaboração de um orçamento de construção. A produção das máquinas, a quantidade de terra removida ou de concreto lançado são apenas um dos elementos do processo de seleção de máquinas. Também é necessário saber qual é o custo associado àquela atividade. O objetivo de aprendizado crítico é

- Entender como os equipamentos e as máquinas de construção vêm sendo desenvolvidos em resposta às demandas das obras realizadas

Este objetivo é a base dos exercícios propostos a seguir.

PROBLEMAS

1.1 Pesquise na Internet os seguintes engenheiros e escreva uma redação de uma página sobre suas realizações:
William Mulholland
Stephen D. Bechtel Sr. Benjamin Holt
R. G. LeTourneau
William S. Otis

1.2 Pesquise também na Internet as seguintes façanhas da engenharia e escreva uma redação sobre os equipamentos utilizados para sua construção:
Barragem Hoover (antiga Barragem de Boulder)
Canal do Panamá
Programa de Rodovias Federais dos Estados Unidos (Interstate Highway Program)

1.3 Qual é a função da OSHA (Occupational Health and Safety Administration; http://www.osha.gov)?

1.4 Por que alguns trabalhadores da construção civil resistem ao uso de equipamentos de segurança, como capacetes ou cintos de segurança contra quedas? Por que perdura esse hábito de resistir ao uso dos equipamentos de segurança? O que devemos fazer em relação a isso?

1.5 Analise várias edições de uma publicação como a *Engineering News Record* (ENR; http://enr.construction.com/) a fim de encontrar relatórios sobre acidentes na construção civil. Prepare-se para apresentar à turma suas ideias sobre o que você acha que deveria ser feito sobre os tipos de acidente mencionados nos relatórios.

FONTES DE CONSULTA

Building for Tomorrow: Global Enterprise and the U.S. Construction Industry (1988). National Research Council, National Academy Press, Washington, DC.

Davis-Bacon Manual on Labor Standards for Federal and Federally Assisted Construction (1993). The Associated General Contractors (AGC) of America, Alexandria, VA.

OSHA Safety & Health Standards for Construction (OSHA 29 CFR 1926 Construction Industry Standards) (2003). The Associated General Contractors (AGC) of America, Alexandria, VA.

Schexnayder, Cliff J., and Scott A. David (2002). "Past and Future of Construction Equipment," *Journal of Construction Engineering and Management*, ASCE, 128(4), pp. 279–286.

FONTES DE CONSULTA NA INTERNET

Informações adicionais significativas sobre o setor da construção civil podem ser encontradas nos seguintes sites.

Associações e organizações

Estes são sites sobre associações e organizações de construção:

http://www.asce.org A American Society of Civil Engineers (ASCE) é uma organização profissional de membros de todas as disciplinas da engenharia civil dedicadas ao desenvolvimento de lideranças, ao progresso da tecnologia, à promoção do aprendizado continuado por toda a vida e à promoção da profissão.

http://www.asme.org A American Society of Mechanical Engineers (ASME) é uma organização educacional e técnica sens fins lucrativos que publica muitas normas sobre equipamentos de construção.

http://www.agc.org A Associated General Contractors of America (AGC) é uma organização de construtoras e empresas relacionadas ao setor da construção civil.

http://www.construction-institute.org O Construction Industry Institute (CII) é uma organização de pesquisa que tem a missão de melhorar a competitividade do setor da construção civil. O CII é um consórcio de proprietários de construções e edificações e construtoras que se uniram para buscar maneiras melhores de planejar e executar grandes programas de construção.

Códigos e normas de construção

Entre os sites que oferecem informações sobre os códigos e as normas que afetam o setor da construção civil podemos destacar os seguintes:

http://www.osha.gov O Department of Labor, Occupational Safety and Health Administration (OSHA) dos Estados Unidos estabelece normas de proteção, fiscaliza essas normas e oferece assistência técnica e programas de consultoria aos empregadores e empregados. A missão do OSHA e garantir locais de trabalho seguros e saudáveis nos Estados Unidos.

http://www.nist.gov/welcome.html O National Institute of Standards and Technology (NIST) é uma agência federal não reguladora que pertence à Technology Administration do Commerce Department dos Estados Unidos. O NIST desenvolve e promove os indicadores, as normas e a tecnologia.

http://www.ansi.org O American National Standards Institute (ANSI) é uma organização privada sem fins lucrativos que administra e coordena a normalização voluntária e o sistema de avaliação da conformidade nos Estados Unidos.

http://www.iso.ch A International Organization for Standardization (ISO) é uma organização não governamental. Ela é uma rede de institutos nacionais de normalização de 148 países, tendo um membro de cada país e um secretariado central (Central Secretariat) em Genebra, Suíça, que coordena o sistema.

http://www.astm.org A ASTM International, antigamente conhecida como The American Society for Testing and Materials, é uma organização sem fins lucrativos que promove um foro global para o desenvolvimento e a publicação de normas consensuais voluntárias sobre materiais, produtos, sistemas e serviços.

A segurança

http://www.nsc.org O National Safety Council (NSC) tem uma excelente biblioteca para os consultores de segurança no trabalho e gerentes de recursos humanos que oferece inúmeros recursos, informações sobre seus membros, serviços e publicações.

http://www.osha.gov O site da Occupational Health and Safety Administration Occupational Safety and Health Administration (Administração da Segurança e Saúde Ocupacional dos Estados Unidos) oferece notícias, estatísticas, regulamentos, normas e fontes de consulta.

http://www.ntsb.gov O National Transportation Safety Board (NTSB) é uma agência federal independente que realiza investigações sobre acidentes de trânsito significativos e oferece sinopses e informações gerais sobre audiências públicas.

http://www.crmusa.com A Contractors Risk Management (CRM), Inc., oferece manuais, planos personalizados e programas de treinamento para diretrizes de saúde e segurança do setor da construção civil.

http://www.agc.org A Associated General Contractors of America (AGC) se dedica a questões relativas a contratações, questões de segurança e às leis da construção civil.

2

A economia dos equipamentos

O entendimento correto e abrangente dos custos resultantes da propriedade e operação de equipamentos dá às empresas uma vantagem de mercado que leva a lucros maiores. O custo de propriedade é o resultado cumulativo dos fluxos de caixa que o proprietário sofre independentemente de a máquina estar ou não sendo empregada de forma produtiva em um projeto. O custo de operação é a soma das despesas que o proprietário incorre ao utilizar a máquina em um projeto. O processo de selecionar um determinado tipo de máquina para uso na elaboração de um projeto exige conhecimento sobre os custos associados com a operação da máquina no campo. Três métodos básicos podem ser usados para adquirir uma determinada máquina para uso em um projeto: (1) compra, (2) aluguel ou (3) arrendamento.

PERGUNTAS IMPORTANTES

Em geral, o custo de equipamento é uma das maiores categorias de despesa para o empreiteiro. É um custo sujeito a diversas variáveis e incertezas. Para terem sucesso, os proprietários de equipamentos devem analisar e responder com cuidado a duas perguntas diferentes sobre o custo de suas máquinas:

1. Quanto custa para operar a máquina em um projeto?
2. Qual é a vida econômica ideal e a maneira ideal de conservar uma máquina?

A primeira pergunta é essencial para licitações e planejamento de operações. O único motivo para adquirir equipamentos é usá-los para realizar trabalhos que gerarão lucro para a empresa. Essa primeira pergunta busca identificar a despesa associada com o trabalho produtivo da máquina e costuma ser chamada de custo de propriedade e operação (O&O, do inglês *ownership & operating*). O custo de O&O é expresso em dólares por hora de operação da máquina (p.ex.: $120/hora para um buldôzer), pois é usado no cálculo do custo por unidade da produção da máquina. Se um buldôzer empurra 300 jardas cúbicas (cy) (=229,4 m³) por hora e tem custo de O&O de $120/hora, seu custo de produção é igual a $0,400/cy ($120/hora / 300 cy/hora). O orçamentista/projetista pode usar o custo por jarda cúbica para calcular diretamente o preço de trabalho unitário. Em um serviço pago em uma única parcela, será necessário multiplicar o custo/preço unitário pela quantidade estimada para obter o valor total que deverá ser cobrado.

O&O
Os custos de propriedade e operacionais de uma máquina

A segunda pergunta busca identificar o momento ideal de substituir uma máquina e a maneira ideal de conservá-la. A resposta à segunda pergunta é importante porque afeta o custo de O&O e pode reduzir as despesas de produção, permitindo que o empreiteiro desenvolva um preço mais competitivo. O processo de responder essa pergunta é conhecido pelo nome *análise de substituição*. Uma análise de substituição completa também precisa investigar o custo de aluguel ou arrendamento de uma máquina.

As análises econômicas que respondem essas duas perguntas sobre custos exigem o uso de diversos fatores operacionais e de despesas. Esses fatores serão discutidos em primeiro lugar, e a seguir nos concentraremos no desenvolvimento de procedimentos de análise.

REGISTROS DE EQUIPAMENTOS

Os dados sobre a utilização e os custos das máquinas são essenciais para a tomada de decisões racionais sobre equipamentos, mas a coleta de dados individuais é apenas o primeiro passo. Os dados precisam ser reunidos e apresentados em formatos utilizáveis. Muitos empreiteiros reconhecem essa necessidade e buscam coletar e manter registros precisos sobre seus equipamentos para avaliar o desempenho das máquinas, estabelecer o custo de operação, analisar questões sobre substituição e gerenciar projetos. Contudo, pesquisas sobre as práticas gerais do setor indicam que tais esforços não são universais.

Percebendo as vantagens possibilitadas por esses esforços, os proprietários estão dedicando cada vez mais atenção à criação de registros precisos. Os avanços da tecnologia da informação reduziram o esforço necessário para implementar sistemas de registros. As empresas de informática oferecem pacotes de manutenção de registros de dados criados especificamente para empreiteiras. Em muitos casos, a tarefa se resume a recuperar os dados sobre custo de equipamentos a partir dos arquivos contábeis existentes.

A automação introduz a capacidade de lidar com dados de forma mais econômica e em períodos mais curtos, mas as informações básicas necessárias para tomar decisões racionais ainda são o elemento crítico. Uma técnica muito usada no custeio e registros de equipamentos é abordagem da taxa padrão. Sob esse sistema, é cobrada uma taxa padrão de utilização da máquina por hora de emprego do equipamento (em geral, definida como tempo em que o motor está acionado e lembre-se que esse período é maior do que o tempo de produção real). As despesas das máquinas são cobradas diretamente sobre o equipamento ou de contas independentes de custos de equipamentos. O método também é chamado de sistema de aluguel interno ou da empresa. O sistema oferece uma representação relativamente precisa do consumo de investimento e aloca corretamente as despesas das máquinas. No caso de uma empresa que substitui máquinas todos os anos e de operação contínua, o sistema permite uma verificação ao final de cada ano das taxas de aluguel estimadas, pois o aluguel gerado internamente deve ser igual às despesas absorvidas.

A primeira informação necessária para a análise racional dos equipamentos não é uma despesa, mas um registro do uso da máquina. Um dos pressupostos implícitos de uma análise de substituição é a necessidade contínua da capacidade de produção de uma máquina. Assim, antes de começar a análise de substituição, é preciso resolver a questão sobre alienação/substituição. A máquina é mesmo necessária para a construção econômica de projetos futuros, Uma projeção da razão entre capacidade total do equipamento e capacidade utilizada oferece um sinal rápido sobre a questão alienar/substituir.

O nível de detalhe dos relatórios de uso de equipamentos varia. Os prestadores de serviços independentes e as empresas de equipamentos oferecem dispositivos de coleta de dados que fornecem informações em tempo real sobre o uso das máquinas. Por exemplo, a John Deere possui o JDLink, um sistema de informação e monitoramento de máquinas, enquanto a Caterpillar começou a equipar a maioria de suas grandes máquinas industriais e de mineração com o EquipmentManager e o Product Link em janeiro de 2008. Os sistemas são instalados nas máquinas e transmitem dados através da rede sem fio de melhor relação custo-benefício (redes de satélite ou celulares). No mínimo, os dados devem ser coletados diariamente para registrar se a máquina estava trabalhando ou inativa. Um sistema mais sofisticado busca identificar o uso horário, considerando o tempo de produção real e categorizando o tempo ocioso por classificações como em espera, por mau tempo ou em conserto. Os insumos de ambos os tipos de sistema podem ser incorporados facilmente aos relatórios regulares de horas de trabalho de pessoal, com os tempos da máquina e do operador sendo informados em conjunto.

A maioria das informações necessárias para as análises de propriedade e operação ou substituição está disponível nos registros contábeis da empresa. Todos os proprietários mantêm registros da despesa de compra inicial de uma máquina e o valor residual (também conhecido como valor de salvado ou valor de sucata) final alcançado como parte dos dados contábeis necessários para fins tributários. As despesas de manutenção podem ser acompanhadas com as planilhas de horas trabalhadas de mecânicos, pedidos de compra de peças ou solicitações de trabalho da oficina. Os registros de manutenção nos informam sobre o uso de itens de consumo. As quantidades de combustível podem ser registradas em postos de abastecimento ou com sistemas automatizados. As quantidades de combustível devem ser comparadas com o total de combustível adquirido. Quando são mantidos procedimentos corretos e detalhados de relatórios, a precisão das análises de custos de equipamentos aumenta significativamente.

O ALUGUEL PAGO PELO USO DO DINHEIRO

O chamado *valor temporal* do dinheiro é a diferença que deve ser paga se você deseja tomar emprestada uma quantia para usar hoje e devolvê-la em alguma data no futuro. Pense que é o *aluguel* que paga para usar o dinheiro alheio. Muita gente simplesmente não pensa sobre essa cobrança, como a proliferação dos cartões de crédito deixa claro. Esse aluguel ou cobrança adicional é chamado de *juros*. Ele é o lucro e o risco aplicados por quem empresta sobre o valor de base do empréstimo. Os juros, geralmente expressos como uma porcentagem do valor emprestado (devido), são cobrados e devem ser pagos ao final de cada período de cobrança. Em geral, eles são apresentados com o uso de uma taxa de juros anual. Por exemplo: Se for contraído um empréstimo de $1.000 com 8% de juros, então $1.000 × 0,08, ou $80, em juros serão devidos ao final de um período de um ano. Após um ano, o valor devido será a soma dos $1.000 originais e os $80 de juros. Assim, para pagar a dívida, o devedor precisaria desembolsar $1.080 ao final do período de um ano. Se essa nova quantia total não for paga ao final do período de um ano, os juros do segundo ano seriam calculados com base na nova dívida total, $1.080, de modo que os juros seriam *compostos*. Após um período de dois anos, o valor devido seria $1.080 + ($1.080 × 0,08), ou $1.166,40. Para o banco, os três valores ($1.000, $1.080 e $1.166,40) são equivalentes. Em outras palavras, $1.000 hoje é equivalente a $1.080 daqui a um ano, que também equivale a $1.166,40 daqui a dois anos. Obviamente, os três valores não são iguais, mas eles ainda são *equivalentes*. Observe que o conceito de equivalência envolve um período de tempo e uma taxa de juros específica. Os três valores são equivalentes apenas para o caso de uma taxa de juros de 8%, e ainda assim somente em momentos específicos. A equivalência significa que uma soma ou série difere da outra apenas pelos juros acumulados praticados a uma taxa i por n períodos de tempo.

Observe que nesse exemplo, o valor principal foi multiplicado por uma taxa de juros para obter o valor dos juros devidos. Para generalizar esse conceito, são utilizados os seguintes símbolos:

P = uma quantia única de dinheiro atual

F = uma quantia única de dinheiro futuro, após n períodos de tempo

i = a taxa de juros por período de tempo (em geral, um ano)

n = o número de períodos de tempo

A seguir, apresentamos situações diferentes envolvendo taxas de juros e um período de tempo e desenvolvemos as fórmulas analíticas apropriadas.

Equação para pagamentos únicos

Para calcular o valor futuro F de um pagamento único P após n períodos a uma taxa de juros i, são utilizadas as seguintes formulações:

Ao final do primeiro período: $\qquad n = 1: F_1 = P + Pi$

Ao final do segundo período: $\qquad n = 2: F_2 = P + Pi + (P + Pi)i = P(1 + i)^2$

Ao final do enésimo período: $\qquad F = P(1 = i)^n$

Ou a parcela única com valor futuro de uma única parcela com valor presente é:

$$F = P(1 + i)^n \qquad [2.1]$$

Observe que F está relacionado com P através de um fator que depende apenas de i e n. Esse fator é chamado de *fator de acumulação de capital de um pagamento simples* (*single payment compound amount factor, SPCAF*); ele torna F equivalente a P.

Se o valor futuro F fosse dado, o valor presente P poderia ser calculado pela transposição da equação para:

$$P = \frac{F}{(1 + i)^n} \qquad [2.2]$$

O fator $1/(1 + i)^n$ é conhecido como o *fator de valor atual de um pagamento simples (present worth compound amount factor, PWCAF)*.

EXEMPLO 2.1

Uma construtora deseja tomar emprestado $100.000 para financiar um projeto. A taxa de juros é de 6% ao ano. Se a quantia emprestada e os juros forem pagos após quatro anos, qual será o valor total do pagamento,
Para resolver, use a Eq. [2.1]:

$$F = \$100.000\,(1 + 0{,}06)^4 = \$100.000 \times 1{,}26247696$$
$$= \$126.247{,}70$$

O valor dos juros é de $26.247,70.

EXEMPLO 2.2

Uma construtora deseja reservar dinheiro suficiente hoje, em uma conta com juros, para ter $200.000 daqui a três anos para comprar um equipamento de substituição. Se a empresa pode receber 5% por ano sobre seu investimento, quanto ela deve reservar agora para ter $200.000 acumulados em três anos,
Para resolver este problema, utilize a Eq. [2.2]:

$$P = \frac{\$200.000}{(1 + 0{,}05)^3} = \frac{\$200.000}{(1{,}1576250)}$$
$$= \$172.768$$

Nos Exemplos 2.1 e 2.2, os pagamentos únicos agora e no futuro foram tornados equivalentes. Quatro parâmetros estão envolvidos: *P*, *F*, *i* e *n*. Dados quaisquer três parâmetros, o quarto pode ser calculado com facilidade.

Fórmulas para uma série uniforme de pagamentos

Muitas vezes, os pagamentos ou recebimentos ocorrem em intervalos regulares, e tais valores uniformes podem ser calculados com o uso de fórmulas adicionais. Primeiro, vamos definir mais um símbolo:

A = pagamentos ou recebimentos uniformes *ao final do período*
continuando por uma duração de *n* períodos

Se esse valor uniforme *A* é investido ao final de cada período por *n* períodos a uma taxa de juros *i* por período, então o valor total equivalente *F* ao final de *n* períodos será:

$$F = A[(1 + i)^{n-1} + (1 + i)^{n-2} + \ldots + (1 + i) + 1]$$

Multiplicando ambos os lados da equação por $(1 + i)$, obtemos:

$$F(1 + i) = A[(1 + i)^n + (1 + i)^{n-1} + (1 + i)^{n-2} \ldots + (1 + i)]$$

Agora, subtraindo a equação original de ambos os lados da nova equação, obtemos:

$$Fi = A(1 + i)^n - 1$$

que pode ser reorganizado como:

$$F = A\left[\frac{(1+i)^n - 1}{i}\right] \quad [2.3]$$

A relação $[(1 + i)^n - 1]/i$ é conhecida como o *fator de acumulação de capital de uma série uniforme de pagamentos (uniform series compound amount factor, USCAF)*. A relação pode ser reestruturada para fornecer:

$$A = F\left[\frac{i}{(1+i)^n - 1}\right] \quad [2.4]$$

A relação $i/[(1 + i)^n - 1]$ é conhecida como o *fator de formação de capital de uma série uniforme de pagamentos (uniform series sinking fund factor, USSFF)*, pois determina o investimento uniforme ao final do período A que deve ser realizado para gerar o valor F ao final de n períodos.

Para determinar a série de períodos uniformes equivalente necessária para substituir o valor presente de P, simplesmente insira a Eq. [2.1] no lugar de F na Eq. [2.4] e reorganize seus elementos. A equação resultante é:

$$P = A\left[\frac{(1+i)^n - 1}{i(1+i)^n}\right] \quad [2.5]$$

Essa relação é conhecida como o *fator de valor atual de uma série uniforme de pagamentos (uniform series present worth factor, USPWF)*.

Invertendo a Eq. [2.5], o valor de série uniforme equivalente ao final do período A pode ser obtido a partir do valor presente P. A equação é:

$$A = P\left[\frac{i(1+i)^n}{(1+i)^n - 1}\right] \quad [2.6]$$

Essa relação é conhecida como *fator de recuperação de capital de uma série uniforme de pagamentos (uniform series capital recovery factor, USCRF)*.

Para ajudar a entender as seis relações de equivalência anteriores, podemos desenhar os diagramas de fluxo de caixa apropriados. Os *diagramas de fluxo de caixa* são desenhos nos quais a linha horizontal representa o tempo e as setas verticais representam fluxos de caixa em momentos específicos (positivo, para cima; negativo, para baixo). Os diagramas de fluxo de caixa para cada relação se encontram na Figura 2.1. Essas relações, resumidas na Tabela 2.1, formam a base de muitos estudos complexos de economia em engenharia que envolvem o valor temporal do dinheiro, e muitos textos se concentram especificamente nesse tema.

A maior parte dos problemas de economia em engenharia é mais complexa do que os exemplos considerados anteriormente e precisa ser dividida em partes, como será demonstrado em exemplos posteriores.

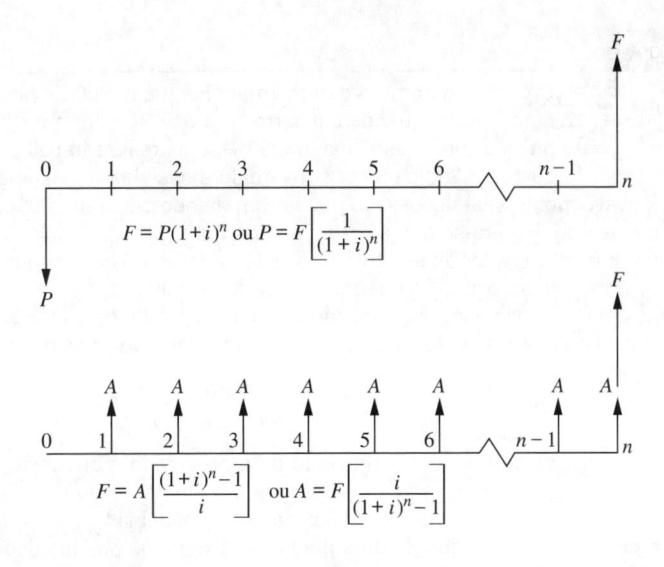

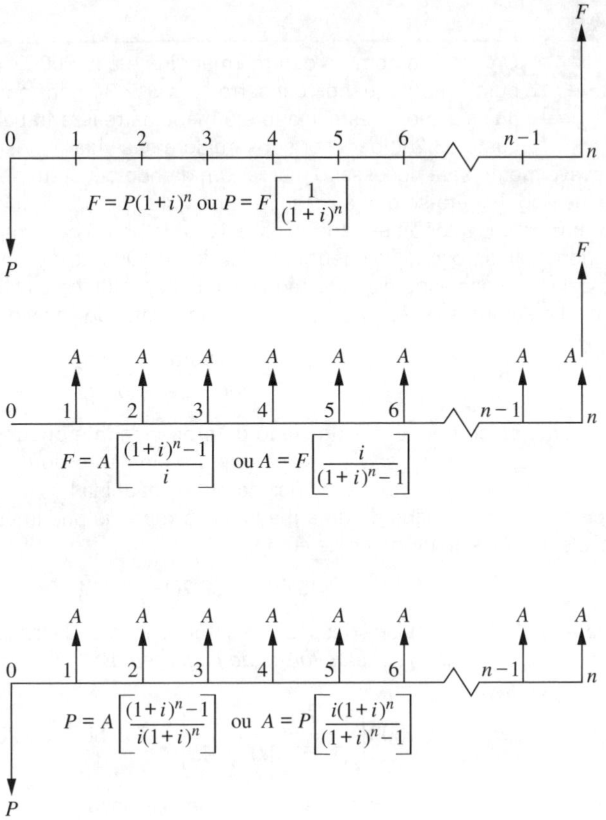

Capítulo 2 A economia dos equipamentos

$$F = P(1+i)^n \text{ ou } P = F\left[\frac{1}{(1+i)^n}\right]$$

$$F = A\left[\frac{(1+i)^n - 1}{i}\right] \text{ ou } A = F\left[\frac{i}{(1+i)^n - 1}\right]$$

$$P = A\left[\frac{(1+i)^n - 1}{i(1+i)^n}\right] \text{ ou } A = P\left[\frac{i(1+i)^n}{(1+i)^n - 1}\right]$$

FIGURA 2.1 Diagramas de fluxo de caixa.

TABELA 2.1 Relações de análise econômica

Nome	Símbolo	Converte	Ícone	Fórmula
Fator de acumulação de capital de um pagamento simples	SPCAF	dado P para F	(F/P, i%, n)	$(1+i)^n$
Fator de valor atual de um pagamento simples	PWCAF	dado F para P	(P/F, i%, n)	$1/(1+i)^n$
Fator de acumulação de capital de uma série uniforme de pagamentos	USCAF	dado A para F	(F/A, i%, n)	$\dfrac{(1+i)^n - 1}{i}$
Fator de formação de capital de uma série uniforme de pagamentos	USSFF	dado F para A	(A/F, i%, n)	$\dfrac{i}{(1+i)^n - 1}$
Fator de valor atual de uma série uniforme de pagamentos	USPWF	dado A para P	(P/A, i%, n)	$\dfrac{(1+i)^n - 1}{i(1+i)^n}$
Fator de recuperação de capital de uma série uniforme de pagamentos	USCRF	dado P para A	(A/P, i%, n)	$\dfrac{i(1+i)^n}{(1+i)^n - 1}$

EXEMPLO 2.3

O custo de compra de uma máquina é $45.000. Estima-se o custo de combustível e pequenos consertos em $12,34 por hora de operação (horas nas quais o motor está ligado e a máquina realiza trabalhos). Um jogo de pneus custa $3.200 para ser substituído e sua vida útil estimada é de 2.800 horas. Provavelmente será necessário realizar um grande conserto de $6.000 a cada 4.200 horas de uso. Espera-se que a máquina dure 8.400 horas, depois das quais será vendida por um preço (valor de salvado) igual a 10% do preço de compra original. Não será adquirido um último jogo de pneus antes da venda. Quanto o proprietário deverá cobrar por hora de uso caso espere que a máquina trabalhe 1.400 horas por ano, A taxa de custo de capital da empresa é 7%. Primeiro descubra o valor de n, a vida útil da máquina:

$$n = \frac{8.400 \text{ horas}}{1.400 \text{ horas por ano}} = 6 \text{ anos}$$

Em geral, os componentes de custo de propriedade e operação são calculados separadamente. Os pneus são considerados um elemento do custo de operação, pois se desgastam com muito mais rapidez do que a máquina básica. Assim, antes de calcular o custo de propriedade de uma máquina com pneus pneumáticos, o custo dos pneus deve ser subtraído do preço de compra:

$$\$45.000 - \$3.200 = \$41.800$$

Agora, podemos calcular a despesa de compra anualizada utilizando o *fator de recuperação de capital de uma série uniforme de pagamentos*:

$$A_{\text{propriedade}} = 41.800 \left[\frac{0,07(1 + 0,07)^6}{(1 + 0,07)^6 - 1} \right] = \$41.800 \times 0,209796 = \$8.769,46$$

O valor de salvado (valor residual) ao final de seis anos é:

$$\$45.000 \times 0,1 + \$4.500$$

O *valor* anualizado da quantia residual daqui a seis anos pode ser calculado utilizando o *fator de formação de capital de uma série uniforme de pagamentos*:

$$A_{\text{salvado}} = \$4.500 \left[\frac{0,07}{(1 + 0,07)^6 - 1} \right] = \$4.500 \times 0,139796 = \$629,08$$

O *valor* anualizado da quantia residual daqui a seis anos também pode ser calculado utilizando o *fator de valor atual de um pagamento simples* com o *fator de recuperação de capital de uma série uniforme de pagamentos*:

$$A_{\text{salvado}} = \left[\frac{\$4.500}{(1 + 0,07)^6} \right] \left[\frac{0,07(1 + 0,07)^6}{(1 + 0,07)^6 - 1} \right] = \$629,08$$

O custo anual de combustível e pequenas manutenções é:

$$\$12,34 \text{ por hora} \times 1.400 \text{ horas por ano} = \$17.276,00$$

Além do jogo de pneus original, será preciso comprar mais dois jogos de reposição, um após dois anos de vida útil da máquina e um segundo após quatro anos. Para anualizar o custo de substituição dos pneus, esses custos futuros precisam ser tornados equivalentes a um custo presente no tempo zero. A seguir, o valor resultante é anualizado para a vida útil de seis anos da máquina. Para tanto, use o *fator de valor atual de um pagamento simples* com o *fator de recuperação de capital de uma série uniforme de pagamentos*:

$$A_{pneus} = \left[\$3.200 + \frac{\$3.200}{(1 + 0,07)^2} + \frac{\$3.200}{(1 + 0,07)^4}\right]\left[\frac{0,07(1 + 0,07)^6}{(1 + 0,07)^6 - 1}\right]$$

$$= (\$3.200,00 + \$2.795,00 + \$2.441,26)(0,209796) = \$1.769,89$$

O custo anualizado para o grande conserto após três anos de vida útil é:

$$A_{grande\ conserto} = \left[\frac{\$6.000}{(1 + 0,07)^3}\right]\left[\frac{0,07(1 + 0,07)^6}{(1 + 0,07)^6 - 1}\right]$$

$$= (\$4.897,79)(0,209796) = \$1.027,54$$

O custo anual total resultante é:

$$A_{total} = \$8.769,46 - \$629,08 + \$17.276,00 + \$1.769,89 + \$1.027,54$$
$$= \$28.213,81$$

O custo por hora total é:

$$\text{Custo total} = \frac{\$28.213,81 \text{ por ano}}{1.400 \text{ horas por ano}} = \$20,153 \text{ por hora}$$

Neste capítulo, todos esses custos e métodos para o seu cálculo serão discutidos em detalhes.

CUSTO DE CAPITAL

A taxa de juros à qual uma empresa está sujeita é uma taxa média ponderada resultante do custo combinado associado com todas as fontes internas e externas de fundos de capital: dívidas (empréstimos), patrimônio líquido (venda de ações) e lucros retidos (fundos gerados internamente). Além disso, a taxa de juros de custo de capital à qual a empresa está sujeita é afetada pelo risco associado com o tipo de negócio. O mercado percebe o risco do negócio e aplica uma taxa de descontos, após os impostos, à renda futura que espera obter da empresa. Assim, a taxa que os bancos cobram por empréstimos não pode ser considerada isoladamente como a taxa de juros de custo de capital da empresa quando avaliamos alternativas de investimento. Para um tratamento completo sobre o custo de capital, consulte o artigo clássico de Modigliani and Miller publicado na *The American Economic Review* [5].

Muitas discussões sobre a economia dos equipamentos incluem os *juros* como um custo de propriedade. Em alguns casos, os autores realizam comparações com as taxas de juros que os bancos cobram por empréstimos ou com a taxa que seria obtida caso os fundos fossem investidos de outra forma. Tais comparações sugerem que seria apropriado utilizar essas taxas em uma análise de custos de equipamentos. Poucos autores parecem ter entendido a verdadeira natureza dos juros e absorvido a ideia de que as empresas precisam de capital para todas as suas operações. Não é lógico alocar diferentes custos de juros para máquinas adquiridas apenas com lucros retidos (caixa) em comparação com aquelas compradas com empréstimos. É preciso determinar uma taxa de juros única, examinando os custos combinados associados com todas as fontes de capital: dívida, patrimônio líquido e lucros retidos.

A confusão comum sobre a maneira correta de considerar os juros tem duas partes. Primeiro, como vimos, a taxa de juros correta deve refletir o efeito combinado dos custos associados com todos os fundos de capital. O segundo erro ocorre na tentativa de recuperar os *custos de juros*. Os juros não são um custo a ser somado às despesas de compra, impostos e seguro quando calculamos o custo total de uma máquina.

Uma analogia ajuda a esclarecer a ideia. Considere a situação de um banqueiro que tenta decidir se concede ou não um empréstimo. A questão perante o banqueiro é a do *risco*: qual a probabilidade do dinheiro ser devolvido, Com base no risco percebido, toma-se a decisão com base em quanto retorno deve ser recebido para *compensar* o risco. Se são realizados 100 empréstimos, o banqueiro sabe que nem todos serão pagos. Os devedores que pagam seus empréstimos como prometido precisam gerar a margem de lucro total para o banco. Os bons empréstimos precisam compensar os maus. A empresa que utiliza equipamentos precisa realizar uma análise semelhante sempre que toma uma decisão sobre investir ou não em uma máquina.

Com base no risco da indústria da construção, os juros são fundamentais para determinar se o valor que uma máquina criará para a empresa é ou não suficiente. A taxa de juros apropriada garantirá que essa relação entre ganho de valor e custo será considerada adequadamente no processo de decisão.

Na literatura econômica, a taxa de juros em questão é chamada de *custo de capital* da empresa, e existe uma técnica de valor de mercado para calculá-la. O desenvolvimento completo do cálculo de custo de capital de valor de mercado estaria além do escopo deste livro, mas a Referência 4 (Lewellen 1976) no final deste capítulo apresenta muito bem o tema. A taxa de custo de capital resultante é a taxa de juros correta para uso nas análises econômicas de decisões sobre equipamentos.

AVALIAÇÃO DE ALTERNATIVAS DE INVESTIMENTO

A compra, aluguel ou substituição de um equipamento é uma decisão de investimento financeiro e, como tal, a pergunta fundamental é qual seria a melhor maneira de usar os ativos da empresa. As decisões de investimentos financeiros são analisadas com o uso dos princípios do valor temporal do dinheiro. Tais análises envolvem o uso de uma taxa de juros conhecida ou o cálculo de uma taxa de juros a partir dos pressupostos sobre fluxos de caixa.

Análise de valor presente descontado

Uma análise de valor presente descontado envolve calcular o valor presente *equivalente* de todos valores monetários envolvidos em cada uma das alternativas para determinar o valor presente das alternativas propostas. O valor presente é descontado por uma taxa de juros predeterminada i, muitas vezes chamada de taxa de retorno atraente mínima (MARR, de *minimum attractive rate of return*). Em geral, a MARR é igual à taxa de custo de capital atual da empresa. O Exemplo 2.4 ilustra o uso de uma análise de valor presente descontado para avaliar três alternativas de investimento mutuamente exclusivas.

EXEMPLO 2.4

A Ace Builders está avaliando três métodos de aquisição diferentes para obter caminhonetes (picapes). As alternativas são:

A. Compra imediata com pagamento a vista de caminhonetes por $16.800 cada, e após quatro anos vender cada caminhonete por aproximadamente $5.000.
B. Arrendamento das picapes por quatro anos ao custo de $4.100 por ano, pagos adiantados no início de cada ano. A empreiteira paga todos os custos operacionais e de manutenção das caminhonetes, enquanto a empresa de arrendamento retém a propriedade dos veículos.
C. Compra das caminhonetes usando um plano de prestações, com entrada de $4.000 e mais $4.500 por ano, no final de cada ano, por três anos. Suponha que as caminhonetes serão vendidas por $5.000 cada após quatro anos.

Se a MARR da empreiteira é 8%, qual alternativa deve ser usada, Para resolver a questão, calcule o valor presente líquido (NPW) de cada alternativa usando uma taxa de juros de 8% e selecione a alternativa mais barata.

Para a alternativa A, use o fator de valor atual de um pagamento simples para calcular o valor de salvado equivalente no tempo zero. Adicione o preço de compra, que é negativo por ser uma saída de caixa, e o valor de salvado equivalente, que é positivo por ser uma entrada de caixa. O resultado é o valor presente líquido da alternativa A:

$$NPW_A = -\$16.800 + \frac{\$5.000}{PWCAF}$$

Calcule o PWCAF com i igual a 8% e n igual a 4:

$$NPW_A = -\$16.800 + \frac{\$5.000}{1,360489} = -\$13.125$$

Para a alternativa B, use fator de valor atual de uma série uniforme de pagamentos para calcular o valor equivalente do tempo zero dos pagamentos futuros do arrendamento, e adicione tal resultado ao valor do pagamento inicial do arrendamento; ambos devem ser negativos, pois são saídas de caixa. Nesse caso, não há valor de salvado, pois a empresa de arrendamento retém a propriedade dos caminhões.

$$NPW_B = -\$4.100 - \$4.100 \, (USPWF)$$

Calculando o USPWF com i igual a 8% e n igual a 4:

$$NPW_B = -\$4.100 - \$4.100 \left[\frac{0,259712}{0,100777}\right] = -\$14.666$$

Para a alternativa C, use fator de valor atual de uma série uniforme de pagamentos para calcular o valor equivalente do tempo zero dos pagamentos futuros e o fator de valor atual de um pagamento simples para calcular o valor de salvado equivalente no tempo zero. Some os três valores, sendo o pagamento inicial e o pagamento anual equivalente negativos e o valor de salvado positivo, para chegar ao valor presente líquido da alternativa C.

$$NPW_C = -\$4.000 - \$4.500 \, (USPWF) + \left[\frac{\$5.000}{PWCAF}\right]$$

$$NPW_C = -\$4.000 - \$4.500 \left[\frac{0,259712}{0,100777}\right] + \left[\frac{\$5.000}{1,360489}\right] = -\$11.922$$

A alternativa menos cara é C.

O Exemplo 2.4 foi simplificado de duas maneiras. Primeiro, o número de cálculos necessários era bastante pequeno. Segundo, todas as três alternativas envolviam a mesma duração (vidas úteis de quatro anos, no exemplo). Os problemas que envolvem mais dados podem exigir mais cálculos, mas a abordagem da análise é a mesma mostrada no Exemplo 2.4. Quando as alternativas envolvem diferentes durações (as máquinas têm durações esperadas de utilidade diferentes), a análise precisa ser modificada para considerar as diferentes durações. Obviamente, se comparamos uma alternativa com vida útil de cinco anos e outra com vida útil de dez anos, os respectivos valores presentes descontados não podem ser comparados diretamente. Como lidar com essa situação? Em geral, são utilizadas duas alternativas:

Abordagem 1. Truncar (cortar) as alternativas mais duradouras para que sejam iguais às alternativas mais curtas e pressupor um valor de salvado para a porção não utilizada da alternativa de maior duração. A seguir, fazer a comparação com base em vidas iguais.

Abordagem 2. Calcular o valor presente descontado com base no mínimo denominador comum das vidas úteis das diferentes alternativas.

ELEMENTOS DO CUSTO DE PROPRIEDADE

O custo de propriedade é o resultado cumulativo dos fluxos de caixa que um proprietário paga independentemente de a máquina estar ou não sendo empregada de maneira produtiva em um trabalho. É um custo relativo exclusivamente a finanças e contabilidade, que não inclui chaves de fenda, porcas, parafusos e todos os itens de consumo necessários para manter a máquina operacional.

A maior parte dos fluxos de caixa de propriedade são despesas (saídas), mas alguns são entradas. Os fluxos de caixa mais significativos que afetam o *custo de propriedade* são:

1. Despesa de compra — saída
2. Valor de salvado — entrada
3. Economia fiscal da depreciação — saída
4. Grandes consertos e revisões — saída
5. Impostos sobre propriedade — saída
6. Seguro — saída
7. Armazenamento e diversos — saída

Despesa de compra

A saída de caixa que a empresa sofre quando adquire a propriedade de uma máquina é a despesa de compra. Ela é o custo de entrega total, incluindo valores para todos os opcionais, expedição e impostos, menos o custo dos pneus caso a máquina utilize pneus pneumáticos. Os pneus possuem uma vida útil significativamente mais curta do que o metal da máquina, então são considerados em separado. A máquina aparecerá como um ativo nos registros contábeis da empresa. A organização trocou dinheiro (dólares, reais, euros), um ativo líquido, por uma máquina, um ativo fixo com o qual espera gerar lucros. A máquina é usada em projetos e se desgasta, de modo que podemos considerar que ela está sendo usada ou consumida. Esse consumo reduz o valor da máquina, pois diminui também o fluxo de receitas que pode gerar. Normalmente, o proprietário tenta incorporar essa redução de valor pelo rateio antecipado do consumo do investimento durante a *vida útil* da máquina. Esse rateio antecipado é conhecido pelo nome de **depreciação de mercado**.

depreciação de mercado
A perda de valor de um ativo com o passar do tempo, como determinado pelas forças de mercado (demanda por equipamentos usados).

Na análise da economia dos equipamentos, três tipos diferentes de depreciação impactam as decisões do proprietário da máquina. A primeira é a depreciação real de mercado do valor, que é a diferença entre o preço de compra e o montante residual recebido de fato, ou o modo como o mercado valoriza a máquina em dois momentos diferentes. Poderíamos argumentar que o valor da diferença entre a despesa de aquisição inicial e o valor de salvado futuro esperado deve ser rateado durante a vida da máquina, e é isso que os contadores fazem, seguindo princípios contábeis geralmente aceitos. Esse segundo tipo de depreciação é conhecido pelo nome de **depreciação contábil**.

depreciação contábil
Método contábil usado para descrever a perda de valor de um ativo.

A depreciação contábil é correta em termos da contabilidade dos valores envolvidos, mas ignora os momentos reais em que os fluxos de caixa ocorrem. Assim, recomenda-se que cada fluxo de caixa seja tratado separadamente para permitir uma análise de valor temporal e facilitar mudanças de premissas durante análises de sensibilidade.

depreciação fiscal
A perda de valor de um ativo com o passar do tempo, como especificado pelo governo.

O terceiro tipo de depreciação é a **depreciação fiscal**, que será discutida na próxima seção. Ela é o montante que a legislação tributária governamental permite como dedução no cálculo da renda tributável.

Valor de salvado

O valor de salvado é a entrada de caixa que uma empresa recebe se a máquina ainda tem valor no momento de sua alienação. É uma entrada de caixa que ocorrerá em uma data futura.

É difícil prever o preço de equipamentos usados. A condição da máquina (ver Figura 2.2), o movimento dos preços de novas máquinas (ver Figura 2.3) e as possíveis aplicações de serviço secundário da máquina afetam quanto o proprietário pode esperar receber. Uma máquina com potencial de serviço diverso e escalonado terá um valor de revenda maior. Buldôzeres de médio porte, que muitas vezes têm valores de salvado crescentes em anos posteriores, podem ter até sete níveis diferentes de vida útil, variando do uso inicial como máquina de alta produção em uma frota de trabalho com terra até uso esporádico para desmatamento em uma fazenda.

Os dados históricos de revenda fornecem alguma orientação para previsões de valores de salvado e são relativamente fáceis de encontrar em registros de preços de leilão, que fornecem dados semelhantes ao da Kelly Blue Book para automóveis nos EUA. Estudando esses dados históricos e reconhecendo os efeitos do ambiente econômico, é possível minimizar a magnitude dos erros de previsão do valor de salvado e tornar mais precisa a análise do custo de propriedade.

FIGURA 2.2 O valor de salvado depende das condições da máquina.

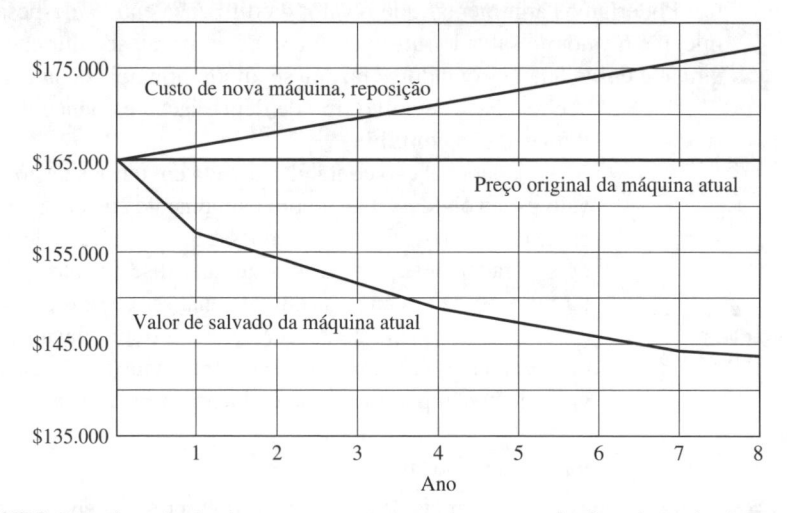

FIGURA 2.3 A evolução dos preços, ou custos, de novas máquinas é um dos fatores que afeta o valor de salvado.

Economia fiscal da depreciação

A economia fiscal da depreciação é um fenômeno do sistema tributário dos Estados Unidos (e, logo, pode não ser um fator do custo de propriedade sob a legislação tributária de outros países). Nos EUA, a depreciação da perda de valor de uma máquina com a idade reduz o custo líquido de propriedade da máquina. A economia de custo, a prevenção de uma saída de caixa, permitida pela depreciação fiscal é uma consequência de proteger a empresa dos impostos. Esse é um fator de fluxo de caixa aplicável somente se a empresa estiver trabalhando com lucros. A possibilidade de restituição em exercícios subsequentes, quando permitida pela legislação tributária, permite que as economias sejam preservadas mesmo que tenha havido uma perda em um ano qualquer, mas a posição operacional de longo prazo da empresa deve ser de lucros positivos para que ela usufrua da economia fiscal da depreciação.

As taxas que uma empresa pode usar para depreciar uma máquina são determinadas pela legislação fiscal. Em geral, tais taxas não possuem nenhuma relação com o consumo real do ativo (máquina). Assim, muitas empresas mantêm diversos conjuntos de valores de depreciação em seus registros: um para fins de depreciação fiscal, outro para fins de contabilidade de impostos de renda corporativos e um para fins internos e/ou de demonstrações financeiras. Os dois primeiros são exigidos pela legislação tributária. O último tenta corresponder ao consumo do ativo de forma precisa, com base na aplicação de trabalho e as políticas de manutenção da empresa.

Sob a legislação americana atual, a contabilidade de depreciação fiscal não exige mais o pressuposto do valor de salvado futuro e vida útil da máquina. A única informação necessária é a *base*, referente ao custo da máquina para fins de cálculo de perdas ou ganhos. A base é essencial. Para calcular valores de depreciação fiscal, são aplicadas porcentagens fixas a uma base não ajustada. A terminologia de *ajustada* e *não ajustada* se refere à mudança do valor contábil de uma máquina pela depreciação ou por melhorias mecânicas significativas.

A legislação fiscal permite o adiamento da tributação de ganhos financeiros derivados da troca de propriedades depreciáveis da mesma espécie. Se é realizado um ganho a partir de uma troca de bens da mesma espécie, a base de depreciação da nova máquina é reduzida pelo valor do ganho. Contudo, se a troca envolve uma venda de alienação para terceiros e uma aquisição independente do item substituto, o ganho da venda é tributado como renda comum.

EXEMPLO 2.5

Um trator com base ajustada (da depreciação) de $25.000 é trocado por um novo trator com valor justo de mercado de $400.000. Um pagamento a vista de $325.000 completa a transação. Essa transação representa uma troca não tributável e não se reconhece nenhum ganho na troca. A base não ajustada do novo trator é $350.000, apesar do pagamento em caixa ter sido $325.000 e o ganho aparente de valor pela máquina trocada ser $50.000 [($400.000 − $325.000) − $25.000].

Pagamento a vista	$325.000
Base ajustada do trator dado como entrada	25.000
Base do novo trator	$350.000

Se o proprietário tivesse vendido o trator antigo a um terceiro por $75.000 e então comprado um novo trator por $400.000, o lucro de $50.000 sobre a venda teria sido tributado como renda comum e a base não ajustada do novo trator seria $400.000.

A legislação corrente sobre depreciação fiscal estabelece percentuais de depreciação que podem ser utilizados com base no ano específico da vida útil da máquina. Em geral, estes são as taxas de depreciação ideais em termos de vantagens fiscais. Contudo, o proprietário ainda pode utilizar o método linear de depreciação ou métodos que não são expressos em termos de duração temporal (anos). Um exemplo de sistema de depreciação não baseado no tempo seria o de unidade de produção.

Depreciação pelo método linear A depreciação pelo método linear é fácil de calcular. O montante anual de depreciação D_n, para qualquer ano n, é um valor constante, de modo que o valor contábil (BV_n) diminui uniformemente durante a vida útil da máquina. A seguir, você encontra as equações correspondentes:

$$\text{Taxa de depreciação, } R_n = \frac{1}{N} \quad [2.7]$$

onde N = número de anos.

Valor da depreciação anual, D_n = Base não ajustada $\times R_n$

Substituindo a Eq. [2.7], temos:

$$D_n = \frac{\text{Base não ajustada}}{N} \quad [2.8]$$

Ano do valor contábil m, BV_n = Base não ajustada $- (n \times D_n)$ [2.9]

EXEMPLO 2.6

Considere o trator novo do Exemplo 2.5 e admita que ele possui vida útil estimada de 5 anos. Determine a depreciação e o valor contábil para cada um dos 5 anos utilizando o método linear.

$$\text{Taxa de depreciação, } R_n = \frac{1}{5} = 0{,}2$$

Valor da depreciação anual, $D_n =$ \$350.000 $\times$ 0,2 = \$70.000

m	BV_{n-1}	D_n	BV_n
0	\$ 0	\$ 0	\$350.000
1	350.000	70.000	280.000
2	280.000	70.000	210.000
3	210.000	70.000	140.000
4	140.000	70.000	70.000
5	70.000	70.000	0

Tabela de depreciação da legislação tributária Sob a legislação tributária, a maioria das máquinas de construção está classificada como propriedades de 3, 5, 10 ou 15 anos.[1] Os carros e caminhões de serviço leve (menos de 13.000 lb, ou 58 ton, sem carga) são classificados como propriedades de 3 anos. Quase todos os outros equipamentos são propriedades de 5 anos. As taxas de depreciação apropriadas estão apresentadas na Tabela 2.2. Sob essa legislação, o valor de salvado não é considerado no cálculo de depreciação fiscal.

---

[1] A legislação tributária possui períodos maiores, mas pouquíssimas máquinas de construção se enquadram nessas categorias.

TABELA 2.2 Taxas de depreciação especificadas pela legislação tributária

Ano de vida	Propriedade de 3 anos	Propriedade de 5 anos
1	0,3333	0,2000
2	0,4445	0,3200
3	0,1481	0,1920
4	0,0741	0,1152
5	—	0,1152
6	—	0,0138

Se uma máquina for alienada antes do processo de depreciação ser concluído, não será possível recuperar a depreciação no ano da alienação. Qualquer ganho, por ser avaliado em comparação com o valor depreciado ou base ajustada, é tratado como renda comum.

EXEMPLO 2.7

Uma máquina da classe de vida útil de cinco anos é adquirida por $125.000. No terceiro ano após a compra, ela é vendida por $91.000. Usando as taxas de depreciação especificadas pela legislação tributária, quais os valores de depreciação e qual o valor contábil da máquina quando ela é vendida, Haverá tributação de imposto sobre a renda, Caso positivo, de quanto,

$125.000 × 0,20 = $25.000   depreciação ao final do primeiro ano
$125.000 × 0,32 = $40.000   depreciação ao final do segundo ano
                  $65.000   depreciação total

Valor contábil no momento da venda = $125.000 − $65.000 = $60.000.

O valor do ganho sobre o qual haverá incidência de tributação é:

$91.000 − $60.000 = $31.000

A economia fiscal da depreciação é influenciada pelo seguinte:

1. Método de alienação da máquina antiga
2. Valor recebido pela máquina antiga
3. Valor inicial da substituição
4. Vida útil da classe
5. Método de depreciação fiscal

Com base nas relações entre esses elementos, três situações diferentes são possíveis:

1. Sem ganho sobre a alienação: sem imposto de renda sobre ganho zero.
2. Ganho sobre a alienação:
   a. Troca de bens da mesma espécie: sem imposto de renda adicional, mas a base para a nova máquina é ajustada.
   b. Venda a terceiros: o ganho é tributado como renda; a base da nova máquina é o valor justo de mercado pago.
3. Uma alienação que resulta em prejuízo: a base da nova máquina é a mesma que a base da máquina antiga, menos qualquer montante recebido.

Admitindo uma situação de lucro corporativo, as fórmulas aplicáveis de proteção contra a depreciação fiscal são:

1. Para uma situação em que não há ganho sobre a troca:

$$\text{Proteção fiscal total} = \sum_{n=1}^{N} t_c D_n \qquad [2.10]$$

onde:

n = períodos anuais individuais dentro de uma expectativa de vida de N anos
t_c = alíquota de imposto de pessoa jurídica
D_n = valor de depreciação anual no enésino período

2. Para uma situação em que há ganhos sobre a troca:
   a. Troca de bens da mesma espécie: A Eq. [2.10] se aplica. É preciso entender que a base da nova máquina será afetada.
   b. Venda para terceiro.

$$\text{Proteção fiscal total} = \left(\sum_{n=1}^{N} t_c D_n\right) - \text{ganho} \times t_c \qquad [2.11]$$

O ganho é o valor de salvado real recebido no momento da alienação menos o valor contábil.

Implícita na base está a ideia de que nos cálculos de análise, o valor de salvado derivado da máquina afeta diretamente a economia de depreciação. Para realizar uma análise válida, é preciso examinar com muito cuidado as práticas contábeis de depreciação para fins fiscais e os métodos de alienação e aquisição de máquinas escolhidos pela empresa, pois estes determinam os cálculos apropriados para os efeitos fiscais da depreciação.

Grandes consertos e revisões

Os grandes consertos e revisões estão incluídos sob o custo de propriedade porque resultam na extensão da vida útil da máquina. Eles podem ser considerados um investimento em uma máquina nova. Como em geral uma mesma máquina trabalha em vários projetos diferentes, considerar os grandes consertos como um custo de propriedade rateia antecipadamente essas despesas entre todos os trabalhos. Esses custos devem ser adicionados à base da máquina e então depreciados.

Impostos

Nesse contexto, os impostos se referem àqueles sobre propriedade de equipamentos cobrados por subdivisões governamentais. Em geral, eles são cobrados como uma porcentagem do valor contábil da máquina. Dependendo da jurisdição, os impostos de propriedade podem chegar a cerca de 4,5% do valor da máquina avaliado. Em muitos locais, não são cobrados impostos sobre os equipamentos. Durante a vida útil da máquina, os impostos diminuem de magnitude à medida que o valor contábil da máquina diminui.

Seguro

O seguro, do modo como é considerado nesta seção, inclui o custo de seguros contra incêndio, roubo e avaria aos equipamentos. Os valores anuais variam de 1 a 3%. Esse custo pode representar o pagamento real de prêmios às seguradoras ou alocações a fundos de autosseguro mantidos pelos proprietários dos equipamentos.

Armazenamento e diversos

Entre serviços ou em ocasiões de mau tempo, a empresa precisa armazenar suas máquinas. O custo de manter armazéns e instalações deve ser rateada antecipadamente entre as máquinas que precisam desse serviço. As despesas típicas incluem aluguel do espaço, água, eletricidade e os salários de trabalhadores ou vigias. Em geral, essas despesas são combinadas em uma conta de despesas gerais (*overhead*) e depois alocadas proporcionalmente às máquinas individuais. A taxa pode variar de nada a cerca de 5%.

ELEMENTOS DO CUSTO DE OPERAÇÃO

O custo de operação é a soma das despesas que o proprietário assume ao utilizar uma máquina em um projeto. As despesas típicas incluem:

1. Combustível
2. Lubrificantes, filtros e graxa
3. Consertos
4. Pneus
5. Substituição de itens de alto desgaste

Observe que a prática geral é manter os salários dos operadores como uma categoria de custo separada, pois há variação salarial entre projetos, mas algumas empresas ainda incluem o salário do operador como parte dos custos operacionais. Ao separar os salários, é mais fácil estimar o custo da máquina para fins de licitação, pois é fácil somar as taxas salariais especificadas do projeto ao custo de O&O total da máquina. Na aplicação do custo do operador, é preciso incluir todos os benefícios pagos pela empresa: salário direto, benefícios, seguro, etc. Esse é outro motivo para separar os salários. Alguns benefícios se baseiam no valor da hora de trabalho, alguns em porcentagens da renda, alguns em uma porcentagem da renda até um valor máximo e outros ainda são pagos como valores fixos. Assim, os pressupostos sobre o cronograma de trabalho do projeto afetam as despesas com salários.

Combustível

A melhor maneira de determinar a despesa com combustível é a medição no próprio local de trabalho. Registros precisos de serviços informam o proprietário quantos litros de combustível uma máquina consome durante qual período e sob quais condições de serviço, permitindo que seja calculado diretamente o consumo de combustível por hora.

Quando os registros da empresa não estiverem disponíveis, os dados de consumo dos fabricantes podem ser utilizados para desenvolver estimativas de uso de combustível. A quantidade de combustível necessária para acionar um equipamento por um determinado período de tempo depende da potência de freio da máquina e a aplicação de trabalho específica. Assim, a maioria das tabelas de taxas de consumo horário de combustível são divididas de acordo com o tipo de máquina e as condições de trabalho. Para calcular o custo horário de combustível, encontra-se a taxa de consumo nas tabelas (ver Tabela 2.3) que então é multiplicada pelo preço unitário do combustível. O custo do combustível para os veículos usados em rodovias públicas incluem os tributos aplicáveis. Contudo, no caso de máquinas fora-de-estrada usadas exclusivamente em canteiros de obra, em geral não se aplicam tributos sobre combustíveis. Assim, devido à legislação tributária, o preço da gasolina ou diesel varia com a utilização da máquina.

O consumo de combustível também pode ser calculado usando uma base teórica. Os valores teóricos resultantes devem ser ajustados por *fatores de tempo e carga* que consideram as condições de trabalho. Isso ocorre porque as fórmulas teóricas são derivadas do pressuposto de que o motor opera com potência máxima. As condições de trabalho que precisam ser consideradas são a porcentagem de uma hora na qual a máquina trabalha de fato (*fator temporal ou fator de tempo*) e em qual porcentagem de potência nominal (*fator de carga do acelerador*). Quando operando sob condições padrão, um *motor a gasolina* consome cerca de 0,06 galões de combustível por hora de potência no volante hora (flywheel horsepower hour, fwhp-hr). Um *motor diesel* consome cerca de 0,04 galões por fwhp-hr.

Lubrificantes: Óleos lubrificantes, filtros e graxa

O custo de óleos lubrificantes, filtros e graxa (ver Figura 2.4) depende das práticas de manutenção da empresa e das condições do local de trabalho. Algumas empresas seguem as orientações dos fabricantes quanto aos períodos entre trocas de filtro e de lubrificante. Outras estabelecem suas próprias diretrizes sobre períodos de trocas de manutenção preventiva. Em ambos os casos, o custo horário é calculado (1) considerando a duração da hora de operação entre as trocas e a quantidade necessária para uma troca completa mais (2) um pequeno valor de consumo representando o que é adicionado entre as trocas.

Muitos fabricantes fornecem regras ou tabelas para estimativas de custo rápidas para determinar o custo desses itens. Independentemente de usar os dados do fabricante ou a experiência pregressa, você deve prestar atenção e confirmar que os dados correspondem às condições de campo esperadas. Se a máquina será operada sob condições adversas, como lamaçais profundos, água ou muita poeira, será preciso ajustar os valores dos dados.

TABELA 2.3 Consumo de combustível médio, pás-carregadeiras de rodas

Cavalo-vapor (fwhp)	Tipo de utilização		
	Baixa (gal/hr)	Média (gal/hr)	Alta (gal/hr)
90	1,5	2,4	3,3
140	2,5	4,0	5,3
220	5,0	6,8	9,4
300	6,5	8,8	11,8

Observe que fwhp significa potência no volante.

Essa fórmula pode ser utilizada para estimar a quantidade de óleo necessária:

$$\text{Quantidade consumida, gph (gal por hora)} = \frac{\text{hp} \times f \times 0{,}006 \text{ lb/hp} - \text{hr}}{7{,}4 \text{ lb/gal}} + \frac{c}{t} \quad [2.12]$$

onde:

hp = potência nominal do motor

c = capacidade do cárter do motor em galões

f = fator operacional

t = número de horas entre trocas de óleo

A fórmula contém o pressuposto de que a quantidade de óleo consumida por cavalo-vapor-hora entre mudanças será de 0,006 lb.

Consertos

Os consertos se referem a atividades de manutenção normais. As despesas com consertos são assumidas no local de trabalho em que a máquina é operada e incluem os custos de peças e mão de obra. Os grandes consertos e revisões representam um custo de propriedade.

As despesas com consertos aumentam à medida que a máquina envelhece. Por exemplo, o exército dos EUA descobriu que 35% de seus custos de manutenção de equipamentos podem ser atribuídos diretamente aos 10% das máquinas mais antigas. Em vez de aplicar uma taxa variável, em geral calcula-se uma média pela divisão do custo total de conserto esperado durante a vida útil planejada da máquina pelas horas de operação previstas. Esse procedimento acumula uma reserva de consertos durante a vida inicial da máquina. Essa reserva pode então ser utilizada para cobrir os altos custos assumidos posteriormente. Assim como ocorre com todos os custos, os registros da máquina são a melhor fonte de informações sobre despesas. Quando tais registros não estão disponíveis, é possível utilizar as diretrizes publicadas pelos fabricantes.

FIGURA 2.4 Verificando o óleo em uma pequena pá-carregadeira.

Pneus

Os pneus de equipamentos com rodas (ver Figura 2.5) são um custo de operação significativo, pois têm vidas úteis curtas em relação ao metal da máquina. O custo de pneus inclui despesas com consertos e reposição. Esses custos são difíceis de estimar, pois o desgaste dos pneus varia com as condições do local do projeto e a habilidade do operador. Fabricantes de pneus e de equipamentos publicam diretrizes sobre as vidas úteis dos pneus com base em seus tipos e aplicações. Os períodos de vida útil sugeridos pelos fabricantes podem ser combinados com os preços locais de pneus para obter um custo horário. Lembre-se, no entanto, que as diretrizes se baseiam em boas práticas operacionais e não consideram abusos como a sobrecarga de unidades de transporte. Por exemplo, os dados sobre pneus da Caterpillar publicados em 2008 estimavam que a vida útil dos pneus de uma pá-carregadeira de rodas seria de 3.000 a 6.000 horas, presumindo que as máquinas seriam operadas com os pneus opcionais inflados com as pressões adequadas. Contudo, se as máquinas forem operadas sobre rochas afiadas e sobrecarregadas continuamente, a Caterpillar estima que a vida útil dos mesmos pneus seja de apenas 2.000 a 1.000 horas. Assim, fica evidente que a vida útil dos pneus é uma função da aplicação do projeto e da gestão dos equipamentos/projetos.

Substituição de itens de desgaste elevado

O custo de substituir os itens com vidas úteis muito curtas em relação à vida útil da máquina pode ser um custo de operação crítico. Esses itens diferem de uma máquina para a outra, mas em geral incluem elementos como bordas cortantes, pontas de escarificadores (ríperes), dentes de caçambas (ver Figura 2.6), revestimentos de carrocerias e cabos. Usando a experiência pregressa ou as estimativas de vida útil do fabricante, podemos calcular os custos e convertê-los para um valor horário.

FIGURA 2.5 Os pneus são um importante custo de operação.

FIGURA 2.6 Os dentes da caçamba são um custo de substituição de item de desgaste elevado.

Todos os custos operacionais de máquinas devem ser calculados por hora de trabalho. Assim é mais fácil somar os custos aplicáveis para uma determinada classe de máquina e obter o custo total da hora operacional.

CUSTO PARA LICITAÇÃO

O processo de selecionar um determinado tipo de máquina para uso na construção de um projeto exige conhecimento sobre o custo associado com a operação da máquina no campo. Na seleção da máquina apropriada, o empreiteiro busca obter o menor custo possível de produção unitária. Para licitações de projetos e contabilidade de custos, estamos interessados no custo de propriedade e de operação. Os custos O&O, como são chamados, geralmente são expressos em dólares por hora de operação do equipamento.

Custo de propriedade

A despesa de comprar uma máquina e a entrada de dinheiro no futuro (quando ela é alienada do serviço, o chamado salvado) são dois componentes significativos do custo de propriedade. O resultado líquido desses dois fluxos de caixa, que define a redução de valor da máquina com o passar do tempo, é a *depreciação*. Na forma em que o termo é utilizado nesta seção, a depreciação é o sistema de mensuração usado para contabilizar a despesa de compra no tempo zero e o valor de salvado após um período de tempo definido. A depreciação é expressa como valor horário durante a vida útil de uma máquina.

Não confunda a depreciação discutida aqui com a depreciação fiscal. A depreciação fiscal não tem relação nenhuma com o consumo do ativo, sendo apenas um construto artificial para fins tributários.

> Como os pneus são itens de desgaste elevado que serão substituídos muitas vezes durante a vida útil da máquina, seu custo não é incluído nesses cálculos e será considerado como parte do custo de operação.

A parcela de depreciação do custo de propriedade pode ser calculada com o uso de um de dois métodos: valor temporal ou investimento anual médio.

Depreciação: método do valor temporal   O método do valor temporal reconhece a tempestividade dos fluxos de caixa, ou seja, a compra no tempo zero e o valor de salvado em uma data futura. O custo dos pneus é deduzido do preço de compra total, que inclui valores para todos os opcionais, expedição e impostos (saída total de caixa – custo dos pneus). O uso de bom-senso para definir a vida útil esperada da máquina e a taxa de custo de capital da empresa são parâmetros necessários para a análise. Para determinar o custo anual equivalente do preço de compra da máquina, é utilizada a fórmula do fator de recuperação de capital de uma série uniforme de pagamentos, a Eq. [2.6]. Os parâmetros de entrada são o preço de compra no tempo zero (P), a vida útil esperada (n) e a taxa de custo de capital da empresa (i).

Para considerar a entrada de caixa do salvado, é utilizado a Eq. [2.4], o fator de formação de capital de uma série uniforme de pagamentos. Os parâmetros de entrada são o valor de salvado futuro estimado (F), a vida útil esperada (n) e a taxa de custo de capital da empresa (i).

EXEMPLO 2.8

Uma empresa com taxa de custo de capital de 8% compra uma pá-carregadeira de $300.000. A máquina tem vida útil esperada de quatro anos e será usada 2.500 horas por ano. Os pneus dessa máquina custam $45.000. O valor de salvado estimado ao final de quatro anos é $50.000. Calcule a parcela de depreciação do custo de propriedade dessa máquina usando o método do valor temporal:

Custo inicial	$300.000
Custo dos pneus	−45.000
Preço de compra menos pneus	$225.000

Calcule a série de períodos uniforme equivalente necessária para substituir o valor presente de $255.000. Usando a Eq. [2.6],

$$A = \$255.000 \left[\frac{0,08(1 + 0,08)^4}{(1 + 0,08)^4 - 1} \right]$$

$$= \$255.000 \times 0,3019208 = \$76.990 \text{ por ano}$$

Calcule os investimentos uniformes equivalentes de final de período iguais ao valor de salvado futuro. Usando a Eq. [2.4],

$$A_{salvado} = \$50.000 \left[\frac{0,08}{(1 + 0,08)^4 - 1} \right]$$

$$= \$50.000 \times 0,02219208 = \$11.096 \text{ por ano}$$

Assim, usando o método do valor temporal, a parcela de depreciação horária do custo de propriedade da máquina é:

$$\frac{\$76.990/\text{ano} - \$11.096 \text{ ano}}{2.500 \text{ hora/ano}} = \$26,358/\text{hr}$$

Depreciação: método do investimento anual médio Como o valor do equipamento diminui com a vida da máquina, todos os componentes do custo de propriedade que variam de valor (em geral, considerado em termos do valor contábil) também diminuem, incluindo depreciação, impostos, seguro e armazenamento. É conveniente usar o valor médio da máquina e, logo, usar um valor de despesa constante durante sua vida. Esse valor médio é chamado de *investimento anual médio (AAI)*.

Assim, uma segunda abordagem para o cálculo da parcela de depreciação do custo de propriedade é chamada de método do investimento anual médio (AAI).

$$\text{AAI} = \frac{P(n+1) + S(n-1)}{2n} \qquad [2.13]$$

onde:

P = preço de compra menos o custo dos pneus

S = o valor de salvado estimado

n = vida útil esperada em anos

O AAI é multiplicado pela taxa de custo de capital da empresa para determinar o custo da parcela monetária da depreciação. A depreciação linear do custo da máquina, menos o salvado e menos o custo dos pneus, se for um equipamento com pneus pneumáticos, é então somada à parcela monetária (juros) para chegarmos ao valor total da depreciação da propriedade.

EXEMPLO 2.9

Usando as mesmas informações sobre as máquinas e empresa do Exemplo 2.8, calcule a depreciação de propriedade utilizando o método de AAI:

$$\text{AAI} = \frac{\$255.000(4+1) + \$50.000(4-1)}{2 \times 4}$$

$$= \$178.125/\text{ano}$$

$$\text{Custo da parcela monetária} = \frac{\$178.125/\text{ano} \times 8\%}{2.500 \text{ hora/ano}} = \$5.700/\text{hora}$$

Parcela de depreciação linear

Custo inicial	$300.000
Custo dos pneus	−45.000
Salvado	−50.000
	$205.000

$$\frac{\$205.000}{4 \text{ anos} \times 2.500 \text{ hora/ano}} = \$20.500/\text{hora}$$

Depreciação total de propriedade usando o método AAI:

$$\$5.700/\text{hora} + \$20.500 = \$26.200/\text{hora}$$

Existem várias soluções para o cálculo do custo de propriedade. Para os Exemplos 2.8 e 2.9, a diferença na parcela da depreciação do custo de propriedade é de $0,158/hora ($26,358/hora − $26,200/hora). A escolha do método a ser utilizado é estritamente determinada pela preferência da empresa, mas é importante que todas as análises utilizem o mesmo método. Basicamente, ambos os métodos são satisfatórios, ainda mais quando consideramos o impacto de elementos desconhecidos na vida útil, horas de operação por ano e valor de salvado futura esperada. A melhor abordagem é realizar diversas análises utilizando pressupostos diferentes e ser orientado pela gama de soluções encontrada.

Economia fiscal da depreciação da legislação tributária Para calcular a economia fiscal decorrente da depreciação, é preciso utilizar a tabela de depreciação da legislação tributária governamental (Tabela 2.2). Os montantes de depreciação resultantes são então multiplicados pela alíquota da empresa para calcular a economia específica, utilizando a Eq. [2.10] ou Eq. [2.11]. O total de economia anual deve ser dividido pelo total de horas de operação previsto para se obter a economia de custo por hora.

EXEMPLO 2.10

Utilizando as mesmas informações sobre máquinas e a empresa do Exemplo 2.8, calcule a economia fiscal horária resultante da depreciação da legislação tributária. Suponha que sob a legislação tributária, a máquina é uma propriedade de cinco anos e não houve ganho sobre a troca na aquisição da máquina. A alíquota da empresa é 37%.

Primeiro, calcule os montantes de depreciação anual para cada um dos anos. Nesse caso, a taxa de depreciação da legislação tributária deve ser utilizada para calcular a depreciação.

Alíquota = 37%

Ano	Alíquota de propriedade de 5 anos	BV_{n-1}	D_n	BV_n
0		$ 0	$ 0	$ 300.000
1	0,2000	300.000	60.000	240.000
2	0,3200	240.000	96.000	144.000
3	0,1920	144.000	57.600	86.400
4	0,1152	86.400	34.560	51.840
5	0,1152	51.840	34.560	17.280
6	0,0576	17.280	17.280	0
	1,0000		300.000	

Usando a Eq. [2.10], o efeito de blindagem fiscal para a vida útil da máquina seria:

Ano	D_n	Valor blindado
1	$60.000	$22.200
2	96.000	35.520
3	57.600	21.312
4	34.560	12.787
	Total	$91.819

$$\text{Economia fiscal da depreciação} = \frac{\$91.819}{4 \text{ anos} \times 2.500 \text{ hora/ano}} = \$9,18/\text{hora}$$

FIGURA 2.7 Grandes consertos e revisões são incluídos no custo de propriedade.

Grandes consertos e revisões Quando ocorre um grande conserto ou revisão (Figura 2.7), o custo de propriedade da máquina precisa ser recalculado. Isso é feito pela adição do custo da revisão ao valor contábil da máquina naquele momento. A nova base ajustada resultante é então utilizada no cálculo de depreciação, como descrito anteriormente. Se houver cálculos independentes para a depreciação real e a depreciação da legislação tributária, ambos precisarão ser ajustados.

Impostos, seguro e armazenamento Para calcular os custos de impostos, seguro e armazenamento, a prática comum é simplesmente aplicar um valor percentual ao valor contábil da máquina ou seu valor de AAI. As despesas incorridas por esses itens geralmente são acumuladas em uma conta corporativa de despesas gerais. Esse valor, dividido pelo valor da frota de equipamentos e multiplicado por 100, fornece a taxa percentual a ser utilizada.

$$\text{Porção de impostos, seguro e armazenamento do custo de propriedade} = \text{alíquota}(\%) \times BV_n \text{ (ou AAI)} \quad [2.14]$$

EXEMPLO 2.11

Com as mesmas informações sobre máquinas e empresa utilizadas nos Exemplos 2.8 e 2.9, calcule a despesa de propriedade horária associada com impostos, seguro e armazenamento. Todos os anos, a empresa paga em média 1% em impostos sobre propriedade por seus equipamentos e 2% de seguro, além de alocar 0,75% para despesas com armazenamento.

Taxa percentual total para impostos, seguro e armazenamento
1% + 2% + 0,75% = 3,75%
Do Exemplo 2.9, o investimento anual médio para a máquina é de $178.125/ano. Impostos, seguro e despesas de armazenamento

$$\frac{\$178.125/\text{ano} \times 3,75\%}{2.500 \text{ hora/ano}} = \$2,672/\text{hora}$$

Custo de operação

Devem ser utilizados valores baseados na experiência real da empresa para desenvolver as despesas operacionais. Contudo, muitas empresas não mantêm registros adequados sobre a manutenção e operação dos equipamentos; assim, muitos custos operacionais são estimados como uma porcentagem do valor contábil da máquina. Mesmo empresas com registros de alta qualidade muitas vezes acumulam despesas em uma conta de despesas gerais e então rateiam o total entre as máquinas individuais utilizando seu valor contábil.

Combustível A quantia gasta com combustíveis é um produto de como a máquina é utilizada no campo e do custo local do combustível. No passado, o combustível podia ser adquirido com contratos de longo prazo a preços fixos. Hoje em dia, os combustíveis normalmente são oferecidos com base no *preço da data de entrega*. O fornecedor concorda em suprir as necessidades de combustível do projeto, mas o preço não será garantido durante todo o período de trabalho. Assim, quando participa de licitações para projetos de longa duração, o empreiteiro precisa elaborar uma avaliação dos preços futuros do combustível.

Para calcular a despesa de combustível horária, a taxa de consumo é multiplicada pelo preço unitário do combustível. Os registros de serviço são importantes para a estimativa do consumo de combustível.

EXEMPLO 2.12

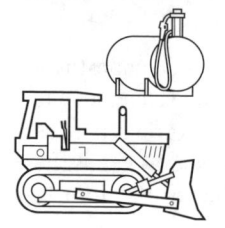

Um buldôzer de 220 fwhp será usado para formar uma pilha de agregados. O buldôzer usa um motor diesel. Estima-se que o trabalho será contínuo e terá eficiência igual a uma hora de 50 minutos. O motor trabalhará com aceleração máxima enquanto empurra a carga (30% do tempo) e três quartos da aceleração na viagem de volta e posicionamento. Calcule o consumo de combustível utilizando as médias de consumo do motor. Se o diesel custar $1,07/gal, qual é a despesa de combustível esperada?

Consumo de combustível de motor diesel 0,04 galões por fwhp-hr.

Fator de carga do acelerador (potência operacional)

Carga de empuxo	1,00 (potência) × 0,30 (% do tempo) = 0,30
Deslocamento e posicionamento	0,75 (potência) × 0,70 (% do tempo) = 0,53
	0,83

Fator temporal (eficiência operacional) hora de 50 minutos: 50/60 = 0,83
Fator combinado: 0,83 × 0,83 = 0,69
Consumo de combustível = 0,69 × 0,04 gal/fwhp-hr × 220 fwhp = 6,1gal/hr

---

Lubrificantes A quantidade de lubrificantes utilizada pelo motor varia com seu tamanho, a capacidade do cárter, a condição dos anéis do pistão e o número de horas entre as trocas de óleo. Para condições extremamente empoeiradas, pode ser melhor trocar o óleo a cada 50 horas, mas essa seria uma condição incomum. A prática normal é trocar o óleo a cada 100 ou 200 horas. A quantidade de óleo consumida por um motor por troca inclui a quantidade adicionada durante a troca mais o óleo adicionado entre trocas.

EXEMPLO 2.13

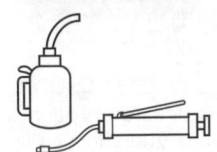

Calcule o óleo necessário, por hora, para o buldôzer de 220 fwhp no Exemplo 2.12. O fator operacional será 0,69, de acordo com o calculado no exemplo. A capacidade do cárter é de 8 galões e a empresa adota o procedimento de trocar o óleo a cada 150 horas.

A quantidade consumida, gph (galões por hora) é:

$$\frac{220 \text{ fwhp} \times 0{,}69 \times 0{,}006 \text{ lb/hp-hr}}{7{,}4 \text{ lb/gal}} + \frac{8 \text{ gal}}{150 \text{ hr}} = 0{,}18 \text{ gal/hr}$$

O custo de óleos hidráulicos, filtros e graxas será adicionado à despesa do óleo do motor. O custo horário dos filtros é simplesmente a despesa real de compra dos filtros dividida pelas horas entre as trocas. Se a empresa não mantém registros de alta qualidade relativos à manutenção dos equipamentos, fica difícil estimar corretamente o custo do óleo hidráulico e da graxa. Em geral, a solução é consultar as tabelas de utilização ou de despesas médias publicadas pelos fabricantes.

Consertos Normalmente, o custo dos consertos é o maior componente individual do custo da máquina (ver Tabela 2.4). Algumas diretrizes gerais publicadas anteriormente pela Power Crane and Shovel Association (PCSA) estimavam que as despesas com conserto e manutenção eram iguais a 80-95% da depreciação para escavadeiras de esteiras, 80-85% para escavadeiras de rodas, 55% para guindastes de esteiras e 50% para guindastes de rodas. Os valores menores para guindastes refletem o trabalho que realizam e a natureza intermitente de seu uso. Os dados admitiam que metade do custo era realizado com materiais e peças e a outra metade com mão de obra, no caso de equipamentos mecânicos. Para as máquinas hidráulicas, dois terços do custo era realizado com materiais e peças e um terço com mão de obra.

TABELA 2.4 Detalhamento do custo da máquina durante sua vida útil

Categoria de custo	Porcentagem do custo total (%)
Conserto	37
Depreciação	25
De operação	23
Despesas gerais	15

Os fabricantes de equipamentos fornecem tabelas de custos médios de conserto com base no tipo da máquina e aplicação de trabalho. As despesas de conserto aumentam com a utilização da máquina (idade). O custo de conserto para estabelecer uma taxa da máquina para licitações também deve representar um valor médio.

Pneus As despesas com pneus incluem o conserto e a substituição dos pneus. A manutenção de pneus costuma ser considerada como uma porcentagem da depreciação linear do pneu. O custo horário do pneu pode ser obtido pela simples divisão do custo de um jogo de pneus por sua vida útil esperada, que é como muitas empresas rateiam essa despesa. Uma abordagem mais sofisticada é a de utilizar um cálculo de valor temporal, reconhecendo que as substituições de pneus são despesas pontuais que ocorrem durante a vida útil de máquina com rodas.

EXEMPLO 2.14

Calcule o custo horário dos pneus que deve ser parte do custo de operação da máquina caso se espere que um jogo de pneus dure 5.000 horas. Os pneus custam $38.580 por jogo de quatro. Estima-se que o custo de conserto do pneu seja, em média, de 1% da depreciação linear do pneu. A máquina tem vida útil de quatro anos e opera 2.500 horas por ano. A taxa de custo de capital da empresa é de 8%.

Sem considerar o valor temporal do dinheiro:

$$\text{Custo de conserto de pneus} = \frac{\$38.580}{5.000 \text{ hr}} \times 16\% = \$1,235/\text{hr}$$

$$\text{Custo de uso de pneus} = \frac{\$38.580}{5.000 \text{ hr}} = \$7,716/\text{hr}$$

Assim, o custo de operação dos pneus é de $8,951/hora ($1,235/hora + $7,716/hora).

Considerando o valor temporal do dinheiro:
O custo de conserto de pneus é o mesmo, $1,235/hora.
Calcule o número de vezes que os pneus precisarão ser substituídos:

$$\left(\frac{4 \text{ anos} \times 2.500 \text{ hora/ano}}{5.000 \text{ horas por jogo de pneus}}\right) = 2 \text{ conjuntos}$$

Um segundo jogo precisará ser adquirido ao final do segundo ano.

Primeiro jogo: Calcule a série uniforme necessária para substituir um valor presente de $38.580. Usando a Eq. [2.6],

$$A = \$38.580 \left[\frac{0,08(1 + 0,08)^4}{(1 + 0,08)^4 - 1}\right]$$

$$\frac{\$38.580 \times 0,301921}{2.500 \text{ hora/ano}} = \$4,659/\text{hr}$$

Segundo jogo: O segundo jogo será comprado daqui a dois anos. Assim, qual valor no tempo zero é equivalente a $38.580 daqui a dois anos, Usando fator de valor atual de um pagamento simples (Eq. [2.2]), calculamos o valor equivalente do tempo zero:

$$P = \frac{\$38.580}{(1 + 0,08)^2} = \$33.076$$

Calcule a série uniforme necessária para substituir um valor presente de $33.076:

$$A = \$33.076 \left[\frac{0,08(1 + 0,08)^4}{(1 + 0,08)^4 - 1}\right]$$

$$\frac{\$33.076 \times 0,301921}{2.500 \text{ hora/ano}} = \$3,995/\text{hr}$$

Assim, considerando o valor temporal do dinheiro, o custo de operação do pneu é $9,889/hora.

($1,235/hora + $4,659/hr + $3,995/hr)

Itens de desgaste elevado Por depender das condições de trabalho e da aplicação da máquina, o custo dos itens de desgaste elevado em geral é calculado separadamente dos consertos gerais.

EXEMPLO 2.15

Um buldôzer equipado com um escarificador (ríper) de três dentes será usado em uma tarefa de carregamento e escarificação. A escarificação propriamente dita ocupará cerca de 20% do tempo de operação total do buldôzer. Um dente de escarificador (ríper) consiste no porta-ponta, uma ponta de dente do escarificador e um protetor do dente. A vida operacional estimada para a ponta de dente do escarificador é de 30 horas. A vida operacional estimada para o protetor do dente é 3 × vida da ponta. O preço local de uma ponta é $40 e dos protetores de dente é de $60. Que despesa horária relacionada a esses itens de desgaste elevado deve ser adicionada ao custo de operaçãodo buldôzer nessa tarefa?

Pontas: $\dfrac{30 \text{ hr}}{0{,}2} = 150$ horas de tempo de operação de buldôzer

$$\dfrac{3 \text{ porta-ponta} \times \$40}{150 \text{ hr}} = \$0{,}800/\text{horas para pontas}$$

Protetores do dente: 3 vezes vida útil da ponta × 150 horas = 450 horas de tempo de operação de buldôzer

$$\dfrac{3 \text{ (dente)} \times \$60}{450 \text{ hr}} = \$0{,}400/\text{hora para o protetor de dente}$$

Assim, o custo de itens de desgaste elevado é de $1,200/hora ($0,800/hora de pontas + $0,400/hora de protetores do dente).

DECISÕES DE SUBSTITUIÇÃO

Um equipamento possui duas vidas: (1) uma vida de trabalho fisicamente limitada e (2) uma vida econômica limitada pelos custos. Tendo em vista que os proprietários dos equipamentos trabalham para ganhar dinheiro, a vida econômica de seus equipamentos é de suma importância. Uma máquina em boas condições mecânicas e que trabalhe produtivamente apresenta uma forte tendência para ser mantida na frota de equipamentos. O gerente de equipamentos pode analisar apenas a alta saída de caixa inicial associada à compra da máquina de substituição e, por consequência, ignorar os outros fatores de custos envolvidos. É preciso analisar todos os fatores de custos ao avaliar uma decisão de substituição. Um exemplo simples ajuda a ilustrar o conceito.

EXEMPLO 2.16

Um pequeno buldôzer é adquirido por $106.000. A tabela apresenta uma previsão dos valores esperados de horas de operação, valores de salvado e despesas de manutenção.

Ano	Horas de operação	Salvado ($)	Despesa de manutenção ($)
1	1.850	79.500	3.340
2	1.600	63.600	3.900
3	1.400	76.320	4.460
4	1.200	74.200	5.000
5	800	63.600	6.600

Uma análise de substituição ficaria assim:

Ano	1	2	3	4	5
Compra	$106.000	$106.000	$106.000	$106.000	$106.000
Salvado	$79.500	$69.500	$76.320	$73.000	$70.000
Custo	$26.500	$36.500	$29.680	$33.800	$36.000
Horas de operação acumuladas	1.850	3.450	4.850	6.050	6.850
Custo de propriedade $/hora	$14,32	$10,58	$6,12	$5,45	$5,26
Despesa de manutenção acumulada	$3.340	$7.240	$11.700	$16.700	$23.300
Custo de operação $/hora	$1,81	$2,10	$2,41	$2,76	$3,40
Total $/hora	$16,13	$12,68	$8,53	$8,21	$8,66

Se o proprietário considerar apenas o preço de compra e o valor de salvado esperada, os números sugerem (custo de propriedade $/hora) que a máquina não deve ser trocada (ver Figura 2.8a). Contudo, se examinássemos apenas os custos operacionais, o proprietário desejaria trocar a máquina após o primeiro ano, pois as despesas operacionais aumentam continuamente com a utilização (ver Figura 2.8b). A análise correta da situação exige que o custo total seja considerado. Assim, no caso do Exemplo 2.16, a vida útil mais econômica dessa máquina é de quatro anos, pois $8,21/hora operacional é o custo total mínimo.

A análise se baseia em horas *acumuladas*. Essa é uma questão importante, mas muitas vezes ignorada. Se o proprietário decidir manter a máquina por cinco anos, o prejuízo efetivo será de $0,45 ($8,66 − $8,21) por *hora de operação*, não apenas nas 800 horas do último ano. Quando o total das horas de operação for um número grande, a influência desse efeito acumulado pode se tornar muito maior do que pareceria se analisássemos apenas os valores de *custo combinado por hora*.

A análise de substituição deve apresentar todas as informações de custo e tempestividade que afetam uma máquina ou classe de máquinas em um formato fácil de usar. O formato deve ser escolhido para facilitar a realização de análises de sensibilidade e determinar se os resultados estão ou não corretos. Como foi descrito neste capítulo, o modelo se baseia na minimização dos custos. Com ele, a vida econômica ideal de uma máquina é igual ao tempo de duração que resulta no menor custo horário.

Os fluxos de caixa estudados em uma análise de substituição ocorrem em momentos diferentes; assim, o modelo deve usar técnicas de valor presente para considerar os efeitos temporais. A taxa de custo de capital da empresa é a taxa de juros correta para uso nas equações de valor presente.

(a) Custo de propriedade

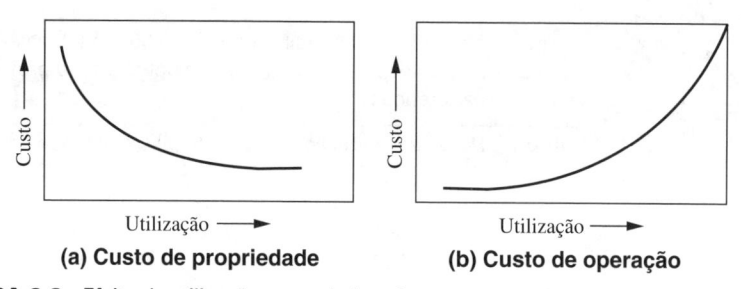

(b) Custo de operação

FIGURA 2.8 Efeito da utilização acumulada sobre o custo.

CONSIDERAÇÕES SOBRE ALUGUEL E ARRENDAMENTO

Três métodos básicos são usados para obter uma máquina específica para uso em um projeto: (1) *compra* (propriedade direta), (2) *aluguel* ou (3) *arrendamento*. Cada um desses métodos possui vantagens e desvantagens inerentes. A propriedade garante controle da disponibilidade e condição mecânica da máquina, mas exige uma sequência contínua de projetos para compensar a compra. Além disso, a propriedade pode forçar a empresa a utilizar equipamentos obsoletos. Foram desenvolvidos cálculos para determinar o custo da propriedade direta.

Aluguel

O aluguel da máquina é uma alternativa de curto prazo à propriedade direta do equipamento. Com o aluguel, a empresa pode escolher a máquina exata que melhor se ajusta à tarefa do momento. Isso é especialmente vantajoso se o trabalho é de curta duração ou se a empresa não espera ter a necessidade contínua de usar o tipo específico de máquina sendo considerado. Os aluguéis são bastante positivos para empresas nessas situações, apesar de os aluguéis cobrados serem maiores do que as despesas de propriedade direta *normais*. A vantagem reside no fato de os custos de propriedade direta admitirem a necessidade e a utilização contínuas da máquina. Se esse pressuposto não for válido, é preciso levar um aluguel em consideração. Outra questão importante a ser considerada é o fato de que com um aluguel, a empresa perde a proteção de depreciação fiscal oriunda da propriedade da máquina, mas obtém uma dedução fiscal, pois os pagamentos de aluguel são tratados como despesas.

Tenha em mente que as empresas de aluguel possuem um número limitado de máquinas e que durante a alta temporada nem todos os tipos estão disponíveis. Além disso, não é possível alugar diversos tipos de máquinas especializadas ou personalizadas.

As construtoras muitas vezes utilizam o aluguel como uma maneira de testar a máquina antes de tomar uma decisão de compra. O aluguel oferece à empresa a oportunidade de operar uma marca ou modelo específico nas condições reais do projeto. Assim é possível avaliar rentabilidade da máquina, com base nos procedimentos operacionais normais da empresa, antes de aprovar uma grande despesa de capital para comprá-la.

A prática geral do setor é determinar os preços de aluguel de equipamentos em uma base diária (8 horas), semanal (40 horas) ou mensal (176 horas). No caso de equipamentos maiores, a única opção disponível pode ser o aluguel mensal. Normalmente, o custo por hora é menor para aluguéis de longo prazo (ou seja, o valor da hora calculado para um preço mensal é menor do que o valor da hora para um preço diário).

A responsabilidade pelo custo de conserto é definida no contrato de aluguel. Normalmente, em equipamentos de tratores, o locatário é responsável por todos os consertos. Se a máquina usa pneus de borracha (pneumáticos), a empresa locadora mede o desgaste da banda de rodagem e cobra do locatário por esse desgaste. No caso de guindastes e caçambas, em geral a locadora se responsabiliza pelo desgaste normal do equipamento. O usuário precisa cuidar da manutenção do equipamento enquanto este estiver em uso. O locatário quase sempre é responsável pelas despesas de combustível e lubrificação. A prática do setor é que os aluguéis são pagos adiantados. A locadora exige que o usuário forneça certificados de seguro antes de a máquina ser enviada para o local do trabalho.

O custo dos equipamentos é bastante sensível a mudanças nas horas de uso. As flutuações nas despesas de manutenção ou preço de compra praticamente não afetam o custo por hora, mas uma redução nas horas de uso por ano pode ser a diferença entre uma boa relação custo-benefício para a propriedade da máquina ou para seu aluguel. As considerações de custo básicas que precisam ser examinadas quando consideramos um possível aluguel podem ser ilustradas por um conjunto bastante simples de circunstâncias. Considere uma pequena pá-carregadeira de rodas com custo de propriedade de $10,96 por hora. Suponha que o custo se baseia no pressuposto de que a máquina trabalhará 2.400 horas por ano de sua vida útil. Se multiplicarmos $10,96 por 2.400 horas/ano, descobrimos que o custo de propriedade anual é de $26.304.

Conversando com a locadora local, a construtora recebe os seguintes orçamentos de aluguel para uma pá-carregadeira desse tamanho: $3.558 por mês, $1.182 por semana e $369 por dia. Dividindo os valores pelo número apropriado de horas, podemos expressar esses preços na forma de custos horários. Da mesma forma, dividindo os aluguéis horários calculados pelo valor do custo de propriedade anual da construtora ($26.304), é possível determinar os pontos de equilíbrios das horas de operação (ver Tabela 2.5).

Se a pá-carregadeira será utilizada por menos de 1.300 horas, mas por mais de 890 horas, a construtora deve levar em consideração um aluguel mensal em vez da compra. Quando o uso projetado for inferior a 1.300 horas, mas superior a 120, um aluguel semanal seria apropriado. No caso de uma utilização bastante limitada (ou seja, menos de 26 horas), a opção de aluguel diário seria ideal.

A ideia é que quando a empresa aluga, ela paga pelo equipamento apenas na medida em que os requisitos do projeto determinam a necessidade. A empresa proprietária do equipamento precisa realizar pagamentos por ele mesmo quando a máquina permanece ociosa. Ao avaliar um aluguel, a pergunta crítica que você precisa responder quase sempre se refere às *horas de utilização* esperadas.

Arrendamento

Um arrendamento é um contrato de longo prazo referente ao uso de um ativo. Ele oferece uma alternativa à propriedade direta. Durante o período de arrendamento, o arrendador é proprietário do equipamento e o usuário (arrendatário) paga a ele pelo seu uso. Na legislação americana, o arrendador precisa manter os direitos de propriedade do contrato para que o arrendamento seja considerado real pelo IRS, equivalente à Receita Federal. O arrendador recebe os pagamentos do arrendamento

TABELA 2.5 Aluguel *versus* compra, pontos de equilíbrio de horas de operação

Duração do aluguel	Valor ($)	Horas	Valor do aluguel ($/hora)	Ponto de equilíbrio de horas de operação ($26.304/$/hora)	Ponto de equilíbrio de horas de operação ($3.558/$/hora)
Mensal	3.558	176	20,22	1.300	—
Semanal	1.182	40	29,55	890	120
Diário	369	8	46,13	570	77

em troca da cessão da máquina. Os pagamentos não precisam ser uniformes durante todo o período de arrendamento, podendo ser estruturados no contrato de forma a se adaptar à situação do arrendador ou do arrendatário. No caso do arrendatário, o fluxo de caixa no início do projeto pode ser baixo, de modo que ele escolha um sistema com pagamentos iniciais menores. Devido a considerações fiscais, o arrendador pode concordar com esse sistema. Os contratos de arrendamento são documentos legais vinculantes e raramente podem ser cancelados por qualquer uma das partes.

Um arrendamento paga pelo uso de uma máquina durante os anos mais confiáveis de sua vida útil. Em alguns casos, a vantagem do arrendamento é que o arrendador fornece a gestão e manutenção do equipamento, liberando o empreiteiro da necessidade de contratar mecânicos e equipe de serviço e permitindo que a empresa se concentre no trabalho de construção.

O termo *longo prazo*, quando utilizado em referência a contratos de arrendamento, significa um período longo em relação à vida da máquina em questão. Um contrato referente a um período muito breve em relação à vida esperada da máquina seria um aluguel. Um arrendamento convencional (real) terá uma de três opções de fim de contrato: (1) comprar a máquina pelo valor justo de mercado, (2) renovar o arrendamento ou (3) devolver o equipamento ao arrendador.

Assim como no caso do aluguel, o arrendatário perde a proteção de depreciação fiscal da propriedade da máquina, mas obtém uma dedução fiscal, pois os pagamentos são tratados como despesas. O fator mais importante que contribui para a decisão de arrendamento é o custo reduzido. Sob condições específicas, o custo real da máquina arrendada pode ser inferior ao custo de propriedade de uma máquina comprada. Isso ocorre devido aos diferentes tratamentos fiscais para a propriedade e o arrendamento de um ativo. O usuário precisa analisar com muito cuidado os fluxos de caixa associados com cada opção para determinar qual delas resulta no menor custo total.

Capital de giro é o caixa que a empresa tem ao seu dispor para apoiar suas operações cotidianas. Esse *ativo corrente* é necessário para a folha de pagamento na sexta-feira, a conta de energia elétrica e a compra de combustível para manter as máquinas funcionando. Para ser viável, a empresa precisa ter ativos de capital de giro maiores do que o fluxo de contas a pagar. A máquina é um ativo da empresa, mas a empresa de energia não vai aceitá-la para pagamento da conta.

Uma vantagem muito citada dos arrendamentos é que o capital de giro não fica preso nos equipamentos, mas a afirmação está apenas parcialmente correta. É verdade que quando a empresa toma um empréstimo para comprar uma máquina, a fonte desses fundos normalmente exige que a empresa estabeleça uma posição de patrimônio na máquina, ou seja, que dê uma *entrada*. Além disso, os custos de entrega e manutenção iniciais não estão incluídos no empréstimo e devem ser pagos pelo novo proprietário. Assim, a empresa fica com fundos presos nesses custos de compra iniciais. O arrendamento não exige essas saídas de caixa e muitas vezes é considerado como 100% de financiamento. Contudo, a maioria dos arrendamentos exige alguma forma de adiantamento. Alguns até exigem depósitos de segurança e cobram outros custos iniciais.

Outro argumento é que como a empresa não utiliza um empréstimo, sua capacidade de crédito não é impactada. O arrendamento muitas vezes é chamado de financiamento extracontábil. O arrendamento é considerado uma despesa operacional, não um passivo, como seria o caso de um empréstimo bancário. Com um arrendamento operacional (usado quando o arrendatário não deseja comprar o equipamento), os ativos arrendados são deduzidos como despesas. Assim, esses ativos não aparecem no balanço patrimonial. Contudo, as normas contábeis exigem a divulgação dessas obrigações de arrendamento. É difícil imaginar que os *credores* seriam tão ingênuos a ponto de não considerar todas as obrigações fixas da empresa, incluindo empréstimos e arrendamentos. Mas o arrendamento extracontábil normalmente não afeta a *capacidade de emissão de títulos*, que é importante para empresas que desejam participar de licitações.

Antes de firmar um contrato com uma construtora, a maioria dos proprietários exige que a empresa emita um título garantindo que completará o projeto, garantido por uma fiadora terceirizada. A fiadora analisa cuidadosamente a situação financeira da construtora antes de emitir o título. Com base na saúde financeira da construtora, a fiadora normalmente restringe o volume total de trabalho que a empresa pode contratar simultaneamente. Essa restrição é conhecida como *capacidade de emissão de títulos*. Ela representa o valor monetário total do trabalho contratado que a fiadora garantirá para uma construtora.

Os proprietários devem realizar uma análise cuidadosa das vantagens de uma situação de arrendamento, como mostrado na Tabela 2.6. Os fluxos de caixa, que devem ser considerados na avaliação do custo de um arrendamento, incluem:

1. Fluxo de entrada inicialmente do valor equivalente da máquina.
2. Saída de caixa dos pagamentos periódicos do arrendamento.

TABELA 2.6 Compra, arrendamento ou aluguel: vantagens e desvantagens

Fator	Compra	Arrendamento	Aluguel
Período de uso esperado	Uso de longo prazo	Diversos meses a 18 meses de uso	Uso de curta duração
Tipo de equipamento	Conhece o tipo de máquina e fabricante	Experimentar novo modelo Experimentar tipo especial Experimentar fabricante diferente	Experimentar novo modelo Experimentar tipo especial Experimentar fabricante diferente
Salvado ou revenda	Tem uso para a máquina em projetos futuros	Sem salvado	Sem salvado
Local do trabalho	Custos de transporte mínimos	Local distante, economia na mobilização	Local distante, economia na mobilização
Disponibilidade	Pode ter longo tempo de espera	Necessidade imediata	Necessidade imediata
Preferência	Consideração sobre capital de giro, possui caixa disponível	Usar o caixa para outros fins	Usar o caixa para outros fins
Restrições	Sem restrições de uso	Aluguéis e arrendamentos podem ter restrições de uso	Aluguéis e arrendamentos podem ter restrições de uso
Consequências fiscais	Economia de depreciação fiscal	Sem depreciação fiscal, mas o custo é tratado como despesa	Sem depreciação fiscal, mas o custo é tratado como despesa

3. Proteção fiscal oferecida pelos pagamentos do arrendamento (permitido apenas se o contrato for um arrendamento real; alguns contratos de "arrendamento" são basicamente sistemas de venda parcelada).
4. Perda de valor de salvado quando a máquina for devolvida ao arrendador.

Todos esses custos ocorrem em momentos diferentes, então os cálculos de valor presente precisam ser realizados antes que tais custos sejam somados. O valor presente total da opção de arrendamento deve ser comparado com os custos de propriedade mínimos, de acordo com o determinado por uma análise de substituição do valor temporal. Na maioria dos contratos de arrendamento, o arrendatário é responsável pela manutenção. Se, no arrendamento em questão, a despesa de manutenção for igual àquela que ocorreria no caso de compra direta, o fator de despesa de manutenção poderia ser eliminado da análise. Uma máquina arrendada envelheceria da mesma forma e teria a mesma redução de disponibilidade que uma máquina comprada.

RESUMO

Os proprietários de equipamentos precisam calcular cuidadosamente os custos de propriedade e operacionais das máquinas. Em geral, esse custo é expresso em dólares por hora de operação. Os fluxos de caixa mais significativos que afetam o *custo de propriedade* são (1) despesa de compra; (2) valor de salvado; (3) economia fiscal da depreciação; (4) grandes consertos e revisões; e (5) impostos sobre propriedade, seguro, armazenamento e diversos. O *custo de operação* é a soma das despesas nas quais o proprietário incorre ao trabalhar com a máquina em um projeto: (1) combustível; (2) lubrificantes, filtros e graxa; (3) consertos; (4) pneus; e (5) substituição de itens de alto desgaste. Ocasionalmente, os *salários dos operadores* são incluídos entre os custos operacionais, mas devido à variância salarial entre os trabalhos, a prática geral é manter os salários dos operadores como uma categoria de custo separada.

Os objetivos críticos de aprendizagem incluem:

- A capacidade de calcular o custo de propriedade
- A capacidade de calcular o custo de operação
- O entendimento das vantagens e desvantagens associadas com a propriedade direta, aluguel e arrendamento de máquinas

Esses objetivos servem de base para os problemas a seguir.

PROBLEMAS

2.1 Utilize uma taxa de juros igual a 6% compostos anualmente para resolver o seguinte problema: Se você fizer um empréstimo de $20.000 por cinco anos, qual será o valor total devolvido?

2.2 A taxa de juros de uma empresa para adquirir capital externo é de 6,5% compostos anualmente. Se for preciso tomar um empréstimo de $35.000 por cinco anos, qual será o valor total dos juros?

2.3 Para comprar um carro, você toma emprestado $20.000. O banco oferece um empréstimo de seis anos a uma taxa de juros compostos anual de 3,25%. Se você fizer apenas um pagamento ao final do período do empréstimo, com o valor do principal e dos juros:
  a. Quantos períodos (n) você deveria usar na resolução desse problema?
  b. Qual taxa de juros (i), por período de tempo, deve ser usada na resolução desse problema?
  c. O valor único de dinheiro presente (P) é conhecido? (Sim ou Não)
  d. Qual fator de valor temporal deve ser usado na resolução desse problema?
  e. Qual é o montante total a ser devolvido?
  f. Quanto do valor total devolvido representa os juros?

2.4 Para comprar um carro, você toma emprestado $25.550. Uma concessionária oferece um empréstimo de cinco anos a uma taxa de juros compostos anual de 4%. Se você fizer apenas um pagamento ao final do período do empréstimo, com o valor do principal e dos juros:
  a. Quantos períodos (n) você deveria usar na resolução desse problema?
  b. Qual taxa de juros (i), por período de tempo, deve ser usada na resolução desse problema?
  c. O valor único de dinheiro presente (P) é conhecido? (Sim ou Não)
  d. Qual fator de valor temporal deve ser usado na resolução desse problema?
  e. Qual é o montante total a ser devolvido?
  f. Quanto do valor total devolvido representa os juros?

2.5 Qual valor deve ser investido hoje, a uma taxa de juros anual de 5,5%, se você deseja comprar uma máquina de $550.000 daqui a cinco anos?
  a. Quantos períodos (n) você deveria usar na resolução desse problema?
  b. Qual taxa de juros (i), por período de tempo, deve ser usada na resolução desse problema?
  c. O valor único de dinheiro presente (P) é conhecido? (Sim ou Não)
  d. Qual é o valor futuro desejado?
  e. Qual fator de valor temporal deve ser usado na resolução desse problema?
  f. Qual é o montante total a ser investido hoje?

2.6 Qual valor deve ser investido hoje, a uma taxa de juros compostos mensal de 5,5%, se você deseja comprar uma máquina de $550.000 daqui a cinco anos?
  a. Quantos períodos (n) você deveria usar na resolução desse problema?
  b. Qual taxa de juros (i), por período de tempo, deve ser usada na resolução desse problema?
  c. O valor único de dinheiro presente (P) é conhecido? (Sim ou Não)
  d. Qual é o valor futuro desejado?
  e. Qual fator de valor temporal deve ser usado na resolução desse problema?
  f. Qual é o montante total a ser investido hoje?

2.7 Para comprar um caminhão, você toma emprestado $22.000. O banco oferece uma taxa de juros compostos anual de 4,5%. Se você fizer um empréstimo de cinco anos e realizar pagamentos mensais, qual será o montante total a ser pago?
  a. Quantos períodos (n) você deveria usar na resolução desse problema?
  b. Qual taxa de juros (i), por período de tempo, deve ser usada na resolução desse problema?
  c. O valor único de dinheiro presente (P) é conhecido? (Sim ou Não)
  d. Qual fator de valor temporal deve ser usado na resolução desse problema?
  e. Qual montante deve ser devolvido em cada mês?

f. Qual é o valor total a ser devolvido durante toda a vida do empréstimo?
g. Qual é o valor total de juros que você pagará?

2.8 A compra de um buldôzer de esteiras custa $165.000. Estima-se que o custo de combustível, óleo, graxa e manutenções menores seja de $35,00 por hora de operação. Um grande conserto do motor ao custo de $26.000, provavelmente será necessário após 7.200 horas de uso. O preço de revenda esperado (valor de salvado) é de 21% do preço de compra original. Espera-se que a máquina tenha vida útil de 10.800 horas. Quanto o proprietário da máquina deve cobrar por hora de uso se espera-se que a máquina opere 1.800 horas por ano? A taxa de custo de capital da empresa é de 7,3%.

2.9 A compra de um buldôzer de esteiras custa $235.000. Estima-se que o custo de combustível, óleo, graxa e manutenções menores seja de $42,00 por hora de operação. Um grande conserto do motor ao custo de $28.000, provavelmente será necessário após 9.000 horas de uso. O preço de revenda esperado (valor de salvado) é de 25% do preço de compra original. Espera-se que a máquina tenha vida útil de 12.000 horas. Quanto o proprietário da máquina deve cobrar por hora de uso se espera-se que a máquina opere 1.500 horas por ano? A taxa de custo de capital da empresa é de 7,35%.

2.10 O custo de compra de uma máquina é $315.000. A estimativa de combustível, graxa e pequenos consertos é de $53,54 por hora de operação. Um jogo de pneus custa $16.000 para ser substituído, e sua vida útil, estimada é de 3.100 horas. Provavelmente será necessário realizar um grande conserto de $17.000 a cada 6.200 horas de uso. Espera-se que a máquina dure 9.300 horas, depois das quais será vendida por um preço (valor de salvado) igual a 13% do preço de compra original. Não será preciso adquirir um último jogo de pneus antes da venda. Quanto o proprietário deverá cobrar por hora de uso caso espere que a máquina opere 3.100 horas por ano? A taxa de custo de capital da empresa é 7,25%.

2.11 O custo de compra de uma máquina é $250.000. A estimativa de combustível, graxa e pequenos consertos é de $44,00 por hora de operação. Um jogo de pneus custa $12.000 para ser substituído, e sua vida útil, estimada é de 3.100 horas. Provavelmente será necessário realizar um grande conserto de $12.000 a cada 6.200 horas de uso. Espera-se que a máquina dure 9.300 horas, depois das quais será vendida por um preço (valor de salvado) igual a 15% do preço de compra original. Não será preciso adquirir um último jogo de pneus antes da venda. Quanto o proprietário deverá cobrar por hora de uso caso espere-se que a máquina opere 3.100 horas por ano? A taxa de custo de capital da empresa é de 8,3%.

2.12 Para comprar um novo carro, você toma emprestado $18.500. O banco oferece um empréstimo de quatro anos a uma taxa de juros de 3,75%, enquanto a concessionária oferece um empréstimo de seis anos a uma taxa de juros de 3,5%.
a. Se o juro é calculado pela composição anual e você realiza apenas um pagamento ao final do período do empréstimo, pagando o principal e os juros, qual montante total deve ser pago para cada caso?
b. Se o juro é calculado pela composição mensal e você realiza pagamentos mensais, para cada um dos casos, qual o montante total a ser pago?

2.13 Um trator com base ajustada (da depreciação) de $65.000 é vendido por $60.000, enquanto um novo trator é adquirido com um pagamento em caixa de $330.000. O processo ocorre em duas transações independentes. Qual é a base de depreciação tributária do novo trator?

2.14 Um trator com base ajustada (da depreciação) de $55.000 é trocado por um novo trator cujo valor justo de mercado é de $320.000. Um pagamento em caixa de $225.000 completa a transação. Qual é a base de depreciação tributária do novo trator?

2.15 A Asphalt Pavers adquire uma pá-carregadeira para uso em sua usina de asfalto. O preço de compra entregue é de $326.000. Os pneus para essa máquina custam $26.000. A empresa acredita que pode vender a pá-carregadeira após seis anos (2.800 horas/ano) de serviço por $75.000. Não haverá nenhuma grande revisão da máquina. O custo de capital da empresa é de 6,31%. Qual é a parcela de depreciação do custo de propriedade dessa máquina? Utilize o método do valor temporal para calcular a depreciação. ($18,191/hora)

2.16 Para a máquina descrita no Problema 2.15, qual a parcela de depreciação do custo de propriedade da máquina? Use o método de cálculo de AAI.

2.17 A Pushem Down, uma empreiteira especializada em desmatamento, compra um buldôzer com preço na entrega de $470.000. A empresa acredita que pode vender o buldôzer usado após quatro anos (1.800 horas/ano) de uso por $75.000. Não haverá nenhuma grande revisão da máquina. O custo de capital da empresa é de 8,3% e seus impostos têm alíquota de 35%. Os impostos sobre propriedade, o seguro e o armazenamento somam 5%. Qual é o custo de propriedade do buldôzer? Use o método do valor temporal para calcular a parcela do custo de propriedade referente à depreciação. ($58,078/hora)

2.18 A Knockem Down, uma empreiteira especializada em desmatamento, compra um buldôzer com preço na entrega de $530.000. A empresa acredita que pode vender o buldôzer usado após quatro anos (1.800 horas/ano) de uso por $70.000. Não haverá nenhuma grande revisão da máquina. O custo de capital da empresa é de 8,3% e seus impostos têm alíquota de 35%. Os impostos sobre propriedade, o seguro e o armazenamento somam 5%. Qual é o custo de propriedade do buldôzer? Use o método do valor temporal para calcular a parcela do custo de propriedade referente à depreciação.

2.19 A Earthmovers compra uma niveladora para manutenção de estradas de transporte de carga. O preço de compra na entrega é de $216.000. Os pneus para essa máquina custam $26.000. A empresa acredita que pode vender a niveladora após seis anos (15.000 horas) de uso por $35.000. Não haverá nenhuma grande revisão da máquina. O custo de capital da empresa é de 7,21% e seus impostos têm alíquota de 42%. Não há impostos sobre propriedade, mas o seguro e o armazenamento somam 2%. Qual é o custo de propriedade da niveladora? Use o método do valor temporal para calcular a parcela do custo de propriedade referente à depreciação.

2.20 A Find the Grade compra uma niveladora para acabamento de estradas. O preço de compra na entrega é de $285.000. Os pneus para essa máquina custam $30.000. A empresa acredita que pode vender a niveladora após seis anos (10.000 horas) de uso por $35.000. Não haverá nenhuma grande revisão da máquina. O custo de capital da empresa é de 6% e seus impostos têm alíquota de 37%. Não há impostos sobre propriedade, mas o seguro e o armazenamento somam 2,5%. Qual é o custo de propriedade da niveladora? Use o método do valor temporal para calcular a parcela do custo de propriedade referente à depreciação.

2.21 Uma pá-carregadeira de rodas com motor diesel de 220 fwhp será utilizada em uma usina de asfalto para transportar agregados de uma pilha até os funis de alimentação. O trabalho será contínuo e terá eficiência igual a uma hora de 56 minutos. O motor trabalhará com aceleração máxima durante o carregamento da caçamba (33% do tempo) e 70% da aceleração durante a viagem e descarga. Calcule o consumo de combustível utilizando as médias de consumo do motor e compare os resultados com uma classificação mediana na Tabela 2.3.

2.22 Uma bomba a gasolina de 75 fwhp será utilizada para drenar uma escavação. O trabalho será contínuo, com eficiência igual a uma hora de 60 minutos. O motor trabalhará a 60% da aceleração máxima. Calcule o consumo de combustível teórico.

2.23 Uma pá-carregadeira de rodas com motor diesel de 262 fwhp será utilizada para carregar enrocamento. Essa pá-carregadeira foi comprada por $350.000. O valor de salvado estimado ao final de quatro anos é $86.000. O custo de capital da empresa é 7,2%. Um jogo de pneus custa $36.000. A eficiência de trabalho será igual a uma hora de 45 minutos. O motor trabalhará com aceleração máxima durante o carregamento da caçamba (33% do tempo) e três quartos da aceleração durante a viagem e descarga. A capacidade do cárter é de 12 galões e a empresa adota a política de trocar o óleo a cada 100 horas nesse trabalho. O custo anual dos consertos é igual a 65% da depreciação linear da máquina. O custo de combustível é de $3,25/galão e do óleo é de $4,55/galão. O custo dos outros filtros e lubrificantes é de $0,45/hora. O conserto dos pneus é igual a 18% da depreciação dos pneus. Os pneus devem fornecer 3.400 horas de serviço. A pá-carregadeira funcionará 1.600 horas/ano. Nessa utilização, a vida útil estimada dos dentes da caçamba é de 120 horas. O preço local de um jogo de dentes é de $700. Qual o custo de operação da pá-carregadeira nesse serviço? ($62,732/hora)

2.24 Uma pá-carregadeira de rodas com motor diesel de 196 fwhp será utilizada para carregar enrocamento. Essa pá-carregadeira foi comprada por $295.000. O valor de salvado estimado ao final de quatro anos é $70.000. O custo de capital da empresa é 6,55%. Um jogo de pneus custa $26.000. A eficiência de trabalho será igual a uma hora de 50 minutos. O motor trabalhará com aceleração máxima durante o carregamento da caçamba (33% do tempo) e três quartos da aceleração durante a viagem e descarga. A capacidade do cárter é de 9 galões e a empresa adota a política de trocar o óleo a cada 110 horas nesse trabalho. O custo anual dos consertos é igual a 60% da depreciação linear da máquina. O custo de combustível é de $3,05/galão e do óleo é de $4,35/galão. O custo dos outros filtros e lubrificantes é de $0,745/hora. O conserto dos pneus é igual a 19% da depreciação dos pneus. Os pneus devem fornecer 4.000 horas de serviço. A pá-carregadeira funcionará 1.500 horas/ano. Nessa utilização, a vida útil estimada dos dentes da caçamba é de 120 horas. O preço local de um jogo de dentes é de $670. Qual é o custo de operação da pá-carregadeira nesse serviço?

2.25 Visite http://www.constructionequipment.com, a revista online *Construction Equipment*, e leia um dos artigos de Mike Vorster sobre a economia dos equipamentos. Escreva uma breve resenha que expresse o argumento básico do artigo.

FONTES DE CONSULTA

Caterpillar Performance Handbook (issued annually). Caterpillar Inc., Peoria, IL.

Collier, Courtland A., and Charles R. Glagola (1999). *Engineering and Economic Cost Analysis*, 3rd ed., Harper & Row, New York.

Johnson, Robert W. (1977). *Capital Budgeting*, Kendall/Hunt Publishing Co., Dubuque, IA.

Lewellen, Wilbur G. (1976). *The Cost of Capital*, Kendall/Hunt Publishing Co., Dubuque, IA.

Modigliani, Franco, and Merton H. Miller (1958). "The Cost of Capital, Corporate Finance and the Theory of Investment," *The American Economic Review*, Vol. XLVIII, No. 3, June.

Schexnayder, C. J., and Donn E. Hancher (1981). "Interest Factor in Equipment Economics," *Journal of the Construction Division, Proceedings, ASCE*, Vol. 107, No. CO4, December.

FONTES DE CONSULTA NA INTERNET

http://www.aednet.org A Associated Equipment Distributors, Inc. (AED) é uma associação comercial internacional representando distribuidores e fabricantes de equipamento de construção e empresas de serviços industriais.

http://www.aem.org A Association of Equipment Manufacturers (AEM) é uma associação de desenvolvimento comercial e empresarial para empresas que fabricam equipamentos. A AEM foi criada em 1º de janeiro de 2002 com a fusão da Construction Industry Manufacturers Association (CIMA) e da Equipment Manufacturers Institute (EMI).

http://www.caterpillar.com A Caterpillar é a maior fabricante de equipamentos de construção e mineração do mundo.

http://www.deere.com A John Deere and Company fornece equipamentos de construção e silvicultura.

http://www.equipmentworld.com A *Equipment World* é uma revista online com notícias sobre equipamentos e a indústria da construção.

http://www.goodyearotr.com A Goodyear Tire & Rubber Company fornece pneus fora-de-estrada.

http://www.machinerytrader.com A Machinery Trader é um ponto de encontro comercial na Internet para compra e venda de equipamentos de construção pesada.

3

O planejamento das obras de terraplenagem

Os serviços de construção são executados sob condições que variam incrivelmente de um projeto a outro. Consequentemente, antes que os trabalhos sejam iniciados, é necessário analisar de modo sistemático as condições do projeto e desenvolver alternativas para que ele seja bem sucedido. Quando um engenheiro prepara um plano e um orçamento para as obras de terraplenagem, os atributos cruciais que devem ser definidos são: (1) as quantidades envolvidas, isto é, basicamente o volume ou o peso, (2) as distâncias de transporte, e (3) o greide de todos os segmentos dos transportes. Uma planilha de volume de terraplenagem permite o registro sistemático das informações e a realização dos cálculos de terraplenagem necessários. Um diagrama de massas é uma ferramenta de análise para a seleção dos equipamentos apropriados para a escavação e o transporte dos materiais.

O PLANEJAMENTO

Cada obra de construção civil é uma tarefa única. Embora talvez já tenham sido executados anteriormente serviços similares, não existem dois projetos que terão condições de trabalho idênticas. O ritmo, a complexidade e o custo das construções modernas são incompatíveis com os ajustes do tipo tentativa e erro que poderiam ser feitos à medida que os serviços são executados. Portanto, o planejamento é feito para que se possa entender os possíveis problemas e se desenvolver uma linha de ação adequada.

O objetivo do planejamento é minimizar os gastos dos recursos exigidos para completar o projeto com sucesso e garantir que os serviços sejam prestados de maneira segura. O planejamento é necessário para:

1. Entender os objetivos e as exigências do projeto
2. Definir os elementos do trabalho
3. Identificar a alocação de recursos necessária
4. Desenvolver métodos de execução seguros e evitar riscos à saúde
5. Melhorar a eficiência
6. Coordenar e integrar as atividades
7. Desenvolver cronogramas precisos
8. Responder às mudanças futuras
9. Criar uma referência para o monitoramento e controle de atividades de execução de um projeto

O planejamento é um processo de tomadas de decisão previdentes no qual escolhemos as estratégias de ação que serão adotadas no futuro ou quando determinados eventos ocorrerem. O planejamento sistemático exige uma proteção contra as variáveis e alternativas que podem vir a afetar o sucesso do projeto.

Não existe apenas uma maneira ideal de executar um serviço de construção. O desempenho das obras de terraplenagem depende de variáveis relacionadas à obra em si: (1) as quantidades envolvidas; basicamente o volume ou o peso; (2) as distâncias de transporte; (3) os greides para todos os segmentos de transporte do solo; (4) os riscos à saúde criados pelo serviço; (5) os vários condicionantes legais e contratuais. Entre os condicionantes típicos temos:

1. as exigências contratuais descritas nos desenhos e nas especificações técnicas, inclusive o prazo total para a execução dos serviços ou as exigências de entregas parciais;
2. as exigências legais que devem ser cumpridas (impostas pelo Ministério do Trabalho e Emprego, a necessidades de licenças, o controle ambiental);
3. as limitações físicas e/ou ambientais do serviço, que podem exigir a pré-fabricação em outro local e o armazenamento de materiais ou um cronograma de operações de construção (o controle de trânsito);
4. as condições climáticas que limitam a época em que certas atividades podem ser executadas, como as operações de pavimentação ou estabilização do solo, ou que limitam as obras de terraplenagem em função do conteúdo de umidade e da impossibilidade de secar o material.

Quanto mais cedo você começar a planejar antes de executar a obra, maior será sua capacidade de influenciar a execução, pois terá tempo para avaliar cuidadosamente os impactos de todos os condicionantes e elaborar estratégias eficientes para lidar com as exigências de projeto.

Para fins de planejamento, os serviços devem ser divididos em subserviços menores e que possam ser executados de modo independente. Isso permite que você divida problemas grandes e complexos em serviços menores e mais fáceis de realizar. Quanto mais tempo e recursos forem alocados a cada etapa de planejamento, maior será sua oportunidade para desenvolver soluções ideias em vez de criar algo que seja apenas "razoável".

A segurança

Ao planejar um serviço de construção, você deve prestar muita atenção ao problema da segurança das pessoas. Os engenheiros têm a responsabilidade tanto moral como legal perante o público, os trabalhadores da construção e os usuários finais de um projeto de se certificarem que os locais de trabalhos, os processos de trabalho e o ambiente em geral sejam seguros. As máquinas que são empregadas na construção pesada aumentam de modo extraordinário a capacidade humana e são muito sofisticadas, mas também podem apresentar uma variedade de riscos. Se um grande caminhão utilizado em terraplenagem (Figura 3.1) bater em um veículo de tamanho normal, por exemplo, o resultado provavelmente será fatal. Nos Estados Unidos, em 2007, a construção respondeu por 1.178 óbitos, o maior número de qualquer setor da iniciativa privada (U.S. Dept. of Labor, Comunicado à Imprensa de 20 de agosto de

FIGURA 3.1 Caminhão fora de estrada com caçamba de descarga pelo fundo utilizado para um grande projeto de escavação.

2008). O planejamento da segurança identificará os riscos e o ajudará a desenvolver métodos para a proteção tanto dos trabalhadores da construção civil como do público em geral.

Os acidentes quase sempre são o resultado de vários erros. O planejamento da segurança deve instituir procedimentos que "interrompam a cadeia de erros" que leva aos acidentes e desastres. O sr. Howard I. Shapiro, P.E., da Howard Shapiro Associates, Nova York, discutiu essa ideia de quebrar a cadeia de erros na conferência de celebração do 150º aniversário da ASCE in 2003:

> Na maioria das vezes, os acidentes com guindastes são atribuídos ao operador desses equipamentos – você frequentemente ouve termos do tipo "erro de operador", "ele esticou demais o braço do guindaste que estava carregado" ou o "estabilizador afundou na terra e o guindaste virou". Todas essas frases se referem a erros isolados que conduziram a uma avaria. No entanto, os meus 30 anos de experiência com a operação de guindastes e as minhas investigações de muitos acidentes me ensinaram que esses equipamentos são robustos e que as pessoas que os operam são tanto talentosas como criativas, o que então seria o suficiente para que fossem superados os efeitos da maioria dos erros isolados. Descobri que geralmente é preciso uma sequência de erros independentes e muitas vezes sem qualquer relação entre si para que ocorra um acidente com guindaste.
>
> Seria irreal esperar a eliminação de todos os acidentes ou erros, mas se "quebrarmos a cadeia" – isto é, se eliminarmos apenas um dos erros da cadeia – conseguiremos evitar muitos acidentes.

No caso do acidente fatal com um guindaste que aconteceu no Miller Park Stadium de Milwaukee em julho de 1999, a cadeia de erros que ocorreu durante o içamento de um grande componente da cobertura retrátil do estádio incluiu os seguintes fatos:

1. A sequência de içamento estava no caminho crítico do projeto, colocando pressão sobre a gerência no sentido de continuar com o serviço, apesar das condições climáticas desfavoráveis.

2. No dia do acidente, os limites de velocidade do vento não foram conferidos, embora a tabela de cargas do guindaste especificasse o limite máximo aceitável.
3. A supervisão do canteiro de obras não seguiu os alertas da tabela de classificação dos ventos.

Todas as operações com equipamento envolvem riscos. Ao fazer uma análise dos riscos, você consegue concentrar seus recursos. Os recursos financeiros e os tempos disponíveis sempre são limitados. Consequentemente, devem ser utilizados de modo proporcional aos riscos e às consequências potenciais de um acidente. O nível de planejamento de segurança que é necessário deve se basear nos riscos específicos associados às condições de trabalho. Quando os riscos são identificados com antecedência e são tomadas as medidas para controlá-los, reduzi-los ou eliminá-los, são removidos os elos da cadeia de erros potenciais, o que leva à diminuição do nível total de risco. O que Howard Shapiro recomenda quanto à segurança dos guindastes se aplica a todas as operações de construção: "Não pressuponha coisa alguma. Faça perguntas e confira pessoalmente". Por não terem sido seguidos esses conselhos simples em Milwaukee, três trabalhadores que estavam no cesto do guindaste morreram e o operador do guindaste e quatro outros operários ficaram feridos.

O planejamento das obras de terraplenagem

Quando um engenheiro prepara um plano de trabalho e um orçamento para um projeto de terraplenagem, o processo de decisão muitas vezes não é uma cadeia de atividades em sequência. O processo assume a forma de correntes de serviços com realimentação (*feedbacks*). À medida que as decisões são propostas, novas investigações – isto é, a coleta de mais informações – costuma ser necessária para que se reduza a incerteza. O processo começa com os documentos do projeto. São analisadas as informações e exigências estabelecidas nos desenhos e nas especificações.

Os elementos de trabalho do projeto são definidos em termos físicos: o volume de remoção do solo (decapeamento), a escavação do solo e de rochas, a criação de taludes, a retirada de resíduos, etc. Esse é um levantamento de materiais do projeto ou uma **análise de quantitativos**. A atividade de levantamento deve calcular não somente a quantidade total de materiais que será manuseada, como também dividir a quantidade total de materiais com base em fatores que afetam a produtividade.

A **escavação de grandes volumes (escavação em massa)** envolve o deslocamento de um volume substancial de material e as obras de terraplenagem são parte fundamental do projeto. No projeto Eastside da Califórnia, a construtora que executou a barragem West Dam deslocou mais de 68 milhões de jardas cúbicas de material (Figura 3.1). As escavações em massa são operações típicas com considerável profundidade de escavação e extensão horizontal e podem incluir a necessidade de perfurar e explodir rochas (ou seja, movimentar materiais consolidados).

Já a **escavação estrutural** é outro tipo de atividade. Neste caso, a obra é realizada para dar suporte à construção de outros elementos estruturais. Este trabalho costuma ser feito em uma área confinada, em geral com maior dimensão vertical e os taludes do terreno podem exigir sistemas de sustentação (Figura 3.2). O volume de material escavado

---

análise de quantitativos
O processo de cálculo da quantidade de materiais necessária para a execução de um projeto.

escavação de grandes volumes (escavação em massa)
A necessidade de escavar volumes substanciais de material, geralmente em uma profundidade considerável ou sobre uma grande área.

escavação estrutural
Escavação realizada para dar suporte à construção de elementos estruturais e que costuma envolver a remoção de materiais de uma área limitada.

FIGURA 3.2 Duas retroescavadeiras realizando a escavação estrutural para as fundações de um prédio.

não é um fator tão decisivo quanto às questões do espaço de trabalho limitado e do movimento vertical do material. As plantas do projeto oferecerão as informações gráficas necessárias para o cálculo da quantidade de trabalho.

Nesta etapa da construção são identificados os riscos associados às condições subsuperficiais, especialmente aqueles inerentes aos tipos de materiais encontrados e a seu comportamento durante os processos de construção. "Se você apresentou a proposta, tem de construir" – isso nem sempre é verdade. As construtoras têm o direito de se basear nas informações fornecidas pelo proprietário ou contratante. Além disso, muitos contratos contêm uma cláusula de *condições diferentes do local*. As diferenças em condições dos materiais são aplicáveis em um dos dois casos a seguir. Existe uma condição diferente de local Tipo 1 quando as condições reais diferirem materialmente daquelas "indicadas no contrato". Surge uma condição diferente de local Tipo 2 quando as condições reais diferirem de expectativas que seriam razoáveis. Essas cláusulas conferem à construtora certa proteção contra os riscos geotécnicos. Todavia, elas não eliminam a responsabilidade que a construtora tem de fazer uma análise detalhadas das condições do projeto. Uma vez completadas essas duas etapas, quase sempre é necessária uma visita ao terreno. Esse é um daqueles ciclos recorrentes com *feedback*.

Visitas ao terreno, estudos geológicos e do solo e análises dos dados meteorológicos permitem ao responsável pelo planejamento quantificar melhor o que já foi apresentado nos documentos de projeto. A documentação contratual geralmente incluirá dados geotécnicos e informações que foram coletadas durante a fase de concepção do projeto. Se este material não estiver imediatamente incluído nos documentos, provavelmente estará disponível aos orçamentistas como informações complementares. Os dados geotécnicos são coletados para dar suporte à elaboração do projeto, mas sua interpretação para fins de projeto e para fins de execução são coisas muito diferentes. O projetista está interessado na resistência estrutural do solo, enquanto a construtora quer saber como o *material do solo se comportará* durante a execução da obra. Quase sempre são necessários estudos complementares do terreno feitos pela construtora para se avaliar as oportunidades e limitações no trabalho. As análises do terreno também são necessárias para localizar as fontes de material e/ou os locais para descarte de materiais excedentes ou insatisfatórios (bota-fora).

Só podem ser realizados estudos detalhados de produção das máquinas após serem respondidas todas ou parte das questões sobre a incerteza do material. Neste momento, o responsável pelo planejamento está pronto para fazer análises de produção baseadas em diferentes tipos de frotas de máquinas. Este capítulo é dedicado aos primeiros dois elementos da lista; o desempenho dos estudos de produção para os tipos específicos de máquinas será tratado nos Capítulos 5, 7 a 12 e 14 a 21.

O planejamento é um processo mental no qual complexos conjuntos de ideias são organizados em diferentes combinações e são visualizados os efeitos resultantes das combinações. Por ser difícil relacionar entre si decisões incrementais tomadas em diferentes momentos, o planejamento deve ser feito sem interrupção durante blocos de tempo bem definidos e o responsável pelo planejamento deve documentar cuidadosamente o processo e os motivos que fundamentam as decisões.

A REPRESENTAÇÃO GRÁFICA DAS OBRAS DE TERRAPLENAGEM

estaca
Distância horizontal de 100 pés.

As distâncias horizontais de um projeto são marcadas por meio de estacas. O termo **estaca** se refere a localizações em um sistema de numeração que tem o número 100 como base. Portanto, a distância entre duas estacas adjacentes é 100 pés.* A estaca 1 é marcada como 1 + 00. O sinal de adição é utilizado nesse sistema de pontos de referência. O termo estaca se refere à notação que o topógrafo usa para demarcar um projeto no terreno e é empregado nas plantas para representar as locações ao longo do comprimento do projeto.

Três tipos de vistas são utilizados nos documentos do contrato para mostrar as características construtivas das obras de terraplenagem.

planta
Um desenho que representa o alinhamento horizontal da obra.

1. *Planta*. A **planta** é um desenho que mostra a projeção horizontal da obra proposta e apresenta os alinhamentos horizontais dos componentes. A Figura 3.3 é uma vista de um projeto de rodovia; ela mostra o eixo geométrico do projeto com a localização das estacas e os limites de projeto sugeridos, as duas linhas externas mais escuras.

---

* N. de R.T.: No Brasil, existem dois sistemas de estaqueamento. O mais utilizado é o que adota numeração sequencial das estacas de 20 em 20 metros. Essas estacas são denominadas inteiras e os pontos no intervalo das estacas são identificados pela distância a partir da estaca menor. O outro sistema adota a definição de um ponto de acordo com seu afastamento do ponto inicial e as estacas inteiras são determinadas de 100 em 100 metros, sendo as estacas de 20 em 20 metros consideradas intermediárias.

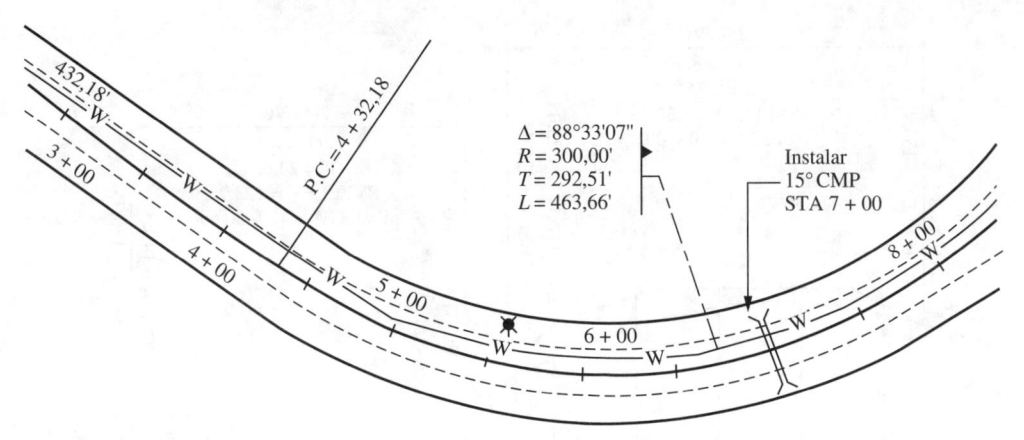

FIGURA 3.3 Planta de um projeto de rodovia.

perfil
Um desenho que representa um plano vertical que passa pelo eixo geométrico da obra. Ele mostra a relação vertical entre a superfície do solo e a obra acabada.

seção transversal
Um desenho que representa uma seção vertical da obra de terraplenagem em ângulos retos em relação ao eixo geométrico da obra.

2. *Perfil*. O **perfil** é uma vista em corte, geralmente feita ao longo do eixo geométrico da obra. Ele apresenta os alinhamentos verticais do terreno. A Figura 3.4 é um perfil longitudinal. A escala na base da figura mostra o estaqueamento do eixo geométrico, a escala vertical mostra as cotas altimétricas, a linha tracejada representa a linha do solo existente e a linha contínua indica o nível final proposto para a obra de terraplenagem.

3. *Seção transversal*. A **seção transversal** é formada por um plano que secciona o terreno na vertical em ângulos retos em relação a seu eixo longitudinal. As Figuras 3.5 e 3.6 apresentam seções de aterro e corte, respectivamente. A linha contínua denota o greide final da obra e a linha tracejada mostra o terreno preexistente.

Seções transversais

Se um projeto for do tipo linear, os volumes de material geralmente serão calculados com base nas seções transversais. As seções transversais são sistemas de representação gráfica produzidos por meio da combinação do *layout* do projeto e das medições tomadas em campo em ângulos retos ao eixo geométrico do projeto ou de um elemento do projeto, como uma vala de drenagem. Quando a superfície do solo for regular, as medições em campo costumam ser feitas em cada estaca inteira (100 pés). Já no caso de um terreno acidentado, as medições deverão ser feitas em intervalos mais frequentes e, particularmente, nos pontos de mudança de greide. Exemplos típicos de seções transversais são apresentados nas Figuras 3.5 e 3.6.

As seções transversais geralmente representam as cotas altimétricas do subleito acabado; mas esse fato deve ser sempre verificado (Figura 3.7). Se, ao contrário, os greides representarem o topo da pavimentação, a espessura da seção de pavimentação deve ser utilizada para ajustar os cálculos. Com base nos desenhos das seções transversais, o cálculo das áreas de corte e aterro pode ser feito por meio de diversos métodos.

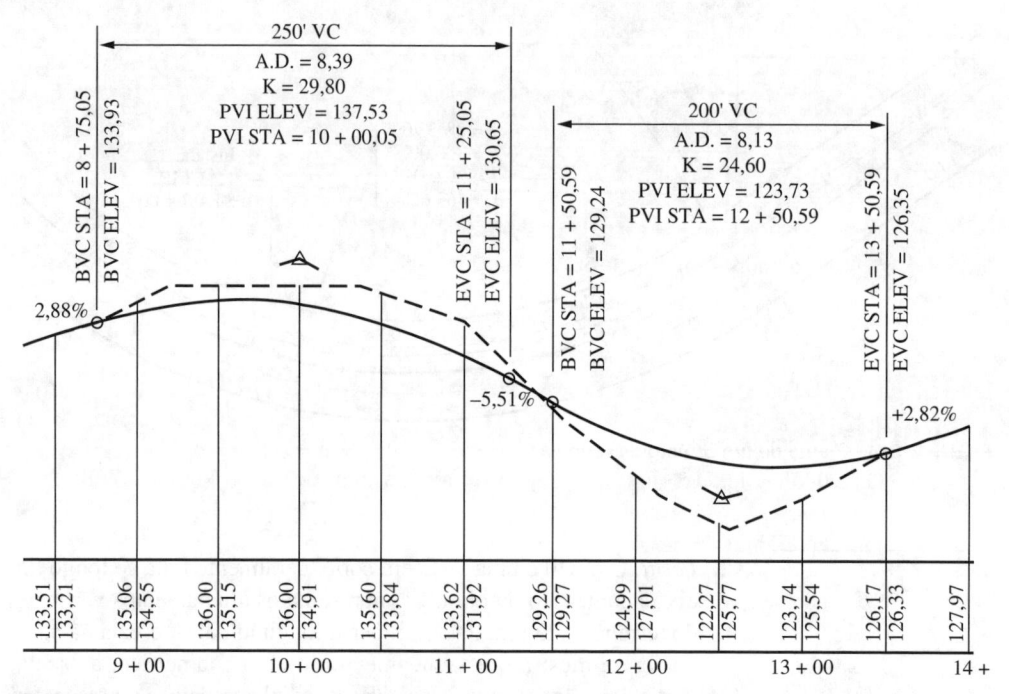

FIGURA 3.4 Perfil de um projeto de rodovia.

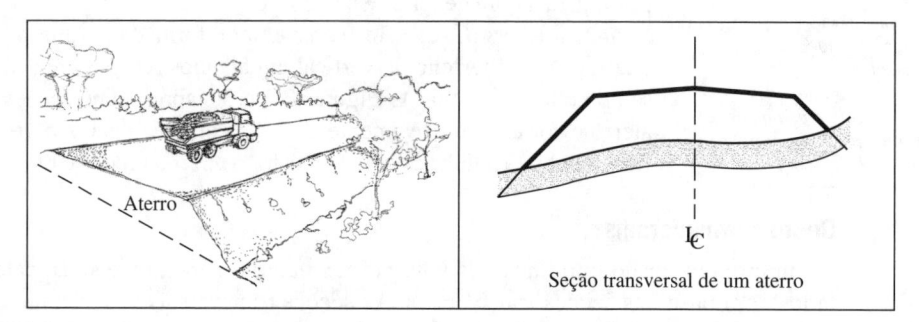

FIGURA 3.5 Seção transversal de uma obra de terraplenagem, no caso de um aterro.

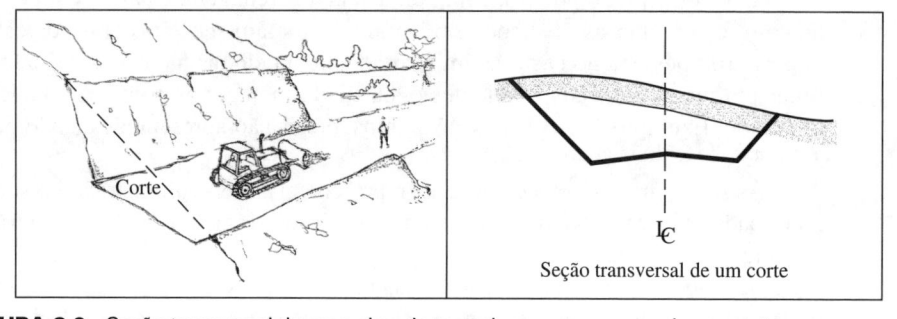

FIGURA 3.6 Seção transversal de uma obra de terraplenagem, no caso de um corte.

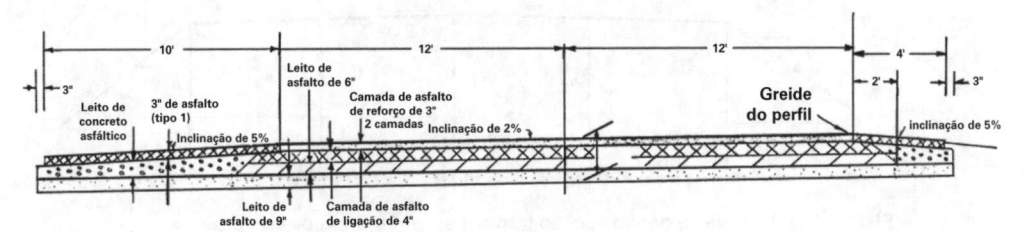

FIGURA 3.7 Seção transversal de uma obra de pavimentação.

DETERMINAÇÃO DE ÁREAS E VOLUMES DE UMA OBRA DE TERRAPLENAGEM

Os cálculos de terraplenagem envolvem a determinação dos volumes de trabalhos em terra, o equilíbrio de cortes e aterros no terreno e o planejamento dos transportes mais econômicos dos materiais. O primeiro passo no planejamento de uma operação de terraplenagem é estimar as quantidades envolvidas no projeto. A exatidão dos cálculos que podem ser feitos para uma obra de terraplenagem depende da extensão e precisão das medições em campo representadas nas plantas do projeto.

Determinação da área de seções de extremidade

O método escolhido para calcular a área de uma seção transversal de extremidade dependerá do tempo disponível e dos recursos à mão. A maioria das empresas atuais usa programas de computador comerciais e mesas digitalizadoras (veja a bibliografia no final deste capítulo) para determinas as áreas das seções transversais. Também é possível subdividir uma área em figuras geométricas que tenham fórmulas definidas para o cálculo de suas áreas (retângulos, triângulos, paralelogramos e trapézios) e o uso da fórmula trapezoidal.

Cálculos trapezoidais A matemática dos cálculos feitos por um computador se baseia na divisão do desenho em partes menores. O computador pode facilmente subdividir o desenho em um grande número de faixas, calcular o volume de cada faixa e então somar os volumes individuais para chegar ao volume de uma seção. Se os cálculos tiverem de ser feitos à mão, as fórmulas de área para o triângulo e o trapézio serão empregadas para calcular o volume:

$$\text{Área de um triângulo} = \frac{1}{2} hw \qquad [3.1]$$

onde h = altura do triângulo
w = base do triângulo

$$\text{Área de um trapézio} = \frac{(h_1 + h_2)}{2} \times w \qquad [3.2]$$

onde (veja a Figura 3.8) w = distância entre os lados paralelos
h_1 e h_2 = comprimentos dos dois lados paralelos

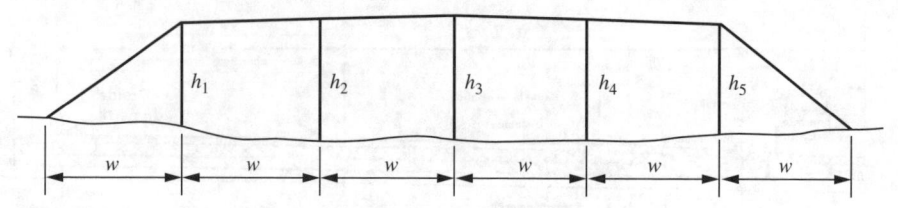

FIGURA 3.8 Divisão de uma seção transversal em triângulos e trapézios.

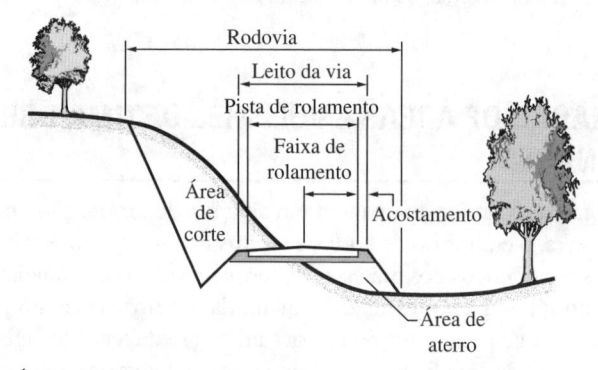

FIGURA 3.9 Áreas de corte e aterro na mesma seção transversal (seção transversal a meia encosta).

A fórmula geral do trapézio para o cálculo da área é

$$\text{Área} = \left(\frac{h_0}{2} + h_1 + h_2 + \cdots + h_{(n-1)} + \frac{h_n}{2}\right) \times w \qquad [3.3]$$

onde (veja a Figura 3.8) w = distância entre os lados paralelos
$h_0 \ldots h_n$ = comprimentos de cada um dos lados paralelos adjacentes

A precisão alcançada com o uso desta fórmula depende do número de faixas, mas é de cerca de ±0,5%.

No caso de construções a meia encosta (seção mista), tanto a área de corte como a de aterro podem aparecer na mesma seção transversal (Figura 3.9). Ao calcular as áreas, sempre é necessário calcular separadamente as áreas de corte e de aterro.

Método da área média das extremidades

área média das extremidades
Método de cálculo para a determinação do volume de material limitado por duas seções transversais ou áreas de extremidade.

O método da **área média das extremidades** costuma ser empregado para determinar o volume definido entre duas seções transversais ou áreas de extremidade. O princípio é que o volume do sólido limitado por duas seções transversais paralelas ou aproximadamente paralelas é igual à média das duas áreas das extremidades vezes a distância entre as seções transversais ao longo de suas linhas centrais (veja a Figura 3.10). A fórmula da área média das extremidades é

$$\text{Volume (jardas cúbicas líquidas)} = \frac{(A_1 + A_2)}{2} \times \frac{L}{27} \qquad [3.4]$$

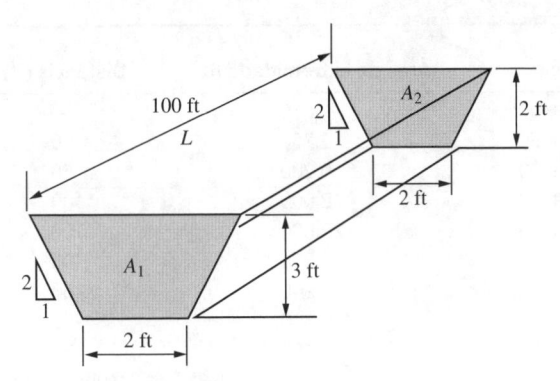

FIGURA 3.10 Volume entre duas áreas de extremidade.

onde (veja a Figura 3.10) A_1 e A_2 = áreas em pés quadrados das áreas das seções de extremidade respectivas

L = o comprimento em pés entre as áreas das extremidades

EXEMPLO 3.1

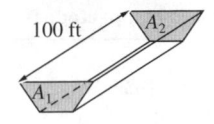

Calcule o volume entre duas áreas de extremidade distanciadas em 100 ft (= 30,48 m) (veja a Figura 3.10). A área da extremidade 1 (A_1) é 10,5 ft² (0,975 m²), enquanto a da extremidade 2 (A_2) é 6 ft² (=0,557 m²).

$$\text{Volume} = \frac{(10,5 \text{ sf} + 6 \text{ sf})}{2} \times \frac{100 \text{ ft}}{27 \text{ ft}^3/\text{cy}} = 30,6 \text{ cy}^*$$

onde ft³ significa pés cúbicos

*Se as seções transversais (as duas áreas das extremidades) representarem a situação de um corte, as unidades do cálculo serão jardas cúbicas naturais (1 jarda cúbica em seu estado natural ou bcy). Se for o caso de um aterro na obra de terraplenagem, as unidades do cálculo serão em jardas cúbicas compactadas (ccy), uma vez que a seção transversal de um aterro corresponderá a uma situação de terreno compactado.

O princípio da área média das extremidades não é muito preciso, pois a média das duas áreas das extremidades não é a média aritmética de muitas áreas intermediárias. O método fornece volumes ligeiramente maiores do que os volumes reais. A precisão é de ±1,0%. No caso de mudanças radicais em planta ou perfil, áreas de extremidade adicionais devem ser geradas para aumentar a precisão.

EXEMPLO 3.2

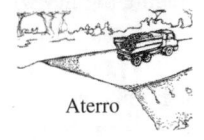

O volume entre as áreas de extremidade de um talude (aterro) apresentadas na tabela é calculado usando-se o método da área média das extremidades. O volume total da seção transversal (a soma dos volumes individuais) também é dado.

Estaca	Área da extremidade (ft²)	Distância (ft)	Volume (jardas cúbicas compactadas)
150 + 00	360	—	—
150 + 50	3.700	50	3.759
151 + 00	10.200	50	12.870
152 + 00	18.000	100	52.222
153 + 00	23.500	100	76.852
154 + 00	12.600	100	66.852
155 + 00	5.940	100	34.333
155 + 50	2.300	50	7.630
156 + 00	400	50	2.500
		Volume total	257.018

Neste exemplo, o intervalo entre as seções transversais é 100 pés, exceto entre as estacas 150 + 00 e 151 + 00 e entre as estacas 155 + 00 e 156 + 00, onde o intervalo é 50 pés. O volume total calculado é 257.018 jardas cúbicas compactadas.

Se os intervalos de 50 pés forem omitidos – isto é, se considerarmos que as escavações foram feitas somente nas estacas inteiras – os cálculos seriam conforme os mostrados nesta tabela.

Estaca	Área da extremidade (ft²)	Distância (ft)	Volume (jardas cúbicas compactadas)
150 + 00	360	—	—
151 + 00	10.200	100	19.556
152 + 00	18.000	100	52.222
153 + 00	23.500	100	76.852
154 + 00	12.600	100	66.852
155 + 00	5.940	100	34.333
156 + 00	400	100	741
		Volume total	250.556

A diferença é de 6.462 jardas cúbicas compactadas. Este exemplo enfatiza a importância do espaçamento entre as seções transversais e a possível introdução de um erro de cálculo de volume. O erro, neste caso, é 2,5%, com base no volume real de 257.018 jardas cúbicas compactadas, usando um número de dados maior.

Embora as seções transversais possam ser tomadas em quaisquer intervalos consecutivos ao longo do eixo de projeto (eixo ou linha central), você deve exercitar o bom senso, dependendo particularmente da irregularidade dos terrenos e da existência de curvas fechadas. No caso das curvas fechadas, o espaçamento de 25 ft (cerca de 7,5 metros) costuma ser adequado.

Remoção do solo superficial

A camada superior de material encontrada em uma escavação frequentemente é de solo superficial (material orgânico), que resulta da decomposição de matéria vegetal e animal. Esse material orgânico inadequado costuma ser chamado de

| capa (cobertura) de solo superficial
| *A camada superior de matéria orgânica que deve ser removida antes do início uma escavação ou do lançamento de um aterro.*

capa (ou cobertura) de solo superficial.* A camada de solo superficial não pode ser utilizada em aterros e geralmente deve ser removida com um trabalho de escavação separado. Ela pode ser recolhida e descartada ou armazenada para ser usada posteriormente no próprio projeto, no recobrimento de taludes que precisem de material orgânico para promover o crescimento da vegetação. Se os aterros tiverem altura limitada, a matéria orgânica que fica abaixo da projeção horizontal do pé do aterro deverá ser removida antes que possa começar o lançamento do aterro (veja a Figura 3.11). No caso dos aterros com altura superior a 5 ft (1,5 metros), a maior parte das especificações permite que a matéria orgânica permaneça, se sua espessura não ultrapassar algumas polegadas (5 ou 10 cm). Ao calcular o volume das seções transversais em corte, a quantidade de solo superficial removido deve ser subtraída do volume líquido (veja a Figura 3.12). No caso das seções transversais em aterro, a quantidade deve ser somada ao volume de aterro calculado (veja a Figura 3.12).

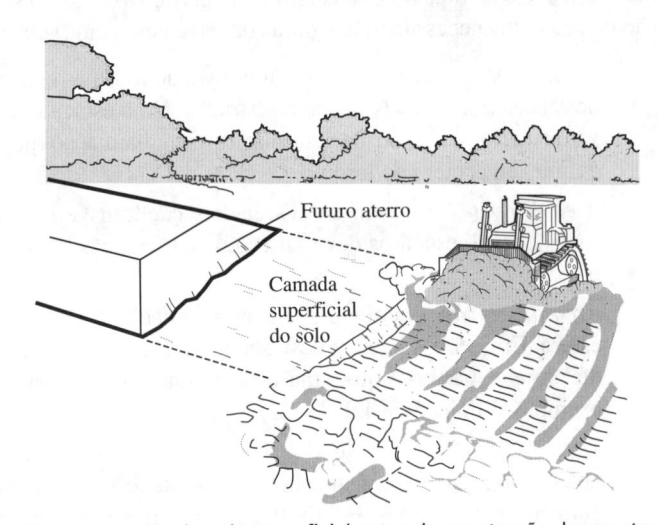

FIGURA 3.11 A remoção do solo superficial antes da construção de um aterro.

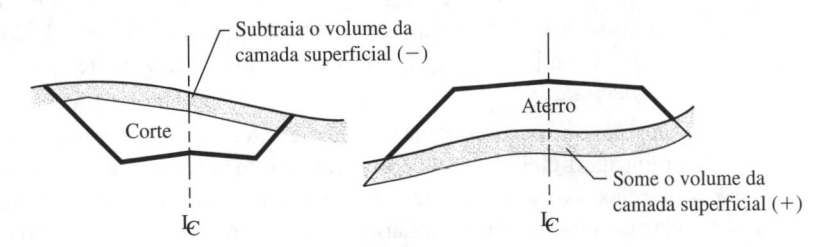

FIGURA 3.12 O efeito da camada do solo superficial nos cálculos dos volumes de corte e aterro.

---

* N. de R.T.: Por isso, geralmente a remoção desse material é denominado decapagem.

O volume líquido

Os volumes calculados das escavações representam dois estados materiais diferentes. Os volumes das seções transversais em aterro representam o volume compactado. Se o volume for expresso em jardas cúbicas, a notação será em jardas cúbicas compactadas (ccy). No caso de cortes, o volume é o volume *in situ* natural. O termo *volume no terreno* é usado para se referir a este volume *in situ*; se o volume for expresso em jardas cúbicas, a notação será em jardas cúbicas naturais (bcy). Se os volumes de corte e aterro precisarem ser combinados, eles deverão ser convertidos em volumes compatíveis. Na Tabela 3.1, a conversão de jardas cúbicas compactadas a jardas cúbicas naturais é feita dividindo o volume compactado por 0,90. A base teórica para se fazer as conversões de volume de solo é explicada no Capítulo 4.

solo *in situ*
O solo natural e não perturbado em seu local de origem.

A planilha de volumes de uma obra de terraplenagem

Uma planilha de volumes de obra de terraplenagem, que pode ser facilmente elaborada com o uso de uma planilha eletrônica, permite o registro sistemático e a realização dos cálculos necessários das obras de terraplenagem (veja a Tabela 3.1).

Estaca. A coluna 1 apresenta uma lista de todas as estacas nas quais as áreas de seções transversais foram registradas. Uma estaca inteira está em um intervalo de 100 pés. O termo estaca se refere à marcação que o topógrafo faz para definir um projeto no terreno.

Área de corte. A coluna 2 é a área da seção transversal em corte de cada estaca. Em geral, esta área deve ser calculada com base nas seções transversais do projeto.

Área de aterro. A coluna 3 é a área da seção transversal em aterro de cada estaca. Em geral, esta área deve ser calculada com base nas seções transversais do projeto. Observe que uma estaca pode incluir cortes e aterros (veja, por exemplo, a linha 5 da Tabela 3.1).

Volume de corte. A coluna 4 é o volume de corte entre a estaca adjacente anterior e a estaca em questão. Costuma-se usar a fórmula da área média entre as extremidades, Eq. [3.4], para calcular este volume. Este é um volume *natural*.

Volume de aterro. A coluna 5 é o volume de aterro entre a estaca adjacente anterior e a estaca em questão. Costuma-se usar a fórmula da área média entre as extremidades, Eq. [3.4], para calcular este volume. Este é um volume *compactado*.

Camada de solo superficial em corte. A coluna 6 é o volume da cobertura de solo superficial acima do corte entre a estaca adjacente anterior e a estaca em questão. Costuma-se calcular este volume multiplicando a distância entre as estacas inteiras ou fracionárias pela largura do corte. Isso fornece a área da projeção horizontal (em planta) do corte. A área da projeção horizontal é então multiplicada pela profundidade média da camada superior do solo, obtendo-se o volume da cobertura de material orgânico. Isso representa o volume natural

Capítulo 3 O planejamento das obras de terraplenagem 75

TABELA 3.1 Planilha de cálculo do volume de uma obra de terraplenagem

	Estaca (1)	Corte na área da extremidade (ft²) (2)	Aterro na área da extremidade (ft²) (3)	Volume de corte (bcy) (4)	Volume do aterro (ccy) (5)	Camada de solo superficial em corte (bcy) (6)	Camada de solo superficial em aterro (ccy) (7)	Corte total (bcy) (8)	Aterro total (ccy) (9)	Aterro corrigido (bcy) (10)	Soma algébrica (bcy) (11)	Volumes acumulados (12)
(1)	0 + 00	0	0									
(2)	0 + 50	0	115	0	106	0	18	0	124	138	−138	−138
(3)	1 + 00	0	112	0	210	0	30	0	240	267	−267	−405
(4)	2 + 00	0	54	0	307	0	44	0	351	390	−390	−796
(5)	2 + 50	64	30	59	78	0	22	59	100	111	−52	−847
(6)	3 + 00	120	0	170	28	26	0	144	28	31	114	−734
(7)	4 + 00	160	0	519	0	76	0	443	0	0	443	−291
(8)	5 + 00	317	0	883	0	74	0	809	0	0	809	518
(9)	6 + 00	51	0	681	0	60	0	621	0	0	621	1.140
(10)	6 + 50	46	6	90	6	21	0	69	6	6	63	1.202
(11)	7 + 00	0	125	43	121	0	25	43	146	163	−120	1.082
(12)	8 + 00	0	186	0	576	0	81	0	657	730	−730	352
(13)	8 + 50	0	332	0	480	0	69	0	549	610	−160	−257

de material escavado. Em geral, a camada superficial do solo não é adequada para o uso em aterros. A profundidade média da camada superficial do solo deve ser determinada por uma análise de campo.

Camada de solo superficial em aterro. A coluna 7 é o volume da cobertura de solo superficial abaixo do aterro entre a estaca adjacente anterior e a estaca em questão. Costuma-se calcular este volume multiplicando a distância entre as estacas inteiras ou fracionárias pela largura do aterro. Isso fornece a área da projeção horizontal (em planta) do aterro em planta baixa. A área da projeção horizontal do aterro é então multiplicada pela profundidade média da camada superior do solo, obtendo-se o volume da cobertura de material orgânico. A camada superficial do solo é um volume *natural*, mas também representa uma exigência adicional de material de aterro ou de volume compactado de aterro.

Volume total do corte. A coluna 8 é o volume do material de corte que está disponível para a construção em um aterro. Ele é calculado subtraindo a camada de solo superficial em corte (coluna 6) do volume do corte (coluna 4). As colunas 4 e 6 são quantidades de volume natural.

Volume total do aterro. A coluna 9 é o volume total de aterro necessário. Ele é calculado por meio da soma da camada do solo superficial em aterro (coluna 7) ao volume do aterro (coluna 5). Neste caso, tanto a coluna 5 quanto a 7 caracterizam por quantidades de volume compactadas.

Aterro corrigido. A coluna 10 é o volume total do aterro total convertido de volume compactado para volume natural.

Soma algébrica. A coluna 11 é a diferença entre a coluna 10 e a coluna 8. Isso indica o volume de material que está disponível (corte é positivo) ou é exigido (aterro é negativo) dentro dos incrementos de estaca após a compensação entre as estacas.

Volumes acumulados. A coluna 12 é o total acumulado dos valores da coluna 11 a partir de algum ponto de início do perfil longitudinal do projeto.

Quando as estacas sendo somadas forem seções transversais de escavação, o valor desta coluna aumentará. Embora a soma de uma seção transversal de aterro resulte em uma diminuição do valor da coluna 12, observe que qualquer material que puder ser utilizado dentro do intervalo entre estacas não é levado em consideração no volume acumulado e, consequentemente também não é considerado no **diagrama de massas**.

O diagrama de massas considera apenas o material que deve ser transportado além dos limites de duas seções transversais que definem o volume do material. Quando houver tanto cortes como aterros entre um conjunto de estacas, somente o excesso de uma dessas medições em relação à outra é usado para cálculo do volume acumulado.

---

diagrama de massas
Nos cálculos de obras de terraplenagem, é uma representação gráfica das quantidades algébricas acumuladas dos cortes e aterros ao longo do eixo de projeto, onde o corte é positivo e o aterro é negativo. Ele é empregado para calcular o transporte em termos da distância entre estacas.

FIGURA 3.13 O diagrama de massas fornece as informações para a decisão sobre em que direção o material deve ser transportado no projeto.

> O material de corte entre duas estacas sucessivas é utilizado inicialmente para satisfazer as exigências de aterro entre essas mesmas duas estacas sucessivas antes que haja uma contribuição ao valor do volume acumulado. Da mesma maneira, se a exigência de aterro entre duas estacas sucessivas for superior ao corte disponível, inicialmente a contribuição do corte será considerada. Somente depois que todo o material da escavação for utilizado, haverá uma contribuição de aterro ao valor do volume acumulado.

O material empregado entre duas estacas sucessivas é considerado como se estivesse se movendo em ângulo reto em relação ao eixo do projeto e, portanto, frequentemente é chamado de *compensação lateral ou compensação transversal*. O material restante em ambos os casos representa o transporte ou compensação longitudinal ao longo do projeto e o diagrama de massas lhe permite decidir em qual direção o material deve ser transportado (Figura 3.13).

DIAGRAMA DE MASSAS

A terraplenagem é basicamente uma operação na qual o material é removido de pontos elevados e depositado em pontos baixos, com a "compensação" de quaisquer déficits por meio de empréstimos ou o descarte (bota-fora) de material de corte em excesso. O diagrama de massas é um método excelente para a análise de operações lineares de terraplenagem. Trata-se de um meio gráfico para a medição da distância de transporte (estacas) em termos de volume de terraplenagem. O momento de transporte é uma medida do trabalho, que pode ser expressa em *station yard* (uma *station yard* significa a movimentação de uma jarda cúbica na distância entre duas estacas inteiras consecutivas.*

---

* N. de R. T.: No Brasil, adotam-se usualmente como unidade de momento de transporte $m^3.km$, m^4 ou t.km.

Em um gráfico de diagrama de massas, a dimensão horizontal representa as estacas de um projeto (coluna 1 da Tabela 3.1) e a dimensão vertical (coluna 12 da Tabela 3.1) representa a soma acumulada de escavação e aterro a partir de algum ponto do início do perfil do projeto. O diagrama fornece informações sobre:

1. as quantidades de materiais;
2. as distâncias médias de transporte; e
3. os tipos de equipamento que devem ser levados em consideração para que se possa executar a obra de terraplenagem.

Quando combinada com um perfil do terreno, a inclinação média dos segmentos de transporte poderá ser estimada. O diagrama de massas é uma das ferramentas mais efetivas para o planejamento da movimentação de material em qualquer projeto linear.

O diagrama de massas é desenhado usando os dados da coluna 1 da planilha de volumes de terraplenagem como a localização na escala horizontal (abcissa) de um ponto e os dados da coluna 12 como a localização na escala vertical (ordenada) correspondente ao mesmo ponto (veja a parte inferior da Figura 3.14). Os valores positivos de volumes acumulados são apresentados acima da linha de referência zero e os valores negativos, abaixo. A parte superior da Figura 3.14 é o perfil longitudinal do mesmo projeto.

As propriedades dos diagramas de massas

Um diagrama de massas é um total acumulado da quantidade de material em excesso ou em falta ao longo do perfil longitudinal do projeto. Uma operação de escavação produz uma curva *ascendente* no diagrama de massas; a quantidade de escavação é maior do que as exigências de quantidade do aterro. Na Figura 3.14, há uma escavação sendo feita entre as estacas A e B e entre as estacas D e E. O volume total da escavação entre A e B é obtido projetando-se horizontalmente no eixo vertical os *pontos do diagrama de massas* das estacas A e B e lendo-se a diferença entre os dois volumes. Inversamente, se a operação for de aterro, haverá uma falta de material e será gerada uma curva *descendente*; isto é, a necessidade de aterro é maior do que quantidade de escavação que está sendo gerada. Entre as estacas B e D, está acontecendo um aterro. O volume do aterro pode ser calculado de modo similar ao do cálculo da escavação, projetando-se os pontos da linha do diagrama de massas na escala vertical.

Os *pontos de máximos* ou mínimos do diagrama de massas – isto é, onde a curva deixa de subir e passa a descer ou o contrário – indicam uma mudança de uma situação de escavação a uma situação de aterro ou vice-versa. Esses pontos são chamados de *pontos de transição* (ou *pontos de passagem*). No perfil do solo, a linha de greide do projeto está cruzando a linha do terreno natural (veja a Figura 3.14, nas estacas B e D).

Quando a curva do diagrama de massas cruza a linha de referência (ou volume zero), como acontece na estaca C, a quantidade exata de material que está sendo escavada (entre as estacas A e B) é necessária para o aterro entre as estacas B e C. Não há excesso ou falta de materiais no ponto C do projeto. A posição final da curva do diagrama de massas acima ou abaixo da linha de referência indica se o projeto apresenta material em excesso que deve ser descartado ou se há uma falta de material que

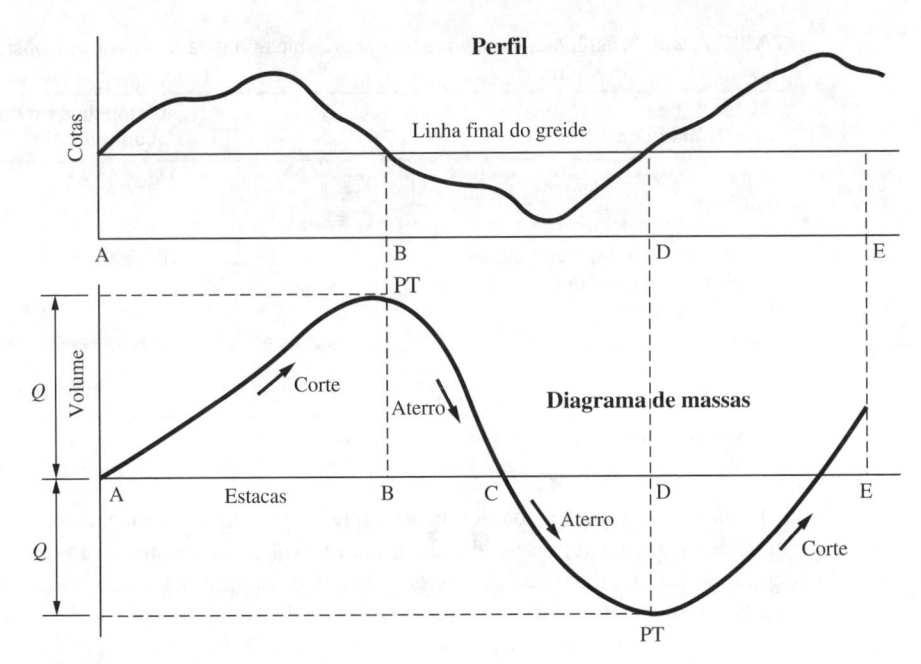

FIGURA 3.14 Propriedades de um diagrama de massas.

deve ser compensada com o empréstimo de materiais de fora dos limites do projeto. A estaca E da Figura 3.14 indica uma situação de excesso de material, que terá de ser transportado para fora dos limites do projeto.

O USO DO DIAGRAMA DE MASSAS

O diagrama de massas é uma ferramenta de análise utilizada para a seleção dos equipamentos mais apropriados para a escavação e o transporte de material. A análise é realizada por meio de linhas de terra equilíbrio e do cálculo dos transportes médios.

As linhas de compensação

linha de compensação ou linha de terra
Linha horizontal de comprimento específico que intercepta o diagrama de massas em dois locais.

Uma **linha de compensação** (também chamada de **linha de terra**) é uma linha horizontal de comprimento específico que intercepta o diagrama de massas em dois lugares. A linha de compensação pode ser construída de modo que seu comprimento seja a distância de transporte máxima para diferentes tipos de equipamento. A distância de transporte máxima é a distância econômica limitadora para um determinado tipo de equipamento (veja a Tabela 3.2).

A Figura 3.14 mostra uma linha de compensação desenhada em parte do diagrama de massas. Se ela tivesse sido desenhada para uma grande unidade escavo-transportadora (escrêiper) carregada com auxílio de um trator (*pusher*), a distância entre as estacas A e C seria de 5.000 pés. Entre as extremidades da linha de compensação, o volume de corte gerado equivale ao volume de aterro necessário. Entre as

TABELA 3.2 Distâncias de transporte econômicas baseadas nos tipos básicos de máquina

Tipo de máquina	Distância de transporte econômica
Grandes buldôzeres (empurrando material)	Até 300 ft*
Unidades escavo-transportadoras (escrêiperes) carregadas com auxílio de um trator (*pusher*)	De 300 a 5 mil ft*
Caminhões	Distâncias superiores a 5 mil ft

*A distância exata dependerá do tamanho do buldôzer ou escrêiper.

estacas A e C, a quantidade de material que os escrêiperes transportarão é indicada na escala vertical e representada pela linha vertical Q. Ao examinar tanto o perfil longitudinal como o diagrama de massas, você pode determinar a direção de transporte do material do corte. O diagrama de massas estabelece para qual local de aterro cada parte do corte deve ser transportada. Observe a seta no perfil da Figura 3.15.

Ao realizar a obra de terraplenagem equilibrada entre as estacas A e C, parte dos transportes será curta e parte se aproximará da distância de transporte máxima. A *distância média de transporte* pode ser calculada determinando inicialmente a área definida pela linha de compensação e a curva do diagrama de massas e então dividindo essa área pela quantidade total de material a ser transportado (a distância vertical máxima entre a linha de compensação e a curva do diagrama de massas).

Se a curva ficar acima da linha de compensação, a direção do transporte será da esquerda para a direita, isto é, na ordem crescente das estacas. Quando a curva ficar

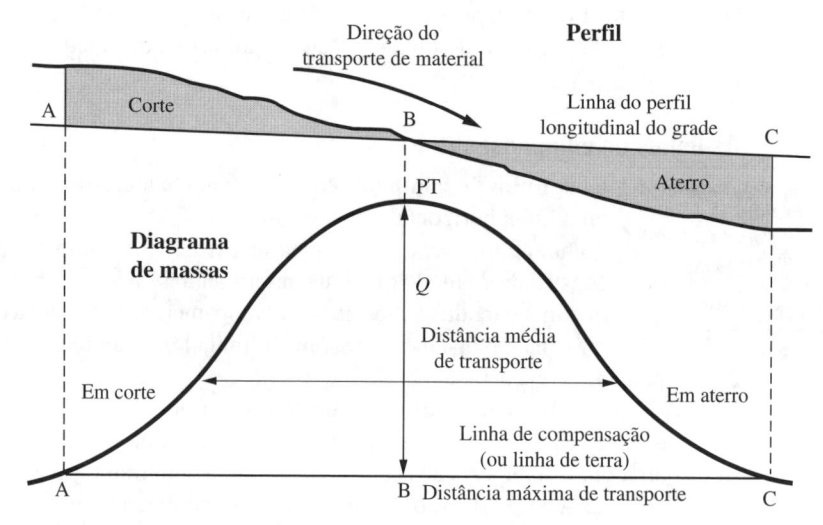

FIGURA 3.15 Diagrama de massas com uma linha de compensação.

abaixo da linha de compensação, o transporte será feito da direita para a esquerda – isto é, na ordem decrescente das estacas.

Como os comprimentos das linhas de compensação de um diagrama de massas são iguais às distâncias de transporte máximas ou mínimas para a obra de terraplenagem bem equilibrada, elas devem ser desenhadas de modo a se adequar às capacidades dos equipamentos particulares que serão utilizados. Portanto, os equipamentos trabalharão em distâncias de transporte que estão dentro de sua faixa de eficiência. A Figura 3.16 ilustra parte de um diagrama de massas no qual duas linhas de compensação foram desenhadas. Nesta situação, planeja-se que serão empregados buldôzeres para empurrar o material a curtas distâncias. Com o uso de buldôzeres, a escavação entre as estacas C e D será colocada entre as estacas D e E. Depois um escrêiper escavará o material entre as estacas A e C e o transportará para o aterro entre as estacas E e G.

A inclinação média de transporte

Quando o diagrama de massas e o perfil do projeto são representados um sobre o outro, como vemos nas Figuras 3.15 e 3.17, as inclinações (rampas) médias do transporte das operações de terraplenagem podem ser estimadas. Usando o perfil, trace uma linha horizontal que divida aproximadamente a área de corte pela metade na dimensão vertical (veja a Figura 3.17). Faça o mesmo na área de aterro. Esta é uma divisão de apenas aquela parte da área de corte ou aterro definida pela linha de compensação em questão. A diferença de cota entre essas duas linhas fornece a distância vertical que usaremos para o cálculo da inclinação média de transporte do material de

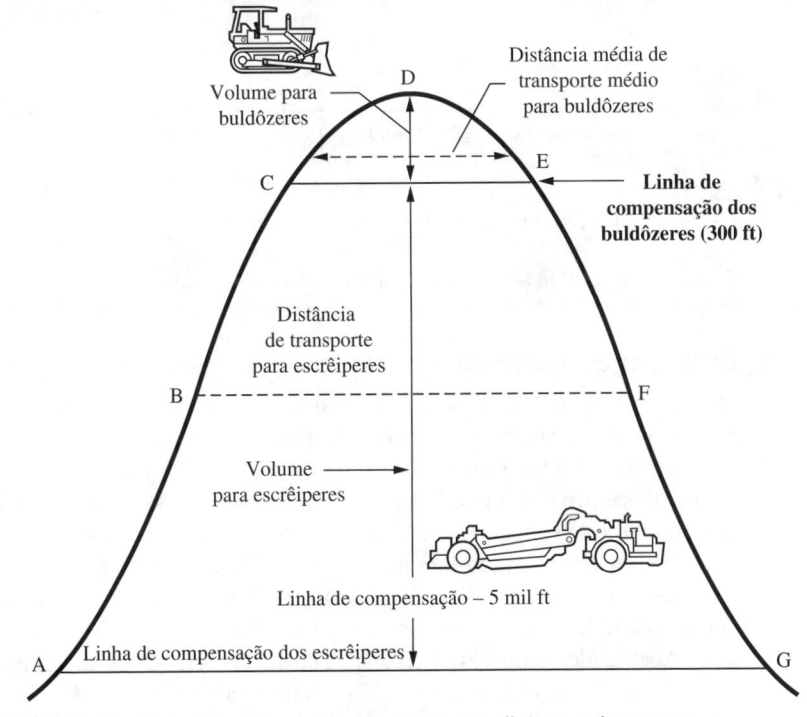

FIGURA 3.16 Duas linhas de compensação em um diagrama de massas.

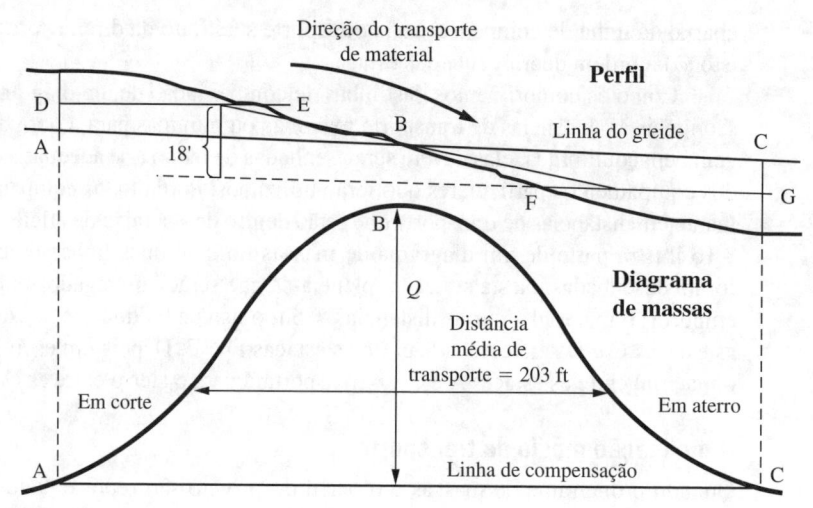

FIGURA 3.17 O uso do diagrama de massas e do perfil para a determinação dos greides de transporte médios.

modo equilibrado. A distância média de transporte, determinada pelo traçado de uma linha horizontal no diagrama de massas, é o denominador no cálculo da inclinação.

$$\text{Percentual médio de inclinação} = \frac{\text{Variação de cota}}{\text{Distância média de transporte de material}} \times 100$$

[3.5]

EXEMPLO 3.3

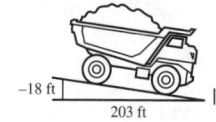

Calcule a inclinação média para o transporte equilibrado mostrado na Figura 3.16.

$$\text{Inclinação média de transporte do corte para o aterro} = \frac{-18 \text{ ft}}{203 \text{ ft}} \times 100 = -8,9\%$$

A viagem de retorno será realizada com inclinação de 8,9%.

Distâncias de transporte

O diagrama de massas pode ser utilizado para determinar as distâncias médias de transporte. Se os valores da coluna 8 da Tabela 3.1 (volume de corte) entre a estaca 0 + 00 e 8 + 50 forem somados, o total será 2.188 bcy. Este é o volume total de escavação dentro dos limites do projeto. Se os valores positivos da coluna 11 (soma algébrica) forem somados, o total será 2.049 bcy, que é o volume total de escavação que deve ser transportado longitudinalmente. A diferença entre esses dois valores é a compensação lateral do projeto, 139 bcy. Muitas construtoras consideram essa compensação lateral como um serviço para buldôzeres.

Analisando os valores da coluna 12 da Tabela 3.1, vemos que há um ponto baixo ou rincão de 847 bcy na estaca 2 + 50 e um ponto alto ou pico de 1.202 bcy na estaca 6 + 50. A soma dos valores absolutos dos pontos altos e baixos equivale à escavação total que deve ser feita longitudinalmente (847 + 1.202 = 2.049 bcy). A curva pode ter picos e rincões intermediários (veja Figura 3.18) e todos devem ser levados em consideração quando calculamos a quantidade de material que deve ser movido longitudinalmente.

Fazendo a análise dos valores na coluna 12 da Tabela 3.3, vemos que há um ponto baixo ou rincão de −28.539 bcy na estaca 5 + 00, um ponto alto ou pico de −17.080 bcy na estaca 8 + 00 e um segundo ponto baixo de −22.670 bcy na estaca 10 + 00. A soma dos valores absolutos dos pontos altos e baixos equivale à escavação total que deve ser feita longitudinalmente [(28.539 − 17,080) + (22.670 − 17.080) + (17.080 − 0) = 34.120 bcy)]. O Transporte 1 envolve 11.459 bcy, o transporte 2, 5.590 bcy e o transporte 3, 17.080 bcy.

O cálculo da distância de transporte

A distância de transporte média de qualquer um dos transportes individuais pode ser determinada por meio de um cálculo. Dividindo a área (na Figura 3.18, as unidades são *station-cubic yards*) definida pela linha de compensação e a curva do diagrama de massas pela quantidade de material transportado (na Figura 3.18, as unidades de volume são jardas cúbicas), obteremos a distância de transporte média (estacas).

A área (a unidade *station-cubic yard* é chamada geralmente *station-yard*) definida pela linha de compensação, pela curva do diagrama de massas e pela linha de referência zero que é o Transporte 3 pode ser calculada com o uso de uma fórmula trapezoidal (Eq. [3.3]). A vertical em h_0 (estaca 0 + 00) é 0 bcy, em h_1 é 3.631 bcy, em h_2 é 13.641 bcy, de h_3 até a h_{13} é 17.080 bcy, em h_{14} é 8.502 bcy, e em h_{15} é 0 bcy. Para as estacas 0 + 00 e 15 + 00, a estaca inicial e a estaca final da equação (h_0 e h_n), o valor é dividido por 2. Mas 0 dividido por 2 continua sendo 0, então a área equivale à soma de cada um dos valores verticais vezes a distância entre as verticais, que é 1 (uma estaca). A soma dos valores verticais é 213.654 bcy, e, multiplicando-se por uma estaca, temos uma área de 213.645 *station-yards* (sta.-yd).

A quantidade de material transportado é 17.080bcy. Consequentemente, o transporte médio calculado pela soma das verticais para o Transporte 3 é 12,51 estacas, ou seja, 12.510 pés.

$$\left(\frac{213.654 \text{ station-yards}}{17.080 \text{ bcy}} = 12{,}51 \text{ estacas} \right)$$

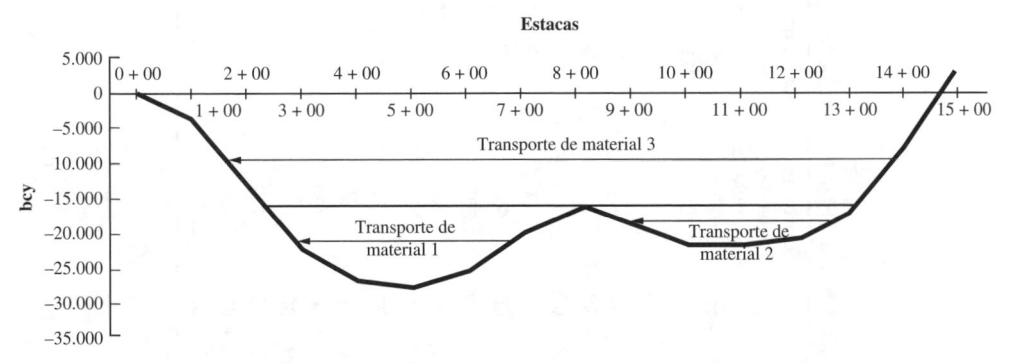

FIGURA 3.18 Diagrama de massas elaborado com base nos dados da Tabela 3.3.

TABELA 3.3 Planilha de cálculo do volume da obra de terraplenagem para o diagrama de massas da Figura 3.18

Estaca (1)	Corte na área da extremidade (ft²) (2)	Aterro na área da extremidade (ft²) (3)	Volume da corte (bcy) (4)	Volume do aterro (ccy) (5)	Camada de solo superficial em corte (bcy) (6)	Camada de solo superficial em aterro (ccy) (7)	Corte total (bcy) (8)	Aterro total (ccy) (9)	Aterro corrigido (bcy) (10)	Soma algébrica (bcy) (11)	Valores acumulados (12)
0 + 00	0	0		0	0		0	0	0,90		
1 + 00	0	1.700	0	3.148	0	120	0	3.268	3.631	−3.631	−3.631 ↓
2 + 00	0	3.100	0	8.889	0	120	0	9.009	10.010	−10.010	−13.641
3 + 00	0	1.500	0	8.519	0	120	0	8.639	9.598	−9.598	−23.240
4 + 00	60	600	111	3.889	60	80	51	3.969	4.410	−4.359	−27.598
5 + 00	400	200	852	1.481	80	60	772	1.541	1.713	−941	−28.539 ↓
6 + 00	1.300	30	3.148	426	110	10	3.038	436	484	2.554	−25.985
7 + 00	2.400	400	6.852	796	120	85	6.732	881	979	5.753	−20.223
8 + 00	800	850	5.926	2.315	90	100	5.836	2.415	2.683	3.153	−17.080 ↓
9 + 00	50	1.250	1.574	3.889	5	120	1.569	4.009	4.454	−2.885	−19.965
10 + 00	95	180	269	2.648	20	10	249	2.658	2.953	−2.705	−22.670 ↓
11 + 00	200	8	546	348	60	0	486	348	387	99	−22.571
12 + 00	560	0	1.407	15	65	0	1.342	15	16	1.326	−21.245
13 + 00	1.430	0	3.685	0	100	0	3.585	0	0	3.585	−17.660
14 + 00	3.580	0	9.278	0	120	0	9.158	0	0	9.158	−8.502
15 + 00	2.600	0	11.444	0	110	0	11.334	0	0	11.334	2.833

Há um pequeno erro de cálculo por que a curva descendente do diagrama de massas na verdade (1) alcança −17.080 em algum ponto entre as estacas 2 + 00 e 3 + 00; (2) a curva ascendente alcança −17.080 em algum ponto entre as estacas 13 + 00 e 14 + 00; e (3) alcança a linha de compensação zero em algum ponto entre as estacas 14 + 00 e 15 + 00. Não há dado algum para determinar exatamente onde a curva alcança −17.080 ou começa a subir daquele nível ou onde ela alcança o 0. Se considerarmos uma inclinação linear entre os valores das estacas dadas, os pontos poderão ser calculados. No caso do diagrama de massas e dados da Tabela 3.3 (Figura 3.18) os locais calculados são: (1) a curva de descida alcança −17.080 bcy na estaca 2 + 35,8; (2) começa a subir de 17.080 bcy na estaca 13 + 06,3; e (3) alcança 0 bcy na estaca 14 + 75,0. Quando esses pontos são utilizados no cálculo, a área determinada pela linha de compensação, a curva do diagrama de massas e a linha de referência zero é −213.966 *station-yards* e a distância média de transporte é 12,53 estacas. A Tabela 3.4 apresenta um resumo dos valores de distâncias médias de transporte obtidos com ambas as estratégias de cálculo

Transportes médios consolidados

Usando as distâncias médias de transporte individuais e a quantidade associada a cada uma delas, você pode calcular a distância média de transporte de um projeto. O processo de cálculo é similar àquele empregado para calcular a distância média de transporte dos deslocamentos individuais. Considere os três transportes representados na Figura 3.18 e as distâncias médias de transporte pela soma de seus valores verticais. O Transporte 1 corresponde a 11.459 bcy, com uma distância média de transporte de 351 pés ou 3 + 51 estacas. O Transporte 2 corresponde a 5.590 bcy, com uma distância média de transporte de 335 pés; e o Transporte 3, a 17.080 bcy, com uma distância média de transporte de 12.510 pés. Multiplicando-se cada volume de transporte por sua distância de transporte respectiva, podemos determinar um valor em *station-yard*.

Transporte 1	11.459 bcy	estacas 3 + 51	40.221 *sta.-yd*
Transporte 2	5.590 bcy	estacas 3 + 35	18.727 *sta.-yd*
Transporte 3	17.080 bcy	estacas 12 + 51	213.671 *sta.-yd*
	34.129 bcy		272.619 *sta.-yd*

Se os valores isolados em *station-yard* forem somados e esse valor total for dividido pela quantidade total de solo movimentado, o resultado será a distância média de transporte do projeto. Neste caso, a distância média de transporte do projeto é 8,0 estacas (272.619 *station-yard*/34.129 jardas).

Se todos os transportes tiverem mais ou menos a mesma distância, o responsável pela estimativa poderá consolidar os cálculos de produção das máquinas usando

TABELA 3.4 Distâncias de transporte calculadas

Transporte	Volume	Soma dos valores verticais (sta.)	Pontos calculados (sta.)
1	11.459 bcy	3 + 51	3 + 41
2	5.590 bcy	3 + 35	3 + 30
3	17.080 bcy	12 + 51	12 + 53

um processo de média de valores. No caso dos dados apresentados na Tabela 3.3 e na Figura 3.18, fica evidente que há duas situações de transporte muito distintas neste projeto: duas seções com transporte curto e uma seção com transporte longo. Cada uma dessas duas situações provavelmente exigirá um número diferente de unidades de transporte. A situação do transporte curto terá tempos de transporte menores e, portanto, exigirá menos unidades para que se obtenha uma produção contínua. Já o transporte longo exigirá mais unidades. Considerando que os greides de transporte sejam mais ou menos equivalentes, responsável pela estimativa não irá calcular a produção para cada parte individual do diagrama de massas. Isso também é determinado pela situação prática de não se mobilizar e desmobilizar várias quantidades de máquinas para pequenas diferenças em transportes.

Considerando os dados da Tabela 3.3, responsável pela estimativa provavelmente desenvolveria dois cenários de produção. O primeiro cenário seria para os transportes curtos dos Transportes 1 e 2.

Transporte 1	11.459 bcy	3,51 estacas	40.221 *sta.-yd*
Transporte 2	5.590 bcy	3,35 estacas	18.727 *sta.-yd*
	17.049 bcy		58.948 *sta.-yd*
Transporte 3	17.080 bcy	12,5 estacas	

A distância média de transporte resultante da combinação desses dois transportes é 3,5 estacas. O segundo cenário seria para a situação de transporte longo do Transporte 3.

Distância de transporte adicional

Na maioria dos casos, a distância de transporte é calculada por uma empreiteira encarregada pela terraplenagem para que ela possa estimar o custo de transportar material em uma obra de terraplenagem. No entanto, alguns contratantes têm duas categorias para o pagamento do transporte do material de terraplenagem. Até certa distância de transporte predeterminada (a distância de transporte já incluída no contrato), a empresa de terraplenagem deverá arcar com todas as despesas de deslocamento e processamento do material. Todavia, é feito um pagamento adicional para o transporte de material que tiver de ser levado a uma distância maior do que aquela predeterminada, que é classificada como "distância de transporte adicional". Nesse tipo de projeto, o diagrama de massas é utilizado para calcular o transporte adicional. Um exemplo típico de cláusula contratual para essas situações é o seguinte:

> O Engenheiro determinará o limite da distância de transporte incluída no contrato com base em um diagrama de massas fixando dois pontos na curva de volumes, um de cada lado do ponto de greide neutro. Um ponto é fixado na escavação, o outro, em aterro (as quantidades incluídas de escavação e aterro estão equilibradas); a distância entre eles é a distância de transporte incluída no contrato. Todos os materiais que se encontrarem dentro do limite de transporte incluído no contrato não serão considerados no cálculo do transporte adicional. A distância de transporte adicional é determinada deduzindo-se a distância de transporte livre de custos adicionais da distância entre o centro de gravidade da massa remanescente da escavação e a massa remanescente do aterro.

Também podem existir outras aplicações para o diagrama de massas – por exemplo, em alguns projetos, pode ser mais econômico utilizar empréstimo de material do que realizar transportes extremamente longos. O diagrama de massas ajuda o engenheiro a identificar os locais mais econômicos ao longo da extensão do projeto para a obtenção do material necessário. O mesmo vale para o material que tiver de ser descartado. O diagrama de massas dá ao engenheiro a possibilidade de analisar tais situações.

DEFINIÇÃO DO PREÇO DOS SERVIÇOS DE TERRAPLENAGEM

O custo das obras de terraplenagem variará conforme o tipo de solo ou rocha encontrado e os métodos empregados para escavar, transportar e colocar o material em seus pontos de depósito finais. Em geral não é muito difícil calcular o volume de solo ou rocha a ser transportado, mas a estimativa do custo real de execução da obra depende tanto de um estudo cuidadoso das plantas do projeto como de uma investigação minuciosa do terreno. A análise do local do terreno deve buscar a identificação das características dos solos e rochas subsuperficiais que serão encontrados durante a obra.

As quantidades de terraplenagem e as distâncias de movimento médias podem ser determinadas por meio do uso das técnicas descritas nas seções "Determinação de áreas e volumes de uma obra de terraplenagem" e "Diagrama de massas" deste capítulo. Os equipamentos adequados e as taxas de produção estimadas para as máquinas são determinados (1) pela seleção do tipo de máquina adequado e (2) pelo uso dos dados de desempenho das máquinas (de acordo com a análise apresentada no Capítulo 6). Os custos a serem relacionados com as máquinas selecionadas são calculados conforme as descrições do Capítulo 2.

A produção da frota de máquinas

Para a execução de uma obra de terraplenagem, as máquinas geralmente trabalham juntas e são apoiadas por outros equipamentos ou máquinas auxiliares. Realizar uma tarefa de carregamento (Figura 3.19), transporte e compactação envolve uma escavadeira, vários caminhões de transporte e máquinas auxiliares, que ajudam na distribuição do material no aterro e em sua compactação (Figura 3.20).

frota de máquinas
Um grupo de máquinas de construção que trabalham juntas a fim de cumprir uma tarefa específica da obra de terraplenagem, como a escavação, o transporte e a compactação de material.

Esses grupos de equipamentos costumam ser chamados de **frotas de máquinas**. Uma escavadeira e uma equipe de caminhões podem ser consideradas como um sistema conectado no qual uma conexão (ligação) determinará a produção do conjunto. Se for necessária a distribuição e a compactação do material transportado, será criado um sistema com duas conexões. Como os sistemas estão conectados, a capacidade dos componentes individuais da frota deve ser compatível em termos da produção total (Figura 3.21). O número e o tipo específico de máquinas em uma frota irão variar conforme a obra.

A capacidade de produção do sistema total é ditada pela menor capacidade de produção dos sistemas individuais. Nosso objetivo é prever a taxa de produção da frota de máquinas (a taxa de produção de um *sistema conectado*) e o custo por unida-

FIGURA 3.19 O carregamento dos caminhões de transporte.

FIGURA 3.20 A compactação de um aterro.

de de produção. No caso dos dados da Figura 3.18, o encarregado da estimativa definiria duas frotas de produção. A primeira frota seria para os transportes curtos, com 3,5 estacas de distância; o segundo, para os transportes longos, com 12,5 estacas.

> Ao estimar a produção de um conjunto de máquinas, sempre se certifique de que foi empregado um conjunto consistente de unidades. Se as quantidades do diagrama de massas forem expressas em jardas cúbicas compactadas, a capacidade da escavadeira, a capacidade do transporte de material e a compactação devem ser convertidos para bcy. As unidades utilizadas para a estimativa geralmente são escolhidas de modo a se equivalerem àquelas dos documentos do orçamento do proprietário.

FIGURA 3.21 Um sistema de obra de terraplenagem com duas conexões.

RESUMO

O objetivo do planejamento é minimizar os gastos com recursos necessários para completar o projeto com sucesso. Três tipos de projeções são incluídos na documentação contratual a fim de mostrar as características da obra de terraplenagem: (1) plantas; (2) perfis; e (3) seções transversais. Os cálculos da obra de terraplenagem envolvem a estimativa dos volumes de terraplenagem, o equilíbrio entre cortes e aterros e o planejamento das distâncias de transporte mais econômicas. Os principais objetivos de aprendizagem para o planejamento de obras de terraplenagem são os seguintes:

- A capacidade de calcular o volume de terraplenagem
- A capacidade de ajustar as quantidades conforme as exigências da camada de solo superficial
- A capacidade de elaborar uma planilha de cálculos de terraplenagem
- A capacidade de elaborar e interpretar um diagrama de massas

Esses objetivos são a base dos problemas a seguir.

PROBLEMAS

3.1 Usando o método da área média entre as extremidades, calcule os volumes de corte e aterro para entre as estacas 55 + 00 e 61 + 00.

Estaca	Corte da área da extremidade (ft^2)	Aterro da área da extremidade (ft^2)	Volume de corte (bcy)	Volume de aterro (ccy)
55 + 00	25	0	–	–
56 + 00	753	0		
57 + 00	2.651	0		
58 + 00	4.522	56		
59 + 00	2.366	253		
60 + 00	469	845		
61 + 00	0	2.788		

3.2 Usando o método da área média entre as extremidades, calcule os volumes de corte e aterro para entre as estacas 15 + 00 e 21 + 00.

Estaca	Corte da área da extremidade (ft^2)	Aterro da área da extremidade (ft^2)	Volume de corte (bcy)	Volume de aterro (ccy)
55 + 00	568	0	–	–
56 + 00	233	69		
57 + 00	36	456		
58 + 00	0	966		
59 + 00	0	2.655		
60 + 00	0	3.455		
61 + 00	0	2.788		

3.3 Usando o método da área média entre as extremidades, calcule os volumes de escavação e aterro para entre as estacas 25 + 00 e 31 + 00.

Estaca	Corte da área da extremidade (ft^2)	Aterro da área da extremidade (ft^2)	Volume de corte (bcy)	Volume de aterro (ccy)
25 + 00	3.525	0	–	–
26 + 00	985	0		
27 + 00	125	966		
28 + 00	55	3.620		
29 + 00	230	4.000		
29 + 25	0	5.000		
29 + 50	845	3.008		
30 + 00	3.655	2.563		
31 + 00	8.560	877		

3.4 Complete a planilha de cálculo da obra de terraplenagem abaixo e, a seguir, desenhe o diagrama de massas resultante. Divida o número de jardas cúbicas compactadas por 0,9 para convertê-las em jardas cúbicas naturais.

Estaca	Corte da área da extr. (ft^2)	Aterro da área da extr. (ft^2)	Vol. de Corte (bcy)	Vol. do aterro (ccy)	Vol. da cam. de solo sup. em corte (bcy)	Vol. da cam. de solo sup. em aterro (ccy)	Corte total (bcy)	Aterro total (ccy)	Aterro cor. (bcy)	Soma alg. (bcy)	Vol. acum.
0 + 00	0	0									
1 + 00	0	87			0	23					
2 + 00	0	162			0	39					
3 + 00	136	0			13	22					
4 + 00	206	0			37	0					
4 + 50	256	0			56	0					
5 + 00	179	0			20	0					
6 + 00	123	0			38	0					
6 + 50	98	3			16	1					
7 + 00	51	15			9	5					
8 + 00	0	185			9	20					
9 + 00	0	225			0	69					
10 + 00	0	300			0	73					

Capítulo 3 O planejamento das obras de terraplenagem

3.5 Complete a planilha de cálculo da obra de terraplenagem abaixo e, a seguir, desenhe o diagrama de massas resultante. Divida o número de jardas cúbicas compactadas por 0,9 para convertê-las em jardas cúbicas naturais. Calcule a área sob a curva do diagrama de massas. Qual quantidade de material deve ser transportada ao longo do projeto? Qual é a distância média de transporte, em estacas, para este material? (2.553.148 jardas cúbicas por pé; 4.108 jardas cúbicas; 6 + 22 estacas)

Estaca	Corte da área da extr. (ft²)	Aterro da área da extr. (ft²)	Vol. de corte (bcy)	Vol. do aterro (ccy)	Vol. da cam. de solo sup. em corte (bcy)	Vol. da cam. de solo sup. em aterro (ccy)	Corte total (bcy)	Aterro total (ccy)	Aterro cor. (bcy)	Soma alg. (bcy)	Vol. acum.
0 + 00	0	0			0	0					
1 + 00	166	0			0	0					
2 + 00	310	0			0	0					
3 + 00	230	0			0	0					
4 + 50	256	0			0	0					
5 + 00	186	37			0	0					
6 + 50	99	85			0	0					
7 + 00	132	165			0	0					
8 + 00	80	256			0	0					
9 + 00	0	389			0	0					
10 + 00	0	350			0	0					
11 + 00	0	31			0	0					
12 + 00	0	0			0	0					

3.6 Complete a planilha de cálculo da obra de terraplenagem abaixo e, a seguir, desenhe o diagrama de massas resultante. Divida o número de jardas cúbicas compactadas por 0,88 para convertê-las em jardas cúbicas naturais. Calcule a área sob a curva do diagrama de massas. Qual quantidade de material deve ser transportada ao longo do projeto? Qual é a distância média de transporte, em estacas, para este material?

Estaca	Corte da área da extr. (ft²)	Aterro da área da extr. (ft²)	Vol. de corte (bcy)	Vol. do aterro (ccy)	Vol. da cam. de solo sup. em corte (bcy)	Vol. da cam. de solo sup. em aterro (ccy)	Corte total (bcy)	Aterro total (ccy)	Aterro cor. (bcy)	Soma alg. (bcy)	Vol. acum.
0 + 00	0	0									
1 + 00	0	94			0	0					
2 + 00	0	284			0	0					
3 + 00	0	270			0	0					
4 + 50	6	220			0	0					
5 + 00	12	180			0	0					
6 + 50	50	42			0	0					
7 + 00	120	0			0	0					
8 + 00	250	0			0	0					
9 + 00	285	0			0	0					
10 + 00	302	0			0	0					
11 + 00	186	0			0	0					
12 + 00	0	0			0	0					

3.7 Complete a planilha de cálculo da obra de terraplenagem abaixo e, a seguir, desenhe o diagrama de massas resultante. Divida o número de jardas cúbicas compactadas por 0,9 para convertê-las em jardas cúbicas naturais. Calcule o transporte médio (utilizando a fórmula trapezoidal) para os equilíbrios deste projeto. Este é um projeto que precisará de bota-fora ou empréstimo?

Estaca	Corte da área da extr. (ft²)	Aterro da área da extr. (ft²)	Vol. de corte (bcy)	Vol. do aterro (ccy)	Vol. da cam. de solo sup. em corte (bcy)	Vol. da cam. de solo sup. em aterro (ccy)	Corte total (bcy)	Aterro total (ccy)	Aterro cor. (bcy)	Soma alg. (bcy)	Vol. acum.
									0,90		
10 + 00	0	0									
11 + 00	580	0			80	0					
12 + 00	2.100	0			90	0					
13 + 00	4.650	0			100	0					
14 + 00	5.870	0			100	0					
15 + 00	3.250	563			80	60					
16 + 00	1.300	900			80	80					
17 + 00	700	2.450			80	85					
18 + 00	0	7.200			0	100					
19 + 00	0	4.160			0	90					
20 + 00	0	1.980			0	80					
21 + 00	200	1.310			0	80					
22 + 00	580	1.100			80	10					
23 + 00	1.620	260			100	10					
24 + 00	2.480	10			100	0					
25 + 00	994	0			100	0					

FONTES DE CONSULTA

Construction Estimating & Bidding Theory Principles Process, 2nd ed. (2005). Publication No. 3506, Associated General Contractors of America, 2300 Wilson Boulevard, Suite 400, Arlington, VA.

Ringwald, Richard C. (1993). *Means Heavy Construction Handbook*. R. S. Means Company, Inc., Kingston, MA.

R. S. Means Heavy Construction Cost Data. R. S. Means Company, Inc., Kingston, MA (published annually).

Schexnayder, Cliff (2003). "Construction Forum," *Practice Periodical on Structural Design and Construction*, American Society of Civil Engineers, Reston, VA, Vol. 8, No. 2, May.

Smith, Francis E. (1976). "Earthwork Volumes by Contour Method," *Journal of the Construction Division*, American Society of Civil Engineers, New York, Vol. 102, CO1, March.

FONTES DE CONSULTA NA INTERNET

http://www.usbr.gov/pmts/estimate/cost_trend.html Nos Estados Unidos, tendências de custo de construção (*construction cost trends* – CCT) do Bureau of Reclamation's Estimating, Specifications, and Value Program Group localizado em seu Technical Service Center foram desenvolvidos para fazer um acompanhamento dos custos de construção correspondentes aos tipos de projeto sendo construidos pelo Bureau.

http://www.hcss.com A empresa Heavy Construction Systems Specialists Inc. (HCSS) se especializa em programas de computador para a estimativa, orçamentação e elaboração de propostas de construção civil destinados às construtoras.

http://www.trakware1.com A Trakware fornece programas de computador de estimativa de escavações para o setor da construção civil.

http://www.agtek.com A AGTEK Earthwork Systems fornece produtos computacionais para o setor da construção, incluindo sistemas de quantificação das obras de terraplenagem e posicionamento gráfico de greides.

4

Solos e rochas

O conhecimento das propriedades, das características e dos comportamentos dos diferentes tipos de solo e rocha é importante tanto para o projeto como para a construção. A empresa construtora tem interesse em saber como um material se comportará durante o processo de construção. A densidade é o parâmetro mais utilizado para a especificação de operações de construção em virtude da correlação que existe entre as propriedades físicas e a densidade do solo. A efetividade dos diferentes métodos de compactação depende do tipo de solo sendo trabalhado.

INTRODUÇÃO

O solo e a rocha são os principais componentes de muitos projetos de construção. Eles são utilizados para sustentar estruturas e edificações (cargas estáticas); para suportar o pavimento de ruas, estradas e pistas de decolagem (cargas dinâmicas); e em barragens e diques, para represar a água. A maioria dos solos precisa ser escavada, processada e compactada a fim de atender às exigências de engenharia de um projeto. Além disso, tanto os depósitos de agregados naturais como as rochas extraídas de pedreiras constituem aproximadamente 95% do peso do concreto asfáltico e 75% do concreto de cimento Portland.

    O conhecimento das propriedades, características e comportamentos de diferentes tipos de solo, rocha e pedra britada (agregados) é importante para as pessoas que estão envolvidas com o projeto ou a execução de obras que utilizam tais materiais. Alguns tipos de solo e rocha são adequados a fins estruturais em seu estado natural. No entanto, em muitos casos os materiais disponíveis no local em seu estado natural não atendem às especificações técnicas e, por isso, é preciso modificá-los de modo econômico para que possam atender às necessidades do projeto. O processamento destes materiais pode ser apenas uma questão de ajustar o nível de umidade ou de mistura e homogeneização. Por existir uma relação direta entre o aumento da densidade e o aumento da resistência e da capacidade de suporte, as propriedades de engenharia de muitos solos podem ser melhoradas simplesmente por meio da compactação.

GLOSSÁRIO

O glossário a seguir define os vocábulos importantes que são empregados na análise de solos e materiais rochosos e compactação:

Agregado grosso. Pedras britadas ou pedregulho, em geral com tamanho maior do que 1/4 in.*

Agregado miúdo. Areia ou pedra britada fina utilizada para o preenchimento dos vazios deixados por um agregado grosso. Geralmente tem tamanho menor de 1/4 in e fica retido em uma peneira de n° 200.**

Coesão. A capacidade que algumas partículas de solo têm de ser atraídas por partículas similares, manifestada na tendência de se unirem. É uma propriedade típica das partículas de argila, que possuem o formato de lâminas ou placas planas.

Curva granulométrica. Gráfico que mostra o percentual dos tamanhos das partículas de um solo em termos de peso contido em uma amostra.

Materiais coesivos. Solos que apresentam grandes forças de atração entre suas partículas.

Pavimento. Camada, acima de uma base, de um material superficial rígido que oferece alta resistência à flexão e transfere as cargas à base. Os pavimentos em geral são construídos de asfalto ou concreto.

Plasticidade. A capacidade de ser modelado. Os materiais plásticos não retornam a suas formas originais após a remoção da força que estava provocando a deformação.

Retração. A redução do volume do solo que geralmente ocorre em solos finos ao ficarem sujeitos à umidade.

Rocha. A matéria mineral dura da crosta terrestre distribuída em massas e frequentemente exigindo a explosão para que possa ser quebrada e então escavada.

Solo. A matéria superficial solta da crosta terrestre criada naturalmente pela desintegração das rochas ou pela decomposição da matéria orgânica. O solo pode ser facilmente escavado por equipamentos no campo.

Umidade ótima. A umidade (conteúdo de água), para um determinado esforço de compactação, com a qual se pode obter a maior densidade de um solo.

AS PROPRIEDADES DOS SOLOS E DAS ROCHAS

Antes de discutirmos as técnicas de lidar com terra e rocha ou de analisar os problemas que envolvem estes materiais, em primeiro lugar é necessário que nos familiarizemos com suas propriedades físicas. Tais propriedades exercem uma influência direta na facilidade ou dificuldade de trabalhar com o material, na seleção dos equipamentos empregados e nas taxas de produção das máquinas.

Tipos de materiais geotécnicos

O aço e o concreto são materiais de construção de composição basicamente homogênea e uniforme. Assim, podemos prever seus comportamentos. O solo e a rocha são exatamente o contrário: eles são heterogêneos por natureza. Em seus estados

---

* N. de R.T.: No Brasil, considera-se agregado graúdo as partículas maiores do que 4,8 mm.

** N. de R.T.: No Brasil, usa-se agregado miúdo para partículas menores do que 4,8 mm.

naturais, raramente são uniformes e os processos de trabalho são desenvolvidos por comparação com um tipo de material similar com o qual já se tenha uma experiência prévia. Para que isso seja feito, os tipos de solo e rocha devem ser classificados. Os solos podem ser classificados de acordo com o tamanho das partículas que os compõem, por suas propriedades físicas ou por seu comportamento quando o teor de umidade varia.

Uma construtora se preocupa principalmente com cinco tipos principais de solo – pedregulho, areia, silte, argila e matéria orgânica –, ou com as combinações entre esses tipos de solo. As diferentes agências e entidades de especificação classificam esses tipos de solo de diferentes modos, o que causa algumas confusões. Os seguintes limites de tamanho são os estipulados pela American Society for Testing and Materials (ASTM):

Pedregulho é composto de partículas de pedra redondas ou semi-redondas que passarão por uma peneira de 3 in (50 mm), mas serão retidos por outra de 2 mm (N° 10). As pedras com mais de 10 in (25 cm) geralmente são chamadas de matacões.

Areia é a rocha desintegrada e formada de partículas que variam em tamanho entre o limite mínimo do pedregulho (2,0 mm) e 0,074 mm (uma peneira N° 200). A areia é classificada como grossa ou fina, conforme o tamanho de seus grãos. A areia é um material não coesivo granular e suas partículas têm formato arredondado.

Silte é um material mais fino do que a areia, portanto suas partículas são menores que 0,074 mm, mas maiores que 0,005 mm. O silte é um material não coesivo e oferece muito pouca ou nenhuma resistência. O silte não permite boa compactação.

Argila é um material coesivo cujas partículas são inferiores a 0,005 mm. A coesão entre as partículas confere à argila grande resistência quando seca ao ar As argilas podem ficar sujeitas a consideráveis mudanças de volume com as variações de umidade. Eles apresentarão plasticidade dentro de um intervalo de "umidades". As partículas de argila têm formato similar ao de placas finas ou lamelas – portanto diz-se que elas são "lamelares".

Matéria orgânica é formada por vegetação parcialmente decomposta. Ela tem uma estrutura esponjosa e instável que continuará se decompondo e sendo quimicamente reativa. Se ela estiver presente em um solo que será utilizado em construções, a matéria orgânica deverá ser removida e substituída por um solo mais adequado.

Algumas das principais características de engenharia destes tipos gerais de solo são apresentadas na Tabela 4.1. Em geral, contudo, os tipos de solo são encontrados na natureza em proporções mistas. A Tabela 4.2 apresenta um sistema de classificação baseado na combinação de tipos de solo.

TABELA 4.1 Características dos solos

Solo	Arenosos e com pedregulho	Siltosos	Argilosos
Granulometria	Grãos graúdos Os grãos podem ser vistos a olho nu	Grãos finos Os grãos não podem ser vistos a olho nu	Grãos finos Os grãos não podem ser vistos a olho nu
Características	Não coesivos Não plásticos Granulares	Não coesivos Não plásticos Granulares	Coesivos Plásticos –
Efeito da água	Relativamente irrelevante (exceção: solos soltos e saturados com cargas dinâmicas)	Importante	Muito importante
Efeito da distribuição granulométrica nas propriedades de engenharia	Importante	Relativamente irrelevante	Relativamente irrelevante

Os solos que se encontram em condições naturais às vezes não contêm as quantidades relativas dos tipos de materiais desejados, que são necessárias para produzir as propriedades exigidas para fins de construção. Por essa razão, pode ser necessário obter solos de várias fontes e então misturá-los para que sejam usados em um aterro de engenharia.

caixa de empréstimo
Local de onde um material para aterro é escavado.

Se o material em uma **caixa de empréstimo** consistir em camadas de diferentes tipos de solo, as especificações para o projeto podem exigir o uso de equipamentos que escavarão as camadas na vertical a fim de misturar o solo.

As rochas foram formadas por um desses três processos:

Rochas *ígneas*: rochas solidificadas de massas de magma (lava vulcânica).

Rochas *sedimentares*: rochas formadas em camadas depositadas em soluções aquosas.

Rochas *metamórficas*: rochas formadas por materiais ígneos ou sedimentares que se transformaram devido ao calor e à pressão.

Os diferentes processos de formação afetam como cada um dos tipos de rocha pode ser escavado e trabalhado.

A categorização dos materiais

Nos documentos de um contrato de construção, as escavações costumam ser categorizadas como comuns, de rocha, de depósitos orgânicos ou não classificadas. Uma escavação *comum* é aquela feita em um terreno comum, enquanto o termo "*escavação não classificada*" reflete uma falta de distinção clara entre solo e rocha. A remoção de uma escavação comum não exigirá o uso de explosivos, embora possam ser empregados tratores equipados com lâminas escarificadoras (ríperes) para afrouxar as formações adensadas. As propriedades específicas de engenharia do solo – plasticidade, distribuição granulométrica, etc. – influenciarão na escolha dos equipamentos apropriados e dos métodos de construção.

TABELA 4.2 Sistema unificado de classificação dos solos

Símbolo	Descrição principal	Descrição secundária	Descrição complementar
GW	Solos grossos	Pedregulhos bem graduado, misturas de pedregulho com areia, pequena ou nenhuma porcentagem de finos	Uma grande variedade de tamanhos de grão
GP	Solos grossos	Pedregulhos mal graduados, misturas de pedregulho com areia, pequena ou nenhuma percentagem de finos	Predominantemente de um só tamanho ou apresentando falta de uma faixa de tamanhos intermediários
GM	Pedregulho misturado com finos	Pedregulhos siltosos e misturas de pedregulho-areia-silte, podem ser mal graduados	Predominantemente de um só tamanho ou apresentando falta de uma faixa de tamanhos intermediários
GC	Pedregulho misturado com finos	Pedregulhos argilosos, misturas de pedregulho-areia-silte – podem ser mal graduados	Finos plásticos
SW	Areias limpas	Areias bem graduadas, areias com pedregulho, pequena ou nenhuma percentagem de finos	Grande variedade de tamanhos de grão
SP	Areias limpas	Areias mal graduadas, areias com pedregulho, pequena ou nenhuma percentagem de finos	Predominantemente de um só tamanho ou de uma faixa de tamanhos com falta de alguns tamanhos intermediários
SM	Areias com finos	Areias siltosas e misturas de areia-silte que podem ser mal graduadas	Finos não plásticos ou finos com baixa plasticidade
SC	Areias com finos	Areias argilosas, misturas de areia-argila que podem ser mal graduadas	Finos plásticos
ML	Solos finos	Siltes inorgânicos, siltes argilosos, pó de rocha, areias siltosas muito finas	Finos plásticos
CL	Solos finos	Argilas inorgânicas com baixa ou média plasticidade, argilas areno-siltosas ou pedregulhosas	Finos plásticos
OL	Solos finos	Siltes orgânicos e argila-silte orgânica com baixa plasticidade	
MH	Solos finos	Siltes inorgânicos, siltes argilosos, siltes elásticos	
CH	Solos finos	Argilas inorgânicas com alta plasticidade, argilas gordas	
OH	Solos finos	Argilas orgânicas e argilas siltosas com média a alta plasticidade	

Classificação dos símbolos

MATERIAL COM GRANULAÇÃO GROSSEIRA
Símbolo
G – Grão com tamanho de pedregulho com não mais de 3 in, mas que é retido por uma peneira nº 4
S – Grão com tamanho de areia que passa por uma peneira nº 4, mas é retido por uma peneira 200

MATERIAL COM GRANULAÇÃO FINA
Símbolo
M – Grão com tamanho de silte muito fino, aspecto de farinha
C – Grão com tamanho de argila mais fina, alta resistência seca – plástico
O – Matéria orgânica parcialmente decomposta, aparência fibrosa e esponjosa, coloração escura

Subdivisão
W – Bem graduado, poucos ou sem finos
P – Mal graduado, poucos ou sem finos
M – Concentração de finos siltosos ou não plásticos
C – Concentração de argila ou finos plásticos

Subdivisão
L – Material com baixa plasticidade, solo magro
H – Material com alta plasticidade, solo gordo

Na construção civil, o que chamamos de *rocha* é um material que não pode ser removido por equipamentos comuns de movimentação da terra.[1] Britadeiras, explosivos ou outros métodos similares deverão ser empregados para remover as rochas. Isso normalmente implica em despesas consideravelmente mais elevadas do que aquelas feitos para a escavação de terra. A escavação de rochas envolve o estudo do tipo de rocha, das falhas, da direção e mergulho e das características explosivas como base para a seleção dos equipamentos de remoção do material e produção de agregados.

Os depósitos *orgânicos* incluem materiais que se decomporão ou provocarão recalques em aterros. Eles geralmente contêm matéria orgânica macia e com alto teor de umidade, incluindo tocos de árvore, galhos, raízes e húmus em decomposição. Estes materiais são difíceis de lidar e podem apresentar problemas de construção especiais em seus locais de escavação, no transporte e no descarte.

> Você jamais deve orçar um projeto de terraplenagem, seja na terra, seja na rocha, sem antes fazer um estudo detalhado dos materiais com os quais precisa lidar.

Em muitos casos, a documentação contratual inclui informações geotécnicas. Esses dados, que são fornecidos pelo proprietário da obra, servem de ponto de partida para sua análise independente. Outras boas fontes de informações preliminares são as cartas topográficas, os mapas agrícolas, os mapas geológicos, os registros de poços artesianos e fotografias aéreas. No entanto, o levantamento não estará completo até que você visite o terreno e faça perfurações ou poços de exploração. No caso de um projeto que envolva rochas, muitas vezes é preciso que sejam realizadas análises sísmicas. Para um grande projeto de barragem na Califórnia, foram encomendados a empresas privadas 13 estudos sísmicos sobre a escavação da rocha do vertedor para serem fornecidos aos licitantes da obra.

Ainda que muitos contratantes forneçam bons dados geotécnicos que foram compilados por engenheiros qualificados, a principal preocupação do engenheiro responsável pela obra ou projeto é o quanto o material do terreno se comportará bem em termos estruturais. O construtor se interessa em saber como o material se comportará durante o processo de construção e qual volume ou quantidade de material deverá ser processada para que se obtenha a estrutura final desejada.

As relações entre o peso e o volume do solo

As principais relações (veja a Figura 4.1) são expressas pelas equações [4.1] a [4.6].

$$\text{Peso específico } (\gamma) = \frac{\text{peso total do solo}}{\text{volume total do solo}} = \frac{W}{V} \qquad [4.1]$$

$$\text{Peso específico seco } (\gamma_d) = \frac{\text{peso dos sólidos do solo}}{\text{volume total do solo}} = \frac{W_s}{V} \qquad [4.2]$$

$$\text{Teor de umidade (ou umidade) } (\omega) = \frac{\text{peso da água no solo}}{\text{volume total do solo}} = \frac{W_w}{W_s} \qquad [4.3]$$

---

[1] Observe que essa definição de rocha é afetada pelo desenvolvimento dos equipamentos. Máquinas cada vez maiores e mais pesadas estão continuamente mudando os limites dessa definição de rocha.

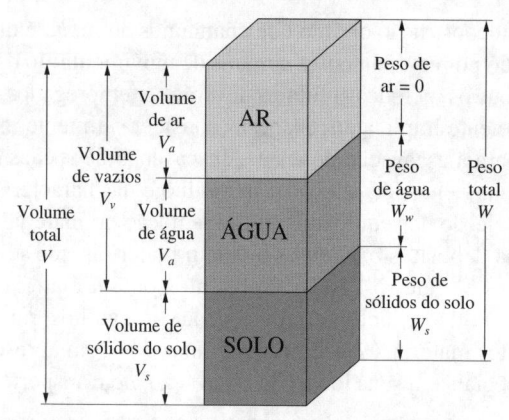

FIGURA 4.1 As relações entre o volume e o peso da massa do solo.

$$\text{Índice de vazios } (e) = \frac{\text{volume de vazios}}{\text{volume dos sólidos do solo}} = \frac{V_v}{V_s} \quad [4.4]$$

$$\text{Porosidade } (n) = \frac{\text{volume de vazios}}{\text{volume total do solo}} = \frac{V_v}{V} \quad [4.5]$$

$$\frac{\text{Densidade relativa}}{\text{das partículas (SG)}} = \frac{\text{peso dos sólidos do solo/volume dos sólidos}}{\text{peso específico da água}} = \frac{W_s/V_s}{\gamma_w} \quad [4.6]$$

Muitas outras fórmulas podem ser obtidas a partir dessas relações básicas. Duas delas, úteis para a análise das especificações de compactação, são:

Volume total do solo (V) = Volume de vazios (V_v) + Volume de sólidos (V_s) **[4.7]**

$$\text{Peso dos sólidos } (W_s) = \frac{\text{peso do solo } (W)}{1 + \text{teor de umidade } (\omega)} \quad [4.8]$$

Se os pesos específicos forem conhecidos – o que costuma ser o caso – então a Equação [4.8] se torna

$$\gamma_d = \frac{\gamma}{1 + \omega} \quad [4.9]$$

Os limites de consistência do solo

Alguns limites da consistência do solo – o limite de liquidez e o limite de plasticidade – foram desenvolvidos a fim de diferenciar entre os materiais altamente plásticos, levemente plásticos ou não plásticos.

Limite de liquidez (LL). Teor de umidade no qual um solo passa do estado plástico ao líquido é conhecido como o limite de liquidez. Valores elevados de LL estão associados a solos de alta compressibilidade. Em geral, as argilas têm valores altos de LL, enquanto os solos arenosos têm valores baixos.

Limite de plasticidade (LP). O teor de umidade no qual um solo passa do estado plástico ao semissólido é conhecido como o limite de plasticidade. O menor teor de umidade no qual um solo pode ser rolado de modo a formar um cilindro com diâmetro de 1/8 in (3,2 mm) sem se fragmentar.

Índice de plasticidade (IP). A diferença numérica entre o limite de liquidez de um solo e seu limite de plasticidade é seu índice de plasticidade (IP = LL − LP). Os solos que têm valores altos no índice de plasticidade são bastante compressivos e têm alta coesão.

Em muitos projetos, as especificações incluirão determinada graduação para o material, o limite de liquidez máximo e o índice de plasticidade máximo. O sistema de classificação de solos da American Association of State Highway and Transportation Officials (AASHTO), que é o sistema mais utilizado para a construção de rodovias nos Estados Unidos, ilustra esse ponto (veja a Tabela 4.3).

A medição de volume

A medição do volume dos principais materiais de construção varia conforme a posição do material no processo de construção (veja a Figura 4.2). Ou seja, o mesmo peso de um material corresponderá a diferentes volumes na medida em que o material for utilizado no projeto. Em geral, a maioria dos solos coesivos contrai de 10 a 30% ao passar do estado natural para o estado compactado. Já a rocha sólida empolará (aumentará de volume) de 20 a 40% ao ser extraída e colocada em um aterro. Entre os estados natural e solto, os solos coesivos apresentam expansão volumétrica de cerca de 40% e a rocha sólida chega a se expandir de 65%.

O volume de solo é medido em um destes três estados:

Jarda cúbica natural (*bank cubic yard*) — 1 jarda cúbica de material que se encontra em estado natural, (bcy).

Jarda cúbica solta — Uma jarda cúbica de material após ter sido movimentada por um processo de carregamento.

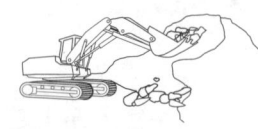

Jarda cúbica compactada (*compacted cubic yard*) — Uma jarda cúbica de material no estado compactado, também chamada de jarda cúbica líquida no local.

Ao planejar ou orçar um serviço, o engenheiro deve usar um sistema consistente de medição de volume em todos os seus cálculos. A consistência necessária das unidades é obtida por meio do uso de fatores de contração e empolamento. O fator de contração é a razão entre o peso seco compactado por unidade de volume e o peso seco do aterro por unidade de volume:

$$\text{Fator de contração} = \frac{\text{peso específico seco compactado}}{\text{peso específico seco natural}} \quad [4.10]$$

TABELA 4.3 Sistema de classificação de solos da AASHTO*

Classificação geral	Materiais granulares (35% ou menos da amostra total passam na peneira nº 200)							Materiais argilosos-siltosos (mais de 35% da amostra total passam na peneira nº 200)			
	A-1		A-3	A-2				A-4	A-5	A-6	A-7
Classificação do grupo	A-1-a	A-1-b		A-2-4	A-2-5	A-2-6	A-2-7				A-7-5, A-7-6
Análise da peneira, percentual de partículas que passam											
Nº 10	50 (máx.)										
Nº 40	30 (máx.)	50 (máx.)	51 (máx.)								
Nº 200	15 (máx.)	25 (máx.)	10 (máx.)	35 (máx.)	35 (máx.)	35 (máx.)	35 (máx.)	36 (mín.)	36 (mín.)	36 (mín.)	36 (mín.)
Características da fração que passa na peneira Nº 40											
Limite de liquidez				40 (máx.)	41 (mín.)	40 (máx.)	41 (mín.)	40 (máx.)	41 (mín.)	40 (máx.)	41 (mín.)
Índice de plasticidade	6 (máx.)		Sem plasticidade	10 (máx.)	10 (máx.)	11 (mín.)	11 (mín.)	10 (máx.)	10 (máx.)	11 (mín.)	11 (mín.)
Índice do grupo	0		0		0		4 (máx.)	8 (máx.)	12 (máx.)	16 (máx.)	20 (máx.)

*Na base da tabela é dado um índice de grupo baseado em uma fórmula e que considera o tamanho das partículas, o limite de liquidez e o índice de plasticidade. O índice de grupo indica a adequação de determinado solo para a construção de um aterro. Um número de índice de grupo de "0" indica um bom material, enquanto um índice de "20" indica um material ruim.

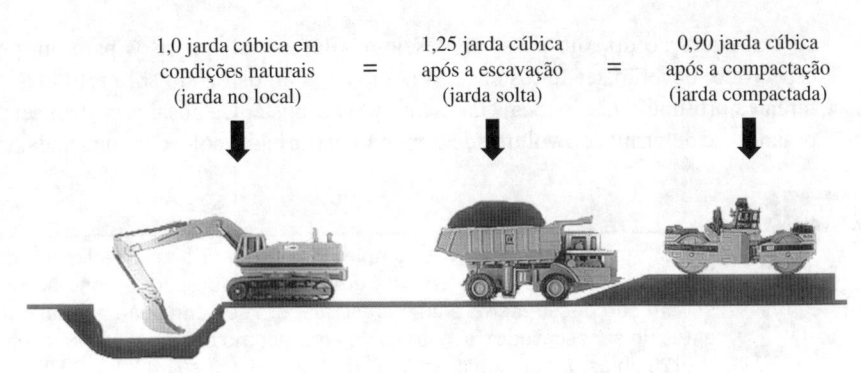

1,0 jarda cúbica em condições naturais (jarda no local) = 1,25 jarda cúbica após a escavação (jarda solta) = 0,90 jarda cúbica após a compactação (jarda compactada)

FIGURA 4.2 Mudanças no volume do material provocadas pelo processamento.

A contração de peso devida à compactação de uma camada de aterro pode ser expressa como um percentual do peso medido do talude original:

$$\text{Percentual de contração} = \frac{(\text{peso específico seco compactado}) - (\text{peso específico natural})}{\text{peso específico compactado}} \times 100 \quad [4.11]$$

O fator de *empolamento* é a razão entre o peso seco solto por unidade de volume e o peso seco natural por unidade de volume:

$$\text{Fator de empolamento} = \frac{\text{peso específico seco solto}}{\text{peso específico seco natural}} \quad [4.12]$$

O percentual de empolamento, expresso em base gravimétrica é:

$$\text{Percentual de empolamento} = \left(\frac{\text{peso específico seco natural}}{\text{peso específico seco solto}} - 1\right) \times 100 \quad [4.13]$$

A Tabela 4.4 mostra os valores representativos de empolamento para diferentes classes da terra. Esses valores variarão de acordo com a intensidade de desagregação

TABELA 4.4 Propriedades representativas de terra e rocha

Material	Peso natural		Peso solto		Percentual de empolamento	Fator de empolamento*
	lb/y³	kg/m³	lb/y³	kg/m³		
Argila, seca	2.700	1.600	2.000	1.185	35	0,74
Argila, úmida	3.000	1.780	2.200	1.305	35	0,74
Terra, seca	2.800	1.660	2.240	1.325	25	0,80
Terra, úmida	3.200	1.895	2.580	1.528	25	0,80
Terra e pedregulho	3.200	1.895	2.600	1.575	20	0,83
Pedregulho, seco	2.800	1.660	2.490	1.475	12	0,89
Pedregulho, úmido	400	2.020	2.980	1.765	14	0,88
Calcário	4.400	2.610	2.750	1.630	60	0,63
Rocha, bem fragmentada	200	2.490	2.640	1.565	60	0,63
Areia, seca	2.600	1.542	2.260	1.340	15	0,87
Areia, úmida	2.700	1.600	2.360	1.400	15	0,87
Xisto	3.500	2.075	2.480	1.470	40	0,71

*O fator de empolamento é igual ao peso solto dividido pelo peso natural por unidade de volume.

ou compactação do solo. Caso se desejem valores mais precisos para um projeto específico, deverão ser feitos ensaios com várias amostras do solo retiradas de diferentes profundidades e locais da escavação proposta. Os ensaios podem ser feitos pesando-se determinado volume de terra não perturbada, solta e compactada.

EXEMPLO 4.1

Um aterro de terra, uma vez completado, ocupará o volume líquido de 187 mil jardas cúbicas. O material de empréstimo que será empregado para a construção desse aterro é uma argila rija. Em sua condição natural (ou seja, antes de ser escavado), o material do empréstimo tem peso específico úmido de 129 libras por pé cúbico (ft^3) (γ), teor de umidade (ω %) de 16,5% e índice de vazios *no local* de 0,620 (*e*). O aterro será construído em camadas com 8 in de profundidade, medida solta e compactada até um peso específico seco (γ_d) de 114 libras por pé cúbico com um teor de umidade de 18,3%. Calcule o volume necessário de escavação na caixa de empréstimo.

$$\text{Empréstimo } \gamma_d = \frac{129}{1 + 0,165} = 111 \text{ lb/cf}$$

$$\text{Aterro } \gamma_d = 114 \text{ lb/cf}$$

$$\underbrace{187.000 \text{ cy} \times \frac{27 \text{ cf}}{\text{cy}} \times \frac{114 \text{ lb}}{\text{cf}}}_{\text{Aterro}} = \underbrace{\chi \times \frac{27 \text{ cf}}{\text{cy}} \times \frac{111 \text{ lb}}{\text{cf}}}_{\text{Empréstimo}}$$

$$187.000 \text{ cy} \times \frac{114}{111} = 192.054 \text{ cy, } \textit{empréstimo necessário}$$

Observe que o elemento 114/111 é o fator de contração (1,03).

A chave para a solução deste tipo de problema é saber o peso específico seco das partículas sólidas que compõem a massa do solo. No processo de construção, as especificações podem exigir que se retire ou acrescente água à massa do solo. No Exemplo 4.1, seria solicitado ao contratante acrescentar água ao empréstimo a fim de aumentar o teor de umidade de 16,5 para 18,3%. Ao fazer o ajuste para as jardas cúbicas extras do empréstimo que serão necessárias para cada jarda cúbica de aterro, observe a diferença de água:

Aterro		Empréstimo
$\gamma = 114 \times 1,183 = 135$ lb/cf		129 lb/cf
$\gamma_d =$	114 lb/cf	$- 111$ lb/cf
Água	21 lb/cf	18 lb/cf
		$\times$ 1,03 (fator de contração)
		19 lb/cf

Para alcançar a densidade de aterro e o conteúdo de água desejados, o contratante terá de acrescentar água. Esta água deverá ser transportada com um caminhão-pipa e não faz parte do peso específico do empréstimo. A quantidade de água que deve ser acrescentada é calculada da seguinte maneira:

$$\underline{\text{Aterro}}$$
Teor de umidade = 0,183

$$187.000 \text{ cy} \times \frac{114 \text{ lb}}{\text{cf}} \times 27 \frac{\text{cf}}{\text{cy}} \times 0{,}183 = 105.332.238 \text{ lb de água}$$

$$\underline{\text{Empréstimo}}$$
Teor de umidade = 0,165

$$192.054 \text{ cy} \times \frac{111 \text{ lb}}{\text{cf}} \times 27 \frac{\text{cf}}{\text{cy}} \times 0{,}165 = \underline{94.971.663 \text{ lb de água}}$$

$$10.360.575 \text{ lb de água}$$

Isso significa 1.241.941 galões de água ou aproximadamente 6,5 galões por jarda cúbica do empréstimo.

O método de preparo do solo antes da compactação não costuma ser suficientemente considerado como um fator importante que influencia no alcance de resultados satisfatórios. Isso inclui a adição de água ou a secagem do solo. É especialmente importante a mistura do material de escavação para que se obtenha uma composição homogênea e um teor de umidade uniforme dentro de uma camada de aterro.

Ao fazer estimativas das tarefas, os construtores geralmente aplicam o que é chamado de *fator de empolamento*. Este coeficiente prático não deve ser confundido com os fatores previamente definidos. Neste caso, o termo *fator de empolamento* é empregado em função do modo como o número é aplicado. O volume de aterro da obra é multiplicado por esse fator; ou seja, o volume é aumentado para ficar com as mesmas unidades de referência do material de empréstimo. A obra é então calculada em termos de *jardas de empréstimo*. Na verdade, esse fator de empolamento é rigorosamente uma *estimativa* baseada na experiência anterior com materiais similares. Ele também pode refletir a análise do projeto da obra. Digamos, por exemplo, que um aterro terá menos de um metro de altura total e será necessário mais material de empréstimo para compensar a compactação do solo natural sob o aterro. Nesse caso, o construtor aplicará um fator de empolamento maior ao fazer o cálculo do material de empréstimo necessário para aterros com altura mínima.

A ESPECIFICAÇÃO E O CONTROLE DA COMPACTAÇÃO

Antes de preparar as especificações de um projeto, amostras representativas do solo são geralmente coletadas e ensaiadas em laboratório para determinação das propriedades dos materiais. Os ensaios normais incluiriam a análise granulométrica, pois o tamanho dos grãos e a distribuição de tais tamanhos são propriedades importantes que afetam a adequabilidade de um solo à construção.

A densidade seca máxima e a umidade ótima

Outro ensaio crítico é a curva de compactação realizada em laboratório. Com base em tal curva, podem ser determinados o peso específico seco máximo (densidade) e o percentual de água necessário para que se alcance a densidade máxima. Este percentual de água, que corresponde à densidade seca máxima (para determinado esforço de compactação), é chamado de *umidade ótima*. Ela é a quantidade de água necessária para que determinado solo alcance sua densidade máxima.

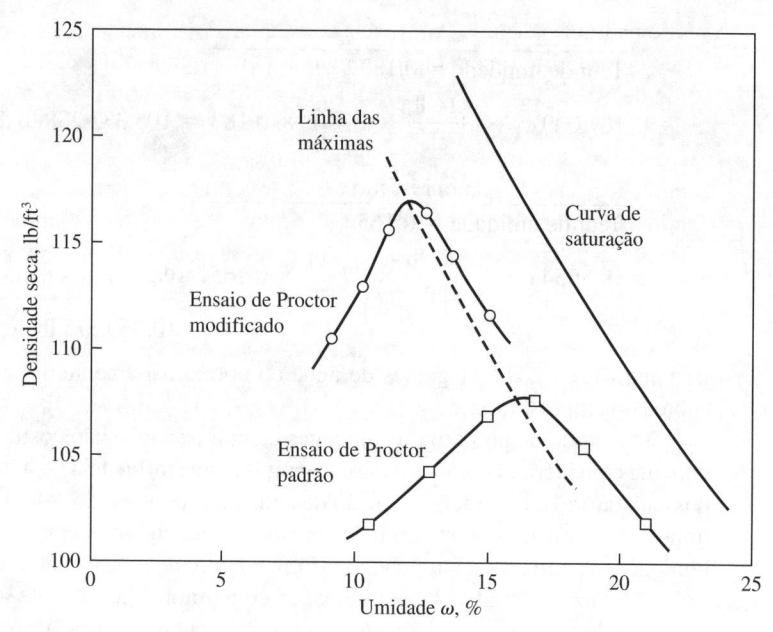

FIGURA 4.3 Curvas de compactação padrão e modificada.

A Figura 4.3 mostra duas curvas de compactação baseadas em diferentes níveis de energia. As curvas são traçadas para peso específico seco (em libras por pé cúbico) em relação ao teor de umidade (percentual por peso seco). Cada uma ilustra o efeito de variação da umidade sobre a densidade do solo sujeito a determinado esforço de compactação (nível de entrada de energia). Os dois níveis de energia representados na figura são conhecidos como *ensaios de Proctor padrão* e *modificado*. Observe que o ensaio de Proctor modificado (com entrada de energia maior) fornece uma densidade mais elevada para um teor de umidade menor do que o ensaio de Proctor padrão. Para o material representado nas curvas da Figura 4.3, a umidade ótima para o ensaio padrão Proctor é 16% *versus* 12% para o ensaio de Proctor modificado.

A diferença na umidade ótima é consequência da energia mecânica que substitui a ação de lubrificação da água durante o processo de densificação. A empresa construtora que estiver trabalhando com uma especificação Proctor modificada (com maior entrada de energia) deve planejar um maior número de passadas do equipamento de compactação ou o uso de um equipamento de compactação mais pesado na obra. Em contrapartida, haverá uma necessidade menor de transporte de água e de sua mistura com o material a ser compactado.

ENSAIOS DE COMPACTAÇÃO

ensaio de Proctor
Método desenvolvido por R. R. Proctor para determinar a relação entre densidade e umidade em solos sujeitos à compactação.

O **ensaio de Proctor** é o ensaio de compactação feito em laboratório que é aceito pelos departamentos de estradas de rodagem e outras agências governamentais. Para esse ensaio, é usado um corpo de prova com amostra de solo de material com até 1/4 in (6 mm). A amostra é colocada em um molde de aço, em três camadas iguais. O molde cilíndrico de aço tem diâmetro interno de 4,0 in (polegadas) e altura de 4,59 in No ensaio padrão, cada uma das três camadas iguais é compactada soltando 25 vezes um soquete de 5,5 libras com base circular de 2 in, de uma altura de 12 in em relação ao corpo de prova (veja a Figura 4.4). A amostra é então removida do molde e imediatamente pesada. A seguir, é retirada uma amostra do corpo de prova, que também é pesada. Esta amostra é seca até alcançar um peso constante, para a remoção de toda a umidade e é pesada novamente, para que o teor de umidade possa ser determinado. Tendo-se a informação sobre o teor de umidade, pode-se determinar o peso específico seco do corpo de prova. O ensaio é repetido usando corpos de prova com teores de umidade diferentes, até que seja determinado o teor de umidade que produz a densidade máxima. Esse teste é designado como ASTM D-698 ou AASHTO T 99.*

O ensaio de Proctor modificado, designado como ASTM D-1557 ou AASHTO T 180, é realizado de maneira similar, porém a energia aplicada é aproximadamente cinco vezes maior, pois um soquete de 10 libras é largado a uma altura de 18 in sobre cada uma das cinco camadas iguais (veja a Figura 4.4).

O controle da compactação do solo

As especificações de um projeto podem exigir que a empresa construtora compacte o solo até alcançar 100% da densidade relativa com base no ensaio de Proctor padrão ou em um ensaio de laboratório que use outro nível de energia. Se a densidade seca máxima do solo medida em laboratório for determinada como sendo 120 libras por pé cúbico, a empresa construtora deverá compactar o solo do terreno até alcançar tal densidade.

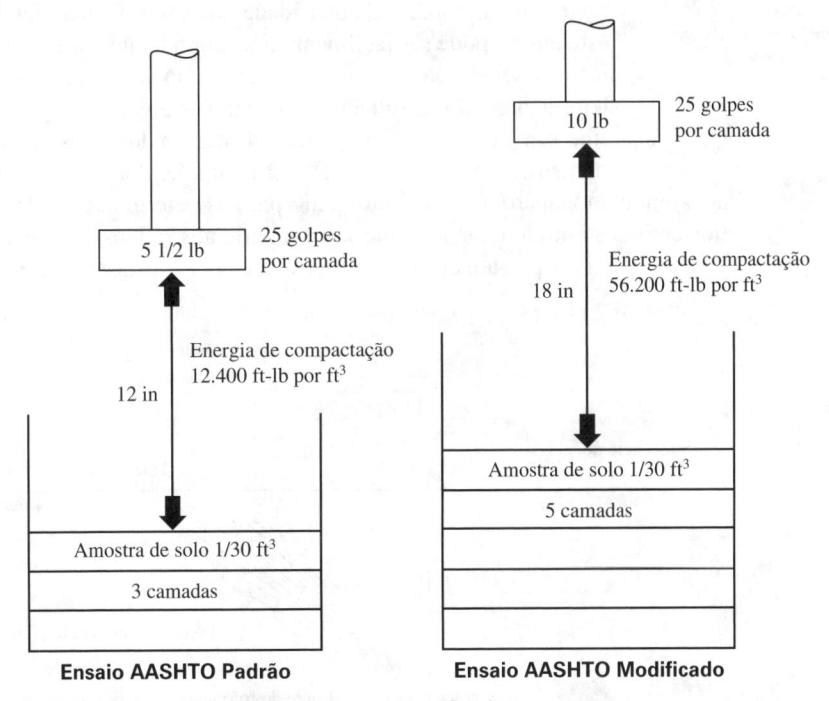

FIGURA 4.4 O ensaio padrão e o ensaio modificado.

* N. de R.T.: No Brasil, o ensaio de Proctor foi padronizado pela ABNT na NBR 7182/86.

Os ensaios feitos em campo para a verificação da compactação atingida podem ser conduzidos por qualquer um dos vários métodos aceitos: frasco de areia, do balão de borracha ou do densímetro nuclear. Os primeiros dois métodos são ensaios destrutivos. Eles envolvem:

- a escavação de um furo no aterro compactado e a pesagem do material escavado;
- a determinação do teor de umidade do material escavado;
- a medição do volume do furo resultante por meio do uso de um frasco de areia ou um balão cheio de água; e
- o cálculo da densidade com base no peso total obtido do material escavado e no volume do furo.

A conversão para densidade seca pode ser feita, uma vez que o teor de umidade é conhecido. Contudo, há algumas dificuldades associadas a tais métodos: (1) eles são muito demorados para que se conduzam ensaios suficientes para a análise estatística; (2) há problemas com as partículas grandes demais; e (3) há uma demora na determinação do teor de umidade. Como os ensaios costumam ser realizados em cada **camada**, o atraso dos ensaios e sua aprovação podem resultar em atrasos na execução de uma obra.

camada
Em terraplenagem, refere-se a uma camada de solo colocada sobre um material de aterro já espalhado. O termo pode ser empregado para se fazer referência a um material espalhado ou compactado.

O ensaio de compactação do densímetro nuclear

Os métodos nucleares são amplamente utilizados para a determinação do teor de umidade e da densidade dos solos. O aparelho exigido para este ensaio pode ser facilmente transportado até o aterro e colocado no local desejado para o ensaio, exigindo apenas alguns minutos para a leitura direta dos resultados no mostrador digital do equipamento.

O aparelho usa o efeito de Compton de dispersão dos raios-gama para as determinações de densidade (Figura 4.5) e a termalização dos nêutrons rápidos ao se chocarem com as partículas de hidrogênio para as determinações de umidade. Os raios emitidos entram no solo, onde são em parte absorvidos e em parte refletidos. Os raios refletidos passam através de tubos de Geiger-Müller no medidor de super-

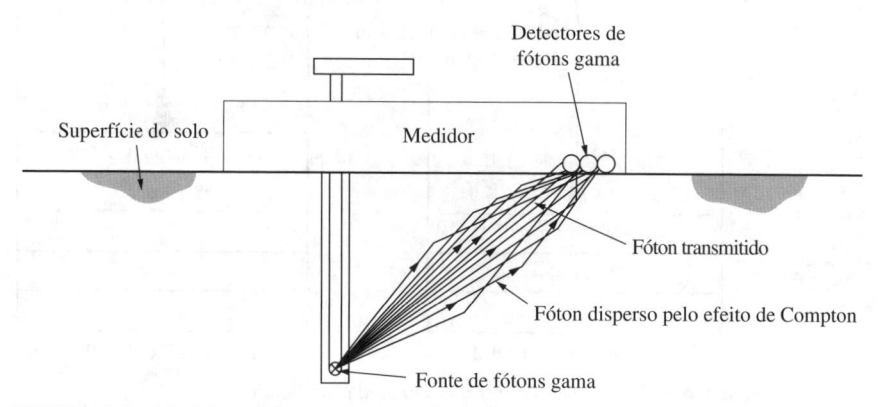

FIGURA 4.5 Medidor nuclear que usa o efeito de Compton para a testagem da densidade do solo.

fície. O total por minuto é lido diretamente em um medidor com contador de raios refletidos e relacionado às curvas de umidade e de calibragem da densidade.

Entre as vantagens do método nuclear em comparação com os demais sistemas de ensaio podemos destacar:

- Ele reduz o tempo necessário para a realização de um ensaio de um dia para alguns minutos e, consequentemente, elimina o risco potencial de atrasos excessivos na execução da obra. Além disso, como mais amostras podem ser analisadas por unidade de tempo, o engenheiro tem mais possibilidade de identificar a densidade de compactação alcançada.
- É um ensaio não destrutivo, na medida em que não exige a remoção de amostras do solo do terreno para a condução dos testes.
- Ele oferece um método para a realização de ensaios de densidade de solos que contenham agregados de tamanho grande.
- Quando o aparelho de medição é bem calibrado e usado corretamente, o ensaio reduz ou elimina o efeito do elemento pessoal e os possíveis erros. Os resultados erráticos podem ser fácil e rapidamente reexaminados.

Como os ensaios nucleares são conduzidos com instrumentos que apresentam uma fonte potencial de radiação, o operador precisa ser possuir certificação e deve ser cauteloso para assegurar que o uso dos instrumentos não ponha sua saúde em risco. Se ele seguir as instruções de uso do equipamento fornecidas e for cuidadoso, o nível de exposição à radiação ficará muito abaixo dos limites estabelecidos pela legislação ou pelas agências reguladoras (NRC, Nuclear Regulatory Comission, nos EUA). Nos Estados Unidos e na maioria dos seus estados, por exemplo, é exigida uma licença para comprar, possuir ou usar de equipamentos do tipo nuclear.

Ensaios em laboratório *versus* ensaios em campo

A densidade seca máxima é apenas um valor máximo para um esforço de compactação específico (um nível de energia de compactação) e um método pelo qual tal esforço é exercido. Se mais energia for aplicada em campo, poderá ser alcançada uma densidade maior do que 100% do valor de laboratório. Materiais diferentes têm curvas próprias e valores máximos para a mesma energia aplicada (Figura 4.6). As areias bem graduadas têm densidade seca mais alta do que os solos uniformes. À medida que a plasticidade aumenta, a densidade seca dos solos argilosos diminui.

Também se deve observar que, a partir de determinado momento, um teor de umidade mais elevado resulta em densidade menor. Isso acontece por que inicialmente a água serve para "lubrificar" os grãos do solo e ajuda a operação de compactação mecânica a colocá-los em um arranjo físico compacto. Porém, a densidade da água é inferior à dos sólidos do solo e, quando a umidade for maior do que a ótima, a água passa a substituir os grãos de solo da matriz. Caso se tente realizar a compactação de um solo com teor de umidade muito superior ao ótimo, nenhum esforço conseguirá superar esses fatos físicos. Em tais condições, os esforços de compactação extras serão inúteis. Na verdade, os solos podem ser "compactos demais". Nesses casos, são estabelecidos planos de cisalhamento e há uma grande redução da resistência do solo.

TEXTURA DO SOLO E DADOS DE PLASTICIDADE

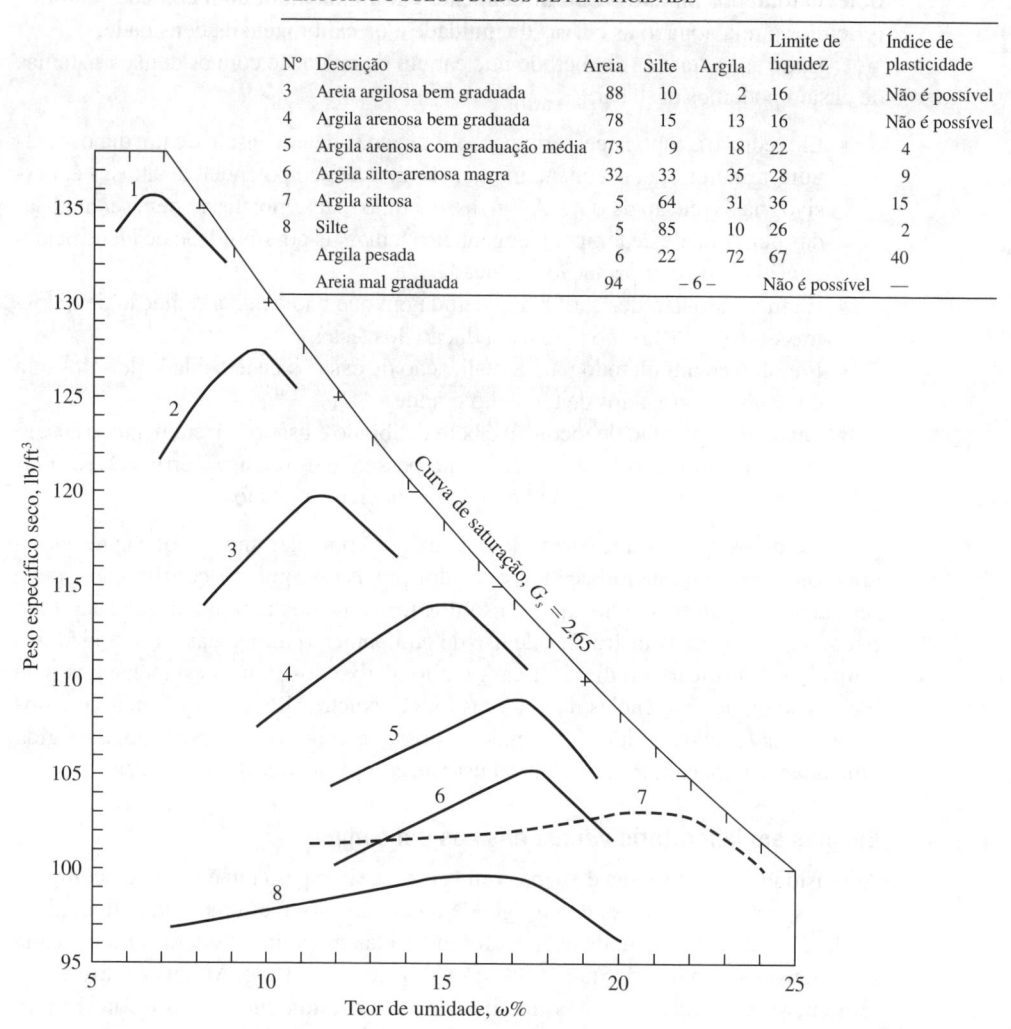

Nº	Descrição	Areia	Silte	Argila	Limite de liquidez	Índice de plasticidade
3	Areia argilosa bem graduada	88	10	2	16	Não é possível
4	Argila arenosa bem graduada	78	15	13	16	Não é possível
5	Argila arenosa com graduação média	73	9	18	22	4
6	Argila silto-arenosa magra	32	33	35	28	9
7	Argila siltosa	5	64	31	36	15
8	Silte	5	85	10	26	2
	Argila pesada	6	22	72	67	40
	Areia mal graduada	94	– 6 –		Não é possível	—

FIGURA 4.6 As curvas de compactação de oito tipos de solo compactados de acordo com a AASHTO T99.
Fonte: The Highway Research Board.

O PROCESSAMENTO DO SOLO

A umidade ótima para a compactação de um solo varia de cerca de 12 a 25%, para solos finos, a cerca de 7 a 12%, para solos granulares bem graduados. Como é difícil conseguir e manter um teor de umidade ótimo que seja exato, a prática normal é trabalhar dentro de um intervalo de valores de umidade aceitável. Esse intervalo, que, em geral, é de 2% da ótima, se baseia na obtenção da densidade máxima com o mínimo de esforço de compactação.

O acréscimo de água ao solo

Se o teor umidade de um solo for abaixo da faixa de umidade ótima, será necessário acrescentar água antes da compactação. Quando for preciso acrescentar água, os seguintes fatores deverão ser levados em consideração:

- A quantidade de água necessária
- A taxa de aplicação de água
- O método de aplicação
- Os efeitos do clima e das condições atmosféricas

materiais granulares
Solo com partículas de tamanho e formato que têm pouca aderência entre si.

A água pode ser adicionada ao solo na caixa de empréstimo ou no próprio local (isto é, no local da obra). Ao processar **materiais granulares**, os melhores resultados geralmente serão obtidos com o acréscimo de água no local da obra. Depois que a água for acrescentada, ela deverá ser completa e uniformemente misturada com o solo.

A quantidade de água necessária

É fundamental determinar a quantidade de água necessária para que se obtenha o teor de umidade do solo dentro do intervalo de valores de umidade aceitável para uma boa compactação. A quantidade de água que deve ser acrescentada ou removida do solo costuma ser calculada em galões por estaca (100 pés de comprimento); portanto, o volume da fórmula seguinte normalmente seria o de uma estaca de comprimento. O cálculo se baseia no peso seco do solo e no volume compactado. Esta é a fórmula que pode ser empregada para se calcular a quantidade de água a ser adicionada ou removida do solo:

$$\text{Galões} = \text{densidade seca desejada em libras por pés cúbicos (lb/ft}^3\text{)}$$

$$\times \frac{(\text{teor de umidade desejado em \%}) - (\text{teor de umidade do empréstimo em \%})}{100}$$

$$\times \frac{\text{volume compactado do solo (ft}^3\text{)}}{8{,}33 \text{ libras por galão}} \qquad [4.14]$$

O número 8,33 libras por galão é o peso de um galão de água. Quando se adiciona água, uma boa prática é ajustar o teor de umidade desejado de modo que esteja 2% acima do ideal, mas isso depende das condições ambientais (isto é, da temperatura e do vento) e do tipo de solo. Uma resposta negativa para a Equação [4.14] indicará que deve ser removida água do material de empréstimo antes de sua compactação no aterro.

EXEMPLO 4.2

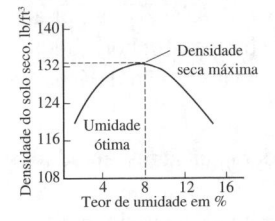

As especificações da obra exigem o lançamento do solo de um aterro em camadas sucessivas e compactadas de 6 in. O peso específico seco desejado do aterro é 120 libras por pé cúbico. A curva de compactação em laboratório indica que a umidade ótima do solo é 12%. Os ensaios do solo indicam que o teor de umidade do material de empréstimo é 5%. A camada que será lançada na rodovia tem 40 pés de largura. Calcule a quantidade de água em galões que deverá ser acrescentada por camada de material no intervalo entre duas estacas inteiras sucessivas.

$$\text{Galões por estaca} = 120 \text{ pcf} \times \frac{12\%(\text{OMC}) - 5\%}{100} \times \frac{40 \text{ ft} \times 100 \text{ ft} \times 0{,}5 \text{ ft}}{8{,}33 \text{ lb/gal}}$$

$$= 120 \text{ pcf} \times 0{,}07 \times = \frac{2.000 \text{ ft}^3}{8{,}33 \text{ lb/gal}}$$

$$= 2.017 \text{ galões por estação}$$

Taxa de aplicação

Uma vez calculada a quantidade de água, deverá ser estimada a taxa de aplicação. A taxa de aplicação de água normalmente é calculada em galões por jarda quadrada, usando-se a seguinte fórmula:

Galões por jarda quadradas = densidade seca desejada (em libras por pé cúbico)

$$\times \frac{\% \text{ de umidade adicionada ou removida}}{100}$$

$$\times \text{ espessura da camada (ft) (compactada)} \times \frac{9 \text{ sf/sy}}{8{,}33 \text{ lb por galão}} \qquad [4.15]$$

EXEMPLO 4.3

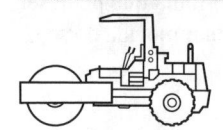

Usando os dados do Exemplo 4.2, determine a taxa de aplicação necessária em galões por jarda quadrada:

$$\text{Galões por jarda quadrada} = 120 \text{ pcf} \times 0{,}07 \times 0{,}5 \text{ ft} \times \frac{9 \text{ sf/sy}}{8{,}33 \text{ lb por galão}}$$

$$= 4{,}5 \text{ galões por jarda quadrada}$$

Métodos de aplicação

Uma vez calculada a taxa de aplicação, deve ser determinado o método de aplicação. Independentemente do método de aplicação empregado, é importante garantir que seja atingida uma taxa de aplicação apropriada e que a água seja uniformemente distribuída.

Distribuidor de água Em projetos de construção, o método mais usual de adição de água a um solo é o do distribuidor de água. Os distribuidores de água são desenhados de modo a dispersar homogeneamente a quantidade de água correta sobre a camada. Estes distribuidores de água em torre ou instalados em caminhões (veja a Figura 4.7) são desenhados para espalhar a água sob pressões variáveis ou por alimentação à gravidade. Muitos distribuidores são dotados de barras com borrifadores instaladas na parte traseira. O operador pode manter a taxa de aplicação da água ao controlar a velocidade avante do veículo.

Alagamento Se houver tempo disponível, a água poderá ser acrescentada ao solo por meio de alagamento ou do pré-umedecimento da área até que se alcance a profundidade de penetração de água desejada. Com este método, contudo, é difícil

FIGURA 4.7 Um caminhão-pipa trabalhando em uma obra de terraplenagem.

FIGURA 4.8 Uma motoniveladora com ríperes-escarificadores traseiros para a escarificação do material do solo.

controlar a taxa de aplicação. O alagamento, em geral, exige vários dias para que se obtenha uma distribuição de umidade uniforme.

A redução do teor de umidade

Como já foi dito, o solo que contém mais água do que o desejável (isto é, está acima do intervalo de valores da umidade ótima) é difícil de compactar. O excesso de água torna muito difícil que se alcance da densidade desejada. Nesses casos, devem ser tomadas precauções para reduzir o teor de umidade até que ela esteja dentro do intervalo de valores de umidade desejado. As operações de secagem podem ser tão simples como o arejamento do solo ou tão complexas com a adição de um agente estabilizador do solo, que altere efetivamente as propriedades físicas do solo. A cal ou cinza volante é o agente estabilizador mais comum para solos finos. Se um lençol freático alto estiver provocando a umidade excessiva, talvez seja necessária alguma forma de drenagem subsuperficial antes que se possa reduzir o teor de umidade do solo.

FIGURA 4.9 Um arado de disco rebocado para a escarificação do solo.

O método de redução da umidade mais comum é a escarificação do solo antes de sua compactação. Isso pode ser conseguido seja com o uso de dentes de escarificação ou de rípers-escarificadores acoplados a uma motoniveladora (veja a Figura 4.9). Uma motoniveladora também pode usar sua lâmina para atacar o solo e criar sulcos, expondo mais material para a secagem.

Os efeitos do clima

As condições climáticas afetam significativamente o teor de umidade do solo. Um clima frio, chuvoso ou nublado fará com que o solo retenha água. Já o clima quente, seco, ensolarado e ventoso provocará a secagem do solo. Em um clima desértico, a evaporação provocará a perda de grande parte da água que for aplicada em cada camada de aterro. Assim, em um projeto para um deserto, o engenheiro talvez tenha de ultrapassar em até 6% a umidade ótima como meta para os cálculos de aplicação de água, a fim de que o teor de umidade real fique próximo ao desejado quando o material for lançado e compactado.

Mistura e homogeneização

Seja adicionando água ao solo para aumentar o teor de umidade ou adicionando um agente para reduzi-lo, é essencial misturar a água ou o agente estabilizador completa e uniformemente no solo. Mesmo que não seja necessário o uso de água adicional, a mistura ainda pode ser necessária para garantir uma distribuição uniforme da umidade existente. A mistura da água pode ser feita com o uso de motoniveladoras, arados de disco ou arados giratórios. As motoniveladoras convencionais podem ser empregadas para misturar ou homogeneizar um aditivo ao solo (água ou agente estabilizador), amontoando o material de um lado da faixa de rolamento para o outro.

RESUMO

Os solos e a rocha são os principais componentes de muitos projetos de construção. Esses materiais são, por sua própria natureza, heterogêneos. Em seus estados naturais, raramente são uniformes e podem ser entendidos apenas por meio da comparação a um tipo de material similar com o qual já se tenha uma experiência prévia. Um projeto que envolva o trabalho com terra ou rochas jamais deve ser orçado sem que antes seja feito um estudo detalhado dos materiais do solo. A medição do volume dos principais materiais de construção varia conforme a posição do material no processo de construção. O volume do solo é medido em um destes três estados: jarda cúbica natural, jarda cúbica solta ou jarda cúbica compactada. O engenheiro deve usar um estado volumétrico consistente em qualquer conjunto de cálculos. Uma curva de compactação representa graficamente o peso específico seco máximo (a densidade) e o percentual de água necessário para que se alcance a densidade máxima com base em um esforço de compactação padronizado (energia de compactação).

Os principais objetivos de aprendizagem deste capítulo são os seguintes:

- O entendimento das principais propriedades físicas do solo: o limite de liquidez, o limite de plasticidade e o índice de plasticidade
- A capacidade de calcular as mudanças volumétricas do solo
- A compreensão dos ensaios de compactação e das especificações, bem como das curvas de compactação

Esses objetivos são a base dos problemas a seguir.

PROBLEMAS

4.1 Uma draga está escavando uma vala com área de seção transversal de 160 pés quadrados. O material empola (se dilata) 248% ao ser retirado do terreno e ficar solto. O material solto tem o ângulo de repouso de 35°. Quais são a altura e a largura da pilha de solo removido?

4.2 O material de empréstimo de um solo, em seu estado natural, tem peso específico de 123 libras por pé cúbico. Quando uma amostra desse solo é seca em laboratório, seu peso específico seco fica de 103 libras por pé cúbico. Qual é o teor de umidade desse material de empréstimo?

4.3 O material de empréstimo de um solo, em seu estado natural, tem peso específico de 120 libras por pé cúbico. Quando uma amostra desse solo é seca em laboratório, seu peso específico seco se torna 98 libras por pé cúbico. Qual é o teor de umidade desse material de empréstimo?

4.4 O material de empréstimo de um solo, em seu estado natural, tem peso específico de 124 libras por pé cúbico. Seu teor de umidade natural é 8,2%. Qual é o peso específico seco desse material?

4.5 O material de empréstimo de um solo, em seu estado natural no terreno, tem peso específico de 118 libras por pé cúbico. Seu teor de umidade natural é 7%. Qual é o peso específico seco desse material?

4.6 O material de empréstimo para construção de um aterro tem peso específico seco de 85 libras por pé cúbico e teor de umidade de 6%. A densidade relativa das partículas é 2,64. As especificações do contrato exigem que o solo seja colocado em um aterro de γ_d de 113 libras por pé cúbico e com teor de umidade de 6%. Quantas jardas cúbicas de empréstimo serão necessárias para se construir um aterro com volume líquido de 60 mil jardas cúbicas (79.765bcy)?

4.7 O material de empréstimo para construção de um aterro tem peso específico seco de 87 libras por pé cúbico e teor de umidade de 5,5%. A densidade relativa das partículas é 2,64. As especificações do contrato exigem que o solo seja colocado em um aterro de γ_d de 114 libras por pé cúbico e com teor de umidade de 5%. Quantas jardas cúbicas de empréstimo serão necessárias para se construir um aterro com volume líquido de 75 mil jardas cúbicas?

4.8 O material de empréstimo de um solo que será utilizado para a construção de um aterro de rodovia tem peso específico aparente de 98,0 libras por pé cúbico teor de umidade de 6%, e densidade relativa das partículas dos sólidos do solo é 2,65. As especificações do projeto exigem que o solo seja compactado até que se alcance o peso específico seco de 112 libras por pé cúbico e que o teor de umidade seja mantido em 13% (279.355 bcy, 21,0 gal/bcy do empréstimo, 18%, 132,1 libras por pé cúbico).
  a. Quantas jardas cúbicas de empréstimo são necessárias para se construir um aterro com volume de seção líquido de 230.600 jardas cúbicas?
  b. Quantos galões de água por jarda cúbica devem ser acrescentados ao material de empréstimo, considerando-se que não haja perda por evaporação?
  c. Se a camada de aterro compactada ficar saturada em um volume constante, qual será o teor de umidade e o peso específico aparente do solo?

4.9 O material natural de um empréstimo tem peso específico aparente de 110 libras por pé, teor de umidade de 6%, e densidade relativa das partículas de 2,63. As especificações exigem que o solo seja compactado até um peso específico seco de 122 libras por pé cúbico e o teor de umidade seja mantido em 5,5%.
  a. Quantas jardas cúbicas de empréstimo são necessárias para se construir um aterro com volume de seção líquido de 245 mil jardas cúbicas?
  b. Quantos galões de água por jarda cúbica devem ser acrescentados ao material de empréstimo, considerando que não haja perda por evaporação?

4.10 O material de empréstimo de um solo que será utilizado para a construção de um aterro de rodovia tem peso específico aparente de 99,0 libras por pé cúbico, teor de umidade de 6,5% e densidade relativa das partículas de 2,65. As especificações exigem que o solo seja compactado até um peso específico seco de 122 libras por pé cúbico e o teor de umidade seja mantido em 6%.
  a. Quantas jardas cúbicas de empréstimo são necessárias para construir um aterro com volume de seção líquido de 600 mil jardas cúbicas?
  b. Quantos galões de água por jarda cúbica devem ser acrescentados ao material de empréstimo, considerando que não haja perda por evaporação?
  c. Se a camada de aterro compactada ficar saturada em um volume constante, qual será o conteúdo de água e o peso específico aparente do solo?

4.11 Um aterro deve ser construído com teor de umidade de 10%. O material será colocado com uma velocidade 250 jardas cúbicas compactadas (ccy) por hora. O peso específico seco estabelecido para a camada compactada é 2.850 libras por jarda cúbica. Quantos galões de água devem ser fornecidos por hora para aumentar o teor de umidade do material de 5 para 10% por peso (4.277 galões por hora)?

4.12 Uma camada de aterro recebe terra a uma velocidade de 200 jardas cúbicas por hora (medição compactada). O teor de umidade da colocação é 8%, e o peso específico seco da terra compactada é de 2.600 libras por jarda cúbica. Quantos galões de água devem ser fornecidos por hora para se aumentar o conteúdo de umidade do material de 5 para 8% por peso?

FONTES DE CONSULTA

ASTM Volume 04.08 Soil and Rock (I): D 420—D 5876 (2008). 2. ASTM International, 100 Barr Harbor Drive, PO Box C700, West Conshohocken, PA, 19428–2959.

ASTM Volume 04.09 Soil and Rock (II): D 5877 (2009). Juntos, os Volumes 04.08 e 04.09 apresentam mais de 375 normas geotécnicas e geoambientais que cobrem ensaio de solos, incluindo compactação, amostragem, investigações no campo, textura do solo, plasticidade, características de densidade, propriedades hidrológicas e barreiras hidráulicas. ASTM International, 100 Barr Harbor Drive, PO Box C700, West Conshohocken, PA, 19428–2959.

Construction and Controlling Compaction of Earth Fills (2000). ASTM Special Technical Publication, 1384, D. W. Shanklin Ed., ASTM International, 100 Barr Harbor Drive, PO Box C700, West Conshohocken, PA, 19428–2959.

Guide to Earthwork Construction (1990). State of the Art Report 8, TRB, National Research Council, Washington, DC. Versão em PDF disponível em http://onlinepubs.trb.org/Onlinepubs/sar/sar_8.pdf.

Holtz, R. D. (1989). NCHRP, *Synthesis of Highway Practice 147: Treatment of Problem Foundations for Highway Embankments*, TRB, National Research Council, Washington, DC.

Rollings, M. P. e R. S. Rollings (1996). *Geotechnical Materials in Construction*, McGraw-Hill, Nova York.

Standard Specifications for Transportation Materials and Methods of Sampling and Testing, AASHTO, 28ª. Edição, 2008. Este livro apresenta 414 especificações sobre materiais e métodos de ensaio usados frequentemente na construção de estradas. As especificações foram desenvolvidas e são atualizadas pelos departamentos de transporte dos Estados Unidos por meio da participação do subcomitê de materiais da AASHTO (AASHTO's Subcommittee on Materials).

FONTES DE CONSULTA NA INTERNET

http://www.fhwa.dot.gov/engineering/geotech/ Federal Highway Administration (FHWA). Contém informações sobre os programas geotécnicos da FHWA, inclusive publicações, software e treinamentos.

http://www.geosynthetic-institute.org Geosynthetic Institute (GSI). A missão da GSI é difundir os conhecimentos de geossintéticos.

http://pubsindex.trb.org/ Transportation Research Board (TRB). O site da TRB fornece um índice de busca sobre as publicações e os artigos do comitê, cobrindo todos os tipos e aspectos de transporte, inclusive a engenharia geotécnica.

http://gsl.erdc.usace.army.mil/Ipubs.html U.S. Army Corps of Engineers. *Link* para as publicações geotécnicas da Waterways Experiment Station.

http://www.usgs.gov/pubprod/ Link para publicações do USGS.

http://www.usucger.org U.S. Universities Council on Geotechnical Engineering Research (USUCGER). Informações relativas sobre pesquisa em geomedia nas universidades participantes do conselho.

5

Equipamentos para compactação e estabilização do terreno

Os equipamentos para compactação do terreno devem ser adequados ao tipo de material sendo manipulado. Os fabricantes de máquinas desenvolveram uma variedade de compactadores que incluem ao menos um dos métodos de compactação – e, em alguns casos, mais de um – nas capacidades de desempenho dos equipamentos. Na engenharia da construção, a estabilização acontece quando a compactação é precedida da adição e mistura de um estabilizador barato, chamado de agente de estabilização, que altera a composição química do solo, resultando em um material mais estável.

A COMPACTAÇÃO DO SOLO E DA ROCHA

Com o passar do tempo, o material se adensará ou compactará naturalmente – isso é chamado de adensamento. O processo de adensamento pode ser entendido como o peso do solo (a carga) entrando em equilíbrio com a pressão da água dos poros, pela percolação da água interna. Esse fenômeno é determinado: (1) pela permeabilidade do solo, que determina o fluxo, (2) pela espessura da camada do solo, e (3) pela localização dos limites permeáveis que influenciam a distância pela qual a água deve se deslocar. O objetivo de uma compactação mecânica é conseguir, com rapidez, a densidade desejada do solo.

O uso de compactação mais antigo que se tem notícia se deu no Império Romano, nos registros dos projetos de construção de estradas. Os antigos romanos se deram conta de que a compactação melhorava as propriedades de engenharia dos solos e passaram a usar grandes rolos cilíndricos de pedra para obter a densificação mecânica dos leitos de suas vias.

Obter um peso específico mais elevado para o solo não é o objetivo direto da compactação. A compactação busca melhorar as propriedades do solo a fim de:

- reduzir ou evitar recalques;
- aumentar sua resistência;
- melhorar sua capacidade de carga;
- controlar suas mudanças de volume; e
- reduzir sua permeabilidade.

A densidade, no entanto, é o parâmetro mais comum para a especificação das operações de construção, pois há uma correlação direta entre essas propriedades desejadas e a densidade de um solo. Os documentos de contrato de uma obra geralmente exigem que se alcance uma densidade especificada, ainda que o objetivo principal na verdade seja uma das outras propriedades do solo.

As propriedades desejadas poderiam ser alcançadas por outros meios, mas o método mais largamente utilizado para o aumento da resistência do solo é sua compactação com a umidade ótima. Os benefícios de uma compactação são enormes e compensam muito os custos. Em geral, uma camada uniforme do solo entre 4 e 12 polegadas (10 e 30 cm) de espessura é compactada por meio dos diversos passos de um equipamento de compactação mecânico.

GLOSSÁRIO

O glossário a seguir define os vocábulos importantes que são utilizados quando se fala dos equipamentos de compactação:

Base. Uma camada de agregado, solo tratado ou agregado de solo que se apoia na sub-base e sobre a qual o pavimento é colocado (Figura 5.1).

Ligante. Agregado miúdo ou outros materiais que preenchem os vazios e conserva o agregado graúdo unido.

Reaterro. Material empregado para preencher novamente um corte ou outra escavação.

Sub-base. Camada construída de material selecionado que é criada a fim de conferir resistência à base sob uma estrada ou uma pista de aeroporto. Nas áreas onde a construção será feita em um terreno pantanoso, alagadiço ou instável, frequentemente é preciso escavar os materiais naturais da área sob a estrada e substituí-los por materiais mais estáveis. O material utilizado para substituir os solos naturais inadequados geralmente é chamado de

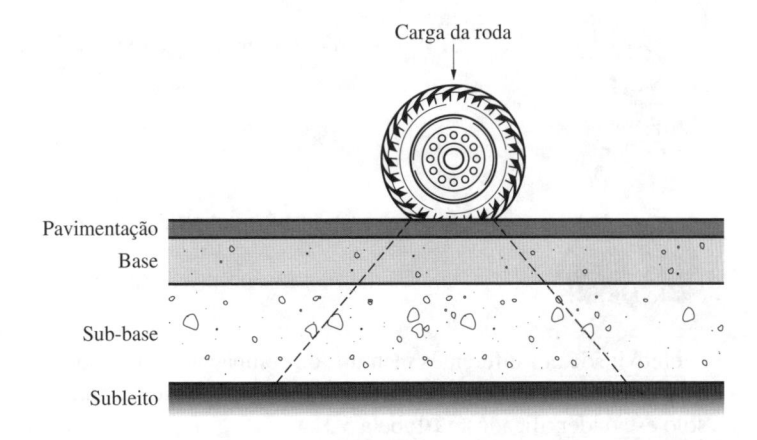

FIGURA 5.1 A estrutura de pavimentação de uma via ou um campo de aviação.

material de "sub-base" e, uma vez compactado, também é chamado a "sub-base" (Figura 5.1).

Subleito. A superfície criada pelo nivelamento da terra nativa ou dos materiais importados que servem de camada de fundação para um corte estrutural de pavimentação (Figura 5.1).

TABELA 5.1 Os tipos de solo e seus métodos de compactação

Material	Impacto	Pressão	Vibração	Amassamento
Pedregulho	Ruim	Não	Boa	Muito bom
Areia	Ruim	Não	Excelente	Bom
Silte	Bom	Boa	Ruim	Excelente
Argila	Excelente, quando confinada	Muito bom	Não	Bom

OS TIPOS DE EQUIPAMENTOS DE COMPACTAÇÃO

A aplicação de energia a um solo por meio de um ou mais dos seguintes métodos resultará em sua compactação:

1. Impacto – golpes concentrados

2. Pressão – peso estático

3. Vibração – tremores

4. Amassamento – manipulação ou reorganização

A efetividade dos diferentes métodos de compactação depende do tipo de solo com o qual se está trabalhando. Os métodos de compactação apropriados para cada tipo de solo estão identificados na Tabela 5.1.

Os fabricantes de equipamentos desenvolveram vários compactadores que incluem ao menos um dos métodos de compactação – e, em alguns casos, mais de um

Capítulo 5 Equipamentos para compactação e estabilização do terreno **121**

– nas capacidades de desempenho dos equipamentos. Há muitos tipos de equipamentos de compactação disponíveis, como, por exemplo:

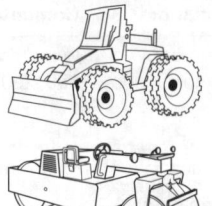

1. Compactadores de solo estáticos

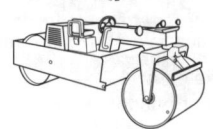

2. Compactadores vibratórios de solo (tambores lisos)

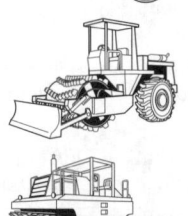

3. Compactadores vibratórios de solo (tambor com patas)

4. Compactadores de pneus

A Tabela 5.2 resume os principais métodos de compactação para os diferentes tipos de compactadores. Também existem roletes estáticos com tambor de aço liso. Em geral, estes consistem em dois tambores em tandem, um na frente do equipamento e outro atrás. Outra versão deste tipo de compactador são os rolos compactadores com três rodas, mas eles já não são tão comuns como eram no passado. Os roletes vibratórios são mais eficientes do que os rolos de aço estáticos para terraplenagem e os vem substituindo quase que totalmente.

> Em alguns projetos, às vezes é preferível usar mais de um tipo de equipamento de compactação para se alcançar os resultados desejáveis e se obter o máximo de economia.

O objetivo final é construir um aterro de boa qualidade no menor período de tempo e com o menor custo possível, por isso o equipamento de compactação deve ser adequado ao material do projeto. Portanto, sempre se deve examinar a obra com muito cuidado e colher amostras da escavação ou dos materiais de empréstimo. Não se pode selecionar o equipamento de escavação e compactação apropriado antes da identificação dos solos. A Tabela 5.3 oferece orientações para a escolha dos equipamentos de

TABELA 5.2 Os principais métodos de compactação utilizados por vários compactadores

Tipo de compactador	Impacto	Pressão	Vibração	Amassamento
Pé-de-carneiro		X		
Patas tipo *tamping*		X		X
Vibratório com tambor liso	X	X	X	
Vibratório com tambor corrugado	X		X	
Pneumático		X		X

TABELA 5.3 Tipo de equipamento de compactação apropriado para um projeto baseado no tipo de material

Material	Espessura da camada (in)	Número de passadas	Tipo de compactador	Comentários
Pedregulho	8–12	3–5	Vibratório com tambor corrugado	lb/in²/tambor: 150–200
			Vibratório com tambor liso	–
			Pneumático	lb/in²/pneu: 35–130
Areia	8–10	3–5	Vibratório com tambor corrugado	–
			Vibratório com tambor liso	–
			Pneumático	lb/in²/pneu: 35–65
			Estático com tambor liso	Tandem: 10–15 ton
Silte	6–8	4–8	Vibratório com tambor corrugado	lb/in²/tambor: 200–400
			Vibratório com tambor liso	–
			Pneumático	lb/in²/pneu: 35–50
Argila	4–6	4–6	Vibratório com tambor corrugado	lb/in²/tambor: 250–500
			Vibratório com tambor liso	–

compactação com base no tipo de material que deve ser compactado. Como podemos observar ao analisar a tabela, se uma densidade desejada não puder ser alcançada com quatro a oito coberturas, outro tipo de compactador deverá ser considerado.

Os aterros com pedra geralmente são espalhados em camadas de 18 a 48 in. O cuidado com a distribuição do material em uma camada uniforme é fundamental para que se alcance a densidade desejada durante o processo de compactação. Uma distribuição consistente ajuda a preencher os vazios e a orientar as pedras de modo a fornecer uma superfície homogênea para o trabalho do equipamento de compactação. Os rolos vibratórios com tambor liso de maior tamanho são utilizados para camadas profundas de rocha.

Compactadores de solo estáticos

Os compactadores de solo estáticos com patas *tamping* (Figura 5.2) são rolos de grande velocidade motorizados, mas não vibratórios. Esses compactadores geralmente têm quatro rodas de aço corrugadas e podem ser equipados com uma pequena lâmina niveladora, para ajudar a levantar a camada de solo. As protuberâncias das rodas (as "patas") são afuniladas, com faces ovais ou retangulares – isso é, suas pontas são menores do que as partes que as conectam no tambor. Quando o compactador se desloca sobre a superfície, as patas das rodas penetram o solo, provocando uma ação de amassamento e pressão a fim de misturar e compactar o solo da base ao topo da camada. Após repetidas passadas do compactador pela superfície do terreno, a

FIGURA 5.2 Rolo compactador estático motorizado dotado de lâmina niveladora.

penetração das patas das rodas diminui até que o compactador "sai do aterro". Como as patas das rodas têm formato afunilado, o rolo pode se retirar da camada sem afofar o solo. Se ele não sair do aterro, significa que o compactador é pesado demais, o sol está úmido demais ou o compactador está provocando o cisalhamento do solo.

A velocidade de trabalho desses compactadores fica na faixa de 8 a 12 milhas por hora. Em geral, com dois ou três passadas sobre uma camada de 8 a 12 in já é possível se obter a densidade desejada, mas isso depende do tamanho do compactador. Em solos siltosos plásticos mal graduados ou solos argilosos muito finos, podem ser necessárias quatro passadas. Os rolos compactadores estáticos com patas tipo *tamping* são efetivos em todos os tipos de solo, exceto na areia pura. Para alcançar o potencial de compactação realmente econômico, eles precisam de passadas longas e ininterruptas, a fim de que o rolo possa desenvolver velocidade, o que gera uma alta produção.

Os rolos compactadores estáticos com patas tipo *tamping* não conseguem compactar adequadamente as duas ou três polegadas superiores de uma camada de aterro. Assim, no caso de essa camada não ser sucedida por outra, dê continuidade com o uso de um rolo com tambor liso ou rodas pneumáticas para completar a compactação ou selar a superfície.

Compactadores de solo vibratórios

A vibração cria forças de impacto, e essas forças resultam em uma maior energia de compactação do que seria possível com uma carga estática equivalente. Este é o fato que sustenta economicamente o uso dos compactadores de solo vibratórios. As forças de impacto são mais elevadas do que as estáticas porque o tambor vibratório converte energia potencial em energia cinética. Os compactadores vibratórios podem ter um ou mais tambores. Nos modelos com dois tambores, em geral um deles tem a tração para transmitir a propulsão da máquina. Os modelos dotados de apenas um tambor costumam ter também duas rodas motoras pneumáticas. Também existem compactadores vibratórios que são rebocados.

Alguns tipos de solo, como os areia, pedregulho e fragmentos de rochas angulares relativamente grandes, respondem bastante bem à compactação produzida por uma combinação de pressão e vibração. Quando esses materiais são vibrados, as partículas mudam de posição e se acomodam mais próximas das partículas adjacentes, aumentando a densidade natural.

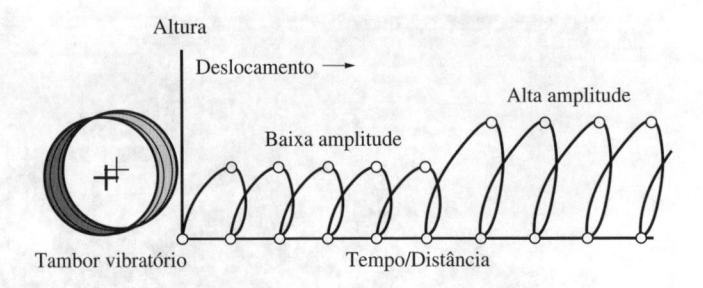

Figura: representação do tambor vibratório mostrando altura, deslocamento, baixa amplitude e alta amplitude ao longo de tempo/distância.

Os compactadores de solo vibratórios com tambor são acionados por um eixo excêntrico que produz as vibrações. O eixo excêntrico pode ser um mero corpo que gira em relação a outro eixo, diferentemente daquele que gira em torno do centro da massa. A massa vibratória (o tambor) sempre fica isolada do chassi principal do compactador. Em geral, as vibrações variam de um a cinco mil por minuto.

A vibração tem duas unidades de medida: a **amplitude**, que é a medida de movimento ou deslocamento e a *frequência*, que é a velocidade do movimento ou o número de vibrações (oscilações) por segundo ou minuto (v/min ou v/s). A amplitude controla a área efetiva, ou profundidade, à qual a vibração é transmitida no interior do solo, enquanto a frequência determina o número de golpes ou oscilações que são transmitidas em um período de tempo.

amplitude
A distância vertical na qual o tambor vibratório ou a chapa vibratória é deslocado da posição de descanso em virtude de um movimento excêntrico.

Os impactos gerados pelas vibrações produzem ondas de pressão que põem as partículas do solo em movimento, gerando a compactação. Na compactação de um material granular, a frequência (o número de golpes em determinado período) costuma ser o parâmetro mais importante, e não a amplitude. Os resultados da compactação são uma função da frequência dos golpes, da força desses e do período de tempo durante o qual eles são aplicados. A relação entre a frequência e o tempo considera a necessidade de velocidade mais lenta de trabalho quando se usam os compactadores vibratórios. A velocidade de trabalho é importante porque determina quanto tempo um trecho do aterro em particular será compactado. Uma velocidade de trabalho de 2 a 4 milhas por hora gera os melhores resultados quando se trabalha com compactadores vibratórios.

Compactadores vibratórios de solo com tambor liso Os compactadores com tambor liso, seja os modelos com um tambor, seja com dois, geram três forças de compactação: (1) pressão, (2) impacto, (3) vibração. Esses compactadores (veja a Figura 5.3) são os mais efetivos para materiais granulares com tamanho de partículas variando desde grandes pedras a areia fina. Eles podem ser utilizados em solos semicoesivos com até cerca de 10% do material tendo índice de plasticidade (IP) igual ou superior a 5. Os grandes compactadores vibratórios com tambor de aço liso podem ser efetivos em camadas rochosas de até 3 pés.

Compactadores de solo vibratórios com tambor corrugado Esses compactadores (veja a Figura 5.4) são bons para solos com até 50% do material tendo índice de plasticidade igual ou superior a 5. As bordas dos patas são côncavas, o que permite a essas máquinas saírem das camadas sem remover o solo. A espessura de camada típica para o uso de compactadores vibratórios com tambor

Capítulo 5 Equipamentos para compactação e estabilização do terreno

FIGURA 5.3 Compactadores vibratórios de solo com tambores lisos.

FIGURA 5.4 Um compactador vibratório de solo com tambor corrugado e lâmina niveladora.

corrugado é de 12 a 18 in. Algumas vezes, esses equipamentos são dotados de lâmina niveladora.

Também estão disponíveis pequenos compactadores vibratórios de operação manual ou controle remoto com tambores de largura de 24 a 38 in (veja a Figura 5.5). Esses equipamentos são projetados especificamente para se trabalhar em valas ou áreas confinadas. Os tambores do compactador são mais largos que o corpo do equipamento, assim é possível se fazer a compactação junto às paredes da vala. Muitos desses pequenos compactadores podem ser equipados com sistemas de controle remoto, de modo que o operador possa controlar o equipamento sem ter de entrar na vala. Quase todos os sistemas de controle remoto usam uma frequência de rádio digital, o que elimina a necessidade de ter cabos de controle espalhados ao redor do canteiro de obras.

Compactadores com rodas pneumáticas (roletes pneumáticos)

Estes compactadores de superfície aplicam o princípio do amassamento para compactar o solo abaixo da superfície. Eles podem ser autopropulsados (veja a Figura 5.6) ou rebocados. Os compactadores pneumáticos são empregados em obras de compactação de solo pequenas a médias, principalmente com materiais granulares e laminados de base. Os pequenos compactadores pneumáticos não são adequados a projetos de compactação de aterros com camadas grossas e alta produção. Eles também são utilizados na compactação de pavimentos asfálticos, tratamentos superficiais, pavimentos reciclados e em materiais de base e sub-base. Devido a sua ação de amassamento relativamente suave, eles são muito adequados à fase inicial (*breakdown*) e à fase intermediária de compactação de Superpave e misturas de asfálticas tipo SMA (*stone mastic asphalt* ou *agregado argamassa e asfalto*). A superfície flexível de seus pneus permite sua conformação com superfícies levemente irregulares. Isso ajuda a manter a densidade uniforme e a capacidade de carregamento, enquanto um compactador com tambor de aço passaria por cima dos pontos baixos sem tocá-los e aplicaria mais pressão aos pontos altos.

Os pequenos equipamentos com pneus em geral têm dois eixos em *tandem* e quatro a cinco rodas em cada eixo. As rodas oscilam, o que lhes permitem acompanhar o nível da superfície e alcançar áreas baixas, gerando uma compactação uniforme. Os pneus traseiros são espaçados a fim de cobrir a superfície não compactada pela passagem dos pneus dianteiros, produzindo uma cobertura total da superfície do terreno. As rodas podem ser instaladas levemente desalinhadas em relação ao eixo, o que lhes confere um entrecruzamento (e por isso são denominadas "rodas oscilan-

FIGURA 5.5 Um pequeno compactador manual com tambor corrugado.

FIGURA 5.6 Compactador de pneus autopropulsado.

tes") para aumentar a ação de amassamento. Com o acréscimo de um lastro, o peso de um equipamento também pode ser aumentado para se adequar ao material sendo compactado.

Os grandes compactadores com rodas pneumáticas variam em tamanho, tendo peso bruto entre 15 e 200 ton (Figura 5.7). Eles usam, em apenas um eixo, dois ou mais grandes pneus que deslocam o solo. A pressão do ar nos pneus pode variar de 80 a 150 lb/in^2 (libras por polegada quadrada). Devido às grandes cargas e às altas pressões nos pneus, eles são capazes de compactar todos os tipos de solo até grandes profundidades. Todavia, esses grandes equipamentos são caros, pois, para que possam se deslocar sobre as camadas de um terreno, exigem tratores com consideráveis forças de tração e arraste na barra de tração.

Essas máquinas frequentemente são utilizadas para verificação da compactação e da capacidade de suporte de subleitos de campos de aviação e em barragens de terra. Na barragem Painted Rock no Arizona, compactadores com rodas pneumáticas de 50 toneladas foram empregados na compactação do material pedregulho arenoso do aterro. O material permeável foi pré-umedecido no local do empréstimo e então colocado no aterro em camadas de 24 in. Para alcançar a densidade desejada, foram necessárias quatro passadas com um compactador de 50 toneladas.

Como a área de contato entre o pneu e a superfície do solo sobre a qual ele passa varia conforme a pressão do ar nos pneus, a especificação do peso total ou por roda nem sempre é um método satisfatório para indicar a capacidade de compactação de um compactador de pneus. Para se determinar a capacidade de compactação dos compactadores com rodas pneumáticas, é preciso saber quatro parâmetros:

1. Carga nas rodas
2. Tamanho dos pneus
3. Lonas dos pneus
4. Pressão dos pneus

FIGURA 5.7 Um compactador com rodas pneumáticas, de 50 ton, sendo utilizado para verificação da compactação do subleito de uma estrada.

Compactadores de pneus com pressão variável Quando um compactador com rodas pneumáticas é utilizado para a compactação de um solo em todas as etapas da densidade, as primeiras passadas sobre uma camada devem ser feitos com pressões de pneus relativamente baixas, a fim de aumentar a flutuação e a área de contato com o solo. No entanto, à medida que o solo for sendo compactado, a pressão do ar nos pneus deveria ser aumentada até se alcançar o valor especificado máximo para as passadas finais. Antes do desenvolvimento dos compactadores que podem ter a pressão de seus pneus variada durante a operação, era necessário interromper a compactação e (1) ajustar a pressão dos pneus; (2) variar o peso do lastro do compactador; ou (3) manter compactadores de diferentes pesos e pressões nos pneus em um projeto, a fim de ter equipamentos que atendessem às necessidades particulares de determinada condição de compactação.

Vários fabricantes produzem compactadores equipados com sistemas que permitem ao operador variar a pressão dos pneus sem ter de parar a máquina. As primeiras passadas são feitas com pressões de pneus relativamente baixas. À medida que o solo é compactado, a pressão dos pneus é aumentada a fim de se adequar às condições particulares do solo. O uso deste tipo de compactador geralmente permite uma compactação adequada com um número de passadas inferior àquele que seria necessário com o uso de compactadores de pressão constante.

Compactadores de impacto rebocados

A partir do ano de 1949, alguns engenheiros da África do Sul começaram a fazer experiências com compactadores de impacto (ou "de rodas quadradas"). Esses compactadores usam tambores com três, quatro (veja a Figura 5.8) e cinco lados. Quando o compactador é rebocado, o tambor gira, erguendo-se em uma de suas arestas, e então cai sobre o solo. O impacto do tambor atingindo o solo provoca as forças de compactação. Grande parte da motivação para desenvolver esse compactador surgiu da necessidade de criar uma máquina compacta de alta potência que pudesse ser utilizada para a densificação de materiais com baixo teor de umidade em regiões áridas. Também havia o desejo de se ter um equipamento que ajudasse a evitar o colapso da estrutura instável de certos solos que frequentemente são encontrados em regiões áridas.

FIGURA 5.8 Um compactador de impacto com quatro lados.

Esses compactadores podem ser empregados sobre uma grande variedade de materiais: pedras, areia, pedregulho, silte e argila. Eles são adequados para camadas de até 3 pés e, por transferirem uma energia muito elevada ao solo, a densidade pode ser alcançada para um intervalo maior de teores de umidade.

Rodas compactadoras

Para evitar o risco acarretado pelo uso de pessoas em escavações de dimensões limitadas, uma roda compactadora anexada à lança de uma escavadeira é frequentemente utilizada para alcançar compactações no reaterro de valas de serviços públicas (veja a Figura 5.9). As rodas são projetadas para a compactação de qualquer tipo de solo. A troca da caçamba de uma escavadeira por uma roda de compactação pode ser feita rapidamente. As rodas são fabricadas em tamanhos adequados a escavadeiras de 7 a 45 toneladas.

Compactadores de solo de placa vibratória com controle manual

A Figura 5.10 ilustra um compactador de solo autopropulsado de placa vibratória, que é utilizado para a compactação de solos granulares, agregado moído e concreto asfáltico em locais nos quais grandes compactadores não teriam como operar. Esses equipamentos a gasolina ou diesel são classificados em função de suas forças (pesos)

FIGURA 5.9 Uma roda compactadora instalada na lança de uma escavadeira hidráulica.

centrífugas, revoluções do excêntrico por minuto, profundidades de penetração da vibração (camada), deslocamento em pés por minuto e área de cobertura por hora. Muitos desses compactadores podem ser operados manualmente (por um trabalhador que o empurra a pé) ou por controle remoto.

Soquetes (sapos) mecânicos de controle manual

Os compactadores manuais tipo soquete (sapo) mecânico a gasolina (veja a Figura 5.11) são utilizados para a compactação de solos coesivos ou mistos em áreas confinadas. A carga de impacto de tais equipamentos varia de 300 a 900 libras – pé por segundo, com uma taxa de até 850 impactos por minuto, dependendo do modelo específico. Os critérios de desempenho incluem a força (libras) por golpe, a área coberta por hora e a profundidade de compactação (a espessura da camada) em polegadas. Os soquetes ou sapos mecânicos são autopropulsados uma vez que cada golpe os impele levemente para a frente, colocando-os em contato com uma nova área.

Os compactadores pequenos, como os de placa vibratória autopropulsados ou os sapos mecânicos, proporcionarão compactações adequadas se:

- a espessura da camada for mínima (em geral de 3 a 4 in);
- o teor de umidade for cuidadosamente controlado; e
- as coberturas (passadas) forem suficientes.

No caso do reaterro de valas, as principais causas para os problemas de densidade são: (1) número inadequado de coberturas (passadas) com o pequeno equipamento que deve ser utilizado no espaço confinado; (2) camadas grossas demais; e (3) o controle inadequado da umidade.

FIGURA 5.10 Compactador de solo de placa vibratória autopropulsado.

FIGURA 5.11 Compactador tipo soquete de operação manual.

A ESTIMATIVA DA PRODUÇÃO DE UM COMPACTADOR DE SOLO

O equipamento de compactação utilizado em um projeto deve ter capacidade de produção adequada à dos equipamentos da escavação, do transporte e da distribuição (espalhamento) do material. Em geral, a produção máxima esperada para a obra será determinada pela capacidade de escavação ou transporte. A fórmula da produção de um compactador de solo é:

$$\text{Jardas cúbicas compactadas por hora} = \frac{16,3 \times W \times S \times L \times \text{fator de eficiência}}{n}$$

[5.1]

onde:

W = largura compactada por passada do compactador em pés

S = velocidade média do compactador em milhas por hora

L = espessura da camada compactada em polegadas

n = número de passadas do compactador necessário para se conseguir a densidade exigida

16,3 é o fator de conversão de unidades para que o resultado seja expresso em jardas cúbicas

A produção calculada é em jardas cúbicas compactadas (ccy), portanto será necessária a utilização de um fator de contração para que se converta a produção em jardas cúbicas naturais (bcy), já que é assim que a produção da escavação e do transporte geralmente é expressa.

EXEMPLO 5.1

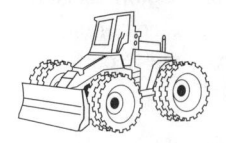

Um compactador de solo autopropulsado com patas tipo *tamping* será utilizado para compactar um aterro que está sendo construído com material argiloso. Os ensaios feitos em campo mostraram que a densidade necessária pode ser alcançada com quatro passadas do compactador a uma velocidade média de 3 milhas por hora. A camada compactada terá espessura de 6 in. A largura de compactação desta máquina é 7 pés. Uma jarda cúbica natural equivale a 0,83 jardas cúbicas compactadas. A produção das unidades escavo-transportadoras (escrêiperes) estimada para o projeto é de 510 jardas cúbicas naturais por hora. Quantos compactadores serão necessários para manter essa produção? Considere um fator de eficiência de 50 minutos por hora.

$$\frac{\text{Jardas cúbicas}}{\text{compactadas por hora}} = \frac{16,3 \times 7 \times 3 \times 6 \times 50/60}{4} = \frac{428 \text{ jardas cúbicas}}{\text{compactadas por hora}}$$

$$\frac{428 \text{ jardas cúbicas compactadas por hora}}{0,83} = 516 \text{ jardas cúbicas naturais por hora}$$

$$\frac{510 \text{ jardas cúbicas naturais por hora necessárias}}{516 \text{ jardas cúbicas naturais por hora}} = 0,99$$

Portanto, será necessário somente um compactador de solo.

A ESTABILIZAÇÃO DO SOLO

Muitos solos estão sujeitos a expansões e contrações diferenciais ao passarem por mudanças em seus teores de umidade. Vários solos também se deslocam e formam sulcos quando sujeitos a cargas de rodas em movimento. Se tais solos forem utilizados para a construção de pavimentos, geralmente será necessário estabilizá-los a fim de reduzir as mudanças de volume e reforçá-los até o ponto que possam suportar as cargas impostas, mesmo sob condições climáticas adversas. No sentido mais amplo possível, a estabilização se refere a qualquer tratamento do solo que aumente sua resistência natural. Existe dois tipos de estabilização: (1) mecânica e (2) química. Em obras de engenharia, contudo, a estabilização na maior parte das vezes se refere a quando a compactação é precedida da adição e mistura de um aditivo de baixo custo, que é chamado de "agente estabilizador" que altera a composição química do solo, resultando em um material mais estável.

O agente estabilizador pode ser aplicado no local da obra a um solo em sua posição natural ou misturado na camada de aterro. Além disso, a estabilização também pode ser realizada em uma usina e então o material misturado é transportado ao canteiro de obras para a distribuição e compactação.

Os dois métodos principais de estabilização do solo são:

1. a incorporação de cal ou cinzas volantes da produção da cal a um solo com alto conteúdo de argila; e
2. a incorporação de cimento Portland (com ou sem cinzas volantes) a solos de natureza predominantemente granular.

As cinzas volantes são um produto derivado da geração de energia elétrica com a queima de carvão. Assim, elas podem ser um material extremamente variado, e sua utilidade na engenharia pode ser tanto alta quanto muito baixa. Todavia, cinzas volantes de boa qualidade podem substituir parte da cal necessária à estabilização de um solo argiloso. Como a cal é relativamente cara e as cinzas volantes costumam ser muito baratas, a estabilização do solo com o uso de cal e cinzas volantes é comum.

Estabilizadoras

As estabilizadoras rotatórias (Figura 5.12) são equipamentos extremamente versáteis e ideais para a mistura, homogeinização e aeração do solo. Uma estabilizadora consiste de uma fresadora, que é cilindro rotatório traseiro com dentes (lâminas) de corte coberto por um capô. Quando instalado, o capô cria uma câmara misturadora fechada que melhora a homogeinização do solo. A fresadora levanta o material e o lança novamente contra o capô. O material, desviado pelo capô, cai novamente nas lâminas da fresadora, para uma homogeinização completa. À medida que o estabilizador avança, o material é ejetado por trás da câmara misturadora. Quando isso acontece, o material ejetado é espalhado pela borda traseira (nivelador) do capô, o que resulta em uma superfície de trabalho bastante homogênea. Com a remoção do capô, as lâminas revolvem o solo, expondo-o à ação secante do solo e do vento. Alguns modelos de estabilizadores são dotados de uma barra de pulverização instalada na frente da máquina, que pode ser utilizada para adicionar água ou agentes estabilizadores ao solo durante o processo de homogeinização. O uso do estabilizador é limitado a um material com diâmetro de, no máximo, 4 in. Os dentes são projetados para penetrar até

FIGURA 5.12 Uma estabilizadora (recicladora) rotatória.

10 in abaixo da superfície existente, de modo que o equipamento possa ser utilizado para a escarificação e homogeinização do material natural do terreno (*in situ*), bem como do material de aterro.

A ESTABILIZAÇÃO DE SOLOS COM CAL

Em geral, a cal rege imediatamente com os solos pós-plásticos que contém argila, sejam argilas com granulometria fina, sejam argilas com pedregulho. O índice de plasticidade desses solos costuma variar entre 10 e 50, mas pode ser superior. Ao menos que sejam estabilizados, esses solos se tornam muito macios com a introdução da água. A única exceção seriam os solos orgânicos que contém mais de 20% de matéria orgânica.

A química do solo-cal

A estabilização do solo com o uso da cal, quando combinada com a compactação, envolve um processo químico por meio do qual o solo é melhorado com a adição da cal. A cal, em sua forma hidratada, ou seja, o hidróxido de cálcio [$Ca(OH)_2$], rapidamente causa a troca de cátions e a floculação/aglomeração, desde que seja bem misturada ao solo. Assim, um solo argiloso com alto índice de plasticidade se comportará de modo muito similar a um solo com IP menor. Essa reação começa a ocorrer em menos de uma hora após a mistura, e mudanças significativas no solo já podem ser percebidas poucos dias depois, dependendo do índice de plasticidade do solo, de sua temperatura e da quantidade de cal empregada. O efeito observado no local será a secagem do solo.

Após essa rápida melhoria do solo, acontecerá outra modificação positiva mais lenta e demorada, que é chamada de "reação pozolânica". Nessa reação, a cal reage quimicamente com os componentes de sílica e alumínio do solo, cimentando-o. Existe certa confusão quanto a isso. Algumas pessoas se referem a este fenômeno como "reação cimentícia", um termo normalmente associado à ação hidráulica que ocorre entre o cimento Portland e a água, na qual os dois componentes combinam quimicamente, formando um produto duro e resistente. A confusão é aumentada pelo fato de que quase dois terços do cimento Portland é composto de cal (CaO). Porém a cal do cimento Portland já sai da fábrica combinada quimicamente, durante a produção, com os silicatos e aluminatos e, portanto, não se encontra em um estado disponível ou "livre" para combinar com a argila.

A reação cimentícia da cal (na forma de hidróxido de cálcio) com a argila é um processo muito lento, bastante diferente da reação do cimento Portland com a água, e a forma final dos produtos é considerada um tanto diferente. O lento aumento da resistência da estabilização do solo argiloso com o uso de cal oferece flexibilidade na manipulação do solo. A cal pode ser agregada e o solo misturado e compactado, inicialmente secando o solo e causando a floculação. Vários dias depois, o solo poderá ser remisturado e compactado, a fim de formar uma densa camada estabilizada que continuará a aumentar em resistência por muitos anos. Os solos estabilizados dessa forma têm se mostrado extremamente duradouros.

Procedimentos de construção para a estabilização de solos com cal

Os tratamentos com a cal podem ser divididos em três classes:

1. *A estabilização do subleito (ou sub-base)* inclui a estabilização de solos finos no local ou de materiais de empréstimos, que são empregados como sub-bases.
2. *A estabilização de bases* inclui materiais plásticos, como os solos argilosos com pedregulho que contém pelo menos 50% de material graúdo retido por uma peneira no. 40.
3. *A modificação com cal* inclui a melhoria de solos finos com pequenas quantidades de cal – ou seja, a adição de 3% do peso em cal.

A distinção entre a modificação e a estabilização é que na primeira, em geral, a camada modificada com cal não é considerada para fins do projeto estrutural. Ela costuma ser utilizada como uma técnica da construtora para secar áreas úmidas, para "fazer uma ligação" através de uma camada de subsolo esponjoso ou para criar uma plataforma de trabalho para a construção subsequente.

Os passos básicos da estabilização de solos com cal são os seguintes:

1. *Escarificação e pulverização do solo.* Para que se consiga uma estabilização completa, é fundamental a pulverização da fração argila. A melhor maneira de conseguir isso é usar uma estabilizadora/recicladora rotatória (Figura 5.12).
2. *Distribuição da cal.* A cal seca não deve ser espalhada quando há vento forte. A nata de cal pode ser preparada em um tanque misturador central e distribuída no greide com o uso de caminhões-pipa distribuidores de água comuns.
3. *Mistura preliminar e adição de água.* Durante a mistura rotativa da cal com o material do solo, o teor de umidade deve ser elevado a pelo menos 5% acima da umidade ótima. Isso pode exigir a adição de água.
4. *Cura preliminar.* A mistura de solo com cal deve ser deixada para curar entre 24 e 48 horas, a fim de permitir que a cal e água decomponham (ou amoleçam)

os torrões de argila. No caso de argilas extremamente pesadas, o período de cura pode chegar a sete dias.

5. *Mistura final e pulverização*. Durante a mistura final, a pulverização deve continuar até que todos os torrões sejam desmanchados e consigam passar por uma peneira de 1 in e que pelo menos 60% dos torrões passem por uma peneira nº 4.
6. *Compactação*. A mistura de solo com cal (solo-cal) deve ser compactada conforme exigir a especificação do projeto.
7. *Cura final*. Deve-se permitir que o material compactado cure de três a sete dias antes que sejam colocadas as camadas de solo subsequentes. Pode-se fazer a cura com uma leve pulverização do solo com água, de modo que a superfície se mantenha úmida durante o período de tempo desejado. A cura com o uso de uma membrana é outro método aceitável – que consiste na da selagem da camada compactada com o uso de um material betuminoso.

A ESTABILIZAÇÃO COM SOLO-CIMENTO

A estabilização dos solos com cimento Portland é um método efetivo para o aumento da resistência de certos tipos de solo. O acréscimo de cimento Portland ao solo tem se mostrado efetivo desde que o solo seja predominantemente granular, com apenas uma pequena quantidade de partículas de argila. Uma regra prática é que os solos com índice de plasticidade inferior a 10 são os prováveis candidatos para esse tipo de estabilização. Os solos com quantidades de partículas de argila mais elevadas são muito difíceis de manipular e misturar bem com o cimento antes que este "dê pega" (seque). Os termos "solo-cimento" e "base tratada com cimento" são sinônimos e em geral descrevem esse tipo de estabilização. No entanto, em algumas áreas, o termo "solo-cimento" se refere estritamente à mistura e ao tratamento de solos naturais no greide. Já o termo "base tratada com cimento" é utilizado para descrever uma mistura de agregado com cimento produzida em uma usina misturadora e transportada até o canteiro de obras. A quantidade de cimento misturada com o solo costuma ser de 3 a 7% por peso seco do solo.

Como já discutimos ao falar da estabilização com o uso da cal (solo-cal), as cinzas volantes são abundantes em muitas áreas do mundo e podem ser usadas com eficácia para substituir parte do cimento Portland em um tratamento com solo-cimento. Têm sido empregados percentuais de substituição na mesma base por peso ou na proporção de cinzas volantes e cimento Portland de 1,25:1,0.

Procedimentos de construção do solo-cimento

A estabilização do solo com cimento envolve a escarificação do greide; a distribuição uniforme do cimento Portland pela superfície do solo (veja a Figura 5.13); a mistura do cimento no solo até a profundidade especificada, de preferência com o uso de uma máquina pulverizadora (Figura 5.14); a compactação; o acabamento e a cura. Se o teor de umidade do solo for baixo, será necessário adicionar água durante a operação de mistura. O material deve ser compactado em até 30 minutos após sua mistura, com o uso de compactadores seja do tipo *tamping*, seja com rodas pneumáticas, e, em seguida, com a passada final de um compactador de tambor liso. Pode ser necessária a aplicação de uma selagem de asfalto ou outro material aceitável à superfície, para que se retenha a umidade da mistura.

A natureza do solo-cimento aplicado *in loco* não permite que se trabalhe em um horário fixo de 7h às 15h de um dia. Quando o cimento é aplicado ao solo, o material não pode ficar durante a noite sem ser tratado e o processamento de ser concluído mesmo que seja necessário o uso de horas extras de trabalho.

O terreno do projeto Ao se considerar o uso do solo-cimento, a configuração das áreas que serão tratadas deve ser levada em conta. Muitos aspectos do processo podem ser afetados pela configuração. Às vezes é necessário passar por áreas já tratadas para se obter a água necessária para o tratamento de outras áreas do projeto. Em alguns casos, o terreno é muito pequeno e fica difícil carregar e descarregar equipamentos de maneira segura. O pó de cimento é outro problema que deve ser levado em consideração. As pessoas que estiverem trabalhando no canteiro de obras precisarão de equipamentos de proteção adequados, incluindo óculos de proteção. O pó de cimento também pode danificar os veículos que estiverem próximos. Sempre trabalhe sob condições de vento favoráveis. Uma das maiores preocupações em uma operação de solo-cimento é a quantidade de pedras maiores que 12 in (30 cm), pois elas podem estragar os equipamentos de pulverização e tornar difícil o nivelamento do solo. Além disso, a remoção de pedras graúdas é muito trabalhosa, o que torna essa atividade crítica no levantamento de custos.

Escarificação Afofar o solo ou escarificar podem ajudar a identificar as áreas problemáticas. Se pedras forem um problema imprevisto, a escarificação poderá trazer as pedras inaceitáveis para a superfície do solo. Um bom trabalho de remoção de rochar evitará que os equipamentos sejam danificados. Se uma grande quantidade de pedras for removida, o nível do solo terá de ser conferido após o término do processo de remoção. A escarificação também pode revelar áreas do solo macias, pouco resistentes ou úmidas e matéria orgânica oculta.

Distribuição Durante as operações de distribuição, a aplicação a granel (taxa de distribuição) é conferida, e são feitos os ajustes necessários. A calibragem dos equipamentos também é um ponto crucial, especialmente em obras públicas e em aeroportos. O padrão de distribuição do cimento é determinado pela configuração do terreno. Os tipos de caminhões graneleiros variam bastante (veja a Figura 5.13), e o tamanho do terreno determinará qual distribuidor de material a granel deverá ser utilizado. O caminhão graneleiro deve se deslocar a uma velocidade constante, sem paradas, durante a descarga do produto.

Mistura A mistura deve ser feita imediatamente após a aplicação do cimento (veja a Figura 5.14). O solo e o cimento misturados devem ser conferidos para que se tenha certeza de que a mistura é uniforme. É importante que o cimento fique bem misturado com o solo para que se consiga o produto final desejado. O procedimento normal de mistura do solo-cimento é feito com um movimento de corte para baixo com o uso de dentes misturadores do tipo garfo (enxadas rotativas ou estabilizadores). Já nos solos coesivos, uma máquina de corte para cima, com brocas cônicas, é melhor.

No caso de clima muito seco ou com muito vento, o pré-umedecimento da camada superior do solo pode ajudar a conseguir um teor de umidade adequado no material e no controle de pó. Em condições extremas, pode ser necessário o pré-umedecimento antes da escarificação do material. Durante a aplicação da água, os

FIGURA 5.13 Um caminhão graneleiro com dispersor Flynn traseiro sendo utilizado para a aplicação uniforme de cimento em um projeto de estabilização "solo-cimento".

FIGURA 5.14 Uma estabilizadora para a operação de mistura de solos.

motoristas dos caminhões-pipa devem tomar o cuidado de não deixar que a descarga de água crie lama ou poças. Também podem ser criados locais com lama e pontos muito úmidos quando os caminhões-pipa ficarem estacionados ou parados sobre o terreno do greide. Tais situações podem tornar o greide macio ou deformado e, por sua vez, criar áreas nas quais não se conseguirá uma boa compactação. O controle rigoroso da umidade deve ser realizado durante todo o processo.

Compactação A compactação inicial com o uso de um compactador de solo vibratório corrugado vem imediatamente após a operação de mistura. O padrão de deslocamento do compactador deve ser determinado já no começo do esforço de compactação inicial do solo. Normalmente, são necessárias duas ou três passadas completas de compactador. A profundidade da mistura, o tipo de solo e a densidade exigida são fatores que determinam o número necessário de passadas do compactador. O compactador deve acompanhar o ritmo da operação de mistura.

Após a compactação inicial, o material tratado deve ser colocado no alinhamento e nível aproximado. Durante o nivelamento do solo, deve-se prestar muita atenção à drenagem adequada do solo. É difícil fazer correções de nível em um material curado. O esforço de compactação deve continuar até que se alcance a densidade desejada.

O acabamento deve vir após ter-se conseguido atingir uma densidade aceitável e o material ter sido compactado com um rolete vibratório com tambor liso ou com um compactador com rodas pneumáticas. O material tratado não deve secar durante toda a operação de compactação, conformação e acabamento. Mais uma vez, é importante que os motoristas dos caminhões-pipa tomem o cuidado de não permitir a criação de lama ou empoçamento da água.

Cura Há vários métodos aceitáveis para a cura do solo-cimento. Alguns projetos especificarão o uso da cura com asfalto líquido. Esse método tem possíveis impactos ambientais negativos e parte do asfalto pode ser levado para as vias adjacentes à obra, exigindo um trabalho de limpeza extra. Em muitas áreas, o efeito do escoamento superficial do material também é uma grande preocupação, particularmente em projetos localizados perto de corpos de água. O uso do composto de cura branco também tem se mostrado efetivo. Para que se obtenha uma cobertura completa, ele tem de ser aplicado em uma taxa alta (de 0,25 a 0,30 galão por jarda quadrada). Essa operação pode ser muito demorada, e ela exige o uso de equipamentos especiais. Portanto, o método da cura úmida costuma ser o preferido.

Mantenha o greide final nivelado úmido/molhado por um período de sete dias, mantendo o mínimo de tráfego possível sobre o material recentemente tratado. Os motoristas dos caminhões-pipa devem tomar o cuidado de não fazerem curvas bruscas durante a cura inicial. O acesso de equipamentos de construção, particularmente de equipamentos sobre esteiras (lagartas), deve ser rigorosamente proibido no local.

Durante a cura, a área tratada não pode congelar durante sete dias. Além disso, não se pode permitir o acúmulo de geada sobre o solo durante as primeiras 48 horas o processo. Uma maneira de reduzir o risco de congelamento é usar palha (uma camada mínima de 4 in) e/ou poliestireno, conforme a temperatura mínima prevista. No início de um projeto, sempre deve ser levada em consideração a previsão da temperatura. Não comece um projeto sem ter uma previsão do clima com pelo menos sete dias contínuos de temperaturas acima do ponto de congelamento para as etapas de finalização da mistura e nivelamento do solo.

RESUMO

A aplicação de energia a um solo por meio de um ou mais dos seguintes métodos resultará na sua compactação: impacto, pressão, vibração ou amassamento. A efe-

Capítulo 5 Equipamentos para compactação e estabilização do terreno

tividade dos diferentes métodos de compactação depende do tipo de solo sendo manipulado. Os equipamentos de compactação utilizados em um projeto devem ter capacidade de produção equivalente àquela dos equipamentos de escavação, transporte e distribuição. Em geral, a capacidade de escavação ou transporte determinará a produção máxima esperada para a obra.

A estabilização se refere a qualquer tratamento do solo que aumente sua resistência natural: (1) mecânica ou (2) química. No entanto, nas construções civis, a estabilização geralmente se refere ao processo no qual a compactação é precedida da adição e mistura de um aditivo barato, chamado de "agente de estabilização", que altera a composição química do solo e resulta em um material mais estável.

Os principais objetivos de aprendizagem deste capítulo são os seguintes:

- O entendimento de quando se usar cada um dos diferentes métodos de compactação do solo
- A capacidade de calcular a produção estimada de compactação do solo
- O entendimento dos procedimentos de construção envolvidos na estabilização dos terrenos com cal ou cimento (solo-cal ou solo-cimento)

Esses objetivos são a base dos problemas a seguir.

PROBLEMAS

5.1 Terra – cujo peso específico *in loco* é 112 libras por pé cúbico, peso específico solto é 95 libras por pé cúbico e peso específico compactado é 120 libras por pé cúbico – é lançada em um aterro à taxa de 250 jardas cúbicas por hora (medida como terra compactada). A espessura das camadas compactadas é 6 in. Para compactar o material, foi utilizado um compactador com tambor cilíndrico de 75 in de largura à velocidade de 2,5 milhas por hora. Considere um fator de eficiência de operação de 55 minutos por hora. Determine o número de compactadores exigido para obter a taxa de compactação necessária se forem especificadas oito passadas do tambor por camada de terra.

5.2 Calcule a produção em jardas cúbicas compactadas por hora para um compactador se sua velocidade média for 4 milhas por hora e ele cobrir a largura de 5,5 pés por passada. As especificações da obra limitam a espessura da camada compactada a 5 polegadas e exigem quatro passadas por camada. A empresa costuma calcular a produção com base em uma hora de 50 minutos.

5.3 Um solo cujo peso específico *in loco* é 105 libras por pé cúbico e cujo peso específico compactado é 122 libras por pé cúbico está sendo colocado em um aterro à taxa de 260 jardas cúbicas por hora, medidas como terra compactada. A espessura das camadas compactadas é 7 polegadas. Um compactador com tambor com 4,16 pés de largura trabalha à velocidade de 2 milhas por hora. Considerando um fator de eficiência de operação de 55 minutos por hora, determine quantos compactadores são precisos para a compactação necessária se forem especificados quatro passadas por camada de terra.

5.4 Calcule a produção em jardas cúbicas por hora para um compactador se sua velocidade média for 4 milhas por hora e ele cobrir a largura de 7 pés por passada. As especificações da obra limitam a espessura da camada compactada a 4 polegadas e exigem três passadas por camada. A empresa costuma calcular a produção com base em uma hora de 55 minutos.

FONTES DE CONSULTA

ASTM Volume 04.08 Soil and Rock (I): D 420—D 5876 (2008). ASTM International, 100 Barr Harbor Drive, PO Box C700, West Conshohocken, PA, 19428-2959.

ASTM Volume 04.09 Soil and Rock (II): D 5877 (2009). Juntos, os Volumes 04.08 e 04.09 apresentam cerca de 375 normas geotécnicas e geoambientais que cobrem ensaio de solos, compactação de terrenos, amostragem, investigações em campo, textura do solo, plasticidade, características de densidade, propriedades hidrológicas e barreiras hidráulicas. ASTM International, 100 Barr Harbor Drive, PO Box C700, West Conshohocken, PA, 19428-2959.

Construction and Controlling Compaction of Earth Fills (2000). ASTM Special Technical Publication, 1384, D. W. Shanklin Ed., ASTM International, 100 Barr Harbor Drive, PO Box C700, West Conshohocken, PA, 19428-2959.

Guide to Earthwork Construction (1990). State of the Art Report 8, TRB, National Research Council, Washington, DC. Versão em PDF disponível em http://onlinepubs.trb.org/Onlinepubs/sar/sar_8.pdf.

Lukas, Robert G. (1986). *Dynamic Compaction for Highway Construction Volume I: Design and Construction Guidelines*, U.S. Department of Transportation, Federal Highway Administration, July.

FONTES DE CONSULTA NA INTERNET

http://www.cat.com Caterpillar é uma grande fabricante de equipamentos de construção e mineração. Na seção do site sobre produtos e equipamentos, podem ser encontradas especificações para os compactadores da Caterpillar (www.cat.com/cda/layout?m=163603&x=7).

http://www.equipmentworld.com EquipmentWorld.com é um site de notícias e comércio eletrônico para construtoras e fabricantes e revendedores de equipamentos e oferece serviços e suprimentos ao setor da construção civil.

http://www.fhwa.dot.gov/pavement/fafacts.pdf "Fly Ash Facts for Engineers". Este documento oferece informações técnicas básicas sobre os vários usos da cinza volante na construção de estradas.

http://www.lime.org/Construct104.pdf "Lime-Treated Soil Construction Manual, Lime Stabilization & Lime Modification," publicado pela National Lime Association.

http://www.bomag.com/usa/index.aspx?&Lang=478 BOMAG GmbH é um fabricante de equipamentos de compactação do solo. Sua linha de equipamentos pesados apresenta mais de 30 modelos de compactadores de solo de tambor único, em tandem, estáticos e com rodas pneumáticas, além de máquinas para estabilização do solo. A BOMAG também produz soquetes (sapos) mecânicos e compactadores de placa vibratória.

6

Requisitos de potência de equipamentos móveis

A construtora precisa selecionar os equipamentos apropriados para transportar e/ou processar materiais economicamente. O procedimento de análise para combinar a melhor máquina possível com a tarefa do projeto exige uma investigação sobre a capacidade mecânica da máquina. Primeiro, o engenheiro precisa calcular a potência necessária para impelir a máquina e sua carga. O requisito de potência é estabelecido por dois fatores: (1) resistência ao rolamento e (2) resistência de rampa (também chamada resistência ao aclive). Os fabricantes de equipamentos publicam gráficos de desempenho para seus modelos individuais. Esses gráficos permitem que o planejador de equipamentos analise a capacidade de uma máquina de realizar o serviço sob determinadas condições de carga e trabalho.

INFORMAÇÕES GERAIS

Os projetos de construção pesada e de rodovias exigem o manuseio e processamento de grandes quantidades de material a granel. Nesses projetos, a construtora precisa selecionar os equipamentos adequados para transportar e/ou processar os materiais a granel de forma econômica. O processo de decisão para encontrar a melhor máquina possível para cada tarefa do projeto exige que o engenheiro leve em consideração as propriedades do material que será manuseado e as capacidades mecânicas das máquinas.

O engenheiro deve identificar três considerações cruciais sobre materiais quando enfrenta um problema de manipulação de materiais em um projeto: (1) a quantidade total de materiais, (2) a velocidade com a qual ela precisa ser movida e (3) o tamanho dos elementos individuais. A quantidade de materiais a ser manipulada e os limites de tempo resultantes das especificações contratadas do projeto ou das condições climáticas esperadas influenciam a seleção das máquinas em termos de tipo, tamanho e número a ser empregado. Em geral, as unidades maiores têm custo menor por unidade de produção, mas há uma compensação em termos de maiores custos fixos e de mobilização. O tamanho dos elementos de material individuais exercem influência sobre as alternativas de tamanho da máquina que devem ser consideradas. Por exemplo, uma pá-carregadeira usada em uma pedreira para transportar fragmentos de rocha deve ser capaz de lidar com os maiores tamanhos de rocha produzidos.

Carga útil

A capacidade de carga útil de um equipamento de escavação e transporte de carga para construção pode ser expressa volumétrica ou gravimetricamente. A capacidade volumétrica pode ser expressa como volume raso ou coroado, enquanto o volume pode ser expresso em termos de jardas cúbicas soltas, jardas cúbicas naturais ou jardas cúbicas compactadas.

Os fabricantes de caçambas de escavação e unidades de transporte costumam informar a capacidade de carga útil de seus equipamentos em termos de volume de material solto, presumindo que o material será amontoado em algum ângulo de repouso ou inclinação. A capacidade gravimétrica representa o peso de operação seguro que os eixos ou o chassi da máquina foram projetados para sustentar.

Do ponto de vista econômico, sobrecarregar um caminhão ou qualquer outra unidade de transporte para melhorar a produção parece uma alternativa atraente, e a sobrecarga de 20% pode aumentar o índice de transporte em 15%, causando pequenos aumentos no tempo de carregamento e descarga. O custo por tonelada transportada deveria indicar uma redução correspondente, já que os custos de mão de obra direta não mudariam e os de combustível aumentariam apenas ligeiramente. Mas essa situação aparentemente favorável é apenas temporária, pois é cobrado o preço do envelhecimento prematuro do caminhão e um aumento correspondente na despesa de capital de substituição.

Desempenho da máquina

O tempo de ciclo e a carga útil determinam o índice de produção da máquina, e sua velocidade de deslocamento afeta diretamente o tempo de ciclo. "Por que a máquina viaja só a 12 mph quando sua velocidade máxima listada é de 35 mph?". Para responder à pergunta sobre a velocidade de deslocamento, é necessário analisar três considerações sobre potência:

- Potência necessária
- Potência disponível
- Potência útil

POTÊNCIA NECESSÁRIA

resistência ao rolamento
A resistência de uma superfície em nível ao movimento de velocidade constante sobre ela.

resistência de rampa
A força que atua no sentido contrário ao do movimento de uma máquina que se desloca em direção ascendente em uma inclinação sem atrito. É conhecida também por resistência ao aclive.

A potência necessária é a potência de que a máquina precisa para superar as forças de resistência e causar movimento. A magnitude das forças de resistência estabelece esse requisito de potência. As forças que resistem ao movimento do equipamento móvel são (1) a **resistência ao rolamento** e (2) a **resistência de rampa** (ou **resistência ao aclive**). Assim, a potência necessária é a potência de que a máquina precisa para superar a resistência total ao movimento da máquina, que é a soma das resistências ao rolamento e de rampa.

$$\text{Resistência total (TR)} = \text{Resistência ao rolamento (RR)} + \text{Resistência de rampa (GR)} \qquad [6.1]$$

Resistência ao rolamento

A resistência ao rolamento é a resistência de uma superfície plana a um movimento de velocidade constante sobre ela, também chamada de resistência à roda ou resistência à esteira. A resistência ao rolamento é o resultado do atrito do mecanismo motriz, do flexionamento dos pneus e da força necessária para se mover ou rodar sobre a superfície de apoio (Figura 6.1).

A resistência ao rolamento varia consideravelmente com o tipo e a condição da superfície sobre a qual uma máquina se movimenta (ver Figura 6.2). A terra macia oferece mais resistência do que estradas de superfície rígida, como aquelas feitas de concreto ou asfalto. Para máquinas que se movem sobre pneus de borracha, a resistência ao rolamento varia com o tamanho, pressão e desenho da banda de rodagem

Atrito do mecanismo   Flexionamento do pneu   Movimento ou rodagem sobre a superfície   Igual a subida constante de uma rampa

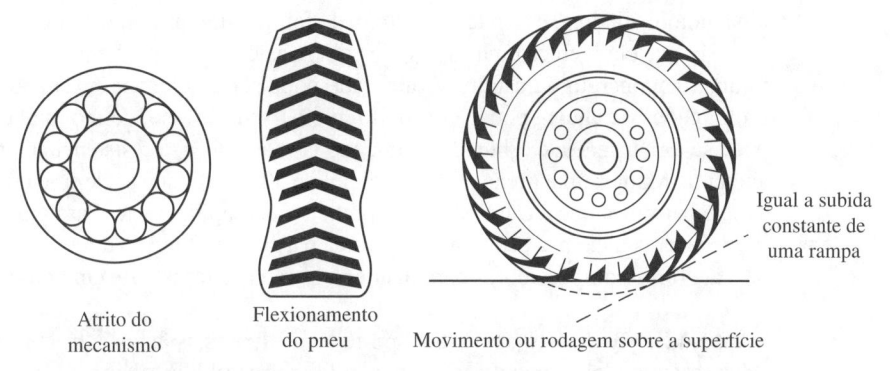

FIGURA 6.1 Mecanismos de resistência ao rolamento.

FIGURA 6.2 A resistência ao rolamento varia com a condição da superfície sobre a qual a máquina se movimenta.

dos pneus. Para equipamentos que se movem sobre esteiras, como tratores, a resistência varia principalmente com o tipo e as condições da superfície da estrada.

Um pneu de banda de rodagem estreita e alta pressão oferece resistência ao rolamento menor do que um de banda de rodagem larga e baixa pressão sobre uma superfície dura. Isso ocorre devido à pequena área de contato entre o pneu e a superfície da estrada. Se a superfície da estrada for macia e o pneu tender a se afundar na terra, um pneu largo e de baixa pressão oferecerá menor resistência ao rolamento do que um estreito e de alta pressão. O motivo para essa condição é que o pneu estreito se afunda mais na terra do que o largo, então precisa sair de um buraco maior, situação equivalente a subir um declive mais inclinado.

A resistência ao rolamento de uma estrada de transporte de chão não será constante sob condições climáticas variáveis ou para os diversos tipos de solo que existem em sua extensão. Se a terra for estável, altamente compactada e bem conservada por uma motoniveladora, e se o teor de umidade for mantido próximo à umidade ótima, é possível que ela ofereça uma superfície com resistência ao rolamento tão baixa quanto uma de concreto ou asfalto. A umidade pode ser adicionada, mas após períodos prolongados de chuva, pode ser difícil remover seu excesso, de modo que a estrada pode se tornar macia e esburacada; quando isso acontece, a resistência ao rolamento aumenta. Manter uma drenagem superficial de alta qualidade acelerará a remoção da água e permitirá que a estrada seja recondicionada rapidamente. Para grandes projetos de terraplenagem, a economia determina o uso de motoniveladoras, caminhões-pipa e até rolos compactadores para manter a estrada de transporte em boas condições.

> A manutenção de estradas de transporte com baixa resistência ao rolamento é um dos melhores investimentos que uma empreiteira trabalhando com terraplenagem pode fazer. O custo de utilizar uma motoniveladora para manter a estrada de transporte se paga com o aumento da produção.

Um pneu afunda no solo até que o produto da área de apoio e a capacidade de suporte seja suficiente para sustentar a carga; a seguir, o pneu está sempre tentando escalar o buraco resultante. A resistência ao rolamento aumenta cerca de 30 lb/tonelada para cada polegada de penetração do pneu. A resistência ao rolamento total é uma função das características do mecanismo de rodagem (independente da velocidade), o peso total do veículo e o torque. Em geral, ela é expressa como libras de resistência por tonelada de peso do veículo ou uma resistência de rampa equivalente. Considere um caminhão carregado com peso bruto de 20 toneladas que esteja se movendo sobre uma estrada plana com resistência ao rolamento de 100 lb/tonelada. A força necessária para superar a resistência ao rolamento e manter o caminhão se movendo em velocidade uniforme será de 2.000 lb (20 toneladas × 100 lb/tonelada).

A estimativa da resistência ao rolamento fora-de-estrada se baseia principalmente em informações empíricas, que podem incluir a experiência com solos semelhantes. É raro que os valores de resistência ao rolamento se baseiem em testes de campo reais em estradas de transporte. Boa parte dos dados de teste reais disponíveis vem das pesquisas com pneus aeronáuticos realizadas pela Waterways Experiment Station do exército dos EUA. Apesar de ser impossível fornecer valores completamente precisos para as resistências ao rolamento referentes a todos os tipos de estradas de transporte e de rodas, os valores fornecidos na Tabela 6.1 representam estimativas razoáveis.

TABELA 6.1 Resistências ao rolamento representativas para diversos tipos de rodas e esteiras para diversas superfícies*

Tipo de superfície	Rodas de aço, rolamentos axiais		Tipo sobre lagartas material rodante (esteiras e rodas guias e motriz)		Pneus de borracha, rolamento anti-atrito			
					Alta pressão		Baixa pressão	
	lb/ton	kg/m ton	lb/ton	kg/m ton	lb/ton	kg/m ton	lb/ton	kg/m ton
Concreto liso	40	20	55	27	35	18	45	23
Asfalto de alta qualidade	50–70	25–35	60–70	30–35	40–65	20–33	50–60	25–30
Terra, compactada e com boa manutenção	60–100	30–50	60–80	30–40	40–70	20–35	50–70	25–35
Terra, má manutenção	100–150	50–75	80–110	40–55	100–140	50–70	70–100	35–50
Terra, esburacada, enlameada, sem manutenção	200–250	100–125	140–180	70–90	180–220	90–110	150–200	75–100
Areia e cascalho soltos	280–320	140–160	160–200	80–100	260–290	130–145	220–260	110–130
Terra, muito enlameada, esburacada, macia	350–400	175–200	200–240	100–120	300–400	150–200	280–340	140–170

*Em libras por tonelada ou quilogramas por tonelada métrica de peso bruto do veículo.

Se quiser, você pode determinar a resistência ao rolamento de uma superfície rebocando um caminhão ou outro veículo cujo peso bruto seja conhecido ao longo de uma seção plana e a uma velocidade uniforme. O cabo de reboque precisa estar equipado com um dinamômetro ou outro dispositivo que permita determinar a força de tração média no cabo. Essa força de tração é a resistência ao rolamento total do peso bruto do caminhão. A resistência ao rolamento será, em libras por tonelada bruta:

$$R = \frac{P}{W} \qquad [6.2]$$

onde:

R = resistência ao rolamento em libras por tonelada

P = força total de tração no cabo de reboque em libras

W = peso bruto do veículo móvel em toneladas

Quando a penetração do pneu é conhecida, é possível calcular um valor aproximado da resistência ao rolamento para um veículo de rodas utilizando a Eq. [6.3]:

$$RR = [40 + (30 \times TP)] \times GVW \qquad [6.3]$$

onde:

RR = resistência ao rolamento em libras
TP = penetração do pneu em polegadas
GVW = peso bruto do veículo em toneladas

Resistência de rampa (ou resistência ao aclive)

A força que se opõe ao movimento de uma máquina subindo uma inclinação sem atrito é conhecido como resistência de rampa ou resistência ao aclive. Ela atua contra o peso total da máquina, tenha ela esteiras ou rodas. Quando a máquina se move contra um aclive adverso (ver Figura 6.3), a potência necessária para mantê-la em movimento aumenta aproximadamente em proporção com o declive da estrada. Se a máquina desce uma estrada inclinada, a potência necessária para mantê-la em movimento é reduzida em proporção ao declive da estrada, na chamada **assistência de rampa** ou **assistência de declive**.

assistência de declive
O efeito da força gravitacional que auxilia o movimento de um veículo descendo um declive.

O método mais comum de expressar uma inclinação é pelo gradiente em porcentagem. Em uma inclinação de 1%, a superfície sobe ou desce 1 ft verticalmente em uma distância horizontal de 100 ft. Se a inclinação for de 5%, a superfície sobe ou desce 5 ft por 100 ft de distância horizontal. Se a superfície sobe, a inclinação é definida como positiva; se desce, como negativa. Esta é uma propriedade física e não é afetada pelo tipo de máquina ou condição da estrada, mas no que diz respeito à análise das forças, seu efeito depende da direção de percurso da máquina.

FIGURA 6.3 Caminhão articulado movendo-se para cima em uma inclinação adversa.

Para inclinações menores do que 10%, o efeito da rampa é aumentar (para uma inclinação positiva) ou reduzir (para uma inclinação negativa) o esforço de tração necessário em 20 lb por tonelada bruta de peso da máquina para cada 1% de rampa. O fato pode ser obtido usando as leis da mecânica elementar, calculando-se a força motriz necessária.

De acordo com a Figura 6.4, podemos desenvolver as seguintes relações:

$$F = W \operatorname{sen} \alpha \qquad [6.4]$$

$$N = W \cos \alpha \qquad [6.5]$$

Para ângulos inferiores a 10°, sen $\alpha \approx \operatorname{tan} \alpha$ (hipótese de pequenos ângulos); com essa substituição:

$$F = W \operatorname{tg} \alpha \qquad [6.6]$$

Mas:

$$\operatorname{tg} \alpha = \frac{V}{H} = \frac{G\%}{100}$$

onde $G\%$ é o gradiente. Assim:

$$F = W \times \frac{G\%}{100} \qquad [6.7]$$

Se substituirmos $W = 2.000$ lb/tonelada, a fórmula se reduz para:

$$F = 20 \text{ lb/ton} \times G\% \qquad [6.8]$$

Essa fórmula é válida para valores de G até cerca de 10%, ou seja, para a hipótese de pequenos ângulos (sen $\alpha \sim \operatorname{tg} \alpha$).

Resistência total

A resistência total é igual à resistência rolamento mais à resistência de rampa ou à resistência de rolamento menos a assistência de rampa, Eq. [6.1]. Ela também pode ser expressa como uma rampa efetiva.

Usando a relação expressa na Eq. [6.8], a resistência ao rolamento pode ser igualada a gradiente equivalente.

$$\frac{\text{Resistência ao rolamento expressa em lb/tonelada}}{20 \text{ lb/tonelada}} = G\% \qquad [6.9]$$

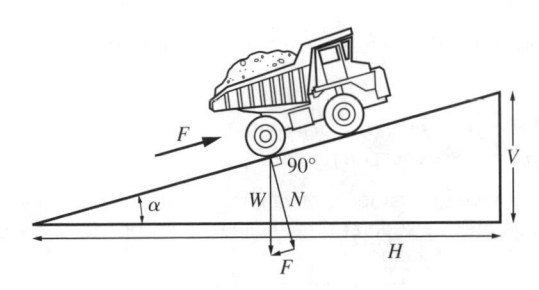

FIGURA 6.4 Relações inclinação-força sem atrito.

TABELA 6.2 O efeito do declive no esforço de tração dos veículos

Inclinação (%)	lb/ton*	kg/m ton*	Inclinação (%)	lb/ton*	kg/m ton*
1	20,0	10,0	12	238,4	119,2
2	40,0	20,0	13	257,8	128,9
3	60,0	30,0	14	277,4	138,7
4	80,0	40,0	15	296,6	148,3
5	100,0	50,0	20	392,3	196,1
6	119,8	59,9	25	485,2	242,6
7	139,8	69,9	30	574,7	287,3
8	159,2	79,6	35	660,6	330,3
9	179,2	89,6	40	742,8	371,4
10	199,0	99,5	45	820,8	410,4
11	218,0	109,0	50	894,4	447,2

* Tonelada ou tonelada métrica de peso bruto do veículo.

A Tabela 6.2 fornece os valores referentes ao efeito da inclinação, expressos em libras por tonelada bruta ou quilogramas por tonelada métrica de peso do veículo

Combinando a resistência ao rolamento, expressa como rampa equivalente, e a resistência de rampa, expressa como gradiente em porcentagem, é possível expressar a resistência total na forma de uma rampa efetiva. Os três termos (potência necessária, resistência total e declive efetivo) denotam a mesma coisa. A potência necessária é expressa em libras, a resistência total em libras ou libras por tonelada de peso da máquina e a rampa efetiva como uma porcentagem.

EXEMPLO 6.1

A estrada de transporte de carga que vai da caixa de empréstimo até o aterro tem uma inclinação adversa de 4%. Para esse serviço, serão usadas unidades de transporte de carga com rodas e espera-se que a resistência ao rolamento da estrada seja de 100 lb por tonelada. Qual será a rampa efetiva do transporte? As unidades terão a mesma rampa efetiva na viagem de volta?
Usando a Eq. [6.9], obtemos:

$$\text{Rampa equivalente (RR)} = \frac{\text{resistência ao rolamento de 100 lb/tonelada}}{20 \text{ lb/ton}} = 5\%$$

$$\text{Rampa efetiva (TR}_{\text{transporte}}) = 5\% \text{ RR} + 4\% \text{ GR} = 9\%$$

$$\text{Rampa efetiva (TR}_{\text{retorno}}) = 5\% \text{ RR} - 4\% \text{ GR} = 1\%$$

onde:

RR = resistência ao rolamento
GR = resistência de rampa

Observe que rampa efetiva não é a mesma nos dois casos. Durante o transporte, a unidade precisa superar uma inclinação ascendente; no retorno, é auxiliada por uma inclinação descendente.

Caminhos de transporte de carga Durante o período de um projeto, as inclinações dos caminhos de transporte de carga (e, logo, a resistência de rampa) podem permanecer constantes. Um exemplo disso é o transporte de agregados de um ponto de descarga ferroviária até uma usina de concreto. Na maioria dos casos, no entanto, as inclinações dos caminhos de transporte de carga mudam à medida que o trabalho avança. Em projetos de rodovias ou aeroportos, os topos de colinas são escavados e transportados para os vales. No início do trabalho, as inclinações são grandes e refletem o terreno natural. Durante o projeto, as inclinações começam a assumir o perfil do projeto. Assim, o engenheiro precisa primeiro estudar o diagrama de massas do projeto para determinar a direção na qual o material precisa ser movido. A seguir, o terreno natural e os perfis de projeto representados nos planos precisam ser verificados para determinar as inclinações que os equipamentos enfrentarão durante os ciclos de transporte e retorno.

Os projetos de trabalho no local geralmente não são lineares; logo, um diagrama de massas não é muito útil. Nesse caso, o engenheiro precisa analisar as áreas de corte e aterro, estabelecer rotas de transporte de carga prováveis e então verificar as linhas de inclinações naturais e acabados para determinar as inclinações dos caminhos de transporte de carga.

Esse processo de estabelecer caminhos de transporte de carga é fundamental para a produtividade das máquinas. Se for possível encontrar uma rota que produza menos resistência de rampa, a velocidade de percurso da máquina pode ser aumentada e, logo, a produção também aumentará. No planejamento de um projeto, a construtora deve sempre analisar diversas opções de caminhos de transporte de carga antes de tomar uma decisão sobre o plano de construção final.

> A eficiência do transporte é consequência do planejamento cuidadoso dos caminhos de transporte.

A seleção do equipamento é influenciada pela distância de percurso devido ao fator temporal que a distância introduz ao ciclo de produção. Se todos os outros fatores permanecem inalterados, as distâncias de percurso maiores favorecem o uso de máquinas alta velocidade e grande capacidade. A diferença entre o escrêiper autocarregável (também denominado trator-escrêiper sobre rodas ou moto-escrêiper) e o carregado com auxílio de *pusher* (trator empurrador) pode ser utilizada como exemplo. O escrêiper autocarregável carrega, transporta e dispersa sem nenhum equipamento auxiliar, mas o peso extra do mecanismo de carregamento reduz sua velocidade de percurso máxima e sua capacidade de carga. Um escrêiper que precisa de um trator empurrador para ajudar a carregá-lo não precisa dedicar energia adicional ao transporte do mecanismo de carregamento em todos os ciclos. Ele será mais eficiente em situações de longas distâncias de transporte, pois não consome combustível transportando o peso adicional de equipamento.

POTÊNCIA DISPONÍVEL

A maioria dos equipamentos de construção utiliza motores de combustão interna (ver Figura 6.5). Em virtude de os motores diesel terem desempenho melhor em aplicações de serviço pesado do que os a gasolina, as máquinas com motores diesel são a força motriz da indústria da construção. Além disso, os motores diesel têm vidas

FIGURA 6.5 Corte de um motor de combustão interna.

úteis mais longas e menor consumo de combustível, e o diesel em si representa um risco de incêndio menor. Independentemente do tipo de motor que funciona como fonte de energia, a mecânica transmissão de energia permanece a mesma.

Trabalho e potência

O trabalhado é definido como força ao longo de uma distância, a Eq. [6.10]. O trabalho é produzido quando uma força faz com que um objeto se mova.

$$\text{Trabalho} = \text{Força} \times \text{Distância} \quad \quad [6.10]$$

Quando James Watt desenvolveu o primeiro motor a vapor prático e desejava expressar o trabalho que o aparelho poderia realizar, ele relacionou o processo a um cavalo caminhando em círculo para mover uma bomba, pois o objetivo do motor era substituir os cavalos utilizados para acionar dispositivos de bombeamento nas minas da Inglaterra. Watt definiu a potência como a quantidade de trabalho que poderia ser realizada em um determinado período de tempo:

$$\text{Potência} = \frac{\text{Trabalho}}{\text{Tempo}} \quad \quad [6.11]$$

Assim, a potência de um cavalo seria:

$$\text{Potência de um cavalo} = \frac{1.954.320 \text{ lb-ft/hora}}{60 \text{ min/hr}} = 32.572 \text{ lb-ft/min}$$

Watt arredondou esse valor para 33.000 lb-ft/min (ou 550 lb-ft/s), que é a definição de um hp (cavalo de força ou *horsepower* que literalmente significa "potência de um cavalo"). O hp é uma unidade de potência.

Torque

Um motor de combustão interna utiliza a combustão do combustível em um pistão para desenvolver uma força mecânica que atua sobre um virabrequim de raio r. O virabrequim, por sua vez, move o volante e transmite essa potência para os outros componentes da máquina. A força de um objeto em rotação, como um virabrequim (uma força de "giro" ou de "torção") é chamada de *torque*. Uma libra-pé de torque é a força de torção necessária para sustentar 1 lb de peso em uma barra horizontal sem peso a 1 ft do ponto de apoio ou centro de giro.

EXEMPLO 6.2

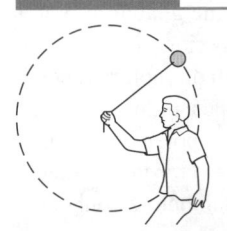

Calcule o trabalho realizado por uma revolução de um peso de 1 lb se o raio em relação ao centro de giro for igual a 1 ft.
Uma revolução é igual à circunferência de um círculo com raio de 1 ft.

Uma revolução (circunferência) = $2 = \pi \times$ raio

Uma revolução (1-ft de raio) = $2 \times \pi \times 1$ ft = 6,2832 ft

Trabalho = 1 lb $\times$ 6,2832 ft = 6,2832 lb-ft

O torque representado por uma revolução de trabalho é 6,2832 lb-ft. A potência exercida por um objeto em rotação é o torque que ele exerce multiplicado pela velocidade com a qual gira (rotações por minuto, ou rpm). Assim, a relação entre hp e torque (T) em um determinado número de rpm pode ser estabelecida como:

$$\text{Horsepower (hp)} = \frac{6{,}2832 \times \text{rpm} \times T}{33.000} = \frac{\text{rpm}}{5.252} \times T \quad [6.12]$$

Por outro lado, para calcular o torque:

$$\text{Torque } (T) = \frac{5.252}{\text{rpm}} \times \text{hp} \quad [6.13]$$

Medições de potências

Os fabricantes classificam a potência da máquina como bruta ou no volante (ocasionalmente chamada de potência líquida). A potência bruta é a potência real gerada pelo motor antes das perdas de carga para sistemas auxiliares, como o alternador, os compressores do condicionador de ar e a bomba d'água. A potência no volante (fwhp) pode ser considerada a potência útil. Ela é a potência disponível para operar uma máquina, a potência transferida para o eixo de transmissão, após deduzirmos as perdas de potência no motor. Essa potência também é listada como a potência ao freio (bhp). Antes dos ensaios em bancada eletrônicos, a potência era quantificada como a quantidade de resistência contra um freio do volante. Apesar de o método não ser mais utilizado, o termo continua em uso no setor.

Potência no volante	209 kW (280 hp)
Potência nominal SAE (líquida)	198 kW (265 hp)

O procedimento de classificação de motores padronizado (J1349) da Society of Automotive Engineers (SAE) mede a potência no volante utilizando um dinamômetro no motor. O motor é testado com todos os acessórios instalados, incluindo um sistema completo de escapamento, todas as bombas, o alternador, o motor de arranque e os controles de emissão. Assim, atualmente os fabricantes de equipamentos medem o torque em um dinamômetro e então calculam a potência pela conversão da força radial do torque em unidades de trabalho de potência.

Potência de saída e torque

O torque máximo não é obtido com o rpm máximo. Lembre-se da Eq. [6.13], na qual 5.252 é dividido pelo rpm (5.252/rpm). Isso nos informa que quando o motor gira com rpm inferior a 5.252, o efeito é produzir uma razão superior a um, ou seja, a aumentar o torque para o mesmo valor de hp. Depois que o rpm do motor aumenta além de 5.252, o efeito é produzir uma razão inferior a um, ou seja, a reduzir o torque para o mesmo valor de hp. Esse efeito dá ao motor uma reserva de potência. Quando a máquina é sujeitada a uma sobrecarga temporária, o rpm cai e o torque aumenta, impedindo que o motor estole. Essa capacidade de sobrecarga também é conhecida pelo nome de *força de arrasto*.

A saída de potência do motor, fwhp, se torna a entrada de potência do sistema de transmissão. Esse sistema é composto pelo eixo acionador, uma transmissão, engrenagens planetárias, eixos motrizes (ver Figura 6.6) e rodas motrizes. As máquinas podem ser compradas com transmissão direta (padrão) ou transmissão por conversor de torque. Com uma máquina de transmissão direta, o operador precisa trocar as marchas manualmente para que a potência corresponda à carga de resistência. A diferença entre a potência disponível quando consideramos o torque máximo e o

FIGURA 6.6 Corte das engrenagens entre o eixo de transmissão e o diferencial com seus eixos motrizes (semi-eixos).

torque na rotação controlada é faixa operacional da máquina para uma determinada marcha. Em aplicações nas quais a carga está sempre mudando, a operação de uma máquina de transmissão direta exige a presença de um operador habilidoso. A habilidade do operador é um fator significativo no controle do uso e do nível de desgaste sofrido por uma máquina de transmissão direta. Os operadores de máquinas de transmissão direta também ficam mais sujeitos a fadiga do que os que trabalham com modelos de transferência de potência (servotransmissão) e o fator de fadiga afeta a produtividade da máquina.

Um conversor de torque é um aparelho que ajusta a saída de potência para corresponder à carga. Esse ajuste é realizado hidraulicamente por um acoplamento a fluido. À medida que a máquina começa a acelerar, as rotações por minuto do motor logo alcançam a velocidade estabelecida no virabrequim e o conversor de torque multiplica automaticamente o torque do motor para fornecer a força de aceleração necessária. Nesse processo, as ineficiências hidráulicas geram perdas. Se a máquina estiver trabalhando sob carga constante e em uma velocidade estável para todo o corpo, não há necessidade de multiplicação do torque. Nesse ponto, a transmissão do torque do motor pode ser tornada quase tão eficiente quanto uma transmissão direta pelo travamento conjunto da bomba do conversor de torque e da transmissão.

Quando analisamos um equipamento, estamos interessados na força útil desenvolvida no ponto de contato entre o pneu e o solo (**força de tração nas rodas**) para uma máquina de rodas. No caso de uma máquina com esteiras, a força em questão está disponível na barra de tração (**força na barra de tração**). A diferença de nome é mera convenção: ambas as forças são medidas com a mesma unidade, libras de tração.

força de tração nas rodas
A força de tração entre os pneus das rodas motrizes de uma máquina e a superfície sobre a qual se deslocam.

força na barra de tração
A força de tração disponível que um trator de esteiras pode exercer sobre uma carga rebocada.

Força de tração nas rodas

Força de tração nas rodas é o termo usado para designar a força de tração entre os pneus das rodas motrizes de uma máquina e a superfície sobre a qual rodam. Se o coeficiente de tração for suficientemente alto, não haverá patinagem dos pneus; nesse caso, a força de tração nas rodas máxima é uma função da potência do motor e as relações de transmissão entre o motor e as rodas motrizes. Se as rodas motrizes patinarem sobre a superfície de apoio, a força de tração nas rodas efetiva máxima será igual à pressão total que os pneus exercem sobre a superfície multiplicada pelo **coeficiente de tração**. A força de tração nas rodas é expressa em libras.

coeficiente de tração
O fator que determina a máxima força de tração possível entre o peso dinâmico das rodas de tração de uma máquina e a superfície sobre a qual ela se desloca.

Se a força de tração nas rodas de uma máquina não for conhecida, ela pode ser determinada a partir da equação:

$$\text{Força de tração nas rodas} = \frac{375 \times \text{hp} \times \text{eff}}{\text{velocidade (mph)}} \text{(lb)} \qquad [6.14]$$

Essa é a formulação da potência disponível que representa a potência em hp disponível e velocidade operacional da máquina. A eficiência da maioria dos tratores e caminhões varia de 0,80 a 0,85. A SAE recomenda usar 0,85 quando a eficiência não for conhecida.

EXEMPLO 6.3

Supondo que o coeficiente de tração é suficiente para que a potência total do caminhão seja desenvolvida, calcule a força de tração nas rodas de um caminhão com pneus pneumáticos e motor de 140 hp. O caminhão opera a uma velocidade de 3,3 mph em primeira marcha. Utilize a eficiência recomendada da SAE.

$$\text{Força de tração nas rodas} = \frac{375 \times 140 \times 0{,}85}{3{,}3} = 13.523 \text{ lb}$$

A Tabela 6.3 mostra a força de tração máxima nas rodas em todas as faixas de marcha referentes ao caminhão no Exemplo 6.3.

No cálculo da tração que um trator pode exercer sobre uma carga rebocada (a velocidade que a máquina alcança), é necessário deduzir da força de tração nas rodas do trator a força necessária para superar a resistência total, ou seja, a combinação da resistência ao rolamento e a resistência de rampa. Considere um trator que pesa 12,4 toneladas e cuja força de tração nas rodas máxima em primeira marcha é de 13.523 lb. Se operado em uma estrada de transporte com inclinação positiva de 2% e resistência ao rolamento de 100 lb/tonelada, a soma total das 13.523 lb de força de tração nas rodas não estará disponível para o reboque, pois uma porção será necessária para superar a resistência total decorrente das condições de transporte. Dadas as condições apresentadas, a força de tração disponível para rebocar uma carga será de:

Força de tração máxima nas rodas = 13.523 lb

Força necessária para superar a resistência de rampa,
12,4 ton × (20 lb/ton × 2%) = 496 lb

Força necessária para superar a resistência ao rolamento
12,4 ton × 100 lb/ton = 1.240 lb

Resistência total, 496 lb + 1.240 lb = 1.736 lb

Potência disponível para rebocar uma carga (13.523 lb − 1.736 lb) = 11.787 lb

Força na barra de tração

A força de reboque que um trator de esteiras pode exercer sobre uma carga é chamada de *força na barra de tração*. Normalmente, a força na barra de tração é expressa em libras. Para determinar a força na barra de tração disponível para rebocar uma

TABELA 6.3 Força de tração nas rodas máxima para o trator no Exemplo 6.3

Marcha	Velocidade (mph)	Força de tração nas rodas (lb)
Primeira	3,3	13.523
Segunda	7,1	6.285
Terceira	12,9	3.542
Quarta	21,5	2.076
Quinta	33,9	1.316

carga, subtraia a força necessária para superar a resistência total imposta pelas condições de transporte da força total de tração disponível no motor. Se um trator de esteiras reboca uma carga subindo uma rampa, a força na sua barra de tração será reduzida em 20 lb para cada tonelada de peso do trator para cada 1% de inclinação.

O desempenho de tratores de esteiras, de acordo com o informado nas especificações fornecidas pelo fabricante, normalmente se baseia nos testes de Nebraska. Para testar um trator e determinar a força máxima na sua barra de tração em cada uma das velocidades disponíveis, calcula-se que a estrada de transporte tenha resistência ao rolamento de 100 lb/tonelada. Se o trator for usado em uma estrada de transporte cuja resistência ao rolamento for maior ou menor do que 110 lb/tonelada, a força na barra de tração será reduzida ou ampliada, respectivamente, por um valor igual ao peso do trator em toneladas multiplicado pela variação da estrada de transporte em relação a 110 lb/tonelada.

EXEMPLO 6.4

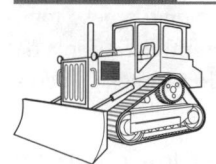

Um trator de esteiras cujo peso é 15 toneladas tem força na barra de tração de 5.685 lb em sexta marcha ao trabalhar em uma estrada plana com resistência ao rolamento de 110 lb/tonelada. Se o trator trabalhar em uma estrada plana com resistência ao rolamento de 180 lb/tonelada, de quanto a força na barra de tração será reduzida?

15 tons × (180 lb/ton − 110 lb/ton) = 1.050 lb

Assim, a força efetiva na barra de tração será 5.685 − 1.050 = 4.635 lb.

A força na barra de tração de um trator de esteiras variará indiretamente com a velocidade de cada marcha. Ela atinge seu máximo na primeira marcha e é menor na última. Assim, a velocidade possível de atingir é limitada pelas libras de tração exigidas para uma determinada condição de resistência (ver Figura 6.7). As especificações fornecidas pelo fabricante devem informar a velocidade e a força na barra de tração máximas para cada uma das marchas.

POTÊNCIA ÚTIL

A potência útil depende das condições do projeto, especialmente as condições da superfície da estrada de transporte, altitude e temperatura. As condições superficiais

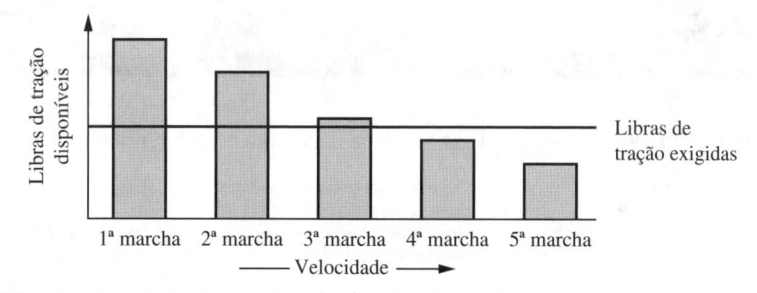

FIGURA 6.7 A resistência total limita a velocidade possível.

determinam quanta potência disponível pode ser transferida para a superfície de modo a impelir a máquina. À medida que a altitude aumenta, o ar se torna menos denso. Acima de 3.000 ft, a redução da densidade do ar pode levar a uma redução da potência de saída de alguns motores. Os fabricantes fornecem gráficos e tabelas que detalham as reduções de potência apropriadas devido à altitude. (Ver Tabela 6.5 posteriormente neste capítulo.) A temperatura também afeta a potência desenvolvida pelo motor.

Coeficiente de tração

A energia total do motor de qualquer máquina projetada principalmente para puxar uma carga pode ser convertida em um esforço de tração somente se for possível desenvolver tração suficiente entre as esteiras ou rodas motrizes e a superfície da estrada de carga. Se a tração for insuficiente, a potência total do motor não estará disponível para o trabalho, pois as rodas ou esteiras irão deslizar (patinar) sobre a superfície.

O coeficiente de tração pode ser definido como o fator pelo qual o peso total sobre as esteiras ou rodas motrizes deve ser multiplicado para determinar a força de tração máxima possível entre as rodas ou esteiras e a superfície logo antes da ocorrência da patinagem.

Força útil = Coeficiente de tração × Peso dinâmico sobre as rodas de tração   [6.15]

A potência que pode ser desenvolvida para realizar o trabalho muitas vezes é limitada pela tração. Os fatores que controlam a potência útil são o peso sobre as rodas de tração (rodas motrizes para máquinas com rodas, peso total para as com esteiras; ver Figura 6.8), as características das rodas de tração e as características da superfície percorrida.

O coeficiente de tração entre os pneus de borracha e as superfícies de transporte variam com o tipo de banda de rodagem e com a superfície. Para esteiras, ele varia com o desenho da garra e a superfície. A natureza dessas variações é tal que não podemos calcular valores exatos. A Tabela 6.4 fornece valores aproximados para o coeficiente de tração entre os pneus de borracha e esteiras e os materiais e condições das superfícies. Os coeficientes são suficientemente precisos para uso na maior parte das estimativas.

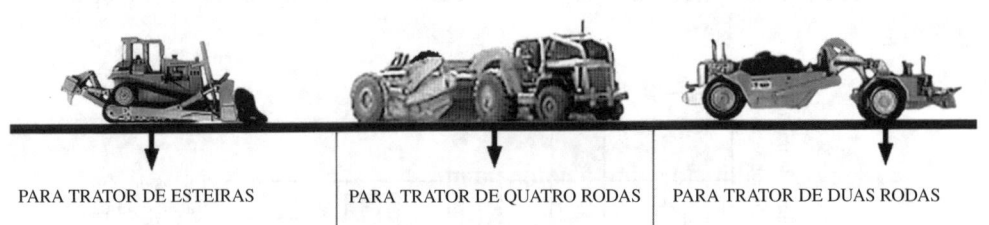

PARA TRATOR DE ESTEIRAS	PARA TRATOR DE QUATRO RODAS	PARA TRATOR DE DUAS RODAS
Use o peso total do trator	Use o peso sobre as rodas motoras mostrado na folha de especificações ou aproximadamente 40% do peso bruto do veículo.	Use o peso sobre as rodas motoras mostrado na folha de especificações ou aproximadamente 50% do peso bruto do veículo.

FIGURA 6.8 Distribuição de peso sobre as rodas de tração.

Capítulo 6 Requisitos de potência de equipamentos móveis

TABELA 6.4 Coeficientes de tração para diversas superfícies de estrada

Superfície	Pneus de borracha	Esteiras
Concreto seco e áspero	0,80–1,00	0,45
Argila seca	0,50–0,70	0,90
Argila úmida	0,40–0,50	0,70
Areia úmida e pedregulho	0,30–0,40	0,35
Areia seca e solta	0,20–0,30	0,30
Neve seca	0,20	0,15–0,35
Gelo	0,10	0,10–0,25

EXEMPLO 6.5

Suponha que um trator com pneus de borracha tenha peso total de 18.000 lb sobre suas rodas motrizes. A força máxima de tração nas rodas em marcha baixa é 9.000 lb. Se o trator estiver trabalhando em areia úmida, com um coeficiente de tração de 0,30, qual é a força máxima de tração nas rodas antes de os pneus patinarem?

$$0{,}30 \times 18.000 \text{ lb} = 5.400 \text{ lb}$$

Independentemente da potência do motor, devido à patinagem das rodas, o máximo de força (potência) disponível para a realização de um trabalho é 5.400 lb. Se o mesmo trator trabalhar sobre argila seca, com um coeficiente de tração de 0,60, qual é a força de tração nas rodas máxima possível antes do deslizamento dos pneus?

$$0{,}60 \times 18.000 \text{ lb} = 10.800 \text{ lb}$$

Para essa superfície, o motor não conseguirá fazer com que os pneus patinem. Assim, o total de 9.000 lb de força de tração nas rodas está disponível para a realização do trabalho.

EXEMPLO 6.6

Um moto-escrêiper é utilizado em um projeto de estrada. Quando o projeto começa, o escrêiper enfrenta alta resistência ao rolamento e de rampa em uma área de trabalho. A força de tração nas rodas necessária para manobrar nessa área é de 42.000 lb. Quando totalmente carregado, 52% do peso total do veículo fica sobre suas rodas motrizes. O peso do veículo totalmente carregado é 230.880 lb. Qual o valor mínimo do coeficiente de tração entre as rodas do escrêiper e a superfície de rolamento necessário para manter a máxima velocidade de deslocamento possível?

$$\text{Peso sobre as rodas motrizes} = 0{,}52 \times 230.880 \text{ lb} = 120.058 \text{ lb}$$

$$\text{Coeficiente de tração necessário mínimo} = \frac{42.000 \text{ lb}}{120.058 \text{ lb}} = 0{,}35$$

Efeito da altitude sobre a potência útil

A norma J1349 da SAE, *Engine Power Test Code—Spark Ignition and Compression Ignition—Net Power Rating Standard*, especifica uma base para a medição de potência líquida do motor. As condições padrão para a medição da SAE são temperatura de 60°F (15,5°C) e pressão barométrica ao nível do mar de 29,92 polegadas de mercúrio (Hg) [103,3 quilopascais (kPa)].

O importante aqui é que as medições se baseiam em uma pressão barométrica específica. Para motores de aspiração natural, a operação em altitudes acima do nível do mar causa uma redução significativa na potência disponível do motor à medida que a pressão barométrica diminui. Uma queda na pressão barométrica leva a uma redução correspondente na densidade do ar, e para operar com eficiência máxima o motor precisa da quantidade apropriada de ar. A redução na densidade atmosférica influi na razão combustível/ar de combustão nos pistões do motor. Para aplicações de máquinas específicas, é preciso consultar os dados de desempenho fornecidos pelo fabricante. A Tabela 6.5 apresenta os dados referentes a algumas máquinas fabricadas pela Caterpillar, Inc.

O efeito da perda de potência devida à altitude pode ser eliminado pela instalação de um turbocompressor (também conhecido por turbo-alimentador ou *turbocharger*) ou supercompressor (também conhecido por super-alimentador ou *supercharger*). Esses aparelhos são sistemas mecânicos de indução forçada que comprimem o ar que flui para dentro da câmara de combustão do motor, permitindo o desempenho

TABELA 6.5 Potência no volante percentual disponível para máquinas selecionadas da Caterpillar em altitudes específicas

Modelo	0–2.500 ft (0–760 m)	2.500–5.000 ft (760–1.500 m)	5.000–7.500 ft (1.500–2.300 m)	7.500–10.000 ft (2.300–3.000 m)	10.000–12.500 ft (3.000–3.800 m)
Tratores					
D6D, D6E	100	100	100	100	94
D7G	100	100	100	94	86
D8L	100	100	100	100	93
D8N	100	100	100	100	98
D9N	100	100	100	96	89
D10N	100	100	100	94	87
Motoniveladoras					
120G	100	100	100	100	96
12G	100	100	96	90	84
140G	100	100	100	100	94
14G	100	100	100	94	87
16G	100	100	100	100	100
Escavadeiras					
214B	100	100	100	100	92
235D	100	100	100	98	91
245D	100	100	100	94	87
Escrêiperes					
615C	100	100	95	88	81
621E	100	100	94	87	80
623E	100	100	94	87	80
631E	100	100	96	88	82
Caminhões					
769C	100	100	100	97	89
773B	100	100	100	100	96
Pás-carregadeiras					
966E	100	100	100	93	86
988B	100	100	100	100	93

Fonte: Reproduzido por cortesia da Caterpillar, Inc.

igual àquele ao nível do mar em grandes altitudes. A diferença fundamental entre um turbocompressor e um supercompressor é a fonte de energia da unidade. Com um turbocompressor a corrente de escapamento aciona uma turbina, que por sua vez gira o compressor. A fonte de energia de um supercompressor é uma correia ligada diretamente ao motor. Se o equipamento vai ser utilizado em altas altitudes por longos períodos de tempo, o aumento de desempenho provavelmente compensará o custo de instalação de um desses dois aparelhos.

GRÁFICOS DE DESEMPENHO

gráficos de desempenho
Representação gráfica da potência e da velocidade correspondente que um motor e a transmissão de uma máquina móvel conseguem produzir.

Os fabricantes de equipamentos publicam **gráficos de desempenho** de seus modelos individuais. Os gráficos permitem que o avaliador/planejador de equipamentos analise a capacidade de desempenho da máquina sob um conjunto determinado de condições de carga impostas pelo projeto. O gráfico de desempenho é uma representação visual da potência e velocidades correspondentes que o motor e a transmissão são capazes de fornecer. A condição de carga é informada, ou como força de tração nas rodas, ou como força na barra de tração. É preciso observar que a relação entre a força na barra de tração/força de tração e a velocidade é inversa, pois à medida que a velocidade do veículo aumenta, a força diminui.

Gráfico de desempenho de força na barra de tração

No caso da máquina com esteiras cujo desempenho de força na barra de tração seja mostrado na Figura 6.9, a potência disponível varia entre 0 e 56.000 lb (a escala vertical), enquanto a velocidade varia entre 0 e 6,5 mph (a escala horizontal).

Supondo que a potência necessária para uma determinada aplicação seja de 25.000 lb, essa máquina se deslocaria de maneira eficiente a uma velocidade aproximada de 1,4 mph em primeira marcha. Para descobrirmos essa informação, primeiro localizamos a marca de 25.000 lb na escala vertical esquerda e então nos movemos horizontalmente no gráfico. No ponto de intersecção dessa projeção horizontal com a curva de marchas, projete uma linha vertical para baixo até a escala de velocidade na parte inferior do gráfico. Nesse caso, a projeção horizontal em 25.000 lb também cruza a curva da segunda marcha. Se o trator estivesse trabalhando em segunda marcha, sua velocidade máxima não conseguiria ultrapassar 1 mph.

Gráficos de desempenho de força de tração nas rodas

Cada fabricante utiliza um *layout* gráfico ligeiramente diferente para apresentar as informações do gráfico de desempenho. Contudo, os procedimentos de leitura do gráfico são basicamente iguais para todos. Os passos descritos aqui se baseiam no gráfico apresentado na Figura 6.10.

Potência necessária – resistência total A organização de um gráfico de força de tração nas rodas permite que determinemos a velocidade da máquina utilizando a resistência total expressa, ou em termos de força (a força de tração nas rodas), ou da rampa efetiva em porcentagem. O procedimento a seguir é usado para determinar a velocidade da máquina a partir de um gráfico de desempenho de força de tração nas rodas.

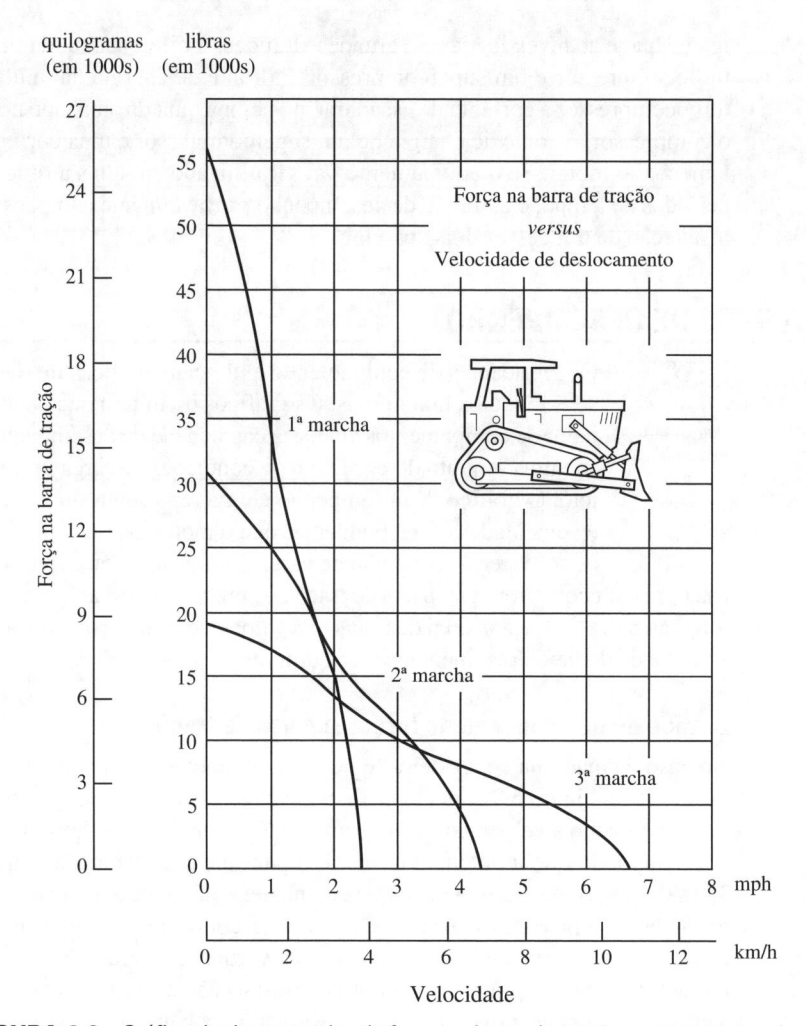

FIGURA 6.9 Gráfico de desempenho da força na barra de tração para um trator de esteiras.
Reproduzido por cortesia da Caterpillar, Inc.

1. Assegure-se de que a máquina proposta possui o mesmo motor, relações de transmissão e tamanho de pneu que aqueles identificados para ela no gráfico. Se as relações de transmissão ou raios de rolamento dos pneus da máquina forem alterados, a curva de desempenho se deslocará ao longo dos eixos de força de tração nas rodas e velocidade.
2. Estime a força de tração nas rodas (potência) necessária – a resistência total (resistência ao rolamento mais resistência de rampa) – com base nas condições de trabalho prováveis.
3. Localize o valor de requisito de potência na escala vertical esquerda e projete uma linha horizontalmente até a direita, cruzando com uma curva de marcha.

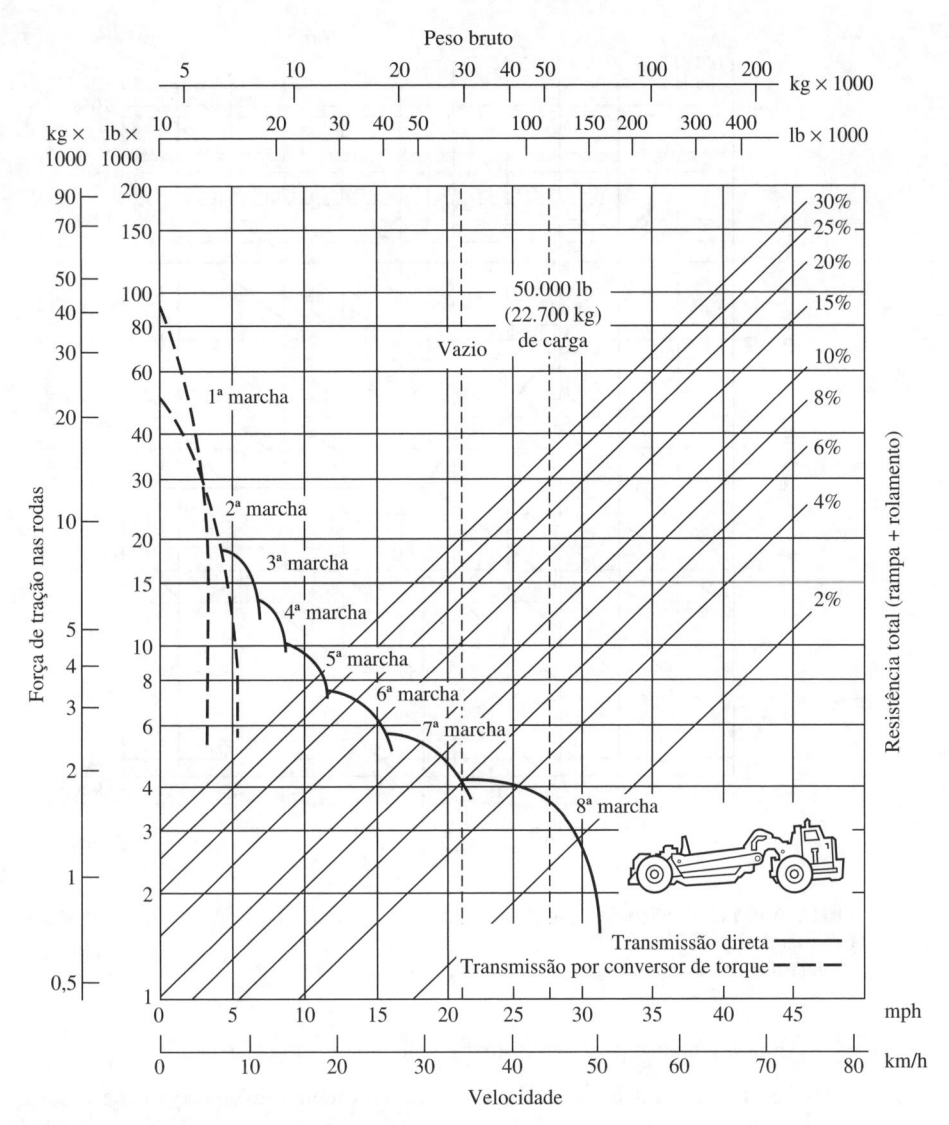

FIGURA 6.10 Gráfico de desempenho da força de tração nas rodas para um moto-escrêiper.
Reproduzido por cortesia da Caterpillar, Inc.

O ponto de intersecção da linha horizontal projetada com uma curva de marcha define a relação operacional entre potência e velocidade.

4. Do ponto em que a linha horizontal cruza com a curva de marcha, projete uma linha verticalmente para baixo até o eixo X, que indica a velocidade em mph e km/h. Algumas vezes, a linha horizontal do requisito de potência (força de tração nas rodas) cruzará com a curva de faixa de marchas em dois pontos diferentes (ver Figura 6.11). Nesse caso, a velocidade pode ser interpretada de duas maneiras diferentes:

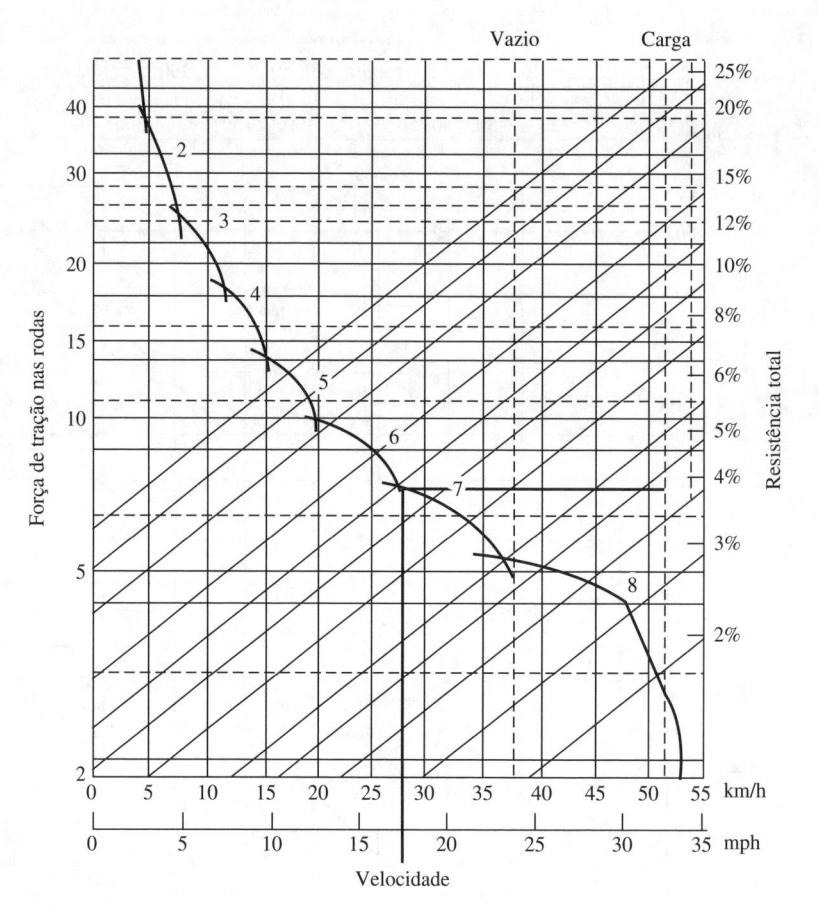

FIGURA 6.11 Gráfico de desempenho da força de tração nas rodas, detalhe do efeito das marchas.
Reproduzido por cortesia da Caterpillar, Inc.

Uma orientação para determinar a velocidade apropriada é:

- Se a força de tração nas rodas necessária for menor do que aquela necessária no trecho anterior da estrada de transporte, utilize uma velocidade e uma marcha superiores.
- Se a força de tração nas rodas necessária for maior do que aquela necessária no trecho anterior da estrada de transporte, utilize uma velocidade e uma marcha inferiores.

Rampa efetiva – resistência total   Supondo que a resistência total tenha sido expressa como um rampa efetiva, o procedimento a seguir será utilizado para determinar a velocidade:

1. Assegure-se de que a máquina proposta possui o mesmo motor, relações de transmissão e tamanho de pneu que aqueles identificados para ela no gráfico.
2. Determine o peso da máquina vazia e carregada. O peso vazio é o peso de operação e deve incluir líquidos arrefecedores, lubrificantes, tanques de com-

bustível cheios e o operador. O peso carregado depende da densidade do material transportado e o tamanho da carga (volume). Esses dois pesos, vazio e carregado, costumam ser chamados de peso líquido do veículo (NVW, do inglês *net vehicle weight*) e peso bruto do veículo (GVW – *gross vehicle weight*), respectivamente. O NVW (peso vazio) costuma ser marcado no gráfico de desempenho. Da mesma forma, o GVW (peso bruto), baseado na capacidade gravimétrica da máquina, normalmente também é indicado no gráfico. Os pesos de veículos são informados na escala horizontal superior do gráfico. Observe que esses dados de peso são apresentados na forma de uma escala logarítmica.

3. Com base nas condições de trabalho prováveis, calcule a resistência total (a soma da resistência ao rolamento mais a de rampa, ambas expressas como rampas percentuais). Para o gráfico de desempenho mostrado na Figura 6.10, os valores de resistência total são aqueles mostrados na escala vertical no lado direito do gráfico. Cuidado: os valores de rampas percentuais estão colocados em uma escala vertical, mas as linhas de resistência percentual total correm diagonalmente, caindo da direita para a esquerda. A intersecção de uma projeção vertical do peso do veículo com uma linha diagonal de resistência total estabelece as condições sob as quais a máquina irá trabalhar e o requisito de potência correspondente.

4. Projete uma linha horizontalmente (não desça além da diagonal de resistência total) a partir do ponto de intersecção da projeção vertical de peso do veículo e a diagonal apropriada de resistência total. O ponto de intersecção dessa projeção de linha horizontal com uma curva de marcha define a relação operacional entre potência e velocidade.

5. Do ponto em que a linha horizontal cruza com a curva de marcha, projete uma linha verticalmente até o eixo X inferior, que indica a velocidade em mph e km/h. Essa é a velocidade do veículo para as condições de trabalho admitidas.

Os gráficos de desempenho são estabelecidos com a premissa de que a máquina trabalha sob condições padrão. Quando a máquina for utilizada sob um conjunto diferente de condições, a força de tração nas rodas e a velocidade precisam ser ajustadas adequadamente. A operação em altitudes mais elevadas causará uma redução de potência percentual na força de tração nas rodas que é aproximadamente igual à perda percentual de potência no volante.

Gráfico de desempenho de retardadores

gráfico retardador
Uma apresentação gráfica que identifica a velocidade controlada de uma máquina descendo uma inclinação quando o módulo da assistência de rampa for maior do que a resistência ao rolamento.

Quando a máquina trabalhar em declives íngremes, sua velocidade pode precisar ser limitada por motivos de segurança. Um retardador é um dispositivo de controle dinâmico da velocidade. Com uma câmara cheia de óleo colocada entre o conversor de torque e a transmissão, a velocidade da máquina é retardada. O retardador não para a máquina; em vez disso, apenas controla sua velocidade em longas viagens de transporte em descida de rampa, o que reduz o desgaste do freio de serviço. A Figura 6.12 apresenta um **gráfico do retardador** para um moto-escrêiper.

O gráfico de desempenho do retardador (ver Figura 6.12) identifica a velocidade que pode ser mantida quando um veículo desce um declive

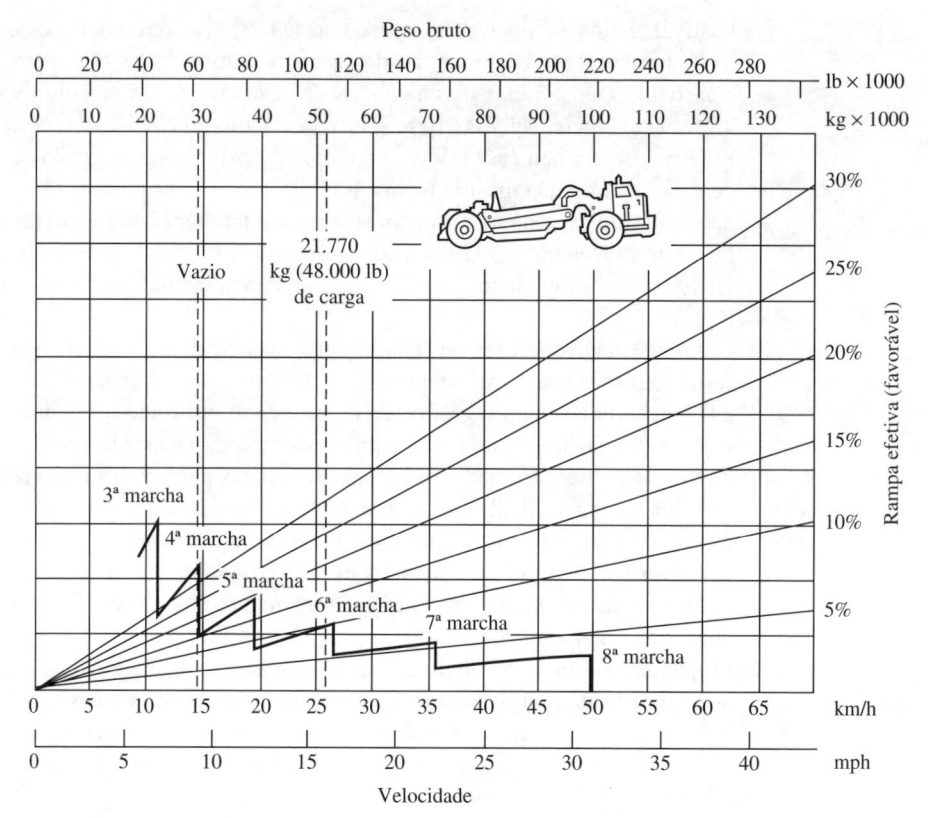

FIGURA 6.12 Gráfico de desempenho do retardador para um moto-escrêiper (trator-
-escrêiper de rodas).
Reproduzido por cortesia da Caterpillar, Inc.

com inclinação tal que o módulo da assistência de rampa seja maior do que a resistência ao rolamento. Essa velocidade controlada pelo retardador é um estado constante, de modo que o uso do freio de serviço não é necessário para impedir a aceleração.

A leitura de um gráfico de desempenho de retardador é semelhante àquela descrita para gráficos de desempenho, lembrando que os valores de resistência total (rampa efetiva) são, nesse caso, negativos. Assim como o gráfico de força de tração nas rodas, a linha horizontal pode cruzar mais de uma marcha. Em uma determinada marcha, a parte vertical da curva do retardador indica o esforço máximo do retardador e a velocidade resultante. Se as condições de transporte de carga exigirem, o operador acionará uma marcha inferior e uma velocidade menor passa a ser aplicável. Muitas vezes, a decisão sobre qual velocidade selecionar é respondida pela pergunta "Quanto esforço será feito na manutenção da rota de transporte de carga?". A regularidade da rota muitas vezes é um fator determinante que afeta velocidades operacionais superiores.

Capítulo 6   Requisitos de potência de equipamentos móveis   165

EXEMPLO 6.7

Um empreiteiro propõe utilizar escrêiperes na construção de um aterro. As características de desempenho das máquinas estão representadas nas Figuras 6.10 e 6.12. Os escrêiperes têm capacidade nominal de 14 cy rasas. O peso vazio de operação é 69.000 lb. A distribuição de peso do escrêiper, quando carregado, fica 53% sobre as rodas motrizes.

A empreiteira acredita que a carga de escrêiper média seja de 15,2 bcy. O transporte de carga a partir da área de escavação ocorre em um gradiente adverso uniforme de 5%, com resistência ao rolamento de 60 lb/tonelada. O material a ser escavado e transportado é a terra comum, com peso específico natural 3.200 lb/bcy.

a. Calcule as velocidades de percurso máximas que podemos esperar.

Peso da máquina:
Peso de operação vazio   69.000 lb
Peso da carga útil, 15,2 bcy × 3.200 lb/bcy   48.640 lb
Peso carregado total =   117.640 lb

Condições de transporte:

	Carregado (transporte) (%)	Vazio (retorno) (%)
Resistência de rampa	5,0	−5,0
Resistência ao rolamento	3,0	3,0
Resistência total	8,0	−2,0

Velocidade carregada (transporte de carga): Utilizando o gráfico da Figura 6.10, entre com o valor de 117.640 lb, peso carregado total, na escala horizontal superior de "peso bruto" e projete uma linha vertical para baixo até cruzar com a diagonal de resistência total de 8,0%. Desse ponto de intersecção, projete uma linha horizontal que cruze com as curvas de marcha. Essa linha horizontal cruza com a quinta marcha. Projetando uma linha vertical do ponto de intersecção da quinta marcha até a escala horizontal inferior, determinamos a velocidade do escrêiper. A velocidade carregada será de aproximadamente 11 mph.

Velocidade vazio (retorno): Como a resistência total para o retorno é negativa, utilize a Figura 6.12, o gráfico do retardador, para determinar a velocidade de retorno. Entre com o valor de 69.000 lb, peso de operação vazio, na escala horizontal superior da Figura 6.12. Como este é um peso muito usado, ele está marcado com uma linha tracejada no gráfico. A intersecção com a diagonal de resistência efetiva de 2,0% define o ponto do qual você pode construir a linha horizontal para cruzar com as curvas de marcha. Essa linha horizontal cruza com a oitava marcha, o que significa que a velocidade correspondente é de 31 mph.

b. Se o trabalho estiver acontecendo em uma elevação de 12.500 ft, quais serão as velocidades de operação quando a análise incluir uma pressão barométrica diferente da padrão? Para operação em altitude de 12.500 ft, o fabricante informa que esses escrêiperes, que possuem motores com turbocompressor (*turbocharger*), podem fornecer 82% da potência no volante nominal.

A uma altitude de 12.500 ft, a força de tração nas rodas necessária para superar a resistência total de 8% deve ser ajustada para a redução de potência pela altitude.

Resistência efetiva ajustada para a altitude: $\dfrac{8,0}{0,82} = 9,8\%$

Agora continue como na pergunta (*a*), localizando a intersecção da linha de peso carregado total com a linha de resistência total ajustada para a altitude. Projetando uma linha horizontal a partir da diagonal de resistência efetiva ajustada para a altitude de 9,8%, tem-se uma intersecção com a curva da quarta marcha. Projetando uma linha vertical nesse ponto, determina-se uma velocidade de aproximadamente 8 mph.

Neste problema, a altitude diferente da padrão não afetaria a velocidade vazia (retorno), pois a máquina não precisa de força de tração nas rodas para o movimento descendente. O retardador controla a quantidade de movimento da máquina em declive. Assim, a velocidade vazia (retorno) continua a ser 31 mph a uma altitude de 12.500 ft.

RESUMO

A carga útil de um equipamento de transporte pode ser expressa *volumétrica* ou *gravimetricamente*. A potência exigida é a potência necessária para superar a *resistência* total ao movimento da máquina, que é a soma das resistências ao rolamento e de rampa. A *resistência ao rolamento* é a resistência de uma superfície plana contra o movimento de velocidade constante sobre ela. A força contrária ao movimento de uma máquina que sobe uma rampa sem atrito é conhecida como *resistência de rampa*.

O *coeficiente de tração* é o fator pelo qual o peso total sobre as esteiras ou rodas motrizes deve ser multiplicado para determinar a força de tração máxima possível entre as rodas ou esteiras e a superfície logo antes da ocorrência da patinagem. Um gráfico de desempenho é uma representação visual da potência e da velocidade correspondente que o motor e a transmissão podem fornecer. Os objetivos críticos de aprendizagem incluem:

- A capacidade de calcular o peso do veículo
- A capacidade de determinar a resistência ao rolamento com base nas condições previstas da estrada de transporte de carga
- A capacidade de calcular a resistência de rampa
- A capacidade de usar gráficos de desempenho para determinar a velocidade da máquina

Esses objetivos servem de base para os problemas a seguir.

PROBLEMAS

6.1 Um trator de quatro rodas cujo peso de operação é 47.877 lb é puxado em velocidade uniforme por uma estrada cuja inclinação é +3,5%. Se a força de tração média no cabo de reboque for de 4.860 lb, qual é a resistência ao rolamento da estrada?

6.2 Por 46.400 euros, é possível comprar uma Ferrari nova com motor V-12 com 808 hp de potência nominal. Seu novo carro atinge a velocidade máxima de 340 km/h a 6.300 rpm. Determine sua força máxima de tração nas rodas quando estiver na velocidade máxima se sua eficiência do motor é de 90%. A Ferrari pesa 4.155 lb e está se deslocando sobre uma estrada de concreto com resistência ao rolamento de 40 lb/tonelada e inclinação de 3%. Determine a tração externa máxima da Ferrari quando estiver em sexta marcha e à velocidade máxima.

6.3 Um trator de quatro rodas CAT 834H (pneus de borracha, alta pressão), cujo peso de operação se encontra no site http://www.cat.com, é puxado em velocidade uniforme para cima da rampa de uma estrada cuja inclinação é +3,0%. Se a força média de tração no cabo de reboque é de 6.060 lb, qual é a resistência ao rolamento da estrada? Que tipo de superfície é essa?

6.4 Qual é a potência no volante nominal de um trator de quatro rodas CAT 834H equipado com transmissão por conversor? Quais as velocidades máximas dessa máquina em cada uma de suas quatro marchas a frente? Determine a força máxima de tração nas rodas do trator em cada uma das marchas indicadas se a eficiência for de 92%. Se o trator estiver se deslocando em uma estrada de transporte de carga cuja inclinação é +2,5% e a resistência ao rolamento for de 80 lb/tonelada, determine a tração externa máxima do trator em primeira marcha. O trator consegue subir essa inclinação em quarta marcha? Os dados necessários se encontram no site http://www.cat.com.

6.5 Um escrêiper CAT 621G totalmente carregado trabalha em quinta marcha com rotação à plena carga. A temperatura ambiente do ar é de 60°F e a altitude é aproximadamente a do nível do mar. O escrêiper sobe uma inclinação uniforme de 4,0% com resistência ao rolamento de 70 lb/tonelada. A caçamba do escrêiper com pneus pneumáticos está totalmente cheia de material para aterro.
  a. Qual o peso de operação do escrêiper vazio em libras (lb)?
  b. Qual é a carga nominal desse escrêiper em libras?
  c. Qual o peso de operação total do escrêiper totalmente carregado?
  d. Qual parcela, em libras e percentagem, do peso totalmente carregado é suportado pelo eixo dianteiro?
  e. Qual parcela, em libras e percentagem, do peso totalmente carregado é suportado pelo eixo traseiro (o eixo da caçamba)?
  f. Qual a velocidade do escrêiper em mph quando trabalhar em quinta marcha (à frente)?
  g. Em qual potência líquida o fabricante classifica o esforço de tração do escrêiper para as condições ambientais descritas e em operação em quinta marcha?
  h. Qual porcentagem dessa força nominal de tração nas rodas o trator desenvolve de fato quando trabalha em quinta marcha? Em seus cálculos, será aceitável admitir que o componente do peso normal à superfície de deslocamento é igual ao peso em si (ou seja, utilizando o cos 0 que é igual a 1,00, onde 0° é o ângulo da resistência total). A aproximação "20 lb de força de tração nas rodas necessárias por tonelada de peso por % de inclinação" é aceitável. Você também pode ignorar a potência necessária para superar a resistência do vento e fornecer aceleração. Pressuponha que a tração não é um fator limitante.
  i. Qual o valor do coeficiente de tração se as rodas motrizes do trator estão no ponto de patinagem incipiente para as condições descritas acima?
Os dados necessários se encontram em http://www.cat.com.

6.6 Um moto-escrêiper puxado por trator com peso combinado de 186.600 é carregada por empurrador em sentido descendente em uma inclinação de 4%. O empurrador é um trator de esteiras cujo peso é 146.500 lb. Qual é o ganho de força de carregamento equivalente para o trator e o escrêiper resultante de carregar o escrêiper em sentido descendente em vez de ascendente?

6.7 Um trator com pneus pneumáticos e motor de 354 hp tem velocidade máxima de 3,6 mph em primeira marcha.

a. Determine a força máxima de tração nas rodas do trator em cada uma das marchas indicadas se a eficiência do motor for de 91%.

Marcha	Velocidade (mph)
Primeira	3,8
Segunda	6,5
Terceira	11,5
Quarta	20,0

b. O trator pesa 31,7 toneladas. Ele trabalha em uma estrada de transporte de carga com inclinação de +1,2% e resistência ao rolamento de 84 lb/tonelada. Determine a tração externa máxima do trator em cada uma das quatro marchas.

6.8 Se o trator do Problema 6.7 é operado estiver trabalhando na descida de uma inclinação de 4% e a resistência ao rolamento for de 80 lb/tonelada, determine a tração externa máxima do trator em cada uma das quatro marchas.

6.9 Um trator de rodas com pneus de alta pressão e peso de 74.946 lb é puxado rampa acima em velocidade uniforme em uma inclinação de 5%. Se a tensão no cabo de reboque for de 13.000 lb, qual é a resistência ao rolamento da estrada? Que tipo de superfície é essa?

6.10 Um moto-escrêiper está trabalhando em uma inclinação adversa de 3%. Admita que não há redução de potência para as condições do equipamento, altitude ou temperatura. Utilize os dados de equipamentos informados na Figura 6.10. Ignorando as limitações de tração, qual é o valor máximo da resistência ao rolamento (em lb/tonelada) sobre a qual uma unidade vazia consegue manter uma velocidade de 15 mph?

6.11 Um moto-escrêiper está trabalhando em uma superfície plana. Admita que não há redução de potência para as condições do equipamento, altitude ou temperatura. Utilize os dados de equipamentos informados na Figura 6.10.
a. Ignorando as limitações de tração, qual é o valor máximo da resistência ao rolamento (em lb/tonelada) com a qual uma unidade totalmente carregada consegue manter uma velocidade de 15 mph?
b. Qual é o valor mínimo do coeficiente de tração entre as rodas do trator e a superfície de percurso necessário para satisfazer os requisitos da parte *a*? Para a condição totalmente carregada, 52% do peso do veículo estão distribuídos sobre o eixo motriz. O peso de operação do escrêiper vazio é de 74.946 lb.

6.12 Uma unidade de trator de rodas, trabalhando em sua quarta marcha e rpm totais, mantém uma velocidade estável de 7,50 mph quando funciona sob as condições descritas aqui. A temperatura ambiente é de 60°F. A altitude é a do nível do mar. O trator sobe uma inclinação uniforme de 4,5% com resistência ao rolamento de 55 lb/tonelada, rebocando uma carreta de pneus pneumáticos carregada de material para aterro. O trator de eixo único tem peso de operação de 74.946 lb. A carreta carregada tem peso de 50.000 lb. A distribuição de peso da unidade combinada trator-carreta é 52% no eixo motriz e 48% no eixo traseiro.
a. Para as condições ambientais descritas anteriormente, o fabricante classifica o esforço de tração do novo trator em 330 HP de força de tração nas rodas. Qual porcentagem dessa potência nominal o trator desenvolve de fato? A aproximação "20 lb de força de tração nas rodas necessárias por tonelada de peso por % de inclinação" é aceitável. Admita que a tração não é um fator limitante.

b. Qual o valor do coeficiente de tração se as rodas motrizes do trator estão no ponto de patinagem incipiente para as condições descritas acima?

6.13 Um trator de rodas com motor de 232 hp tem velocidade máxima de 3,6 mph em primeira marcha. Determine a força máxima de tração nas rodas do trator em cada uma das marchas indicadas caso a eficiência do motor seja de 92%.

Marcha	Velocidade (mph)
Primeira	3,6
Segunda	6,40
Terceira	11,2
Quarta	19,3

6.14 Determine a tração externa máxima, em cada uma das quatro marchas, do trator no Problema 6.13 quando ele estiver trabalhando em uma estrada de transporte de materiais cuja inclinação é de +2,5%. A resistência ao rolamento da estrada é de 650 lb/tonelada. O trator pesa 23,9 toneladas.

6.15 Se o trator dos Problema 6.13 e 6.14 estiver trabalhando na descida de uma rampa de 4% e a resistência ao rolamento for de 80 lb/tonelada, qual é a tração externa máxima em cada uma das quatro marchas?

6.16 Uma unidade de trator de rodas, trabalhando em sua quarta marcha e rpm totais, mantém uma velocidade estável de 8 mph quando funciona sob as condições descritas aqui. A temperatura ambiente é de 60°F. A altitude é a do nível do mar. O trator sobe uma rampa uniforme de 4% com resistência ao rolamento de 75 lb/tonelada, rebocando uma carreta de pneus pneumáticos carregada de material para aterro. O trator de eixo único tem peso de operação de 74.946 lb. A carreta carregada tem peso de 50.000 lb. A distribuição de peso da unidade combinada trator-carreta é 52% no eixo motriz e 48% no eixo traseiro.

   a. Para as condições ambientais descritas acima, o fabricante classifica o esforço de tração do novo trator em 330 HP de força de tração nas rodas. Qual porcentagem dessa potência nominal o trator desenvolve de fato? A aproximação "20 lb de força de tração nas rodas necessárias por tonelada de peso por % de inclinação" é aceitável. Admita que a tração não é um fator limitante.
   b. Qual o valor do coeficiente de tração se as rodas motrizes do trator estão no ponto de patinagem incipiente para as condições descritas acima?

FONTES DE CONSULTA

Caterpillar Performance Handbook, Caterpillar Inc., Peoria, IL. (Publicado anualmente.) Os dados das máquinas também se encontram em http://www.cat.com.

Schexnayder, Cliff, Sandra L. Weber, and Brentwood T. Brooks (1999). "Effect of Truck Payload Weight on Production," *Journal of Construction Engineering and Management*, ASCE, 125(1), pp. 1–7.

FONTES DE CONSULTA NA INTERNET

http://www.aem.org A Association of Equipment Manufacturers (AEM) é uma fonte de informações para o desenvolvimento comercial e empresarial para empresas que fabricam equipamentos para construção, mineração, silvicultura e serviços públicos.

http://www.cat.com A Caterpillar é a maior fabricante de equipamentos de construção e mineração do mundo. As especificações dos escrêiperes fabricados pela Caterpillar se encontram na seção de Produtos/Equipamentos do site da empresa.

http://www.constructionequipment.com Revista online Construction Equipment.

http://www.equipmentworld.com A EquipmentWorld.com é um site de notícias e e-commerce para a indústria da construção e equipamentos.

http://www.terex.com A Terex Corporation é um fabricante diversificado de equipamentos de construção. As especificações para seus escrêiperes se encontram na seção de equipamentos de construção (*Construction*) no site da empresa.

http://www.newton.dep.anl.gov/askasci/phy99/phy99x45.htm Ask a Scientist: Physics Archive, "Horsepower and Energy."

http://auto.howstuffworks.com/auto-parts/towing/towingcapacity/information/torque-converter.htm Site How Stuff Works. "How Torque Converters Work."

7

Buldôzeres

O buldôzer é uma unidade de tração equipada com uma lâmina para empurrar materiais de um local para o outro. Ele é projetado para fornecer potência de tração para trabalho da barra de tração. O buldôzer não possui uma capacidade volumétrica estabelecida. A quantidade de material que um buldôzer movimenta depende da quantidade que permanecerá na frente da lâmina durante o ato de empurrar. Os buldôzeres de esteiras equipados com lâminas especiais para desmatamento são máquinas excelentes para limpeza do terreno. A escarificação pesada de rochas é realizada com buldôzeres de esteiras equipados com escarificadores (ríperes) montados na parte traseira devido à potência e à força de tração que conseguem desenvolver.

INTRODUÇÃO

Os buldôzeres podem ser máquinas de esteiras (ou lagartas) ou de rodas. Eles são unidades de tração equipadas com uma lâmina frontal para empurrar materiais (o chamado corte). Essas máquinas são projetadas para fornecer força trativa para trabalhos que utilizam a barra de tração. Consistentemente com sua finalidade como unidade que realiza trabalho com a barra de tração, essas máquinas têm centros de gravidade baixos. Isso é um pré-requisito de um buldôzer eficaz. Quanto maior a diferença entre a transmissão da linha de força da máquina e a força da linha de resistência, menos eficaz será o uso da potência desenvolvida. Além do corte, essas máquinas são usadas para fins de desmatamento, escarificação, auxílio do carregamento de escrêiperes (ou escrêiperes) e reboque de outros equipamentos de construção. Elas podem ser equipadas com um guincho traseiro ou um escarificador (ríper). Para grandes deslocamentos entre projetos ou dentro de um mesmo projeto, o buldôzer de esteiras deve ser transportado. Movê-los com sua própria potência, mesmo em baixas velocidades, aumenta o desgaste da esteira e encurta a vida operacional da máquina.

Características de desempenho de buldôzeres

Os buldôzeres são classificados com base em seu tipo de rodado:

1. Tipo esteira (ver Figura 7.1)
2. Tipo roda (ver Figura 7.2)

Os buldôzeres de esteiras possuem, como sugere seu nome, uma esteira contínua de sapatas interligadas (ver Figura 7.3) que se move no plano horizontal sobre rolos fixos. Na traseira da máquina, a esteira passa sobre uma roda dentada montada

FIGURA 7.1 Buldôzer de esteiras.

FIGURA 7.2 Buldôzer de rodas.

FIGURA 7.3 Sapatas da esteira.

verticalmente. À medida que a roda dentada gira, ela força a esteira para frente ou para trás, colocando o buldôzer em movimento. Na frente da máquina, a esteira passa sobre uma roda-guia montada verticalmente, conectada a um dispositivo tensor ajustável. A roda-guia mantém a tensão apropriada na esteira e permite que ela absorva choques pesados. As sapatas interligadas são feitas de aço tratado termicamente, projetado para resistir ao desgaste e à abrasão. Diversas empresas oferecem esteiras com sapatas de aço cobertas de borracha.

Como discutido no Capítulo 4, a força útil que uma máquina tem à sua disposição para realizar o trabalho muitas vezes é limitada pela tração. Essa limitação depende de dois fatores:

1. Coeficiente de tração para a superfície por onde a máquina se desloca
2. Peso suportado pelas rodas motrizes do trator

Em alguns casos, os usuários aumentam o peso dos pneus de buldôzeres de rodas para superar as limitações de potência de tração. O lastro recomendado para pneus é uma mistura de água e cloreto de cálcio. É preciso tomar cuidado para que a nova distribuição de peso seja igual entre todas as rodas motrizes.

Os requisitos de tração ou flutuação podem ser atendidos pela seleção do material rodante ou do pneu adequado. O material rodante de um buldôzer de esteiras padrão é apropriado para o trabalho geral em rochas até solo moderadamente macio. A pressão sobre o solo típico de um buldôzer de esteiras com material rodante padrão é de 6 a 9 psi (41-62 kPa). Configurações de material rodante de baixa pressão sobre o solo (LGP, *low-ground-pressure*) estão disponíveis para buldôzeres que operam em condições de solo macio. A pressão exercida sobre o solo por um buldôzer de esteiras com material rodante LGP é de 3 a 4 psi (21-28 kPa). As máquinas LGP não devem ser utilizadas em solo duro ou condições rochosas, pois tal prática reduz a vida útil do material rodante. Também estão disponíveis materiais rodantes extra longos (XL) para máquinas dedicadas a **trabalhos de acabamento**.

Trabalho de acabamento
Colocar o material no nivelamento de terraplenagem final exigido pelas especificações.

No caso das máquinas de rodas, os pneus mais largos oferecem maior área de contato e aumentam a flutuação. Contudo, é preciso lembrar que os gráficos de força de tração nas rodas se baseiam em equipamento padrão, incluindo os pneus. Os pneus maiores reduzem a força de tração nas rodas desenvolvida.

O trator de esteiras é projetado para serviços que exigem alto esforço de tração. Nenhum outro equipamento consegue fornecer a potência, tração e flutuação necessárias com tanta variedade de condições de trabalho. Um buldôzer de esteiras consegue trabalhar em inclinações de até 45 graus.

Os buldôzeres de esteiras e de rodas são classificados de acordo com potência no volante (fwhp) e peso. Normalmente, o peso é o peso de operação e inclui lubrificantes, líquidos arrefecedores, tanque de combustível cheio, lâmina, fluido hidráulico, a estrutura protetora contra acidentes na capotagem (ROPS) da OSHA e um operador. O peso do buldôzer é importante em muitos projetos porque o esforço de tração máximo que um trator pode fornecer se limita ao produto do peso vezes o coeficiente de tração para o equipamento e a superfície do solo específica, independentemente da potência fornecida pelo motor. A Tabela 6.4 fornece os coeficientes de tração de diversas superfícies.

Uma vantagem do buldôzer de rodas, em comparação com o de esteiras, é a maior velocidade possível com as máquinas de rodas – mais de 30 mi/h para alguns modelos. Para atingir essas velocidades superiores, entretanto, o buldôzer de rodas precisa sacrificar o esforço de tração. Além disso, devido ao menor coeficiente de tração entre os pneus de borracha e algumas superfícies, as rodas do buldôzer podem patinar antes de desenvolver seu esforço de tração nominal. A Tabela 7.1 oferece uma comparação entre a utilização de buldôzeres de esteiras e de rodas.

Os motores de combustão interna são utilizados na maioria dos buldôzeres, sendo que os motores diesel representam a forma mais comum de unidade motriz principal. Os motores a gasolina são usados em algumas máquinas menores. Buldôzeres elétricos e de ar comprimido estão disponíveis para trabalhos em túneis. Na mostra de equipamentos CONEXPO, realizada em Las Vegas em março de 2008, um fabricante de equipamentos apresentou um buldôzer de 235 hp anunciado como uma máquina com consumo eficiente de combustível; contudo, ela provavelmente está sendo desenvolvida em resposta ao desafio de atender as normas de emissões Nível 4 da EPA, a agência de proteção ambiental dos EUA, adotadas gradualmente entre 2008 e 2015. O Nível 4 exige uma redução adicional de 90% de certas emissões. (Para um texto sobre essa máquina elétrica e um breve vídeo sobre ela, visite http://www.constructionequipment.com/article/CA6547923.html.)

Como a rotação do virabrequim causada pelo motor geralmente é rápida demais e não tem força (torque) suficiente, as máquinas são dotadas de transmissões que reduzem a velocidade rotacional do virabrequim e aumentam a força disponível para realizar o trabalho. As transmissões dão ao operador a capacidade de alterar a relação velocidade/potência do equipamento para que corresponda aos requisitos de trabalho (força necessária para realizar o trabalho). Os fabricantes

TABELA 7.1 Comparação de utilização de tipo de buldôzer

Buldôzer de rodas	Buldôzer de esteiras
Bom em solos firmes e concreto e solos abrasivos sem pedaços com arestas vivas	Pode trabalhar em diversos solos; os pedaços com arestas vivas não são tão destrutivas para o buldôzer, mas a areia fina aumenta o desgaste do trem de rolamento
Melhor para trabalho em superfícies planas ou em declive	Consegue funcionar em praticamente qualquer terreno
O clima úmido que cause condições de superfície macias e escorregadias, irá retardar ou interromper a operação	Pode trabalhar em superfícies de solo macio e com lama escorregadia; exerce baixíssima pressão sobre o solo com configuração de esteiras e material rodante de baixa pressão especial
A carga concentrada da roda oferece compactação e amassamento da superfície do solo	
Bom para longas distâncias de percurso	Bom para curtas distâncias de trabalho
Melhor para lidar com solos soltos	Pode lidar com solos firmes
Velocidades de retorno rápidas, 8–26 mi/h	Velocidades de retorno lentas, 5–10 mi/h
Pode lidar apenas com cargas de lâmina moderadas	Pode empurrar grandes cargas de lâmina

oferecem buldôzeres com uma ampla variedade de transmissões, mas as principais opções são:

- Transmissão direta
- Conversor de torque e transmissão de dupla embreagem (*power-shift*)

Alguns buldôzeres de menos de 100 hp são equipados com trens de força hidrostáticos. As máquinas de pequeno e médio porte, com motores diesel de menos de 300 hp, normalmente estão disponíveis com os dois tipos de transmissão, direta e de dupla embreagem (*power-shift*). Os buldôzeres maiores sempre são equipados com transmissões de dupla embreagem (*power-shift*).

Buldôzeres de esteiras com transmissão direta O termo "transmissão direta" significa que a potência é transmitida diretamente através da transmissão, como se houvesse apenas um eixo. Isso geralmente ocorre quando a transmissão está em sua maior marcha. Em todas as outras marchas, os elementos mecânicos ajustam a velocidade e o torque. Os buldôzeres de transmissão direta são superiores quando o trabalho envolve condições de carga constante. Um serviço no qual é preciso empurrar cargas de lâminas cheias por longas distâncias seria uma aplicação correta de uma máquina de transmissão direta.

As especificações fornecidas por alguns fabricantes listam dois conjuntos de força na barra de tração para buldôzeres de transmissão direta: nominal e máxima. O valor nominal é a força na barra de tração que pode ser aplicada para operação contínua. O valor máximo é a tração que o buldôzer pode exercer por um curto período de tempo ao sobrecarregar o motor, como ao passar sobre uma área macia do solo, que exija um maior esforço temporário de tração. Assim, a tração nominal deve ser utilizada na operação contínua. A força disponível na barra de tração está sujeita à limitação imposta pela tração que pode ser desenvolvida entre a esteira e o solo.

Buldôzeres de esteiras com conversores de torque e transmissões de dupla embreagem (*power-shift*) As transmissões que podem ser mudadas enquanto transmitem toda a potência do motor são conhecidas pelo nome de *transmissão de dupla embreagem*. Essas transmissões são combinadas com conversores de torque para absorver as cargas de choque do trem de força causadas pelas mudanças nas relações de transmissão. Uma transmissão de dupla embreagem oferece um fluxo de potência eficiente do motor para as esteiras e desempenho superior em aplicações que envolvem condições de carga variáveis. A Figura 7.4 ilustra as curvas de desempenho de um buldôzer de esteiras equipado com uma transmissão de dupla embreagem.

Buldôzeres de esteiras com trens de força hidrostáticos O óleo confinado sob pressão é uma maneira eficaz de transferência de potência. O trem de força hidrostático oferece uma faixa de velocidades infinitamente variável, com potência constante para ambas as esteiras do trator. Esse tipo de trem de força melhora a controlabilidade da máquina e aumenta a eficiência operacional. As transmissões de trem de força hidrostático estão disponíveis em alguns buldôzeres de potência menor.

Buldôzeres de rodas A maioria dos buldôzeres de rodas é equipada com conversores de torque e transmissões de dupla embreagem. A Figura 7.5 ilustra as curvas de desempenho para um buldôzer de rodas equipado com uma transmissão de

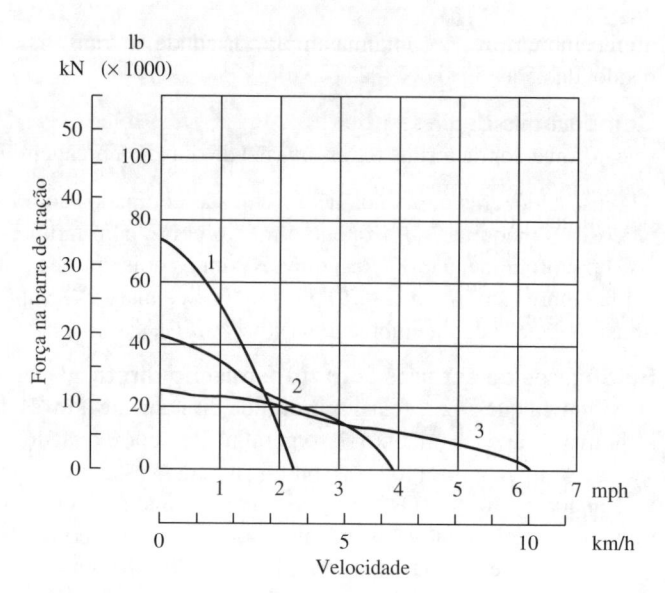

FIGURA 7.4 Gráfico de desempenho de buldôzer de esteiras de 200 hp e 45.560 lb com transmissão de dupla embreagem.
Reproduzido por cortesia da Caterpillar, Inc.

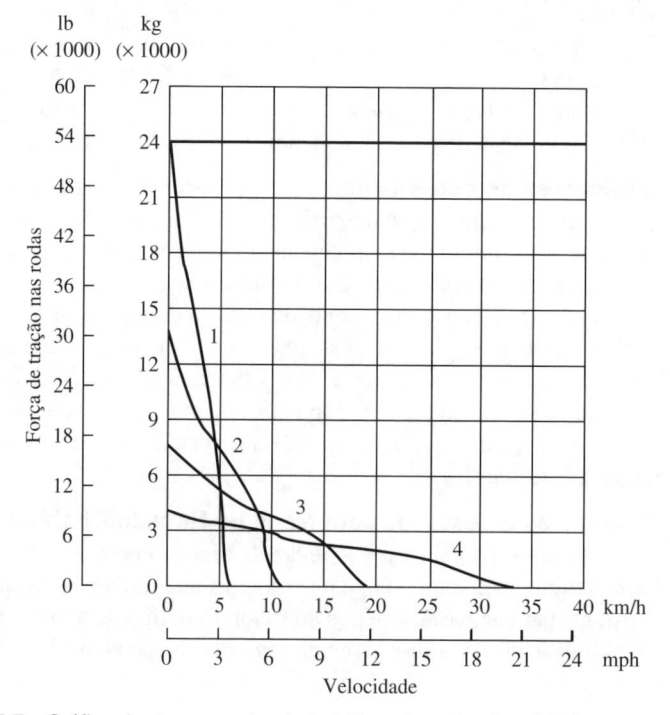

FIGURA 7.5 Gráfico de desempenho de buldôzer de rodas de a 216 hp e 45.370 lb com transmissão de dupla embreagem. A força de tração nas rodas utilizável depende da tração e do peso do buldôzer.
Reproduzido por cortesia da Caterpillar, Inc.

dupla embreagem. Os buldôzeres e rodas exercem pressões relativamente altas sobre o solo, de 25 a 35 psi (172–241 kPa).

Comparação de desempenho Preste atenção no aviso da Figura 7.5 de que a tração/força de tração nas rodas depende do peso e da tração do buldôzer totalmente equipado. O aviso nos lembra que, apesar do motor ser capaz de desenvolver uma determinada força na barra de tração ou de tração nas rodas, nem toda essa força pode estar disponível para a realização do trabalho. O aviso é uma reformulação da Eq. [6.15]. Se a superfície de trabalho do projeto for de argila seca, a Tabela 6.4 fornece os seguintes fatores de coeficiente de tração:

Pneus de borracha   0,50–0,70

Esteiras   0,90

Utilizando o fator para esteiras, 0,90, e considerando um buldôzer de esteiras com transmissão de dupla embreagem (ver Figura 7.4), descobrimos que a força útil na barra de tração é:

$$45.560 \text{ lb} \times 0,90 = 41.004 \text{ lb}$$

Agora considere um buldôzer de rodas (Figura 7.5):

$$45.370 \text{ lb} \times 0,60 \times 27.222 \text{ lb}$$

As duas máquinas têm aproximadamente o mesmo peso de operação e potência no volante; contudo, devido ao efeito de tração, a máquina de esteiras fornece 50% mais potência útil.

No caso da maior parte das condições de solo, o coeficiente de tração para rodas é menor do que para esteiras. Assim, um buldôzer de rodas precisará ser consideravelmente mais pesado (cerca de 50%) do que um de esteiras para desenvolver a mesma quantidade de força útil.

À medida que o peso do buldôzer de rodas aumenta, é exigido um motor maior para manter a relação peso-potência. Há um limite de quanto peso pode ser adicionado a um buldôzer de rodas sem prejudicar a vantagem de velocidade e mobilidade dessa máquina em relação aos buldôzeres de esteiras.

MOVIMENTAÇÃO DE MATERIAIS

INFORMAÇÕES GERAIS

Um buldôzer é uma unidade de tração com uma lâmina acoplada. A lâmina é usada para empurrar, cisalhar, cortar e rolar materiais em frente ao buldôzer. Os buldôzeres são máquinas eficazes e versáteis para terraplenagem. Eles são usados como máquinas de apoio e de produção em diversos projetos de construção. Os buldôzeres podem ser utilizados para operações como:

- Mover terras ou rochas por curtas distâncias (empurrar ou *push*), até 300 ft (91 m) no caso de buldôzeres de grande porte
- Espalhar aterros de terra ou rocha
- Aterrar valas

- Abrir estradas-piloto por montanhas ou terrenos rochosos
- Limpar o piso de caixas de empréstimo e pedreiras
- Ajudar a carregar escrêiperes puxados por tratores
- Retirar madeira, troncos e cobertura de raízes

Lâminas

Uma lâmina de buldôzer é composta de uma armação da lâmina com bordas cortantes substituíveis e cantos. Os braços de empuxo e cilindros de inclinação ou uma armação em C conectam a lâmina ao buldôzer (Figura 7.6). As lâminas variam de tamanho e de forma de acordo com aplicações de trabalho específicas. As bordas cortantes de aço temperado e os cantos são aparafusados porque recebem quase toda a abrasão e se desgastam rapidamente. A conexão aparafusada facilita a substituição. O projeto dessas máquinas permite que qualquer uma das extremidades da lâmina seja erguida ou baixada no plano vertical da lâmina, a *inclinação* ou *tilt*. O topo da lâmina pode ser tombado para frente e para trás, variando o ângulo de ataque da borda cortante, o *tombamento* ou *pitch*. As lâminas montadas sobre armações em C podem ser desviadas da direção do deslocamento, a *angulação* ou *angling*. Esses recursos não se aplicam a todas as lâminas, mas qualquer dois deles podem ser incorporados a uma única montagem. A Figura 7.7 ilustra a inclinação, o tombamento e a angulação.

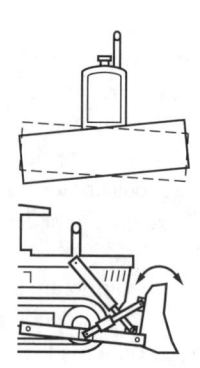

Inclinação ou tilt. Esse movimento ocorre dentro do plano vertical da lâmina. A inclinação permite a concentração potência do buldôzer em uma porção limitada do comprimento da lâmina.

Tombamento ou pitch. Esse é um movimento de articulação em torno do ponto de conexão entre o buldôzer e a lâmina. Quando o topo da lâmina é inclinado para a frente, a borda inferior se move para trás; isso aumenta o ângulo de ataque da borda cortante.

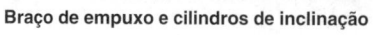

FIGURA 7.6 Arranjos de montagem de lâmina de buldôzer.

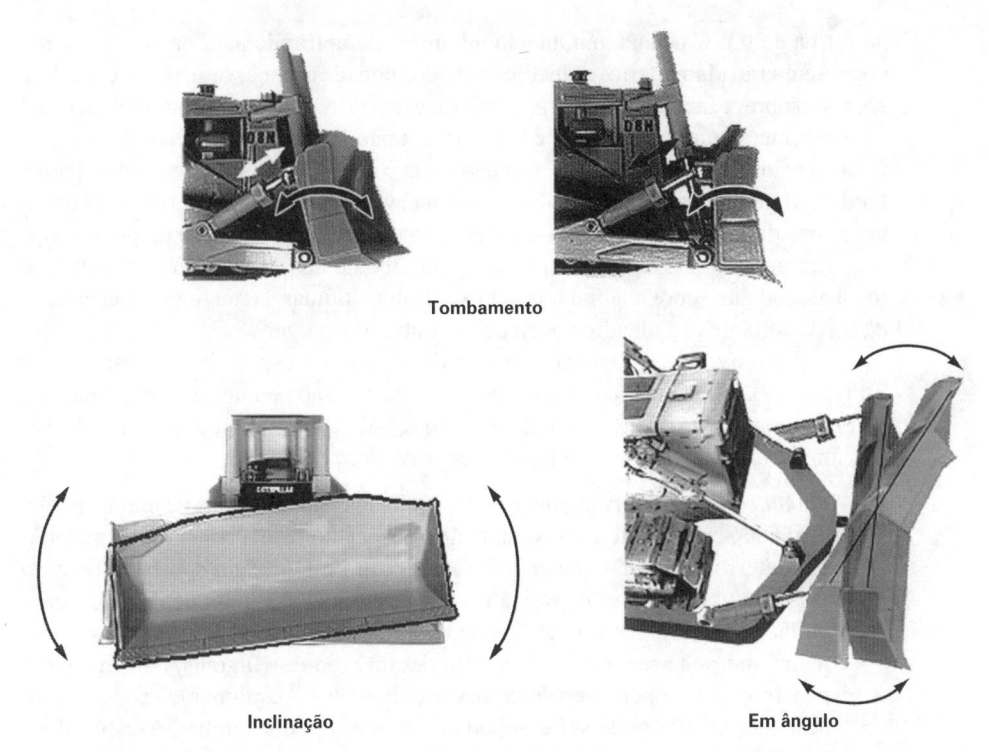

FIGURA 7.7 Ajustes de lâminas de buldôzeres: tombamento, inclinação e em ângulo.

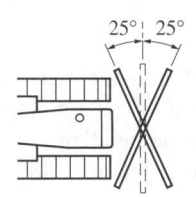

Angulação ou *angling*. O ato de virar a lâmina para que não seja perpendicular à direção de deslocamento do buldôzer é conhecido como angulação. Esse movimento faz com que o material empurrado role para fora da borda de fuga da lâmina. O procedimento de rolar o material para fora da lâmina é chamado de *amontoamento lateral*.

Desempenho da lâmina

O potencial de empuxo de um buldôzer é medido por duas razões:

- Potência (hp) por pé de borda cortante, *razão de corte*
- Potência (hp) por jarda cúbica solta (lcy, para *loose cubic yard*) de material retido na frente da lâmina, *razão de carga*

A razão de corte em hp por pé (hp/ft) indica a capacidade da lâmina de penetrar e obter uma carga. Uma razão de corte maior indica uma lâmina mais agressiva. A razão de carga de hp por jarda cúbica solta mede a capacidade da lâmina de empurrar uma carga. Uma razão maior significa que o buldôzer pode empurrar a carga a uma velocidade maior.

A lâmina é erguida e baixada por cilindros hidráulicos; assim, é possível exercer uma força positiva descendente sobre a lâmina de modo a forçá-la para dentro do solo. Além disso, as lâminas de terraplenagem básicas são curvadas no plano vertical na forma de um C achatado. Quando a lâmina é empurrada para baixo, sua borda cortante é cravada na terra. À medida que o buldôzer avança, o material cortado é erguido sobre a face da lâmina. A parte superior do C achatado rola esse material para a frente. O efeito resultante é "revirar" o material empurrado repetidas vezes à frente da lâmina. O formato de C achatado cria o ângulo de ataque necessário para a borda cortante inferior, e no início da passada avante o peso do material cortado sobre a metade inferior do C ajuda a penetração da borda. Enquanto o empuxo continua, a carga na frente da lâmina passa o ponto médio do C e começa a exercer uma força ascendente sobre a lâmina. Isso faz a lâmina "flutuar", reduzindo a penetração da borda cortante e ajudando o operador a controlar a carga.

É possível fixar diversas lâminas de aplicações especiais a um trator (ver Figura 7.8), mas basicamente apenas cinco lâminas são comuns na terraplenagem: (1) a lâmina *reta* "S", (2) a lâmina *angulável* "A", (3) a lâmina *universal* "U", (4) a lâmina *semi-U* "SU" e (5) a lâmina *amortecedora* "C".

Lâminas retas "S" A lâmina reta foi projetada para passadas de curta e média distância, como reaterro, nivelamento e dispersão (espalhamento) de material para aterro. Essas lâminas não têm curvatura alguma em seu comprimento e são montadas em uma posição fixa perpendicular à linha de deslocamento do buldôzer. Em geral, uma lâmina reta é usada para serviços pesados e normalmente pode ser inclinada, dentro de um arco de 10 graus, aumentando a penetração em operações de corte ou reduzindo-a para operações de arrasto de material. Ela pode ser equipada de modo a poder tombar. A capacidade de tombamento faz com que o operador possa inserir a borda cortante mais profundamente no solo de modo a escavar ou arrancar materiais duros. Para o deslocamento fácil de materiais leves, as bordas são erguidas ao mesmo nível, com a lâmina nivelada no plano horizontal.

Lâminas anguláveis "A" Uma lâmina angulável é 1-2 ft mais larga (comprimento da face) do que uma lâmina S. Ela pode fazer um ângulo máximo de 25 graus para a esquerda ou direita com a perpendicular do trator ou mantida em posição perpendicular à linha de deslocamento do buldôzer. A lâmina pode ser inclinada, mas como está ligada ao equipamento por uma armação em "C", não pode ser tombada. A lâmina angulável é bastante eficaz no amontamento lateral de materiais, especialmente para reaterro ou cortes de meia-encosta.

Lâminas universais "U" Essa lâmina é mais larga do que uma lâmina reta e suas bordas externas de longa dimensão são dobradas para frente em cerca de 25 graus. Essa inclinação das bordas reduz o derramamento de material solto, tornando a lâmina U eficiente para o transporte de grandes cargas em longas distâncias. A razão de corte da lâmina U é menor do que a da lâmina S montada em um buldôzer semelhante. A penetração não é o objetivo principal do projeto (formato) da lâmina, como indicam os pequenos valores de razão de corte. A razão de carga da lâmina U é menor do que a de uma lâmina S semelhante, o que indica que a lâmina U se adapta melhor a materiais mais leves. A utilização típica inclui trabalhar com empilhamento e deslocar materiais soltos ou incoesos.

Lâmina reta

Lâmina angulável

Lâmina universal

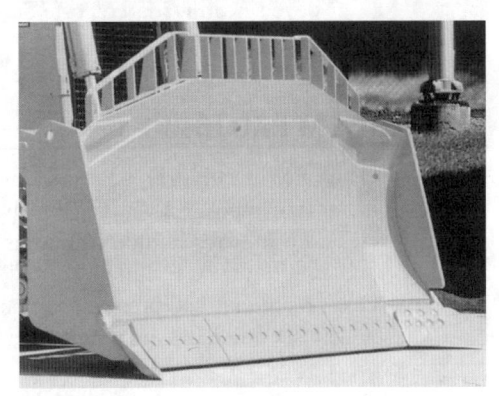

Lâmina semi-U

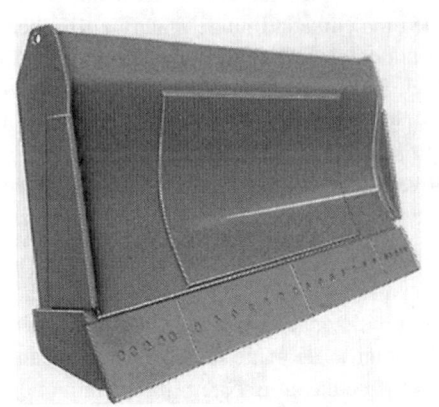

Lâmina amortecedora

FIGURA 7.8 Lâminas de buldôzeres de terraplenagem comuns.

Lâminas semi-U "SU" Essa lâmina combina as características dos modelos de lâmina S e U. Com a adição de lâminas laterais ou "asas" curtas, sua capacidade se torna maior do que a de uma lâmina S.

Lâminas amortecedoras "C" As lâminas amortecedoras são montadas sobre grandes buldôzeres usados principalmente para carregar escrêiperes por empuxo. A lâmina C é mais curta do que a S, para evitar que ela se choque e corte os pneus traseiros do escrêiper durante o carregamento por empuxo. O menor comprimento também facilita as manobras para posicioná-la atrás dos escrêiperes. O amortecimento de borracha e as molas na armação permitem que o buldôzer absorva o impacto do contato com o bloco de empuxo do escrêiper. Ao utilizar uma lâmina amortecedora e não um "bloco empurrador" para o empuxo de escrêiperes, o buldôzer pode limpar a área de corte e aumentar a produção total da frota. A lâmina tem utilidade limitada para empurrar materiais e não deve ser utilizada no corte de produção. Ela não pode ser inclinada, tombada ou angulada.

EMPREGO EM PROJETOS

Os primeiros buldôzeres foram adaptados a partir de tratores agrícolas usados para lavrar os campos. Na verdade, há quem diga que o nome "dozer" vem do fato de que eles estavam substituindo máquinas com tração animal; os touros (*bulls* em inglês) podiam dormir ou cochilar ("doze") em vez de trabalhar, o que explicaria o nome. Essas máquinas são presença constante em grandes projetos de construção civil e podem ser utilizadas em uma ampla variedade de tarefas.

Decapagem

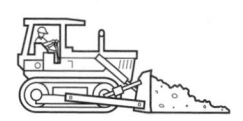

Os buldôzeres são máquinas excelentes para decapagem, que é a remoção de uma camada fina de material de cobertura (ou capa vegetal). Na maioria dos projetos, o termo é usado para descrever a remoção da camada de solo orgânico superficial. Os buldôzeres são máquinas econômicas para o deslocamento de materiais em no máximo 300 ft no caso das grandes máquinas. A distância de empuxo econômica diminui à medida que o tamanho do buldôzer diminui, mas depende também do material sendo movimentado. Um material coeso é mais fácil de empurrar do que um material granular, como a areia, que tende a escorrer na frente da lâmina.

Reaterro

Um buldôzer pode reaterrar de maneira eficiente deslocando materiais em sentido lateral com uma lâmina angulável. Isso permite um movimento à frente paralelo à escavação. Com o uso de uma lâmina reta, o buldôzer se aproxima da escavação de um ângulo pequeno e, no final do passada, faria uma curva em direção a ela. Nenhuma parte das esteiras pode ficar pendente (ficar sem contato com o solo) na borda da escavação.

É preciso tomar cuidado ao realizar a passada inicial completamente através tubos e bueiros. No mínimo 12 polegadas de material devem cobrir o tubo ou estrutura antes que o cruzamento seja realizado. O diâmetro do tubo, o tipo de tubo, a distância entre as paredes laterais da escavação e o número de linhas de tubulação na escavação determinam a cobertura mínima necessária. Tubos de maior diâmetro, escavações mais largas e múltiplas linhas de tubulação são fatores que determinam uma cobertura maior antes do cruzamento sobre a estrutura.

Espalhamento

O espalhamento de materiais despejados por caminhões ou escrêiperes é uma tarefa comum para buldôzeres. Normalmente, as especificações do projeto determinam uma espessura máxima de camada solta. Mesmo quando os limites de espessura de camada não estão determinados nas especificações do contrato, os requisitos de densidade e equipamentos de compactação propostos forçam o empreiteiro a controlar a espessura de cada camada. Um buldôzer executa esse espalhamento uniforme ao manter a lâmina reta e na altura desejada acima da superfície de aterro lançada anteriormente. O material despejado é forçado diretamente sob a borda cortante da lâmina. Atualmente, existem controles de nivelamento a laser para trabalhos dessa natureza (ver Figura 7.9).

Corte em trincheira

O corte em trincheira ou corte em canais é uma técnica na qual o transbordamento das pontas da lâmina na primeira passada ou as paredes laterais de cortes anteriores são utilizados para segurar o material em frente à lâmina do buldôzer em passadas subsequentes. Ao empregar esse método para aumentar a produção, alinhe os cortes em paralelo, deixando uma seção não cortada estreita entre as trincheiras. A seguir, remova as seções não cortadas com a operação normal de corte. A técnica evita o transbordamento em ambos os lados da lâmina e geralmente aumenta a produção em aproximadamente

FIGURA 7.9 Espalhamento com uso de controle a laser da lâmina.

FIGURA 7.10 Trabalho lâmina a lâmina, usado para aumentar a produção com a minimização do transbordamento

20%. O aumento de produção depende significativamente da inclinação do empuxo e do tipo de material sendo empurrado.

Trabalho lâmina a lâmina

Outra técnica usada para aumentar a produção do buldôzer é o trabalho lâmina a lâmina (ver Figura 7.10). A técnica também é chamada de trabalho emparelhado ou lado a lado. Como sugerem os nomes, duas máquinas manobram de modo que suas lâminas fiquem uma ao lado da outra durante a fase de empuxo do ciclo de produção, o que reduz o transbordamento lateral de cada máquina em 50%. O tempo extra necessário para posicionar as máquinas lado a lado aumenta essa fase do ciclo. Assim, a técnica não é eficaz em empuxos de menos de 50 ft devido ao tempo de manobra adicional exigido. Quando as máquinas operam simultaneamente, o atraso de uma máquina é, na prática, atraso dobrado. A combinação de menos transbordamento, mas mais tempo de manobra, tende a fazer com que o aumento de produção total gerado por essa técnica fique entre 15 e 25%.

ESTIMATIVA DE PRODUÇÃO DE BULDÔZERES

Os buldôzeres não possuem uma capacidade volumétrica estabelecida. Não há funil ou caçamba a ser carregada; em vez disso, a quantidade de material que buldôzer transporta depende da quantidade que permanecerá em frente à lâmina durante o empuxo. Os fatores que controlam a produtividade dos buldôzeres são:

- Tipo de lâmina
- Tipo e condição do material
- Tempo de ciclo

Tipo de lâmina

As lâminas retas são projetadas de modo a rolar o material em frente às lâminas, enquanto as universais e semi-U controlam o transbordamento lateral mantendo o material dentro da lâmina. Devido às lâminas U e SU forçarem o material a se mover para o centro, há um maior nível de expansão volumétrica do material. A quantidade de material solto da lâmina U ou SU será maior do que a da lâmina S, mas o valor dessa diferença não é o mesmo quando consideramos jardas cúbicas naturais. Isso ocorre porque o fator para converter jardas cúbicas soltas em jardas cúbicas naturais para as lâminas do tipo universal não é o mesmo que para uma lâmina reta. O efeito de "revirar" da lâmina U ou SU causa a diferença.

O mesmo tipo de lâmina está disponível em diversos tamanhos para uso em buldôzeres de diferentes portes. Assim, a capacidade da lâmina é uma função do tamanho físico e tipo da lâmina. As especificações fornecidas pelos fabricantes informam as dimensões da lâmina.

Tipo e condição do material

O tipo e a condição dos materiais movimentados afetam o formato da massa empurrada em frente à lâmina. Materiais coesos (argilas) são revirados e se acumulam. Materiais que demonstram qualidades escorregadias ou têm alto conteúdo de mica correm sobre o solo e se expandem. Materiais sem coesão (areias) são chamados de materiais "mortos", pois não demonstram propriedades de acumulação ou expansão. A Figura 7.11 ilustra esses atributos de materiais.

Carga volumétrica da lâmina

A carga volumétrica que uma lâmina poderá carregar pode ser estimada por diversos métodos:

1. Capacidade nominal da lâmina segundo o fabricante
2. Experiência prévia (material, equipamento e condições de trabalho semelhantes)
3. Medições de campo

Material argiloso sendo revirado em frente à lâmina

Argila arenosa e sem coesão em frente à lâmina

FIGURA 7.11 Atributos de expansão de materiais quando empurrados.

Capacidades nominais de lâminas dos fabricantes Os fabricantes fornecem medições de lâminas com base na norma J1265 da SAE. O objetivo dessa norma é fornecer um método uniforme para calcular a capacidade da lâmina. Ele é utilizado para realizar comparações relativas da capacidade da lâmina e não para prever a produtividade no campo.

$$V_s = 0{,}8WH^2 \qquad [7.1]$$

$$V_u = V_s + ZH(W - Z)\tan x° \qquad [7.2]$$

onde:

V_s = capacidade da lâmina reta ou angulável, em lcy

V_u = capacidade da lâmina universal, em lcy

W = a largura da lâmina, em jardas, excluindo os cantos

H = a altura efetiva da lâmina, em jardas

Z = o comprimento da lâmina lateral (asa), medida paralela à largura da lâmina, em jardas

x = o ângulo da lâmina lateral (asa)

Experiência prévia A experiência prévia corretamente documentada é um método excelente para estimar a carga da lâmina. A documentação exige que analisemos uma seção transversal da área escavada para determinar o volume total dos materiais movidos e que o número de ciclos do buldôzer seja registrado. Também é possível realizar estudos de produção baseados no peso do material transportado. No caso dos buldôzeres, o procedimento de pesar o material normalmente é mais difícil do que medir o volume.

Medição de campo Um procedimento para medir as cargas de lâminas seria:

1. Obtenha uma carga normal da lâmina:
    a. O buldôzer empurra uma carga normal da lâmina sobre uma área plana.
    b. Pare o movimento do buldôzer para a frente. Enquanto ergue a lâmina, avance ligeiramente para criar uma pilha simétrica.
    c. Dê ré e afaste-se da pilha.
2. Medida (ver Figura 7.12):
    a. Meça a altura (H) da pilha na borda interna de cada esteira.
    b. Meça a largura (W) da pilha na borda interna de cada esteira.
    c. Meça o maior comprimento (L) da pilha. Este não estará necessariamente no meio.
3. Cálculo: Calcule a média das duas medidas de altura e das duas de comprimento. Se as medidas estiverem em pés, a carga da lâmina poderá ser calculada, em lcy, pela seguinte fórmula:

$$\text{Carga da lâmina (lcy)} = 0{,}0139HWL \qquad [7.3]$$

Tempo de ciclo

A soma do tempo necessária para empurrar uma carga, voltar e reposicionar o buldôzer para empurrar novamente representa um ciclo de produção de buldôzer. O

Visão frontal **Visão superior**

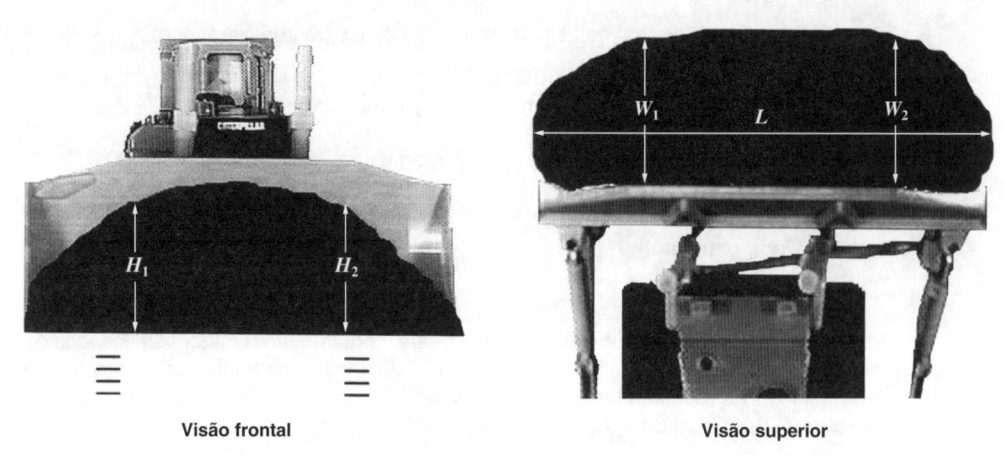

FIGURA 7.12 Medições para o cálculo de cargas de lâminas

tempo necessário para empurrar e voltar pode ser calculado para cada situação de trabalho considerando a distância de percurso e obtendo a velocidade a partir do gráfico de desempenho da máquina.

Mas geralmente as operações de corte são realizadas em baixas velocidades, de 1,5 a 2 mi/h. O valor menor é apropriado para materiais coesivos bastante pesados. A velocidade de retorno geralmente é a máxima possível na distância disponível. Ao usar gráficos de desempenho para determinar as velocidades possíveis, lembre-se que o gráfico identifica velocidades instantâneas. Para calcular a duração do ciclo, o avaliador precisa utilizar uma velocidade média que considere o tempo necessário para acelerar o veículo até a velocidade máxima indicada no gráfico. Em geral, o operador não pode acionar uma marcha maior do que a segunda em distâncias inferiores a 100 ft. Se a distância for maior do que 100 ft e as condições do solo forem relativamente lisas e planas, será possível obter a velocidade máxima da máquina. O tempo de manobra de buldôzeres com transmissão de dupla embragem usados para empurrar materiais é de cerca de 0,05 minutos.

Produção

A fórmula para de calcular a produção do buldôzer ao empurrar materiais em lcys por hora de 60 minutos é:

$$\text{Produção (lcy por hora)} = \frac{60 \text{ min} \times \text{carga da lâmina}}{\text{tempo de empurrada (min)} + \text{tempo de retorno (min)} + \text{tempo de manobra (min)}} \quad [7.4]$$

EXEMPLO 7.1

Um buldôzer de esteiras, equipado com transmissão de dupla embreagem (*power shift*) (ver Figura 7.4), pode empurrar uma carga média de lâmina de 6,15 lcy. O material sendo empurrado é areia siltosa. A distância média de empurrada é de 90 ft. Que a produção pode-se esperar, em jardas cúbicas soltas?

Tempo de empurrada: velocidade média de 2 mi/h (material arenoso)

$$\text{Tempo de empurrada} = \frac{90 \text{ ft}}{5.280 \text{ ft/mi}} \times \frac{1}{2 \text{ mph}} \times 60 \text{ min/hr} = 0,51 \text{ min}$$

Tempo de retorno: Figura 7.4, segunda marcha por ser menor do que 100 ft
Velocidade máxima 4 mi/h:

$$\text{Tempo de retorno} = \frac{90 \text{ ft}}{5.280 \text{ ft/mi}} \times \frac{1}{4 \text{ mph}} \times 60 \text{ min/hr} = 0,26 \text{ min}$$

O gráfico fornece informações com base em uma velocidade constante. O buldôzer precisa acelerar para atingir essa velocidade. Logo, quando utilizar esses dados de velocidade, lembre-se que é sempre necessário adicionar uma tolerância para o tempo de aceleração. Nesse exemplo, como a mudança de velocidade é muito pequena, adicionamos uma tolerância de 0,05 minutos para o tempo de aceleração.

$$\text{Tempo de retorno} = (0,26 + 0,05) = 0,31 \text{ min}$$

$$\text{Tempo de manobra} = 0,05 \text{ min}$$

$$\text{Produção} = \frac{60 \text{ min} \times 6,15 \text{ lcy}}{0,51 \text{ min} + 0,31 \text{ min} + 0,05 \text{ min}} = 424 \text{ lcy/hr}$$

Essa produção se baseia em 60 minutos de trabalho por hora, ou seja, uma condição ideal. O quanto o trabalho é bem administrado no campo, a condição do equipamento e a dificuldade do trabalho são fatores que influirão na eficiência do trabalho. Em geral, leva-se em consideração a eficiência de uma operação reduzindo o número de minutos trabalhados por hora. Assim, o fator de eficiência é expresso em minutos de trabalho por hora – por exemplo, uma hora de 50 minutos ou um fator de eficiência de 0,83.

Se for necessário calcular a produção em termos de jardas cúbicas naturais (bcy), o fator de empolamento, Eq. [4.12], ou a porcentagem de empolamento, Eq. [4.13], podem ser utilizados para realizar a conversão.

EXEMPLO 7.2

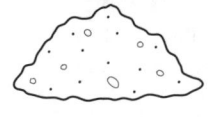

Admita uma porcentagem de empolamento de 0,25 para a areia siltosa do Exemplo 7.1 e uma eficiência de trabalho igual a uma hora de 50 minutos. Que produção real pode-se esperar, em jardas cúbicas naturais?

$$\text{Produção} = \frac{424 \text{ lcy}}{1,25} \times \frac{50 \text{ min}}{60 \text{ min}} = 283 \text{ bcy/hr} \approx 280 \text{ bcy/hr}$$

O passo final é calcular o custo unitário para empurrar o material. Uma máquina grande deve ser capaz de empurrar mais material por hora do que uma pequena, mas o custo de operar a primeira máquina será maior do que o custo da segunda. A razão entre o custo total de operação (propriedade e operacional, ou O&O, mais operador) e a quantidade de material movido determina a máquina mais econômica para o trabalho. Essa razão é o valor de custo que será utilizado como preço unitário de trabalho na licitação.

EXEMPLO 7.3

A máquina no Exemplo 7.2 tem custo de O&O de $40,50 por hora. Os operadores na área onde o trabalho proposto será realizado recebem um salário de $15,50 por hora. Qual é o custo unitário para empurrar a areia siltosa?

$$\text{Custo unitário} = \frac{\$40,50 \text{ por hora} + \$15,50 \text{ por hora}}{280 \text{ bcy/hr}} = \$0,20 \text{ por bcy}$$

Orientação dos fabricantes para estimativas de produção

Os fabricantes de equipamentos fornecem orientações sobre a produção de buldôzeres utilizando fórmulas e informações de fatores. A Eq. [7.5] é uma regra prática proposta pela International Harvester (IH). Ela iguala a potência líquida de um buldôzer de esteiras com transmissão de dupla embreagem (*power shift*) a um valor de produção em lcy.

$$\text{Produção (lcy por hora de 60 minutos)} = \frac{\text{líquida hp} \times 330}{D + 50} \qquad [7.5]$$

onde:

potência líquida = potência líquida no volante do buldôzer de esteiras com transmissão de dupla embragem

D = distância de empurrada em um sentido, em pés

EXEMPLO 7.4

O buldôzer com transmissão de dupla embreagem cujas características são mostradas na Figura 7.4 será utilizado para empurrar materiais ao longo de uma distância de 90 ft. Utilize a fórmula da IH para calcular a produção em lcy que podemos esperar para essa operação.
Segundo a Figura 7.4, potência líquida = 200

$$\frac{200 \times 330}{(90 + 50)} = 471 \text{ lcy por hora de 60 minutos}$$

Novamente, lembre-se de que a produção real será menor do que isso, pois uma hora de 60 minutos representa uma situação ideal.

Fatores de produção desenvolvidos pela Caterpillar

As Figuras 7.13 e 7.14 são curvas de estimativas de produção publicadas pela Caterpillar, Inc., no "Caterpillar Performance Handbook". Os dados são específicos aos buldôzeres desse fabricante. Um número de produção retirado das curvas da Caterpillar representa um valor máximo em lcy por hora com base em um conjunto de condições "ideais":

1. Uma hora de 60 minutos (100% de eficiência).
2. Máquinas com transmissão de dupla embreagem com tempo fixo de 0,05 minutos.
3. A máquina corta por 50 ft e então desloca a carga da lâmina para despejá-la sobre um muro alto.
4. Densidade do solo de 2.300 lb por lcy.

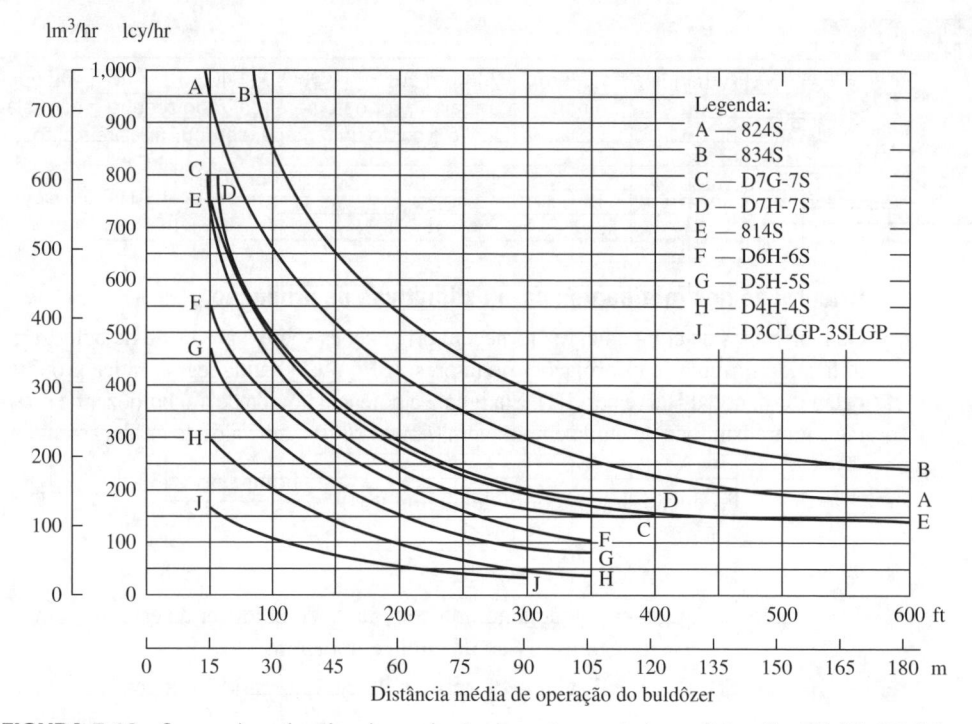

FIGURA 7.13 Curvas de estimativa de produção de corte para tratores Caterpillar D3, D4, D5, D6, D7, 814, 824 e 834 equipados com lâminas retas.
Reproduzido por cortesia da Caterpillar, Inc.

5. Coeficiente de tração:
   a. Máquinas de esteiras: 0,5 ou melhor
   b. Máquinas de rodas: 0,4 ou melhor[1]
6. O uso de lâminas controladas hidraulicamente.

Para calcular os índices de produção no campo, os valores das curvas devem ser ajustados de acordo com as condições de trabalho esperadas. A Tabela 7.2 lista os fatores de correção que devem ser utilizados com as curvas de produção de buldôzeres da Caterpillar. A fórmula de cálculo de produção é:

$$\text{Produção (lcy por hora)} = \text{produção ideal a partir da curva} \times \text{produto dos fatores de correção} \quad [7.6]$$

FORMATO DA ESTIMATIVA DE PRODUÇÃO DE BULDÔZERES

A seguir apresentamos um formato que pode ser utilizado para analisar a produção de buldôzeres. Os cálculos se baseiam no uso de um buldôzer de esteiras Caterpillar

---

[1] A má tração afeta as máquinas de esteiras e de rodas, levando a cargas de lâmina menores. Os buldôzeres de rodas, no entanto, são afetados de maneira mais grave. Não há regras fixas para prever a perda de produção resultante da má tração. Uma regra prática para a perda de produção de buldôzeres de rodas é uma redução de 4% na produção para cada redução de 0,01 do coeficiente de tração abaixo de 0,40.

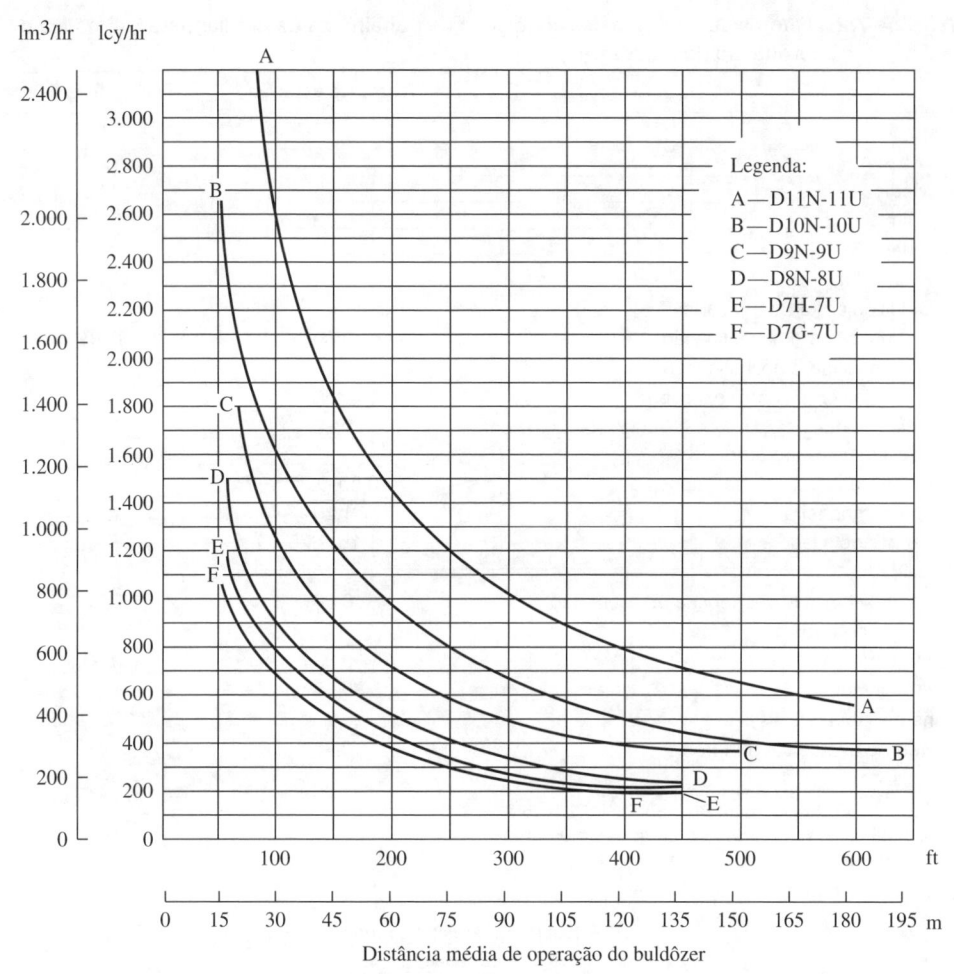

FIGURA 7.14 Curvas de estimativa de produção de corte para tratores Caterpillar D7 a D11 equipados com lâminas universais
Reproduzido por cortesia da Caterpillar, Inc.

D7G com uma lâmina reta; suas especificações são dadas na Tabela 7.2 e o gráfico de desempenho é mostrado na Figura 7.13. A operação será de corte em trincheira. O material é uma areia siltosa seca e sem coesão que deve ser transportada por uma distância de 300 ft a partir do início do corte. O trabalho é descendente em um declive de 10%. O operador terá habilidades médias, o buldôzer possui transmissão de dupla embreagem e os níveis de visibilidade e tração devem ser satisfatórios. O material pesa 108 pcf (lb por cf) no estado natural e estima-se que se dilate em 12% quando escavado (estado natural para solto). Admita que a eficiência do trabalho seja equivalente a uma hora de 50 minutos. Calcule o custo direto da operação de terraplenagem proposta em dólares por bcy. Suponha que o custo de propriedade e operacional (O&O) do buldôzer é de $32,50 por hora e que o salário do operador é de $14,85 por hora.

TABELA 7.2 Fatores de correção das condições de trabalho da Caterpillar para estimativa de produção de buldôzeres

	Trator de esteiras	Trator de rodas
Operador		
Excelente	1,00	1,00
Médio	0,75	0,60
Ruim	0,60	0,50
Material		
Pilha solta	1,20	1,20
Difícil de cortar; congelado		
com cilindro de inclinação	0,80	0,75
sem cilindro de inclinação	0,70	–
lâmina com controle a cabo	0,60	–
Difícil de deslocar; material "morto" (seco e sem coesão) ou muito grudento	0,80	0,80
Rocha, escarificada ou fragmentada	0,60–0,80	–
Corte em trincheira	1,20	1,20
Trabalho lado a lado	1,15–1,25	1,15–1,25
Visibilidade		
Poeira, chuva, neve, neblina ou escuridão	0,80	0,70
Eficiência do trabalho		
50 min/hora	0,83	0,83
40 min/hora	0,67	0,67
Transmissão direta		
(tempo fixo de 0,1 minutos)	0,80	–
Buldôzer*		
Ajuste com base na capacidade SAE relativa à lâmina básica utilizada nos gráficos de estimativa de produção de cortes		
Rampas: ver o gráfico		

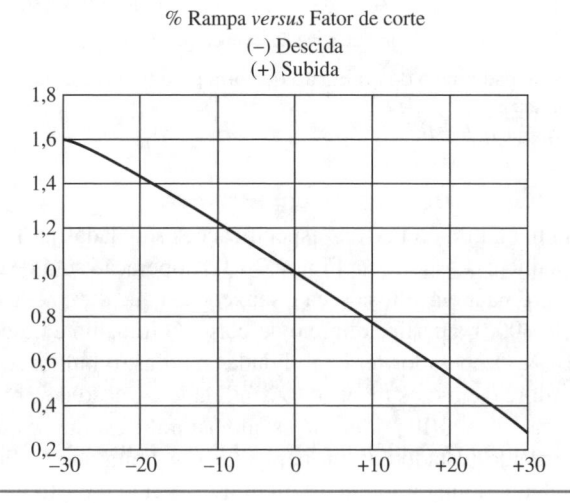

% Rampa *versus* Fator de corte
(–) Descida
(+) Subida

* Observação: As lâminas anguláveis e amortecedoras não são consideradas ferramentas de corte de produção. Dependendo das condições de trabalho, a produção da lâmina A e da lâmina C será, em média, igual a 50-75% da produção da lâmina reta.

Reproduzido por cortesia da Caterpillar, Inc.

Passo 1: Produção máxima ideal

Determine a produção máxima ideal a partir da curva apropriada com base em um modelo de buldôzer e um tipo de lâmina específicos. Descubra a distância de corte na escala horizontal inferior da figura apropriada. Trace uma linha vertical para cima até cruzar a curva de produção do buldôzer em questão e então trace uma linha horizontal até a escala vertical no lado esquerdo da figura. No ponto de intersecção da escala vertical, leia a produção máxima em lcy por hora.

D7 com lâmina reta: da Figura 7.13, a produção ideal para empurrada de 300 ft é de 170 lcy/hora.

Passo 2: Fator de correção do peso do material

Se uma análise do solo não puder informar o peso específico real do material a ser empurrado, é possível utilizar os valores médios da Tabela 4.3. Divida 2.300 lb/lcy pelo peso em lcy do material sendo empurrado para determinar o fator de correção.

O peso específico natural para o material desse projeto é dado como 108 pcf; logo,

$$108 \text{ lb/cf} \times 27 \text{ cf/cy} = 2.916 \text{ lb/bcy}$$

O empolamento é de 12%, logo o peso específico solto do material sendo empurrado é:

$$\frac{2.916}{1,12} = 2.604 \text{ lb/lcy}$$

A condição padrão é 2.300 lb/lcy

$$\text{Correção de peso do material} = \frac{2.300 \text{ lb/lcy}}{2.604 \text{ lb/lcy}} = 0,88$$

Passo 3: Fator de correção do operador

A Tabela 7.2 apresenta fatores de correção para as habilidades do operador.

    Operador   0,75 (habilidade média, trator de esteiras)

Passo 4: Fator de correção do tipo de material

As lâminas de buldôzeres são projetadas para cortar materiais e rolar o material cortado em frente à lâmina. A condição normal é um fator de produção igual a 1; contudo, alguns materiais não se comportam da maneira ideal, então é preciso aplicar um fator de correção (ver Tabela 7.2).

    Material (tipo)   0,80 (seco, sem coesão)

Passo 5: Fator de correção da técnica de operação

No caso de um buldôzer operando sozinho, o fator é 1; consulte a Tabela 7.2. No caso do corte em trincheira ou trabalho lado a lado:

    Técnica operacional   1,20 (Corte em trincheira)

Passo 6: Fator de correção de visibilidade

Caso a visibilidade seja boa, utilize 1; consulte a Tabela 7.2 para fatores baseados em outras condições.

Visibilidade   1,00

Passo 7: Fator de eficiência

Consulte a Tabela 7.2 ou use um número admitido de minutos de operação por hora dividido por 60 minutos.

Eficiência do trabalho   0,83 (hora de 50 minutos)

Passo 8: Fator da transmissão da máquina

A Tabela 7.2 apresenta fatores de correção para diferentes tipos de transmissão de tratores.

Transmissão   1,00 (o D7G é um trator com transmissão de dupla embreagem ou powershift)

Passo 9: Fator de ajuste da lâmina

Consulte a nota no rodapé da Tabela 7.2.

Lâmina   1,00

Passo 10: Fator de correção da rampa: (−) Favorável ou (+) desfavorável

Encontre a rampa percentual na parte inferior da escala horizontal (gráfico da Tabela 7.2). Suba verticalmente até cruzar a curva de correção de rampa e então mova-se horizontalmente até localizar o fator de correção de rampa na escala vertical.

Rampa   1,24 (−10% de rampa)

Passo 11: Determine o produto dos fatores de correção

Produto, fatores de correção
$$= 0{,}88 \times 0{,}75 \times 0{,}80 \times 1{,}20 \times 1{,}0 \times 0{,}83 \times 1{,}0 \times 1{,}0 \times 1{,}24 = 0{,}652$$

Passo 12: Determine a produção do buldôzer

$$\text{Produção} = 170 \text{ lcy/hr} \times 0{,}652 = 111 \text{ lcy/hr}$$

Passo 13: Determine conversão dos materiais, se necessário

Os valores médios informados na Tabela 4.3 podem ser utilizados se não houver dados específicos do projeto. Observe que essa conversão não muda a produção do buldôzer, mas apenas as unidades de como a produção é apresentada.

$$\frac{111 \text{ lcy/hr}}{1{,}12} = 99 \text{ bcy/hr}$$

Passo 14: Determine o custo total de operação do buldôzer

Custo:
O&O $32,50 por hora
Operador: $14,85
Total $47,35 por hora

Passo 15: Determine o custo de produção unitário direto

$$\text{Custo de produção direto} = \frac{\$47,35 \text{ por hora}}{99 \text{ bcy/hr}} = \$0,478 \text{ por bcy}$$

A estimativa de produção de buldôzeres usando dados médios como aqueles apresentados nas curvas de produção da Caterpillar nas Figuras 7.13 e 7.14 e os fatores de correção apropriados não podem ser considerados fatos exatos. A primeira complicação é a dificuldade de ler as curvas; mas, mais importante ainda, lembre-se que o trabalho no campo nunca ocorre sob condições fixas. Assim, uma boa prática na elaboração dessas estimativas é investigar os efeitos de custo para uma faixa de valores de produção. Com esse conhecimento em mãos, a gerência pode avaliar o risco resultante das premissas da estimativa. A criação de registros de produção de alta qualidade é de grande auxílio para a gerência na hora de avaliar a confiabilidade das estimativas.

Passo 16: Verificação de sensibilidade

$$\text{Custo de produção direto} = \frac{\$47,35 \text{ por hora}}{110 \text{ bcy/hr}} = \$0,431 \text{ por bcy}$$

$$\text{Custo de produção direto} = \frac{\$47,35 \text{ por hora}}{99 \text{ bcy/hr}} = \$0,478 \text{ por bcy}$$

$$\text{Custo de produção direto} = \frac{\$47,35 \text{ por hora}}{90 \text{ bcy/hr}} = \$0,526 \text{ por bcy}$$

Assim, o efeito de conseguir uma produção de apenas 90 bcy/hora significaria um aumento de $0,048 no custo de cada bcy movido.

SEGURANÇA DE BULDÔZERES

Em 14 de maio de 2003, um engenheiro de operações no estado de Washington, EUA, foi morto quando o buldôzer que ele operava escorregou sobre o gelo, capotou e foi parar no fundo de uma barragem de 150 pés (45,7 m) de profundidade. A vítima, que não usava cinto de segurança, foi atirada do buldôzer e esmagada pelo aparelho quando este chegou ao solo. A estrutura de proteção da cabine do operador (ROPS) do buldôzer não sofreu danos significativos.

Não se espera que engenheiros de projetos operem equipamentos pesados, mas por serem parte da gerência, eles têm responsabilidade moral e interesse financeiro em garantir que os operadores de equipamentos recebam o treinamento apropriado e saibam reconhecer os possíveis riscos associados a suas máquinas. As normas de construção (Construction Standards) da OSHA [29 CFR Part 1926] especificam diversas regras de segurança. A seção (Section) 1926.602 (a)(2)(i) afirma especificamente que "Todos os equipamentos abrangidos por esta seção terão cintos de segurança que atenderão os requisitos da Society of Automotive Engineers, J386–1969, Seat Belts for Construction Equipment". Mas uma busca rápida na Internet revelará diversas notícias sobre acidentes fatais decorrentes da falta de uso de cintos de segurança durante a operação de um buldôzer (ver recurso na Internet número 5 no final deste capítulo).

Moralmente (e legalmente), as empresas devem oferecer a seus funcionários um local de trabalho seguro. Do ponto de vista puramente financeiro, um programa de segurança eficaz tem o potencial de reduzir drasticamente os custos de negócios. As empresas que mantêm índices de acidentes extremamente baixos se beneficiam com isso. Praticar e exigir a boa segurança irá gerar dividendos durante toda a sua carreira.

OPERAÇÕES DE LIMPEZA DO TERRENO

Os tratores com esteiras, equipados com lâminas desmatadoras especiais, são máquinas excelentes para desmatamento. A limpeza de vegetação e árvores normalmente é necessária antes da realização de operações de terraplenagem. Árvores, arbustos e até gramas e ervas dificultam muito a movimentação de materiais. Se esses materiais orgânicos se misturarem com o material de aterro, sua decomposição posterior poderá levar a recalques do aterro.

A limpeza do terreno pode ser dividida em diversas operações, dependendo do tipo de vegetação, das condições do solo e da topografia, da quantidade de limpeza preliminar necessária e do objetivo para o qual ela está sendo realizada:

- Remover todas as árvores e tocos, incluindo raízes
- Remover apenas toda a vegetação acima da superfície do terreno, deixando tocos e raízes no solo
- Eliminar a vegetação por empilhamento e queima

Diversos tipos de equipamentos são utilizados, com níveis variáveis de resultados satisfatórios, em limpeza do terreno:

- Tratores de esteiras com lâminas de terraplenagem
- Tratores de esteiras com lâminas desmatadoras especiais
- Tratores de esteiras com ancinhos

Tratores de esteiras com lâminas de terraplenagem

Os tratores de esteiras com lâminas de terraplenagem costumavam ser muito utilizados para fins de desmatamento. Há pelo menos dois obstáculos válidos para o uso de tratores com lâminas desse tipo. Antes de derrubar árvores grandes, eles precisam escavar a terra ao seu redor e cortar as raízes principais, o que cria buracos inconvenientes no solo e exige bastante tempo. Além disso, durante o empilhamento de árvores derrubadas e outras vegetações, é transportada uma quantidade considerável de terra para as pilhas, o que dificulta sua queima. Por isso, não se recomenda o uso desses equipamentos.

Tratores de esteiras com lâminas desmatadoras especiais

Algumas lâminas são projetadas especialmente para o uso na derrubada de árvores. Uma das lâminas desmatadoras mais comuns é a angulável com uma ponta ou "esporão" projetado. Essa lâmina é chamada frequentemente de lâmina "K/G" (Figura 7.15). O nome se origina da *lâmina desmatadora Rome K/G*, produto de muito sucesso fabricado originalmente pela Rome Plow Company, Cedartown, Geórgia, EUA.

Os principais componentes de uma lâmina desmatadora de único ângulo são o esporão, a cunha, o fio (ou gume) da lâmina e o defletor (sobre-estrutura ou barra guia). As bordas exteriores do esporão e da cunha são usinadas com retificadora até se tornarem afiadas como a lâmina de uma faca. O esporão é, na prática, uma faca vertical saliente projetada para cortar e rachar árvores, troncos e raízes. O esporão é uma faca vertical, enquanto a cunha é uma faca horizontal; juntas, as duas cortam a árvore em ambos os planos simultaneamente. A lâmina pode ser inclinada e montada em um ângulo de 30 graus, com o esporão para a frente. O defletor serve para empurrar o material cortado para a frente e para as laterais do trator.

As lâminas desmatadoras são mais eficientes quando o trator estiver trabalhando em terreno plano e as bordas cortantes conseguirem manter bom nível de contato com a superfície do solo. É mais fácil trabalhar com tipos de solo que seguram a estrutura das raízes da vegetação enquanto os troncos são cortados. Pedras de grande porte desaceleram a produção, pois danificam as bordas cortantes da lâmina.

Tratores de esteiras com ancinhos

Um *ancinho* é uma armação com vários dentes ou pontas verticais montados no lugar de uma lâmina de face sólida. Os ancinhos são usados para destocar e empilhar árvores depois que as lâminas desmatadoras já passaram pela área (ver Figura 7.16). Assim como as lâminas de terraplenagem, os dentes de um ancinho são curvados no

FIGURA 7.15 A lâmina desmatadora Rome K/G.

plano vertical para formar um "C" achatado. Com essa forma, os dentes podem ser enterrados facilmente sob raízes, rochas e matacões. À medida que o trator avança, ele força os dentes do ancinho abaixo da superfície. Os dentes se prendem em raízes subterrâneas e arbustos superficiais deixados pela operação de derrubada de árvores, mas ainda permitem que o solo passe através deles. Os ancinhos possuem uma extensão para cima que serve de proteção contra a vegetação densa e arbustos que pode ser uma placa sólida ou nervuras abertas e espaçadas. Alguns ancinhos possuem uma placa central de aço para proteger o radiador do trator.

O tamanho, peso e espaçamento dos dentes do ancinho dependem da aplicação pretendida. Os ancinhos usados para destocar troncos e raízes pesadas precisam de dentes suficientemente fortes para que um único deles consiga aguentar a força de tração do trator em plena carga. Ancinhos mais leves, com dentes menores e menos espaçados, são utilizados para finalizar o processo e para limpar sistemas de raízes mais leves e pequenos galhos do solo.

Os ancinhos também são usados para empurrar, chacoalhar e virar pilhas de árvores e vegetação antes e durante operações de queima. Essas tarefas retiram a terra e sujeira do meio das pilhas, o que melhora a queima.

Remoção de entulhos de árvores, arbustos, troncos e raízes

Quando os entulhos precisarem ser eliminados por um processo de queima, o material deve ser empilhado ou enfileirado com quantidades mínimas de solo (essas filas empilhadas ou criadas são chamadas de *leiras*). Balançar um ancinho ao mover os entulhos reduz a quantidade de solo na pilha.

Se os entulhos forem queimados e seu conteúdo de umidade for alto, pode ser necessário usar uma fonte externa de combustível, como diesel, para iniciar a combustão. Um queimador, composto de uma bomba movida por um motor a gasolina e um propulsor, é capaz de manter a chama mesmo sob condições adversas. O combustível líquido é soprado em forma de corrente contra a pilha de materiais enquanto o propulsor fornece o ar necessário para garantir uma queima potente. Depois que a combustão tem início, o combustível é desativado.

Em muitas áreas urbanas, a queima de entulhos é restrita, então é normal fatiar árvores e arbustos. A mistura de cavacos, casca e madeira limpa pode ser vendida

FIGURA 7.16 Buldôzeres de esteiras com ancinhos de desmatamento.

como cobertura para jardinagem ou usado como combustível para caldeiras. Cavacos de madeira limpos, sem casca, são usados para fabricar madeira compensada.

ESTIMATIVA DE PRODUÇÃO DE LIMPEZA DO TERRENO

Em geral, a retirada de madeira é realizada com tratores de esteiras de 160 a 460 hp. A velocidade na qual o trator pode se mover através da vegetação depende da natureza do crescimento vegetativo e o tamanho da máquina. Para estimar o desmatamento, o melhor é usar dados históricos de projetos semelhantes. Quando os dados de projetos anteriores não estiverem disponíveis, o orçamentista pode utilizar a fórmula apresentada nesta seção como guia aproximado para prováveis índices de produção. Contudo, os índices calculados estritamente pela fórmula devem ser utilizados com muita cautela.

O orçamentista deve sempre percorrer o local do projeto antes de preparar uma estimativa de produção. Isso é indispensável para que ele consiga obter as informações necessárias para avaliar corretamente os fatores que influem no trabalho, como a condição do solo, e desenvolver um entendimento completo dos requisitos do projeto e possíveis variações em relação às premissas da fórmula de desmatamento.

Limpeza com velocidade constante

Quando a vegetação tiver tamanho pequeno e for possível realizar a limpeza em velocidade constante, a produção pode ser estimada pela velocidade do trator e largura da passada:

$$\text{Produção (acre/hora)} = \frac{\text{largura do corte (ft)} \times \text{velocidade (mi/h)} \times 5.280 \text{ ft/mi} \times \text{eficiência}}{43.560 \text{ ft}^2/\text{acre}} \quad [7.7]$$

A fórmula da American Society of Agricultural Engineers para estimar a produção do desmatamento em velocidade constante se baseia em uma hora de 49,5 minutos, o que representa uma eficiência de 0,825. Quando essa eficiência é utilizada, a Eq. [7.7] se reduz para:

$$\text{Produção (acre/hora)} = \frac{\text{largura do corte (ft)} \times \text{velocidade (mi/h)}}{10} \quad [7.8]$$

A largura do corte é a largura limpa resultante, medida perpendicularmente à direção do deslocamento do buldôzer. Com uma lâmina angulável, obviamente esta não é igual à largura (comprimento) da lâmina. Mesmo quando trabalhamos com uma lâmina reta, a largura limpa pode não ser igual à largura da lâmina. A largura de corte deve ser determinada por uma medição no campo.

EXEMPLO 7.5

Um buldôzer de esteiras de 200 hp será utilizado para desmatar os arbustos e árvores pequenas de um local de 10 acres. Trabalhando em primeira marcha, o buldôzer deve ser capaz de manter uma velocidade contínua para a frente de 0,9 mi/h. Uma lâmina desmatadora angulável será utilizada no projeto; essa lâmina K/G tem largura de 12 ft e 9 polegadas. Com base em sua experiência prévia, você determina que a largura de desmatamento resultante média será de 8 ft. Admitindo eficiência normal, quanto tempo será necessário para derrubar a vegetação? Usando a Eq. [7.8], temos:

$$\frac{8 \text{ ft} \times 0{,}9 \text{ mph}}{10} = 0{,}72 \text{ acre/hr}$$

$$\frac{10 \text{ acres}}{0{,}72 \text{ acre/hr}} = 13{,}9 \text{ hr} \approx 14 \text{ hr}$$

Método da contagem de árvores: Produção de corte e empilhamento

A Rome Plow Company desenvolveu fórmulas para estimar a produção de corte e empilhamento (consulte o "Caterpillar Performance Handbook"). A fórmula da Rome e suas tabelas de constantes fornecem orientações para operações de limpeza do terreno com velocidade variável, mas o uso de seus resultados precisa ser contrabalançado pela experiência de campo.

Para desenvolver os dados de entrada necessários para uso da fórmula da Rome, o orçamentista precisa realizar uma pesquisa de campo da área a ser desmatada e coletar informações sobre os seguintes itens:

1. Densidade da vegetação com menos de 12 polegadas de diâmetro:
   Densa: 600 árvores por acre
   Média: 400 a 600 árvores por acre
   Leve: menos de 400 árvore por acre
2. Presença de madeira de lei expressa em porcentagem
3. Presença de vinhas pesadas
4. Número médio de árvores por acre em cada uma das seguintes faixas de tamanho:
   Menos de 1 ft de diâmetro.

   1 a 2 ft de diâmetro

   2 a 3 ft de diâmetro

   3 a 4 ft de diâmetro

   4 a 6 ft de diâmetro

   O diâmetro da árvore é medido na altura do peito, ou seja, 4,5 ft acima do solo. Caso a árvore tenha um tronco com base muito grande, a medição deve ser realizada onde o tronco se torna reto e constante.
5. Soma do diâmetro de todas as árvores por acre acima de 6 ft de diâmetro na altura do solo

Depois que as informações de campo foram coletadas, o orçamentista pode consultar a tabela de fatores de produção para corte (Tabela 7.3) para determinar os fatores temporais que devem ser utilizados na fórmula de corte da Rome, a Eq. [7.9]. A fórmula se baseia nos pressupostos de que um será utilizado um trator com transmissão de dupla embreagem, que o solo é razoavelmente plano (declives de menos de 10%) e que a máquina estará em terreno firme.

TABELA 7.3 Fatores de produção para derrubada com lâminas Rome K/G*

Trator (hp)	Minutos básicos por acre* (B)	Faixa de diâmetro				
		1–2 ft (M_1)	2–3 ft (M_2)	3–4 ft (M_3)	4–6 ft (M_4)	Acima de 6 ft (F)
165	34,41	0,7	3,4	6,8	–	–
215	23,48	0,5	1,7	3,6	10,2	3,3
335	18,22	0,2	1,3	2,2	6,0	1,8
460	15,79	0,1	0,4	1,3	3,0	1,0

* Com base em tratores com transmissão de dupla embreagem trabalhando em terrenos razoavelmente planos (rampa máxima de 10%) com terreno firme e sem pedras, e uma mistura média de madeiras macias e de lei.

Reproduzido por cortesia da Caterpillar, Inc.

Tempo (em minutos) por acre para o corte $= H\,[A(B) + M_1N_1 + M_2N_2 + M_3N_3 + M_4N_4 + DF]$ [7.9]

Onde H = fator de madeira de lei afetando o tempo total

    A madeira de lei afeta o tempo total da seguinte forma:

    75 a 100% madeira de lei; adicione 30% ao tempo total ($H = 1{,}3$)

    25 a 75% madeira de lei; sem mudança ($H = 1{,}0$)

    0 a 25% madeira de lei; reduza o tempo total em 30% ($H = 0{,}7$)

    A = densidade das árvores e efeito da presença de vinhas sobre o tempo base

A densidade do material de vegetação rasteira com menos de 1 ft de diâmetro e a presença de vinhas afetam o tempo base.

    Densa: mais de 600 árvores por acre; adicione 100% ao tempo base ($A = 2{,}0$)

    Média: 400 a 600 árvores por acre; sem mudança ($A = 1{,}0$)

    Leve: menos de 400 árvores por acre; reduza o tempo base em 30% ($A = 0{,}7$)

    Presença de vinhas pesadas; adicione 100% ao tempo base ($A = 2{,}0$)

    B = tempo base por acre para cada tamanho de buldôzer

    M = minutos por árvore em cada faixa de diâmetro

    N = número de árvores por acre em cada faixa de diâmetro, segundo pesquisa de campo

    D = soma dos diâmetros em incrementos de 1 ft de todas as árvores por acre com diâmetro acima de 6 ft no nível do solo, de acordo com a pesquisa de campo

    F = minutos por pé de diâmetro para árvores com diâmetro acima de 6 ft

Para realizar a remoção das árvores e o destocamento das raízes e cepos com diâmetro maior do que 1 ft em uma única operação, aumente o tempo total por acre em 25%. Se a remoção dos cepos será realizada em uma operação independente, aumente o tempo por acre em 50%. Lembre-se que esse método de contagem de árvores não utiliza um fator de correção referente à eficiência. Os valores temporais nas Tabelas 7.3 e 7.4 se baseiam na eficiência normal.

TABELA 7.4 Fatores de produção para empilhamento em leiras*

Trator (hp)	Minutos básicos por acre* (B)	Faixa de diâmetro				
		1–2 ft (M_1)	2–3 ft (M_2)	3–4 ft (M_3)	4–6 ft (M_4)	Acima de 6 ft (F)
165	63,56	0,5	1,0	4,2	–	–
215	50,61	0,4	0,7	2,5	5,0	–
335	44,94	0,1	0,5	1,8	3,6	0,9
460	39,27	0,08	0,1	1,2	2,1	0,3

* Pode ser utilizado com a maioria das ferramentas de ancinho e lâminas de cisalhamento anguláveis. As leiras devem ter espaçamento de aproximadamente 200 ft entre si.

Reproduzido por cortesia da Caterpillar, Inc.

EXEMPLO 7.6

Estime a velocidade na qual um trator de 215 hp equipado com uma lâmina K/G pode derrubar a vegetação de um projeto rodoviário. As especificações do projeto exigem o destocamento de cepos resultantes de árvores com diâmetro maior do que 12 polegadas. A derrubada e o destocamento serão realizados em uma única operação. O local é um terreno razoavelmente plano e firme, com menos de 25% de madeiras de lei (madeiras duras). A pesquisa de campo determinou a seguinte contagem de árvores:

Número médio de árvores por acre, 700
1 a 2 ft de diâmetro, 100 árvores
2 a 3 ft de diâmetro, 10 árvores
3 a 4 ft de diâmetro, 2 árvores
4 a 6 ft de diâmetro, 0 árvores
Soma dos incrementos de diâmetro acima de 6 ft, nenhum
Os valores de entrada necessários para a Eq. [7.9] são:
$H = 0,7$, menos de 25% madeira de lei
$A = 2,0$, denso, >600 árvores por acre

Da Tabela 7.3, para um buldôzer de 215 hp:

$B = 23,48, M_1 = 0,5, M_2 = 1,7, M_3 = 3,6, M_4 = 10,2$ e $F = 3,3$
Tempo por acre = 0,7[2,0(23,48) + 0,5(100) + 1,7(10) + 3,6(2) + 10,2(0) + 0(3,3)]
Tempo por acre = 84,8 min por acre

Como a operação incluirá destocamento, o tempo deve ser aumentado em 25%.

Tempo por acre = 84,8 min por acre × 1,25 = 106,0 min por acre

As taxas de desmatamento muitas vezes são expressas em acres por hora, então nesse exemplo a velocidade seria de 0,57 acres por hora (60 minutos por hora/106 minutos por acre).

A Tabela 7.3 e a Eq. [7.9] são utilizadas para calcular o tempo de uma operação de corte. Em muitos projetos, o material de corte precisa ser empilhado para queima ou para que possa ser recolhido e transportado com facilidade. A Rome Plow Company desenvolveu uma fórmula independente e um conjunto de constantes para estimar os índices de produção de empilhamento:

Capítulo 7 Buldôzeres 203

$$\begin{array}{l}\text{Tempo por} \\ \text{acre para} \\ \text{empilhamento}\end{array} = B + M_1N_1 + M_2N_2 + M_3N_3 + M_4N_4 + DF \quad [7.10]$$

Os fatores têm as mesmas definições de quando foram usados anteriormente na Eq. [7.9], mas seus valores precisam ser determinados a partir da Tabela 7.4 para inserção na Eq. [7.10] de empilhamento. Quando for empilhar vegetação destocada, aumente o tempo total de empilhamento em 25%.

EXEMPLO 7.7

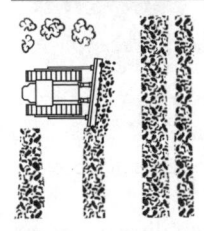

Considere que a vegetação cortada no Exemplo 7.8 precisará ser empilhada. Qual a velocidade estimada para completar o empilhamento?

Tempo por acre = 50,61 + 0,4(100) + 0,7(10) + 2,5 (2) + 5,0(0) + 0(−)
= 103 min/acre

Como a operação incluirá destocamento, o tempo deve ser aumentado em 25%.

103 min/acre × 1,25 = 129 min/acre ou 0,47 acre empilhado por hora

Segurança durante operações de limpeza do terreno

Durante operação de limpeza do terreno que envolva múltiplos buldôzeres, é necessário manter uma distância de folga considerável entre as máquinas. Isso ocorre porque as árvores derrubadas podem facilmente acertar uma máquina vizinha caso os equipamentos estejam trabalhando muito próximos. Os operadores também precisam tomar cuidado quando empurram árvores. Se o buldôzer acompanha uma árvore em queda sem distanciamento suficiente, o cepo e as massas de raízes podem se prender sob a parte frontal da máquina. Mas o maior perigo de todos é o incêndio. O coletor inferior do buldôzer precisa ser limpado com frequência durante uma operação de limpeza do terreno, pois os fragmentos acumulados no compartimento do motor podem prender fogo facilmente.

ESCARIFICAÇÃO DE ROCHAS

Escarificadores ou ríperes

Os tratores de esteiras podem ser equipados com escarificadores ou ríperes montados na traseira (ver Figura 7.17) projetados pelo fabricante especificamente para se adaptar às características do veículo. Existem ríperes para diversos tamanhos de tratores, com diversas configurações de ríper e sistemas de articulação para controle de profundidade e ajuste do ângulo de ataque da ponta. Devido à potência e força de tração disponíveis nos tratores maiores, a profundidade de penetração de um ríper de montagem traseira em máquinas como essas pode chegar a 4-5 ft (1,2-1,5 m), mas diminui significativamente para tratores menores e mais leves. Um ríper é um implemento de perfil relativamente estreito. Ele penetra a terra e é puxado pelo trator de esteiras para afrouxar e quebrar solos duros, rochas fracas ou pavimentos e bases antigos. As motoniveladoras também podem ser equipadas com ríperes para aplicações de serviço leve.

FIGURA 7.17 Ríper (escarificador) operado hidraulicamente montado sobre buldôzer.

Apesar de as rochas serem escarificadas há muitos anos, com diversos níveis de resultados satisfatórios, os avanços nos métodos, equipamentos e conhecimento aumentaram significativamente a gama de materiais que podem ser escarificados economicamente. Rochas que costumavam ser consideradas impossíveis de escarificar, hoje são trabalhadas de maneira relativamente fácil, com reduções de custos (incluindo escarificação e transporte com escrêiperes) chegando a 50% em comparação com o custo de perfuração, desmonte, carregamento com pás-carregadeiras e transporte com caminhões.

Os seguintes grandes avanços são responsáveis pelo aumento da capacidade de escarificação:

- Tratores mais pesados e poderosos
- Melhorias nos tamanhos e desempenho de ríperes que incluem o desenvolvimento de ríperes de impacto
- Instrumentos melhores para determinar a capacidade de escarificação das rochas
- Técnicas melhores no uso de instrumentos e equipamentos

Determinação da capacidade de escarificação das rochas

O primeiro passo da investigação de um projeto que envolva a escavação de rochas é determinar se estas podem ser escarificadas (quebradas). Antes de selecionar o método de escavação e transporte de rochas, o engenheiro precisa fazer uma pergunta: Posso escarificar? E não: Preciso perfurar e explodir? Avaliar a capacidade de escarificação de uma formação rochosa envolve o estudo do tipo de rocha e a determinação de sua densidade. As rochas ígneas, como os tipos basálticos e graníticos, normalmente são impossíveis de escarificar, pois não têm estratificação e planos de clivagem e são muito duras. As rochas sedimentares têm estruturas em camadas (laminares) devido à maneira como foram formadas, o que as torna fáceis de escarificar. As rochas metamórficas, como gneisse, quartzita, xisto e ardósia, sendo formas alteradas de rochas ígneas ou sedimentares, variam em capacidade de escarificação de acordo com seu grau de laminação ou clivagem.

As características físicas que favorecem a escarificação são:

- Fraturas, falhas e juntas; estas atuam como planos de fraqueza e facilitam a escarificação.
- Intemperismo; quanto maior o grau de intemperismo, mais facilmente a rocha será escarificada.
- Fragilidade e estrutura cristalina.
- Um alto nível de estratificação ou laminação oferece boas oportunidades para escarificação.
- Rochas com grão de tamanho grande e grosso são escarificadas mais facilmente do que rochas de grão fino.

Como a capacidade de escarificação da maioria dos tipos de rocha está relacionada com a velocidade com a qual as ondas sísmicas (sonoras) viajam através delas, é possível usar métodos sismográficos de refração para determinar, com níveis de precisão razoáveis, se uma rocha pode ou não ser escarificada. Os métodos sismográficos de refração se baseiam na lei de Snell,[2] que define como uma onda sofre refração ao cruzar a camada entre dois materiais diferentes. Na terra, as ondas de compressão e cisalhamento viajam em velocidades diferentes em tipos diferentes de rochas. As ondas de compressão (ondas p) viajam mais rápido do que as de cisalhamento (ondas s). Quando uma onda cruza um limite em um determinado ângulo diferente de 90 graus, ela é refletida e/ou refratada através desse limite, dependendo da velocidade de cada material. A seguir, a onda refratada viaja ao longo do limite entre as duas camadas e não é transmitida para a camada inferior. Medir essas ondas permite que determinemos a velocidade sísmica da rocha.

As rochas que propagam ondas sísmicas em baixas velocidades, inferiores a 7.000 pés por segundo (fps), são escarificáveis, enquanto aquelas que propagam ondas em velocidades altas, de 10.000 fps ou mais, não são. As rochas com velocidades intermediárias são classificadas como indefinidas. A Figura 7.18 indica, para um buldôzer de tamanho específico, a capacidade de escarificação com base nas faixas de velocidade de diversos tipos de solo e rochas. A indicação de que uma rocha pode ser escarificável, indefinida ou não escarificável se baseia no uso de rípers de dente simples ou de dentes múltiplos montados sobre um trator de esteiras. As informações que aparecem na figura devem ser usadas apenas para fins de orientação e serem suplementadas com outros dados, como registros de sondagem e amostras de testemunhos de sondagem. A decisão de escarificar ou não a rocha deve se basear nos custos estimados em comparação com os custos de outros métodos de escavação. Pode ser necessário realizar testes de campo para determinar se uma determinada rocha pode ou não ser escarificada economicamente.

Determinação da espessura e da resistência de camadas rochosas

Um sismógrafo de refração pode ser utilizado para determinar o topo da rocha matriz e a espessura e força das camadas rochosas na superfície do solo ou próximas dela. A Figura 7.19 ilustra os caminhos seguidos pelas ondas sísmicas (sonoras) a partir

---

[2] Willebrord Snell (1580–1626) foi um cientista holandês que estudou o comportamento da luz quando esta atravessa um meio. Ele descobriu que há uma relação direta entre o seno do ângulo de incidência e o seno do ângulo de refração.

Velocidade sísmica	0		1		2		3		4						
Metros por segundo × 1000															
Pés por segundo 1000 ×		1	2	3	4	5	6	7	8	9	10	11	12	13	14	15

Camada superficial
Argila
Tilito
Rochas ígneas
 Granito
 Basalto
 Trap basáltico
Rochas sedimentares
 Folhelho
 Arenito
 Siltito
 Argilito
 Conglomerado
 Brecha ou Breccia
 Caliche
 Calcário
Rochas metamórficas
 Xisto
 Ardósia
Minérios & Minerais
 Carvão
 Minério de ferro

▓ Escarificável
☐ Indefinido
▨ Não escarificável

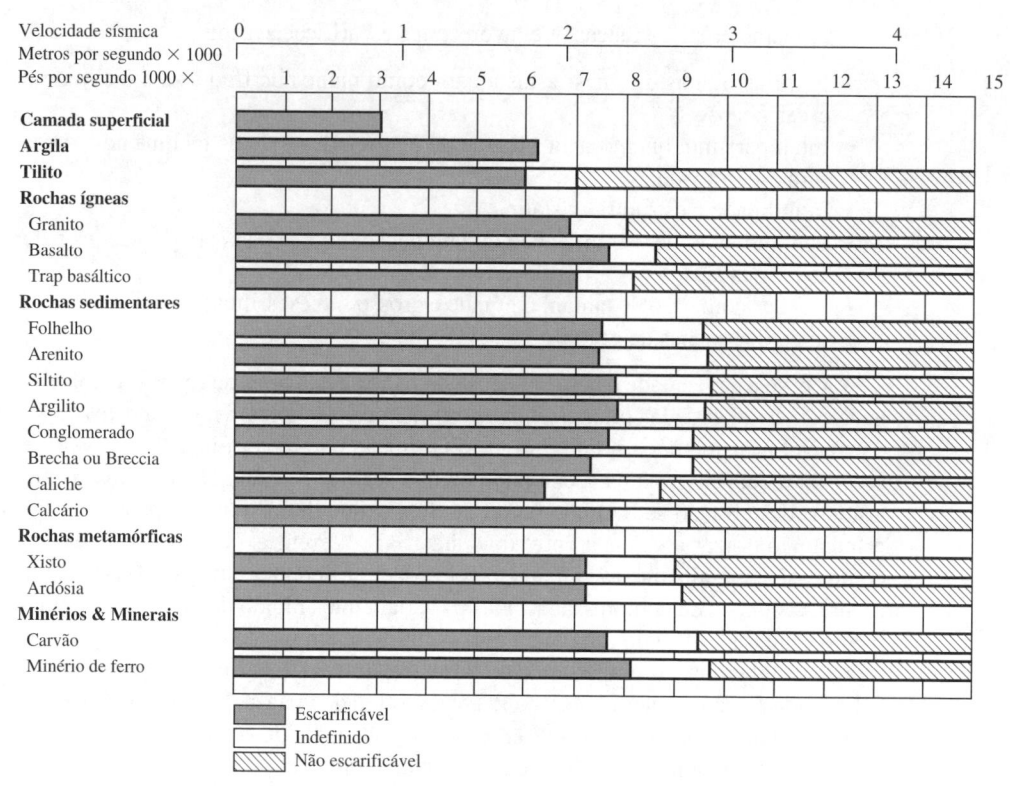

FIGURA 7.18 Desempenho de ríper para trator de esteiras Caterpillar de 370 hp com ríper de dente simples ou de dentes múltiplos. Estimado por velocidades de ondas sísmicas.
Reproduzido por cortesia da Caterpillar, Inc.

de uma fonte geradora de ondas através de uma formação até os instrumentos de detecção (um sismógrafo).

Um geofone é um sensor sonoro é inserido no solo na estação zero. A seguir, como indicado na Figura 7.19, são colocados ao longo de uma linha os pontos equidistantes 1, 2, 3, etc. Devido à geometria da refração, é necessário que o comprimento da "dispersão" sísmica seja aproximadamente 3-5 vezes a profundidade das camadas rochosas. Um fio liga o geofone ao cronômetro sísmico (ver Figura 7.20), enquanto outro fio conecta o cronômetro a uma marreta ou outra fonte de energia sísmica. Uma placa de aço é inserida no solo nas estações de leitura em ordem sucessiva. Quando uma fonte sísmica impulsiva cria uma onda sísmica (um golpe do martelo na placa de aço), um interruptor se fecha imediatamente para enviar um sinal elétrico que aciona o cronômetro. No mesmo instante, o golpe do martelo transmite ondas sísmicas para dentro da formação, ondas estas que viajam até o geofone. Quando recebe a primeira onda, o geofone sinaliza o cronômetro para parar registrando o tempo percorrido. Com a distância e o tempo conhecidos, é possível determinar a velocidade da onda.

À medida que a distância entre o geofone e a fonte da onda (a saber, o martelo ou marreta) aumenta, as ondas adentram a formação mais baixa e mais densa, atra-

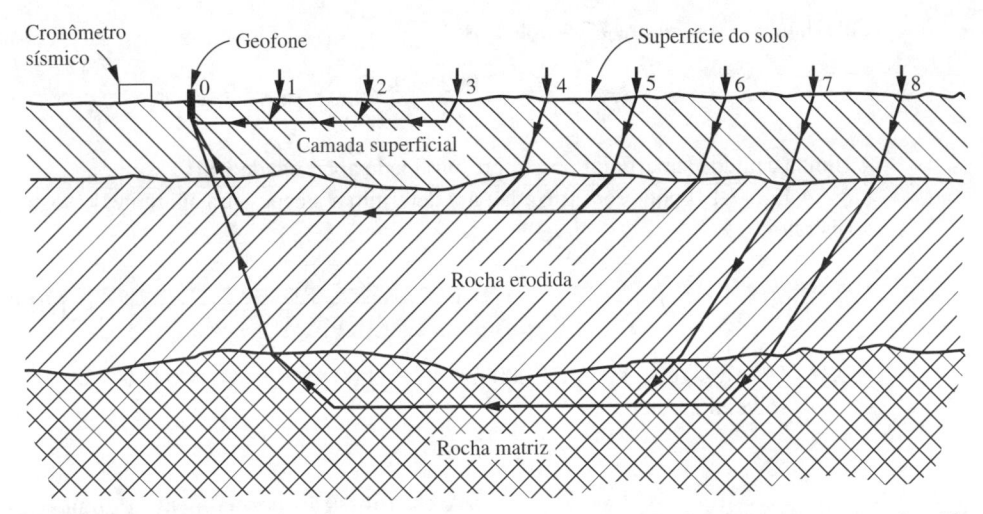

FIGURA 7.19 Caminho das ondas sísmicas através das camadas de terra que apresentam densidade crescente com o aumento da profundidade.

vés da qual viajam em uma velocidade superior àquela da camada superficial. Essas ondas que atravessam a formação mais densa alcançam o geofone antes da chegada das ondas que atravessam a camada superficial. A velocidade através da formação mais densa tem um valor maior e continuará mais ou menos constante contanto que as ondas atravessem uma formação de densidade uniforme.

Um gráfico como aquele mostrado na Figura 7.21 informa a velocidade da onda ao medir a distância e o tempo associados com cada camada e dividindo a distância pelo tempo correspondente:

$$\text{Velocidade, } V_i = \frac{\text{distância horizontal, } L_i}{\text{tempo para percorrer distância } L_i} \qquad [7.11]$$

A velocidade permanece constante à medida que a onda atravessa materiais de densidade uniforme. Os pontos de inflexão na inclinação das linhas indicam mudanças de velocidade e, em consequência, da densidade do material.

A profundidade até a superfície que separa os dois estratos depende da distância crítica e as velocidades nos dois materiais. Ela pode ser calculada a partir da seguinte equação:

$$D_1 = \frac{L_1}{2} \sqrt{\frac{V_2 - V_1}{V_2 + V_1}} \qquad [7.12]$$

onde:

D_1 = profundidade em pés da primeira camada

L_1 = distância crítica em pés

V_1 = velocidade da onda no estrato superior em fps

V_2 = velocidade da onda no estrato inferior em fps

Calculando D_1 na Figura 7.21, obtemos:

$$D_1 = \frac{36}{2}\sqrt{\frac{3.000 - 1.000}{3.000 + 1.000}} = 13 \text{ ft}$$

Assim, a camada superficial possui profundidade aparente de 13 ft.

A Eq. [7.13] pode ser utilizada para determinar a espessura aparente do segundo estrato.

$$D_2 = \frac{L_2}{2}\sqrt{\frac{V_3 - V_2}{V_3 + V_2}} + D_1\left[1 - \frac{V_2\sqrt{V_3^2 - V_1^2} - V_3\sqrt{V_2^2 - V_1^2}}{V_1\sqrt{V_3^2 - V_2^2}}\right] \quad [7.13]$$

onde L_2 é 70 ft, D_1 é 13 ft, V_1 é 1.000 fps, V_2 é 3.000 fps e V_3 é 6.000 fps.

Resolvendo, obtemos:

$$D_2 = 31 \text{ ft}$$

A escarificação normalmente é uma operação que envolve os estratos superiores de uma formação. Determinar a profundidade (espessura) das duas camadas rochosas superiores e a velocidade das três camadas superiores fornecerá os dados necessários para estimar a maioria dos trabalhos de construção. Contudo, o procedimento pode se tornar muito complicado quando encontramos estratos inclinados. A análise de formações complexas pode exigir, além de estudos sismológicos, a amostragem por perfuração de testemunhos de rochas e poços de inspeção.

ACESSÓRIOS DE RÍPERES

Em geral, os acessórios de rípéres para tratores de esteiras são montados nas traseiras. A montagem pode ser radial fixa, em paralelogramo fixo ou de articulação em paralelogramo com inclinação variável hidraulicamente (ver Figura 7.22). O membro vertical do ríper forçado para baixo contra o material a ser escarificado é conhecido pelo nome de *dente*. A ponta de um ríper (um dente, ponta ou bico) é fixado à extremidade inferior cortante do porta-ponta. A ponta é removível para facilitar sua substituição, pois representa a peça de trabalho real do ríper e recebe toda a ação abrasiva da rocha; em outras palavras, ela é uma superfície de alto desgaste. Uma ponta pode ter vida útil de apenas 30 minutos ou de até 1.000 horas, dependendo das características abrasivas do material sendo escarificado.

FIGURA 7.20 Instrumento de registro de sismógrafo de refração e geofones.

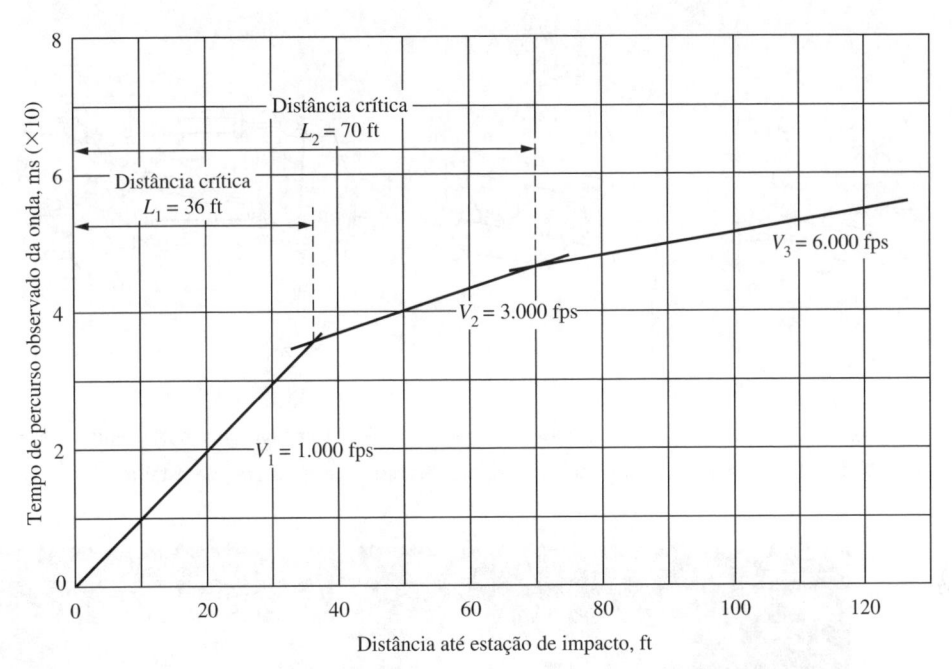

FIGURA 7.21 Gráfico de tempo de percurso de onda sísmica *versus* distância entre a fonte e o geofone.

O mercado oferece portas-pontas retos e curvos. Os retos são usados para formações maciças ou em blocos. Os curvos são usados para rochas em camadas ou laminadas, ou para pavimentos, nos quais o movimento de elevação ajuda a estilhaçar o material.

Com a articulação de ríper radial, a barra do ríper gira sobre braços de ligação em torno de seu ponto de contato com o buldôzer; assim, o ângulo de ataque da ponta varia com a profundidade de depressão do porta-ponta. Isso pode dificultar a penetração em materiais mais resistentes. O porta-ponta também pode tender a "encravar", atuando como uma âncora.

O ríper de articulação em paralelogramo mantém o porta-ponta em posição vertical e a ponta em um ângulo constante. Com ríperes de articulação em paralelogramo ajustáveis, o operador pode controlar o ângulo da ponta.

Os ríperes para serviços pesados estão disponíveis em modelos de dente simples e de dentes múltiplos. Os modelos de dentes múltiplos podem ter até cinco portas-pontas, no caso de tratores menores, e até três portas-pontas para os tratores maiores (Figura 7.23). Os portas-pontas são inseridos nas fendas da armação do ríper e conectados a ela por um pino. Esse arranjo facilita a remoção do porta-ponta para que o número de portas-pontas utilizados corresponda aos requisitos do material e do projeto. No caso de serviço extra pesado (ou seja, materiais de alta velocidade sísmica), um único porta-ponta centralizado maximiza a produção do trabalho. O uso de vários portas-pontas produz uma quebra mais uniforme caso seja possível obter penetração completa. Em geral, um dente simples faz com que peças de grande porte individuais sejam roladas para o lado.

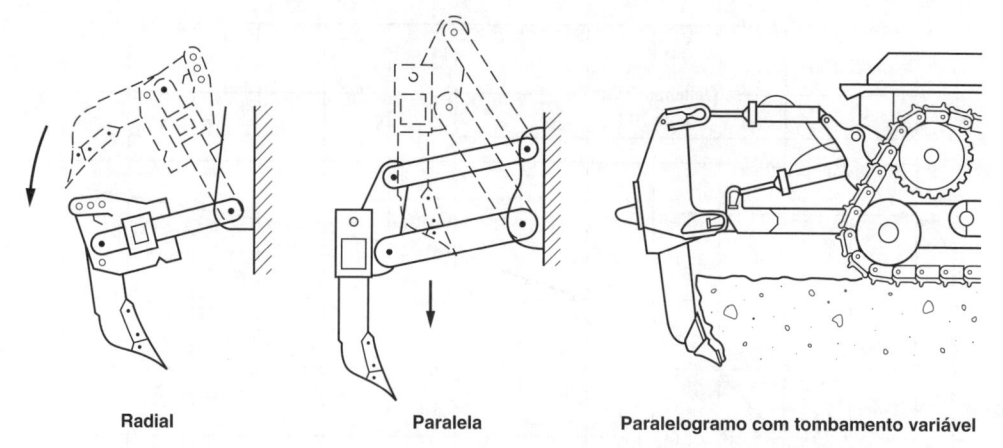

Radial   **Paralela**   **Paralelogramo com tombamento variável**

FIGURA 7.22   Tipos de articulações usadas para montar ríperes em tratores de esteiras.

FIGURA 7.23   Buldôzer com ríper de três dentes e outro com ríper de dente simples.

A eficácia de um ríper depende de:

- Pressão vertical para baixo na ponta do ríper
- A potência útil do trator para avançar a ponta; uma função da potência disponível, do peso do trator e do coeficiente de tração
- As propriedades do material sendo escarificado; laminado, com falhas, erodido e com estrutura cristalina

Uma regra prática para determinar o tamanho do trator para uma operação de escarificação é que ele precisa ter 1 fwhp por 100 lb de pressão vertical para baixo sobre o ríper e 3 lb de peso da máquina por lb de pressão vertical para baixo para garantir a tração adequada.

O número de dentes usados depende do tamanho do buldôzer, da profundidade de penetração desejada, da resistência do material sendo escarificado e da frequência de quebra do material desejado. Se o material será escavado por escrêiperes, ele deve ser quebrado em partículas que possam ser carregadas em tais escrêiperes, geralmente com tamanhos máximos de 24 a 30 polegadas. Dois dentes podem ser eficazes em materiais mais macios e facilmente fraturados que devem ser carregados em escrêiperes. Deve-se utilizar três dentes apenas em materiais de escarificação bastante fácil, como camadas densas de solo (*hardpan*) ou alguns folhelhos fracos. Apenas um teste de campo realizado no local do projeto poderá demonstrar qual método, profundidade e grau de quebra será apropriado e econômico na situação.

ESTIMATIVAS DE PRODUÇÃO DE ESCARIFICAÇÃO

Apesar do custo de escavar rochas por escarificação e carregamento de escrêiperes ser consideravelmente maior do que para terra que não precisa de escarificação, este pode ser muito menor do que o uso de métodos alternativos, como perfuração, desmonte, carregamento com escavadeiras e transporte com caminhões. A melhor maneira de estimar a produção da escarificação é trabalhando em uma seção de teste e conduzindo um estudo sobre os métodos operacionais, o que permite uma determinação de produção baseada no peso do material escarificado. Contudo, a oportunidade de conduzir esses testes de campo muitas vezes não existe; assim, a maioria das estimativas iniciais se baseia em gráficos de produção fornecidos por fabricantes de equipamentos.

Método rápido

Pela cronometragem de diversas passadas de um ríper por uma determinada distância, é possível determinar um índice de produção aproximado. A duração mensurada deve incluir o tempo de giro ao final de cada passada. O registro desses ciclos permite o cálculo de um tempo de ciclo médio. A quantidade (volume) é determinada pela mensuração do comprimento, largura e profundidade da área escarificada. A experiência mostra que o índice de produção calculado por esse método é cerca de 20% maior do que gerado por um estudo transversal preciso. Assim, a fórmula de estimativa rápida é:

$$\text{Produção de escarificação (bcy/hr)} = \frac{\text{volume medido (bcy)}}{1{,}2 \times \text{tempo médio (hora)}} \quad [7.14]$$

Método de velocidade sísmica

Os fabricantes desenvolveram relacionamentos entre as velocidades de ondas sísmicas de diferentes tipos de rochas e a capacidade de escarificação (ver Figura 7.18). Os gráficos de desempenho de escarificação, como aqueles da Figura 7.18, permitem que o orçamentista elabore uma determinação inicial do equipamento que pode ser apropriado para escarificar um determinado material com base em classificações gerais de tipos de rocha. Após a determinação inicial das máquinas aplicáveis, os gráficos de produção são utilizados para calcular os índices de produção das máquinas (ver Figura 7.24).

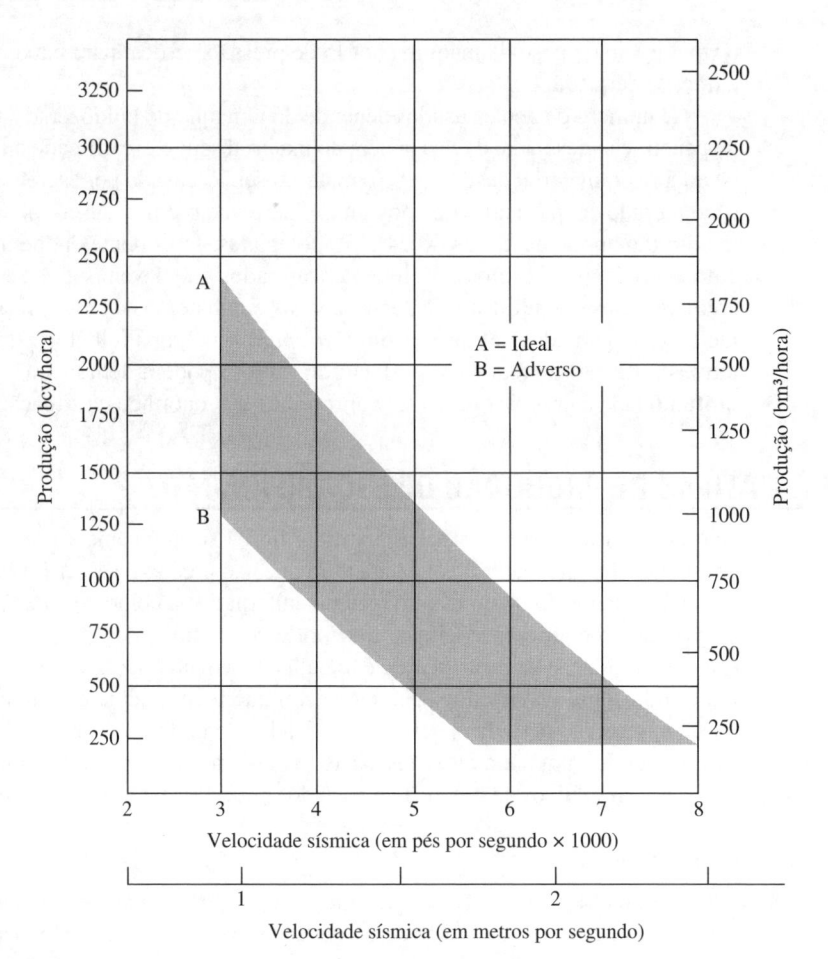

FIGURA 7.24 Produção de ríper de trator de esteiras Caterpillar de 370 hp com dente simples.
Reproduzido por cortesia da Caterpillar, Inc.

Os gráficos foram desenvolvidos com base nas seguintes premissas:

- A máquina escarifica 100% do tempo, sem uso como buldôzer
- Trator com transmissão de dupla embreagem com ríper de dente simples
- 100% de eficiência operacional
- Gráfico válido para todas as classes de rocha
- Em rocha ígnea com velocidade sísmica ≥ 8.000 para tratores de 850 fwhp, reduza a produção em 25%
- Em rocha ígnea com velocidade sísmica ≥ 6.000 para tratores de 580 a 305 fwhp, reduza a produção em 25%

Já foram publicados gráficos de produção de escarificação desenvolvidos a partir de testes de campo conduzidos com diversos materiais. Contudo, devido às variações extremas possíveis entre materiais de uma classificação específica, é preciso tomar diversas decisões ao interpretar e utilizar esses gráficos. Os índices de produção obtidos a partir deles devem ser ajustados para refletir as condições de campo reais do projeto.

Os custos de O&O de um trator aumentam para máquinas utilizadas regularmente em operações de escarificação. A Caterpillar alerta que os custos de O&O normais devem ser aumentados em 30-40% se a máquina for utilizada em aplicações de escarificação pesada.

EXEMPLO 7.8

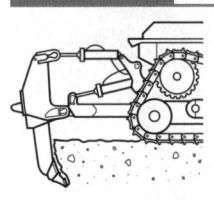

Um empreiteiro encontra uma formação de folhelho em uma profundidade rasa na seção de corte de um projeto. Os testes sismográficos indicam uma velocidade sísmica de 7.000 fps para o folhelho. Com base nisso, ele se propõe a escarificar o material com um trator de esteiras de 370 hp. Estime a produção em bcy para a escarificação em tempo integral, com eficiência baseada em uma hora de 45 minutos (um valor típico para operações de escarificação). Suponha que o ríper é equipado com um dente simples e que as condições de escarificação são ideais. O custo de O&O "normal", excluindo o operador para a combinação trator-ríper é de $86 por hora. O salário do operador é de $19,50 por hora. Qual o custo de produção estimado da escarificação em dólares por bcy?

Passo 1. De acordo com a Figura 7.18, o desempenho do ríper é 370 hp – o trator de esteiras pode escarificar folhelho com velocidade sísmica de até 7.500 fps. O trator pode ser aplicado nessa tarefa de acordo com o gráfico, mas está próximo aos limites de sua capacidade. Assim, o empreiteiro pode avaliar o uso de uma máquina maior.

Passo 2. Usando o gráfico de produção de ríper de um trator de 370 hp (ver Figura 7.24) para uma velocidade sísmica de 7.000 fps e condições ideais,

$$\text{Produção ideal de trator de 370 hp} = 560 \text{ bcy}$$

$$\text{Produção ajustada} = 560 \times \frac{45}{60} = 421 \text{ bcy/hr}$$

Passo 3. Aumente o custo de O&O normal devido à aplicação de escarificação:

$$\$86,50 \text{ por hora} * 1,35 = \$116,10 \text{ por hora}$$

Custo total com operador: $116,10 + $19,50 = $135,60 por hora

$$\text{Custo de produção} = \frac{\$135,60 \text{ por hora}}{420 \text{ bcy/hr}} = \$0,323 \text{ por bcy}$$

Técnicas operacionais

A escarificação deve ser realizada na profundidade de penetração máxima que a tração permite, mas também deve ser realizada em profundidade uniforme. Para maximizar a economia da produção, a escarificação deve ser realizada em uma marcha baixa e em baixa velocidade, geralmente 1 a 1,5 mi/h. Velocidades apenas ligeiramente superiores podem levar a um aumento drástico do custo operacional devido ao desgaste do trem de rolamento e da ponta do ríper. Na escarificação para carregar escrêiperes, é melhor escarificar na mesma direção que os escrêiperes carregam. Ao remover o material escarificado, sempre deixe um "amortecimento" de 4-6 polegadas de profundidade de material solto. Esse amortecimento cria condições superficiais melhores para o trator que realiza a escarificação e reduz o desgaste das esteiras.

Aproveite a gravidade e escarifique em declive quando possível. A escarificação cruzada (ou transversal) torna as crateras mais ásperas, aumenta o desgaste dos pneus dos escrêiperes e pode exigir o dobro do número de passadas. Contudo, a escarificação cruzada também ajuda a quebrar os pedaços mais difíceis ou materiais que se soltam em pedaços de grandes placas.

RESUMO

Os buldôzeres são usados para corte (empurrada de materiais), limpeza do terreno, escarificação, auxiliar escrêiperes no carregamento e reboque de outros equipamentos de construção. Os fatores que controlam os índices de produção de buldôzeres são: (1) tipo de lâmina, (2) tipo e condição do material e (3) tempo de ciclo. Os fabricantes fornecem curvas de produção para estimar a quantidade de material que seus buldôzeres conseguem empurrar. As curvas informam um valor máximo em lcy por hora com base em um conjunto de condições ideais.

Os buldôzeres de esteiras equipados com lâminas desmatadoras especiais são máquinas excelentes para atividades de limpeza do terreno. Em geral, o desmatamento de madeira é realizado com buldôzeres de esteiras entre 160 e 460 hp. Para estimar a produção do desmatamento, o melhor é usar os dados históricos de projetos semelhantes. Se não houver dados históricos disponíveis, a Rome Plow Company desenvolveu uma fórmula para estimar a produção de corte e empilhamento.

A escarificação pesada de rochas é realizada por tratores de esteiras equipados com rípers montados na traseira devido à potência e à força de tração disponibilizadas por essas máquinas. Um sismógrafo de refração pode ser utilizado para determinar a espessura e grau de consolidação das camadas de rochas. Os fabricantes de equipamentos desenvolveram relacionamentos entre as velocidades de ondas sísmicas e a capacidade de escarificação. Além disso, alguns fabricantes desenvolveram gráficos de produção de escarificação a partir de testes de campo. Os objetivos críticos de aprendizagem incluem:

- A capacidade de calcular a produção de empuxo do buldôzer
- A capacidade de calcular a produção do buldôzer para operações de limpeza do terreno
- A capacidade de calcular a produção do trator para operações de escarificação

Esses objetivos servem de base para os problemas a seguir.

PROBLEMAS

7.1 A largura de uma lâmina D7 é 12 ft e 10 polegadas. Sua altura efetiva é 3 ft e 7,7 polegadas. Considerando a norma SAE J1265, calcule a capacidade da lâmina em lcy.

7.2 Os tratores Caterpillar D6R Series 3 e D8R tractors são classificados, respectivamente, como tendo potências no volante (fwhp) de 185 e 305. As larguras de lâmina "A", "S" e "SU" (comprimento) para o D6R são S, 16 ft e 9 polegadas; A, 17 ft e 1 polegadas; e para o D8R SU-21 ft, A, 21 ft e 7 polegadas. Calcule a razão de hp por pé de borda cortante para as quatro condições.

7.3 Quando o material deve ser transportado por longas distâncias, as lâminas semi-U (SU) são uma escolha adequada, pois as lâminas laterais aumentam a capacidade em comparação com as lâminas retas. Uma medida da eficácia da lâmina de buldôzer na movimentação de material é a razão entre potência e jardas cúbicas de carga da lâmina. Considerando o uso de uma lâmina SU, crie um gráfico das relações de carga de buldôzeres CAT D7R Series 2 (240 hp), CAT D8R (305 hp), D9R (405 hp), D10T (580 hp) e D11T (850 hp). Os dados de carga das lâminas SU para cada trator são: CAT D7R Series 2, 8,98 cy; CAT D8R, 11,4 cy; CAT D9R, 17,7 cy; CAT D10T, 24,2 cy; e CAT D11T, 35,5 cy. Seria melhor usar um D8R ou um D10T se você desejar obter a maior capacidade de empurrada volumétrica?

7.4 Um buldôzer CAT D7H (com dupla embreagem ou power-shift) é usado em uma operação de empurrada. O buldôzer está equipado com uma lâmina reta. O material (seco e sem coesão) pesa 98 pcf no estado natural. Estima-se que o material terá empolamento de 6% entre o estado natural e o solto. A distância de empurrada entre os centros de massa é de 200 ft em descida em uma rampa de 3%. Os operadores têm habilidade média e o trabalho será realizado em boas condições. Pode-se admitir que a eficiência do trabalho será equivalente a uma hora de 45 minutos. Calcule a produção em bcy por hora e o custo direto da operação de terraplenagem proposta em dólares por bcy. O custo de O&O normal da empresa para essas máquinas é de $95 por hora e o salário do operador é de $15,00 por hora, mais 40% de vantagens adicionais, seguro e indenização por acidente de trabalho (123 bcy/hora, $0,947/bcy).

7.5 Um CAT 834 com lâmina reta será usado para empurrar um material que pesa 80 pcf no estado natural. Estima-se que o material terá empolamento de 4% entre o estado natural e o solto. O material está em uma pilha solta e será movido por uma distância média de 250 ft em uma rampa de 0%. O operador é recém-contratado e tem habilidade média. Estima-se que a eficiência do trabalho será equivalente a uma hora de 55 minutos. Suponha que o buldôzer terá coeficiente de tração de 0,39. O custo de O&O do buldôzer é de $86 por hora e o salário do operador é de $12,50 por hora, mais 35% de vantagens adicionais, seguro e indenização por acidente de trabalho. Calcule a produção em bcy por hora e o custo direto da operação de terraplenagem proposta em dólares por bcy.

7.6 Uma empreiteira quer avaliar o uso de uma lâmina 7U em um buldôzer D7H. O material é uma areia siltosa seca e sem coesão e deve ser movido por uma distância de 200 ft a partir do início do corte. O trabalho é em descida de uma rampa de 2%. O operador terá habilidade excelente, o buldôzer possui transmissão power-shift (dupla embragem) e admite-se que as condições de tração e visibilidade serão satisfatórias. O material pesa 110 pcf no estado natural. Admite-se que a eficiência do trabalho seja equivalente a uma hora de 50 minutos. Calcule o custo direto da operação de terraplenagem proposta em dólares por bcy. Suponha que o custo de propriedade e operacional (O&O) do buldôzer é de $89,50 por hora e que o salário do operador é de $19,00 por hora, mais 30% de vantagens adicionais, seguro e indenização por acidente de trabalho ($0,436 por bcy).

7.7 Uma empreiteira quer avaliar a produção e as diferenças de custo do uso de uma lâmina 7S em um buldôzer D7H ou uma lâmina S em um buldôzer 824. O material é bastante pegajoso e deve ser movido por uma distância de 200 ft a partir do início do corte. O trabalho é em subida de uma rampa de 5%. O operador terá habilidade média, os buldôzeres possuem transmissão *power-shift* (dupla embreagem) e admite-se que as condições de tração serão satisfatórias. As condições do local terão visibilidade boa. O material pesa 106 pcf no estado natural. Pressupõe-se que a eficiência do tra-

balho seja equivalente a uma hora de 55 minutos. Calcule o custo direto da operação de terraplenagem proposta em dólares por bcy. Suponha que o custo de propriedade e operacional (O&O) do buldôzer D7 é de $95,00 por hora, enquanto o do 824 é de $86,00 por hora. O salário do operador do 824 é de $23,00 por hora, mais 40% de vantagens adicionais, indenização por acidente de trabalho e outros benefícios. O salário do operador do D7 é de $25,00 por hora, mais 40% de vantagens adicionais, indenização por acidente de trabalho e outros benefícios.
   a. Qual máquina você usaria nesse trabalho?
   b. Está chovendo e o coeficiente de tração para o 824 passa a ser 0,36. O coeficiente de tração para o D7 é 0,55. Qual máquina você usaria nesse trabalho?

7.8 Um trator de esteiras com uma lâmina universal será utilizado em uma operação de corte em trincheira. O material é uma areia siltosa seca e sem coesão e deve ser movido por uma distância de 350 ft a partir do início do corte. O trabalho é em descida de uma rampa de 10%. O operador terá habilidades médias, o buldôzer possui transmissão *power-shift* (dupla embreagem) e os níveis de visibilidade e tração devem ser satisfatórios. O material pesa 106 pcf no estado natural e terá empolamento de 8% quando escavado por lâmina de corte. Pressupõe-se que a eficiência do trabalho seja equivalente a uma hora de 45 minutos. Admitindo o uso de um Caterpillar D8, calcule o custo unitário da operação de terraplenagem proposta em dólares por bcy. O custo de O&O do buldôzer é de $126,00 por hora e o salário do operador é de $31,00 por hora, mais 35% de vantagens adicionais ($1,093/bcy).

7.9 Há uma licitação para desmatar e destocar uma área de 245 acres. Você está considerando o custo associado com o uso de um buldôzer de 335 hp. O custo de O&O do buldôzer é de $127 por hora. A determinação de salário para os operadores é de $35 por hora, com vantagens adicionais. Os custos fixos do projeto serão de $400 por dia útil. Suponha um dia de trabalho de 8 horas.

Um engenheiro de campo visitou o local e forneceu as seguintes informações: O local é razoavelmente plano e as máquinas não terão problema com rolamento ou tração. Cerca de 10% das árvores são pinheiros (madeira macia), enquanto o resto é carvalho (madeira dura). O número total de árvores por acre é de cerca de 300; desse número:

200 árvores por acre têm de 1 a 2 ft de diâmetro.
20 árvores por acre têm de 2 a 3 ft de diâmetro.
10 árvores por acre têm de 3 a 4 ft de diâmetro.

Você planeja desmatar e destocar em uma só operação, seguido do empilhamento em leiras e queima. A queima exigirá que o buldôzer seja empregado o dobro do tempo previsto apenas para empilhamento.
   a. Qual a taxa de produção estimada de limpeza do terreno e destocamento? (0,151 acres/hora)
   b. Qual é o custo associado com a operação total, incluindo despesas gerais, quando apenas um buldôzer de 335 hp é utilizado? ($342.804)
   c. É mais barato empregar dois buldôzeres de 335 hp? ($302.404)

7.10 Há uma licitação para limpar e destocar uma área de 600 acres. Você está calculando o custo associado ao uso de um buldôzer de 460 hp. O custo de O&O do buldôzer é de $145 por hora. A determinação de salário para os operadores de serviço pesado é de $29 por hora, mais 30% de vantagens adicionais. As despesas gerais do projeto serão de $600 por dia útil. Suponha um dia de trabalho de 10 horas.

Um engenheiro de campo visitou o local e forneceu as seguintes informações: O local é praticamente plano e as máquinas não terão problema com rolamento ou tração. Cerca de 80% das árvores são pinheiros (madeira macia), enquanto o resto é carvalho (madeira dura). O número total de árvores por acre é de cerca de 500; desse número:

180 árvores por acre têm de 1 a 2 ft de diâmetro.
40 árvores por acre têm de 2 a 3 ft de diâmetro.
30 árvores por acre têm de 3 a 4 ft de diâmetro.

Você planeja limpar o terreno e destocar em uma só operação, seguido do empilhamento em leiras e queima. A queima exigirá que o buldôzer seja empregado o dobro do tempo previsto apenas para empilhamento.

a. Qual é o índice de produção estimado para a limpeza do terreno, destocamento, empilhamento e queima?
b. Qual é o custo associado com a operação total, incluindo despesas gerais, quando apenas um buldôzer de 460 hp é utilizado?
c. É mais barato empregar dois, três ou quatro buldôzeres de 460 hp?

7.11 Um empreiteiro especializado em terraplenagem encontra uma formação de trap basáltico em uma profundidade rasa de um corte. Os testes sismográficos indicam uma velocidade sísmica de 6.500 fps para o material. Com base nisso, propõe-se escarificar o material com um trator de esteiras de 370 hp. Estime a produção em bcy para a escarificação em tempo integral, com eficiência baseada em uma hora de 45 minutos. Suponha que o ríper (escarificador) é dotado de um dente simples e que as condições de escarificação são medianas (ou seja, intermediárias entre as condições extremas). O custo de O&O "normal", excluindo o custo do operador para o trator de 370 hp com ríper, é de $95,82 por hora. O trabalho é classificado como escarificação pesada. Usando sua estimativa de produção horária, estime o custo de produção unitária da escarificação em dólares por bcy sem o operador (276 bcy/hr, $0,640/bcy).

7.12 Uma formação de calcário com profundidade média de 35 ft está exposta em toda uma área de 850 ft de largura e 15.000 ft de comprimento no corte de uma rodovia. Análises sísmicas preliminares indicam que a camada rochosa tem velocidade sísmica de 5.000 fps. A empreiteira propõe quebrar essa rocha com o uso de um ríper (escarificador) de dente simples em um trator de esteiras com transmissão power-shift (dupla embreagem). As condições de trabalho relativas à laminação e outras características da rocha são medianas, ou seja, ficam entre as adversas e as ideais. É possível obter eficiência de trabalho equivalente a uma hora de 45 minutos. A empreiteira deseja explorar o uso de dois buldôzeres de 370 hp. O custo de O&O dos tratores nessa aplicação de escarificação é de $130 por hora, incluindo os ríperes. O salário do operador é de $23 por hora. Qual o custo unitário da escarificação dessa rocha? Qual será o custo total do trabalho? Quantas horas serão necessárias para o projeto?

FONTES DE CONSULTA

Caterpillar Performance Handbook, Caterpillar Inc., Peoria, IL (publicado anualmente).

Schexnayder, Cliff (1998). Discussion of "Rational Equipment Selection Method Based on Soil Conditions," por Ali Touran, Thomas C. Sheahan, e Emre Ozcan, *Journal of Construction Engineering and Management*, ASCE, 124 (6).

Touran, Ali, Thomas C. Sheahan, e Emre Ozcan (1997)."Rational Equipment Selection Method Based on Soil Conditions," *Journal of Construction Engineering and Management*, ASCE, 123 (1).

Burger, Henry Robert, Douglas C. Burger, e Robert H. Burger (1992). *Exploration Geophysics of the Shallow Subsurface*, Prentice Hall PTR.

FONTES DE CONSULTA NA INTERNET

http://www.cat.com A Caterpillar é a maior fabricante de equipamentos de construção e mineração do mundo. As especificações dos buldôzeres fabricados pela Caterpillar se encontram na seção de Produtos/Equipamentos do site da empresa.

http://www.deere.com A John Deere & Company é uma multinacional com uma divisão de produtos de construção.

http://www.cdc.gov/niosh/mining/pubs/pubreference/outputid2.htm An Analysis of Serious Injuries to Dozer Operators in the U.S. Mining Industry, NIOSH Publication No. 2001–126, National Institute for Occupational Safety and Health, Pittsburgh Research Laboratory, Pittsburgh, PA, (April 2001).

8

Escrêiperes

O segredo da economia de um escrêiper empurrado por pusher é que tanto o trator empurrador como o escrêiper compartilham o trabalho de obter a carga. O ciclo de produção de um escrêiper é composto de seis operações: (1) carregamento, (2) viagem de transporte de carga, (3) descarga e espalhamento, (4) giro (manobra), (5) viagem de retorno e (6) giro (manobra) e posicionamento para recolher outra carga. Uma análise sistemática dos elementos individuais que compõem o ciclo de produção do escrêiper é a abordagem fundamental para identificar o emprego mais econômico possível dessas máquinas. Os escrêiperes se adaptam melhor a distâncias de transporte superiores a 500 ft, mas inferiores a 3.000 ft, apesar de a distância máxima poder alcançar quase uma milha para as unidades de maior porte.

INFORMAÇÕES GERAIS

Os escrêiperes puxados por tratores são projetados para carregar, transportar e descarregar materiais soltos em camadas controladas. A maior vantagem das combinações trator-escrêiper é sua versatilidade. O segredo da economia de um escrêiper empurrado por *pusher* é que tanto o trator empurrador como o escrêiper compartilham o trabalho de obter a carga. Os escrêiperes podem ser utilizados para carregar e transportar uma ampla variedade de materiais, incluindo **enrocamento (fragmentos de rocha)**, e são econômicos em uma ampla variedade de distâncias de viagens de transporte e condições de transporte de carga. Por serem autocarregáveis, eles não dependem de outros equipamentos. Se uma máquina da frota (equipe de máquinas) sofrer uma avaria temporária, ela não interrompe todo o trabalho, como aconteceria com uma máquina utilizada exclusivamente para carregamento.

pusher (trator empurrador)
O trator que auxilia no carregamento de um trator-escrêiper de rodas.

enrocamento (fragmentos de rocha)
Rochas que foram desmontadas de uma escavação.

Se a pá-carregadeira sofrer uma avaria, o trabalho como um todo precisa parar até o conserto ser concluído. Existem escrêiperes para capacidades solta-coroada de até 44 cy, mas no passado havia algumas máquinas com capacidade de até 100 cy.

Como os escrêiperes são um meio termo entre as máquinas projetadas exclusivamente para carregamento ou transporte de carga, eles não são superiores a equipamentos especializados em uma ou outra função. As escavadeiras, como as hidráulicas e pás-frontais (ou shovel) ou pás-carregadeiras, geralmente superam a eficiência de carregamento dos escrêiperes.

Gráfico

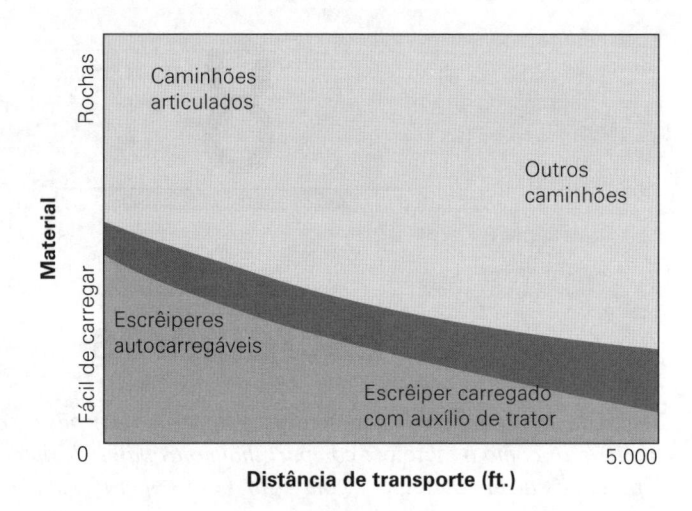

Eixo Y: Material (de "Fácil de carregar" a "Rochas")
Eixo X: Distância de transporte (ft.) — 0 a 5.000

Regiões:
- Caminhões articulados
- Outros caminhões
- Escrêiperes autocarregáveis
- Escrêiper carregado com auxílio de trator

Os caminhões podem ter velocidades de percurso superiores e, logo, superam os escrêiperes no transporte, especialmente em longas distâncias. Contudo, para situações fora de estrada e com transportes de menos de uma milha, a capacidade do escrêiper de carregar e transportar a carga lhe deixa em vantagem. Além disso, a capacidade dessas máquinas de depositar suas cargas em camadas de espessura uniforme facilita as operações de compactação.

TIPOS DE ESCRÊIPERES

Diversos tipos de escrêiperes são classificados principalmente de acordo com o número de eixos motores ou com o método de carregamento. Esses equipamentos tratores de rodas puxam reboques com rodas operados hidraulicamente, ou caçambas. No passado, os tratores de esteiras "rebocavam" caçambas de escrêiperes de dois eixos, eficazes em situações de transporte de curta distância, ou seja, de menos de 600 ft em uma direção. Outra máquina do passado é o trator de tração de dois eixos, hoje encontrado apenas em frotas ou equipe de máquinas muito antigas. As máquinas disponíveis atualmente incluem:

Escrêiperes de dois eixos "rebocados" por trator de esteiras

Escrêiperes carregados com auxílio de *pusher* (convencionais):

Eixo motor simples

Eixos motores em tandem (dois motores)

Escrêiperes autocarregáveis:

    Conjunto push-pull
    (empurra-puxa), eixos motores
    em tandem (dois motores)

    Elevadores

    Com broca

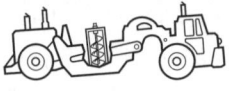

Escrêiperes carregados com auxílio de *pusher* (trator)

O trator-escrêiper de rodas carregado com auxílio de um trator (*pusher*) tem o potencial de atingir altas velocidades de percurso em estradas de transporte de carga favoráveis (ver Figura 8.1). Diversos modelos podem alcançar velocidades de até 35 mi/h quando completamente carregados. Isso amplia a distância de transporte econômica das unidades. Contudo, essas unidades estão em desvantagem quando se trata de fornecer o esforço individual de alta tração necessário para o carregamento econômico. Para o escrêiper de eixo motor simples (ver Figura 8.1), apenas uma parte, em torno de 50-55% do peso carregado total, se apoia sobre o eixo motriz.

Na maioria dos materiais, o coeficiente de tração para pneus de borracha é menor do que para esteiras. Assim, é necessário suplementar a potência de carregamento desses escrêiperes. A fonte externa de potência de carregamento geralmente é um trator de esteiras empurrador (*pusher*). Os custos de carregamento ainda são relativamente baixos, pois o escrêiper e o *pusher* compartilham o tra-

FIGURA 8.1 Trator-escrêiper de rodas com eixo motor simples sendo carregado com auxílio de um trator (*pusher*).

balho de fornecer a potência necessária para obter uma carga completa. Mesmo escrêiperes com dois motores em tandem normalmente precisam de ajuda no carregamento (ver Figura 8.2). Os escrêiperes com dois motores em tandem têm custo inicial cerca de 25% maior do que os escrêiperes com um único motor. Por esse motivo, eles normalmente são consideradas máquinas especializadas e utilizados para a abertura de um trabalho, serviço em rampas extremamente adversas ou serviço em condições de solo mole.

Os escrêiperes tratores de rodas com um único eixo motor carregados por *pusher* se adaptam melhor a trabalhos nos quais a resistência ao rolamento (também chamada resistência de rolagem) das estradas de transporte ou estradas de serviço é baixa e as rampas são mínimas. Eles deixam de ser econômicos quando:

- As rampas de transporte forem maiores do que 5%
- As rampas de retorno forem maiores do que 12%

Os escrêiperes tratores de rodas com eixos motores em tandem têm motores diferentes para a unidade tratora de rodas e a unidade escrêiper (caçamba). Esse sistema de dois motores geminados produz mais potência para superar altas resistências ao rolamento e/ou rampas íngremes.

Escrêiperes autocarregáveis

Os escrêiperes autocarregáveis, apesar de mais pesados e mais caros do que os escrêiperes convencionais equivalentes, podem ser econômicos em determinadas aplicações, especialmente no trabalho isolado e na remoção de camadas superficiais de material.

Escrêiperes em conjunto push-pull (empurra-puxa) São basicamente escrêiperes de eixos motores em tandem com um bloco de empuxo dotado de amortecimento e alça montada na parte frontal (ver Figuras 8.2 e 8.3) e um gancho montado na traseira acima do bloco de empuxo traseiro normal. Esses recursos permitem que dois escrêiperes auxiliem um ao outro durante o carregamento ao se empurrarem e puxarem mutuamente. O escrêiper traseiro empurra o dianteiro enquanto este carrega, depois o escrêiper dianteiro puxa o traseiro para auxiliar no carregamento. O recurso permite que os dois escrêiperes trabalhem sem o auxílio de um trator em-

FIGURA 8.2 Escrêiperes tratores de rodas em conjunto push-pull (empurra-puxa) com eixos motores em tandem (dois motores)

FIGURA 8.3 Gancho na traseira e bloco de empuxo com amortecimento e alça na dianteira de dois escrêiperes tratores de rodas em um conjunto push-pull (empurra-puxa).

purrador. Eles também podem funcionar individualmente com um *pusher*. Quando usados em rochas ou materiais abrasivos, o desgaste dos pneus desses escrêiperes será maior, pois a tração nas quatro rodas levará a mais patinagens.

Escrêiper autocarregável (com elevador) É um escrêiper de carregamento e transporte de carga totalmente autônomo (ver Figura 8.4). Um elevador de corrente (ver Figura 8.5), montado verticalmente sobre a parte frontal da caçamba, atua como mecanismo de carregamento. A desvantagem dessa máquina é que o peso do sistema do elevador de carregamento é uma carga permanente durante o ciclo de transporte. Esses escrêiperes são econômicos em situações de transporte de carga em distâncias curtas, nas quais a razão entre o tempo de transporte e o de carregamento permanece baixo. Os escrêiperes autocarregáveis são usados em serviços gerais, fazendo retoques atrás de frotas de alta produção ou deslocando materiais durante operações de acabamento final. Eles são muito bons em situações de pequenas quantidades. Não é preciso utilizar um trator como *pusher* (empurrador), então não ocorre falta

FIGURA 8.4 Trator-escrêiper de rodas autocarregável (com elevador).

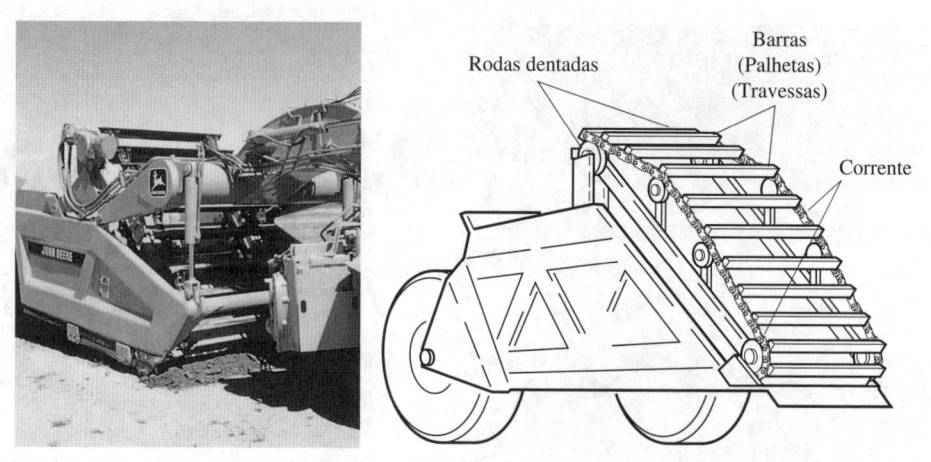

FIGURA 8.5 Mecanismo de carregamento de elevador de corrente na parte frontal da caçamba do escrêiper.

de sincronização entre o *pusher* e o número de escrêiperes. Devido ao mecanismo elevador, esses equipamentos não podem trabalhar com rochas ou materiais que contenham rochas.

Escrêiperes com broca Outro escrêiper de carregamento e transporte totalmente autônomo, o escrêiper com broca (ver Figura 8.6) pode se carregar sozinho em condições difíceis, como rochas laminadas, materiais granulares ou materiais congelados. Em uma operação de mineração de calcário macio, escrêiperes de dois motores em tandem, com broca e com 44 cy de capacidade, realizando cortes de 3-5 polegadas de profundidade, tiveram tempo de carregamento médio de cerca de 1 minuto.

Um sistema hidrostático independente aciona a broca localizada no centro da caçamba. A broca rotativa ergue (Figura 8.7) o material da **borda cortante** do escrêiper e carrega-o para o alto da carga, criando um vazio que permite que novos materiais entrem na caçamba com facilidade. Essa ação reduz a resistência da borda cortante, permitindo que

borda cortante
A borda de ataque da caçamba do escrêiper *que entra em contato com o solo.*

FIGURA 8.6 Escrêiper trator de rodas com broca.

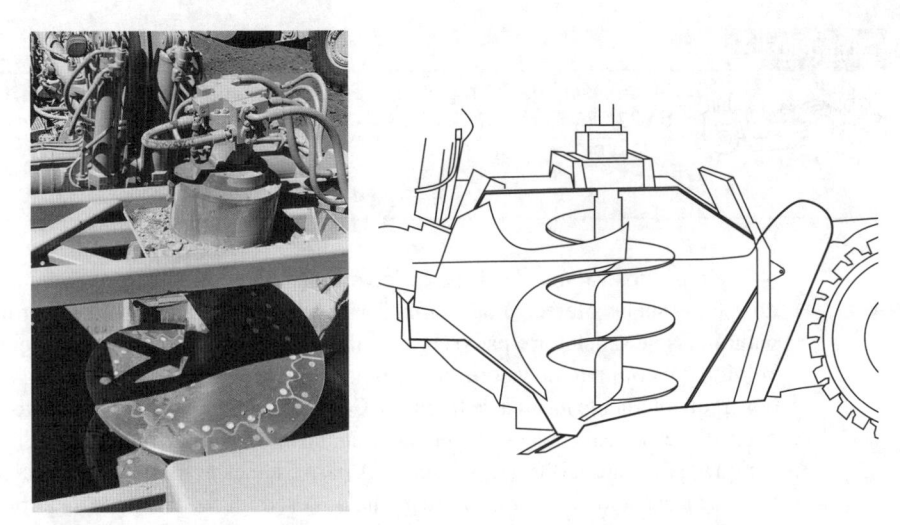

FIGURA 8.7 Mecanismo de carregamento da broca do escrêiper.

o escrêiper trator de rodas continue a se mover através do corte. Os escrêiperes com brocas estão disponíveis em configurações de um único motor ou com dois motores em tandem. Assim como ocorre com um escrêiper com elevador, a broca adiciona um peso extra, além do da carga, ao escrêiper durante os ciclos de deslocamento. Esses escrêiperes possuem custos de propriedade e operacionais superiores aos das máquinas convencionais com um único motor ou com dois motores em tandem.

Volume de um escrêiper

A carga volumétrica de um escrêiper pode ser especificada como a capacidade rasa ou coroada da caçamba em jardas cúbicas. A capacidade rasa é o volume que o escrêiper reteria se o topo do material fosse retirado no mesmo nível que o topo da caçamba. Ao especificar a capacidade coroada de um escrêiper, os fabricantes geralmente informam a inclinação do material acima das laterais da caçamba com a designação SAE. A Society of Automotive Engineers (SAE) especifica uma inclinação (ângulo) de repouso de 1:1 para escrêiperes. O padrão SAE para outras unidades de transporte de carga e caçambas de pás-carregadeiras é 2:1, como será visto nos Capítulos 9 e 11. Lembre-se que a inclinação real varia com o tipo de material com o qual se está trabalhando. Na prática, ambos os volumes representam jardas cúbicas soltas (lcy) de material devido ao modo como os escrêiperes são carregados.

A capacidade de um escrêiper, expressa em jardas cúbicas naturais (bcy), pode ser aproximada pela multiplicação do volume solto na caçamba do escrêiper por um fator de empolamento apropriado (ver Tabela 4.3). Devido ao efeito de compactação do material em um escrêiper carregado com auxílio de *pusher*, resultante da pressão necessária para forçar materiais adicionais para dentro da caçamba, o empolamento geralmente é menor do que isso para materiais descarregados dentro de um caminhão por uma escavadeira hidráulica. Os testes indicam que os fatores de empolamento na Tabela 4.3 devem ser aumentados em cerca de 10% para materiais carregados em um escrêiper com auxílio de *pusher*. No cálculo do volume de medição no terreno natural para um escrêiper autocarregável, não é exigida correção alguma para os fatores apresentados na Tabela 4.3.

EXEMPLO 8.1

Se um escrêiper carregado por empurradora transporte uma carga acumulada de 22,5 cy e, segundo a Tabela 4.3, o fator de dilatação apropriado é 0,8, qual o volume de medição no corte calculado?

$$22,5 \text{ cy} \times 0,8 \times 1,1 = 19,8 \text{ bcy}$$

O uso dos valores de capacidade volumétrica nominal e empolamento fornecidos pelas tabelas oferece uma estimativa da medida da carga do escrêiper no terreno natural. Isso é satisfatório para serviços menores ou caso o orçamentista tenha desenvolvido um conjunto de valores de empolamento precisos para os materiais encontrados frequentemente na área de trabalho. Com o passar do tempo, no entanto, é preciso obter os pesos reais dos escrêiperes carregados no campo com relação a uma ampla variedade de materiais (ver Figura 8.8). A partir desses pesos, é possível calcular diretamente a capacidade de transporte média dos escrêiperes da equipe de terraplenagem usando os métodos descritos no Capítulo 4. Isso pode ser importante em trabalhos grandes, nos quais a importância de pequenas diferenças entre os valores da tabela e os valores reais medidos no terreno podem gerar diferenças de custo enormes.

OPERAÇÃO DE ESCRÊIPERES

A seguir, estão as partes operacionais básicas de um escrêiper (ver Figura 8.9):

- *Caçamba*. A caçamba é o componente de carregamento e transporte de um escrêiper. Ela possui uma borda cortante (lâmina) que se estende horizontalmente em frente à sua borda frontal inferior. A caçamba é baixada durante o carregamento e erguida durante o percurso.
- *Avental*. O avental é a parede frontal da caçamba. Ele é independente da caçamba. O avental é erguido durante operações de carregamento e descarga para permitir que o material flua para dentro e para fora da caçamba. O avental é abaixado durante o transporte para evitar o derramamento do material.

FIGURA 8.8 Pesagem de escrêiperes carregados no campo.

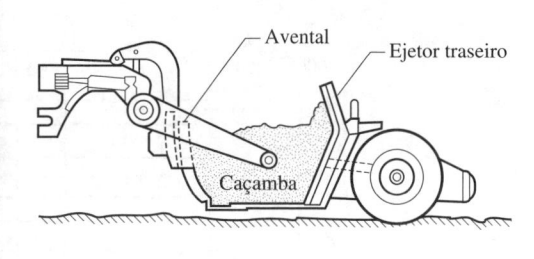

FIGURA 8.9 Caçamba do escrêiper com avental e ejetor identificados.

- *Ejetor.* O ejetor é a parede vertical traseira da caçamba. O ejetor fica na posição traseira durante o carregamento e o transporte. Durante o espalhamento, o ejetor é ativado e move-se para a frente, gerando descarga positiva do material na caçamba.

O escrêiper é carregado baixando a parte frontal da caçamba até que a borda cortante (lâmina de corte) à qual ela está ligada e que se estende por toda a largura da caçamba entrar no solo. Ao mesmo tempo, o avental frontal é erguido para criar uma abertura através da qual a terra pode entrar na caçamba. À medida que o escrêiper avança, fazendo um corte horizontal, uma faixa de material é forçada para dentro da caçamba. Isso continua até a caçamba ficar cheia, quando sua borda cortante é erguida e o avental é abaixado para impedir derramamentos durante o transporte. A caçamba deve ser mantida apenas alta o suficiente durante o transporte para não encostar no solo. Manter a caçamba baixa durante o percurso aumenta a estabilidade em altas velocidades e em estradas de transporte irregulares.

A operação de descarga consiste em baixar a borda cortante até a altura desejada acima do aterro, erguer o avental e então expulsar o material usando um ejetor móvel montado na traseira da caçamba

O escrêiper com elevador é equipado com palhetas horizontais (Figura 8.5) operadas por duas correntes sem fim de esteiras elevadoras, às quais as pontas das palhetas estão conectadas. À medida que o escrêiper avança com sua borda cortante raspando e desagregando uma faixa de material, as palhetas puxam o material para cima e para dentro da caçamba. A ação pulverizadora das palhetas permite o enchimento completo da caçamba e melhora o espalhamento uniforme do aterro. Assim como um escrêiper carregado com auxílio de *pusher*, um escrêiper com elevador possui um ejetor para descarregar o material. Além disso, a porção frontal do fundo da caçamba pode ser retraída e o elevador inverte seu sentido para auxiliar a ejeção do material.

GRÁFICOS DE DESEMPENHO DE ESCRÊIPERES

Os fabricantes de escrêiperes fornecem especificações e gráficos de desempenho para todas as suas máquinas. Esses gráficos contêm informações que podem ser utili-

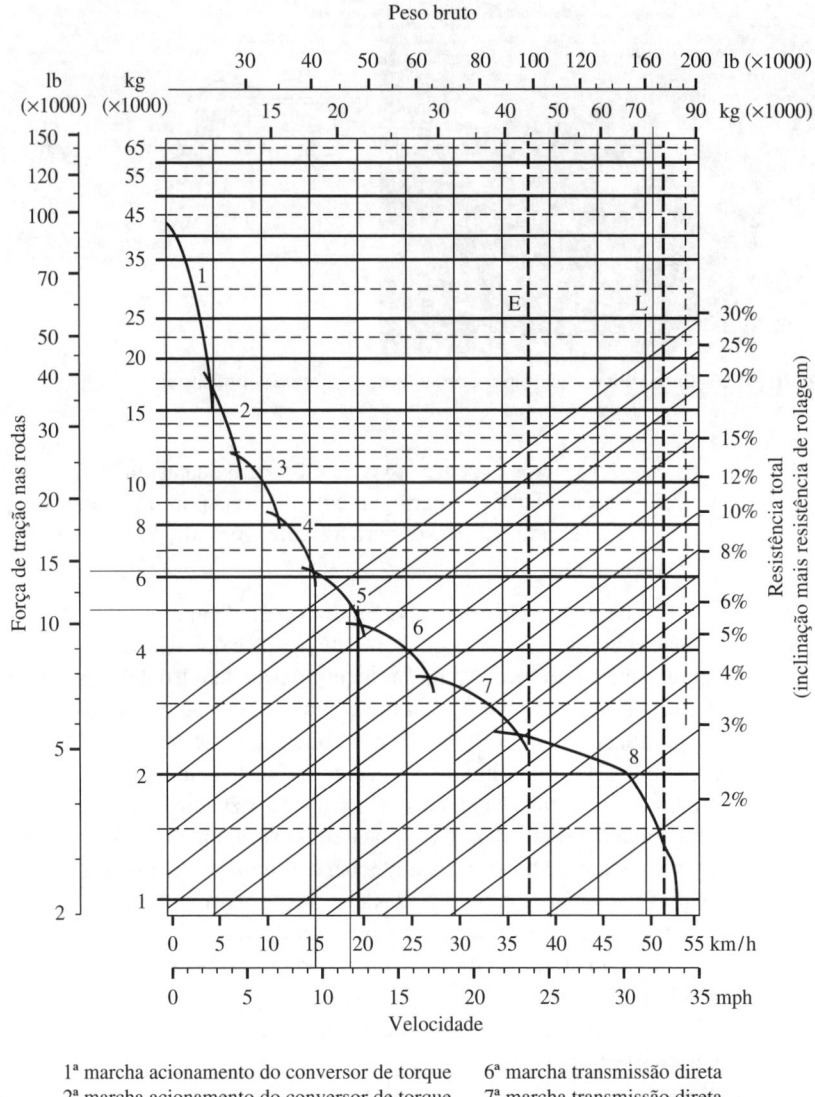

1ª marcha acionamento do conversor de torque
2ª marcha acionamento do conversor de torque
3ª marcha transmissão direta
4ª marcha transmissão direta
5ª marcha transmissão direta
6ª marcha transmissão direta
7ª marcha transmissão direta
8ª marcha transmissão direta
E Vazio 43.945 kg (96.880 lb)
L Carregado 77.965 kg (171.880 lb)

FIGURA 8.10 Gráfico de desempenho da força de tração nas rodas de um escrêiper Caterpillar 631E.
Reproduzido por cortesia da Caterpillar, Inc.

zadas para analisar o desempenho de um escrêiper sob diversas condições operacionais. A Tabela 8.1 fornece as especificações de um escrêiper Caterpillar 631E com um único eixo motor. As Figuras 8.10 e 8.11 apresentam os gráficos de desempenho referentes a esse escrêiper específico.

Legenda:

3 3ª marcha transmissão direta
4 4ª marcha transmissão direta
5 5ª marcha transmissão direta
6 6ª marcha transmissão direta
7 7ª marcha transmissão direta
8 8ª marcha transmissão direta

Legenda:

E Vazio 43.945 kg (96.880 lb)
L Carregado 77.965 kg (171.880 lb)

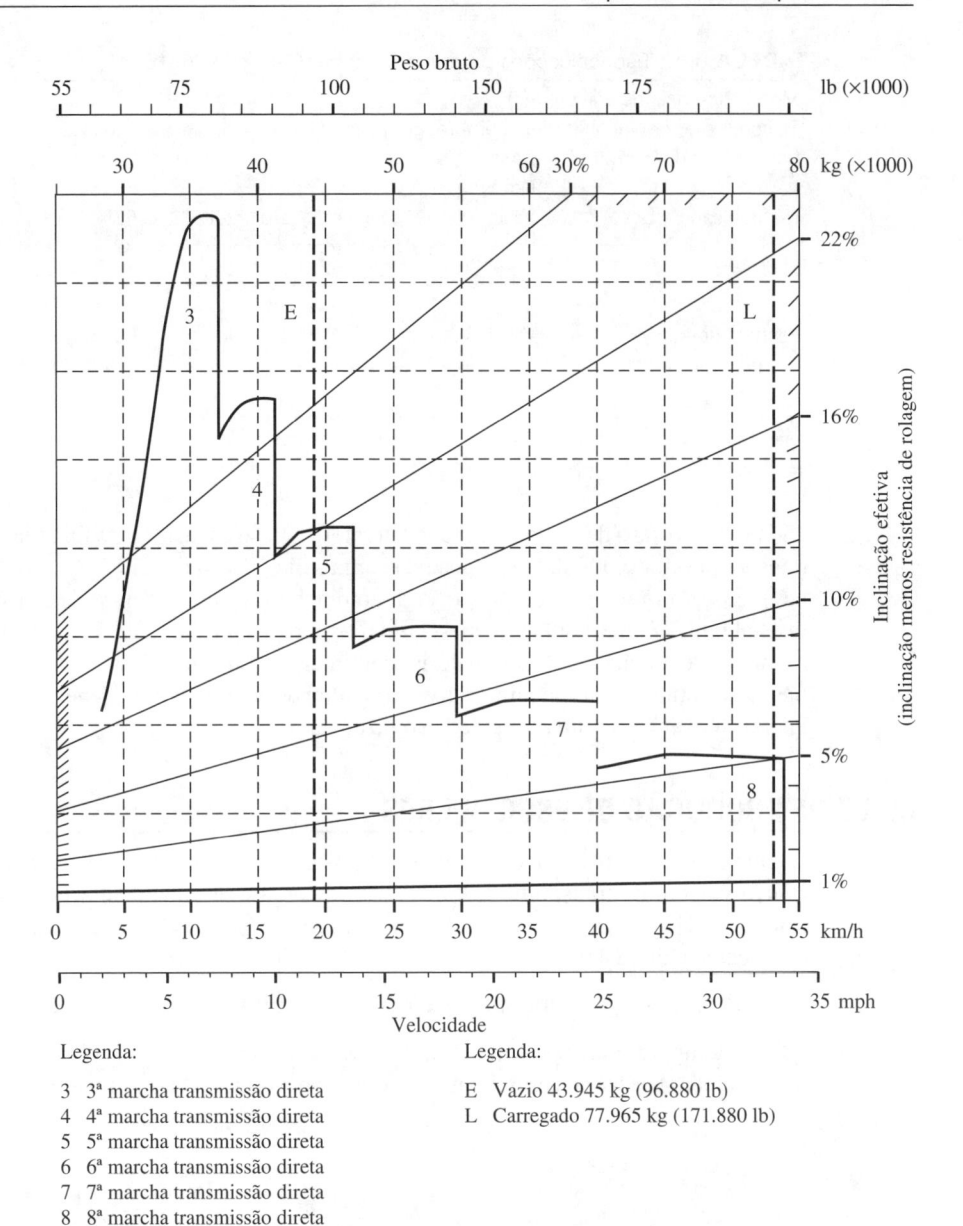

FIGURA 8.11 Gráfico de desempenho do retardo para um escrêiper Caterpillar 631E.
Reproduzido por cortesia da Caterpillar, Inc.

É preciso observar que os proprietários ocasionalmente adicionam chapas laterais às caçambas de seus escrêiperes. Essa prática aumenta a carga volumétrica que a máquina consegue transportar. Se as chapas aumentarem a carga volumétrica do escrêiper, cujas especificações se encontram na Tabela 8.1, para 25,8 bcy, o peso que o escrêiper carrega também aumentará. Esse escrêiper tem carga útil nominal de

TABELA 8.1 Especificações para um escrêiper Caterpillar 631E

Motor: potência no volante 450			
Transmissão: power shift (dupla embreagem) semiautomática, oito velocidades			
Capacidade do escrêiper:	Rasa		21 cy
	Coroada		31 cy
Distribuição de peso:	Vazio	Eixo motriz (dianteiro)	67%
		Eixo traseiro	33%
	Carregado	Eixo motriz (dianteiro)	53%
		Eixo traseiro	47%
Peso de operação:	Vazio		96.880 lb*
Carga nominal:			75.000 lb
Velocidade máxima:	Carregado		33 mph

* Inclui líquidos arrefecedores, lubrificantes, tanque de combustível cheio, estrutura de proteção contra capotagem (ROPS) e operador.

75.000 lb. No caso de uso dessa chapa lateral, se o peso específico do material sendo transportado for 3.000 lb/bcy, o peso da carga seria 77.400 lb (25,8 bcy × 3.000 lb/bcy). Esse valor é maior do que a carga nominal. O resultado será o de transportar mais algumas jardas por carga, mas, com o tempo, a sobrecarga da máquina elevará os custos de manutenção. Um material com maior peso específico agrava esse problema. Contudo, se a máquina estiver trabalhando com materiais leves, as chapas laterais passam a ser uma consideração razoável.

CICLO DE PRODUÇÃO DE ESCRÊIPERES

O ciclo de produção de um escrêiper é composto de seis operações: (1) carregamento, (2) viagem de transporte de carga, (3) descarga e espalhamento, (4) manobra (giro), (5) viagem de retorno e (6) manobra (giro) e posicionamento para recolher outra carga (Eq. [8.1]):

$$T_s = \text{carga}_t + \text{transporte}_t + \text{descarga}_t + \text{giro}_t + \text{retorno}_t + \text{giro}_t \qquad [8.1]$$

O tempo de carregamento é relativamente constante, seja qual for o tamanho do escrêiper. Apesar dos escrêiperes maiores transportarem cargas maiores, seu car-

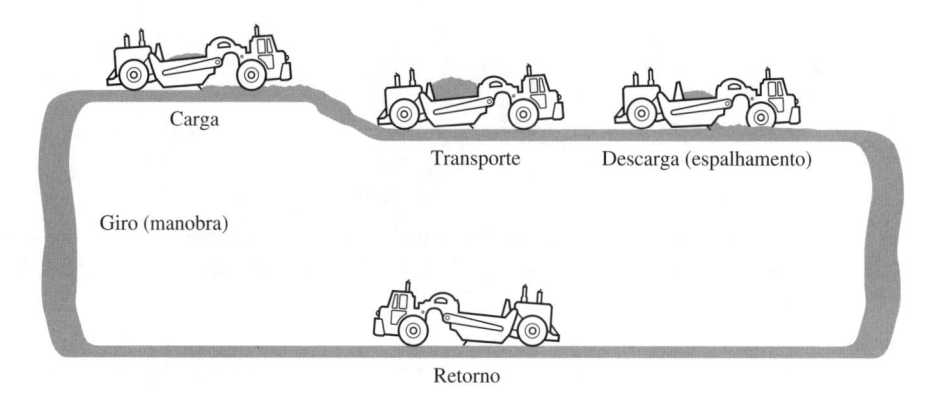

FIGURA 8.12 Ciclo de produção do escrêiper.

regamento é tão rápido quanto o das máquinas menores. Isso se atribui ao fato dos escrêiperes maiores terem mais potência e isso é compensado por um trator empurrador maior. O tempo de carregamento médio de terra comum para escrêiperes carregados com auxílio de *pusher* é de 0,80 minutos. Os escrêiperes com dois motores em tandem são carregados em um tempo ligeiramente menor. Os fabricantes de equipamentos fornecem tempos de carregamento para suas máquinas com base no uso de um *pusher* (trator empurrador) específico. O tempo de carregamento econômico para um escrêiper autocarregável com elevador geralmente fica em torno de 1 minuto.

Os tempos de transporte e de retorno dependem da distância percorrida e a velocidade do escrêiper. O transporte e o retorno geralmente ocorrem em faixas de velocidade diferentes. Assim, é necessário determinar o tempo de cada um separadamente. Se a estrada de transporte de carga (estrada de serviço) tiver condições variadas de resistência ao rolamento ou de rampa, será preciso calcular a velocidade para cada trecho do percurso. Para levar em conta o tempo de aceleração e desaceleração, utiliza-se nos cálculos uma distância curta em uma velocidade mais baixa na saída da trincheira (corte), aproximação da área de descarga, saída da área de descarga e novamente na entrada da trincheira. Normalmente uma distância de 200 ft a uma velocidade de 5 mph em cada caso parece adequado. Rampas extremamente fortes em descida (favoráveis) podem resultar em tempos de percurso maiores do que os calculados, pois os operadores tendem a reduzir de marcha para não atingirem velocidades excessivas. Ao utilizar os gráficos, sempre considere o elemento humano e nunca aceite as velocidades informadas sem questionamento.

FORMATO DA ESTIMATIVA DE PRODUÇÃO DE ESCRÊIPERES

Somente é possível determinar os métodos e equipamentos mais lucrativos para uso em qualquer serviço por meio de uma análise de projeto cuidadosa. A abordagem básica é uma análise sistemática do ciclo do escrêiper, com uma determinação do custo por jarda cúbica sob as condições existentes ou previstas para o projeto. Essa análise é útil na tomada de decisões para fins de estimativa e para controle do trabalho.

A seguir, apresentamos um formato que pode ser utilizado para analisar a produção do escrêiper. Os cálculos se baseiam no uso de um escrêiper CAT 631E, para a qual as especificações estão fornecidas na Tabela 8.1 e cujos gráficos de desempenho se encontram nas Figuras 8.8 e 8.9. A distância de transporte total entre o corte e o aterro é de 4.000 ft em três segmentos, cada um dos quais possui uma rampa diferente:

1.200 ft   +4% de rampa
1.400 ft   +2% de rampa
1.400 ft   −2% de rampa

O solo a ser transportado é uma argila com peso específico de 3.000 lb/bcy. A estrada de terra estará em bom estado de manutenção; assim, a resistência ao rolamento (ou resistência de rolagem) admitida é de 80 lb/tonelada, ou 4%. Admita um tempo de carregamento médio de 0,85 minutos. Se também for admitido que o formato da curva de crescimento de carga (Figura 8.13) é válido para este exemplo,

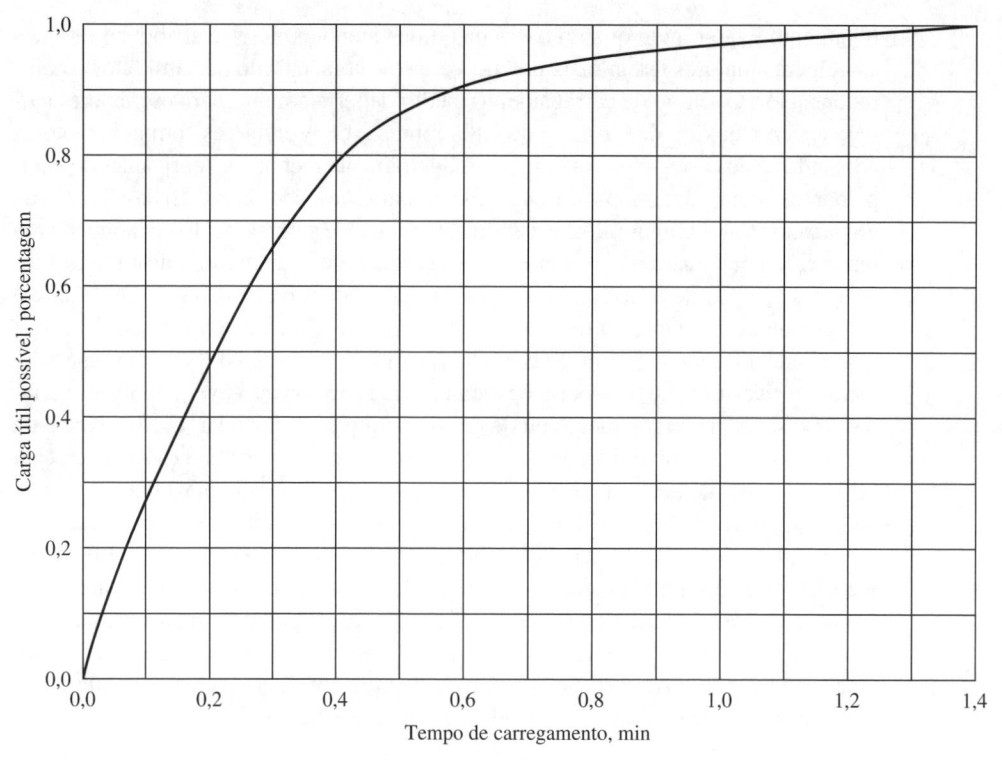

FIGURA 8.13 Uma curva de aumento de carga típica para o carregamento de escrêiperes.

a carga esperada será de 96% da capacidade coroada. Será utilizado um fator de eficiência de 50 minutos por hora.

> Uma curva de aumento de carga para a análise de escrêiperes carregados com auxílio de trator (*pusher*) descreve a capacidade de carregamento de um determinado escrêiper apenas sob um conjunto específico de condições, incluindo o uso de um trator para *pusher* de um determinado tamanho.

Passo 1: Peso

O primeiro passo no cálculo do ciclo de produção de escrêiperes é determinar o seguinte:

- Peso do veículo vazio (EVW)
- Peso da carga
- Peso bruto do veículo (GVW)

Peso do veículo vazio Para determinar o EVW, consulte os dados do fabricante e para o ano de fabricação e o modelo específico do escrêiper em consideração. Quando consultar os dados do fabricante, tome cuidado com as notas relativas ao que está incluído ou não no peso informado. Em geral, o peso de operação vazio inclui um tanque de combustível cheio, líquidos arrefecedores, lubrificantes, uma estrutura de ROPS e o operador.

Peso da carga O peso da carga é uma função do volume de carga do escrêiper e o peso específico do material sendo transportado. O volume de carga é o volume de material solto, de modo que o peso específico precisa ser um peso específico lcy; ou o volume solto pode ser convertido para corresponder às unidades de peso.

Peso bruto do veículo O GVW é a soma do EVW e do peso da carga.

Dados e cálculos de exemplo

Peso vazio (EVW) Tabela 8.1 96.880 lb

Volume da carga (baseado no tempo de carregamento, Figura 8.10 neste exemplo)

$0,96 \times 31$ cy $= 29,8$ lcy

Da Tabela 4.4: fator de empolamento da argila $= 0,74$

Medida do volume da carga no terreno natural: $29,8$ lcy $\times 0,74 \times 1,1 = 24,3$ bcy

Peso da carga: $24,3$ bcy $\times 3.000$ lb/bcy <u>72.900 lb</u>

Peso bruto (GVW) 169.780 lb

Passo 2: Resistência ao rolamento (ou resistência de rolagem)

A resistência ao rolamento ou resistência de rolagem (RR) é o resultado de uma decisão de gestão consciente sobre quanto esforço (dinheiro) será dedicado (gasto) na manutenção da estrada de serviço. À medida que o esforço (e dinheiro) dedicados a essa manutenção aumenta, a produção aumenta. E o contrário também é verdade: se não houver nenhum esforço no sentido de melhorar a estrada de serviço, a produção sofre. É preciso usar motoniveladoras e até buldôzeres para eliminar crateras e superfícies ásperas (ondulações). Será preciso usar caminhões-pipa para fornecer a umidade necessária para compactar a estrada de serviço e controlar a poeira. A visibilidade também é melhorada ao manter a estrada úmida. Essa ação simples reduz a probabilidade de um acidente. O controle de poeira também ajuda a atenuar o desgaste mecânico.

Resistência ao rolamento e produção de escrêiperes A resistência ao rolamento de estradas de transporte (ou estradas de serviço) é uma condição de trabalho que, algumas vezes, é ignorada. O efeito das condições da estrada de serviço sobre a resistência ao rolamento e, logo, sobre a produção do escrêiper e o custo de transporte de terra, deve sempre ser analisado com cuidado. Uma estrada de transporte de carga ou estrada de serviço em bom estado de manutenção permite velocidades de percurso mais rápidas e reduz os custos de manutenção e conserto dos escrêiperes. As informações apresentadas na Figura 8.14 vêm de um estudo de campo sobre tempos de transporte de escrêiperes. A área sombreada representa a faixa de tempos de percurso médios em diversos projetos. O limite inferior indica os tempos de percurso em projetos com estradas de transporte de cargas em bom estado de manutenção. O limite superior indica estradas em mau estado de manutenção. Considerando uma distância de transporte de 4.000 ft, o tempo total de transporte e retorno combinado em uma estrada de transporte em bom estado de manutenção foi de 5,20 minutos. Em más condições, o tempo podia chegar a 7,55 minutos. Uma diferença de 2,35 minutos no tempo de ciclo é uma perda de produção de 4,7% em uma hora de 50 minutos.

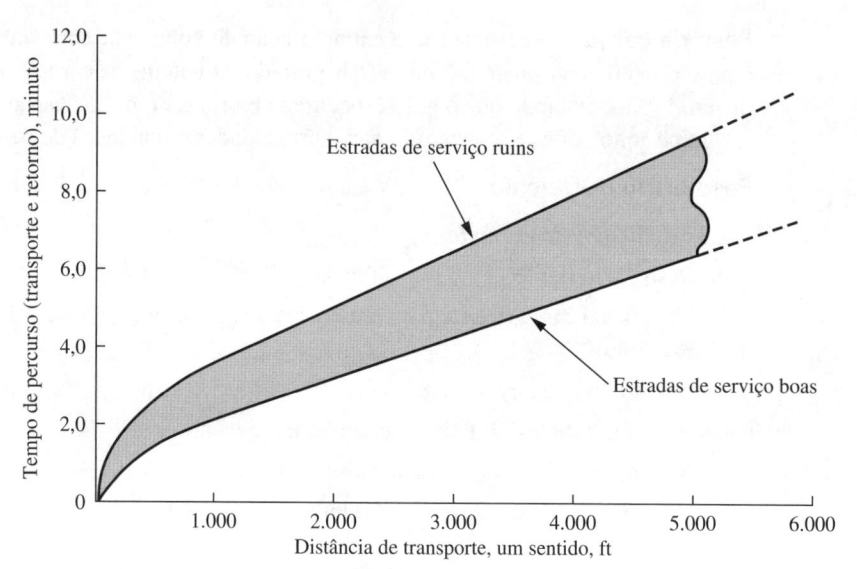

FIGURA 8.14 Tempos de percurso médios de escrêiperes de um único eixo motor, capacidade <25 cy, rampa insignificante
Fonte: U.S. Department of Transportation, FHWA.

A Tabela 6.1 fornece valores representativos de resistência ao rolamento. A RR pode ser expressa como uma porcentagem ou como libras por tonelada de peso do veículo.

Para esse exemplo, espera-se que a estrada de terra esteja em bom estado de manutenção e tenha resistência ao rolamento de 8 lb/tonelada ou 4%.

Passo 3: Resistência/assistência de rampa

A resistência de rampa (GR) ou assistência de rampa (GA) geralmente é uma função da topografia do projeto. Desde onde o material deve ser escavado até onde ele deve ser transportado existem condições físicas impostas pelos requisitos do projeto. Elabore seus planos de modo a evitar rampas desfavoráveis que poderiam reduzir drasticamente a produção. Ocasionalmente, a seleção de uma estrada de serviço permite o uso de rampas menos inclinadas, mas tais possibilidades devem ser consideradas em compensação com a maior comprimento da rota selecionada. Essas alternativas podem significar a necessidade de elaborar diversas estimativas de produção diferentes para os escrêiperes.

A resistência de rampa pode ser expressa como uma porcentagem ou como libras por tonelada de peso do veículo.

Nesta análise, o comprimento e as rampas da estrada de serviço admitidos do corte até o aterro são:

1.200 ft	80 lb/ton	+4% de rampa
1.400 ft	40 lb/ton	+2% de rampa
1.400 ft	−40 lb/ton	−2% de rampa

TABELA 8.2 Esboço de estimativa de produção de escrêiper para o ciclo de transporte de carga

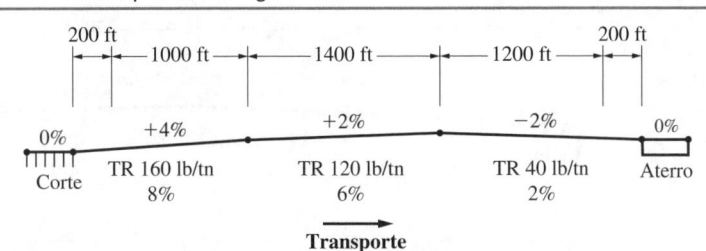

```
         200 ft                                                    200 ft
        |←→|—— 1000 ft ——|—— 1400 ft ——|—— 1200 ft ——|←→|
                  +4%              +2%            −2%
   0%                                                            0%
 ┬┬┬┬┬   TR 160 lb/tn      TR 120 lb/tn    TR 40 lb/tn         Aterro
  Corte       8%                 6%             2%
                              ——————→
                              Transporte
```

	Distância (ft)	Passo 2 RR (%)	Passo 3 GR (%)	Passo 4 TR (lb por tonelada)	Passo 4 TR (%)
Transporte de carga	200 (ac.)	4	4	160	8
(169.780 lb ou 84,89	1.000	4	4	160	8
toneladas)	1.400	4	2	120	6
	1.200	4	2	40	2
	200 (desac.)	4	2	40	2

A resistência total pode ser calculada em lb/tonelada ou como porcentagem. Ambas são incluídas no gráfico para ilustrar esse fato. Contudo, não é necessário utilizar ambas quando realizar um cálculo de produção; uma ou a outra será suficiente. A escolha influi no modo como os gráficos de desempenho são utilizados, mas ambos os métodos produzem a mesma velocidade.

Passo 4: Resistência/assistência total

É preciso determinar a resistência total (TR) ou assistência total (TA) para cada trecho de transporte e retorno. Este valor é a soma da resistência ao rolamento (ou resistência de rolagem) e a resistência/assistência de rampa de cada trecho. A prática recomendada é utilizar um formato de tabela (como o ilustrado nesta análise) ao desenvolver uma estimativa da produção do escrêiper. Nesse formato de tabela, é possível utilizar uma nova linha para cada trecho das estradas de transporte de carga e de retorno.

Para considerar a aceleração, os 200 ft no início do primeiro trecho das estradas de transporte de carga e de retorno serão percorridos em velocidade reduzida. Da mesma forma, para considerar a desaceleração, os últimos 200 ft do segmento final das estradas de transporte de carga e de retorno também serão percorridos em velocidade reduzida. Tais trechos não representam distâncias adicionais, sendo parte de seus respectivos trechos; contudo, em vez de utilizar uma velocidade apropriada para o peso do escrêiper e a resistência total, será utilizada uma velocidade reduzida no cálculo do tempo de percurso para esses trechos. As Tabelas 8.2 e 8.3 ilustram o processo.

Passo 5: Velocidade de percurso

É possível determinar velocidades de percurso constantes baseadas no peso total do veículo e na resistência total a partir dos gráficos de desempenho ou de retardo dos fabricantes para os escrêiperes específicos sob consideração. Se a resistência total for um número positivo, é preciso utilizar o gráfico de desempenho; se for um número negativo, o gráfico de retardo deve ser empregado. As velocidades no gráfico

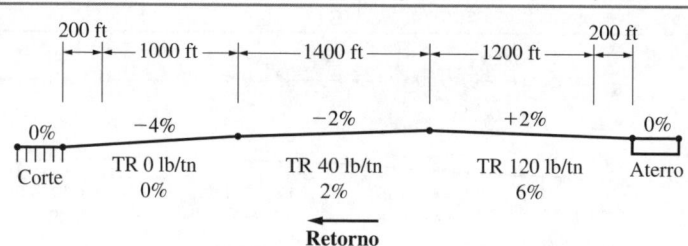

TABELA 8.3 Formato da estimativa de produção de escrêiperes para o retorno

```
     200 ft                                          200 ft
    |←→|←— 1000 ft —→|←— 1400 ft —→|←— 1200 ft —→|←→|
       
     0%    −4%          −2%          +2%           0%
    ┌┬┬┬┐
    Corte  TR 0 lb/tn   TR 40 lb/tn  TR 120 lb/tn   Aterro
           0%           2%           6%
                            ←——— Retorno
```

	Distância (ft)	Passo 2 RR (%)	Passo 3 GR (%)	Passo 4 TR (lb por tonelada)	Passo 4 TR (%)
Retorno (96.880 lb ou	200 (ac.)	4	2	120	6
48,44 toneladas)	1.200	4	2	120	6
	1.400	4	−2	40	2
	1.000	4	−4	0	0
	200 (desac.)	4	−4	0	0

A resistência total pode ser calculada em lb/tonelada ou como porcentagem. Ambas são incluídas no gráfico para ilustrar esse fato. Contudo, não é necessário utilizar ambas quando realizar um cálculo de produção; uma ou a outra será suficiente. A escolha influi no modo como os gráficos de desempenho são utilizados, mas ambos os métodos produzem a mesma velocidade.

representam aquelas que podem ser alcançadas em uma condição de estado permanente (velocidade constante). Elas não representam necessariamente as velocidades operacionais seguras para as condições específicas de um local de trabalho. Antes de selecionar uma velocidade para fins de estimativa, é preciso visualizar as condições do projeto e ajustar as velocidades do gráfico às condições previstas. Um exemplo disso seria o transporte em descida de rampa à plena carga. O gráfico pode indicar a velocidade máxima que o veículo poderia alcançar, mas muitos operadores não ficam à vontade com deslocamentos tão rápidos em uma rampa, pois percebem que a condição seria insegura, e rebaixam a marcha. As velocidades utilizadas nesta análise se encontram na Tabela 8.4.

A resistência total pode ser calculada em lb/tonelada ou como porcentagem. Ambas são incluídas no gráfico para ilustrar esse fato. Contudo, não é necessário utilizar ambas quando realizar um cálculo de produção; uma ou a outra será suficiente. A escolha influi no modo como os gráficos de desempenho são utilizados, mas ambos os métodos produzem a mesma velocidade.

Passo 6: Tempo de percurso

O tempo de percurso é a soma dos tempos que o escrêiper precisa para percorrer cada trecho das estradas de transporte e de retorno. Com base nas velocidades determinadas a partir dos gráficos de desempenho ou de retardo, ou nas velocidades admitidas em virtude das condições do trabalho, podemos calcular o tempo de percurso utilizando a Eq. [8.2] (Tabela 8.5).

$$\text{Tempo de percurso por segmento (min)} = \frac{\text{Distância do trecho, ft}}{88 \times \text{velocidade de percurso, mi/h}} \quad [8.2]$$

TABELA 8.4 Esboço da estimativa de produção de escrêiperes incluindo o Passo 5, velocidade de percurso

	Distância (ft)	Passo 2 RR (%)	Passo 3 GR (%)	Passo 4 TR (lb de força de tração nas rodas)	Passo 4 TR (%)	Passo 5 velocidade (mi/h)
Transporte de carga (169.780 lb ou 84,89 toneladas)	200* (ac.)	4	4	13.582	8	5[†]
	1.000	4	4	13.582	8	10
	1.400	4	2	10.187	6	14
	1.200	4	−2	3.396	2	32
	200* (desac.)	4	−2	3.396	2	16[†]
Retorno (96.880 lb ou 48,44 toneladas)	200* (ac.)	4	2	5.813	6	11[†]
	1.200	4	2	5.813	6	23
	1.400	4	−2	1.938	2	33
	1.000	4	−4	0	0	33
	200[†] (desac.)	4	−4	0	0	16[†]

* Distâncias de aceleração e desaceleração admitidas.
† Velocidade reduzida para levar em consideração a aceleração ou desaceleração.

TABELA 8.5 Esboço da estimativa de produção de escrêiperes incluindo o Passo 6, tempo de percurso

	Distância (ft)	Passo 2 RR (%)	Passo 3 GR (%)	Passo 4 TR (%)	Passo 5 velocidade (mi/h)	Passo 6 tempo (min)
Transporte (172.210 lb)	200* (ac.)	4	4	8	5[†]	0,45
	1.000	4	4	8	10	1,14
	1.400	4	2	6	14	1,14
	1.200	4	2	2	32	0,43
	200* (desac.)	4	2	2	16[†]	0,14
Retorno (96.880 lb)	200* (ac.)	4	2	6	11[†]	0,21
	1.200	4	2	6	23	0,56
	1.400	4	2	2	33	0,48
	1.000	4	4	0	33	0,34
	200* (desac.)	4	4	0	16[†]	0,14
					Tempo de percurso total	5,03

* Distâncias de aceleração e desaceleração admitidas.
† Velocidade reduzida para levar em consideração a aceleração ou desaceleração.

Tempo 7: Tempo de carregamento

O tempo de carregamento é uma decisão gerencial que deve ser tomada após uma avaliação cuidadosa dos efeitos de custo e produção. No campo, a tendência é demorar demais para carregar os escrêiperes.

Curva de aumento de carga de escrêiperes Sem uma avaliação crítica das informações disponíveis, pode parecer que o menor custo de transporte de terra com escrêiperes seria carregar todos os escrêiperes com sua capacidade máxima antes de sair do corte. Contudo, diversos estudos sobre práticas de carregamento revelaram que normalmente o carregamento de escrêiperes até suas capacidades máximas irá reduzir, ao invés de aumentar, a produção (ver Tabela 8.6).

TABELA 8.6 Variações dos índices de produção de escrêiperes em relação aos tempos de carregamento (uma distância de transporte unidirecional de 2.500 ft)

Tempo de carregamento (min)	Outro tempo (min)	Tempo de ciclo (min)	Número de viagens por hora	Carga útil*		Produção por hora†	
				(cy)	(cu m)	(cy)	(cu m)
0,5	5,7	6,2	8,07	17,4	(13,3)	140	(107)
0,6	5,7	6,3	7,93	18,3	(14,0)	145	(111)
0,7	5,7	6,4	7,81	18,9	(14,5)	147	(112)
0,8	5,7	6,5	7,70	19,2	(14,7)	148‡	(113)
0,9	5,7	6,6	7,57	19,5	(14,9)	147	(112)
1,0	5,7	6,7	7,46	19,6	(15,0)	146	(112)
1,1	5,7	6,8	7,35	19,7	(15,1)	145	(111)
1,2	5,7	6,9	7,25	19,8	(15,2)	143	(109)
1,3	5,7	7,0	7,15	19,9	(15,2)	142	(109)
1,4	5,7	7,1	7,05	20,0	(15,3)	141	(108)

* Determinada pelo desempenho medido.
† Para uma hora de 50 minutos.
‡ O tempo econômico é 0,8 min.

Quando um escrêiper começa a carregar, a terra flui para dentro dele com rapidez e facilidade, mas à medida que a quantidade de terra dentro da caçamba aumenta, a terra que entra passa a enfrentar resistência cada vez maior e velocidade de carregamento decresce muito rapidamente, como se pode ver nas Figuras 8.13 e 8.15. Esses valores mostram as curvas de aumento de carga para combinações específicas de escrêiperes e tratores (*pushers*) utilizados para escavar um determinado tipo de material; elas mostram a relação entre a carga no escrêiper e o tempo de carregamento. Uma análise da curva da Figura 8.12 revela que durante os primeiros 0,5 minutos, o escrêiper carrega cerca de 85% de sua carga útil máxima possível. Durante os próximos 0,5 minutos, ele carrega apenas um adicional de 12%; se o carregamento continuar até 1,4 minutos, o ganho em volume durante os últimos 0,4 minutos é de apenas 3% – um exemplo instrutivo da famosa lei dos rendimentos decrescentes.

A Figura 8.15 apresenta duas curvas de aumento de carga. Ambas se referem ao mesmo escrêiper, mas elas mostram o efeito de utilizar diferentes combinações de tratores empurrador. A curva mais inclinada, à esquerda, é produzida quando o escrêiper é acionado em tandem e empurrado por dois tratores.

O tempo de carregamento econômico é uma função da distância de transporte de carga. À medida que essa distância aumenta, o tempo econômico de carregamento também aumenta. A Figura 8.16 ilustra a relação entre tempo de carregamento, a produção e a distância de transporte, mas apenas para demonstrar graficamente essas inter-relações. A distância de transporte econômica para os escrêiperes geralmente é muito inferior a uma milha. Isso pode ser verificado pela rapidez com a qual a produção diminui quando a distância de transporte de carga aumenta.

Nesta análise, foi admitido um tempo de carregamento médio de 0,85 minutos.

Passo 7: Tempo de carregamento   0,85 min

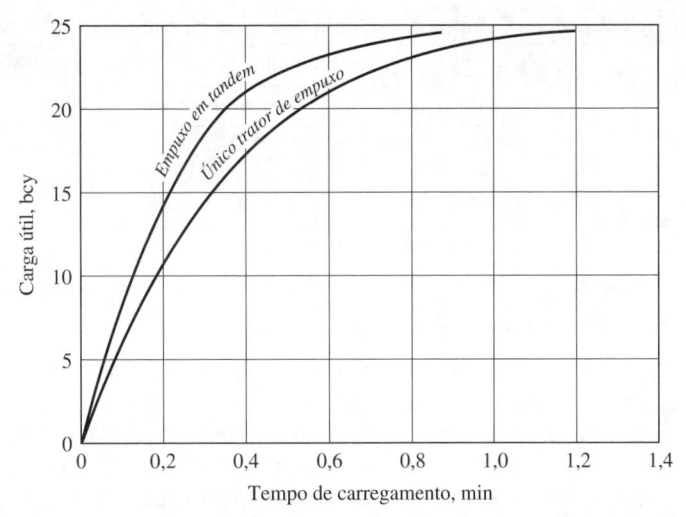

FIGURA 8.15 Curvas de aumento de carga para um escrêiper específico com empuxo em tandem e quando empurrado por um único trator.

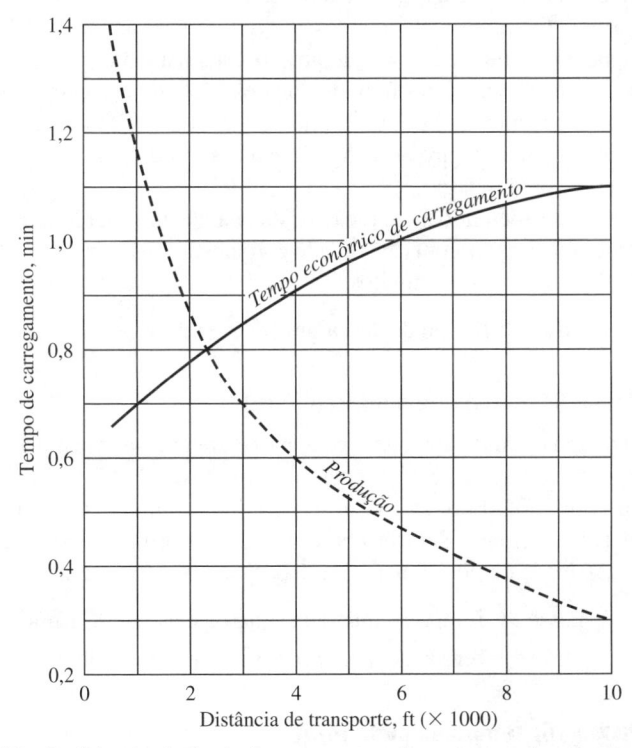

FIGURA 8.16 O efeito da distância de transporte sobre o tempo de carregamento econômico de um escrêiper.

TABELA 8.7 Tempos de ciclo de descarga de escrêiperes

Tamanho do escrêiper (cy) coroado	Tipo de escrêiper	
	Motor simples (min)	Dois motores em tandem (min)
<25	0.30	–
25–34	0.37	0.26
35–44	0.44	0.28

Fonte: U.S. Department of Transportation, FHWA.

Passo 8: Tempo de descarga

Os tempos de descarga variam de acordo com o tamanho do escrêiper, mas as condições do projeto afetam a duração da descarga. A Tabela 8.7 apresenta valores médios para tempos de descarga. As restrições físicas na área de descarga podem determinar as técnicas de descarga do escrêiper. O método mais comum é que o escrêiper despeje sua carga antes de fazer a manobra de giro, utilizando a quantidade de momento do transporte para mover a caçamba sobre e através do material descarregado. Isso reduz a possibilidade do escrêiper ficar preso no material recém-descarregado e leva a um espalhamento mais homogênea do material, o que por sua vez reduz os esforços posteriores de equipamentos de dispersão e compactação.

Às vezes, é necessário fazer o giro antes de descarregar. Isso geralmente aumenta o tempo de descarga e a probabilidade do escrêiper ficar preso enquanto descarrega. O último método é descarregar durante a manobra de giro. Isso certamente aumenta o tempo de descarga, produz espalhamento pouco homogêneo e pode fazer com que os escrêiperes fiquem atolados. Quando o acesso é limitado, como na situação de encontros de pontes ou no reaterro de bueiros, pode ser necessário executar uma manobra de giro/descarga. Materiais úmidos são difíceis de ejetar e aumentam o tempo de descarga.

Considerando a condição desta análise, um escrêiper 631, que é uma máquina de motor simples com capacidade coroada nominal de 31 cy (Tabela 8.1), terá tempo de descarga de 0,37 minutos (Tabela 8.7).

Passo 8: Tempo de descarga   0,37 min

Passo 9: Tempos de manobra (giro)

O tempo de manobra, ou de giro, não é afetado significativamente pelo tipo ou pelo tamanho do escrêiper. Com base em estudos da FHWA, o tempo de manobra médio no corte é 0,30 minutos e, no aterro, 0,21 minutos. O tempo de giro ligeiramente mais lento (maior duração) no corte se deve principalmente à congestão na área e à necessidade de posicionar o escrêiper para o trator empurrador (*pusher*).

Passo 9: Tempo de manobra (giro) em aterro 0,21 min

Tempo de manobra (giro) em corte 0,30 min

Passo 10: Tempo de ciclo total

O tempo de ciclo total do escrêiper é a soma dos tempos das seis operações examinadas nos passos 1 a 9 – viagem de transporte de carga e de retorno, que foram combinados; carregamento; descarga e espalhamento; giro (manobra) no aterro; e giro (manobra) e posicionamento para novo carregamento no corte.

Passo 6: Tempo de percurso	5,03 min
Passo 7: Tempo de carregamento	0,85 min
Passo 8: Tempo de descarga	0,37 min
Passo 9: Tempo de retorno aterro	0,21 min
Tempo de retorno reduzido em	0,30 min
Passo 10: Tempo de ciclo total do escrêiper	6,76 min

Passo 11: Tempo de ciclo do *pusher* (trator empurrador)

Para que os escrêiperes tratores que necessitam ser empurrados atinjam sua capacidade volumétrica, eles precisam do auxílio de um trator empurrador (*pusher*) durante a operação de carregamento. Essa assistência reduz a duração do carregamento e, logo, o tempo de ciclo total. Ao utilizar tratores empurradores, o número desses equipamentos deve corresponder ao número de escrêiperes disponíveis em um determinado momento. Se o trator empurrador ou o escrêiper precisarem esperar um pelo outro, a eficiência operacional ficará reduzida e os custos de produção aumentarão.

O tempo de ciclo da empurradora inclui o tempo necessário para carregar por empuxo o escrêiper (o tempo de duração do contato *pusher*-escrêiper – ou tempo de contato) e o tempo necessário para que o empurrador se posicione de modo a carregar por empuxo o próximo escrêiper. O tempo de ciclo para um trator empurrador varia com as condições da área de carregamento, o tamanho relativo do trator e do escrêiper e o método de carregamento. A Figura 8.17 mostra três métodos de carregamento. O *carregamento traseiro* é o método de emprego mais comum. Ele oferece a vantagem de sempre ser capaz de carregar na direção do transporte. O *carregamento em cadeia* pode ser utilizado quando a escavação é realizada em um corte longo. O *carregamento à curta distância* é muito pouco usado, mas se torna um método viável quando o trator empurrador pode atender escrêiperes transportando sua carga em direções opostas do corte. Os padrões de carregamento que reduzem os movimentos dos tratores empurradores (*pushers*) e escrêiperes na trincheira economizam segundos valiosos e aumentam a produção.

A Caterpillar recomenda calcular o tempo de ciclo do trator empurrador de carregamento traseiro, T_p, pela fórmula:

$$T_p = 1{,}4L_t + 0{,}25 \qquad [8.3]$$

onde L_t = tempo de carregamento do escrêiper (tempo de contato da empurradora).

A fórmula se baseia no conceito de que o tempo de ciclo da empurradora é uma função de quatro componentes:

1. Tempo de carregamento do escrêiper
2. Tempo de reforço, tempo auxiliando o escrêiper a sair do corte, 0,15 minutos
3. Tempo de manobra, 40% do tempo de carregamento (p. ex., a distância percorrida)
4. Posicionamento para o tempo de contato, 0,10 min

O tempo de ciclo do trator empurrador será menor quando usando os métodos de curta distância ou em cadeia.

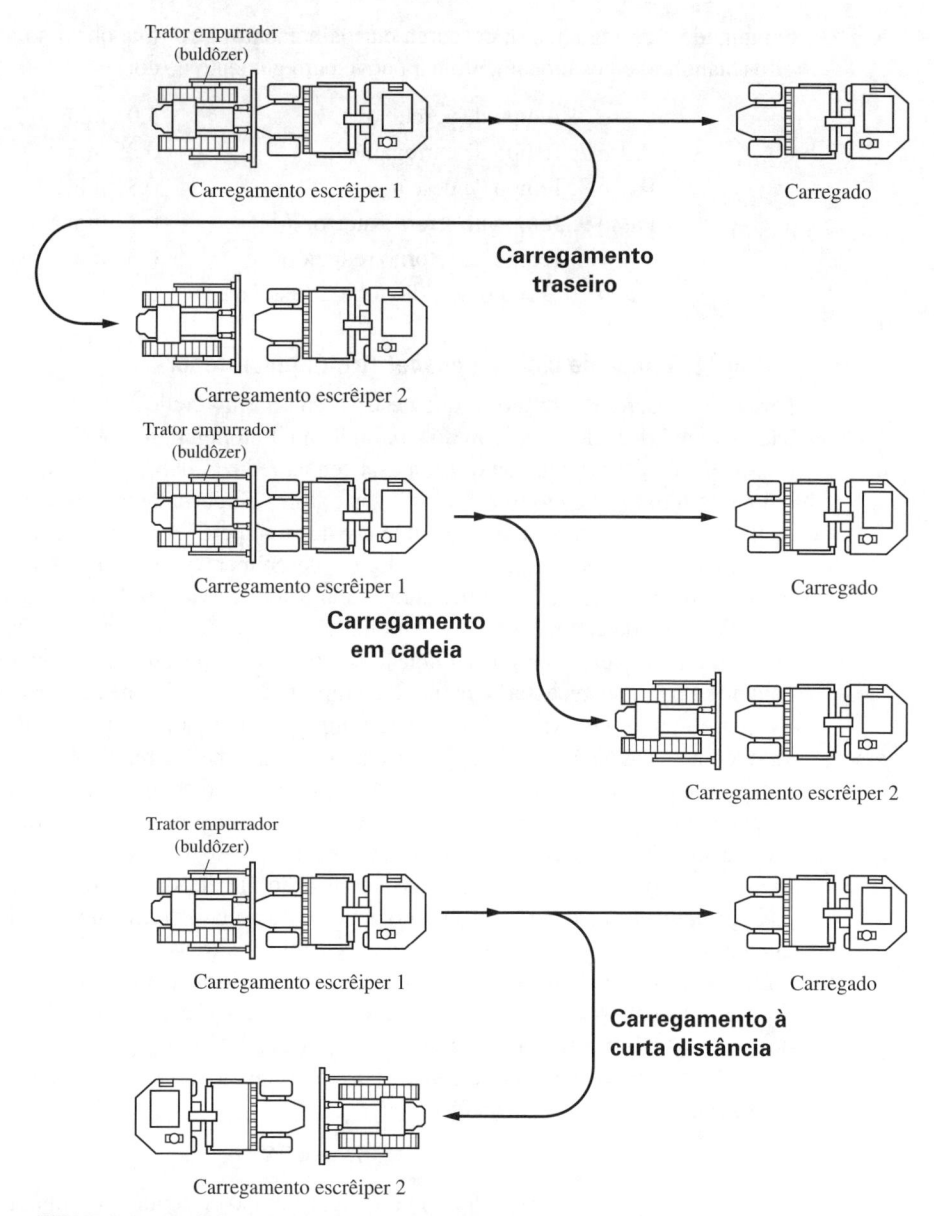

FIGURA 8.17 Métodos de carregamento por empuxo de escrêiperes.

O tempo de carregamento do escrêiper nesta análise é de 0,85 min (o tempo de contato); logo, aplicando a Eq. [8.3]:

$$T_p = 1,4(0,85) + 0,25 = 1,44$$

As condições de carregamento favoráveis reduzem o tempo de carregamento e aumentam o número de escrêiperes que uma empurradora pode atender. Uma trincheira ou corte de grandes dimensões, a escarificação de solos duros antes do carregamento, o carregamento em rampa e o uso de um trator empurrador cuja potência corresponda ao tamanho do escrêiper são fatores que podem melhorar os tempos de carregamento. Da mesma forma, solos firmes sem escarificação prévia, escrêiperes muito grandes e o carregamento de rochas são fatores que podem criar uma situação na qual é preciso utilizar vários tratores empurradores para carregar um escrêiper com eficácia.

Passo 12: Equilibrar a frota (equipe de máquinas)

O número de escrêiperes que um trator empurrador pode atender é simplesmente a razão entre o tempo de ciclo do escrêiper e o tempo de ciclo do trator empurrador:

$$N = \frac{T_s}{T_p} \quad [8.4]$$

onde N = número de escrêiperes por trator empurrador (*pusher*).

Raramente, ou nunca, o valor de N será um número inteiro. Isso significa que o trator empurrador ou os escrêiperes precisarão ficar ociosos por algum tempo durante o ciclo.

Nesta análise, o tempo de ciclo total do escrêiper foi de 6,76 minutos e o tempo necessário do trator empurrador, 1,44 minutos; assim, aplicando a Eq. [8.4]:

$$N = \frac{6,76 \text{ min}}{1,44 \text{ min}} = 4,7$$

Em consequência, é preciso analisar a economia de utilizar quatro ou cinco escrêiperes.

Passo 13: Eficiência

O termo *eficiência* ou *eficiência operacional* é usado para levar em consideração as operações produtivas reais em termos de um número médio de minutos por hora durante o qual as máquinas trabalharão. Uma hora média de 50 minutos seria igual a um fator de eficiência de 0,83 (50/60). A hora de 50 minutos é um ponto de partida razoável se não houver dados de eficiência específicos referentes à empresa e/ou ao equipamento. O orçamentista deve sempre tentar visualizar o local de trabalho e como as operações serão realizadas no campo antes de tentar aplicar um fator de eficiência. Se o corte não ficará congestionado e a área de descarga for totalmente aberta, uma hora de 55 minutos pode ser apropriada. Mas se o corte envolver uma área confinada, como uma vala, ou se a área de aterro for uma cabeça de ponte estreita, o orçamentista deve considerar uma eficiência reduzida, possivelmente uma hora de 45 minutos.

Para a análise, foi admitido um fator de eficiência de 50 minutos por hora.

Passo 14: Produção

Se o número de escrêiperes colocados no serviço for inferior ao número de equilíbrio da Eq. [8.4], os escrêiperes controlarão a produção e o trator empurrador ficará algum tempo ocioso.

$$\begin{array}{c}\text{Produção} \\ \text{(sob controle} \\ \text{dos escrêiperes)}\end{array} = \frac{\text{eficiência, min/hora}}{\begin{array}{c}\text{tempo de ciclo total} \\ \text{do escrêiper, min}\end{array}} \times \begin{array}{c}\text{número de} \\ \text{escrêiperes}\end{array} \times \begin{array}{c}\text{volume} \\ \text{por carga}\end{array} \quad [8.5]$$

Se o número de escrêiperes colocados no serviço for superior ao número de equilíbrio da Eq. [8.4], o trator empurrador (*pusher*) controlará a produção e os escrêiperes ficarão algum tempo ocioso.

$$\begin{pmatrix} \text{Produção} \\ \text{(sob controle} \\ \text{do } pusher) \end{pmatrix} = \frac{\text{eficiência, min/hora}}{\text{tempo de ciclo total do } pusher, \text{min}} \times \text{volume por carga} \qquad \textbf{[8.6]}$$

Nessa análise, se apenas quatro escrêiperes fossem colocados em funcionamento, a produção (Eq. [8.5]) seria:

$$\begin{pmatrix} \text{Produção} \\ \text{(sob controle} \\ \text{dos escrêiperes)} \end{pmatrix} = \frac{50 \text{ min/hora}}{\underset{\text{(tempo de ciclo do escrêiper)}}{6{,}76 \text{ min}}} \times 4 \times 24{,}3 \text{ bcy} = 719 \text{ bcy/hr}$$

Se cinco escrêiperes fossem usados no trabalho, a produção (Eq. [8.6]) seria:

$$\begin{pmatrix} \text{Produção} \\ \text{(sob controle do } pusher) \end{pmatrix} = \frac{50 \text{ min/hora}}{\underset{\text{(tempo de ciclo do } pusher)}{1{,}44 \text{ min}}} \times 24{,}3 \text{ bcy} = 844 \text{ bcy/hr}$$

Passo 15: Custo

Se o cronograma do projeto for mais importante do que o custo unitário, este exemplo deixa óbvio que deveríamos utilizar cinco escrêiperes no trabalho, pois a produção aumenta em comparação com a situação em que são usados quatro escrêiperes. Mas normalmente a decisão sobre o número de escrêiperes a ser empregado é uma questão do custo de produção unitário.

Vamos admitir que cada um dos escrêiperes tenha custo de O&O de $89 por hora e que o custo de O&O para o trator empurrador seja de $105 por hora. Além disso, vamos admitir que os operadores de escrêiperes recebam $12 por hora e o operador da empurradora, $20. Com essa informação sobre custos disponível, é possível determinar o custo unitário para a movimentação do material:

4 escrêiperes a $89/hora	+ 1 *pusher* a $105/hora	= $461/hr
4 operadores a $12/hora	+ 1 operador a $20/hora	= 68/hr
Custo para frota (equipe de máquinas) de cinco escrêiperes		$529/hr
5 escrêiperes a $89/hora	+ 1 *pusher* a $105/hora	= $550/hr
5 operadores a $12/hora	+ 1 operador a $20/hora	= 80/hr
Custo para frota (equipe de máquinas) de quatro escrêiperes		$630/hr

Custo unitário para mover o material usando uma frota (equipe de máquinas) de quatro escrêiperes:

$$\frac{\$529/\text{hr}}{719 \text{ bcy/hr}} = \$0{,}736/\text{bcy}$$

Custo unitário para mover o material usando uma frota ou equipe de máquinas de cinco escrêiperes:

$$\frac{\$630/\text{hr}}{844 \text{ bcy/hr}} = \$0{,}746/\text{bcy}$$

Os custos unitários são bastante próximos. Se esse fosse um projeto com grandes quantidades de materiais a serem movidas, muito provavelmente seria melhor utilizar uma frota de equipamentos com cinco escrêiperes. Contudo, se o projeto tivesse uma quantidade muito limitada de materiais a ser movida, o custo de mobilização do quinto escrêiper poderia ser uma despesa maior do que o custo de produção unitária adicional. Muitos projetos com escrêiperes envolvem a movimentação de grandes quantidades de material; assim, a diferença de alguns meros centavos pode ser importante. Por esse motivo, ao movimentar grandes quantidades, muitas empresas calculam o custo utilizando três casas decimais.

A decisão final sobre o tamanho da frota (número de escrêiperes da equipe de máquinas) a ser utilizada precisa incluir uma consideração sobre os custos da mobilização do equipamento e as despesas gerais diárias do projeto. Quando as despesas gerais diárias forem altas, geralmente isso significa que uma produção mais alta seria justificada.

CONSIDERAÇÕES OPERACIONAIS

O melhor uso dos escrêiperes é em operações de terraplenagem com distâncias de transporte de cargas medianas. Distâncias de transporte superiores a 500 ft, mas inferiores a 3.000 ft, são típicas, apesar da distância máxima para os escrêiperes maiores poder chegar a uma milha. A seleção de um tipo específico de escrêiper para um projeto deve levar em conta o tipo de material sendo carregado e transportado. A Figura 8.18 resume os tipos de escrêiperes aplicáveis com base nos tipos de materiais de projetos.

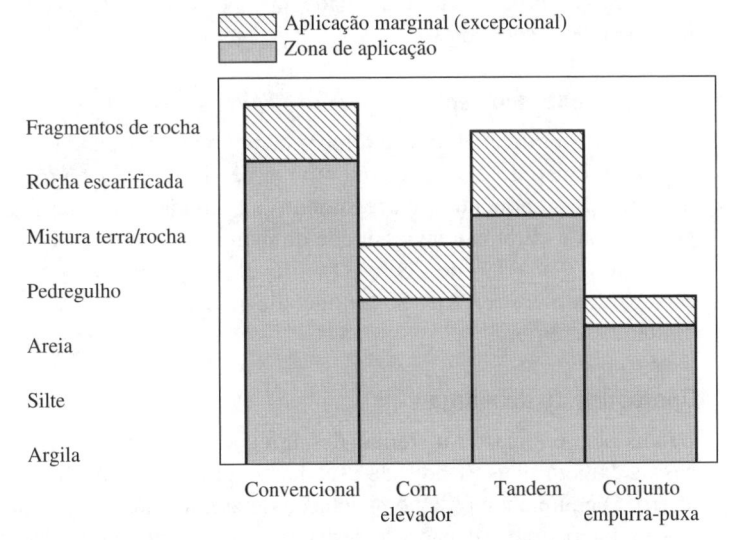

FIGURA 8.18 Zonas de aplicação para diferentes tipos de escrêiperes.

Para obter um lucro mais elevado com a terraplenagem, uma empresa construtora precisa organizar e operar a frota ou equipe de máquinas de uma maneira que garanta a produção máxima ao custo mínimo. Diversos métodos podem ser utilizados para atingir esse objetivo.

Escarificação

A maioria dos tipos de solo firme é carregada mais rapidamente se for escarificada antes do uso do escrêiper. Além disso, os atrasos relativos a consertos de equipamentos serão reduzidos significativamente, pois o escrêiper não trabalhará sob um nível tão grande de tensão. Se o valor da produção maior resultante da escarificação exceder o custo desse processo, o material deve ser escarificado.

Transporte de rochas   Quando as rochas são escarificadas para carregamento em escrêiperes, a profundidade escarificada deve sempre ser maior do que a profundidade a ser escavada. O resultado é uma camada solta de material sob os pneus, gerando mais tração e reduzindo o desgaste das esteiras e pneus. O custo de transportar rochas escarificadas ou fragmentos de rochas com escrêiperes será maior do que o de transportar terra comum, mas ainda pode ser mais econômico do que uma operação com escavadeiras e caminhões. O volume de material carregado será cerca de 70% da carga útil normal. Os custos de consertos serão cerca de 150% do normal e a vida útil dos pneus será apenas 30-40% do tempo normal.

Pré-umedecimento do solo

Alguns solos são carregados mais facilmente se estiverem razoavelmente úmidos. Para conseguir o condicionamento de umidade uniforme do solo, é possível realizar uma operação de pré-umedecimento em conjunto com a escarificação e antes do carregamento. O pré-umedecimento do solo no corte pode reduzir ou eliminar o uso de caminhões-pipa no aterro, reduzindo a concentração de equipamentos no aterro. A eliminação do excesso de umidade na superfície do aterro pode facilitar a movimentação dos escrêiperes.

Carregamento em declive

Quando for praticável, os escrêiperes devem ser carregadas em declive e na direção do transporte. O carregamento em declive produz tempos de carregamento mais rápidos, enquanto o carregamento na direção do transporte encurta o transporte em si e elimina a necessidade da manobra de giro no corte com o escrêiper carregado. Cada 1% de declive favorável é equivalente a aumentar a força de carregamento em cerca de 20 lb/tonelada de peso bruto do trator empurrador e da unidade escrêiper.

Operações de descarga

É mais fácil compactar materiais descarregados em camadas finas. As camadas espessas exigem mais esforço de espalhamento e impedem o deslocamento sobre o aterro. O equipamento de compactação deve trabalhar em padrões para ser eficaz. Assim, um padrão ordenado de descarga facilita a alternância das operações de lançamento de materiais e compactação.

Supervisão

É preciso aplicar controle supervisório em tempo integral no corte. A eliminação da confusão e do trânsito congestionado produzirá uma operação mais eficiente. Um vigia deve sempre controlar as operações de aterro, responsabilizando-se pela coordenação dos escrêiperes com os equipamentos de espalhamento e compactação. A função do vigia é manter o padrão de descarga dos escrêiperes. Em geral, o vigia orienta os operadores dos escrêiperes individualmente para depositarem suas cargas no final da cobertura anterior até chegarem ao final da área de aterro. A seguir, inicia-se a próxima cobertura, paralela e adjacente à primeira. Isso permite que os equipamentos de compactação trabalhem com materiais recém descarregados, sem interferir com os escrêiperes.

SEGURANÇA DE ESCRÊIPERES

Para melhorar a produção, os escrêiperes devem se locomover na maior marcha segura para as condições da estrada de serviço, mas jamais devem se deslocar em velocidades inseguras. Os operadores devem sempre utilizar cintos de segurança, pois o terreno irregular e os buracos na estrada podem causar inclinações e balanços violentos. Esses movimentos violentos podem fazer com que o operador seja lançado para fora do escrêiper se não estiver utilizando o cinto de segurança. Os relatórios da OSHA postados na Internet oferecem muitos exemplos de ferimentos resultantes da não utilização do cinto de segurança: "Entrou em terreno acidentado e esburacado que impossibilitou o controle do escrêiper. O motorista foi lançado da posição operacional e caiu no solo. O escrêiper seguiu em frente e parou cerca de 50 jardas mais adiante. O motorista do escrêiper sofreu múltiplas lesões graves em decorrência da queda".

Em outros casos, o operador gira o volante da direção rapidamente, causando um acidente. O aterro deve ser construído da maneira mostrada na Figura 8.19. Faça com que o aterro seja mais alto nas bordas externas. Se as bordas forem mantidas altas, os escrêiperes não tenderão a escorregar para fora e além da borda.

Máquinas de grande porte, como os escrêiperes, têm pontos cegos também grandes. Ser "atingido por" ou ficar "preso entre" equipamentos são duas das principais causas de lesões e mortes em projetos de construção. Trabalhadores "atingidos por" equipamentos ou veículos representam 22% dos acidentes sofridos em canteiros de obra, enquanto "ficar preso entre" representa 18%. Assim, fica evidente que o acesso à área de aterro e às estradas de serviço deve ser restrito. Pessoal não essencial não deve ter permissão de entrar nas áreas de trabalho dos escrêiperes. Todos os funcionários em condições de risco – trabalhando no solo – devem receber treinamento de segurança básico sobre as condições perigosas e vestir os coletes reflexivos apropriados.

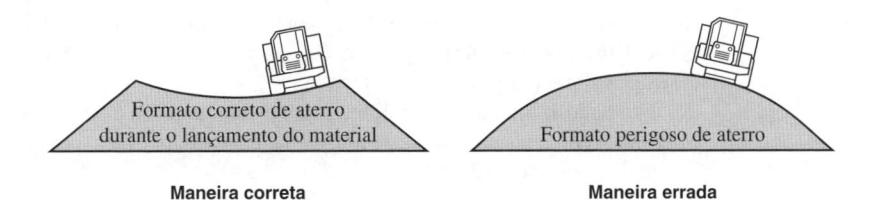

Formato correto de aterro durante o lançamento do material

Formato perigoso de aterro

Maneira correta   **Maneira errada**

FIGURA 8.19 Construção segura e adequada de um aterro.

RESUMO

O uso lucrativo de escrêiperes em qualquer trabalho somente pode ser determinado pela análise cuidadosa do projeto. Os fabricantes de equipamentos fornecem gráficos de desempenho de escrêiperes, usados para examinar o desempenho da máquina sob diversas condições operacionais. A primeira parte da análise é admitir um tempo de carregamento do escrêiper e o volume de carga. Com as informações de carga e dados da estrada de serviço gerados a partir de um estudo do *layout* do projeto, e possivelmente de um diagrama de massa, é possível calcular os tempos de ciclo dos escrêiperes. A razão entre o tempo de ciclo do *pusher* (trator empurrador) e o tempo de ciclo do escrêiper nos orienta sobre o número de escrêiperes que deve ser empregado no trabalho. Contudo, a decisão final sobre o número de escrêiperes somente pode ser tomada após o custo de transporte unitário e produção do escrêiper ter sido determinado para o número aplicável de escrêiperes. Os objetivos críticos de aprendizagem incluem:

- A capacidade de usar gráficos de desempenho de escrêiperes da maneira apropriada
- A capacidade de calcular o tempo necessário para completar cada uma das seis operações do ciclo de produção do escrêiper
- A capacidade de calcular o tempo de ciclo do *pusher* (trator empurrador)
- A capacidade de calcular a produção da frota de escrêiperes

Esses objetivos servem de base para os problemas a seguir.

PROBLEMAS

8.1 Qual é o tempo de deslocamento de um escrêiper movendo-se a 19 mi/h por uma distância de 3.100 ft? (1,85 min)

8.2 Qual é o tempo de deslocamento, em minutos, de um escrêiper movendo-se a 21 mi/h por uma distância de 0,56 milhas? (1,60 min)

8.3 Qual é o tempo de deslocamento de um escrêiper movendo-se a 25 mi/h por uma distância de 2.900 ft?

8.4 Qual é o tempo de deslocamento de um escrêiper movendo-se a 22 mi/h por uma distância de 2.000 ft?

8.5 Um escrêiper trator de rodas trabalha em um terrreno plano. Admita que não há redução de potência para as condições do equipamento, altitude, temperatura e assim por diante. Ignorando as limitações de tração, qual é o valor máximo da resistência ao rolamento (em libras por tonelada) com a qual o escrêiper carregado consegue manter uma velocidade de 11 mi/h? Utilize as especificações de escrêiperes da Tabela 8.1 e os gráficos (curvas) de desempenho nas Figuras 8.10 e 8.11. (150 lb/tonelada)

8.6 Um escrêiper trator de rodas trabalha em um terreno plano. admita que não há redução de potência para as condições do equipamento, altitude, temperatura e assim por diante. Utilize as especificações de escrêiperes da Tabela 8.1 e os gráficos (curvas) de desempenho nas Figuras 8.10 e 8.11.
   a. Ignorando as limitações de tração, qual é o valor máximo da resistência ao rolamento (em libras por tonelada) com a qual um escrêiper vazio consegue manter uma velocidade de 20mph?
   b. Qual é o valor mínimo do coeficiente de tração entre as rodas do trator e a superfície de deslocamento necessário para satisfazer os requisitos da parte *a* desta pergunta?

8.7 Determine o tempo de ciclo para um escrêiper de motor simples com capacidade nominal acumulada de 21 cy usado para transportar materiais de um corte até um aterro a 900 ft de distância sob condições difíceis. A velocidade média de transporte de carga será 14 mi/h e a velocidade média de retorno, 20 mi/h. Admita que, a uma velocidade média de 5 mi/h, são necessários 200 ft para aceleração e desaceleração. A eficiência operacional será igual a uma hora de 50 minutos. São necessários 0,80 minutos para carregar esse escrêiper.

8.8 Com base nas especificações de escrêiperes na Tabela 8.1 e nos gráficos (curvas) de desempenho nas Figuras 8.10 e 8.11 e para as condições de transporte de carga apresentadas a seguir, analise a produção provável dos escrêiperes. Quantos escrêiperes devem ser utilizados e qual será a produção em bcy por hora? O material a ser transportado é uma argila arenosa (terra seca), 2.850 lb/bcy, A resistência ao rolamento (resistência de rolagem) esperada da estrada de serviço em bom estado de manutenção é de 35 lb/tonelada. Utilize um tempo de carregamento de 0,80 minutos. Isso resultará em uma carga média de 90% da capacidade coroada. Para levar em considerararação a aceleração e a desaceleração em seus cálculos, utilize uma velocidade média de 6 mi/h por uma distância de 200 ft. Utilize um fator de eficiência igual a uma hora de 55 minutos. A distância total de transporte é de 3.000 ft, dividida nos seguintes trechos individuais no deslocamento do corte para o aterro:
700 ft   3% de rampa
2.000 ft   0% de rampa
300 ft   4% de rampa

8.9 Com base nas especificações de escrêiperes na Tabela 8.1 e nos gráficos (curvas) de desempenho nas Figuras 8.10 e 8.11, e para as condições de transporte de carga apresentadas a seguir, analise a produção provável dos escrêiperes. Quantos escrêiperes devem ser utilizados e qual será a produção em bcy por hora? O material a ser transportado é coesivo. Ele tem fator de empolamento de 0,77 e peso específico de 2.940 lb/bcy. A resistência ao rolamento (resistência de rolagem) esperada da estrada de serviço em bom estado de manutenção é de +4%. Asmita um tempo de carregamento de 0,85 minutos e uma carga média de 89% da capacidade coroada. Para levar em consideração a aceleração e a desaceleração em seus cálculos, utilize uma velocidade média de 5 mi/h por uma distância de 200 ft. Utilize um fator de eficiência igual a uma hora de 50 minutos. A distância total de transporte é de 2.500 ft, dividida nos seguintes segmentos individuais no deslocamento do corte para o aterro:
600 ft   5% de rampa
1.700 ft   2% de rampa
200 ft   −4% de rampa

8.10 Determine a produção de transporte de carga máxima dadas as condições a seguir. Você pode utilizar tantos escrêiperes quanto forem necessários, mas apenas um trator empurrador (*pusher*) estará disponível. O material é uma argila arenosa (terra seca), 2.800 lb/bcy. A resistência ao rolamento (resistência de rolagem) prevista da estrada de serviço é de 90 lb/tonelada. A carga de escrêiper média será de 28,2 lcy. A estrada de serviço se divide em três trechos: 500 ft com rampa de +3%; 2.000 ft com rampa de 0%; e 300 ft com rampa de +4% (do corte ao aterro). Para levar em conta a aceleração e desaceração, utilize uma velocidade média de 4 mi/h por 200 ft em cada extremidade do trecho de transporte e de retorno. Utilize as especificações de escrêiperes da Tabela 8.1 e os gráficos (curvas) de desempenho nas Figuras 8.10 e 8.11. Admita eficiência equivalente a uma hora de 50 minutos e um tempo de carregamento de 0,85 minutos.

8.11 A partir de uma análise de produção para o uso de escrêiperes para transportar terra em um projeto, os seguintes fatos foram determinados:

Número de escrêiperes	6 escrêiperes, RR = 4%	5 escrêiperes, RR = 4%	5 escrêiperes, RR = 3%	4 escrêiperes, RR = 3%
Produção	850 bcy	830 bcy	850 bcy	700 bcy

O custo de operar um escrêiper é $186 por hora e o de operar um trator empurrador é de $145 por hora. Para que a resistência ao rolamento, ou resistência de rolagem, (RR) seja de 3%, será necessário adicionar uma motoniveladora à frota de equipamentos (equipe de máquinas). Uma motoniveladora custa $120 por hora. Calcule o custo de transportar um bcy de material para todas essas condições.
   a. Para uma condição de RR de 4%, é melhor utilizar cinco escrêiperes ou seis?
   b. Para uma condição de RR de 3%, é melhor utilizar quatro escrêiperes ou cinco?
   c. Seria econômico investir na motoniveladora e melhorar a produção?

8.12 Com base nas especificações de escrêiperes na Tabela 8.1 e nos gráficos (curvas) de desempenho nas Figuras 8.10 e 8.11, e para as condições de transporte apresentadas a seguir, analise a produção provável dos escrêiperes. Quantos escrêiperes devem ser utilizados e qual será a produção em bcy por hora? O material a ser transportado argila seca, com peso específico de 3.000 lb/bcy. A resistência ao rolamento (resistência de rolagem) prevista da estrada de serviço em bom estado de manutenção é de +4%. Admita um tempo de carregamento de 0,85 minutos e uma carga média de 86% da capacidade coroada. Para levar em consideração a aceleração e a desaceleração em seus cálculos, utilize uma velocidade média de 6 mi/h por uma distância de 300 ft. Utilize um fator de eficiência igual a uma hora de 50 minutos. A distância total de transporte é de 3.400 ft, dividida nos seguintes trechos individuais no deslocamento do corte para o aterro:
700 ft   +3% de rampa
800 ft   +2% de rampa
1.900 ft   0% de rampa

FONTES DE CONSULTA

Caterpillar Performance Handbook, Caterpillar Inc., Peoria, IL, publicado anualmente.

Eldin, Neil N., and John Mayfield (2005). "Determination of Most Economical Scrapers Fleet," *Journal Construction Engineering and Management*, Volume 131, Issue 10, pp. 1109–1114.

Lowrie, Raymond L., ed. (2002). *SME Mining Reference Handbook*, Society for Mining, Metallurgy, and Exploration (SME).

Kuprenas, John A., and Teresa Henkhaus (2000). "SSPE: A Tool for Scraper Selection and Production," *Computing in Civil and Building Engineering*, pp. 980–987.

FONTES DE CONSULTA NA INTERNET

http://www.cat.com A Caterpillar é uma grande fabricante de equipamentos de construção e mineração. As especificações dos escrêiperes fabricados pela Caterpillar se encontram na seção de Produtos/Máquinas do site da empresa.

http://www.ehso.com/oshaConstruction_N_O.htm "OSHA Health & Safety Construction-related Regulations," Subpart N: Cranes, Derricks, Hoists, Elevators, and Conveyors; and Subpart O: Motor Vehicles, Mechanized Equipment, and Marine Operations. Na seção 1926.602, "Material Handling Equipment" (equipamentos de manuseio de materiais), são detalhados os recursos de segurança obrigatórios para escrêiperes.

http://www.terex.com/main.php A Terex Corporation é um fabricante diversificado de equipamentos para a indústria da construção. As especificações para seus escrêiperes se encontram na seção de Construção do site da empresa.

https://rdl.train.army.mil/soldierPortal/atia/adlsc/view/public/9586–1/fm/5–434/ chapter3. htm Versão online do capítulo sobre escrêiperes do U.S. Army Field Manual 5–434 (manual de campo do exército dos EUA).

9

Escavadeiras

A potência hidráulica é o segredo da versatilidade de diversas escavadeiras. As escavadeiras hidráulicas com caçambas tipo pá frontal (shovel) são usadas principalmente para escavações difíceis acima do nível da esteira e para o carregamento de unidades de transporte. As retroescavadeiras (hoe) são utilizadas principalmente para escavar abaixo da superfície natural do solo sobre o qual a máquina está posicionada. A pá-carregadeira (também chamada simplesmente de carregadeira) é um equipamento versátil, projetado para escavar no nível da roda/esteira ou acima dele. Ao contrário de uma escavadeira de caçamba tipo pá frontal (shovel) ou de uma retroescavadeira (hoe), a pá-carregadeira precisa manobrar e se deslocar para posicionar a caçamba para carregamento ou descarga. Uma escavadeira com caçamba de arrasto (dragline) é especialmente útil quando o projeto exige longo alcance na escavação ou quando o material a ser escavado está abaixo do nível d'água. As escavadeiras com caçambas de mandíbulas (clam-shell) oferecem uma maneira de escavar verticalmente até profundidades consideráveis. A maior vantagem de uma caçamba de arrasto (dragline) em relação a outras máquinas é seu grande alcance para escavação e descarga. A caçamba de mandíbulas (clam-shell) foi projetada para escavar materiais em uma direção vertical.

ESCAVADEIRAS HIDRÁULICAS

As escavadeiras hidráulicas usam motores diesel para acionar bombas hidráulicas, motores e cilindros que, por sua vez, ativam os movimentos de escavação e carregamento de materiais da escavadeira. Essas máquinas (Figura 9.1) podem ter suporte de esteiras ou pneus, além de muitos acessórios especializados diferentes para aplicações de trabalho individuais. Com as opções de tipo, acessório e tamanho das máquinas, existem equipamentos para quase qualquer aplicação, mas cada um deles oferece variações em termos de vantagens econômicas. Este capítulo leva em conta recursos operacionais importantes das máquinas e chama atenção para as consequências de produção de aplicações de máquinas específicas.

A potência hidráulica é o segredo das vantagens disponibilizadas por essas escavadeiras. O controle hidráulico dos componentes da máquina oferece:

- Tempos de ciclo mais rápidos
- Controle positivo dos acessórios
- Controle preciso dos acessórios

FIGURA 9.1 Uma retroescavadeira (*hoe*) hidráulica trabalhando em um canal.

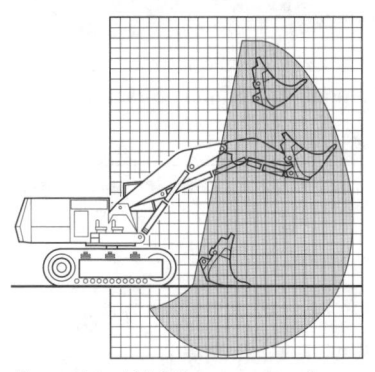

Escavadeira hidráulica com caçamba tipo pá (*shovel*): arco ascendente

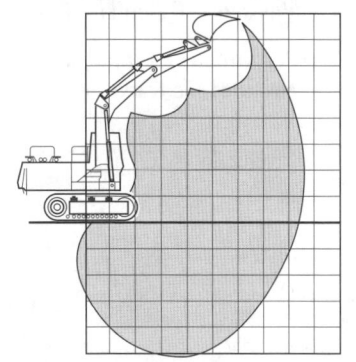

Retroescavadeira (*hoe*) hidráulica: arco descendente

FIGURA 9.2 Movimento de escavação de escavadeiras hidráulicas.

- Alta eficiência global
- Suavidade e facilidade de operação

As escavadeiras hidráulicas de lanças e braços são classificadas de acordo com o movimento de escavação da caçamba (ver Figura 9.2). Uma máquina de movimento ascendente é conhecida como uma escavadeira que possui "caçamba tipo pá frontal" ou *shovel*. Ela desenvolve força de desagregação por movimentos de

ataque
O movimento que impele a caçamba para a frente de modo a extrair materiais do aterro.

giro
O movimento de inclinação da caçamba que cria força da borda cortante ou dente radial para escavação.

fator de enchimento
A relação entre o volume solto real de material na caçamba em comparação com a capacidade acumulada nominal da caçamba. O valor varia com base no tipo de material sendo manuseado e o tipo de escavadeira.

ataque e **giro** da caçamba longe da máquina. A lança de uma caçamba tipo pá gira em um arco ascendente para realizar o carregamento; logo, a máquina precisa trabalhar com um volume de material que esteja acima de seu trem de rolamento. Uma máquina de arco descendente é classificada como "retroescavadeira" (*hoe*). Ela desenvolve a força de desagregação da escavação puxando a caçamba em direção à máquina e girando a caçamba para dentro. A oscilação descendente de uma retroescavadeira determina o uso para escavação abaixo do trem de rolamento.

Se a escavadeira for considerada uma máquina independente (um sistema unitário), seu índice de produção pode ser estimado com os seguintes passos:

Passo 1. Obter o volume de carga acumulada da caçamba utilizando os dados fornecidos pelo fabricante. O valor é dado em jardas cúbicas soltas (lcy).

Passo 2. Aplicar um **fator de enchimento** da caçamba com base no tipo de máquina e classe de material sendo escavado.

Passo 3. Estimar um tempo de ciclo de pico. Esse tempo é uma função do tipo de máquina e das condições de trabalho de modo a incluir o ângulo de oscilação, profundidade ou altura do corte e, no caso das pás-carregadeiras, distância de percurso.

Passo 4. Aplicar um fator de eficiência.

Passo 5. Converter as unidades de produção às unidades de volume ou peso específico desejadas (lcy para jardas cúbicas naturais [bcy] ou toneladas).

Passo 6. Calcular o índice de produção.

A fórmula de produção básica é: Material carregado por carga × ciclos por hora. No caso das escavadeiras, essa fórmula pode ser refinada e escrita da seguinte forma:

$$\text{Produção} = \frac{3.600 \text{ seg} \times Q \times F \times (\text{AS:D})}{t} \times \frac{E}{\text{hora de 60 minutos}} \times \text{correção de volume} \quad [9.1]$$

onde:

oscilação
O movimento que gira para a esquerda ou para a direita a armação superior da escavadeira sobre sua base.

Q = capacidade coroada da caçamba (lcy)
F = fator de enchimento da caçamba
AS:D = ângulo de **oscilação** e profundidade (altura) da correção de corte
t = tempo de ciclo em segundos
E = eficiência (minutos por hora)

A correção de volume de volume solto para volume natural:

$$\frac{1}{1 + \text{porcentagem de empolamento}};$$

De volume solto para toneladas: $\dfrac{\text{peso específico solto, lb}}{2.000 \text{ lb/ton}}$.

Esse processo de análise da produção é apresentado na Figura 9.3.

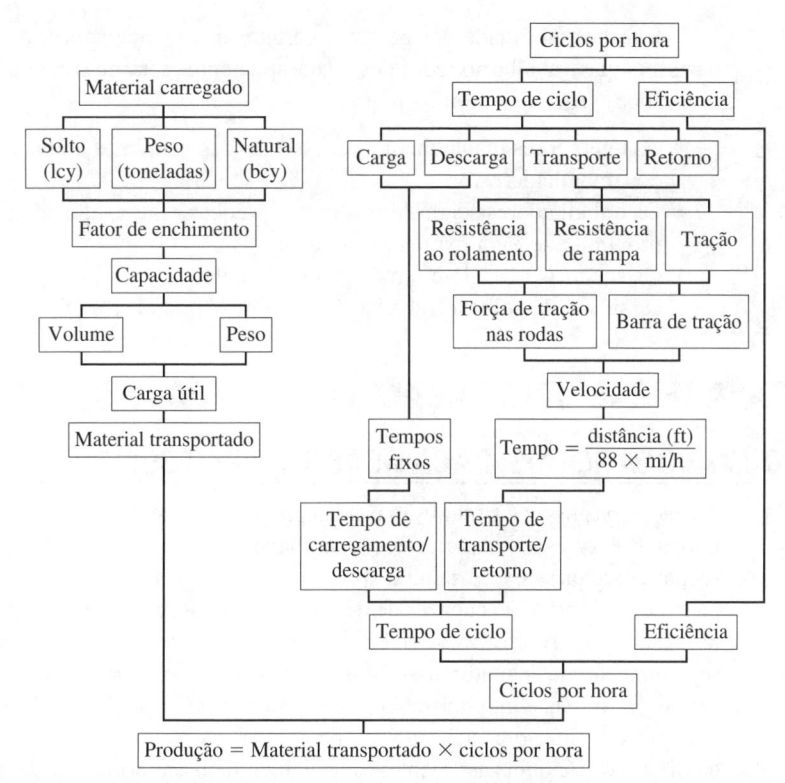

FIGURA 9.3 Processo de cálculo da produção da escavadeira.

Acidentes com escavadeiras hidráulicas

Um trabalhador da construção de 26 anos morreu enquanto trabalhava em uma vala de 8 ft de profundidade, de onde tentava remover um revestimento de esgoto de concreto. Como o operador da escavadeira não enxergava o fundo da vala onde o revestimento estava localizado, a vítima estava de pé dentro de uma caixa de trincheira (ou escudo), dando sinais manuais para o operador acima dele. Enquanto puxava o revestimento, os dentes de caçamba escorregaram da borda do concreto e o braço da escavadeira e sua caçamba oscilaram em direção à vítima, esmagando contra a lateral da caixa de trincheira (Iowa NIOSH Fatality Assessment and Control Evaluation Investigation 96IA0).

Os dados do Bureau of Labor Statistics (BLS) identificam 346 mortes associadas a escavadeiras ou retroescavadeiras durante o período de 1992 a 2000. Uma análise dos dados pelo National Institute for Occupational Safety and Health (NIOSH) identificou duas causas comuns para os ferimentos:

- Ser atingido pela máquina em movimento, lança oscilante ou outros componentes de máquinas.
- Ser atingido por caçambas de escavadeira em desconexões rápidas que se soltam inesperadamente do braço [1].

Outras causas importantes de mortes foram capotagens, eletrocuções e máquinas caindo em valas após desabamentos.

É responsabilidade dos gerentes garantir que os operadores de escavadeiras e o pessoal que trabalha ao redor desses equipamentos sempre sigam práticas seguras. As práticas seguras determinam que:

- Os operadores mantenham os acessórios das máquinas a uma distância segura dos trabalhadores.
- Os trabalhadores sejam treinados em práticas seguras quando trabalharem em proximidade a equipamentos pesados.
- Os supervisores adotem métodos de trabalho alternativos que eliminem a necessidade de colocar trabalhadores em proximidade a equipamentos pesados.

ESCAVADEIRAS COM CAÇAMBAS TIPO PÁ FRONTAL (SHOVEL)

INFORMAÇÕES GERAIS: CAÇAMBAS TIPO PÁ FRONTAL (SHOVEL)

As caçambas tipo pá frontal são usadas principalmente para escavações difíceis acima do nível da esteira e para carregar unidades de transporte. Carregar fragmentos de rocha (enrocamentos) seria uma aplicação típica (ver Figura 9.4). As caçambas tipo pá frontal (shovel) são capazes de desenvolver alta força de desagregação, mas o material sendo escavado deve ser tal que possa permanecer como um aterro vertical – ou seja, uma parede de material que possa permanecer perpendicular ao solo. A maioria dessas caçambas é montada sobre esteiras e tem velocidades de deslocamento bastante baixas, inferiores a 3 mi/h. As peças da caçamba tipo pá são projetadas com o equilíbrio da máquina em mente; cada elemento do acessório frontal (a caçamba tipo pá ou shovel) é projetado para a carga prevista. O peso do acessório frontal é igual a cerca de um terço da superestrutura com seu sistema de força e cabine.

FIGURA 9.4 Uma escavadeira hidráulica com caçamba tipo pá frontal (shovel) carregando fragmentos de rocha em um caminhão.

Classificação de tamanho de escavadeiras com caçambas tipo pá frontal (shovel)

O tamanho de uma escavadeira com caçamba tipo pá frontal é indicado pelo tamanho da caçamba (concha), expresso em jardas cúbicas (cy). As escavadeiras hidráulicas com caçambas tipo pá frontal para construção variam de 3 a 14 cy de capacidade, enquanto aquelas usadas em aplicações de mineração costumam variar entre 28 e 46 cy. São utilizados três padrões diferentes de classificação de caçambas: Power Crane and Shovel Association (PCSA) Standard No. 3, Society of Automotive Engineers (SAE) Standard J67 e o método do Committee on European Construction Equipment (CECE). Todos se baseiam apenas nas dimensões físicas da caçamba (concha) e não lidam com o "movimento de carregamento da caçamba" de uma máquinas em particular. Para caçambas ou conchas com capacidade acima de 3 cy, as classificações seguem intervalos de 0,25 cy, e para caçambas inferiores a 3 cy são seguidos intervalos de 0,125 cy.

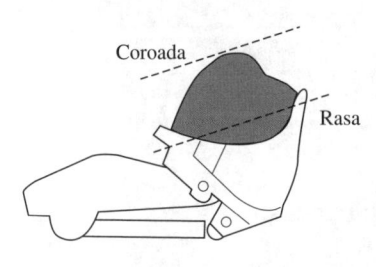

Capacidade rasa A definição do setor para capacidade rasa é o volume envolto de fato pela caçamba, sem tolerâncias para os dentes da caçamba.

Capacidade coroada A PCSA e a SAE usam um ângulo de repouso de 1:1 para avaliar a capacidade coroada da caçamba. O CECE especifica um ângulo de repouso de 2:1.

As capacidades coroadas nominais representam o volume líquido de uma seção-transversal da caçamba; assim, as capacidades coroadas nominais devem ser corrigidas para carga "média" útil de caçamba média com base nas características do material manuseado. Os fabricantes geralmente sugerem fatores, chamados de "fatores de enchimento", para tais correções. Os fatores de enchimento levam em conta os espaços vazios entre as partículas individuais de determinados tipos de material quando este é carregado na caçamba de uma escavadeira. Os materiais que podem ser descritos como soltos (areia, cascalho ou terra solta) devem preencher a caçamba facilmente até sua capacidade máxima com um mínimo de espaço vazio. No outro extremo temos partículas rochosas de grande porte. Se todas as partículas tiverem o mesmo tamanho geral, os espaços vazios podem ser significativos, especialmente com peças grandes. Se o material escavado possuir grande quantidade de peças de tamanho grande ou for extremamente pegajoso, é possível que ocorram espaços vazios significativos.

Os fatores de enchimento são porcentagens que, quando multiplicadas por uma capacidade coroada nominal, ajustam o volume levando em consideração como o material específico será carregado na caçamba (ver Tabela 9.1). Para validar os fatores de enchimento, você deve, quando possível, realizar ensaios de campo com base no peso de material por carga de caçamba.

Peças básicas e operação

As peças básicas de uma escavadeira com caçamba tipo pá frontal incluem a base (estrutura inferior), cabine (estrutura superior), lança, braço e caçamba (ver Figura 9.5). Com a escavadeira de caçamba tipo pá frontal na posição correta, próxima

TABELA 9.1 Fatores de enchimento para caçambas de escavadeiras tipo pá frontal

Material		Fator de enchimento* (%)
Argila no estado natural (no corte); terra	**(Escavação fácil)**	95–105
Mistura rocha-terra	**(Escavação fácil)**	95–105
Rocha, bem desmontada (bem fragmentada)	**(Escavação média)**	90–100
Rocha, mal desmontada (mal fragmentada)	**(Escavação difícil)**	85–95
Escavação muito difícil		80–90

* Porcentagem da capacidade coroada da caçamba para caçambas de descarga pelo fundo.

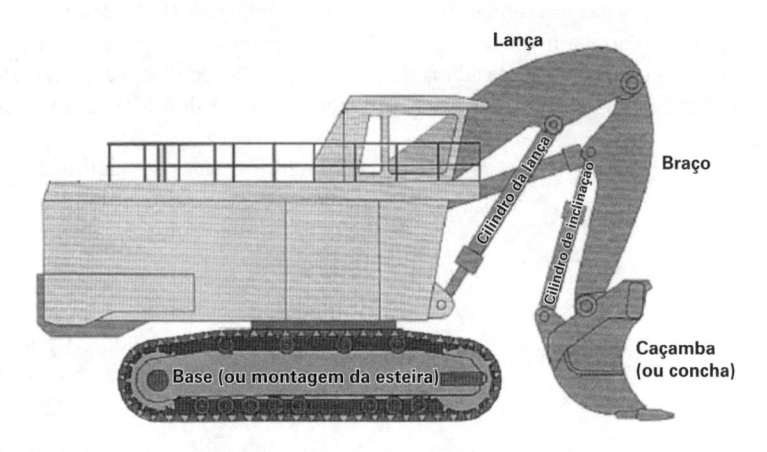

FIGURA 9.5 Peças básicas de uma escavadeira hidráulica com caçamba tipo pá frontal (shovel).
Reproduzido por cortesia da P&H Mining Equipment, Inc.

à face do material a ser escavado, a caçamba (ou concha) é baixada até o chão da escavação, com os dentes apontados para a face. Uma força de ataque (impulso) é aplicada por pressão hidráulica ao cilindro do braço ao mesmo tempo que o cilindro da caçamba faz ela girar, descrevendo uma curva, para que penetre na face da escavação.

Selecionando uma escavadeira com caçamba tipo pá frontal

Os dois fatores fundamentais que devem ser levados em conta na seleção de uma escavadeia com caçamba tipo pá frontal para um projeto são (1) o custo por jarda cúbica de material escavado e (2) as condições de trabalho nas quais a caçamba tipo pá irá operar.

Em estimativas de custo por jarda cúbica, considere os seguintes fatores:

1. O *tamanho* do trabalho; um trabalho envolvendo uma grande quantidade de material pode justificar maiores custos de mobilização e O&O de uma maior escavadeira com caçamba tipo pá frontal.

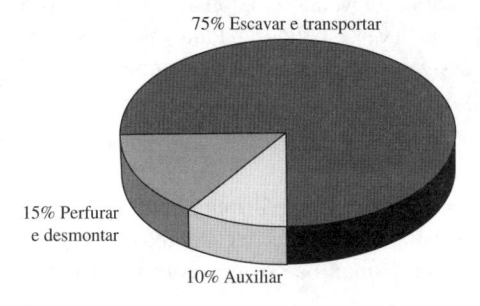

2. O custo de *mobilização* (de transporte) da máquina até o projeto (uma maior escavadeira com caçamba tipo pá frontal envolve um custo superior ao de uma menor).
3. O custo de *perfuração e desmonte* de uma grande escavadeira com caçamba tipo pá frontal pode ser inferior ao de uma menor, pois uma máquina grande consegue manusear rochas de maior porte do que uma máquina menor. As gandes escavadeiras com caçambas tipo pá frontal podem oferecer economias de custo na perfuração e desmonte.

As seguintes condições de trabalho devem ser consideradas na seleção de uma escavadeira com caçamba tipo pá frontal:

1. Se o material for difícil de escavar, a caçamba ou concha da escavadeira grande tipo pá frontal que exerce pressões de escavação maiores lidará mais facilmente com o material.
2. Se a rocha desmontada (fragmentada) deve ser escavada, a caçamba ou concha de grande porte lidará com os pedaços individuais maiores.
3. O tamanho das unidades de transporte disponíveis deve ser considerado na seleção do tamanho de uma escavadeira com caçamba tipo pá frontal (ver Figura 9.6). Se for preciso utilizar unidades de transporte menores, o tamanho da caçamba tipo pá deve ser pequeno; se unidades de transporte maiores estiverem disponíveis, utilize uma caçamba de grande porte. A capacidade da unidade de transporte deve ser igual a cerca de cinco vezes o tamanho da caçamba da escavadeira. Essa relação permite um equilíbrio eficiente entre a capacidade produtiva da escavadeira e a da unidade de transporte. A relação adequada entre o tamanho da caçamba da escavadeira e o da unidade de transporte elimina os desperdícios de tempo de ciclo causados por problemas de correspondência entre elas, o que cria a necessidade de usar caçambas parcialmente carregadas para encher as unidades de transporte corretamente.

A altura de descarga máxima da caçamba é especialmente importante no carregamento de unidades de transporte. É preciso selecionar uma escavadeira com caçamba tipo pá frontal com dimensões físicas que permitam o posicionamento da caçamba para descarga a uma altura acima da estrutura da unidade de transporte.

FIGURA 9.6 O tamanho do caminhão de transporte de carga deve corresponder ao tamanho da caçamba da escavadeira tipo pá frontal.

Sempre consulte as especificações dos fabricantes para determinar os valores exatos das dimensões e tolerâncias (folgas ou espaços livres) das máquinas.

Calculando a produção da escavadeira com caçamba tipo pá frontal

O ciclo de produção de uma caçamba tipo pá tem quatro elementos:

- **Carregar a caçamba ou concha (escavação)**   Mover a caçamba até o material; encher a caçamba e afastá-la do terreno.
- **Oscilar (girar) com a carga**   Quando a caçamba estiver cheia, erguê-la até a altura de descarga e gire até ficar sobre a unidade de transporte.
- **Descarregar carga**   Abrir a caçamba para descarregá-la enquanto controla a altura de descarga.
- **Oscilação (giro) de retorno**   Oscilar a armação superior de volta ao aterro e baixar a caçamba para começar o próximo ciclo.

A escavadeira com caçamba tipo pá frontal não se desloca durante o ciclo de escavação e carregamento. O deslocamento se limita a se aproximar ou se mover ao longo da face da escavação na medida em que ela avança. Um estudo sobre deslocamento de escavadeiras com caçambas tipo pá frontal descobriu que, em média, era necessário mover a unidade após cerca de 20 cargas de caçamba. Esse movimento em direção ao interior da escavação demorava, em média, 36 segundos.

Os tempos típicos de elementos de ciclo sob condições médias, para escavadeiras com caçambas tipo pá frontal de 3 a 5 cy, são:

Carregar caçamba	7–9 segundos
Oscilar (girar) com carga	4–6 segundos
Descarregar o material	2–4 segundos
Oscilar (girar) para retornar	4–5 segundos

Escavadeiras com caçambas tipo pá frontal maiores para mineração teoricamente têm ciclos de 25 a 45 segundos, dependendo de seu tamanho.

A produção real de uma escavadeira com caçamba tipo pá frontal é afetada por diversos fatores, incluindo os seguintes:

- Classe de material
- Altura do corte
- Ângulo de oscilação
- Habilidade do operador
- Condição da escavadeira
- Troca de unidade de transporte
- Tamanho das unidades de transporte
- Manuseio de materiais de grandes dimensões
- Limpeza da área de carregamento

A troca de unidade de transporte se refere ao tempo total necessário para que um caminhão carregado saia de sua posição de carregamento sob a escavadeira e o próximo caminhão vazio se posicione para o carregamento.

No manuseio de fragmentos de rocha, é preciso avaliar com cuidado a quantidade de material com tamanho grande a ser transportado. Um equipamento com uma caçamba cuja largura de boca e profundidade sejam satisfatórias para pedaços de tamanho médio pode passar muito tempo tentando manusear pedaços isolados de tamanho excessivo. Deve-se avaliar a utilização de uma caçamba ou uma máquina maior ou ainda uma mudança do padrão de desmonte quando trabalhar com uma grande porcentagem de material de tamanho muito grande.

O uso de equipamentos auxiliares na área de carregamento, como um buldôzer, pode reduzir os atrasos causados por limpeza da área. O controle das unidades de transporte e pausas nas operações fica sob o comando da gerência de campo.

A capacidade de uma caçamba se baseia em seu volume coroado, que deve ser dado em jardas cúbicas soltas (lcy). Para obter o volume de medida natural no corte de uma caçamba ao considerar um material específico, divida o volume solto médio por 1 mais o empolamento do material. Por exemplo, se uma caçamba de 2 cy, escavando material cuja expansão volumétrica (empolamento) é 25%, manuseará um volume solto médio de 2,25 lcy, o volume de medida natural no corte será de $\frac{2,25}{1,25} = 1,8$ bcy. Se essa escavadeira com caçamba tipo pá frontal pode realizar 2,5 ciclos/minuto, sem haver consideração para perda de tempo, o rendimento será $2,5 \times 1,8 = 4,5$ bcy/minuto, ou 270 bcy/hora. O valor representa uma produção ideal, baseada na escavação em altura ideal com oscilação (giro) de 90 graus e sem atrasos.

Efeito da altura do corte na produção da escavadeira com caçamba tipo pá frontal

Reproduzido por cortesia da P&H Mining Equipment, Inc.

Materiais soltos e fluidos preenchem uma caçamba de escavação em uma distância de arrasto mais curta no sentido ascendente do terreno do que materiais mais sólidos e pesados. Se a face contra a qual a escavadeira tipo *shovel* estiver escavando materiais não tiver altura suficiente, será difícil ou impossível encher a caçamba com uma passada contra a face. O operador terá que optar entre realizar mais de um passada para encher a caçamba, um processo que aumenta o tempo de ciclo, ou então em cada ciclo, transportar a caçamba parcialmente cheia até a unidade de transporte. Em ambos os casos, o efeito será o de reduzir a produção da escavadeira com caçamba tipo pá frontal.

Se a altura da face for maior do que o mínimo necessário para encher a caçamba, o operador terá que escolher uma de três opções. Ele poderá reduzir a profundidade de penetração da caçamba na face para encher a caçamba com um passada completa na face, o que aumentará o tempo do ciclo. O operador pode manobrar a caçamba de modo a começar a escavar acima da base da face e remover a porção inferior da face posteriormente. Ou então a caçamba pode subir toda a altura da face, com o excesso de material transbordando sobre a área de trabalho do talude. Esse transbordamento precisará ser recolhido posteriormente. A escolha de qualquer um desses procedimentos resulta em perda de tempo em comparação com o tempo necessário para encher a caçamba quando a escavação tem condições de altura ideais.

A PCSA publicou suas conclusões sobre a altura de corte ideal com base nos dados de estudos de pequenas escavadeiras com caçambas tipo pá frontal acionadas a cabo (ver Tabela 9.2). Na tabela, a porcentagem da altura ideal de um corte é obtida pela divisão da altura real do corte pela altura ideal para um determinado material e uma determinada caçamba e multiplicando o resultado por 100. Assim, se a altura real do corte for 6 ft e a altura ideal for 10 ft, a porcentagem da altura ideal do corte é $\frac{6}{10} \times 100 = 60\%$. Na maioria dos casos, outros tipos de escavadeiras, pás-carregadeiras de esteiras ou pneus de borracha, substituíram as pequenas escavadeiras com caçambas tipo pá frontal dos estudos da PCSA. Ainda assim, os dados nos oferecem algumas diretrizes gerais.

A altura do corte ideal varia entre 30 e 50% da altura máxima de escavação, com a porcentagem menor sendo representativa de materiais fáceis de carregar, como argila, areia ou cascalho (pedregulho). Materiais difíceis de carregar, como argilas pegajosas ou fragmentos de rochas, precisam de uma altura ideal maior, em torno de 50% do valor máximo de altura de escavação. A terra comum precisaria de ligeiramente menos de 40% da altura máxima de escavação.

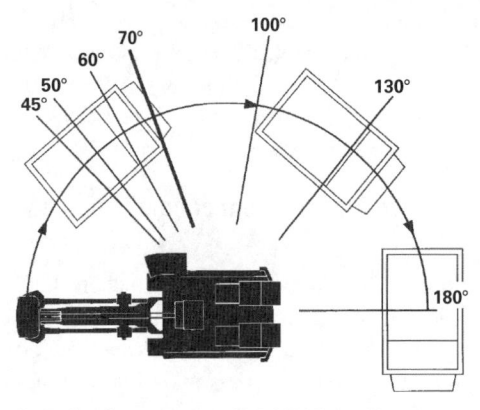

Reproduzido por cortesia da P&H Mining Equipment, Inc.

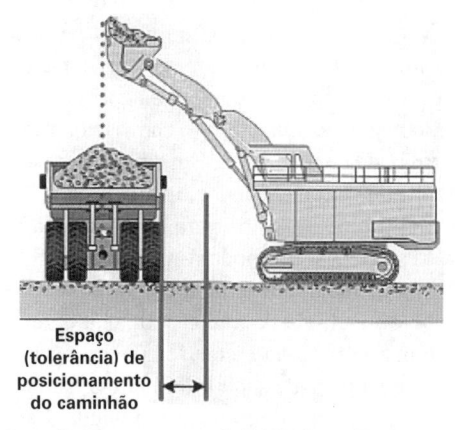

Reproduzido por cortesia da P&H Mining Equipment, Inc.

Efeito do ângulo de oscilação (giro) na produção da escavadeira com caçamba tipo pá frontal

O ângulo de oscilação ou giro de uma escavadeira com caçamba tipo pá frontal é o ângulo horizontal, expresso em graus, entre a posição da caçamba enquanto escava e a posição em que descarrega o material escavado. O tempo total em um ciclo inclui escavar, oscilar (girar) até a posição de descarga, descarregar e voltar à posição de escavação. Se o ângulo de oscilação aumentar, o tempo de ciclo também aumentará; se o ângulo de oscilação diminuir, o tempo de ciclo diminuirá. A produção ideal de uma escavadeira com caçamba tipo pá frontal se baseia na operação com uma oscilação de 90 graus e a altura de corte ideal. O efeito do ângulo de oscilação na produção de uma escavadeira com caçamba tipo pá frontal está ilustrado na Tabela 9.2.[1] A produção ideal deve ser multiplicada pelo fator de correção apropriado para ajustar a produção para uma qualquer altura e ângulo de oscilação determinados. Enquanto tenta otimizar a produção da escavadeira tipo *shovel* com o posicionamento do caminhão o mais próximo possível, lembre-se que é preciso deixar espaço para a oscilação (giro) da traseira da escavadeira tipo *shovel*. Essa distância limitadora é chamada de *espaço (tolerância) de posicionamento do caminhão*.

---

[1] Um fabricante afirma que, para escavadeiras hidráulicas com caçambas tipo pá frontal, a produção ideal será obtida com ângulo de oscilação de 70 graus, sendo que ocorre uma perda de produtividade de 12% para cada 30 graus adicionais de oscilação.

TABELA 9.2 Fatores para o efeito da altura do corte e do ângulo de oscilação (giro) na produção da escavadeira com caçamba tipo pá frontal

Porcentagem da profundidade ideal	Ângulo de oscilação (graus)						
	45	60	75	90	120	150	180
40	0,93	0,89	0,85	0,80	0,72	0,65	0,59
60	1,10	1,03	0,96	0,91	0,81	0,73	0,66
80	1,22	1,12	1,04	0,98	0,86	0,77	0,69
100	1,26	1,16	1,07	1,00	0,88	0,79	0,71
120	1,20	1,11	1,03	0,97	0,86	0,77	0,70
140	1,12	1,04	0,97	0,91	0,81	0,73	0,66
160	1,03	0,96	0,90	0,85	0,75	0,67	0,62

O planejamento correto da escavação pode reduzir o ângulo de oscilação. Por exemplo, se uma escavadeira com caçamba tipo pá frontal que estiver escavando na profundidade ideal tiver seu ângulo de oscilação reduzido de 90 para 60 graus, a produção aumentará em 16%.

EXEMPLO 9.1

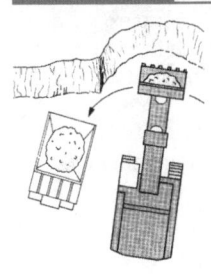

Uma escavadeira com caçamba tipo pá frontal com capacidade coroada de 5 cy está carregando rocha mal fragmentada (desmontada), uma situação semelhante àquela mostrada na Figura 9.2. Ela trabalha em uma face de 12 ft de altura. A escavadeira com caçamba tipo pá frontal tem altura de escavação nominal máxima de 34 ft. As unidades de transporte podem ser posicionadas de modo que o ângulo de oscilação seja de apenas 60 graus. Qual é a produção conservadora ideal em lcy caso o tempo de ciclo ideal seja 21 segundos?

Passo 1. Tamanho da caçamba (concha), 5 cy.

Passo 2. Fator de enchimento da caçamba (Tabela 9.1) para rocha mal desmontada: 85 a 100%; use 85%, estimativa conservadora.

Passo 3. Tempo de ciclo dado 21 segundos.

Altura média da escavação = 12 ft

Altura ideal para essa máquina e material (rocha mal desmontada)

$$0,50 \times 34 \text{ ft (altura máxima)} = 17 \text{ ft}$$

Altura ideal percentual: $\frac{12 \text{ ft}}{17 \text{ ft}} \times 100 = 71\%$

Corrigindo para altura e oscilação de acordo com a Tabela 9.2, por interpolação: 1,08

Passo 4. Fator de eficiência: produção ideal, hora de 60 minutos.

Passo 5. A produção será em lcy.

Passo 6. Produção ideal por hora de 60 minutos.

$$\frac{3.600 \text{ segundos/hora} \times 5\text{cy} \times 0,85 \text{ (fator de enchimento)} \times 1,08 \text{ (fator de altura-oscilação)}}{21 \text{ segundos/ciclo}} = 787 \text{ lcy/hr}$$

Apesar de as informações dadas no texto e nas Tabelas 9.1 e 9.2 estarem baseadas em estudos de campo detalhados, o leitores precisa tomar cuidado para não utilizá-las literalmente sem ajustá-las para as condições que provavelmente existirão em um projeto específico.

O orçamentista deve levar em consideração todos os fatores e escolher um fator de eficiência com o qual ajustar a produção de pico. A experiência e o bom senso são essenciais para a seleção do fator de eficiência apropriado. Os estudos do Transportation Research Board (TRB) mostram que os tempos de produção real para as escavadeiras com caçambas tipo pá frontal usadas em operações de escavação para construção de rodovias representam entre 50 e 75% do tempo de trabalho disponível. Assim, a eficiência de produção é de apenas 30 a 45 minutos/hora. O melhor método de estimativa é desenvolver dados históricos específicos por tipo de máquina e fatores de projeto. As informações como as do estudo do TRB, que apresenta dados de milhares de ciclos de escavadeiras com caçambas tipo pá frontal, oferecem um bom referencial (*benchmark*) para a seleção de um fator de eficiência.

EXEMPLO 9.2

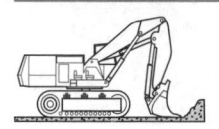

Uma escavadeira com caçamba tipo pá frontal com capacidade acumulada de 3 cy está carregando rocha bem desmontada (fragmentada) em um projeto rodoviário. A altura média prevista da face é de 22 ft. A escavadeira tipo *shovel* tem altura de escavação nominal máxima de 30 ft. A maior parte do corte exigirá que a escavadeira oscile (gire) 140 graus para carregar as unidades de transporte. Qual é a estimativa de produção conservadora em jardas cúbicas naturais no corte?

Passo 1. Tamanho da caçamba, 3 cy.

Passo 2. Fator de enchimento da caçamba (Tabela 9.1) para rocha bem desmontada: 100 a 110%; use 100%, estimativa conservadora.

Passo 3. Tempos de ciclo dos elementos:

Carga	9 s	(devido ao material, rocha)
Oscilação com carga	4 s	(máquina pequena, 3 cy)
Descarga	4 s	(em unidades de transporte)
Oscilação vazio	4 s	(máquina pequena, 3 cy)
Tempo total	21 s	

Altura média da escavação 22 ft

Altura ideal: 50% do máx: $0,5 \times 30$ ft $= 15$ ft

Altura ideal percentual: $\dfrac{22 \text{ ft}}{15 \text{ ft}} \times 100 = 147\%$

Fator de altura e oscilação: De acordo com a Tabela 9.2, para 147%, por interpolação, 0,73.

Passo 4. Fator de eficiência: Se forem usadas as informações do TRB, a eficiência seria 30 a 45 minutos de trabalho por hora. Admita 30 minutos para uma estimativa conservadora.

Passo 5. Classe de material, rocha bem desmontada, empolamento de 60% (Tabela 4.3)

Passo 6. Produção:

$$\frac{3.600 \text{ segundos/hora} \times 3 \text{ cy} \times 1,0 \times 0,73}{21 \text{ segundos/ciclo}} \times \frac{30 \text{ min}}{60 \text{ min}} \times \frac{1}{(1 + 0,6)} = 117 \text{ lcy/hora}$$

RETROESCAVADEIRAS (*HOES*)

INFORMAÇÕES GERAIS

As retroescavadeiras (*hoes*) são usadas principalmente para escavar abaixo da superfície natural do solo sobre o qual a máquina se encontra (ver Figura 9.7). Uma retroescavadeira também é chamada por outros nomes, como *hoes* ou *back shovel*. Essas máquinas são ótimas para escavar valas e poços para porões, e as máquinas menores podem realizar trabalhos gerais de nivelamento. Devido ao controle positivo da caçamba, elas são superiores a caçambas de arrasto para trabalhar em serviços com alta proximidade e no carregamento de unidades de transporte.

As retroescavadeiras hidráulicas sobre rodas (ver Figura 9.8) estão disponíveis com caçambas ou conchas com capacidade de até 1 cy. A profundidade máxima de escavação das máquinas maiores é de cerca de 25 ft. Com todos os quatro estabiliza-

FIGURA 9.7 Retroescavadeira hidráulica sobre esteiras.

FIGURA 9.8 Pequena retroescavadeira hidráulica sobre rodas.

dores abaixados, as máquinas grandes podem manusear cargas de até 10.000 lb em um raio de 20 ft. Não são máquinas de escavação de produção, mas são projetadas para serviços de mobilidade e aplicações gerais.

Peças básicas e operação de uma retroescavadeira

A Figura 9.9 ilustra as faixas operacionais de uma caçamba tipo enxada. A Tabela 9.3 fornece as distâncias e dimensões representativas de retroescavadeiras hidráulicas sobre esteiras. As caçambas estão disponíveis em diversas larguras, de acordo com os requisitos do trabalho.

A força de penetração no material que está sendo escavado é produzida pelos cilindros do braço e da caçamba. A força máxima de ataque é desenvolvida quando o cilindro do braço opera perpendicularmente ao braço (ver Figura 9.10). A capacidade de desagregar materiais funciona melhor na parte inferior do arco devido à geometria da lança, do braço e da caçamba e o fato de que, nesse ponto, os cilindros hidráulicos exercem força máxima para puxar o braço e fazer com que a caçamba descreva uma curva.

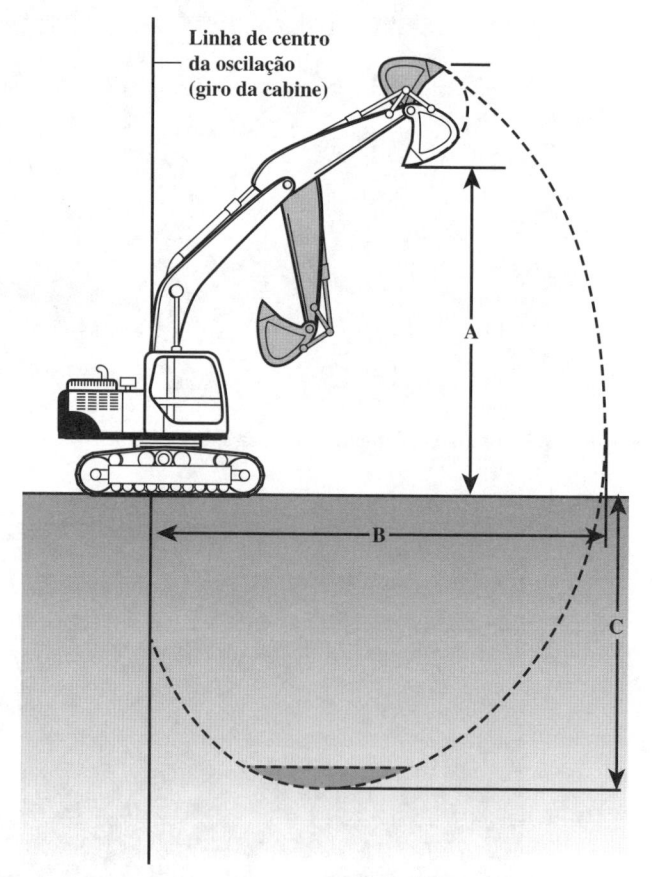

FIGURA 9.9 Partes básicas e faixas operacionais de uma retroescavadeira hidráulica: A, altura de descarga; B, alcance de escavação; C, profundidade máxima de escavação.

TABELA 9.3 Dimensões representativas, distância de carregamento e capacidade de levantamento de caçambas tipo enxada de esteiras hidráulicas

Tam. da caçamba (cy)	Comp. do braço (ft)	Alcance máxima no nível do solo (ft)	Profundidade máxima de escavação (ft)	Altura de carregamento máxima (ft)	Capacidade de levantamento em 15 ft			
					Braço curto		Braço longo	
					Frontal (lb)	Lateral (lb)	Frontal (lb)	Lateral (lb)
$\frac{3}{8}$	5–7	19–22	12–15	14–16	2.900	2.600	2.900	2.600
$\frac{3}{4}$	6–9	24–27	16–18	17–19	7.100	5.300	7.200	5.300
1	5–13	26–33	16–23	17–25	12.800	9.000	9.300	9.200
$1\frac{1}{2}$	6–13	27–35	17–21	18–23	17.100	10.100	17.700	11.100
2	7–14	29–38	18–27	19–24	21.400	14.500	21.600	14.200
$2\frac{1}{2}$	7–16	32–40	20–29	20–26	32.600	21.400	31.500	24.400
3	10–11	38–42	25–30	24–26	32.900*	24.600*	30.700*	26.200*
$3\frac{1}{2}$	8–12	36–39	23–27	21–22	33.200*	21.900*	32.400*	22.000*
4	11	44	29	27	47.900*	33.500*		
5	8–15	40–46	26–32	25–26	34.100†	27.500†	31.600†	27.600†

* Capacidade de levantamento a 20 ft.
† Capacidade de levantamento a 25 ft.

FIGURA 9.10 Posição dos cilindros hidráulicos de uma retroescavadeira para desenvolver forças de escavação.

Capacidade nominal de retroescavadeiras hidráulicas

As caçambas das retroescavadeiras são classificadas de maneira similar às caçambas tipo pá frontal pelas normas da PCSA e SAE usando um ângulo de repouso de 1:1 para avaliação da capacidade coroada (ver Figura 9.11). As caçambas ou conchas devem ser selecionadas com base no material que estiver sendo escavado. A retroescavadeira pode desenvolver altas forças de penetração. Adequando a largura e o

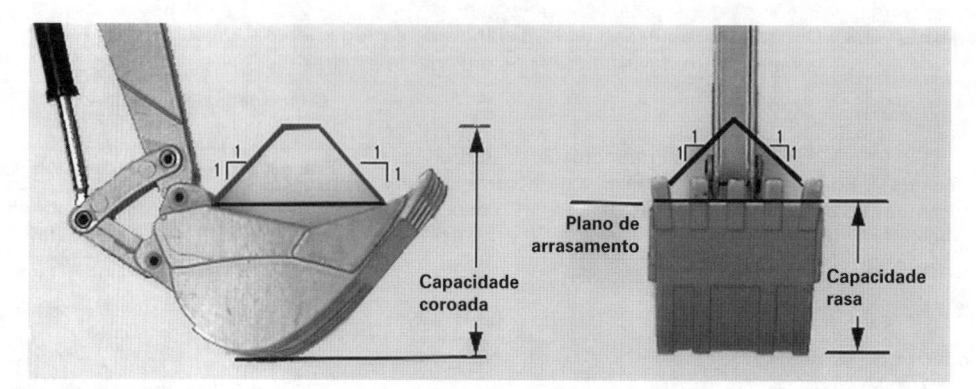

FIGURA 9.11 Dimensões de capacidade nominal de caçamba de uma retroescavadeira hidráulica.

raio da ponta da caçamba à resistência do material, você pode aproveitar ao máximo o seu potencial. Para materiais de fácil escavação, é melhor usar caçambas largas. Ao escavar material rochoso ou rochas desmontadas, o melhor é usar uma caçamba mais estreita e com raio de ponta mais curto. Em serviços gerais, a largura da vala necessária pode ser uma consideração crítica. Os fatores de enchimento para retroescavadeiras hidráulicas estão apresentados na Tabela 9.4.

Selecionando uma retroescavadeira

Os itens a seguir devem ser considerados na seleção de uma retroescavadeira (hoe) para uso em um projeto:

1. Profundidade máxima de escavação necessária
2. Raio de trabalho máximo necessário para escavação e descarga
3. Altura máxima de descarga exigida
4. Capacidade de basculação necessária (quando aplicável; ou seja, trabalhando com tubos e caixas de trincheiras)

Plataforma de ferramenta de aplicação múltipla É preciso reconhecer que a retroescavadeira evoluiu, passando de máquina escavadora com um único propósito a ferramenta versátil de aplicação múltipla (ver Figura 9.12). Ela é uma plataforma destinada para literalmente centenas de aplicações.

TABELA 9.4 Fatores de enchimento para caçambas de retroescavadeiras hidráulicas

Material	Fator de enchimento* (%)
Argila úmida/arenosa	100–110
Areia e cascalho (pedregulho)	95–110
Rocha, mal desmontada (mal fragmentada)	40–50
Rocha, bem desmontada (bem fragmentada)	60–75
Argila dura e rija	80–90

* Porcentagem da capacidade coroada da caçamba.

Reproduzido por cortesia da Caterpillar, Inc.

(a) Retroescavadeira hidráulica com garras para limpeza do terreno

(b) Acessório de martelo hidráulico

(c) Caçamba especial com fundo arredondado (semicircular) para retroescavadeira

(d) Retroescavadeira hidráulica sobre rodas com caçamba de mandíbulas

FIGURA 9.12 A retroescavadeira hidráulica como uma plataforma de ferramenta de aplicações múltiplas.

Um acoplador rápido permite que a retroescavadeira mude as conexões e realize diversas tarefas em sequência. Diversas ferramentas podem ser ligadas facilmente ao braço no lugar da caçamba de escavação normal, como perfuratrizes de rocha, trados, garras para desmatamento (ver Figura 9.12a), marteletes hidráulicos de impacto (ver Figura 9.12b), mandíbulas de demolição e compactadores de placa vibratória. Além disso, existem diversas caçambas com finalidades especiais que aumentam a versatilidade da máquina, como as caçambas trapezoidais para escavação e limpeza de valas de irrigação, caçambas de seção semicircular ou fundo arredondado (ver Figura 9.12c) para operações com tubos moldados no local e caçambas de mandíbulas (ver Figura 9.12d) para escavação vertical de sapatas.

Capacidade nominal de levantamento   Em serviços gerais e de bueiros, a retroescavadeira pode realizar a escavação da vala e manusear os tubos, eliminando a necessidade de uma segunda máquina (ver Figura 9.13). Os fabricantes informam as capacidades de levantamento das máquinas (carga nominal de levantamento) com base na (1) distância do centro de gravidade da carga até o eixo de rotação de sua superestrutura e (2) a altura do ponto de elevação da caçamba acima da parte inferior das esteiras ou rodas (ver Figura 9.14). A Tabela 9.3 fornece dados típicos de levantamento apenas a uma distância específica. Para avaliar a capacidade de elevação, é necessário registrar os dados para múltiplas distâncias, pois a capacidade varia com o posicionamento da lança e do braço (ver Figura 9.15), pois, para alcançar uma determinada posição, a lança e o braço podem precisar ser manipulados através de diversas distâncias e profundidades.

FIGURA 9.13   Retroescavadeira hidráulica sobre esteiras manuseando uma caixa de trincheira (entivação).

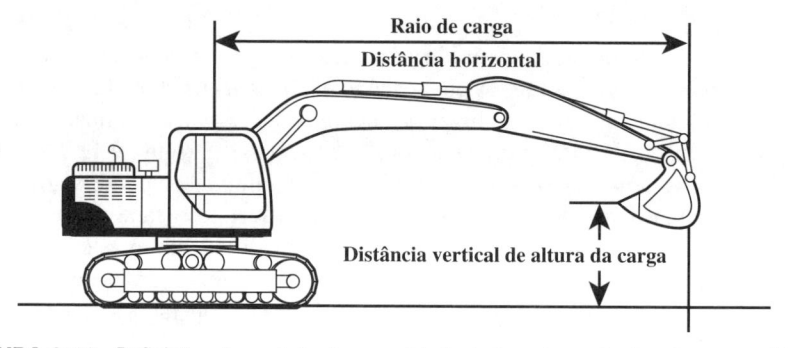

FIGURA 9.14   Definições de posição de capacidade de levantamento de retroescavadeiras.

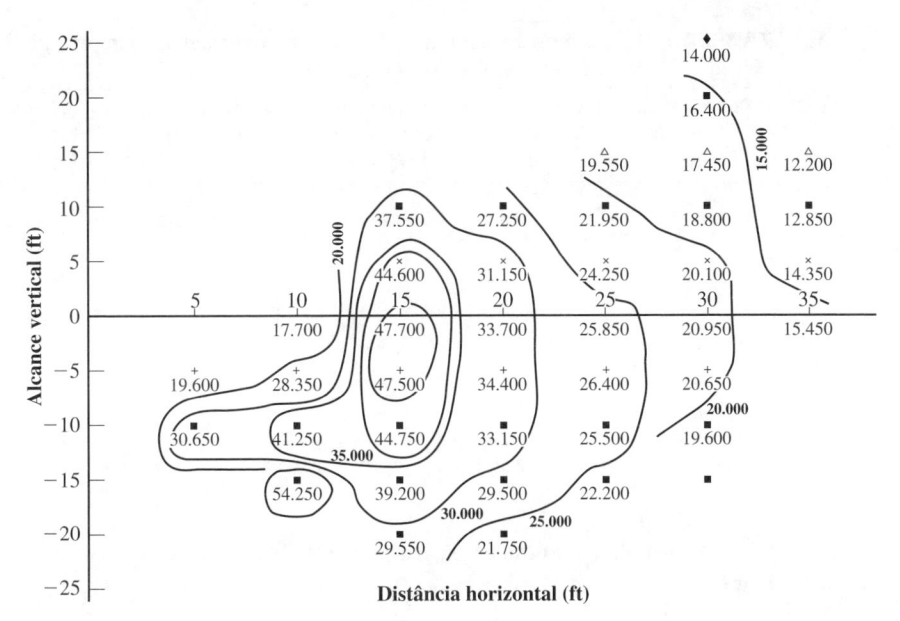

FIGURA 9.15 Curvas de capacidade de carga para a retroescavadeira hidráulica sobre esteiras, em lb.

Normalmente, a carga nominal de levantamento é estabelecida com base nas seguintes diretrizes:

1. A carga nominal de levantamento não excederá 75% da carga de tombamento.
2. A carga nominal de levantamento não excederá 87% da capacidade hidráulica da escavadeira.
3. A carga nominal de levantamento não excederá as capacidades estruturais da máquina.

Calculando a produção da retroescavadeira

Os mesmos elementos que afetam a produção de escavação de uma escavadeira com caçamba tipo pá frontal se aplicam às operações de escavação de retroescavadeiras. Os tempos de ciclo das retroescavadeiras são cerca de 20% mais longos do que os das escavadeiras com caçambas tipo pá frontal de tamanho semelhante, pois a distância de levantamento é maior, já que a lança e o braço devem estar totalmente distendidos para descarregar a caçamba.

A profundidade de corte ideal de uma retroescavadeira depende do tipo de material que está sendo escavado e do tamanho e do tipo de caçamba. Em geral, a profundidade de corte ideal para uma retroescavadeira fica entre 30 e 60% da profundidade máxima de escavação da máquina. A Tabela 9.5 apresenta tempos de ciclo para retroescavadeiras hidráulicas sobre esteiras com base no tamanho da caçamba e condições médias. Atualmente, não há tabelas que relacionem o tempo de ciclo médio de retroescavadeiras a variações na profundidade de corte e na oscilação (giro) horizontal. Assim, quando utilizar a Tabela 9.5, leve em consideração esses dois fatores antes de tomar decisões sobre o tempo de carregamento da caçamba e os dois tempos de oscilação (giro).

TABELA 9.5 Tempos de ciclo de escavação para retroescavadeiras hidráulicas sobre esteiras em condições médias*

Tamanho da caçamba (cy)	Carregamento da caçamba (s)	Oscilação com carga (s)	Descarregamento da caçamba (s)	Oscilação vazia (s)	Ciclo total (s)
<1	5	4	2	3	14
$1-1\frac{1}{2}$	6	4	2	3	15
$2-2\frac{1}{2}$	6	4	3	4	17
3	7	5	4	4	20
$3\frac{1}{2}$	7	6	4	5	22
4	7	6	4	5	22
5	7	7	4	6	24

* Profundidade de corte de 40 a 60% da profundidade máxima de escavação; ângulo de oscilação de 30 a 60 graus; carregamento das unidades de transporte no mesmo nível que a escavadeira.

A fórmula de produção básica para uma retroescavadeira usada como escavadeira é:

$$\text{Produção da retroescavadeira (escavação)} = \frac{3.600 \text{ s} \times Q \times F}{t} \times \frac{E}{\text{hora de 60 minutos}} \times \text{Correção de volume}$$

[9.2]

onde:

Q = capacidade coroada da caçamba em lcy

F = fator de enchimento para caçambas de retroescavadeiras

t = tempo de ciclo em segundos

E = eficiência em minutos por hora

correção de volume =
de volume solto para volume natural no corte,

$$\frac{1}{1 + \text{porcentagem de empolamento}};$$

de volume solto para toneladas: $\dfrac{\text{peso específico solto, lb}}{2.000 \text{ lb/ton}}$

EXEMPLO 9.3

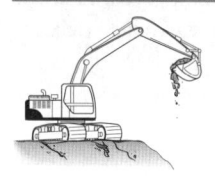

Está sendo avaliado o uso de uma retroescadeira sobre esteiras com caçamba de 3,5 cy em um projeto que escavará argila muito dura de uma caixa de empréstimo. A argila será carregada em caminhões com altura de carregamento de 9 ft e 9 polegadas. As informações de sondagem do solo indicam que abaixo de 8 ft, o material muda para um silte inaceitável. Qual a produção estimada da retroescavadeira, em medida de jardas cúbicas naturais no corte, se o fator de eficiência for igual a uma hora de 50 minutos?

Passo 1. Tamanho da caçamba, $3\frac{1}{2}$ cy

Passo 2. Fator de enchimento da caçamba (Tabela 9.4), argila dura 80 a 90%; use média de 85%

Passo 3. Tempos de ciclo típicos dos elementos

A profundidade ideal (ótima) do corte é 30 a 60% da profundidade máxima de escavação. De acordo com a Tabela 9.3, para uma retroescavadeira de 3,5 cy, a profundidade máxima de escavação é de 23 a 27 ft.

Profundidade da escavação, 8 ft

$$\frac{8 \text{ ft}}{23 \text{ ft}} \times 100 = 34\% \geq 30\%; \text{ OK}$$

$$\frac{8 \text{ ft}}{27 \text{ ft}} \times 100 = 30\% \geq 30\%; \text{ OK}$$

Assim, sob condições médias e para uma retroescavadeira com caçamba de $3\frac{1}{2}$ cy, os tempos de ciclo da Tabela 9.5 seriam:

1. Carregamento da caçamba   7 s   argila muito dura
2. Oscilação (giro) com carga   6 s   carregamento dos caminhões
3. Descarregamento   4 s   carregamento dos caminhões
4. Oscilação (giro) de retorno   5 s
   Tempo de ciclo   22 s

Passo 4. Fator de eficiência, hora de 50 minutos

Passo 5. Classe de material, argila dura, empolamento 35% (Tabela 4.4)

Passo 6. Produção provável

$$\frac{3.600 \text{ s/hr} \times 3\frac{1}{2} \text{ cy} \times 0,85}{22 \text{ segundos/ciclo}} \times \frac{50 \text{ min}}{60 \text{ min}} \times \frac{1}{(1 + 0,35)} = 300 \text{ bcy/hr}$$

Verifique a altura máxima de carregamento para garantir que a retroescavadeira pode atender os caminhões; de acordo com a Tabela 9.3, 21 a 22 ft

21 ft > 9 ft 9 polegadas; OK

Como afirmado, os tempos de ciclo das retroescavadeiras (*hoes*) normalmente são mais longos do que as escavadeiras tipo pá frontal (*shovel*). Isso acontece, em parte, porque após o corte, retroescavadeira precisa ser erguida acima do nível do solo para carregar uma unidade de transporte ou se posicionar acima da pilha de rejeitos. Se as unidades de transporte podem ser posicionadas no chão do local de escavação, a caçamba ficará acima da unidade de transporte quando o corte for concluído (ver Figura 9.16). Assim, não seria necessário erguer a caçamba mais alto antes de fazer o giro (oscilação) e descarregar o material. Cada movimento da caçamba significa um aumento do tempo de ciclo. O posicionamento de unidades de transporte abaixo do nível da retroescavadeira aumenta a produção. Um estudo revelou uma economia total de 12,6% do tempo de ciclo entre o carregamento no mesmo nível e o trabalho da retroescavadeira em uma bancada acima das unidades de transporte.

Muitas vezes, em operações de abertura de valas, o volume de material movido não é a preocupação principal. A questão crítica é combinar a capacidade da retroescavadeira de escavar pés lineares de trincheira por unidade de tempo com a produção de assentamento de tubos.

FIGURA 9.16 A posição das unidades de transporte afeta a produção da retroescavadeira.

PÁS-CARREGADEIRAS

INFORMAÇÕES GERAIS

As pás-carregadeiras ou simplesmente carregadeiras são bastante utilizadas na construção para manusear e transportar material a granel, como terra e rocha, para carregar caminhões, para escavar terra e para alimentar tanques de agregados em usinas de asfalto e concreto. A pá-carregadeira é um equipamento versátil, projetado para escavar no nível das rodas/esteiras ou acima dele. O sistema de levantamento hidráulico exerce força de desagregação máxima com um movimento ascendente da caçamba. Ela não precisa de outros equipamentos para nivelar, alisar ou limpar a área na qual está trabalhando.

Tipos e tamanhos

As pás-carregadeiras se dividem em dois tipos, classificados com base no trem de rolamento: o tipo sobre de esteiras (ver Figura 9.17) e o tipo sobre rodas (ver Figura 9.18). Elas também podem ser agrupadas pelas capacidades de suas caçambas ou os pesos que estas podem levantar. As pás-carregadeiras de rodas podem ser guiadas pelas rodas traseiras ou podem ser articuladas. Para aumentar a estabilidade durante o levantamento de carga, as esteiras das pás-carregadeiras desse tipo geralmente são mais longas e mais largas do que aquelas encontradas em tratores de tamanhos similares.

Caçambas e acessórios de pás-carregadeiras

Os acessórios de pás-carregadeiras mais comuns são as caçambas tipo pá frontal e as empilhadeiras. O sistema hidráulico da pá-carregadeira fornece o controle necessário para operar esses acessórios.

Caçambas As caçambas de pás-carregadeiras comuns são do tipo convencional inteiriço e de aplicação geral; a de mandíbulas articulada de aplicação múltipla; e a caçamba para rocha de serviços pesados. Mas também existem inúmeras caçambas e acessórios para finalidades especiais. As caçambas são fixadas ao trator por uma armação de empuxo e braços de levantamento.

Capítulo 9 Escavadeiras 275

FIGURA 9.17 Pá-carregadeira sobre esteiras.

FIGURA 9.18 Pá-carregadeira sobre rodas.

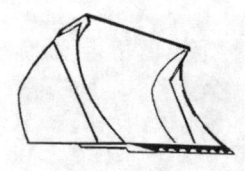

Aplicação geral A caçamba de aplicação geral (inteiriça) é feita inteiramente de aço soldado para serviços pesados. As bordas cortantes substituíveis são aparafusadas à caçamba em si. Essas caçambas geralmente são equipadas com dentes substituíveis aparafusados à borda cortante, mas também estão disponíveis com borda reta e sem dentes.

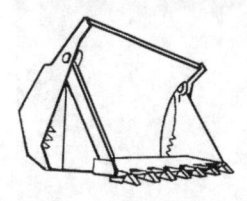

Aplicação múltipla A caçamba de mandíbulas articuladas bissegmentada de aplicação múltipla é feita inteiramente de aço soldado para serviços pesados. As caçambas de aplicação múltiplas também são chamadas de "quatro em um", pois podem ser utilizadas para escavar como uma caçamba normal, lâmina, mandíbula e garra. Essas caçambas possuem bordas cortantes substituíveis aparafusadas. Dentes substituíveis aparafusados também são comuns.

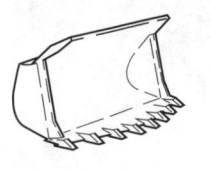

Rocha A caçamba para rocha é inteiriça e feita para serviços de construção exigentes e pesados, com uma borda cortante em "V" saliente (ver Figura 9.19). Essa borda saliente pode ser utilizada para desagregar e soltar fragmentos de rochas.

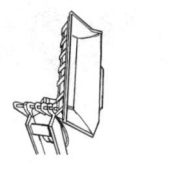

Despejo lateral Uma caçamba de despejo lateral oferece versatilidade para trabalho em áreas confinadas, ao longo de estradas com trânsito e para encher caminhões. Existem caçambas de despejo à esquerda e à direita.

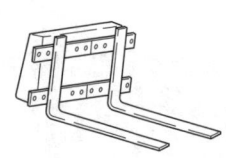

Empilhadeira A empilhadeira pode ser fixada à pá-carregadeira no lugar de uma caçamba.

Outras Existem muitos outros tipos e acessórios de caçambas especializadas, incluindo caçambas de demolição, lâminas removedoras de neve, ancinhos para desmatamento, vassouras de arrasto para serviços pesados e lanças frontais projetadas para levantar e mover cargas suspensas.

Fatores de enchimento para caçambas de pás-carregadeiras A capacidade coroada de uma caçamba de pá-carregadeira se baseia na norma SAE J742b, Front End Loader Bucket Rating. A norma especifica um ângulo de repouso de 2:1 para o material acima da carga rasa. Esse ângulo de repouso (2:1) é diferente daquele especificado pela SAE e PCSA para as caçambas tipo pá frontal e de retroescavadeira (1:1). A capacidade nominal das caçambas de pás-carregadeiras é expressa em jardas cúbicas (cy) para todos os tamanhos de ¾ cy ou mais, e em pés cúbicos (cf) para todos os tamanhos abaixo de ¾ cy. As capacidades nominais são informadas em intervalos de 1 cf para caçambas abaixo de 0,75 cy, 0,125 cy para caçambas de 1 a 3 cy e 0,25 cy para caçambas maiores do que 3 cy.

A correção de fator de enchimento para uma caçamba de pá-carregadeira (ver Tabela 9.6) ajusta a capacidade coroada com base no tipo de material que está sendo manuseado e no tipo de pá-carregadeira (rodas ou esteiras). Principalmente devido à relação entre tração e força de desagregação desenvolvida, os fatores de enchimento de caçamba para os dois tipos de pás-carregadeiras diferem entre si.

FIGURA 9.19 Pá-carregadeira de rodas com caçamba em V para rochas.

TABELA 9.6 Fatores de enchimento de caçamba para pás-carregadeiras de rodas e esteiras

Material	Fator de enchimento da pá-carregadeira de rodas (%)	Fator de enchimento da pá-carregadeira de esteiras (%)
Material solto		
Agregados úmidos mistos	95–100	95–100
Agregados uniformes		
até $\frac{1}{8}$ polegadas	95–100	95–110
$\frac{1}{8} - \frac{3}{8}$ polegadas	90–95	90–110
$\frac{1}{2} - \frac{3}{4}$ polegadas	85–90	90–110
1 polegada e acima	85–90	90–110
Rocha desmontada		
Bem desmontada	80–95	80–95
Médio	75–90	75–90
Ruim	60–75	60–75
Outros		
Misturas de rocha e terra	100–120	100–120
Argila úmida	100–110	100–120
Solo	80–100	80–100
Materiais cimentados	85–95	85–100

Reproduzido por cortesia da Caterpillar, Inc.

Cargas operacionais Depois que a carga volumétrica da caçamba foi determinada, é preciso verificar o peso da carga útil. Ao contrário de uma escavadeira com caçamba tipo pá frontal ou retroescavadeira, para posicionar a caçamba para descarga, a pá-carregadeira deve manobrar e se deslocar com a carga. Uma escavadeira com caçamba tipo pá frontal ou retroescavadeira simplesmente oscila (gira) em torno de seu eixo e não precisa se deslocar para mover a caçamba da posição de carregamento para a de descarga. A SAE estabeleceu limites de peso de carga operacional para pás-carregadeiras. Uma pá-carregadeira se limita a uma carga operacional, por peso, inferior a 50% da carga estática nominal de tombamento considerando o peso combinado da caçamba e da carga, medida do centro de gravidade da caçamba estendida até seu alcance máximo, com contrapesos padrão e pneus sem lastro. No caso de pás-carregadeiras de esteiras, a carga operacional é limitada a menos de 35% da carga estática de tombamento. O termo "capacidade operacional" é usado como sinônimo de carga operacional. O tamanho da maioria das caçambas é determinado com base em um material de 3.000 lb/lcy.

Especificações operacionais

As especificações operacionais representativas para uma pá-carregadeira de rodas fornecem informações como aquelas listadas nas Tabelas 9.7, 9.8 e 9.9, que apresentam as especificações operacionais de uma ampla variedade de pás-carregadeiras de rodas e de esteiras comuns no mercado.

Taxas de produção de pás-carregadeiras

Os dois fatores críticos que devem ser considerados na escolha de uma pá-carregadeira são o tipo de material e o volume de material a ser manuseado. As pás-carregadeiras de rodas são máquinas excelentes para materiais entre macios e medianamente duros. Contudo, o índice de produção de uma pá-carregadeira de rodas diminui rapidamente quando usado em materiais entre médios e duros. Outro fator a ser considerado é a altura à qual o material deve ser elevado. Ao carregar caminhões, a pá-carregadeira deve ser capaz de alcançar acima da lateral da caçamba do veículo. Uma pá-carregadeira de rodas atinge seu maior índice de produção possível quando trabalha em uma superfície plana e lisa, com espaço suficiente para manobrar. Em condições superficiais ruins ou quando não há espaço para manobrar com eficiência, outros tipos de equipamentos tendem a ser mais eficazes.

TABELA 9.7 Especificações representativas para uma pá-carregadeira de rodas de 119 hp

Velocidades, à frente e em marcha à ré	
Baixa	0–3,9 mph
Intermediária	0–11,1 mph
Alta	0–29,5 mph
Carga operacional (SAE)	6.800 lb
Carga de tombamento, em linha reta	17.400 lb
Carga de tombamento, em giro total	16.800 lb
Capacidade de levantamento	18.600 lb
Força de desagregação, máxima	30.000 lb

TABELA 9.8 Especificações representativas para pás-carregadeiras de rodas

Tamanho, capacidade coroada da caçamba (cy)	Distância de descarga da caçamba (ft)	Carga estática de tombamento, em giro máximo (lb)	Velocidade máxima à frente				Velocidade máxima em marcha à ré				Ciclo erguer/ descarregar/ baixar
			Primeira (mi/h)	Segunda (mi/h)	Terceira (mi/h)	Quarta (mi/h)	Primeira (mi/h)	Segunda (mi/h)	Terceira (mi/h)	Quarta (mi/h)	
1,25	8,4	9.600	4,1	7,7	13,9	21	4,1	7,7	13,9	–	9,8
2,00	8,7	12.700	4,2	8,1	15,4	–	4,2	8,3	15,5	–	10,7
2,25	9,0	13.000	4,1	7,5	13,3	21	4,4	8,1	14,3	23	11,3
3,00	9,3	17.000	5,0	9,0	15,7	26	5,6	10,0	17,4	29	11,6
3,75	9,3	21.000	4,6	8,3	14,4	24	5,0	9,0	15,8	26	11,8
4,00	9,6	25.000	4,3	7,7	13,3	21	4,9	8,6	14,9	24	11,6
4,75	9,7	27.000	4,4	7,8	13,6	23	5,0	8,9	15,4	26	11,5
5,50	10,7	37.000	4,0	7,1	12,4	21	4,6	8,1	14,2	24	12,7
7,00	10,4	50.000	4,0	7,1	12,7	22	4,6	8,2	14,5	25	16,9
14,00	13,6	98.000	4,3	7,6	13,0	–	4,7	8,3	14,2	–	18,5
23,00	19,1	222.000	4,3	7,9	13,8	–	4,8	8,7	15,2	–	20,1

TABELA 9.9 Especificações representativas para pás-carregadeiras de esteiras

Tamanho, capacidade coroada da caçamba (cy)	Distância de descarga da caçamba (ft)	Carga estática de tombamento (lb)	Velocidade máxima à frente (mi/h)	Velocidade máxima em marcha à ré (mi/h)	Ciclo erguer/ descarregar/ baixar
1,00	8,5	10.500	6,5	6,9	11,8
1,30	8,5	12.700	6,5	6,9	11,8
1,50	8,6	17.000	5,9*	5,9*	11,0
2,00	9,5	19.000	6,4*	6,4*	11,9
2,60	10,2	26.000	6,0*	6,0*	9,8
3,75	10,9	36.000	6,4*	6,4*	11,4

*Comando hidrostático.

As pás-carregadeiras de rodas trabalham em ciclos repetitivos, constantemente invertendo sua direção, carregando, girando e descarregando. A produtividade de uma pá-carregadeira de rodas depende dos seguintes fatores:

- Tempo de ciclo fixo necessário para carregar a caçamba, manobrar com quatro inversões de direção e descarregar o material
- Tempo necessário para se deslocar da posição de carregamento até a de despejo
- Tempo necessário para voltar à posição de carregamento
- Volume de material transportado em cada ciclo

A Tabela 9.10 fornece tempos de ciclo fixos para pás-carregadeiras de rodas e de esteiras. A Figura 9.20 ilustra uma situação de carregamento típica. Como as pás-carregadeiras de rodas são mais manobráveis e se deslocam com velocidades superiores em superfícies de transporte lisas, seus índices de produção devem ser maiores do que as unidades de esteiras sob condições favoráveis que exigem distâncias de manobra maiores.

TABELA 9.10 Tempos de ciclo fixos para pás-carregadeiras

Tamanho da pá-carregadeira, capacidade coroada da caçamba (cy)	Tempo de ciclo da pá-carregadeira de rodas* (segundos)	Tempo de ciclo da pá-carregadeira em esteiras* (segundos)
1,00–3,75	27–30	15–21
4,00–5,50	30–33	—
6,00–7,00	33–36	—
14,00–23,00	36–42	—

* Inclui carregamento, manobra com quatro inversões de direção (deslocamento mínimo) e descarga (despejo).

FIGURA 9.20 Ciclo de percurso de carregamento para uma pá-carregadeira.

TABELA 9.11 Efeito da distância de transporte sobre a produção

Distância de transporte (ft)	25	50	100	150	200
Tempo fixo	0,45	0,45	0,45	0,45	0,45
Tempo de transporte	0,09	0,18	0,36	0,55	0,73
Tempo de retorno	0,04	0,09	0,13	0,19	0,26
Tempo de ciclo (min)	0,58	0,72	0,94	1,19	1,44
Viagens por hora de 50 minutos	86,2	69,4	53,2	42,0	34,7
Produção (toneladas)*	262	210	161	127	105

*0,9 de fator de enchimento da caçamba.

Quando a distância de percurso for maior do que um valor mínimo, será necessário adicionar o tempo de deslocamento ao tempo de ciclo fixo. Para distâncias de percurso inferiores a 100 ft, a pá-carregadeira de rodas deve ser capaz de se deslocar, com uma caçamba cheia, a cerca de 80% de sua velocidade máxima em marcha baixa e voltar vazio a cerca de 60% de sua velocidade máxima em segunda marcha. No caso de distâncias superiores a 100 ft, o retorno deve ser de cerca de 80% de sua velocidade máxima em segunda marcha. Se a superfície de transporte estiver em más condições de manutenção ou for rugosa, essas velocidades devem sofrer uma redução correspondente.

Considere uma pá-carregadeira com caçamba de capacidade coroada de 2,5 cy manuseando rochas bem desmontadas pesando 2.700 lb/lcy cujo empolamento é de 25%. As faixas de marcha para essa pá-carregadeira, equipada com um conversor de torque e uma transmissão power-shift (de dupla embragem), são informadas na Tabela 9.7.

Assim, as velocidades médias [em pés por minuto (fpm)] devem ser de aproximadamente:

Transporte de carga, todas as distâncias	$0,8 \times 3,9$ mph $\times 88$ fpm por mph $= 274$ fpm
Retorno, 0–100 ft	$0,6 \times 11,1$ mph $\times 88$ fpm por mph $= 586$ fpm
Retorno, mais de 100 ft	$0,8 \times 11,1$ mph $\times 88$ fpm por mph $= 781$ fpm

O efeito do aumento da distância de transporte sobre a produção é mostrado pelos cálculos da Tabela 9.11.

Cálculo da produção da pá-carregadeira de rodas

O exemplo a seguir demonstra o processo de estimar a produção de uma pá-carregadeira.

EXEMPLO 9.4

Uma pá-carregadeira de rodas de 4 cy será usada para carregar caminhões de uma pilha de agregados em uma pedreira. Os agregados processados têm tamanho máximo de 1,25 polegadas. A distância de transporte será mínima. Os agregados têm peso específico solto de 3.100 lb/cy. Estime a produção da pá-carregadeira em toneladas com base em um fator de eficiência de 50 minutos por hora. Utilize um fator de enchimento conservador.

Passo 1. Tamanho da caçamba, 4 cy

Passo 2. Fator de enchimento da caçamba (Tabela 9.6), agregados acima de 1 polegada, 85–90%; use 85% estimativa conservadora

Verifique o tombamento

Peso da carga: 4 cy × 0,85 = 3,4 lcy

3,4 lcy × 3.100 lb/lcy (peso específico solto do material) = 10.540 lb

De acordo com a Tabela 9.8: a carga estática de tombamento de máquina de 4 cy em giro máximo é 25.000 lb

Assim, a carga de operação (50% da carga estática de tombamento em giro máximo) é:

$$0,5 \times 25.000 \text{ lb} = 12.500 \text{ lb}$$

carga real de 10.540 lb < carga operacional de 12.500 lb; logo, OK

Passo 3. Tempo de ciclo fixo típico (Tabela 9.10) pá-carregadeira de rodas de 4 cy, 30 a 33 segundos; use 30 segundos.

Passo 4. Fator de eficiência, 50 minutos por hora

Passo 5. Classe de material, agregados, 3.100 lb por lcy

Passo 6. Produção provável

$$\frac{3.600 \text{ s/hr} \times 4 \text{ cy} \times 0,85}{30 \text{ s/ciclo}} \times \frac{50 \text{ min}}{60 \text{ min}} \times \frac{3.100 \text{ lb/lcy}}{2.000 \text{ lb/ton}} = 527 \text{ ton/hr}$$

EXEMPLO 9.5

A pá-carregadeira no Exemplo 9.4 também será usada para colocar material em tanques de agregados de uma usina de asfalto localizada na pedreira. A distância em um sentido de transporte de carga da pilha de agregados de 1 polegada até os tanques de alimentação a frio da usina é de 220 ft. A usina de asfalto utiliza 105 toneladas de agregados de 1 polegada por hora. A pá-carregadeira conseguirá atender essa exigência?

Passo 3. Tempo de ciclo fixo típico (Tabela 9.10) pá-carregadeira de rodas de 4 cy, 30 a 33 segundos; use 30 segundos.

Segundo a Tabela 9.8: Velocidades de percurso à frente

Primeira, 4,3 mi/h; segunda, 7,7 mi/h; terceira, 13,3 mi/h

Velocidades de percurso em marcha à ré

Primeira, 4,9 mi/h; segunda, 8,6 mi/h; terceira, 14,9 mi/h

Percurso carregado: 220 ft; devido à distância curta e ao tempo necessário para aceleração e frenagem, utilize 80% da velocidade máxima em primeira marcha.

$$\frac{4,3 \text{ mph} \times 80\% \times 88 \text{ fpm/mph}}{60 \text{ s/min}} = 5,0 \text{ ft/s}$$

Retorno vazio: 220 ft; devido à distância curta e ao tempo necessário para aceleração e frenagem, utilize 80% da velocidade máxima em segunda marcha.

$$\frac{7,7 \text{ mph} \times 80\% \times 88 \text{ fpm/mph}}{60 \text{ s/min}} = 9,0 \text{ ft/s}$$

Tempo fixo	30 s	pá-carregadeira de rodas de 4 cy
Percurso com carga	44 s	220 ft, 80% da primeira marcha
Percurso de retorno	24 s	220 ft, 80% da segunda marcha
Tempo de ciclo	98 s	

Passo 6. Produção provável

$$\frac{3.600 \text{ s/hr} \times 4 \text{ cy} \times 0{,}85}{98 \text{ s/ciclo}} \times \frac{50 \text{ min}}{60 \text{ min}} \times \frac{3.100 \text{ lb/lcy}}{2.000 \text{ lb/ton}} = 161 \text{ ton/hr}$$

161 toneladas/hora > requisito de 105 toneladas/hora

A pá-carregadeira atenderá o requisito.

Cálculo da produção da pá-carregadeira de esteiras

As taxas de produção das pás-carregadeiras em esteiras são determinadas da mesma maneira que para as pás-carregadeiras de rodas.

EXEMPLO 9.6

Uma pá-carregadeira de esteiras de 2 cy com as especificações abaixo é usada para carregar caminhões de um terreno de argila úmida. A operação exigirá que a pá-carregadeira se desloque 30 ft para o transporte e para o retorno. Estime a produção da pá-carregadeira em bcy com base em um fator de eficiência equivalente a uma hora de 50 minutos. Utilize um tempo de ciclo fixo conservador.

Velocidades de percurso por marcha para pá-carregadeira de esteiras de 2 cy		
Marcha	mi/h	fpm
Frente		
Primeira	1,9	167
Segunda	2,9	255
Terceira	4,0	352
Marcha à ré		
Primeira	2,3	202
Segunda	3,6	317
Terceira	5,0	440

Suponha que a pá-carregadeira se deslocará, em média, a 80% das velocidades especificadas em segunda marcha, para a frente e em marcha à ré. O tempo fixo deve se basear em estudos de tempo para os equipamentos e trabalho específicos; a Tabela 9.10 fornece os tempos médios por tamanho da pá-carregadeira.

Passo 1. Tamanho da caçamba, 2 cy

Passo 2. Fator de enchimento da caçamba (Tabela 9.6), argila úmida, 100 a 120%; use a média de 110%. Verifique o tombamento:

Peso da carga:

$$2 \text{ cy} \times 1{,}10 = 2{,}2 \text{ lcy}$$

Peso específico de argila úmida (terra, úmida) (Tabela 4.3) 2.580 lb lcy

$$2{,}2 \text{ lcy} \times 2.580 \text{ lb/lcy} = 5.676 \text{ lb}$$

De acordo com a Tabela 9.9: a carga estática de tombamento de máquina de esteiras de 2 cy é igual a 19.000 lb. Assim, a carga operacional (35% da carga estática de tombamento) é:

$$0,35 \times 19.000 \text{ lb} = 6.650 \text{ lb}$$

5.676 lb de carga real < 6.650 lb de carga operacional; logo, OK

Passo 3. Templo de ciclo fixo típico (Tabela 9.10) de pá-carregadeira de esteiras de 2 cy, 15 a 21 segundos; use 21 segundos, conservador

Percurso carregado: 30 ft, utilize 80% da velocidade máxima em primeira marcha.

$$\frac{3.600 \text{ s/hr} \times 4 \text{ cy} \times 0,85}{98 \text{ s/ciclo}} \times \frac{50 \text{ min}}{60 \text{ min}} \times \frac{3.100 \text{ lb/lcy}}{2.000 \text{ lb/ton}} = 161 \text{ ton/hr}$$

Retorno vazio: 30 ft, utilize 60% (menos de 100 ft) da velocidade máxima em segunda marcha.

$$\frac{2,9 \text{ mph} \times 60\% \times 88 \text{ fpm/mph}}{60 \text{ s/min}} = 2,6 \text{ ft/s}$$

Tempo fixo	30 s	pá-carregadeira de esteiras de 2 cy
Percurso com carga	13 s	30 ft, 80% da primeira marcha
Percurso de retorno	12 s	30 ft, 60% da segunda marcha
Tempo de ciclo	55 s	

Passo 4. Fator de eficiência, hora de 50 minutos

Passo 5. Classe de material, argila úmida, empolamento 25 (Tabela 4.3)

Passo 6. Produção provável

$$\frac{3.600 \text{ s/hr} \times 2 \text{ cy} \times 1,1}{55 \text{ s/ciclo}} \times \frac{50 \text{ min}}{60 \text{ min}} \times \frac{1}{1,25} = 96 \text{ bcy/hr}$$

Segurança de pás-carregadeiras

Os funcionários que trabalham em áreas nas quais pás-carregadeiras estão em operação estão expostos ao risco de atropelamento.

Incidente de um Relatório OSHA O operador da pá-carregadeira frontal, após despejar a carga em um caminhão basculante, seguiu em marcha à ré enquanto observava o lado traseiro esquerdo da pá-carregadeira, virando sua cabeça para a esquerda. Enquanto se deslocava em marcha à ré, o supervisor entrava na área de trabalho, aproximando-se pelo lado direito da pá-carregadeira. Um trabalhador que testemunhou o incidente afirma que apesar de ter visto o supervisor entrar na área de trabalho, ele o perdeu de vista temporariamente enquanto a pá-carregadeira frontal dava marcha à ré, mas percebeu que o veículo atropelou alguma coisa. O trabalhador sinalizou imediatamente que o operador parasse o veículo. O supervisor fora atingido pelo veículo e atropelado pelo pneu dianteiro direito da pá-carregadeira frontal.

A norma OSHA 29 CFR 1926.602(a)(9)(ii) afirma o seguinte:

> Nenhum empregador permitirá que equipamentos de terraplenagem ou compactação com visão obstruída da traseira sejam usados em marcha à ré, a menos que o equipamento tenha em operação um alarme de marcha à ré que possa ser diferenciado do nível de ruído ao seu redor ou um funcionário que sinalize a segurança de tal deslocamento.

CAÇAMBAS DE ARRASTO E DE MANDÍBULAS

INFORMAÇÕES GERAIS

Caçamba de mandíbulas

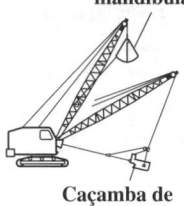

Caçamba de arrasto

As caçambas de arrasto e de mandíbulas são acessórios afixados à lança treliçada de guindastes. Os termos "escavadeira com caçamba de arrasto" (*dragline*) e "escavadeira com caçamba de mandíbulas" (*clamshell*) se referem ao tipo específico de caçamba utilizado e ao movimento de escavação da caçamba. A escavadeira com caçamba de arrasto opera, como o nome sugere, arrastando uma caçamba tipo draga em direção à máquina. A caçamba de mandíbulas foi projetada para escavar materiais em uma direção vertical. Ela funciona como uma mandíbula invertida com um movimento de mordida. Com ambos os tipos de escavadeiras, as caçambas são afixadas ao guindaste apenas por cabos. Assim, o operador não tem controle positivo sobre a caçamba, como ocorre com escavadeiras hidráulicas.

As máquinas de caçamba de arrasto e de mandíbulas pertencem a um grupo identificado frequentemente com a família da Power Crane and Shovel Association (PCSA) [11]. Essa associação conduz e supervisiona estudos e testes que geraram informações consideráveis sobre o desempenho, condições operacionais, produtividade, vida útil econômica e custo de propriedade e operação dessas máquinas. A associação participou do processo de estabelecer e adotar determinadas normas que se aplicam a essas máquinas. Os resultados dos estudos, conclusões, ações e normas foram todos publicados em livretos e boletins técnicos. Parte das informações publicadas pela PCSA estão reproduzidas neste livro, com a permissão da associação.

CAÇAMBAS DE ARRASTO

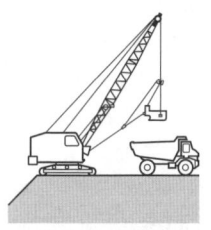

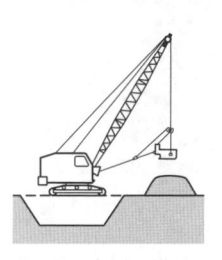

Carregamento de unidades de transporte

A escavadeira com caçamba de arrasto é uma máquina versátil capaz de uma ampla variedade de operações. Ela manuseia materiais que variam de macios a medianamente duros. A maior vantagem de uma escavadeira com caçamba de arrasto sobre as outras máquinas é seu longo alcance para escavação e descarga. A caçamba de arrasto não possui a força de escavação positiva de uma escavadeira com caçamba tipo pá frontal ou retroescavadeira hidráulica. A força de desagregação da caçamba é derivada estritamente de seu peso próprio. Assim, ela pode ricochetear, tombar ou deslocar-se lateralmente quando encontrar materiais duros. Esses pontos fracos são especialmente óbvios nas máquinas menores e caçambas mais leves.

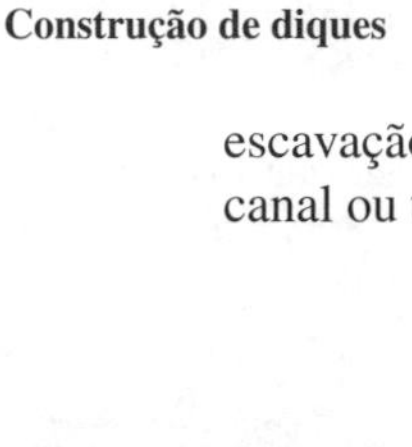

Construção de diques

As caçambas de arrasto são utilizadas para escavar materiais e carregá-los em unidades de transporte, como caminhões ou vagões rebocados por tratores, ou depositá-los em diques, represas e pilhas de terra próximos dos locais de onde foram escavados. A caçamba de arrasto foi projetada para escavar abaixo do nível da máquina. A máquina geralmente não precisa entrar na escavação ou vala para remover materiais. Ela funciona (escava material) posicionada em local adjacente à vala. No processo de lançar sua caçamba e arrastá-la de volta, ela retira materiais da escavação. É um processo muito vantajoso quando a terra é removida de uma vala, canal ou trincheira que contenha água.

O uso de uma caçamba de arrasto permite o carregamento de unidades de transporte posicionadas no mesmo nível no lado de fora do local da escavação. É uma vantagem especialmente importante quando o material escavado é úmido, pois as unidades de transporte não precisam entrar na escavação e manobrar em um atoleiro. Quando as condições do solo permitirem, entretanto, é melhor posicionar as unidades de transporte na cratera da escavação. Posicioná-las na escavação, abaixo da caçamba de arrasto, reduz o tempo de içamento e aumenta a produção.

Com frequência, é possível utilizar uma caçamba de arrasto com uma lança longa para despejar a terra em uma única operação caso o material possa ser depositado ao longo do canal ou junto à cratera, eliminando a necessidade de unidades de transporte e, logo, reduzindo o custo de manuseio do material.

As caçambas de arrasto montadas em esteiras (Figura 9.21) podem operar sobre condições de solo mais macias que não sustentariam equipamentos sobre rodas ou caminhões. A velocidade de deslocamento de uma máquina de esteiras é muito baixa, frequentemente inferior a 1 mi/h, e é necessário usar equipamentos de transporte auxiliares para levar a unidade de um trabalho para o outro. Os guindastes de lança treliçada montados sobre rodas e em caminhões também podem ser equipados com acessórios de caçamba de arrasto, mas a prática não é comum.

Componentes da escavadeira com caçamba de arrasto

Os componentes de uma caçamba de arrasto (Figura 9.22) são a caçamba em si e um conjunto de guias de cabos (talhas). Os cabos de aço são usados para as linhas de suspensão da lança, arrasto, içamento da caçamba e descarga. As guias de cabos ou talhas orientam o cabo da caçamba até o tambor quando a caçamba está sendo puxada (carregada). A linha de içamento, que opera sobre a polia da extremidade da lança, é usada para elevar e baixar a caçamba. Na operação de escavação, o cabo de arrasto é usado para puxar a caçamba através do material. Quando a caçamba é erguida e movida até o ponto de descarga, aliviar a tração sobre o cabo de arrasto faz com que a boca (lado aberto) da caçamba caia verticalmente; a seguir, a gravidade extrai o material de dentro da caçamba.

FIGURA 9.21 Escavadeira com caçamba de arrasto sobre esteiras escavando uma vala.

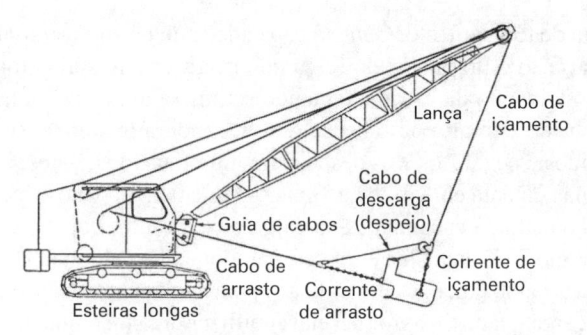

FIGURA 9.22 Peças básicas de uma escavadeira com caçamba de arrasto.

Tamanho de uma escavadeira com caçamba de arrasto O tamanho de uma escavadeira com caçamba de arrasto é indicado pelo tamanho da caçambai, expresso em jardas cúbicas. Contudo, a maioria dos guindaste pode lidar com caçambas de mais de um tamanho, dependendo do comprimento da lança utilizada e do peso específico do material escavado. A Figura 9.23 apresenta a relação entre o tamanho da caçamba e o comprimento e ângulo da lança. A lança do guindaste pode ser inclinada em um ângulo relativamente baixo durante a operação; contudo, ângulos de lança inferiores a 35 graus da horizontal quase nunca são recomendados, porque a máquina corre o

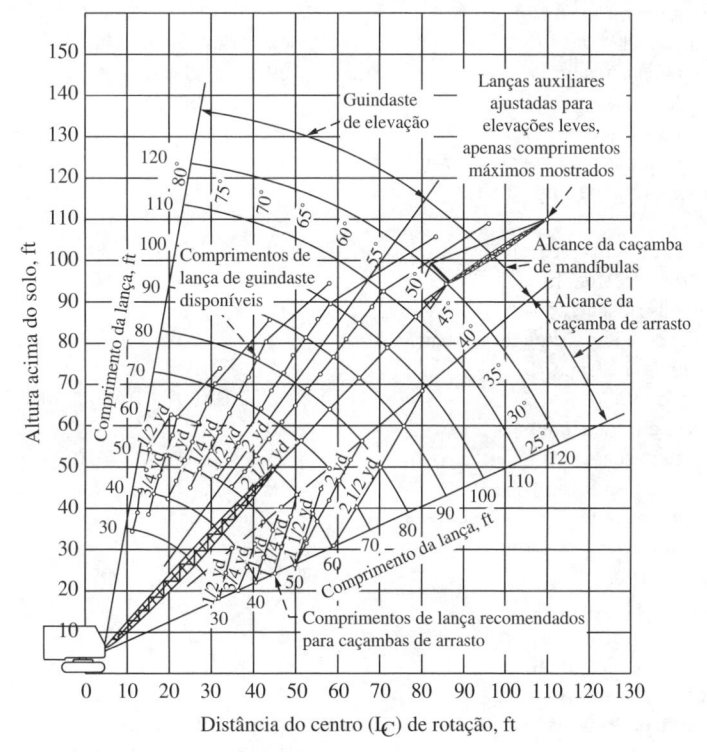

FIGURA 9.23 Faixas de trabalho de uma máquina com lança treliçada e utilizada com diferentes acessórios.

risco de tombamento. Como a capacidade de levantamento máxima de uma caçamba de arrasto é limitada pela força que irá fazer a máquina tombar, é necessário reduzir o tamanho da caçamba quando se utiliza uma lança longa ou quando o material escavado tem alto peso específico. Quando a máquina estiver escavando materiais úmidos e pegajosos e os despeja em um monte de dejetos, a chance de tombar a máquina aumenta em virtude do material que fica grudado à caçamba. Na prática, o peso combinado da caçamba e sua carga deve produzir uma força de tombamento de no máximo 75% daquela necessária para tombar a máquina. Uma lança mais longa, com uma caçamba menor, será utilizada para aumentar o alcance de escavação ou o raio de descarga quando não for desejável utilizar uma máquina maior.

Se o material for difícil de escavar, o uso de uma caçamba menor, que reduzirá a resistência de escavação, poderá possibilitar um aumento de produção.

A Tabela 9.12 fornece as faixas de trabalho típicas para uma escavadeira com caçamba de arrasto que utilize caçambas com tamanho variando de 1,25 a 2,5 cy. (Ver na Figura 9.24 as dimensões fornecidas na tabela.)

Operação de uma escavadeira com caçamba de arrasto   O ciclo de escavação começa quando o operador oscila (gira) a caçamba vazia até a posição de escavação ao mesmo tempo em que alivia a tração nas linhas de arrasto e içamento. Tambores

TABELA 9.12   Faixas de trabalho típicas para guindastes com contrapesos máximos e equipados para trabalho com caçambas de arrasto

J, comprimento da lança 50 ft						
Capacidade (lb)*	12.000	12.000	12.000	12.000	12.000	12.000
K, ângulo da lança (graus)	20	25	30	35	40	45
A, raio de descarga (ft)	55	50	50	45	45	40
B, altura de descarga (ft)	10	14	18	22	24	27
C, profundidade máxima de escavação (ft)	40	36	32	28	24	20
J, comprimento da lança 60 ft						
Capacidade (lb)*	10.500	11.000	11.800	12.000	12.000	12.000
K, ângulo da lança (graus)	20	25	30	35	40	45
A, raio de descarga (ft)	65	60	55	55	52	50
B, altura de descarga (ft)	13	18	22	26	31	35
C, profundidade máxima de escavação (ft)	40	36	32	28	24	20
J, comprimento da lança 70 ft						
Capacidade (lb)*	8.000	8.500	9.200	10.000	11.000	11.800
K, ângulo da lança (graus)	20	25	30	35	40	45
A, raio de descarga (ft)	75	73	70	65	60	55
B, altura de descarga (ft)	18	23	28	32	37	42
C, profundidade máxima de escavação (ft)	40	36	32	28	24	20
J, comprimento da lança 80 ft						
Capacidade (lb)*	6.000	6.700	7.200	7.900	8.600	9.800
K, ângulo da lança (graus)	20	25	30	35	40	45
A, raio de descarga (ft)	86	81	79	75	70	65
B, altura de descarga (ft)	22	27	33	39	42	47
C, profundidade máxima de escavação (ft)	40	36	32	28	24	20
D, alcance da escavação	Depende das condições de trabalho e da habilidade do operador com a caçamba					

*O peso combinado da caçamba e do material não pode exceder a capacidade.

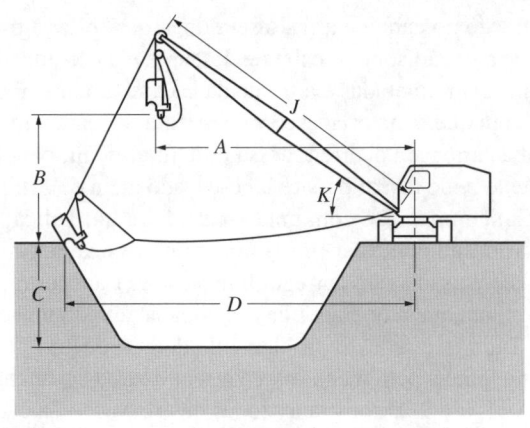

FIGURA 9.24 Dimensões da escavadeira com caçamba de arrasto, de acordo com as referências na Tabela 9.12.

separados na unidade de guindaste são utilizados para os cabos da linha de arrasto e de içamento (ver Figura 9.25). Assim, um bom operador pode coordenar seu movimento para garantir uma operação mais suave. A escavação é realizada puxando a caçamba em direção à máquina enquanto o operador regula a profundidade de escavação por meio da tração mantida no cabo de içamento (ver Figura 9.22). Quando a caçamba estiver cheia, o operador puxa o cabo de içamento enquanto abandona o cabo de arrasto. A caçamba é construída de modo a não descarregar seu conteúdo até

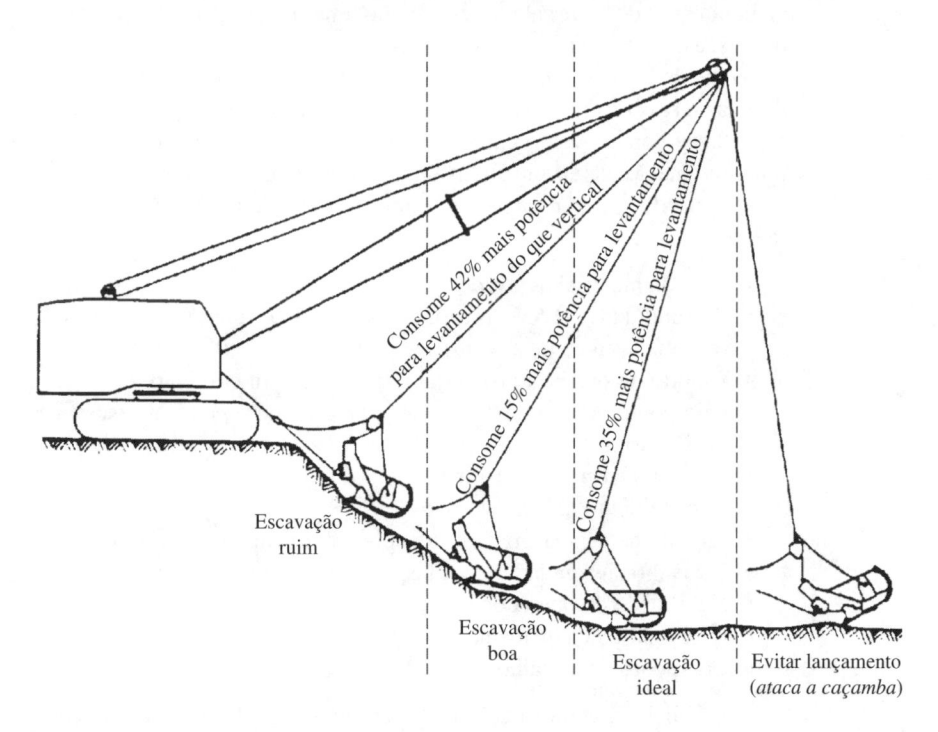

FIGURA 9.25 Zonas de escavação da caçamba de arrasto.

que a tração no cabo de arrasto seja liberada. Soltar a tração do cabo de arrasto faz com que a tração sobre o cabo de descarga e a corrente de arrasto (ver Figura 9.22) também sejam liberadas e a frente da caçamba (parte aberta) cai verticalmente, deixando com que o material escorra para fora. O içamento, a oscilação e a descarga da caçamba carregada ocorrem nessa ordem; a seguir, o ciclo é repetido. Um operador experiente pode lançar o material escavado além da extremidade da lança.

Em comparação com uma escavadeira hidráulica, uma caçamba de arrasto é mais difícil de controlar precisamente na descarga. Assim, quando uma caçamba de arrasto é usada para carregar unidades de transporte, devem ser usadas unidades maiores para que o operador da caçamba de arrasto tenha um alvo maior para a descarga. Tudo isso reduz o problema do derramamento. Recomenda-se uma razão de tamanho igual a pelo menos cinco a seis vezes a capacidade da caçamba de arrasto.

A Figura 9.25 mostra as zonas de escavação da caçamba de arrasto com relação à eficiência de produção de escavação. O trabalho com caçamba de arrasto deve ser planejado de modo a permitir que a maioria da escavação ocorra nas zonas que permitem a melhor escavação, com as zonas de escavação ruim sendo usadas apenas o mínimo necessário.

Produção da escavadeira com caçamba de arrasto

O rendimento de uma caçamba de arrasto deve ser expresso em jardas cúbicas naturais no corte (bcy) por hora. A melhor maneira de obter essa quantidade é com medições de campo. Ela pode ser estimada pela multiplicação do volume solto médio por caçamba pelo número de ciclos (caçambas) por hora e dividindo o produto por 1, mais o fator de empolamento do material expresso como uma fração. Por exemplo, se uma caçamba de 2 cy, escavando material cujo empolamento é 25%, manuseará um volume empolado médio de 2,4 cy, o volume natural medido no corte será 1,92 cy, $\frac{2,4}{1,25}$. Se a caçamba de arrasto realizar 2 ciclo por minuto, o rendimento será 3,84 bcy/minuto (2 × 1,92), ou 230 bcy/hora. O valor representa um rendimento máximo de uma hora ideal de 60 minutos e não poderá ser mantida durante toda a duração do projeto.

A produção da escavadeira com caçamba de arrasto varia com os seguintes fatores:

- Tipo de material escavado
- Profundidade do corte (profundidade abaixo da base das esteiras da escavadeira com caçamba de arrasto)
- Ângulo de oscilação (o ângulo criado por um conjunto de linhas que passam pelo ponto central da caçamba de arrasto até o ponto de escavação e o ponto de descarga)
- Tamanho e tipo de caçamba
- Comprimento da lança
- Método de deposição, lançamento ou carregamento de unidades de transporte
- Tamanho das unidades de transporte, quando utilizadas
- Habilidade do operador
- Condição física da máquina
- Condições de trabalho

A Tabela 9.13 informa os ciclos aproximados de escavação e carregamento de escavadeiras com caçambas de arrasto para diversos ângulos de oscilação.

TABELA 9.13 Ciclos aproximados de escavação e carregamento de caçambas de arrasto para diversos ângulos de oscilação*

Tamanho da caçamba de arrasto (cy)	Escavação fácil, argila úmida leve, ângulo de oscilação (graus)				Areia ou cascalho, ângulo de oscilação (graus)				Terra comum boa, ângulo de oscilação (graus)			
	45	90	135	180	45	90	135	180	45	90	135	180
$\frac{3}{8}$	16	19	22	25	17	20	24	27	20	24	28	31
$\frac{1}{2}$	16	19	22	25	17	20	24	27	20	24	28	31
$\frac{3}{4}$	17	20	24	27	18	22	26	29	21	26	30	33
1	19	22	26	29	20	24	28	31	23	28	33	36
$1\frac{1}{4}$	19	23	27	30	20	25	29	32	23	28	33	36
$1\frac{1}{2}$	21	25	29	32	22	27	31	34	25	30	35	38
$1\frac{3}{4}$	22	26	30	33	23	28	32	35	26	31	36	39
2	23	27	31	35	24	29	33	37	27	32	37	41
$2\frac{1}{2}$	25	29	34	38	26	31	36	40	29	34	40	44

* Tempo em segundos, sem atrasos na escavação de profundidades de corte ideais e carregamento de caminhões no mesmo nível que a escavadeira.
Fonte: Power Crane and Shovel Association.

Profundidade ideal do corte Uma escavadeira com caçamba de arrasto produzirá seu maior rendimento se o trabalho for planejado de modo a permitir a escavação na profundidade ideal do corte. Com base no uso escavadeiras com caçambas de arrasto de lanças curtas, a Tabela 9.14 fornece a profundidade ideal do corte para diversos tamanhos de caçambas e classes de materiais. A tabela apresenta os rendimentos ideais de caçambas de arrasto de lanças curtas, expressos em bcy, para diversas classes de material ao serem escavados em profundidade ideal, com um ângulo de oscilação de 90 graus e sem atrasos. Os dois números superiores são a profundidade ideal do corte em pés e em metros (entre parênteses); os números inferiores são o rendimento ideal em jardas cúbicas e em metros cúbicos (entre parênteses).

Efeito da profundidade do corte e do ângulo de oscilação na produção A Tabela 9.14 apresenta a capacidade de produção ideal da caçamba de arrasto com base na escavação em profundidades ideais e com ângulo de oscilação de 90 graus. Para qualquer outra profundidade ou ângulo de oscilação, o rendimento ideal da máquina precisará ser ajustado por um fator apropriado de profundidade-oscilação. A Tabela 9.15 apresenta efeito da profundidade do corte e do ângulo de oscilação sobre a produção da escavadeira com caçamba de arrasto. Na Tabela 9.15, a porcentagem da profundidade ideal do corte é obtida pela divisão da profundidade real do corte pela profundidade ideal para o material e a caçamba específicos. O resultado dessa divisão deve ser multiplicado por 100 para expressar o valor em forma de porcentagem:

$$\text{Profundidade do corte real} = \frac{\text{Porcentagem de profundidade ideal do corte}}{\text{Profundidade ideal do corte (Tabela 9.14)}} \times 100 \quad [9.3]$$

TABELA 9.14 Profundidade ideal do corte e produção ideal de escavadeiras com caçambas de arrasto de lança curta*

Classe de material	Tamanho da caçamba [cy (m³)][†]								
	$\frac{3}{8}$ (0,29)[†]	$\frac{1}{2}$ (0,38)[†]	$\frac{3}{4}$ (0,57)[†]	1 (0,76)[†]	$1\frac{1}{4}$ (0,95)[†]	$1\frac{1}{2}$ (1,14)[†]	$1\frac{3}{4}$ (1,33)[†]	2 (1,53)[†]	$2\frac{1}{2}$ (1,91)[†]
Argila úmida ou arenosa leve	5,0	5,5	6,0	6,6	7,0	7,4	7,7	8,0	8,5
	(1,5)[‡]	(1,7)[‡]	(1,8)[‡]	(2,0)[‡]	(2,1)[‡]	(2,2)[‡]	(2,4)[‡]	(2,5)[‡]	(2,6)[‡]
	70	95	130	160	195	220	245	265	305
	(53)[§]	(72)[§]	(99)[§]	(122)[§]	(149)[§]	(168)[§]	(187)[§]	(202)[§]	(233)[§]
Areia e cascalho (pedregulho)	5,0	5,5	6,0	6,6	7,0	7,4	7,7	8,0	8,5
	(1,5)	(1,7)	(1,8)	(2,0)	(2,1)	(2,2)	(2,4)	(2,5)	(2,6)
	65	90	125	155	185	210	235	255	295
	(49)	(69)	(95)	(118)	(141)	(160)	(180)	(195)	(225)
Terra comum boa	6,0	6,7	7,4	8,0	8,5	9,0	9,5	9,9	10,5
	(1,8)	(2,0)	(2,4)	(2,5)	(2,6)	(2,7)	(2,8)	(3,0)	(3,2)
	55	75	105	135	165	190	210	230	265
	(42)	(57)	(81)	(104)	(127)	(147)	(162)	(177)	(204)
Argila dura e resistente	7,3	8,0	8,7	9,3	10,0	10,7	11,3	11,8	12,3
	(2,2)	(2,5)	(2,7)	(2,8)	(3,1)	(3,3)	(3,5)	(3,6)	(3,8)
	35	55	90	110	135	160	180	195	230
	(27)	(42)	(69)	(85)	(104)	(123)	(139)	(150)	(177)
Argila úmida e pegajosa	7,3	8,0	8,7	9,3	10,0	10,7	11,3	11,8	12,3
	(2,2)	(2,5)	(2,7)	(2,8)	(3,1)	(3,3)	(3,5)	(3,6)	(3,8)
	20	30	55	75	95	110	130	145	175
	(15)	(23)	(42)	(58)	(73)	(85)	(100)	(112)	(135)

* Medida de jardas cúbicas (metros cúbicos) naturais (bcy) por hora de 60 minutos.
[†] Esses valores representam os tamanhos das caçambas em metros cúbicos (m³).
[‡] Esses valores são as profundidades de corte ideais em metros (m).
[§] Esses valores são os rendimentos ideais ótimos em metros cúbicos (m³).

TABELA 9.15 Efeito da profundidade do corte e do ângulo de oscilação na produção da escavadeira com caçamba de arrasto

Porcentagem da profundidade ideal	Ângulo de oscilação (graus)							
	30	45	60	75	90	120	150	180
20	1,06	0,99	0,94	0,90	0,87	0,81	0,75	0,70
40	1,17	1,08	1,02	0,97	0,93	0,85	0,78	0,72
60	1,24	1,13	1,06	1,01	0,97	0,88	0,80	0,74
80	1,29	1,17	1,09	1,04	0,99	0,90	0,82	0,76
100	1,32	1,19	1,11	1,05	1,00	0,91	0,83	0,77
120	1,29	1,17	1,09	1,03	0,98	0,90	0,82	0,76
140	1,25	1,14	1,06	1,00	0,96	0,88	0,81	0,75
160	1,20	1,10	1,02	0,97	0,93	0,85	0,79	0,73
180	1,15	1,05	0,98	0,94	0,90	0,82	0,76	0,71
200	1,10	1,00	0,94	0,90	0,87	0,79	0,73	0,69

Cálculo da produção da escavadeira com caçamba de arrasto Os índices de produção horários para guindastes com lança treliçada e com caçambas de arrasto aparecem na Tabela 9.14. Esses índices se baseiam em operações ocorridas na profundidade ideal do corte, um ângulo de oscilação de 90 graus e tipos de solo específicos. A tabela também pressupõe eficiência máxima; por exemplo, uma hora de 60 minutos. A Tabela 9.15 fornece fatores de correção para diversas profundidades de escavação e ângulos de oscilação. Para fatores de conversão de solo, consulte a Tabela 4.3. A eficiência geral deve se basear nas condições previstas do trabalho.

Passo 1. Determine uma produção ideal a partir da Tabela 9.14, com base no tamanho de caçamba proposto e no tipo de material.

Passo 2. Determine a porcentagem da profundidade ideal, com base nos dados apropriados da Tabela 9.14 inseridos na Eq. [9.1].

Passo 3. Determine o fator de correção da profundidade do corte/ângulo de oscilação a partir da Tabela 9.15, usando a porcentagem da profundidade ideal do corte calculada e o ângulo de oscilação planejado. Em alguns casos, pode ser necessário interpolar entre valores da Tabela 9.15.

Passo 4. Determine um fator de eficiência global com base nas condições de trabalho previstas. As escavadeiras com caçambas de arrasto raramente trabalham produtivamente por mais de 45 minutos em 1 hora.

Passo 5. Determine o índice de produção estimado. Multiplique a produção ideal pelo fator de correção de profundidade/oscilação e o fator de eficiência.

Passo 6. Determine a conversão do solo, se necessária (Tabela 4.3).

Passo 7. Determine as horas totais para completar o trabalho:

$$\text{Horas totais} = \frac{\text{Jardas cúbicas movidas}}{\text{Taxa de produção/hora}} \qquad [9.4]$$

EXEMPLO 9.7

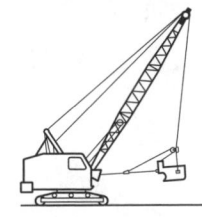

Uma escavadeira com caçamba de arrasto de lança curta de 2 cy será usada para escavar argila dura e resistente. A profundidade do corte será de 15,4 ft e o ângulo de oscilação será 120 graus. Determine a produção provável da escavadeira com caçamba de arrasto. Há 35.000 bcy de material para ser escavado. De quanto tempo o projeto precisará?

Passo 1. Determine a produção ideal a partir da Tabela 9.14, com base em uma caçamba de 2 cy e material argiloso duro e resistente: 195 bcy.

Passo 2. Determine a porcentagem da profundidade ideal do corte, Eq. [9.3]. Profundidade ideal do corte (Tabela 9.14): 11,8 ft.

$$\text{Porcentagem de profundidade ideal do corte} = \frac{15,4 \text{ ft}}{11,8 \text{ ft}} \times 100 = 130\%$$

Passo 3. Determine o fator de correção da profundidade do corte/ ângulo de oscilação a partir da Tabela 9.15:

Porcentagem de profundidade ideal do corte = 130%

Ângulo de oscilação = 120°

Fator de correção da profundidade do corte/ângulo de oscilação = 0,89

Passo 4. Determine um fator de eficiência global com base nas condições de trabalho esperadas. As escavadeiras com caçambas de arrasto raramente trabalham por mais de 45 minutos em 1 hora.

$$\text{Fator de eficiência} = \frac{45 \text{ min}}{60 \text{ min}} = 0,75$$

Passo 5. Determine o índice de produção. Multiplique a produção ideal pelo fator de correção de profundidade/oscilação e o fator de eficiência:

$$\text{Produção} = 195 \times 0,89 \times 0,75 = 130 \text{ bcy/hr}$$

Passo 6. Determine a conversão do solo, se necessária (Tabela 4.3). Não é necessário neste exemplo.

Passo 7. Determine as horas totais, Eq. [9.4]:

$$\text{Horas totais} = \frac{35.000 \text{ bcy}}{130 \text{ bcy/hr}} = 269 \text{ hr}$$

Fatores que afetam a produção da escavadeira com caçamba de arrasto Na seleção do tamanho e tipo de caçamba a serem usados em um projeto, é preciso combinar corretamente o tamanho do guindaste de lança treliçada com o da caçamba para obter a melhor ação e a maior eficiência operacional possível. Uma caçamba de arrasto (ver Figura 9.26) é composta de três partes: cesta, arco e borda cortante. Ela pode ser completada com dentes e com reforços (peças de metal extras entre os dentes). Em geral, as caçambas estão disponíveis em três tipos: serviço leve, serviço médio e serviço pesado.

As caçambas de serviço leve, ou simplesmente *leves*, são fabricadas especificamente para a escavação de materiais fáceis de cavar, como argila arenosa ou areia. Na aplicação apropriada, elas fornecem maior capacidade sem perda de durabilidade. As caçambas de serviço médio são usadas para serviços de escavação gerais. Às vezes, o termo *aplicação geral* é usado em referência às caçambas de serviço médio. As aplicações típicas incluem escavação de argila, folhelho macio ou cascalho solto. As caçambas de serviço pesado, cuja construção geral é com-

FIGURA 9.26 Caçambas de arrasto.

TABELA 9.16 Capacidades, dimensões e pesos representativos de caçambas de arrasto

Tamanho (cy)	Capacidade rasa (cf)	Peso da caçamba (lb)			Dimensões (polegadas)		
		Serviço leve	Serviço médio	Serviço pesado	Comprimento	Largura	Altura
$\frac{3}{8}$	11	760	880		35	28	20
$\frac{1}{2}$	17	1.275	1.460	2.100	40	36	23
$\frac{3}{4}$	24	1.640	1.850	2.875	45	41	25
1	32	2.220	2.945	3.700	48	45	27
$1\frac{1}{4}$	39	2.410	3.300	4.260	49	45	31
$1\frac{1}{2}$	47	3.010	3.750	4.525	53	48	32
$1\frac{3}{4}$	53	3.375	4.030	4.800	54	48	36
2	60	3.925	4.825	5.400	54	51	38
$2\frac{1}{4}$	67	4.100	5.350	6.250	56	53	39
$2\frac{1}{2}$	74	4.310	5.675	6.540	61	53	40
$2\frac{3}{4}$	82	4.950	6.225	7.390	63	55	41
3	90	5.560	6.660	7.920	65	55	43

parativamente mais pesada e que possuem reforços para maximizar sua força e resistência à abrasão, são utilizadas em remoção de solo para minas, manuseio de rochas desmontadas e escavação de subsolo e materiais altamente abrasivos. Algumas caçambas são perfuradas para permitir a drenagem do excesso de água presente nas cargas.

A Tabela 9.16 informa capacidades, dimensões e pesos representativos para diversos tipos de caçambas de arrasto.

O tamanho normal de uma caçamba de arrasto se baseia em sua capacidade rasa, expressa em pés cúbicos (cf). Na seleção da caçamba com o tamanho mais apropriado, você se beneficia de conhecer o peso solto do material a ser manuseado. Esse peso deve ser expresso em libras por pé cúbico (lb/cf). No interesse de aumentar a produção, é melhor utilizar a maior caçamba possível. Para determinar a maior caçamba aplicável, é preciso realizar uma análise cuidadosa para determinar se o peso da carga somado ao da caçamba não é maior que a capacidade do guindaste. A importância dessa análise fica evidente quando consultamos as informações fornecidas na Tabela 9.12.

EXEMPLO 9.8

Pressuponha que o material a ser manuseado tem peso específico solto de 90 lb/cf. O uso de caçamba de serviço médio de 2 cy será considerado. Se um guindaste com lança de 80 ft em um ângulo de 40 graus será equipado com a caçamba de arrasto, a carga segura máxima será de 8.600 lb (Tabela 9.12).

O peso aproximado da caçamba e sua carga será:

Peso da caçamba, da Tabela 9.16 = 4.825 lb
Terra, 60 cf a 90 lb/cf = 5.400 lb
Peso combinado = 10.225 lb
Carga máxima com segurança = 8.600 lb

Como esse peso é maior que a carga com segurança da caçamba de arrasto, será necessário usar uma caçamba menor. Experimente uma de 1,5 cy. O peso combinado da caçamba e da carga será:

Caçamba, da Tabela 9.16	= 3.750 lb
Terra, 47 cf a 90 lb/cf	= 4.230 lb
Peso combinado	= 7.980 lb
Carga segura máxima	= 8.600 lb

Se for utilizada uma caçamba de 1,5 cy, esta poderá ser preenchida até sua capacidade coroada sem exceder o limite de segurança da carga do guindaste.

Se uma lança de 70 ft com ângulo de 40 graus, cuja carga máxima com segurança é de 11.000 lb, oferecerá uma faixa de trabalho suficiente para escavar e remover a terra, podemos usar uma caçamba de 2 cy cheia até sua capacidade coroada. A relação do rendimento resultante do uso de uma lança de 70 ft e uma caçamba de 2 cy, em comparação com uma caçamba de 1,5 cy, deve ser de aproximadamente:

Razão de rendimento (60 cf/47 cf) × 100 = 127%
Aumento da produção = 27%

A conta não considera o efeito do tempo de ciclo dos diferentes comprimentos de lanças.

O Exemplo 9.8 ilustra a importância de analisar um trabalho antes de selecionar os tamanhos do guindaste e da caçamba que serão empregados. A seleção aleatória de equipamentos pode levar a um aumento significativo do custo de manuseio de materiais. O manuseio eficiente de materiais é uma questão fundamental na construção pesada.

EXEMPLO 9.9

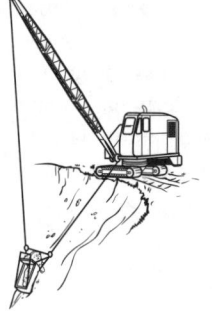

Este exemplo ilustra um método de analisar um projeto para determinar o tamanho do guindaste montado com uma caçamba de arrasto para escavar um canal. Selecione uma escavadeira com caçamba de arrasto montada sobre esteiras para escavar 210.000 bcy de terra comum com peso solto de 80 lb/cf. As dimensões do canal serão:

Largura inferior	20 ft
Largura superior	44 ft
Profundidade	12 ft
Inclinações laterais	1:1

A terra escavada será despejada em um dique ao longo de um dos lados do canal. O dique terá uma banqueta de pelo menos 20 ft entre a ponta do dique e a borda mais próxima do canal.
A área transversal do canal seria:

$$\frac{(20 + 44)}{2} \times 12 = 384 \text{ por ft linear}$$

Se a terra se empola 25% ao ser escavada, a área transversal do dique será:

384 sf × 1,25 = 480 por ft linear

As dimensões do dique serão:

Altura	12 ft
Largura da base	64 ft
Largura do topo	16 ft
Inclinação lateral	2:1

A largura total do lado de fora do dique até a extremidade do canal será de:

Largura do dique	=	64 ft
Largura da banqueta	=	20 ft
Largura do canal	=	44 ft
Total	=	128 ft

ou a máquina precisará alcançar 64 ft, pressupondo que virará 180 graus durante a operação de escavação e descarga.

Com um ângulo de lança de 30 graus, será necessário um guindaste com lança de 70 ft (Tabela 9.12) para fornecer os alcances necessários de escavação e descarga e para permitir altura de descarga e profundidade de escavação adequadas.

O projeto deve ser completado em 1 ano. Pressuponha que condições climáticas, feriados e outras perdas de tempo significativas reduzirão o tempo de operações a 44 semanas de 40 horas cada, totalizando 1.760 horas de trabalho. A produção necessária por hora de trabalho será 119 bcy. Deve ser possível operar com um ângulo de oscilação médio de 150 graus. O fator de eficiência deve ser de uma hora de 45 minutos.

A produção necessária dividida pelo fator de eficiência é:

$$\frac{133}{45/60} = 177 \text{ bcy/hr}$$

Admita que o fator de profundidade-oscilação seja 0,81. A produção ideal necessária é:

$$\frac{177}{0,815} = 219 \text{ bcy/hr}$$

A Tabela 9.14 indica que uma caçamba de serviço médio de 1,75 cy atenderá a necessidade. O peso combinado da caçamba e da carga será:

Peso da carga, 53 cf a 80 lb por cf	= 4.240 lb
Peso da caçamba	= 4.030 lb
Peso total	= 8.270 lb
Carga máxima com segurança, Tabela 9.12	= 9.200 lb

O equipamento selecionado deve ser analisado para confirmar que sua produção ficará dentro dos níveis exigidos:

Rendimento ideal, 210 bcy/hora

Porcentagem da profundidade ideal, $\frac{12,0}{9,5} \times 100 = 126$

Fator de profundidade-oscilação, 0,82
Fator de eficiência, hora de 45 minutos, ou 0,75
Produção provável, 210 bcy/hr $\times$ 0,82 $\times$ 0,83 = 129 bcy/hr

Assim, os equipamentos devem produzir o volume necessário de 113 cy, com uma ligeira capacidade adicional de folga.

ESCAVADEIRAS COM CAÇAMBAS DE MANDÍBULAS

A caçamba de mandíbulas é uma máquina operada verticalmente capaz de funcionar acima, abaixo e no mesmo nível do solo. A caçamba de mandíbulas, como o nome sugere, é composta de duas conchas articuladas que funcionam como duas mandíbulas ou como a concha de um molusco (de onde surgiu o nome em inglês, *clamshell*, "concha de molusco bivalve"). As caçambas de mandíbulas são utilizadas principalmente para manusear materiais como solos soltos ou de rigidez média, areia, cascalho (pedregulho), pedra britada, carvão e conchas, e para remover materiais de escavações verticais, como ensecadeiras, alicerces de píeres, bueiros de esgoto e valas revestidas de placas. No passado, essas caçambas pendiam de guindastes de esteiras com lanças reticuladas (Figura 9.27); hoje, caçambas de mandíbulas hidráulicas podem ser montadas no braço de retroescavadeiras hidráulicas (ver Figura 9.28). As caçambas de mandíbulas de escavadeiras hidráulicas têm alcance vertical limitado. Assim, quando é preciso realizar uma escavação vertical profunda, ainda se utiliza uma caçamba de mandíbulas presa a um cabo.

Escavadeiras com caçambas de mandíbulas de lança treliçada

Os mesmos cabos de aço usados na operação de guindaste (gancho) geralmente podem ser utilizados em operações de caçambas de mandíbulas. Contudo, é preciso adicionar duas linhas adicionais: uma linha secundária de içamento (a linha de fechamento) e a linha de manobra (Figura 9.29). A linha de manobra é um cabo de diâmetro pequeno com uma bobinadora de tração – mola. A linha de manobra impede que a caçamba de mandíbulas se retorça enquanto é içada e rebaixada. Por ser carregada por molas, a linha de manobra não exige o controle do operador e não se liga aos tambores operacionais do guindaste. A bobinadora normalmente é montada sobre a parte inferior da lança.

FIGURA 9.27 Guindaste utilizando caçamba de mandíbulas para descarregar uma barca.

FIGURA 9.28 Caçamba de mandíbulas hidráulica montada sobre o braço de uma retroescavadeira hidráulica.
Fonte: Kokosing Fru-Con

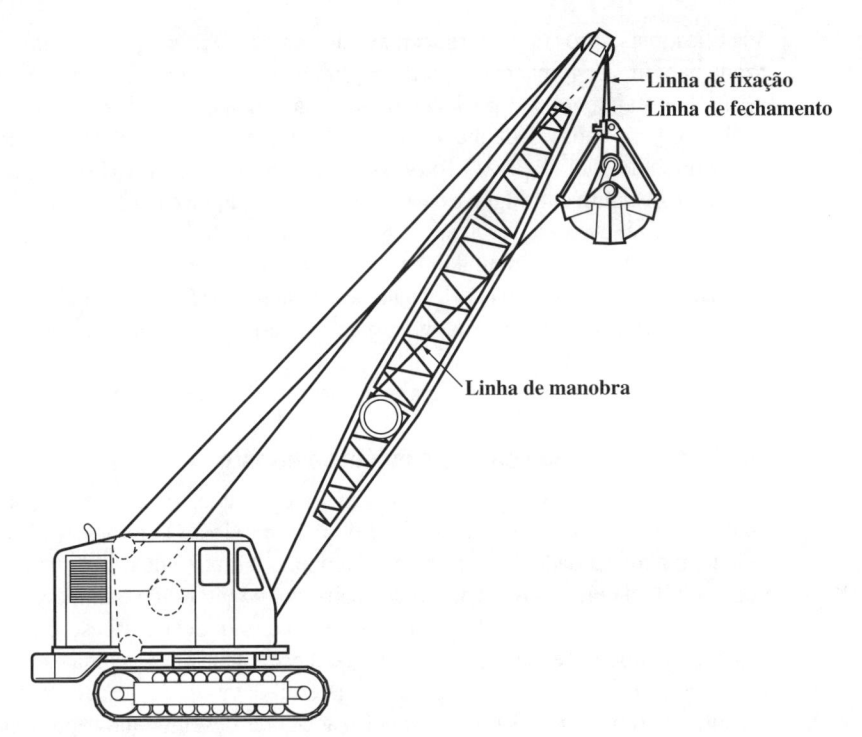

FIGURA 9.29 Partes básicas de uma caçamba de mandíbulas montada em guindaste.

A caçamba de mandíbulas é ligada à tubulação de içamento do guindaste e a uma linha de fechamento. A linha de fechamento é ligada a um segundo tambor de cabos no guindaste. O comprimento da lança determina a altura que a caçamba de mandíbulas alcança. O comprimento de cabo de aço que os tambores de cabos do guindaste conseguem acomodar limita a profundidade alcançada pela caçamba de mandíbulas. A capacidade de levantamento da escavadeira com caçamba de mandíbulas varia com o comprimento da lança do guindaste, o raio operacional, o tamanho da caçamba de mandíbulas e o peso específico do material escavado.

As linhas de fixação, fechamento e manobra controlam a caçamba. No início do ciclo de escavação, a caçamba descansa sobre o material a ser escavado, com as mandíbulas abertas. À medida que a linha de fechamento é esticada, as duas mandíbulas se aproximam, fazendo com que escavem o material. O peso da caçamba é a única ação de força disponível para penetrar o material. Depois que a caçamba é fechada, as linhas de fixação e fechamento erguem a caçamba e a oscilam até o ponto de descarga. Para abrir a caçamba e despejar seu conteúdo, alivia-se a tração da linha de fechamento.

Caçambas de mandíbulas

As duas mandíbulas da caçamba se fecham por seu próprio peso quando esta é levantada pela linha de fechamento. As caçambas de mandíbulas estão disponíveis em diversos tamanhos, e em tipos de serviço pesado para escavação, médios para aplicação geral e leves para o remanejamento de materiais leves. Os fabricantes fornecem caçambas com dentes removíveis ou sem dentes. Os dentes são utilizados para escavar os tipos mais duros de materiais, mas não são necessários quando a máquina é utilizada para fins de remanejamento. A Figura 9.30 ilustra uma caçamba de mandíbulas.

Normalmente, a capacidade de uma caçamba de mandíbulas é dada em jardas cúbicas. Uma capacidade mais precisa é fornecida como nível da água, linha da placa ou medida coroada; esses volumes normalmente são expressos em pés cúbicos. A capacidade no nível da água é a capacidade da caçamba caso esta fosse pendurada de forma estável e enchida com água. A capacidade na linha da placa indica a capacidade da caçamba seguindo uma linha ao longo dos topos das mandíbulas. A capacidade coroada é a capacidade da caçamba quando enchida até o ângulo de repouso máximo para um determinado material. Na especificação da capacidade coroada, geralmente admitimos que o ângulo de repouso é de 45 graus. O termo "área do deck" indica o número de pés quadrados coberto pela caçamba quando totalmente aberta.

Índices de produção para caçambas de arrasto

Devido aos fatores variáveis que afetam as operações de uma caçamba de mandíbulas, é difícil fornecer índices de produção médios. Os fatores variáveis críticos incluem a dificuldade de carregar a caçamba, o tamanho da carga que pode ser obtida, a altura da elevação, o ângulo de oscilação, o método de eliminação da carga e a experiência do operador. Por exemplo, se o material deve ser descarregado em uma calha, o tempo necessário para posicionar a caçamba sobre a calha e descarregar seu conteúdo será maior do que quando o material deve ser despejado em um monte de rejeito. A Tabela 9.17 fornece especificações de desempenho representativas para um guindaste equipado com caçamba de mandíbulas. O Exemplo 9.10 ilustra um cenário para estimar o rendimento provável de uma caçamba de mandíbulas sob um determinado conjunto de condições.

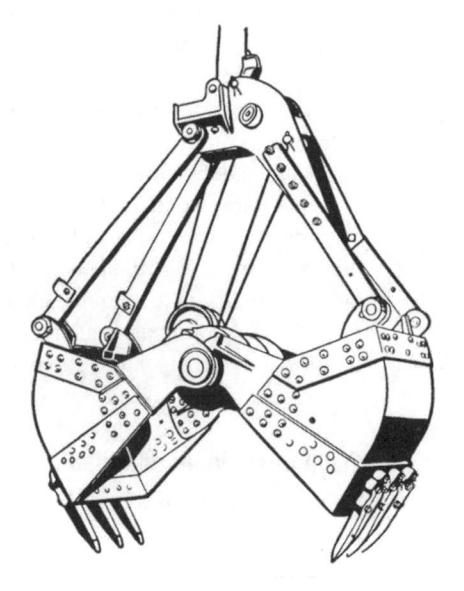

FIGURA 9.30 Caçamba de mandíbulas.

TABELA 9.17 Especificações de desempenho representativas para um guindaste aparelhado com caçamba de mandíbulas

Velocidades	
Percurso	0,9 mph máximo
Oscilação	3 rpm máximo
Velocidade nominal em linha única	
Levantamento da caçamba de mandíbulas	166 fpm
Caçamba de arrasto	157 fpm
Ímã	200 fpm
Terceiro tambor (percurso padrão)	185 fpm
Terceiro tambor (percurso independente)	127 fpm
Trações no cabo nominais (com motor padrão)	
Levantamento da caçamba de mandíbulas	29.600 lb SLP
Caçamba de arrasto	31.400 lb SLP
Ímã	24.800 lb SLP
Terceiro tambor	25.500 lb SLP

Os valores de desempenho se baseiam em uma máquina equipada com motor padrão.
SLP significa *Single Line Pull* ou tração no cabo único ou linha única.

EXEMPLO 9.10

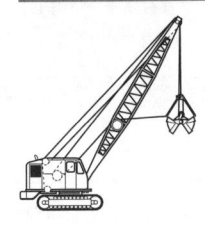

Uma caçamba de 1,5 cy para remanejamento cujo peso vazio é 4.300 lb será utilizada para transferir areia de um pilha para uma calha 25 ft acima do solo. O ângulo de oscilação médio do guindaste será de 90 graus. A capacidade solta média da caçamba é 48 ft. As especificações da unidade de guindaste fornecidas na Tabela 9.17 se aplicam a essa situação.

Tempo por ciclo (aprox.):

Carregamento da caçamba	= 6 s
Levantamento e oscilação da carga $\dfrac{25 \text{ ft} \times 60 \text{ s/min}}{166 \text{ ft/min}}$	= 9 s*
Descarga do material	= 6 s
Oscilação de volta à pilha	= 4 s
Tempo perdido, aceleração, etc.	= 4 s
Tempo de ciclo total	= 29 s ou 0,48 min
Número máximo de ciclos por hora $\dfrac{60 \text{ min}}{\text{ciclo de 0,48 min}}$	= 125
Volume máximo por hora (125 ciclos × 48 cf)/27	= 222 lcy

Se a unidade trabalhar com eficiência equivalente a uma hora de 45 minutos, a produção provável será:

$$222 \times \frac{45}{60} = 167 \text{ lcy/hr}$$

Se os mesmos equipamentos forem utilizados com uma caçamba de aplicação geral para a dragagem de lama e areia de uma ensecadeira de estacas-pranchas parcialmente cheia de água, exigindo uma elevação vertical total de 40 ft, e a lama precisar ser descarregada em uma barcaça, a produtividade determinada anteriormente não será aplicável.

Será necessário erguer a caçamba acima do topo da ensecadeira antes de começar a oscilação, o que aumentará o tempo de ciclo. Devido à natureza do material, a carga provavelmente se limitará à capacidade de nível da água da caçamba, que é igual a 33 cf. O tempo de ciclo deve ser de aproximadamente:

Carregamento da caçamba = 8,0 s

Levantamento $\dfrac{40 \text{ ft} \times 60 \text{ seg/min}}{166 \text{ ft/min}}$ = 14,5 s

90° a 3 rpm = 5,0 s

$\dfrac{0{,}25 \text{ rev.} \times 60 \text{ s/min}}{3 \text{ rev./min}}$

Descarga do material = 4,0 s
Oscilação de volta = 4,0 s
Abaixamento da caçamba = 7,0 s

$\dfrac{40 \text{ ft} \times 60 \text{ s/min}}{350 \text{ ft/min}}$

Tempo perdido, aceleração, etc. = 10,0 s
Tempo de ciclo total = 52,5 s ou 0,875 min

Número máximo de ciclos por hora: 60 min ÷ ciclo de 0,9 min = 67

Volume máximo por hora $\dfrac{67 \text{ ciclos} \times 33 \text{ cf}}{27}$ = 82 lcy

Se a unidade trabalhar com eficiência equivalente a uma hora de 45 minutos, a produção provável será:

$$82 \text{ lcy} \times \dfrac{45}{60} = 62 \text{ lcy/hr}$$

---

* Um operador habilidoso deve levantar e oscilar simultaneamente. Se isso não for possível, será necessário reservar um tempo adicional para a oscilação da carga no momento da saída da ensecadeira.

Segurança

Mantenha o pessoal longe da área de oscilação de guindastes com caçambas de arrasto e de mandíbulas. Essas máquinas devem ser operadas de modo a não expôr os indivíduos na área a qualquer perigo. O operador do guindaste não deve oscilar a lança e caçamba, esteja ela carregada ou vazia, sobre caminhões e motoristas. O Title 30 Code of Federal Regulations § 77.409 afirma:

Caçambas tipo pá, caçambas de arrasto e tratores.

(a) As escavadeiras com caçambas tipo pá frontal, caçambas de arrasto e tratores não serão operados na presença de qualquer indivíduo exposto ao risco de sua operação, e todos os equipamentos dessa natureza serão equipados com um dispositivo de alarme apropriado que será acionado pelo operador antes de dar início à operação.

Se a máquina estiver trabalhando próxima a uma parede ou outra obstrução a menos de 2 ft, esta deve ser protegida com uma cerca para que ninguém caminhe entre a obstrução e superestrutura oscilante do guindaste. O operador do guindaste tem visibilidade muito limitada da traseira da máquina, então limitar o acesso à área do ponto de esmagamento é importante para evitar acidentes desse tipo.

Outro acidente comum envolvendo guindastes equipados com caçambas de arrasto ou de mandíbulas ocorre quando a máquina rola ou cai na escavação em que está trabalhando. Esses acidentes acontecem quando as condições do solo se deterioram após uma chuva. A gerência deve estar sempre ciente de mudanças nas condições do solo.

ESCAVADEIRAS AUXILIARES

O mercado oferece uma ampla variedade de escavadeiras de aplicação especial. Muitas dessas máquinas foram projetadas estritamente para uma aplicação de trabalho, como o valeteamento, mas também existem máquinas serviços gerais, como as retroescavadeiras-carregadeiras. As valetadeiras, carregadeiras Holland e escavadeiras a vácuo são analisadas no site na Web que complementa este texto.

RETROESCAVADEIRAS

O sucesso das retroescavadeiras (ver Figura 9.31) é fruto de sua versatilidade. Ela não é uma máquina de alta produção em nenhuma tarefa, mas oferece a flexibilidade necessária para realizar diversas tarefas de trabalho. Ela compreende três máquinas de construção combinadas em uma única unidade: um trator, uma pá-carregadeira e uma retroescavadeira. Devido a sua capacidade de trator com tração nas quatro rodas, a retroescavadeira-carregadeira pode trabalhar em condições de solo instáveis. Ela é uma escavadeira excelente para trabalho com argila úmida pouco compactada ou argila arenosa. Ela não é muito apropriada para escavações contínuas de alto impacto, como ocorre com argila dura ou caliche.

FIGURA 9.31 Retroescavadeira-carregadeira usando a caçamba traseira para escavar.

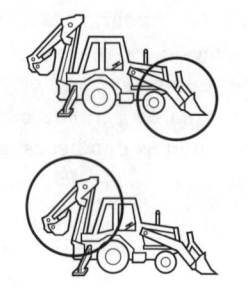

Funções de pá-carregadeira Uma caçamba de pá-carregadeira fixada à frente do trator permite que a máquina escave acima do nível das rodas.

Funções de retroescavadeira Uma caçamba tipo enxada fixada à traseira do trator permite que ele escave abaixo do nível das rodas. A caçamba de retroescavadeira pode ser substituída por um rompedor ou martelete, transformando a unidade em uma máquina de demolição.

SEGURANÇA DAS VALAS

Repetidas vezes, a desobediência às diretrizes de segurança de valas e ao bom senso leva a mortes em desabamentos e entalamentos. A mortalidade em acidentes relacionados com valas é quase o dobro daquela referente a qualquer outro tipo de acidente de construção. A primeira linha de defesa contra desabamentos é um conhecimento básico sobre mecânica de solos, combinado com o conhecimento sobre o tipo de material que será escavado.

Uma questão crítica, mas muito ignorada, é a perturbação anterior dos materiais sendo escavados. Em relação a esse problema, a norma 1926.651(b)(1) da OSHA afirma: "O local estimado de instalações de serviços gerais, como linhas de esgoto, telefonia, combustível, eletricidade e água, ou qualquer outra instalação subterrânea que seria razoável prever encontrar durante trabalhos de escavação, deve ser determinado antes da abertura de uma escavação".

Qualquer vala medindo 5 ft ou mais de profundidade deve ser cortada em taludes, escorada ou protegida com anteparo (ver Figura 9.32).

O *taludamento* é o método mais comum para proteger trabalhadores em valas. As paredes da vala são escavada em formato de V de modo que o ângulo de repouso impeça um desmoronamento. Os ângulos de inclinação necessários variam com o tipo de solo específico e a umidade do solo.

As *bancadas* representam uma classe subsidiária de taludamento que envolve a formatação de níveis horizontais em "degraus". O taludamento e as bancadas exigem um espaço amplo para faixas preferenciais. Quando a área de trabalho for restrita, escoramentos, revestimentos ou anteparos se tornam necessários.

O *escoramento* é um sistema estrutural que aplica pressões contra as paredes de uma vala para impedir o colapso do solo. O revestimento é uma barreira

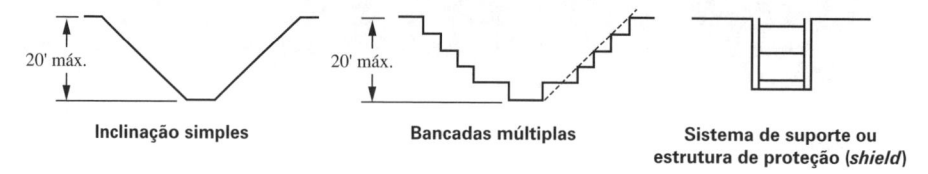

20' máx.	20' máx.	
Inclinação simples	Bancadas múltiplas	Sistema de suporte ou estrutura de proteção (*shield*)

FIGURA 9.32 Métodos para proteção de trabalhadores em valas.

estruturas de proteção (shields)
Sistemas estruturais projetados para proteger os trabalhadores caso a vala na qual estão trabalhando desabe.

fincada no solo para dar apoio aos lados verticais de uma escavação. As **estruturas de proteção (shields)** ou caixas de trincheira (Figura 9.33) são projetadas para proteger os trabalhadores, não escavação, em caso de colapso.

Meios de saída

A norma OSHA 1926.651(c)(2) afirma que "Uma escadaria, escada, rampa ou outro meio de saída seguro será localizado em escavações de valas que tenham 4 pés (1,22 m) ou mais de profundidade de forma a exigir que os funcionários não se desloquem mais de 25 pés (7,62 m) de deslocamento lateral".

Outros requisitos

A OSHA leva a sério a prevenção de acidentes na construção de valas e todo gerente de construção deveria fazer o mesmo. Em 2003, a OSHA propôs uma multa de 99.400 dólares para um empreiteiro da Louisiana que não protegeu seus funcionários de possíveis riscos na construção de valas e escavações. Três supostas violações reincidentes foram registradas por não ser fornecida uma escada para que os funcionários entrassem e saíssem da vala e pela colocação de solo da vala a menos de 2 ft de sua borda. As regulamentações afirmam claramente e o bom senso determina, que "pilhas de material escavado, ferramentas, equipamentos e materiais devem ser mantidos a pelo menos 2 ft da borda da escavação (1926.651(j)(2))". Outra regulamentação afirma que no caso de valas de 20 ft ou mais de profundidade, um engenheiro

FIGURA 9.33 Uso de caixas de trincheira e taludamento em valas de serviços gerais bastante profundas para proteger trabalhadores.

profissional registrado deve projetar a proteção da escavação [1926.651(i)(2)(iii) e 1926.652(b)(4)].

Visite http://www.osha.gov/SLTC/trenchingexcavation/index.html para descobrir ferramentas excelentes que auxiliam na identificação e controle de riscos durante a abertura de valas.

RESUMO

Os mesmos elementos governam a produção de todos os tipos de escavadeiras. A primeira questão é quanto material será carregado de fato na caçamba. O valor é uma função do tamanho (volume) da caçamba e do tipo de material sendo escavado. O efeito do tipo de material é levado em consideração pelo uso de um fator de enchimento de caçamba aplicado à capacidade coroada nominal da caçamba. A segunda questão é o tempo de ciclo. No caso de escavadeiras com caçambas tipo pá frontal e retroescavadeiras, o tempo de ciclo é uma função da altura ou profundidade de corte e do ângulo de oscilação. Quando a distância de percurso é mais do que mínima para uma pá-carregadeira, o tempo de ciclo de percurso é influenciado pela velocidade de percurso.

A escavadeira com caçamba de arrasto é uma máquina versátil capaz de uma ampla variedade de operações. Ela manuseia materiais que variam de macios a medianamente duros. A maior vantagem de uma caçamba de arrasto sobre as outras escavadeiras é seu longo alcance para escavação e descarga. Contudo, a caçamba de arrasto não possui a força de escavação positiva de uma escavadeira com caçamba tipo pá frontal ou retroescavadeira hidráulica. A força de desagregação da caçamba é derivada estritamente de seu peso.

O guindaste equipado com caçamba de mandíbulas é composto de uma caçamba de mandíbulas pendendo de um guindaste de lança treliçada. A caçamba em si é formada de duas conchas articuladas entre si. A caçamba de mandíbulas é um acessório operado verticalmente capaz de funcionar acima, abaixo e no mesmo nível do solo e pode escavar solos soltos e de rigidez média. O comprimento da lança determina a altura que uma caçamba de mandíbulas pode alcançar. Os objetivos críticos de aprendizagem incluem:

- A capacidade de ajustar o volume da caçamba com base no fator de enchimento apropriado
- A capacidade de determinar o tempo de ciclo da caçamba como função do tipo de máquina e condições de trabalho de modo a incluir o ângulo de oscilação, profundidade ou altura do corte e, no caso das pás-carregadeiras, distância de percurso
- A capacidade de selecionar um fator de eficiência a ser usado no cálculo de produção considerando as condições físicas específicas do projeto e a capacidade gerencial
- O entendimento de como uma caçamba de arrasto funciona e quando deve ser empregada em um projeto
- A capacidade de calcular uma estimativa de produção para uma escavadeira com caçamba de arrasto
- O entendimento de como uma escavadeira com caçamba de mandíbulas funciona e quando deve ser empregada em um projeto

- A capacidade de calcular uma estimativa de produção de uma escavadeira com caçamba de mandíbulas

Esses objetivos servem de base para os problemas a seguir.

PROBLEMAS

9.1 Visite o site do Centro Internacional de Segurança e Saúde Ocupacional do Japão (JICOSH) (http://www.jicosh.gr.jp/english/cases/sacl/saigai01e.htm) e escreva sobre dois dos acidentes com escavadeiras hidráulicas apresentados.

9.2 Qual é um bom fator de eficiência para uma escavadeira com caçamba tipo pá frontal trabalhando em um projeto de construção de rodovia?

9.3 Uma empreiteira tem uma escavadeira com caçamba tipo pá frontal de 3 cy e uma de 5 cy em sua equipe de máquinas. Selecione a menor caçamba tipo pá frontal que escavará 450.000 bcy de terra comum em um mínimo de 120 dias úteis de 10 horas cada. A altura média de escavação será de 18 ft e o ângulo de oscilação médio será de 80 graus. A escavadeira com caçamba de 3 cy tem altura máxima de escavação de 30 ft, enquanto a altura máxima de escavação da máquina de 5 cy é de 34 ft. O fator de eficiência será equivalente a uma hora de 50 minutos. Unidades de transporte de tamanho adequado poderão ser utilizadas com ambas as escavadeiras. Quantos dias serão necessários para completar o trabalho? (Máquina de 5 cy, 105 dias para completar)

9,4 Para cada uma das condições apresentadas, determine a produção provável expressa em jardas cúbicas naturais por hora para uma escavadeira com caçamba tipo pá frontal de 3 cy. A escavadeira *shovel* tem altura máxima de escavação de 30 ft. Utilize um fator de eficiência equivalente a uma hora de 45 minutos.

Condição	Classe de material			
	Terra comum	Terra comum	Rocha-terra/ terra-pedregulho	Xisto, mal fragmentado
Altura de escavação (ft)	12	7,2	12	18
Ângulo de oscilação (graus)	90	120	60	150
Carregamento de unidades de transporte	não	não	não	não

9.5 Uma escavadeira com caçamba tipo pá frontal de 5 cy cujo custo por hora é $96, incluindo o salário do operador, irá escavar rochas bem fragmentadas e carregar caminhões sob cada uma das condições a seguir. A altura máxima de escavação da máquina é 35 ft. Determine o custo por jarda cúbica para cada condição.

Condição	(1)	(2)	(3)	(4)
Altura de escavação (ft)	10,2	20,5	23,7	27,3
Ângulo de oscilação (graus)	75	90	120	180
Fator de eficiência (minutos por hora)	40	45	30	50

9.6 Uma retroescavadeira de esteiras de 2,5 cy cujo custo por hora é $109, incluindo o salário do operador, escavará e carregará unidades de transporte sob cada uma das condições a seguir. A profundidade máxima de escavação da máquina é 22 ft. Determine o custo por jarda cúbica natural no corte para cada condição. (Condição 1, 315 bcy/hora, $0,346/bcy; condição 2, 286 bcy/hora, $0,380/bcy; condição 3, 99 bcy/hora, $1,1013/bcy)

Condição	(1)	(2)	(3)
Material	Argila úmida, terra	Areia e pedregulho	Rocha, mal fragmentada
Profundidade de escavação (ft)	15	120	104
Ângulo de oscilação (graus)	60	80	100
Porcentagem de empolamento		14	
Fator de eficiência (minutos por hora)	50	45	50

9.7 Uma retroescavadeira de esteiras de 3,5 cy cujo custo por hora é $130, incluindo o salário do operador, escavará e carregará caminhões sob cada uma das condições a seguir. A altura máxima de escavação da máquina é 26 ft. Determine o custo por jarda cúbica para cada condição.

Condição	(1)	(2)	(3)	(4)
Material	Argila arenosa	Argila dura	Rocha, bem fragmentada	Areia e pedregulho
Profundidade de escavação (ft)	12	17	14	15
Ângulo de oscilação (graus)	50	60	90	120
Porcentagem de empolamento	22			15
Fator de eficiência (minutos por hora)	50	45	40	45

9.8 Uma pá-carregadeira de rodas de 3,75 cy será usada para carregar caminhões de uma pilha de agregados em uma pedreira. Os agregados processados têm tamanho máximo de 0,75 polegadas. A distância de transporte será mínima. Os agregados têm peso específico solto de 2.900 lb/cy. Estime a produção da pá-carregadeira em toneladas com base em um fator de eficiência equivalente a uma hora de 50 minutos. Utilize um fator de enchimento e um tempo de ciclo agressivos.

9.9 Uma pá-carregadeira de rodas de 7 cy será usada para carregar um britador com a pilha de rocha bem fragmentada de uma pedreira a 160 ft de distância. A rocha tem peso específico solto de 2.750 lb/cy. Estime a produção da pá-carregadeira em toneladas com base em um fator de eficiência equivalente a uma hora de 45 minutos.

9.10 Uma pá-carregadeira de rodas de 3 cy será usada para carregar caminhões de uma pilha de agregados uniformes de 0,125 a 0,375 polegadas em uma pedreira. A distância de transporte será mínima. Os agregados têm peso específico solto de 2.800 lb/cy. Estime a produção da pá-carregadeira em toneladas com base em um fator de eficiência equivalente a uma hora de 50 minutos. Utilize um fator de enchimento e um tempo de ciclo conservadores.

9.11 Para cada uma das condições apresentadas, determine a produção provável expressa em jardas cúbicas naturais por hora para uma escavadeira com caçamba tipo pá frontal de 5 cy. Essa escavadeira tem altura máxima de escavação de 34 ft. Utilize um fator de eficiência equivalente a uma hora de 50 minutos, mas seja agressivo com o fator de enchimento admitido.

Capítulo 9 Escavadeiras 309

	Classe de material	
Condição	Rochas fragmentadas, mal desmontadas	Rochas fragmentadas, bem desmontadas
Altura de escavação (ft)	23,8	17
Ângulo de oscilação (graus)	75	120
Carregamento de unidades de transporte	sim	sim

9.12 Uma retroescavadeira de esteiras de 2 cy cujo custo por hora é $115 (sem operador) escavará e carregará caminhões sob cada uma das condições a seguir. A profundidade máxima de escavação da máquina é 22 ft. Determine o custo por jarda cúbica para cada condição. Seja agressivo com o fator de enchimento admitido.

Condição	(1)	(2)
Material	Argila seca (dura)	Areia e pedregulho (pedregulho, úmido)
Profundidade de escavação (ft)	10	14
Ângulo de oscilação (graus)	50	80
Porcentagem de empolamento		16
Fator de eficiência (minutos por hora)	45	50

9.13 Determine a produção provável em jardas cúbicas naturais no corte (bcy) para uma escavadeira com caçamba de arrasto de 2,5 cy na escavação e despejo de areia e pedregulho. A profundidade média da escavação é de 10,2 ft e o ângulo de oscilação médio será de 150 graus. O fator de eficiência será equivalente a uma hora de 45 minutos (181 bcy/hora).

9.14 Determine a produção provável em bcy para uma escavadeira com caçamba de arrasto de 1,75 cy na escavação e despejo de argila úmida e pegajosa. A profundidade média da escavação é de 9 ft e o ângulo de oscilação médio será de 120 graus. O fator de eficiência será equivalente a uma hora de 45 minutos.

9.15 Uma escavadeira com caçamba de arrasto de lança curta de 2 cy será usada para escavar argila arenosa leve. A profundidade do corte será de 10 ft e o ângulo de oscilação será 75 graus. Determine a produção provável da escavadeira com caçamba de arrasto. Haverá 56.000 bcy de material para ser escavado. De quanto tempo o projeto precisará?

9.16 Determine a caçamba de arrasto de serviço leve de maior capacidade que pode ser utilizada em uma máquina equipada com uma lança de 50 ft quando tal lança opera em um ângulo de 40 graus. A terra escavada pesa 96 lb/cf, solta. (O tamanho máximo da caçamba é 2,5 cy.)

9.17 Determine a caçamba de arrasto de serviço médio de maior capacidade que pode ser utilizada em uma máquina equipada com uma lança de 80 ft quando tal lança trabalhar em um ângulo de 35 graus. A terra escavada pesa 98 lb/cf, solta.

9.18 Uma escavadeira com caçamba de arrasto de 2 cy com lança curta padrão opera em 60% da profundidade ideal do corte e um ângulo de oscilação de 75 graus. Ela é utilizada para escavar argila úmida. A carga de caçamba média, expressa em bcy, pode ser contabilizada como 0,85 da capacidade rasa, listada em pés cúbicos, como aparece na Tabela 9.16. Admitindo que os dados das Tabelas 9.14 e 9.15 se apliquem a esse caso, calcule o tempo de ciclo de produção máxima para a caçamba de arrasto em minutos.

FONTES DE CONSULTA

Barnes, Jonathan (2005). "OSHA may update warning on quick excavator attachments," ENR, McGraw-Hill Construction, New York, NY, February 28, p.12.

Boom, Jim (1999). "Trenching Is a Dangerous and Dirty Business!" *Job Safety & Health Quarterly*, Vol. 11, No. 1, Fall. U.S. Department of Labor, Occupational Safety and Health Administration, 200 Constitution Avenue, NW, Washington, D.C. 20210. Available in a PDF file at http://www.osha.gov/Publications/JSHQ/ jshq-v11–1-fall1999.pdf.

Caterpillar Performance Handbook, Caterpillar Inc., Peoria, IL (published annually). http://www.cat.com.

Construction Standards for Excavations, AGC publication No. 126, promulgated by the Occupational Safety and Health Administration, Associated General Contractors of America, Washington, D.C.

Crane Load Stability Test Code—SAE J765 (1990). SAE Standards, Society of Automotive Engineers, Inc., Warrendale, PA, October.

Excavations, OSHA 2226 (2002). U.S. Department of Labor, Occupational Safety and Health Avenue, NW, Washington, D.C. Available in a PDF file at http://www.osha.gov/Publications/osha2226.pdf.

Nichols, Herbert L. Jr. and David A. Day (1998). *Moving the Earth, the Workbook of Excavation*, 4th ed., McGraw-Hill, New York.

O'Beirne, T., J. Rowlands, and M. Phillips (1997). Project C3002: Investigation into Dragline Bucket Filling, *Australian Coal Research Limited*, August.

O'Brien, James J., John A. Havers, and Frank W. Stubbs Jr. (1996). *Standard Handbook of Heavy Construction*, 3rd ed., McGraw-Hill, New York.

OSHA Technical Manual (OTM), Section V: Chapter 2, "Excavations: Hazard Recognition in Trenching and Shoring." U.S. Department of Labor, Occupational Safety and Health Administration, 200 Constitution Avenue, NW, Washington, D.C.

PCSA-4, Mobile Power Crane and Excavator Standards and Hydraulic Crane Standards, Power Crane and Shovel Association, A Bureau of Construction Industry Manufacturers Association, 111 East Wisconsin Avenue, Milwaukee, WI.

Stewart, Rita F., and Cliff J. Schexnayder (1985). "Production Estimating for Draglines," *Journal of Construction Engineering and Management*, American Society of Civil Engineers, Vol. 111, No. 1, March, pp. 101–104.

Schexnayder, Cliff, Sandra L. Weber, and Brentwood T. Brooks (1999). "Effect of Truck Payload Weight on Production," *Journal of Construction Engineering and Management*, ASCE, Vol. 125, No. 1, January/February, pp. 1–7.

FONTES DE CONSULTA NA INTERNET

http://www.aem.org/CBC/ProdSpec/PCSA A Power Crane and Shovel Association (PCSA) é uma divisão da Association of Equipment Manufacturers que presta serviços adaptados às necessidades da indústria de lanças treliçadas e guindastes sobre caminhão.

http://www.bucyrus.com/draglines.htm?pmc A Ggl Bucyrus International, Inc., é uma fabricante de caçambas de arrasto de grande porte.

http://www.cat.com A Caterpillar é uma grande fabricante de equipamentos de construção e mineração. As especificações das escavadeiras fabricadas pela Caterpillar se encontram na seção de Produtos/Equipamentos do site da empresa.

http://www.deere.com A Deere & Company é uma multinacional com uma divisão de produtos de construção.

http://www.osha.gov/SLTC/index.html OSHA Technical Links to Safety and Health Topics, U.S. Department of Labor, Occupational Safety and Health Administration, 200 Constitution Avenue, NW, Washington, D.C.

http://www.hitachiconstruction.com A Hitachi Construction Machinery Co. produz equipamentos para a indústria da construção e mineração; suas ofertas incluem escavadeiras hidráulicas, caçambas tipo pá e caminhões de transporte rígidos.

http://www.howstuffworks.com/backhoe-loader.htm "How Caterpillar Backhoe Loaders Work," Howstuffworks Inc.

http://www.komatsuamerica.com A Komatsu America Corp. fabrica as linhas Komatsu, Dressta e Galion de escavadeiras hidráulicas, pás-carregadeiras de rodas, buldôzeres de esteiras, caminhões fora-de-estrada e motoniveladoras.

http://www.liebherr.com A Liebherr é uma fabricante global de equipamentos de construção sediada na Alemanha. Para o setor de maquinário de terraplenagem, a Liebherr produz uma ampla linha de escavadeiras hidráulicas, escavadoras de corda hidráulicas, tratores e pás-carregadeiras sobre esteiras, pás-carregadeiras de rodas e caminhões basculantes.

http://www.newhollandconstruction.com A CNH Global N.V. é uma empresa organizada sob as leis holandesas e inclui uma família de marcas de equipamentos de construção, como Case, Kobelco e New Holland.

http://www.phmining.com/equipment/draglines.html A P&H Mining Equipment é uma fabricante de caçambas de arrasto e caçambas tipo pá de grande porte para mineração.

http://www.sae.org/servlets/index A Society of Automotive Engineers (SAE), com sede mundial em Warrendale, PA, cria normas aplicadas a todas as máquinas com caçambas tipo pá frontal, de arrasto e mandíbulas. O documento de normas apresenta um método uniforme para determinar a capacidade SAE e a capacidade rasa SAE de imersores de caçambas tipo pá frontal e caçambas de mandíbulas e a capacidade SAE de caçambas de arrasto. Essa norma (J67) pode ser adquirida no endereço http://www.sae.org/technical/standards/J67_199807.

http://www.terexca.com A Terex Corporation é um fabricante diversificado de equipamentos para a indústria da construção.

http://www.volvo.com/constructionequipment/splash.htm A Volvo é uma produtora mundial de equipamentos de construção, incluindo escavadeiras e caminhões Mack.

10

Caminhões e equipamento de transporte de carga

Os caminhões são unidades de transporte que oferecem custos relativamente baixos de transporte de carga, pois atingem altas velocidades de percurso. A capacidade produtiva de um caminhão depende do tamanho da carga e do número de viagens que consegue realizar em uma hora. Contudo, os limites de carga das estradas e a capacidade de peso do caminhão podem limitar o volume de carga que cada unidade consegue transportar. O número de viagens completadas por hora é uma função do tempo de ciclo. O tempo de ciclo do caminhão se divide em quatro componentes: (1) tempo de carregamento, (2) tempo de transporte, (3) tempo de descarga e (4) tempo de retorno. Os pneus de caminhões e todas as outras unidades de transporte devem ser apropriados para os requisitos de cada serviço. Para que a operação tenha boa relação custo-benefício, os caminhões devem ser adequados ao equipamento de carregamento.

CAMINHÕES

No transporte de material escavado, agregados processados e materiais de construção, e para mover outros equipamentos de construção (ver Figura 10.1), os caminhões servem um propósito: eles são unidades de transporte que, devido a suas altas velocidades de percurso, oferecem custos de transporte relativamente baixos. O uso de caminhões como unidade de transporte principal leva a um alto grau de flexibilidade, pois o número em serviço normalmente pode ser expandido ou reduzido facilmente para permitir modificações da capacidade de transporte total da frota. A maioria dos caminhões pode ser operada em qualquer estrada de transporte cuja superfície seja suficientemente firme e lisa e cujos declives não sejam excessivos. Algumas unidades são projetadas como caminhões fora-de-estrada, pois seu tamanho e peso são maiores do que aqueles permitidos nas rodovias públicas (ver Figura 10.2). Os caminhões fora-de-estrada são usados para transportar materiais em pedreiras e em grandes projetos que envolvam o movimento de quantidades significativas de terra e rochas. Nesses projetos, o tamanho e os custos desses caminhões de grande porte são fáceis de justificar, pois eles oferecem um aumento da capacidade de produção.

Os caminhões podem ser classificados de acordo com diversos fatores, incluindo:

FIGURA 10.1 Unidade de cavalo mecânico levando um reboque de perfil baixo com um guindaste de esteiras.

FIGURA 10.2 Caminhão fora-de-estrada.

- **Método de descarga**   Retrobasculante, pelo fundo ou lateral
- **Tipo de chassi**   Rígido ou articulado
- **Tamanho e tipo do motor**   Gasolina, diesel, biodiesel, butano ou propano
- **Configuração da tração**   Tração em duas, quatro ou seis rodas
- **Transmissão de potência**   Transmissão direta ou diesel-elétrico
- **Rodas e eixos**   Número e arranjo
- **Classe de material transportado**   Terra, rocha, carvão ou minério
- **Capacidade**   Gravimétrica (toneladas) ou volumétrica (jardas cúbicas)

Se serão adquiridos caminhões para transporte geral de materiais, o comprador deve selecionar unidades que possam ser adaptar aos múltiplos propósitos aos quais serão empregados. Por outro lado, se os caminhões serão utilizados com uma única finalidade em um determinado projeto, eles devem ser selecionados especificamente para atender os requisitos desse projeto.

CAMINHÕES COM ESTRUTURA RÍGIDA E DESCARGA TRASEIRA

Os caminhões basculantes com estrutura rígida e descarga pela parte traseira podem ser utilizados para transportar diversos tipos de materiais (ver Figura 10.3). O formato da carroceria, como a extensão de cantos e ângulos agudos e o contorno da traseira, através da qual os materiais precisam passar durante a descarga, afetam a facilidade ou dificuldade de carregamento e descarga. As carrocerias dos caminhões que serão utilizados para transporte de argila úmida e materiais semelhantes não podem ter cantos e ângulos agudos. A areia seca e o cascalho (pedregulho) são descarregados com facilidade de carrocerias de praticamente qualquer formato. No transporte de rochas, o impacto do carregamento sobre a carroceria é extremamente forte. O uso contínuo sob essas condições exige uma carroceria de serviço pesado para rochas feita de aço de alta resistência à tração. Mesmo com a carroceria especial, o operador da pá-carregadeira precisa tomar cuidado ao colocar o material no caminhão.

Os caminhões basculantes fora-de-estrada não têm comportas traseiras; logo, o fundo da carroceria se inclina para cima com um ângulo pequeno em relação à traseira, geralmente inferior a 15 graus (ver Figura 10.2). Em alguns modelos, o formato do fundo perpendicular ao comprimento do corpo é plano, enquanto outros modelos utilizam um fundo em V para reduzir o choque do carregamento e ajudar a centralizar a carga. Laterais baixas e carrocerias mais largas e compridas facilitam a descarga para o operador da escavadeira. O resultado dessa configuração é um ciclo de carregamento mais rápido. As capacidades típicas variam entre 30 e 200 cy. Os caminhões comuns têm capacidades menores, de 12 a 15 cy, devido aos limites de

FIGURA 10.3 Caminhão basculante comum com estrutura rígida e descarga pela parte traseira.

peso das rodovias. Os caminhões fora-de-estrada menores utilizam uma transmissão direta tradicional, enquanto os caminhões fora-de-estrada maiores podem empregar o conceito diesel-elétrico, no qual o motor diesel alimenta um gerador elétrico ligado a motores de tração elétricos nas rodas motrizes, semelhante a uma locomotiva ferroviária. Quando o caminhão se desloca em declive, os motores de tração podem retardar o movimento por meio de um conceito conhecido como *frenagem dinâmica* (ou *freio motor*), no qual a geração elétrica nas rodas motrizes é resistida pelo motor diesel.

CAMINHÕES BASCULANTES ARTICULADOS COM DESCARGA TRASEIRA

O caminhão basculante articulado (ou *articulated dump truck*, ADT) foi projetado especificamente para trabalhar através de materiais de alta resistência ao rolamento e em terrenos ásperos, nos quais um caminhão com estrutura rígida teria dificuldade para manobrar (ver Figura 10.4). Uma junta articulada e anel oscilante entre a unidade tratora e a carroceria basculante permitem que todas as rodas do caminhão mantenham contato com o solo em todos os momentos. A articulação, tração em todas as rodas, altura livre elevada e pneus radiais de baixa pressão se combinam para produzir um caminhão capaz de se atravessar solos macios ou pegajosos.

Quando as inclinações das rotas de transporte se tornam um fator operacional, os caminhões articulados normalmente conseguem subir inclinações maiores do que os caminhões com estrutura rígida. Os caminhões articulados conseguem trafegar em inclinações de até cerca de 35%, enquanto os rígidos somente conseguem enfrentar inclinações de 20%, e apenas em distâncias curtas; para declives contínuos, 8-10% representa um limite mais razoável. Uma desvantagem de selecionar um ADT para um projeto é a capacidade limitante aproximada de 30 cy e velocidades máximas de 35 mi/h, já que o chassi e o trem de força são projetados para navegação por terrenos difíceis em velocidades menores. Em comparação, os caminhões fora-de-estrada rígidos têm capacidades máximas de cerca de 300 cy e velocidades máximas de 35-45 mi/h.

Os ADTs mais comuns são os modelos com tração nas quatro rodas (4 × 4), mas também existem modelos maiores, com tração nas seis rodas (6 × 6). Os caminhões basculantes articulados normalmente possuem sistema hidráulico de alta pressão, o que significa que o cilindro de elevação ergue a carroceria mais rapidamente. A carroceria também atinge um ângulo de descarga mais inclinado, sendo que

FIGURA 10.4 Caminhão basculante articulado.

um modelo chega a um ângulo de descarga de 72 graus em 15 segundos. A combinação desses dois atributos, a velocidade de elevação e um ângulo íngreme, produzem tempos de descarga menores. Para resolver o problema da descarga de materiais pegajosos, um fabricante equipa sua carroceria com um ejetor.

Caminhões basculantes com descarga pela parte traseira, tenham eles chassis rígidos ou articulados, devem ser considerados quando:

1. O material a ser transportado for de fluxo livre ou conter componentes de grande porte
2. As unidades de transporte precisarem descarregar em locais restritos ou sobre a borda de um talude ou aterro
3. Há espaço de manobra amplo na área de carga e descarga

UNIDADES TRATORAS COM REBOQUES DE DESCARGA PELO FUNDO

As unidades tratoras que levam reboques de descarga pelo fundo são unidades transportadoras econômicas quando o material a ser movido é de fluxo livre, como areia, pedregulho, asfalto e terra razoavelmente seca. O uso de reboques de descarga pelo fundo reduz o tempo necessário para descarregar o material e pode oferecer um lançamento mais uniforme ao longo de distâncias maiores. Para aproveitar ao máximo essa economia de tempo, é preciso uma área de descarga grande e vazia, na qual a carga pode ser dispersada em leiras. As unidades de descarga pelo fundo também são muito boas para descarregamento ao passar por cima de calhas no solo. A alta velocidade e a descarga mais controlada conferem aos vagões de descarga pelo fundo uma vantagem de tempo em relação aos caminhões basculantes com descarga traseira. Tanto as grandes unidades fora-de-estrada como aquelas para uso comum (ver Figura 10.6) podem ser utilizadas. Com qualquer uma delas, é preciso uma estrada de transporte relativamente plana para obter a máxima velocidade de percurso possível.

As portas de caçambas de mandíbulas através das quais essas unidades descarregam suas cargas têm aberturas de largura limitada. É possível que haja dificuldades

FIGURA 10.5 Unidade tratora (cavalo mecânico) fora-de-estrada puxando um reboque de descarga pelo fundo.

FIGURA 10.6 Caminhão comum de descarga pelo fundo transportando mistura asfáltica quente até a pavimentadora.

no descarregamento de materiais como argilas úmidas e pegajosas, especialmente se o material estiver formando torrões de grande porte.

Os reboques de descarga pelo fundo puxados por unidades tratoras são unidades de transporte econômicas em projetos nos quais grandes quantidades de materiais precisam ser transportados e as estradas podem ser mantidas em condições razoáveis. O reboque de descarga pelo fundo pode ter eixo simples, eixos em tandem e até os chamados *triaxles* (eixos triplos). Escavadeiras hidráulicas, pás-carregadeiras, caçambas de arrasto ou carregadeiras de correias podem ser usadas para carregar essas unidades.

Os caminhões de descarga pelo fundo devem ser considerados quando:

1. O material a ser transportado for de fluxo livre.
2. Não houver restrições nos locais de carga e descarga.
3. As inclinações das rotas de transporte forem inferiores a cerca de 5%.
4. O material precisar ser dispersado uniformemente ao longo de uma determinada distância.

Devido à razão peso/potência desfavorável e o fato de haver menos peso sobre as rodas motrizes da unidade trator, o que limita a tração, as unidades de descarga pelo fundo têm capacidade limitada de subir inclinações íngrimes.

CAPACIDADES DE CAMINHÕES E EQUIPAMENTO DE TRANSPORTE DE CARGA

Há pelo menos três métodos de classificar as capacidades de caminhões e vagões:

Gravimétrico A carga transportada, expressa como peso.

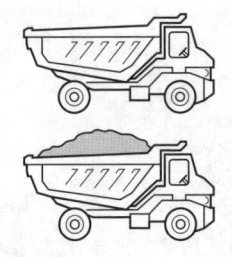

Volume raso A carga transportada, expressa como quantidade volumétrica, admitindo que a carga está no nível de água dentro da carroceria (caçamba ou caixa de descarga).

Volume coroado A carga transportada, expressa como quantidade volumétrica, admitindo que a carga esteja amontoada em inclinação de 2:1 acima do chassi (caçamba ou caixa de descarga).

A classificação gravimétrica geralmente é expressa em libras ou quilogramas, enquanto as outras duas usam metros cúbicos ou jardas cúbicas (Tabela 10.1).

A capacidade rasa de um caminhão é o volume de material que ele transporta quando cheio até o nível do topo das laterais da carroceria (ver Figura 10.7). A capacidade coroada é o volume de material que o caminhão transporta quando a carga estiver amontoada acima das laterais. A capacidade nominal padrão de uma carroceria basculante (SAE J1363) usa uma inclinação admitida de 2:1. A capacidade coroada real varia com o material a ser transportado. A terra úmida ou a argila arenosa podem ser transportadas com inclinações de cerca de 1:1, enquanto areia seca sem coesão ou pedregulho não podem permitir inclinações superiores a 3:1. Para determinar a capacidade coroada real, é preciso conhecer a capacidade rasa, o comprimento e a largura do chassi e a inclinação na qual o material permanecerá estável enquanto a unidade estiver em movimento. Estradas de transporte de carga com superfície lisa permitem capacidades coroadas maiores do que as estradas mais ásperas.

TABELA 10.1 Exemplo de especificações de um caminhão fora-de-estrada de grande porte

Eixo	Peso vazio	Peso bruto
Eixo dianteiro	72.500 lb (32.950 kg)	162.000 lb (73.600 kg)
Eixo motriz traseiro	88.500 lb (40.230 kg)	198.000 lb (90.000 kg)
Total	161.000 lb (73.180 kg)	360.000 lb (163.600 kg)
Volume		
Raso (SAE)	55 cy	42 cm
Coroado (SAE 2:1)	79 cy	60 cm

Capacidade da carroceria basculante
As especificações do fabricante listam as capacidades rasa e coroada

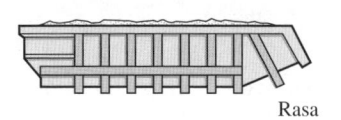

Rasa
Material medido no nível rente ao do topo da carroceria

Capacidade da carroceria basculante

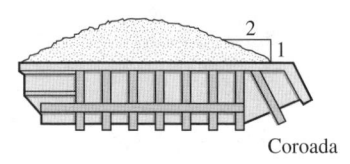

Coroada
Com base em uma inclinação 2:1 acima das carrocerias de transporte

FIGURA 10.7 Medição de capacidade volumétrica (SAE J1363).

A capacidade de peso do caminhão pode limitar a carga volumétrica que uma unidade consegue carregar. Isso ocorre no transporte de materiais com alto peso específico, como areia úmida e minérios metálicos. Contudo, quando o peso específico dos materiais for tal que a carga admissível não seja excedida, a unidade pode ser enchida até sua capacidade coroada. Sempre procure se assegurar de que a carga volumétrica não provoca uma condição na qual o peso da carga é maior do que a capacidade gravimétrica do caminhão ou reboque.

A sobrecarga faz com que os pneus da unidade se flexionem demais e produzam um excesso de temperatura interna no pneu. Essa condição leva a danos permanentes nos pneus e aumenta os custos operacionais.

Em alguns casos, é possível adicionar chapas laterais para aumentar a profundidade da caçamba do caminhão ou vagão, permitindo o transporte de uma carga maior. Quando isso ocorre, o peso dos novos volumes precisa ser comparado com a capacidade de carga gravimétrica do veículo. Em alguns casos, os fabricantes incluem as chapas laterais em suas especificações. Se o peso de carga adicional for maior do que a capacidade gravimétrica nominal, a prática provavelmente aumentará o custo horário da operação da unidade de transporte, pois aumentará o consumo de combustível, reduzirá a vida útil dos pneus e provocará falhas mais frequentes de diversas peças (como eixos, molas, freios e transmissão). Se o valor do material transportado adicional for maior do que o aumento total do custo de operação do veículo, a sobrecarga é justificada. Se for considerar a opção do uso de chapas laterais e transporte de volumes maiores de materiais, sempre verifique as cargas admissíveis máximas sobre os pneus para evitar sobrecarga, que pode levar a atrasos significativos em virtude dos danos aos pneus.

> Os pneus são cerca de 35% do custo operacional de um caminhão. A sobrecarga do caminhão sacrifica os pneus.

Care and Service of Off-the-Highway Tires, uma publicação da Rubber Manufacturers Association, trata da sobrecarga e fornece tabelas de carga e pressão.

O TAMANHO DO CAMINHÃO AFETA A PRODUTIVIDADE

A produtividade do caminhão depende do tamanho de sua carga e o número de viagens que pode realizar em uma unidade de tempo. O número de viagens completadas por hora é uma função do tempo de ciclo. O tempo de ciclo do caminhão possui quatro componentes: (1) carregamento, (2) transporte, (3) descarga e (4) retorno. O tempo de carregamento é uma função do número de ciclos de caçamba da unidade carregadora necessários para encher a caixa do caminhão. Os tempos de transporte e retorno dependem do peso do caminhão, potência do motor e distâncias de transporte e retorno, além da condição das estradas percorridas. O tempo de descarga é uma função do tipo de equipamento e das condições da área de descarga.

Quando uma escavadeira, pá-carregadeira ou caçamba tipo pá frontal (*shovel*) for usada para carregar materiais em caminhões, o tamanho da caçamba do caminhão introduz diversos fatores que afetam a produtividade e o custo de manuseio do material. A Tabela 10.2 compara caminhões de grande e pequeno porte.

TABELA 10.2 Comparação de tamanhos de caminhões

Tamanho do caminhão	Vantagens	Desvantagens
Pequeno (de estrada ou comum)	Flexibilidade de manobra: especialmente em locais de trabalho restritos	Número: ter mais caminhões aumenta os riscos operacionais no ponto de carregamento, ao longo da estrada de transporte e no local de descarga
	Velocidade: pode alcançar velocidades de transporte e retorno maiores	Custo de mão de obra: mais motoristas são necessários para o mesmo rendimento
	Produção: menor impacto caso um caminhão sofra avarias	Impedimento à carga: alvo (área de descarga) menor para operador da escavadeira ou pá-carregadeira
	Equilíbrio da frota: mais fácil ajustar o número de caminhões à produção da escavadeira	Tempo de posicionamento: tempo total maior devido ao número necessário
	Versatilidade: pode transportar uma ampla variedade de materiais – solos, rocha, asfalto, neve, refugo	Superfície de transporte: em geral, limitada a pavimentos de estradas ou bem compactados
	Economia: menor custo inicial	Possibilidade de engarrafamento com mais unidades de transporte
Grande (fora-de-estrada)	Número: é necessário um número menor de unidades para o mesmo rendimento	Maior tempo de carregamento: especialmente com escavadeiras pequenas
	Motoristas necessários: é necessário um número menor de motoristas para o mesmo rendimento, reduzindo o custo	Cargas mais pesadas: possíveis danos e maior manutenção da estrada de serviço
	Vantagem de carregamento: alvo (área de descarga) maior para o operador da escavadeira ou pá-carregadeira	Equilíbrio da frota: difícil de fazer número de caminhões corresponder à produção da escavadeira
	Tempo de posicionamento: frequência de posicionamento de caminhões é reduzida	Tamanho: pode ser proibido de transportar carga em autoestradas
	Adequado para terreno fora-de-estrada	Economia: maior custo inicial
	Menos engarrafamento com menos unidades de transporte	Transporte: exige reboque entre projetos

CALCULANDO A PRODUTIVIDADE DE CAMINHÕES

A consideração mais importante quando combinamos escavadeiras e caminhões é encontrar equipamentos com capacidades compatíveis. É importante equilibrar as capacidades das unidades de transporte com o tamanho da caçamba da escavadeira e a capacidade de produção. Capacidades correspondentes maximizam a eficiência de carregamento e reduzem os custos totais. Quando o carregamento utilizar retroescavadeiras (*hoes*) ou escavadeiras com pás frontais (*shovels*) ou pás-carregadeiras hidráulicas, utilize unidades de transporte cujo volume de caçamba esteja equilibrado com o da caçamba da escavadeira. Se isso não for feito, surgirão dificuldades operacionais e o custo combinado da escavação e transporte do material será maior do que quando houver um equilíbrio entre caminhões e escavadeiras.

Uma regra prática muito usada na seleção do tamanho de caminhões é utilizar caminhões com quatro a cinco vezes a capacidade da caçamba da escavadeira. A seguir, apresentamos um formato que pode ser utilizado para equilibrar os equipamentos e calcular a produção dos caminhões.

Número de cargas de caçambas

O primeiro passo na análise da produção dos caminhões é determinar o número de cargas de caçambas de escavadeiras necessário para carregar um caminhão.

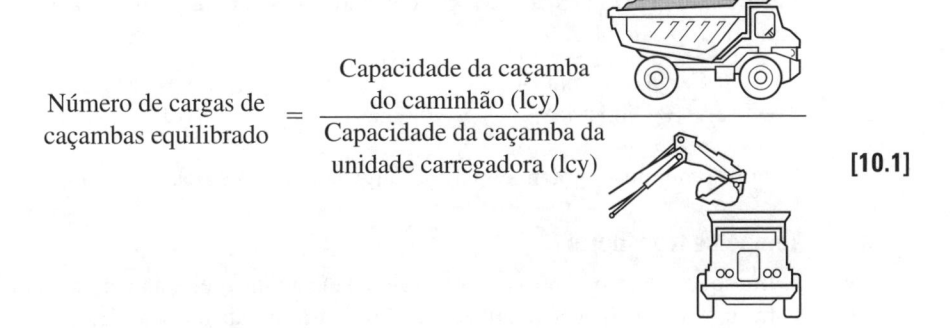

$$\text{Número de cargas de caçambas equilibrado} = \frac{\text{Capacidade da caçamba do caminhão (lcy)}}{\text{Capacidade da caçamba da unidade carregadora (lcy)}} \quad [10.1]$$

Tempo de carregamento e volume por caminhão

carregamento curto
Caçamba ou caixa do caminhão não é totalmente preenchida.

O número real de cargas de caçambas da unidade carregadora colocadas no caminhão não pode ter casas decimais. É possível não encher a caçamba completamente (**carregamento curto**) para que o volume da caçamba corresponda ao do caminhão, mas a prática geralmente é ineficiente, pois leva a um tempo de carregamento mais prolongado.

Se uma caçamba a menos for colocada no caminhão, o tempo de carregamento será reduzido, mas o mesmo ocorrerá com a carga a ser transportada. Em alguns casos, as condições do trabalho determinam que um número menor de cargas de caçamba sejam colocadas no caminhão, como quando trabalhamos com inclinações fortes ou quando vários caminhões ficarem ociosos, esperando sua carga. Nesses casos, a carga do caminhão será igual ao volume da caçamba da unidade carregadora multiplicado pelo número de carregamentos de caçambas.

Menor número inteiro mais próximo Quando o número de caçambas for *arredondado para o menor número inteiro mais próximo* do número equilibrado de cargas ou for reduzido devido às condições do trabalho:

$$\text{Tempo de carregamento} = \text{Número de cargas de caçambas da unidade carregadora} \times \text{Tempo de ciclo da caçamba} \quad [10.2]$$

$$\text{Carga do caminhão}_{\text{Curta}} \text{ (volumétrica)} = \text{Número de cargas de caçambas da unidade carregadora} \times \text{Volume da caçamba} \quad [10.3]$$

Maior número inteiro mais próximo Se a divisão do volume da carroceria de carga do caminhão pelo volume da caçamba for *arredondado para o maior número* *inteiro mais próximo* e esse número maior de caçambas for colocado no caminhão, o excesso de material será derramado ou partes dele permanecerão na caçamba. Nesse caso, a duração do carregamento será igual ao tempo de ciclo da caçamba da unidade carregadora multiplicado pelo número de ciclos de caçambas. O volume da carga sobre o caminhão agora será igual à capacidade do caminhão, não o número de oscilações (movimentos ou giros) da caçamba multiplicado pelo volume da caçamba.

$$\text{Carga do caminhão}_{\text{Cheia}} \text{ (volumétrica)} = \text{Capacidade volumétrica do caminhão} \quad [10.4]$$

Verificação gravimétrica Sempre compare o peso da carga com a capacidade gravimétrica do caminhão.

$$\text{Carga de caminhão (gravimétrica)} = \text{Carga volumétrica (lcy)} \times \text{Peso específico (vol. solto lb/lcy)} \quad [10.5]$$

Carga do caminhão (gravimétrica) < Carga útil gravimétrica nominal? [10.6]

Tempo de transporte

O transporte deve ocorrer na maior velocidade admissível e na marcha apropriada. Para aumentar a eficiência, utilize padrões de trânsito de um sentido.

$$\text{Tempo de transporte (min)} = \frac{\text{Distância de transporte (ft)}}{88 \text{ fpm/mph} \times \text{Velocidade de transporte (mi/h)}} \quad [10.7]$$

Com base no peso bruto do caminhão com a carga, e considerando a resistência ao rolamento e de rampa da área de carregamento até o ponto de descarga, as velocidades de percurso de transporte devem ser estimadas com o uso do gráfico de desempenho do fabricante do caminhão (ver Figura 10.8).

Tempo de retorno

Com base no peso vazio do veículo e a resistência ao rolamento e de rampa da área de carregamento até o ponto de descarga, as velocidades de percurso de retorno devem ser estimadas com o uso do gráfico de desempenho do fabricante do caminhão.

$$\text{Tempo de retorno (min)} = \frac{\text{Distância de retorno (ft)}}{88 \text{ fpm/mph} \times \text{Velocidade de transporte (mi/h)}} \quad [10.8]$$

Tempo de descarga

O tempo de descarga depende do tipo de unidade de transporte e do congestionamento na área de descarga. Lembre-se que a área de descarga geralmente fica repleta de equipamentos de apoio. Os buldôzeres ou motoniveladoras estão espalhando o material descarregado e diversos equipamentos de compactação podem estar trabalhando na área. Os caminhões basculantes com descarga pela parte traseira precisam ser posicionados antes de descarregarem. Em geral, isso significa que o caminhão precisa parar totalmente e então se deslocar em marcha à ré por uma certa distância. Nesses casos, o tempo de descarga total pode ficar acima de 2 minutos. Os caminhões bas-

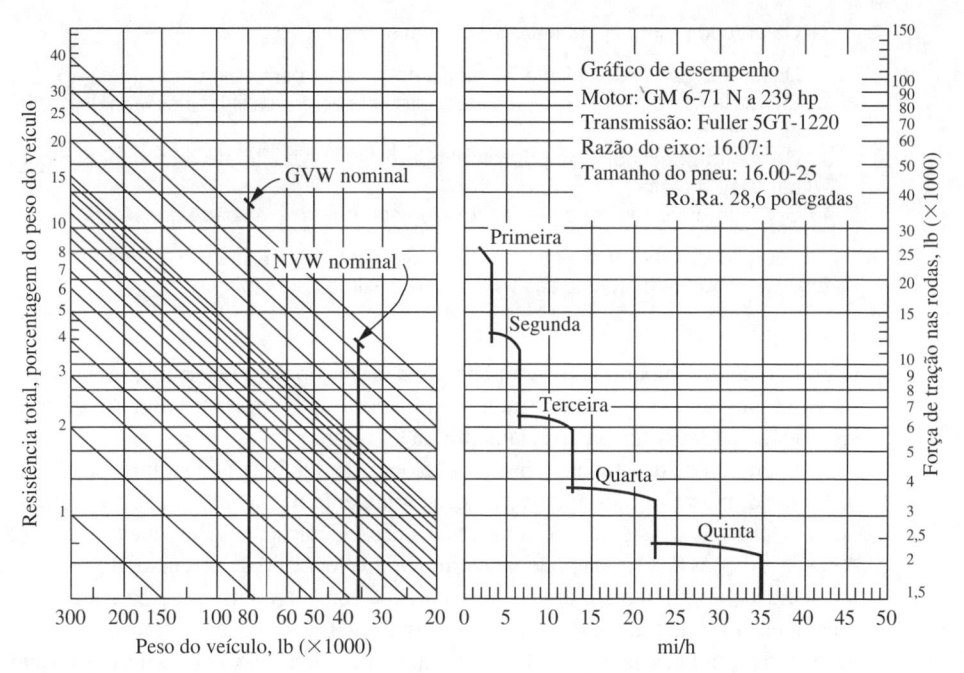

FIGURA 10.8 Gráfico de desempenho para caminhão basculante de 22 toneladas com descarga pela parte traseira.

culantes com descarga pela traseira normalmente descarregam ainda em movimento. Após a descarga, o caminhão normalmente dá a volta e retorna à área de carregamento. Sob condições favoráveis, um caminhão basculante com descarga pela traseira pode descarregar e voltar em 0,7 minutos, mas um tempo desfavorável médio seria de cerca de 1,5 minutos. As unidades transportadoras com descarga pelo fundo podem descarregar em 0,3 minutos sob condições favoráveis, mas também podem ter médias de 1,5 minutos quando as condições forem desfavoráveis. Sempre tente visualizar as condições na área de descarga quando for estimar o tempo de descarga.

EXEMPLO 10.1

Determine a velocidade de um caminhão quando transporta uma carga de 22 toneladas, subindo uma rampa de 6% em uma estrada de serviço com resistência ao rolamento de 60 lb/tonelada, equivalente a uma rampa adversa de 3%. O gráfico de desempenho da Figura 10.8 se aplica a este caso. As especificações do caminhão se encontram a seguir:

Capacidade
 Rasa, 14,7 cy
 Coroada, 2:1, 18,3 cy
Peso líquido vazio   = 36.860 lb
Carga útil   = 44.000 lb
Peso bruto do veículo = 80.860 lb

É necessário combinar a resistência ao rolamento com a de rampa, fornecendo uma resistência total equivalente igual a 9% (6% + 3%) do peso do veículo.

Os procedimentos para utilizar o gráfico da Figura 10.8 são:

1. Descubra o peso do veículo na escala horizontal inferior esquerda.
2. Suba a linha do peso do veículo até a intersecção com a linha inclinada de resistência total.
3. Dessa intersecção, siga horizontalmente para a direita até a intersecção com a curva de marcha.
4. Dessa intersecção, siga para baixo até encontrar a velocidade do veículo.

Seguindo esses quatro passos, é possível determinar que o caminhão trabalhará na faixa da segunda marcha e sua velocidade máxima será 6,5 mi/h.

O gráfico de desempenho do caminhão deve ser usado para determinar a velocidade máxima para cada seção da estrada de transporte que apresente alguma diferença significativa de resistência ao rolamento ou de rampa.

O gráfico de desempenho indica a velocidade máxima na qual um veículo pode se deslocar, mas este não se moverá necessariamente nessa velocidade. O gráfico de desempenho não considera a aceleração ou a desaceleração, além do que a segurança e outras condições da estrada podem determinar a velocidade de percurso. Antes de usar a velocidade do gráfico em uma análise, sempre considere fatores como congestionamento, estradas de transporte estreitas ou sinais de trânsito quando transportar cargas em estradas públicas, pois estes podem limitar a velocidade a valores inferiores àqueles dados no gráfico. A velocidade efetiva prevista deve ser utilizada no cálculo do tempo de percurso. Os orçamentistas do projeto devem percorrer a estrada de serviço com um operador experiente para identificar fatores que afetarão as velocidades de transporte.

Tempo de ciclo do caminhão

O tempo de ciclo de um caminhão é a soma do tempo de carregamento, tempo de transporte, tempo de descarga e tempo de retorno:

$$\text{Tempo de ciclo do caminhão} = \text{Carregamento}_{tempo} + \text{Transporte}_{tempo} + \text{Descarga}_{tempo} + \text{Retorno}_{tempo} \quad [10.9]$$

Número de caminhões necessários

O número de caminhões necessários para manter o equipamento de carregamento trabalhando em sua capacidade máxima é:

$$\text{Número de caminhões equilibrado} = \frac{\text{Tempo de ciclo do caminhão (min)}}{\text{Tempo de ciclo da escavadeira (min)}} \quad [10.10]$$

Produção

O número de caminhões deve ser um número inteiro.

Número inteiro menor do que o número de equilíbrio Se for escolhido um número inteiro de caminhões menor do que o resultado da Eq. [10.10], os caminhões controlarão a produção.

$$\frac{\text{Produção}}{\text{(lcy/hora)}} = \frac{\text{Carga do}}{\text{caminhão (lcy)}} \times \frac{\text{Número de}}{\text{caminhões}} \times \frac{60 \text{ min}}{\text{Tempo de ciclo do caminhão (min)}} \quad [10.11]$$

Número inteiro maior do que o número de equilíbrio Quando for escolhido um número inteiro de caminhões maior do que o resultado da Eq. [10.10], os equipamentos de carregamento controlarão a produção.

$$\frac{\text{Produção}}{\text{(lcy/hora)}} = \frac{\text{Carga do}}{\text{caminhão (lcy)}} \times \frac{60 \text{ min}}{\text{Tempo de ciclo da escavadeira (min)}} \quad [10.12]$$

ponto de equilíbrio
Quando os equipamentos de carregamento e unidades de transporte trabalham no mesmo nível de produção.

O **ponto de equilíbrio** ocorre quando os equipamentos de carregamento e unidades de transporte trabalham no mesmo nível de produção. Em geral, arredonde os valores para baixo e mantenha as unidades de transporte em movimento. Isso permite que o equipamento de carregamento tenha tempo para preparar o local, encher a caçamba e se prepare para carregar a próxima unidade de transporte. Considere a possibilidade de que se uma única pá-carregadeira for utilizada constantemente, ela representa um risco maior à produção do trabalho caso ocorra uma falha mecânica. Uma operação 100% constante limita a manutenção de rotina quando os caminhões estiverem sempre chegando para receber um novo carregamento. A falha de uma só unidade de transporte tem menos impacto na produção do que a de uma pá-carregadeira. Se o número de caminhões de transporte for insuficiente, haverá uma perda de produção. Se houver unidades de transporte adicionais, o resultado pode ser um engarrafamento, o que aumenta os custos. O local de descarga pode se aproximar ou se afastar do local de carregamento. Essa característica precisa ser considerada quando a operação for elaborada. Assim, como ponto de partida, geralmente é melhor arredondar para o próximo número inteiro inferior, a menos que as condições determinem o contrário. É preciso realizar uma análise de custo para ajudar nessa decisão.

Eficiência

A produção calculada com a Eq. [10.11] ou a Eq. [10.12] se baseia em uma hora de trabalho de 60 minutos. Essa produção deve ser ajustada por um fator de eficiência. Distâncias de transporte maiores geralmente resultam em maior eficiência do motorista. A eficiência do motorista aumenta com as distâncias de transporte até cerca de 8.000 ft, depois da qual a eficiência permanece constante. Outros elementos críticos que afetam a eficiência são os engarrafamentos, condições dos equipamentos, congestionamento nas áreas de carregamento e descarga, bombeamento de combustíveis e manutenção, intervalos de operadores, regras de trabalho e *layout* e planejamento do projeto.

$$\text{Produção real} = \text{Produção ideal} \times \frac{\text{Tempo de trabalho (min/hora)}}{60 \text{ min}} \quad [10.13]$$

EXEMPLO 10.2

Uma pá-carregadeira carregando 107 cy/hora tem caçamba de capacidade coroada de 2,5 cy e oscila em um ciclo de 1,2 minutos. Os caminhões têm capacidade de 11 cy e tempo de descarga + transporte + retorno de 30 minutos. Um fator de enchimento de 95% se aplica à pá-carregadeira. O projeto utiliza horas de 50 minutos.

$$\text{Número equilibrado de cargas de caçambas} = \frac{11\ cy}{2,5\ cy} = 4,4;\ \text{carregar um caminhão com 4 caçambas}$$

Tempo de ciclo do caminhão = Carregamento + Transporte + Descarga + Retorno

$$= (1,2\ min \times 4\ caçambas) + 30\ min = 34,8\ min.$$

Carga útil do caminhão = 2,5 cy × 4 caçambas × 0,95 fator de enchimento = 9,5 cy

$$\text{Produção do caminhão} = \frac{9,5\ cy/ciclo}{34,8\ min/ciclo} \times \frac{50\ minutos}{hora} = 13,65\ cy/hora$$

$$\text{Número equilibrado de caminhões} = \frac{34,8\ minutos}{4,8\ minutos} = 7,25;\ \text{arredondado para baixo, 7 caminhões}$$

Cada caminhão adicionado ao projeto aumenta a produção em 13,7 cy/hora; contudo, a pá-carregadeira controla e limita a produção total em 107 cy/hora.

O próximo passo é determinar a produção do trabalho à medida que mais caminhões são adicionados:

6 caminhões: 13,7 cy/hora × 6 caminhões = 82,2 cy/hora

7 caminhões: 13,7 cy/hora × 7 caminhões = 95,9 cy/hora

8 caminhões: 13,7 cy/hora × 8 caminhões = 109,6 cy/hora, pá-carregadeira controla em 107 cy/hora

9 caminhões: 13,7 cy/hora × 9 caminhões = 123,3 cy/hr, pá-carregadeira controla em 107 cy/hora

É desenvolvida uma curva de equilíbrio para ilustrar o número de caminhões com a produção

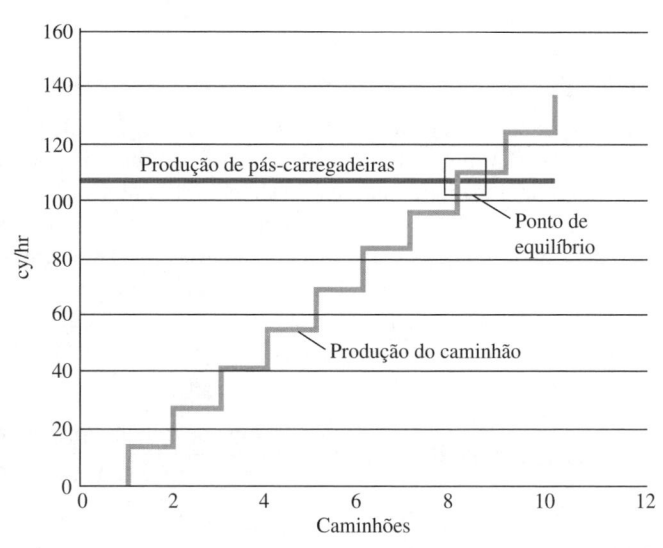

No Exemplo 10.2, observe que a produção dos caminhões se baseia em uma hora de 50 minutos. Essa política deve ser adotada quando você equilibrar uma escavadeira ou pá-carregadeira com unidades de transporte, pois haverá ocasiões em que ambas operarão em sua capacidade máxima para que o número de unidades seja equilibrado corretamente. Contudo, a produção média de uma unidade, escavadeira ou caminhão, por um período prolongado de tempo deve se basear na aplicação do fator de eficiência apropriado à máxima capacidade produtiva.

Custo

Uma questão fundamental na otimização da produção é o efeito sobre o custo. Os níveis de produção podem ser ajustados com base no número de unidades de transporte, como descrito anteriormente, mas é preciso entender o impacto sobre os custos. O desenvolvimento dos custos unitários oferece uma maneira simples de entender a relação entre a produção e o número de unidades de transporte.

EXEMPLO 10.3

Usando os valores de produção do Exemplo 10.2, os custos unitários são calculados utilizando os seguintes valores horários:
Pá-carregadeira com operador = $90/hora
Caminhão com operador = $55/hora
O custo unitário em $/cy é calculado para cada combinação de caminhões +/− 2 caminhões em relação ao ponto de equilíbrio de 7 caminhões.

5 caminhões: $90/hora + ($55/hora)(5 caminhões) = $365/hora / 68,5 cy/hora = $5,33/cy

6 caminhões: $90/hora + ($55/hora)(6 caminhões) = $420/hora / 82,2 cy/hora = $5,11/cy

7 caminhões: $90/hora + ($55/hora)(7 caminhões) = $475/hora / 95,9 cy/hora = $4,95/cy

8 caminhões: $90/hora + ($55/hora)(8 caminhões) = $530/hora / 107 cy/hora = $4,96/cy

9 caminhões: $90/hora + ($55/hora)(9 caminhões) = $585/hora / 107 cy/hora = $5,47/cy

O número de caminhões é plotado em função do custo unitário de produção para visualizar o impacto.

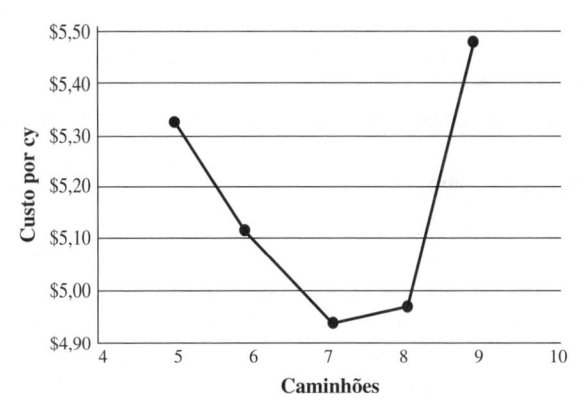

Apesar da combinação de cinco caminhões possuir o menor custo horário, de $365/hora, ela possui um dos maiores custos unitários de produção, $5,33/cy. Um

número menor de caminhões, como três ou quatro, aumentaria mais os custos de produção. Adicionar mais caminhões além do ponto de equilíbrio de 7,25 caminhões também aumenta os custos unitários de produção. Os menores custos de produção são os valores inteiros adjacentes ao ponto de equilíbrio, sete e oito caminhões. Como discutido anteriormente, recomenda-se a seleção do menor valor inteiro para evitar engarrafamentos e a operação constante do equipamento de carregamento. Nesse exemplo, arredondar para o valor inteiro superior leva ao custo quase idêntico de aproximadamente $4,95/cy.

QUESTÕES DE PRODUÇÃO

Diversos fatores devem ser considerados quando combinamos escavadeiras com unidades de transporte:

- Posição do caminhão para carregamento
- Alcance da escavadeira
- Altura de descarga da caçamba
- Largura da caçamba

Posição do caminhão para carregamento

O caminhão deve ser posicionado para carregamento de uma maneira segura e eficiente. Na área de carregamento, é preferível que o veículo nunca se desloque em marcha à ré. Para o motorista, é mais fácil e seguro posicionar a unidade de transporte e reduzir o tempo de ciclo total do caminhão pela eliminação da marcha à ré. A marcha à ré também ocupa a mesma área de deslocamento duas vezes, uma para a frente e outra para trás, criando um pequeno gargalo na operação. Entrar de ré na área de carregamento cria uma preocupação de segurança natural, pois a capacidade do motorista de enxergar atrás do caminhão e posicioná-lo corretamente para o carregamento fica limitada. É preciso criar uma única pista de carregamento e então ajustá-la à medida que a operação continua. Se for necessário se deslocar em marcha à ré, planeje um *layout* em V no qual a unidade de transporte chega em uma pista, dá ré vazia e se desloca em plena carga na segunda pista. Enquanto a unidade de transporte chega na primeira pista, o motorista pode analisar a pista de marcha à ré e mirar na unidade de carregamento. A pista de ré deve ser mantida o mais reta possível.

Alcance da escavadeira

A caçamba da escavadeira também deve ser capaz de alcançar o ponto de descarga sobre a carroceria de carga do caminhão. No caso de uma escavadeira com caçamba tipo pá frontal ou retroescavadeira, isso envolve o alcance do braço e da lança quando estendidos na altura de descarga. O alcance de uma pá-carregadeira é medido da frente de seus pneus dianteiros até a ponta da borda cortante da caçamba quando a lança estiver totalmente erguida e a caçamba for descarregada em um ângulo de 45 graus.

Altura de descarga da caçamba

Compare a altura de descarga da caçamba da escavadeira com a das laterais da carroceria de carga. Essa comparação deve considerar a configuração real da escavadeira e sua caçamba. Os dentes em uma caçamba para rocha podem reduzir a altura de descarga em até um pé. O uso de chapas laterais na carroceria de carga ou de pneus maiores no caminhão pode aumentar sua altura significativamente. É possível construir uma rampa para pás-carregadeiras para alcançar a altura de descarga desejada.

Largura da caçamba

Compare a largura da caçamba da escavadeira com o comprimento da carroceria de carga do caminhão. Recomenda-se que a razão entre a largura da caçamba e o comprimento da carroceria fique entre 1:1,4 e 1:1,5. A caçamba não deve ser tão a larga a ponto de ser difícil para o operador da escavadeira evitar acertar a traseira da cabine do caminhão ou descarregar o material muito perto da extremidade final da carroceria. Materiais em partes volumosas, como rochas grandes ou solo congelado, que são depositadas perto demais da extremidade final da carroceria provavelmente cairão do caminhão quando este subir uma rampa. Rochas caídas na estrada de transporte podem danificar pneus e criar mais necessidade de manutenção da estrada. Mesmo que a carga não saia rolando do caminhão, esse material cria uma distribuição de peso indesejável sobre o eixo traseiro, o que por sua vez aumenta o desgaste do eixo e do pneu.

PNEUS

Os pneus de caminhões e outras unidades de transporte devem ser apropriados para os requisitos do trabalho. A seleção de pneus de tamanho adequado e a prática de manter sua pressão em níveis apropriados reduzem a parcela da resistência ao rolamento que se deve aos pneus.

Um pneu suporta sua carga deformando a área em contato com a superfície da estrada até produzir uma força total sobre ela igual à carga sobre o pneu. Ignorando qualquer resistência de apoio fornecida pelas paredes laterais do pneu, se a carga sobre um pneu for de 5.000 lb e a pressão for 50 psi, a área de contato será de 100 polegadas quadradas. Se, para o mesmo pneu, a pressão do ar cair para 40 psi, a área de contato aumentará para 125 polegadas quadradas. A área de contato adicional será produzida pela deformação adicional do pneu. Isso aumenta a resistência ao rolamento, pois o pneu está sempre subindo uma rampa mais inclinadao enquanto gira.

O tamanho de pneu selecionado e a pressão de inflação devem se basear na resistência pelo pneu, que a superfície da estrada oferece à penetração. Para superfícies de estrada rígidas, como as de concreto, pneus de alta pressão e diâmetro pequeno oferecem resistência ao rolamento menor; para superfícies mais flexíveis, pneus de baixa pressão e diâmetro maior geram menos resistência ao rolamento, pois as áreas de contato mais amplas reduzem a profundidade de penetração do pneu.

Muitos estouros de pneus podem ser explicados por sobrecarga constante, excesso de velocidade, seleção incorreta do pneu e estradas de serviço em más condições. Pneus com pressão insuficiente podem causar rachaduras nas paredes laterais radiais e separação das lonas. O excesso de pressão sujeita o pneu a desgaste excessivo no centro da banda. Pares mal combinados podem causar distribuição desigual do peso, o que sobrecarrega o pneu maior.

Os pneus geram calor à medida que rodam e flexionam. À medida que a temperatura de trabalho do pneu aumenta, o componente de borracha e os tecidos internos perdem força de maneira significativa. Os fabricantes de pneus de terraplenagem fornecem um limite de peso-velocidade (TMPH, significando *ton-miles-per-hour*, ou TKPH, significando *ton-km-por-hora*) para seus produtos. O TMPH é uma expressão numérica da capacidade de trabalho de um pneu. É recomendável calcular um valor de TMPH do trabalho e comparar com o TMPH dos pneus no equipamento

$$\text{TMPH do trabalho} = \text{Carga média do pneu} \times \text{Velocidade média durante um dia de operação} \quad [10.14]$$

$$\text{Carga média do pneu (toneladas)} = \frac{\text{Carga do pneu "vazio" (toneladas)} + \text{Carga do pneu "carregado" (toneladas)}}{2} \quad [10.15]$$

$$\text{Velocidade média (mi/h)} = \frac{\text{Distância de ida e volta (milhas)} \times \text{Número de viagens}}{\text{Total de horas trabalhadas}} \quad [10.16]$$

Ao calcular o valor do TMPH do trabalho, sempre selecione o pneu que leva a maior carga média. Se os pneus sendo usados nos caminhões tiverem um índice TMPH nominal inferior ao índice TMPH do trabalho, será preciso reduzir a carga e/ou a velocidade ou então equipar os caminhões com pneus com capacidade nominal maior.

EXEMPLO 10.4

Um caminhão fora-de-estrada pesa 70.000 lb vazio e 150.000 lb carregado. A distribuição de peso vazio é de 50% na dianteira e 50% na traseira. A distribuição de peso carregado é 33% na dianteira e 67% na traseira. O caminhão possui dois pneus dianteiros e quatro traseiros. O caminhão trabalha um turno de 8 horas transportando rochas para um britador. A distância de transporte em um sentido é de 5,5 milhas. O caminhão pode fazer 14 viagens por dia. Calcule o valor do TMPH do trabalho para o caminhão.

Peso total sobre dois pneus dianteiros (vazio) = 70.000 lb × 50% = 35.000 lb

Peso total sobre dois pneus dianteiros (carregado) = 150.000 lb × 33% = 50.000 lb

$$\text{Peso sobre pneu dianteiro individual (vazio)} = \frac{35.000 \text{ lb}}{2} = 17.500 \text{ lb}$$

$$\text{Peso sobre pneu dianteiro individual (carregado)} = \frac{50.000 \text{ lb}}{2} = 25.000 \text{ lb}$$

$$\text{Carga média sobre pneu dianteiro} = \frac{17.500 \text{ lb} + 25.000 \text{ lb}}{2} = 21.250 \text{ lb ou } 10,6 \text{ ton}$$

Peso total sobre os quatro pneus traseiros (vazio) = 70.000 lb × 50% = 35.000 lb

Peso total sobre os quatro pneus traseiros (carregado) = 150.000 lb × 67% = 100.000 lb

$$\text{Peso sobre pneu traseiro individual (vazio)} = \frac{35.000 \text{ lb}}{4} = 8.750 \text{ lb}$$

$$\text{Peso sobre pneu traseiro individual (carregado)} = \frac{100.000 \text{ lb}}{4} = 25.000 \text{ lb}$$

$$\text{Carga média sobre pneu traseiro} = \frac{8.750 \text{ lb} + 25.000 \text{ lb}}{2} = 16.875 \text{ lb ou } 8,4 \text{ ton}$$

O pneu dianteiro suporta a maior carga média.

$$\text{Velocidade média} = \frac{(2 \times 5{,}5 \text{ milhas}) \times 14 \text{ viagens}}{8 \text{ horas}}$$

Velocidade média = 19,25 milhas

Valor do TMPH do trabalho = 10,6 toneladas × 19,25 milhas

TMPH do trabalho = 204

Isso significa que um pneu com TMPH nominal de 204 ou mais deve ser utilizado sob essas condições de trabalho.

CÁLCULOS DE DESEMPENHO DE CAMINHÕES

O Exemplo 10.5 analisa o desempenho de uma frota de caminhões basculantes com descarga pela traseira de 22 toneladas sendo carregados por uma retroescavadeira hidráulica com caçamba de 3 cy.

EXEMPLO 10.5

Os caminhões basculantes descarga pela parte traseira e com as especificações a seguir serão utilizados para transportar material de argila arenosa. O gráfico de desempenho mostrado na Figura 10.8 é válido para esses caminhões.

Capacidade
   Rasa, 14,7 cy
   Coroada, 2:1, 18,3 cy
Peso líquido vazio   = 36.860 lb
Carga útil   = 44.000 lb
Peso bruto do veículo = 80.860 lb

Os caminhões serão carregados por uma retroescavadeira hidráulica com caçamba de 3 cy (Figura 10.9). A rota de transporte entre o ponto de carregamento e o ponto de descarga tem 3 milhas em rampa descendente de 1%.

A rota de transporte será de terra e em más condições. O tempo de descarga médio será de 2 minutos, pois espera-se que haja congestionamento no local. A retroescavadeira deve ser capaz de realizar um ciclo de 20 segundos. A argila arenosa tem peso específico solto de 2.150 lb/cy. Uma estimativa de eficiência para esse trabalho resulta em uma hora de 50 minutos.

Passo 1: Número de cargas de caçambas. O fator de enchimento da caçamba da retroescavadeira manuseando a argila arenosa foi determinado como sendo de 110%. Assim, o volume da caçamba da retroescavadeira será 3,3 lcy (3 × 1,1). A capacidade coroada do caminhão é de 18,3 lcy. Estima-se que o fator de enchimento do caminhão seja de 100%.

$$\text{Número equilibrado de cargas de caçambas:} \frac{18{,}3 \text{ lcy}}{3{,}3 \text{ lcy}} = 5{,}5$$

O número real de caçambas deve ser um inteiro; assim, dois casos devem ser analisados, a colocação de cinco ou seis cargas de caçamba no caminhão.

FIGURA 10.9 Caminhão basculante com descarga pela traseira sendo carregado por uma retroescavadeira.

Passo 2: Tempo de carregamento. Verifique a produção com base em ambas as situações, cinco ou seis cargas de caçamba da retroescavadeira sendo usadas para preencher o caminhão.

$$\text{Tempo de carregamento (5 caçambas): } 5 \times \frac{20 \text{ s}}{60 \text{ s/min}} = 1,7 \text{ min}$$

Volume de carga (cinco caçambas): 5 × 3,3 lcy/carga da caçamba = 16,5 lcy
Verificação do peso da carga: 16,5 lcy × 2.150 lb/lcy = 35.475 lb
    35.475 lb < 44.000 lb de carga útil nominal; OK

$$\text{Tempo de carregamento (6 caçambas): } 6 \times \frac{20 \text{ s}}{60 \text{ s/min}} = 2,0 \text{ min}$$

Volume de carga (6 caçambas): 6 × 3,3 lcy/carga de caçamba = 19,8 lcy, o que excede a capacidade do caminhão; logo, a capacidade do caminhão de 18,3 lcy é o valor determinante.
A sexta caçamba seria uma carga curta para encher o caminhão até sua capacidade máxima ou o excesso transbordaria.
Verificação do peso da carga 18,3 lcy × 2.150 lb/lcy = 39.345 lb
    39.345 lb < 44.000 lb de carga útil nominal; OK

Passo 3: Tempo de transporte de carga.
Resistência ao rolamento (Tabela 6.1); terra, más condições, 100 a 140 lb/tonelada
    Usando um valor médio de 120 lb/tonelada ou 6,0% de rampa efetiva
Resistência de rampa: −1%
Resistência total: 5% [6% + (−1%)]

Capítulo 10 Caminhões e equipamento de transporte de carga

	Cinco caçambas	Seis caçambas
Peso líquido do caminhão vazio	36.860 lb	36.860 lb
Peso da carga	35.475 lb	39.345 lb
Peso bruto	72.335 lb	76.205 lb
Velocidade (Figura 10.8)	16 mph	13 mph

Nesse caso específico, o efeito da resistência total e a diferença de peso bruto para os dois cenários de carga resultam em uma diferença de velocidades para as condições especificadas. Se a resistência total fosse de apenas 4%, a velocidade máxima possível teria sido 22 mi/h para ambas as condições de carga.

$$\text{Tempo de transporte (5 caçambas)} = \frac{3 \text{ milhas} \times 5.280 \text{ ft/milha}}{88 \text{ fpm/mph} \times 16 \text{ mph}} = 11,3 \text{ min}$$

$$\text{Tempo de transporte (6 caçambas)} = \frac{3 \text{ milhas} \times 5.280 \text{ ft/milha}}{88 \text{ fpm/mph} \times 13 \text{ mph}} = 13,9 \text{ min}$$

Passo 4: Tempo de retorno.

Resistência ao rolamento: 120 lb/tonelada ou 6%

Resistência de rampa: 1%

Resistência total: 7% [6% + (+1%)]

Peso do caminhão vazio: 36.860 lb

Velocidade (Figura 10.8): 22 mi/h em 4ª marcha

$$\text{Tempo de retorno:} \frac{3 \text{ milhas} \times 5.280 \text{ ft/milha}}{88 \text{ fpm/mph} \times 22 \text{ mph}} = 8,2 \text{ min}$$

Passo 5: Tempo de descarga. Espera-se que o tempo de descarga seja de 2 minutos.

Passo 6: Tempo de ciclo do caminhão.

	Cinco caçambas no caminhão (min)	Seis caçambas no caminhão (min)
Tempo de carregamento	1,7	2,0
Tempo de transporte	11,3	13,9
Tempo de descarga	2,0	2,0
Tempo de retorno	8,2	8,2
Tempo de ciclo do caminhão	23,2	26,1

Passo 7: Número de caminhões necessários.

	Cinco caçambas no caminhão	Seis caçambas no caminhão
Tempo de ciclo do caminhão	23,2 min	26,1 min
Tempo de ciclo da pá-carregadeira	1,7 min	2,0 min
Número de caminhões	13,7	13,1

Passo 8: Produção. O número de caminhões deve ser um número inteiro. Para o caso de cinco caçambas para carregar o caminhão, avalie usar 13 ou 14 caminhões. Se forem utilizados 13 caminhões, a retroescavadeira terá tempo de preparar o local de carregamento e terá uma caçamba cheia e pronta para o próximo caminhão; assim, o ciclo dos caminhões controlará a produção. A eficiência de uma hora de 50 minutos é considerada na produção.

Produção (5 caçambas e 13 caminhões)

$$16{,}5 \text{ lcy} \times 13 \text{ caminhões} \times \frac{60 \text{ min}}{23{,}2 \text{ min}} \times \frac{50 \text{ min}}{\text{hora de 60 min}} = 462 \text{ lcy/hr}$$

Se forem utilizados 14 caminhões, a pá-carregadeira controlará a produção e ocasionalmente os caminhões precisarão esperar para serem carregados.

Produção (5 caçambas e 14 caminhões)

$$16{,}5 \text{ lcy} \times \frac{60 \text{ min}}{1{,}7 \text{ min}} \times \frac{50 \text{ min}}{\text{hora de 60 min}} = 485 \text{ lcy/hr}$$

Considerando o caso de 6 cargas de caçamba e utilizando 13 ou 14 caminhões.

Produção (6 caçambas e 13 caminhões)

$$18{,}3 \text{ lcy} \times 13 \text{ caminhões} \times \frac{60 \text{ min}}{26{,}1 \text{ min}} \times \frac{50 \text{ min}}{\text{hora de 60 min}} = 456 \text{ lcy/hr}$$

Se forem utilizados 14 caminhões, a pá-carregadeira controlará a produção e ocasionalmente os caminhões precisarão esperar para serem carregados.

Produção (6 caçambas e 14 caminhões)

$$18{,}3 \text{ lcy} \times \frac{60 \text{ min}}{2{,}0 \text{ min}} \times \frac{50 \text{ min}}{\text{hora de 60 min}} = 457 \text{ lcy/hr}$$

Quando considerar apenas a produção, é melhor utilizar cinco caçambas e 14 caminhões para uma produção horária de 485 lcy. A produção com seis caçambas e os mesmos 14 caminhões leva a um índice menor, de 457 lcy/hora. O resultado parece contrário ao que seria de esperar. O motivo para a produção reduzida é que o tempo de carregamento da sexta caçamba exige 0,33 minutos, mas a carga curta para encher o caminhão não pode ser maior do que 1,8 cy (18,3 − 16,5 cy). A capacidade da caçamba é de 3,3 cy.

Passo 9: Análise de custo. É necessário realizar uma análise de custo para determinar a operação mais barata. Os custos unitários em $/cy são calculados utilizando os seguintes valores horários:

Retroescavadeira com operador = $95/hora
Caminhão com operador = $60/hora

O custo unitário em $/cy é calculado para cinco ou seis cargas de caçamba e cada combinação de caminhões ± 2 caminhões em relação ao número inteiro inferior ao ponto de equilíbrio de 13 caminhões. Amostras de cálculos para cinco cargas de caçamba com 13 ou 14 caminhões:

Cinco caçambas, 13 caminhões: $95/hora + ($60/hora)(13 caminhões) = $875/hora

$$\frac{\$875/\text{hr}}{462 \text{ cy/hr}} = \$1{,}89/\text{cy}$$

Cinco caçambas, 14 caminhões: $95/hora + ($60/hora)(14 caminhões) = $935/hora

$$\frac{\$935/\text{hr}}{485 \text{ cy/hr}} = \$1{,}93/\text{cy}$$

	Cinco caçambas no caminhão	Seis caçambas no caminhão
Tempo de ciclo do caminhão	23,2 min	26,1 min
Tempo de ciclo da pá-carregadeira	1,7 min	2,0 min
Número equilibrado de caminhões	13,7	13,1
Produção de 11 caminhões	391 lcy/hr	386 lcy/hr
Custo unitário	$1,93/cy	$1,96/cy
Produção de 12 caminhões	427 lcy/hr	421 lcy/hr
Custo unitário	$1,91/cy	$1,94/cy
Produção de 13 caminhões	462 lcy/hr	456 lcy/hr
Custo unitário	**$1,89/cy**	$1,92/cy
Produção de 14 caminhões	**485 lcy/hr**	457 lcy/hr
Custo unitário	$1,93/cy	$2,05/cy
Produção de 15 caminhões	485 lcy/hr	457 lcy/hr
Custo unitário	$2,05/cy	$2,18/cy

É construído um gráfico do número de caminhões em relação ao custo unitário de produção para ambas as condições de número de caçambas para avaliar a produção e as relações de custo.

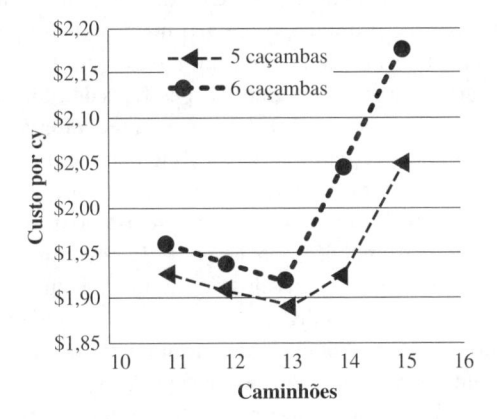

O menor custo unitário para ambas as caçambas ocorre com 13 caminhões, o número inteiro abaixo do ponto de equilíbrio. Um número maior ou menor de caminhões em relação ao ponto de equilíbrio leva a um custo unitário maior.

Como o custo horário total de várias unidades de transporte geralmente é maior do que o custo horário de uma única pá-carregadeira, a prática geral é arredondar para baixo o número de caminhões no ponto de equilíbrio. Ao tomar essa decisão, é preciso considerar as condições mecânicas dos equipamentos. Outra consideração é a disponibilidade de caminhões de reserva. Esses caminhões não são necessariamente unidades ociosas, mas podem ser veículos alocados a tarefas de menor prioridade, das quais podem ser retirados sem dificuldades.

Depois de o trabalho ter iniciado, o número de caminhões necessários pode variar devido a mudanças nas condições da estrada de serviço, reduções ou aumentos do comprimento das viagens de transporte ou mudanças nas condições nas áreas de carregamento ou descarga. A gerência deve sempre monitorar mudanças nas condições admitidas das operações de transporte de carga.

Passo 10. Produção em unidades desejadas (volume ou peso). Finalmente, a produção pode ser convertida, quando necessário, em jardas cúbicas naturais no corte ou toneladas usando as informações de propriedades do material específicas ao trabalho ou valores médios como aqueles encontrados na Tabela 4.3. O menor custo de operação unitário, cinco caçambas e 13 caminhões, é convertido em um valor de produção em toneladas.

$$\text{Produção ajustada} \quad 462 \text{ lcy/hr} \times \frac{2.150 \text{ lb/lcy}}{2.000 \text{ lb/ton}} = 497 \text{ ton/hr}$$

Monitoramento em tempo real

O monitoramento e controle em tempo real de caminhões de transporte está sendo adotado gradualmente com o uso da tecnologia de Sistema de Posicionamento Global (GPS, *Global Positioning System*). Colocar um receptor de GPS em uma unidade de transporte permite controlar o local exato de cada unidade. Para determinar a posição exata de cada unidade de transporte, o receptor de GPS deve ser capaz de detectar os sinais de três satélites. Medindo a diferença entre o tempo de envio do sinal e o momento em que este foi recebido pelos três satélites, o receptor consegue determinar a latitude, longitude e altitude da unidade de transporte. Essa aplicação tecnológica é bastante utilizada em veículos rodoviários.

Gerenciar os dados de GPS e monitorar as unidades de transporte é um sistema com duas partes. Primeiro, é preciso instalar o equipamento nos veículos; depois, é preciso instalar um sistema em uma base para receber as informações. O tipo de sistema varia com as necessidades específicas de cada operação. Em empresas de entrega, companhias aéreas e ferrovias, essa tecnologia é bastante comum. Por exemplo, uma operação com uma frota pequena pode precisar apenas de controle básico de veículos. O sistema mostra o local, rota, paradas e velocidade do caminhão. Uma empresa com uma rota maior, ou que precisa de informações mais detalhadas, pode selecionar um sistema de controle por GPS em tempo real. Esses sistemas atualizam o local da unidade em intervalos de minutos, enviam relatórios por e-mail automaticamente, criam mapas digitais e por satélite e ajudam a manter registros da manutenção dos veículos. Diversos departamentos rodoviários utilizam a abordagem de mapeamento para monitorar estradas que precisam ou receberam os serviços de um limpa-neve. Uma aplicação importante na construção envolve o uso de caminhões com betoneiras de concreto pré-fabricado, que estão sempre fazendo viagens entre uma usina central e projetos espalhados por uma ampla área geográfica.

SEGURANÇA DE CAMINHÕES

Um motorista de caminhão basculante morreu em 2002 quando dirigiu em marcha à ré próximo demais à borda de uma barragem que cedeu. Um vigia mandou o motorista parar cerca de 8 ft antes da borda e sinalizou que ele deveria despejar a carga. O motorista, no entanto, continuou a se deslocar. O chão sob as rodas traseiras cedeu e o caminhão escorregou barragem abaixo e capotou, caindo sobre sua cabine. A banqueta da barragem não era suficiente para impedir que o caminhão se aproximasse da borda. O caminhão possuía um cinto de segurança de dois pontos que a vítima estava usando.

Em 2001, um controlador de trânsito morreu atropelado por um caminhão basculante. O caminhão estava entregando asfalto para uma equipe de estrada. A vítima estava diretamente atrás do caminhão quando este engatou a marcha à ré.

Operar caminhões e trabalhar perto deles pode ser perigoso. Os empregadores dos indivíduos mortos nos dois acidentes descritos acima tinham programas de segurança estabelecidos e planos de prevenção de acidentes por escrito que continham todos os elementos obrigatórios. Ainda assim, ocorreram dois acidentes fatais. O motorista de um caminhão fora-de-estrada de 150 toneladas não enxerga uma pessoa de 1,80 m de altura parada a menos de 70 ft do lado direito do veículo. Os funcionários devem ser orientados diariamente sobre os perigos do local e a gerência deve ser extremamente proativa para prevenir acidentes.

Os investigadores desses dois acidentes fizeram as seguintes recomendações:

- Conduza uma avaliação de riscos do local de trabalho todos os dias e garanta que operadores e motoristas estão cientes dos riscos.
- Garanta que as bermas foram construídas de maneira apropriada para impedir que os caminhões se desloquem além de seus limites em locais de descarga e estradas de transporte.
- Garanta que os operadores de equipamentos pesados seguirão todos os sinais operacionais.
- Utilize um vigia quando um equipamento pesado com pontos cegos se locomover em marcha à ré.
- Garanta que os funcionários não ficarão nos caminhos de deslocamento dos veículos e que estarão sempre claramente visíveis para os operadores dos equipamentos.
- Use roupas de segurança de alta visibilidade.

RESUMO

O uso de caminhões como unidades de transporte primárias oferece um alto grau de flexibilidade, pois o número de veículos em serviço geralmente pode ser expandido ou reduzido com facilidade para permitir modificações na produção de transporte. Ao estimar o quanto um caminhão poderá transportar, é preciso examinar a carga gravimétrica nominal e o volume coroado nominal. A capacidade coroada é o volume de material que o caminhão transporta quando a carga é forma um monte acima das laterais. A capacidade coroada real varia com o material sendo transportado. Os objetivos críticos de aprendizagem incluem:

- O entendimento da necessidade de equilibrar o volume de caçamba das escavadeiras e o volume de carga dos caminhões
- A capacidade de usar gráficos de desempenho para calcular velocidades de caminhões
- A capacidade de calcular o número de caminhões necessários para manter o equipamento de escavação trabalhando em sua capacidade máxima
- Uma estimativa do custo do trabalho pela avaliação do equilíbrio dos equipamentos

Esses objetivos servem de base para os problemas a seguir.

PROBLEMAS

10.1 Visite o site do California Fatality Assessment and Control Evaluation (FACE) Program (http://www.dhs.ca.gov/ohb/OHSEP/FACE/) e escreva sobre as causas de dois acidentes com caminhões de construção que resultaram em mortes. O que poderia ter evitado os acidentes que você selecionou?

10.2 Quantos casos de acidentes fatais atropelamento em marcha à ré de caminhões em canteiros de obra você consegue localizar com 10 minutos de buscas na Internet?

10.3 Visite o site da Occupational Safety and Health Administration (OSHA) e descubra a porcentagem de mortes de transporte no local de trabalho em relação a todas as fatalidades no local de trabalho.

10.4 Um caminhão para o qual as informações na Figura 10.8 se aplicam opera sobre uma estrada de transporte de carga com inclinação de +3% e resistência ao rolamento de 140 lb/tonelada. Se o peso bruto do veículo é 90.000 lb, determine a velocidade máxima do caminhão.

10.5 Um caminhão para o qual as informações na Figura 10.8 se aplicam trafega sobre uma estrada de transporte de carga com inclinação de +4% e resistência ao rolamento de 90 lb/tonelada. Se o peso bruto do veículo é 70.000 lb, determine a velocidade máxima do caminhão.

10.6 Um caminhão para o qual as informações na Figura 10.8 se aplicam trafega sobre uma estrada de transporte de carga com inclinação de −4% e resistência ao rolamento de 200 lb/tonelada. Se o peso bruto do veículo é 80.000 lb, determine a velocidade máxima do caminhão.

10.7 Desenhe uma curva de equilíbrio para uma operação de transporte com caminhões utilizando duas escavadeiras operando em tandem a 175 cy/hora cada e os caminhões operando a 42 cy/hora cada.

10.8 Para o projeto no Problema 10.7, desenhe a curva de $/cy *versus* caminhões (± 2 caminhões) se cada escavadeira trabalhar a $110/hora e cada caminhão trabalhar a $70/hora. Por exemplo, se você selecionar 6 caminhões desenvolva os dados e uma curva para 4, 5, 6, 7 e 8 caminhões.

10.9 Um projeto de transporte de terra batida exige que você decida entre usar uma operação de buldôzeres/escrêiperes ou escavadeiras/caminhões. Determine a operação mais econômica com base na operação de buldôzeres/escrêiperes estimada em $1,25/cy. Todos os equipamentos carregam sua capacidade coroada nominal, têm fator de enchimento de 100% e trabalham horas de 45 minutos. A escavadeira custa $95/hora (incluindo o operador), seu tempo de ciclo é de 0,28 minutos e a capacidade acumulada da caçamba é de 5,0 cy. O caminhão custa $150/hora (incluindo o operador), o tempo de descarga é de 0,5 minutos (manobra, descarga, giro) e sua capacidade coroada é de 31,7 cy; 12 caminhões estão disponíveis para o projeto. O equipamento de transporte opera em uma direção de A para B para C e finalmente para D.

Seção	Carga	Comprimento (ft)	Velocidade (mi/h)
A	cheio	3.000	9
B	cheio	2.500	17
C	vazio	3.000	36
D	vazio	3.000	16

10.10 Um projeto de terraplenagem tem a sua disposição uma pá-carregadeira com caçamba de 6 cy de capacidade coroada e uma pá-carregadeira maior com caçamba de 7 cy de capacidade coroada para encher caminhões fora-de-estrada com 45,9 cy de capacidade coroada. Todos os equipamentos operam em horas de 50 minutos. As pás-carregadeiras produzem um fator de enchimento da caçamba de 90%, enquanto o fator de enchimento dos caminhões é de 100%. As pás-carregadeiras não fazem "carregamento curto". O tempo de ciclo de ambas as pás-carregadeiras é de 0,6 minutos (sem deslocamento). O tempo de descarga dos caminhões é de 0,5 minutos (inclui manobra, descarga e giro). Os caminhões carregados sobem uma rampa através das três seções a seguir e voltam vazios pelas mesmas seções. Os caminhões trafegam com seus pesos carregados e vazios nominais.

Seção	Carga	Comprimento (ft)	Velocidade carregado (mi/h)
1	cheio	2.000	10
2	cheio	500	7
3	cheio	1.000	8
4	vazio	1.000	42
5	vazio	500	42
6	vazio	2.000	42

Calcule o número de ciclos por pá-carregadeira para encher cada caminhão.
Calcule o número de caminhões necessários para cada pá-carregadeira.
Com base no número de caminhões que você determinou, desenvolva uma curva para o custo de produção em $/cy *versus* caminhões para uma faixa de ± 2 caminhões. Utilize os valores por hora indicados a seguir (incluindo operadores) para cada equipamento:
    Pá-carregadeira com 6 cy de capacidade $120/hora
    Pá-carregadeira com 7 cy de capacidade $125/hora
    Caminhão fora-de-estrada de 45,9 cy $130/hora

10.11 Refaça o Problema 10.10, mas incluindo os operadores das pás-carregadeiras utilizando "carregamentos curtos" dos caminhões para enchê-los até sua capacidade nominal. Os caminhões trafegam com os pesos vazio e carregado nominais.

10.12 Compare suas respostas nos Problemas 10.10 e 10.11. Qual é o efeito do carregamento curto dos caminhões até sua capacidade máxima?

10.13 Forneça quatro modificações para uma operação de transporte com caminhões para aumentar a produção, mas sem alterar o tamanho/número de pás-carregadeiras, tamanho/número de caminhões ou uso de chapas laterais.

FONTES DE CONSULTA

Care and Service of Off-the-Highway Tires, Publication No. OHM-882, Rubber Manufacturers Association, Washington, D.C., http://www.rma.org/publications.

Caterpillar Performance Handbook. Caterpillar, Inc., Peoria, IL (publicado anualmente). http://www.cat.com.

Gove, D., e W. Morgan (1994). "Optimizing Truck-Loader Matching," *Mining Engineering*, Vol. 46, October, pp. 1179–1185.

Hull, Paul E. (1999). "Moving Materials," *World Highways/Routes Du Monde*, November–December, pp. 79–82.

Schexnayder, Cliff, Sandra L. Weber, e Brentwood T. Brooks (1999). "Effect of Truck Payload Weight on Production," *Journal of Construction Engineering and Management*, ASCE, Vol. 125, No. 1, pp. 1–7, January–February.

Society of Automotive Engineers International. *Capacity Rating—Dumper Body and Trailer Body, J1363*, SAE Standards, Society of Automotive Engineers International, 400 Commonwealth Drive, Warrendale, PA.

El-Rabbany, Ahmed (2006). *Introduction to Global Position Systems*, Second Edition. Artech House Publishing, Boston, MA.

FONTES DE CONSULTA NA INTERNET

http://www.osha.gov/SLTC/index.html OSHA Technical Links to Safety and Health Topics, U.S. Department of Labor, Occupational Safety and Health Administration, 200 Constitution Avenue, NW, Washington, D.C.

http://www.aem.org A Association of Equipment Manufacturers (AEM) é uma fonte de informações sobre desenvolvimento comercial e empresarial de empresas que fabricam equipamentos. A AEM foi formada em 1º de janeiro de 2002 com a fusão da Construction Industry Manufacturers Association (CIMA) e da Equipment Manufacturers Institute (EMI). A organização permite uma busca abrangente de fabricantes e modelos de equipamentos.

http://www.cat.com Caterpillar Inc., Peoria, IL. A Caterpillar Inc. é a maior fabricante de equipamentos de construção e mineração do mundo.

http://www.deere.com Deere and Company. Moline, IL. A Deere fabrica uma ampla variedade de equipamentos agrícolas e de construção pesada.

http://www.terex.com A Terex Corp., of Westport, CT, fabrica uma ampla gama de equipamentos de construção pesada. Nos últimos anos, a empresa adquiriu diversos fabricantes especializados.

http://www.space.commerce.gov Department of Commerce, National Oceanic e Atmospheric Administration do governo americano (U.S. Government). Uma agência do governo federal americano responsável pela supervisão de políticas relativas a GPS e outras tecnologias espaciais.

http://www.pitandquarry.com Uma fonte de informações do setor industrial para auxiliar na identificação de equipamentos e métodos operacionais para a produção de agregados.

11

Equipamentos de acabamento

As operações de acabamento vêm logo após as operações de escavação ou compactação de aterros. As motoniveladoras são máquinas de aplicação múltipla usadas para acabamento e regularização. O equipamento de manutenção da Gradall é uma máquina utilitária que combina os recursos operacionais de uma retroescavadeira, de uma caçamba de arrasto e de uma motoniveladora. Ela foi projetada para ser uma máquina versátil, usada para trabalhos de escavação e acabamento. Além disso, existem diversas máquinas de nivelamento altamente especializadas para o ajuste fino do nível do projeto. Essas aplainadoras automáticas utilizam sistemas de controle também automáticos.

INTRODUÇÃO

Acabamento, *nivelamento de acabamento* e *acabamento final* são termos utilizados para descrever o processo de conformar materiais ao traçado e ao perfil exigidos e especificados nos documentos contratuais. As operações de acabamento ocorrem imediatamente após as operações de escavação (nivelamento bruto) ou compactação de aterros. Essas operações incluem o acabamento no perfil exigido das seções que apoiam componentes estruturais e o alisamento e acabamento de taludes. Em muitos projetos, as motoniveladoras são utilizadas como máquinas de acabamento. No caso de projetos lineares longos, como estradas e campos de aviação, são utilizadas máquinas aplainadoras especiais para executar o acabamento sob as seções do pavimento.

MOTONIVELADORAS

INFORMAÇÕES GERAIS

As motoniveladoras (ver Figura 11.1) são máquinas de aplicação múltipla usadas para acabamento, regularização, taludamento de aterros (Figura 11.2) e valeteamento. Elas também são utilizadas para mistura, espalhamento, amontoamento lateral, nivelamento e abaulamento, operações leves de decapamento, construção geral e manutenção de estradas de terra. O uso principal da motoniveladora é cortar e mover materiais com uma lâmina, também chamada de armação ou folha da lâmina (ver Figura 11.3). Essas máquinas se limitam a realizar cortes rasos em materiais medianamente duros; elas não devem ser utilizadas para escavação pesada. Uma motonive-

FIGURA 11.1 Motoniveladora usada para acabamento final do material de base.

FIGURA 11.2 Motoniveladora trabalhando em talude.

ladora pode mover pequenas quantidades de material, mas devido à força estrutural e local da armação da lâmina, não podem realizar o trabalho de um buldôzer.

As motoniveladoras são capazes de cortar valas progressivamente até uma profundidade de 3 ft e trabalhar em inclinações de até 3:1. Contudo, não se aconselha usar motoniveladoras em paralelo com inclinações tão fortes, pois seu centro de gravidade é relativamente alto e a pressão aplicada em um ponto crítico da lâmina pode fazer com que a máquina capote. É mais econômico utilizar outros tipos de equipamento para abrir valas com profundidade maior do que 3 ft. As motoniveladoras operam em velocidades baixas, fornecendo um nível relativamente alto de força de tração nas rodas para cortar e raspar a superfície.

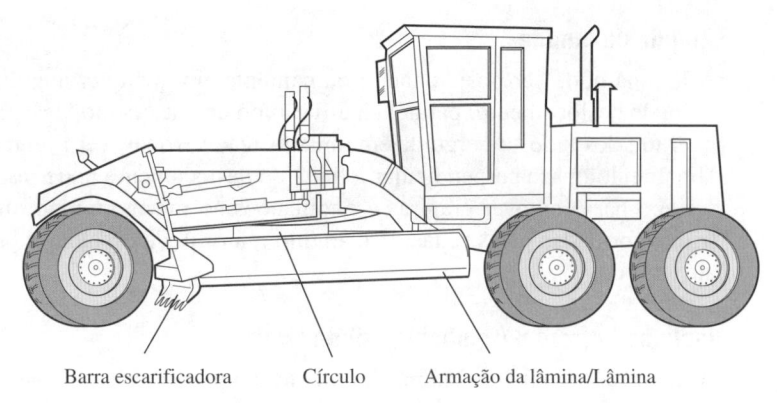

Barra escarificadora   Círculo   Armação da lâmina/Lâmina

FIGURA 11.3 Os componentes de uma motoniveladora.

Os componentes da motoniveladora que realmente realizam o trabalho são a lâmina e o escarificador (ver Figura 11.3). O chassi pode ser articulado para criar um deslocamento entre os caminhos das rodas dianteiras e traseiras, permitindo que a lâmina entre mais no material macio enquanto as rodas traseiras mantêm a tração sobre uma superfície mais firme.

Armação da lâmina

A armação da lâmina, chamada normalmente de lâmina, é o componente funcional da motoniveladora. Um círculo de giro transporta e posiciona a armação. Usando um sistema hidráulico complexo, a lâmina pode ser colocada em diversas posições, sob a motoniveladora ou ao lado dela (ver Figura 11.4). Ela pode ser deslocada horizontalmente para aumentar o alcance além dos pneus.

A lâmina é utilizada para depósito lateral dos materiais que encontra. Os cantos da armação podem ser erguidos ou rebaixados independentemente uns dos outros. Por convenção, a *ponta de ataque* (*entrada* ou *toe*) é o canto extremo dianteiro da armação na direção do deslocamento e o *canto de fuga* (*saída* ou *heel*) é a extremidade de descarga.

Lâmina deslocada para o lado direito    Lâmina erguida

FIGURA 11.4 Posições de lâminas.

Ângulo da lâmina

A lâmina pode ser posicionada praticamente em qualquer ângulo em relação à linha de deslocamento, paralela à direção do deslocamento, deslocada para qualquer um dos lados ou erguida em uma posição vertical (ver Figuras 11.4 e 11.5). Um ângulo quase perpendicular à linha de deslocamento pode raspar estradas de serviço para remover crateras e ondulações ao mesmo tempo que preenche as trilhas formadas pelas rodas. Um ângulo maior pode espalhar e lançar materiais até a borda.

Inclinação frontal (tombamento) da lâmina

A inclinação frontal da lâmina é a inclinação para a frente ou para trás da lâmina em relação a sua configuração vertical normal. Para trabalhos normais, a armação é mantida próxima ao centro de ajuste de inclinação, que mantém o topo da armação diretamente sobre a borda cortante. Contudo, o topo da armação pode ser inclinado para a frente ou para trás (ver Figura 11.6). Quando inclinada para a frente, a capacidade de corte da armação é reduzida, aumentando sua ação de arrasto. Ela tenderá a correr sobre os materiais em vez de cortar e empurrar, com menor probabilidade de

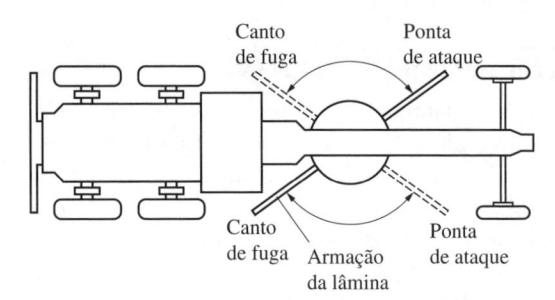

FIGURA 11.5 Rotação da lâmina.

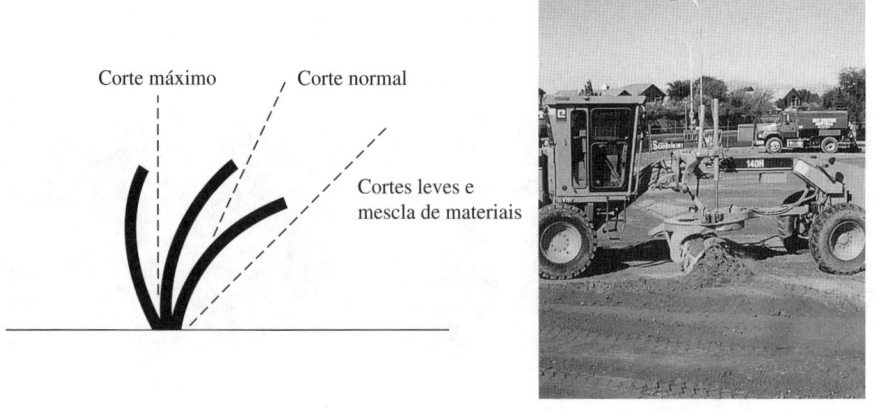

FIGURA 11.6 Inclinação frontal (tombamento) da armação da lâmina de uma motoniveladora.

se prender em obstruções sólidas. A inclinação dianteira é utilizada para fazer cortes leves e rápidos e mesclar materiais. Quando inclinada para trás, a armação da lâmina corta facilmente, mas tende a permitir que os materiais cortados voltem e se enrolem sobre a própria armação.

Escarificador

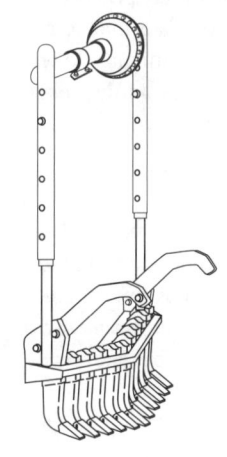

O material duro demais para ser cortado com a armação da lâmina deve ser desagregado (quebrado) com o escarificador, um acessório que pende entre o eixo dianteiro e a lâmina, composto de uma barra escarificadora com dentes removíveis. Os dentes podem ser ajustados para cortes de até 12 polegadas de profundidade. Quando a barra escarificadora estiver trabalhando com materiais duros, pode ser necessário remover alguns de seus dentes. No máximo, cinco dentes podem ser removidos da barra. Se mais de cinco forem removidos, a força contra os dentes remanescentes poderá arrancá-los. Ao remover dentes, retire primeiro o dente central e então alterne a remoção dos outros quatro. Esse procedimento equilibra o escarificador e distribui a carga de modo homogêneo. Com o topo do escarificador inclinado para trás, os dentes se erguem e rasgam o material que está sendo afrouxado. Essa posição também é usada para quebrar pavimentos asfálticos. A inclinação da barra escarificadora pode ser ajustada para o material específico que estiver sendo manipulado.

Ríper ou escarificador traseiro

As motoniveladoras podem ser equipadas com ríperes-escarificadores traseiros, como mostrado na Figura 11.7. O ríper traseiro atinge profundidades maiores do que o escarificador central, variando de 12 a 18 polegadas. Montado atrás do eixo traseiro, ele pode escarificar materiais com largura igual à da motoniveladora. Um êmbolo hidráulico eleva e baixa o ríper para posicioná-lo.

Posição alta   Posição baixa

FIGURA 11.7 Motoniveladora com ríper traseiro leve.

OPERAÇÃO DE MOTONIVELADORAS

Quando a armação da lâmina é posicionada em um determinado ângulo, a carga empurrada por ela se enrola e desloca para a borda de fuga da lâmina. A ação de rolamento causada pela curva da armação da lâmina auxilia o movimento lateral. À medida que o ângulo da armação aumenta, o deslocamento lateral se acelera, de modo que o material não é transportado tão longe e possibilitando cortes mais profundos. Para o acabamento e manutenção da maioria das estradas, posicione a armação em um ângulo de 25-30 graus. O ângulo deve ser reduzido para o espalhamento de leiras, manutenção de uma estrada de transporte e remoção de crateras e ondulações; e deve ser aumentado para cortes pesados, valeteamento e remoção de neve.

Aplainamento de superfícies

As motoniveladoras muitas vezes são utilizadas para aplainar ou alisar superfícies de aterros ou cortes. Para tanto, a armação da lâmina é posicionada em um determinado ângulo para raspar materiais altos e aterrar pontos baixos. O operador tenta manter quantidades suficientes do material do corte em frente à armação para realizar o preenchimento necessário. O material solto é transportado para a frente e laterais de modo a distribuí-lo de forma mais homogênea.

leira
A fila de material solto derramada da borda de fuga da lâmina de um buldôzer ou motoniveladora.

No próximo passe, a **leira** remanescente na borda de fuga da armação é puxada e transportada sobre a lâmina até o canto de fuga. No passe final, é realizado um corte mais leve e a borda de fuga da armação é erguida para permitir que o material em excesso passe sob a extremidade e não seja lançada para os lados. O objetivo é evitar a criação de uma ruga. As leiras não devem ser empilhadas em frente às rodas traseiras, pois afetam negativamente a tração e a precisão do corte.

O acabamento de barragens e estradas e os cortes de valas rasas são operações básicas de motoniveladoras, normalmente realizadas das maneiras apresentadas a seguir.

Cortes de valas

Normalmente, os cortes de valeteamento são realizados em segunda marcha e em aceleração máxima. Para melhor controle da motoniveladora e valas mais retas, é criado um corte de marcação de 3-4 polegadas de profundidade na borda externa do talude (em geral, identificada por estacas de inclinação ou com controle por GPS) na primeira passada. A ponta de ataque da lâmina deve estar alinhada com a borda externa do pneu dianteiro. O corte de marcação fornece um guia para operações subsequentes. Os cortes são realizados com a máxima profundidade possível sem estolagem ou perda de controle da motoniveladora. Cada corte sucessivo inicia na borda do taludamento a fim de que a ponta de ataque da armação esteja alinhada com o fundo da vala no corte final.

tração lateral
A força na armação da lâmina que tende a puxar a parte frontal da motoniveladora para um lado.

Movimentação de leiras

Quando uma motoniveladora realiza um corte, o resultado é a formação de uma leira entre o canto de fuga da armação da lâmina e a roda traseira. Essa leira aplica uma força de **tração lateral**. As rodas frontais de uma motoniveladora podem ser inclinadas para a esquerda e para a direita. As rodas da motoniveladora são inclinadas contra a direção da tração lateral (ver Figura 11.8) e a leira pode então ser deslocada através do perfil com cortes sucessivos. Ocasionalmente, os cortes produzem mais materiais do que o necessário para o leito da via e os acostamentos. Esse excesso de material pode ser utilizado como aterro em outras partes do projeto. Nesse caso, o excesso é deslocado para uma leira e recolhido por um escrêiper autocarregável. A seguir, o escrêiper pode transportar o material para o local apropriado no projeto.

Manutenção de estradas de serviço

As estradas de serviço devem sempre ser mantidas em bom estado de conservação para aumentar a produtividade das unidades de transporte. As motoniveladoras são as melhores máquinas para esse serviço. O método mais eficiente de manutenção de estradas é completar um lado da via com uma passada. Com esse método, enquanto um lado da estrada é completado, o outro fica aberto para o trânsito.

Levar o material de um lado da estrada para o outro permite o nivelamento e manutenção da superfície. Contudo, para manter uma superfície satisfatória em climas secos, é preciso trazer o material desgastado pelo trânsito das bordas e acostamento da estrada em direção ao centro. A superfície fica mais fácil de trabalhar se estiver úmida; logo, após a chuva é um bom momento para realizar manutenção de superfície. Pode ser necessário usar um caminhão-pipa para umedecer materiais secos demais para serem trabalhados.

Alisamento de superfícies com crateras Quando materiais finos estão presentes e o teor de umidade é apropriado, superfícies ásperas ou com muitas crateras podem ser cortadas até ficarem lisas. A seguir, o material cortado da superfície é redispersado sobre a base lisa. Mais uma vez, o melhor momento para remodelar estra-

FIGURA 11.8 Inclinação das rodas da motoniveladora contra a direção da tração lateral.

das de terra e de cascalho (pedregulho) é após uma chuva. As estradas secas devem ser molhadas com o auxílio de um distribuidor de água, garantindo que o material terá teor de umidade suficiente para ser compactado facilmente.

Correção de estradas com ondulações Na correção de estradas com ondulações, é preciso ter cautela para não piorar a situação. Cortes profundos em uma superfície ondulada criam *trepidação* da armação da lâmina, que acaba por aumentar as ondulações em vez de corrigi-las. Pode ser necessário aplicar um processo de escarificação caso a ondulação da superfície seja grande demais. Com o teor de umidade apropriado, a superfície pode ser nivelada por um corte perpendicular às ondulações. O operador deve alternar a armação de modo que a borda cortante não siga a superfície áspera e corte a superfície na parte inferior das ondulações. Depois disso, a superfície pode ser remodelada pela dispersão de leiras em camadas homogêneas sobre a estrada. A compactação pós-acabamento produz resultados mais duradouros.

Espalhamento

As motoniveladoras muitas vezes são utilizadas para espalhar e misturar cargas despejadas. Devido a sua estrutura mecânica e características operacionais, a efetividade das motoniveladoras é maior no espalhamento e na mistura de materiais que escoam livremente. A melhor maneira de realizar o corte ou escarificação de materiais bem compactados é com o uso de equipamentos como buldôzeres ou escavadeiras. Os pneus de borracha e maiores velocidades de percurso das motoniveladoras minimizam a força de tração nas rodas (ver Capítulo 6) e a capacidade de escarificar materiais mais resistentes. Uma lâmina longa, aliada a motores de baixa potência, produz menor potência por pé linear (hp/lf) na borda da lâmina. Assim, as motoniveladoras se adaptam melhor a materiais em estado solto, ou em um estado natural no corte com resistência mínima.

Velocidades de trabalho apropriadas

Sempre opere na velocidade máxima permitida pela habilidade do operador e condições do perfil. As motoniveladoras devem ser operadas em aceleração máxima em cada marcha. Se for necessário reduzir a velocidade, é melhor reduzir a marcha do que operar a máquina em menos do que sua aceleração máxima. A Tabela 11.1 lista as faixas de marcha corretas para diversas operações de motoniveladoras sob condições normais.

TABELA 11.1 Faixas de marcha apropriadas para operações com motoniveladoras

Operação	Marcha
Manutenção da estrada	Segunda a terceira
Espalhamento	Terceira a quarta
Mistura	Quarta a sexta
Taludamento de aterro	Primeira
Valeteamento	Primeira a segunda
Acabamento	Segunda a quarta

Giros

Ao realizar um determinado número de passadas por uma distância curta (menos de 1.000 ft), levar a motoniveladora em marcha à ré até o ponto de partida normalmente é mais eficiente do que girá-la e continuar o trabalho da outra extremidade. Os giros nunca devem ocorrer sobre superfícies asfálticas recém-colocadas.

Número de passadas

A eficiência da motoniveladora é diretamente proporcional ao número de passadas executadas. A habilidade do operador, aliada ao planejamento, é o elemento mais importante para a eliminação de passadas desnecessárias. Por exemplo, se quatro passadas são suficientes para completar um serviço, cada passada adicional aumenta o tempo e o custo do trabalho.

Pressão dos pneus

O excesso de pressão nos pneus causa menos contato entre estes e a superfície da estrada, resultando em perda de tração. As diferenças de pressão nos pneus traseiros causam a derrapagem das rodas e a elevação da parte traseira da motoniveladora. Para produzir bons resultados, é necessário manter a pressão adequada dos pneus em todos os momentos.

ESTIMATIVAS DE TEMPO

A fórmula a seguir pode ser utilizada para preparar estimativas do tempo total (em horas ou minutos) necessário para completar uma operação com uma motoniveladora:

$$\text{Tempo total} = \frac{P \times D}{S \times E} \qquad [11.1]$$

onde:

P = número de passadas necessárias

D = distância percorrida em cada passada, em milhas ou pés

S = velocidade da motoniveladora, em mph ou pés por minuto (1 mph = 88 fpm)

E = fator de eficiência da motoniveladora

Fatores na fórmula

O número de passadas depende dos requisitos do projeto e é estimado antes do início da construção. Por exemplo, podem ser necessários cinco passadas para limpar uma vala e reformar uma estrada. A distância de percurso por passe depende do comprimento do trabalho. Um número ímpar de passes com a fase de regularização final permite que a motoniveladora se reposicione para um novo segmento.

Velocidade A velocidade de percurso da motoniveladora é o fator da fórmula mais difícil de estimar corretamente. À medida que o trabalho avança, as condições podem exigir que as estimativas de velocidade sejam revisadas positiva ou negativamente. O rendimento do trabalho deve ser calculado para cada velocidade usada em uma operação. A velocidade depende principalmente da habilidade do operador e do tipo de material com o qual se está trabalhando.

Fator de eficiência Um fator de eficiência razoável para operações com motoniveladoras seria 60%. Considere as ineficiências associadas com o reposicionamento, estradas de serviço ativas, comunicação com pessoal e intervalos de operadores.

EXEMPLO 11.1

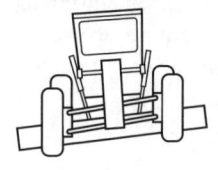

Aplicação da Eq. [11.1] com a distância expressa em milhas
A manutenção de 5 milhas de estrada de transporte de carga exige a limpeza de valas e o nivelamento e a reforma da pista. Utilize um fator de eficiência de 0,60. Limpar as valas exige duas passadas em primeira marcha (2,3 mph); nivelar a estrada com duas passadas em segunda marcha (3,7 mph); e a regularização final da estrada com três passadas em quarta marcha (9,7 mph).

$$\text{Tempo total} = \frac{2 \times 5 \text{ milhas}}{2,3 \text{ mph} \times 0,60} + \frac{2 \times 5 \text{ milhas}}{3,7 \text{ mph} \times 0,60} + \frac{3 \times 5 \text{ milhas}}{9,7 \text{ mph} \times 0,60}$$

$$= 7,3 \text{ hr} + 4,5 \text{ hr} + 2,6 \text{ hr} = 14,4 \text{ hr}$$

EXEMPLO 11.2

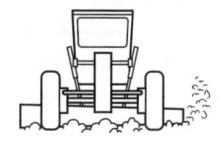

Aplicação da Eq. [11.1] com a distância expressa em pés
Uma estrada de transporte de carga de 1.500 ft precisa de nivelamento e reforma. Utilize um fator de eficiência de 0,60. O trabalho exige duas passadas em segunda marcha (3,7 mph) e três passadas em terceira marcha (5,9 mph).

$$\text{Tempo total} = \frac{2 \times 1.500 \text{ ft}}{88 \text{ fpm/mph} \times 3,7 \text{ mph} \times 0,60} + \frac{3 \times 1.500 \text{ ft}}{88 \text{ fpm/mph} \times 5,9 \text{ mph} \times 0,60}$$

$$= 15,4 \text{ min} + 14,5 \text{ min} = 29,9 \text{ min}$$

PRODUÇÃO DO ACABAMENTO FINAL

Quando utilizada para trabalhos de acabamento e ajuste fino do nível do projeto como na regularização final de uma camada de superfície, a produção pode ser calculada utilizando a Eq. [11.2] em unidades de jardas quadradas por hora, onde:

$$\text{Produção (sy/hora)} = \frac{5.280 \times S \times W \times E}{9} \qquad [11.2]$$

onde:

S = velocidade da motoniveladora, em mph

W = largura efetiva por passada da motoniveladora, em pés

E = fator de eficiência da motoniveladora

EXEMPLO 11.3

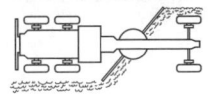

Você precisa realizar o acabamento final do subleito de uma rodovia antes de prosseguir com a construção da sub-base. Utilize um fator de eficiência de 0,60. A motoniveladora será utilizada em segunda marcha (3,5 mph) nesse trabalho. A largura efetiva da lâmina por passada é de 9 ft. Estime o índice de produção para essas condições.

Usando a Eq. [11.2],

$$\text{Produção (sy/hora)} = \frac{5.280 \times 3,5 \times 9 \times 0,6}{9}$$

$$\text{Produção} = 11.088 \text{ sy/hora}$$

Observe que, nesse exemplo, foi admitido que o acabamento final poderia ser realizado com apenas um passada da motoniveladora. Em geral, não é assim. Normalmente, são necessárias várias passadas para alcançar a tolerância de nível especificada, que pode ser de $\frac{1}{8}$ polegada por 10 ft (10 mm/m) ou menos.

CONTROLE DE MOTONIVELADORAS POR GPS

A tecnologia de GPS está se disseminando para o auxílio de operadores de motoniveladoras no controle da posição da lâmina. O GPS pode oferecer orientações precisas em termos de centímetros. Com um GPS integrado e sistema de orientação e monitoramento da armação da lâmina, o controle de elevação pode ser semiautomatizado. Com a ajuda de um display de sistema integrado, o operador da motoniveladora monitora o perfil correto e faz os ajustes necessários nas posições da armação.

Os dois principais tipos de GPS usados na construção são o cinemático e o diferencial. O GPS cinemático é bastante usado com unidades manuais que se comunicam continuamente com satélites enquanto o operador muda de local. O GPS diferencial, por outro lado, é mais preciso, pois emprega uma estação de base que se comunica com os satélites e estabelece um ponto de referência conhecido para interação com receptores de GPS localizados. Os receptores localizados são montados em equipamentos ou no reboque do serviço e se comunicam constantemente com a estação de base. A Figura 11.9 mostra uma motoniveladora equipada com um recep-

Receptores de GPS montados sobre a armação da lâmina | Estação de base do GPS

FIGURA 11.9 Motoniveladora com controle por GPS em um projeto de rua.

tor de GPS, além de uma estação base de campo para localizar os sinais de controle. O empreiteiro envia os dados de GPS ao escritório de engenharia do projeto através de um link de rádio para monitoramento e análise.

SEGURANÇA DAS MOTONIVELADORAS

Os esforços de segurança da zona de trabalho normalmente se concentram em separar os trabalhadores e equipamentos de construção do público. O National Institute of Occupational Safety and Health (NIOSH) observa que mais de metade das fatalidades em zonas de trabalho ocorrem dentro dessa área e não envolvem o público. Muitas fatalidades em zonas de trabalho são consequência de trabalhadores a pé que são atingidos por veículos de construção se movendo em marcha à ré.

Linhas de visão

"Um topógrafo de 32 anos morreu após ser atropelado por uma motomotoniveladora se deslocando em marcha à ré" [1]. Os operadores de grandes equipamentos, incluindo motomotoniveladoras, não enxergam o que está diretamente atrás de suas máquinas. Assim, os gerentes de frota estão começando a empregar câmeras retrovisoras em motoniveladoras e outras máquinas [3]. Esses sistemas permitem que o operador utilize um pequeno monitor dentro da cabine, aliado a um sistema de circuito fechado e uma câmera de vídeo montada na traseira do veículo. Um gerente de frota informa que antes do uso das câmeras, ocorriam acidentes nos quais as motomotoniveladoras em marcha à ré se chocavam contra o capô de outros veículos.

Atividades próximas

Muitos projetos de construção envolvem trabalho ao longo de ferrovias ou cruzando com elas. Um dos piores acidentes com motomotoniveladoras da história ocorreu em novembro de 1961, quando uma motoniveladora passava por um cruzamento entre uma estrada e uma ferrovia, diretamente na frente de um trem. A colisão e descarrilhamento do trem de passageiros Chicago, Rock Island, and Pacific causou ferimentos em 110 pessoas, incluindo 82 passageiros e o motorista da motomotoniveladora.

Regras de segurança

A seguir, listamos regras de segurança específicas para operações com motoniveladoras.

- Todas as motoniveladoras devem ser equipadas com sinalização e rótulos de prevenção de acidentes, de acordo com a norma da OSHA 29 CFR 1926.145 "Specifications for accident prevention signs and tags" ("Especificações para sinalização e rótulos de prevenção de acidentes") e devem ter um emblema de veículo de movimentação lenta, consistindo em um triângulo amarelo e laranja fluorescente, com borda refletora vermelha escura, de acordo com a 29 CFR 1910.145(d)(10).
- Quando operar uma motoniveladora lentamente em uma autoestrada ou rodovia, utilize uma bandeira vermelha ou luz piscante sobre um poste pelo menos 6 ft acima da roda esquerda traseira.

- Nunca permita que outros membros da equipe sejam transportados no tandem, armação da lâmina ou traseira da motoniveladora.
- Mantenha a angulação da armação da lâmina exatamente abaixo da máquina quando não estiver em uso.

GRADALLS
INFORMAÇÕES GERAIS

A Gradall é uma máquina utilitária que combina os recursos operacionais da caçamba tipo enxada, caçamba de arrasto e motoniveladora (ver Figura 11.10). A superestrutura rotativa completa da unidade pode ser montada sobre esteiras ou rodas. A unidade foi projetada para ser uma máquina versátil, capaz de executar trabalhos de escavação e acabamento. Ser projetada para múltiplos usos afeta a eficiência de produção da máquina quanto a aplicações individuais em relação a unidades projetadas especificamente para determinadas aplicações.

O braço da caçamba de uma Gradall pode ser girado 90 graus ou mais, permitindo que seja eficaz no alcance de áreas de trabalho restritas e em situações que exigem o acabamento de inclinações especiais. A lança telescópica em três partes pode ser estendida ou retraída hidraulicamente para variar o alcance de escavação ou acabamento. Ela pode exercer força de desagregação acima ou abaixo do nível do solo.

Quando utilizada em uma aplicação de retroescavadeira abaixo do trem de rolamento, sua produtividade será menor que o de uma retroescavadeira do mesmo tamanho. A Gradall também pode realizar as tarefas de uma caçamba de arrasto, mas tem alcance limitado em comparação com uma caçamba de arrasto normal. Como a máquina dá ao operador controle hidráulico positivo sobre a caçamba, ela pode ser utilizada como ferramenta de acabamento final de inclinações e áreas confinadas, tarefas que normalmente seriam realizadas com uma motoniveladora caso não houvesse restrição de espaço.

FIGURA 11.10 Gradall colocando lastro ferroviário ao longo de autoestrada.

SEGURANÇA

Assim como outras escavadeiras que dependem do contrapeso traseiro para equilibrar o braço escavador, existe o risco de que um membro de equipe seja esmagado entre o contrapeso e objetos fixos do local de trabalho. Mesmo com espelhos retrovisores corretamente instalados, o operador nem sempre enxerga o pessoal que trabalha atrás da máquina. O treinamento de segurança apropriado conscientiza os operadores sobre esse perigo e é de responsabilidade da gerência.

APLAINADORAS

INFORMAÇÕES GERAIS

No caso de projetos lineares, diversas máquinas grandes e altamente especializadas, mas extremamente versáteis, estão disponíveis para trabalhos de corte fino. O resultado apresenta melhor precisão e maior produção em comparação com o acabamento final realizado com uma motoniveladora. Usuários informam que a produção de uma aplainadora de duas pistas é igual àquele produzido com quatro a seis motoniveladoras. Outro benefício é que as aplainadoras automáticas permitem o controle do greide (ou grade) em tolerâncias menores.

OPERAÇÃO

Grandes aplainadoras de quatro esteiras e várias pistas, assim como máquinas menores de três esteiras (ver Figura 11.11), são utilizadas para trabalho de aproximação em pontes e aplicações em estacionamentos. As máquinas de ambos os tamanhos usam os mesmos sistemas mecânicos e de controle geral. As linhas guia tradicionais e a tecnologia de GPS mais avançada orientam a elevação da aplainadora.

Controle do greide

As aplainadoras automáticas utilizam um sistema de controle por sensores que estabelece a elevação e inclinação transversal de seus dentes cortantes com base nas informações de um braço que percorre um arame do greide (arame-guia) ou de uma placa (esqui) que percorre um greide estabelecido. Um arame esticado firmemente com uma altura conhecida acima do greide especificado do projeto e com uma distância de compensação (*offset*) conhecida em relação ao alinhamento estabelece uma referência para a aplainadora. Um braço móvel horizontal montado sobre a máquina aplainadora e tensionado por mola percorre o arame. Esse braço é conectado a um interruptor elétrico e ativa sinais de controle para acionar o movimento vertical da aplainadora. Um braço vertical semelhante percorre o arame, guiando a aplainadora. Em projetos nos quais é necessário se ajustar a um greide existente, uma placa semelhante a um esqui percorre a superfície existente e controla a elevação vertical da aplainadora. Nesse caso, em geral o operador controla o alinhamento manualmente.

    As estruturas de aplainadoras de múltiplas faixas de quatro esteiras podem oferecer uma largura de corte de 40 ft ou mais. Em geral, essas máquinas possuem quatro esteiras, uma em cada canto. Cada esteira possui um componente verti-

FIGURA 11.11 Aplainadora pequena trabalhando com uma linha de arame (arame-guia) do greide.

cal que pode ser ajustado hidraulicamente pelo sistema de controle automático ou manualmente.

Montagem da aplainadora

O corte real do greide é efetuado por uma série de dentes cortantes montados sobre um *mandril de corte* de largura máxima. O sistema de corte geralmente é afixado às extremidades, mas pode se quebrar e permitir a formação de um abaulamento no perfil. Um sistema de armação de lâmina ajustável vem após o mandril de corte e atinge o excesso de material. Um *trado* para direcionar o material escavado vem após a armação da lâmina. Em geral, o material escavado pode ser lançado para um dos lados da máquina ou ambos. Em muitas máquinas de grande parte, os trados da direita e da esquerda são acionados de forma independente. Normalmente, *válvulas de descarga (escape)* ficam localizadas em ambas as extremidades do trado e adjacentes à linha central da máquina. Estas são utilizadas para depositar o excesso de material em uma leira sobre o greide.

Um sistema transportador (esteira) de coleta e descarga pode ser adicionado a diversas aplainadoras, sendo acoplado à traseira para remoção e recuperação de materiais a partir do greide acabado. O material pode ser carregado diretamente nas unidades de transporte com esses sistemas ou depositados no acostamento do greide acabado.

PRODUÇÃO

As aplainadoras de grande porte e largura total têm velocidades operacionais de cerca de 30 ft/minuto, mas esta depende da quantidade (largura e profundidade do corte) de material manuseado. No caso de aplainadoras menores de uma única pista, a velocidade operacional aumenta significativamente. Algumas dessas máquinas são classificadas como tendo velocidade de 128 ft/minuto, mas, mais uma vez, a velocidade é controlada pela quantidade de material que estiver sendo cortada. À medida que a velocidade operacional aumenta, a qualidade quase sempre diminui.

RESUMO

A velocidade com a qual uma motoniveladora pode realizar trabalhos de alta qualidade depende principalmente das habilidades do operador e do tipo de material sendo manuseado. Considere a operação específica e a faixa de marcha apropriada para a tarefa quando calcula uma estimativa de produção de motoniveladoras. O número de passadas, a velocidade prevista, a distância da operação e um fator de eficiência são as variáveis de entrada do cálculo de produção.

Se um equipamento de manutenção Gradall for utilizado como escavadeira, é possível estimar a produção utilizando a Eq. [9.1] de produção geral de escavadeiras. A produção de aplainadoras é uma função da velocidade operacional à frente. Os objetivos críticos de aprendizagem incluem:

- A capacidade de estimar a velocidade da motoniveladora com base em uma tarefa operacional
- A capacidade de calcular a produção da motoniveladora

Esses objetivos servem de base para os problemas a seguir.

PROBLEMAS

11.1 Busque na Internet um estudo de caso sobre o uso de GPS no controle de motoniveladoras. Descreva o sistema utilizado pela construtora.

11.2 Busque na Internet acidentes envolvendo Gradalls. Escreva sobre um acidente no qual um membro da equipe foi ferido por um contrapeso.

11.3 Uma motoniveladora será utilizada na manutenção de 3 milhas de uma estrada de serviço. Estima-se que esse trabalho envolverá a remoção de buracos com duas passadas em primeira marcha, nivelar a estrada com duas passadas em segunda marcha e a regularização final da estrada com três passadas em quarta marcha. Utilize um fator de eficiência de 60%. As velocidades de motoniveladoras estão apresentadas na tabela. Estime o tempo necessário para completar a tarefa.

Marchas à frente	Velocidade de percurso máxima (mph)
Primeira	2,5
Segunda	3,1
Terceira	4,2
Quarta	7,0

11.4 Uma motoniveladora será utilizada na manutenção de 1.800 ft de uma estrada de serviço. Estima-se que esse trabalho exigirá duas passadas em segunda marcha e três passadas em terceira marcha. Utilize um fator de eficiência de 60%. As velocidades de motoniveladoras estão apresentadas na tabela do Problema 11.3. Estime o tempo necessário para completar essa operação.

11.5 Uma motoniveladora será utilizada na manutenção de 2,5 milhas de uma estrada de serviço. Estima-se que esse trabalho envolverá escarificação leve com duas passadas em primeira marcha, nivelar a estrada com duas passadas em segunda marcha e a regularização final da estrada com três passadas em quarta marcha. Utilize um fator de eficiência de 60%. As velocidades de motoniveladoras estão apresentadas na tabela. Estime o tempo necessário para completar a tarefa.

Marchas à frente	Velocidade de percurso máxima (mph)
Primeira	2,3
Segunda	3,2
Terceira	4,4
Quarta	6,4

11.6 Uma motoniveladora será utilizada na manutenção de 1.400 ft de uma estrada de serviço. Estima-se que esse trabalho exigirá quatro passadas em segunda marcha e três passadas em terceira marcha. Utilize um fator de eficiência de 50%. As velocidades de motoniveladoras estão apresentadas na tabela do Problema 11.5. Estime o tempo necessário para completar essa tarefa.

11.7 Você precisa realizar o acabamento final da base de uma rodovia antes de passar para a construção da seção de pavimento. Utilize um fator de eficiência de 65%. A motoniveladora será operada em segunda marcha (3,6 mph) nesse trabalho. A largura efetiva da lâmina por passada é de 8 ft. Para atender a especificação de 10 mm/m, será necessário realizar quatro passadas sobre uma área. Estime o índice de produção para essas condições.

FONTES DE CONSULTA

"A Construction Surveyor is Run Over by a Motor Grader That Was Backing Up" (2001). California FACE Report #01CA008, California FACE Program, California Department of Health Services, Occupational Health Branch, 1515 Clay St. Suite 1901, Oakland, CA.

Caterpillar Performance Handbook, Caterpillar Inc., Peoria, IL (published annually).

MacDonald, Chyck (2004). "NAPA Members Do the Extraordinary and the Ordinary to Improve Safety," *HMAT—Hot Mix Asphalt Technology*, May–June, pp. 16–17.

OSHA Regulations, CFR Part 29, Occupational Safety & Health Administration, 200 Constitution Avenue, NW, Washington, D.C.

El-Rabbany, Ahmed (2006). *Introduction to Global Position Systems*, Second Edition. Artech House Publishing, Boston, MA.

FONTES DE CONSULTA NA INTERNET

http://www.cat.com A Caterpillar é uma grande fabricante de equipamentos de construção e mineração. A seção Produtos do site fornece as especificações das motoniveladoras fabricadas pela empresa.

http://www.terexrb.com Terex CMI Corporation, Oklahoma City, OK 73128–9999. A Terex é uma grande fornecedora de motoniveladoras e pavimentadoras automatizadas. Em 2001, a Terex adquiriu a CMI Corporation.

http://www.deere.com A Deere & Company é uma multinacional com divisões de produtos de construção, agricultura e silvicultura.

http://www.gradall.com Gradall, New Philadelphia, OH 44663. Em 1999, a JLG Industries, Inc., adquiriu a Gradall Industries, Inc.

http://www.casece.com A Case fabrica uma ampla variedade de equipamentos de construção, incluindo motoniveladoras. Os equipamentos de construção da Case são comercializados pela CNH Global. Em 1999, a Case se fundiu com a New Holland para formar a CNH Global.

http://www.osha.gov/comp-links.html Occupational Safety & Health Administration, 200 Constitution Avenue, NW, Washington, D.C.

12

Perfuração de rochas e da terra

Os objetivos da perfuração variam bastante, desde aplicações gerais a trabalhos altamente especializados. Os índices de perfuração de rochas variam com base em fatores como tipo de perfuratriz e tamanho da broca, dureza da rocha, profundidade dos furos, padrão de perfuração, terreno e tempo gasto com o sequenciamento de outras operações. O primeiro passo para estimar a produção de perfuração é decidir o tipo de equipamento que será usado e então considerar a profundidade total a ser perfurada, a taxa de penetração, o tempo para troca de brocas e hastes de perfuração e o tempo para limpar o furo.

INTRODUÇÃO

O método utilizado para fazer furos em materiais de alta dureza não mudou entre a Antiguidade e meados do século XIX. Durante esse longo período, a perfuração dependia de mão de obra: um homem batia um martelo contra uma broca afiada. Em 1861, a primeira máquina perfuratriz mecânica prática foi empregada nos Alpes, na obra do túnel do Monte Cenis. O primeiro martelo pneumático eficaz usado nos Estados Unidos foi empregado no lado leste do Túnel Hoosac, no oeste do Massachusetts, em junho de 1866.

Este capítulo trata dos equipamentos e métodos utilizados nas indústrias da construção e mineração para perfuração em rochas e na terra. A perfuração pode ser realizada de modo a explorar os tipos de materiais que serão encontrados em um projeto (perfuração exploratória) ou pode envolver trabalho de produção, como perfurar furos para colocar cargas explosivas para desmonte de rochas. Outros objetivos incluem criar furos para injeção de cimento (*grout*) ou estabilização de rochas por meio de tirantes e perfuração para colocação de tubos de serviços públicos. Alguns serviços também envolvem a criação de furos de drenagem a fim de reduzir a pressão hidrostática. A perfuração de rochas (ver Figura 12.1) e de terra (ver Figura 12.2) serão analisadas separadamente, mas em alguns casos o mesmo equipamento ou equipamentos similares podem ser utilizados para a perfuração em ambos os tipos de material.

Por variarem muito os objetivos pelos quais uma perfuração é realizada, desde trabalhos de produção até aplicações altamente especializadas, torna-se necessário selecionar os métodos e equipamentos que melhor se adaptam ao serviço específico. Uma construtora envolvida na construção de uma rodovia geralmente perfura rochas sob condições variáveis; assim, são escolhidos equipamentos apro-

FIGURA 12.1 Perfuração de rochas em um túnel para carregamento de explosivos.

priados para aplicações variáveis. Contudo, se o equipamento será utilizado para perfurar rochas em uma pedreira, onde os materiais e as condições não mudam, é preciso considerar o uso de equipamentos especializados. Em alguns casos, é justificado o uso de equipamentos personalizados, projetados especialmente para um determinado projeto.

GLOSSÁRIO DE TERMOS DE PERFURAÇÃO

O glossário a seguir define os termos importantes usados na descrição de equipamentos e procedimentos de perfuração. A terminologia das dimensões usadas com frequência na área da perfuração está ilustrada na Figura 12.3.

Afastamento. A distância horizontal entre a face da rocha e a primeira linha de furos de sondagem ou a distância entre linhas de furos de sondagem.

Broca. A parte da perfuratriz que corta de fato a rocha ou o solo, por uma combinação de ações de esmagamento e de cisalhamento. Existem muitos tipos de broca.

Distância de afastamento. A distância entre a face da rocha e uma linha de furos ou entre linhas adjacentes de furos (ver Figura 12.3).

Espaçamento. A distância entre furos adjacentes na mesma linha (ver Figura 12.3).

Capítulo 12 Perfuração de rochas e da terra 361

FIGURA 12.2 Perfuração de terra para uma fundação em tubulão.

FIGURA 12.3 Terminologia para as dimensões utilizadas em perfuração e desmonte.

Perfuratrizes

Abrasão. Perfuratriz que tritura rochas em partículas pequenas por meio do efeito abrasivo de uma broca que gira dentro do furo.

Churn. Um tipo de perfuratriz à percussão composta de uma broca de aço longa erguida e baixada mecanicamente para desintegrar a rocha. É utilizada na perfuração de furos profundos, geralmente com diâmetro de 6 polegadas ou mais.

Desmonte. Broca giratória composta de uma haste tubular de aço com uma broca tipo cônica no fundo. Quando a broca gira, ela tritura a rocha.

Diamante. Perfuratriz abrasiva giratória cuja broca é composta de uma matriz de metal com um grande número de diamantes embutidos. À medida que a perfuratriz gira, os diamantes desintegram a rocha.

Fundo de poço (*furo descendente, furo abaixo* ou ainda *fundo de furo*). A broca e o sistema de potência que dão rotação e percussão a uma unidade suspensa no fundo da haste da perfuratriz.

Granalha. Perfuratriz abrasiva giratória cuja broca é composta de uma seção de tubo de aço com uma superfície áspera no fundo. À medida que a broca gira sob pressão, a granalha de aço temperado é posicionada sob a broca para desintegrar a rocha.

Percussão. Perfuratriz que quebra rochas em pequenas partículas pelo impacto de golpes repetitivos. É possível usar ar comprimido ou fluidos hidráulicos para acionar as perfuratrizes de percussão.

Testemunhos. Broca projetada para obter amostras de rocha de um furo, geralmente para fins exploratórios. Perfuratrizes de diamante e granalha são usadas para perfuração de testemunhos.

Punho ou barra percussora. Peça de aço curto que se liga ao pistão (mandril) da perfuratriz de percussão para receber o golpe e transferir a energia para a haste de aço da broca (ver Figura 12.4).

Rocha triturada. Partículas de rocha desintegradas causadas pela ação da broca contra a rocha.

Subperfuração. A profundidade em que um furo de desmonte será perfurado abaixo do greide final proposto. Essa profundidade extra é necessária para assegurar que o fraturamento da rocha ocorrerá completamente até a elevação especificada.

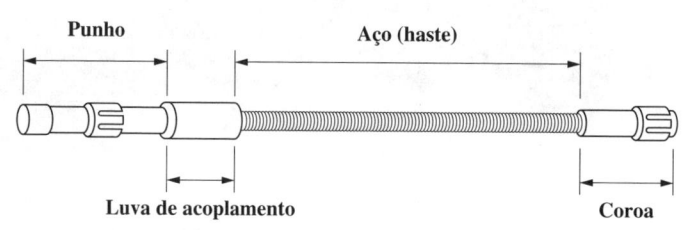

FIGURA 12.4 Itens de perfuração de alto desgaste: punho, luvas de acoplamento, haste e coroa

BROCAS

A broca é a parte essencial de uma perfuratriz, pois é a peça que entra em contato com a rocha e a desintegra. O sucesso de uma operação de perfuração depende da capacidade da broca de permanecer afiada sob o impacto da perfuratriz. Muitos tipos e tamanhos de broca estão disponíveis. Em geral, as brocas são unidades substituíveis que são rosqueadas em uma **haste**. As brocas estão disponíveis em diversos tamanhos, formatos e durezas.

haste (aço de perfuração)
Barras de aço que transmitem a energia do golpe e rotação da perfuratriz da barra percussora para a broca.

Brocas com insertos de carboneto

As bordas reais de perfuração da broca são feitas de um metal bastante duro, o carboneto de tungstênio, embutido na haste de aço (ver Figura 12.5). Apesar de essas brocas serem significativamente mais caras do que as de aço, a maior **velocidade de perfuração** e profundidade do furo obtido por broca representam uma economia geral para a perfuração de rochas duras. Os tamanhos típicos de brocas com insertos de carboneto variam de 1,375 a 5 polegadas de diâmetro.

velocidade de perfuração
O número total de pés de furo perfurados por hora por perfuratriz.

As brocas com insertos de carboneto estão disponíveis em quatro níveis, em ordem ascendente de dureza (ver Tabela 12.1). A susceptibilidade a quebras aumenta com a dureza, mas a resistência à abrasão também. Se um nível específico produzir um número excessivo de quebras de brocas, experimente usar um nível mais macio.

Brocas de botões

As brocas de botão produzem taxas de penetração mais rápidas em uma ampla gama de aplicações de perfuração. A Figura 12.6 ilustra diversas brocas de botões. As brocas desse tipo estão disponíveis com diversos modelos de face de corte com a esco-

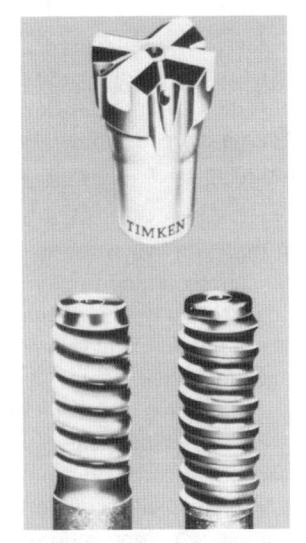

FIGURA 12.5 Broca de rocha com insertos de carboneto.
Fonte: The Timken Company

TABELA 12.1 Graus de brocas com insertos de carboneto

Graus	Resistência à abrasão
Impacto	Média
Intermediária	Bom
Desgaste	Excelente
Desgaste extra	Excepcional

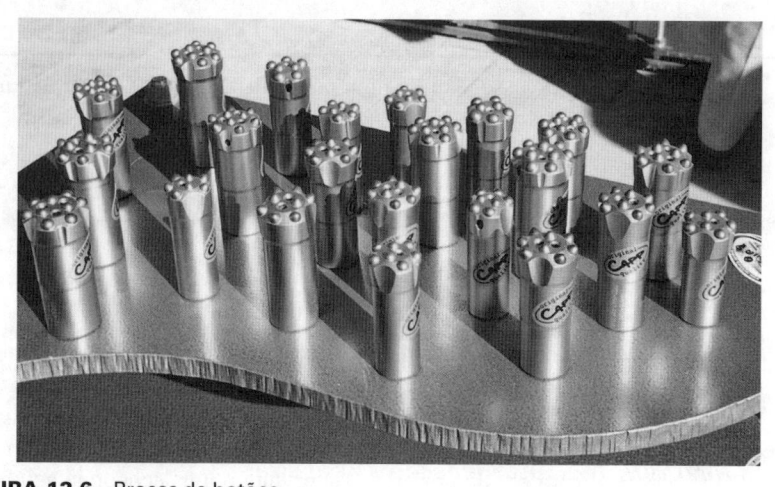

FIGURA 12.6 Brocas de botões.

lha de graus de insertos. A maioria das brocas de botões é utilizada até sua destruição e jamais é recondicionada.

PERFURATRIZES DE ROCHAS

Inúmeras perfuratrizes de rochas foram projetadas para diversas aplicações de construção e mineração. As perfuratrizes utilizam três métodos para fragmentar rochas: (1) percussão, (2) trituração rotativa e (3) abrasão. As perfuratrizes de percussão e rotação são as ferramentas de produção principais do trabalho na construção. A abrasão é utilizada em aplicações especiais de perfuração.

Perfuratrizes de percussão

A perfuração por percussão desintegra a rocha pelos impactos de martelamento da broca ao mesmo tempo que um movimento rotativo é aplicado a tal broca. A broca de percussão é literalmente martelada na rocha, esmagando-a em pedacinhos. Em termos de tamanho, essas perfuratrizes variam de unidades manuais, como as britadeiras, até grandes sistemas montados sobre esteiras.

Britadeira ou martelo pneumático Em inglês, a britadeira ou o martelo pneumático é chamado de *jackhammer*, termo oriundo da época em que dois homens perfuravam manualmente a rocha: um martelador (talvez o mais famoso deles seja John Henry) e um movimentador, o pobre coitado que segurava a barra de aço, chamada de "jack", entre suas pernas – realizando manualmente a perfuração da rocha. Os martelos pneumáticos são perfuratrizes de percussão a ar comprimido manuais usadas principalmente para perfurar na direção descendente (ver Figura 12.7). Eles são classificadas de acordo com seu peso, como 45 lb ou 55 lb. Uma unidade de perfuração completa é composta de um martelo ou martelete, uma haste e uma broca. Quando o ar comprimido flui através do martelo, este faz com que um pistão alterne a uma velocidade de até 2.200 golpes por minuto, produzindo o efeito de martelamento. A energia desse pistão é transmitida para a broca pela haste. O ar flui através de um furo na haste e da broca para remover a rocha triturada do furo e resfriar a broca. A haste é girada ligeiramente após cada golpe para que as bordas cortantes da broca não acertem sempre no mesmo lugar.

Embora os martelos pneumáticos possam ser utilizados para a produção de furos de até 20 ft de profundidade, eles raramente são usads para furos com mais de 10 ft. Os equipamentos mais pesados fazem furos de até 2,5 polegadas de diâmetro. A haste geralmente é fornecida em comprimentos de 2, 4, 5 e 8 ft.

Drifters (perfuratrizes de cabeceiras)

As perfuratrizes de percussão maiores e mais pesadas são montadas sobre um carro móvel (trator) (ver Figura 12.1) ou sobre uma estrutura. A combinação de perfuratriz e suporte é conhecida como *drifter* (perfuratriz de galerias ou de abertura de cabeceiras). Essas perfuratrizes são bastante usadas na escavação de rochas, mineração e tunelamento. Ar ou água podem ser utilizados para remover a rocha triturada. A operação dos drifters é semelhante à dos martelos pneumáticos ou britadeiras, mas os equipamentos são maiores e eles são utilizados como ferramentas montadas para perfuração descendente, horizontal ou ascendente.

FIGURA 12.7 Britadeira (martelo) pneumática manual.

O peso do drifter geralmente basta para fornecer a pressão de alimentação necessária para perfuração descendente. Quando usado para perfuração horizontal ou ascendente, no entanto, a pressão de alimentação é fornecida por um parafuso manual ou um pistão hidráulico ou pneumático.

Perfuratrizes em esteiras Para que possuam mobilidade, as perfuratrizes normalmente são montadas sobre carros com esteiras (ver Figura 12.8). Esse tipo especial de drifter é uma máquina muito utilizada em projetos de construção pesada e de rodovias. Esses equipamentos também são chamados de "perfuratriz *air-track*", pois originalmente usavam potência pneumática para acionar a haste e transportar a máquina. Os requisitos de compressor de ar típicos eram de cerca de 750 pés cúbicos por minuto (cfm). Hoje em dia, quase todas essas perfuratrizes pequenas são hidráulicas. Os motores hidráulicos transportam a máquina e acionam o martelo, a rotação e a alimentação da perfuratriz. As perfuratrizes hidráulicas levam a bordo pequenos compressores de ar movidos por motores hidráulicos (175-250 cfm) para injetar ar no furo. As perfuratrizes hidráulicas normalmente produzem taxas de penetração melhores do que os modelos pneumáticos. Além disso, as perfuratrizes hidráulicas utilizam menos combustíveis e desgastam menos a haste e o punho.

Essas pequenas perfuratrizes autossuficientes são ferramentas bastante produtivas, pois têm a capacidade de se mover rapidamente entre dois locais e porque a lança operada hidraulicamente facilita o posicionamento da broca. Os furos podem ser perfurados em qualquer ângulo, desde 15 graus atrás da vertical até acima da

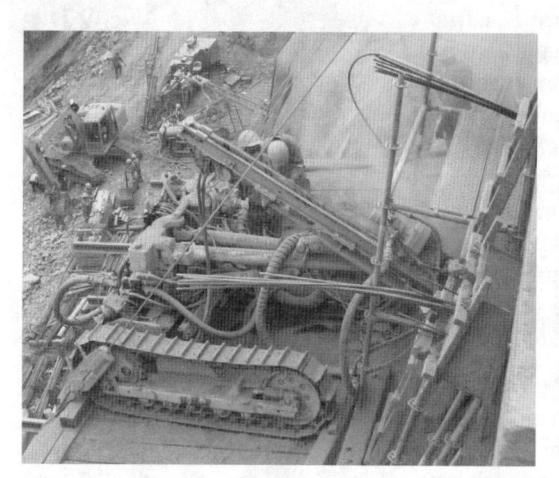

FIGURA 12.8 Perfuratrizes de percussão sobre esteiras.

horizontal, em frente ou em ambos os lados da unidade. Toda a operação, incluindo o deslocamento, pode usar a energia do ar comprimido. Alguns modelos são hidráulicos, mas o ar comprimido ainda é usado na limpeza do furo.

Perfuratrizes rotativas

Com a perfuratrizes rotativas, a rocha é desbastada pela aplicação de uma pressão descendente sobre a haste e a broca enquanto a última gira continuamente dentro do furo (ver Figura 12.9). Para remover a rocha triturada e resfriar a broca, o ar comprimido é forçado constantemente pela haste e através da broca durante o processo. As perfuratrizes rotativas e para desmonte são automotores e podem ser montadas sobre um caminhão ou sobre esteiras (ver Figura 12.10). Existem equipamentos para fazer furos de diâmetros diferentes e de profundidades de até cerca de 300 ft. Essas perfuratrizes são apropriadas para rochas macias a médias, como dolomita dura e calcário, mas não são apropriadas para as rochas ígneas mais duras.

As velocidades de perfuração de projeto informadas variam de 1,5 ft/hora, em dolomita densa e dura, até 50 ft/hora em calcário. A velocidade de perfuração é regulada pela pressão transmitida através de uma alimentação hidráulica.

Perfuratrizes percussivo-rotativas

A perfuratriz percussivo-rotativa combina a forte ação recíproca de impacto da perfuratriz de percussão com a ação de giro sob pressão da perfuratriz rotativa (ver Figura 12.11). Enquanto a perfuratriz de percussão possui apenas uma ação giratória para reposicionar as bordas cortantes da broca, a rotação dessa perfuratriz combinada,

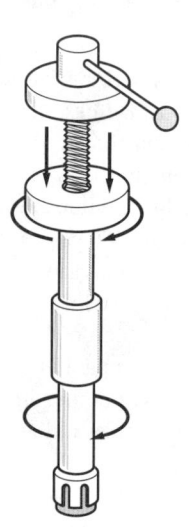

FIGURA 12.9 Mecanismo de perfuração rotativa.
Fonte: Ingersoll-Rand Co.

FIGURA 12.10 Perfuratriz rotativa (para desmonte).

com a broca sob pressão constante, demonstra sua capacidade de perfurar muito mais rapidamente do que a perfuratriz de percussão normal. As perfuratrizes de percussivo-rotativas exigem o uso de brocas de carboneto especiais, com as insertos de carboneto posicionados em um ângulo diferente daqueles usados com brocas de carboneto padrão.

Perfuratriz de fundo de poço

Na perfuração de furos profundos, muitas vezes é mais eficiente colocar o mecanismo motriz no furo com a broca (ver Figura 12.12), pois isso elimina a necessidade de transmitir as forças de rotação e percussão pela haste. Em geral, essas unidades são martelos pneumáticos (ver Figura 12.13). Mantendo a pressão de ar no martelo maior do que a pressão externa, elas podem ser operadas embaixo d'água. Ar ou água podem ser usados para tirar a rocha triturada do furo. Os tamanhos padrão disponíveis variam de 4 polegadas (102 mm) a 30 polegadas (762 mm).

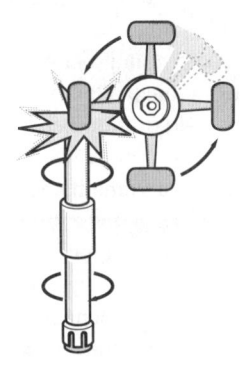

FIGURA 12.11 Mecanismo de perfuração percussivo-rotativa.
Fonte: Ingersoll-Rand Co.

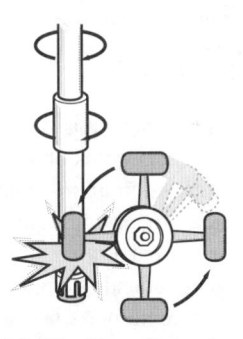

FIGURA 12.12 Mecanismo de perfuração de fundo de poço.
Fonte: Ingersoll-Rand Co.

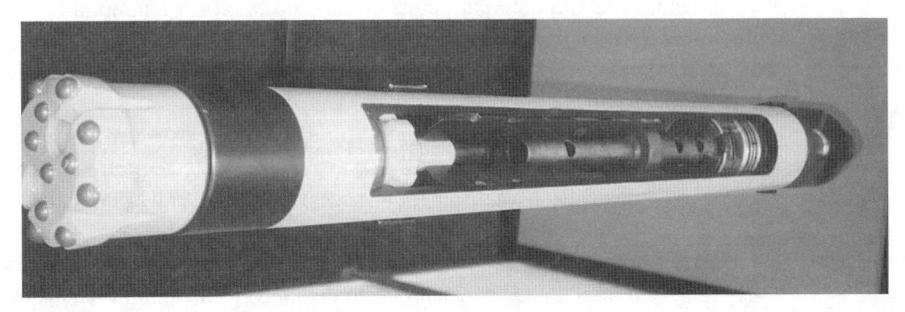

FIGURA 12.13 Corte de perfuratriz de fundo de poço.

Brocas de abrasão

As rochas podem ser perfuradas pelo desgaste mecânico de sua superfície por meio do atrito de contato com um material mais duro. Os dois tipos mais comuns de brocas de abrasão são as brocas com granalhas e as brocas de diamante.

Brocas com granalhas A broca com granalhas (ver Figura 12.14) depende do efeito abrasivo da granalha de aço temperado para penetrar na rocha. As peças essenciais incluem uma coroa com granalhas, um barrilete, um cilindro de sedimentos, uma haste de perfuração, uma bomba d'água e uma unidade rotativa automática. A coroa é composta de uma seção de tubo de aço, com uma extremidade inferior serrilhada que se estende através da haste de perfuração. A mídia de corte, a granalha de aço temperado, é alimentada com água de lavagem. Ela se encaixa em torno e se embute parcialmente em uma coroa de aço com fendas para retirada de testemunhos. Para ser eficaz, a granalha deve ser comprimida durante a retirada de testemunhos. A granalha pré--comprimida, conhecida pelo nome comercial de Cálix, muitas vezes é usada para retirada de testemunhos de rochas relativamente macias. A água fornecida através da haste de perfuração força a rocha triturada a subir em torno do exterior da perfuratriz, vindo a se depositar no cilindro de sedimentos, de onde será removida quando a unidade inteira for tirada do furo. O fluxo de água precisa ser regulado com muito cuidado para que remova a rocha triturada, mas não a granalha temperada. É necessário retirar o testemunho e removê-lo do furo periodicamente para que a perfuração possa continuar.

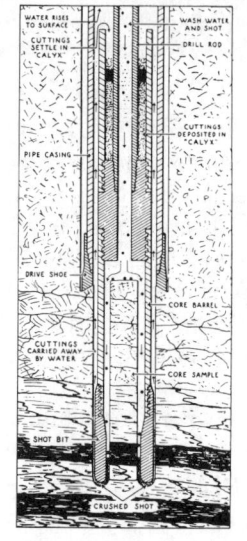

FIGURA 12.14 Broca para retirada de testemunhos de Cálix ou granalhas.
Fonte: Ingersoll-Rand Co.

Um dos objetivos principais da perfuração a granalha de furos pequenos é gerar testemunhos contínuos para exame das informações estruturais, pois é possível que rochas de qualquer dureza sejam perfuradas. A velocidade de perfuração com uma perfuratriz a granalha é relativamente lenta, às vezes de menos de 1 ft/hora, dependendo do tamanho da perfuratriz e da dureza da rocha. A perfuração a granalha somente pode ser utilizada para perfuração descendente e é mais apropriada para furos verticais.

Broca de diamante Usada principalmente para perfuração exploratória, as perfuratrizes de diamante oferecem a vantagem de perfurarem em qualquer direção desejada, tanto verticalmente para cima como para baixo. A Diamond Core Drill Manufacturers' Association lista quatro tamanhos como padrão – $1\frac{1}{2}$, $1\frac{7}{8}$, $2\frac{3}{8}$ e 3 polegadas. Existem tamanhos maiores, mas o investimento em diamantes aumenta rapidamente com o aumento de tamanho.

O equipamento de perfuração é composto de uma **broca de diamante**, um barrilete, uma haste guia (ou haste de perfuração) articulada e uma cabeça rotativa para fornecer o torque de cravação. A água é bombeada através do haste guia para remover a rocha triturada. A pressão sobre a coroa é regulada por um parafuso ou uma cabeça rotativa de acionamento hidráulico. Os barriletes estão disponíveis em comprimentos de 5 a 15 ft. Quando a coroa avança até uma profundidade igual ao comprimento do

broca de diamante
Uma broca cujos elementos de corte consistem em diamantes embutidos em uma matriz de metal.

barrilete, o testemunho é retirado e a broca é removida do furo. As brocas de diamante podem perfurar em qualquer direção, tanto verticalmente para baixo como para cima.

PRODUÇÃO E MÉTODOS DE PERFURAÇÃO

Os furos são produzidos com diversos propósitos, como receber cargas de explosivos, exploração ou modificação do solo para injeção de *grout* (também chamado graute). Muitos fatores afetam a seleção do equipamento. Entre eles:

1. A finalidade dos furos, como desmonte, exploração ou injeção de *grout* (graute).
2. A natureza do terreno. Terrenos irregulares podem determinar o uso de perfuratrizes sobre esteiras.
3. A profundidade necessária dos furos.
4. A dureza da rocha.
5. O quanto a formação rochosa é quebrada ou fraturada.
6. O tamanho do projeto (quantidade linear total de perfuração).
7. A disponibilidade de água para fins de perfuração. A falta de água favorece a perfuração a seco.
8. Os tamanhos de testemunhos necessários para exploração. Testemunhos pequenos permitem o uso de brocas de diamante, enquanto os maiores sugerem o uso de brocas com granalhas.

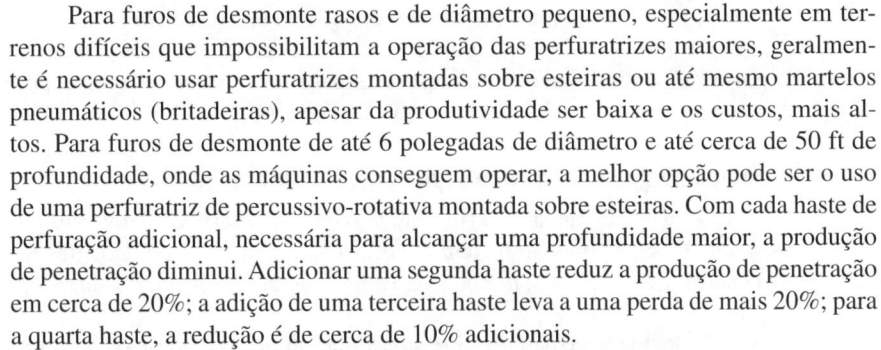

Para furos de desmonte rasos e de diâmetro pequeno, especialmente em terrenos difíceis que impossibilitam a operação das perfuratrizes maiores, geralmente é necessário usar perfuratrizes montadas sobre esteiras ou até mesmo martelos pneumáticos (britadeiras), apesar da produtividade ser baixa e os custos, mais altos. Para furos de desmonte de até 6 polegadas de diâmetro e até cerca de 50 ft de profundidade, onde as máquinas conseguem operar, a melhor opção pode ser o uso de uma perfuratriz de percussivo-rotativa montada sobre esteiras. Com cada haste de perfuração adicional, necessária para alcançar uma profundidade maior, a produção de penetração diminui. Adicionar uma segunda haste reduz a produção de penetração em cerca de 20%; a adição de uma terceira haste leva a uma perda de mais 20%; para a quarta haste, a redução é de cerca de 10% adicionais.

Para a perfuração de furos de 6 a 12 polegadas de diâmetro, de 50 a 300 ft de profundidade, a broca rotativa ou de desmonte geralmente é a melhor opção, mas o tipo de rocha influi no método de perfuração e na seleção da coroa.

Se forem desejados testemunhos de até 3 polegadas, a broca de diamante para retirada de testemunhos é satisfatória.

Se forem desejados testemunhos de tamanho intermediário (3 a 8 polegadas de diâmetro externo), a escolha fica entre brocas de diamante e com granalhas. A perfuratriz de diamante geralmente trabalha mais rápido que o equipamento com granalhas. Além disso, a broca de diamante consegue produzir furos em qualquer direção, enquanto uma perfuratriz a granalha só pode perfurar em sentido descendente, trabalhando na vertical ou quase verticalmente.

O padrão de perfuração

No caso dos furos que serão carregados com explosivos, o projeto de desmonte determina o padrão de perfuração. O padrão é a distância repetida entre os furos das brocas

face
A superfície aproximadamente vertical que se estende para cima a partir do solo de uma cratera até o nível em que a perfuração é realizada.

em ambas as direções, geralmente descrito como "distância de afastamento vezes espaçamento". Esse padrão varia com o tipo de rocha, o tamanho máximo permitido de fragmentação de rocha e a profundidade da **face** de rocha desmontada. O projeto de desmonte e o padrão de perfuração, por sua vez, determinam o diâmetro e a profundidade do furo e o comprimento linear total dos requisitos de perfuração.

As operações de perfuração para escavações de rochas que serão utilizadas como materiais para aterros devem considerar as especificações do projeto em termos do tamanho físico máximo dos elementos individuais que serão colocados no aterro. O projeto de desmonte será elaborado de modo a produzir rochas pequenas o suficiente para permitir que a maior parte do material desmontado seja manuseada pela escavadeira e passe pela abertura do britador sem a necessidade de desmonte secundário. Atender ambas as condições é possível, mas o custo do excesso de perfuração e das maiores quantidades de explosivos para produzir tais materiais podem ser tão altos que a produção de algumas rochas excessivamente grandes acaba tendo melhor relação custo-benefício. As rochas excessivamente grandes ainda precisam ser processadas individualmente, talvez com uma bola de guindaste (bola de demolição).

Se os furos de diâmetro pequeno estiverem com pouco espaçamento entre si, a melhor distribuição dos explosivos resulta em uma quebra mais uniforme da rocha. Contudo, se o custo adicional de produzir mais furos (ou seja, aumentar comprimento de perfuração) for maior do que o valor dos benefícios resultantes da melhor fragmentação, o menor espaçamento deixa de ter justificativa.

Os furos de diâmetro grande permitem o uso de maiores cargas de explosivos por furo, possibilitando o aumento do espaçamento entre os furos e, por isso, reduzindo o número de furos e o custo da perfuração.

Velocidades de penetração (perfuração) de brocas

A velocidade de penetração (perfuração) da broca varia com diversos fatores, como tipo de broca e tamanho da coroa, dureza da rocha, profundidade dos furos, padrão de perfuração, terreno e tempo gasto com o sequenciamento de outras operações.

> Se a velocidade de penetração não for determinada por ensaios de campo reais, sua previsão para fins de estimativas é orientada pelo conhecimento técnico, como explicado aqui, mas esse conhecimento deve ser ponderado pela experiência prática em campo. O processo é tanto arte quanto ciência.

As propriedades críticas das rochas que afetam a velocidade de penetração são:

- Dureza
- Textura
- Tenacidade
- Formação

Dureza Uma definição científica de dureza é uma medida da resistência do material a deformação plástica localizada. Muitos ensaios de dureza envolvem indentação, com a dureza sendo informada como resistência a riscos. Os principais fatores que controlam a dureza da rocha são porosidade, tamanho do grão e formato do grão. Na prática da perfuração, o termo dureza geralmente é usado em referência ao sólido cristalino.

Fredrich Mohs (1773–1839)
Mineralogista alemão que estabeleceu uma escala de dureza para classificação de rochas em 1822.

As classificações de dureza de **Mohs** se baseiam na resistência de uma superfície lisa à abrasão – a capacidade de um mineral de riscar o outro – classificando a dureza em uma escala de 10 pontos, com o talco tendo valor 1 (o mais macio) e o diamante o valor 10 (o mais duro) (ver Tabela 12.2). A escala de Mohs não representa a dureza medida real. Se a dureza for medida por instrumentos, utiliza-se uma escala de 0 a 1.000 – com o diamante sendo 1.000 – para classificar rochas diferentes. O corindon, que tem valor 9 na escala de Mohs, seria 250 nessa nova escala. A Tabela 12.3 mostra a relação entre a dureza das rochas, usando a escala de Mohs como indicador, e a velocidade de penetração de perfuratrizes.

O teste de dureza de *Vickers*, que informa a Dureza Vickers (VHN, ou *Vickers Hardness Number*), oferece um método mais científico de discutir a dureza (ver Tabela 12.4). Com o ensaio Vickers, um penetrador piramidal de diamante com ângulo de 136 graus entre as faces opostas é pressionado para dentro do corpo de prova com uma carga de 1 a 50 kg. Ambas as diagonais do entalhe são medidas com um microscópio. A vantagem desse teste é que, em materiais homogêneos, o valor de dureza não é considerado dependente da carga.

As rochas são compostas de combinações minerais. Por isso, foi desenvolvido uma Dureza Vickers para Rochas (VHNR, *Vickers Hardness Number Rock*) representa a dureza dos minerais individuais dentro de uma rocha. O VHNR é um valor composto, determinado por porcentagem, ponderando a contribuição de dureza de cada mineral para produzir um valor de dureza único (ver Tabela 12.5). O VHNR também é um bom parâmetro para avaliar a vida útil das coroas das brocas.

TABELA 12.2 Escala Mohs de dureza de rochas

Rocha	Número de Mohs	Ensaio de risco
Diamante	10	Arranha vidro
Xisto	5	Faca
Granito	4	Faca
Calcário	3	Moeda de cobre
Potassa	2	Unha
Gipsita	2	Unha

TABELA 12.3 Relação entre número de dureza de Mohs e velocidade de penetração das brocas

Dureza	Velocidade média de perfuração
1–2	Rápida
3–4	Rápida-média
5	Média
6–7	Lenta-média
8–9	Lenta

TABELA 12.4 Comparação de classificações de dureza

Mineral	Número de Mohs	Dureza Vickers
Diamante	10	1.600
Corindo	9	400
Topázio	8	200
Quartzo	7	100
Apatita	5	48
Fluorita	4	21
Calcita	3	9
Gipsita	2	3
Talco	1	1

TABELA 12.5 VHNR para uma amostra de gnaisse

Mineral	Percentagem	VHN	Contribuição à dureza total
Quartzo	30	1.060	318
Plagioclásio	63	800	504
Anfíbola	2	600	12
Biotita	5	110	6
VHNR		VHNR	840

Textura O termo textura, em relação a rochas, se refere à estrutura dos grãos – o grau de cristalinidade, o tamanho dos grãos e o formato e as relações geométricas entre os grãos. Uma rocha estruturada de grãos soltos (porosa, cavidades) é perfurada rapidamente. Se os grãos forem grandes o suficiente para serem enxergados individualmente (granito), a perfuração da rocha terá velocidade média. Rochas com grãos finos são perfuradas lentamente.

Tenacidade O termo tenacidade se refere à capacidade de uma substância de resistir a quebras. Termos como frágil e maleável são utilizados para descrever as características de tenacidade ou fragmentação da rocha. O impacto da tenacidade da rocha sobre a velocidade de perfuração é apresentado na Tabela 12.6.

Formação A estrutura da massa rochosa, ou seja, sua formação, afeta a velocidade de perfuração. As machas rochosas sólidas tendem a ser perfuradas rapidamente. Se houver estratos (camadas) horizontais, a rocha deve ser perfurada em velocidade entre média e rápida. Rochas com planos de inclinação são perfuradas com velocidades entre lentas e médias. Os planos de inclinação também dificultam a manutenção do alinhamento do furo de sondagem. Todos esses fatores devem ser avaliados com muito cuidado nas estimativas da velocidade de penetração da perfuração quando estas não puderem contar com resultados de ensaios de campo reais.

As velocidades históricas de penetração das brocas se baseiam nas classificações bastante amplas de tipo de rocha mostradas na Tabela 12.7. Essas velocidades devem ser utilizadas apenas como orientações, em termos de ordem de grandeza. As estimativas de projeto reais precisam se basear em ensaios de perfuração nas rochas específicas que serão encontradas.

ESTIMATIVAS DE PRODUÇÃO DE PERFURAÇÃO

O primeiro passo para estimar a produção de perfuração é decidir o tipo de equipamento que será utilizado. O tipo de rocha a ser perfurada orienta essa primeira

TABELA 12.6 Efeito da tenacidade da rocha na velocidade de perfuração

Características da fragmentação	Velocidade média de perfuração
Estilhaços	Rápida
Quebradiça	Rápida-média
Em lascas	Média
Forte	Lenta-média
Maleável	Lenta

decisão. A Tabela 12.7 apresenta informações úteis para isso. Contudo, precisamos enfatizar mais uma vez que a decisão final sobre o tipo de equipamento somente pode ser tomada após a realização de ensaios de perfuração na formação rochosa específica. O ensaio de perfuração deve produzir dados sobre a velocidade de penetração com base no tipo e tamanho da coroa. Depois que os tipos de broca e de coroa forem selecionados, o formulário apresentado na Figura 12.15 pode ser utilizado para estimar a produção.

Profundidade total do furo

Em geral, na perfuração para desmonte, é necessário realizar subperfuração abaixo do nível acabado previsto da escavação. Isso ocorre porque quando explosivos são detonados dentro de furos de desmonte, a quebra da rocha normalmente não alcança a profundidade total do furo. Essa profundidade de perfuração adicional depende do projeto de desmonte. Os fatores que influem na realização de furo de desmonte incluem o diâmetro do furo, o espaçamento entre os furos, o peso dos explosivos por volume de rocha e a sequência de disparo. Normalmente, são precisos 2-3 ft adicionais de profundidade. Por exemplo, apesar da profundidade até o nível acabado ser de 25 ft (ver Figura 12.15, item 1a), pode ser necessário perfurar até 28 ft (item 1b).

Velocidade de penetração

A velocidade de penetração (ver Figura 12.15, item 2) é a velocidade na qual a perfuratriz penetra a rocha. O valor geralmente é obtido pela produção de furos de ensaio e se baseia em um tipo e tamanho específico de broca. Na tentativa de tornar a estimativa da velocidade de penetração mais científica, foi desenvolvido um índice de perfurabilidade (DRI, *drilling rate index*) na Europa. O DRI é um método indireto

TABELA 12.7 Ordens de grandeza das velocidades de penetração de produção

Tamanho da broca	Tipo de broca Ar comprimido	Velocidade de penetração direta		Velocidade de produção estimada,* boas condições	
		Granito (ft/hora)	Dolomita (ft/hora)	Granito (ft/hora)	Dolomita (ft/hora)
	Percussivo-rotativa				
$3\frac{1}{2}$	750 cfm a 100 psi	65	125	35	55
$3\frac{1}{2}$	900 cfm a 100 psi	85	175	40	65
	Fundo de poço				
$4\frac{1}{2}$	600 cfm a 250 psi	70	110	45	75
$6\frac{1}{2}$	900 cfm a 350 psi	100	185	65	90
	Rotativa				
$6\frac{1}{4}$	30.000 força de avanço (pulldown)	NR	100	NR	65
$6\frac{3}{4}$	40.000 força de avanço (pulldown)	75	120	30	75
$7\frac{7}{8}$	50.000 força de avanço (pulldown)	95	150	45	85

NR: Não recomendado.
* As velocidades de produção são estimadas para condições reais, mas ainda consideram todos os atrasos, incluindo o desmonte.

```
(1)  Profundidade do furo:      (a) _____ ft face,   (b) _____ ft perf.
(2)  Velocidade de penetração:        _____ ft/min

(3)  Tempo de perfuração:             _____ min     (1b)/(2)
(4)  Mudar de haste:                  _____ min
(5)  Sopro de ar no furo:             _____ min
(6)  Passar para próximo furo:        _____ min
(7)  Alinhar haste:                   _____ min
(8)  Trocar coroa:                    _____ min
                                      _____
(9)      Tempo total:                 _____ min


(10) Velocidade de produção:          _____ ft/min  (1b)/(9)
(11) Eficiência da produção:          _____ min/hr
(12) Produção horária:                _____ ft/hr   (11)×(10)
```

FIGURA 12.15 Formulário para estimar a produção da perfuração.

de prever a perfurabilidade. Ela se baseia em dois ensaios de laboratório, o valor de fragilidade (S20) e um valor Siever J (SJ). O S20 é a porcentagem por peso da rocha, da amostra original, que atravessa uma tela de 11,2 mm após sofrer 20 impactos sucessivos de um pêndulo de 14 kg. A amostra original é britada e a rocha peneirada que passa por uma tela de 16 mm é retida na de 11,2 mm. O SJ é determinado por perfuração em miniatura com uma determinada geometria de coroa, peso de coroa e número de rotações para mensurar a profundidade de penetração.

Como orientação geral, um DRI de 65 indica boa perfurabilidade, enquanto um valor de 37 indica má perfurabilidade. Ensaios que utilizam perfuratrizes rotativas padrão indicaram que para um DRI de 65, a velocidade de penetração média é de 39 cm/min ±4 cm, e que para um DRI de 37, a velocidade de penetração média é de 25 cm/min ±2 cm. Os resultados situados entre esses dois valores são lineares. Os ensaios com perfuratrizes de percussão variam por fabricante. Por exemplo, para um DRI de 65, a perfuratriz de um fabricante pode penetrar a uma velocidade de 92 cm/min, enquanto a perfuratriz de outro fabricante pode alcançar 192 cm/min. Assim, é impossível fazer uma afirmação geral sobre velocidades de penetração para perfuratrizes de percussão com base no DRI.

Tempo de perfuração

Saber a profundidade do furo e a velocidade (ou taxa) de perfuração permite que calculemos o tempo necessário para que a broca penetre a rocha (ver Figura 12.15, item 3).

Tempo fixo

O tempo fixo de perfuração é composto pela troca da haste (adicionar a haste e puxar e desacoplar a haste), soprar ou limpar o furo, mover a perfuratriz e alinhar a haste no próximo furo (ver Tabela 12.8)

TABELA 12.8 Tempos de perfuração fixos

	Condições dos equipamentos e do local			
Operação	Perfuração de percussão, banqueta limpa (minutos)	Perfuração de percussão, banqueta/ terreno desnivelado (minutos)	Perfuração de fundo de poço, banqueta nivelada (minutos)	Perfuração rotativa, banqueta nivelada (minutos)
Adicionar uma haste	0,4	0,4	2,2	2,0
Puxar uma haste	0,6	0,6	2,5	2,8
Puxar a última haste	–	–	0,6	1,0
Mover	1,4	2,2–2,9	6,0	7,0
Alinhar				2,0

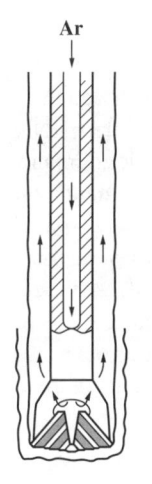

Troca da haste Se a profundidade de perfuração for maior do que o comprimento da haste de perfuração, pode ser necessário adicionar uma haste durante o processo de perfuração e removê-la na saída do furo. Para perfuratrizes de percussão sobre esteiras, os dois comprimentos padronizados de hastes são 10 ft e 12 ft. Os pesos médios para esses comprimentos de hastes estão listados na Tabela 12.9. O operador da perfuratriz precisa de 0,5 minutos ou menos para adicionar uma haste.

A capacidade de uma única passada (comprimento da haste) das perfuratrizes rotativas varia consideravelmente, de 20 até 60 ft. As dimensões (diâmetro e comprimento) da haste aumentam com o diâmetro do furo. Quase todos os grandes equipamentos possuem manuseio mecanizado da haste; o tempo de troca de cada haste é aproximadamente constante para todos os diâmetros, mas varia com o comprimento. Um estudo do tempo necessário para adicionar e remover hastes de perfuração em perfuratrizes rotativas utilizando hastes de 20 ft revelou um tempo médio de 1,1 minutos para adicionar e de 1,5 minutos para remover as hastes.

Soprar o furo Após completar a perfuração da rocha, as melhores práticas determinam que o furo seja soprado (ver Figura 12.15, item 5) para garantir a remoção de todos os fragmentos de rocha. Contudo, alguns operadores de perfuratriz preferem simplesmente perfurar um comprimento extra de um pé e retirar a broca sem soprar e limpar o buraco produzido.

Mover a perfuratriz O tempo necessário para se deslocar (ver Figura 12.15, item 6) entre locais de perfuração é uma função da distância (padrão de desmonte) e do terreno. Perfuratrizes de percussão pequenas sobre esteiras têm velocidades de apenas 1 a 3 mi/h. As perfuratrizes rotativas montadas sobre esteiras, com seus mastros altos, atingem velocidades máximas de cerca de 2 mi/h. Não esqueça que o es-

TABELA 12.9 Pesos médios de hastes

Tamanho (polegadas)	Comprimento (ft)	Peso (lb)
1,50	10	53
1,50	12	64
1,75	10	60
1,75	12	71

paçamento entre os furos muitas vezes é inferior a 2 ft e o operador realiza manobras para posicionar a máquina em um ponto exato, então a velocidade de deslocamento é baixa. Algumas perfuratrizes utilizam tecnologia para que o operador possa posicionar o equipamento exatamente no local determinado para o furo. Se uma perfuratriz de mastro alto precisar se deslocar sobre solos irregulares, pode ser necessário baixar o mastro antes da movimentação e erguê-lo novamente ao final do deslocamento. Isso aumenta significativamente o tempo de movimentação.

Alinhamento Depois de chegar ao local da perfuração, o mastro ou haste precisa ser alinhado (ver Figura 12.15, item 7). No caso de uma perfuratriz de mastro alto, são usados macacos hidráulicos para nivelar a máquina como um todo. O processo geralmente demora 1 minuto.

Troca de broca

luvas de acoplamento
Pequenas peças de tubo de aço com rosqueamento interno (ver Figura 12.4). As luvas de acoplamento são usadas para prender as hastes de perfuração umas às outras ou ao punho. A energia de percussão é transferida através das hastes combinadas, não do acoplamento; assim, o acoplamento deve permitir que duas hastes de perfuração se emendem.

Brocas, hastes e **luvas de acoplamento** são itens de desgaste elevado, então o tempo necessário para substituir ou trocar cada um deles afeta a produtividade da perfuração. Altos valores de VHNR (maiores ou iguais a 800) indicam alta abrasividade e, logo, maior desgaste da coroa, enquanto valores menores (VHNR menor ou igual a 300) significam uma vida útil prolongada para a coroa. É preciso reservar um tempo de folga para a troca de coroas, punhos, luvas de acoplamento e hastes (ver Figura 12.15, item 8). A Tabela 12.10 informa a vida útil média desses itens de desgaste elevado com base no comprimento de perfuração e no tipo de rocha. Os dados da Tabela 12.10 nos permitem calcular a frequência da troca de coroa.

Eficiência

Finalmente, assim como em todas as estimativas de produção, é preciso levar em conta o efeito de fatores do trabalho e da gerência (ver Figura 12.15, item 11). Os estudos sobre operações de perfuração na Austrália revelam que a porcentagem de tempo de perfuração em que a perfuratriz de fato era acionada representava apenas 70-75% do tempo de máquina total. Em alguns casos, as atividades relacionadas com a broca exigiam até 23% do tempo total, enquanto atrasos de manutenção, consertos e topografia consumiam o restante.

Perfuradores experientes, trabalhando em projetos de grande porte e com equipamentos de alta qualidade, devem conseguir alcançar uma hora de produção de 45 minutos. Mas como mostram os estudos australianos, bons equipamentos e coroas apropriadas são essenciais para concretizar essa boa produção. Se a situação envolver perfuração esporádica com uma equipe qualificada, uma hora de produção de 40 minutos ou menos pode ser mais apropriada. O orçamentista precisa considerar os requisitos específicos do projeto e a habilidade da mão de obra disponível antes de tomar uma decisão sobre a eficiência de produção apropriada.

Capítulo 12   Perfuração de rochas e da terra   377

TABELA 12.10A   Rocha ígnea: Vida útil média de coroas e hastes, em pés

Brocas (polegadas)	Tipo	Rocha ígnea				
		Alto teor de sílica LA < 20 (riólito) (ft)	Alto teor de sílica 20 < LA < 50 (granito) (ft)	Teor médio de sílica LA < 50 (granito) (ft)	Baixo teor de sílica baixa LA < 20 (basalto) (ft)	Baixo teor de sílica baixa LA > 20 (diábase) (ft)
3	B	250	500	750	750	1.000
3	STD	NR	NR	NR	NR	750
$3\frac{1}{2}$	STD	NR	NR	NR	750	1.500
$3\frac{1}{2}$	HD	200	575	1.000	1.400	2.000
$3\frac{1}{2}$	B	550	1.200	2.500	2.700	3.200
4	B	750	1.500	2.800	3.000	3.500
Coroas giratórias						
5	ST	NR	NR	NR	NR	NR
$5\frac{7}{8}$	ST	NR	NR	NR	NR	NR
$6\frac{1}{4}$	ST	NR	NR	NR	NR	NR
$6\frac{3}{4}$	ST	NR	NR	NR	NR	800
$6\frac{3}{4}$	CB	NR	NR	1.500	2.000	4.000
$7\frac{7}{8}$	CB	NR	1.700	2.400	3.500	6.000
Coroas de fundo de poço						
$6\frac{1}{2}$	B	500	1.000	1.800	2.200	3.000
Haste						
Punho		2.500	4.500	5.800	5.850	6.000
Luvas de acoplamento		700	700	800	950	1.100
Aço	10 ft	1.450	1.500	1.600	1.650	2.200
Aço	12 ft	2.200	2.600	3.000	3.500	5.000
5 polegadas	20 ft	25.000	52.000	60.000	75.000	100.000

B = botões, CB = botões de carboneto, HD = serviço pesado, ST = dente de aço, STD = padrão, NR = não recomendado, LA = Ensaio de abrasão LA, altamente usado como indicador da competência ou qualidade relativa de agregados minerais.

(continua)

EXEMPLO 12.1

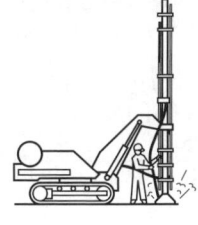

Um projeto que utiliza operadores experientes de perfuratriz envolverá perfuração e desmonte de arenito de grãos finos e alto teor de sílica. Com base nos ensaios de perfuração de campo, foi determinado que é possível produzir uma taxa (velocidade) de penetração de 120 ft/hora com uma coroa de 3½ HD em uma broca percussivo-rotativa operando a 100 psi. As brocas serão usadas com uma haste de perfuração de 10 ft. O padrão de desmonte será uma grade de 10 × 10 ft, com 2 ft de subperfuração. Em média, o nível final especificado fica 16 ft abaixo da superfície do solo atual. Determine a produção de perfuração com base em uma hora de 45 minutos.

TABELA 12.10B Rocha metamórfica: Vida útil média de coroas e hastes, em pés

Brocas		Rocha metamórfica				
		Alto teor de sílica LA < 35 (quartzita)	Alto teor de sílica baixo teor de mica (xisto)	Teor médio de sílica alto teor de mica (xisto)	Baixo teor de sílica LA < 25 (metalatita)	Baixo teor de sílica LA > 45 (mármore)
(polegadas)	Tipo	(ft)	(gnaisse) (ft)	(gnaisse) (ft)	(ft)	(ft)
3	B	200	1.200	1.500	800	1.300
3	STD	NR	800	900	400	850
$3\frac{1}{2}$	STD	NR	1.300	1.700	850	1.600
$3\frac{1}{2}$	HD	NR	1.800	2.200	1.200	2.100
$3\frac{1}{2}$	B	450	3.000	3.500	2.000	3.300
4	B	600	3.300	3.800	2.300	3.700
Coroas giratórias						
5	ST	NR	NR	NR	NR	NR
$5\frac{7}{8}$	ST	NR	NR	NR	NR	1.200
$6\frac{1}{4}$	ST	NR	NR	NR	NR	2.000
$6\frac{3}{4}$	ST	NR	NR	750	NR	4.500
$6\frac{3}{4}$	CB	NR	3.700	4.200	1.200	9.000
$7\frac{7}{8}$	CB	NR	5.500	6.500	2.200	13.000
Coroas de fundo de poço						
$6\frac{1}{2}$	B	500	2.700	3.200	1.500	4.500
Haste						
Punho		5.000	5.700	6.200	5.550	5.800
Luvas de acoplamento		900	1.000	1.200	750	800
Aço	10 ft	1.700	2.100	2.300	1.500	1.600
Aço	12 ft	3.000	3.300	3.800	2.800	3.000
5 polegadas	20 ft	50.000	90.000	100.000	85.000	175.000

B = botões, CB = botões de carboneto, HD = serviço pesado, ST = dente de aço, STD = padrão, NR = não recomendado, LA = Ensaio de abrasão LA, altamente usado como indicador da competência ou qualidade relativa de agregados minerais.

Usando o formulário da Figura 12.15:

(1)	Profundidade do furo:	(a) Face de 16 ft	(b) Broca de 18 ft (16 ft + 2 ft)
(2)	Penetração:	2,00 ft/min	(120 ft ÷ 60 min)
(3)	Tempo de perfuração:	9,00 min	(18 ft ÷ 2 ft/min)
(4)	Mudar de haste:	1,00 min	(1 adicionar & 1 remover a 0,5 cada)
(5)	Soprar no furo:	0,18 min	(cerca de 0,1 min por 10 ft de furo)
(6)	Mover 10 ft:	0,45 min	(10 ft a 0,25mph)
(7)	Alinhar haste:	0,50 min	(broca sem mastro alto)
(8)	Trocar coroa:	0,09 min	$4 \text{ min} \times \left(\dfrac{18 \text{ ft por furo}}{\text{Vida útil de 850 ft (Tabela 12.10c)}} \right)$
(9)	Tempo total:	11,22 min	
(10)	Velocidade de produção:	1,60 ft/min	(18 ft ÷ 11,22 min)
(11)	Eficiência da produção:	50 min/hr	
(12)	Produção horária:	72,0 ft/hr	[(45 min/hr) × (1,60 ft/min)]

TABELA 12.10C Rocha sedimentar: Vida útil média de brocas e hastes, em pés

Brocas (polegadas)	Tipo	Rocha sedimentar				
		Grão fino alto teor de sílica (arenito) (ft)	Grão grossos teor médio de sílica (arenito) (ft)	Grão fino baixo teor de sílica (dolomita) (ft)	Grão fino-médio baixo teor de sílica (folhelho) (ft)	Grão grosso baixo teor de sílica (conglomerado) (ft)
3	B	800	1.200	1.300	2.000	1.800
3	STD	NR	850	900	1.500	1.200
$3\frac{1}{2}$	STD	NR	1.500	1.800	3.000	2.500
$3\frac{1}{2}$	HD	850	2.000	2.200	3.500	3.000
$3\frac{1}{2}$	B	2.000	3.100	3.500	4.500	4.000
4	B	2.500	3.500	2.000	5.000	4.800
Coroas giratórias						
5	ST	NR	1.000	NR	8.000	6.000
$5\frac{7}{8}$	ST	NR	2.500	NR	15.000	13.000
$6\frac{1}{4}$	ST	NR	4.000	4.000	18.000	14.000
$6\frac{3}{4}$	ST	500	6.000	8.000	20.000	15.000
$6\frac{3}{4}$	CB	2.000	8.000	10.000	25.000	20.000
$7\frac{7}{8}$	CB	3.000	10.000	15.000	25.000	20.000
Coroas de fundo de poço						
$6\frac{1}{2}$	B	2.500	3.500	5.500	7.500	6.000
Haste						
Punho		5.000	5.500	6.000	7.000	6.500
Luvas de acoplamento		1.000	1.200	1.500	2.000	1.750
Aço	10 ft	2.000	2.300	2.500	4.000	3.500
Aço	12 ft	4.500	5.000	6.000	7.500	7.000
5 polegadas	20 ft	65.000	250.000	200.000	300.000	250.000

B = botões, CB = botões de carboneto, HD = serviço pesado, ST = dente de aço, STD = padrão, NR = não recomendado.

Itens de desgaste elevado

A Tabela 12.10 informa a vida útil esperada dos itens de desgaste elevado (coroa, punho, luvas de acoplamento e haste) (ver Figura 12.4) da broca. O punho é uma peça de aço curta afixada ao mandril da perfuratriz e que transmite a energia de impacto da perfuratriz para a haste de perfuração. Os acoplamentos são usados para conectar as seções da haste de perfuração.

EXEMPLO 12.2

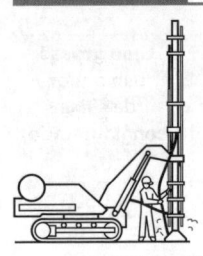

Admitindo que as condições de projeto e o equipamento de perfuração são aqueles descritos no Exemplo 12.1, qual é a vida útil esperada, em número de furos que podem ser completados, para cada um dos itens de perfuração de desgaste elevado?

Para uma profundidade de furo média de 18 ft, o número de furos a seguir pode ser completado por cada substituição.

Item de desgaste elevado	Vida útil média (ft) (Tabela 12.10c)	Número de furos de 18 ft em arenito com alto teor de sílica e grão fino
Broca $3\frac{1}{2}$ HD	850	850/18 = 47
punho	5.000	5.000/18 = 278
luvas de acoplamento	1.000	1.000/18 = 56
haste	2.000	2.000/18 = 111

Produção de rochas

A perfuração é apenas uma parte do processo de escavação de rochas, então a análise de sua produtividade deve considerar os custos e o rendimento em termos de jardas cúbicas de rocha escavadas. Com o padrão de 10 × 10 (ft) e 18 ft de perfuração usado no Exemplo 12.1, a produção de rochas é de 59,3 cy.

$$\frac{10 \text{ ft} \times 10 \text{ ft} \times 16 \text{ ft}}{27 \text{ cf/cy}} = 59{,}3 \text{ cy}$$

Embora a profundidade de perfuração seja de 18 ft, a profundidade de escavação é de apenas 16 ft. Assim, cada pé do furo realizado produz 3,3 cy de rocha no estado natural (bcy).

$$\frac{59{,}3 \text{ cy}}{18 \text{ ft}} = 3{,}3 \text{ cy/ft}$$

Se a produção horária da perfuração fosse 80,2 ft, então a produção de rocha seria 80,2 ft × 3,3 cy/ft, igual a 265 cy. Esse valor deve equiparado pela produção de desmonte e pela produção de carregamento e transporte. Por exemplo, se a capacidade de carregamento e transporte fosse de 500 cy por hora, seria necessário empregar duas perfuratrizes.

No cálculo do custo, as melhores práticas determinam que você faça uma análise em termos de pés de furo realizado e cy de rocha produzida. Considerando apenas os itens de desgaste elevado dos Exemplos 12.1 e 12.2, se as coroas custassem $200 cada, os punhos $105, as luvas de acoplamento $50 e a haste de 10 ft $210, qual seria o custo por cy de rocha produzida?

Coroas	$200 ÷ 850 ft = $0,235/ft
Punhos	$105 ÷ 5.000 ft = $0,021/ft
Luvas de acoplamento	(2 × $50) ÷ 1.000 ft = $0,100/ft
Haste	(2 × $210) ÷ 2.000 ft = $0,210/ft
	$0,566/ft

$$\text{ou } \frac{\$0{,}566 \text{ por ft}}{3{,}3 \text{ cy por ft}} = \$0{,}172 \text{ por cy}$$

GPS E SISTEMAS DE MONITORAMENTO POR COMPUTADOR

A tecnologia atual para monitoramento de operações de perfuração e desmonte está avançando muito, partindo de métodos externos e relativamente subjetivos de medição de desempenho, ou seja, planilhas de tempo e relatórios de comprimentos de perfuração gerados por operadores ou capatazes, para sistemas de gestão e aquisição de dados *onboard*. Perfuratrizes com sistemas de GPS para posicionamento da coroa de perfuração no local exato do furo estão se tornando o comuns. Esses sistemas reduzem o trabalho de medição necessário para estabelecer padrões de perfuração. Os dados de projeto de padrão de perfuração, com atributos de profundidade e de ângulo do furo, são carregados nos computadores de bordo das perfuratrizes. A seguir, com base nas informações de posicionamento do GPS, a posição de perfuração é mostrada em um monitor de LCD (display de cristal líquido), permitindo que o operador posicione a broca sem o auxílio de estacas ou marcações no solo. Além disso, os sistemas de sensores eletrônicos oferecem recursos de monitoramento da produção, incluindo o registro e apresentação da velocidade (taxa) de penetração, velocidade e torque rotativo, volume e pressão do ar de saída, pressão de avanço e profundidade do furo. O volume e pressão do ar de saída são importantes para a produtividade e a vida útil da coroa, pois a pressão e o volume do ar são elementos críticos para o resfriamento da coroa e a garantia de que fragmentos de rocha são retirados da face da broca para evitar que o material seja triturado novamente. Esses sistemas de monitoramento oferecem conhecimento detalhado sobre a dureza relativa dos estratos que estão sendo perfurados. As informações sobre estratos podem ser importadas em programas de projeto de desmonte para melhorar os cálculos de carregamento de explosivos.

Boa parte desses sistemas de monitoramento computadorizados está sendo desenvolvida e utilizada na indústria da mineração, mas essa tecnologia também está encontrando espaço no mundo da construção. Os estudos da indústria da mineração indicam que essa capacidade de monitoramento *online* de perfuratrizes, que fornece informações detalhadas sobre qualidade de rochas e zonas de fraturas, pode oferecer economias de custo de 20 a 25% no desmonte. Dados precisos sobre as propriedades das rochas são obtidos por sensores computadorizados nas perfuratrizes, permitindo que uma base móvel computadorizada de explosivos gere projetos de carregamento diretamente na bancada. O computador de bordo dessa base móvel pode formular e controlar o carregamento do furo de desmonte com a qualidade exata e o tipo de explosivo, minutos depois que a perfuratriz tenha sido transferida para o próximo furo de desmonte.

PERFURAÇÃO DE SOLO

Diversos tipos de equipamentos são utilizados para fazer furos no solo, e estes são diferentes dos equipamentos de perfuração de rochas. Nas indústrias da construção e da mineração, são feitos furos na terra para diversos fins, incluindo, mas não apenas:

1. Obter amostras de solo para fins de teste
2. Localizar e avaliar depósitos de agregados apropriados para mineração
3. Instalar estacas moldadas *in loco* ou tubulões para apoio estrutural
4. Permitir a cravação de estacas estruturais em formações duras e resistentes
5. Construir poços para fins de suprimento de água ou drenagem profunda
6. Criar aberturas para ventilação de minas, túneis e outras instalações subterrâneas
7. Fazer furos horizontais através de barragens e aterros, como aqueles usados para a instalação de conduítes de serviços públicos

Tamanhos e profundidades de furos feitos no solo

A maioria dos furos perfurados no solo é produzida por coroas rotativas ou cabeças presas à extremidade inferior de uma haste, chamada "haste de perfuração" ou "*kelly bar*". Um motor externo (ver Figura 12.16) gira essa barra, que é sustentada por um caminhão, trator, carregadeira na forma estacionária ou guindaste.

Os tamanhos dos furos realizados no solo podem variar de algumas polegadas a mais de 12 ft (3,7 m). As brocas podem ser equipadas com um dispositivo afixado à extremidade inferior do eixo de perfuração, conhecido como alargador, que permite o aumento gradual do diâmetro do furo em seu fundo. Esse alargamento permite o aumento significativo da área de suporte abaixo de uma fundação de concreto tipo tubulão.

Ao perfurar solos instáveis que contêm água, como lama, areia ou cascalho, pode ser necessário utilizar um **revestimento** (ou **camisa**). Às vezes, o tubulão é todo perfurado através de um solo instável; a seguir, uma camisa temporária de aço é instalada no furo para eliminar a água do lençol freático e evitar o desmoronamento. Um método alternativo é adicionar seções à camisa na medida em que a perfuração continua, até o furo ser concluído em toda a profundidade do solo instável. O restante do furo muitas vezes pode ser completado sem revestimento adicional. Quando o furo é preenchido com concreto, a camisa é extraída antes do concreto endurecer.

camisa
Um tubo de aço usado para impedir que um furo desabe internamente.

FIGURA 12.16 Montagem de perfuratriz tipo trado em uma lança de escavadeira.

Esse tipo de fundação é muito utilizado em zonas nas quais os solos estão sujeitos a mudanças no teor de umidade até profundidades consideráveis. Com a colocação de sapatas abaixo da zona de variação de umidade, minimizam-se os efeitos dos movimentos do solo devido a mudanças de umidade.

REMOÇÃO DA ROCHA TRITURADA

Diversos métodos são utilizados para remover a rocha triturada de furos no solo. Um método é afixar um trado contínuo à cabeça da broca. A cabeça da broca é a ferramenta de corte na extremidade da haste. O trado se estende da cabeça da broca até acima da superfície do solo (ver Figuras 12.17 e 12.18). À medida que a haste da broca e o trado giram, a terra é forçada até o topo do furo, de onde é removida e eliminada. A profundidade do furo para a qual esse método pode ser utilizado é limitada pelo diâmetro do furo, pela classe do solo e pela umidade do solo.

Outro método de remoção de rocha triturada é prender a cabeça da broca a apenas uma seção do trado. Quando a seção do trado estiver cheia de cascalho, ela é erguida acima da superfície do solo e girada rapidamente no sentido contrário para soltar os fragmentos.

Um terceiro método de remover a rocha triturada é utilizar uma combinação de cabeça de broca e uma caçamba cilíndrica, cujo diâmetro é igual ao diâmetro do furo. À medida que a caçamba é girada, lâminas de corte de aço presas ao seu

FIGURA 12.17 Perfuratriz tipo trado contínuo montada em guindaste.

FIGURA 12.18 Montagem de perfuratriz tipo trado na lança de uma escavadeira hidráulica.

fundo forçam os fragmentos da perfuração a subir e entrar na caçamba. Depois de cheia, a caçamba é erguida até o solo e esvaziada.

Um quarto método de remoção de fragmentos de rocha é forçar ar e água através da haste de perfuração (*kelly bar*) oca e do eixo de perfuração até o fundo do furo e então em sentido ascendente em torno do eixo de perfuração. O ar ou água carrega os fragmentos até a superfície, onde são eliminados.

TECNOLOGIA NÃO DESTRUTIVA

O termo "tecnologia não destrutiva" é utilizado com referência a diversos métodos de construção subterrânea que eliminam ou minimizam a perturbação da superfície. Os métodos não destrutivos incluem perfuração direcional, perfuração horizontal, microtunelamento, substituição por arrebentamento/corte de tubos, cravação de tubos por pistões hidráulicos, cravação de tubos com martelo de percussão e escavação a vácuo.

Perfuração direcional

A tecnologia da perfuração direcional não é novidade. Ela foi aperfeiçoada na indústria petrolífera, que combina essa tecnologia com a perfuração vertical há décadas. Durante os últimos 25 anos, a tecnologia de perfuração direcional foi adaptada à indústria da construção para trabalhos horizontais, como a instalação de tubulação de serviços públicos. A tecnologia permite a instalação da tubulação subterrânea de serviços públicos sem a necessidade de afetar as instalações de superfície que já existem e estão sendo utilizadas. A perfuração direcional e a perfuração horizontal têm funções semelhantes, mas usam procedimentos e tecnologia diferentes. A perfuração direcional converte a tecnologia antiga da indústria petrolífera e a utiliza para fins gerais. Mas podem ocorrer problemas com a precisão do alinhamento quando os solos contêm rochas. A perfuração horizontal é extremamente precisa; contudo, é preciso estabelecer requisitos para perfuração de poços, escoramento de caixas e instalações de trilhos especiais. A perfuração horizontal também precisa de mais mão de obra do que a perfuração direcional. Em geral, a perfuração direcional também custa menos do que a perfuração horizontal. No caso de um revestimento de 24 polegadas, a diferença de preço pode chegar a 25% por pé linear.

As condições de solo do projeto são um fator crítico para a perfuração direcional, sendo a presença de rochas a consideração mais importante. Existem equipamentos de perfuração direcional capazes de perfurar rochas. Contudo, caso se espere que haja rochas em qualquer ponto na trajetória de perfuração, mesmo que apenas por alguns pés, toda a perfuração deve ser tratada como perfuração de rocha. Isso ocorre porque não é prático perfurar parte da distância utilizando equipamentos padrão e então tirá-los do orifício e substituí-los por uma cabeça especial para perfuração de rochas. Além disso, precisar mudar a cabeça de perfuração uma segunda vez depois de completar a perfuração das rochas complicaria ainda mais o procedimento.

Os equipamentos de perfuração direcional padrão não conseguem perfurar rochas com eficácia. Quando os equipamentos de perfuração padrão encontram matacões ou pedras, o procedimento para avançar o trabalho é direcionar a perfuratriz de modo a seguir um caminho acima ou abaixo da obstrução. Esse procedimento resulta em um buraco que não possui uma inclinação uniforme, um requisito padrão para esgotos.

A perfuração direcional horizontal utiliza uma perfuradora lançada da superfície (ver Figura 12.19) em um processo dividido em dois estágios. No primeiro, é produzido um furo-piloto pequeno. Para executar o furo piloto, utiliza-se uma haste de perfuração flexível para fazer com que uma broca direcionável penetre o solo. O controle de direção usa um sistema manual, com barras de direção embutidas dentro da haste de perfuração, e lasers para confirmar o traçado e a inclinação. Um transmissor localizado atrás da cabeça da broca permite que a posição da peça seja controlada por um sistema de rastreamento ("*walkover*") na superfície. Com esse sistema, é possível criar furos-pilotos precisos quando as condições do solo forem favoráveis.

Com a perfuração direcional, o diâmetro do revestimento (camisa) que será colocado normalmente é maior do que o diâmetro do furo-piloto. Nesse caso, é preciso um segundo estágio de trabalho: um processo de alargamento. O furo-piloto pode ser alargado ao mesmo tempo que o revestimento é puxado (ver Figura 12.20). O revestimento é ligado a um extrator e a uma articulação, que, por sua

FIGURA 12.19 Perfuratriz direcional.

FIGURA 12.20 Tubo sendo colocado diretamente atrás do alargador no segundo estágio de perfuração direcional.

vez, é afixada atrás do alargador. Esse sistema permite que o tubo siga diretamente atrás do alargador enquanto este corta o solo. Uma camada fina de grout (graute) sob pressão é bombeada para dentro do furo-piloto através do alargador. Quando seca, esse grout forma algo semelhante a solo-cimento devido à mistura com a terra fora do revestimento. O grout garante que não haverá vazios do lado de fora do revestimento depois que este estiver instalado. O tamanho do alargador pode variar consideravelmente; existem diversos tipos de alargadores para diferentes condições de solo, incluindo rochas.

Perfuração horizontal

Um processo rígido de perfuração horizontal no qual a perfuratriz fica sobre trilhos de guia em um poço de perfuração é chamado simplesmente perfuração horizontal. Um poço é escavado até uma profundidade tal que a perfuratriz, quando posicionada sobre os trilhos, fique apontada no alinhamento necessário do furo desejado. À medida que êmbolos empurram a máquina, seções do tubo tipo luva (camisa) são empurradas para dentro da furo diretamente atrás da cabeça da broca. O tubo tipo luva deve seguir atrás da cabeça da broca, a uma distância de no máximo 1 polegada. Após cada seção da luva ser empurrada para dentro do furo, os êmbolos empurradores são retraídos e uma nova seção de luva é unida àquelas já colocadas dentro do furo. Esse processo é repetido até o fim do furo. Grout sob pressão é injetado através da coroa para revestir o tubo tipo luva. Os resíduos de terra são levados pelo tradopara fora da luva e de volta para o poço, de onde foram removidos.

À medida que a perfuração avança, a máquina mantém automaticamente um empuxo dianteiro sobre a camisa e o trado. Essas máquinas são acionadas por motores elétricos, pneumáticos ou hidráulicos. No caso da perfuração direcional e da perfuração horizontal, o alinhamento do tubo de serviços públicos na luva é controlado com patins, que atuam como espaçadores para manter o tubo no berço especificado. Os patins normalmente utilizam madeira de sequoias tratadas por pressão e são localizados em grupos de três, equidistantes em torno da circunferência do tubo e presos a ele com tiras metálicas. Sua espessura é determinada pela soleira final necessária do tubo de serviços públicos. Em geral, o espaçamento dos patins é de 15 ou 20 ft de centro a centro ao longo do tubo da concessionária de serviços públicos. Depois que o tubo da concessionária de serviços públicos é posicionado e escorado com os patins, sopra-se areia no vazio entre a luva e o tubo.

Com as tubulações de água, as curvas não representam um problema significativo, pois a água flui sob pressão. Desde que possa ser estabelecida uma conexão com as linhas existentes, o serviço será aceitável. Com tubos de esgoto, no entanto, o cumprimento das especificações de inclinação e do berço são essenciais, pois o esgoto normalmente funciona com base no fluxo por gravidade. Assim, entender as propriedades do solo no local do projeto e as limitações dos dois métodos de perfuração é fundamental para a colocação bem-sucedida de tubulação de serviços públicos.

Microtunelamento

No início da década de 1970, os japoneses desenvolveram técnicas de microtunelamento para substituir esgotos abertos em áreas urbanas por esgotos de gravidade subterrâneos. O primeiro projeto de microtunelamento nos EUA ocorreu em 1984, no sul da Flórida. O microtunelamento usa uma perfuratriz de microtúnel (MTBM, *microtunnel boring machine*) controlada remotamente, combinada com a técnica de cravação de tubos por pistões hidráulicos (*pipe jacking*) para instalar diretamente tubulações de produto subterrâneas com uma única passada. Nos Estados Unidos, o microtunelamento foi usado para instalar tubos com diâmetros variando de 12 polegadas a 12 ft. Assim, a definição do termo microtunelamento não se refere necessariamente ao diâmetro do túnel. Ele é um processo de tunelamento no qual a mão de obra não está normalmente presente no túnel em si.

Substituição por arrebentamento/corte de tubos

Com a tecnologia de substituição por arrebentamento/corte de tubos, um tubo existente é quebrado propositalmente pela aplicação mecânica de uma força interna ao mesmo tempo que um tubo substituto, de diâmetro igual ou maior, segue atrás da ferramenta de arrebentamento. Para abrir espaço para o novo tubo, os fragmentos do antigo são forçados para dentro do solo circunvizinho. O dispositivo de arrebentamento pode se basear em uma ferramenta pneumática de "perfuração por percussão" ("*impact moling*"), que converte a força dianteira em força de quebra radial, ou em um dispositivo hidráulico inserido no tubo e expandido para exercer força radial direta. No caso do corte de tubos, em vez de estourar o tubo antigo, este é dividido longitudinalmente.

Cravação de tubos por pistões hidráulicos

A cravação de tubos é um método não guiado de instalação direta de tubos por trás de um equipamento blindado (*shield*) dentro do qual ocorre ao mesmo tempo a escavação. Para instalar uma tubulação utilizando essa técnica, são construídos poços ou colunas de acionamento e saída (ou recepção), geralmente em posições de bueiros. A seguir, o tubo é cravado por meio de pistões (macacos) hidráulicos no solo a partir do poço de acionamento (também chamado poço de lançamento, poço de acesso ou poço de entrada). O material em frente ao tubo pode ser escavado por uma pequena perfuratriz de túneis ou manualmente. O alinhamento da máquina é muito importante; quanto maior o comprimento de cravação, mais preciso o furo.

Constrói-se uma parede de empuxo para oferecer uma reação para o funcionamento do macaco hidráulico (*jacking*). Em solos ruins, pode ser necessário empregar empilhamento ou sistemas especiais para aumentar a capacidade de reação da parede de empuxo. Quando não houver profundidade suficiente para construir uma parede de apoio normal (através de barragens, por exemplo), a reação do movimento de macaco precisa ser resistida por meio de armação estrutural construída no nível do solo, o que pode exigir o uso de blocos de ancoragem no terreno ou outros métodos de transferência de cargas horizontais.

Cravação de tubos com martelo de percussão

A cravação de tubos é um método não orientável de realizar um furo pela instalação de uma couraça (revestimento) de aço. Em geral, a couraça de aço possui as extremidades abertas. Em uma operação de cravação de tubos, um martelo de percussão afixado à traseira de um tubo de aço o instala no solo por meio de golpes repetitivos. O método normalmente exige a escavação de dois poços. Antes da cravação, o tubo e o martelo são colocados no poço de lançamento (poço de entrada) e alinhados na direção desejada. A cravação também pode ser lançada sem poço, se iniciar na lateral de um talude. O solo pode ser removido de uma couraça ou camisa com extremidades abertas por meio de trados, jateamento ou ar comprimido. Em contraste com a cravação de tubos por pistões hidráulicos (*pipe jacking*), não é necessário usar blocos ou placas de empuxo no poço de entrada.

A borda de ataque do tubo quase sempre é aberta, mas pode ser fechada quando forem instalados tubos menores. O formato da borda de ataque inclui um pequeno corte adicional para reduzir o atrito entre o tubo e o solo e direcionar o solo para o interior do tubo em vez de compactá-lo no lado de fora. Esses objetivos normalmente são alcançados pela fixação de uma sapata de corte de solo ou cintas especiais ao tubo.

A cravação de tubos por martelo de percussão é um método viável para a instalação de tubos de aço e revestimentos em distâncias de até 150 ft e com diâmetros de até 55 polegadas. O método é especialmente útil para instalações rasas sob estradas e ferrovias. Quase todas as instalações são horizontais, mas o método também pode ser aplicado em instalações verticais.

SEGURANÇA

Um operador de perfuratriz de rocha de 22 anos com um ano de experiência no trabalho sofreu uma lesão fatal quando sua roupa se prendeu à haste de perfuração rotativa enquanto ele tentava soltar uma mangueira de sucção de poeira. Desde 1984, cinco operadores de perfuratrizes de rochas instaladas em máquinas morreram após ficarem presos em hastes de perfuração rotativas. Por que esses indivíduos não foram instruídos sobre os riscos de seu trabalho e sobre modos seguros de trabalhar?

Os alicerces de um programa de segurança eficaz dependem do comprometimento da gerência. As empresas atentas à segurança embasam seus programas de segurança em:

- Fazer com que todos os novos funcionários completem uma orientação no trabalho
- Realizar reuniões de segurança regulares
- Desenvolver planos de segurança específicos para o trabalho
- Investigar todos os acidentes para descobrir sua causa, não de quem é a culpa, e evitar ocorrências futuras

Todas as operações de perfuração devem ter:

1. Programas de treinamentos e procedimentos seguros de operação por escrito. Os procedimentos devem ser revisados regularmente com os operadores de perfuratrizes. Os procedimentos padrão de operação segura devem enfatizar a importância de desligar as perfuratrizes durante a realização de tarefas próximas à haste giratória.
2. Políticas por escrito sobre o tipo de vestimenta permitida e métodos para prender roupas durante o trabalho próximo a equipamentos de perfuração. As políticas devem incluir nunca vestir roupas soltas ou folgadas perto de equipamentos de perfuração ou outras máquinas com peças giratórias ou peças móveis expostas.
3. Roteamento seguro de mangueiras e cabos sobre e em torno do equipamento de perfuração. A configuração deve eliminar a necessidade de manusear mangueiras ou cabos em locais próximos a equipamentos giratórios ou em movimento.
4. Posicionamento dos controles da perfuratriz de modo a garantir o desempenho seguro em todas as condições operacionais. Quando necessário, os controles devem ser projetados de modo a se adaptar às condições de perfuração e ao tamanho, altura e envergadura do operador.
5. Interruptores de parada de emergência.

RESUMO

A perfuração pode ser realizada de modo a explorar os tipos de materiais que serão encontrados em um projeto (perfuração exploratória) ou pode envolver trabalho de produção, como perfurar furos para colocar cargas explosivas. Outros objetivos incluem criar furos para injeção de calda de cimento (grout) ou trabalhos de estabilização de rochas com tirantes e execução de furos para colocação de tubulação de serviços públicos. A velocidade com a qual a perfuratriz penetra a rocha é uma função da rocha, do método de perfuração e do tamanho e tipo de broca. As quatro propriedades críticas das rochas que afetam a taxa (velocidade) de penetração são (1) dureza, (2) textura, (3) tenacidade e (4) formação.

A maioria dos furos perfurados no solo são produzidos por coroas rotativas ou cabeças de brocas presas à extremidade inferior de uma haste, chamada "haste de perfuração" ou "*kelly bar*". Durante os últimos 20 anos, a tecnologia de perfuração direcional foi adaptada à indústria da construção para trabalhos horizontais, como a instalação de tubulação de serviços públicos. A tecnologia permite a instalação da tubulação subterrânea de serviços públicos sem a necessidade de afetar as instalações de superfície que já existem e estão sendo utilizadas. Os objetivos críticos de aprendizagem incluem:

- O entendimento dos diferentes tipos de equipamento de perfuração
- A compreensão dos fatores que influenciam as taxas de perfuração de rochas
- A capacidade de preparar uma estimativa de produção de perfuração de rochas
- Um entendimento básico sobre as novas tecnologias de perfuração direcional disponíveis

Esses objetivos servem de base para os problemas a seguir.

PROBLEMAS

12.1 Uma seção de autoestrada está sendo construída através de uma formação de xisto com alto teor de mica. Os ensaios de perfuração indicam que brocas *air-track* com coroas STD de 3½ polegadas podem penetrar 2 ft/min. As brocas usam hastes de 12 ft. O padrão de desmonte será de 8 × 10 ft, com 2 ft de subperfuração. A profundidade média do nível final é de 12 ft. Quanto tempo de perfuração (sem tempo fixo) será necessário para penetrar até a profundidade necessária? (7,0 min)

12.2 Para as condições informadas no Problema 12.1, considerando que demora 5 minutos para trocar uma coroa, qual parcela do tempo de perfuração total por furo deve ser reservado para a troca de coroas? (0,04 minutos)

12.3 A presidente da Rock Hog Construction Company acaba de visitar um de seus projetos. No local, ela viu que a maioria dos caminhões para transporte de rocha estava parada. Quando ela questionou o mestre de obras, querendo saber por que o novo equipamento, com a capacidade de transportar 300 cy/hora, não estava sendo utilizado, este respondeu que a perfuração não conseguia acompanhar o ritmo de trabalho. A presidente pediu para você resolver esse problema.

O projeto será realizado em uma formação rochosa de mármore com baixo teor de sílica. A experiência de perfuração da empresa nessa área indica que perfuratrizes de percussão rotativa de ar comprimido com brocas de botões de 3 polegadas podem alcançar uma média de 2,2 ft de penetração por minuto. Admita que serão necessários 3 minutos para trocar uma coroa. A eficiência de perfuração normalmente equivale a uma hora de 45 minutos. Essas perfuratrizes utilizam uma haste de perfuração de 10 ft. O melhor padrão de desmonte é 8 × 92 ft, com 1,5 ft de perfuração adicional. A profundidade de escavação média é de 12 ft. Quantas perfuratrizes você recomendaria para uso nesse trabalho? (2)

12.4 Um projeto que utiliza operadores experientes de perfuratrizes envolverá perfuração e desmonte de dolomita de baixo teor de sílica, com eficiência média equivalente a uma hora de 40 minutos. Não foram realizados ensaios de perfuração de campo. Propõe-se utilizar uma perfuratriz de fundo de poço de 6½ B a 350 psi. As perfuratrizes que serão usadas têm capacidade de passada única de 180 ft e usam hastes de 20 ft de comprimento. O padrão de desmonte será uma grade de 10 × 10 ft, com 2 ft de perfuração adicional. Em média, o nível final especificado fica 26 ft abaixo da superfície do solo atual. Determine a produção de perfuração, pressupondo que são necessários 25 minutos para trocar um martelete de fundo de poço de 6½ polegadas. (82,7 ft/hora)

12.5 Um projeto em arenito de grãos grossos está sendo analisado. Os ensaios de perfuração de campo provam que brocas *air-track* com coroas B de 4 polegadas podem atingir uma taxa (velocidade) de penetração de 2,1 ft/min. Suponha que são necessários 5 minutos para trocar uma coroa. As perfuratrizes usam hastes de 12 ft. O padrão de desmonte será de 8 × 10 ft, com 2 ft de perfuração adicional. A profundidade média do nível final do terreno é de 18 ft. A produção de perfuração deve corresponder às das operações de carregamento e transporte, que são de 320 bcy/hora. Admitindo uma hora de produção de 45 minutos para a perfuração, quantas unidades de perfuração serão necessárias?

12.6 A Deep Hole Drilling, Inc., trabalha apenas com operadores experientes de perfuratrizes. O chefe da Deep Hole está tentando estimar a produção de perfuração de um novo projeto em granito com alto teor de sílica. Não foram realizados ensaios de perfuração de campo. A proposta envolve usar uma broca de fundo de poço de 6½ B a 350 psi. As brocas que serão usadas usam hastes de 22 ft de comprimento. O padrão de desmonte será uma grade de 12 × 14 ft, com 3 ft de perfuração adicional. Em média, o nível final do terreno especificado fica 32 ft abaixo da superfície do solo atual. Admita 30 minutos para trocar um martelete de fundo de poço de 6,5 polegadas e uma eficiência equivalente a uma hora de 40 minutos. Verifique o valor de produção de perfuração fornecido pelo orçamentista, que foi de 66,2 ft/hora.

12.7 Um projeto em xisto de baixo teor de sílica está sendo analisado. Os ensaios de perfuração de campo provam que brocas *air-track* com coroas HD de 3½ polegadas podem atingir uma taxa (velocidade) de penetração de 3 ft/min. Suponha que são necessários 4 minutos para trocar uma coroa. As brocas usam hastes de 10 ft. O padrão de desmonte será de 7 × 8 ft, com 1 ft de perfuração adicional. A profundidade média do grau de acabamento é de 8 ft. A produção de perfuração deve corresponder às das operações de carregamento e transporte, que são de 200 bcy/hora. Admitindo uma hora de produção de 45 minutos para a perfuração, quantas unidades de perfuração serão necessárias?

12.8 Uma seção de autoestrada está sendo construída através de uma formação de xisto. Os ensaios de perfuração indicam que brocas *air-track* com coroas HD de 3½ polegadas podem penetrar 1,2 ft/min. Suponha que são necessários 4 minutos para trocar uma coroa. O padrão de desmonte será de 6 × 8 ft, com 2 ft de perfuração adicional. A profundidade média do nível final do terreno é de 13 ft. A perfuração custa $78 por hora; as coroas, $300 cada; os punhos, $200; as luvas de acoplamento, $94; e a haste de 12 ft, $409. Devido às condições de trabalho muito difíceis, utilize uma hora de 40 minutos para calcular a produção. Qual é a produção de perfuração horária, em pés por hora e bcy por hora? Qual é o custo dos itens de desgaste elevado? Qual é o custo por bcy, incluindo equipamentos, mão de obra e itens de desgaste elevado?

12.9 A presidente da Low Big Construction Company acaba de visitar um de seus projetos. No local, ela viu que a maioria dos caminhões para transporte de rocha estava parada. Quando ela questionou o mestre de obras, querendo saber por que o novo equipamento, com a capacidade de transportar 180 cy/hora não estava sendo utilizado, este respondeu que a perfuração não conseguia acompanhar o ritmo de trabalho. A presidente pediu para você resolver esse problema imediatamente.

O projeto será realizado em uma formação de riólito com alto teor de sílica. A experiência de perfuração da empresa nessa área indica que brocas percusso-rotativas de ar comprimido com coroas de botões de 3½ polegadas podem alcançar uma média de 0,6 ft de penetração por minuto. Admita que serão necessários 5 minutos para trocar cada coroa. A eficiência de perfuração normalmente equivale a uma hora de 40 minutos. Essas brocas utilizam uma haste de perfuração de 10 ft. O melhor padrão de desmonte é 6 × 8 ft, com 2 ft de perfuração adicional (subperfuração). A profundidade de escavação média é de 8 ft. Quantas perfuratrizes você recomendaria para uso nesse trabalho?

12.10 A Buffet Inc. determinou que existe um mercado inexplorado para festas no Polo Norte. Estudos intensos de marketing indicam que um "Margaritaville Bar & Grille" teria muito sucesso durante os longos invernos árticos. Joe Cool, que mora atualmente em Key West, na Flórida, foi contratado para administrar a construção desse projeto e chamou você para analisar o programa de perfuração de fundações.

O plano é construir o estabelecimento 26 ft abaixo da superfície do gelo. O processo exigirá 2 ft adicionais de perfuração para garantir que o piso final possa ser escavado até a profundidade necessária após o desmonte. Ensaios de campo com uma broca de percusso-rotativa de 90 psi determinaram que uma taxa (velocidade) de perfuração direta através do gelo de 155 ft/hora é possível com uma coroa de 2½ HD. Suponha que são necessários 4 minutos para trocar a coroa. Essa broca usa uma haste de perfuração de 12 ft. Estudos indicam que o gelo atua de modo semelhante a conglomerados de baixo teor de sílica. O padrão de desmonte usará uma grade de 10 × 12 ft. O clima frio afetará a produção, então considere uma hora de 35 minutos.

Devido ao alto custo de transporte até o local, as coroas de 3½ HD custam $700 cada; punhos, $500; luvas de acoplamento, $250; e hastes, $800. Todos os preços são FOB (*free on board*) no Polo Norte. Nas estimativas de custo de construção do projeto elaboradas por Joe Cool, qual é a produção de perfuração esperada e qual será o custo por cy para os itens de desgaste elevado da perfuratriz?

FONTES DE CONSULTA

Advancements in Trenchless Technology, Samuel T. Ariaratnam, Editor (1999). Proceedings of the Joint Symposium of the GSE and The Northwest Chapter of the NASTT, Edmonton, Alberta, Canada, April.

Ariaratnam, Samuel T., and Erez N. Allouche (2000). "Suggested Practices for Installations Using Horizontal Directional Drilling." *Practice Periodical on Structural Design and Construction*, ASCE, Vol. 5, No. 4, pp. 142–149, November.

Jimeno, Carlos Lopez, Emilio Lopez Jimeno, Francisco Javier Ayala Carcedo e Yvonne Visser de Ramiro (Tradutor) (1995). *Drilling and Blasting of Rocks*, Ashgate Publishing Ltd., Aldershot, Hampshire, GU11 3HR United Kingdom. (Tradução para o inglês, original em espanhol.)

Rock Blasting Terms and Symbols: A Dictionary of Symbols and Terms in Rock Blasting and Related Areas like Drilling, Mining and Rock Mechanics, Agne Rustan, Editor (1998). Ashgate Publishing Ltd., Aldershot, Hampshire, GU11 3HR United Kingdom.

Standard Construction Guidelines for Microtunneling, ASCE Standard No. 36–01, American Society of Civil Engineers, Reston, VA.

Trenchless Pipeline Projects—Practical Applications, Lynn E. Osborn, Editor (1997). Proceedings of the Conference sponsored by the Pipeline Division, ASCE, Reston, VA.

Tulloss, Michael D., e Cliff J. Schexnayder (1999). "Horizontal Directional Boring at Lewis Prison Complex," *Practice Periodical on Structural Design and Construction*, ASCE, Vol. 4, No. 3, pp. 119, 120, August.

FONTES DE CONSULTA NA INTERNET

http://www.atlascopco.se/rde A Atlas Copco é uma fabricante de perfuratrizes de rocha e equipamento de perfuração.

http://www.terexhalco.com/about-us/terex-halco-history.html Em janeiro de 2006, a Halco foi adquirida pela Terex Corporation, e em janeiro de 2007 a Terex uniu todas as empresas envolvidas com mineração para formar a Terex Mining. O grupo é composto pelos caminhões de mineração Terex® Unit Rig, escavadeiras Terex® O&K, perfuratrizes Terex® Reedrill, ferramentas de perfuração Terex® Halco e mineradores Highwall Terex® SHM. O Halco Group fabrica uma ampla gama de brocas e marteletes de fundo de poço.

http://www.pitandquarry.com/pitandquarry O site da revista *Pit & Quarry*, uma fonte de informações para produtores de agregados.

http://www.miningandconstruction.sandvik.com/ A Sandvik Mining and Construction é uma fornecedora de equipamentos e ferramentas de perfuração mecanizada subterrânea e de superfície.

http://www.trenchlessonline.com A revista online Trenchless Technology tem notícias baseadas em relatórios de campo e informes tecnológicos de engenheiros, consultores, empreiteiros e fabricantes.

13

Desmonte de rocha

Quando uma rocha precisa ser removida, a possibilidade do desmonte não pode ser ignorada, pois quase sempre é mais econômica do que a escavação mecânica. No desmonte de rochas, o resultado é a fratura devido ao acúmulo sustentado de pressão de gás no furo causado pela explosão. Cada desmonte precisa ser projetado de modo a atender às condições existentes da formação rochosa e das camadas sobrejacentes (capeamento ou estéril) e produzir o resultado final desejado. O projeto de desmonte influi em considerações como o tipo de equipamento utilizado e o fator de enchimento da caçamba das escavadeiras. A prevenção dos acidentes de desmonte depende do planejamento cuidadoso e observação absoluta das práticas apropriadas de desmonte.

DESMONTE

Perfuração e desmonte é a técnica de escavação de rochas mais utilizada (ver Figuras 13.1 e 13.2). Ela é usada para quebrar rochas para que possam ser extraídas e processadas para produção de agregados ou para escavar um terreno destinado à utilidade pública. O desmonte é executado com o uso de cargas explosivas posicionadas em locais não confinados ou confinados, como um furo de sondagem. Duas formas de energia são liberadas com a detonação de altos explosivos: (1) choque e (2) gás. Uma carga não confinada usa energia de choque, enquanto a carga confinada tem uma produção elevada de energia de gases.

O primeiro explosivo, a pólvora, foi desenvolvido na China no século XIII. O primeiro uso conhecido de um explosivo para mineração ocorreu em 1627, nas Minas Reais de Schemnits em Ober-Biberstollen, Hungria. Os furos foram abertos nas rochas usando brocas manuais e marretas. A pólvora negra foi inserida nos furos e a carga detonada, fraturando e deslocando as rochas. Depois que o desmonte com pólvora negra foi substituído pela nitroglicerina, ocorreram avanços contínuos e constantes no mundo dos explosivos, nas técnicas de detonação e retardo e em nosso entendimento sobre a mecânica da fragmentação de rochas com uso de explosivos.

Quando uma rocha precisar ser removida, a possibilidade do desmonte não pode ser ignorada, pois quase sempre é mais econômica do que a escavação mecânica. Uma comparação entre os custos da escavação mecânica e da remoção por desmonte identificou uma diferença de $4,05 por cy.[6]

Existem muitos tipos de explosivos. Um tratamento completo sobre cada explosivo e método seria abrangente demais para ser incluído neste livro. Os manuais de desmonte contêm discussões completas sobre explosivos.[2]

FIGURA 13.1 Explosão em projeto para a escavação de rochas.

FIGURA 13.2 O resultado de uma explosão de desmonte.

GLOSSÁRIO DE TERMOS DE DESMONTE

O glossário a seguir define os termos importantes usados na descrição de operações de desmonte.

Afastamento. A distância da carga explosiva até a face da rocha livre ou aberta mais próxima é chamada de afastamento ou distância de afastamento (ver Figura 12.3). O afastamento pode ser aparente ou verdadeiro. O afastamento verdadeiro é aquele na direção em que o deslocamento da rocha quebrada se moverá após o disparo da carga.

Agente de desmonte. A classificação de um determinado tipo de composto explosivo do ponto de vista do armazenamento e transporte. É o material ou mistura que será usado no desmonte, composto de um comburente e um combustível. É menos sensível à iniciação e não pode ser detonado com um detonador nº 8 sem estar confinado. Assim, os agentes de desmonte são cobertos por regulamentações de manuseio diferentes dos altos explosivos.

Altura de bancada. A distância vertical entre a base de uma escavação e a plataforma acima da qual os furos de desmonte são perfurados e detonados (ver Figura 12.3).

Bancada ou *banqueta*. A saliência horizontal de uma face de escavação ao longo do qual são criados furos para o desmonte. A escavação de bancadas é o processo de escavação utilizando plataformas em formato de degraus.

Cargas. Termo que inclui todos os furos de desmonte perfurados, carregados e detonados simultaneamente.

Compactação. O processo de compactar o material de atacamento colocado dentro de um furo de desmonte.

Deflagração. Uma reação química rápida na qual o produto de calor é suficiente para permitir que a reação aconteça e seja acelerada sem a entrada de calor de outra fonte. O efeito de uma deflagração verdadeira sob confinamento é uma explosão.

Densidade. A densidade de um explosivo é seu peso específico, geralmente expresso em gramas por centímetro cúbico (g/cc). No caso de alguns explosivos, há uma correlação entre densidade e energia.

Desmonte (detonação). A detonação de um explosivo para fraturar a rocha é chamada de desmonte.

Detonadores de retardo em MS (milissegundo). Um detonador com componente de retardo integrado. Esses detonadores normalmente estão disponíveis em incrementos de 25/1000 segundos.

Empolamento ou *inchamento (heave)*. O deslocamento de rochas devido à expansão dos gases a partir da ignição de um explosivo.

Fios condutores. Os fios que conduzem a corrente elétrica dos fios controladores até um detonador elétrico.

Furo de desmonte. Um furo feito na rocha para permitir a colocação de um explosivo.

Nitroglicerina. Um líquido explosivo poderoso obtido pelo tratamento de glicerol com uma mistura de ácidos nítrico e sulfúrico. A nitroglicerina pura é um líquido incolor, oleoso e ligeiramente tóxico. Ela foi preparada pela primeira vez em 1846 pelo químico italiano Ascanio Sobrero.

Prill. Nos Estados Unidos, a maior parte do nitrato de amônio, tanto agrícola quanto de qualidade para desmonte, é produzido pelo método da torre de prilling. O liquor de nitrato de amônio é pulverizado no alto de uma torre de prilling. Os grãos (*prills*) de nitrato de amônio se solidificam no vapor e ar da torre. A umidade removida pelo processo de gotejamento deixa lacunas dentro dos grãos.

Propagação. O movimento de uma onda de detonação, dentro do furo ou de um furo para o outro.

Sensibilidade. Uma medida da capacidade de propagação entre cartuchos.

Terminais. Os fios que conduzem a corrente elétrica de sua fonte aos fios condutores do detonador elétrico.

TNT. Um alto explosivo cujo conteúdo químico é trinitrotolueno.

EXPLOSIVOS COMERCIAIS

iniciação
O ato de detonar um alto explosivo.

Os explosivos comerciais são compostos que se detonam após a introdução de um estímulo de **iniciação** apropriado. Na detonação, os ingredientes de um composto explosivo reagem em alta velocidade, liberando gás e calor, causando gases de altíssima pressão e alta temperatura. As pressões logo em seguida da frente de detonação alcançam valores de 150.000 a 3.980.000 psi (10.340 a 274.340 bares), enquanto a temperatura pode variar de 3.000 a 7.000°F (1.600 a 3.900°C). Os altos explosivos contêm pelo menos um ingrediente alto explosivo. Os baixos explosivos não contêm ingredientes que podem explodir por si só. Ambos os tipos, altos e baixos explosivos, podem ser iniciados por um único detonador n° 8.

Os explosivos são diferentes nos seguintes aspectos:

- Potência
- Sensibilidade – energia de entrada necessária para iniciar a reação
- Velocidade de detonação
- Resistência à água
- Inflamabilidade
- Geração de vapores tóxicos
- Densidade aparente

Potência O termo potência se refere ao conteúdo de energia de um explosivo, que é a medida da força que pode desenvolver e sua capacidade de realizar o trabalho. Os fabricantes de explosivos não utilizam nenhum método padrão de medição de potência. As classificações de potência são enganosas e não comparam precisamente a eficácia de fragmentação de rochas com o tipo de explosivo.

Sensibilidade A sensibilidade de um produto explosivo é definida pela quantidade de energia necessária para fazer com que o produto seja detonado de modo confiável. Alguns explosivos, como a dinamite, precisam de pouquíssima energia para serem detonados de maneira confiável. Um detonador elétrico ou espoleta explosiva por si só não inicia de maneira confiável ANFO a granel e algumas lamas. Para detoná-los, seria preciso utilizar uma carga primária ou reforçador em conjunto com o detonador elétrico ou espoleta.

Velocidade de detonação A velocidade de detonação é a velocidade com a qual a onda de detonação se move através da coluna de explosivo. Os explosivos disponíveis comercialmente têm velocidades entre 5.000 e 25.000 ft/s. Os explosivos de alta velocidade devem ser utilizados em rochas duras, enquanto os de menor velocidade produzem resultados melhores em rochas mais macias.

Resistência à água De maneira geral, a resistência à água de um explosivo pode ser definida como sua capacidade de detonação após exposição à água. Normalmente, a resistência à água é expressa como o número de horas que um produto pode permanecer submerso em água estática e ainda ser detonado de modo confiável. O teste padrão de resistência à água é usado principalmente para a classificação de explosivos de dinamite. As classificações relativas à degradação pela água são dadas na Tabela 13.1.

Inflamabilidade A característica de um explosivo que descreve sua facilidade de iniciação por faísca, fogo ou chama.

TABELA 13.1 Classes de resistência à água de explosivos de dinamite

Classe	Horas submerso e ainda é detonado
1	Tempo indeterminado
2	32 a 71
3	16 a 31
4	8 a 15
5	4 a 7
6	1 a 3
7	Menos de 1

Geração de vapores tóxicos A quantidade de gases tóxicos produzida por um explosivo durante o processo de detonação.

Densidade aparente A densidade de um explosivo normalmente é expressa em termos de peso por unidade de volume. A densidade determina o peso de um explosivo que pode ser carregado em um furo de diâmetro específico. Essa é a chamada densidade de carregamento. A densidade relativa das partículas ou densidade dos grãos de um explosivo é a razão do peso do explosivo sobre o peso de um volume igual de água. Para alguns explosivos, a densidade é muito utilizada como maneira de descobrir um valor aproximado de sua força.

Os altos explosivos comerciais se dividem em quatro categorias principais: (1) dinamite, (2) lamas, (3) ANFO e (4) bicomponentes. Para ser um alto explosivo, o material deve ser sensível a espoletas e reagir a uma velocidade mais rápida do que a do som, sendo que tal reação deve ser acompanhada por uma onda de choque. As três primeiras categorias (dinamite, lamas e ANFO) são os principais explosivos utilizados para cargas de furos de desmonte. Os explosivos bicomponentes, ou binários, normalmente não são classificados com explosivos até serem misturados. Assim, eles oferecem vantagens em termos de transporte e armazenamento que os tornam alternativas atraentes em trabalhos pequenos. Contudo, seu preço unitário é significativamente maior do que o de outros altos explosivos.

Dinamite

A dinamite é um produto baseado em nitroglicerina e é a mais sensível de todas as classes genéricas de explosivos em uso atualmente. Ela está disponível em diversos graus e tamanhos para atender os requisitos de trabalhos específicos. A dinamite comum (o termo significa que a dinamite não contém nitrato de amônio) não é apropriada para aplicações de construção, pois é muito sensível a choques. Com a dinamite comum, pode ocorrer a detonação por simpatia devido a furos adjacentes iniciados em um **retardo** anterior.

retardo
O termo usado para descrever a ignição não instantânea de uma carga ou grupo de cargas.

O produto mais utilizado em aplicações de mineração, pedreiras e construção é a "dinamite extra de alta densidade" ou "dinamite especial" ou ainda "dinamites amoniacais", mas os fabricantes de explosivos individuais possuem seus próprios nomes comerciais para produtos de dinamite. Esse produto é menos sensível ao choque do que a dinamite comum, pois parte da nitroglicerina foi substituída por nitrato de amônio. A força aproximada da dinamite é especificada como uma porcentagem que indica a relação do peso da nitroglicerina com o peso total de um cartucho.

A dinamite é bastante usada no carregamento de furos de desmonte, especialmente furos menores. Os cartuchos individuais variam de tamanho, de aproximadamente 1 a 8 polegadas de diâmetro e 8 a 24 polegadas de comprimento. Um detonador ou cordel detonante (Primacord) pode ser usado na ignição da dinamite. Se um detonador for utilizado, um dos cartuchos funciona como carga primária. O detonador é colocado dentro de um furo feito nesse cartucho.

Lamas (ou *slurries*)

É um termo genérico para géis de água e emulsões. Uma lama explosiva é composta de nitrato de sódio, cálcio ou amônio e um sensibilizador de combustível, além de quantidades variáveis de água.

sensibilizadores
Ingredientes usados em compostos explosivos para promover a facilidade de iniciação ou propagação das reações.

Géis de água Uma mistura de lama explosiva de sais oxidantes, combustíveis e **sensibilizadores**, com resistência à água produzida pela ligação cruzada de gomas e ceras, é chamada explicitamente de gel de água. Os métodos sensibilizantes primários são a introdução de ar em toda a mistura, a adição de partículas de alumínio ou a adição de nitrocelulose.

Emulsões Uma mistura de lama explosiva de sais oxidantes e combustíveis que não contém sensibilizadores químicos e tornada resistente à água por um agente emulsificante é chamada explicitamente de emulsão. As emulsões têm velocidades de detonação ligeiramente superiores às dos géis de água.

Em comparação com o ANFO (ver próxima seção), as lamas têm custos maiores por peso e geram menos energia. Contudo, em condições de umidade, elas são bastante competitivas com o ANFO, pois este é sensível à água e deve ser protegido em furos revestidos ou usado como produto ensacado. Ambas as medidas aumentam o custo total do ANFO.

Uma vantagem das lamas em relação à dinamite é que os ingredientes separados podem ser transportados até o projeto em grandes quantidades e misturados imediatamente antes do carregamento nos furos de desmonte. A mistura pode ser despejada diretamente no furo. Algumas emulsões tendem a ser úmidas e aderem ao furo, causando problemas no carregamento a granel. As lamas podem ser embaladas em sacos plásticos para colocação nos furos. Por serem mais densas do que a água, elas caem até o fundo de furos que contêm água.

paiol
Um edifício ou câmara para o armazenamento de explosivos.

Algumas lamas podem ser classificadas como altos explosivos, enquanto outras, se não puderem ser iniciadas por um detonador nº 8, são classificadas como agentes de desmonte. Essa diferença de classificação é importante para o armazenamento em **paióis**.

ANFO

Esse explosivo é bastante utilizado para desmonte na construção e representa cerca de 80% de todos os explosivos usados nos EUA. "ANFO", uma mistura de nitrato de amônio e óleo combustível (*Ammonium Nitrate* e *Fuel Oil*) é sinônimo de agentes

FIGURA 13.3 Carregamento de ANFO a granel de um caminhão para furos de desmonte.

de desmonte secos. É a fonte mais barata de energia explosiva. Como precisa ser detonado por espoletas especiais, o ANFO é muito mais seguro do que a dinamite.

O ANFO padrão é uma mistura de nitrato de amônio industrial comprimido e 5,7% de óleo combustível diesel nº 2. Essa é a mistura ideal. A eficiência de detonação é controlada pela quantidade de óleo combustível. É menos prejudicial ter uma deficiência de combustível, mas as variações na porcentagem de combustível, tanto no sentido positivo quanto no negativo, afetam a detonação. Com combustível de menos, o desempenho do explosivo é inadequado. Com uma porcentagem de combustível igual a 5, a uma perda de energia de 5,3% devido ao excesso de oxigênio e podem ser produzidos vapores laranjas de óxido nitroso. A produção de energia máxima também é reduzida quando se utiliza combustível a mais. Os grãos de ANFO não devem ser confundidos com os grãos de fertilizante de nitrato de amônio. Um grão de explosivo é poroso para distribuir melhor o óleo combustível.

Por ser material de fluxo livre, o ANFO pode ser soprado ou extraído com um trado, dos caminhões diretamente para os furos de desmonte (ver Figura 13.3). O explosivo é detonado por cargas primárias compostas de explosivos colocados no fundo dos furos. Às vezes, as cargas primárias são colocadas no fundo e em profundidades intermediárias. Espoletas elétricas ou cordel detonante (Primacord) pode ser utilizados para detonar a carga primária.

A velocidade de detonação e, logo, a eficiência do ANFO depende do diâmetro da coluna de pólvora. O ANFO de colocação a ar comprimido em uma coluna de 1¼ polegadas de diâmetro é detonado a velocidades de 7.000 a 10.000 ft/s (fps). Se colocado em colunas de diâmetro maior, a velocidade aumenta: coluna de 3 polegadas de diâmetro, 12.000 a 13.000 fps; coluna de 9 polegadas de diâmetro, 14.000 a 15.000 fps. O método de colocação (ver Figura 13.4) também afeta a velocidade. As velocidades para ANFO despejado são: coluna de 1¼ polegadas de diâmetro, 6.000 a 7.000 fps; coluna de 3 polegadas de diâmetro, 10.000 a 11.000 fps; coluna de 9 polegadas de diâmetro, 14.000 a 15.000 fps.

FIGURA 13.4 Carregamento de ANFO em furos de desmonte usando baldes de 5 gal.

O ANFO não é resistente à água. A detonação será muito menor se o ANFO for colocado em água e disparado, mesmo que o intervalo entre o carregamento e o disparo seja bastante curto. Em orifícios com alta umidade, é preciso usar um cartucho de ANFO mais denso (ANFO pesado). Esse produto tem densidade maior do que a da água, então afunda em furos com alta umidade. O ANFO padrão tem densidade do produto de 0,84 g/cc. A densidade despejada do ANFO geralmente fica entre 0,78 e 0,85 g/cc. Os cartuchos ou produto a granel selado em sacos plásticos não afundam. Outro método para excluir a água e permitir o uso de ANFO a granel em condições úmidas é pré-revestir os furos com tubos plásticos fechados no fundo. Os tubos, cujos diâmetros devem ser ligeiramente menores do que os furos, são instalados nos furos pela colocação de rochas ou outros pesos em sua parte inferior.

CARGAS PRIMÁRIAS E REFORÇADORES

Uma carga primária é um explosivo acionado por um iniciador (detonador ou espoleta), que, por sua vez, inicia um agente de desmonte ou explosivo sensível sem espoleta. As cargas primárias muitas vezes são cartuchos de dinamite, lamas altamente sensibilizadas ou emulsões com detonadores ou cordéis detonantes. O uso de cargas primárias de alta qualidade melhora a **fragmentação**, aumenta a produtividade e reduz o custo total. A carga primária jamais deve ser compactada.

fragmentação
O nível em que a massa de rocha é quebrada em pedaços pelo desmonte.

Os reforçadores (ou *boosters*, ver Figura 13.5) são agentes de desmonte ou explosivos altamente sensibilizados, usados a granel ou em embalagens e pesos (quantidades) maiores do que aqueles usados para cargas primárias. Os reforçadores são colocados dentro da coluna de explosivos, onde é necessário energia de fragmentação adicional.

Para obter o desempenho ideal do ANFO, o tamanho da carga primária deve corresponder ao diâmetro do orifício. A falta de correspondência entre o tamanho da carga primária e o diâmetro do orifício afeta a velocidade de detonação do ANFO.

> A carga primária, que é o ponto de iniciação de uma coluna de explosivos, deve sempre ficar no ponto de confinamento máximo, que geralmente fica no fundo do furo de desmonte. É preciso tomar muito cuidado quando houver veios macios ou fraturas na rocha.

Uma carga primária de fundo deve ficar próxima ao fundo do furo. Quando usar ANFO a granel, 1-2 ft desse explosivo devem ser colocados no furo antes do carregamento da carga primária para garantir a qualidade do contato entre a coluna de ANFO e a carga primária. O contato entre a carga primária e a coluna de explosivos é extremamente importante.

FIGURA 13.5 Colocação de um detonador elétrico em um reforçador.

SISTEMAS DE INICIAÇÃO

Iniciador é um termo usado na indústria de explosivos para descrever qualquer dispositivo que possa ser usado para iniciar uma detonação. Um sistema de iniciação é uma combinação de dispositivos explosivos e acessórios componentes projetados para comunicar um sinal e iniciar uma carga explosiva de uma distância segura. A função sinalizadora pode ser elétrica ou não elétrica. A fragmentação, **quebra para trás do maciço remanescente**, vibração e violência de uma explosão são todas controladas pela sequência de disparo dos furos de desmonte individuais. A ordem e tempo da detonação dos furos individuais são regulados pelo sistema de iniciação. Na seleção do sistema apropriado, é preciso considerar a segurança e o projeto de desmonte. Os sistemas elétricos são mais sensíveis a relâmpagos do que sistemas não elétricos, mas ambos são susceptíveis.

quebra para trás (backbreak)
Rocha quebrada além dos limites da última linha de furos de desmonte.

Detonadores elétricos

O iniciador explosivo mais usado é o detonador elétrico (espoleta elétrica, ver Figura 13.6). Um detonador elétrico passa uma corrente elétrica através de um filamento, semelhante ao de uma lâmpada elétrica, causando uma explosão. A corrente de apro-

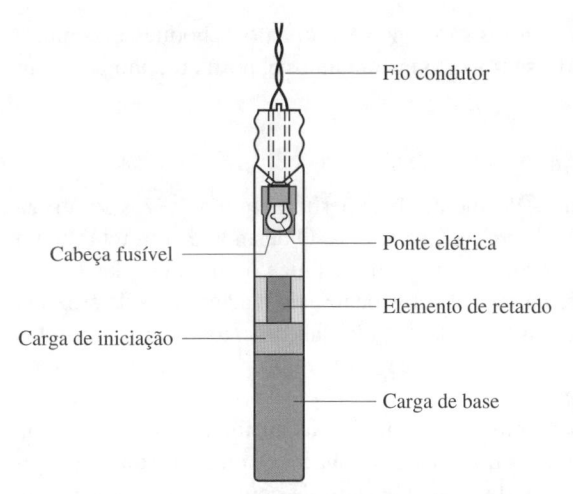

FIGURA 13.6 Dispositivo de iniciação elétrica.

(Legendas da figura: Fio condutor; Cabeça fusível; Ponte elétrica; Elemento de retardo; Carga de iniciação; Carga de base)

ximadamente 1,5 amperes aquece o filamento até incandescência e acedente um composto termossensível. O composto aciona uma carga primária (carga de iniciação) que, por sua vez, dispara uma carga de base no detonador (ver Figura 13.6). Essa carga detona com violência suficiente para disparar uma carga de explosivos.

Os detonadores elétricos recebem dois fios condutores de comprimentos que variam de 2 a 100 ft. Esses fios são conectados com os fios de outros furos de desmonte para formar um circuito elétrico fechado para fins de disparo. Os fios condutores dos detonadores elétricos são feitos de ferro ou de cobre. Para facilitar a fiação de um desmonte, cada fio condutor de um detonador elétrico usa uma cor diferente. Existem detonadores elétricos instantâneos, de retardo curto, retardo longo, retardo eletrônico e sísmicos (exploração geofísica). Os detonadores elétricos instantâneos são construídos de forma a dispararem alguns milissegundos após a aplicação da corrente.

fogo falhado
Uma carga, ou parte de uma carga, que não disparou como planejado.

Quando dois ou mais detonadores elétricos forem conectados no mesmo circuito, eles devem ser produtos do mesmo fabricante. Isso é essencial para prevenir **fogos falhados**, pois detonadores de fabricantes diferentes não possuem as mesmas características elétricas. Os detonadores são extremamente sensíveis. Eles devem ser protegidos de choques e do calor extremo. Eles jamais devem ser armazenados ou transportados com outros explosivos.

Segurança de detonadores elétricos Esses dispositivos devem ser mantidos distantes de todas as fontes de energia elétrica: pilhas, tomadas, rádios, calculadoras, pagers e telefones celulares. Os detonadores elétricos podem ser acionados pelas baterias, alto-falantes ou até antenas desses aparelhos.

Detonadores não elétricos

fusível de segurança
Um fusível contendo um baixo explosivo envolto por uma cobertura apropriada. Quando o fusível é acionado, ele queima a uma velocidade predeterminada (35 a 45 s/ ft). É usado para iniciar um detonador não elétrico.

Os detonadores não elétricos (espoletas comuns) são tubos cilíndricos de metal finos abertos em uma extremidade para inserção de um **fusível de segurança**. O tubo contém dois explosivos, um formando uma camada sobre o outro. A camada inferior é chamada de carga de base e normalmente é um alto explosivo insensível. A camada superior é uma carga de iniciação e é um explosivo sensível. A pólvora de ignição garante que a chama será transmitida pelo fusível de segurança. No passado, a cápsula explosiva padrão continha 2 g de fulminato de mercúrio e era chamada de cápsula nº 8. Uma cápsula nº 6 continha 1 g de fulminato. Outras cápsulas, mais fracas, usavam números menores. Esses detonadores são sensíveis ao calor, choques e esmagamento. Todos os detonadores desse tipo são instantâneos e, portanto, não possuem um elemento de retardo.

Sequenciamento de iniciação

Em aplicações de construção e desmonte de superfície, muitas vezes se utiliza detonadores elétricos de retardo em milissegundos. O desmonte com retardo em milissegundos pode ser usado com fogos de linha única ou de múltiplas linhas. Quando cada carga separa sua parte da macha rochosa do maciço antes da próxima carga detonar, a vibração do solo, sopros de ar e ultralançamentos são minimizados e a fragmentação aumenta. O procedimento de retardo reduz efetivamente o maciço aparente para os furos nas linhas sucessivas.

Os detonadores de retardo em milissegundos usam intervalos individuais que variam de 25 a 650 milissegundos (ms). Detonadores elétricos com retardo prolongado usam intervalos individuais que variam de cerca de 0,2 s a mais de 7 segundos. Eles são usados principalmente em trabalhos de túneis e mineração subterrânea.

Cordel detonante (primacord)

PETN
A abreviatura do conteúdo químico (tetranitrato de pentaeritrina) de um alto explosivo com alta taxa de detonação. É utilizado no cordel detonante.

taxa (ou velocidade) de detonação
A velocidade com a qual a detonação avança através de um explosivo.

linha principal (ou linha tronco)
No caso de um sistema elétrico, o conduíte principal de um cordel detonante sobre a superfície, estendendo-se do ponto de ignição aos furos de desmonte.

linha secundária (ou ramificação)
As linhas dos cordéis detonantes que se estendem para dentro do furo de desmonte a partir de uma linha principal.

É um sistema de iniciação não elétrico composto de um cordão flexível com um núcleo central de alto explosivo, geralmente **PETN**. É usado para detonar explosivos sensíveis a espoletas. O núcleo explosivo é envolto em fibras têxteis e cobertos com um revestimento impermeável para sua proteção. A cordel detonante é insensível a choques ou atritos normais. A **taxa (velocidade) de detonação** do explosivo do cordel depende do fabricante; as taxas (velociades) típicas variam de 18.000 a 26.000 ft/s (5.500 a 7.850 m/s). O retardo pode ser produzido com o uso de dispositivos de retardo em linha.

Quando diversos furos de desmonte são disparados em uma rodada, o cordel é colocado sobre a superfície entre os furos, formando uma **linha principal** (ou **linha tronco**). Em cada furo, uma extremidade da **linha secundária** (ou **ramificação**) do cordão detonante é afixada à linha principal, enquanto a outra se estende para dentro do furo de desmonte. Se for necessário utilizar uma cápsula explosiva (espoleta) e/ou uma carga primária para iniciar a detonação dentro do furo, a extremidade inferior da linha secundária (ramificação) pode ser cortada de forma reta e inserida firmemente dentro da espoleta.

Máquina de desmonte sequencial

As máquinas de tempo de desmonte programável podem ser utilizadas para o acionamento de detonadores elétricos. Essas máquinas permitem precisão de milissegundos/microssegundos para os intervalos de disparo do circuito de desmonte. Isso dá ao *blaster* (o profissional de desmonte) a opção de usar diversos retardos em um só desmonte. Como é possível usar muitos retardos, a massa de explosivos detonada por retardo pode ser reduzida para controlar melhor os ruídos e vibrações.

FRAGMENTAÇÃO DE ROCHAS

A fragmentação de rochas é o aspecto mais importante do desmonte de produção devido a seu efeito direto nos custos de perfuração e desmonte e na economia das operações subsequentes de carregamento, transporte e esmagamento (ver Figura 13.7). Muitas variáveis afetam a fragmentação de rochas: propriedades de rochas, geologia do local, fraturamento *in situ*, teor de umidade e parâmetros de desmonte – o plano de fogo.

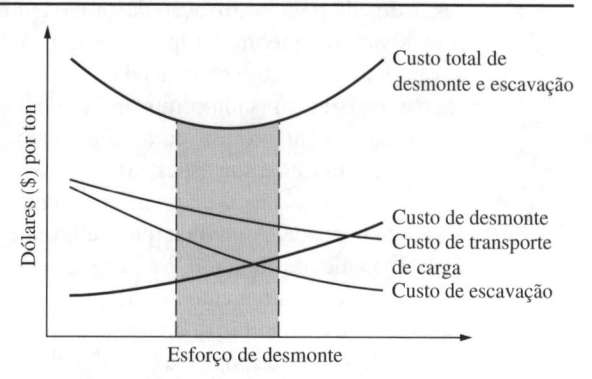

FIGURA 13.7 Projeto de desmonte ideal.

Não existe uma solução teórica completa para prever a distribuição de tamanho da fragmentação do desmonte e o mecanismo exato de fragmentação de rochas causada por uma detonação explosiva em um furo de desmonte. Contudo, os principais mecanismos de fratura de rochas resultam claramente da pressão sustentada dos gases produzidos no orifício pela explosão. Primeiro, essa pressão causa trincamento radial. O trincamento é semelhante ao que ocorre no caso de tubos de água congelados: uma divisão longitudinal paralela ao eixo do tubo. Um orifício é análogo ao tubo congelado no sentido de que é um conduíte de pressão cilíndrica. Mas há uma diferença na taxa de carregamento. O furo de desmonte é pressurizado instantaneamente. A falha, assim, em vez de se concentrar na fenda mais fraca, ocorre em muitas fendas paralelas ao furo. A distância de afastamento (ver Figuras 12.3 e 13.8), a direção da face livre, controla o curso e a extensão do padrão de trincamento radial.

Quando ocorre trincamento radial, a massa rochosa é transformada em cunhas de rocha individuais. Se houver um alívio disponível perpendicularmente ao eixo do furo de desmonte, a pressão do gás é forçada contra as cunhas, colocando os la-

B = Afastamento
T = Tampão
J = Subperfuração
L = Altura de bancada (banqueta)
H = Profundidade do furo de desmonte
PC = Comprimento da coluna de pólvora

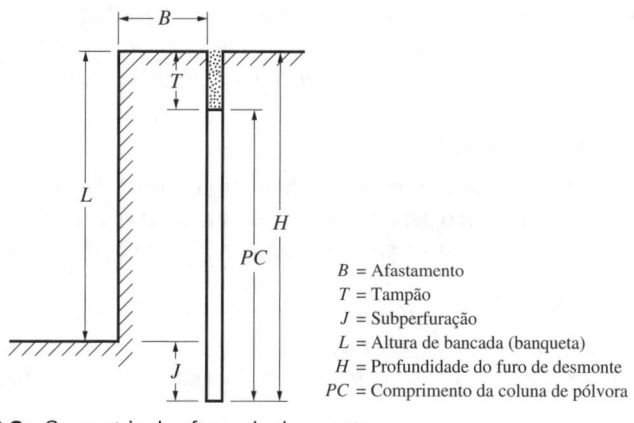

FIGURA 13.8 Geometria dos furos de desmonte.

dos opostos das cunhas em tensão e compressão. A distribuição exata desses estresses é afetada pela localização da carga dentro do furo de desmonte. Nesse segundo mecanismo de quebra, a ruptura de flexão da cunha é controlada pela distância de afastamento e a altura de bancada. A divisão da altura de bancada pela distância de afastamento é conhecida como "índice de rigidez". Esse é o mesmo mecanismo com o qual um engenheiro estrutural se preocupa quando analisa o comprimento de uma coluna em relação a sua espessura.

Fraturar rochas é mais difícil quando a distância de afastamento for igual à altura de bancada. À medida que a altura de bancada aumenta em comparação com a distância de afastamento, torna-se mais fácil quebrar a rocha. Se o desmonte não for projetado corretamente e a distância de afastamento for grande demais, esse mecanismo não disponibiliza o alívio de energia da explosão. Quando isso acontece, o furo de desmonte desmorona ou o tampão explodirá.

PLANO DE FOGO

capeamento (estéril sobrejacente)
A profundidade do material acima da rocha que será atacada.

Para minimizar os custos totais de escavação de rochas, é preciso começar por um planejamento cuidadoso do desmonte. Cada explosão deve ser elaborada de modo a atender as condições existentes da formação rochosa e do **capeamento (material sobrejacente ou estéril)** e produzir o resultado final desejado. O projeto de desmonte não é uma ciência exata e não existe uma solução única para o problema da remoção de rochas. A rocha não é um material homogêneo. É preciso levar em consideração os planos de fraturas, as fendas e as mudanças na altura de bancada. A propagação das ondas é mais rápida em rochas duras do que em rochas macias. Os planos de fogo iniciais utilizam pressupostos idealizados. O engenheiro desenvolve um plano de fogo sabendo que existem descontinuidades materiais no campo. Por causa disso, é preciso entender que o projeto teórico é apenas o ponto de partida para as operações de desmonte no projeto.

Fórmulas empíricas fornecem uma estimativa do trabalho que pode ser realizado por um determinado explosivo. A aplicação desses fórmulas dadas nas seções a seguir resulta em uma série de dimensões de desmonte (distância de afastamento, diâmetro do furo de desmonte, profundidade do tampão superior, profundidade de perfuração adicional ou subperfuração e padrão e espaçamento de furos) apropriados para fogos de teste. Os ajustes realizados a partir da análise dos produtos dos fogos de teste devem resultar em dimensões de desmonte ideais.

Distância de afastamento

A distância de afastamento e o diâmetro do furo são os dois fatores mais importantes que afetam o desempenho do desmonte (ver Figura 13.8). O afastamento é a menor distância para o alívio de tensões (face livre mais próxima) no momento da detonação do furo de desmonte. Normalmente, é a distância até a face livre em uma escavação, seja ela em uma situação de pedreira (ver Figura 12.3) ou uma construção de rodovia. É possível que sejam criadas faces livres internas por furos de desmonte disparados em um retardo anterior durante um fogo. Quando a distância de afastamento for insuficiente, as rochas serão lançadas a distâncias excessivas em relação à face, a fragmentação pode ser excessivamente fina e os níveis de sopro de ar são altos.

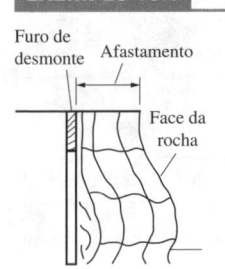

Uma regra prática para garantir que o *blaster* está usando o afastamento apropriado é B = 24 a 30 vezes o diâmetro de carga (explosivo) do furo de desmonte. Quando o desmonte usar ANFO ou outros agentes de desmonte de baixa densidade (densidades de explosivos de cerca de 53 pcf, 0,85 g/cc) e rochas típicas (densidade de aproximadamente 170 pcf, 2,7 g/cc), o afastamento deve ser aproximadamente 25 vezes o diâmetro da carga. Quando o desmonte utilizar produtos mais densos, como lamas ou dinamites com densidades de cerca de 75 pcf (1,2 g/cc), o afastamento deve ser aproximadamente 30 vezes o diâmetro da carga. Contudo, esses valores representam apenas aproximações iniciais e orientações.

EXEMPLO 13.1

Se os furos de desmonte de produção têm diâmetro de 0,5 ft (6 polegadas), pela regra prática, qual é a distância de afastamento recomendada?

$$24 \times 0,5 \text{ ft} = 12 \text{ ft e}$$
$$30 \times 0,5 \text{ ft} = 15 \text{ ft}$$

Assim, a distância de afastamento para o fogo deve ser de 12 a 15 ft, dependendo do produto explosivo utilizado.

Uma fórmula empírica para chegar a uma aproximação da distância de afastamento a ser usada em um primeiro fogo de teste é:

$$B = \left(\frac{2\,SG_e}{SG_r} + 1,5\right) \times D_e \qquad [13.1]$$

onde:

B = afastamento em pés

SG_e = densidade dos grãos do explosivo

SG_r = densidade dos grãos da rocha

D_e = diâmetro do explosivo em polegadas

O diâmetro do explosivo depende da espessura do recipiente da embalagem do fabricante, ou então será igual ao diâmetro do furo caso um explosivo granular ou em pasta seja despejado diretamente nele. Se o produto explosivo específico for conhecido, deve-se utilizar as informações exatas de densidade dos grãos; no caso do desenvolvimento de um projeto antes da escolha de um produto específico, no entanto, é preciso incluir uma folga de segurança.

A densidade da rocha é um indicador de sua resistência, o que por sua vez estabelece a quantidade de energia necessária para causar uma fratura. A Tabela 13.2 informa as densidades aproximadas dos grãos de diversas rochas.

TABELA 13.2 Densidade por classificações nominais de rochas

Classificação da rocha	Densidade dos grãos	Densidade fragmentada (ton/cy)
Ardósia	2,5–2,8	2,28–2,36
Arenito	2,0–2,8	1,85–2,36
Basalto	2,8–3,0	2,36–2,53
Calcário	2,4–2,9	1,94–2,28
Diábase	2,6–3,0	2,19–2,53
Diorita	2,8–3,0	2,36–2,53
Dolomita	2,8–2,9	2,36–2,44
Gipsita	2,3–2,8	1,94–2,36
Gneisse	2,6–2,9	2,19–2,44
Granito	2,6–2,9	2,19–2,28
Hematita	4,5–5,3	3,79–4,47
Mármore	2,1–2,9	2,02–2,28
Quartzita	2,0–2,8	2,19–2,36
Trap basáltico	2,6–3,0	2,36–2,53
Xisto	2,4–2,8	2,02–2,36

EXEMPLO 13.2

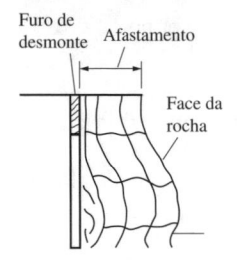

Uma empreiteira pretende usar ANFO a granel, densidade dos grãos 0,8, para abrir uma escavação em rocha granítica. O equipamento de perfuração irá abrir um furo de desmonte de 3 polegadas. Qual é a distância de afastamento recomendada para o primeiro fogo de teste?

Segundo a Tabela 13.2, a densidade dos grãos do granito é 2,6 a 2,9, use um valor médio de 2,75:

$$B = \left(\frac{2 \times 0,8}{2,75} + 1,5 \right) \times 3 = 6,2 \text{ ft}$$

EXEMPLO 13.3

Uma empreiteira planeja usar um explosivo embalado com densidade dos grãos de 1,3 para abrir uma escavação em rocha granítica. O equipamento de perfuração irá abrir um furo de desmonte de 3 polegadas. O explosivo é embalado em bastões de 2,5 polegadas de diâmetro. Qual é a distância de afastamento recomendada para o primeiro fogo de teste?

Segundo a Tabela 13.2, a densidade dos grãos do granito é 2,6 a 2,9, use um valor médio de 2,75:

$$B = \left(\frac{2 \times 1,3}{2,75} + 1,5 \right) \times 2,5 = 6,1 \text{ ft}$$

potência relativa por volume
A potência de um explosivo em comparação com o ANFO padrão. O ANFO padrão recebe uma classificação de potência de 100.

A densidade do explosivo é utilizada na Eq. [13.1] devido à relação proporcional entre a densidade e a resistência do explosivo. Contudo, algumas emulsões explosivas apresentam resistências diferentes em densidades iguais. Nesse caso, a Eq. [13.1] não será válida. Uma equação baseada em **potência relativa por volume** em vez de densidade pode ser utilizada nessas situações.

Capítulo 13 Desmonte de rocha 409

A classificação de potência relativa por volume de um explosivo deve se basear em dados de ensaios sob condições específicas, mas às vezes é baseado em cálculos. Os fabricantes informam valores específicos para seus produtos individuais. A equação de potência relativa para a distância de afastamento é:

$$B = 0{,}67\, D_e \sqrt[3]{\frac{St_v}{SG_r}} \qquad [13.2]$$

onde St_v = potência relativa ao ANFO = 100 por volume.

Quando uma ou duas linhas de furos de desmonte são disparadas no mesmo fogo, a distância de afastamento entre elas deve ser igual. Se mais de duas linhas serão disparadas em um único fogo, a distância de afastamento das linhas traseiras deve ser ajustada ou será preciso usar tempos de retardo de milissegundos para permitir que as rochas da face das linhas dianteiras se movam antes das linhas traseiras serem disparadas.

Os experimentos de campo mostram que 1 a 1,5 ms por pé de afastamento efetivo é o mínimo que deve ser considerado para obter alívio para o disparo de linhas sucessivas. Contudo, para alívio de alta qualidade, geralmente é preciso 2 a 2,5 ms por pé de afastamento efetivo; em alguns casos, quando se deseja obter alívio máximo, 5 a 6 ms por pé representam valores mais apropriados.

EXEMPLO 13.4

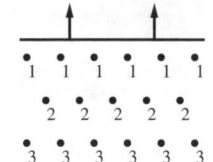

Três linhas sucessivas de furos de desmonte serão disparadas em um fogo. As linhas têm 16 ft de distância entre si. Deseja-se obter bom alívio ao detonar cada linha individualmente; assim, quantos milissegundos de atraso devem ser utilizados entre os disparos das linhas?

2 a 2,5 ms por pé de afastamento efetivo são necessários.

O retardo mínimo deve ser de 32 ms (16 × 2 ms), mas 40 ms (16 × 2,5 ms) seria um valor melhor.

Variações geológicas A rocha não é o material homogêneo admitido pelas fórmulas empíricas; assim, muitas vezes é necessário aplicar fatores de correção de afastamento para condições geológicas específicas. A Tabela 13.3 informa fatores de correção de distância de afastamento para o depósito rochoso K_d (ver Figura 13.9) e a estrutura rochosa K_s.

$$B_{\text{corrigido}} = B \times K_d \times K_s \qquad [13.3]$$

TABELA 13.3 Fatores de correção de distância de afastamento

Depósito rochoso	K_d
Estratificação (acamamento) mergulhando fortemente no corte	1,18
Estratificação (acamamento) mergulhando fortemente na face	0,95
Outros casos de depósitos	1,00
Estrutura rochosa	K_s
Altamente fissurada, juntas fracas frequentes, camadas com cimentação fraca	1,30
Camadas finas e bem cimentadas com juntas firmes	1,10
Rocha intacta maciça	0,95

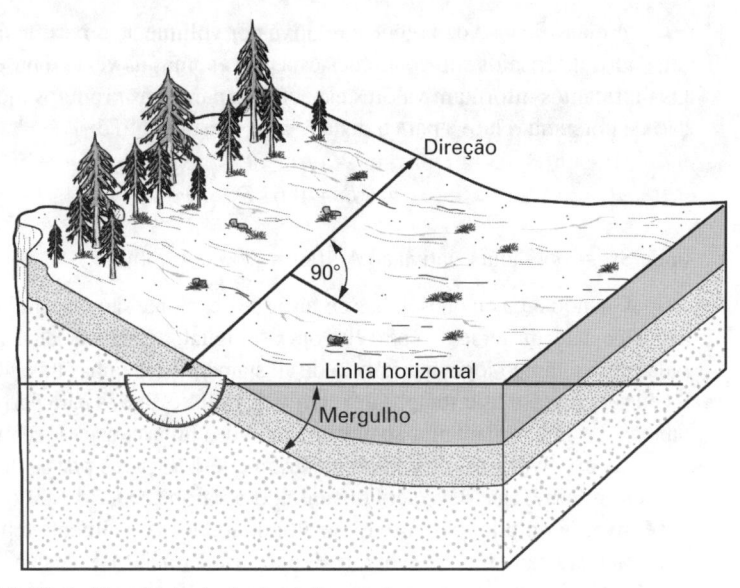

FIGURA 13.9 Terminologia de depósitos rochosos.

EXEMPLO 13.5

Uma pedreira se encontra em uma formação de calcário (SG, 2,6) com estratificação horizontal com diversas juntas fracas. De acordo com os resultados de um programa de ensaios de perfuração, acredita-se que o calcário seja altamente laminado com muitas camadas de cimentação fraca. Devido a possíveis condições de umidade, uma lama em cartucho (potência relativa por volume de 140) será utilizada como explosivo. Os furos de desmonte de 6½ polegadas serão carregados com cartuchos de 5 polegadas de diâmetro. Qual é a distância de afastamento calculada?

$$B = 0{,}67 \times 5 \times \sqrt[3]{\frac{140}{2{,}6}} = 12{,}65 \text{ ft}$$

Fatores de correção da Tabela 13,3, $K_d = 1$, estratificação horizontal e $K_S = 1{,}3$, muitas camadas de cimentação fraca.

$$B_{corrigido} = 12{,}65 \times 1 \times 1{,}3 = 16{,}4 \text{ ft}$$

Diâmetro do furo de desmonte

ultralançamentos
Rochas arremessadas ao ar por uma explosão.

O diâmetro do furo de desmonte influi na fragmentação da rocha, sopros de ar, **ultralançamentos** e vibração do solo. Furos de desmonte maiores têm densidades de carga explosiva mais elevadas (lb/ft ou kg/m). Em consequência, os padrões de desmonte podem ser expandidos enquanto mantemos o mesmo fator de potência dentro do maciço rochoso. Essa expansão em padrões aumenta a produção ao reduzir o número total de orifícios necessário.

Contudo, a regra geral é que furos de desmonte de diâmetros maiores, de 6 a 15 polegadas (15 a 38 cm) têm aplicações limitadas na maioria dos projetos de construção devido a requisitos de fragmentação e limites da profundidade de corte. Os diâmetros de furos de desmonte de construção geralmente variam de 3,5 a 4,5 polegadas (90 a 114 mm)e a profundidade de perfuração normal é inferior a 40 ft (12 m). Uma regra geral é usar diâmetros de furo de desmonte inferiores à altura de bancada divididos por 60. Assim, para uma altura de bancada de 13 ft, o diâmetro do furo de desmonte deve ser de aproximadamente 2,6 polegadas.

$$\left(\frac{13 \text{ ft}}{60} \times 12 \text{ in por ft}\right).$$

explosivos não ideais
Todos os explosivos comerciais são não ideais; eles possuem velocidades de detonação que mudam com o diâmetro de carga.

As características de detonação do explosivo são outra consideração importante na seleção do diâmetro de furo de desmonte adequado. Todos os **explosivos não ideais** possuem um diâmetro crítico abaixo do qual sua detonação deixa de ser confiável. O desempenho do ANFO diminui rapidamente abaixo de 3 polegadas (76 mm). A Figura 13.10 apresenta os resultados de um modelo empírico do efeito do diâmetro da carga sobre a velocidade de detonação. Ele se baseia em mensurações de campo de velocidades de detonação. O diâmetro do furo de desmonte deve ser grande o suficiente para permitir a detonação ideal dos explosivos.

Em algumas situações, como em uma pedreira, o *blaster* pode adaptar a altura de bancada para otimizar o desmonte. Em um projeto de construção, no entanto, os graus de solo existentes e graus finais especificados do projeto limitam quaisquer modificações da altura de bancada.

Um dos parâmetros das Eqs. [13.1] e [13.2] foi o diâmetro do explosivo, D_e. O diâmetro do explosivo é limitado pelo diâmetro do furo de desmonte. Considere o Exemplo 13.2: Se a empreiteira desejava usar uma broca de 5 polegadas, a carga teria 5 polegadas de diâmetro.

Usando o diâmetro de explosivo de 5 polegadas, a distância de afastamento seria:

$$B = \left(\frac{2 \times 0,8}{2,75} + 1,5\right) \times 5 = 10,41 \text{ ft}$$

Aumentando o diâmetro do furo de desmonte, o número de furos que precisariam ser abertos e carregados é reduzido.

Contudo, a questão da altura de bancada não foi considerada em nenhum dos dois exemplos. Se a altura de bancada era de apenas 13 ft devido à profundidade de

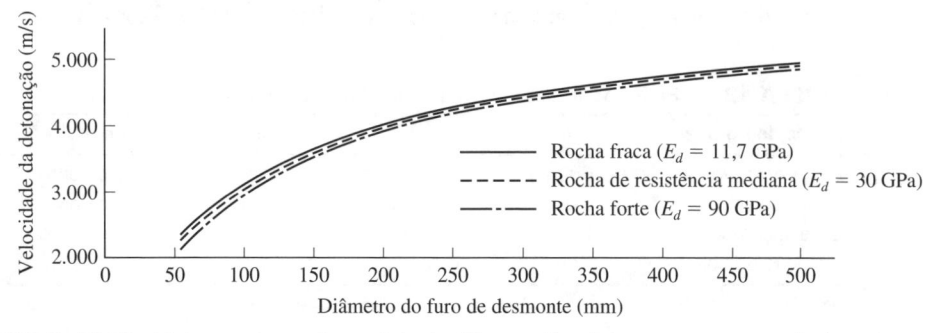

FIGURA 13.10 Efeito previsto pelo modelo do diâmetro (furo) de carga em um explosivo misto.

escavação exigida, qual deveria ser o tamanho do furo de desmonte utilizado? Os índices de rigidez (SR) para os dois diâmetros de furo de desmonte sendo considerados são:

$$\text{Furo de desmonte de 3 in: } \frac{13 \text{ ft altura}}{6{,}2 \text{ ft afastamento}} = 2{,}1 \text{ SR}$$

$$\text{Furo de desmonte de 5 in: } \frac{13 \text{ ft altura}}{10{,}4 \text{ ft afastamento}} = 1{,}3 \text{ SR}$$

A Tabela 13.4 informa a relação entre o índice de rigidez e os fatores críticos de desmonte. Os dados da Tabela 13.4 indicam que o furo de desmonte de 5 polegadas causará problemas no processo. Mesmo o furo de 3 polegadas produzirá resultados apenas medianos, o que indica que o fogo deve ser repensado.

Seria bom ter um valor de SR de pelo menos 3. Esse valor é necessário para que o desmonte produza bons resultados. Experimente usar um furo de desmonte de 2 polegadas e um diâmetro de explosivo de 2 polegadas.

$$B = \left(\frac{2 \times 0{,}8}{2{,}75} + 1{,}5 \right) \times 2{,}0 = 4{,}2 \text{ ft}$$

$$\text{Furo de desmonte de 2 in: } \frac{13 \text{ ft altura}}{4{,}2 \text{ ft afastamento}} = 3{,}1 \text{ SR}$$

Se o valor de diâmetro de furo de desmonte de 2,6, obtido pela regra prática de dividir a altura por 60, tivesse sido utilizado, o SR seria 2,4. Assim, fica evidente que as regras práticas são boas maneiras de criar uma primeira aproximação ou confirmar a ordem de grandeza dos valores, mas ainda é necessário realizar uma análise completa para desenvolver um projeto de desmonte.

desmonte secundário
Uma operação realizada após a explosão primária para reduzir os materiais remanescentes que tiverem dimensões excessivas até um tamanho desejável.

Isso significa que serão necessárias mais linhas de furos, mas o resultado será uma melhoria da fragmentação. O custo de perfuração será maior, mas os custos de **desmonte secundário** e manuseio devem ser reduzidos.

Três fatores afetam a distância de afastamento: (1) a densidade relativa das partículas ou densidade dos grãos da rocha, (2) o diâmetro dos explosivos e (3) a densidade relativa das partículas dos explosivos ou a potência relativa por volume do explosivo no caso de uma emulsão.

As condições geológicas fundamentais de um projeto são dados fixos e a constru-

TABELA 13.4 Efeito do índice de rigidez nos fatores de desmonte

Índice de rigidez	1	2	3	4 e maior*
Fragmentação	Ruim	Média	Bom	Excelente
Sopro de ar	Grave	Média	Bom	Excelente
Ultralançamentos	Grave	Média	Bom	Excelente
Vibração do solo	Grave	Média	Bom	Excelente

* Os índices de rigidez acima de 4 não apresentam aumento de vantagens.

tora precisa trabalhar com o ambiente encontrado no local. Os diversos explosivos comerciais possuem várias potências diferentes, mas o efeito sobre a distância de afastamento calculada em toda a gama de forças de explosivos seria muito pequeno, de apenas 2-3 ft. Se for preciso alterar a distância de afastamento para produzir um desmonte eficaz que gere boa fragmentação e não cause danos, o parâmetro a ser ajustado é o diâmetro do explosivo.

Profundidade do tampão

A finalidade do tampão (distância do colar) é confinar a energia explosiva ao furo de desmonte. Para funcionar corretamente, o material usado para tampão deve ficar preso no orifício. É muito comum utilizar fragmentos de rocha da perfuração como material de tamponamento. Fragmentos bastante finos ou de perfuração que sejam constituídos basicamente de poeira e não cumprem a função desejada. Para funcionar corretamente, o material de tamponamento deve ter diâmetro médio igual a 0,05 vezes o diâmetro do furo e deve ser angular. Nesses casos, pode ser necessário utilizar pedras britadas. Recomenda-se o uso de pedra nº 8 como tampão para furos de menos de 4 polegadas de diâmetro e pedra nº 57 para furos maiores do que 4 polegadas de diâmetro. Materiais muito grossos não são boas fontes de tamponamento, pois tendem a não preencher adequadamente o furo e serem ejetados.

Se a profundidade de tamponamento for grande demais, a quebra superior causada pela explosão será de baixa qualidade e a quebra para trás do maciço (*backbreak*) aumentará. Quando a profundidade de tamponamento não for adequada, a explosão escapa prematuramente do furo (ver Figura 13.11).

Sob condições normais e com bons materiais de tamponamento, a distância de tamponamento, T, de 0,7 vezes a distância de afastamento, B, será satisfatória, mas

FIGURA 13.11 Energia explosiva escapando de furos de desmonte.*

Primeiro fogo de escavação para a expansão de terceira faixa do Canal do Panamá.

a profundidade de tamponamento pode variar de 0,7 a 1,3 B. A equação de tamponamento é:

$$T = 0,7 \times B \qquad [13.4]$$

Outra abordagem de projeto é utilizar a razão entre a profundidade de tamponamento e o diâmetro do furo de desmonte. Uma razão apropriada seria de 14:1 a 28:1, dependendo das velocidades do explosivo e da rocha, as condições físicas da rocha e o tipo de atacamento utilizado. Profundidades de tamponamento superiores maiores são necessárias quando a velocidade da rocha for maior do que a velocidade de detonação do explosivo ou quando a rocha sofrer fraturamento pesado ou tiver baixa densidade.

Quando a poeira de perfuração for usada como material de tamponamento, a distância de tamponamento precisa ser aumentada em mais 30% da distância de afastamento, pois a poeira não se prende no furo.

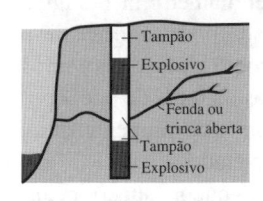

Às vezes, é necessário carregar o furo de desmonte com enchimento (ou espaçadores). O carregamento com espaçadores é a operação de colocar materiais inertes (material de tamponamento) no furo de desmonte para separar as diversas cargas explosivas dentro do furo umas das outras. Isso é necessário quando o furo de desmonte passa por uma fenda ou trinca na rocha. Nessa situação, se o fogo for disparado quando os materiais explosivos preencherem totalmente o furo, a força da explosão atravessaria a fenda fraca. Assim, na presença dessas condições, uma carga é colocada abaixo e acima da fenda fraca, enquanto o material de tamponamento fica encerrado entre elas.

Profundidade de subperfuração

Normalmente, o fogo não fratura o fundo real do furo de desmonte. Para entender por que isso acontece, lembre-se que o segundo mecanismo de quebra é a ruptura de flexão. Para produzir o grau especificado pelo desmonte, é necessário perfurar abaixo da elevação de **piso** desejada (ver Figura 13.8). Essa porção do furo de desmonte abaixo do grau final desejado é chamada de "subperfuração" (ou perfuração adicional). A distância de subperfuração necessária, J, pode ser aproximada pela seguinte fórmula:

piso
O plano de fundo horizontal (ou quase) de uma escavação.

$$J = 0,3 \times B \qquad [13.5]$$

As profundidades de subperfuração satisfatórias variam de 0,2 a 0,5 B, pois os resultados dependem do tipo de rocha e de sua estrutura.

Em muitos casos, no entanto, as especificações do projeto limitam a subperfuração a 10% ou menos da altura de bancada. No desmonte para alicerces de estruturas cujo nível final é especificado, a subperfuração da camada de corte final normalmente é fortemente restrita pela especificação. A camada final removida em escavações estruturais geralmente é limitada a uma profundidade máxima de 5 a 10 pés (1,5 a 3 m). Em geral, a subperfuração não é permitida na camada de corte final de 5 ft (1,5 m) e se restringe a 2 ft (0,6 m) para a camada de corte final de 10 ft (3 m). Isso ocorre para evitar que as rochas sobre as quais os alicerces serão estabelecidos sejam danificadas. Além disso, o diâmetro do furo de desmonte muitas vezes é limitado a 3,5 polegadas (90 mm).

Espaçamento e padrões de furos

Os três padrões de desmonte mais usados são (1) o quadrado, (2) o retangular e (3) o estagiado (também chamado de triangular, escalonado ou pé de galinha) (ver Figura 13.12). O padrão de perfuração quadrado possui distâncias de espaçamento e afastamento iguais. O espaçamento é a distância entre furos de desmonte adjacentes, medida perpendicularmente ao afastamento. Com o padrão retangular, a distância de espaçamento entre os furos é maior do que a distância de afastamento. Ambos os padrões colocam os furos de cada linha diretamente atrás dos furos da linha anterior. No padrão estagiado ou pé de galinha, os furos de cada linha são posicionados no ponto central entre os furos da linha anterior. No padrão estagiado, a distância de espaçamento entre os furos deve ser maior do que a distância de afastamento.

Uma sequência de disparo em V é usada com padrões de perfuração quadrados e retangulares (ver Figura 13.13). Os afastamentos e os deslocamentos de rocha subsequente formam um ângulo em relação à face livre original quando se utiliza uma ordem de disparo em V. O padrão de perfuração estagiado é utilizado para disparos linha por linha, no qual os furos de uma linha são disparados antes dos furos na linha imediatamente seguinte.

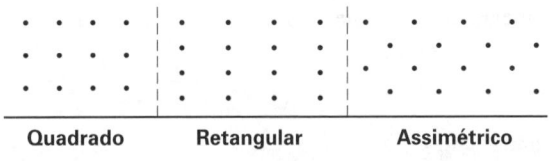

FIGURA 13.12 Padrões comuns de desmonte.

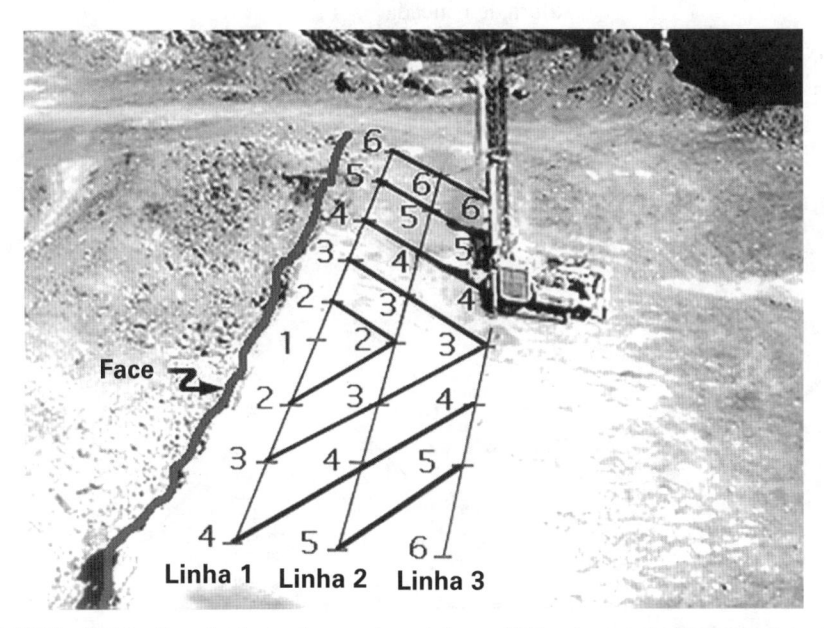

FIGURA 13.13 Sequência de disparo de padrão em V. Os números indicam a ordem de disparo.

Quando as linhas são disparadas em sequência, como no disparo de um padrão estagiado, o espaçamento é medido entre os furos na mesma linha. Quando o desmonte segue fazendo um ângulo em relação à face livre original, como na Figura 13.13, o espaçamento é medido em um ângulo em relação à face livre original (ver Figura 13.14). A distância de espaçamento é calculada como função do afastamento.

> O tempo de iniciação e o índice de rigidez controlam o espaçamento apropriado dos furos de desmonte.

Quando o espaçamento dos furos for muito próximo e eles forem disparados instantaneamente, o escapamento da potência resulta em sopro de ar e ultralançamentos. Quando o espaçamento é estendido, há um limite além do qual a fragmentação passa a ser forte demais. Antes de iniciar uma análise de espaçamento, é preciso responder duas perguntas sobre o fogo:

(1) As cargas serão detonadas imediatamente ou serão usados retardos? (2) O índice de rigidez é maior do que 4? Um SR inferior a 4 é considerado uma bancada baixa, enquanto uma bancada alta tem valor de SR de 4 ou maior. Isso significa que é preciso considerar quatro casos de projeto:

1. Iniciação instantânea, com o SR maior do que 1 mas menor do que 4.

$$S = \frac{L + 2B}{3} \qquad [13.6]$$

onde:

S = Espaçamento
L = Altura de bancada

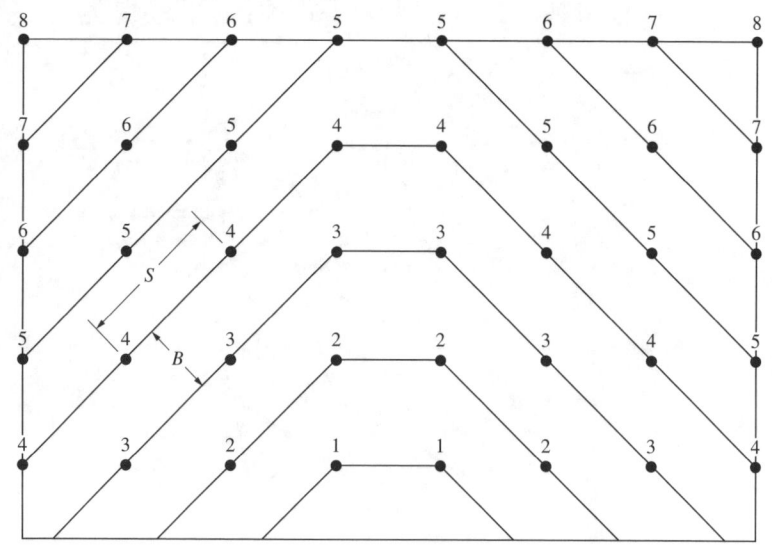

FIGURA 13.14 Distância de espaçamento para uma sequência de detonação (ou sequência de fogo) com padrão em V. Os números indicam a ordem de disparo.

2. Iniciação instantânea, com o SR igual ou maior do que 4.

$$S = 2B \qquad [13.7]$$

3. Iniciação retardada, com o SR maior do que 1 mas menor do que 4.

$$S = \frac{L + 7B}{8} \qquad [13.8]$$

4. Iniciação retardada, com o SR igual ou maior do que 4.

$$S = 1{,}4B \qquad [13.9]$$

O espaçamento real utilizado no campo deve ficar dentro de uma margem de 15% em relação ao valor calculado.

EXEMPLO 13.6

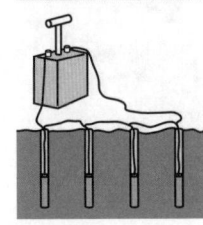

Uma proposta pede o carregamento de furos de desmonte de 4 polegadas com ANFO. A empreiteira gostaria de usar um padrão de perfuração de 8 × 8 (8 ft de afastamento e 8 ft de espaçamento). Partindo do princípio de que a distância de afastamento está correta, o espaçamento de 8 ft será aceitável? A altura de bancada é igual a 35 ft e cada furo será detonado com um retardo separado.

Confira o índice de rigidez em busca de uma bancada alta ou baixa:

$$\frac{L}{B} = \frac{35}{8} = 4{,}4;\ \text{o valor é} > 4,\ \text{então a bancada é alta.}$$

Tempo de retardo; logo, use a Eq. [13.9].

$$S = 1{,}4 \times 8 = 11{,}2\ \text{ft}$$

Faixa, 11,2 ± 15%: 9,5 ≤ S ≤ 12,9

O espaçamento proposto de 8 ft não parece ser suficiente. No mínimo, o padrão deve ser alterado para um afastamento de 8 ft × espaçamento de 9,5 ft para o primeiro fogo de teste no campo.

EXEMPLO 13.7

Um projeto em rocha granítica terá uma altura de bancada média de 20 ft. Foi proposto utilizar um explosivo com densidade dos grãos de 1,2. Os equipamentos da empreiteira podem perfurar furos de 3 polegadas de diâmetro com facilidade. Pressuponha que o diâmetro embalado dos explosivos será de 2,5 polegadas. Serão utilizadas técnicas de desmonte com retardo. Desenvolva um projeto de desmonte.

A densidade dos grãos do granito fica entre 2,6 e 2,9 (ver Tabela 13.2). Use um valor médio de 2,75.

Usando a Eq. [13.1], obtemos:

$$B = \left(\frac{2 \times 1{,}2}{2{,}75} + 1{,}5\right) \times 2{,}5 = 5{,}9\ \text{ft}$$

Utilize 6 ft como distância de afastamento. Lembre-se que os números calculados aqui serão utilizados no campo. Facilite o trabalho de quem vai atuar em meio a poeira, lama e todas as outras condições maravilhosas do projeto. Provavelmente é melhor arredondar os números calculados para o valor de pé ou meio pé mais próximo antes de comunicar o projeto para o operador da perfuratriz ou *blaster*.

O índice de rigidez: $\frac{L}{B} = \frac{20}{6} = 3,3$

Segundo a Tabela 13.4, o índice de rigidez é bom.
Segundo a Eq. [13.4], a profundidade de tamponamento é:

$$T = 0,7 \times 6 = 4,2 \text{ ft}$$

Use 4 ft para tamponamento.

Segundo a Eq. [13.5], a profundidade de subperfuração é:

$$J = 0,3 \times 6 = 1,8 \text{ ft}$$

Use 2 ft para subperfuração.

O espaçamento, para um SR maior do que 1 mas menor do que 4 e que utiliza iniciação com retardo, segundo a Eq. [13.], é:

$$S = \frac{20 + (7 \times 6)}{8} = 7,75 \text{ ft}$$

7,75 ±15%: A faixa para S é de 6,6 a 8,9 ft.

Como primeiro fogo de teste, utilize um padrão com afastamento de 6 ft × espaçamento de 8 ft.

Observe que tentamos projetar um desmonte que precisará apenas de medições usando números inteiros no campo.

FATOR DE PÓLVORA

A quantidade de explosivos necessária para fraturar uma jarda cúbica de rocha *in situ* é uma medida da economia do projeto de desmonte. A Tabela 13.5 informa as densidades de carga que permitem que o engenheiro calcule o peso de explosivo necessário para um furo de desmonte. No Exemplo 13.7, o diâmetro dos explosivos era de 2,5 polegadas e o explosivo tinha densidade de 1,2. Usando a Tabela 13.5, a densidade de carga é de 2,55 lb/ft de carga. O comprimento da coluna de pólvora é o comprimento total do furo menos o atacamento; no caso, 18 ft [20 ft + 2 ft (subperfuração) − 4 ft (atacamento)]. Sem considerar o uso de uma carga primária, o peso total de explosivos usado por furo de desmonte seria 18 ft × 2,55 lb/ft = 45,9 lb.

A quantidade de rocha fraturada por um furo de desmonte é igual à área do padrão vezes a profundidade até o nível do fundo. Para um padrão de 6 × 8 ft com profundidade de 20 ft até o nível, cada furo teria um volume afetado de 35,6 cy.

$$\left(\frac{6 \text{ ft} \times 8 \text{ ft} \times 20 \text{ ft}}{27 \text{ cf/cy}} \right)$$

O fator de pólvora será 1,29 lb/cy.

$$\left(\frac{45,9 \text{ lb}}{35,6 \text{ cy}} \right)$$

Com a experiência, esse número oferece ao engenheiro uma maneira de verificar o projeto de desmonte.

TABELA 13.5 Gráfico de densidade de cargas de explosivos em libras por pés de coluna para uma determinada densidade do grão de explosivo

Diâmetro da coluna (polegadas)	Densidade do grão do explosivo						
	0,80	0,90	1,00	1,10	1,20	1,30	1,40	1,50
1	0,27	0,31	0,34	0,37	0,41	0,44	0,48	0,51
$1\frac{1}{4}$	0,43	0,48	0,53	0,59	0,64	0,69	0,74	0,80
$1\frac{1}{2}$	0,61	0,69	0,77	0,84	0,92	1,00	1,07	1,15
$1\frac{3}{4}$	0,83	0,94	1,04	1,15	1,25	1,36	1,46	1,56
2	1,09	1,23	1,36	1,50	1,63	1,77	1,91	2,04
$2\frac{1}{2}$	1,70	1,92	2,13	2,34	2,55	2,77	2,98	3,19
3	2,45	2,76	3,06	3,37	3,68	3,98	4,29	4,60
$3\frac{1}{2}$	3,34	3,75	4,17	4,59	5,01	5,42	5,84	6,26
4	4,36	4,90	5,45	6,00	6,54	7,08	7,63	8,17
$4\frac{1}{2}$	5,52	6,21	6,89	7,58	8,27	8,96	9,65	10,34
5	6,81	7,66	8,51	9,36	10,22	11,07	11,92	12,77
$5\frac{1}{2}$	8,24	9,27	10,30	11,33	12,36	13,39	14,42	15,45
6	9,81	11,03	12,26	13,48	14,71	15,93	17,16	18,39
$6\frac{1}{2}$	11,51	12,95	14,39	15,82	17,26	18,70	20,14	21,58
7	13,35	15,02	16,68	18,35	20,02	21,69	23,36	25,03
8	17,43	19,61	21,79	23,97	26,15	28,33	30,51	32,69
9	22,06	24,82	27,58	30,34	33,10	35,85	38,61	41,37
10	27,24	30,64	34,05	37,46	40,86	44,26	47,67	51,07

Os fatores de pólvora para o desmonte de superfície podem variar de 0,25 a 2,5 libras por cy (0,1 a 1,1 kg/cm), com valores típicos entre 0,5 e 1,0 lb/cy (0,2 a 0,45 kg/cm). Explosivos de maiores níveis de energia, como aqueles que contêm grandes quantidades de alumínio, quebrarão mais rochas por unidade de peso do que os com níveis menores de energia.

Em todos os exemplos de projeto usados até o momento, sempre se admitiu que apenas um explosivo foi usado em cada furo de desmonte. Em geral, não é o caso; se um furo for carregado com ANFO, ele precisará de uma carga primária para dar início à explosão. Quando for esperado que os fundos de alguns furos sejam úmidos, é preciso considerar uma tolerância para explosivos resistentes a água, como as lamas, nesses locais. No caso de uma coluna de pólvora de 18 ft que será carregada com ANFO, densidade do grão de 0,8, a carga primária precisará ser colocada no fundo do furo. Se for utilizado um bastão de 8 polegadas de comprimento com densidade do grão de 1,3, serão 216 polegadas de ANFO e 8 polegadas de carga primária.

Nesse caso, admitindo todos os furos secos, o peso dos explosivos com base em um diâmetro de explosivo de 2,5 polegadas seria:

$$\begin{aligned}
\text{ANFO} \quad & 1{,}70 \text{ lb/ft} \times (208 \text{ in} \div 12 \text{ in/ft}) = 29{,}46 \text{ lbs} \\
\text{Dinamite} \quad & 2{,}77 \text{ lb/ft} \times (8 \text{ in} \div 12 \text{ in/ft}) = \underline{1{,}85 \text{ lbs}} \\
& \qquad\qquad\qquad\qquad\qquad\qquad\qquad 31{,}31 \text{ lbs}
\end{aligned}$$

O peso total do explosivo por furo é 31,31 libras para 18 ft de coluna de pólvora.

Para analisar a vibração, é necessário conhecer o peso total de explosivos. Também é importante separar a quantidade de agente e de carga primária, pois os preços de ambos são significativamente diferentes. A carga primária pode custar até nove vezes o preço do agente. Nesse caso, a carga primária representa cerca de 6% do peso da quantidade total de explosivos.

VALA EM ROCHA

Quando escavamos uma vala na rocha, o diâmetro ou largura da unidade estrutural a ser colocada na vala, seja ela um tubo ou um conduíte, é a consideração principal. Quando consideramos a largura necessária da vala, é preciso levar em conta o espaço necessário para trabalhar e os requisitos de colocação de reaterro. Muitas especificações tratam particularmente da largura do reaterro. Outra consideração importante é o tamanho dos equipamentos de escavação.

A geologia exerce bastante influência sobre o projeto de desmonte. As valas ficam na superfície do solo, geralmente estendendo-se pelo capeamento de solo e rochas instáveis desgastadas e entrando na rocha sólida. É preciso reconhecer a condição não uniforme. O *blaster* precisa conferir cada furo individual para determinar a profundidade de rocha real. Os explosivos são colocados apenas na rocha, não no capeamento.

Se é necessário formar apenas uma vala estreita em uma massa de rocha com leitos intercalados, uma única linha de furos de desmonte localizada na linha de centro geralmente é adequada. A Eq. [13.1] ou a Eq. [13.2] fornecem uma primeira tentativa para o espaçamento dos furos. O tempo do fogo deve seguir uma sequência que desce a linha. O disparo do primeiro furo cria a face livre para a progressão, motivo pelo qual essas equações são aplicáveis. Na situação em que a vala é rasa ou o capeamento é pequeno, **mantas de proteção** colocadas sobre o alinhamento da vala podem ser necessárias para controlar os ultralançamentos. No caso de uma vala ampla ou quando encontramos rochas sólidas, é comum usar uma linha dupla de furos de desmonte.

manta de proteção para explosões
Uma manta, geralmente de cabo de aço trançado, usada para restringir ou conter ultralançamentos.

TÉCNICAS DE CONTROLE DA FRAGMENTAÇÃO

O desmonte controlado usa quantidades de explosivos reduzidas, carregadas em furos que geralmente são menores em diâmetro e espaçamento do que o desmonte principal. Os furos muitas vezes são abertos ao longo da periferia da escavação ou de fogos individuais. As técnicas de controle da fratura são usadas para limitar a sobrefragmentação, reduzir as fraturas dentro das paredes rochosas remanescentes e reduzir as vibrações do solo.

Perfuração em linha

sobrefragmentação ou sobre-escavação
Rochas fraturadas além dos limites de escavação desejados.

Uma técnica usada para controlar a **sobrefragmentação** e produzir uma superfície de escavação final definida é a perfuração em linha. A técnica consiste em simplesmente perfurar uma única linha de furos não carregados e com espaçamento estreito ao longo do perímetro da escavação.

O diâmetro desses furos varia de 2 a 3 polegadas (50 a 75 mm), com o espaçamento igual a 2 a 4 diâmetros. Essa linha de furos cria um plano de fraqueza no qual o desmonte pode causar a fratura. A profundidade prática máxima na qual é possível realizar a perfuração em linha depende da precisão dos equipamentos perfuradores. É raro que o alinhamento dos furos possa ser mantido quando as profundidades superarem 30 ft (10 m).

Pré-corte ou pré-fissuramento

O pré-corte é uma técnica para criar uma face livre interna, geralmente no limite da escavação, que conterá as ondas de tensão dos furos detonados sucessivamente (ver Figura 13.15). Os furos de desmonte pré-cortados podem ser detonados antes das outras operações ou logo antes de quaisquer furos de desmonte principais adjacentes. Se os furos pré-cortados forem disparados logo antes dos furos de desmonte principais, será preciso um retardo mínimo de 200 ms entre a explosão pré-cortada e o disparo dos furos de desmonte principais mais próximos.

Normalmente, os furos de desmonte pré-cortados têm de 2,5 a 3 polegadas de diâmetro e são perfurados ao longo da superfície desejada, em espaçamentos que va-

FIGURA 13.15 Face da rocha pré-cortada.

riam de 18 a 36 polegadas, dependendo das características da rocha. Quando a rocha for muito fraturada, o espaçamento dos furos deve ser reduzido. Algumas operações de pré-corte utilizam furos de até 12,25 polegadas de diâmetro, com profundidades de mais de 80 ft. Mas a profundidade máxima é limitada pela precisão das operações de perfuração, que normalmente se deterioram em cerca de 50 ft (15 m). As profundidades de 20 a 40 ft (6 a 12 m) são mais comuns. Os furos pré-cortados são carregados com um a dois bastões de explosivos em seus fundos e então recebem cargas menores, geralmente bastões de 1½ × 4 polegadas em intervalos de 12 polegadas, até o topo do furo. Os bastões podem ser presos ao cordel detonante (Primacord) com fitas, mas também é possível utilizar bastões ocos, permitindo que o Primacord atravesse os bastões espaçadores cilíndricos de papelão entre as cargas. É importante que as cargas tenham menos de metade do diâmetro do furo pré-cortado e não encostem nas paredes do furo.

Quando os explosivos nesses furos são detonados antes dos furos de desmonte principais, as malhas entre os furos se fraturam, deixando uma fenda que atua como barreira para as ondas de choque do desmonte principal. Isso basicamente elimina a quebra além da superfície fraturada.

Espaçamento e carga de explosivos de pré-corte

A carga aproximada de explosivos por pé de furo de desmonte de pré-corte é dada por:

$$d_{ec} = \frac{D_h^2}{28} \qquad [13.10]$$

onde:

d_{ec} = carga de explosivos em libras por pé

D_h = diâmetro do furo de desmonte em polegadas

Quando essa fórmula é utilizada para chegar a uma carga de explosivos, o espaçamento entre os furos de desmonte pode ser determinada pela equação:

$$\text{Sp} = 10 D_h \qquad [13.11]$$

onde Sp = espaçamento de furo de desmonte de pré-corte em polegadas.

Devido às variações nas características das rochas, a determinação final dos espaçamentos dos furos e a quantidade de explosivo por furo deve ser determinada por testes conduzidos no local do projeto. Muitas vezes, os ensaios de campo permitem que a constante na Eq. [13.11] seja aumentada de 10 para até 14.

Os furos de desmonte de pré-corte não são estendidos além do perfil (piso da escavação). Em vez de subperfuração, uma carga concentrada de duas a três vezes d_{ec} deve ser colocada no fundo do furo.

Como o desmonte de pré-corte deve causar apenas fraturas, podemos usar fragmentos de rocha de perfuração como tamponamento. O objetivo é apenas confinar temporariamente os gases e reduzir o ruído. Normalmente se utiliza 2 a 5 ft de tamponamento.

EXEMPLO 13.8

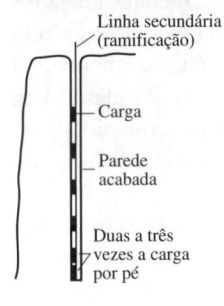

Por uma especificação contratual, as paredes de uma escavação rodoviária através de uma formação rochosa devem ser pré-cortadas verticalmente. A empreiteira vai utilizar equipamentos capazes de abrir um furo de 3 polegadas. Qual a carga de explosivos e o espaçamento entre furos que devem ser utilizados para o primeiro fogo de pré-corte do projeto?

Usando as Eqs. [13.10] e [13.11], obtemos:

$$d_{ec} = \frac{3^2}{28} = 0,32 \text{ lb/ft}$$

$$Sp = 10 \times 3 = 30 \text{ in}$$

A carga inferior deve ser: $3 \times 0,32 = 0,96$ lb.

(Legenda da figura: Linha secundária (ramificação); Carga; Parede acabada; Duas a três vezes a carga por pé)

VIBRAÇÃO

A rocha demonstra a propriedade de elasticidade. Quando os explosivos são detonados, são produzidas ondas elásticas quando a rocha se deforma e então recupera seu formato. Os dois principais fatores que afetam como esse movimento é percebido em um determinado ponto são a massa da carga de explosivos detonada e a distância até a carga. Apesar das vibrações se enfraquecerem com o aumento da distância até a fonte, elas podem alcançar faixas audíveis ou "sensíveis" em edifícios próximos ao canteiro de obras. É raro que essas vibrações alcancem níveis que causariam danos às estruturas, mas os problemas de vibração tornam a questão controversa. É preciso tomar muito cuidado para controlar as vibrações no caso de edifícios antigos, frágeis ou históricos, pois há risco de serem causados danos estruturais significativos. A questão da vibração pode provocar restrições às operações de desmonte e levar a aumentos no custo do projeto e atrasos no cronograma. Em muitos casos, a determinação de níveis de vibração "aceitáveis" é muito difícil, pois sua natureza é subjetiva. Os seres humanos e os animais são bastante sensíveis a vibrações, especialmente na faixa de baixa frequência (1–100 Hz).

É a imprevisibilidade e a natureza incomum de uma fonte de vibração, não o nível em si, que tende a causar reclamações. O efeito da perturbação (desconforto) costuma ser psicológico e não fisiológico e é mais grave à noite, quando os ocupantes dos edifícios não esperam perturbações estranhas criadas por fontes externas.

Níveis de potência de vibração

Quando os níveis de vibração de uma "fonte incomum" superarem o limite da percepção humana (velocidade de pico da partícula [PPV], 0,008–0,012 polegadas/s), ocorrem reclamações. Em uma situação urbana, as reclamações mais fortes se tornam prováveis quando a PPV for maior do que 0,12 polegadas/s [4], mas mesmo esses níveis são muito inferiores aos que ocorrem quando batemos uma porta em um edifício de alvenaria moderno. A tolerância das pessoas melhora se a origem das vibrações for conhecida e elas não provocarem danos. É importante dar aos indivíduos uma motivação para aceitar algumas perturbações temporárias. Uma prática apropriada seria evitar as atividades causadoras de vibrações à noite.

Os estudos publicados comparam as tensões impostas às estruturas por cargas ambientais típicas e as velocidades de partícula equivalentes. Uma mudança de 35% na umidade externa impõe uma tensão equivalente a uma velocidade de partícula de quase 5,0 polegada/s. Uma mudança de 12°F na temperatura externa impõe uma tensão equivalente a uma velocidade de partícula de cerca de 3,3 polegadas/s. Um diferencial eólico de 23 mi/h impõe uma tensão equivalente a uma velocidade de partícula de cerca de cerca de 2,2 polegadas/s. O desmonte de construção típico cria velocidades partículas inferiores a 0,5 polegadas/s.

Em consequência, é preciso lembrar que as pessoas conseguem perceber níveis bastante baixos de vibração, mas não estão cientes das forças ambientais silenciosas que atuam e causam danos a seus lares. Assim, apesar das atividades de construção causarem movimentos significativamente menores do que aqueles criados por ocorrência naturais comuns, o impacto percebido pelos seres humanos pode causar problemas.

Assim, como as operações de desmonte podem causar danos reais ou apenas supostos a edifícios, estruturas e outras propriedades localizadas na vizinhança das operações de desmonte, é uma boa ideia examinar, fotografar e documentar quaisquer estruturas para as quais alegações de danos possam ser realizadas após as operações de desmonte. Para ter valor, a análise deve ser completa e precisa. Antes de detonar uma carga, os instrumentos sismológicos podem ser colocados nos arredores para monitorar as magnitudes das vibrações causadas pelo fogo. Os responsáveis pelo desmonte podem conduzir o monitoramento; se a empresa responsável pelo desmonte possui uma apólice de seguro que abranja essa atividade, um representante da seguradora pode prestar o serviço.

Atenuação da vibração

Os retardos na sequência de iniciação do desmonte reduzem as vibrações, pois a massa das cargas individuais é menor do que o total que teria sido disparado sem o retardo. O órgão oficial que trata disso nos E.U.A., o U.S. Bureau of Mines, propôs uma fórmula para avaliar a vibração e que serve como uma maneira de controlar as operações de desmonte:

$$D_s = \frac{d}{\sqrt{W}} \quad [13.12]$$

onde:

D_s = distância escalada (fator não dimensional)
d = distância do fogo à estrutura em pés
W = peso máximo de carga por retardo em libras

Um valor de distância escalada de 50 ou mais indica que um fogo é seguro com relação à vibração de acordo com as normas do Bureau of Mines. Algumas agências regulatórias exigem um valor de 60 ou mais.

SEGURANÇA

Um acidente que envolve explosivos pode facilmente matar ou causar ferimentos graves e dano à propriedade. As quatro causas principais dos ferimentos relaciona-

explosão prematura
Uma carga que detona antes do momento desejado da explosão.

dos a desmonte em operações de mineração a céu aberto entre 1978 e 1993 foram a falta de segurança na área de desmonte (41%), projeções (28%), **explosões prematuras** (16%) e fogos falhados (8%). As principais causas dos problemas de segurança na área de desmonte são:

- Falha na evacuação de funcionários e visitantes da área do desmonte
- Instruções do *blaster* ou dos supervisores não são entendidas
- Proteção inadequada de estradas de acesso que levam à área do desmonte

Os acidentes de segurança na área de desmonte podem ser evitados com treinamento e comunicação de alta qualidade.

Histórias sobre acidentes com ultralançamentos aparecem regularmente no noticiário, sendo que as partes feridas ou danificadas geralmente são vítimas inocentes.

"Blast Catapults Mud, Rocks into Buildings; State Revokes Road Construction Permit" ("Explosão lança lama e rochas contra prédios; Governo estadual revoga alvará de construção de estrada") Um desmonte usando nitrato de amônio lançou lama e rocha a 600 pés de distância, danificando quatro edifícios e dois automóveis (*St. Louis Post- Dispatch*, 1997).

"Judge Halts Blasting at Arbor Place Mall" ("Juiz interdita explosões no Arbor Place Mall") Uma empresa de desmonte que escavava rochas em um canteiro de obras provocou a projeção de detritos que danificaram diversas residências (*The Atlanta Journal and Constitution*, 1998).

"Explosion at Construction Site Damages Homes" ("Explosão em canteiro de obras danifica casas") Uma rocha caiu pelo telhado da casa de um homem de 72 anos quando trabalhadores explodiram uma carga de dinamite para escavar uma tubulação de esgoto. Diversas outras residências também foram danificadas (Associated Press, 1999, Brentwood, Tenn.).

A prática inadequada de carregamento e disparo contribui para a criação de ultralançamentos. Qualquer irregularidade na estrutura geológica ao redor do furo pode causar um campo de tensão irregular que pode levar a ultralançamentos. Houve 15 incidentes de ultralançamentos informados no estado do Tennessee durante o período de 1999 a 2003 em que as rochas voaram a mais de 500 ft do local do desmonte. Em seis desses casos, os ultralançamentos voaram mais de 1.000 ft; em um caso, o deslocamento das projeções chegou perto de meia milha.

- Um fogo envolvendo uma face parcialmente livre e carregada com um fator de pólvora de 2,11 lb arremessou ultralançamentos a 1.500 ft, ferindo uma pessoa.
- Um padrão de desmonte de 5 × 5 ft com furos de 4,5 polegadas de diâmetro lançou rochas a cerca de 950 ft, ferindo uma pessoa.

Na iniciação de cargas de explosivos, uma ou mais cargas podem não explodir, fenômeno conhecido como "tiro falhado" ou "fogo falhado". Esses explosivos precisam ser removidos antes da escavação das rochas soltas. O método mais satisfatório é disparar essas cargas, se possível.

Caso sejam utilizados detonadores elétricos, os fios controladores devem ser desconectados da fonte de energia antes da investigação sobre a causa do tiro falhado. Se a carga tiver fios condutores até a espoleta, teste o circuito da espoleta; se o circuito for satisfatória, tente detonar a carga novamente.

Quando for necessário remover o tampão para acessar uma carga em um furo, esse material deve ser removido com uma ferramenta de madeira e não uma de metal. Se você tiver acesso a água ou ar comprimido, ambos podem ser utilizados com mangueiras de borracha para lavar o furo e tirar o tampão. Uma nova carga primária, posicionada sobre ou próxima à carga original, pode ser utilizada para detoná-la.

A prevenção de acidentes depende do planejamento cuidadoso e obediência absoluta às práticas corretas de desmonte. Requisitos específicos da Occupational Safety and Health Administration aplicáveis ao desmonte se encontram sob as seguintes normas: General Provisions (Disposições Gerais) 1926.900, Blaster Qualifications (Qualificações de Blasters) 1926.901, Surface Transportation of Explosives (Transporte Superficial de Explosivos) 1926.902, Storage of Explosives and Blasting Agents (Armazenamento de Explosivos e Agentes de Desmonte) 1926.904, Firing the Blast (Disparo de Explosões) 1926.909, Inspection after Blasting (Inspeção Após Desmonte) 1926.910 e Misfires (Tiros Falhados) 1926.911.

Os fabricantes de explosivos fornecem informações de segurança relativas a seus produtos específicos. Uma fonte excelente de materiais sobre práticas de segurança de desmonte é o Institute of Makers of Explosives em Washington, D.C.

RESUMO

Na construção, a operação chamada de "desmonte" é realizada para quebrar rochas de modo que possam ser extraídas para processamento em uma operação de produção de agregados ou para escavar um terreno de utilidade pública. Não existe uma solução correta única para projetar um desmonte. As rochas não são materiais homogêneos. Elas têm planos de fratura, fendas e mudanças de afastamento que precisam ser consideradas. Os projetos de desmonte usam pressupostos idealizados. Por causa desses fatos, é preciso entender que o projeto teórico é sempre apenas o ponto de partida para as operações de desmonte no campo. Os objetivos críticos de aprendizagem incluem:

- O entendimento da diferença entre um explosivo que demonstra uma relação proporcional entre densidade e potência explosivas e um que demonstra diferentes potências em densidades iguais
- A capacidade de calcular a distância de afastamento com base no tipo de explosivo
- A capacidade de projetar um desmonte inicial, incluindo o ajuste do tamanho do furo de desmonte para obter um índice de rigidez satisfatório
- O entendimento de como a iniciação afeta o espaçamento dos furos de desmonte
- A capacidade de calcular o fator de pólvora
- A capacidade de projetar uma detonação de pré-corte
- A capacidade de usar a fórmula do U.S. Bureau of Mines para verificar a vibração do desmonte

Esses objetivos servem de base para os problemas a seguir.

PROBLEMAS

13.1 O que a norma OSHA 1926.904(b) afirma sobre o armazenamento de espoletas explosivas?

13.2 O ANFO de colocação por ar comprimido em uma coluna de 9 polegadas de diâmetro será detonado em qual faixa de velocidade?

13.3 Uma espoleta de segurança contém um alto explosivo dentro de um revestimento apropriado. Essa frase está correta?

13.4 Uma empreiteira pretende usar ANFO a granel, densidade do grão 0,84, para abrir uma escavação em quartzita. O equipamento de perfuração irá abrir um furo de desmonte de 3 polegadas. Qual é a distância de afastamento recomendada para o primeiro fogo de teste? Arredonde a distância de afastamento calculada para o valor de meio pé mais próximo.

13.5 Uma empreiteira usará uma emulsão embalada com densidade do grão de 1½ e energia relativa por volume de 130 para abrir uma escavação em diábase, cuja densidade do grão é 2,76. O equipamento de perfuração irá abrir um furo de desmonte de 4 polegadas. O explosivo é embalado em bastões de 3 polegadas de diâmetro. Qual é a distância de afastamento recomendada para o primeiro fogo de teste? Arredonde a distância de afastamento calculada para o valor de um pé mais próximo (afastamento, 7 ft).

13.6 Um projeto em ardósia terá uma altura de bancada média de 27 ft. Uma emulsão com energia relativa por volume de 119, densidade do grão de 0,90, será o explosivo usado no projeto. Bastões de dinamite de 10 polegadas com densidade do grão de 1,3 e diâmetro exatamente igual ao D_e da emulsão serão utilizados como detonadores. Os equipamentos da empreiteira não teriam dificuldade em abrir furos de 4 polegadas de diâmetro. Admite-se que as linhas únicas de no máximo 10 furos serão detonadas instantaneamente. O local da escavação tem estruturas a distâncias inferiores a 1.600 ft. A agência regulatória local especifica um fator de distância escalada de no mínimo 55. Desenvolva um projeto de desmonte. Arredonde as dimensões do projeto para o valor em pés inteiro mais próximo.

13.7 O desmonte no Problema 13.6 deve ser conduzido de modo a limitar a sobrefragmentação. Desenvolva um plano de desmonte de pré-corte.

13.8 Um projeto em xisto terá uma altura de bancada média de 21 ft. O explosivo usado no projeto será ANFO com densidade do grão de 0,90. A dinamite, densidade do grão 1,3, será o explosivo de carga primária. A dinamite estará em bastões de 10 polegadas de comprimento e 1¾ polegadas de diâmetro. Os equipamentos da empreiteira não teriam dificuldade em abrir furos de 3½ polegadas de diâmetro. Pressupõe-se que as linhas únicas de no máximo 10 furos serão detonadas instantaneamente. Os furos serão revestidos. A espessura do material de revestimento é de ¼ polegadas. Para facilitar o trabalho de campo, todas as dimensões do projeto usam valores em números inteiros (ft). Calcule uma distância de afastamento apropriada para o projeto de desmonte.

13.9 Um projeto em basalto terá uma altura de bancada média de 24 ft. Uma emulsão com energia relativa por volume de 105, densidade do grão de 0,8, será o explosivo usado no projeto. Bastões de dinamite de 10 polegadas com densidade do grão de 1,3 e diâmetro exatamente igual ao D_e da emulsão serão utilizados como detonadores. Os equipamentos da empreiteira não teriam dificuldade em abrir furos de 4 polegadas de diâmetro. Admite-se que as linhas únicas de no máximo 10 furos serão detonadas instantaneamente. O local da escavação tem estruturas a distâncias inferiores a 1.800 ft. A agência regulatória local especifica um fator de distância escalada de no mínimo 60. Desenvolva um projeto de desmonte usando espaçamento máximo permitido em valores de números inteiros (afastamento, 8 ft; atacamento, 6 ft; subperfuração, 2 ft; padrão de 8 × 15; explosivos, 89,5 lb por furo; 10 furos podem ser disparados ao mesmo tempo).

13.10 Um projeto em gneisse, com densidade do grão de 2,6, terá uma altura de bancada média de 24 ft. Uma emulsão com energia relativa por volume de 105, densidade do grão de 0,8, será o explosivo usado no projeto. Bastões de dinamite de 1 ft com densidade do grão de 1,3 e diâmetro exatamente igual ao D_e da emulsão serão utilizados como detonadores. Os equipamentos da empreiteira não teriam dificuldade em abrir furos de 5 polegadas de diâmetro. Admite-se que as linhas únicas de no máximo 10 furos serão detonadas instantaneamente. As estruturas mais próximas ao local da escavação ficam a um quarto de milha de distância. A agência regulatória local especifica um fator de distância escalada de no mínimo 55. Apesar da emulsão estar sendo utilizada devido à expectativa de condições de umidade, os furos serão revestidos. A espessura do material de revestimento é de 0,25 polegadas. Desenvolva as dimensões de espaçamento, subperfuração e tamponamento do projeto de desmonte. Quantos furos podem ser disparados instantaneamente? (O superintendente lhe informou que um bom nível de fragmentação será aceitável.)

13.11 Um projeto em gipsita terá uma altura de bancada média de 16 ft. O explosivo usado no projeto será ANFO com densidade do grão de 0,80. A dinamite, densidade do grão 1,3, será o explosivo de carga primária. A dinamite estará em bastões de 10 polegadas de comprimento e 1,75 polegadas de diâmetro. Os equipamentos da empreiteira não teriam dificuldade em abrir furos de 3 polegadas de diâmetro. Admite-se que as linhas únicas de no máximo 10 furos serão detonadas instantaneamente. O local da escavação tem estruturas a distâncias inferiores a 1.900 ft. A agência regulatória local especifica um fator de distância escalada de no mínimo 55. Os furos serão revestidos. A espessura do material de revestimento é de 0,25 polegadas. Desenvolva um projeto de desmonte.

13.12 O desmonte no Problema 13.11 deve ser conduzido de modo a limitar a sobrefragmentação. Desenvolva um plano de desmonte de pré-corte.

13.13 Uma empresa de materiais está abrindo uma nova pedreira em uma formação de calcário. Os ensaios revelam que a densidade do grão dessa formação é de 2,8. O plano de mineração inicial descreve uma altura de bancada média de 25 ft com base nas capacidades dos equipamentos de carregamento e transporte. ANFO a granel, densidade do grão 0,8, e uma carga primária, densidade do grão 1,4, serão os explosivos utilizados. Os equipamentos da empreiteira pode abrir furos de 5 polegadas de diâmetro. Será utilizada iniciação com retardo. Desenvolva um plano de desmonte para uma estimativa de custos conservadora (afastamento, 8 ft; atacamento, 6 ft; subperfuração, 2 ft; espaçamento conservador, 11 ft).

13.14 A análise de um projeto de autoestrada revelou uma formação de arenito com um leito com forte inclinação na face. Muitas juntas fracas foram identificadas. A análise do plano e das planilhas de perfil, e também das seções transversais, revelou que a altura de bancada média do projeto será de aproximadamente 15 ft. ANFO a granel, densidade do grão 0,8, e uma carga primária, densidade do grão 1,3, serão os explosivos utilizados no projeto. A carga primária está disponível em bastões de 8 polegadas de comprimento e 1,75 polegadas de diâmetro. Os equipamentos da empreiteira não teriam dificuldade em abrir furos de 6 polegadas de diâmetro. Admite-se que será utilizada iniciação com retardo.
a. Desenvolva um projeto de desmonte para o projeto.
b. Se a distância de afastamento for mantida constante em 5 ft, mas o espaçamento entre os furos é variado em incrementos de 1 ft em toda a faixa S desenvolvida na parte (a), qual é o custo por jarda cúbica de rocha se o ANFO custa $0,166 por lb e a dinamite, $1,272 por lb?

FONTES DE CONSULTA

Flinchum, R., and D. Rapp (1993). "Reduction of Air Blast and Flyrock," *Proceedings of the Nineteenth Annual Conference on Explosives and Blasting Technique*. International Society of Explosives Engineers, Cleveland, OH.

ISEE Blasters' Handbook, 17th ed. (2003). International Society of Explosives Engineers, 30325 Bainbridge Road, Cleveland, OH.

Kennedy, David L. (1998). "Multi-valued Normal Shock Velocity versus Curvature Relationships for Highly Non-ideal Explosives," *Proceedings of the Eleventh International Symposium on Detonation*, Snowmass Village, Colorado, by Los Alamos National Laboratory, NM, pp. 181–192.

New, Barry M. (1990). "Ground Vibration Caused by Construction Work," *Tunneling and Underground Space Technology*, Vol. 5, No. 3, Great Britain.

Persson, Per-Anders, Roger Holmberg, and Jaimin Lee (1996). *Rock Blasting and Explosives Engineering*, CRC Press, Inc., Boca Raton, FL.

Revey, G. F. (1996). "To Blast or Not to Blast?" *Practice Periodical on Structural Design and Construction*, American Society of Civil Engineers, Vol. 1, No. 3, pp. 81–82, August.

Rock Blasting and Overbreak Control (1991). National Highway Institute, U.S. Department of Transportation, Federal Highway Administration, Pub. No. FHWAHI- 92–001.

Siskind, David E. (2000). *Vibrations from Blasting*, International Society of Explosive Engineers, Cleveland, OH.

FONTES DE CONSULTA NA INTERNET

http://www.dynonobel.com/dynonobelcom/en/asiapacific/products/blastingguide/ ap_products_blasting_guide_Glossary_of_Blasting_Terms.htm A Dyno Nobel é uma empresa de explosivos sediada em Oslo, Noruega. Este é o endereço do site do glossário de termos de desmonte.

http://www.ime.org O Institute of Makers of Explosives (IME) é uma associação de segurança do setor de explosivos comerciais nos EUA e Canadá.

http://www.isee.org A International Society of Explosives Engineers (ISEE) é uma sociedade profissional dedicada à promoção do uso seguro e controlado de explosivos na mineração, extração de pedreiras e construção.

14

Produção de agregados

Muitos tipos e tamanhos de usinas de britagem e peneiramento são utilizados na indústria da construção. A capacidade de um britador varia de acordo com o tipo de pedra, tamanho da alimentação, tamanho do produto acabado e o quanto a pedra é alimentada uniformemente no britador. O processo de peneiramento se baseia na premissa simples de que partículas menores do que o tamanho da abertura da peneira passarão por ela, enquanto as partículas de tamanho superior serão retidas. Depois que as pedras são britadas e peneiradas, é necessário manusear o produto com cuidado ou as partículas grandes e pequenas podem se segregar.

INTRODUÇÃO

A quantidade de processamento necessária para produzir materiais agregados apropriados para fins de construção depende da natureza da matéria-prima disponível e dos atributos desejados do produto final. Quatro funções são necessárias para produzir os resultados desejados:

1. Redução do tamanho da partícula – britagem
2. Separação em faixas de tamanhos de partículas – classificação por tamanho/peneiramento
3. Eliminação de materiais indesejáveis – lavagem
4. Manuseio e movimento dos materiais britados – armazenamento e transporte

Este capítulo se dedica principalmente às três primeiras operações: britagem, classificação por tamanho e lavagem. O armazenamento será analisado aqui, mas o transporte já foi analisado nos Capítulos 9 e 10.

Na operação de uma usina de britagem, o padrão de perfuração, a quantidade de explosivos, o tamanho da escavadeira com pá frontal ou pá-carregadeira usada para carregar a pedra e o tamanho do britador primário devem corresponder uns aos outros para garantir que toda a pedra seja utilizada de maneira econômica. A capacidade de carregamento da escavadeira com pá frontal (*shovel*) ou pá-carregadeira na cava e a capacidade da usina de britagem devem ser aproximadamente iguais. A Tabela 14.1 informa os tamanhos mínimos recomendados dos **britadores giratórios** e de mandíbulas necessários para manusear as pedras sendo carregadas com caçambas das capacidades especificadas.

britadores giratórios
Um britador de rochas no qual um cone central de aço gira excentricamente para britar o material contra a parede de aço cilíndrica externa.

TABELA 14.1 Tamanhos mínimos recomendados de britadores primários para uso com caçambas de pá frontal (shovel) das capacidades indicadas

Capacidade da caçamba [cy (m³)]		Britador de mandíbulas [polegadas (mm)]*		Britador giratório, tamanho das aberturas [polegadas (mm)]†	
¾	(0,575)	28 × 36	(712 × 913)	16	(406)
1	(0,765)	28 × 36	(712 × 913)	16	(406)
1½	(1,145)	36 × 42	(913 × 1.065)	20	(508)
1¾	(1,340)	42 × 48	(1.065 × 1.200)	26	(660)
2	(1,530)	42 × 48	(1.065 × 1.200)	30	(760)
2½	(1,910)	48 × 60	(1.260 × 1.525)	36	(915)
3	(2,295)	48 × 60	(1.260 × 1.525)	42	(1.066)
3½	(2,668)	48 × 60	(1.260 × 1.525)	42	(1.066)
4	(3,060)	56 × 72	(1.420 × 1.830)	48	(1.220)
5	(3,820)	66 × 86	(1.675 × 2.182)	60	(1.520)

* O primeiro número é a largura da abertura no alto do britador, medida perpendicularmente às placas das mandíbulas. Os dois dígitos seguintes são a largura da abertura, medida de um lado a outro das placas das mandíbulas.
† Os tamanhos recomendados para britadores giratórios equipados com côncavos retos.

Diversos tipos e tamanhos usinas portáteis de britagem (ver Figura 14.1) e peneiramento são utilizados na indústria da construção. Quando existir um depósito de pedra satisfatório próximo a um projeto que precisa de agregados, frequentemente ele é mais econômico do que uma fonte comercial. Contudo, as usinas de agregados comerciais maiores são a principal fonte de pedra britada para a indústria da construção em áreas metropolitanas.

FIGURA 14.1 Usina de britagem e peneiramento em um projeto de represa.

REDUÇÃO DO TAMANHO DA PARTÍCULA

INFORMAÇÕES GERAIS

Os britadores podem ser classificados de acordo com o estágio de britagem que realizam, como primários, secundários e terciários (ver Figura 14.2). Um britador primário recebe a pedra diretamente da escavação após o desmonte e produz a primeira redução no tamanho da pedra. O produto do britador primário alimenta um britador secundário, que também reduz o tamanho da pedra. Algumas pedras podem passar por quatro ou mais britadores até serem reduzidas ao tamanho desejado.

As usinas de britagem usam a redução em etapas porque o nível de redução de tamanho obtido está diretamente relacionado à energia aplicada. Quando a diferença entre o tamanho do material de alimentação que entra no britador e o tamanho do produto britado for alta, a quantidade de energia necessária também será alta. Se essa energia fosse concentrada em um processo de um só estágio, seriam gerados finos em excesso, e o mercado de finos normalmente é bastante restrito. Os finos são um

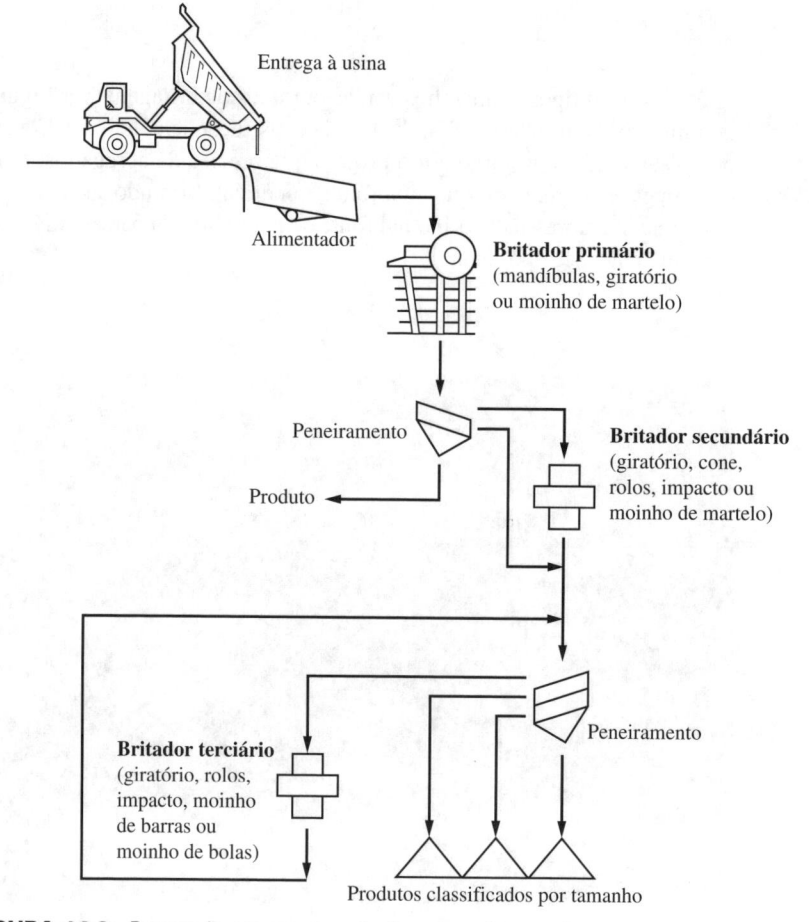

FIGURA 14.2 Passos do processamento de agregados.

resíduo que não gera receitas em muitas usinas. Assim, para minimizar a quantidade de resíduos, o grau de quebra é dividido em vários estágios para controlar mais detalhadamente o tamanho do produto.

A redução de tamanho de uma pedra que passa por um britador pode ser expressa como uma relação de redução: a razão entre o tamanho de alimentação do britador e o tamanho do produto. Em geral, os tamanhos são definidos como 80% do tamanho que passa da distribuição acumulada de tamanhos. Para um britador de mandíbulas, a razão pode ser estimada como a abertura, que é a distância entre as faces fixas e móveis no alto da mandíbula, dividida pela distância da regulagem aberta na parte inferior. Assim, se a distância de abertura entre as duas faces no alto for 16 polegadas, enquanto na parte inferior a regulagem da abertura for 4 polegadas, a relação de redução é quatro. A relação de redução de um britador de rolos pode ser estimada como o quociente da dimensão da maior pedra que pode ser **puxada por estorcego** pelos rolos dividida pela regulagem dos rolos que é a menor distância entre as faces dos rolos.

puxar por estorcego
A capacidade de um conjunto de rolos de puxar uma partícula até o espaço entre elas por meio de atrito.

Uma medida mais precisa da relação de redução é usar a razão do tamanho correspondente a 80% que passa tanto para a alimentação como para o produto. A Tabela 14.2 lista os principais tipos de britadores e apresenta dados sobre relações de redução de material alcançáveis.

Os britadores também são classificados por seu método de transmissão mecânica de energia para fraturar a rocha. Britadores de mandíbulas, giratórios e de rolos funcionam pela aplicação de força compressiva. Como seu nome sugere, os

TABELA 14.2 Os principais tipos de britadores

Tipo de britador	Faixa de relação de redução
Mandíbulas	
Dois eixos	
Tipo Blake	4:1–9:1
Pivô superior	4:1–9:1
Eixo simples: Excêntrico superior	4:1–9:1
Giratório	
Verdadeiro	3:1–10:1
Cone	
Padrão	4:1–6:1
Atrito	2:1–5:1
Rolo	
Compressão	
Rolo único	Máximo 7:1
Dois rolos	Máximo 3:1
Impacto	
Rotor único	até 15:1
Rotor duplo	até 15:1
Moinho de martelo	até 20:1
Britadores especiais	
Moinho de barras	
Moinho de bolas	

FIGURA 14.3 Volante em um britador de mandíbulas.

britadores de impacto utilizam a força de impacto de alta velocidade para realizar o fraturamento. Usando unidades de diferentes tamanhos, configurações de câmara de britagem e velocidade, o mesmo britador mecânico pode ser empregado em diferentes estágios da operação de britagem.

Os britadores de mandíbulas, entretanto, geralmente são empregados como unidades primárias devido a seus grandes volantes armazenadores de energia (ver Figura 14.3) e alta vantagem mecânica. Os giratórios são outro tipo de britador empregado como britadores primários. Nos últimos anos, eles se tornaram a unidade mais usada nessa parte do processo. Um giratório é um excelente britador primário porque permite britagem contínua e consegue lidar com materiais em placas. Os britadores de mandíbulas não lidam bem com materiais em placas. Modelos de britadores giratórios, de rolos e de impacto são usados em aplicações secundárias e terciárias. Uma busca por "britadores de mandíbulas" ou "*jaw crushers*" na Internet revela diversos vídeos de britadores em operação, especialmente no site YouTube.

BRITADORES DE MANDÍBULAS

Essas máquinas funcionam permitindo o fluxo das pedras pelo espaço entre duas mandíbulas, uma das quais é estacionária (a da direita na Figura 14.4) enquanto a outra é móvel. O espaço entre as mandíbulas diminui enquanto a pedra desce sob o efeito da gravidade e do movimento da mandíbula móvel (a da esquerda na Figura 14.4), até a pedra finalmente passar pela abertura inferior. A mandíbula móvel é capaz de exercer uma pressão suficientemente alta para britar até as rochas mais duras. Os britadores de mandíbulas normalmente são projetados com as alavancas articuladas na parte mais fraca. A alavanca articulada se quebra caso o britador encontre um objeto que não pode ser britado ou fique sujeito a uma sobrecarga, o que limita os danos ao britador.

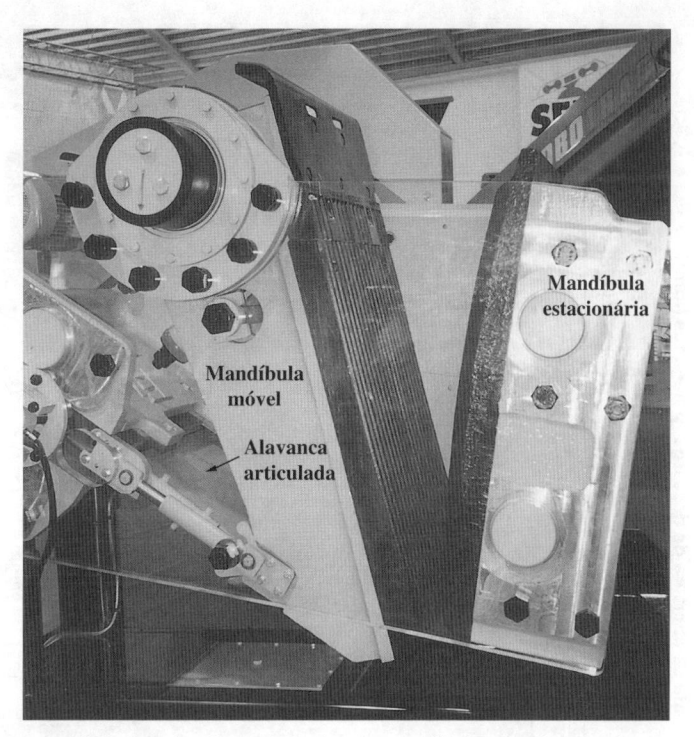

FIGURA 14.4 Visão interior de um britador de mandíbulas de eixo simples.

Dois eixos

Um britador de mandíbulas de dois eixos, o tipo Blake, possui uma mandíbula móvel suspensa de um eixo montado sobre a estrutura do britador. A rotação de um segundo eixo, que é excêntrico e localizado atrás da mandíbula móvel, ergue e baixa o braço pitman, ativando duas alavancas articuladas, que por sua vez produzem a ação de britagem. Enquanto a direção ergue as duas alavancas articuladas, uma alta pressão é exercida próxima à mandíbula oscilante que fecha parcialmente a abertura no fundo das duas mandíbulas. Essa operação é repetida enquanto o eixo excêntrico é girado.

As placas das mandíbulas podem ser substituídas. As mandíbulas podem ser lisas ou, caso a pedra tenda a se quebrar em placas, ter corrugações usadas para reduzir esse processo. A mandíbula oscilante pode ser reta ou então curva para reduzir a possibilidade de alimentação forçada. Os britadores de mandíbulas de dois eixos tipo Blake são grandes e pesados que não se prestam a aplicações portáteis.

A Tabela 14.3 informa as capacidades representativas de diversos tamanhos de britadores de mandíbulas tipo Blake. Na seleção de um britador de mandíbulas, é preciso considerar o tamanho da pedra de alimentação. A abertura superior da mandíbula deve ser pelo menos duas polegadas mais larga do que as maiores pedras que serão alimentadas.

As tabelas de capacidade podem se basear na posição aberta ou fechada da parte inferior da mandíbula oscilante; assim, a tabela deve especificar qual regulagem foi utilizada. A posição fechada é a mais usada para a maioria dos britadores e serve de base para os valores fornecidos na Tabela 14.3. Contudo, os britadores de mandí-

TABELA 14.3 Capacidades representativas de britadores de mandíbulas tipo Blake, em toneladas por hora (toneladas métricas por hora) de pedra*

Tamanho do britador [polegadas (mm)]	Rpm máximo	Hp máximo (kW)	Regulagem fechada de abertura de descarga [polegadas (mm)]								
			1 (25,4)	1½ (25,4)	2 (50,8)	2½ (63,5)	3 (76,2)	4 (102)	5 (137)	6 (152)	7 (178)	8 (203)	9 (229)
10 × 6 (254 × 406)	300	15 (11,2)	11 (10)	16 (14)	20 (18)							
10 × 20 (254 × 508)	300	20 (14,9)	14 (13)	20 (18)	25 (23)	34 (31)						
15 × 24 (381 × 610)	275	30 (22,4)		27 (24)	34 (31)	42 (38)	50 (45)					
15 × 30 (381 × 762)	275	40 (29,8)		33 (30)	43 (39)	53 (48)	62 (56)					
18 × 36 (458 × 916)	250	60 (44,8)		46 (42)	61 (55)	77 (69)	93 (84)	125 (113)				
24 × 36 (610 × 916)	250	75 (56,0)			77 (69)	95 (86)	114 (103)	150 (136)				
30 × 42 (762 × 1.068)	200	100 (74,6)				125 (113)	150 (136)	200 (181)	250 (226)	300 (272)		
36 × 42 (916 × 1.068)	175	115 (85,5)				140 (127)	160 (145)	200 (181)	250 (226)	300 (272)		
36 × 48 (916 × 1.220)	160	125 (93,2)				150 (136)	175 (158)	225 (202)	275 (249)	325 (294)	375 (339)	
42 × 48 (1.068 × 1.220)	150	150 (111,9)				165 (149)	190 (172)	250 (226)	300 (272)	350 (318)	400 (364)	450 (408)
48 × 60 (1.220 × 1.542)	120	180 (134,7)					220 (200)	280 (254)	340 (309)	400 (364)	450 (408)	500 (454)	550 (500)
56 × 72 (1.422 × 1.832)	95	250 (186,3)						315 (286)	380 (345)	450 (408)	515 (468)	580 (527)	640 (580)

* Com base na posição fechada da mandíbula oscilante inferior e pedra pesando 100 lb/cf quando britada.
† O primeiro número indica a largura da abertura de alimentação, enquanto o segundo indica a largura das placas de mandíbulas.

bulas tipo Blake muitas vezes são classificados com base na regulagem de tamanho aberto. A capacidade é dada em toneladas por hora com base em um peso unitário de material padrão de 100 lb/cf quando britado.

Eixo simples

Quando o eixo excêntrico do britador de eixo simples, como aquele ilustrado na Figura 14.5, é girado, ele dá à mandíbula móvel movimento vertical e horizontal. Um britador desse tipo é muito usado em usinas portáteis de britagem de rochas, pois é compacto, mais leve e razoavelmente resistente. A capacidade de um britador de eixo simples geralmente é classificada em sua regulagem de tamanho fechado e é menor do que o de uma unidade tipo Blake.

Tamanho do produto do britador de mandíbulas e de rolos

Enquanto a regulagem da abertura de descarga do britador determina a pedra de tamanho máximo produzida, os tamanhos de agregados variam de ligeiramente maiores do que a regulagem do britador até poeiras finas. A experiência da indústria de britagem indica que para qualquer regulagem de britador de mandíbulas ou rolos, cerca de 15% da quantidade total de pedra passando pelo britador será maior do que a regulagem. Se as aberturas de uma peneira que recebe o produto desse britador forem do mesmo tamanho que a regulagem do britador, 15% do produto não passará pela peneira. A Figura 14.6 apresenta a porcentagem de material que passa ou é retida por peneiras com as aberturas de tamanho indicadas. O gráfico pode ser aplicado a britadores de mandíbulas e de rolos. Para lê-lo, selecione a linha vertical

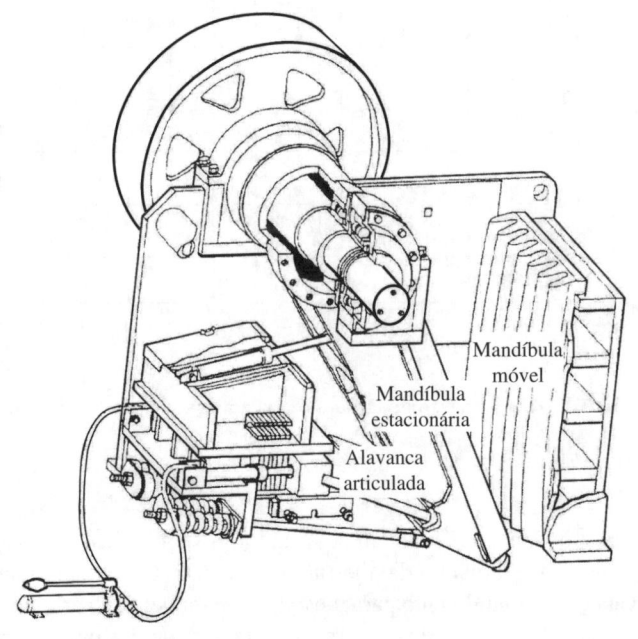

FIGURA 14.5 Britador de mandíbulas de eixo simples.
Cortesia de Cedarapids, Inc., a Terex Company.

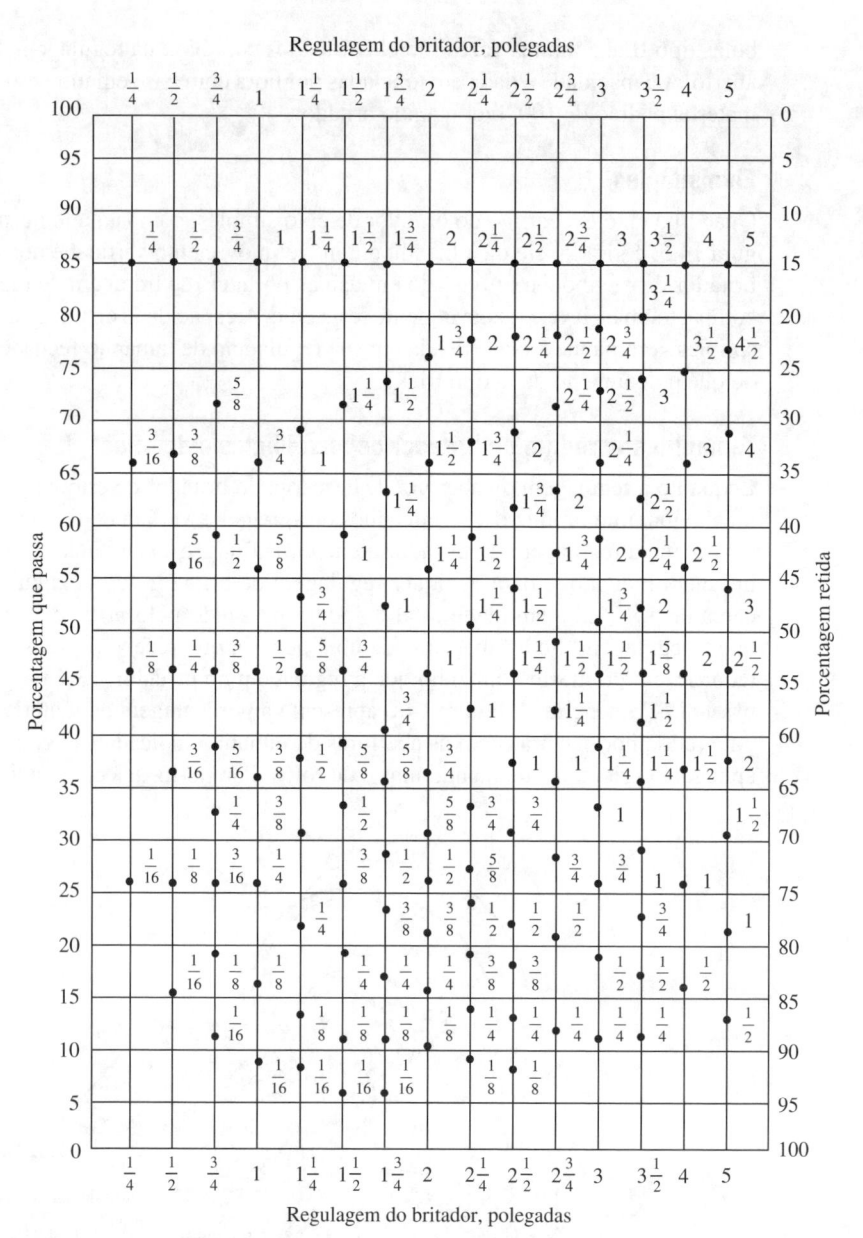

FIGURA 14.6 Análise do tamanho dos agregados produzidos por britadores de mandíbulas e de rolos.
Fonte: Universal Engineering Company.

correspondente à regulagem do britador. A seguir, desça por essa linha até o número que indica o tamanho da abertura da peneira. Do tamanho da abertura da peneira, avance horizontalmente para a esquerda para determinar a porcentagem de material que passa pela peneira, ou para a direita para determinar a porcentagem de material retida por ela.

EXEMPLO 14.1

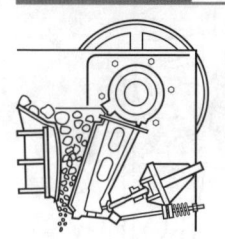

Um britador de mandíbulas com regulagem fechada de 3 polegadas é alimentada com fragmentos de rocha a uma velocidade de 50 toneladas/hora (tph). Determine a quantidade de pedra produzida em tph nas seguintes faixas de tamanho: acima de 2 polegadas; entre 2 e 1 polegada; entre 1 e ¼ polegadas; e menos de ¼ polegadas.

Da Figura 14.5, a quantidade retida em uma peneira de 2 polegadas é igual a 42% de 50, ou seja, 21 tph. A quantidade em cada uma das faixas de tamanho é determinada como:

Faixa de tamanho (polegadas)	Porcentagem passando por peneiras	Porcentagem na faixa de tamanhos	Produto total* do britador (tph)	Tamanho produzido na faixa de tamanho (tph)
Acima de 2	100–58	42	50	21,0
2–1	58–33	25	50	12,5
1–$\frac{1}{4}$	33–11	22	50	11,0
$\frac{1}{4}$–0	11–0	11	50	5,5
Total		100%		50,0 tph

* Este é um sistema fechado; o que é alimentado no britador deve ser igual ao produto. O exemplo também se baseia em material que pesa 100 lb/cf britado.

Sempre leia as letras miúdas quando usar um gráfico de produção de britador.

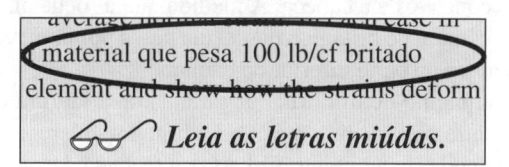

material que pesa 100 lb/cf britado

Leia as letras miúdas.

BRITADORES GIRATÓRIOS

Os giratórios são os britadores mais eficientes de todos. Um manto giratório montado dentro de uma cuba profunda caracteriza esses britadores. Eles fornecem uma ação de britagem contínuo e são usados para britagem primária e secundária de rochas duras, resistentes e abrasivas. Para proteger o britador de objetos não britáveis e de sobrecarga, a superfície britadora externa pode ser forçada por mola ou a altura do manto pode ser ajusta hidraulicamente.

Giratórios verdadeiros

A Figura 14.7 mostra uma seção de um britador giratório. A unidade britadora é composta de uma armação pesada de aço ou ferro fundido, com um eixo excêntrico e engrenagens na parte inferior da unidade. Na parte superior há uma câmara de britagem cônica, revestida de placas de aço endurecido ou aço manganês chamadas de "côncavos". O componente britador inclui uma cabeça de britagem de aço endurecido montada sobre um eixo de aço vertical. Esse eixo e cabeça são suspensos em uma trava (*spider*) no alto da estrutura, construída de modo que seja, em parte, possível ajustar verticalmente o eixo. O suporte excêntrico na parte inferior faz com que o

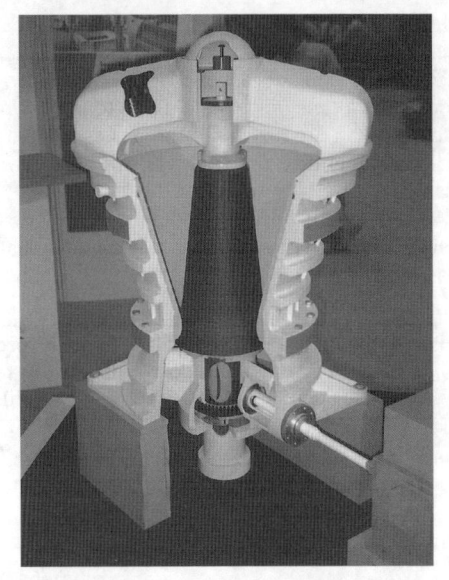

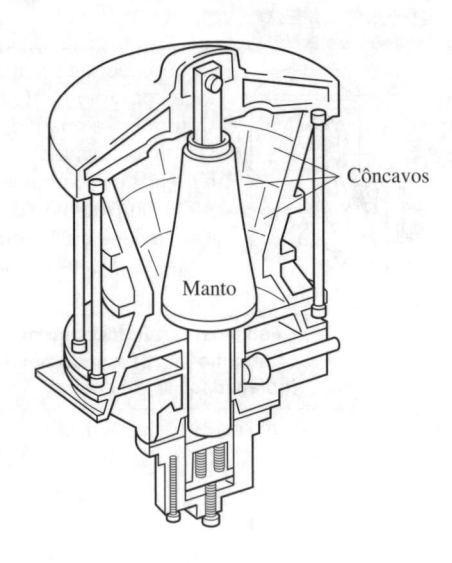

FIGURA 14.7 Seção de britador giratório.

eixo e a cabeça de britagem girem quando o eixo também girar, variando o espaço entre os côncavos e a cabeça. À medida que a rocha alimentada no topo (ver Figura 14.8) da câmara de britagem desce, ela passa por uma redução de tamanho até passar pela abertura na parte inferior da câmara.

O tamanho de um britador giratório é a largura da abertura de recebimento, medida entre os côncavos e a cabeça britadora. A regulagem é a largura da abertura inferior e pode ser a dimensão aberta ou fechada. Quando uma regulagem é informa-

FIGURA 14.8 Britador giratório visto da câmara de alimentação.

da, esta deve especificar se é referente à dimensão aberta ou fechada. A capacidade de um britador giratório verdadeiro normalmente se baseia em uma regulagem de tamanho aberto. A relação de redução de britadores giratórios verdadeiros geralmente varia de 3:1 até 10:1, com um valor médio de cerca de 8:1.

Se um britador giratório for utilizado principalmente como britador primário, o tamanho selecionado pode ser determinado pelo tamanho da rocha da operação de desmonte ou por uma capacidade desejada. Quando um britador giratório é utilizado como britador secundário, aumentar sua velocidade dentro de limites razoáveis pode aumentar a capacidade.

A Tabela 14.4 informa capacidades representativas de britadores giratórios, expressas em toneladas por hora, com base na alimentação contínua de pedras com peso unitário de 100 lb/cf quando britadas. Os giratórios com côncavos retos normalmente são usados como britadores primários, enquanto os côncavos de alimentação normal costumam ser utilizados como britadores secundários.

Britadores de cone

Os britadores de cone são usados como britadores secundários ou terciários. Eles são capazes de produzir grandes quantidades de pedra britada uniformemente fina. Um britador de cone difere de um britador giratório verdadeiro nos seguintes aspectos:

1. Um cone mais curto (menos altura)
2. Uma abertura de recebimento menor
3. Gira em velocidade maior, cerca de duas vezes a de um giratório verdadeiro
4. Produz produtos de tamanho mais uniforme

Os *modelos padrão* têm aberturas de alimentação grandes para britagem secundária e produzem pedras de 1 a 4 polegadas. A capacidade de um modelo padrão geralmente é classificada com base em uma regulagem de tamanho fechado.

Os *modelos de atrito* são utilizados para produzir pedras com tamanho máximo de cerca de 1/4 de polegada. A capacidade de um britador de cone de modelo de atrito pode não estar relacionada com a regulagem de tamanho fechado.

A Figura 14.9 mostra a diferença entre um britador de cone giratório e um padrão. A cabeça cônica do britador de cone geralmente é feita de aço manganês, montada sobre um eixo vertical e servindo como uma das superfícies britadoras. A outra superfície é um côncavo ligado à parte superior da armação do britador. A parte inferior do eixo é montada em uma bucha excêntrica para produzir o efeito giratório à medida que o eixo gira.

O diâmetro máximo da cabeça do britador pode ser usado para designar o tamanho de um britador de cone. Contudo, é o tamanho da abertura de alimentação, ou seja, a largura da abertura na entrada da câmara de britagem, que limita o tamanho das rochas que podem ser alimentadas. A amplitude de excentricidade e a regulagem da abertura de descarga podem variar dentro de limites razoáveis. Devido à alta velocidade de rotação, todas as partículas que passam através de um britador de cone serão reduzidas a tamanhos no máximo iguais à regulagem de tamanho fechado que deve ser utilizada para designar as dimensões da abertura de descarga.

A Tabela 14.5 informa capacidades representativas de britadores de cone padrão Symons, expressas em toneladas de pedra por hora para materiais com peso unitário de 100 lb/cf quando britado.

TABELA 14.4 Capacidades representativas de britadores giratórios, em toneladas por hora (toneladas métricas por hora) de pedra*

Tamanho do britador [polegadas (cm)]	Potência necessária aproximada [hp (kw)]	Regulagem de lado aberto do britador [polegadas (mm)]										
		$1\frac{1}{2}$ (38)	$1\frac{3}{4}$ (44)	2 (51)	$2\frac{1}{4}$ (57)	$2\frac{1}{2}$ (63)	3 (76)	$3\frac{1}{2}$ (89)	4 (102)	$4\frac{1}{2}$ (114)	5 (127)	$5\frac{1}{2}$ (140)	6 (152)
Côncavos retos													
8 (20,0)	15–25 (11–19)	30 (27)	36 (33)	41 (37)	47 (42)								
10 (25,4)	25–40 (19–30)		40 (36)	50 (45)	60 (54)								
13 (33,1)	50–75 (37–56)				85 (77)	100 (90)	133 (120)						
16 (40,7)	60–100 (45–75)						160 (145)	185 (167)	210 (190)				
20 (50,8)	75–125 (56–93)							200 (180)	230 (208)	255 (231)			
30 (76,2)	125–175 (93–130)								310 (281)	350 (317)	390 (353)		
42 (106,7)	200–275 (150–205)										500 (452)	570 (515)	630 (569)
Côncavos retos modificados													
8 (20,0)	15–25 (11–19)	35 (32)	40 (36)	45 (41)									
10 (25,4)	25–40 (19–30)		54 (49)	60 (54)	65 (59)								
13 (33,1)	50–75 (37–56)				95 (86)	130 (117)							
16 (40,7)	60–100 (45–75)					150 (135)	172 (155)	195 (176)					
20 (50,8)	75–125 (56–93)						182 (165)	200 (180)	220 (199)				
30 (76,2)	125–175 (93–130)								340 (308)	370 (335)	400 (362)		
42 (106,7)	200–275 (150–205)										607 (550)	650 (589)	690 (625)
Côncavos de alimentação normal													
8 (20,0)	15–25 (11–19)	42 (38)	46 (42)										
10 (25,4)	25–40 (19–30)	51 (46)	57 (52)	63 (57)	69 (62)								
13 (33,1)	50–75 (37–56)	79 (71)	87 (79)	95 (86)	103 (93)	111 (100)							
16 (40,7)	60–100 (45–75)			107 (96)	118 (106)	128 (115)	150 (135)						
20 (50,8)	75–125 (56–93)				155 (140)	169 (152)	198 (178)	220 (198)	258 (233)	285 (257)	310 (279)		

* Com base em alimentação contínua pedra pesando 100 lb/cf quando britada.

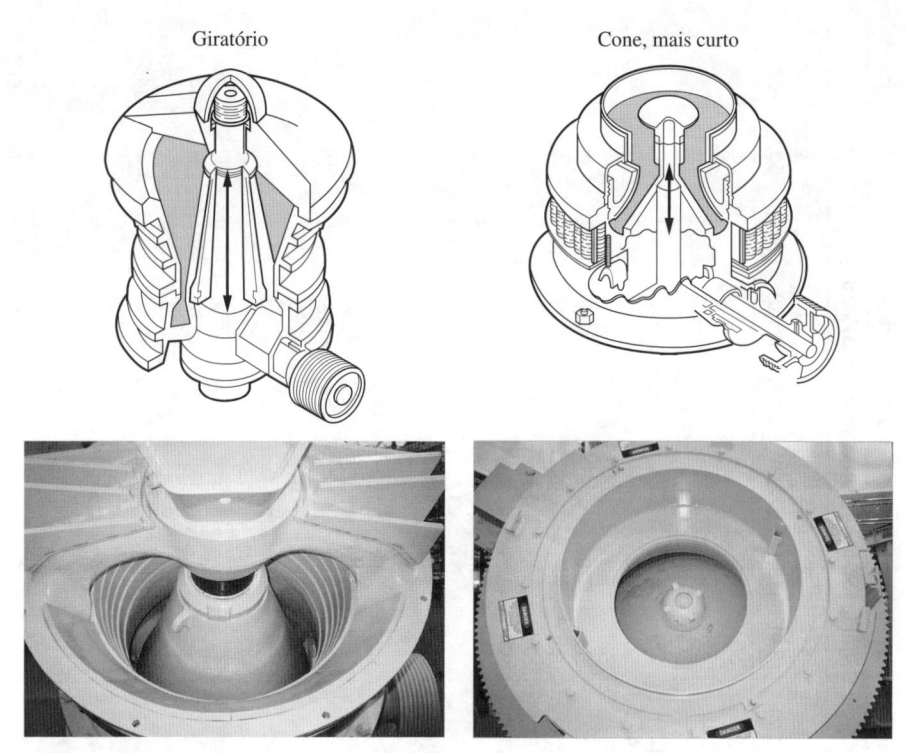

FIGURA 14.9 Seções através de um britador giratório e um de cone.

BRITADORES DE ROLOS

Os britadores de rolos são utilizados para uma redução adicional no tamanho da pedra após o produto da operação de desmonte ter ficado sujeito a um ou mais estágios prévios de britagem. Um *britador de rolos* é composto de uma armação pesada de ferro fundido equipada com um ou mais rolos de aço endurecido, cada um deles montado sobre um eixo horizontal separado.

Rolo único

Com um britador de rolo único, o material é forçado entre um rolo de diâmetro grande e uma carcaça ajustável. Como o material é arrastado contra a camisa, esses britadores não são econômicos para britar materiais altamente abrasivos. Eles podem, no entanto, lidar com materiais grudentos.

Dois rolos

Os britadores com dois rolos são construídos de modo que cada rolo seja acionado independentemente por um sistema de tração de correia plana ou uma roldana de correia em V. Um dos rolos é montado sobre uma armação deslizante para permitir o ajuste da largura da abertura de descarga entre dois rolos. O rolo móvel é forçado por mola para proteger os rolos quando um material não britável atravessa a máquina.

TABELA 14.5 Capacidades representativas de britadores de cone padrão Symons, em toneladas por hora de pedra*

Tamanho do britador [ft (m)]	Tamanho da abertura de alimentação [polegadas (mm)]	Regulagens mínimas de descarga [polegadas (mm)]	Regulagem de descarga, [polegadas (mm)]										
			$\frac{1}{4}$ (6,3)	$\frac{3}{8}$ (9,5)	$\frac{1}{2}$ (12,7)	$\frac{5}{8}$ (15,9)	$\frac{3}{4}$ (19,1)	$\frac{7}{8}$ (22,3)	1 (25,4)	$1\frac{1}{4}$ (31,8)	$1\frac{1}{2}$ (38,0)	2 (50,8)	$2\frac{1}{2}$ (63,5)
2 (0,61)	$2\frac{1}{4}$ (57)	$\frac{1}{4}$ (5,6)	15 (14)	20 (18)	25 (23)	30 (27)	35 (32)						
2 (0,61)	$3\frac{1}{4}$ (82)	$\frac{3}{8}$ (9,5)		20 (18)	25 (23)	30 (27)	35 (32)	40 (36)	45 (41)	50 (45)	60 (54)		
3 (0,91)	$3\frac{7}{8}$ (96)	$\frac{3}{8}$ (9,5)		35 (32)	40 (36)	55 (50)	70 (63)	75 (68)	80 (72)				
3 (0,91)	$5\frac{1}{8}$ (130)	$\frac{1}{2}$ (12,7)			40 (36)	55 (50)	70 (63)	75 (68)		85 (77)	90 (81)	95 (86)	
4 (1,22)	5 (127)	$\frac{3}{8}$ (9,5)		60 (54)	80 (72)	100 (90)	120 (109)	135 (122)	150 (136)	170 (154)	177 (160)	185 (167)	
4 (1,22)	$7\frac{3}{8}$ (187)	$\frac{3}{4}$ (19,0)					120 (109)	135 (122)	150 (136)				
$4\frac{1}{4}$ (1,29)	$4\frac{1}{2}$ (114)	$\frac{1}{2}$ (12,7)			100 (90)	125 (113)	140 (126)	150 (136)	160 (145)	175 (158)			
$4\frac{1}{4}$ (1,29)	$7\frac{3}{8}$ (187)	$\frac{5}{8}$ (15,8)				125 (113)	140 (126)	150 (136)	160 (145)	175 (158)	185 (167)		
$4\frac{1}{4}$ (1,29)	$9\frac{1}{2}$ (241)	$\frac{3}{4}$ (19,0)					140 (126)	150 (136)	160 (145)	175 (158)		190 (172)	
$5\frac{1}{2}$ (1,67)	$7\frac{1}{8}$ (181)	$\frac{5}{8}$ (15,8)				160 (145)	200 (181)	235 (213)	275 (249)				
$5\frac{1}{2}$ (1,67)	$8\frac{5}{8}$ (219)	$\frac{7}{8}$ (22,2)						235 (213)	275 (249)	300 (272)	340 (304)	375 (340)	450 (407)
$5\frac{1}{2}$ (1,67)	$9\frac{7}{8}$ (248)	1 (25,4)							275 (249)	300 (272)	340 (304)	375 (340)	450 (407)
7 (2,30)	10 (254)	$\frac{3}{4}$ (19,0)					330 (300)	390 (353)	450 (407)	560 (507)	600 (543)	800 (725)	
7 (2,30)	$11\frac{1}{2}$ (292)	1 (25,4)							450 (407)	560 (507)	600 (543)	800 (725)	
7 (2,30)	$13\frac{1}{2}$ (343)	$1\frac{1}{4}$ (31,7)								560 (507)	600 (543)		900 (815)

* Com base em pedra pesando 100 lb/cf quando britada.
Cortesia da Nordberg Manufacturing Company.

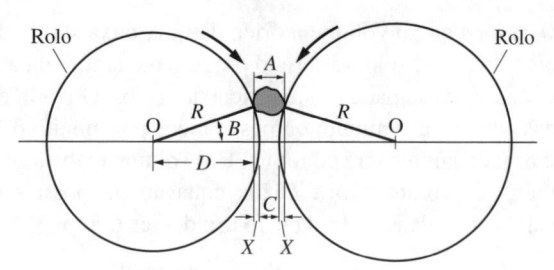

FIGURA 14.10 Britagem de rocha entre dois rolos.

Tamanho da alimentação

O tamanho máximo do material que pode ser alimentado em um britador de rolos é diretamente proporcional ao diâmetro dos rolos. Se a alimentação contiver pedras grandes demais, os rolos não conseguirão agarrar o material e puxá-lo através do britador. O ângulo de estorcego (agarramento), B na Figura 14.10, que é constante para rolos lisos, foi calculado como 16°45'.

As partículas de tamanho máximo que podem ser britadas são determinadas da maneira a seguir. Consultando a Figura 14.10, esses termos são definidos como:

R = raio dos rolos

B = ângulo de estorcego (16°45')

$D = R \cos B = 0{,}9575R$

A = alimentação de tamanho máximo

C = regulagem do rolo (tamanho do produto acabado)

Então:

$$X = R - D$$
$$= R - 0{,}9575R = 0{,}0425R$$
$$A = 2X + C$$
$$= 0{,}085R + C \qquad [14.1]$$

EXEMPLO 14.2

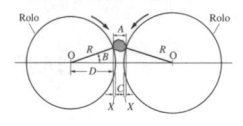

Determine a pedra de tamanho máximo que pode ser alimentada em um britador de rolo liso cujos rolos têm 40 polegadas de diâmetro e quando a configuração do rolo é de 1 polegada.

$$A = \left(0{,}085 \times \frac{40 \text{ in}}{2}\right) + 1 \text{ in}$$
$$= 2{,}7 \text{ in}$$

Capacidade

A capacidade de um britador de rolos varia com o tipo de pedra, tamanho da alimentação, tamanho do produto acabado, largura dos rolos, velocidade de rotação dos rolos e uniformidade da alimentação da pedra no britador. Consultando a Figura

14.10, vemos que o volume teórico de uma faixa sólida de material passando entre os dois rolos em 1 minuto seria o produto da largura da abertura vezes a largura dos rolos vezes a velocidade da superfície dos rolos. O volume pode ser expresso em polegadas cúbicas por minuto ou pés cúbicos por minuto (cfm). Na prática, a faixa de pedra britada jamais será contínua. Um volume realista se aproximaria de *um quarto* a *um terço* do volume teórico. Uma equação que possa ser utilizada como guia para estimar a capacidade é obtida pelo uso desses termos.

C = distância entre os rolos em polegadas
W = largura dos rolos em polegadas
S = velocidade periférica dos rolos em polegadas por minuto
N = velocidade dos rolos em rpm
R = raio dos rolos em polegadas
V_1 = volume teórico em polegadas cúbicas por minuto ou cfm
V_2 = volume real em polegadas cúbicas por minuto ou cfm
Q = capacidade provável em toneladas por hora

Então:

$$V_1 = CWS$$

Admita um terço do volume teórico, então:

$$V_2 = \frac{V_1}{3}$$

$$= \frac{CWS}{3} \text{ cu in/min}$$

Divida por 1.728 polegadas cúbicas por cf

$$V_2 = \frac{CWS}{5.184} \text{ cfm}$$

Admita que a rocha britada tenha peso unitário de 100 lb/cf.

$$Q = \frac{100 \text{ lb/cf} \times (60 \text{ min/hr}) V_2}{2.000 \text{ lb/ton}} = 3 \text{ min/cf} \times V_2 \text{ tph}$$

$$= \frac{CWS}{1.728} \text{ tph} \qquad [14.2]$$

S pode ser expresso em termos do diâmetro do rolo e a velocidade em rpm:

$$S = 2\pi RN$$

Inserindo esse valor de S na Eq. [14.2], obtemos:

$$Q = \frac{CW\pi RN}{864} \text{ tph} \qquad [14.3]$$

A Tabela 14.6 informa capacidades representativas de britadores de rolos lisos, expressas em toneladas de pedra por hora para materiais com peso unitário de

TABELA 14.6 Capacidades representativas de britadores de rolos lisos, em toneladas por hora (toneladas métricas por hora) de pedra*

Tamanho do britador [polegadas (mm)]†	Velocidade (rpm)	Potência necessária [hp (kw)]	Largura da abertura entre os rolos [polegadas (mm)]						
			$\frac{1}{4}$ (6,3)	$\frac{1}{2}$ (12,7)	$\frac{3}{4}$ (19,1)	1 (25,4)	$1\frac{1}{2}$ (38,1)	2 (50,8)	$2\frac{1}{2}$ (63,5)
16 × 16	120	15–30	15,0	30,0	40,0	55,0	85,0	115,0	140,0
(414 × 416)		(11–22)	(13,6)	(27,2)	(36,2)	(49,7)	(77,0)	(104,0)	(127,0)
24 × 16	80	20–35	15,0	30,0	40,0	55,0	85,0	115,0	140,0
(610 × 416)		(15–26)	(13,6)	(27,2)	(36,2)	(49,7)	(77,0)	(104,0)	(127,0)
30 × 18	60	50–70	15,0	30,0	45,0	65,0	95,0	125,0	155,0
(763 × 456)		(37–52)	(13,6)	(27,2)	(40,7)	(59,0)	(86,0)	(113,1)	(140,0)
30 × 22	60	60–100	20,0	40,0	55,0	75,0	115,0	155,0	190,0
(763 × 558)		(45–75)	(18,1)	(36,2)	(49,7)	(67,9)	(104,0)	(140,0)	(172,0)
40 × 20	50	60–100	20,0	35,0	50,0	70,0	105,0	135,0	175,0
(1.016 × 508)		(45–75)	(18,1)	(31,7)	(45,2)	(63,4)	(95,0)	(122,0)	(158,5)
40 × 24	50	60–100	20,0	40,0	60,0	85,0	125,0	165,0	210,0
(1.016 × 610)		(45–75)	(18,1)	(36,2)	(54,3)	(77,0)	(113,1)	(149,5)	(190,0)
54 × 24	41	125–150	24,0	48,0	71,0	95,0	144,0	192,0	240,0
(1.374 × 610)		(93–112)	(21,7)	(43,5)	(64,3)	(86,0)	(130,0)	(173,8)	(217,5)

* Com base em pedra pesando 100 lb/cf quando britada.
† O primeiro número indica o diâmetro dos rolos, enquanto o segundo indica a largura dos rolos.
Cortesia de Terex USA, LLC.

100 lb/cf quando britados. Essas capacidades devem ser utilizadas como guia apenas para estimar a produção provável de um britador. A capacidade real pode ser maior ou menor do que os valores informados.

Se um britador de rolos produzir um agregado acabado, a relação de redução deve ser de no máximo 4:1. Se o britador de rolos for usado para preparar a alimentação de um moinho de finos, a relação de redução pode chegar a 7:1.

BRITADORES DE IMPACTO

Os britadores de impacto fraturam a pedra alimentada pela aplicação de forças de impacto de alta velocidade. O ressalto entre as pedras individuais e contra as superfícies da máquina ajuda a explorar totalmente a energia de impacto inicial. A estrutura de alguns britadores de impacto também utiliza cisalhamento e compressão, além do impacto, para fraturar as pedras. Para tanto, a pedra é forçada entre peças giratórias e estacionárias do britador. A velocidade de rotação é importante para as operações efetivas desses britadores, pois a energia disponível para o impacto varia com o quadrado da velocidade de rotação.

Rotor único

O britador de impacto de rotor único (ver Figuras 14.11 e 14.12) quebra a pedra pela ação de impacto dos impulsores contra o material de alimentação e pelo impacto resultante do material movido pelos impulsores contra os aventais dentro da unidade britadora. Esses britadores geram um produto cúbico, mas são econômicos apenas

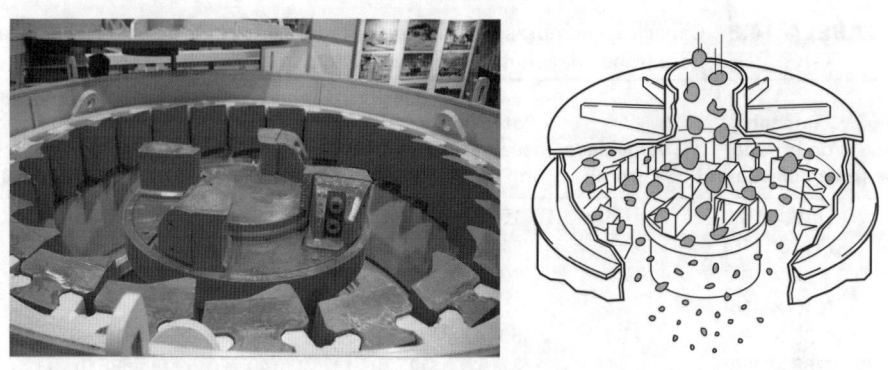

FIGURA 14.11 Vista interna de um britador de impacto de eixo vertical.

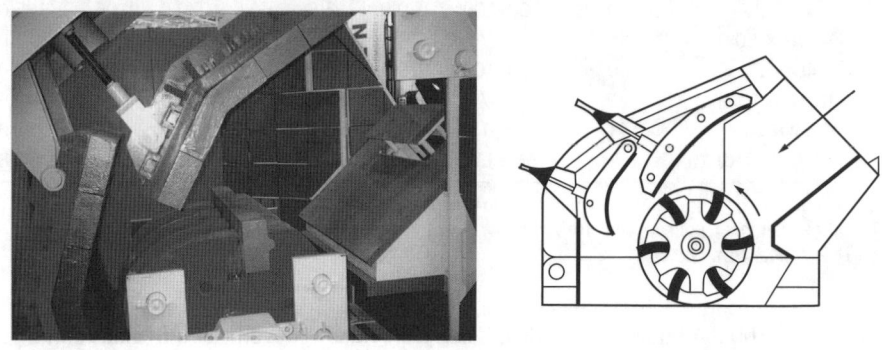

FIGURA 14.12 Vista interna de um britador de impacto de eixo horizontal.

para alimentação de baixa abrasão. A produtividade do britador é afetada pela velocidade do rotor. A velocidade também afeta a relação de redução. Assim, a velocidade somente pode ser ajustada após a devida consideração da produção e do produto final.

Rotor duplo

Essas unidades são semelhantes aos modelos de rotor único e reduzem o tamanho dos agregados utilizando os mesmos mecanismos mecânicos, mas produzem uma proporção ligeiramente maior de finos. Com os britadores de rotor único e duplo, o material impactado flui livremente para o fundo das unidades sem qualquer redução adicional de tamanho.

Moinhos de martelo

O moinho de martelo é o britador de impacto mais usado, podendo ser empregado para britagem primária ou secundária. As peças básicas de uma unidade incluem uma carcaça, um eixo horizontal que se estende através desta, diversos braços e martelos ligados a um carretel montado sobre o eixo, uma ou mais placas britadoras de aço manganês ou outro aço endurecido e uma série de barras de grelha, cujo espaçamento pode ser ajustado para regular a largura das aberturas através das quais flui a pedra britada. Essas peças estão ilustradas na seção do britador mostrada na Figura 14.13.

Quando a pedra a ser britada é alimentada no moinho, os martelos, que giram com alto rpm, atacam as partículas, quebrando-as e atirando-as contra as placas britadoras, que reduzem ainda mais seu tamanho. A redução de tamanho final ocorre pelo esmerilhamento do material contra as barras de grelha no fundo.

O tamanho do moinho de martelo pode ser designado pelo tamanho da abertura de alimentação. A capacidade varia com o tamanho da unidade, o tipo de pedra britada, o tamanho do material alimentado no moinho e a velocidade de rotação do eixo. Os moinhos de martelo produzem uma alta proporção de finos e não conseguem manusear materiais de alimentação úmidos ou pegajosos.

FIGURA 14.13 Corte de britador de rochas de moinho de martelo mostrando ação de fragmentação.
Cortesia de Terex USA, LLC.

UNIDADES ESPECIAIS DE PROCESSAMENTO DE AGREGADOS

Os moinhos de barras ou bolas são muito usados para produzir agregados finos, como areia, a partir de pedras britadas até o tamanho apropriado por outros equipamentos. Esses britadores reduzem o material ao tamanho de partículas ao revirar em uma tambor as pedras de alimentação com uma mídia de esmerilhamento, como bolas ou barras. O movimento é transferido à mídia pela ação do tambor ou pela rotação do recipiente que contém as pedras e a mídia.

Moinhos de barras

Um moinho de barras é uma carcaça de aço circular no interior com uma superfície de alto desgaste. O moinho é equipado com um sistema de munhão ou apoio apropriado em cada extremidade e engrenagens em uma delas. Ele é operado com seu eixo em posição horizontal. O moinho de barras é carregado com barras de aço, cujos comprimentos são ligeiramente inferiores ao do moinho em si. A pedra é alimentada pelo munhão em uma extremidade do moinho e flui para a descarga na outra. À medida que o moinho gira lentamente, a pedra fica sujeita ao impacto constante das barras, produzindo o esmerilhamento desejado. O moinho pode ser operado úmido ou seco, ou seja, com ou sem a adição de água. O tamanho de um moinho de barras é especificado pelo diâmetro e comprimento da carcaça; por exemplo, 8×12 ft, respectivamente.

Moinho de bolas

Um moinho de bolas é semelhante a um moinho de barras, mas usa bolas de aço de diversos tamanhos (ver Figura 14.14) em vez de barras para fornecer o impacto necessário para esmerilhar as pedras. Os moinhos de bolas produzem materiais finos com granulações menores do que aquelas produzidas por um moinho de barras.

FIGURA 14.14 Bolas de tamanho variável para um moinho de bolas.

ALIMENTADORES

Os britadores de compressão (britadores de mandíbulas) são projetados para usar a interação das partículas no processo de britagem. Um britador de compressão subalimentado produz uma porcentagem maior de material de com dimensões excessivas, pois o material necessário não está presente para desenvolver o britagem entre as partículas. Em um britador de impacto, o uso eficiente das colisões entre as partículas não é possível com uma máquina subalimentada. Os britadores giratórios não usam alimentadores.

A capacidade dos britadores de compressão e de impacto é aumentada se a alimentação de pedra ocorrer em velocidade uniforme. A alimentação descontínua tende a sobrecarregar o britador e, a seguir, levar a um suprimento insuficiente de pedras. O uso de um alimentador antes do britador elimina a maioria dos problemas de alimentação descontínua que reduzem a capacidade do segundo aparelho. A instalação de um alimentador pode aumentar a capacidade de um britador de mandíbulas em até 15%.

Existem muitos tipos de alimentadores:

1. Calha articulada
2. Vibrador
3. Placa
4. Correia

Alimentador de calha articulada (esteira). Um alimentador composto de coletores sobrepostos que formam uma correia contínua é chamado de alimentador de calha articulada ou de esteira. Ele oferece uma descarga positiva contínua de materiais de alimentação. Esses alimentadores têm a vantagem de que podem ser obtidos em comprimentos consideráveis.

Alimentador vibratório. Existem alimentadores vibradores simples, ativados por uma unidade vibratória semelhante àqueles usados em peneiras horizontais (discutidos na próxima seção) e peneiras de barras paralelas vibratórias. Uma peneira de barras paralelas vibratória elimina os finos do material que entram no britador. Um alimentador vibratório precisa de menos manutenção do que um alimentador de calha articulada.

Alimentador de placas. Com o uso de excêntricos rotativos, a placa pode se mover para a frente e para trás em um plano horizontal e ser utilizada para alimentar materiais uniformemente em um britador.

Alimentador de correia. Operando pelo mesmo princípio que o alimentador de calha articulada, o alimentador de correia é utilizado para materiais de tamanho menor, geralmente areia e agregados de pequenos diâmetros.

PILHAS DE REGULARIZAÇÃO

Uma usina de britagem estacionária pode incluir diversos tipos e tamanhos de britadores, cada um dos quais provavelmente seguido por uma série de peneiras e um transportador de correia para levar a pedra para a próxima operação e britagem ou ao armazenamento (ver Figura 14.15). A usina pode ser projetada para oferecer armazenamento temporário para pedras entre estágios sucessivos de britagem. Essa estrutura tem a vantagem de eliminar ou reduzir o efeito de descontinuidade que muitas vezes existe quando as operações de britagem, peneiramento e manuseio são conduzidas como uma operação linear.

A pedra em armazenamento temporário, em frente ao britador em uma chamada "pilha de regularização", pode ser utilizada para manter pelo menos uma parte da usina em operação 100% do tempo. Dentro de limites razoáveis, o uso de uma pilha de regularização em frente a um britador permite que este seja alimentado uniformemente na velocidade mais satisfatória possível, independentemente das variações de produção dos outros equipamentos à sua frente. O uso de pilhas de regularização permitiu que algumas usinas aumentassem sua produção final em até 20%.

As vantagens derivadas do uso de pilhas de regularização são:

1. Elas melhoram a alimentação uniforme e garante a alta eficiência do britador. Mesmo que haja interrupções na escavação e no transporte, as operações da usina de britagem continuarão ativas.

FIGURA 14.15 Uma usina de britagem de múltiplos estágios com pilhas de regularização alimentando diversos tipos de britadores e unidades de peneiramento.

2. Caso o britador primário estrague, o resto da usina continua em operação.
3. É possível realizar consertos das seções primárias ou secundárias da usina sem interromper totalmente a produção.

Os argumentos contra o uso das pilhas de regularização são:

1. Elas ocupam uma área de armazenamento adicional.
2. Elas exigem a construção de recipientes de armazenamento ou túneis de recuperação.
3. Elas aumentam a quantidade de manuseio de pedras.

A decisão de usar ou não pilhas de regularização deve se basear em uma análise das vantagens e desvantagens de cada usina.

SELEÇÃO DE EQUIPAMENTOS DE BRITAGEM

É preciso conhecer determinadas informações antes de selecionar o equipamento de britagem. As informações necessárias incluem os itens a seguir, mas não necessariamente apenas eles:

1. O tipo de pedra a ser britada
2. A capacidade necessária da usina, ou seja, a produção necessária
3. O tamanho máximo das pedras alimentadas (informações relativas a faixas de tamanho da alimentação também são úteis)
4. O método de alimentação dos britadores
5. As faixas de tamanho especificadas do produto

O Exemplo 14.3 ilustra um processo de seleção de equipamento de britagem.

EXEMPLO 14.3

Selecione um britador primário e um secundário para produzir 100 tph de calcário britado. As pedras de tamanho máximo da pedreira serão de 16 polegadas. As pedras serão transportadas por caminhões, despejadas nos silos de regularização e alimentadas ao britador primário por um alimentador de calha articulada, que mantém uma taxa de alimentação razoavelmente uniforme. Os agregados serão utilizados em um projeto cujas especificações exigem a seguinte distribuição granulométrica:

Tamanho da abertura da peneira (polegadas)		Porcentagem
Passagem	Retido em	
$1\frac{1}{2}$		100
$1\frac{1}{2}$	$\frac{3}{4}$	42–48
$\frac{3}{4}$	$\frac{1}{4}$	30–36
$\frac{1}{4}$	0	20–26

Britador de mandíbulas

Considere um britador de mandíbulas para o britagem primária e um de rolos para a secundária. A produção do britador de mandíbulas será peneirada e o material que atende os tamanhos da especificação serão removidos. O material restante, maior do 1,5 polegadas, será alimentado no britador de rolos.

Admita uma regulagem de 3 polegadas para o britador de mandíbulas, o que nos dá uma relação de redução satisfatória de aproximadamente 5:1. O britador de mandíbulas deve ter abertura superior mínima de 18 polegadas (pedra de alimentação de tamanho máximo de 16 polegadas, mais 2 polegadas). A Tabela 14.3 indica que um britador de 24 por 36 polegadas possui capacidade provável de 114 tph com base em pedras pesando 100 lb/cf quando britadas. A Figura 14.5 indica que o produto do britador será distribuído por tamanho da seguinte forma:

Faixa de tamanho (polegadas)	Porcentagem que passa nas peneiras	Porcentagem na faixa de tamanhos	Produção total do britador (tph)	Quantidade produzida na faixa de tamanho (tph)
Acima de $1\frac{1}{2}$	100–46	54	100	54,0
$1\frac{1}{2}-\frac{3}{4}$	46–26	20	100	20,0
$\frac{3}{4}-\frac{1}{4}$	26–11	15	100	15,0
$\frac{1}{4}-0$	11–0	11	100	11,0
Total		100%		100,0 tph

Britador de rolos

Como o britador de rolos receberá a produção do britador de mandíbulas, os rolos devem ser grandes o suficiente para lidar com pedras de 3 polegadas. Suponha uma regulagem de 1½polegadas. De acordo com a Eq. [14.1], o raio mínimo será de 17,7 polegadas (3 = 0,085R + 1½). Experimente usar um britador de 40 por 20 polegadas (Tabela 14.6) com capacidade para aproximadamente 105 toneladas por hora com uma regulagem de 1½ polegadas.

Para uma regulagem qualquer, o britador produzirá cerca de 15% de pedra britada com pelo menos uma dimensão maior do que a regulagem. Assim, para uma determinada regulagem, 15% das pedras que passam pelo britador de rolos serão devolvidas para rebritagem. A quantidade total de pedras passando pelo britador, incluindo as pedras britadas, será determinada da seguinte forma:

Q = quantidade total de pedra que atravessa o britador

Então:

$0{,}15Q$ = quantidade de pedra devolvida

$0{,}85Q$ = quantidade de novas pedras

$$Q = \frac{\text{quantidade de novas pedras}}{0{,}85}$$

$$= \frac{54 \text{ tph}}{0{,}85} = 63{,}5 \text{ tph}$$

O britador de rolos de 40 por 20 polegadas processará essa quantidade de pedras facilmente. A distribuição da produção desse britador, por faixa de tamanho, será:

Faixa de tamanho (polegadas)	Porcentagem que passa nas peneiras	Porcentagem na faixa de tamanhos	Produção total do britador (tph)	Quantidade produzida na faixa de tamanho (tph)
$1\frac{1}{2}-\frac{3}{4}$	85–46	39	63,5	24,8
$\frac{3}{4}-\frac{1}{4}$	46–19	27	63,5	17,1
$\frac{1}{4}-0$	19–0	19	63,5	12,1
Total		85%		54,0 tph

Agora combine os produtos de cada britador pelos tamanhos especificados.

Faixa de tamanho (polegadas)	Do britador de mandíbulas (tph)	Do britador de rolos (tph)	Quantidade total (tph)	Requisito de granulometria (porcentagem)	Porcentagem na faixa de tamanhos
$1\frac{1}{2}-\frac{3}{4}$	20,0	24,8	44,8	42–48	44,8
$\frac{3}{4}-\frac{1}{4}$	15,0	17,1	32,1	30–36	32,1
$\frac{1}{4}-0$	11,0	12,1	23,1	20–26	23,1
Total	46,0 tph	54,0	100,0		100,0

Layout da usina

As tarefas de *layout* e construção da usina representam o ápice do projeto da usina. Inicialmente, as plantas devem levar em consideração uma configuração de equipamentos apropriada dentro da usina, dando atenção especial à criação de um fluxo lógico e produtivo de materiais desde o ponto de chegada dos caminhões que trazem matéria-prima até o ponto em que os caminhões saem com produtos agregados britados. Os requisitos do ambiente físico de cada equipamento, como alicerces, encanamento e energia, devem ser avaliados para garantir que foram incluídos durante a construção da usina.

A drenagem é de suma importância na construção da usina. A planta da usina deve incluir espaços adequados em torno das unidades individuais. A equipe de manutenção deve ter acesso para realizar consertos e mover guindastes e dispositivos de elevação para equipamentos de britagem pesados. Também é preciso haver áreas adequadas para armazenamento de materiais.

SEPARAÇÃO EM FAIXAS DE TAMANHOS DE PARTÍCULAS

SEPARAÇÃO DE PEDRA BRITADA

O termo *separação*, como utilizado neste capítulo, refere-se a uma operação de peneiramento. A separação remove, da massa de pedra principal a ser processada, pedras grandes demais para a abertura do britador ou pequenas o suficiente para serem utilizadas sem sofrerem mais britagem. A separação pode ser realizada antes do britador primário, pois a boa prática de britagem determina a separação de todas as pedras britadas após cada estágio sucessivo de redução.

A separação antes de um britador primário serve a duas funções diferentes. Ela impede que pedras com medidas excessivas entrem no britador e bloqueiem a abertura e pode ser utilizada para remover terra, lama e outros detritos inaceitáveis no produto acabado. Se o produto da operação de desmonte possuir pedras com medidas excessivas, é melhor removê-las antes do britador. A separação deve atender essa necessidade. Uma peneira de barras paralelas (conhecida como *grizzly*), composta de um determinado número de barras com espaço amplo entre si, pode ser usada para separar os materiais antes do britador primário (ver Figura 14.16).

O produto da operação de desmonte pode conter uma quantidade significativa de pedras que atendem os requisitos de tamanho especificados. Nesse caso, a econo-

FIGURA 14.16 Separador antes de um pequeno britador.

mia determina que tais pedras sejam retiradas antes do britador primário, reduzindo a carga total sobre o equipamento e aumentando a capacidade geral da usina.

Em geral, é econômico instalar um separador após cada estágio de redução para remover tamanhos das especificações. Essa pedra pode ser transportada por peneiras classificadoras, onde ela pode ser medida e colocada no armazenamento apropriado.

PENEIRAMENTO DE AGREGADOS

Exceto nas operações de britagem mais básicas, as partículas de rochas britadas devem ser separadas em duas ou mais faixas de tamanho de partículas. Essa separação permite a seleção de determinados materiais para processamentos adicionais ou especiais, ou então seu desvio para que pulem passos de processamento desnecessários. O processo de peneiramento se baseia na premissa simples de que tamanhos de partículas menores do que as aberturas das telas passarão por esta, enquanto as partículas maiores ficarão retidas.

As aberturas das peneiras podem ser descritas por dois termos: (1) malha ou (2) abertura livre. O termo "malha" se refere ao número de aberturas por polegada linear. O número de aberturas em uma polegada pode ser contada pela medida desde o fio do centro da peneira até um ponto a 1 polegada de distância. A abertura livre ou "espaço" é um termo que se refere à distância entre as bordas internas de dois fios paralelos.

A maioria das especificações que tratam do uso de agregados estipulam que os diferentes tamanhos devem ser combinados para produzir uma mistura com uma determinada distribuição de tamanho. Os responsáveis pela preparação das especificações para o uso de agregados sabem que o britagem e o peneiramento não têm precisão absoluta, então permitem alguma tolerância na distribuição de tamanho. O nível de tolerância pode ser indicado por uma afirmação como "a quantidade de agregados que passa por uma peneira de 1 polegada e é retida por uma peneira de 0,25 polegadas será igual a no mínimo 30% e no máximo 40% da quantidade total de agregados".

Peneiras rotativas

As peneiras rotativas possuem diversas vantagens em relação a outros tipos de peneiras, especialmente quando usadas para lavar e peneirar areia e cascalho. A operação é lenta e simples e os custos de manutenção e conserto são baixos. Se o agregado que será lavado possuir silte e argila, é possível instalar um depurador junto à entrada da peneira para agitar o material em água. Ao mesmo tempo, correntes de água podem ser pulverizadas sobre o agregado à medida que este atravessa a peneira.

Peneiras vibratórias

As peneiras vibratórias são compostas de uma ou mais camadas, ou "decks", de malhas de tela metálica montadas umas sobre as outras em uma caixa de metal retangular (ver Figura 14.17). Essas são as peneiras de produção de agregados mais utilizadas. A vibração é obtida por meio de um eixo excêntrico, um eixo de contrapeso ou eletroímãs ligados à armação ou às peneiras.

A unidade pode ser horizontal ou ligeiramente inclinada (20 graus ou menos) entre as extremidades de recebimento e descarga. A vibração, de 850 a 1.250 cursos por minuto, faz com que os agregados fluam sobre a superfície da peneira. Normalmente, as grandes aberturas das peneiras precisam de grande amplitude e velocidade reduzida, enquanto o contrário é necessário para aberturas pequenos. No caso de uma peneira horizontal, a agitação das vibrações precisa mover o material para a frente e para cima, então sua linha de ação é de 45 graus em relação à horizontal.

A maioria das partículas menores que as aberturas da peneira caem através dela, enquanto as partículas de medida excessiva fluem por ela na extremidade de descarga. Para uma unidade de múltiplos decks, os tamanhos das aberturas ficam progressivamente menores com cada deck.

Uma peneira não deixa passar todo os materiais cujos tamanhos são iguais ou inferiores às dimensões de suas aberturas. Parte do material pode ficar retido ou ser levado até a extremidade de descarga da peneira. A eficiência da peneira pode ser definida como a quantidade de material que atravessa a peneira dividida pela quantidade total que seria pequena o suficiente para atravessar, geralmente 90 a 95%. À medida que decks adicionais são instalados, as eficiências destas diminuem, ficando acima de 85%

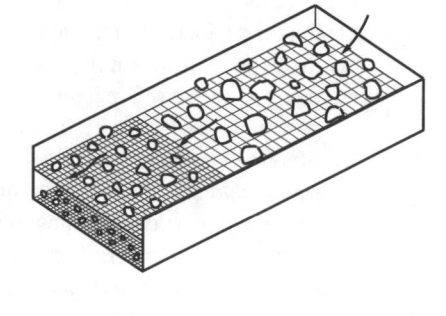

FIGURA 14.17   Peneira vibratória de dois decks.

para o segundo deck e 75% para o terceiro. O peneiramento a úmido aumenta a eficiência do processo, mas é necessário usar equipamentos adicionais para lidar com a água.

A capacidade de uma peneira é o número de toneladas de material que 1 pé quadrado (sf) separa por hora. A capacidade de uma peneira *não* é a quantidade total de material que pode ser alimentada e passada sobre sua superfície, mas sim a velocidade de separação do material desejado da alimentação. A capacidade varia com o tamanho das aberturas, o tipo de material peneirado, o conteúdo de umidade do material peneirado e outros fatores.

> Devido aos fatores que afetam a capacidade de uma peneira, quase nunca é possível calcular de antemão a capacidade exata de uma peneira. Se um determinado número de toneladas de material precisa passar por hora, a prudência determine que selecionemos uma peneira cuja capacidade calculada total seja 10-25% maior do que a capacidade exigida.

O gráfico da Figura 14.18 fornece as capacidades de peneiramento a seco que podem ser utilizadas para orientar a seleção de uma peneira de tamanho correto para um determinado fluxo de materiais. As capacidades informadas no gráfico devem ser modificadas com a aplicação dos fatores de correção apropriados. Os valores representativos desses fatores serão analisados a seguir.

Fatores de eficiência

Se for possível usar valores baixos de eficiência de peneiramento, a capacidade real de uma peneira será maior do que os valores informados na Figura 14.18. A Tabela 14.7 fornece os fatores pelos quais os valores do gráfico da Figura 14.18 podem ser multiplicados para obtermos as capacidades corrigidas para cada eficiência.

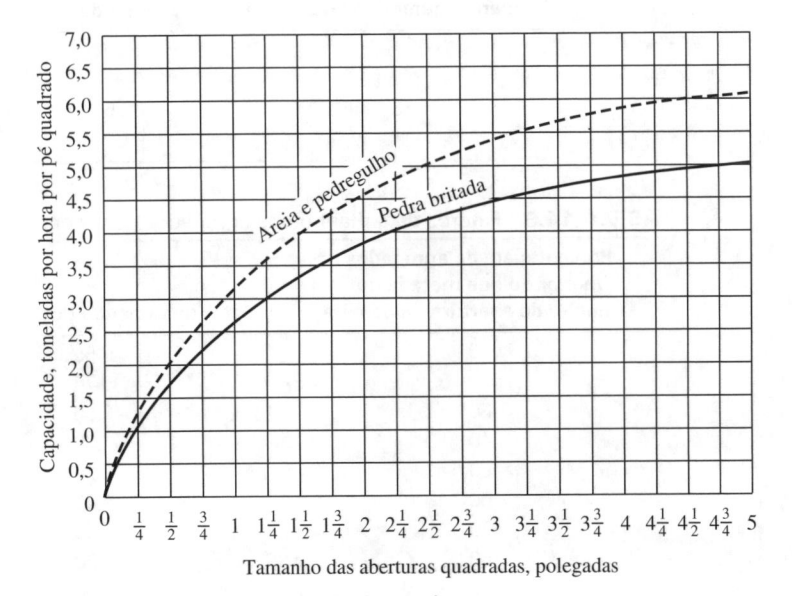

FIGURA 14.18 Gráfico de capacidade de peneira.

TABELA 14.7 Fatores de eficiência para o peneiramento de agregados

Eficiência da peneira admissível (%)	Fator de eficiência
95	1,00
90	1,25
85	1,50
80	1,75
75	2,00

Fatores de deck

Este é um fator cujo valor varia com a posição específica do deck em peneiras de múltiplos decks. Os valores de fator de deck são apresentados na Tabela 14.8.

Fatores de tamanho dos agregados

As capacidades de peneiras apresentadas na Figura 14.18 se baseiam no peneiramento de material seco com tamanhos de partícula que seriam encontrados na produção de um britador representativo. Se o material a ser peneirado contiver uma ampla porção de tamanhos pequenos, a capacidade da peneira será aumentada; se o material contiver uma ampla parcela de tamanhos grandes, a capacidade da peneira será reduzida. A Tabela 14.9 apresenta fatores representativos que podem ser aplicados à capacidade de uma peneira para corrigir o efeito do excesso de partículas finas ou grossas.

TABELA 14.8 Fatores de deck para o peneiramento de agregados

Para o número de decks	Fator de deck
1	1,00
2	0,90
3	0,75
4	0,60

TABELA 14.9 Fatores de tamanho dos agregados para peneiramento

Porcentagem de agregados menor do que metade do tamanho da abertura da peneira	Fator de tamanho dos agregados
10	0,55
20	0,70
30	0,80
40	1,00
50	1,20
60	1,40
70	1,80
80	2,20
90	3,00

Determinando a área da peneira necessária

A Figura 14.18 apresenta a capacidade teórica de uma peneira em toneladas por hora por pé quadrado com base em material que pesa 100 lb/cf quando britado. A capacidade corrigida de uma peneira é dada pela equação:

$$Q = ACEDG \qquad [14.4]$$

onde:

Q = capacidade da peneira, toneladas por hora

A = área da peneira, pés quadrados

C = capacidade teórica da peneira em toneladas por hora por pé quadrado

E = fator de eficiência

D = fator de deck

G = fator de tamanho dos agregados

A área mínima de uma peneira para permitir uma determinada capacidade é determinada pela equação:

$$A = \frac{Q}{CEDG} \qquad [14.5]$$

EXEMPLO 14.4

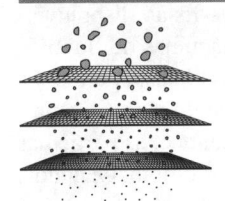

Determine o tamanho mínimo de uma peneira de deck único, com aberturas de $1\frac{1}{2}$ polegadas quadradas, para peneirar 120 tph de pedra britada seca que pesa 100 lb/cf quando britada. A armação da peneira tem 4 ft de largura. A eficiência de peneiramento de 90% é considerada satisfatória. A análise dos agregados indica que cerca de 30% deles terão tamanho inferior a $\frac{3}{4}$ polegadas. Os valores dos fatores que serão usados na Eq. [14.5] são:

Q = 120 tph

C = 3,32 tph   (Figura 14.18)

E = 1,25   (Tabela 14.7)

D = 1,0   (Tabela 14.8)

G = 0,8   (Tabela 14.9)

Inserindo esses valores na Eq. [14.5], obtemos:

$$A = \frac{120 \text{ tph}}{3,3 \text{ tph/sf} \times 1,25 \times 1,0 \times 0,8} = 36,4 \text{ sf}$$

Devido à possibilidade de variações nos fatores usados e para criar uma margem de segurança, recomenda-se selecionar uma peneira cuja capacidade calculada total seja de 10-25% superior à capacidade exigida.

$$A = 36,4 \text{ sf} \times 1,10 = 40,0 \text{ sf}$$

Assim, use no mínimo uma peneira de 4 por 10 ft (40 sf).

FIGURA 14.19 Classificador para produção de areia de acordo com as especificações.

Máquinas de classificação e preparação de areia

Quando as especificações para areia e outros agregados finos exigirem que os materiais atendam requisitos de graduação de tamanho, frequentemente é necessário produzir as graduações com o uso de equipamentos mecânicos. Estão disponíveis diversos tipos de equipamentos mecânicos para esse fim. As máquinas de fluxo de água e mecânico classificam a areia em diversos tamanhos individuais. A areia e a água são alimentadas nesses classificadores em uma extremidade do tanque da unidade. À medida que a água flui para a extremidade de saída do tanque, as partículas de areia se acomodam no fundo, as grossas primeiro e as finas por último. Quando a profundidade de um determinado tamanho alcançar um nível predeterminado, uma pá (placa) sensora aciona uma válvula de descarga no fundo do compartimento para permitir que o material flua para a caixa de separação, da qual é removida e empilhada.

Outra máquina para manuseio de areia é o classificador helicoidal. Essa unidade pode ser utilizada para produzir areia de acordo com as especificações técnicas. Uma hélice de areia é montada de modo que o material precise subir a hélice para ser descarregado. No caso do classificador helicoidal mostrado na Figura 14.19, o motor fica na extremidade de descarga. A areia e a água são colocadas no funil. À medida que as hélices em espiral giram, a areia sobe o tanque até a saída de descarga sob o motor. Os materiais indesejáveis são expulsos do tanque com a água transbordada.

OUTRAS QUESTÕES DE PROCESSAMENTO DE AGREGADOS

LAVADORES DE PEDRAS

Quando depósitos naturais de agregados, como areia e cascalho, ou pedras britadas individuais possuírem materiais prejudiciais como parte da matriz ou como depósitos na superfície dos agregados, será necessário remover tais materiais antes de usar o agregado. Um método de remoção de materiais é passar o agregado por uma máquina chamada simplesmente de "lavador" ou "lavador de pedras". Essa unidade é composta de um tanque de aço com dois eixos movidos por motores elétricos, aos quais são presos diversas pás (placas) removíveis. Quando o lavador é montado em uma usina, a extremidade de descarga é elevada. Os agregados a serem processados são alimentados na extremidade mais baixa da unidade, enquanto um suprimento de água constante flui na extremidade elevada. À medida que os eixos são girados em direções opostas, as pás movem os agregados em direção à extremidade superior do tanque ao mesmo tempo em que produzem uma ação depuradora contínua entre as partículas. A corrente de água remove o material indesejável e descarrega-o do tanque na extremidade mais baixa, enquanto os agregados processados são descarregados pela extremidade superior.

SEGREGAÇÃO

Após a pedra ser britada e peneirada para fornecer as faixas de tamanho desejadas, é necessário manusear o produto com cuidado para que as partículas grandes e pequenas não se segreguem, destruindo a mistura de tamanhos que é essencial para atender os requisitos de granulometria. Se os agregados fluírem livremente da extremidade de uma esteira transportadora, especialmente a alguma altura acima da pilha de armazenamento, os materiais serão segregados por tamanho (ver Figura 14.20).

As especificações que tratam da produção de agregados frequentemente estipulam que os agregados transportados por uma esteira transportadora não poderão cair livremente da extremidade de descarga de uma correia. A extremidade da correia deve ser mantida o mais baixa possível e os agregados devem ser descarregados por uma escada de pedra, contendo anteparos, para impedir a segregação.

FIGURA 14.20 Agregados depositados em pilhas por uma esteira transportadora.

SEGURANÇA

O projetista da usina tem a obrigação de oferecer um local de trabalho que minimize a possibilidade de situações que levam a acidentes. É preciso haver amplo espaço de trabalho em torno de todas as unidades para permitir os movimentos dos membros da equipe e o uso de ferramentas.

Os equipamentos de britagem e peneiramento são projetados pelo fabricante levando em conta a segurança de toda a equipe operacional. Todos os equipamentos são fornecidos pelo fabricante com protetores, capas e anteparos instalados em torno das partes móveis e não deve ser alterados ou modificados de qualquer maneira que venha a eliminar os dispositivos de prevenção de acidentes. Os relatórios de acidentes do Labor Department (departamento do trabalho dos E.U.A.) descrevem repetidamente os resultados da remoção de capas e protetores de equipamentos de processamento de rochas: "Ele removeu um item de segurança e ficou preso na máquina".

Esses dispositivos protegem os operadores e outros trabalhadores nas máquinas ou próximos a elas. Mesmo com dispositivos de segurança, é preciso seguir as práticas de segurança básicas em todos os momentos.

- Não remova as proteções, capas ou anteparos quando o equipamento estiver funcionando.
- Substitua todas as proteções, capas ou anteparos após a manutenção.
- Nunca lubrifique o equipamento quando este estiver em movimento.
- Sempre estabeleça um bloqueio positivo da fonte de energia envolvida antes de realizar manutenção.
- Bloqueie as peças necessária para impedir movimentos inesperados enquanto realizar manutenções ou consertos.
- Não tente remover produtos presos ou outros bloqueios quando o equipamento estiver funcionando.

Uma investigação de acidente de 1998 realizada pelo Labor Departament, Mine Safety, and Health Administration, informa os resultados de não seguir esse procedimento de segurança. Em um acidente causado porque alguém não desligou e bloqueou o britador de mandíbulas antes de tentar deslocar rochas, um operador de britador sofreu um ferimento fatal quando foi acertado no rosto por uma cabeça de marreta enquanto tentava liberar uma pedra presa no equipamento.

RESUMO

Na operação de uma usina de britagem, o padrão de perfuração, a quantidade de explosivos, o tamanho da escavadeira com pá-frontal (*shovel*) ou pá-carregadeira usada para carregar a pedra e o tamanho do britador primário devem corresponder uns aos outros para garantir que toda a pedra seja utilizada de maneira econômica. Os britadores de mandíbulas têm grandes volantes armazenadores de energia e oferecem uma forte vantagem mecânica. Os britadores giratórios e de cone possuem um manto giratório montado dentro de uma caçamba. Um britador de rolos consiste de uma carcaça pesada de ferro fundido equipada com um ou mais rolos de aço endurecido, cada um dos quais montado sobre um eixo horizontal separado. Nos britadores de impacto, as pedras são fraturadas pela aplicação de forças de impacto de alta velocidade. Os fabricantes fornecem gráficos de capacidade para seus britadores, geralmente baseados em um peso de pedra britada padrão de 100 lb/cf.

Após a operação de britagem, quase sempre é necessário determinar o tamanho do produto final. Essa determinação de tamanho ou peneiramento permite que o operador da usina direcione determinados materiais para processamentos adicionais ou especiais, ou então seu desvio para que pulem passos de processamento desnecessários. O peneiramento se baseia na premissa simples de que partículas menores do que o tamanho da abertura da peneira passarão por ela, enquanto as partículas com medidas superiores serão retidas. Os objetivos críticos de aprendizagem incluem:

- O entendimento e a habilidade de usar a tabela de capacidade do britador fornecida pelo fabricante
- A capacidade de calcular o tamanho da alimentação do britador de rolos
- A capacidade de projetar uma usina de britagem com base nas especificações de distribuição de tamanho necessária
- A capacidade de calcular a área necessária das peneiras

Esses objetivos servem de base para os problemas a seguir.

PROBLEMAS

14.1 Um britador de mandíbulas com regulagem fechada de 4 polegadas produz 150 tph de pedra britada. Determine o número de toneladas por hora produzido em cada uma das seguintes faixas de tamanho: acima de 2½ polegadas, entre 2½ e 1½ polegadas, entre 1½ e ¼ polegadas e menos de ¼ polegadas. (66 tph acima de 2½ polegadas, 30 tph entre 2½ e 1½ polegadas, 37,5 tph entre 1½ e ¼ polegadas e 16,5 tph menos de ¼ polegadas.)

14.2 Um britador de mandíbulas com regulagem fechada de 2½ polegadas produz 140 tph de pedra britada. Determine o número de toneladas por hora produzido em cada uma das seguintes faixas de tamanho: acima de 2 polegadas, entre 2 e 1 polegadas, entre 1 e ½ polegadas e menos de ½ polegadas.

14.3 Um britador de rolos regulado em 1½ polegadas produz 177 tph de pedra britada. Determine o número de toneladas por hora produzido em cada uma das seguintes faixas de tamanho: acima de 1½ polegadas, entre 1½ e ¾ polegadas e entre ¾ e ¼ polegadas.

14.4 Um britador de mandíbulas deve produzir 120 tph com as seguintes especificações. A pedra de tamanho máximo da pedreira terá 20 polegadas. Selecione um britador para produzir os agregados necessários.

Tamanho da abertura da peneira (polegadas)		
Passando	Retido em	Porcentagem
$2\frac{1}{2}$		100
$2\frac{1}{2}$	$1\frac{1}{2}$	30–50
$1\frac{1}{2}$	$\frac{1}{2}$	20–40
$\frac{1}{2}$	0	10–30

14.5 Selecione um britador de mandíbulas para britagem primária e um britador de rolos para britagem secundária para produzir 160 tph de rocha de calcário. A pedra de tamanho máximo da pedreira terá 22 polegadas. A pedra a ser britada tem as seguintes especificações:

Tamanho da abertura da peneira (polegadas)		
Passando	Retido em	Porcentagem
2		100
2	$1\frac{1}{4}$	30–40
$1\frac{1}{4}$	$\frac{3}{4}$	20–35
$\frac{3}{4}$	$\frac{1}{4}$	10–30
$\frac{1}{4}$	0	0–25

Especifique o tamanho e a regulagem para cada britador selecionado.

14.6 Um britador de mandíbulas de 24 por 36 polegadas está regulado com uma abertura de 2 polegadas. A produção do britador é descarregada sobre um peneira com aberturas de 1½ polegadas. A eficiência da peneira é de 85%. Os agregados que não passam através da peneira são levados a um britador de rolos de 40 por 20 polegadas regulado em 1½ polegadas.

Determine a produção máxima do britador de rolos em toneladas por hora para materiais de menos de 1 polegada. O material de sobremedida do britador de rolos não será reciclado. Qual quantidade, em toneladas por hora, da produção do britador de rolos está na faixa de 1 polegada a ½ e qual quantidade está abaixo de ½ polegadas?

14.7 Uma usina de britagem portátil é equipada com as seguintes unidades:
Um britador de mandíbulas: tamanho 18 × 36 polegadas
Britador de um rolo, tamanho 30 × 22 polegadas
Um conjunto de decks vibratórios horizontais, dois decks, com aberturas de 1¾ e ¾ polegadas.
As especificações exigem que 100% dos agregados passem por uma peneira de 1,75 polegadas e pelo menos 45% passem por uma peneira de ¾ polegadas. Suponha que 12% da pedra oriunda da pedreira será menor do que 1¾ polegadas e que esses agregados serão removidos pela passagem do produto da pedreira sobre a peneira antes de enviá-lo para o britador de mandíbulas. Os agregados britados pesarão 112 lb/cf. Determine a produção máxima da usina em toneladas por hora. Inclua os agregados removidos pelas peneiras antes de serem enviados aos britadores.

14.8 A produção de pedra britada de um britador de 36 por 48 polegadas, com abertura fechada de 3 polegadas, é passada sobre uma única peneira vibratória horizontal com aberturas de 2 polegadas. Se a eficiência de peneiramento permissível for igual a 85%, use as informações no livro para determinar a peneira de tamanho mínimo, em pés quadrados, necessária para processar a produção do britador. (Mínimo de 38,4 sf.)

14.9 A produção de pedra britada de um britador de mandíbulas de 15 por 30 polegadas, com abertura fechada de 3 polegadas, é passada sobre as aberturas de 3 e 2 polegadas de uma peneira vibratória. A eficiência de peneiramento permissível é igual a 90%. A pedra tem peso unitário de 106 lb/cf quando britada. Determine a peneira de tamanho mínimo, em pés quadrados, necessária para processar a produção do britador. Se a unidade de peneiramento tem 4 ft de largura, quais serão os tamanhos de peneira nominais? Os comprimentos das peneiras devem ser expressos em pés e utilizar números inteiros.

14.10 A produção de pedra britada de um britador de mandíbulas de 36 por 48 polegadas, com abertura fechada de 2,5 polegadas, é passada sobre uma peneira vibratória com duas telas, a primeira com aberturas de 2½ polegadas e a segunda com aberturas de 1½ polegadas. A eficiência de peneiramento permissível é igual a 90%. A pedra tem peso unitário de 102 lb/cf quando britada. Determine a peneira de tamanho mínimo, em pés quadrados, necessária para processar a produção do britador. Se a unidade de peneiramento tem 3,5 ft de largura, quais serão os tamanhos de peneira nominais?

14.11 A produção de pedra britada de um britador de mandíbulas de 48 por 60 polegadas, com abertura fechada de 5 polegadas, é peneirada nos seguintes tamanhos: 5 a 4 polegadas, 4 a 3 polegadas e menos de 3 polegadas. Uma peneira vibratória horizontal de três decks será usada para separar os três tamanhos. A pedra pesa 110 lb/cf quando britada. Se a eficiência de peneiramento permissível for igual a 90%, determine a peneira de tamanho mínimo para cada deck, em pés quadrados, necessária para processar a produção do britador. Se a unidade de peneiramento tem 4 ft de largura, quais serão os tamanhos de peneira nominais?

FONTES DE CONSULTA

Barksdale, Richard D. (ed.) (1991). *The Aggregate Handbook*, National Stone Association, Washington, DC.

Cedarapids Pocket Reference Book, 17th pocket edition (2002). Cedarapids, Inc., 916 16th Street NE, Cedar Rapids, IA.

FONTES DE CONSULTA NA INTERNET

http://www.cedarapids.com A Cedarapids, Inc., de Cedar Rapids, IA, é uma fabricante de equipamentos de processamento de agregados.

http://www.icar.utexas.edu International Center for Aggregates Research (ICAR). O ICAR é mantido em conjunto pela University of Texas em Austin (UT) e a Texas A&M University (TAMU).

http://www.metsominerals.com A Metso Minerals Oy, P.O. Box 307, Lokomonkatu 3, FIN-33101 Tampere, Finlândia, é uma fabricante global de equipamentos de redução de tamanho de rocha, classificação, separação e recuperação de minerais e manuseio de materiais. Suas principais marcas incluem Nordberg, Svedala, Trellex, Lindemann e Skega.

http://www.mining-technology.com O Mining Technology é um site britânico para a indústria de mineração internacional. O site inclui notícias sobre equipamentos, produtos e conferências, além de uma página abrangente de links para materiais relacionados a mineração.

http://www.nssga.org A National Stone, Sand & Gravel Association (NSSGA), de Alexandria, VA, é a associação nacional que representa as indústrias de pedra britada, areia e pedregulho. A associação presta suporte em melhorias de produtividade operacional, pesquisa de engenharia, saúde e segurança, questões ambientais e problemas técnicos.

15

Produção e lançamento de mistura asfáltica

A capacidade de adaptar facilmente uma seção de pavimento à construção em estágios e de reciclar pavimentos antigos, assim como o fato de projetos de mistura poderem ser ajustados ao uso de materiais locais, são três fatores críticos que favorecem o uso de materiais de pavimentação asfáltica. Uma usina de asfalto é um grupo de máquinas de alta tecnologia capazes de dosar, aquecer e misturar uniformemente os agregados e o cimento asfáltico do concreto asfáltico, sempre atendendo a regulamentações ambientais estritas, especialmente no que diz respeito a emissões de partículas. A construção com pavimentos asfálticos representa um desafio especial para as construtoras, pois estas podem ser responsáveis tanto pela produção do asfalto de mistura a quente na usina como pelo lançamento do material no local de trabalho. A central dosadora, os caminhões, a pavimentadora de asfalto e os rolos compactadores devem estar sincronizados para garantir uma operação eficiente e de boa relação custo-benefício. As pavimentadoras de asfalto são compostas de um trator, seja ele de esteiras ou de pneus de borracha, e uma mesa. A espessura da camada, controlada pela mesa, pode ser mantida pelo uso de sensores de declive ou pela criação de uma referência externa com uma sapata ou uma placa com formato de esqui.

INTRODUÇÃO

Este capítulo trata de equipamentos e métodos utilizados na produção e no lançamento de pavimentos asfálticos (ver Figura 15.1). Apesar de os mesmos equipamentos, ou de máquinas semelhantes, serem utilizados para outros fins, como rolos para compactação de solos, todas as máquinas serão tratadas neste capítulo em referência às operações com asfalto.

Os materiais de pavimentação asfáltica são produzidos para a construção de pavimentos de autoestradas, estacionamentos e campos de aviação. A capacidade de adaptar facilmente uma seção de pavimento à construção em estágios e de reciclar pavimentos antigos, assim como o fato de projetos de mistura poderem ser ajustados ao uso de materiais locais, são três fatores críticos que favorecem o uso de materiais de pavimentação asfáltica. Na avaliação da produção de asfalto e de equipamentos de pavimentação, leve em consideração os tipos de projetos esperados. Algumas usinas de asfalto são operadas principalmente como produtoras de múltiplas misturas para vendas *free on board* (FOB) na usina ou para atender a múltiplas equipes de pa-

FIGURA 15.1 Pavimentação asfáltica de uma grande rodovia.

vimentação em trabalhos pequenos. Essas usinas precisam ter a capacidade de alterar rápida e facilmente sua produção para atender às necessidades de vários clientes. Outras usinas são produtoras de grandes volumes e atendem a uma única equipe de pavimentação; isso é especialmente verdade no caso das usinas portáteis, que se mudam de um projeto para o outro. Existem equipamentos projetados especificamente para atender às necessidades de ambos os tipos de situação. A construtora precisa selecionar os equipamentos e métodos que permitam a flexibilidade de serviço que melhor se adapte aos tipos específicos de projetos que serão realizados.

GLOSSÁRIO DE TERMOS DE ASFALTO

O glossário a seguir define os termos importantes usados na descrição de equipamentos de asfalto e processos de construção.

Abaulamento ou *inclinação transversal*. A inclinação transversal de uma rodovia ou outra superfície. Durante a colocação do asfalto, a inclinação transversal pode ser controlada diretamente pela mesa da pavimentadora.

Aglutinante (binder). O material de cimento asfáltico em uma mistura de pavimentação utilizado para aglutinar as partículas dos agregados, impedir a entrada de umidade e atuar como agente de amortecimento.

Ancinho (rastelo) para asfalto. Tipo de ancinho específico usado para alisar pequenas irregularidades superficiais na mistura de asfalto a quente atrás da pavimentadora. Possui um lado com borda reta e um dentado.

Aquecedor de fluido térmico. Um aquecedor para aumentar a temperatura do óleo de transferência de calor. O óleo de transferência aquecido mantém a temperatura do asfalto líquido armazenado ou do concreto asfáltico misturado colocado em silos de armazenamento.

Asfalto-borracha. Mistura de asfalto que contém borracha em pó ou triturada, introduzida à mistura para produzir um pavimento mais resistente.

Braços de regularização (nivelamento). Dois braços longos que se estendem para a frente de cada lado da mesa da pavimentadora de asfalto e ligados aos pontos de reboque do trator. Essa conexão mecânica permite que a mesa flutue sobre a mistura asfáltica durante o lançamento.

Breakdown ou *compactação inicial*. A compactação inicial da mistura asfáltica que ocorre logo após a pavimentadora e pretende produzir a máxima densidade no menor período de tempo.

Camada (altura). Uma camada de mistura asfáltica lançada e compactada separadamente.

Camada antiderrapante. A camada superficial superior de um pavimento asfáltico, em geral com menos de 1 polegada de espessura, para melhorar a resistência a derrapamentos e a lisura da estrada.

Camada de ligação (aglutinante). Camada de mistura asfáltica colocada entre as camadas de base e de superfície na estrutura do pavimento.

Camada de regularização (nivelamento). Uma nova camada de mistura asfáltica, lançada sobre uma pista com problemas ou base não ligada para melhorar seu perfil antes do recapeamento.

Camada de rolamento ou de desgaste. A superfície superior ou percurso de uma estrutura de pavimento.

Câmara de filtragem. Sistema de filtragem em uma usina de asfalto para capturar partículas de poeira finas.

Coletor de pó úmido. Sistema de coleta de pó de usina de asfalto que utiliza água e um venturi de alta pressão para capturar partículas de poeira do gás de escape de um secador ou de um tambor misturador. O pó úmido coletado não pode ser devolvido à mistura.

Concreto asfáltico. Material de pavimentação asfáltica composto de agregados e cimento asfáltico preparado em uma usina de dosagem e mistura a quente e usado na construção dos pavimentos de rodovias, estacionamentos ou campos de aviação capazes de suportar grandes volumes de tráfego e cargas de eixos.

Controles automáticos da mesa. Sistema que neutraliza a ação autoniveladora da mesa da pavimentadora de asfalto e permite a pavimentação em um nível ou inclinação predeterminado utilizando uma referência rígida ou móvel.

Controles de espessura. Controles operados manualmente, em geral localizados na borda externa da mesa da pavimentadora de asfalto, pelos quais o operador da mesa pode ajustar o ângulo de ataque de sua placa para aumentar ou reduzir a espessura da camada.

Elevador de alta temperatura. Um elevador de caçamba usado para carregar agregados quentes e secos da secadora até a unidade de classificação granulométrica de uma usina de dosagem e mistura de asfalto.

Elevador de fileiras. Um dispositivo de recolhimento mecânico que se desloca em frente a uma pavimentadora de asfalto e levanta material de mistura asfáltica em fileiras e coloca-o no funil de uma pavimentadora. O processo permite a operação contínua da pavimentadora. Os elevadores de fileiras geralmente são afixados à pavimentadora.

Fileira ou *leira*. Uma pilha linear de materiais colocada no greide ouem uma esteira posicionada previamente para recolhimento e dispersão posterior.

Funil de pesagem. Um componente de usina de dosagem e mistura de asfalto, geralmente localizado sob os silos quentes, no qual os agregados e o cimento asfáltico são pesados antes de serem descarregados no misturador pugmill.

Imprimação. Uma aplicação de asfalto líquido sobre um base não tratada para revestir e colar as partículas de agregados soltas, impermeabilizar a superfície e promover a adesão entre a base a camada sobreposta.

Linha graduada ou de perfil. Um arame ou fio erguido em um nível e um alinhamento específicos, usado como ponto de referência para um sistema de controle automático em uma pavimentadora, fresadora ou máquina de acabamento final (aplainadora).

Matriz pétrea asfáltica (SMA). Uma mistura resistente a buracos que depende do contato de pedra com pedra, aliada a um cimento asfáltico modificado por polímeros ou fibras, para fornecer uma capacidade de suporte de cargas de alta resistência.

Mesa. Uma placa traseira em uma pavimentadora de asfalto que alisa e compacta a mistura de asfalto.

Misturador externo (pugmill). Aparelho mecânico em uma usina de dosagem e mistura de asfalto composto de pás ligadas a eixos rotativos para a mistura de agregados e cimento asfáltico.

Pintura de ligação. Uma aplicação leve de asfalto líquido, geralmente emulsificado com água, entre as camadas de pavimento durante a construção. Usada para ajudar a garantir a ligação entre a superfície a nova camada sendo colocada.

Revestimento asfáltico reutilizável (RAP). Material de pavimentação asfáltica removido de uma superfície pavimentada existente por fresamento, aplanamento a frio ou escarificação. O RAP pode ser reciclado por seu reaquecimento e mistura com o asfalto de mistura a quente.

Silos quentes. Silos na usina de dosagem e mistura de asfalto a quente usadas para armazenar agregados secos antes de dosá-los e misturá-los com cimento asfáltico.

SuperPave. Acrônimo de *Superior Performing Asphalt Pavements* (Pavimentos Asfálticos de Desempenho Superior). Um método de projeto de mistura de concreto asfáltico para determinar a estrutura de agregados e as proporções de agregados e cimento asfáltico com base no desempenho desejado.

Tamanho máximo nominal do agregado (NMAS). Um tamanho maior do que a primeira peneira que retém mais de 10% da massa de agregados. O tamanho máximo do agregado é um tamanho de peneira acima do NMAS.

ESTRUTURA DE PAVIMENTOS ASFÁLTICOS

Os pavimentos asfálticos são construídos como sistemas em camadas (ver Figura 15.2). Em geral, essa estrutura é composta de um subleito preparado, uma sub-base de agrega-

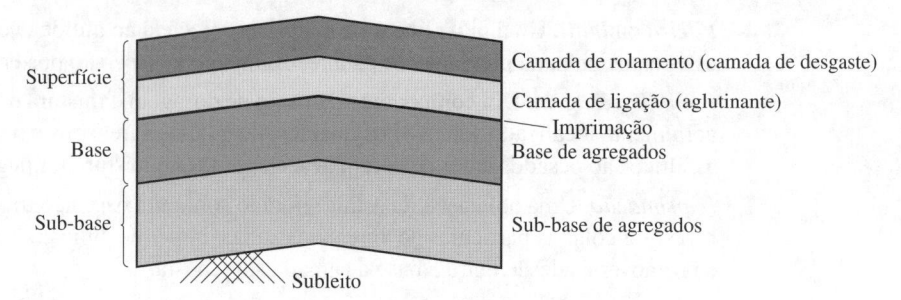

FIGURA 15.2 Estrutura típica de um pavimento flexível.

dos, uma base de agregados (camada de base) e uma camada de superfície asfaltada. A camada de superfície asfáltica geralmente é composta de duas subcamadas, a camada de desgaste (rolamento) da superfície e uma ou mais camadas aglutinantes subjacentes. As características dos agregados e a quantidade de cimento asfáltico são determinadas especificamente para corresponder às necessidades das camadas de ligação (aglutinante) e de revestimento. O cimento asfáltico e os agregados são aquecidos e misturados para produzir o **concreto betuminoso usinado a quente**.

concreto betuminoso usinado a quente
Uma mistura de pavimentação asfáltica produzida em uma usina. Os agregados são aquecidos e secos e então combinados com cimento asfáltico líquido quente. A mistura é lançada em altas temperaturas.

Essa estrutura de pavimento ainda é utilizada em diversas aplicações; contudo, para atender as necessidades da demanda crescente do trânsito (maiores cargas de rodas), surgiu a tendência de substituir essas camadas de base e sub-base com materiais asfaltados. A construção de pavimentos com camadas asfaltadas de profundidade total é semelhante à construção de pavimentos com bases e sub-bases de agregados.

O concreto betuminoso usinado a quente oferece pavimentação de qualidade para diversas situações de trânsito. Contudo, para situações de estradas de baixo volume, é possível usar uma superfície alternativa de menor custo. Duas alternativas populares são tratamentos de superfície e pavimentos misturados por lâmina. Ambos os métodos de revestimento oferecem uma camada de rolamento (desgaste) para o trânsito.

Um tratamento superficial é construído sobre uma base borrifando uma cobertura de ligante asfáltico sobre a superfície para, a seguir, cobrir aquele ligante asfáltico com uma camada de agregados. Em seguida, rolos compactadores passam sobre a superfície para compactar os agregados e inseri-los no ligante asfáltico.

Um revestimento pré-misturado por lâmina na pista é construído com a colocação de uma fileira de materiais agregados sobre a base preparada. A seguir, o asfalto líquido é lançado sobre a fileira usando a taxa de aplicação desejada. Uma motoniveladora é usada para dispersar esse material sobre a superfície de base até o asfalto estar completamente misturado com os agregados. A seguir, a motoniveladora espalha o material misturado e um compactador de rolos atua sobre a superfície até esta alcançar a densidade desejada.

PAVIMENTOS FLEXÍVEIS

Pavimentos flexíveis possuem uma superfície de rodagem construída com uma combinação de cimento asfáltico e agregados. Esses dois materiais básicos podem ser dosados e misturados de diversas maneiras para produzir uma superfície de pavimentação adequada para as condições locais. Os pavimentos são criados de modo a atender os seguintes objetivos:

1. Suportar as cargas dos eixos impostas pelo trânsito.
2. Proteger a base e a sub-base da umidade.
3. Fornecer uma superfície de rolamento estável, lisa e antiderrapante.
4. Resistir ao desgaste.
5. Oferecer economia.

Os agregados e cimento asfáltico que compõem o material de pavimentação devem fornecer uma estrutura estável e capaz de suportar as cargas verticais repetitivas impostas pelas rodas e resistir ao mecanismo de amassamento que a rotação da roda e seu movimento transmitem para a estrutura. A superfície do pavimento ficará sujeita a desgastes abrasivos, enquanto toda a seção precisará resistir a movimentos estruturais. Além de fornecer uma superfície de desgaste (rolamento) estrutural, a mistura de asfalto deve selar a base, sub-base e subleito para evitar a infiltração de água. Isso ocorre devido à influência da umidade sobre a resistência dos solos subjacentes. A eficiência de consumo de combustível dos veículos, a qualidade do transporte e a segurança são afetadas pela textura da superfície. A ação do calor e do frio também pode ser extremamente destrutiva para os pavimentos. O objetivo da mistura de agregados e cimento asfáltico é chegar a um produto final que atenda todos os objetivos.

Agregados

A carga aplicada a um pavimento asfáltico é suportada principalmente pelos agregados na mistura. A porção de agregados da mistura representa cerca de 95% do peso do material. Agregados de alta qualidade e granulometria correta são essenciais para o desempenho da mistura. O ideal é que a granulometria dos agregados exija um mínimo de cimento asfáltico, pois este é relativamente caro. O cimento asfáltico preenche a maioria dos vazios entre as partículas de agregados, além dos vazios nos agregados em si.

Em geral, o proprietário do projeto especifica um tipo de mistura com base no método de projeto específico e no nível de desempenho desejado. Sob o sistema de projeto de mistura SuperPave (AASHTO MP2 e PP28), as graduações de agregados permissíveis são designadas pelo tamanho máximo nominal do agregado (NMAS). O NMAS é um tamanho acima da primeira peneira que retém mais de 10% da massa de agregados. O tamanho máximo do agregado é um tamanho de peneira acima do NMAS. Os tamanhos de agregados designados que são usados no SuperPave são 37,5, 25, 19,5, 12,5, 9,5 e 4,75 mm. A Figura 15.3 mostra os pontos de controle de granulometria para uma designação de agregados SuperPave de 12,5 mm.

Para a produção de uma mistura de concreto asfáltico, deve ser utilizado uma mistura de agregados tal que a granulometria combinada dos agregados fique entre os pontos de controle. A linha de densidade máxima, uma linha reta do zero ao tamanho máximo dos agregados, é onde as partículas de agregados se aglutinam com o número mínimo de espaços vazios. Ainda se debate qual o local exato dessa linha. Uma zona de restrição foi criada na década de 1990 e removida em 2002, pois acreditava-se que os tamanhos de partícula mais finos que atravessavam a zona geravam baixos valores de VMA (vazios no agregado mineral). Contudo, as granulometrias que violavam a zona de restrição tinham desempenho semelhante ou superior ao de misturas com granulo-

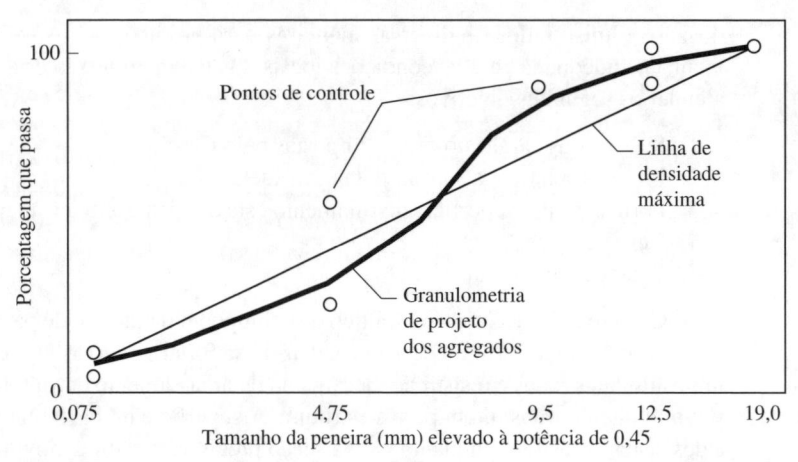

FIGURA 15.3 Pontos de controle de granulometria de SuperPave para uma mistura de agregados de NMAS de 12,5 mm.

metrias que ficavam além da zona de restrição. Recomenda-se não fazer referências à zona de restrição como requisito ou diretriz da especificação (AASHTO MP 2) e prática AASHTO (AASHTO PP 28) para o projeto de mistura volumétrica SuperPave [1].

A Figura 15.3 demonstra que um espectro completo de tamanhos de partículas de agregados será necessário para uma mistura de concreto asfáltico. Os tamanhos de partículas de agregados individuais podem variar de mais de 37,5 mm até partículas que passam por uma peneira com aberturas de 0,075 mm (peneira n° 200). Se for criada uma única pilha com a granulometria desejada, os agregados maiores tenderão a se separar dos menores. O concreto asfáltico feito de uma pilha segregada teria bolsões de agregados pequenos e finos, prejudicando o desempenho do pavimento. Para reduzir o problema da segregação, os agregados são armazenados em pilhas de tamanhos semelhantes. É necessário usar pelo menos três pilhas para armazenar agregados grossos, intermediários e finos. Com frequência, utiliza-se uma quarta ou quinta pilha para melhor controlar as características dos agregados finos. Durante o processo de projeto da mistura de concreto asfáltico, são determinadas as proporções necessárias de cada tamanho para criar uma Fórmula de Mistura do Trabalho (JMF, *Job Mix Formula*). Por exemplo, as porcentagens relativas de uma mistura poderiam ser agregado grosso (40%), agregado intermediário (25%) e agregado fino (35%). Durante a produção da mistura, as pilhas são misturadas utilizando as proporções do projeto. Se o tamanho das partículas variar dentro de uma mesma pilha ou certos critérios de especificação não forem atendidos, a JMF será alterada durante a produção.

Além da granulometria, outras propriedades importantes dos agregados são limpeza, resistência ao desgaste e à abrasão, textura, **porosidade** e resistência a arrancamento (desligamento entre asfalto e agregados). A quantidade de matéria estranha presente no agregado, seja ela solo ou material orgânico, reduz a capacidade de suporte de carga do pavimento. Ensaios do conteúdo de argila ou inspeção visual muitas vezes identificam problemas de limpeza de agregados; lavagem, peneiramento a úmido e outros métodos, como os analisados no Capítulo 14, podem ser empregados para corrigir a situação.

porosidade
O volume relativo de vazios em um sólido ou mistura de sólidos. A porosidade é utilizada para indicar a capacidade do sólido ou da mistura de sólidos de absorver um líquido, como o asfalto.

Os efeitos da textura de superfície dos agregados se manifestam na resistência da estrutura do pavimento e na trabalhabilidade da mistura. A resistência é influenciada pela capacidade das partículas de agregados individuais de se "prenderem" ou "travar" sob a carga. Essa capacidade é fortalecida por partículas de textura áspera angulares. Agregados lisos, como areias e cascalhos "lavados pelo rio", produzem um pavimento mais fraco do que aquele construído de agregados com superfícies ásperas. Agregados arredondados têm maior tendência de se reposicionarem sob cargas repetitivas. Quando necessário, agregados arredondados podem ser britados para criar superfícies mais angulares. Muitas agências rodoviárias especificam um número mínimo de faces britadas (uma, duas ou mais) e uma porcentagem mínima (95%, 98% ou 100%) com o número designado de faces britadas. A angularidade de agregados finos (FAA) também é importante para produzir o travamento dos agregados. Partículas finas ou alongadas tendem a se travar ou prender mais facilmente durante a compactação, o que prejudica o desempenho do pavimento. As especificações controlam essas partículas limitando a relação entre a dimensão alongada e a dimensão fina, sendo que uma relação máxima de 5:1 é um requisito frequente.

A porosidade do agregado afeta a quantidade de cimento asfáltico necessário em uma mistura. É preciso adicionar mais asfalto a misturas que contêm agregados porosos para compensar aquele absorvido pelos agregados e indisponível para exercer a função de aglutinante. Escória, calcário duro, concreto britado e outros agregados manufaturados podem ser altamente porosos, o que aumenta a quantidade de cimento asfáltico e o custo da mistura. Contudo, devido à capacidade desses materiais de resistir ao desgaste, seu uso pode ser justificado com base na economia da vida total do projeto.

Alguns agregados e cimentos asfálticos apresentam problemas de compatibilidade nos quais o asfalto se separa ou desprende dos agregados durante a vida do pavimento. Esse problema é avaliado durante o processo de mistura do projeto e, caso os ensaios indiquem o potencial de arrancamento dos agregados, será especificada um aditivo antiarrancamento. O ensaio de aderência à tração (ASTM D4867) determina o potencial para danos por umidade, se um aditivo antiarrancamento será ou não eficaz e qual dose de aditivo será necessária para maximizar a eficácia [2]. O mercado oferece materiais antiarrancamento líquidos e em pó. Os materiais antiarrancamento líquidos são adicionados ao cimento asfáltico quente no terminal do fornecedor ou na usina de asfalto durante a produção de mistura. Os materiais antiarrancamento em pó com altos níveis de carbonato, como cal ou cimento Portland, são adicionados durante a dosagem de agregados. Os dois tipos, líquidos e em pó, são eficazes. A seleção do material antiarrancamento líquido ou em pó depende das capacidades de produção da usina de asfalto, especificações ou custo do produto.

Asfaltos

O cimento asfáltico é um material betuminoso produzido pela destilação do petróleo bruto. O processo pode ocorrer naturalmente, e há diversas fontes de asfalto natural ao redor do mundo, com o asfalto do Lago Trinidad sendo o mais famoso. Contudo, a grande maioria do asfalto é produzida pela indústria petrolífera. Historicamente, o cimento asfáltico era um resíduo, a "raspa" que sobrava quando os combustíveis e lubrificantes eram extraídos do petróleo. Cerca de 1-2% do volume total do petróleo é refinado em cimento asfáltico. À medida que a indústria petrolífera se tornou mais sofisticada, a capacidade de extrair materiais de maior valor do petróleo aumentou, alterando a qualidade dos cimentos asfálticos. Além disso, fontes diferentes de petróleo possuem composições químicas diferentes, o que afeta a qualidade dos cimentos asfálticos. Assim, a qualidade de um cimento asfáltico é uma função da fonte de petróleo bruto original e do processo de refinamento.

O cimento asfáltico refinado é um material viscoelástico que se comporta como um líquido viscoso em altas temperaturas e um sólido elástico em baixas temperaturas. Nas temperaturas operacionais dos pavimentos, o cimento asfáltico possui uma consistência semissólida. Para a construção, o cimento asfáltico deve ser colocado em estado líquido para a mistura e cobertura de agregados. O cimento asfáltico pode ser aquecido até o estado líquido, na faixa de 275 a 325°F, antes da mistura com os agregados, ou convertido em produto líquido por meio de diluição ou emulsificação.

A qualidade do cimento asfáltico usado para a construção de rodovias é controlada por especificações. As especificações evoluíram com o passar dos anos. A primeira especificação dependia da capacidade do tecnólogo de asfalto de detectar a qualidade do material mastigando um pedaço de asfalto. Por sorte, ensaios de propriedades científicos substituíram esse antigo teste de mastigação. Os ensaios avaliam as características físicas do cimento asfáltico; atualmente, não há testes químicos para cimento asfáltico. Existem atualmente três métodos de especificação para cimento asfáltico. As especificações mais recentes, do grau de desempenho, estão substituindo os outros métodos. Contudo, nem todas as agências adotaram as especificações de grau de desempenho, de modo que os engenheiros da construção ainda podem encontrar algumas das especificações anteriores.

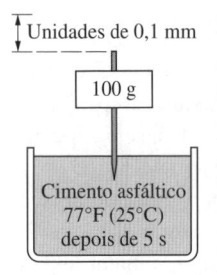

Graus de penetração de cimento asfáltico A especificação para os graus de penetração do cimento asfáltico é a AASHTO M20 [3]. O teste principal dessa especificação é o ensaio de penetração, AASHTO T49. Nele, uma amostra de asfalto, a uma temperatura de 77°F, é sujeita à carga de uma agulha, com massa de 100 g e tempo de ensaio de 5 segundos. A distância penetrada pela agulha na amostra é uma medida da consistência do cimento asfáltico. Os asfaltos macios têm altos valores de penetração, enquanto os asfaltos duros produzem valores de penetração (pen) baixos. Os graus de penetração de cimento asfáltico são 40–50, 60–70, 85–100, 120–150 e 200–300 pen. O cimento asfáltico testado é enquadrado em um desses graus com base na média de três ensaios de penetração. Além do ensaio de penetração, o cimento asfáltico deve passar por uma série de outros testes de qualidade para atender as especificações do material.

Graus de viscosidade de cimento asfáltico O próximo método de especificação a ter grande aceitação classificava o cimento asfáltico com base em sua viscosidade a 140°F. A AASHTO M226 determina duas especificações de cimento asfáltico, AC e AR [4]. A diferença entre as especificações AC e AR é que a primeira se baseia no ensaio do cimento asfáltico em um estado não condicionado; ou seja, o cimento asfáltico está em seu estado "conforme foi produzido". A designação de grau da especificação AR se baseia no ensaio do cimento asfáltico após ele ter sido condicionado ou envelhecido. O processo de condicionamento simula o endurecimento e envelhecimento de curto prazo do cimento asfáltico durante o processo de construção. As designações de grau são AC 2,5, 5, 10, 20 e 40 e AR 500, 1000, 2000, 4000, 8000 e 16000. Assim como no método de graus de penetração, o cimento asfáltico deve passar por diversos outros testes para ser classificado em um desses graus.

As especificações de viscosidade e penetração tiveram sucesso no controle da qualidade do cimento asfáltico. Contudo, os testes realizados para essas especificações não podiam ser utilizados para relacionar a qualidade do cimento asfáltico com o desempenho do pavimento. No final da década de 1980, o governo americano patrocinou um programa de pesquisa de grandes proporções para fortalecer o desempenho e a construção de pavimentos. Um dos produtos dessa pesquisa foi a especificação de grau de desempenho para cimento asfáltico.

Graus de desempenho de cimentos asfálticos As especificações de grau de desempenho de cimentos asfálticos relacionam medidas de engenharia das propriedades de cimentos asfálticos a questões de desempenho específicas dos pavimentos. As especificações de penetração e viscosidade exigiram limites de ensaio em temperaturas fixas. As especificações de graus de desempenho usam critérios fixos de ensaios, com os ensaios baseados na faixa de aplicação de temperatura do cimento asfáltico. Os graus do sistema de desempenho são designados como PGhh-ll, onde PG identifica a especificação de grau de desempenho, hh identifica a aplicação de temperatura alta para o cimento asfáltico em graus Celsius e -ll identifica a designação de temperatura baixa para o cimento asfáltico em graus Celsius. A Tabela 15.1 mostra as designações de graus de desempenho para cimentos asfálticos.

A Tabela 15.1 demonstra a ampla variedade de graus disponíveis nas especificações de graus de desempenho. Em geral, a "regra de 90" orienta a especificação e os graus de cimentos asfálticos, na qual a faixa operacional está abaixo de 90°C. Diversos aditivos químicos ou de polímeros podem modificar ou levar a faixa natural do asfalto além de 90°C. Em geral, esses cimentos asfálticos são chamados de "poliméricos". As refinarias limitam sua produção à demanda do mercado e nem todos os graus estão disponíveis em uma mesma região. Cerca de 90% do cimento asfáltico líquido consumido nos EUA é usado para pavimentação de estradas, enquanto cerca de 10% são usados em produtos de telhados, com outras aplicações especializadas contabilizando uma fração ínfima do consumo total. Assim, as refinarias buscam atender as especificações de pavimentação, o que limita o número de graus de cimentos asfálticos necessários.

O grau de PG especificado para um projeto é selecionado com base na faixa de temperatura esperada, velocidade do trânsito e volume de trânsito de caminhões. A faixa de temperatura identifica as classificações alta e baixa para o grau PG básico. A Figura 15.4 mostra os três graus de desempenho de cimento asfáltico especificados pelo Washington Department of Transportation com base na faixa de temperatura. O

TABELA 15.1 Classificações de graus de desempenho de cimento asfáltico

Designação de temperatura baixa	Designação de temperatura alta						
	46	52	58	64	70	76	82
−10		X		X	X	X	X
−16		X	X	X	X	X	X
−22		X	X	X	X	X	X
−28		X	X	X	X	X	X
−34	X	X	X	X	X	X	X
−40	X	X	X	X	X		
−46	X	X					

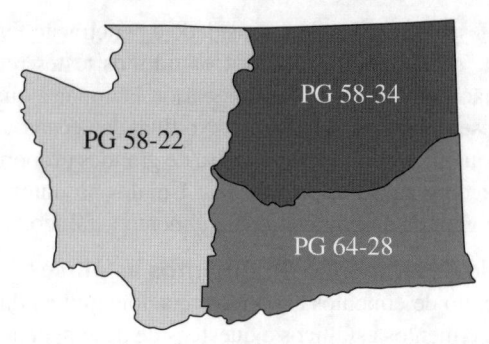

FIGURA 15.4 Graus de desempenho de cimento asfáltico especificados pelo Washington Department of Transportation.

grau básico do asfalto pode ser ajustado por um grau de temperatura alta no caso de se prever que a estrada terá altos níveis de trânsito de caminhões ou baixas velocidades. Por exemplo, se o grau básico for PG 58–22 e for previsto que haverá bastante trânsito de caminhões, o grau deve ser elevado para PG 64–22. Se for previsto tanto alto tráfego de caminhões como também baixa velocidade, o grau deve ser elevado duas vezes, para PG 70–22, utilizando um cimento asfáltico polimerizado. Uma faixa de subida de caminhões ou uma rodovia interestadual urbana podem precisar de duas elevações de graus. Em geral, cimentos asfálticos modificados precisam de temperaturas de mistura mais elevadas do que cimentos asfálticos não modificados ou "puros". Eles também são mais difíceis de compactar em temperaturas inferiores. Os cimentos asfálticos polimerizados são comuns em misturas de matriz pétrea asfáltica (SMA) que precisam de agregados grossos, contato entre pedras e menos partículas de agregados finos.

Cimento asfáltico líquido

Para permitir a construção sem ter que aquecer o cimento asfáltico até 300°F, foram desenvolvidos dois métodos para reduzir o cimento asfáltico a um estado líquido: diluições (*cut-backs*) e emulsões. As diluições (*cut-backs*) de asfalto são uma mistura de cimento asfáltico com um produto combustível. As diluições de cura rápida, média e lenta podem ser obtidas pela mistura do asfalto com um destilado leve (tíner ou *thinner*) de petróleo, como gasolina, nafta, diesel ou óleo combustível. O uso das diluições tem diminuído devido às preocupações ambientais relativas à emissão de compostos orgânicos voláteis durante a mistura. As emulsões de asfalto são produzidas com o uso de um moinho coloidal para dividir o cimento asfáltico em "glóbulos" bastante finos que são introduzidos em água tratada com um agente emulsificante. O agente é um material saponáceo que permite que os glóbulos de cimento asfáltico permaneçam suspensos em água. Devido a seu custo, segurança e preocupações ambientais, as emulsões de asfalto praticamente substituíram as diluições quando há necessidade de usar asfalto líquido.

As emulsões são fabricadas em diversos graus e tipos, como vemos na Tabela 15.2. Além de emulsões com especificação AASHTO, muitos estados possuem especificações para emulsões asfálticas apropriadas para suas condições locais. Uma ampla variedade de emulsões está disponível, mas SS-1 e SS-1h são as emulsões asfálticas predominantes para uso em imprimações e pinturas de ligação.

TABELA 15.2 Tipos de emulsões de asfalto reconhecidos pelas normas AASHTO

Carga da partícula	Ruptura	Viscosidade da emulsão*		Cimento asfáltico residual[†]	
		1	2	h	s
Aniônica	Rápida	RS-1	RS-2		
			HFRS-2		
	Média	MS-1	MS-2	MS-2h	
		HFMS-1	HFMS-2	HFMS-2h	HFMS-2s
	Lenta	SS-1		SS-1h	
Catiônica	Rápida	CRS-1	CRS-2		
	Média		CMS-2		CMS-2h
	Lenta	CSS-1		CSS-1h	

* Refere-se à viscosidade da emulsão: 1 tem viscosidade menor do que 2, de acordo com a medição pelo ensaio e Saybolt Furol; HF indica uma emulsão de alta flutuação, em geral usada com agregados poeirentos ou no lançamento de vedações de lascas em perfis.
[†] A letra h indica resíduo de cimento asfáltico com 40 a 90 de penetração, s indica resíduo de cimento asfáltico com mais de 200 de penetração. Se um h ou um s não estiverem indicados, a penetração é de 100 a 200.

As principais aplicações de emulsões de cimento asfáltico são imprimações e pinturas de ligação durante a construção do pavimento e como aglutinante para tratamentos de superfície, selagem de lamas e materiais de remendo a frio. Para imprimações, pinturas de ligação e tratamentos de superfície, o aglutinante é aplicado por borrifamento através de um caminhão distribuidor.

CONCRETO ASFÁLTICO

Os cimentos asfálticos são utilizados como o aglutinante ou cola em misturas de pavimentação. Em geral, o cimento asfáltico representa cerca de 5% da mistura por peso. Contudo, ele cumpre as funções importantíssimas de aglutinar as partículas de agregados, impedir a entrada de umidade e atuar como mídia de amortecimento. Todo o concreto asfáltico é uma mistura de agregados e cimento asfáltico. Contudo, ao variar a granulometria de agregados, é possível produzir diferentes tipos de concreto asfáltico, como asfalto de graduação densa, de graduação aberta e matriz pétrea asfáltica. O tipo mais comum de concreto asfáltico é a mistura de graduação densa, pois é econômico e tem perfil de superfície liso.

O projeto do concreto asfáltico se refere ao processo de selecionar o cimento asfáltico, estrutura de agregados e proporções de agregados e cimento asfáltico que ofereçam a melhor combinação de materiais para o ambiente e condições de carga do pavimento. Existem diversos métodos de projeto de mistura, como **Hveem**, Marshall e SuperPave. O método Marshall foi praticamente descontinuado, dando lugar ao método SuperPave, mais avançado, mas alguns estados do oeste americano ainda usam o Hveem. A característica que une todos os procedimentos de projeto de mistura de concreto asfáltico é que os requisitos de material são definidos por especificações e avaliações laboratoriais, incluindo o grau do cimento asfáltico, as especificações que governam a qualidade dos agregados e os requisitos de controle de qualidade para a mistura de concreto asfáltico *in loco*.

Hveem
Método de projeto de mistura de asfalto baseado na coesão e atrito de um espécime compactado.

Diferentes procedimentos de projeto de mistura exigem diferentes parâmetros de controle de qualidade para a construção. Os parâmetros mais comuns incluem:

1. Granulometria final dos agregados
2. Conteúdo final de asfalto
3. Volume de vazios de ar
4. Volume de vazios no agregado mineral
5. Volume de vazios preenchidos com asfalto
6. Razão entre pó e aglutinante asfáltico
7. Densidade da mistura na pista

Em geral, o processo de projeto de mistura consiste em estimar uma granulometria final de agregados. São preparadas amostras com diferentes conteúdos de asfalto, em incrementos de 0,5%, que são então testadas com os procedimentos adequados. São preparados gráficos dos parâmetros de projeto de mistura em relação ao conteúdo de asfalto. O conteúdo ideal de asfalto é determinado (em geral, a 4% de vazios de ar) e a volumetria a ele relacionada é calculada de modo a apresentar conformidade com as especificações. O projeto de mistura completo representa uma Fórmula de Mistura do Trabalho (JMF) a ser utilizada durante a produção de campo.

USINAS DE ASFALTO

15.1 OPERAÇÃO GERAL

O asfalto misturado a quente é produzido em uma usina central e transportado em caminhões até o local da pavimentação. Uma *usina de asfalto* é um grupo de máquinas com tecnologia de ponta capaz de mesclar uniformemente, aquecer e misturar os agregados e o cimento asfáltico para produzir concreto asfáltico, ao mesmo tempo que atende regulamentações ambientais estritas, especialmente na área das emissões atmosféricas. As usinas de produção por batelada (de produção descontínua ou gravimétricas) e as usinas de produção contínua (*drum-mixer*) são os dois tipos mais comuns. As usinas de produção contínua (*drum-mixer*) possuem uma tecnologia mais nova do que as usinas gravimétricas, de produção por batelada (descontínua), e geralmente têm operação mais econômica. As usinas de produção contínua surgiram na década de 1970 e dominaram o mercado de novas usinas. Contudo, cerca de metade das usinas em operação são usinas gravimétricas (produção por batelada ou descontínua).

Embora os processos de mistura das usinas de produção por batelada (gravimétricas) e de produção contínua (*drum-mixer*) sejam claramente diferentes, ambos compartilham dos seguintes elementos: combustível para aquecimento, coleta de poeira, balanças para caminhões e silos de armazenamento de agregados e da mistura. A maioria das usinas usa gás natural para aquecer os agregados, seguido de óleo combustível, propano e óleos queimados. O consumo do combustível produz chamas de mais de 1500°F, com o objetivo de aquecer os agregados até a temperatura do projeto de mistura, que é de cerca de 275 a 325°F. As balanças para caminhões no ponto de carregamento do produto são usadas para medir o peso vazio e carregado dos veículos e determinar o peso da carga. As balanças para caminhões devem ser calibradas e certificadas.

USINAS DE PRODUÇÃO POR BATELADA (PRODUÇÃO DESCONTÍNUA OU GRAVIMÉTRICAS)

As usinas de produção por batelada (gravimétricas), que remontam ao início da indústria do asfalto, dosam e misturam asfalto líquido e agregados em lotes individuais (ver Figuras 15.5 e 15.6). Seus principais componentes, em ordem de fluxo de material, são:

- Sistema de alimentação a frio (silos frios)
- Tambor secador/aquecedor
- Elevador quente
- Peneiras quentes
- Silos quentes de agregados
- Funil (depósito) de pesagem de agregados
- Sistema de tratamento de cimento asfáltico
- Misturador pugmill (entrada de ligante e misturador)
- Coletores de pó
- Silo quente da mistura

Sistema de alimentação a frio

Os tanques (silos) de alimentação a frio armazenam agregados e oferecem um fluxo uniforme de materiais do tamanho apropriado para mistura. Normalmente, o sistema de alimentação a frio é composto de três a seis tanques abertos no topo, montados em conjunto como uma única unidade (ver Figura 15.7). O tamanho dos tanques é dimensionado de acordo com a capacidade operacional da fábrica. Os tanques individuais possuem paredes laterais inclinadas para promover o fluxo de material. Os tanques não possuem isolamento. No caso de agregados pegajosos, pode ser necessário

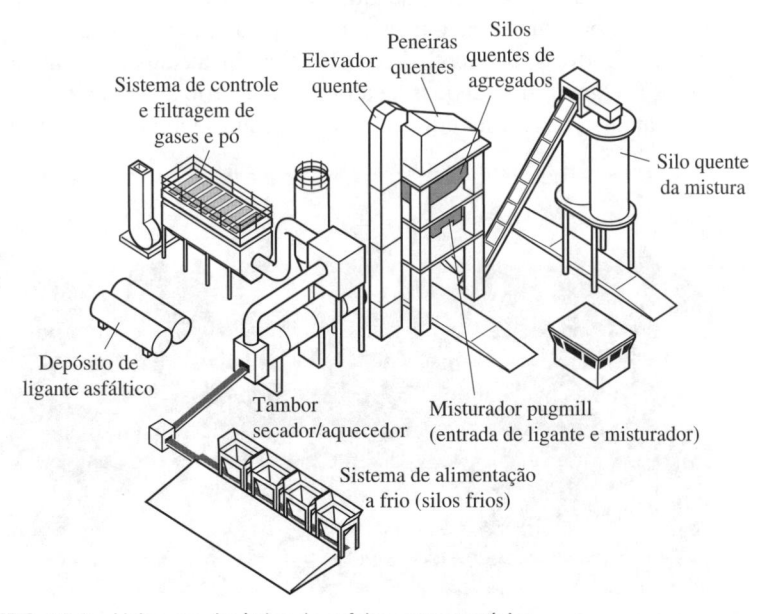

FIGURA 15.5 Usina gravimétrica de asfalto a quente típica.

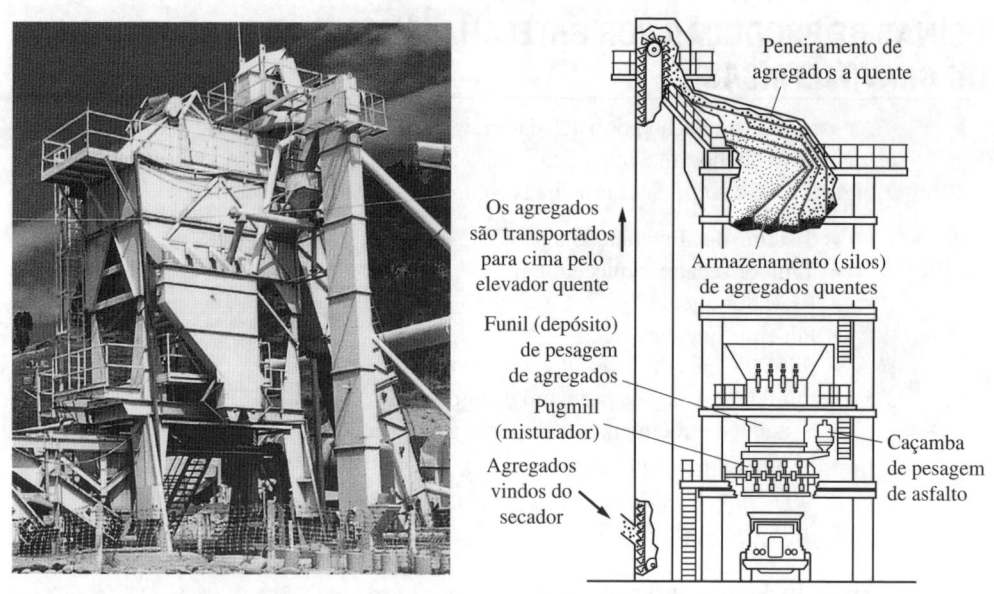

FIGURA 15.6 Usina gravimétrica.

Legendas da figura:
- Peneiramento de agregados a quente
- Os agregados são transportados para cima pelo elevador quente
- Armazenamento (silos) de agregados quentes
- Funil (depósito) de pesagem de agregados
- Pugmill (misturador)
- Caçamba de pesagem de asfalto
- Agregados vindos do secador

usar vibradores de paredes. Os tanques individuais podem ser alimentados a partir de pilhas de agregados dimensionados usando uma pá-carregadeira frontal, uma caçamba de mandíbulas ou uma esteira. O processo de encher os tanques é chamado de "alimentação" ou "carregamento". No fundo de cada tanque há uma porta (também chamada de portão) para controlar o fluxo de materiais (ver Figura 15.8) e uma unidade alimentadora para medir o fluxo. O operador da usina ajusta o fluxo de agregados de cada silo (tanque) de alimentação a frio para garantir o fluxo de material suficiente para manter a alimentação adequada de agregados nas caixas quentes. As esteiras (correias) transportadoras são os equipamentos mais comuns para transportar os agregados dos tanques de alimentação a frio até o tambor secador/aquecedor, mas também podem ser utilizados alimentadores vibratórios e de calha articulada.

FIGURA 15.7 Usina de asfalto com sistema de alimentação a frio de quatro silos.

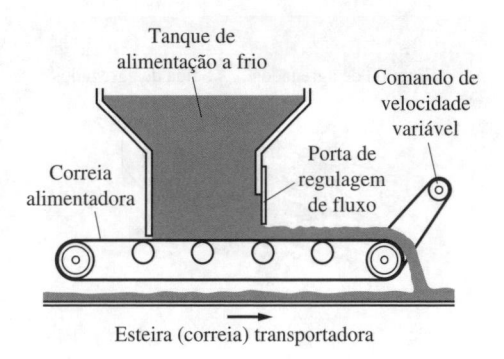

FIGURA 15.8 Porta (ou portão) dos tanques de alimentação a frio para controle do fluxo de material.

Tambor secador

As finalidades do tambor secador são aquecer e secar os agregados. A temperatura dos agregados controla a temperatura resultante da mistura. Se os agregados forem superaquecidos, o cimento asfáltico irá se endurecer durante a mistura, um fenômeno conhecido como "envelhecimento em curto prazo". Se os agregados não foram aquecidos corretamente, será difícil cobri-los totalmente com asfalto. Assim, os agregados devem ser suficientemente aquecidos nessa etapa do processo para produzir uma mistura final na temperatura desejada.

Dentro do tambor secador giratório, os agregados são jogados através de uma corrente de ar quente. O ar quente é criado por um queimador e sugado através do tambor por um ventilador no coletor de pó. Existem dois tipos de secadores: (1) de fluxo paralelo e (2) de contrafluxo. Em um tambor de fluxo paralelo, os agregados se movem na mesma direção que o ar quente. Em um tambor de contrafluxo, os agregados se movem na direção contrária ao ar (ver Figura 15.9). O tambor é inclinado de modo a mover os agregados através do tambor por gravidade. O tambor gira e as cantoneiras de aço, ou **"palhetas"**, montadas em seu interior erguem os agregados e os despejam através do ar quente. Finalmente, os agregados aquecidos são descarregados no elevador (caçamba) quente, a torre branca na Figura 15.6, que os leva até as peneiras quentes no alto da torre da usina de dosagem e mistura.

palhetas
Placas metálicas de diversos formatos colocadas longitudinalmente dentro da carcaça de um tambor secador ou misturador. À medida que o material se move pelo tambor, as palhetas elevam os agregados e então os jogam através dos gases quentes.

Cada 1% de aumento da umidade dos agregados aumenta o consumo de combustível do secador em 10%.

Peneiramento quente

A unidade de peneira vibratória da usina gravimétrica ou de produção por batelada (na Figura 15.6, posicionada na parte superior da usina) geralmente usa um sistema em quatro decks ou bandejas. Isso permite o controle de graduação (granulometria) de quatro tamanhos de agregados em quatro silos quentes diferentes. A unidade de peneiramento retira do ciclo de produção os materiais com medidas excedentes. As peneiras fornecem o controle da granulometria, mas não funcionam corretamente a

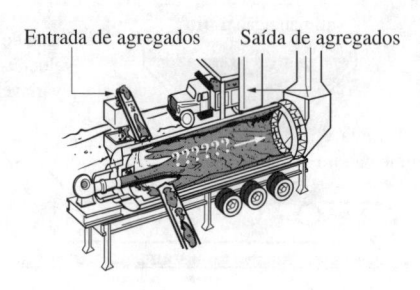

Fluxo de agregados através de um secador de fluxo paralelo

Cantoneiras de aço, "palhetas", montadas no interior de um tambor secador

FIGURA 15.9 Secador de fluxo paralelo típico.

menos que a dosagem e o fluxo da alimentação a frio estejam corretos. Se as peneiras forem sobrecarregadas, os materiais que deveriam passar pela peneira e cair no silo quente acabam sendo carregados para o silo do tamanho de agregado imediatamente maior. Essa situação altera a formulação da mistura e deve ser evitada.

Silos quentes

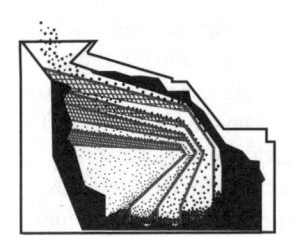

Os agregados das peneiras quentes são armazenados nos silos quentes (na Figura 15.6, a parte da usina logo abaixo das peneiras superiores) até que um lote de concreto asfáltico seja produzido. Um dos principais elementos da operação de uma usina de produção por batelada (gravimétrica) é garantir que os silos quentes tenham material suficiente para alimentar o misturador pugmill para a produção de um lote (uma batelada) de mistura asfáltica. Uma das possíveis vantagens de uma usina de produção por batelada ou gravimétrica sobre as de produção contínua é que os lotes são mesclados individualmente a partir dos silos quentes, replicando o JMF projetado. Isso permite que a mistura de agregados de um lote seja diferente da mistura usada no lote seguinte. Contudo, isso depende da disponibilidade de agregados do tamanho certo nos silos quentes. Com frequência, sob condições de alta produtividade, os agregados dos silos quentes não estarão divididos por tamanho da maneira apropriada para mudanças brutas das graduações (granulometrias) da mistura. Assim, a flexibilidade da usina gravimétrica acaba sendo prejudicada. Em geral, pode-se realizar mudanças significativas da graduação (granulometria) dos agregados modificando o fluxo de agregados dos tanques de alimentação a frio para que a quantidade apropriada de materiais seja armazenada nos silos quentes.

Funil (depósito) de pesagem

Os agregados dos silos quentes são despejados em um funil (ou depósito) de pesagem situado abaixo dos silos e acima do misturador pugmill (ver Figura 15.6). Para controlar a pesagem do agregado mesclado, o funil de pesagem é alimentado por um silo quente de cada vez. O peso dos agregados no funil é cumulativo, com a poeira de filler mineral sendo adicionada por último. As capacidades do funil de pesagem variam de 1,5 a 10 toneladas, dependendo do tamanho total da usina. Após a alimentação (carregamento), as portas do funil de pesagem se abrem para alimentar o misturador pugmill com os agregados.

Sistema de tratamento de asfalto

O cimento asfáltico é armazenado em um tanque aquecido dentro da usina. O asfalto é bombeado para o tanque de pesagem, também chamado de caçamba de pesagem (ver Figura 15.6), pronto para a alimentação do misturador pugmill. Depois que os agregados são adicionados ao pugmill, o cimento asfáltico é bombeado para dentro do misturador, durante o processo de mistura, por meio de barras pulverizadoras que revestem os agregados.

Misturador pugmill

A maioria das usinas gravimétricas (de produção por batelada) usa um misturador pugmill de eixo duplo para misturar o lote (ver Figura 15.10). Para produzir uma mistura uniforme, a zona ativa do pugmill deve ficar completamente cheia com a mistura. A zona ativa vai do fundo da caixa ao topo do arco das pás. Em geral, o ciclo de mistura demora cerca de 1 minuto, com 15 segundos para carregar os materiais secos e 45 segundos de tempo de mistura com o cimento asfáltico. Lotes maiores, variando de 5 a 10 toneladas, podem precisar de 15 segundos adicionais. O tempo de mistura necessário real é avaliado com base na inspeção do revestimento resultante de agregados grossos.

A capacidade da usina é uma função do tamanho do misturador pugmill e do tempo de ciclo da mistura. Uma usina de produção por batelada (gravimétrica) de 5 toneladas produz 300 toneladas por hora caso seja possível mantê-la em operação contínua. Os misturadores pugmill maiores, de 10 toneladas, conseguem produzir 600 toneladas por hora. Uma usina gravimétrica no estado de Michigan consegue produzir 750 toneladas por hora. Os índices de produção de lotes são limitados pelo

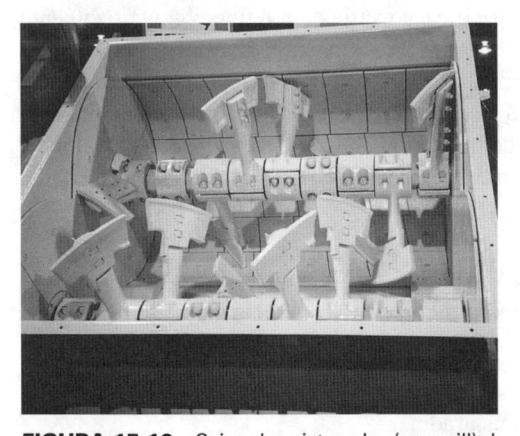

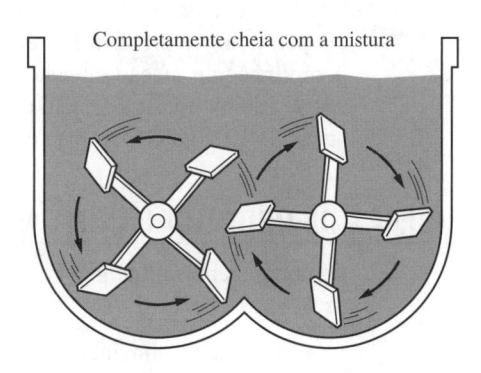

FIGURA 15.10 Caixa do misturador (pugmill) de eixo duplo para mistura de concreto asfáltico

tamanho da câmara de dosagem, tempo de mistura do lote e eficiência da usina. A produção da usina é estimada com a seguinte fórmula:

$$\frac{\text{Produção da usina}}{\text{(toneladas/hora)}} = \frac{\text{Peso do lote (toneladas)} \times 60 \text{ min/hr} \times \text{Eficiência}}{\text{Tempo de ciclo do lote (min)}} \quad [15.1]$$

As condições dos equipamentos da usina, a capacidade dos silos e das peneiras quentes e a gestão do processo são todos elementos que afetam a eficiência. Em geral, os fatores de eficiência ficam acima de 70%.

EXEMPLO 15.1

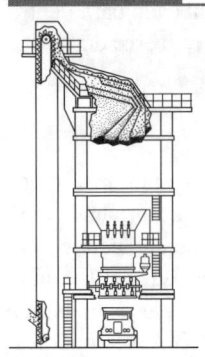

Uma usina gravimétrica mistura 8 toneladas de mistura de asfalto em um tempo de ciclo médio de 1 minuto. A eficiência da usina é 90%. Estime a produção da usina em toneladas/hora.

$$\text{Produção (toneladas/hora)} = \frac{8 \text{ tons} \times 60 \text{ min/hr} \times 0{,}90}{1{,}0 \text{ min}} = 432 \text{ tph}$$

A usina gravimétrica é estruturada de modo que a porta de descarga do misturador seja suficientemente alta para permitir a passagem de um caminhão diretamente abaixo dela para carregamento (ver Figura 15.6). Outra opção é usar um elevador quente para transportar a mistura para silos da mistura. Esses silos permitem que a operação da usina seja independente da disponibilidade imediata de caminhões, o que é especialmente vantajoso quando a usina atende a trabalhos com diferentes projetos de mistura. Os silos também permitem que o operador da usina pré-misture e armazene diversos lotes de concreto asfáltico para atender a uma distribuição desigual da chegada de caminhões na usina. A mistura pode ser armazenada de um dia para o outro, permitindo a descarga imediata pela manhã. Contudo, diversas especificações limitam a duração de armazenamento para minimizar o escorrimento (*draindown*) e o envelhecimento de curto prazo do cimento asfáltico.

Devido à influência da temperatura na qualidade da mistura, o comprador normalmente especifica a temperatura de mistura, medida imediatamente após a descarga do misturador pugmill. A faixa de especificação varia com o tipo e grau do cimento asfáltico. Uma faixa típica seria de 275 a 325°F. A mistura deve ocorrer na menor temperatura que produzirá o revestimento asfáltico completo dos agregados e ainda permitirá compactação satisfatória no local do projeto. Em alguns casos, durante épocas de frio ou no caso de distâncias de transporte mais longas, o concreto asfáltico é aquecido 10°F adicionais para compensar a perda de temperatura durante o transporte.

USINAS DE PRODUÇÃO CONTÍNUA (*DRUM-MIXER*)

Os componentes principais de uma usina de produção contínua (ver Figuras 15.11 e 15.12) são:

- Sistema de alimentação a frio (silos frios)
- Tambor secador, aquecedor e misturador
- Sistema de tratamento de asfalto

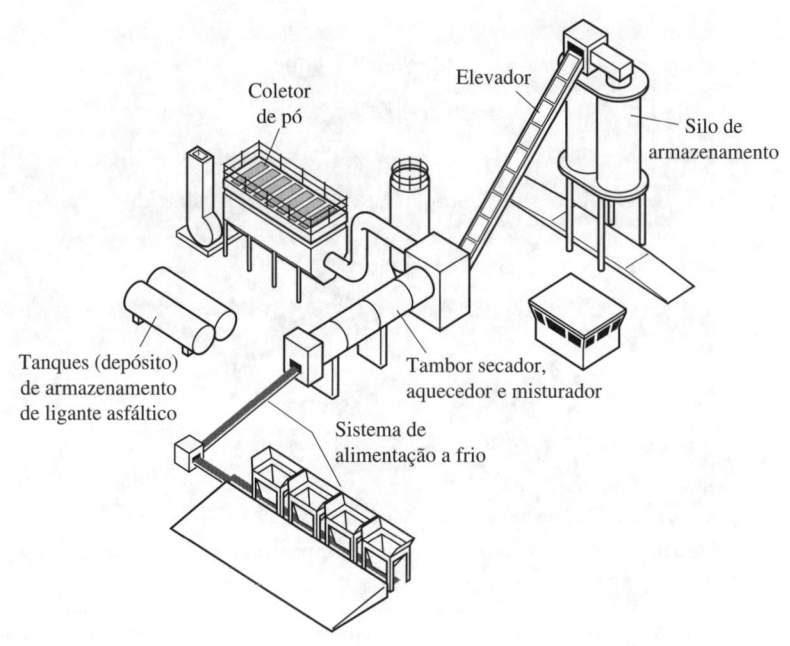

FIGURA 15.11 Usina de tambor misturador de asfalto a quente típica.

- Coletor de pó
- Elevador
- Silo de armazenamento

Sistema de alimentação a frio

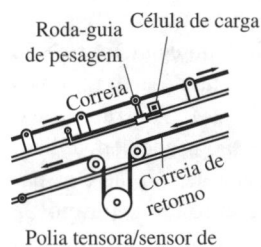

Em uma usina de produção contínua, toda a secagem e mistura é realizada dentro do tambor e dali a mistura de concreto asfáltico é descarregada diretamente nos silos de armazenamento de maneira contínua. Não há oportunidade para ajustar a mescla de agregados durante a pesagem no funil, como acontece em uma usina de dosagem e mistura. Assim, os agregados de ambos os tanques de alimentação a frio devem ser *pesados antes* da alimentação do material ao tambor.

Como os agregados são pesados antes da secagem, o teor de umidade destes nos tanques de alimentação a frio devem ser monitorados, e os pesos ajustados para garantir que a massa seca dos agregados esteja correta. As melhores práticas determinam a medição frequente do teor de umidade real do agregado armazenado nas pilhas, especialmente após chuvas ou quando o material é removido do fundo da pilha. Cada tanque de alimentação a frio precisa de sua própria balança. Uma balança montada na esteira transportadora mede os pesos combinados dos agregados e da umidade.

Tambor misturador

O tambor misturador (ver Figura 15.12) é composto de um longo tubo com palhetas para revirar os agregados e a mistura, um queimador para aquecer os agregados e uma

FIGURA 15.12 Tambor misturador de uma usina de produção contínua.

barra pulverizadora para aplicar o asfalto. A operação básica da usina de tambor é que os agregados são dosados em um lado do tambor. O tempo que os agregados passam no tambor varia de 2 a 3 minutos. Tambores maiores e mais longos podem precisar de um minuto adicional. Durante esse período, os agregados precisam ser completamente secos e aquecidos até a temperatura de mistura. Depois que os agregados se deslocam cerca de dois terços do comprimento do tambor, o cimento asfáltico é borrifado sobre eles. Controles automáticos monitoram a quantidade de agregados e dosam a quantidade apropriada de cimento asfáltico. Durante a rotação do tambor, as palhetas dentro do equipamento produzem uma ação de mistura entre os agregados, o revestimento asfáltico recuperado (RAP), se usado, e o cimento asfáltico.

Em geral, o tambor possui uma inclinação de cerca de 1 polegada por pé de comprimento. As velocidades de rotação normalmente variam entre 5 e 10 rpm e os diâmetros comuns vão de 3 a 12 ft, com comprimentos de 15 a 60 ft. A razão entre o comprimento e o diâmetro é de 4 a 6. Tambores mais longos são usados em aplicações de reciclagem. A inclinação, o comprimento, a velocidade de rotação e as palhetas do tambor e a natureza dos agregados controlam o **tempo de permanência**.

tempo de permanência
O tempo necessário para que o material passe por um secador ou misturador.

O índice de produção da usina é inversamente proporcional ao teor de umidade dos agregados. Por exemplo, aumentar o teor de umidade de 3 para 6% em uma usina gravimétrica com um tambor de 8 ft e diâmetro pode reduzir a produtividade de 500 para 300 toneladas/hora. Os modelos de consumo de combustível para calcular os requisitos de energia para secar e aquecer os agregados admitem uma perda de calor devido ao "revestimento" ou "carcaça" do tambor secador. A maioria dos modelos tem perda de calor entre 5 e 10%. Isolar a carcaça do tambor secador reduz essa perda de energia e diminui o consumo. É por isso que a maioria dos novos secadores e tambores misturadores é isolada [6]. Os agregados e o cimento asfáltico devem ser aquecidos até a temperatura de projeto de mistura necessária (faixa de 275 a 325°F) para atender os requisitos das especificações. Os agregados sofrem uma mudança rápida, passando da temperatura ambiente para cerca de 300°F em apenas 2-3 minutos.

Originalmente, as usinas de produção contínua eram projetadas como operações de fluxo paralelo, com os agregados e o ar aquecido se deslocando na mesma direção descendente dentro do tambor. Versões subsequentes aumentaram a produtividade dessas usinas utilizando sistemas de contrafluxo nos quais o escapamento aquecido sai pelo alto do tambor, onde os agregados são introduzidos. As usinas de contrafluxo podem ter índices de produção até 12% superiores. Os tambores de fluxo paralelo se tornaram populares com o surgimento recente da tecnologia de asfalto morno (WMA, *warm-mix asphalt*), na qual aditivos químicos exigem o uso de temperaturas de misturas mais baixas, de cerca de 235 a 250°F.

Silos de armazenamento

Como as usinas de produção contínua produzem um fluxo contínuo de concreto asfáltico, o rendimento precisa ser armazenado em silos (ver Figura 15.13) para transferência posterior para caminhões. Esses silos possuem um fundo especial para descarregar o concreto asfáltico diretamente nos caminhões. Os silos são isolados para reter o calor. Silos mais complexos podem ser totalmente selados e até inundados com um gás inerte para reduzir a oxidação do cimento asfáltico enquanto o concreto asfáltico permanece armazenado. Bobinas elétricas de aquecimento ou um aquecedor de transferência a óleo quente são usados para manter a temperatura especificada da mistura dentro do silo.

Um problema com os silos de armazenamento é o potencial de fluxo do cimento asfáltico dos materiais no topo do silo para o fundo, especialmente com matriz pétrea asfáltica (SMA), o que resulta em mistura de pavimentação de baixa qualidade. Outro problema é a maior absorção do cimento asfáltico nos agregados quando a

Silo em uma usina de produção a batelada (gravimétrica)

Silo em uma usina de produção contínua (*drum-mixer*)

FIGURA 15.13 Silos de armazenamento de uma usina de asfalto.

mistura é armazenada por períodos prolongados dentro do silo. Para compensar essa absorção, o conteúdo asfáltico aumenta de 0,1% para 0,3%. Agregados altamente absorventes podem criar uma mistura "seca" com mais vazios de ar e mais difícil de compactar. É possível que ocorram tempos de armazenamento de 36 a 48 horas devido a chuvas prolongadas e outros atrasos no projeto.

COLETORES DE PÓ

filtro de manga
Um componente da usina de asfalto que, com o uso de sacos de filtro de tecido especiais, captura as partículas materiais finas contidas nos gases de escapamento do tambor ou secador.

As usinas de asfalto são equipadas com sistemas de controle de poeira para limitar as emissões de partículas finas na atmosfera. Os dois sistemas mais comuns são a abordagem do "depurador" de venturi de água e a filtragem com **"filtros de mangas"** de tecido. A abordagem do depurador úmido exige a disponibilidade de suprimentos de água e tratamento adequados, geralmente um reservatório de água. Essa abordagem introduz a água no ponto em que o gás com poeira atravessa a garganta estreita de uma câmara de venturi. A poeira fica presa na água, o que a separa do gás de escapamento. As desvantagens da abordagem úmida são a incapacidade de recuperar o material coletado para uso na mistura e preocupações ambientais referentes aos óleos asfálticos suspensos na água coletada.

A filtragem seca de filtros de mangas coleta mecanicamente as partículas finas do ar e as redireciona para a mistura. O sistema funciona puxando o gás quente empoeirado do misturador ou secador de tambor através de sacos de filtragem que ficam pendurados dentro do filtro de mangas (ver Figura 15.14). Ventiladores de ar com motores elétricos e 200 a 400 hp puxam o ar quente do secador de tambor através do filtro de mangas. A poeira cai pelos funis no fundo do filtro e é transportada por brocas até um alimentador de palhetas. O alimentador de palhetas é necessário para manter o filtro hermeticamente selado. É importante que o filtro funcione bastante

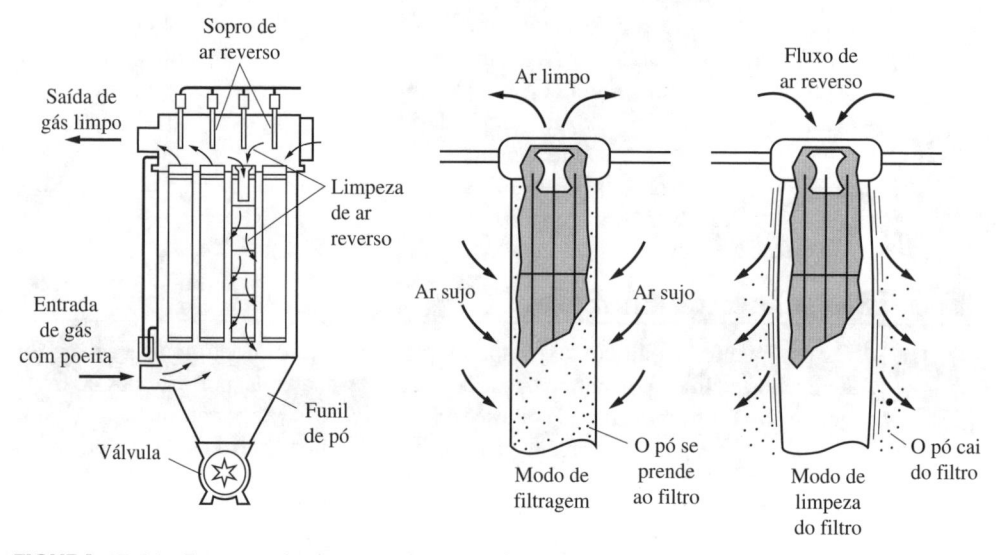

FIGURA 15.14 Esquema de sistema coletor de pó do filtro de manga.

acima dos níveis de ponto de orvalho e com níveis de umidade suficientemente baixos para impedir que poeiras úmidas obstruam o sistema de filtragem. Os tambores de fluxo paralelo têm a vantagem de puxar o gás empoeirado quente mais diretamente do processo de secagem, com menos perda de calor. Misturas com temperaturas mais baixas, como os asfaltos mornos, têm dado preferência a tambores de fluxo paralelo para manter temperaturas de gás mais altas e evitar a obstrução dos sacos.

Os sacos de filtragem são feitos de tecidos que suportam temperaturas de até 450°F, mas ainda é preciso tomar cuidado quando se usa um sistema de filtro de mangas, pois temperaturas excessivas podem derreter os sacos e/ou causar incêndios.

ARMAZENAMENTO E AQUECIMENTO DO ASFALTO

Quando o asfalto líquido é combinado com os agregados para mistura, a temperatura do asfalto deve estar na faixa de 275 a 325°F. O asfalto morno é aquecido até a faixa de 225 a 250°F. Tanto as usinas de produção por batelada (gravimétricas) como as usinas de produção contínua (*drum-mixer*) possuem sistemas de aquecimento que mantêm o asfalto líquido na temperatura exigida. Se o asfalto for entregue em uma temperatura mais baixa, o sistema deve ser capaz de elevar a temperatura do cimento asfáltico. Os dois métodos mais usados para aquecer o asfalto líquido são a combustão direta e o sistema de fluido térmico.

Um aquecedor de combustão direta é composto de um queimador que aquece um tubo localizado dentro do tanque de armazenamento de asfalto. Em sistemas como esse, é preciso sempre manter asfalto suficiente dentro do tanque para que o tubo do queimador fique permanentemente submerso. Esses sistemas possuem uma eficiência térmica mais alta do que o processo de fluido térmico. O sistema de fluido térmico é uma abordagem de aquecimento em dois estágios. Primeiro, o óleo de transferência é aquecido, para depois ser circulado através de tubulações dentro do tanque de asfalto.

A viscosidade do cimento asfáltico deve ser baixa o suficiente para permitir bombeamento. Como asfaltos diferentes têm relações diferentes de temperatura-viscosidade, a temperatura de armazenamento é especial para os diversos graus de asfaltos. Em geral, a temperatura de armazenamento é de cerca de 275°F para asfaltos macios (PG52–34, PG58–28, etc.) e 330°F para asfaltos duros (PG70–22, PG76–28 polimerizado, etc.). Para asfaltos de graus de desempenho, o produtor ou fornecedor deve informar a temperatura de armazenamento que fará com que o cimento asfáltico tenha a viscosidade apropriada para o bombeamento.

RECUPERAÇÃO E RECICLAGEM

Os pavimentos asfálticos existentes representam um investimento enorme em agregados e cimento asfáltico. Ao recuperar esses materiais por métodos de fresagem a frio (ver Figura 15.15) ou escarificação, é possível ter retorno de boa parte desse investimento. A fresagem a frio permite a recuperação da seção de pavimento sem a necessidade de alterar seu perfil, eliminando os problemas associados com a elevação de meios-fios e estruturas de drenagem quando uma nova camada for colocada sobre uma superfície existente.

FIGURA 15.15 Fresadora removendo um pavimento asfáltico antigo para espalhamento posterior como base.

Nos casos em que as seções de pavimento forem escarificadas em vez de fresadas, pode ser necessário britar os materiais recuperados para reduzir o tamanho das partículas. Os materiais de revestimento asfáltico recuperado (RAP, *reclaimed asphalt paving*, também chamado de pavimento asfáltico recuperável) podem então ser combinados com agregados virgens e cimento asfáltico adicional na usina de mistura a quente para produzir novas misturas de pavimentação. O novo projeto de mistura precisará levar em conta a graduação (granulometria) e o conteúdo asfáltico do RAP. Como o cimento asfáltico se oxida com o tempo e a granulometria dos agregados é variável, a maioria das especificações limita a quantidade de RAP no asfalto misturado a quente a 25-30% do total.

Reciclagem em uma usina de produção por batelada (gravimétrica)   Em uma usina de produção por batelada (gravimétrica), o RAP pode ser adicionado aos agregados virgens em qualquer um de quatro locais:

1. Funil (depósito) de pesagem
2. Funil (depósito) de pesagem isolado
3. Elevador de caçamba
4. Câmara de transferência de calor

Cada um desses locais exige o superaquecimento dos agregados virgens para fornecer a fonte de calor para aquecer e secar o RAP. O RAP normalmente tem teor de umidade de 3 a 5%, assim vapor é liberado à medida que o RAP é aquecido. O vapor liberado do RAP contém poeira que precisa ser filtrada. O método mais simples é adicionar o RAP ao depósito de pesagem, mas o tempo para transferência de calor é limitado e a captura do vapor empoeirado exige equipamentos adicionais. Usar um depósito de pesagem independente (isolado) reduz ligeiramente o tempo da batelada e pode aumentar a precisão, mas o método tem as mesmas desvantagens de adicionar o RAP diretamente ao funil (depósito).

Reciclagem em uma usina de produção contínua (*drum-mixer*)   As usinas de produção contínua podem ser modificadas com um colar de alimentação que

FIGURA 15.16 Usina de asfalto de produção contínua com dois cilindros.

introduz o RAP entre a porção do tambor que aquece os agregados e a área na qual o cimento asfáltico é introduzido. Como o RAP contém cimento asfáltico, ele não pode ser exposto a chamas diretas e geralmente é adicionado após cerca de dois terços do comprimento do tambor em relação ao queimador. Quando usamos RAP em uma mistura, os agregados virgens são superaquecidos além dos 300°F típicos, até temperaturas de quase 600°F para aquecer suficientemente o RAP até a temperatura de produção. Um fabricante desenvolveu um projeto inovador, com um tambor de dois cilindros (ver Figura 15.16) no qual o RAP é introduzido em um tambor externo para não ficar exposto à chama.

Reciclagem na pista

Outro método de reutilização do RAP ocorre na pista, com a fresagem ou escarificação do asfalto antigo, britagem do RAP até o tamanho desejado, espalhamento, renovação com uma pavimentadora e compactação com rolos. Essa abordagem é chamada de operação de fresagem e renovação ou pulverização e renovação, dependendo dos requisitos das especificações. Sua vantagem é substituir o material diretamente na pista, sem transportá-lo para a usina de asfalto, aquecê-lo e misturá-lo com agregados e cimento asfáltico e transportá-lo de volta para a pista. Sua desvantagem é a capacidade restrita de modificar materiais antigos.

Uma fileira de RAP da fresadora é espalhada por uma niveladora diretamente à frente da pavimentadora (ver Figura 15.17). A pavimentadora dispersa o material fresado sem aquecimento (reciclagem *in loco* a frio) ou por britagem, aquecimento e pavimentação do RAP (ver parte direita da Figura 15.17). O RAP pode ser aquecido antes do funil da pavimentadora ou na mesa traseira da pavimentadora com um aquecedor escarificador.

Niveladora espalha pavimento RAP   **Pulverização e renovação de RAP**

FIGURA 15.17 Operação de fresagem e renovação para revestimento asfáltico recuperado.

EQUIPAMENTO DE PAVIMENTAÇÃO

Uma operação de pavimentação asfáltica exige diversos equipamentos diferentes, incluindo:

- Vassouras mecânica /de arrasto para remover o pó da superfície a ser pavimentada
- Caminhão distribuidor de asfalto para aplicar a pintura de ligação ou imprimação
- Caminhões para transportar a mistura de asfalto da usina ao local da construção
- Veículo de transferência de material (dependendo das especificações ou das preferências de pavimentação do empreiteiro)
- Elevador de fileira (dependendo da preferência de pavimentação do empreiteiro)
- Pavimentadora
- Compactadores de rolo

VASSOURA MECÂNICA/DE ARRASTO

A vassoura mecânica ou de arrasto é utilizada para remover a poeira da superfície do pavimento existente antes da colocação do novo asfalto de modo a garantir a ligação apropriada entre os dois. Durante o revestimento de uma camada de base preparada (agregados ou solo tratado com cimento), a camada de poeira deve ser removida por varredura com a vassoura ou por umedecimento da camada de base e recompactação.

CAMINHÕES DE TRANSPORTE DE CARGA

Três tipos básicos de caminhões são usados para transportar concreto asfáltico da usina até o local de trabalho: caminhões retrobasculantes, caminhões de fundo móvel e caminhões de descarga pelo fundo. Os caminhões retrobasculantes e de fundo móvel podem transferir a mistura diretamente para o funil da pavimentadora. Os caminhões de descarga pelo fundo colocam uma fileira de materiais sobre o pavimento em frente à pavimentadora (ver Figura 15.18) e somente podem ser usados com pavimentadoras que possuem um elevador para erguer a mistura do pavimento e transferi-la para a caixa distribuidora da pavimentadora. Como a fileira de material perde temperatura rapidamente, nos EUA essa operação de pavimentação se limita à região sudoeste, onde as temperaturas ambientes são elevadas.

FIGURA 15.18 Caminhão de descarga pelo fundo lançando uma fileira de material em frente à pavimentadora.

Independentemente do tipo de caminhão utilizado, os veículos devem ser isolados e cobertos para reduzir a perda de calor durante o transporte. A segregação térmica ocorre quando a mistura na superfície da carga esfria enquanto a mistura em seu centro retém calor. Podem se desenvolver padrões segregados em V com alguns pés de largura e espaçamento igual ao comprimento de cada carga no caminhões devido o resfriamento da mistura no perímetro externo da caçamba. As seções frias entram na caixa pavimentadora, são levadas por uma broca para a mesa traseira e se abrem transversalmente em forma de V. Lonas, isolamento das paredes da caçamba e um Dispositivo de Transferência de Materiais são métodos eficazes para impedir a segregação térmica.

Antes dos caminhões serem carregados, o assoalho da caçamba é revestido com um agente de liberação aprovado. No passado, um óleo combustível pesado, como a querosene, era usado para esse fim. Contudo, isso contamina o aglutinante asfáltico e não é mais permitido.

Os caminhões de transporte devem ser carregados corretamente para reduzir o potencial de segregação da mistura. A prática recomendada é carregar um terço da carga útil no centro da caçamba, depois dar ré para encher a parte da frente e finalmente avançar para encher o terço restante da caçamba. Em algumas operações, por uma questão de segurança, o caminhão se move apenas para a frente na área de carregamento.

DISTRIBUIDORES (ESPARGIDORES) DE ASFALTO

capa (camada) selante
Capas selantes de asfalto são tratamentos superficiais criados para selar e proteger o pavimento asfáltico de condições ambientais nocivas como luz solar, chuva e neve.

Um caminhão espargidor projetado especialmente para a tarefa é utilizado na aplicação de uma imprimação, pintura de ligação ou **capa (camada) selante** de asfalto (ver Figura 15.19). Um caminhão distribuidor de asfalto exige atenção constante para produzir uma aplicação uniforme. É essencial que o aquecedor e a bomba de asfalto tenham manutenção adequada. Todos os medidores, como o medidor de fluxo da bomba, vareta, termômetro e roda com tacômetro devem ser corretamente calibrados. As barras e bicos pulverizadores devem estar limpos

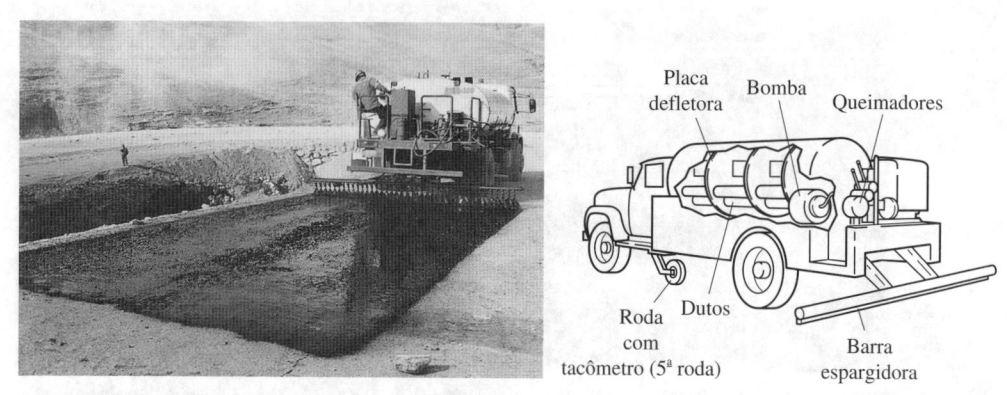

FIGURA 15.19 Um distribuidor de asfalto aplicando uma imprimação.

e posicionados na altura apropriada acima da superfície que recebe a aplicação. Os fatores que afetam a aplicação uniforme são:

- Temperatura de pulverização do asfalto
- Pressão líquida no comprimento da barra pulverizadora
- Ângulo dos bicos pulverizadores
- Altura dos bicos acima da superfície
- Velocidade de percurso do distribuidor

Os distribuidores de asfalto possuem tanques isolados para manter a temperatura do asfalto e são equipados com queimadores para aquecê-lo até a temperatura de aplicação apropriada. Bombas de alimentação com energia independente ou tomada de potência são utilizadas para manter a pressão contínua e uniforme em todo o comprimento da barra pulverizadora. Os bicos da barra devem estar ajustados no ângulo apropriado, geralmente 15-30 graus do eixo horizontal da barra, pois assim os jatos individuais não interferem ou se misturam uns com os outros. A altura do bico acima da superfície determina a largura de cada jato. Para garantir que os jatos farão a cobertura adequada, a altura do bico (barra pulverizadora) deve ser estabelecida e mantida. A relação entre a taxa de aplicação (galões por jarda quadrada) e a velocidade do caminhão é óbvia; a velocidade deve ser constante durante o borrifamento para que a aplicação seja uniforme.

A relação entre a taxa de aplicação, a configuração do caminhão e a área da superfície a ser coberta é dada por:

$$L = \frac{9 \times T}{W \times R} \qquad [15.2]$$

onde:

L = comprimento da superfície a ser coberta em pés
T = total de galões a serem aplicados
W = largura da cobertura da barra pulverizadora em pés
R = taxa de aplicação em galões por jarda quadrada (sy)

Essa equação pode ser utilizada para estimar a quantidade de asfalto líquido e de emulsão (asfalto líquido mais água) necessária para um serviço. Durante a construção, a Eq. [15.2] pode ser utilizada para verificar a taxa de aplicação pelo cálculo do valor de R. R pode ser especificado como a taxa de aplicação da emulsão mista ou da quantidade de cimento asfáltico residual. A segunda taxa de aplicação precisa ser ajustada para levar em conta o fato de que as emulsões são compostas de cerca de dois terços cimento asfáltico e um terço água. Por exemplo, para produzir uma taxa residual de 0,03 gal/sy, a taxa de aplicação de emulsão deve ser de 0,03/(2/3) gal/sy = 0,045 gal/sy. Essa taxa de aplicação é difícil de controlar com um caminhão distribuidor, então a prática mais comum é diluir a emulsão com uma quantidade igual de água, o que basicamente exige que a taxa de aplicação seja dobrada.

Antes do lançamento de uma mistura asfáltica sobre uma nova base, é preciso aplicar uma imprimação sobre a base. As taxas normais de aplicação para imprimações variam de 0,20 a 0,60 gal/sy. A imprimação promove a adesão entre a base e a mistura asfáltica sobrejacente ao revestir o material de base absorvente, seja ele agregado britado, um material estabilizado ou um grau de terro. A imprimação deve penetrar cerca de 0,25 polegadas, preenchendo os vazios da base. A imprimação também atua como barreira impermeável, impedindo que a umidade que penetra a superfície de desgaste alcance a base.

As pinturas de ligação são elaboradas de modo a criar uma ligação entre os pavimentos existentes, sejam eles de concreto ou de material betuminoso, e novas sobrecamadas de asfalto. Elas também podem ser aplicadas entre camadas sucessivas durante uma nova construção. A pintura de ligação funciona como adesivo para impedir o deslizamento das duas camadas. A pintura de ligação é um revestimento uniforme e finíssimo do asfalto, geralmente 0,03 a 0,06 gal/sy de cimento asfáltico residual. Uma aplicação pesada demais é contraproducente, pois faz com que as camadas cedam, pois o asfalto atua como lubrificante em vez de ligação.

As capas selantes consistem na aplicação do asfalto, seguida por uma cobertura leve de agregados finos, que por sua vez é compactada com rolos pneumáticos. As taxas de aplicação normalmente variam de 0,10 a 0,20 gal/sy.

EXEMPLO 15.2

Uma especificação exige uma taxa de aplicação residual de 0,035 gal/sy. A cobertura da barra pulverizadora do distribuidor é de 12 ft. Estime quantos galões de emulsão serão necessários para um pavimento de 3 milhas de comprimento e 24 ft de largura. Suponha que a emulsão seja composta de 70% cimento asfáltico e 30% água. Estime a taxa de aplicação R, em galões por jarda quadrada, se a emulsão for diluída com uma quantidade igual de água.

$$T\text{(galões totais)} = \frac{L \times W \times R}{9} = \frac{(3 \times 5.280 \text{ ft}) \times 24 \text{ ft} \times 0,035 \text{ gal/sy}}{9}$$

$$= 1.479 \text{ galões de cimento asfáltico líquido}$$

Total de galões de emulsão = 1.479 galões / 0,70 = 2.113 galões

Com diluição 1:1 (emulsão:água),

Total de galões de emulsão diluída = 2.113 galões × 2 = 4.226 galões

A taxa de aplicação da emulsão diluída é calculada quando descobrimos o valor de R_d.

R_d (gal/sy) = taxa de aplicação da emulsão diluída

$$R_d, \text{gal/sy} = \frac{T \times 9}{L \times W} = \frac{4.226 \text{ gal} \times 9 \text{ sf/sy}}{(3 \times 5.280 \text{ ft}) \times 24 \text{ ft}} = 0,10 \text{ gal/sy}$$

Ou outro método para resolver a taxa de aplicação da emulsão diluída:

R_d, gal/sy = 0,035 gal/sy / 0,70 × 2 taxa de diluição = 0,10 gal/sy

PAVIMENTADORAS DE ASFALTO

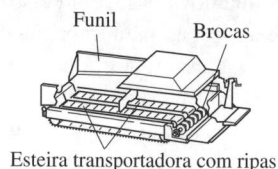

Uma pavimentadora de asfalto é composta de um trator, que pode ter esteiras (ver Figura 15.20) ou pneus de borracha (ver Figura 15.1), e uma mesa. A unidade tratora de potência possui um funil de recebimento na frente e um sistema transportador com ripas para mover a mistura através de um túnel sob o motor até a traseira da unidade tratora. Na traseira, a mistura é depositada sobre a superfície a ser pavimentada, enquanto brocas (ver Figura 15.21) são usadas para espalhar o asfalto uniformemente na frente da mesa traseira. Um par de braços de reboque, ligados por pinos à unidade tratora, puxam a mesa atrás do trator. A mesa controla a largura e profundidade do lançamento do asfalto e transmite o acabamento inicial e a compactação ao material misturado a quente. Um fabricante oferece uma pavimentadora com dois conjuntos de parafusos duplos no lugar dos transportadores de ripas para levar a mistura através do túnel e até a traseira da pavimentadora (ver Figura 15.22). Supostamente, o uso dos transportadores helicoidais reduz a segregação da mistura.

As pavimentadoras podem receber a mistura diretamente em seus funis ou recolher uma fileira de material colocada em frente ao veículo (ver Figura 15.20). O método tradicional de carregar o funil envolve o caminhão descarregando a mistura asfáltica diretamente no funil da pavimentadora. Rolos montados sobre a armação fron-

FIGURA 15.20 Pavimentadora de asfalto de esteiras sendo alimentada por um caminhão.

tal da pavimentadora (ver Figura 15.22) e que se estendem além do funil empurram a mistura em direção às rodas traseiras do caminhão. À medida que a pavimentadora empurra o caminhão, a mistura é despejada no funil devido ao erguimento da base da caçamba do caminhão ou à ativação de um transportador de fundo móvel. Velocidades lentas de impulsão levam a forças de tração nas rodas mais altas contra o caminhão.

Uma força (carga) de material consistente sobre a mesa é importante para construir uma superfície lisa. Carregar o funil com cargas individuais de caminhões muitas vezes exige paradas intermitentes da pavimentadora. A redução da força sobre a mesa pode fazer com que ela se acomode, criando uma depressão ou saliência na camada acabada. Os caminhões que se combinam com a pavimentadora podem causar um solavanco, provocando uma saliência no pavimento. A variação de temperatura da mistura também é um fator a ser considerado, pois a mesa autoniveladora é sensível à rigidez da mistura.

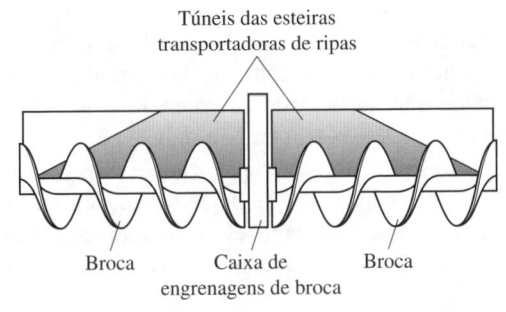

FIGURA 15.21 Desenho de sistema de broca no fundo do túnel transportador.

FIGURA 15.22 Pavimentadora de asfalto com dois conjuntos de parafusos duplos para mover a mistura através do túnel.

Elevadores de fileiras

Uma operação de pavimentação executada por caminhões significa transferência entre pavimentadoras e o carregamento dos caminhões e momentos em que a pavimentadora precisa operar entre os carregamentos dos caminhões ou até mesmo parar caso as entregas de material se atrasem. Um elevador de fileiras (entre o caminhão e a pavimentadora na Figura 15.18) foi desenvolvido para solucionar os efeitos de transferência e do enfileiramento de caminhões sobre a qualidade das camadas. Os elevadores também podem melhorar a produção ao eliminar a necessidade de combinar pavimentadoras e caminhões.

Existem pavimentadoras com elevadores coletores integrais de fileiras, mas uma unidade de elevador independente que pode ser ligada à frente da pavimentadora normal é a configuração mais comum. Um acessório oferece a flexibilidade de usar a pavimentadora nas situações de carga direta e de fileiras.

O sistema de palhetas do elevador levanta continuamente a mistura da fileira para o funil. Para uma operação mais eficiente, a quantidade de materiais em um pé longitudinal de seção transversal da leira deve ser igual à quantidade necessária para um pé longitudinal de seção transversal da camada. Pequenas variações de quantidade são resolvidas pela capacidade de material do funil da pavimentadora. As máquinas de fileiras convencionais têm largura limitada e somente conseguem lidar com linhas relativamente estreitas de material. Os novos projetos de elevador que estão sendo desenvolvidos têm a capacidade de lidar com seções transversais de fileiras mais largas. Essas máquinas abrirão operações de fileiras para projetos menores, de áreas mais restritas, e permitirão o uso de caminhões basculantes normais para o transporte.

Dispositivos de transferência de material

Algumas empreiteiras usam dispositivos de transferência de material para melhorar a qualidade e eficiência da pavimentação (ver Figura 15.23). Um dispositivo de transferência de material pode receber múltiplas cargas de mistura asfáltica, remisturar o material e entregá-lo ao funil da pavimentadora. Os dispositivos de transferência de material oferecem diversas vantagens em relação à transferência direta entre o caminhão de

FIGURA 15.23 Dispositivo de transferência de material entre caminhão de transporte e pavimentadora de asfalto.

transporte e a pavimentadora. Por conter diversas cargas de concreto asfáltico, o dispositivo de transferência reduz o excesso de carregamento da pavimentadora, permitindo que o equipamento opere continuamente enquanto os caminhões descarregam o concreto asfáltico no dispositivo de transferência. A sincronização dos caminhões no canteiro de obras se torna menos essencial, já que a pavimentadora pode operar com o suprimento de material no dispositivo de transferência. O dispositivo de transferência de material tem motor próprio, então a pavimentadora não precisa se conectar e empurrar o caminhão. Finalmente, ao remisturar o concreto asfáltico, a menor segregação térmica cria uma rigidez uniforme que permite a construção de um pavimento mais liso.

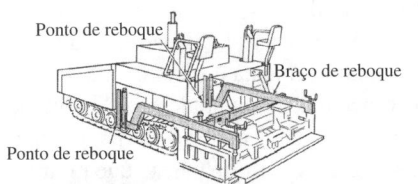

Mesa

A mesa "flutuante" pode girar em torno do eixo de suas conexões por pinos. Esse sistema de braço de reboque conectado por pinos permite que a mesa se autonivele e cria a capacidade de compensar irregularidades na superfície subjacente.

A capacidade da pavimentadora de nivelar irregularidades é controlada pelo comprimento da distância entre os eixos do trator e pelo comprimento dos braços de reboque da mesa. Comprimentos maiores desses dois componentes levam a transições suaves entre irregularidades e, logo, a uma superfície do pavimento mais lisa.

A espessura da camada, que é controlada pela mesa, pode ser mantida pelo uso de sensores de nível que traçam uma referência externa com um esqui ou sapata (ver Figura 15.24). A mesa pode ser ligada a um nível específico com o uso de sensores que traçam uma linha de perfil. Quando todas as forças que atuam sobre a mesa forem constantes, ela se desloca em uma elevação constante acima do nível ou segue a linha de perfil. Contudo, diversos fatores podem causar variações na altura da mesa regulada por sensores:

- Ângulo de ataque da régua
- Carga de asfalto em frente à mesa
- Velocidade da pavimentadora

FIGURA 15.24 Sensores de grau de referência externa para réguas.

O ângulo criado pelo plano da superfície sobre a qual o asfalto está sendo lançado e o plano do fundo da mesa é conhecido como "ângulo de ataque" da mesa (ver Figura 15.25). Esse ângulo é o principal fator mecânico que causa variações na espessura da camada. Ele regula a quantidade de material que passa sob a mesa em uma determinada distância. Quando a mesa ou os pontos de reboque são deslocados verticalmente, o ângulo de ataque muda. A mesa começa a se mover imediatamente, restaurando o ângulo original, mas essa correção exige uma distância igual a cerca de três vezes o comprimento dos braços de reboque para ser realizada.

O material asfáltico diretamente em frente a todo o comprimento da régua é chamado de carga de material. Quando essa carga de material não for mantida em nível constante pelo transportador de arrasto do funil e a alimentação da broca, o ângulo de ataque da mesa é afetado, o que altera a espessura da camada. Se a carga de material aumentar demais, a espessura da camada aumenta à medida que a mesa passa por cima do excesso de material com o avanço da pavimentadora. Se o volume diminuir, a mesa desce, reduzindo a espessura da camada. A maioria das pavimentadoras modernas possui sistemas de controle automáticos da alimentação que monitoram e ajustam o nível de mistura na câmara helicoidal em frente à mesa.

A velocidade da pavimentadora está ligada à capacidade da usina de entregar a mistura de asfalto. Para produzir uma camada lisa, a velocidade de deslocamento para a frente deve ser mantida constante. Mudanças na velocidade da pavimentadora afetam o ângulo de ataque da mesa. Aumentar a velocidade faz com que a mesa se abaixe, ao passo que reduzir sua velocidade tem o efeito contrário. Quando a pavimentadora para, a mesa tende a se acomodar na camada.

A compactação da mistura inicial é produzida pela vibração da mesa. Os vibradores montados sobre a mesa são usados para transmitir uma força de compactação à camada. Em muitas pavimentadoras, a velocidade do vibrador pode ser ajustada para corresponder à velocidade da pavimentadora e à espessura da camada. Outros fatores importantes que influenciam a compactação são o projeto da mistura e a temperatura de lançamento.

A largura de uma mesa pode ser alterada com a parada da pavimentadora e a adição de extensões a um ou ambos os lados da mesa básica. A maioria das novas pavimentadoras tem mesas hidraulicamente extensíveis, no entanto, que permitem que a largura de pavimentação seja variada sem parar o veículo O sistema tem a

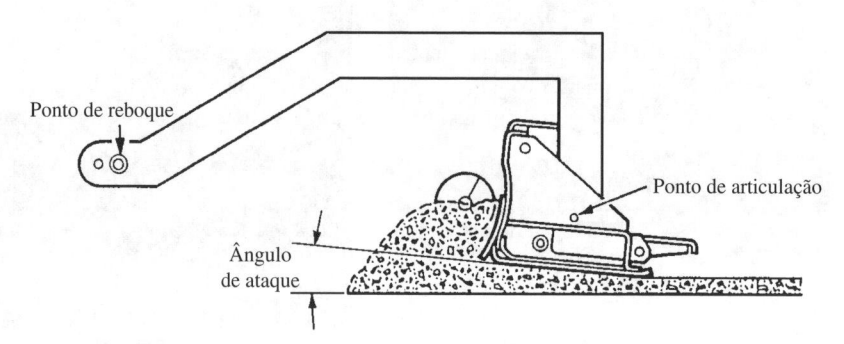

FIGURA 15.25 Ângulo de ataque da mesa.
Fonte: Caterpillar Paving Products, Inc.

vantagem de pavimentar eficientemente seções de largura variável, como pistas para curvas e rotatórias. Pode ser necessário usar brocas adicionais quando a largura da mesa for estendida. Estas são necessárias para espalhar a mistura mais uniformemente em toda a largura da mesa e das extensões. A maioria das mesas, nas extremidades e pontos centrais de seus planos horizontais, podem ser ajustas verticalmente para criar uma coroa ou superelevação.

Para impedir que o material se prenda à mesa no início da operação de pavimentação, é necessário aquecer o instrumento. Normalmente, aquecedores integrados com queimadores a diesel ou propano são usados para aquecer as placas inferiores das mesas. Também há aquecedores elétricos com termostatos que monitoram e mantêm automaticamente as temperaturas das mesas. O tempo de aquecimento necessário varia com a temperatura do ar e o tipo de mistura sendo lançada. Cerca de 10 minutos de aquecimento é o normal para os modelos com queimadores, mas é preciso tomar cuidado para prevenir superaquecimentos que podem entortar a mesa.

Produção da pavimentadora

As operações de pavimentação contínua dependem de equilibrar a produção da usina e a da pavimentadora. A produção da usina é estimada com a Eq. [15.1] para usinas de produção por batelada (gravimétricas) e com as informações do fabricante ou experiência operacional para usinas de produção contínua (*drum-mixer*). A produção de usinas de produção contínua é uma função da capacidade da usina, do teor de umidade dos agregados e da eficiência operacional. A produção da pavimentadora é controlada pela capacidade de lançar a mistura e atender os requisitos de especificações. Em geral, a produção da pavimentadora pode ser equivalente ou superior à produção da usina. Os gargalos críticos em uma operação de pavimentação de asfalto, que devem ser analisados e gerenciados, são o *carregamento de unidades de transporte na usina* e a *ligação entre pavimentadora e unidade de transporte*. O número de caminhões necessário para equilibrar com a produção da usina é:

$$\text{Número de caminhões equilibrado} = \frac{\text{Produção da usina (toneladas/hora)}}{\text{Produção do caminhão (toneladas/hora)}} \quad [15.3]$$

O número de caminhões deve ser um número inteiro. Em geral, arredonde esse número para cima para compensar flutuações no tempo de ciclo dos caminhões e para garantir o suprimento adequado de mistura para a pavimentadora. Os tempos de ciclo dos caminhões podem aumentar durante períodos de muito trânsito ou à medida que a pavimentadora se afasta da usina, então pode ser necessário encomendar um ou dois caminhões adicionais. O objetivo é manter a pavimentadora em movimento e garantir uma quantidade de material constante na mesa para conseguir produzir um pavimento liso.

EXEMPLO 15.3

Uma usina de asfalto produz 324 toneladas por hora. Um projeto exige a pavimentação de pistas de 12 ft individuais com elevação de 2 polegadas com média de 112 lb/sy-polegada. Qual velocidade média de pavimentadora será correspondente à produção da usina? Quanto caminhões de descarga pelo fundo de 20 toneladas serão necessários se o tempo de ciclo de transporte total for de 55 minutos?

$$\frac{324 \text{ tph}}{60 \text{ min/hr}} = 5,4 \text{ toneladas/min média de produção da usina}$$

$$\frac{2 \text{ in (espessura)} \times 12 \text{ ft (largura)} \times 1 \text{ ft (comprimento)}}{9 \text{ sq ft/sy}} = \frac{2,66 \text{ sy-polegada/ft de}}{\text{comprimento de pavimentação}}$$

$$\frac{2,66 \text{ sy-in/ft} \times 112 \text{ lb/sy-in}}{2.000 \text{ lb/ton}} = 0,149 \text{ ton/ft de comprimento de pavimentação}$$

$$\frac{5,4 \text{ ton/min}}{0,149 \text{ ton/ft}} = 36,2 \text{ ft/min, velocidade média da pavimentadora}$$

$$20 \text{ toneladas por caminhão} \times \frac{60 \text{ min/hr}}{\text{ciclo de 55 min}} = 21,8 \text{ tph por caminhão}$$

$$\text{Número de caminhões equilibrado} = \frac{324 \text{ tph}}{21,8 \text{ tph por caminhão}} = 14,9 \text{ caminhões}$$

Arredonde para cima. Logo, é necessário um mínimo de 15 caminhões.

Outra maneira de analisar a situação seria considerar o tempo. A pavimentadora precisa de um caminhão a cada:

$$\frac{20 \text{ toneladas por caminhão}}{5,4 \text{ toneladas/min, necessário para pavimentadora}} = 3,7 \text{ min}$$

$$\frac{55 \text{ min (tempo de ciclo total do caminhão)}}{3,7 \text{ min (requisito da pavimentadora)}} = 14,9 \text{ ou } 15 \text{ caminhões}$$

Se for esperado que os tempos de transporte aumentem, adicione um ou dois caminhões a mais para impedir que a pavimentadora pare.

EQUIPAMENTO DE COMPACTAÇÃO

15.4 Os pavimentos asfálticos são projetados para serem compactados até uma densidade especificada. Pavimentos corretamente construídos devem ter densidade *in loco* mínima de 92%. A densidade máxima varia com a carga estimada do trânsito. Os campos de aviação podem ser compactados a densidades maiores do que as rodovias. Diversos fatores afetam a capacidade de densificação, como as propriedades da mistura, espessura da camada, temperatura da mistura e características operacionais do equipamento de compactação.

Três tipos de rolos básicos são utilizados para compactar misturas de pavimentação asfáltica: rolos com tambor liso de aço, rolos pneumáticos (ver Figura 15.26) e rolo vibratório com tambor liso de aço (ver Figura 15.27).

A área da superfície de contato de um rolo com tambor de aço é um arco da superfície do tambor cilíndrico e a largura do rolo. Essa área de contato diminui à medida que a compactação (rolagem) aumenta, aumentando também a pressão de contato. A área de contato de um pneumático é uma elipse, influenciada pela carga da roda, pelo enchimento do pneu e pela flexão da parede lateral dos pneus. Com um rolo pneumático, a mudança na área de contato à medida que a compactação aumenta é menos grave do que no caso de um rolo com tambor de aço.

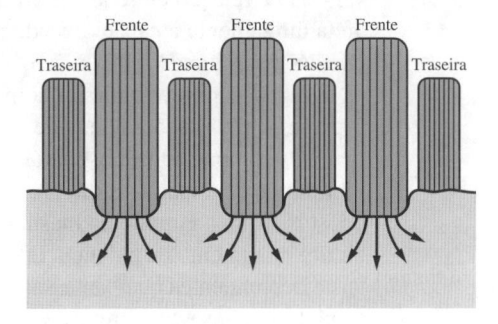

FIGURA 15.26 Rolo compactador de pneus.

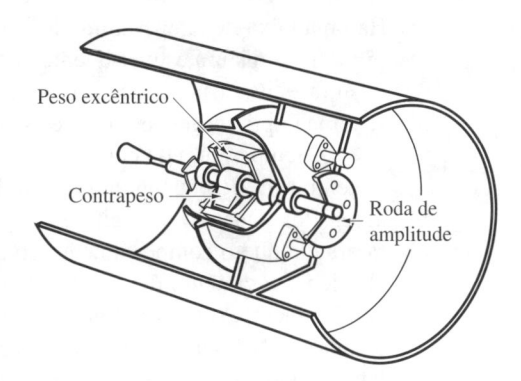

FIGURA 15.27 Rolo compactador vibratório com dois tambores de aço.

A capacidade de compactação de rolos vibratórios com tambor de aço e pneumáticos pode ser alterada para corresponder às condições de construção. Com rolos pneumáticos, alterar o lastro e a pressão dos pneus altera o esforço de compactação. Ajustar a amplitude e a frequência vibratória altera o esforço de compactação dos rolos vibratórios com tambor de aço. Essas capacidades aumentam a flexibilidade operacional de ambos os tipos de rolo.

Amplitude e frequência de rolos vibratórios A maioria dos rolos vibratórios permite que o operador selecione uma amplitude e uma frequência de vibração. A frequência de vibração normalmente varia de 2.000 a 4.000 vib/minuto. A quantidade máxima de compactação por passada é alcançada com a seleção da maior frequência possível, pois assim ocorrem mais impactos por pé de deslocamento. Recomenda-se que 10-14 impactos por pé sejam aplicados ao pavimento. Para a maioria das misturas, o rolo deve ser operado com a menor amplitude possível. Uma amplitude maior somente deve ser considerada no caso de espessuras de camada maiores do que 3 polegadas. Uma configuração de alta amplitude em uma camada fina faz o rolo saltar (quicar), dificultando a compactação uniforme e efetiva e aumentando a possibilidade de fraturação dos agregados. No caso de camadas com 1 polegada de espessura ou menos, os rolos vibratórios devem ser operados em modo estático. As pesquisas provam que a relação entre a espessura da camada e o tamanho dos agregados NMAS afeta diretamente a capacidade de produzir a densidade desejada, com muitas especificações limitando a faixa de 3:1 a 5:1. Abaixo da razão de 3:1, é mais difícil para os agregados se reorientarem com mais contato entre as pedras. As camadas mais espessas, com relações acima de 5:1, reduzem a pressão efetiva do rolo.

Os compactadores oscilatórios (ver Figura 15.27) são uma alternativa aos rolos vibratórios de impacto tradicionais. A compactação oscilatória usa pesos excêntricos opostos duplos, girando na mesma direção em torno do eixo do tambor, para produzir um movimento de balanço. Esse balanço produz forças de cisalhamento horizontais e descendentes que "amassam" a mistura. Os testes indicam que a compactação oscilatória consegue atingir densidades maiores e com menos passadas do que um rolo vibratório [7].

Temperatura de rolagem

Há uma faixa de temperatura ideal da mistura para produzir a compactação necessária. Se a mistura estiver quente demais, a camada vai se rasgar e escarificar. Se a mistura estiver fria demais, a quantidade de energia necessária para a compactação se torna impraticável devido à resistência viscosa do cimento asfáltico.

A temperatura da camada afeta diretamente a capacidade de compactação. O cimento asfáltico quente atua como lubrificante para promover a reorientação dos agregados. Quando o asfalto esfria abaixo do ponto de amolecimento – a temperatura em que o comportamento do cimento asfáltico passa de viscoso para viscoelástico – o cimento deixa de exercer uma ação lubrificante. Abaixo do ponto de amolecimento, o asfalto começa a fixar os agregados em seu lugar, dificultando a compactação adicional. A temperatura da mistura no momento do lançamento é um fator importante para determinar o tempo disponível para compactação.

Depois que a mistura atravessa a pavimentadora, os principais fatores que afetam a velocidade de resfriamento são: temperatura do ar, temperatura da superfície sobre a qual a mistura é lançada, temperatura de lançamento da mistura, espessura da camada, velocidade do vento e energia solar (luz solar direta). Temperaturas ambientes do ar mais altas dão mais tempo para a compactação. Mais importante é a temperatura da superfície sobre a qual a mistura é lançada. É possível que ocorra uma transferência de calor rápida entre as duas superfícies. Além disso, ventos fortes podem fazer com que a superfície da camada se resfrie muito rapidamente.

Quanto maior a temperatura da mistura que atravessa a pavimentadora, maior o tempo disponível para compactação. Provavelmente o fator mais importante a afetar o resfriamento é a espessura da camada. À medida que a camada se torna mais espessa, o tempo disponível para alcançar a densidade desejada aumenta, mas camadas mais espessas geralmente precisam de mais passadas de rolos.

A rolagem deve começar com a temperatura mais alta possível. Essa temperatura máxima é o ponto no qual a mistura suportará o rolo sem distorcer o concreto asfáltico horizontalmente. Os fatores que afetam o ganho de densidade são, em ordem, (1) a temperatura da camada, (2) o número de passadas, (3) o tipo de rolo, (4) a densidade nas proximidades da compactação máxima e (5) o ajuste da vibraçãoa [8]. Em geral, são necessários entre quatro e dez passadas cumulativas de rolos para produzir a densidade de 92% com misturas SuperPave de granulometria fina, enquanto a compactação em temperaturas mais altas exige menos passadas. Contudo, os ganhos de densidade são possíveis em temperaturas baixas de até 120°F. Aumentar o diâmetro do tambor do rolo aumenta a área de contato, o que reduz a pressão de contato. Assim, rolos de diâmetros maiores conseguem trabalhar na camada quando as temperaturas são mais elevadas.

Etapas da compactação

A compactação de uma camada de asfalto normalmente é considerada em termos de três passos distintos:

- Rolagem de *breakdown* (inicial)
- Rolagem intermediária
- Rolagem de acabamento

O rolagem de *breakdown* é a compactação inicial atrás da pavimentadora. A passada de *breakdown* busca atingir a densidade necessária dentro do período definido pelas restrições de temperatura e de modo consistente com a velocidade da pavimentadora. Esses limites físicos definem a duração prática disponível para a operação de rolagem.

Às vezes, a densidade não pode ser produzida por um único rolo dentro do tempo disponível. Nesse caso, é necessário uma passada de rolagem intermediária para suplementar o passada de *breakdown* e alcançar a densidade exigida. Finalmente, a passada de rolagem de acabamento remove quaisquer marcas superficiais deixadas pela rolagem anterior ou pela pavimentadora.

Os rolos vibratórios com tambor de aço são os mais usados nas rolagens de *breakdown* e intermediária devido à sua capacidade de se adaptar a diversas misturas e diferenças de espessura da camada. Além disso, com o vibrador desligado, eles podem ser usados para rolagem de acabamento. Os rolos vibratórios são compactadores efetivos em velocidades de 2 a 5 mi/h. Os rolos pneumáticos de borracha podem ser utilizados nas rolagens de *breakdown* e intermediária. Os rolos pneumáticos são compactadores efetivos em velocidades muito superiores aos rolos com tambor de aço, conseguindo compactar em velocidades de até 8 mi/h. As velocidades excessivas podem "puxar" material da camada.

Diversos padrões de rolos diferentes podem ser empregados, mas alguns autores sugerem que os padrões de rolos mais eficientes usam um rolo pneumático para a compactação inicial, seguido por um rolo vibratório de tambor duplo para a rolagem intermediária e de acabamento [9]. Algumas misturas de projeto SuperPave, no entanto, são muito suaves e se movem sob o esforço compactante dos rolos. Essas misturas suaves se deslocam nas direções longitudinal e transversal e muitas vezes se partem ou se racham enquanto são compactadas. Para misturas suaves, normalmente existem três zonas de temperatura: uma zona superior e uma inferior na qual a densidade pode ser obtida e uma zona intermediária onde ocorre a descompactação da mistura durante o processo de rolagem. Para misturas suaves, é necessário alterar os padrões de rolagem para atingir o nível de densidade necessário na zona de temperatura superior, antes que a mistura comece a se mover e se deslocar. O uso de dois rolos vibratórios de tambor duplo, operados em conjunto diretamente atrás da pavimentadora, é o método mais eficiente e eficaz de alcançar o nível de densidade desejado nessas misturas [9].

A alta temperatura da mistura durante a rolagem pode fazer com que a mistura se grude aos pneus de borracha, então é mais comum usar rolos pneumáticos para a rolagem intermediária. Os rolos com tambor de aço são utilizados para a rolagem de acabamento. Como os rolos vibratórios podem ser utilizados em todas as passadas de compactação, muitas empreiteiras utilizam os rolos vibratórios exclusivamente para a compactação de concreto asfáltico.

Capacidade do rolo

A quantidade de mistura que pode ser produzida e entregue ao local de trabalho determina a velocidade da pavimentadora. O número de rolos usados no trabalho e seu tipo devem ser selecionados para corresponder ao lançamento de camadas. A velocidade líquida do rolo, o comprimento de pavimento que pode ser compactado durante uma determinada unidade de tempo, é influenciada por:

1. Velocidade bruta do rolo
2. Número de passadass (número de vezes que o rolo é aplicado a uma determinada área na camada)
3. Número de voltas (número de viagens de mão única sobre a camada)
4. Sobreposição entre as passadas adjacentes necessárias para cobrir toda a largura da camada
5. Extensão além da borda do pavimento
6. Passadas adicionais para juntas
7. Viagem não produtiva (distância excedente para mudança de passe)
8. Redução no peso de água dos modelos de tambores de aço

A capacidade dos rolos para um projeto deve fazer com que a velocidade líquida do rolo combine com a velocidade média da pavimentadora. Aumentar a primeira reduz o esforço de compactação, então a velocidade não pode, por conta própria, ser usada para compensar as necessidades de produção. Velocidades de rolo aceitáveis típicas são: 2-3 mi/h para rolagem inicial (*breakdown*), 4-8 mi/h para rolagem intermediária (pneumático) e 3-4 para rolagem de acabamento.

Compactação inteligente

A tecnologia de Compactação Inteligente (*Intelligent Compaction*, IC) está sendo aplicada à construção de pavimentos asfálticos e também à construção de bases de agregados e solo. Os sistemas de IC instalados em rolos oferecem controle de feedback e medida em tempo real da compactação. O sistema de posicionamento global (GPS), medidas de rigidez do material e medidores de densidade não nuclear registram a posição relativa do rolo e as propriedades materiais resultantes para auxiliar o operador a realizar correções e semiautomatizar o padrão do rolo. O objetivo do IC é a tomada de decisões com base em fatos e a compactação uniforme dos materiais.

EXEMPLO 15.4

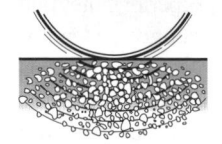

Uma usina de asfalto produzirá 260 tph para um projeto. A camada terá 12 ft de largura, 2 polegadas de espessura e densidade de 110 lb/sy-polegada. Um rolo vibratório com tambor de 66 polegadas de largura será utilizado para a compactação. Suponha um fator de eficiência equivalente a uma hora de 50 minutos para o rolo. A sobreposição entre os deslocamentos adjacentes e bordas sobrepostas será de, no mínimo, 6 polegadas. Estima-se que o percurso não produtivo adicionará cerca de 15% ao percurso total. Em uma camada de teste, foram necessárias três passadas com o rolo para alcançar a densidade desejada. Para levar em conta a aceleração e desaceleração nas mudanças de direção, adicione 10% à velocidade média do rolo para calcular uma velocidade. Quantos rolos devem ser utilizados nesse projeto?

$$\frac{260 \text{ tph}}{60 \text{ min/hr}} = 4,3 \text{ toneladas/min média de produção da usina}$$

$$\frac{12 \text{ ft (largo)} \times 2 \text{ in} \times 110 \text{ lb/sy-in}}{9 \text{ sf/sy} \times 2.000 \text{ lb/ton}} = 0,147 \text{ toneladas/ft de comprimento de pavimentação}$$

Velocidade média de pavimentação.

$$\frac{4,3 \text{ ton/min}}{0,147 \text{ ton/ft}} = 29 \text{ ft/min}$$

Largura de rolamento, 12 ft × 12 polegadas/ft + 2 × 6 polegadas (cada borda) = 156 polegadas
Largura efetiva do rolo, 66 polegadas − 6 polegadas (sobreposição) = 60 polegadas
Número de deslocamentos (número de viagens de mão única) sobre a camada:
    Primeira passada 66 polegadas; 156 − 60 = 96 polegadas restantes
Número de deslocamentos para cobrir a camada,

$$\frac{156 \text{ in}}{60 \text{ in}} = 2,6 \text{ deslocamentos, arredondados para cima para 3 deslocamentos}$$

Assim, são necessários três deslocamentos para cobrir a largura de lançamento de 12 ft, e toda a área deve receber 3 passadas de compactação.

Número total de voltas dos rolos, 3 deslocamento/passada × 3 passadas em cada local para produzir a densidade desejada = 9 deslocamentos

Cada deslocamento deve cobrir a camada a uma taxa de:

Velocidade da pavimentadora × número de deslocamentos + distância de manobra

Distância total dos rolos necessária para corresponder à velocidade da pavimentadora

9 × 29 ft/min × 1,15 (não prod.) × 60 min/hr = 18.009 ft/hr

Velocidade média do rolo

$$\frac{18.009 \text{ ft/hr}}{\text{hora de 50 min}} = 360 \text{ ft/min ou 4,1 mph}$$

Velocidade, 4,1 × 1,1 = 4,5 mi/h.

Essa velocidade é maior do que a restrição de velocidade para a compactação efetiva de 2-3 mi/h para rolagem inicial (*breakdown*) com rolos compactadores de tambor de aço. Assim, mais de um rolo será necessário. Neste exemplo, dois rolos permitiriam a operação a 3 mi/h.

Outra solução seria usar um rolo compactador com largura do tambor igual ou maior do que 84 polegadas.

Largura efetiva do rolo, 84 polegadas − 6 polegadas (sobreposição) = 78 polegadas
Número de deslocamentos: Primeiro deslocamento 84 polegadas; 156 − 84 = 72 polegadas remanescentes

Deslocamentos adicionais

$$\frac{72 \text{ in}}{78 \text{ in}} = 0{,}9$$

O uso desse rolo reduziria o número de deslocamentos para 2 e, logo, o número de deslocamentos = 2 deslocamentos/passada × passadas sobre cada área da camada + 1 deslocamentos para ficar à frente da nova zona de rolagem = 7 deslocamentos.

7 deslocamentos × 29 ft/min × 1,15 (não prod.) × 60 min/hora = 14.007 ft/hora

Velocidade média do rolo

$$\frac{14.007 \text{ ft/hr}}{\text{hora de } 50} = 280 \text{ ft/min ou } 3{,}2 \text{ mph}$$

Velocidade, 3,2 × 1,1 = 3,5 mi/h. Dois rolos são necessários para não superar 3 mi/h.

SEGURANÇA

O asfalto líquido gera vapores tóxicos que podem causar doenças da pele e oculares e irritação do trato respiratório. O National Institute for Occupational Safety and Health (NIOSH) tem avaliado tecnologias desenvolvidas pela indústria do asfalto para controlar a exposição a esses vapores durante operações de pavimentação. O envolvimento do NIOSH foi solicitado pela National Asphalt Pavement Association (NAPA). Os pesquisadores do NIOSH têm auxiliado os fabricantes de equipamentos de asfalto a reformular seus esforços para reduzir emissões. Os resultados preliminares sugerem que esses sistemas de controle vão capturar uma parcela significativa dos vapores de asfalto gerados durante o processo de pavimentação. O NIOSH publicou o primeiro desses resultados em um documento intitulado *Engineering Control Guidelines for Hot Mix Asphalt Pavers, Part 1 New Highway-Class Pavers* (DHHS [NIOSH] Publication No. 97–105) [10]. Atualmente, não existem normas da OSHA específicas para vapores de asfalto.

O pessoal que trabalha em torno de usinas de asfalto precisa ser treinado e conscientizado sobre segurança [11]. A presença de combustível de queimadores para secadores, asfalto líquido e o óleo quente do sistema de transferência de calor criam o potencial de um incêndio grave. Chamas abertas e fumo devem ser proibidos na área da usina. Todas as tubulações de combustível, asfalto e óleo devem ter válvulas de controle que possam ser ativadas de uma distância segura. Os tubos de asfalto e óleo quente devem ser inspecionados regularmente para evitar vazamentos.

Além do potencial de incêndios, muitas das peças mecânicas são bastante quentes. Elas podem causar queimaduras graves se um indivíduo entrar em contato com elas. O sistema mecânico para mover os agregados, com suas correias, rodas dentadas e correntes, representa um risco para quem ficar preso entre as peças móveis do sistema. Todas essas peças devem ser cobertas e protegidas, mas elas ainda precisam de manutenção. O serviço de manutenção deve ser realizado somente quando a usina estiver totalmente desativada. O operador da usina deve ser informado de que há pessoal trabalhando nela e o interruptor de travamento deve ser lacrado. Em um projeto de pavimentação asfáltica de 1997 no sudoeste dos EUA, um funcionário de manutenção morreu quando o misturador pugmill foi ativado.

Mesmo durante o espalhamento, a mistura ainda é muito quente, e o contato direto com ela pode causar queimaduras graves. Além disso, caminhões se deslocando em marcha à ré até a pavimentadora têm visibilidade traseira limitada. A equipe deve ser conscientizada sobre esses riscos regulamente e receber os equipamentos de segurança necessários.

A pavimentação em zonas de trabalho próximas ao trânsito ativo oferecem riscos significativos a equipes de trabalho e ao público em geral. As zonas de trabalho devem estar em conformidade com a Parte VI do *Manual on Uniform Traffic Control Devices* (MUTCD). O MUTCD estabelece normas e princípios básicos para garantir a movimentação segura do trânsito através de zonas de trabalho de construção em rodovias. Em 2007, ocorreram cerca de 850 mortes em zonas de trabalho nos EUA, incluindo cerca de 150 mortes de trabalhadores da construção. O índice de mortalidade dos trabalhadores da construção em autoestradas é duas vezes maior do que o índice para os trabalhadores de outras atividades de construção.

RESUMO

As misturas de asfalto oferecem bastante flexibilidade para a construção de pavimentos adaptados aos requisitos da situação local. Os processos de seleção de materiais, produção e construção variam com o tipo de aplicação. A carga aplicada a um pavimento asfáltico é suportada principalmente pelos agregados presentes na mistura. A porção de agregados da mistura representa 95% do peso do material. Agregados de alta qualidade e sua granulometria apropriada são essenciais para o desempenho da mistura.

O asfalto misturado a quente é produzido em uma usina central e transportado em caminhões até o local da pavimentação. Uma pavimentadora de asfalto é composta de uma unidade tratora e uma mesa traseira. Um par de braços de reboque, ligados à unidade tratora por pinos, puxam a mesa atrás do trator. A mesa controla a largura e profundidade do lançamento do asfalto e transmite o acabamento inicial e a compactação ao material misturado a quente.

Os pavimentos asfálticos são projetados para serem compactados até uma densidade específica. Três tipos de rolos básicos são utilizados para compactar misturas de pavimentação asfáltica: rolo compactador com tambor liso de aço, rolos compactadores pneumáticos e rolo compactador vibratório com tambor liso de aço. Os objetivos críticos de aprendizagem incluem:

- O entendimento dos materiais asfálticos
- O entendimento do processo de mistura e os elementos das usinas de produção por batelada (gravimétricas) e de produção contínua (*drum-mixer*)
- O entendimento dos equipamentos necessários para operações de pavimentação asfáltica
- A capacidade de calcular a cobertura ou quantidade de materiais para imprimações, pinturas de ligação ou capas selantes
- A capacidade, baseada na velocidade da pavimentadora, de calcular a produção necessária da usina
- A capacidade, baseada na velocidade da pavimentadora, de calcular a capacidade necessária dos rolos

Esses objetivos servem de base para os problemas a seguir.

PROBLEMAS

15.1 Em uma tabela, forneça as diferenças entre usinas de produção por batelada (gravimétricas) e de produção contínua (*drum-mixer*) com referência aos seguintes atributos: câmara misturadora, mistura de agregados, controle de umidade, mobilidade, controle de graduação (granulometria), taxa de produção.

15.2 Um espargidor (distribuidor) de asfalto com barra pulverizadora de 8 ft de comprimento será usado para aplicar uma imprimação a uma taxa de aplicação residual de 0,3 gal/sy. A estrada a ser pavimentada tem 16 ft de largura e 2.200 ft de comprimento. Quantos galões de cimento líquido serão necessários? Quantos galões de emulsão de imprimação serão necessários se a mistura for de 66% asfalto líquido e de 34% emulsão?

15.3 Um espargidor (distribuidor) de asfalto com barra pulverizadora de 12 ft de comprimento será usado para aplicar uma pintura de ligação a uma taxa de aplicação residual de 0,05 gal/sy. A estrada a ser pavimentada tem 24 ft de largura e 2 milhas de comprimento. Quantos galões de cimento líquido serão necessários para a ligação? Quantos galões de emulsão de ligação serão necessários se a mistura for de 70% asfalto líquido e de 30% emulsão?

15.4 Uma usina de asfalto produz 300 tph. Um projeto exige a pavimentação de pistas de 10 ft individuais com espessura de camada de 1,5 polegadas, o que corresponde a uma média de 115 lb/sy-polegada. Que velocidade média de pavimentadora será correspondente à produção da usina? Quanto caminhões basculantes de 20 toneladas serão necessários se o tempo de ciclo de transporte total for de 40 minutos?

15.5 Uma usina de asfalto produz 240 tph. Um projeto exige a pavimentação de pistas de 12 ft individuais com espessura de camada de 1 polegadas, o que corresponde a uma média de 112 lb/sy-polegada. Que velocidade média de pavimentadora será correspondente à produção da usina? Quanto caminhões basculantes de 20 toneladas serão necessários se o tempo de ciclo de transporte total for de 30 minutos?

15.6 Uma usina de asfalto produz 360 tph. Um projeto exige a pavimentação de pistas de 11,5 ft individuais com espessura de camada de 2 polegadas, o que corresponde a uma média de 110 lb/sy-polegada. Que velocidade média de pavimentadora será correspondente à produção da usina? Os limites de carga da estrada de serviço são de 15 toneladas por caminhão basculante. Quantos caminhões serão necessários se o tempo de ciclo de transporte total for de 5 minutos?

15.7 Refaça o Problema 15.6 com uma estrada de serviço mais longa que permita cargas de 20 toneladas com tempo de ciclo de 1 hora e 10 minutos.

15.8 Uma usina de asfalto produzirá 300 tph para um projeto de autoestrada. A camada terá 12 ft de largura, 2 polegadas de espessura e densidade de 110 lb/sy-polegada. Um rolo vibratório com tambor de 84 polegadas de largura será utilizado para a compactação. Suponha um fator de eficiência equivalente a uma hora de 55 minutos para o rolo. A sobreposição entre as voltas adjacentes e bordas sobrepostas será de, no mínimo, 6 polegadas. Estima-se que o percurso não produtivo adicionará cerca de 15% ao percurso total. Em uma camada de teste, foram necessários três passadas com o rolo para alcançar a densidade desejada. Para levar em conta a aceleração e desaceleração nas mudanças de direção, adicione 10% à velocidade média do rolo para calcular uma velocidade. No caso de se desejar manter a velocidade de rolagem abaixo de 3 mi/h, quantos rolos serão necessários para esse projeto?

15.9 Uma usina produzirá 350 tph para um projeto de autoestrada. A camada terá 12 ft de largura, 1,5 polegadas de espessura e densidade de 112 lb/sy-polegada. Um rolo vibratório com tambor de 60 polegadas de largura será utilizado para a compactação. Suponha um fator de eficiência equivalente a uma hora de 55 minutos para o rolo. A sobreposição entre as voltas adjacentes e bordas sobrepostas será de, no mínimo, 6 polegadas. Estima-se que o percurso não produtivo adicionará cerca de 15% ao percurso total. Em uma camada de teste, foram necessários três passadas com o rolo para alcançar a densidade desejada. Para levar em conta a aceleração e desaceleração nas mudanças de direção, adicione 10% à velocidade média do rolo para calcular uma velocidade. Qual a velocidade necessária do rolo caso apenas um rolo esteja disponível para o projeto?

15.10 Asfalto diluído é uma mistura de cimento asfáltico e:
a. Água
b. Agregados
c. Um volátil

15.11 Os pavimentos de asfalto:
a. Não devem conter vazios de ar
b. Devem conter alguns vazios de ar
c. Devem conter o máximo de vazios de ar quanto possível

15.12 Pesquise as especificações do asfalto de mistura a quente em sua área e informe o grau de PG especificado.

FONTES DE CONSULTA

Kandhal, K. and Cooley, L., Jr. (2002), "The Restricted Zone in the SuperPave Aggregate Gradation Specification," *NCHRP Report 464*, Transportation Research Board, Washington, D.C.

ASTM Committee D4867 / D4867M – 04, "Standard Test Method for Effect of Moisture on Asphalt Concrete Paving Mixtures," *Annual Book of ASTM Standards*, Vol. 04.02 (published annually).

AASHTO M 20, "Standard Specification for Penetration-Graded Asphalt Cement," American Association of State Highway and Transportation Officials, Washington, DC 20001.

AASHTO M 226, "Standard Specification for Viscosity-Graded Asphalt Cement," American Association of State Highway and Transportation Officials, Washington, DC 20001.

ASTM Committee D977 – 05, "Standard Specification for Emulsified Asphalt," *Annual Book of ASTM Standards*, Vol. 04.02 (published annually).

Hanson, Kent (2006). "Slim and Trim," *Roads & Bridges*, February, Volume 2, Number 1.

Kearney, E. (2006). "Oscillatory Compaction of Hot-Mix Asphalt," *Transportation Research E-Circular*, E-C105, Transportation Research Board, Washington, D.C., pages 49–53, September 2006.

Schmitt, R.L, H.U. Bahia, C. Johnson, and A. Hanz (2009). "Effects of Temperature and Compaction Effort on Field and Lab Densification of HMA," *Journal of the Association of Asphalt Paving Technologists 2009*, St. Paul, MN.

Scherocman, J. (2006). "Compaction of Stiff and Tender Asphalt Concrete Mixes," *Transportation Research E-Circular*, E-C105, Transportation Research Board, Washington, D.C., pp. 69–83, September 2006.

NIOSH (1997). *Engineering Control Guidelines for Hot Mix Asphalt Pavers, Part 1 New Highway-Class Pavers* (DHHS [NIOSH] Publication No. 97–105), National Institute for Occupational Safety and Health, Cincinnati, OH, April. Second printing with minor technical changes. (1997 is latest publication)

Construction of Hot Mix Asphalt Pavements (MS-22) 2nd ed. (2001). Asphalt Institute, Lexington, Ky.

FONTES DE CONSULTA NA INTERNET

http://www.asphaltinstitute.org O Asphalt Institute é uma associação de produtores, fabricantes e organizações associadas ao asfalto de petróleo. A missão do instituto é promover o uso, benefícios e desempenho de qualidade do asfalto de petróleo por meio de atividades de engenharia, pesquisa e educação.

http://www.asphaltalliance.com A Asphalt Pavement Alliance é uma coalizão forma pelo Asphalt Institute, a National Asphalt Pavement Association e a State Asphalt Pavement Association. A aliança se dedica a melhorar as rodovias americanas por meio de programas de educação, desenvolvimento de tecnologias e transferências tecnológicas em temas relativos a pavimentos asfálticos de mistura a quente.

http://www.asphalttechnology.org A Association of Asphalt Paving Technologists (AAPT) promove avanços técnicos no campo da pavimentação asfáltica.

http://www.aema.org A Asphalt Emulsion Manufacturers Association é uma associação do setor que promove o uso e aplicação de emulsões de asfalto.

http://www.hotmix.org A National Asphalt Pavement Association (NAPA) é uma associação nacional que representa o setor de asfalto de mistura a quente.

http://www.astecinc.com A Astec Inc. é um fabricante de usinas de asfalto de mistura a quente.

http://www.gencor.com A Gencor, Inc. é um fabricante de usinas de asfalto de mistura a quente.

http://www.cmicorp.com A CMI Terex Corporation é uma grande fornecedora de equipamento de pavimentação e de produção de pavimentos.

http://www.roadtec.com A Roadtec é um fabricante de niveladores a frio, pavimentadoras de asfalto e veículos de transferência de material. A Roadtec está afiliada à Astec.

http://www.dynapac.com A Dynapac é um fabricante de equipamentos de pavimentação e compactação.

http://www.bomag.com A Bomag é um fabricante de equipamentos de usinagem, pavimentação e compactação.

http://www.intelligentcompaction.com Um site de compartilhamento do setor dedicado à compreensão e promoção da tecnologia de Compactação Inteligente. O site apresenta uma lista de projetos de demonstração.

16

Concreto e equipamentos para produção de concreto

O concreto consiste em cimento Portland, água e agregados, que são misturados entre si nas proporções corretas e então deixados para curar (secar, "dar pega") e adquirir resistência. Há dois tipos de operações para mistura do concreto: (1) o concreto misturado em trânsito e (2) o concreto misturado na própria central. A menos que o projeto seja em um local remoto ou relativamente grande, ele é preparado em uma central de concreto e transportado ao canteiro de obras em caminhões-betoneiras. O concreto preparado em central é dosado completamente em um misturador estacionário e transportado até o canteiro de obras em um caminhão agitador, um caminhão betoneira funcionando na velocidade de agitação ou um caminhão basculante comum. Vários equipamentos e técnicas são empregados para lançar o concreto, desde simples ferramentas manuais a pavimentadoras motorizadas e com trilhos.

INTRODUÇÃO

Na construção do Canal Bávio em 690 a.C., os assírios usaram uma mistura de uma parte de cal, duas de areia e quatro de agregado calcário para criar um concreto bruto. Em 1824 Joseph Aspdin patenteou o cimento "Portland" na Inglaterra. Ele o chamou de Portland porque sua cor lembrava a do calcário da Ilha de Portland, no Canal da Mancha. Essa patente marcou o início do concreto que conhecemos atualmente. Seu cimento artificial consistia de calcário e argila queimados a temperaturas superiores a 2.700°F. O concreto se tornou amplamente utilizado na Europa no final do século XIX e logo depois, mas ainda no mesmo século, fo trazido para os Estados Unidos. Seu uso continuou a se difundir rapidamente com o acúmulo de conhecimentos e experiências.

O concreto de cimento Portland é um dos materiais estruturais mais utilizados no mundo inteiro, tanto em obras de engenharia civil como na construção de edificações (veja a Figura 16.1). Sua versatilidade, economia, adaptabilidade, disponibilidade universal e – acima de tudo – sua baixa necessidade de manutenção o tornam um excelente material de construção. A denominação "concreto" é aplicável a muitos produtos, mas em geral se refere ao concreto de cimento Portland. Ele consiste de cimento Portland, água e agregados que foram misturados, lançados em formas, adensados e deixados solidificar. A união do cimento Portland com a água forma a pasta (ou nata) de cimento, que age como adesivo ou ligante. Quando se coloca o

FIGURA 16.1 Arco de concreto para a ponte da Barragem Hoover (antiga Barragem de Boulder).
Fotografia de C.J. Schexnayder III

agregado miúdo (agregado cujas partículas variam, em tamanho, entre aquelas que passam por uma peneira de metal nº 200, mas são retidos por uma peneira nº 4), a mistura resultante passa a ser chamada de argamassa ou massa. Depois, quando se insere o agregado graúdo (cujas partículas não passam na peneira nº 4, mas não têm mais de 3 polegadas), temos o concreto propriamente dito. O concreto normal consiste em cerca de três quartos de agregado e um quarto de pasta ou nata por volume. A nata de cimento em geral tem uma proporção (fator) água/cimento (a/c) entre 0,4 e 0,7 (por peso). Além disso, às vezes são adicionados aditivos para fins específicos, como para melhorar sua trabalhabilidade, colori-lo, retardar sua secagem inicial (ou seja, para que se possa transportá-lo por uma longa distância), acelerar sua pega (endurecimento inicial) e aumentar sua resistência inicial (no caso dos componentes de concreto armado pós-tracionados), melhorar sua fluidez (por exemplo, para o concreto autoadensável – CAA) e para torná-lo mais impermeável.

As operações envolvidas na produção do concreto variam conforme o uso ao qual ele se destina, mas, em geral, incluem:

1. Dosagem dos materiais
2. Mistura
3. Transporte
4. Lançamento
5. Adensamento
6. Acabamento
7. Cura

CONCRETO

Para que o concreto tenha um bom desempenho, sua mistura deve ser bem proporcionada. O American Concrete Institute (ACI) oferece uma lista de boas práticas, inclusive uma recomendação sobre a proporção das misturas de concreto [2]. A explicação detalhada do que seria uma boa proporção para a mistura do concreto foge ao escopo deste texto, mas podemos citar algumas considerações práticas:

1. Embora seja necessária a presença de água para o início da reação hidráulica, como regra geral, quanto maior for a proporção (fator) água/cimento, menor será a resistência característica à compressão ("fck") e durabilidade do concreto resultante.
2. Quanto mais água for utilizada (o que não deve ser confundido com o fator água/cimento), maior será o abatimento (*"slump"*).
3. Quanto mais agregado for empregado, menor será o custo do concreto.
4. Quanto maior for o tamanho máximo do agregado graúdo, menor será a quantidade de pasta (ou nata) de cimento necessária para cobrir todas as partículas e oferecer a trabalhabilidade desejada.
5. O adensamento adequado produz um concreto mais forte e mais durável.
6. O uso do ar bem incorporado melhora quase todas as propriedades do concreto e não afeta (ou afeta pouco) sua resistência se a proporção da mistura for ajustada para a inclusão do ar.
7. A resistência do concreto à abrasão superficial é quase que unicamente uma função das propriedades do agregado fino.

O CONCRETO FRESCO

Para o projetista, normalmente o concreto fresco é de pouca importância. Já para o construtor, isso é fundamental, porque é o concreto fresco que será misturado, transportado, lançado, adensado, acabado (alisado) e curado. Para satisfazer tanto ao projetista quanto ao construtor, o concreto deve:

1. Ser corretamente dosado, misturado e transportado.

lote (*batch*)
A quantidade de concreto produzida em uma operação de dosagem e mistura.

2. Apresentar o mínimo de variações, seja em um mesmo **lote**, seja entre lotes.
3. Ter a trabalhabilidade adequada para apresentar um bom adensamento, evitar a segregação, preencher completamente as formas e alcançar o acabamento apropriado.

A trabalhabilidade é uma característica difícil de definir. Assim como os adjetivos "quente" ou "frio", a trabalhabilidade depende de cada situação. Uma das medidas da trabalhabilidade é o abatimento (*slump*), que é um valor "pseudomensurável" baseado no ensaio padronizado de abatimento de tronco de cone (*slump test*) da American Society for Testing and Materials (ASTM C143) [8]. Nesse teste, o concreto recém misturado é colocado em um cone de prova oco com diâmetro de 4 in no topo, diâmetro de 8 in na base e altura de 12 in. Após o preenchimento do cone e o adensamento do concreto (de acordo com um procedimento estabelecido), retira-se o cone e deixa-se que o concreto fresco "abata". O nível de abatimento (o *slump*, ou seja, o quanto o concreto abaixa) é medido em polegadas ou milímetros em relação a

TABELA 16.1 Abatimentos recomendados para vários tipos de concreto para a construção civil (ACI 211.1)[1]

Tipo de construção	Abatimento ou slump (in)	
	Máximo	Mínimo
Muros de fundações e sapatas (de concreto armado)	3	1
Sapatas, tubulões e muros de substrutura (de concreto massa)	3	1
Vigas e muros (de concreto armado)	4	1
Pilares de edificações	4	1
Pavimentos e lajes	3	1
Concreto massa em geral	2	1

A medição do abatimento (*slump*)

12 in

sua altura original de 12 in, com o concreto mais duro tendo abatimento zero e o concreto mais fluido tendo abatimento superior a 8 in. Embora o ensaio de abatimento meça apenas um dos atributos da trabalhabilidade (a capacidade que o concretofresco tem de fluir, que passaremos a chamar de adensamento), ele oferece a medida mais comum. A trabalhabilidade também será discutida neste capítulo na seção Pavimentos de Concreto. A Tabela 16.1 apresenta os abatimentos recomendados para vários tipos de concreto para a construção civil [1].

A DOSAGEM DOS MATERIAIS DO CONCRETO

A maioria das misturas de concreto, embora sejam estabelecidas com base nos volumes absolutos dos ingredientes, é, em última análise, controlada com base no peso dos materiais. Portanto, é necessário conhecer as relações peso/volume de todos os ingredientes. A seguir, cada um dos ingredientes deve ser pesado com cuidado, para que a mistura resultante tenha as propriedades desejadas. A função do equipamento de mistura é fazer essa medição de peso.

O cimento

Na maioria dos grandes projetos, o cimento é fornecido a granel e transportado por caminhões, cada um carregando 25 toneladas ou mais, ou vagões de trem. O cimento não ensacado em geral é descarregado por pressão do ar de caçambas de caminhão ou vagões de trem especiais e colocado em silos ou depósitos acima do nível do solo. O cimento também pode ser fornecido em sacos de papel, cada um contendo o equivalente a cerca de um pé cúbico e tendo o peso líquido de 94 libras. O cimento em saco deve ser armazenado em um local seco, sobre paletes (*pallets*), e deve ser mantido em seus sacos originais à prova de umidade até que seja usando para o preparo do concreto. Existem cinco tipos principais de cimento, cada um com propriedades especiais para o controle da taxa de endurecimento ou inibição da reação química.

1. O Tipo I é um cimento para uso geral, geralmente destinado ao concreto que não estará sujeito ao ataque de sulfatos.
2. O Tipo II é um cimento modificado para resistir ao ataque moderado de sulfatos.

3. O Tipo III é um cimento de alta resistência inicial. Ele produz a resistência de projeto em no máximo sete dias.
4. O Tipo IV é um cimento especial, com baixo calor de hidratação. Sua resistência se desenvolve a uma velocidade inferior.
5. O Tipo V é um cimento resistente a sulfatos; sua resistência de projeto é alcançada em 60 dias.

Para mais detalhes, consulte a norma norte-americana ASTM C150–07, "Standard Specification for Portland Cement" [10].*

A água

A água que é misturada ao cimento para formar uma pasta ou nata e produzir a hidratação deve ser livre de qualquer material estranho. A presença de matéria orgânica ou óleo pode inibir a ligação entre o cimento hidratado e os agregados. Além disso, muitos álcalis e ácidos reagem quimicamente com o cimento e retardam a **hidratação** normal. O resultado é uma nata enfraquecida, e a substância contaminante provavelmente contribuirá para a deterioração ou a avaria estrutural do concreto final. As propriedades exigidas da água utilizada incluem ser limpa e isenta de matéria orgânica, álcalis, ácidos e óleos. Em geral, a água que é própria para o consumo humano é aquela que pode ser empregada no concreto.

hidratação
No concreto, é a reação química entre o cimento e a água. As características dessa reação são uma mudança na matéria (trata-se de uma reação química), no nível de energia e na velocidade de reação.

Os agregados

Para a produção de concreto de alta qualidade, os agregados devem ser limpos, duros, resistentes, duráveis e granulares. Eles também devem ser resistentes à abrasão causada pelo intemperismo e ao atrito. As partículas de agregado frágeis, friáveis ou laminadas ou os agregados que forem absorventes demais, provavelmente farão com que o concreto se deteriore.

Os aditivos

Os aditivos são os ingredientes da mistura do concreto além do cimento Portland, da água e dos agregados e que afetam sua trabalhabilidade, durabilidade e economia. As principais funções dos aditivos são a incorporação do ar, a redução da água, a retardamento ou aceleração do endurecimento e a modificação da plasticidade da mistura do concreto [veja, em particular, o item 9 das Fontes de consulta na Internet, no fim do capítulo (www.cement.org/basics/concrete basics_chemical.asp)].

Os aditivos incorporadores de ar criam bolhas de ar microscópicas para a redução da pressão interna quando a água que está dentro do concreto endurecido se expande com o congelamento. Os aditivos redutores de água diminuem o teor de umidade necessário em cerca de 5 a 10% a fim de aumentar a resistência do concreto e criar uma velocidade de pega mais consistente. Já os aditivos retardadores diminuem o tempo de pega do concreto e são muito úteis para controlar o efeito

---

* N. de R.T.: No Brasil, de acordo com a ABCP, existem oito tipos de cimento. Para mais informações, ver o site http://www.abcp.org.br/conteudo/basico-sobre-cimento/tipos/a-versatilidade-do-cimento-brasileiro#.VOoMJcB0yM8.

acelerador do clima quente. Os aditivos aceleradores aumentam a velocidade do desenvolvimento da resistência inicial e reduzem o tempo necessário para a cura e proteção adequada. Os plastificantes são adicionados aos concretos com abatimento e fator água/cimento entre baixos e normais, para criar um material com abatimento alto.

As pozolanas são aditivos minerais que substituem um percentual do cimento Portland da mistura. Elas melhoram as propriedades do concreto e os aspectos econômicos da mistura. Sabe-se que os antigos romanos usavam as cinzas volantes vulcânicas para criar seu concreto. Esse foi provavelmente o primeiro uso das pozolanas. Hoje as pozolanas mais comuns incluem a sílica ativa (microssílica), a escória de alto forno e as cinzas volantes de usinas termoelétricas a carvão mineral. As cinzas volantes são comprovadamente excelentes aditivos minerais para o concreto de cimento Portland, pois melhoram quase todas as propriedades do concreto. Até cerca de 30% do cimento Portland da mistura pode ser substituído por cinzas volantes, produzindo um concreto mais resistente, menos permeável e mais duradouro.

O teor de umidade Para a determinação das proporções da mistura, o agregado deve estar em uma condição de saturado superfíciel seca ou deve-se fazer um ajuste no fator água/cimento a fim de compensar a diferente quantidade de água contida no agregado.

Proporções da mistura do concreto

As especificações da mistura do concreto, também chamada de traço ou dosagem da mistura, definirão exigências específicas para os materiais que constituem o produto final desejado. Entre as exigências típicas temos:

1. Tamanho (dimensão) máximo do agregado (por exemplo, em polegadas ou milímetros)
2. Consumo de cimento mínimo (sacos por jarda cúbica ou libras por jarda cúbica)
3. O fator água/cimento máximo (por peso ou por litros de água por saco de cimento)

No cálculo das quantidades de material de uma mistura de concreto, esses são os fatores e as informações úteis:

1. A densidade relativa média do cimento é 3,15.
2. A densidade relativa média dos agregados graúdos ou miúdos é 2,65.
3. O peso específico da água é 62,4 libras por pé cúbico.
4. Um pé cúbico de água equivale a 7,48 galões norte-americanos.
5. Um galão de água pesa 8,33 libras.
6. Em geral, a proporção de agregado miúdo varia entre 25 e 45% do total do volume de agregados.

O volume absoluto de todos os ingredientes, em pés cúbicos, é expresso por:

$$\text{Volume (em pés cúbicos)} = \frac{\text{Peso do ingrediente (lb)}}{\text{Densidade relativa do ingrediente} \times 62{,}4 \text{ lb/ft}^3} \quad [16.1]$$

O Exemplo 16.1 ilustra um método de cálculo das quantidades de cimento, agregado e água.

EXEMPLO 16.1

Determine as quantidades de materiais necessárias, por jarda cúbica, para criar uma dosagem de concreto. As especificações determinam que o tamanho máximo do agregado seja $1\frac{1}{2}$ in e exigem um consumo de cimento mínimo de seis sacos por jarda cúbica e um fator água/cimento de 0,65, com 6% de vazios com ar.

6 sacos × 94 libras/saco = 564 libras de cimento por jarda cúbica de concreto

$$\text{Volume do cimento} = \frac{564 \text{ libras/jarda cúbica}}{3,15 \times 62,4 \text{ libra/pé cúbico}} = \frac{2,87 \text{ pés cúbicos de cimento}}{\text{por jarda cúbica de concreto}}$$

Água por jarda cúbica: 564 libras × 0,65 = 366,6 libras

$$\text{Volume da água} = \frac{366,6 \text{ libras/jarda cúbica}}{1,0 \times 62,4 \text{ libra/pé cúbico}} = 5,88 \text{ pés cúbicos/jarda júbica}$$

Volume do ar = 27,0 pés cúbicos/jarda cúbica × 0,06 = 1,62 pés cúbicos/jarda cúbica

Volume dos agregados:

27,0 − 2,87 1 (cimento) − 5,88 (água) − 1,62 (ar) = 16,63 pés cúbicos/jarda cúbica

Volume da areia: considerando 35% de agregados miúdos

0,35 × 16,63 pés cúbicos/jarda cúbica = 5,82 pés cúbicos/jarda cúbica

Peso dos agregados miúdos:

5,82 pés cúbicos/jarda cúbica × 2,65 × 62,4 libras/jarda cúbica = 962,4 libras/jarda cúbica

Volume dos agregados graúdos:

16,63 − 5,82 = 10,81 pés cúbicos/jarda cúbica

Peso dos agregados graúdos:

10,81 pés cúbicos/jarda cúbica × 2,65 × 62,4 libras/jarda cúbica = 1.787,5 libras/jarda cúbica

O controle da dosagem do concreto

Em geral, as especificações do concreto exigem que ele seja feito com agregados de pelo menos dois tamanhos (os agregados graúdos e os miúdos), mas podem ser exigidos até seis tamanhos de agregado. Os agregados de cada tamanho devem ser medidos com cuidado. Os agregados, a água, o cimento e aditivos (se forem empregados) são introduzidos em um misturador de concreto (betoneira) e misturados durante um período de tempo determinado, isto é até que todos os ingredientes sejam adequadamente mesclados. A maioria das usinas (centrais) de concreto modernas têm os dados de desempenho de suas betoneiras para mostrarem que podem misturar de modo adequado oito jardas cúbicas de concreto em um minuto.

Nos Estados Unidos, para controlar as dosagens de concreto, o Concrete Plant Manufacturers Bureau publica as normas Concrete Plant Standards (CPMB 100–07), que descrevem, em linhas gerais, as tolerâncias admissíveis para as usinas [12]. Os controles das dosagens são a parte do equipamento de mistura que oferecem o meio de controlar o dispositivo de dosagem de determinado material. Eles podem ser mecânicos, hidráulicos, pneumáticos, elétricos ou uma combinação destes. A Tabela 16.2 apresenta as tolerâncias admissíveis de acordo com a norma CPMB

TABELA 16.2 Tolerâncias típicas para a mistura do concreto (CPMB 100–07) [12]

Ingrediente	Cargas individuais e cumulativas com controle compensado pela tara	Cargas cumulativas sem controle compensado pela tara
Cimento e outros materiais cimentícios*	±1% do peso necessário dos materiais sendo pesados ou ±0,3% da capacidade da balança, o que for maior	±1% do peso necessário dos materiais sendo pesados ou ±0,3% da capacidade da balança, o que for maior
Agregados	±2% do peso necessário dos materiais sendo pesados ou ±0,3% da capacidade da balança, o que for maior	±1% do peso necessário dos materiais sendo pesados ou ±0,3% da capacidade da balança, o que for maior
Água	±1% do peso necessário dos materiais sendo pesados ou ±0,3% da capacidade da balança, o que for maior	
Aditivos	±3% do peso necessário dos materiais sendo pesados ou ±0,3% da capacidade da balança ou ± a taxa mínima de dosagem por 100 lb (45,4 kg) de cimento, o que for maior	±3% do peso necessário dos materiais sendo pesados ou ±0,3% da capacidade da balança ou ± a taxa mínima de dosagem por 100 lb (45,4 kg) de cimento aplicado a cada aditivo, o que for maior

*Outros materiais cimentícios incluem as cinzas volantes, a escória de alto forno granulada moída e outras pozolanas naturais ou artificiais.

100–07. As usinas de concreto podem ser de uma das três categorias: (1) manuais, (2) semi-automáticas e (3) totalmente automáticas.

Controles manuais A dosagem manual ocorre quando os dispositivos de dosagem são ativados manualmente, com a precisão da mistura dependendo da observação visual do operador de uma escala ou um indicador volumétrico. Esses controles podem ser ativados a mão ou por mecanismos pneumáticos, hidráulicos ou elétricos.

Controles semiautomáticos Quando é ativado por um ou mais mecanismos de partida, um controle de dosagem semiautomático começa com a operação de pesagem de cada material e para automaticamente quando o peso designado foi alcançado.

Controles automáticos Quando ativado por um único sinal de partida, um controle de dosagem automático começa a operação de pesagem de cada material e para automaticamente quando o peso designado de cada material foi alcançado e relacionado de maneira que:

1. O mecanismo de carregamento não pode ser acionado até que a balança tenha retornado ao zero.
2. O mecanismo de carregamento não pode ser acionado se o mecanismo de descarga estiver aberto.
3. O mecanismo de descarregamento não pode ser acionado se o mecanismo de carga estiver aberto.
4. O mecanismo de descarregamento não pode ser acionado até que o material indicado esteja dentro das tolerâncias aplicáveis.

A MISTURA DO CONCRETO

Há dois tipos de operação de mistura do concreto atualmente: (1) a mistura em trânsito e (2) a mistura na usina ou central (veja a Figura 16.2). Hoje, a menos que o

Capítulo 16 Concreto e equipamentos para produção de concreto

Uma usina (central) de concreto.

Um tambor misturador descarregando em um caminhão.

FIGURA 16.2

canteiro de obras esteja em um local remoto ou seja relativamente grande, os ingredientes são misturados em uma fábrica (uma usina de concreto) e transportados até o local da obra em caminhões-betoneiras (veja a Figura 16.3). Nos Estados Unidos, este tipo de concreto é controlado pela norma C94 [9] da ASTM e uma organização nacional (a National Ready Mixed Concrete Association [veja o item 8 das Fontes de consulta na Internet, ao final deste capítulo]) promove seu uso. Na cultura da construção civil europeia, o concreto empregado na construção de moradias e pequenas construções costuma ser produzido no canteiro de obras com o uso de betoneiras que variam em capacidade de equipamentos básicos (5 jardas cúbicas/hora) a máquinas grandes e avançadas, capazes de produzir 50 jardas cúbicas por hora.

FIGURA 16.3 Um caminhão betoneira lançando concreto.

AS TÉCNICAS DE MISTURA DO CONCRETO

A mistura *descontínua* (*intermitente*) deve ser diferenciada da mistura *contínua* (curso livre) ou de ação forçada, ao analisarmos a mistura do concreto e as betoneiras. Seja no canteiro de obras ou na usina, o concreto geralmente é misturado por lotes. Apenas para aplicações específicas a mistura é contínua, isto é, um fluxo contínuo de ingredientes de concreto é carregado em uma das extremidades da betoneira e um fluxo contínuo de concreto é descarregado na outra extremidade.

Em termos da técnica de mistura, todos os tipos e tamanhos de betoneira são classificados em *queda livre* ou *de ação forçada*. As betoneiras de queda livre (também chamadas de "betoneiras de gravidade") misturam o concreto erguendo os ingredientes com o auxílio de lâminas fixas dentro de um tambor rotatório e então derrubando o material pelo atrito decorrente da ação das lâminas sobre a mistura. Já as betoneiras de ação forçada misturam o concreto por meio do movimento rotatório rápido de pás dentro do tambor misturador. O tamanho de uma betoneira é medido por seu volume de produção. Os fabricantes geralmente classificam as betoneiras pelo volume nominal ou tamanho do tambor, e não pelo "volume total" ou "volume seco". O volume nominal é a capacidade de carga máxima, isto é, a produtividade da betoneira. Já o volume total da carga seca é o volume máximo dos ingredientes não misturados que o tambor pode receber. A capacidade de carga máxima costuma ser de dois terços a três quartos do volume total do tambor. Assim, uma betoneira de seis pés cúbicos, que produz até seis pés cúbicos de concreto fresco, geralmente terá um tambor com volume total de nove pés cúbicos. Os fabricantes muitas vezes também fornecem a medida do tambor em termos de capacidade de sacos de cimento (veja a Tabela 16.3).

A produção da betoneira é medida em pés cúbicos ou jardas cúbicas por hora, dependendo do tamanho do equipamento, e é determinada pelo tempo de ciclo da betoneira. O tempo de ciclo da betoneira é composto de: (1) tempo de carregamento, (2) tempo de mistura e (3) tempo de descarregamento. Levando tudo isso em consideração, a estimativa da produção de mistura das betoneiras de carga manual de queda livre costuma ser baseada em 40 ciclos por hora ou 1,5 minuto de tempo de ciclo total para betoneiras de até 15 pés cúbicos e 30 ciclos por hora ou 2,0 minutos de tempo de ciclo total, para as betoneiras maiores. No caso das betoneiras de carga manual de queda livre, o número de ciclos por hora cai para entre 15 e 25. Para betoneiras de ação forçada, use 20% de ciclos a mais, devido ao tempo de mistura ser inferior. O tempo de mistura real é mais complicado. As normas geralmente especificam os tempos de mistura mínimos exigidos, enquanto os fabricantes de equipamentos determinam os tempos efetivos de acordo com a intensidade de mistura que seus produtos conseguem atingir. Em betoneiras menores (do tipo que costuma ser utilizado em um canteiro de obras), o tempo de mistura provavelmente seja mais longo do que aquele

TABELA 16.3 Tamanhos usuais de betoneiras basculantes de queda livre

Capacidade da carga (ft^3)	Capacidade da carga (sacos de cimento)
4	$\frac{1}{2}$
6	$\frac{1}{2}$–1
9	1–1$\frac{1}{2}$
12	1$\frac{1}{2}$–2

das máquinas maiores e mais avançadas empregadas nas usinas de concreto. O tempo mínimo exigido para as usinas costuma ser de 30 segundos por carga.

As taxas de produção dos lotes são determinadas pelo tamanho dos lotes, o tempo necessário para misturar o lote e a eficácia da usina. A produção é expressa em:

$$\frac{\text{Produção de lotes}}{\text{(jardas cúbicas/hora)}} = \frac{\text{Tamanho do lote (em jardas cúbicas)} \times 60 \text{ min/h} \times \text{Eficácia}}{\text{Tempo do lote (min)}} \quad [16.2]$$

A eficácia depende dos métodos de operação da usina, da condição dos equipamentos e da administração A capacidade do elevador, esteira rolante ou tubulação para introduzir materiais no misturador (câmara misturadora) afeta a eficácia. Um lote não será produzido a menos que haja um caminhão previsto para chegar, e os tempos de ciclo variados dos caminhões têm impacto na produção de uma usina. O fator de eficácia pode variar de 50 a 90%, dependendo da operação particular e dos equipamentos. O exemplo 16.2 mostra a estimativa de uma produção de lotes.

EXEMPLO 16.2

Uma usina de concreto tem um misturador (câmara misturadora) de 12 jardas cúbicas e um tempo de ciclo de lote médio de 2,5 minutos. A eficácia da planta é 70%. Qual é a produção de lotes estimada em jardas cúbicas por hora?

$$\text{Produção (jardas cúbicas/hora)} = \frac{12 \text{ y}^3 \times 60 \text{ min/h} \times 0,7}{2,5 \text{ min}} = 201 \text{ y}^3/\text{h}$$

Betoneiras de queda livre (ou gravidade)

O tambor de uma betoneira de queda livre pode ser enchido e esvaziado modificando sua direção de giro, abrindo-o ou inclinando-o. A velocidade da rotação deve cuidadosamente seguir as instruções específicas do equipamento e não deve ser rápida demais a ponto de que a queda livre da mistura não seja interrompida pela força centrífuga. A mistura por queda livre é apropriada para concretos que não são rijos demais (em geral que tem pelo menos 2 in de abatimento), como aqueles que costumam ser empregados nos canteiros de obra de pequenas edificações. Os caminhões-betoneiras, que serão discutidos posteriormente, também usam a mistura por queda livre. Dois tipos comuns de betoneiras de queda livre são as betoneiras basculantes e as betoneiras reversíveis.

Betoneiras basculantes Estes equipamentos em geral são instalados em reboques ou são betoneiras portáteis de outra maneira e que têm tamanho pequeno ou médio e são usados como os principais equipamentos de mistura em pequenos canteiros de obras ou como equipamento de apoio em canteiros atendidos por uma usina de concreto. O tambor tem dois eixos: um ao redor do qual o tambor gira e outro que serve para mudar da posição de carregamento e mistura (com a abertura do tambor para cima) para a posição de descarga (com a abertura do tambor para baixo). Esta mudança de posição é feita manualmente por uma roda de despejo (ou manivela, nas betoneiras menores), e a rotação do tambor é elétrica, a gasolina ou diesel. Os tambores tradicionalmente são feitos de aço, mas no mercado já há tambores de polietileno – que são mais fáceis de limpar. A maioria das betoneiras é do tipo com despejo lateral, mas também são fabricados equipamentos com despejo frontal. O material costuma ser carregado manualmente e diretamente no tambor. Alguns equipamentos de carregamento manual e tamanho maior são dotados de um funil de enchimento reclinável. Após ser preenchido manualmente no nível do solo, o funil de enchimento é inclinado mecanicamente e descarrega o material no tambor. Uma caçamba mecânica manual embutida para facilitar o carregamento de agregados no depósito alimentador é opcional em alguns modelos. Os tamanhos comuns de betoneiras basculantes para uso em canteiros de obra são apresentados na Tabela 16.3; suas produções variam entre 2 e 12 jardas cúbicas por hora. As betoneiras maiores, da faixa entre 5 e 15 jardas cúbicas, são utilizadas em usinas de concreto, mas não são tão comuns.

Betoneiras reversíveis   O tambor de uma betoneira reversível (veja as Figuras 16.2 e 16.4) tem um eixo horizontal ao redor do qual ele roda. Há duas aberturas, uma em cada extremidade do tambor: uma para a colocação dos ingredientes, a outra para a descarga da mistura. Na posição de mistura, o tambor gira em uma direção, enquanto, para a descarga, a rotação é invertida. As betoneiras reversíveis de carregamento manual comuns são equipamentos de tamanho médio a grande instalados em um reboque com duas ou quatro rodas, para facilitar o transporte entre os canteiros de obra. A betoneira é dotada de um funil de enchimento reclinável (veja a Figura 16.4), similar àquele ocasionalmente encontrado em uma betoneira basculante ou com um funil de enchimento do tipo guindaste que sobe ou desce por um pequeno par de trilhos inclinados e que descarrega os ingredientes através de uma abertura na parte de baixo do tambor. Um reservatório mecânico embutido, para facilitar o carregamento de agregados no funil, é opcional em muitos modelos. Muitos modelos deste tipo de betoneira são equipados com um tanque de água e hidrômetro e, nos modelos maiores, também há a opção de um carregador de agregados embutido. Os equipamentos montados em reboques, com tambor entre 8 e 20 pés cúbicos, são utilizados para a produção do concreto no canteiro de obras, com produção, em geral, de 6 a 25 jardas cúbicas por hora. Já as betoneiras maiores, em geral com tambor de até 15 jardas cúbicas, costumam ser utilizadas em usinas de concreto com produção muito maior.

Betoneiras de ação forçada

As betoneiras de ação forçada, também chamadas betoneiras de eixo vertical misturam o concreto por meio do movimento rotatório rápido de pás (ou lâminas mistu-

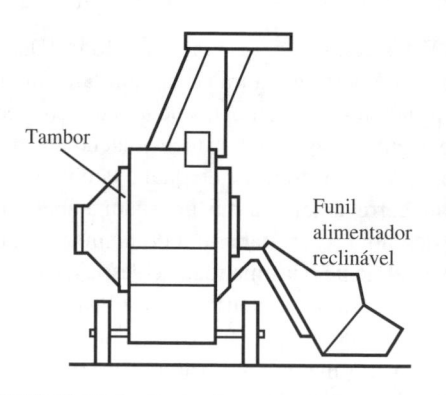

FIGURA 16.4   Betoneira reversível com reservatório e funil alimentador reclinável.

radoras) que se movem concêntrica ou excentricamente no tambor misturador. Para evitar que o concreto grude nas laterais e no fundo do tambor, uma das pás deve constantemente remover o concreto das laterais e do fundo e redirecioná-lo para o centro do equipamento. As pás são conectadas ao tambor por molas, para evitar que se quebrem com a ação intensiva de mistura. A mistura intensiva também acarreta o desgaste excessivo da superfície interna do tambor, algo que não acontece nas betoneiras de queda livre. Para suportar este desgaste, o interior do tambor é revestido de pequenas chapas facilmente substituíveis e feitas de materiais resistentes à abrasão (veja a Figura 16.5). Devido à sua mistura particularmente efetiva, as betoneiras de ação forçada exigem um tempo de mistura menor para a obtenção de um concreto homogêneo e de alta qualidade, o que resulta em uma produção mais elevada. A produção de uma betoneira com motor é 50 a 100% superior à de uma betoneira de queda livre de mesmo tamanho. As betoneiras de ação forçada também podem trabalhar com misturas extremamente secas, algo impossível nas betoneiras de queda livre. Em função dessas duas características, as betoneiras de ação forçada geralmente são o tipo preferido na Europa para a produção do concreto pré-misturado e são o tipo predominante também na indústria de elementos de concreto pré-moldados. Há uma grande variedade de tipos de betoneira com motor elétrico, mas elas costumam ser classificadas como betoneiras de cuba ou de calha.

Betoneiras de cuba As pás de uma betoneira de cuba (veja a Figura 16.6) são conectadas a um eixo vertical dentro do tambor em forma de panela. Nas *turbomisturadoras*, o eixo vertical é fixo e localizado no centro da betoneira. Há modelos nos quais (1) tanto o tambor como as pás giram em direções contrárias; (2) o tambor é estacionário, mas todas as pás giram na mesma direção; (3) o tambor é estacionário, mas as pás giram em direções contrárias. Nas *betoneiras planetárias*, o eixo vertical é giratório e localizado excentricamente ao tambor estacionário. Desta maneira, se consegue um movimento duplo das pás. Este movimento lembra aquele dos planetas ao redor do sol (e, portanto, o nome betoneira planetária), e a intensidade da mistura é aumentada. Nas *betoneiras de contracorrente*, o eixo vertical é fixo e localizado

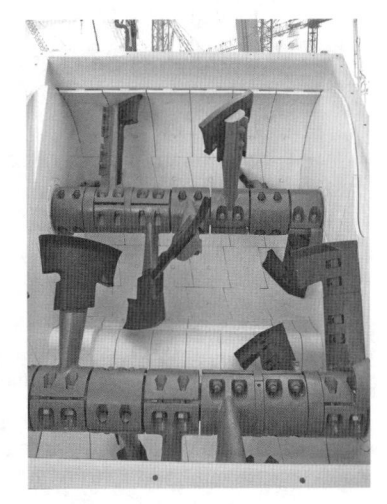

FIGURA 16.5 Vista interna de dois modelos betoneiras de calha com dois eixos.

FIGURA 16.6 Vista interna de uma grande betoneira cilíndrica.

excentricamente no tambor giratório; o tambor e as pás giram em direções contrárias. As *betoneiras de fluxo homogêneo* são idênticas às de *contracorrente*, exceto pelo movimento do tambor e das pás, que giram na mesma direção (embora trabalhem em velocidades diferentes). Também há várias combinações dessas betoneiras; por exemplo, a betoneira mostrada na Figura 16.6 tem pás centrais e planetárias girando em direções contrárias. Também existem betoneiras de cuba com eixos duplos. As betoneiras de cuba costumam ser fabricadas com tambores entre 1 e 5 jardas cúbicas e com produções de 50 a 300 jardas cúbicas por hora. O tamanho de uma betoneira grande pode chegar ao diâmetro de 17 pés, a altura de seu tambor, a 3 pés e a altura total, a 6 pés. Elas estão começando a surgir nos Estados Unidos.

Betoneiras de calha Estas são betoneiras motorizadas que têm um tambor em forma de calha (isto é, que lembra um barril deitado e cortado pela metade). As *betoneiras com apenas um eixo* têm um eixo horizontal ao qual as pás são conectadas em um arranjo espiral; em alguns modelos, braços misturadores em forma de onda substituem as pás (como vimos na Figura 16.5, que mostra uma betoneira com dois eixos). A combinação dos movimentos radial (giratório) e axial (horizontal) resultantes gera uma circulação tridimensional que aumenta ainda mais a intensidade da mistura e, portanto, resulta em tempos de mistura menores. Alguns modelos de betoneira com apenas um eixo são empregados em usinas de concreto como misturadores em esteiras de concreto; nelas o tambor sobe por um trilho inclinado durante a mistura e a descarga é conseguida inclinando-se o tambor no alto dos trilhos. Esta configuração em planta, possível apenas com uma betoneira de calha de eixo único, simplifica muito o transporte de materiais, agregados e cimento, uma vez que o carregamento do tambor é feito no nível do solo; como a elevação é feita ao mesmo tempo que a mistura, o tempo do ciclo total não é aumentado. As betoneiras de eixo único típicas

TABELA 16.4 Dimensões comuns de betoneiras do tipo de cuba com dois eixos

Capacidade do tambor (tamanho do lote em y³)	Comprimento do tambor (ft-in)	Comprimento total da betoneira (ft-in)	Largura (ft-in)	Altura do tambor (ft-in)	Altura total da betoneira (ft-in)
1	4–11	8–0	5–5	3–3	5–1
4	7–5	11–2	8–4	4–7	6–10
8	9–8	15–49	10–5	6–5	9–1
12	9–9	16–7	13–3	7–10	10–6

variam entre 2 e 10 jardas cúbicas. Também há *betoneiras com dois eixos* (veja a Figura 16.5), mas elas são empregadas apenas como máquinas estacionárias, com descarga por baixo. O tipo de mistura é similar àquele de uma betoneira de apenas um eixo, mas, devido ao elevado grau de turbulência desenvolvido na zona de interseção dos dois círculos misturadores, na verdade se consegue uma melhor homogeneidade na mistura. Além disso, devido ao desenho da betoneira com dois eixos e ao acúmulo da mistura entre os eixos, essas betoneiras estão sujeitas a um desgaste consideravelmente inferior ao das betoneiras de eixo único ou de cuba. Como um exemplo de tamanho e produção, a classificação de um fabricante das betoneiras com dois eixos é por tamanho de tambor – de 1 a 12 jardas cúbicas (1,5 a 17,5 jardas cúbicas de carga seca), com produções entre 60 e 500 jardas cúbicas por hora. As dimensões dos equipamentos pequenos, médios (os mais comuns) e os maiores desta linha são apresentados na Tabela 16.4.

CONCRETO USINADO (OU PRÉ-MISTURADO)

Cada vez mais, o concreto é misturado em uma usina e transportado ao cliente no estado fresco. A caçamba do caminhão betoneira deve girar entre 20 e 22 vezes por minuto, para um total de 100 revoluções [9, 15]. Após esse total, é utilizada uma rotação inferior (cerca de 2 rpm) para agitar a mistura e mantê-la homogênea e prevenir a perda do abatimento durante o transporte. Se a velocidade de giro do tambor se mantivesse alta demais, ela comprometeria a estabilidade do caminhão e tornaria difícil as manobras. Uma vez que o caminhão chega ao canteiro de obras, o motorista aciona novamente a função de "rpm rápidas" por um tempo mínimo de dois minutos, misturando a carga uma última vez antes do lançamento. Este tipo de concreto é chamado "concreto usinado", "concreto pré-misturado" ou "concreto misturado no caminhão". É óbvio que, para ser útil, o concreto pré-misturado deve estar disponível a uma distância razoável do canteiro de obras. Em locais remotos ou que exigem grandes quantidades de concreto, geralmente são instaladas usinas no próprio canteiro de obras.

Nos Estados Unidos, as especificações para a usina de concreto e os caminhões-betoneiras são tratadas em detalhes na norma ASTM C94 [9]. Uma questão particularmente importante é o tempo que passa entre a adição da água e o lançamento do concreto. A norma ASTM C94 permite o tempo máximo de uma hora ou o número máximo de 300 revoluções na betoneira (o que acontecer antes).

Os caminhões-betoneiras (veja as Figuras 16.3 e 16.7) podem ser de vários tamanhos, chegando a transportar até 20 jardas cúbicas de concreto (15 mil litros). Contudo, os tamanhos comuns são entre 8 e 12 jardas cúbicas, sendo 11 jardas cúbicas o mais popular. A maioria das betoneiras é do tipo que tem a descarga traseira (veja as Figuras 16.3, 16.7a e 16.9). Mas também há caminhões-betoneiras com *descarga frontal* (veja a Figura 16.8).

Devido a seu desenho e configuração, esses caminhões geram uma pressão inferior com seus pneus e, portanto, atendem às limitações de carga impostas em algumas rodovias e pontes. Embora sejam mais caros, os caminhões-betoneiras de descarga frontal têm outras vantagens: (1) a conveniência da aproximação pela frente até o local da descarga e o controle que o motorista tem, de dentro da cabina, da operação de descarga e (2) a rotação mais suave do tambor (sem vibrações) devido ao seu formato alongado e sua distribuição homogênea do peso, permitindo uma maior velocidade no trânsito, bem como maiores velocidades de rotação e descarga.

FIGURA 16.7 Um caminhão betoneira utilizado para o transporte de concreto pré-misturado (usinado).

FIGURA 16.8 Caminhão betoneira com descarga frontal.

FIGURA 16.9 Um caminhão betoneira de descarga traseira equipado com eixo extra.

Como solução alternativa para o cumprimento das restrições impostas pelas vias, as betoneiras (em geral as do tipo com descarga traseira, mas não somente elas) podem ser equipadas com um eixo extra dobrável e de acionamento hidráulico, para uma melhor distribuição do peso adicional (veja a Figura 16.9). Este eixo fica dobrado e erguido quando o caminhão não estiver carregado ou quando não houver restrições à carga máxima por pneu (veja a Figura 16.3).

Os caminhões-betoneiras não costumam ser utilizados pelas construtoras como parte de sua frota de equipamentos, mas são de propriedade das empresas que operam as usinas de concreto que abastecem as obras de construção. Ao se considerar o uso de concreto usinado e transportado ao canteiro de obras em caminhões grandes e pesados, é preciso prestar atenção às limitações de deslocamento na obra, tanto em termos do espaço necessário para manobras como do tipo de terreno. Ao planejar o lançamento do concreto, pode-se considerar uma velocidade de 1 a 1,5 jardas cúbicas por minuto. Na prática, contudo, o tempo para descarga costuma ser determinado pela velocidade com que o concreto é recebido pela lança, colocado nas formas ou pelo tempo de ciclo da caçamba do guindaste. Ou seja, raramente a velocidade de descarga máxima do caminhão betoneira é que define a velocidade de descarga real do concreto. Para aumentar sua independência e capacidade operacional, os caminhões-betoneiras podem ser dotados de uma bomba de concreto com lança (veja a Figura 16.10) ou uma esteira transportadora. Isso pode ser uma solução, por exemplo, para pequenas obras que exigem lançamentos individuais de quantidades de concreto inferiores às do volume da caçamba. O alcance típico das bombas de concreto com lança instaladas nos caminhões-betoneiras é de 55 a 90 pés; no caso das esteiras instaladas nos caminhões, é de 40 a 55 pés. As velocidades de bombeamento e transporte máximas são de 70 a 90 jardas cúbicas por hora.

Caminhões-betoneiras de todos os tipos usam a mistura por queda livre (por gravidade), e seus tambores sempre são do tipo reversível; ao contrário das betoneiras reversíveis, no entanto, o tambor tem apenas uma abertura, que serve tanto para carga como para descarga. Os caminhões-betoneiras são capazes de misturar completamente o concreto com cerca de 100 revoluções da caçamba. A velocidade inicial de mistura na usina deve ser entre 20 e 22 rpm, enquanto a velocidade de mistura durante o transporte não deve passar de 2 rpm. Esta velocidade de rotação durante o transporte geral-

FIGURA 16.10 Caminhão betoneira dotado de bomba de concreto com lança.

mente resulta no endurecimento da mistura, e a norma ASTM C94 permite a adição de água no canteiro de obras para restaurar o abatimento, que deve ser seguida de uma nova mistura. Isso tem acarretado problemas e levantado questões relativas à uniformidade do concreto usinado. A norma ACI 304 [2] recomenda que parte da água da mistura seja reservada até que o caminhão chegue à obra (especialmente se o clima estiver quente) e apenas então se adicione a água restante e se façam mais 30 revoluções para a mistura final. A fim de compensar qualquer endurecimento, pequenas quantidades de água extra são permitidas, desde que não se exceda o fator água/cimento especificado para aquela carga de concreto. As exigências de uniformidade do concreto usinado são apresentadas na Tabela 16.5. Para manter sua independência com relação à adição de água, tanto em trânsito quanto no canteiro de obras, os caminhões-betoneiras são equipados com um reservatório de água e um hidrômetro. O reservatório de água do caminhão geralmente tem capacidade de 100 a 200 galões. A água carregada também é utilizada para lavar o interior do tambor e as calhas de lançamento do caminhão após a descarga do concreto, com o auxílio de uma mangueira embutida.

O concreto usinado ou pré-misturado pode ser encomendado de diversas maneiras, como, por exemplo:

1. *Lote de concreto com traço estipulado.* O comprador assume a responsabilidade pela dosagem do concreto, inclusive a especificação do consumo de cimento, o teor de umidade máximo admissível, o percentual de ar e os aditivos necessários. Ele também pode especificar as quantidades e o tipo de agregados graúdos e miúdos, e mesmo a origem dos agregados. Neste tipo de contrato, o comprador assume toda a responsabilidade pela resistência e durabilidade resultantes do concreto, desde que as quantidades estipuladas sejam fornecidas conforme a especificação.

TABELA 16.5 Exigências de uniformidade para o concreto usinado (de acordo com a norma ASTM C94 [9])

Ensaio	Exigências expressas como diferença máxima admissível nos resultados dos ensaios com amostras coletadas de dois locais do lote de concreto
Peso por pé cúbico calculado com base na condição livre de ar	1,0 lb/ft^3 ou maior
Conteúdo de ar em termos de percentual no volume do concreto	1,0%
Abatimento (*slump*)	
Se o abatimento médio for 4 in ou menos	1,0 in
Se o abatimento médio for entre 4 e 6 in	1,5 in
Conteúdo de agregado graúdo (porção por peso retida por uma peneira n°4)	6%
Peso unitário de argamassa livre de ar com base na média de todas as amostras comparativas ensaiadas	1,6%
Resistência média à compressão após 7 dias para cada amostra, com base na resistência média de todos os espécimes comparativos de ensaios	7,5%

2. *Lote de concreto com propriedades estipuladas.* O comprador especifica as exigências de resistência e abatimento ou tipo de equipamento para o lançamento do concreto que deverá ser usado (por exemplo, uma bomba de concreto). O fornecedor assume total responsabilidade pelas dosagens dos vários ingredientes que vão no lote, bem como pela resistência e durabilidade resultantes do concreto.

3. *Lote de concreto com especificação parcial de propriedades e especificação parcial de traço.* O comprador geralmente especifica um consumo de cimento mínimo, os aditivos necessários e as exigências de resistência, deixando a cargo do fornecedor o cálculo da dosagem do concreto, mas de acordo com os condicionantes impostos. Neste caso, o fornecedor assume toda a responsabilidade pela resistência final do concreto.

Hoje a maioria dos compradores de concreto usa a terceira abordagem com especificação parcial das propriedades e especificação parcial do traço, uma vez que ela garante uma durabilidade mínima e, ao mesmo tempo, confere ao fornecedor do concreto usinado certa flexibilidade para fazer a mistura mais econômica possível.

O CONCRETO DOSADO EM CENTRAL

Este é o concreto misturado completamente em uma betoneira estacionária e transportado até a obra tanto em um caminhão agitador (veja a Figura 16.11), um caminhão misturador (veja as Figuras 16.3, 16.7, 16.8 e 16.9) ou um caminhão comum (um caminhão basculante – veja a Figura 16.2). Os caminhões-betoneiras (misturadores) funcionando como agitadores podem manusear cerca de 20% a mais de material do que quando são utilizados como misturadores (por exemplo, um misturador de 10 jardas cúbicas agitaria 12 jardas cúbicas de concreto dosado em central). As usinas geralmente têm misturadores capazes de trabalhar com até oito jardas cúbicas de concreto por carga (lote) e que podem produzir mais de 600 jardas cúbicas de

FIGURA 16.11 Um caminhão betoneira agitador para o transporte de concreto usinado.

concreto por hora. Algumas usinas foram construídas com misturadores capazes de trabalhar com até 16 jardas cúbicas de concreto por carga (lote). A betoneira se inclina para descarregar o concreto em um caminhão (veja a imagem esquerda da Figura 16.2) ou uma calha é inserida na betoneira, para captar e descarregar o concreto. Para aumentar a eficácia, muitas grandes usinas possuem dois tambores misturadores. A capacidade de produção de uma usina, contudo, não depende apenas da taxa de mistura; ela também é uma função do tamanho da abertura de descarga da betoneira e do tamanho da calha de lançamento que leva o concreto até os caminhões-betoneiras. Por exemplo, quando o concreto é descarregado em um caminhão basculante – como às vezes acontece com distâncias de transporte pequenas – a taxa de produção pode ser elevada em relação à da descarga em um caminhão betoneira, desde que a betoneira da usina também seja equipada com uma porta de descarga alargada.

Ao determinar as quantidades necessárias para a produção de determinada usina, devemos considerar quaisquer atrasos de produtividade resultantes de fatores operacionais reduzidos, como a disponibilidade de caminhões para o transporte do concreto ou mesmo a velocidade com a qual o cimento é entregue na usina.

Usinas de concreto compactas e móveis

Como alternativa ao concreto pré-misturado, dosado em central ou misturado em trânsito que é transportado de uma usina até o canteiro de obras, o concreto pode ser produzido na próprio local da obra. Essa costuma ser a solução para as obras muito afastadas ou para construções que exijam grandes quantidades de concreto. Essa também é uma solução para as obras localizadas em áreas urbanas movimentadas e com trânsito pesado, caso sejam inadmissíveis atrasos inevitáveis no fornecimento do concreto. O equipamento empregado para este fim em geral é uma usina de concreto móvel e de tamanho menor, que funciona de modo semelhante às usinas permanentes de grande porte, apesar de terem capacidade de produção reduzida. Estes equipamentos portáteis são transportados de uma obra a outra em cima de caminhões ou – o que é mais comum – em reboques. Elas geralmente não exigem fundações de concreto para sua instalação no canteiro de obras, embora às vezes seja necessária alguma obra de terraplenagem, dependendo do tipo de usina, além do acesso a uma rede de água e energia elétrica.

As usinas móveis incluem todos os componentes funcionais encontrados em usinas permanentes, embora o depósito de cimento nem sempre seja parte integral delas e às vezes tenha de ser trazido separadamente até o canteiro de obras. O mesmo pode ser válido para os recipientes que separam os agregados, dependendo do método de armazenamento desses materiais. Em geral, os tanques para agregados são de três a cinco e vêm em uma das seguintes configurações:

1. *Silos em estrela.* Os agregados são armazenados no solo em recipientes com o formato de estrela, que os mantêm separados. Os caminhões que trazem os agregados podem descarregá-los diretamente nas áreas de depósito divididas. Há um eixo central ao redor do qual as aberturas de descarga dos agregados são distribuídas e por meio do qual os agregados são transferidos a uma estação de pesagem e depois à betoneira. Um raspador radial costuma ser utilizado para trazer os agregados para as aberturas de descarga.
2. *Silos reduzidos.* Os agregados são armazenados no solo, dentro de um silo vertical reduzido. Normalmente, os caminhões que trazem os agregados não conseguem descarregá-los diretamente nos silos reduzidos, portanto um carregador costuma ser empregado para encher os compartimentos. Dos compartimentos, os agregados são levados por gravidade até um local de pesagem e depois transportados até a betoneira.
3. *Silo linear.* Os agregados são armazenados dentro de um silo linear elevado. Todavia, assim como no caso dos silos reduzidos, esses depósitos também requerem um carregador para o enchimento dos silos. Os agregados são então transferidos para um local de pesagem por meio de uma correia localizada sob a linha abertura de descarga e então levados à betoneira.

As usinas compactas móveis da atualidade são extremamente automatizadas e podem ser operadas por apenas um ou dois trabalhadores. Elas costumam usar betoneiras (misturadores) de tamanho médio a grande, seja do tipo de queda livre (por gravidade) ou de ação forçada e suas capacidades de produção de concreto variam de 10 a 50 jardas cúbicas por hora. Também há usinas completas com capacidade superior, mas isso é conseguido às custas da compacidade e da mobilidade. Se a usina for empregada na obra por longo tempo, pode-se usar um equipamento mais barato, que não precisa ser tão compacto e móvel.

O LANÇAMENTO DO CONCRETO

Uma vez que o concreto chegue ao canteiro de obras, ele deve ser levado ao seu local de destino sem segregar e antes que comece seu endurecimento inicial. Esse transporte pode ser feito de várias maneiras, dependendo da distância horizontal e vertical do movimento e de outros condicionantes. Entre os métodos podemos citar o uso de caçambas, carrinhos de mão ou motorizados, calhas de lançamento, tubos de lançamento por gravidade, esteiras transportadoras e bombas de concreto.

CAÇAMBAS

Em geral, as bombas de descarga inferior bem projetadas (veja a Figura 16.12) permitem o lançamento do concreto com o menor abatimento possível na prática. É preciso tomar cuidado para evitar que o concreto segregue como resultado da descarga de um ponto muito alto em relação à superfície da descarga e que o concreto fresco consiga passar pelas contenções (como as próprias formas, no caso dos pilares). Podem ser utilizadas comportas que sejam abertas e fechadas em qualquer momento durante a descarga do concreto.

As caçambas estão disponíveis em vários tamanhos (de 0,5 a 4,0 jardas cúbicas), embora as mais comuns sejam aquelas entre 1,0 jarda cúbica e 2,5 jardas cúbicas. Caçambas muito maiores já foram empregadas na construção de barragens. Quando a Barragem Hoover foi construída no início da década de 1930, Frank Crowe, o superintendente geral, projetou suas próprias caçambas de 8,0 jardas cúbicas. Trinta anos depois, na Barragem do Cânion Glen, no alto do Rio Colorado, Arizona, foram empregadas caçambas suspensas por cabos, de 13,0 jardas cúbicas. O peso de uma caçamba totalmente carregada, incluindo seu peso próprio, é cerca de 4.800 libras para uma caçamba de 1,0 jarda cúbica e 9.200 libras para uma caçamba de 2,0 jardas cúbicas. Em 2004, os chineses usaram caçambas de 7,8 jardas cúbicas para o projeto da Barragem Longtan. Geralmente transportadas por guindastes, é preciso que as caçambas selecionadas possam ser erguidas pelas gruas do canteiro de obras com segurança até os locais necessários para o lançamento do concreto. Muitas vezes o tamanho da caçamba é determinado com base nas velocidades de produção exigidas, uma vez que quanto maior for a caçamba, menor será o número de ciclos de trabalho necessários para a execução de determinado lançamento do concreto. Nesses casos, o guindaste selecionado deve ter uma capacidade de levantamento superior ao peso da caçamba carregada. Se uma determinada combinação de caçamba com guindaste satisfizer à maior parte das necessidades de produção do projeto (mas não a todas), então, para locais de alcance mais difícil, seria utilizada uma caçamba menor ou a caçamba utilizada seria carregada apenas parcialmente. Seja qual for a combinação de caçamba com guindaste, a velocidade de produção poderá ser aumentada usando-se duas caçambas em vez de uma. Neste caso, como o tempo necessário para o carregamento da caçamba se torna virtualmente eliminado, isso é particularmente benéfico no caso de edificações de altura média ou baixa, nas quais o carregamento das caçambas (e

FIGURA 16.12 Caçambas de concreto sendo utilizadas para o lançamento do concreto. A imagem da esquerda é da construção de um prédio; a da direita, da construção de um pilar de ponte.

seu descarregamento subsequente no local do lançamento do concreto) corresponde à parte mais importante do tempo do ciclo total.

CARRINHOS DE MÃO E CARRINHOS MOTORIZADOS

Carrinho de mão

Carrinho motorizado

Os carrinhos de mão são recomendados para distâncias de menos de 200 pés, enquanto os carrinhos motorizados (carrinhos elétricos) podem se deslocar por mil pés de modo econômico. Os carrinhos elétricos são basicamente de três tamanhos: 11 pés cúbicos (empurrado pelo condutor – adequados para espaços apertados e áreas restritas); 16 pés cúbicos *stand-on* (o tamanho mais comum; com condutor de pé sobre o veículo) e 21 pés cúbicos *stand-on* (também com o condutor de pé). Os carrinhos elétricos menores (empurrados pelos condutores) têm velocidade limitada a 3 ou 4 milhas por hora. Já os modelos maiores stand-on têm velocidades superiores, de 6 a 7 milhas por hora. Os carrinhos elétricos têm um mecanismo de descarga hidráulico controlado por uma alavanca. Suas caçambas são feitas de aço ou polietileno. O aço é preferível somente se o carrinho também for empregado para o transporte de materiais quentes, como asfalto quente; nos demais casos, o polietileno tem a vantagem de ser mais fácil de limpar quando se fizer necessária a remoção completa de vestígios de concreto endurecido.

CALHAS E TUBULAÇÕES DE LANÇAMENTO

As calhas de lançamento frequentemente são utilizadas para transferir concreto de um ponto mais alto para outro mais baixo. Elas devem ter seção semicircular e inclinação suficiente para que o concreto flua continuamente, sem se segregar. As caçambas dos caminhões-betoneiras normalmente são equipadas com calhas de lançamento embutidas, giratórias e muitas vezes expansíveis. Essas calhas de lançamento são operadas hidraulicamente para o lançamento direto da mistura de concreto quando o local estiver acessível a elas (veja a Figura 16.3). Já as tubulações de lançamento são utilizadas para a transferência vertical e descendente do concreto. Os 6,0 ou 8,0 pés superiores da tubulação devem ter diâmetro no mínimo equivalente a oito vezes o tamanho máximo do agregado e podem ser afunilados de modo que a extremidade inferior equivalha a cerca de seis vezes o tamanho máximo do agregado [2]. As tubulações de lançamento são empregadas quando o concreto é colocado em uma parede ou coluna, a fim de evitar a segregação provocada pela queda do material através da armadura. Uma operação com *tremonha* ocorre quando uma tubulação de lançamento ou tubo de queda (que neste caso é chamada de tubo tremonha) é utilizada para o lançamento do concreto sob a água. A extremidade inferior do tubo tremonha é mantida continuamente imersa no concreto fresco e plástico.

ESTEIRAS TRANSPORTADORAS

As esteiras transportadoras podem ser classificadas em três tipos: (1) portáteis ou independentes, (2) alimentadoras ou esteiras transportadoras em série e (3) esteiras de descarga lateral ou distribuidoras. Todos os tipos proporcionam o movimento rápido

FIGURA 16.13 Concreto com baixo abatimento sendo colocado em uma esteira transportadora portátil.

do concreto fresco, mas devem ter dimensionamento e velocidade adequados para que seja alcançada a velocidade de transporte desejada. Deve-se prestar muita atenção aos pontos nos quais o concreto sai de uma esteira e continua até outra esteira transportadora ou é descarregado, pois pode acontecer a segregação nestes pontos. O abatimento ótimo do concreto para transporte por uma esteira é de $2\frac{1}{2}$ a 3 in [2]. A Figura 16.13 mostra uma esteira transportadora utilizada para o lançamento de concretos compactados por rolo e com abatimento baixo.

BOMBAS DE CONCRETO

O bombeamento do concreto através de tubulações rígidas ou flexíveis não é novidade. Inicialmente desenvolvido para o propósito de revestir túneis, este tipo de equipamento foi introduzido nos Estados Unidos no início da década de 1930, mas foi apenas na década de 1970 que as bombas de concreto passaram a ser amplamente utilizadas no país. A bomba de concreto é uma máquina relativamente simples. A pressão que é aplicada a uma coluna de concreto fresco de uma tubulação o desloca se for utilizada uma camada de lubrificação nos dutos e se a mistura for dosada adequadamente para o bombeamento. Para funcionar corretamente, a bomba deve ser alimentada com concreto de trabalhabilidade e consistência uniformes. Hoje em dia, o bombeamento de concreto é uma das especialidades da construção civil que mais crescem nos Estados Unidos, pois cerca de um quarto de todo o concreto lá utilizado já é lançado por bombeamento. As bombas estão disponíveis em vários tamanhos, capazes de lançar o concreto em velocidades contínuas de 10 a 150 jardas cúbicas por hora ou mesmo maiores. A distância de bombeamento efetivo varia entre 300 e 1.000 pés na horizontal ou 100 e 300 pés na vertical [3] embora já tenham sido empregadas bombas para deslocar o concreto a mais de 5.000 pés na horizontal e 1 mil pés na vertical. Uma bomba padrão lançou 6.500 jardas cúbicas de concreto a uma altura de 1.745 pés em uma obra nos alpes italianos em 1994 [20].

Para que sejam efetivas, as bombas exigem um fornecimento estável de concreto *bombeável*. Hoje há três tipos de bombas sendo fabricadas: (1) bombas com pistão; (2) bombas pneumáticas; e (3) bombas de pressão. A maioria das bombas com pistão atuais contém dois pistões, um se retraindo durante o curso para a frente do outro, para permitir uma vazão mais contínua do concreto. As bombas pneumáticas normalmente usam uma caixa de descarga remisturadora na extremidade da descarga para retirar o ar e evitar a segregação e pulverização. No caso das bombas de pressão, rolos hidráulicos giram na mangueira flexível dentro do tambor e esguicham o concreto para fora na parte superior. O vácuo mantém no tubo o abastecimento constante de concreto que vem do **funil de enchimento** ou **funil de carga**.

funil de enchimento
A parte de uma bomba que recebe e retém o concreto antes que ele seja sugado pelo cilindro de bombeamento.

As máquinas de bombeamento de concreto estão disponíveis em duas configurações principais: (1) uma bomba com tubulação separada (Figura 16.14); e (2) uma combinação de bomba com lança (Figura 16.15). A segunda é particularmente eficiente e barata por poupar mão de obra e eliminar a necessidade de tubulações para o transporte do concreto. Também existe um terceiro tipo, menos comum, que é empregado especialmente em construções altas e que combina a bomba e a tubulação com uma lança instalada em uma torre.

Bombas de concreto com tubulação de concretagem

Nesta configuração, também chamada de bomba em linha de concretagem, a tubulação é um sistema à parte que deve ser montado e conectado à bomba antes que possam começar as operações de bombeamento. A tubulação é instalada entre o local da bomba e a área onde o concreto será moldado. A bomba deve estar localizada de

FIGURA 16.14 Bomba de concreto com tubulação de concretagem.

FIGURA 16.15 Combinação de bomba de concreto e lança instalada em um caminhão.

FIGURA 16.16 Uma comporta hidráulica dividindo uma tubulação de lançamento de concreto.

tal modo que os caminhões com concreto usinado tenham bom acesso. No caso do concreto dosado em central *in loco*, a bomba seria colocada com o funil de enchimento logo abaixo da abertura de descarga da betoneira. Em obras que são muito dispersas ou construções altas que compreenderem mais de uma edificação, várias tubulações podem ser espalhadas de uma bomba a várias zonas do projeto, evitando assim o reposicionamento da tubulação a cada mudança de local de lançamento do concreto. Uma comporta hidráulica especial é utilizada para controlar que linha estará sendo usada para uma operação de bombeamento (veja a Figura 16.16). Outra opção é preparar várias linhas e reposicionar a bomba de acordo com o local de moldagem. Esta opção exige o uso de um caminhão betoneira.

Em termos de mobilidade da bomba, pode-se destacar três tipos:

1. *Bomba estacionária*. A bomba é instalada em um chassi de aço e estacionada em um local permanente durante toda a execução da obra. Essa configuração é adequada a terrenos com área limitada e operações de concretagem grandes e frequentes.
2. *Bomba rebocada*. A bomba é instalada em um reboque com um ou dois eixos (veja a Figura 16.14) a fim de permitir seu fácil reposicionamento, bem como o movimento entre diferentes canteiros de obra. Esta configuração é adequada especialmente para terrenos dispersos. Uma bomba também pode servir vários terrenos adjacentes, pois pode ser transportada entre eles de acordo com o cronograma de concretagem.
3. *Caminhão-bomba (ou autobomba)*. Este sistema não deve ser confundido com a combinação de bomba de concreto e lança instalada em um caminhão (veja a Figura 16.15). Esta bomba de montagem rápida é levada de um terreno a outro e funciona sobre um chassis de caminhão comum. Geralmente é utilizada em operações de concretagem isoladas (como em pequenas obras de reformas ou manutenção ou em uma construção regular, antes que seja instalado o principal equipamento de transporte de concreto) quando for necessário um alcance maior do que o possível com caminhão betoneira com bomba e lança.

Tubulações As *tubulações* para o transporte de concreto usam diâmetros de 3 a 8 in (sendo 5 e 6 in os tamanhos mais comuns). A tubulação é montada com perfis tubulares de aço retos (em geral com 10 pés de comprimento) e curvos unidos por conexões rápidas. A extremidade livre da linha tem um tubo de borracha flexível com 10 a 30 pés de comprimento conectado a ele para facilitar o controle da localização do ponto de descarga do concreto e facilitar o manuseio por parte dos operários que têm de direcionar o jato do lançamento.

Segurar e mover a extremidade da tubulação é um trabalho árduo, devido a seu peso quando cheio de concreto. Para resolver este problema, uma lança de distribuição leve especial pode ser utilizada. Esta lança conecta a extremidade do tubo de aço e é sustentada por uma base com lastro. A lança articulada, com raio de operação entre 30 e 50 pés, também permite a concretagem perto da base com lastro. O conjunto total é erguido por um guindaste sempre que for preciso relocá-lo para a continuação da concretagem.

Ao término de cada operação de concretagem, o concreto que restar na linha deverá ser removido. Isso se faz empurrando uma esponja macia ou bola de borracha (bola de lavagem) através da tubulação por meio da pressão do ar ou da água. A linha pode ser limpa a partir de qualquer uma das extremidades. Se for limpa de trás para frente (ou seja, na direção da extremidade onde se encontra a bomba) não haverá nenhum respingo de concreto na área onde o trabalho recém-terminado. No entanto, em uma linha longa, o volume de concreto removido com a lavagem da tubulação pode ser considerável (por exemplo, uma tubulação com 5 in de diâmetro e 500 pés de comprimento contém 2,55 jardas cúbicas de concreto). Neste caso, deve-se levar em consideração a limpeza a partir da extremidade onde se encontra a bomba, com o resto do concreto na tubulação sendo usado para completar o lançamento. Alternativamente, deve-se prever a retirada do concreto que restar na tubulação em outro lugar, descarregando-o em um caminhão betoneira ou uma caçamba e lançando-o em outro ponto de concretagem.

Combinação bomba e lança

Também denominada *bomba lança*, a bomba é instalada em um caminhão e equipada por uma lança giratória (móvel) à qual se conecta uma linha de lançamento (concretagem) de extensão fixa. A linha de concretagem é feita de tubulação de aço, geralmente com 5 in de diâmetro. De modo similar ao da tubulação separada, neste sistema a extremidade livre da linha é conectada a um tubo flexível de 9 a 12 pés de comprimento (a *mangueira* ou *tubo da extremidade*). Neste caso, a mangueira da extremidade não somente facilita a tarefa do operário que a segura como também aumenta um pouco mais o alcance da lança.

Há disponíveis lanças articuladas e com operação hidráulica com comprimentos entre 60 e 200 pés, mas as lanças mais comuns ficam entre 80 e 140 pés. A maioria das bombas instaladas em caminhões têm lanças com quatro ou cinco seções, mas também há lanças com três ou seis seções. Quanto maior for o número de seções em um comprimento de lança, mais fácil será a operação, algo que pode fazer muita diferença no caso de áreas confinadas. Observe que a expressão "comprimento da lança" se refere a seu alcance *vertical* máximo medido do solo. Entretanto, o alcance *horizontal* máximo, medido do eixo giratório da lança, sempre é mais curto, geralmente não passando de 13 pés na maioria das marcas e modelos de lanças instaladas em caminhões. E vale lembrar que o alcance horizontal *efetivo* (ou líquido) será ainda menor, uma vez que também deverá ser levada em conta a perda da distância medida do eixo giratório até a frente ou o lado do caminhão. Conforme a marca e o tamanho do caminhão, os estabilizadores estendidos, que equilibram o caminhão durante a operação da bomba, também podem contribuir para o encurtamento do alcance horizontal efetivo. É importante consultar as tabelas específicas de cada bomba e

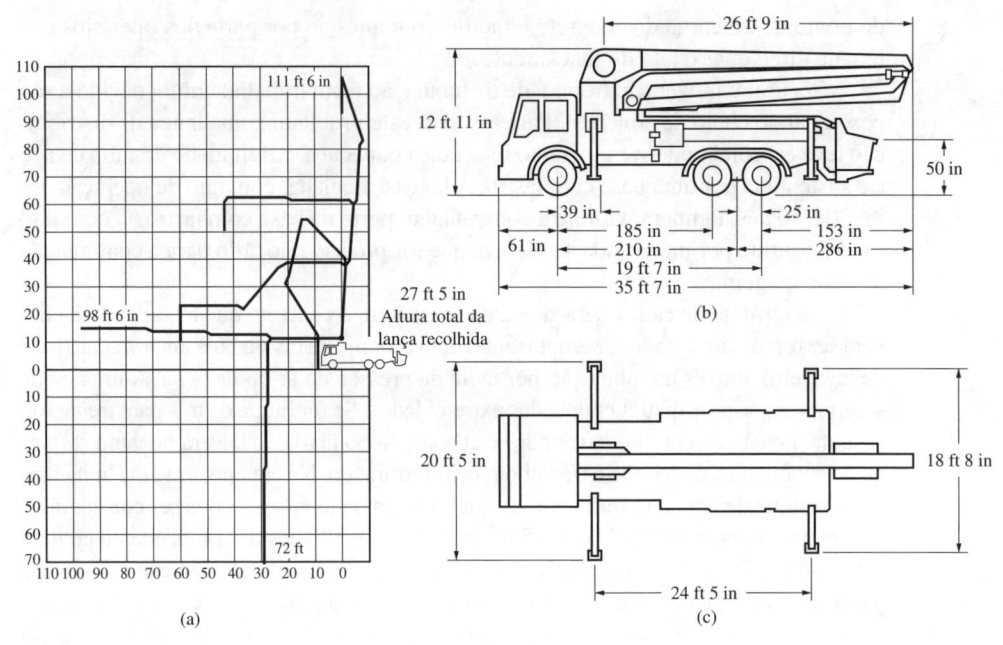

FIGURA 16.17 Informações típicas de uma combinação de bomba e lança instalada em caminhão: (a) gráfico com o alcance da bomba, (b) dimensões do caminhão e (c) dimensões dos estabilizadores do caminhão.

das dimensões dos caminhões ao selecionar uma bomba instalada em caminhão para determinada operação de concretagem. A Figura 16.17 ilustra o tipo de informações apresentadas pelos fabricantes de bombas instaladas em caminhões: (a) gráfico com o alcance de uma bomba; (b) dimensões do caminhão; e (c) dimensões dos estabilizadores do caminhão. Neste exemplo, o caminhão está equipado com uma lança com quatro seções e 34 m (111 ft 6 in) de comprimento.

Como o alcance das bombas de lança é limitado, essas bombas usam concreto usinado, com a bomba instalada no caminhão posicionada de modo a permitir a máxima cobertura da área de concretagem para cada operação de lançamento. Se a cobertura a partir de uma localização não for possível, o caminhão será reposicionado durante a operação. No entanto, o reposicionamento interrompe a continuidade do trabalho e pode acarretar atrasos, dependendo do tempo necessário para dobrar a lança, recolher os estabilizadores do caminhão, estendê-los novamente e desdobrar a bomba para retomar o lançamento do concreto. Se o reposicionamento do caminhão não for planejado antecipadamente, também pode acontecer a formação uma fila de caminhões com concreto usinado aguardando para descarregar.

Bomba com tubulação e lança instalada em uma torre

Esta configuração combina os elementos das duas outras: a bomba estacionária ou instalada em um reboque na extremidade fixa de carregamento do concreto, uma lança separada na extremidade de lançamento do concreto e uma tubulação entre a bomba e a lança. Esta é uma solução comum em edificações altas nas quais uma bomba com lança não consegue alcançar. A lança – praticamente a mesma que a

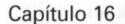

FIGURA 16.18 Lança instalada em mastro treliçado.

lança hidráulica articulada de lançamento de concreto dos caminhões com bomba e lança – está instalada em uma torre (um mastro). Há dois tipos de mastro:

1. Uma coluna de perfis tubulares ocos de aço é erguida verticalmente através de aberturas nos pisos da edificação. A coluna e a lança nela instalada são erguidas por um guindaste ou montadas de modo independente por um sistema hidráulico (similar a um guindaste universal de torre; veja o Capítulo 17).
2. Um mastro treliçado é similar ao mastro de uma grua de torre. O mastro é instalado dentro ou fora do prédio e pode ser independente ou preso a ele. O mastro pode ser montado em sua altura total desde o início, ser estendido à medida que avança a construção do prédio ou se expandir, como mencionamos há pouco. A Figura 16.18 mostra um lança instalada em mastro treliçado.

Há lanças de concreto separadas em comprimentos de 80 a 140 pés. Conforme o comprimento da lança e tipo da conexão entre ela e o mastro, há certos modelos com uma seção menor ou contra-lança com lastro, enquanto outras trabalham sem contrapesos (veja a Figura 16.18). Algumas lanças, chamadas de lanças removíveis, têm uma conexão rápida com o mastro que facilita a transferência entre mastros no caso de projetos grandes.

EXEMPLO 16.3

Uma laje de piso de concreto no nível térreo (laje de fundação ou laje sobre solo) será moldada com a bomba com lança ilustrada na Figura 16.17. Uma faixa de 3 pés ao redor da área de concretagem é necessária para a manipulação das formas laterais da laje. Qual é o alcance efetivo máximo da lança medido a partir da borda da laje, se o caminhão for posicionado (a) perpendicular à borda do piso (isto é, a lança for operada no eixo longitudinal do caminhão); e (b) paralelo à borda do piso (isto é, com a lança girada em 90 graus)?

a. Caminhão posicionado perpendicular à borda do piso

Alcance horizontal máximo (Figura 16.17a)	98 ft 6 in	
Distância do eixo de giro até a frente do caminhão (Figura 16.17b)	− 8 ft 10 in	[(35 ft 7 in) − (26 ft 9 in)]
Alcance horizontal líquido (a partir da frente do caminhão)	89 ft 8 in	
	− 3 ft 0 in	(faixa restrita)
Alcance horizontal máximo efetivo (da partir da borda da laje)	86 ft 8 in	

b. Caminhão posicionado paralelo à borda da laje

Alcance horizontal máximo (Figura 16.17a)	98 ft 6 in	
Distância do eixo de giro até a frente do caminhão (Figura 16.17c)	10 ft 3 in	$\left(\dfrac{20\ \text{ft}\ 5\ \text{in}}{2}\right)$
Alcance horizontal líquido (dos estabilizadores do caminhão)	88 ft 3 in	
	− 3 ft 0 in	(faixa restrita)
Alcance horizontal máximo efetivo (da borda da laje)	85 ft 3 in	

Compare este resultado com o "comprimento da lança" da bomba (ou seja, o alcance vertical máximo da lança) listado na Figura 16.17a (111 ft 6 in); cujo comprimento é 31% maior. Isso ilustra por que os comprimentos de lança nominais não devem ser a única base para a seleção da bomba.

A produtividade das bombas

Uma das principais vantagens do bombeamento é a elevada taxa de lançamento do concreto. Hoje as bombas têm produtividades teóricas máximas de até 300 jardas cúbicas por hora. No entanto, essas produtividades teóricas tão altas raramente são realizadas. Na prática, as taxas de lançamento do concreto são determinadas pelas formas (o tipo e as dimensões do elemento que será moldado), pelo tamanho da equipe de operários que está lançando o concreto e, acima de tudo, pela velocidade com a qual os caminhões-betoneiras conseguem enviar concreto até a bomba. Em uma operação de lançamento organizada de modo adequado, um caminhão sempre estará esperando para se posicionar na bomba assim que o caminhão anterior terminar de descarregar seu concreto. Sempre que possível deverá haver espaço para que dois caminhões sejam posicionados no funil de enchimento da bomba – um já descarregando concreto e o outro pronto para descarregá-lo. Isso exige um acesso adequado para os movimentos de chegada, descarga e saída dos caminhões no canteiro de obras. Portanto, mesmo sob condições ideais, a velocidade de lançamento do concreto será ditada antes de tudo pelo tempo bruto de ciclo de descarga dos caminhões.

O tamanho da equipe de operários é um fator limitante apenas quando o elemento sendo moldado ou o acesso à área de trabalho pelos trabalhadores limitar o tamanho da equipe, como ocorre na concretagem de paredes. Caso contrário, o tamanho ideal da equipe será determinado de tal maneira que não afete a operação de lançamento do concreto. Outro fator que pode limitar a velocidade de lançamento são as formas, especialmente no caso de elementos verticais. Um fator crucial é a pressão hidrostática lateral do concreto sobre as formas de paredes ou pilares [7] (veja também o Capítulo 21); a velocidade de lançamento e as pressões hidrostáticas impostas pelo concreto costumam ser muito mais elevadas no concreto que é bombeado do que naquele que é lançado com o uso de um guindaste com caçamba. Este fator também deve ser levado em consideração quando projetarmos as formas.

A produtividade teórica máxima normal para a variedade de lanças com bombas que hoje estão no mercado é de 80 a 200 jardas cúbicas por hora, mas, no caso das bombas maiores, a produtividade pode chegar a 300 jardas cúbicas por hora. A produtividade teórica máxima para bombas de linhas de concretagem fica entre 20 e 140 jardas cúbicas por hora, mas algumas bombas maiores chegam a ter produtividade de 260 jardas cúbicas por hora. Mas mesmo quando as condições de lançamento forem tais que a bomba possa ser totalmente utilizada, ainda assim é recomendável fazer uma redução levando em conta a parada das bombas, aplicando um coeficiente de eficácia, como 90% (10% de redução na produtividade).

As produtividades efetivas (que não se confundem com as teóricas) dependem de cada projeto e podem variar enormemente, desta forma é difícil pensar em valores de produtividade médios, mesmo para uma bomba determinada. Sob condições normais, contudo, as seguintes produtividades podem ser empregadas como diretrizes iniciais para o planejamento, considerando que a bomba em si não seja um fator limitante:

Elementos de edificações comuns e com dimensões regulares	40 jardas cúbicas por hora
Lajes espessas (com mais de 20 in) e elementos similares	60 jardas cúbicas por hora
Concretagem em massa de grandes elementos (por exemplo, barragens, radiers)	80 jardas cúbicas por hora

Durante a construção de um prédio com 73 pavimentos, uma bomba de alta pressão rebocada com produtividade teórica máxima de 138 jardas cúbicas por hora foi utilizada. Nesse projeto, as produtividades reais obtidas foram de 70 jardas cúbicas por hora até o 44º pavimento, 60 jardas cúbicas por hora entre o 45º e o 58º pavimento e 45 jardas cúbicas por hora entre o 59º pavimento e o a cobertura.

EXEMPLO 16.4

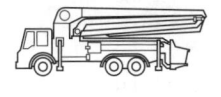

Uma bomba de concreto com produtividade máxima de 100 jardas cúbicas por hora é utilizada para lançar 270 jardas de concreto. O concreto é fornecido por caminhões-betoneiras de concreto usinado de 9 jardas cúbicas que chegam ao canteiro de obras a cada 12 minutos. Se evitarmos interrupções, quantas horas serão necessárias para toda a operação?

Considerando-se um coeficiente de eficiência da bomba de 90% (ou seja, 10% de perda de produtividade para paradas) a operação levaria 270/(100 × 0,9) = 3 h. No entanto, a produtividade efetiva é determinada pela velocidade de fornecimento do concreto:

Número de ciclos	5 por hora	(60 min/h/12 min)
Produtividade por caminhão	45 jardas cúbicas por hora	(9 jardas cúbicas × 5)
duração do lançamento	6 por hora	(270 jardas cúbicas / 45 jardas cúbicas por hora)

Regras básicas de bombeamento do concreto

O bombeamento bem-sucedido exige bom planejamento e concreto de qualidade. Uma falácia comum é pressupor que qualquer concreto que pode ser lançado também será bombeado com sucesso. O princípio básico do bombeamento é que o concreto se move como se fosse um cilindro. Para um bombeamento de concreto bem sucedido, essas regras devem ser cuidadosamente seguidas:

1. Use uma quantidade de cimento mínima de 517 libras de cimento por jarda cúbica de concreto (5,5 sacos por jarda cúbica).
2. Use uma granulometria combinada de agregados graúdos e miúdos que garanta a não existência de espaço vazio algum que permita que a pasta (nata) seja espremida através das partículas maiores sob as pressões induzidas na linha de concretagem. Este é o aspecto mais desconsiderado de um bombeamento de qualidade. Em particular, é importante que o agregado miúdo tenha pelo menos 5% passando pela peneira nº 100 e cerca de 3% passando pela peneira nº 200 (veja as granulometrias apresentadas [3]. São comuns pressões de linha de 300 lb/in^2 (libras por polegada quadrada), mas elas podem chegar a 1.000 psi.
3. É recomendável o uso de um tubo com no mínimo 5 in de diâmetro.
4. Sempre lubrifique a tubulação com pasta (nata) ou argamassa de cimento antes de começar a operar a bomba.
5. Certifique-se de que haja um fornecimento uniforme e constante de concreto, com abatimento entre 2 e 5 in na entrada da bomba.
6. Sempre deixe os agregados dentro da água antes de misturá-los no concreto, para evitar que eles absorvam água da mistura sob a pressão imposta. Isso é especialmente importante quando usamos agregados que alta capacidade de absorção (como é o caso do agregado de concreto leve).
7. Evite o uso de redutores de vazão nos condutos. Um problema comum é o uso de um redutor de 5 para 4 in na extremidade de descarga, de modo que os operários tenham apenas uma mangueira flexível de 4 in para usar no local. Isso gera uma redução de vazão e aumenta significativamente a pressão necessária para o bombeamento do concreto.
8. Jamais use tubos de alumínio. As partículas de alumínio serão raspadas da face interna dos tubos à medida que o concreto passar e se tornarão parte dele. O alumínio reage com o cimento Portland, librando gás hidrogênio, que pode causar a ruptura do concreto com resultados desastrosos.

O emprego das bombas de concreto

As principais vantagens do bombeamento do concreto são as altas taxas de lançamento, a conveniência do trabalho e a possibilidade de descarregar o material ultrapassando as obstruções do canteiro de obras. Todavia, uma bomba de concreto é boa apenas para o transporte desse material, enquanto a maioria das obras de construção civil pesadas ou obras de edificações exige o transporte de muitos outros materiais e elementos de construção. Tais projetos, consequentemente, exigirão outros equipamentos para transporte, como guindastes, e o mesmo tipo de guindaste que pode ser empregado para o lançamento do concreto serve para outras tarefas de içamento. Portanto, o bombeamento do concreto deve ser considerado para o transporte do concreto e seu lançamento no local da construção principalmente nos seguintes casos e tipos de obras:

1. *Obras nas quais o concreto é o principal material a ser transportado:* Pontes, muros de contenção, bueiros e estruturas de concreto baixas de vários usos são exemplos de obras nas quais as bombas de concreto podem satisfazer a todas as necessidades de transporte de material (ou à maior parte delas), com pequena ou nenhuma necessidade de equipamentos de transporte adicionais. A solução da bomba também pode ser adequada a uma etapa específica da obra; por exemplo, a construção das fundações e da infraestrutura de um grande prédio. Como o concreto é o principal material transportado nesta etapa inicial, uma bomba de concreto pode ser a solução mesmo que um guindaste seja posteriormente levado ao canteiro de obras. O uso da bomba neste caso também reduzirá a duração do serviço do guindaste. Tanto uma lança com bomba instalada em um caminhão como uma bomba de linha de concretagem podem ser considerada nesses casos.
2. *Grandes elementos estruturais de concreto:* Os elementos estruturais com grandes dimensões, como aqueles encontrados na construção de barragens ou radiers ou as lajes e grandes vigas, podem ser concretados a uma velocidade de lançamento superior se um equipamento de bombeamento for utilizado. O uso de um meio para lançamento do concreto com taxa de produtividade inferior, como um guindaste, pode aumentar drasticamente o período de lançamento, enquanto o bombeamento do concreto reduzirá muito o tempo de lançamento. O uso simultâneo de mais de uma bomba para lançamentos com volume de concreto excepcionalmente elevado é comum, com o número de bombas limitado apenas pelo *layout* do canteiro de obras, a taxa de produtividade das usinas que estão fornecendo o concreto e a capacidade de garantir um número suficiente de caminhões-betoneiras. O uso de uma bomba com lança instalada em caminhão deve ser considerado para o lançamento de grande volume de concreto.
3. *Canteiros de obra com limitações de acessibilidade:*
    a. Canteiros de obra problemáticos, terrenos acidentados ou solos lamacentos podem obrigar ao uso de uma bomba com tubulação.
    b. As obstruções físicas no canteiro de obras – como corpos de água superficiais (lagos) – sugerem a consideração de uma bomba com lança instalada em um caminhão ou uma bomba com tubulação.
    c. Canteiros de obra localizados de tal maneira que seja impossível o acesso de qualquer veículo (por exemplo, em cidades mais antigas, com vielas ou áreas residenciais montanhosas e acessíveis somente por escadarias): considere uma bomba com lança instalada em um caminhão ou uma bomba com tubulação.
    d. Edificações preexistentes (por exemplo, em obras de reforma ou renovação): considere uma bomba com lança instalada em um caminhão.
    e. Dentro de espaços com pé-direito baixo (por exemplo, na moldagem de pisos de galpões baixos ou em obras de concretagem em túneis); considere uma bomba com lança instalada em um caminhão.
    f. Em canteiros de obras localizados em áreas com limitações rígidas impostas por atividades correntes ou quando não houver a possibilidade de um área de trabalho permanente (por exemplo, na construção de uma ponte em uma autoestrada em funcionamento): considere uma bomba com lança instalada em um caminhão.

4. *Projetos nos quais o equipamento de transporte de material limita a produtividade do trabalho:* este talvez seja o principal caso no qual as bombas de concreto são utilizadas. Com o aumento da mecanização nas obras de construção civil e a constante necessidade de acelerar a produção – características típicas dos projetos atuais – os equipamentos de transporte que são utilizados no canteiro de obras ditam o ritmo do trabalho. O lançamento do concreto por bombas pode aumentar a produção e reduzir a necessidade de outros equipamentos de transporte; portanto considere o uso de uma lança instalada em caminhão ou de uma bomba de linha de concretagem.

O ADENSAMENTO E ACABAMENTO

O ADENSAMENTO DO CONCRETO

O concreto, uma mistura heterogênea de água é partículas sólidas no estado rígido, normalmente apresenta uma grande quantidade de vazios após o lançamento. O objetivo do adensamento é remover esses vazios formados pelo ar que ficou preso e garantir o preenchimento completo das formas. O adensamento apropriado é de suma importância, uma vez que o ar que ficou preso pode tornar o concreto insatisfatório. A redução do ar aprisionado pode ser feita de duas maneiras: usando mais água ou adensando o concreto.

A Figura 16.19 mostra os benefícios qualitativos do adensamento do concreto, especialmente no caso do concreto com baixo teor de umidade.

Geralmente se obtêm o adensamento com o uso de vibradores mecânicos. Somente no caso de elementos extremamente pequenos ou esbeltos ou de mistu-

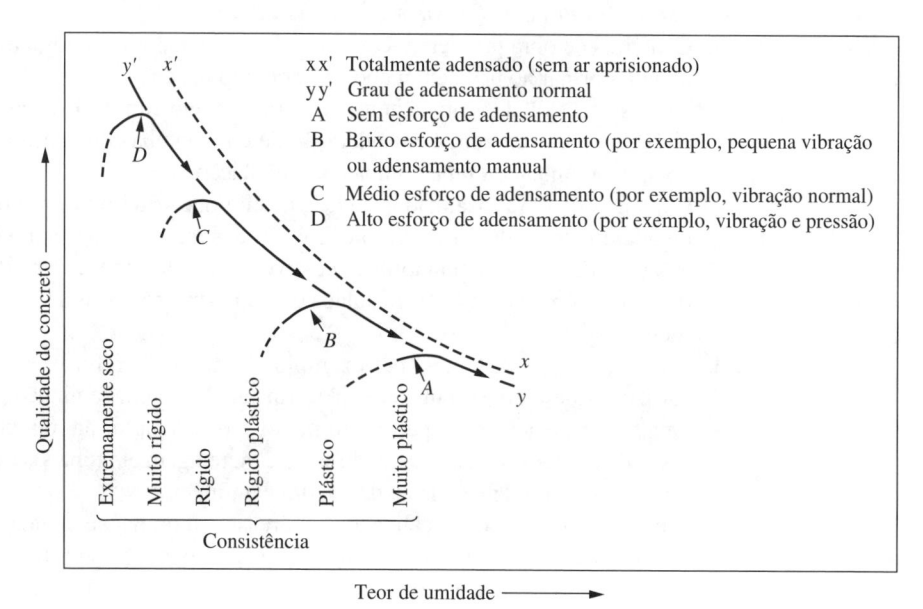

FIGURA 16.19 O efeito do esforço de adensamento na qualidade do concreto.
Fonte: norma ACI 309R [6].

ras de concreto particularmente úmido é aceitável o adensamento com ferramentas manuais, como um martelo com cabeça de plástico. Um concreto vibrado de modo adequado será um material de qualidade mais alta, especialmente em termos de proteção à armadura, resistência a agentes agressivos e aparência geral. Os vibradores e a ação vibratória são caracterizados e diferenciados pelas seguintes propriedades:

1. *Frequência.* O número de vibrações por unidade de tempo (em geral, minutos).
2. *Amplitude.* A grandeza do movimento de cada vibração.
3. *Orientação.* Alguns vibradores têm movimento aleatório (em todas as direções), enquanto outros têm apenas um movimento unidirecional.

Em termos de seu modo de uso, há três tipos gerais de vibradores [6]: (1) internos; (2) de superfície; e (3) vibradores de forma. Os vibradores internos têm uma caixa ou cabeça vibratória que fica imersa no concreto e vibra sob alta frequência (muitas vezes chegando a 10 ou 15 mil vibrações por minuto) em contato com o concreto. Atualmente, esses vibradores são do tipo rotatório e estão disponíveis em tamanhos que variam de 3/4 in a 7 in (veja as Figuras 16.20 e 16.21), cada um com seu próprio raio de ação efetivo [6]. Eles podem ser alimentados por motores a energia elétrica, ar comprimido ou gasolina.

Os vibradores de superfície exercem sua ação na superfície superior do concreto, adensando-o de cima para baixo. Eles são utilizados principalmente na construção de lajes e estão disponíveis em quatro tipos genéricos: (1) réguas vibratórias, (2) placas vibratórias, (3) placas ou grades vibratórias com tamper e (4) rolo vibrador. Esses vibradores de superfície funcionam com entre 3 mil e 6 mil vibrações por minuto.

Os vibradores de forma são vibradores externos fixados ao exterior da forma e geralmente só são utilizados quando as formas são de metal. Eles vibram a forma que, por sua vez, vibra o concreto. Esses vibradores geralmente são empregados em grandes usinas de concreto pré-moldado. Eles também são comuns em projetos de túneis – principalmente em túneis arqueados, nos quais a espessura do arco de concreto é fina demais e a armadura de aço densa demais para permitir o uso de vibradores de imersão.

FIGURA 16.20 Vibradores de concreto manuais.

FIGURA 16.21 Grandes vibradores internos de concreto instalados em uma escavadeira hidráulica e sendo empregados para unir as camadas de concreto compactado com rolo (RCC ou CCR) de uma barragem.

Práticas de vibração recomendadas

A vibração interna em geral é mais adequada a construções comuns, desde que a seção transversal do elemento de concreto seja grande o suficiente para que o vibrador possa ser movimentado nas formas e entre as armaduras de aço. Como cada vibrador tem um raio de ação efetivo, as inserções de vibrador devem ser verticais e aproximadamente a cada $1\frac{1}{2}$ vezes o raio de ação. O vibrador jamais deve ser utilizado para mover o concreto lateralmente, pois a segregação pode ocorrer com facilidade. O vibrador deve ser rapidamente inserido no fundo da camada (normalmente em camadas com espessura de, no máximo 12 a 18 in) e a pelo menos 6 in da camada anterior. Ele deve então ser mantido imóvel durante a vibração por cerca de 5 a 15 segundos, até que o adensamento seja considerado adequado. A seguir, o vibrador deve ser retirado lentamente. Quando várias camadas de concreto estiverem sendo lançadas, cada uma delas deve ser lançada enquanto a camada anterior ainda se encontrar no estado plástico.

  A vibração tem duas consequências. Em primeiro lugar, ela "abate" o concreto, removendo uma grande parte do ar que ficou preso quando o concreto foi lançado. Além disso, a vibração continuada adensa o concreto, removendo a maior parte do ar que permaneceu preso. Em geral, ela não removerá o ar que ficou incorporado. Uma questão relativa ao excesso de vibração que é muito comum: Quando ele acontece e até que ponto é prejudicial? O fato é que o concreto com baixo abatimento (concreto com *slump* inferior a 3 in) é quase impossível de ser vibrado excessivamente com o uso de vibradores internos. Quando você estiver em dúvida sobre qual vibração conferir a um concreto com baixo abatimento, vibre um pouco mais. Contudo, o mesmo não vale para um concreto com abatimento de 3 ou mais polegadas. Estes tipos de concreto de fato podem ser vibrados em excesso, o que resultará na segregação, uma vez que o agregado graúdo se afastará da cabeça vibratória. Neste caso, o operador deve observar a presença de bolhas de ar que saem pela superfície do concreto à medida que o vibrador for inserido. Em geral, quando as bolhas cessam, a vibração já está completa e o vibrador deve ser retirado. Outro motivo de cautela em relação aos vibradores de superfície é que eles também podem vibrar excessivamente o concreto na superfície, enfraquecendo-o significativamente se eles permanecerem tempo demais em um lugar.

Outra preocupação é a vibração das armaduras de aço. Essa vibração melhora o vínculo entre o aço da armadura e o concreto e, portanto é desejável. Já os efeitos colaterais indesejáveis incluem danos ao vibrador e o possível deslocamento da armadura em relação à sua posição ideal.

Por fim, a *revibração* é o processo pelo qual o concreto é vibrado mais uma vez após ter ficado intocado por algum tempo. A revibração pode ser feita em qualquer momento; o vibrador atuante afundará no concreto devido a seu próprio peso e o tornará momentaneamente liquefeito [6]. Tal revibração melhorará o concreto em função do maior adensamento obtido.

Observe que a vibração do concreto pode afetar as formas de várias maneiras, em particular as laterais das formas de elementos de edificação como paredes e pilares. A norma norte-americana ACI 347–04 [7] estabelece que a pressão lateral que deveria ser considerada para o desenho de paredes e pilares de concreto lançado com "vibração interna normal com até 4 pés de profundidade ou menos" (Veja também o Capítulo 21). Uma intensidade de vibração maior do que o normal e/ou uma vibração com profundidade superior a 4 pés pode resultar em uma pressão lateral superior e deveria ser evitada (ou considerada durante o projeto das formas). Também devemos tomar o cuidado de prender os espaçadores laterais das formas adequadamente às barras da armadura, de modo que não se desloquem durante a vibração do concreto.

Por fim, uma pressão adicional (bem como conexões mais firmes entre os componentes das formas, a fim de alcançar uma estrutura de forma mais rígida) deve ser considerada quando for empregada a vibração externa; o uso de vibradores externos nas formas não destinadas ao seu uso é uma das causas mais conhecidas de avarias e colapso de formas.

O ACABAMENTO E A CURA DO CONCRETO

O processo de acabamento confere uma superfície final desejada ao concreto. As superfícies dos elementos que não estiveram em contato com a forma pode precisar apenas do **sarrafeamento** (ou nivelamento) para adquiram o nível adequado, mas às vezes é especificado um acabamento vassourado (escovado, estriado), alisado (de desempenadeira) ou desempenado (alisado).

É fundamental que se tenha a consciência de que qualquer interferência com a superfície do concreto após seu adensamento enfraquecerá a resistência da superfície. Muitas vezes os operários que fazem o acabamento do concreto desconsideram este fato e manipulam a superfície, inclusive adicionando água, a fim de produzir um

---

sarrafeamento (ou nivelamento)
O processo de conferir forma à superfície do concreto de acordo com a elevação correta, removendo o excesso de material com a passagem de uma régua.

acabamento liso, mais atraente. Em paredes e pilares, uma superfície atraente pode ser desejável e talvez a resistência superficial não seja tão importante, mas, no caso de lajes de piso, passeios ou pavimentos viários, a resistência superficial é muito importante. Nesse segundo tipo de superfície, somente deve ser permitido um acabamento absolutamente mínimo para que se consiga a textura desejada. O acabamento excessivo aumenta a tensão superficial e provoca a fissuração localizada da superfície, levando à delaminação e, portanto deve ser evitado. O uso de batedores (também conhecidos por *tampers* ou *jitterbugs*, que forçam a inserção de agregado graúdo no concreto com uma malha de aço) também deve ser proibido, pois a superfície pode enfraquecer significativamente.

flotação (ou desempeno inicial)
A fim de criar uma superfície de concreto lisa, o concreto sarrafeado é trabalhado com um rodo alisador (float) de magnésio de alumínio.

Além disso, cada passo da operação de acabamento, desde a **flotação** (ou **desempeno inicial**) até o **alisamento** (ou **desempeno final**), deve ser retardado o máximo possível. Esta duração é limitada pela necessidade de acabar o concreto ao ponto desejado e à lisura superficial enquanto ele ainda pode ser trabalhado (isto é, ainda se encontrar no estado plástico).

A flotação ou desempeno inicial tem três objetivos:

1. Inserir as partículas do agregado logo abaixo da superfície
2. Remover pequenas imperfeições, protuberâncias ou reentrâncias
3. Compactar o concreto da superfície como preparação para outras operações de acabamento

alisamento (ou desempeno final)
O trabalho da superfície após a flotação, com o uso de uma desempenadeira, cria um acabamento mais liso.

O acabamento jamais deve começar se qualquer água de exsudação não tiver sido removida nem deve ser aplicado cimento ou misturas de areia com cimento em tais superfícies para fazê-las secar.

O alisamento ou desempeno final

As desempenadeiras motorizadas (veja a Figura 16.22) são empregadas para alisar e acabar grandes superfícies de concreto, como lajes de piso ou a face superior de elementos de concreto pré-moldados na horizontal. Um motor elétrico, a gasolina ou diesel ativa lâminas rotatórias, que variam em número, tamanho e velocidade de rotação. Os sistemas com lâminas de tamanho grande levam vantagem em áreas grandes e abertas, devido a suas taxas de produtividade mais elevadas, enquanto os sistemas com lâminas pequenas são vantajosos em espaços exíguos (por exemplo, eles podem dar acabamento a lajes de pisos em soleiras de porta, junto a paredes ou ao redor de obstruções).

O alisamento melhora a densidade da camada superior do concreto e veda as fissuras plásticas que surgem na face do concreto entre o tempo da concretagem e o do alisamento. Os resultados da qualidade do concreto alcançados por meio do alisamento dependem não somente do equipamento e da maneira como ele é empregado como também da qualidade do concreto e de seu lançamento. Deve-se aguardar um tempo mínimo entre o lançamento do concreto e o alisamento, uma vez que o concreto deve "secar" parcialmente. A operação inclui dois passos principais:

(a) Desempenadeira ou acabadora motorizada rotativa de uso manual (também chamada de helicóptero)

(b) Desempenadeira ou acabadora motorizada rotativa do tipo carrinho ou *ride-on*

FIGURA 16.22 Máquinas para o acabamento de lajes de piso de concreto.

1. A flotação visa a remover os grãos de agregado salientes, nivelar ondulações, preencher cavidades e adensar a face do concreto. Nesta etapa, as lâminas da desempenadeira motorizada são mantidas niveladas com a face do concreto.
2. O alisamento visa polir, alisar e endurecer a face do concreto. Nesta etapa, as lâminas da desempenadeira ou acabadora motorizada são colocadas levemente em ângulo.

A segunda etapa pode ser repetida várias vezes, até que se obtenha o acabamento desejado do concreto. Em cada operação sucessiva, o ângulo das lâminas é levemente aumentado, mas a borda elevada não deve exceder em 1 in a superfície do concreto, a fim de evitar a formação de fendas no concreto.

Devido à sua forma redonda, a desempenadeira motorizada não pode ser aplicada a quinas de cômodos. Nestes locais, devem ser utilizadas pequenas desempenadeiras de disco com pequeno raio, desempenadeiras vibratórias ou de mão.

As desempenadeiras motorizadas podem ter um ou dois rotores. O rotor é um sistema de lâminas, e frequentemente é chamado de *aranha*. As desempenadeiras com apenas um rotor são do tipo *walk-behind*, ou seja, são comandadas por um operador que vai atrás delas (veja a Figura 16.22a), enquanto as desempenadeiras com rotor duplo costumam ser do tipo "carrinho", ou *ride-on* (veja a Figura 16.22b). Ambos os tipos são dotados de sistemas de içamento, para facilitar o movimento no canteiro de obras: no caso das desempenadeiras com um rotor, há um gancho de levantamento; já os modelos com dois rotores, como são muito mais pesados, possuem um sistema de içamento. As desempenadeiras dirigíveis, com dois rotores, pesam muito mais do que as outras, não apenas em fundão das aranhas duplas, mas devido à existência do assento do operador e do motor de propulsão. Portanto, frequentemente são empregados cavaletes de transporte especiais para movimentá-las através do canteiro de obras. As desempenadeiras com rotor duplo podem ter aranhas sobrepostas ou não. A Tabela 16.6 apresenta as dimensões e capacidades usuais das desempenadeiras motorizadas.

TABELA 16.6 Dimensões e capacidade das desempenadeiras motorizadas

Atributo da desempenadeira	Dimensão ou capacidade
Número de lâminas (por aranha)	De 4 a 6
Diâmetro do rotor	De 2 a 5 pés
Velocidade de rotação máxima	De 90 a 180 rpm
Capacidade do motor	De 2 a 13 cv (com rotor simples); ou de 20 a 90 (com rotor duplo)
Altura	De 2 a 3 pés (com rotor simples – no gancho de içamento; a barra de controle com regulagem de altura em geral aumenta entre 3 e 5 in)
	De 4 a 5 pés (com rotor duplo)
Comprimento total	De 5 a 7 pés
	De 6 a 12 pés (com rotor duplo)
Largura (rotor duplo)	De 3 a 6 pés
Peso	Com rotor simples: 100 a 300 libras
	Com rotor duplo: 500 a 3.000 libras

A cura do concreto

Além do bom lançamento e adensamento do concreto, sua cura adequada é extremamente importante. A cura inclui todos os métodos pelos quais se garante ao concreto o tempo, a temperatura e o fornecimento de água adequados para que o cimento continue a se hidratar. O tempo mínimo de cura normalmente é de três dias, mas a cura por 28 dias ou mais às vezes é necessária. As temperaturas de cura ideais são entre 40 e 80°F. Como a maioria do concreto é misturado com água suficiente para sua hidratação, a única questão é garantir que ele não seque. Pode-se conseguir isso represando a água (no caso de lajes), cobrindo o concreto com aniagem ou placas de polietileno ou borrifando com um composto de cura aprovado.

O represamento é obtido por meio da construção de uma barreira elevada ao redor do perímetro da laje moldada, que então é inundada com água. Caso seja prevista uma rápida velocidade de evaporação de água, borrifadores ou mangueiras perfuradas podem enviar continuamente água à superfície. O uso de folhas de materiais, como aniagem ou polietileno, é uma estratégia comum para cobrir o concreto que está sendo curado e manter a umidade superficial. Como as aberturas do tecido da aniagem podem permitir o movimento do ar e a redução da umidade, o umedecimento periódico ou contínuo com borrifadores ou mangueiras pode ser necessário. O composto de cura é outra alternativa para a manutenção de um meio úmido para o concreto sendo hidratado. Uma membrana de impermeabilização líquida é pulverizada sobre a superfície logo após o acabamento e a texturização do concreto. A membrana seca rapidamente e age como inibidor de umidade. A norma norte-americana ASTM C171–07 [19] oferece orientações sobre o uso de folhas de materiais (aniagem, polietileno ou compostos).

A cura é uma das operações mais baratas na produção de um concreto de qualidade; ainda assim é uma etapa que frequentemente é negligenciada. O concreto, se deixado secar durante o período de cura, tenderá a se retrair. As ligações químicas que se desenvolvem com a reação do cimento tentarão conter a retração, mas o resultado final sempre é o mesmo: a retração vence e surgem fissuras, uma vez que os esforços de retração sempre são mais elevados do que a resistência do concreto à tração. Uma cura adequada reduz os efeitos prejudiciais da fissuração e permite o desenvolvimento da resistência desejada para o concreto.

OS PAVIMENTOS DE CONCRETO

A PAVIMENTAÇÃO COM O USO DE FORMAS DESLIZANTES

As pavimentadoras com forma deslizante (veja a Figura 16.23) desempenham as funções de distribuir, vibrar, nivelar, adensar e acabar o pavimento de concreto conforme a seção transversal e o perfil prescritos, com o mínimo de trabalho manual. O nome "forma deslizante" deriva-se do fato de que as formas laterais da máquina deslizam para a frente, junto com a máquina, deixando as bordas da laje sem apoios. O uso de formas deslizantes é um método rápido e econômico para a produção de pavimentos de concreto lisos e duráveis.

O processo de operação básica consiste em moldar o concreto plástico conforme a seção transversal e o perfil desejados, sob uma guia (mesa) relativamente grande. Isso se consegue com uma mesa com a largura total do pavimento que é mantida em uma elevação predeterminada e inclinação transversal com a ajuda de macacos hidráulicos que são acionados por um sistema de controle automático. O controle é feito em relação a linhas de nível deslocadas pré-erguidas e paralelas ao perfil planejado de cada piso de pavimento. O concreto é despejado na frente da pavimentadora. Ele então é vibrado internamente, enquanto passa sob a máquina.

Algumas pavimentadoras trabalham depositando o concreto diretamente sobre a base (veja a Figura 16.24a) e o espalham transversalmente com um trado antes de nivelá-lo com uma mesa. Uma quantidade considerável de pavimentos de concreto com armadura contínua (também chamados de PCCA, pavimentos de concreto continuamente armados, ou de CRCP – *continuosly reinforced concrete pavement*) é construída nos Estados Unidos. A prática geral, tanto no caso do uso da pavimentação com **formas fixas** como da pavimentação com formas deslizantes do PCCA é colocar o aço na base apoiado a uma altura apropriada adiante das operações de pavimentação (veja a Figura 16.25). Neste caso, as pavimentadoras com forma deslizante usam uma esteira transportadora anexa (veja a Figura 16.24b) para lançar o concreto na frente da pavimentadora, pois os caminhões que levam o concreto até o canteiro de obras não podem manobrar sobre a base. A maioria das pavimentadoras com formas deslizantes também têm sistemas automáticos de inserção de barras de transferência que cravam ou inserem por meio da vibração as barras de

---

formas fixas
Quando a pavimentadora corre sobre formas de aço que são colocadas para alinhar e nivelar adequadamente a placa de concreto acabada.

FIGURA 16.23 Pavimentadoras com forma deslizante trabalhando em conjunto (em tandem) seguidas por um sistema de acabamento e texturização da superfície do concreto.

(a) O concreto é lançado diretamente na base, à frente da pavimentadora

(b) Uma esteira transportadora lateral utilizada para lançar o concreto na base, à frente da pavimentadora

FIGURA 16.24 Lançamento do concreto à frente da pavimentadora com forma deslizante.

transferência no concreto fresco e na posição exata, perturbando ao mínimo o concreto. Todas as pavimentadoras vêm equipadas com uma barra de nivelamento frontal e uma régua traseira, conhecida como placa extrusora.

Juntas de pavimentação

juntas de contração ou retração
Juntas criadas para o propósito de controlar a fissuração provocada pela contração inevitável e imprevisível do concreto.

Um pavimento de concreto costuma ter juntas com os intervalos e as dimensões (profundidade e largura) especificados no projeto executivo da obra. As **juntas de contração** ou retração, transversais às faixas de rolamento do pavimento normalmente são feitas com o uso de uma serra. Os fabricantes de serras (veja a Figura 16.26) fornecem máquinas adaptáveis a qualquer tipo de junta. A serragem das juntas de controle é

FIGURA 16.25 A armadura de aço é posicionada na sub-base, na altura adequada, antes da pavimentação.

FIGURA 16.26 Serra diamantada para o corte de juntas de pavimentação. Observe que o corte não atravessa toda a espessura da laje.

feita no novo pavimento assim que possíveis, isto é, quando não irão provocar danos na superfície. O software HIPERPAVE™ foi desenvolvido pela agência federal norte-americana Federal Highway Administration para ajudar a determinar o tempo adequado para a serragem das juntas [18]. O programa simula o envelhecimento rápido após o lançamento do concreto, ao avaliar o projeto, os materiais, o ambiente e os fatores de construção. Muitas agências de estradas de rodagem estaduais dos Estados Unidos já adaptaram seus modelos.

As juntas centrais longitudinais costumam ser feitas com o uso de uma tira de polietileno contínua que a pavimentadora posiciona à medida que se desloca. Já as **juntas de dilatação ou expansão**, quando necessárias, costumam ser instaladas manualmente. As juntas de dilatação são vedadas por um mata-juntas, a fim de evitar que materiais estranhos entrem na junta e a tornem ineficiente para o fim ao qual se destina.

juntas de dilatação ou expansão
Separações entre as partes contíguas de uma estrutura de concreto.

A texturização superficial

Após a flotação da superfície do concreto, é aplicada uma textura para aumentar o atrito dos pneus e canalizar o escoamento superficial da água durante as chuvas (veja a Figura 16.27). Uma vassoura grossa, um toldo de aniagem ou AstroTurf™ é arrastado pela superfície do concreto a fim de criar uma textura áspera, preservando o perfil horizontal liso. Isso gera um "acabamento escovado" (também chamado de estriado ou ranhurado), muito comum em calçadas ou outras superfícies de concreto sujeitas ao tráfego. A textura pode ser aplicada com o uso de uma barra texturizadora autopropulsada ou arrastada a mão. Ranhuras verticais, espaçadas entre si de aproximadamente uma polegada e com 1/8 de polegada de profundidade, podem ser aplicadas transversal ou longitudinalmente à superfície (veja a Figura 16.28) em um processo conhecido como **texturização superficial**. Uma barra de texturização ou pente de fios flexíveis é um equipamento motorizado que costuma ser empregado para criar ranhuras de

texturização superficial
Ranhuras aplicadas à superfície do concreto, a fim de canalizar a água superficial.

FIGURA 16.27 Texturização superficial de um pavimento de concreto por meio do uso de uma barra de textura autopropulsada.

FIGURA 16.28 A produção de ranhuras longitudinais com a barra de texturização.

texturização. As ranhuras de texturização transversal tem a vantagem de canalizar diretamente a água em direção ao acostamento, enquanto as ranhuras de texturização longitudinal reduzem o nível de ruído provocado pelos pneus dos veículos. A água superficial que fica retida nas ranhuras longitudinais são removidas pelos veículos que passam ou pela evaporação.

A cura de pavimentos de concreto

Em geral, a cura é feita borrifando-se um composto de cura formador de membrana impermeável sobre o pavimento. Uma máquina separada costuma seguir a pavimentadora e aplicar o composto após o término do acabamento. Geralmente há bicos aspersores na barra de texturização que pulverizam o composto de cura.

A rugosidade dos pavimentos de concreto

Os inspetores finais de um projeto de pavimentação são o público que dirige. Os motoristas têm uma percepção muito aguçada da lisura ou rugosidade de um pavimento. As agências públicas que contratam obras de pavimentação especificam a rugosidade de uma rodovia e medem sua qualidade com o uso de uma perfiladora (veja a Figura 16.29). Dois tipos de perfiladora amplamente empregados são a "régua ni-

(a) Uma régua niveladora com rolo   (b) Perfilador inercial

FIGURA 16.29 Perfiladores sendo utilizados para medir a lisura de um pavimento.

veladora rolante" tipo Califórnia (veja a Figura 16.29a), que lembra uma treliça de ponte com roda sensora no ponto médio, e a perfiladora inercial motorizada, que é instalada em um veículo (veja a Figura 16.29b). As perfiladoras inerciais usam um acelerômetro para criar uma referência inercial, e então um sensor de altura mede a altura da superfície do pavimento em relação àquela referência.

Abatimento (*slump*) Muitos dos problemas que acontecem nos pavimentos resultam de deficiências da mistura do concreto. As máquinas de pavimentação não resolvem os problemas de variação no abatimento e qualidade do concreto fornecido. O concreto exerce forças no pavimento à medida que espalha e forma a mistura plástica; quando tais forças variam, sua rugosidade é afetada. Uma quantidade de material homogêneo à frente da pavimentadora é necessária para um projeto de qualidade (um pavimento liso). O uso de formas deslizantes exige misturas com abatimento baixo, de modo que o pavimento mantenha sua forma após o lançamento do concreto; o comum é especificar um concreto com 1 ou 2 in de abatimento.

Trabalhabilidade A trabalhabilidade em geral significa um bom abatimento, mas há outros componentes que a afetam. O ar incorporado, além de contribuir para a durabilidade do concreto, ajuda em sua trabalhabilidade, agindo como agente lubrificante dentro da mistura e reduzindo o atrito entre as partículas.

Vibração A vibração é parte vital do processo de pavimentação, mas ela não é sinônimo de um meio de transporte para o deslocamento do concreto plástico. O concreto deve ser movido por meio de um trado (broca), uma esteira ou outro meio mecânico antes da vibração. Em geral, o nível mínimo absoluto é de 4 mil vibrações por minuto, mas o recomendável são de 7 a 11 mil vibrações por minuto, para se garantir o adensamento durante o lançamento do concreto [17].

Sensores O sistema de controle automático e o sensor de nivelamento que fornece as informações para a operação dos controles não podem ser negligenciados. O sensor de nivelamento deve ser regulado com precisão, mantido e conferido constantemente. A resposta do sensor deve ser regulada de modo que os ajustes não sejam rápidos ou bruscos demais. Uma resposta amortecida resulta em uma superfície lisa. Recomenda-se que uma operação com dois sensores de nivelamento da pavimentação seja utilizada sempre que possível. Os pavimentos mais lisos são obtidos com o uso de um controle de elevação fixa em ambos os lados da pavimentação (sensores duplos).

A pavimentação "sem sensores", isto é, com o uso do sistema de posicionamento global (GPS) para guiar os controles hidráulicos da pavimentadora até os níveis planejados [11] já está sendo empregada em alguns projetos. Esta tecnologia ainda está sendo aprimorada, a fim de alcançar as especificações de rugosidade estabelecidas pelas agências de estradas de rodagem dos Estados Unidos.

Atitude A atitude do equipamento é o ângulo de ataque da mesa frontal em relação ao concreto. Já a mesa posterior é ajustada conforme a profundidade desejada para o concreto. Se o ângulo de ataque for forçado a mudar devido ao arrasamento de montes de mistura de concreto, ao ajuste incorreto do sensor ou a uma descarga variável de concreto, serão criadas irregularidades no pavimento. Essas condições provocam lombadas e depressões descontroladas em consequência da ação hidráulica do concreto plástico.

Peso e tração O princípio de funcionamento de uma pavimentadora com forma deslizante é o adensamento do concreto em um espaço confinado. O peso da pavimentadora, portanto, é fundamental para o adensamento controlado do concreto feito com uma forma deslizante. O peso da pavimentadora precisa ser distribuído uniformemente em toda a largura da superfície de concretagem. A tração se relaciona com o peso e a potência. A pressão da pavimentadora na pista de solo costuma ficar na ordem de 20 a 25 libras por polegada quadrada, uma pressão baixa o suficiente para evitar a depressão da base de agregado, uma condição que podem prejudicar o controle do nível. A potência da pavimentadora deve ser suficiente para deslocar a máquina carregada e oferecer a energia necessária para as ferramentas de trabalho.

O CÁLCULO DA PRODUÇÃO DE UMA PAVIMENTAÇÃO

Assim como em uma obra de asfaltamento (veja o Capítulo 15), a sincronização entre a usina de concreto, os caminhões-betoneiras ou de transporte, as pavimentadoras com forma deslizante e as máquinas de texturização da superfície (barra de texturização ou pente de fios) é necessária para o cálculo da produção da pavimentação de concreto. O ponto focal da operação é a pavimentadora. A produção da usina e a velocidade de avanço da pavimentadora estão intimamente relacionadas. O objetivo é manter a pavimentadora se movendo a uma velocidade constante para construir um pavimento liso e com seção transversal de alta qualidade. As paradas frequentes podem acarretar problemas de adensamento inconsistente. A usina deve ser capaz de produzir uma mistura igual ou superior à produção da pavimentadora e, consequentemente, o número de caminhões deve bastar para a entrega da mistura de modo contínuo e constante até a pavimentadora. Todos os demais equipamentos são de suporte e devem acompanhar o progresso da pavimentadora.

A velocidade da pavimentadora é determinada pela resposta do material ao ângulo de ataque (atitude), pelo adensamento com os vibradores internos, pela ação de nivelamento e resposta do material. A produção da pavimentadora é uma função do volume de material lançado em uma hora (em jardas cúbicas por hora) usando a seguinte fórmula:

Produção da pavimentadora (jardas cúbicas por hora) = Profundidade (pés) × Largura (pés) × Velocidade (pés/min) × 60 min/h × 27 pés cúbicos/jarda cúbica × Eficácia **[16.3]**

Os caminhões são equilibrados com a pavimentadora por meio do seguinte cálculo:

$$\text{Número equilibrado de caminhões} = \frac{\text{Produção da pavimentadora (jardas cúbicas por hora)}}{\text{Produção dos caminhões (jardas cúbicas por hora)}} \quad \textbf{[16.4]}$$

A produção dos caminhões deve exceder a produção da pavimentadora a fim de garantir uma entrega consistente e manter a pavimentadora em movimento. A produção dos caminhões é calculada com base no volume das cargas transportado por hora (jardas cúbicas por hora). O valor do equilíbrio calculado deve ser arredondado para o próximo número inteiro, garantindo a entrega e o movimento da pavimentadora constantes. Em alguns casos, um ou dois caminhões são somados ao número equilibrado, buscando levar em consideração os tempos de ciclo variáveis.

EXEMPLO 16.5

Um pavimento de concreto com 15 pés de largura e 9 polegadas de espessura será feito por formas deslizantes, usando-se cargas de 8 jardas cúbicas misturadas em uma usina. Cada carga é misturada em média por 2,7 minutos, e a usina tem 70% de eficácia.

A produção da usina equivale à produção da pavimentadora. A produção da pavimentadora tem 90% de eficácia. O ciclo dos caminhões leva 45 min. Os custos horários são:

Equipamentos	Mão de obra
Pavimentadora, $150	Mestre de obras, $42
Barra de texturização, $30	Três operadores de máquinas, $37 cada
Pente com aspersores, $30	Seis operários, $29 cada
Caminhão-pipa, $15	Dois operários de acabamento, $40 cada
Dois caminhões "pickup", $10 cada	Motoristas de caminhão, $28 cada
Caminhões de transporte/caminhões-betoneiras, $32 cada	

Os materiais do concreto custam $47,50 por jarda cúbica, a mistura custa $9,65 por jarda cúbica e os custos eventuais (controle de qualidade, composto de cura, corte com serra diamantada, esmerilhamento localizado com diamante para a remoção de caroços) são de $3,75 por jarda cúbica. As despesas gerais indiretas e o lucro correspondem a 32% dos custos anteriores. Calcule: (a) o número de caminhões, (b) a velocidade da pavimentadora, (c) o custo por jarda cúbica de concreto e (d) o custo por jarda quadrada.

$$\text{Produção da usina } (y^3/h) = \frac{8 \, y^3/\text{lote}}{2,7 \text{ min}} \times \frac{60 \text{ min}}{h} \times 70\% = 124 \text{ cv/h}$$

Produção de pavimentos = produção da usina = 124 cv/h

$$\text{Produção dos caminhões } (y^3/h) = \frac{8 \, y^3/\text{lote}}{45 \text{ min}} \times \frac{60 \text{ min}}{h} = 10,6 \, y^3/h$$

$$\text{Número equilibrado de caminhões} = \frac{124 \, y^3/h}{10,6 \, y^3/h} = 11,7 \text{ caminhões}$$

Número de caminhões = 12

Produção da pavimentadora

$$124\ y^3/h = \frac{9\ in}{12\ in/ft} \times 15\ ft \times velocidade\ (ft/min) \times 60\ min/h \times 1\ y^3/27\ ft^3 \times 90\%$$

Velocidade da pavimentadora = 5,5 ft/min

Custos:

Caminhão, $/y^3$ = ($ 32 + $ 28)/h = $ 5,66/ y^3

Pavimentação, $/ y^3 = Equipamentos ($ 245/h) + Mão de obra ($ 407/h)
= $ 652/h / 124 y^3/h = $ 5,26/y^3

Total dos custos diretos:

Material	$ 47,50/y^3
Mistura	$ 9,65/y^3
Transporte	$ 5,66/y^3
Pavimentação	$ 5,26/y^3
Custos eventuais	$ 3,75/y^3
Total =	$ 71,82/y^3

Despesas gerais indiretas e lucro, $ 71,82/y^3 × 32% = $ 22,98/y^3
Custo total, $/$y^3$ = $ 71,82/y^3 + $ 22,98/y^3 = $ 94,80/y^3
Custo total = $ 94,78/y^3

Convertendo o custo por volume em custo por jarda quadrada:

Cada jarda quadrada de concreto = 3 ft × 3 ft × (9/12) ft × 1 y^3/27ft^3
= 0,25 y^3

$ 94,80/y^3 × 0,25 y^3/y^2 = $ 23,70/y^3
Custo total = $ 23,70/y^3

APLICAÇÕES E CONSIDERAÇÕES ADICIONAIS

O LANÇAMENTO DO CONCRETO EM UM CLIMA FRIO

Quando o concreto é lançado em um clima frio, devem ser tomadas algumas medidas com o intuito de mantê-lo acima do ponto de congelamento durante os primeiros dias após sua moldagem. As especificações em geral exigem que o concreto seja mantido a pelo menos 70°F durante três dias ou a uma temperatura não inferior a 50°F nos cinco dias subsequentes ao seu lançamento. A norma norte-americana ACI 306R apresenta as diretrizes para concretagem em clima frio [5]. O pré-aquecimento da água costuma ser o método mais efetivo de garantir a temperatura necessária para o lançamento.

Lembre-se de que como a temperatura é um fator importante para a velocidade com a qual o concreto fresco "dá pega" e endurece (veja o Capítulo 21), o lançamento durante o clima frio significa que as pressões laterais sobre as formas verticais de paredes e colunas de concreto serão mais elevadas. Isso implica em um possível aumento do trabalho até a desforma, devido ao período mais longo que leva para o concreto adquirir sua resistência.

O LANÇAMENTO DO CONCRETO EM UM CLIMA QUENTE

Quando a temperatura do concreto fresco superar 85 ou 90°F, a resistência e durabilidade finais do material talvez sejam reduzidas. Portanto, a maioria das especificações exige que o concreto seja lançado a uma temperatura inferior a 90°F. Quando o concreto for lançado em um clima quente, seus ingredientes deverão ser esfriados antes da mistura. A norma norte-americana ACI 305R apresenta instruções para a mistura e o lançamento do concreto em um clima quente [4]. Entre os métodos de resfriamento há o uso do gelo na mistura, em vez da água, e o resfriamento dos agregados com nitrogênio líquido.

SEGURANÇA

O BOMBEAMENTO DO CONCRETO

De todas as operações que envolvem o lançamento do concreto *in loco*, o lançamento com bomba exige cuidados especiais, devido às altas pressões envolvidas no processo. A American Concrete Pumping Association (ACPA) estabeleceu a segurança como sua principal preocupação e a promoção do bombeamento seguro como um de seus principais objetivos. A ACPA vem desenvolvendo um programa de segurança completo e oferece seus materiais de segurança (guias, manuais, vídeos, cartazes, CDs e outras publicações) a todas as partes interessadas e envolvidas no lançamento do concreto. Vejamos uma lista dos riscos e normas de segurança relacionados com o bombeamento do concreto:

1. Pressuponha que todas as partes do sistema estejam sob pressão até que o operador da bomba diga que a tubulação não está sob pressão. Nenhum acoplamento deve ser desconectado até que a pressão tenha sido aliviada por meio do bombeamento inverso.
2. A limpeza das linhas de bombeamento com ar comprimido é mais perigosa do que a limpeza com água sob alta pressão. Ela somente deve ser executada sob a supervisão de uma pessoa experiente, com todas as instruções e precauções sendo seguidas com exatidão.
3. Em canteiros de obras com espaço exíguo, as bombas com lança devem ser posicionadas de tal maneira que a lança não atinja estruturas próximas ou outras obstruções quando for girada, tomando-se o cuidado especial de que nenhuma pessoa fique presa pela lança. Deve-se ter muito cuidado ao trabalhar perto de linhas de energia elétrica.
4. As mangueiras com extremidade de borracha contêm concreto sob alta pressão, pronto para explodir. Isso, combinado com o grande peso e a flexibilidade da mangueira, pode fazer com que o operador perca controle da mangueira e esta chicoteie. Portanto, as mangueiras de borracha devem ser manuseadas com firmeza e muito cuidado.
5. As bombas com lança estabilizadas com escoras devem ser posicionadas sob solo firme e não podem ficar próximas demais de poços de inspeção ou escavações. Deve-se evitar o posicionamento inclinado, em particular se a inclinação for para baixo e na direção da lança estendida.

6. As lanças não devem ser utilizadas para erguer itens como materiais de construções ou caixas de ferramenta ou para arrastar mangueiras ou tubulações pelo solo. Além disso, as bombas jamais devem ser empregadas para erguer pessoas.
7. Embora os funis de enchimento (depósitos de alimentadores) sejam fabricados para serem fortes o suficiente para suportar a deflexão sob o peso de uma pessoa, jamais se deve subir ou pisar neles.

RESUMO

Para que se produza um concreto de qualidade, a mistura deve ser bem dosada. As especificações da mistura definirão as exigências específicas para os materiais que constituem o concreto resultante desejado. O concreto pré-misturado ou misturado no caminhão é proporcionado em uma usina e transportado ao adquirente em um estado fresco. Sua mistura completa se dá no caminhão betoneira. Já o concreto dosado em central é completamente misturado em um misturador estacionário e transportado ao canteiro de obras em um agitador de caminhão, uma betoneira de caminhão operando em velocidade de agitação ou em um caminhão não agitador.

As pavimentadoras com forma deslizante desempenham as funções de espalhar, vibrar, nivelar, adensar e dar acabamento ao pavimento de concreto de acordo com a seção transversal e o perfil especificados e com o mínimo de trabalho manual final. O processo de operação básica consiste na moldagem do concreto de plástico de acordo com a seção transversal desejada e o perfil regulado pelo equipamento. Os principais objetivos de aprendizagem do capítulo são:

- Entender as propriedades do concreto fresco que são importantes para o construtor
- Saber calcular as quantidades necessárias para fazer a mistura do concreto
- Entender os métodos empregados para o transporte de concreto fresco
- Entender os métodos para o bombeamento do concreto fresco
- Entender os processos utilizados para a construção de um pavimento de concreto
- Saber estimar a produção e os custos de um pavimento de concreto

Estes objetivos são as bases dos problemas apresentados a seguir.

PROBLEMAS

16.1 Um lote de concreto exige as seguintes quantidades por jarda cúbica, com base nas condições de superfície seca do agregado. Calcule os pesos necessários de cada ingrediente sólido e o número de galões de água necessário para uma carga de 6,5 jardas cúbicas de concreto. Determine também o peso específico úmido do concreto em libras por pé cúbico (cimento, 3.666 libras; agregado miúdo, 9.230 libras; agregado graúdo, 11.960 libras; água, 1.841 libras; e peso específico úmido, 152 libras por pé cúbico).

Cimento	6,0	sacos
Agregado miúdo	1.420	libras
Agregado graúdo	1.840	libras
Água	34	galões

16.2 Utilizando os dados do Exercício 16.1, considere que o agregado miúdo contém 7% de umidade livre por peso e o agregado graúdo, 3% de umidade livre por peso. Determine os pesos necessários do cimento, agregado fino, agregado graúdo e do volume de água adicionada por carga de 8 jardas cúbicas.

Capítulo 16 Concreto e equipamentos para produção de concreto

16.3 Calcule as quantidades de material necessárias por jarda cúbica para fazer uma mistura de concreto. As especificações exigem que o tamanho máximo do agregado seja 1 in, consumo mínimo de cimento de 5 sacos por jarda cúbica e fator água/cimento de 0,60. Considere 6% de vazios com ar (cimento, 470 libras por jarda cúbica; água, 4,52 pés cúbicos por jarda cúbica; agregado miúdo, 1.068 libras/jarda cúbica; agregado graúdo, 1.986 libras/jarda cúbica).

16.4 Determine as quantidades de material necessárias por jarda cúbica para fazer uma mistura de concreto. As especificações exigem que os agregados tenham, no máximo, 1½ in, consumo de cimento mínimo de 5½ sacos por jarda cúbica e fator água/cimento de 0,63. Considere 5% de vazios com ar.

16.5 Um muro de arrimo de concreto cujo volume total será 735 jardas cúbicas será construído usando um concreto misturado *in loco* que contém as seguintes quantidades por jarda cúbica, com base na areia e na brita com superfície seca:

Cimento   6 sacos
Areia   1.340 libras
Brita   1.864 libras
Água   33 galões

A areia e a brita serão compradas por tonelada, incluindo a umidade existente no momento em que forem pesadas. Os pesos brutos, incluindo a umidade existente no momento da pesagem, são:

Item	Peso bruto (lb/y^3)	Percentual de umidade por peso bruto
Areia	2.918	5
Pedregulho	2.968	3

Estima-se que 8% da areia e 6% da brita serão perdidos ou desperdiçados por ficarem no chão do canteiro de obras. Calcule o número total de toneladas de areia e brita necessário para a obra.

16.6 Um recinto com quatro paredes de concreto com 13 pés de altura e 16 polegadas de espessura será moldada *in loco* com o uso de uma bomba com lança. As dimensões e a planta baixa das paredes que servirão de proteção ao redor de um tanque de gás são mostradas no desenho abaixo: A altura do tanque é inferior à das paredes. Para o contraventamento das formas e estabelecimento de um espaço de segurança desimpedido, é necessária uma faixa livre com 7 pés e 8 polegadas ao redor da face externa das paredes. Não é permitida a colocação de qualquer parte do caminhão betoneira sobre essa parte. O caminhão ficará imóvel, em apenas uma posição, durante toda a concretagem. Neste caso seria possível usar a bomba com lança ilustrada na Figura 16.17?

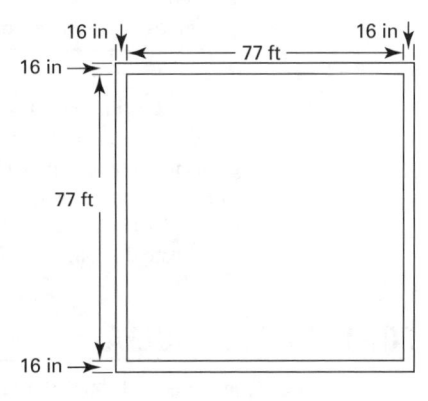

16.7 As lajes de piso de concreto de uma edificação com planta baixa quadrada com 65 pés de lado serão moldados com o uso da bomba com lança mostrada na Figura 16.17. O pavimento térreo fica elevado 10 em relação ao nível do solo, e cada piso adicional é 8 pés e 10 polegadas mais alto. O caminhão pode bombear apenas um dos lados do prédio, mas não há restrições a seu estacionamento ao longo do prédio ou ao seu afastamento em relação a ele. Os comprimentos da lança (obtidos nas especificações do equipamento) são os seguintes: primeira seção, 26 pés e 5 polegadas; segunda seção, 23 pés e 8 polegadas; terceira seção, 23 pés e 9 polegadas; quarta seção, 24 pés e 7 polegadas. Qual é o nível de piso mais alto que pode ser alcançado pela lança?

16.8 Uma bomba com produção máxima de 120 jardas cúbicas por hora é utilizada para lançar o concreto de uma laje com 200 jardas cúbicas. O concreto é transportado ao canteiro de obras por caminhões-betoneiras de 8 jardas cúbicas a cada 12 minutos. A usina de concreto fica localizada a 5 milhas do terreno. A velocidade média do caminhão é 30 milhas por hora. Cada caminhão betoneira leva, em média, 10 minutos para descarregar. A equipe de lançamento do concreto é composta de sete operários. A produção média dos trabalhadores é 5 jardas cúbicas por hora. (a) Qual será o tempo total da operação? (b) Como a operação poderia ser reorganizada de modo mais efetivo?

16.9 Um pavimento de concreto com 10 polegadas de espessura e 26 pés de largura será moldado com o uso de uma pavimentadora com forma deslizante que usa cargas de 8 jardas cúbicas de concreto misturado em uma usina. Cada carga é misturada, em média, por 1,9 minutos, e a usina tem 75% de eficácia.

A produção da usina é equivalente à da pavimentadora. A produção da pavimentadora tem 85% de eficácia. O ciclo do caminhão dura 50 minutos. Os custos por hora são os seguintes:

Equipamento	Mão de obra
Pavimentadora, $ 185	Mestre de obras, $43
Barra de texturização, $ 30	3 operadores, $33 cada
Pente com aspersores, $ 30	3 operários, $28 cada
Caminhão-pipa, $ 18	2 operários de acabamento, $41 cada
2 *pick-ups*, $ 11 cada	Motorista de *pick-up*, $29 cada
Caminhões de transporte, $ 36 cada	

O custo dos ingredientes do concreto é $42,50 por jarda cúbica; o custo da mistura é $9,00 por jarda cúbica; e os custos eventuais são $8,32 por jarda cúbica. As despesas gerais indiretas e o lucro correspondem a 28% dos custos anteriores. Para ter um número equilibrado, some um caminhão ao total calculado. Encontre: (a) o número de caminhões; (b) a velocidade da pavimentadora; (c) o custo do concreto em jardas cúbicas; e (d) o custo do concreto em jardas quadradas.

FONTES DE CONSULTA

ACI Committee 211, "Standard Practice for Selecting Proportions for Normal, Heavyweight, and Mass Concrete," ACI 211.1–91 (norma reaprovada em 2009), *ACI Manual of Concrete Practice*, Parte 1, American Concrete Institute, ACI International, Farmington Hills, MI (publicado anualmente).

ACI Committee 304, "Guide for Measuring, Mixing, Transporting, and Placing Concrete", ACI 304R-00 (Reaprovada em 2008), *ACI Manual of Concrete Practice*, Parte 2, American Concrete Institute, ACI International, Farmington Hills, MI (publicado anualmente).

ACI Committee 304, "Placing Concrete by Pumping Methods", ACI 304.2R-96 (Reaprovada em 2008), *ACI Manual of Concrete Practice*, Parte 2, American Concrete Institute, ACI International, Farmington Hills, MI (publicado anualmente).

ACI Committee 305, "Hot Weather Concreting", ACI 305R-99, *ACI Manual of Concrete Practice*, Parte 2, American Concrete Institute, ACI International, Farmington Hills, MI (publicado anualmente).

ACI Committee 306, "Cold Weather Concreting", ACI 306R-88 (Reaprovada em 2002), *ACI Manual of Concrete Practice*, Parte 2, American Concrete Institute, ACI International, Farmington Hills, MI (publicado anualmente).

ACI Committee 309, "Guide for Consolidation of Concrete" ACI 309R-05, *ACI Manual of Concrete Practice*, Parte 2, American Concrete Institute, ACI International, Farmington Hills, MI (publicado anualmente).

ACI Committee 347 (2004). *Guide to Formwork for Concrete*, ACI 347–04, American Concrete Institute, ACI International, Farmington Hills, MI.

ASTM Committee C9143, *"Standard Test Method for Slump of Hydraulic-Cement Concrete"*, Annual Book of ASTM Standards, Vol. 04.02 (publicado anualmente).

ASTM Committee C94, "Standard Specification for Ready-Mixed Concrete", *Annual Book of ASTM Standards*, Vol. 04.02 (publicado anualmente).

ASTM C150–07, *Standard Specification for Portland Cement*. Esta norma cobre oito tipos de cimento Portland: Tipo I, Tipo IA, Tipo II, Tipo IIA, Tipo III, Tipo IIIA, Tipo IV e Tipo V. ASTM International, West Conshohocken, PA

Cable, J.K., Jaselskis, E., Bauer, C. e Lifeng, L. (2004). *Stringless Portland Cement Concrete Paving*, Iowa Highway Research Board Report TR-490, Ames, Iowa, fevereiro de 2004.

Concrete Plant Standards (2007). CPMB 100–07, Concrete Plant Manufacturers Bureau, Silver Spring, MD.

Cooke, T.H. (1990). Con*crete Pumping and Spraying: A Practical Guide*, Thomas Telford, Londres.

Crepas, R.A. (1999). *Pumping Concrete: Techniques and Applications*, 3a. ed., Crepas & Associates, Inc., Elmhurst, IL.

Gaynor, R.D. (1996*), Avoiding Uniformity Problems in Truck-mixed Concrete*, Publication #J960570, The Aberdeen Group, Boston, MA.

Kosmatka, S., B. Kerkhoff, and W. Panarese (2008). *Design and Control of Concrete Mixtures*, 4a edição, Portland Cement Association, Skokie, IL.

Rasmussen, R.O, Garber, S.I., Fick, G.J., Ferragut, T.R. e Wiegand, P.D. (2008). *How to Reduce Tire-Pavement Noise: Interim Better Practices for Constructing and Texturing Concrete Pavement Surfaces*, Federal Highway Administration, Pooled Fund Report TPF-5(139), McLean, VA, julho de 2008.

Ruiz, M., Rasmussen, R.O. Chang, G.K., Dic, J.C. e Nelson, P.K. (2005). *Computer-Based Guidelines for Concrete Pavements*, Volume II - Design and Construction Guidelines and HIPERPAV II User's Manual, Federal Highway Administration Report FHWA-HRT-04–122, McLean, VA, janeiro de 2005.

"Standard Specification for Sheet Materials for Curing Concrete", ASTM Standard C171–07, *Annual Book of ASTM Standards*, Vol. 04.02 (publicada anualmente).

"World Record" (1994). *International Construction*, pp. 18, 21, setembro.

FONTES DE CONSULTA NA INTERNET

http://www.concrete.org American Concrete Institute (ACI), Farmington Hills, MI. O American Concrete Institute coleta, relaciona e distribui informações para a melhoria do projeto, da construção, da fabricação, do uso e da manutenção de produtos e estruturas de concreto.

http://www.pavement.com American Concrete Pavement Association (ACPA), Skokie, IL. A American Concrete Pavement Association é uma organização nacional do setor da pavimentação de concreto.

http://www.concretepumpers.com American Concrete Pumping Association (ACPA), Lewis Center, OH. A American Concrete Pumping Association promove a concretagem por meio de bombeamento como o melhor método para o lançamento de concreto de modo seguro e rápido.

http://www.ascconc.org American Society of Concrete Contractors (ASCC), Saint Louis, MO. A American Society of Concrete Contractors se dedica à melhoria da qualidade, produtividade e segurança das construções com concreto. Entre os recursos oferecidos, há um longo manual de segurança, uma linha telefônica direta para a obtenção de informações sobre o concreto e a segurança, vídeos de segurança, boletins de segurança, circulares sobre como resolver problemas e o *Contractor's Guide to Quality Concrete Construction*.

http://www.crsi.org Concrete Reinforcing Steel Institute (CRSI), Schaumburg, IL. O Concrete Reinforcing Steel Institute é uma associação profissional dos Estados Unidos que representa os fornecedores e fabricantes de aço para armaduras de concreto, tintas epóxi, suportes de barra e separadores de armadura.

http://www.csda.org Concrete Sawing and Drilling Association (CSDA), Saint Petersburg, FL. A Concrete Sawing and Drilling Association é uma associação de construtoras que promove métodos de serragem e perfuração profissionais.

http://www.precast.org National Precast Concrete Association (NPCA), Indianapolis, IN. A National Precast Concrete Association promove programas de controle de qualidade por meio da certificação das usinas de concreto.

http://www.nrmca.org National Ready Mixed Concrete Association (NRMCA), Silver Springs, MD. A National Ready Mixed Concrete Association é uma associação profissional de produtores de concreto usinado que fornece publicações sobre vários tópicos, como a segurança, a gestão financeira, a manutenção e o treinamento de motoristas.

http://www.cement.org Portland Cement Association (PCA), Skokie, IL. A Portland Cement Association representa os fabricantes de cimento do Canadá e dos Estados Unidos e serve como um centro do setor do cimento para pesquisa, promoção, educação e relações públicas. A subsidiária da Portland Cement Association, a Construction Technology Laboratories, Inc., oferece uma ampla variedade de serviços de pesquisa, ensaio e consultoria.

http://www.pci.org Precast/Prestressed Concrete Institute (PCI), Chicago, IL. O Precast/Prestressed Concrete Institute se dedica à promoção do entendimento do concreto pré--moldado e protendido e serve como centro para o progresso do setor, oferecendo pesquisas técnicas e suporte de *marketing*.

http://www.putzmeister.com Putzmeister America, Sturtevant, WI, é a subsidiária norte-americana da fabricante de equipamentos pesados, Putzmeister-AG, da Alemanha. A empresa é especializada em equipamentos para a produção e o lançamento do concreto.

http://www.schwing.com Schwing America, Saint Paul, MN, fabrica uma gama completa de bombas de concreto instaladas em caminhões ou reboques.

17

Guindastes

Em geral, os guindastes para construção são divididos em duas grandes famílias: (1) guindastes móveis e (2) guindastes de torre. Como os guindastes são usados para içar e mover cargas de um local para o outro, é necessário conhecer a capacidade de levantamento e faixa de trabalho do guindaste selecionado para um determinado serviço. A carga nominal de um guindaste, publicada por seu fabricante, se baseia em condições ideais. Os gráficos de carga podem ser documentos complexos que listam diversas lanças, lanças auxiliares (jibes ou jibs) e outros componentes que podem ser empregados para configurar o guindaste para tarefas diversas. É essencial que você consulte o gráfico referente à configuração de guindaste que será utilizada de fato.

PRINCIPAIS TIPOS DE GUINDASTES

Os guindastes são uma classe ampla de equipamentos de construção usados para içar e posicionar cargas. Eles são o equipamento dominante em todo o mundo para projetos de construção e projetos civis pesados. Os guindastes representam a epítome da industrialização crescente da construção nas últimas décadas. Cada tipo de guindaste é projetado e fabricado para funcionar de maneira econômica em situações específicas; os canteiros de obras modernos muitas vezes empregam mais de um tipo de guindaste e mais de um guindaste do mesmo tipo.

Em geral, os guindastes de construção são classificados em duas grandes famílias: (1) guindastes móveis e (2) guindastes de torre. Os guindastes móveis são as máquinas mais usadas na América do Norte, pois os empreiteiros tradicionalmente os preferem aos guindastes de torre. Normalmente, os guindastes de torre somente são utilizados na América do Norte quando as condições do local da construção impossibilitam a movimentação do guindaste móvel, ou então na construção de arranha-céus. Desde o início da década de 2000, no entanto, o número de guindastes de torre na América do Norte tem aumentado e essas máquinas têm ganhado popularidade mesmo em locais de trabalho mais amplos e para a construção de edifícios de altura média. Na Europa, os guindastes de torre dominam o mundo da construção, tanto nas grandes cidades quanto nas áreas rurais, para a construção de edifícios e em obras de infraestrutura e civis pesadas [14].

Os tipos mais comuns de guindastes móveis são:

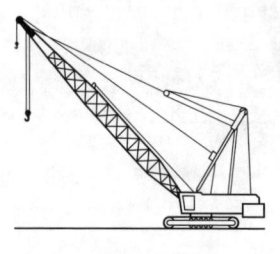

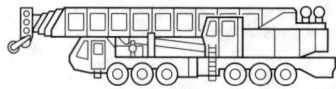

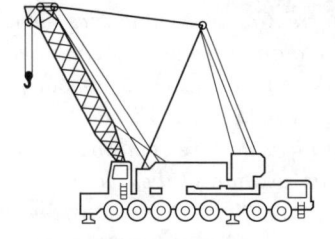

1. Em esteiras

2. Com lança telescópica sobre caminhões

3. Com lança reticulada sobre caminhões

4. Para terrenos acidentados

5. Para todo-terreno

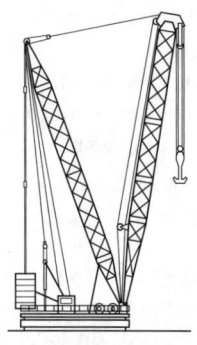

6. Guindastes modificados para levantamento pesado

Em sua configuração básica, alguns dos equipamentos móveis podem ter acessórios operacionais frontais diferentes que permitem que a unidade seja utilizada como escavadeira ou bate-estacas, ou em outras tarefas especializadas. Esses usos diversos são discutidos nos Capítulos 9 e 18.

Os tipos mais comuns de guindastes de torre são:

giro
Volta ou rotação em torno de um eixo.

1. Topo **giratório**
2. Base giratória

Máquinas "híbridas" que tentam combinar os recursos de guindastes móveis e de torre existem tanto em modelos mais antigos como em novos modelos emergentes (como um guindaste de torre de base giratória montado sobre caminhão). Estas, no entanto, representam uma parcela muito pequena da enorme população de guindastes fabricados e utilizados em todo o mundo.

A Power Crane and Shovel Association (PCSA) conduz e supervisiona estudos e testes que geraram informações consideráveis sobre o desempenho, condições operacionais, produtividade, vida útil econômica e custo de propriedade e operação dos guindastes. A associação participou do processo de estabelecer e adotar determinadas normas que se aplicam a essas máquinas. Essas informações foram publicadas em livretos e boletins técnicos.

Algumas das informações da PCSA são reproduzidas neste livro, com a permissão da associação. Os itens particularmente importantes são citados nas referências ao final do capítulo.

GUINDASTES MÓVEIS

GUINDASTES DE ESTEIRAS

A superestrutura totalmente giratória desse tipo de unidade é montada sobre um par de esteiras contínuas paralelas. Muitos fabricantes oferecem pacotes diferentes que permitem a configuração do guindaste para aplicações específicas, elevação padrão, unidade de torre ou ciclo de operação. As unidades com capacidade de elevação entre baixa e média possuem boas características de elevação e são capazes de realizar **tarefas do ciclo de trabalho**, como manusear uma caçamba de concreto.

tarefa de ciclo de trabalho
Uma tarefa de levantamento repetitiva com tempo de ciclo relativamente curto.

máquinas (equipamentos) universais
A máquina da base pode ser utilizada como guindaste ou caçamba de arrasto e para cravação de estacas ou outras aplicações semelhantes.

As máquinas com capacidade de 100 toneladas curtas[1] ou mais são construídas com foco na capacidade de elevação e não possuem os componentes mais pesados necessários para as tarefas do ciclo de trabalho. As **máquinas (equipamentos) universais** incorporam armações mais pesadas, possuem freios e embreagens múltiplos ou de serviço pesado e têm sistemas de oscilação mais poderosos. Esses sistemas permitem a troca rápida dos tambores que variam a razão torque/velocidade dos cabos para a aplicação. A Figura 17.1 ilustra um guindaste de esteiras; a Figura 17.2 mostra um guindaste de esteiras maior. Os mastros inclinados ajudam a reduzir as forças compressivas na lança reticulada (treliçada).

As esteiras dão ao guindaste a capacidade de se deslocar pelo canteiro de obra. As esteiras criam uma área de contato tão grande que o colapso do solo sob essas máquinas se torna um problema somente quando trabalham sobre solos com baixa capacidade de suporte. Antes de içar uma carga, o equipamento deve ser nivelado e o recalque do solo deve ser levado em consideração. Se for possível que ocorra a ruptura ou o recalque do solo, o equipamento pode ser posicionado e nivelado sobre chapas. Quando as condições de suporte do solo forem boas, um guindaste de esteiras pode se mover com a carga içada. Essa capacidade de carregar uma carga içada,

---

[1] Uma tonelada curta (ou tonelada americana) é igual a 2.000 lb, em contraponto à tonelada métrica ou tonelada longa (no texto, simplesmente "tonelada"), que é igual a 2.240 lb.

FIGURA 17.1 Guindaste de esteiras de lança reticulada (treliçada).

em conjunto com a capacidade do guindaste de se deslocar e trabalhar mesmo em más condições de superfície, é a principal vantagem do guindaste de esteiras em relação ao de rodas (sobre caminhão). A distância entre as esteiras afeta a estabilidade e a capacidade de elevação. Algumas máquinas permitem que as esteiras sejam estendidas. Em muitos equipamentos, essa extensão das esteiras pode ser realizada sem auxílio externo.

Entre obras, o guindaste de esteiras é transportado por caminhão, trem ou barca. À medida que o tamanho do guindaste aumenta, o tempo e o custo para desmontar e carregar o guindaste, investigar rotas de transporte e remontar o guindaste também aumenta. As durações e os custos podem se tornar significativos para os equipamentos de grande porte. Relocar os equipamentos maiores pode exigir 15 ou mais unidades de reboque. Em geral, esses equipamentos possuem um custo por capacidade de elevação nominal menor do que outros tipos de guindaste móvel, mas o deslocamento entre os serviços tem alto custo. Assim, os equipamentos com esteiras devem ser levados em consideração para projetos que envolvam utilização de longo prazo em um único local.

Muitos modelos novos utilizam componentes modulares que facilitam o desmonte, transporte e montagem. Dispositivos de travamento de desligamento rápido e conectores de pinos substituíram as conexões com múltiplos parafusos.

FIGURA 17.2 Grande guindaste de esteiras com mastro traseiro.

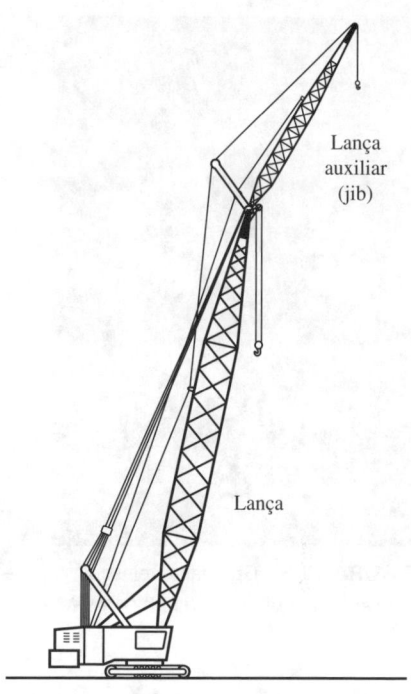

FIGURA 17.3 Guindaste de esteiras de lança reticulada (treliçada) equipado com extensão de lança auxiliar (jib).

FIGURA 17.4 Guindaste de esteiras com lança telescópica.

Em geral, os modelos de guindaste de esteiras possuem uma lança reticulada (treliçada) de comprimento fixo (ver Figura 17.1), que também é o tipo de guindaste discutido nesta seção. Muitos modelos também possuem uma extensão de lança chamada de "lança auxiliar", "jib" ou "jib fixo". Uma lança reticulada é suspensa por cabos e, logo, atua como um elemento estrutural sujeito a compressão, não um elemento estrutural sujeito à flexão, como uma lança hidráulica telescópica. Contudo, alguns novos modelos de esteiras pequenos são equipados com lanças telescópicas (ver Figura 17.4). Alguns desses modelos são equipados com esteiras de borrachas para torná-los mais aptos ao trabalho urbano e movimentação em pavimentos.

FIGURA 17.5 Guindaste telescópico sobre caminhão em canteiro de obras.

As dimensões e capacidades comuns de guindastes de esteiras são:

1. Comprimento máximo da lança: 100 a 400 ft
2. Comprimento máximo da lança auxiliar (jib): 30 a 500 ft
3. Raio máximo (apenas lança principal): 80 a 300 ft
4. Raio mínimo: 10 a 15 ft
5. Capacidade máxima de içamento de carga (no raio mínimo): 30 a 1.000 toneladas (mas até 2.500 toneladas para poucas máquinas muito grandes)
6. Velocidade de deslocamento máxima: 50 a 100 ft/min (0,6 a 1,2 mi/h)
7. Pressão de compressão sobre o solo: 7 a 20 psi

GUINDASTES DE LANÇA TELESCÓPICA SOBRE CAMINHÕES

Alguns guindastes montados sobre caminhões possuem uma *lança telescópica* independente (ver Figura 17.5). A maioria dessas unidades, normalmente chamadas de "guindastes sobre caminhão", pode se deslocar sobre rodovias públicas entre obras usando sua própria potência e com um nível mínimo de desmontagem. Depois que o guindaste for nivelado no novo local de trabalho, ele estará pronto para trabalhar sem atrasos de montagem. Os guindastes de lança telescópica montados sobre caminhões, no entanto, possuem um maior custo inicial por capacidade nominal de içamento. Se o trabalho exigir a utilização do guindaste por apenas algumas horas ou dias, o guindaste sobre caminhão com lança telescópica deve ser o primeiro a ser considerado devido à facilidade de movimento e montagem. Os guindastes telescópicos oferecem a capacidade de modificar o comprimento da lança (estendendo-a ou retraindo-a) quando necessário durante o içamento. Se um guindaste sobre caminhão de lança reticulada for utilizado para atender esses requisitos de içamento de projetos de curta duração, a quantidade de tempo necessária para montar e desmontar as lanças pode facilmente ser maior do que o tempo de utilização do guindaste em si.

A lança telescópica de múltiplas seções é uma parte permanente da superestrutura totalmente giratória. Nesse caso, a superestrutura está montada sobre um caminhão/suporte de múltiplos eixos. Três configurações de energia e controle são comuns para guindastes de lança telescópica montados sobre caminhões:

1. Um único motor serve de fonte de energia para o caminhão e o guindaste, com uma única cabine de duas posições utilizada para dirigir o caminhão e operar o guindaste.
2. Um único motor no caminhão, mas com cabines separadas para operação do caminhão e do guindaste.
3. Unidades motrizes separadas para o caminhão e para superestrutura. Essa disposição é o padrão para as unidades de maior capacidade.

estabilizadores
Vigas móveis que podem ser estendidas lateralmente de um guindaste móvel (ou do trem de rolamento de um guindaste de torre de base giratória) para estabilizar e ajudar a apoiar a unidade.

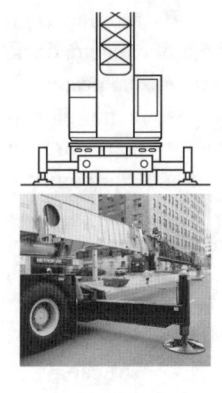

Os guindastes montados sobre caminhões com lanças telescópicas possuem **estabilizadores** extensíveis. Na verdade, muitas unidades não podem ser operadas com segurança usando todo o alcance da lança sem os estabilizadores estarem totalmente estendidos e a máquina estar erguida de modo que os pneus não encostem no solo (Figuras 17.7 e 17.9). Alguns modelos podem trabalhar sobre seus pneus quando o solo for firme e plano, mas sua capacidade de içamento é significativamente reduzida (em 50% ou mais, para 3 graus fora de nível, dependendo do raio de trabalho) em comparação com o trabalho com estabilizadores. No caso de equipamentos maiores, a largura do veículo estabilizado pode chegar a 40 ft, o que exige o planejamento cuidadoso da área de operação. Além disso, esses equipamentos pesados usam os estabilizadores para transferir cargas extremamente pesadas para o solo. Essa alta carga sobre o solo deve ser comparada com a capacidade de suporte do solo. As grandes chapas de madeira ou aço que são utilizadas para distribuir a carga sobre uma área maior do solo aumentam ainda mais a largura total do veículo (ver Figura 17.6). Essas considerações sobre o espaço para estabilizadores também são uma preocupação quando utilizamos grandes guindastes de caminhão com lanças reticuladas.

As dimensões e capacidades comuns de guindastes de lança telescópica montados em caminhões são:

1. Comprimento máximo da lança: 70 a 140 ft
2. Comprimento máximo da lança auxiliar (jib): 30 a 70 ft
3. Raio máximo (apenas lança principal): 60 a 120 ft
4. Raio mínimo: 10 ft para a maioria dos modelos
5. Capacidade máxima de içamento de carga (no raio mínimo): 20 a 100 toneladas
6. Velocidade de deslocamento máxima: 40 a 70 mi/h
7. Número de eixos: 3 a 4

(a) Vista superior   (b) Vista traseira

FIGURA 17.6 Estabilizadores de guindastes sobre chapas de aço.

GUINDASTES DE LANÇA RETICULADA (TRELIÇADA) SOBRE CAMINHÕES

O guindaste de lança reticulada montado sobre caminhão possui uma superestrutura totalmente giratória montada sobre um caminhão/suporte de múltiplos eixos. A vantagem dessa máquina é a *lança reticulada* ou *lança em treliça (treliçada)*. A superestrutura de lança reticulada é leve. Essa redução no peso da lança leva a uma maior capacidade de elevação, pois a máquina manuseia principalmente a carga içada e um peso menor da lança. A lança reticulada demora mais para ser montada. A lança leve dá a um equipamento de lança reticulada mais barato a mesma capacidade de içamento que uma unidade maior de lança telescópica. A Figura 17.7 mostra um guindaste de lança reticulada montado sobre um caminhão içando um painel pré-moldado em um projeto de construção.

Uma desvantagem dessas unidades é o tempo e o esforço necessário para desmontá-las para transporte. No caso das unidades maiores, pode ser necessário remover toda a superestrutura. Além disso, muitas vezes é preciso usar um segundo guindaste nessa tarefa. Contudo, alguns modelos mais novos são projetados de modo que o equipamento possa se desmontar sozinho, sem a ajuda de outro guindaste.

FIGURA 17.7 Um grande guindaste de lança reticulada (treliçada) montado sobre caminhão.

As dimensões e capacidades comuns de guindastes de lança reticulada montados sobre caminhões são:

1. Comprimento máximo da lança: 170 a 470 ft
2. Comprimento máximo da lança auxiliar (jib): 40 a 100 ft
3. Raio máximo (apenas lança principal): 130 a 380 ft
4. Raio mínimo: 10 a 25 ft
5. Capacidade máxima de içamento de carga (no raio mínimo): 50 a 300 toneladas
6. Velocidade de deslocamento máxima: 40 a 60 mi/h
7. Número de eixos: 4 a 8

GUINDASTES PARA TERRENOS ACIDENTADOS

Os guindastes para terrenos acidentados são montados sobre suportes de dois eixos (ver Figura 17.8; ver também Figura 20.7). A cabine do operador pode ser montada no guincho superior, permitindo que o operador oscile com a carga. Em muitos modelos no entanto, a cabine fica localizada no veículo no qual o guindaste está montado. Esse projeto é mais simples, pois os controles não precisam passar através da plataforma giratória. Em consequência, essas unidades têm custos menores. Os guindastes para terrenos acidentados também são chamados de "*cherry pickers*"

FIGURA 17.8 Guindaste para terrenos acidentados.

(literalmente, "colhedores de cerejas"). O termo se originou na Segunda Guerra Mundial, quando eram usados para manusear bombas, e *cherry* (cereja) era uma gíria para bomba. As unidades são equipadas com rodas extremamente grandes e eixos pouco espaçados, aumentando sua capacidade de manobra no canteiro de obras. Elas também merecem seu nome por possuírem uma grande altura livre sobre o solo, além de alguns modelos terem a capacidade de se mover em inclinações de até 70%. A maioria das unidades pode se deslocar em rodovias, mas suas velocidades máximas são de apenas cerca de 30 mi/h. No caso de grandes deslocamentos entre os locais das obras, elas devem ser transportadas em caminhões com carroceria baixa.

Hoje, muitas unidades usam controles de joystick. Um joystick permite ao operador manipular quatro funções simultaneamente. Os modelos mais comuns têm capacidade entre 20 e 60 toneladas e geralmente são usados como guindastes para serviços gerais. São principalmente máquinas para içamento de cargas, mas são capazes de realizar trabalho de ciclo de operação leve e intermitente. Para utilizar sua capacidade de içamento máxima, os guindastes devem utilizar estabilizadores quando estão em operação. Como costumam ser utilizados em trabalhos que exigem mudança frequente de local no canteiro de obras, os modelos pequenos e médios também podem trabalhar sobre suas rodas, ainda que com cargas reduzidas. Eles podem até se deslocar lentamente (até 3 mi/h) com suas cargas em terrenos firmes e planos, mas apenas sem uma extensão de lança auxiliar (jib) e com a lança em posição dianteira reta (ou seja, não girada).

As dimensões e capacidades comuns dos guindastes para terrenos acidentados são:

1. Comprimento máximo da lança: 70 a 170 ft
2. Comprimento máximo da lança auxiliar (jib): 20 a 50 ft
3. Raio máximo (apenas lança principal): 70 a 140 ft
4. Raio mínimo: 10 ft para a maioria dos modelos
5. Capacidade máxima de içamento de carga (no raio mínimo): 10 a 100 toneladas
6. Velocidade de percurso máxima: 15 a 35 mi/h
7. Número de eixos: 2 para todos os modelos

GUINDASTES TODO-TERRENO

O guindaste todo-terreno (ver Figura 17.9) foi projetado com um trem de rolamento capaz de deslocamentos de longa distância em rodovias, mas o veículo ainda possui acionamento em todos os eixos, tração em todas as rodas, direção articulada "tipo caranguejo", pneus grandes e alto vão livre sobre o solo. Os guindastes todo-terreno possuem cabines duplas: uma cabine inferior, para deslocamento rápido em rodovias, e uma cabine de superestrutura, que possui controles de guindaste e de direção. Assim, a máquina pode ser usada para trabalhos limitados de recolhimen-

FIGURA 17.9 Guindaste todo-terreno.

to e transporte. Como esse guindaste possui mobilidade no local de trabalho e capacidade de deslocamento no trânsito, ele é apropriado quando for necessário realizar diversos içamentos de cargas em mais de um canteiro ou em múltiplos locais de trabalho em um só projeto. Como esse equipamento combina dois recursos, ele tem custo maior do que um guindaste telescópico sobre caminhão ou um guindaste para terrenos acidentados de capacidade equivalente. Mas um equipamento todo-terreno pode ser posicionado no projeto sem a necessidade de que outros equipamentos de construção lhe preparem uma rota livre, como seria o caso dos guindastes montados sobre caminhões. Além disso, o guindaste todo-terreno não precisa de um caminhão de carroceria baixa para transportá-lo entre locais distantes de obras, como seria o caso de um guindaste para terrenos acidentados. O conceito do guindaste todo-terreno é relativamente novo (desde a década de 1980), mas tem ganhado popularidade rapidamente na Europa e na América do Norte; os fabricantes estão abandonando gradualmente os guindastes de lança telescópica montados sobre caminhão e adotando os guindastes todo-terreno, como se pode constatar pelo menor número de modelos do primeiro tipo disponível no mercado.

As dimensões e capacidades comuns dos guindastes todo-terreno são:

1. Comprimento máximo da lança: 100 a 200 ft (mas até 330 ft para os equipamentos maiores)
2. Comprimento máximo da lança auxiliar (jib): 30 a 240 ft
3. Raio máximo (apenas lança principal): 70 a 250 ft
4. Raio máximo (com lança auxiliar ou jib): 100 a 300 ft (mas até 400 ft para os equipamentos maiores)
5. Raio mínimo: 8 a 10 ft
6. Capacidade máxima de içamento de carga (no raio mínimo): 40 a 300 toneladas (mas até 1.300 toneladas para os equipamentos maiores máquinas)
7. Velocidade de deslocamento máxima: 40 a 55 mi/h
8. Número de eixos: 2 a 6 (mas até 8 ou 9 para os equipamentos maiores)

GUINDASTES MODIFICADOS PARA LEVANTAMENTO PESADO

Os guindastes modificados são sistemas que aumentam significativamente a capacidade de levantamento de um guindaste de esteiras. A capacidade de um guindaste é limitada por um de dois fatores: (1) resistência estrutural ou (2) momento de tombamento. Se um contrapeso for adicionado para impedir o tombamento durante o içamento de uma carga pesada, a máquina atingirá um ponto em que o peso de compensação é tão grande sem a carga que ela tombará para trás. Em algum ponto, mesmo com contrapeso suficiente, a lança sofre uma compressão tão forte que sua seção inferior cede. Os fabricantes, entendendo a necessidade dos usuários de realizar levantamentos pesados ocasionais e sua relutância em comprar uma máquina maior para um uso isolado, desenvolveram sistemas que oferecem a capacidade desejada ao mesmo tempo que preservam a integridade da máquina. Os três principais sistemas disponíveis são:

1. Contrapeso rebocado
2. Contrapeso extensível
3. Anel

Contrapeso flutuante (rebocado)

O guindaste básico não suporta o contrapeso. Em vez disso, o contrapeso adicional é montado sobre uma plataforma com rodas atrás do guindaste ("bandeja de contrapeso"), com o pino da plataforma conectado ao guindaste (ver Figura 17.10). O sistema utiliza um mastro posicionado atrás da lança, com os cabos de suspensão da lança montados no alto do mastro. Isso aumenta o ângulo entre a lança e os cabos de suspensão, reduzindo as forças de compressão sobre a lança. Um sistema moderno desse tipo inclui um êmbolo hidráulico enorme para extensão e retração da bandeja de contrapeso. A bandeja é apoiada por quatro sistemas de rodas articulados com motores próprios. As configurações e os limites operacionais para capacidade e diversos parâmetros de carga e movimento são controlados por computador.

Contrapeso extensível

Diversos fabricantes oferecem uma máquina com um sistema de contrapeso suspenso que pode ser estendido até a traseira da máquina de modo que a alavancagem corresponda aos requisitos da elevação.

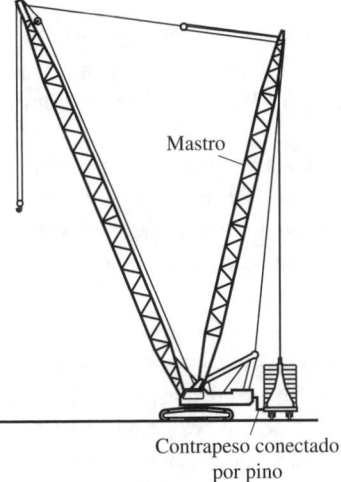

(a) Contrapeso rebocado

(b) Guindaste de esteiras equipado com contrapeso traseiro

FIGURA 17.10 Guindaste de esteiras com modificação de contrapeso traseiro para levantamento pesado.

FIGURA 17.11 Modificação de anel para guindaste de esteiras para levantamento pesado.

Anel

Com o sistema de anel, é criado uma grande plataforma rotativa circular externa à máquina básica (ver Figura 17.11). O sistema de contrapeso pesado fica apoiado nesse anel. Armações auxiliares conectadas por pinos ficam posicionadas na dianteira e na traseira da máquina, permitindo que o pé e o contrapeso da lança/mastro sejam afastados da máquina. Usando rolos ou rodas, as armações auxiliares se movem ao redor do anel. O guindaste básico acaba sendo apenas uma fonte de energia e controle.

Novos sistemas hidráulicos de automontagem permitem que o guindaste de esteiras seja modificado com uma configuração de anel em apenas três dias. Essa capacidade torna o sistema bastante competitivo para serviços que duram mais do que alguns poucos dias.

Devido a seu peso e tamanho, os anéis basicamente fazem com que os guindastes montados sobre eles deixem de ser "móveis". Em parte para superar essa limitação, um fabricante oferece um recurso pelo qual o guindaste pode erguer seu anel, deslocar-se até um novo local e baixar o anel de volta para o solo.

LANÇAS DE GUINDASTES

A maioria dos guindastes é equipada de lanças padronizadas projetadas para otimizar seu desempenho em uma série de aplicações. Contudo, os guindastes também podem utilizar configurações opcionais de lanças, adaptando-os a condições específicas de içamento de cargas. As lanças opcionais e topos de lança diferentes permitem que o equipamento atenda a requisitos de tolerância de carga, de alcance superior ou de maior capacidade de içamento de carga.

CAPACIDADES DE IÇAMENTO DE CARGAS DOS GUINDASTES

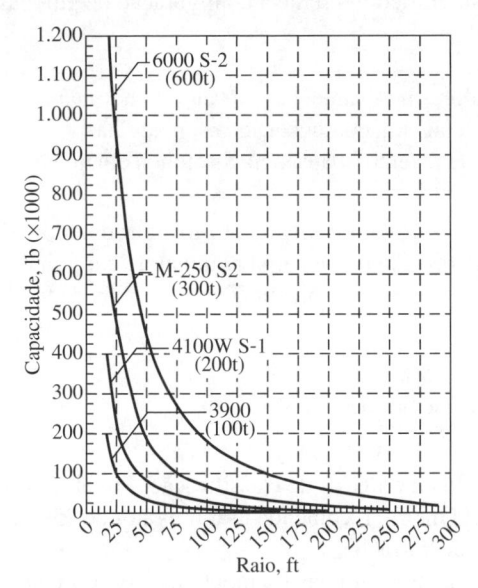

FIGURA 17.12 Capacidades de içamento de cargas com segurança de quatro guindastes de esteiras.
Fonte: Manitowoc Engineering Co.

roldana
Polia ranhurada para alterar a direção da força em um cabo de aço.

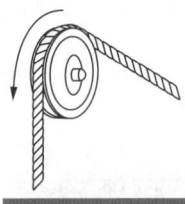

Como os guindastes são usados para içar e mover cargas de um local para o outro, é necessário conhecer a capacidade de levantamento e a faixa de trabalho do guindaste selecionado para um determinado serviço. A Figura 17.12 mostra as capacidades de içamento de carga de guindastes típicas para quatro guindastes de esteiras específicos de diversos tamanhos. As capacidades de içamento de unidades de fabricantes diferentes serão diferentes das informações na figura. Os diversos fabricantes e fornecedores disponibilizam informações sobre máquinas específicas nos documentos que descrevem seus produtos.

Quando um guindaste levanta uma carga ligada à tubulação de basculamento que passa sobre uma **roldana** localizada na ponta (extremidade) da lança do equipamento, ele tende a tombar. Isso causa aquilo que definimos como *condição de tombamento*. Quando o guindaste está sobre uma superfície de apoio firme e plana, sem vento, o ponto de tombamento é aquele em que há um equilíbrio entre o momento de tombamento da carga e o momento estabilizador da máquina. Durante testes para determinar a carga de tombamento para guindastes montados sobre rodas, os estabilizadores devem ser baixados para aliviar as rodas de todo o peso sobre a superfície de apoio ou o solo. O raio da carga é a distância horizontal a partir do eixo de rotação do guindaste até o centro da linha vertical de içamento ou do conjunto de cordas e polias com a carga aplicada. A *carga de tombamento* é a carga que produz uma condição de tombamento em um raio específico. A carga inclui o peso do item que estiver sendo içado mais os pesos de ganchos, blocos dos ganchos, cabos e quaisquer outros itens usados no içamento da carga, incluindo o peso do cabo de carga localizado entre a polia da extremidade da lança e o item sendo levantado.

CAPACIDADES NOMINAIS PARA GUINDASTES DE LANÇAS RETICULADAS (TRELIÇADAS) E TELESCÓPICAS

A carga nominal de um guindaste, publicada por seu fabricante, se baseia em condições ideais. Os gráficos de carga podem ser documentos complexos que listam diversas lanças, lanças auxiliares (ou jibs) e outros componentes que podem ser empregados para configurar o guindaste para tarefas diversas. É importante consultar o gráfico referente à configuração de guindaste que será utilizada de fato.

> Não é permitido interpolar entre valores publicados; use o valor menor mais próximo. As cargas nominais se baseiam em condições ideais, máquinas niveladas, condições calmas de ar (sem vento) e ausência de efeitos dinâmicos.

Um coeficiente de segurança parcial relativo a tombamento foi introduzido pelas normas de classificação da PCSA, afirmando que a carga nominal de um guindaste de içamento de cargas não excederá as seguintes porcentagens de cargas de tombamento em raios específicos:

1. Máquinas montadas em esteiras: 75%
2. Máquinas montadas sobre pneus de borracha: 85%
3. Máquinas sobre estabilizadores: 85%

Outros grupos também recomendam critérios de classificação. Por exemplo, a Construction Safety Association of Ontario recomenda usar um fator de 75% para máquinas montadas sobre pneus de borracha.

Um fabricante está produzindo guindastes montados sobre pneus de borracha com posições intermediárias de estabilizadores. Para posições intermediárias maiores do que metade do comprimento totalmente estendido, o fabricante usa uma classificação baseada em 80% da carga de tombamento. Para posições intermediárias menores do que metade do comprimento totalmente estendido, utiliza-se uma classificação de 75%. No momento, não há nenhum padrão para esse tipo de equipamento.

A capacidade de carga varia com o quadrante da lança referente ao trem de rolamento da máquina. No caso dos guindastes de esteiras, os três quadrantes que devem ser considerados são:

1. Sobre a lateral
2. Sobre a extremidade motriz das esteiras
3. Sobre a extremidade de roda-guia das esteiras

Os quadrantes de guindastes de esteiras também são definidos pela linha de centro longitudinal das esteiras da máquina e não pela rotação central. A área entre as linhas de centro das duas esteiras é considerada sobre a extremidade e a área fora das linhas de centro das esteiras é considerada sobre a lateral.

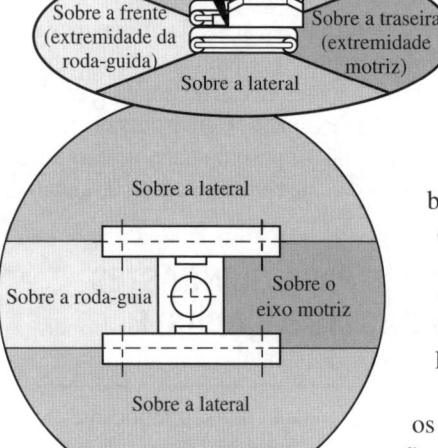

No caso dos guindastes montados sobre rodas, os quadrantes considerados variam com a configuração dos locais de estabilizadores. Se a máquina possuir apenas quatro estabilizadores, dois em cada lado, um dianteiro e o outro traseiro, os quadrantes geralmente são definidos por linhas imaginárias que correm do centro de rotação da superestrutura até a posição do apoio do estabilizador.

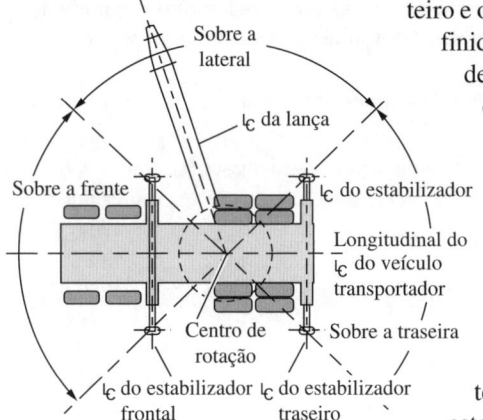

Nesse caso, os três quadrantes que devem ser considerados são:

1. Sobre a lateral
2. Sobre a traseira do veículo transportador
3. Sobre a frente do veículo transportador

Alguns guindastes montados sobre rodas possuem um estabilizador diretamente na frente, mas também existem outras configurações de estabilizador, específicos para determinadas máquinas. Assim, as melhores práticas determinam que você consulte as especificações do fabricante sobre como os quadrantes são definidos.

O importante é que a carga nominal deve se basear na direção de estabilidade mínima para a montagem, a menos que especificado do contrário. A condição de estabilidade mínima restringe a carga nominal, pois o guindaste precisa levantar e oscilar as cargas. O movimento de oscilação faz com que a lança se mova por vários quadrantes, alterando o efeito da carga sobre a máquina. Além disso, é preciso lembrar que a carga nominal se baseia no uso de estabilizadores totalmente estendidos.

As cargas nominais se baseiam no pressuposto de que o guindaste está em uma posição plana (para todos os 360 graus da oscilação). Quando o guindaste não estiver em uma superfície plana, mesmo pequenas variações afetam significativamente a capacidade de içamento de cargas. No caso de um equipamento de lança curta operando em raio mínimo, uma diferença de três graus em relação a um nível plano pode levar a uma perda de capacidade de 30%. Para equipamentos de lanças longas, a perda de capacidade pode chegar a 50% [9].

Outra consideração importante com os guindastes modernos é que o tombamento nem sempre representa o fator de capacidade crítico. Em raios curtos, a capacidade pode depender da resistência da lança ou do estabilizador e de sua capacidade estrutural; em raios longos, a tração do cabo de suspensão da lança pode ser o elemento controlador. Os gráficos de cargas dos fabricantes limitam a capacidade nominal a valores abaixo da condição crítica mínima, levando em conta todos os fatores possíveis.

A Tabela 17.1 ilustra o tipo de informação emitida pelos fabricantes de guindastes. O guindaste nesse exemplo é descrito como sendo controlado por cabos, montado sobre esteiras, capacidade nominal de 200 toneladas, com lança de 180 ft. É importante entender que a capacidade de içamento de carga pela qual os guindastes móveis são identificados (apesar dela não necessariamente dar origem aos seus nomes) não representa um método de classificação padrão, que é o motivo para o termo *nominal* ser adicionado à descrição. Na maioria dos casos, se for usada uma classificação de toneladas, esta se refere à capacidade com uma lança básica e içamento de carga a um raio mínimo. Alguns fabricantes utilizam um sistema de classificação

TABELA 17.1 Capacidades de içamento de cargas em libras para um guindaste de esteiras com capacidade nominal de 200 toneladas e com lança de 180 ft*

Raio (ft)	Capacidade (lb)	Raio (ft)	Capacidade (lb)	Raio (ft)	Capacidade (lb)
32	146.300	80	39.200	130	17.900
36	122.900	85	35.800	135	16.700
40	105.500	90	32.800	140	15.500
45	89.200	95	30.200	145	14.500
50	76.900	100	27.900	150	13.600
55	67.200	105	25.800	155	12.700
60	59.400	110	23.900	160	11.800
65	53.000	115	22.200	165	11.100
70	47.600	120	20.600	170	10.300
75	43.100	125	19.200	175	9.600

* Capacidades especificadas com base em 75% das cargas de tombamento.
Fonte: Manitowoc Engineering Co.

de momento de carga. A designação seria "tm". Por exemplo, um Demag AC 650 (refletindo uma capacidade de içamento de 650 toneladas, o que no caso se refere a uma tonelada métrica) é chamado por uma grande locadora de guindastes de AC 2000 (refletindo o momento de carga máximo de 2000 tm).

As capacidades localizadas na parte superior de um gráfico de carga (ver Tabela 17.2), geralmente definidas por uma linha mais grossa ou por sombreamento, representam condições de falha estrutural. Os operadores conseguem sentir a perda

TABELA 17.2 Capacidades de içamento de carga em libras para um guindaste hidráulico montado sobre caminhão de 25 toneladas*

Raio da carga (ft)	Capacidade de içamento de carga (lb)† Comprimento da lança (ft)						
	31,5	40	48	56	64	72	80
12	50.000	45.000	38.700				
15	41.500	39.000	34.400	30.000			
20	29.500	29.500	27.000	24.800	22.700	21.100	
25	19.600	19.900	20.100	20.100	19.100	17.700	17.100
30		14.500	14.700	14.700	14.800	14.800	14.200
35			11.200	11.300	11.400	11.400	11.400
40			8.800	8.900	9.000	9.000	9.000
45				7.200	7.300	7.300	7.300
50				5.800	5.900	6.000	6.000
55					4.800	4.900	4.900
60					4.000	4.000	4.000
65						3.100	3.300
70							2.700
75							2.200

* Capacidades de guindaste especificadas com base em 85% das cargas de tombamento.
† As cargas que aparecem abaixo da linha contínua são limitadas pela estabilidade da máquina. Os valores que aparecem acima da linha contínua são limitados por outros fatores que não a estabilidade da máquina.

de estabilidade antes de uma condição de tombamento. No caso de uma falha estrutural, contudo, não há nenhuma sensação para avisar o operador; assim, os gráficos de carga devem ser compreendidos e todas os içamentos devem atender estritamente as classificações.

Enquanto o fabricante considera os fatores estruturais do guindaste ao desenvolver um gráfico de capacidade para um determinado equipamento, lembre-se que os fatores operacionais, além do controle do fabricante, afetarão a capacidade absoluta no campo. As classificações do fabricante são válidas para um conjunto *estático* de condições. Um guindaste em um projeto opera em um ambiente *dinâmico*, içando, oscilando e se sujeitando a correntes de ar, umidade e variações de temperatura. O gráfico de carga fornecido pelo fabricante não leva em conta essas condições dinâmicas. Os fatores que afetarão significativamente a capacidade real do guindaste no local de trabalho são:

1. Forças de vento sobre a lança ou carga
2. Oscilação da carga
3. Velocidade de basculamento
4. Parada do basculamento

Esses fatores dinâmicos devem ser considerados com muito cuidado no planejamento de um içamento de carga.

Capacidades nominais para guindastes operados hidraulicamente

As cargas de tombamento nominais para guindastes hidráulicos são determinadas e designadas da mesma maneira que aquelas para guindastes controlados por cabos. No caso dos guindastes hidráulicos, no entanto, a carga nominal crítica pode ser determinada por limites de pressão hidráulica e não pelo tombamento. Assim, os gráficos de carga de guindastes hidráulicos representam a capacidade de içamento da máquina de acordo com a condição controladora, mas o fator determinante não é necessariamente o tombamento. A importância disso é que o operador não pode usar sua sensação física de equilíbrio (a sensação da máquina) para determinar a capacidade de içamento segura.

FAIXAS DE TRABALHO DE GUINDASTES

A Figura 17.13 mostra a altura da extremidade da lança acima da superfície que suporta o guindaste e a distância do cabo de carga a partir do centro de rotação com base em diversos ângulos de lança. A figura é referente ao guindaste cujas capacidades de levantamento são informadas na Tabela 17.1.

O comprimento máximo da lança pode ser aumentado até 180 ft. O comprimento da lança é aumentado pela adição de seções na metade do comprimento da lança, ou próximo dela, geralmente em incrementos de 10 ft, 20 ft ou 40 ft.

EXEMPLO 17.1

Usando as informações da Figura 17.13, determine o menor comprimento de lança que permitirá que o guindaste levante uma carga a 34 ft de altura até uma posição 114 ft acima da superfície na qual o guindaste opera. O local do projeto exigirá que o guindaste

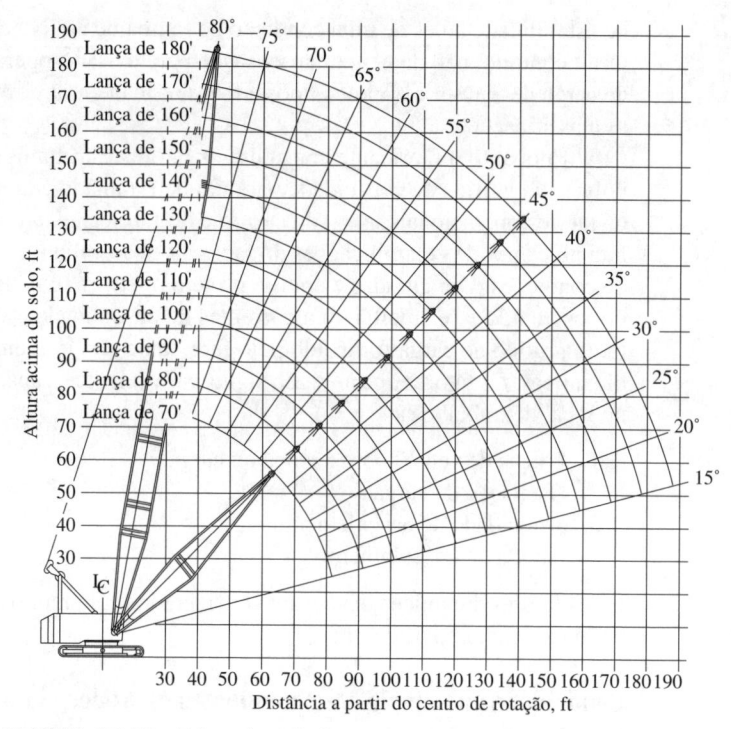

FIGURA 17.13 Faixas de trabalho para um guindaste de esteiras de capacidade nominal de 200 toneladas.
Fonte: Manitowoc Engineering Co.

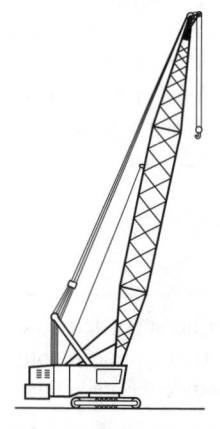

recolha a carga de um caminhão a uma distância de 70 ft em relação ao centro de rotação do guindaste. Assim, o raio operacional será de 70 ft.

Para levantar a carga até o local especificado, a altura mínima da extremidade de lança do guindaste deve ser de pelo menos 174 ft (114 + 34 + 26) acima do solo que suporta o guindaste. Uma análise do diagrama na Figura 17.13 revela que para um raio de 70 ft, a altura do ponto de lança para uma lança de 180 ft de comprimento é alto o suficiente.

Se o bloco, gancho e cabos pesam 5.000 lb, determine o peso líquido máximo da carga que pode ser içada. Usando a Tabela 17.1, descobrimos que para um comprimento de lança de 180 ft e um raio de 70 ft, a carga total máxima é de 47.600 lb. Se o peso do bloco, gancho e cabos for deduzido da carga total, o peso líquido do objeto levantado será de 42.600 lb, que é o peso seguro máximo do objeto levantado.

GUINDASTES DE TORRE

CLASSIFICAÇÃO

Os guindastes de torre oferecem uma altura de içamento significativa e bom raio de trabalho ao mesmo tempo que ocupam uma área bastante limitada. Essas vantagens são obtidas ao custo de uma baixa capacidade de elevação e mobilidade limitada em comparação com os guindastes móveis. As três configurações mais comuns de guindaste de torre são (1) um arranjo de lança vertical especial ("acessório de torre") em um guindaste móvel (ver Figura 17.14), (2) uma superestrutura de guindaste móvel montada sobre uma torre (ver Figura 17.15) e (3) uma torre vertical com jib (lança auxiliar). Nos Estados Unidos, a última descrição é chamada de tipo europeu (ver Figura 17.16), mas em outros lugares é a ideia evocada pelo termo "guindaste de torre" quando este não recebe qualquer qualificação adicional.

Como a torre vertical com um jib (ou lança auxiliar) é o tipo de guindaste de torre mais usado, este será o guindaste principal analisado nesta seção. Os guindastes de torre desse tipo geralmente se encaixam e uma de duas categorias:

17.1

1. Os guindastes de torre de *topo giratório (torre fixa)* (ver Figuras 17.16 e 17.27) possuem uma torre fixa e um anel de giro ("anel" ou "coroa") montado no topo, permitindo que apenas jibs ou lanças auxiliares (jib principal e contralança auxiliar), topo da torre e cabine do operador girem. A torre é montada a partir de seções modulares reticuladas (treliçadas), o que explica por que o termo "guindaste de torre seccional" costuma ser utilizado em referência a esse tipo de equipamento. O guindaste é estabilizado em parte em sua base (por lastros e outros meios de ancoragem no solo) em parte por lastros na contralança auxiliar.
2. Os guindastes de torre de *base giratória (torre giratória)* (ver Figura 17.17) têm o anel de giro sob uma plataforma giratória, de modo que a torre e o sistema de lança auxiliar giram em relação ao chassi de base. A torre é basicamente um mastro telescópico, motivo pelo qual o termo "guindaste de torre telescópico" costuma ser aplicado a esse tipo de equipamento. Em geral, o mastro segue

FIGURA 17.14 Dois guindastes móveis com acessório de torre.

FIGURA 17.15 Superestrutura de guindaste móvel montada sobre uma torre.

FIGURA 17.16 Guindastes de torre: base estática, torre fixa, tipo europeu.

um projeto de treliça aberta (sempre para os guindastes maiores) (ver Figura 17.18a), mas um mastro de seção tubular fechada (oca), semelhante à lança telescópica de um guindaste móvel, está sendo utilizado para os guindastes menores desse tipo, mas também cada vez mais para os de médio porte (ver Figura 17.18b). O mastro tubular nos modelos menores muitas é dobrável em vez de telescópico. Todo o lastro fica sobre a plataforma de base giratória.

FIGURA 17.17 Guindaste de torre de base giratória.

(a) Mastro tipo treliça   **(b) Mastro tubular**

FIGURA 17.18 Plataforma de giro e lastro em guindaste de torre de base giratória.

As principais diferenças entre essas duas categorias se refletem nos procedimentos de montagem e desmontagem e na altura de içamento. Os guindastes de torre de base giratória são menores e a maioria pode ser rebocada entre um canteiro de obras e outro. Outra vantagem é que eles basicamente se montam sozinho com seus próprios motores e em relativamente pouco tempo (uma ou várias horas) usando um procedimento simples. Eles costumam ser chamados de guindastes "automontáveis" ou de "montagem rápida". Isso ocorre, no entanto, às custas da altura de serviço, como determinado pela torre telescópica (mastro), que, devido a sua base giratória, não pode ser escorada em uma estrutura permanente. Por outro lado, transportar, montar e desmontar guindastes de topo giratório exige mais tempo (de um dia a uma semana) e representa procedimentos mais caros e complexos. A montagem de um guindaste de torre de topo giratório exige o auxílio de outros equipamentos, em geral um grande guindaste móvel (ver Figura 17.19), mas o guindaste alcança alturas maiores. Por consequência, os modelos de base giratória somente são adequados para serviços de curto prazo em edifícios mais baixos, enquanto os guindastes de topo giratório muitas vezes atendem arranha-céus em serviços que utilizam o guindaste por um período prolongado.

Nos Estados Unidos, os guindastes de torre costumam ser os equipamentos adotados quando:

1. As condições do local são restritivas.
2. A altura de içamento e o alcance são consideráveis.
3. A mobilidade não será necessária.
4. Limites de ruídos são impostos.

Por esses motivos, a maioria dos guindastes de torre usados nos EUA é da categoria de topo giratório. A Figura 17.20 apresenta a nomenclatura de um guindaste de torre de topo giratório.

Na Europa, apesar de essas máquinas terem sido introduzidas amplamente após a Segunda Guerra Mundial, guindastes de torre de base e de topo giratório são usados em todos os tipos de projeto: junto a edifícios baixos em canteiros espaçosos,

FIGURA 17.19 Montagem de um guindaste de topo giratório.

na construção de rodovias e até em projetos de serviços gerais. Além disso, é possível montar trilhos longos que dão mobilidade ao guindaste no local de trabalho. Em todos esses tipos de projeto em que o guindaste de torre é adotado, apesar de não representar uma necessidade, a economia é resultado de seu baixo custo operacional, que compensa os possíveis custos mais elevados de montagem e desmontagem.

OPERAÇÃO

Os guindastes de torre verticais podem ser montados sobre uma subestrutura de guindaste móvel, uma base fixa ou uma base móvel, ou podem ser configurados para subir dentro da estrutura que está sendo construída.

Guindastes móveis equipados com torres verticais

Os guindastes de torre montados em esteiras e caminhões usam jibs (lanças auxiliares) fixados por pinos que se estendem de lanças especiais montadas verticalmente (ver Figura 17.14). Um guindaste de torre montado sobre esteiras pode se deslocar sobre solo firme e plano depois da torre ser montada, mas sua capacidade de manusear cargas enquanto está em movimento é limitada. Um guindaste de torre montado sobre caminhão precisa estender e baixar seus estabilizadores antes da torre ser erguida. Assim, ele não pode se deslocar com a carga e sua torre deve ser desmontada antes de o guindaste mudar de lugar. Modelos recentes de guindastes de torre

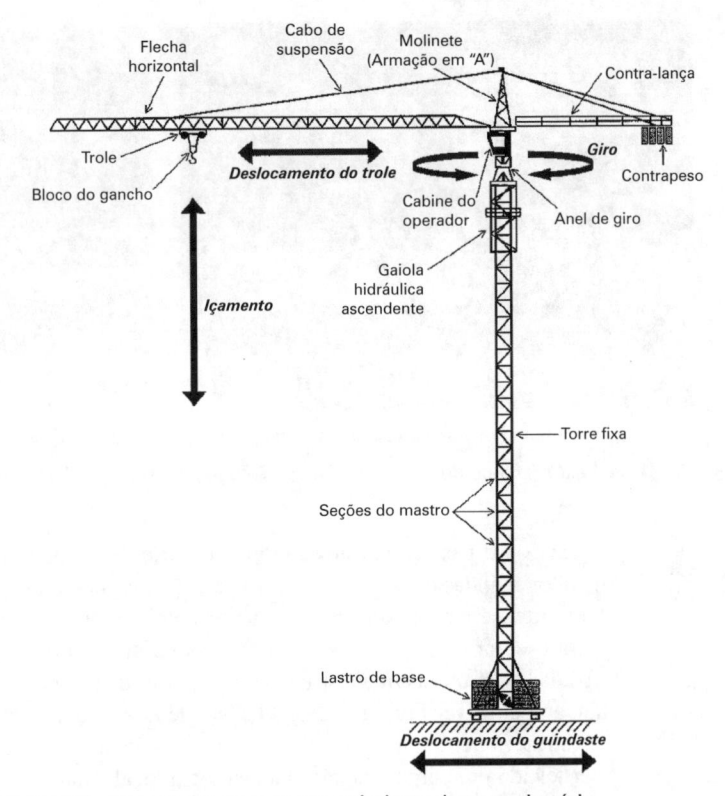

FIGURA 17.20 Nomenclatura para um guindaste de topo giratório.

montados em caminhões misturam um guindaste de torre de base giratória com um guindaste móvel sobre caminhão. O resultado oferece alcance e altura de içamento excelentes, como ocorreria com um guindaste de torre normal, mas pode ser montado e desmontado em cerca de 15 minutos.

Guindastes de torre de base fixa

O guindaste de base fixa, normalmente com configuração de topo giratório, em geral tem sua torre montada sobre uma fundação projetada em concreto massa, ou presa em cantoneiras de fixação inseridas da base (ver Figura 17.21), ou sobre seu chassi com lastro, que é aparafusado à base de concreto. Ocasionalmente, a torre pode ser montada sobre um trem de rolamento estático sobre trilhos com lastro. No início do projeto, geralmente se utiliza um grande guindaste móvel ou sobre esteiras para montar o guindaste de torre até sua altura máxima; contudo, muitos desses guindastes de torre podem aumentar independentemente a altura de sua torre por meio de um mecanismo de ampliação vertical. Para guindastes com essa capacidade, é possível usar um guindaste móvel menor, pois não é necessário montar a torre até sua altura máxima logo no princípio, já que seções de torre adicionais (altura) podem ser adicionadas à medida que o trabalho avançar.

Um limite vertical conhecido como *altura livre máxima* determina quanto os guindastes de base fixa podem ser elevados com segurança acima de uma base, em

(a) Montando a primeira seção da torre **(b) Bloco de concreto completo**

FIGURA 17.21 Bloco de uma fundação projetada para um guindaste de torre de base fixa.

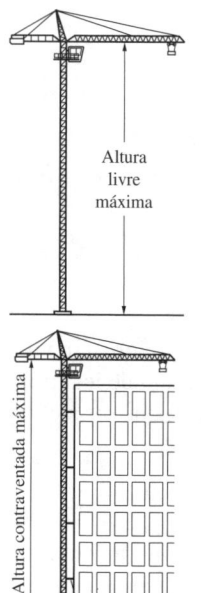

geral 200 ft para guindastes de topo giratório de tamanho médio e até 400 ft para os guindastes maiores. Se for necessário erguer a torre acima dessa altura limite, será preciso fornecer escoramento lateral. Podem ser usados cabos para escorar os guindastes de torre, mas na maioria dos casos as torres são fixadas à estrutura em construção por suportes de aço projetados (estrutura de ancoragem) (ver Figura 17.22). O custo de fixar (contraventar) um guindaste à estrutura aumenta rapidamente com a distância entre os dois, o que deve ser levado em conta quando planejamos o local exato do guindaste. Mesmo quando as ligações de fixação (contraventamentos) são fornecidas, existe um limite de *altura contraventada máxima* para a torre (apesar de guindastes de topo giratório de 1.000 ft de altura não serem excepcionais). Esses limites são determinados pela capacidade estrutural da estrutura da torre e são específicos a cada máquina.

As dimensões e capacidades comuns de guindastes de torre de topo giratório são:

1. Comprimento do jib (lança auxiliar): 100 a 270 ft (mas até 330 ft para equipamentos maiores)
2. Comprimento da seção do mastro: 10 a 20 ft
3. Dimensões de base: 13 x 13 ft a 27 x 27 ft
4. Seção transversal da torre: 4 x 4 ft a 8 x 8 ft
5. Capacidade máxima de içamento de carga: 10.000 a 90.000 toneladas (mas até 350.000 toneladas para equipamentos maiores)
6. Capacidade máxima de içamento de carga na extremidade de uma lança auxiliar ou jib ("carga da ponta da lança"): 2.000 a 13.000 lb (mas até 100.000 lb para equipamentos maiores)
7. Momento de içamento: 140 a 1.200 ton-ft (mas até 15.000 ton-ft para equipamentos maiores)
8. Velocidade máxima de içamento: 150 a 500 ft/min
9. Velocidade máxima de **deslocamento do trole**: 100 a 350 ft/min
10. Velocidade de giro máxima: 0,6 a 1,0 rpm (0,8 rpm para a maioria das marcas e modelos)

deslocamento do trole
O movimento horizontal do trole ao longo da lança auxiliar (jib) de um guindaste de torre.

FIGURA 17.22 Estruturas projetadas de ancoragem de aço projetado fixando um guindaste de torre de topo giratório à estrutura.

Uma torre montada com o uso de outros equipamentos no início de um projeto não pode ter uma altura maior do que sua altura livre máxima, pois não existe uma estrutura com a qual o contraventamento lateral pode ser conectado. Se, após a estrutura do edifício avançar, for necessário erguer a torre do guindaste, o procedimento envolveria a remoção da superestrutura do guindaste da armação da torre antes que fosse possível adicionar uma seção de torre. Isso envolveria outros equipamentos, como um guindaste móvel, e seria um projeto extremamente dispendioso.

Com a capacidade de se erguerem sozinhos com a adição de seções de torre, a montagem de guindastes de torre com topo giratório até alturas verticais maiores é um processo relativamente fácil e econômico. Esses guindastes possuem uma seção especial operada hidraulicamente, chamada de "gaiola ascendente (telescópica)" ou "armação ascendente" para esse fim (ver Figura 17.23).

A operação de montagem é um procedimento em três passos:

1. O guindaste iça uma nova seção da torre e a leva até sua torre.
2. A gaiola ascendente ergue hidraulicamente o anel de giro e as lanças auxiliares (jibs) e a nova seção da torre é inserida e posicionada sobre a torre montada anteriormente.
3. Os macacos hidráulicos são soltos e o anel de giro e as lanças auxiliares ou jibs são reposicionados e fixados à torre estendida.

O mesmo procedimento pode ser realizado em ordem contrária para baixar o guindaste no final do trabalho, desde que a estrutura permanente existente não impeça o rebaixamento do jib (lança auxiliar). Garantir a capacidade de realizar essa operação pode ser uma consideração importante para determinar o local exato do guindaste em relação ao edifício construído.

As gaiolas ascendentes de um guindaste de torre geralmente são modulares e aceitam todos os guindastes com a mesma seção transversal de mastro. Assim, uma

FIGURA 17.23 Gaiola hidráulica ascendente de um guindaste de torre.

empresa que possua uma frota de guindastes de torre precisa apenas de um número limitado de gaiolas, levadas de um canteiro de obras para o outro para erguer guindastes quando necessário.

Os guindastes de torre de base fixa são projetados para suportar ventos de alta velocidade. Contudo, os ventos podem afetar a estabilidade e operação do guindaste através das forças impostas ao perfil e estrutura do guindaste ou sobre a carga sendo manuseada. Em termos do perfil do guindaste, placas de grande área (p.ex., com o nome e logotipo da empreiteira) colocados sobre a lança auxiliar ou jib aumentam a carga do vento. Durante o içamento de cargas com grande área de superfície, como painéis de forma de concreto, a carga pode atuar como uma vela contra o vento. Os guindastes são equipados com um freio especial, usado para manter o jib em sua posição no caso de vento. Esse freio opera automaticamente quando o motor de giro para. Ao final do dia de trabalho, o freio normalmente é desativado para que a lança auxiliar (jib) possa girar livremente conforme a ação do vento (**weathervaning**).

weathervaning
Girar livremente com o vento (para um guindaste não operacional) para que a área exposta ao vento seja mínima.

Um guindaste de torre de base fixa também pode ter base giratória. Ao contrário do que ocorre com os guindastes de topo giratório, no entanto, a torre não é montada sobre um bloco de concreto, mas em um chassi estaqueado (estabilizado). Um trem de rolamento removível (reboque) é usado para deslocamento no local de trabalho, quando necessário, e para transporte entre canteiros. Para relocação dentro do local de trabalho, o guindaste pode ser rebocado em sua posição operacional vertical completa ou parcialmente dobrado, e não necessariamente todo dobrado, dependendo do terreno (liso ou irregular) e seu grau. Alguns modelos são autopropulsores, usando o trem de rolamento removível para se movimentar. O guindaste jamais pode ser rebocado com carga. O mastro dos modelos menores, de seção oca, muitas vezes é do tipo dobrável (não telescópico).

As dimensões e capacidades comuns de guindastes de torre de base giratória são:

1. Comprimento da lança auxiliar (jib): 70 a 180 ft
2. Número de peças do mastro telescópico/dobrável: 2 a 3
3. Dimensões de base: 10 x 10 a 15 x 15 ft
4. Comprimento do transporte rebocado total: 30 a 50 ft
5. Capacidade máxima de içamento de carga: 2.000 a 20.000 lb
6. Capacidade máxima de içamento de carga na extremidade de uma lança auxiliar ou jib ("carga da ponta da lança"): 1.000 a 7.000 lb
7. Momento de içamento: 35 a 600 ton-ft
8. Velocidade máxima de deslocamento do trole: 60 a 200 ft/min
9. Velocidade de giro máxima: 0,8 rpm

Guindastes de torre móveis

A base com lastro desse tipo de guindaste de torre é montada sobre um par de trilhos fixos (ver Figura 17.24), permitindo que a carga se mova ao longo dos trilhos com uma carga. A vantagem é que isso possibilita a maior cobertura da área de trabalho. Em alguns casos, o guindaste não é montado sobre trilhos para deslocamentos de rotina, mas simplesmente para permitir sua relocação com o avanço do projeto, representando uma opção mais econômica em comparação com a desmontagem e remontagem do equipamento. A rampa máxima para os trilhos de um guindaste móvel depende do modelo, mas geralmente não supera 1%. Guindastes de torre móveis podem ser de topo giratório ou de base giratória, com alturas que normalmente não excedem 230 ft para o primeiro tipo e 100 ft para o segundo. A velocidade de deslocamento máxima para ambos os tipos é de 65 a 100 ft/min.

Quando considerar uma opção de guindaste montado sobre trilhos, contabilize também os custos envolvidos na aquisição e construção dos trilhos, incluindo a terraplenagem necessária em uma área relativamente grande. Os trilhos, geralmente de com 13 a 27 ft de largura, também obstruem os movimentos de outros equipamentos e veículos no local de trabalho. Mas um guindaste sobre trilhos é uma solução provável para projetos dispersos, nos quais o método de construção exige o uso prolongado de serviços de guindaste em uma determinada zona do edifício, ou no caso de projetos lineares, como a construção de um canal.

FIGURA 17.24 Guindaste de torre se deslocando sobre um par de trilhos fixos.

Guindastes de torre ascencionais

Junto com o guindaste de torre com escoramento externo, o guindaste de torre ascendente ou ascencional é a escolha mais frequente para a construção de arranha-céus e é uma solução de mecanismo de elevação para edifícios maiores do

FIGURA 17.25 Guindaste de torre ascendente (ascencional) interno em um edifício de estrutura independente de aço.

guindaste móvel ou guindaste tipo "derrick"
Esse guindaste é denominado tipo "derrick" como referência ao nome de um carrasco londrino que executava pessoas na forca no final do século XVI. O termo se refere à semelhança entre as forcas e os dispositivos de levantamento da época. Mais especificamente, guindaste tipo "derrick" é um aparato de levantamento composto por um mastro, sustentado na dianteira por tirantes, e usado como mecanismo de içamento ou elevação de cargas.

que o limite de altura escorada máxima do guindaste de torre. Apoiado estruturalmente pelos pavimentos do edifício sendo construído, o guindaste sobe utilizando colares ascendentes especiais, adaptados aos pavimentos estruturais completados do edifício (ver Figura 17.25). O peso do guindaste e das cargas içadas é transmitido à estrutura do edifício. O guindaste tem um mastro relativamente curto, pois ele sobe à medida que a construção vertical avança. Esse movimento ascendente, que causa interrupções no trabalho realizado, ocorre incrementalmente, depois de um certo número de andares, dependendo da altura do mastro empregado. Um mastro mais alto exige a execução menos frequente do procedimento de ascensão.

Um sistema de êmbolos e travas permite o movimento vertical do guindaste de torre ascendente. Normalmente, o guindaste é montado primeiro sobre uma base fixa, mas à medida que o trabalho avança, ele é removido de seu chassi e transferido para uma armação ascendente montada sobre a estrutura. Uma seção de pavimento típica não consegue sustentar com segurança a carga imposta pelo guindaste em operação; assim, o projetista estrutural deve considerar as cargas impostas pelo guindaste na área dessa abertura. Mesmo quando as cargas do guindaste são levadas em conta durante o projeto do edifício, normalmente é necessário usar escoramento em diversos andares abaixo da armação do guindaste de torre. Para evitar o reforço prévio do edifício e o uso de escoramentos temporários, o guindaste ascendente muitas vezes é colocado dentro do poço do elevador que serve como núcleo estrutural do edifício. Esse local também tem a vantagem de não deixar aberturas nos pavimentos para serem completadas depois que o guindaste foi erguido. Por outro lado, o uso do poço do elevador para esse fim pode causar atrasos na montagem do elevador, que normalmente fica no caminho crítico do cronograma do projeto. Além disso, essa escolha pode limitar as opções de sistema de forma para as paredes de concreto do poço.

Ao final da construção, um guindaste de torre fica montado no alto da estrutura, sem ter como baixar a si mesmo. A remoção deve usar métodos externos, como um **guindaste móvel ou um guindaste tipo "derrick"**. A opção de guindaste móvel pode ser limitada pela altura do guindaste de torre e a área de acesso confinada junto ao edifício. Com um guindaste tipo *"derrick"*, inicialmente o guindaste de torre a ser desmontado iça guindaste tipo *"derrick"* até o alto do edifício. O guindaste tipo "*derrick*" é colocado sobre o telhado para que possa desmontar o guindaste de torre e então é desmontado com o uso de ferramentas manuais; suas peças são transportadas pelo elevador do edifício. Devido às alturas envolvidas e à possível interferência física da estrutura completa, a operação de desmontagem deve ser planejada com cuidado e pensada desde a seleção inicial dos equipamentos do projeto. Se dois ou mais guindastes de torre forem usados no projeto e houver uma sobreposição da cobertura dos ganchos, pode ser possível usar o guindaste com a altura de gancho maior para desmontar o menor. Em circunstâncias nas quais nenhuma dessas técnicas pode ser empregada, uma solução bastante cara seria utilizar um helicóptero.

Configurações de lança auxiliar ou jib

O sistema de lança auxiliar horizontal (ver Figuras 17.16 e 17.20) para um guindaste de topo giratório costuma ser chamado de "cabeça de martelo", mas a terminologia correta é *jib com trole* ou *saddle jib*. Esse tipo de lança auxiliar é afixado em uma posição horizontal por cabos de suspensão. Na verdade, são duas lanças auxiliares: (1) o jib principal, com um bloco de carga pendente de um carro que atravessa a lança para alterar o raio operacional do gancho; e (2) um jib de contrapeso traseiro, a contralança auxiliar. Alguns modelos de guindaste de topo giratório são equipados com um jib horizontal retrátil, que é vantajoso em locais de trabalho com restrições de espaço. Em geral, a cabine do operador fica diretamente abaixo do jib principal, acima do anel de giro no alto da torre ou presa à lateral da torre. Com isso, o operador enxerga todo o canteiro de obras, o que minimiza as obstruções da linha de visão das zonas de carregamento e descarga, um problema comum com guindastes móveis. Com linhas de visão claras, a produtividade aumenta e a segurança melhora. Por outro lado, o operador precisa subir até a cabine no alto do guindaste todos os dias. Com guindastes adjacentes ao edifício construído, parte do problema se resolve com o uso de passadiços ou plataformas temporárias de um dos pavimentos superiores acabados até o mastro do guindaste. Outra solução, já regulamentada em alguns países europeus, é o uso de um elevador de guindaste especial. Alguns guindastes têm cabines que sobem o mastro, servindo como meio de transporte para os operadores (ver Figura 17.26). Além de serem usadas como elevadores, essas cabines permitem que o operador as posicione na altura que desejarem para otimizar sua visibilidade. As cabines podem girar em torno do mastro, sincronizadas com o giro do jib. As cabines ascendentes são cada vez mais comuns em guindastes de base giratória (ver Figura 17.18b), nos quais o mastro giratório simplifica seu projeto (ao contrário do que ocorre com o mastro fixo de um guindaste de topo giratório).

FIGURA 17.26 Guindaste de torre com cabine do operador ascendente.

Quando dois ou mais guindastes de topo giratório são usados no mesmo local, como acontece com frequência, suas áreas de trabalho podem se sobrepor. Por uma questão de segurança, é preciso manter uma determinada distância vertical livre (mínimo de 7 ft) entre o jib do guindaste superior e o guindaste inferior. Se as zonas sobrepostas incluírem o mastro do guindaste inferior, o espaço de segurança será determinado pela altura da parte superior do guindaste com jib horizontal (o "molinete" ou "armação em 'A'"), geralmente 13 a 43 ft, e a altura do guindaste superior deve ser aumentada significativamente. A altura do molinete e sua contribuição para a altura total do guindaste com jib horizontal também pode ser essencial em uma situação sem sobreposições, caso a altura máxima do guindaste seja restrita (ex.: próximo a aeroportos ou sob fios de alta tensão).

Um guindaste de topo giratório com uma *lança auxiliar (jib) em cantilever* sem cabos de suspensão (um guindaste "tipo plano"; ver Figura 17.27) oferece uma solução para situações de sobreposição e de restrição de altura. Os guindastes tipo plano, que começaram a conquistar popularidade no início da década de 2000, oferecem diversas vantagens, como:

- projeto de perfil comparativamente leve devido à ação unidirecional de todas as forças na lança auxiliar (jib), independentemente do local e peso da carga;
- montagem mais rápida e fácil; e
- exigência menor de alcance para o guindaste móvel de montagem.

Os guindastes de base giratória não têm contralanças; assim, todo o contrapeso fica colocado na base da torre giratória (ver Figura 17.18). A cabine do operador pode ficar diretamente abaixo da lança auxiliar (jib), no alto da torre, ou em uma posição ligeiramente inferior. Como a altura dos guindastes de base giratória é limitada, eles normalmente não oferecem problemas de subida para que o operador alcance a ca-

FIGURA 17.27 Guindaste de torre tipo plano.

bine. Muitas vezes, esses guindastes de base giratória são operados de um estande de controle na base da torre ou por controle remoto, e não de uma cabine superior. A operação por controle remoto de guindastes de torre de topo giratório, apesar de incomum, também é possível; quando utilizada, ela serve principalmente para resolver o problema das zonas de trabalho invisíveis para o operador.

Se a lança auxiliar (jib) for presa à sua base por um pino e sustentada por cabos usados para controlar seu ângulo de inclinação, ela é conhecida pelo nome de *jib de lance variável* (ou *luffing jib*, ver Figura 17.28). Controlando a inclinação da lança, o operador varia o raio do gancho do guindaste. O termo "guindaste de jib de lance variável" é muito aplicado apenas a guindastes de topo giratório (muito chamados de *luffers*). Também existem sistemas fixos de jibs de lance variável para guindastes de base giratória. Sua lança auxiliar é suportada por cabos de sustentação em um ângulo de inclinação fixo

FIGURA 17.28 Guindaste de torre com jib de lance variável.

(0 a 30 graus), como determinado antes da montagem do guindaste, e o raio do gancho é variado pelo uso de um carrinho que atravessa a lança auxiliar (jib) inclinada, geralmente com uma capacidade de carga reduzida em comparação com o deslocamento horizontal do trole. O jib de lance variável em alguns desses modelos de guindaste de base giratória também é uma *lança auxiliar (jib) articulada*, na qual a parte interna da lança auxiliar (próxima à torre) permanece horizontal, enquanto o resto da lança pode ser inclinada até 45 graus durante a operação ("posição de prevenção de obstruções"), com o trole travado na extremidade da lança. Um guindaste de jib de lance variável demonstra vantagens evidentes em espaços confinados (p.ex., onde edifícios existentes limitam o giro de um *saddle jib*) e no caso do trabalho próximo a outros guindastes (ou seja, para evitar sobreposições). Dependendo da altura do guindaste, ele também oferece uma altura extra sob o gancho. Algumas cidades, como Tóquio, proíbem o movimento da lança auxiliar do guindaste além dos limites do canteiro de obras (a chamada *sobrepassagem*); sob essas restrições, um guindaste de jib de lance variável pode ser a única solução viável.

SELEÇÃO DE GUINDASTE DE TORRE

O uso de um guindaste de torre envolve planejamento significativo, pois o guindaste fica ancorado em um local fixo durante as principais atividades de construção. Desse local fixo, ele deve ser capaz de cobrir todos os pontos em que as cargas serão içadas e alcançar os locais onde as cargas serão colocadas. Assim, quando selecionar um guindaste para um determinado projeto, o engenheiro deve ter certeza que os pesos das cargas podem ser manuseados em seus raios correspondentes.

Os guindastes de torre individuais são selecionados para uso com base em:

1. Pesos das cargas mais pesadas em diversos raios de levantamento
2. Dimensões das cargas, especialmente próximo ao mastro
3. Altura livre máxima do guindaste
4. Altura escorada (contraventada) máxima do guindaste
5. Localização e espaçamento dos contraventamentos necessários
6. Sistema de ascensão de guindaste
7. Peso do guindaste suportado pela estrutura
8. Altura livre disponível
9. Área que deve ser alcançada pelo gancho
10. Velocidades de basculamento
11. Sistemas de desmontagem

O movimento vertical de materiais durante o processo de construção cria uma exigência de folga de *espaço livre disponível*. Essa folga é definida como a distância vertical entre a posição máxima do gancho do guindaste e a área de trabalho mais alta da estrutura. Esse requisito é definido pelas dimensões das cargas que devem ser erguidas até a área de trabalho mais alta durante o processo de construção. Por uma questão de segurança e praticidade, a altura do gancho acima do nível superior de construção nunca deve ser inferior a 20 ft. Quando selecionar um guindaste de torre para uma estrutura bastante alta, um guindaste de torre ascencional pode ser a única opção capaz de atender o requisito de espaço livre disponível.

Selecionar um guindaste de torre (ou vários) para um projeto pode ser um desafio, especialmente se o projeto for complexo ou abranger uma área muito grande. Primeiro, a seleção do guindaste de torre e outros grandes equipamentos de projeto precisa ser realizada simultaneamente e com muita atenção às opções de lançamento de concreto e de forma. Essas considerações são todas interdependentes.

Em segundo lugar, muitas vezes a consideração das alternativas de guindastes está ligada à consideração sobre métodos de construção (como concreto moldado *in loco versus* elementos pré-moldados).

Em terceiro lugar, como principal meio de içamento no local de trabalho, o guindaste deve ter a capacidade de atender as demandas de produção do cronograma do projeto e do plano de progresso; muitas vezes, dois guindastes precisam operar em uma zona de trabalho compartilhada para cumprir os prazos de içamentos.

Finalmente, as construtoras tendem a considerar primeiro os guindastes disponíveis de suas próprias frotas; assim, a seleção do guindaste para um determinado projeto deve ser coordenada com os planos de equipamento para outros projetos sendo executados pela empresa.

Todos esses fatores podem se aplicar a qualquer tipo de guindaste e a outros equipamentos, mas são mais significativos no caso dos guindastes de torre. Devido ao tempo de serviço prolongado do guindaste de torre em uma posição fixa no local e os altos custos envolvidos nos processos de montagem e desmontagem, a flexibilidade operacional desse tipo de equipamento é mínima. O gerente de projeto está sempre analisando e planejando como avançar com o trabalho, mesmo depois que a construção começou, mas o uso de um guindaste de torre limita as opções de replanejamento devido ao custo e ao tempo envolvidos na substituição de um guindaste de torre ou mesmo da mudança de local do mesmo guindaste dentro de um projeto.

CAPACIDADES NOMINAIS PARA GUINDASTES DE TORRE

A Tabela 17.3 é um gráfico de capacidade para um guindaste de torre ascencional com alcance máximo de 218 ft. Esse guindaste específico pode ter uma altura livre estacionária tal que o espaço livre sob o gancho seja de 212 ft. Embora a altura de gancho ou de içamento não afete diretamente as capacidades, há uma relação quando consideramos a velocidade de elevação. A Tabela 17.4 apresenta as informações referentes à relação entre a velocidade de içamento e a capacidade de carga.

Os guindastes de torre normalmente são acionados por motores elétricos de corrente alternada (ac) que produzem apenas ruídos de baixo nível, tornando-os uma solução ambientalmente aceitável para o trabalho em áreas onde são impostos limites de ruído. Um guindaste com potência mais elevada pode alcançar velocidades operacionais maiores. A velocidade do cabo de içamento e o efeito do tamanho do motor sobre a velocidade, como mostrado na Tabela 17.4, podem ser critérios de seleção muito importantes quando consideramos a capacidade de produção de um guindaste para trabalho de ciclo de operação. Isso vale especialmente para a construção de arranha-céus, na qual o tempo de deslocamento do gancho, entre as áreas de carregamento e descarga, pode ser a parte mais significativa do tempo de ciclo do guindaste, ao contrário da

TABELA 17.3 Capacidades de içamento em libras para um guindaste de torre

Modelo da lança auxiliar (jib)	L1	L2	L3	L4	L5	L6	L7	Alcance do gancho
Alcance máximo do gancho	104'0"	123'0"	142'0"	161'0"	180'0"	199'0"	218'0"	
	27.600	27.600	27.600	27.600	27.600	27.600	27.600	10'3"
	27.600	27.600	27.600	27.600	27.600	27.600	27.600	88'2"
	27.600	27.600	27.600	27.600	27.600	27.600	25.800	94'6"
	27.600	27.600	27.600	27.600	27.600	25.800	24.200	101'0"
	27.600	27.600	27.600	27.600	26.800	24.900	23.400	104'0"
		27.600	27.600	27.600	25.200	23.600	22.200	109'8"
		27.600	27.600	25.600	23.300	21.800	20.500	117'8"
		27.000	27.000	25.100	22.800	21.300	20.100	120'0"
Capacidades de levantamento em libras, cabo de duas partes		26.300	26.300	24.300	22.200	20.700	19.500	123'0"
			24.800	22.800	20.800	19.300	18.300	130'0"
			22.400	20.700	18.700	17.400	16.400	142'0"
				19.500	17.600	16.300	15.400	150'0"
				18.800	16.800	15.700	14.800	155'0"
				17.900	16.200	15.100	14.200	161'0"
					15.200	14.200	13.300	170'0"
					14.200	13.200	12.400	180'0"
						12.300	11.600	190'0"
						11.700	10.800	199'0"
							10.200	210'0"
							9.700	218'0"

Fonte: Morrow Equipment Company, L.L.C.

(continua)

TABELA 17.3 Capacidades de levantamento em libras para um guindaste de torre (*continuação*)

Modelo da lança auxiliar (jib)	L1	L2	L3	L4	L5	L6	L7	
Alcance máximo do gancho	100'9"	119'9"	138'9"	157'9"	176'9"	195'9"	214'9"	Alcance do gancho
	55.200	55.200	55.200	55.200	55.200	55.200	55.200	13'6"
	55.200	55.200	55.200	55.200	55.200	55.200	55.200	48'9"
	55.200	55.200	55.200	55.200	55.200	55.200	51.400	51'0"
	55.200	55.200	55.200	55.200	55.200	51.500	48.500	53'6"
	55.200	55.200	55.200	55.200	51.300	48.300	45.600	56'6"
	55.200	55.200	55.200	50.700	47.100	44.600	42.100	60'6"
	46.200	46.200	46.200	42.800	39.700	37.400	35.200	70'0"
	39.400	39.400	39.400	36.500	34.100	31.900	29.900	80'0"
	34.600	34.600	34.600	31.900	29.700	27.700	26.100	90'0"
Capacidades de levantamento em libras, cabo de quatro partes	30.700	30.700	30.700	28.200	26.100	24.100	22.600	100'9"
		27.800	27.800	25.600	23.600	21.700	20.300	110'0"
		25.400	25.400	23.200	21.300	19.600	18.300	119'9"
			23.100	21.100	19.300	17.700	16.400	130'0"
			21.300	19.400	17.800	16.300	15.100	138'9"
				17.600	16.200	14.700	13.600	150'0"
				16.400	15.100	13.800	12.700	157'9"
					13.600	12.400	11.400	170'0"
					12.900	11.800	10.800	176'9"
						11.500	10.600	180'0"
						10.700	9.800	190'0"
						10.200	9.300	195'9"
							9.100	200'0"
							8.300	210'0"
							8.100	214'9"

Contrapesos

Lança auxiliar (jib)	L1	L2	L3	L4	L5	L6	L7
Unidade do guincho de 105 HP AC	37.200 lb	47.600 lb	50.800 lb	37.200 lb	40.800 lb	44.000 lb	54.400 lb
Unidade do guincho de 165 HP AC	34.000 lb	44.000 lb	47.600 lb	34.000 lb	40.800 lb	40.800 lb	54.800 lb

Fonte: Morrow Equipment Company, L.L.C.

construção de edifícios mais baixos, na qual o tempo de deslocamento é mínimo em comparação com os tempos de amarração e movimentação (*rigging*) e desamarração (*unrigging*) da carga. Se um projeto exigir velocidades operacionais maiores do que aquelas oferecidas por um guindaste existente, substituir os motores do guindaste por unidades de maior potência representará uma alternativa ao uso de um novo guindaste.

A configuração do cabo de içamento é outro fator que afeta a velocidade de levantamento. Em geral, os guindastes de torre podem ser equipados com uma de duas configurações de cabo de içamento: um cabo de duas partes ou um cabo de quatro partes. A configuração de cabo de quatro partes oferece uma maior capacidade de levantamento

TABELA 17.4 Efeito da velocidade do cabo de içamento sobre as capacidades de levantamento de um guindaste de torre

105 HP-AC, Freio por Corrente de Foucault, com caixa de engrenagens de quatro velocidades com controle remoto, serviço recomendado = 224 amp

	(1) Trole, cabo de duas partes		(2) Troles, cabo de quatro partes		
Marcha	Carga máxima (lb)	Velocidade máxima (fpm)	Marcha	Carga máxima (lb)	Velocidade máxima (fpm)
1	27.600	100	1	55.200	50
2	15.700	200	2	31.400	100
3	9.300	300	3	18.600	150
4	5.500	500	4	11.000	250

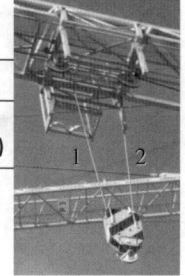

165 HP-AC, Freio por Corrente de Foucault, com caixa de engrenagens de quatro velocidades com controle remoto, serviço recomendado = 250 amp

	(1) Trole, cabo de duas partes		(2) Trole, cabo de quatro partes		
Marcha	Carga máxima (lb)	Velocidade máxima (fpm)	Marcha	Carga máxima (lb)	Velocidade máxima (fpm)
1	27.600	160	1	55.200	80
2	17.600	250	2	32.200	125
3	10.600	400	3	21.200	200
4	6.200	630	4	12.400	315

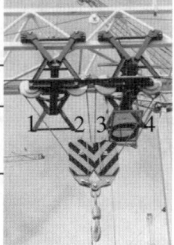

Fonte: Morrow Equipment Company, L.L.C.

do que a de duas partes dentro das restrições de capacidade estrutural da configuração de torre e lança auxiliar (jib). A capacidade de içamento máxima do guindaste aumenta em 100% com a configuração de cabo de quatro partes. Contudo, a maior capacidade de levantamento é adquirida ao custo de 50% da velocidade vertical do guincho.

A análise do gráfico de carga da Tabela 17.3 ilustra essas questões. A primeira parte da tabela é referente a um guindaste aparelhado com um cabo de duas partes. Considerando um modelo de lança auxiliar (jib) L7, um guindaste com essa configuração poderia levantar 27.600 lb a um raio de 10 ft e 3 polegadas, 25.800 lb a um raio de 94 ft e 6 polegadas e 10.200 lb a um raio de 210 ft e 0 polegadas. Esse mesmo guindaste, quando dotado de um sistema de quatro cabos e uma lança auxiliar (jib) L7, pode levantar 55.200 lb a um raio de 13 ft e 6 polegadas, 26.100 lb a um raio de 90 ft e 8.300 lb a um raio de 210 ft.

Quando o raio operacional for inferior a 90 ft, o guindaste possui maior capacidade de levantamento com um cabo de quatro partes do que com um sistema de cabo de duas partes. Contudo, quando o raio operacional for maior do que 90 ft, o guindaste possui uma capacidade de levantamento ligeiramente superior com o cabo de duas partes. Isso ocorre devido ao aumento de peso do sistema de amarração e movimentação de quatro partes (carro, bloco do gancho e cabeamento) e o fato da capacidade estrutural ser o fator crítico que afeta a capacidade de içamento de carga. Contudo, quando trabalhar com um raio inferior a 90 ft, o sistema de içamento controla a capacidade de levantamento de carga.

Os gráficos de carga de guindaste de torre normalmente são estruturados com o pressuposto de que o peso do bloco do gancho é parte do peso próprio do guindaste, mas o sistema de amarração e movimentação é considerado parte da carga levantada.

No cálculo de cargas, a Construction Safety Association of Ontario recomenda que seja aplicada uma margem de segurança de 5% ao peso calculado.

EXEMPLO 17.2

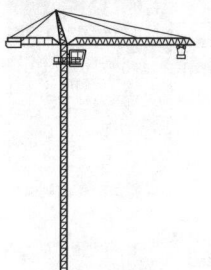

Um guindaste de torre cujo gráfico de carga aparece na Tabela 17.3 pode levantar uma carga de 15.000 lb a um raio de 142 ft? O guindaste possui uma lança auxiliar (jib) L7 e um cabo de içamento com duas partes. Os cabos que serão usados para o recolhimento pesam 400 lb.

Peso da carga	15.000 lb
Peso da amarração	400 lb (cabos)
	15.400 lb
	× 1,05 margem de segurança
Capacidade exigida	16.170 lb

De acordo com a Tabela 17.3, a capacidade de levantamento máxima a um alcance de gancho de 142 ft é de 16.400 lb.

$$16.400 \text{ lb} > 16.170 \text{ lb}$$

Assim, o guindaste pode realizar o levantamento com segurança.

EXEMPLO 17.3

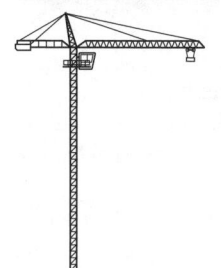

Um guindaste de torre cujo gráfico de carga aparece na Tabela 17.3 pode levantar uma carga de 15.000 lb a um raio de 138 ft? O guindaste possui uma lança auxiliar (jib) L7 e um cabo de içamento de quatro partes. Os cabos que serão usados para o recolhimento pesam 400 lb.

Peso da carga	15.000 lb
Peso da amarração	400 lb (cabos)
	15.400 lb
	× 1,05 capacidade necessária
Margem de segurança	16.170 lb

De acordo com a Tabela 17.3, a capacidade de levantamento máxima a um alcance de gancho de 138 ft é de 15.100 lb.

$$15.100 \text{ lb} < 16.170 \text{ lb}$$

Assim, o guindaste não pode realizar o levantamento. 16.170 lb

AMARRAÇÃO E MOVIMENTAÇÃO DE CARGAS

ELEMENTOS BÁSICOS DA AMARRAÇÃO E MOVIMENTAÇÃO

O guindaste é projetado para apanhar (ou levantar) uma carga por meio de um mecanismo de elevação que utiliza cordas ou cabos. A carga deve estar presa corretamente ao guindaste por um sistema de amarração (*rigging*). Para prender corretamente a carga, é necessário determinar as forças que afetarão a tarefa e então selecionar e organizar os equipamentos que moverão a carga com segurança. As forças envolvidas na amarração variam com o método de conexão e os efeitos do movimento.

O amarrador (conhecido como *rigger*) deve, com a aplicação apropriada das leis da mecânica e pela resolução das tensões induzidas por movimentos sobre a carga, determinar corretamente o peso e o centro de gravidade da carga.

Peso

O passo mais importante em qualquer operação de *rigging* é determinar corretamente o peso da carga. Se essa informação não estiver disponível na documentação de expedição, planos de projeto, dados de catálogo ou outras fontes confiáveis, pode ser necessário calcular o peso. As melhores práticas sugerem que você confirme o peso da carga apresentado nos documentos. Os pesos e propriedades de componentes estruturais podem ser obtidos de:

1. Manual of Steel Construction, American Institute of Steel Construction (www.aisc.org)
2. Cold Formed Steel Design Manual, American Iron and Steel Institute (www.steel.org)
3. Aluminum Design Manual, Aluminum Association (www.aluminum.org)

Centro de gravidade

O centro de gravidade de um objeto é o local onde este se equilibra quando erguido. Quando o objeto é suspenso livremente de um gancho, esse ponto fica sempre diretamente abaixo do gancho. Assim, uma carga pendurada acima e através de seu centro de gravidade estará em equilíbrio. Ela não tenderá a escorregar de seu engate e não ficará instável.

Uma maneira de determinar o centro de gravidade de um objeto de formato irregular é dividir sua forma em massas simples e determinar a carga de equilíbrio resultante e seu local em um ponto no qual os pesos multiplicados por seus respectivos braços de alavanca estão em equilíbrio. Assim:

$$W_1 \times \ell_1 = W_2 \times \ell_2 \qquad [17.1]$$

onde W_1 e W_2 são os pesos da parte maior e da parte menor, respectivamente, e ℓ_1 e ℓ_2 são os braços de alavanca da parte maior e da parte menor, respectivamente (ver Figura 17.29). Se conhecermos a soma da distância $\ell_1 + \ell_2$, o local do centro de gravidade poderá ser calculado usando a Eq. [17.1].

EXEMPLO 17.4

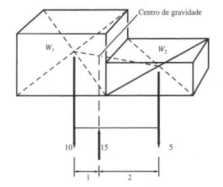

A parte maior de uma carga de formato irregular (ver Figura 17.29) pesa 10 toneladas. A outra parte do conjunto pesa 5 toneladas. A parte maior tem um formato de um cubo com arestas de 4 × 4 × 4 ft. A parte menor tem 4 ft de largura, 4 ft de comprimento e 2 ft de altura. Determine o centro de gravidade na dimensão do comprimento do objeto.

$$10 \times \ell_1 = 5 \times \ell_2; \quad \ell_1 + \ell_2 = 4 \text{ ft}; \quad \Rightarrow \quad \ell_1 = 1{,}33 \text{ ft}, \ell_2 = 2{,}67 \text{ ft}$$

Assim, o centro de gravidade do objeto está localizado a 1,33 ft do centro da parte maior em direção à parte menor; ou, se estivermos falando do objeto como um todo, o centro de gravidade na dimensão do comprimento está a 3,33 ft da borda da parte maior. O centro de gravidade na dimensão da profundidade está ao longo da linha de centro daquela dimensão.

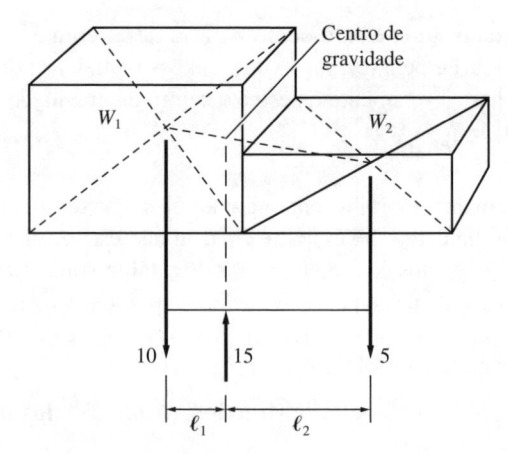

FIGURA 17.29 Cálculo do centro de gravidade.

Tensões

Para calcular a tensão desenvolvida pela carga sobre uma amarração (*rigging*), lembre-se que todas as forças devem estar em equilíbrio. Se uma carga de 10 toneladas for sustentada por um conjunto de cintas de tal forma que cada cinta forme um ângulo de 10 graus com a carga (ver Figura 17.30), a cinta fica submetida a uma força de 28,8 toneladas e há uma reação horizontal de 28,4 toneladas. Alterar o ângulo do cabo para 45 graus reduz a força sobre a cinta para 7,1 toneladas e a reação horizontal para 5,0 toneladas.

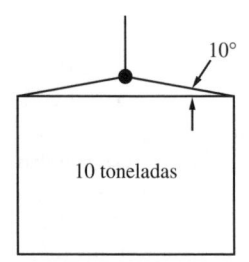

FIGURA 17.30 Tensões induzidas em um conjunto de cabos.

As fórmulas gerais são dadas pelas seguintes equações:

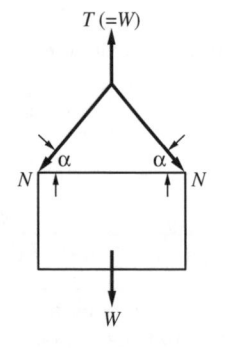

$$N = \frac{T}{2 \operatorname{sen} \alpha} \quad [17.2]$$

$$N \times \cos \alpha = \frac{T}{2 \tan \alpha} \quad [17.3]$$

onde:

W = peso da carga

T = tração no cabo

N = carga na cinta

$N \times \cos a$ = reação horizontal

a = ângulo entre a carga e cada peça da cinta

Assim, fica claro que quando um sistema de amarração cria ângulos pequenos para as cintas, a força resultante nas cintas é consideravelmente maior do que a carga (Figura 17.31). Nessas situações, a solução é usar um elemento estrutural complementar de compressão, ou seja, uma barra transversal ou *spreader* (ver Figura 17.31). O uso de uma barra transversal permite ângulos maiores para os cabos e reduz as tensões induzidas dos cabos.

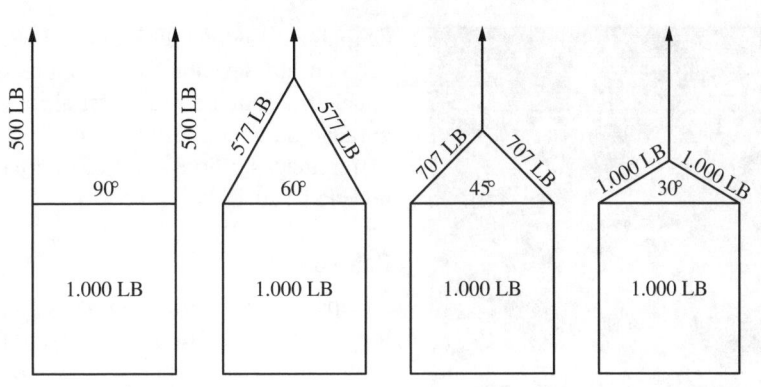

FIGURA 17.31 Ângulos pequenos entre os cabos aumentam a tensão do cabo.

Leis da mecânica

O mecanismo de elevação do conjunto do gancho atua como uma alavanca com o ponto de apoio no lado do bloco e o cabo fixo na extremidade da lança. Esses blocos oferecem uma vantagem mecânica para içar a carga.

Movimento

As operações de levantamento envolvem cargas em movimento. A inércia de um objeto em descanso ou em movimento, que ocorre quando há uma redução ou aumento de velocidade, aumenta as tensões sustentadas pela amarração. Quando uma tubulação de içamento começa a se mover, a carga deve acelerar de zero até a velocidade normal de subida. Isso exige uma força adicional além do peso da carga, sendo que tal força varia com a taxa de mudança de velocidade.

Uma carga levantada muito lentamente induz pouca tensão adicional no cabo de carga. Uma carga acelerada rapidamente por uma potência mecânica pode exercer duas vezes mais tensão sobre o cabo do que o peso sendo içado.

Coeficiente de segurança

É praticamente impossível para o *rigger* (amarrador) avaliar todas as variáveis que podem afetar a amarração e levantamento de uma carga. Para compensar as influências imprevistas, geralmente se aplica um coeficiente (fator) de segurança aos materiais de amarração utilizados. Esse coeficiente é definido como a resistência à ruptura normal de um material dividida pelo peso de carga permitido. No caso do cabo de aço especial da categoria PS (*plow-steel*), o fator é 10; para uma corda de cânhamo, é 5. Mas sempre utilize o fator de segurança sugerido pelo fabricante. Se os dados forem informados em termos de resistência à ruptura, divida esse valor pelo coeficiente de segurança para chegar a uma carga de trabalho segura.

CINTAS DE AMARRAÇÃO

A segurança e a eficiência de um levantamento dependem dos acessórios de trabalho que prendem a carga ao gancho do guindaste. Geralmente denominadas cintas ou amarras (ver Figura 17.11) podem ser feitas de cabos de aço, correntes ou fitas de malha de nylon (ver Figura 17.32). Ao utilizar um cabo em um levantamento, lembre-se que sua capacidade depende de seu material, tamanho, da configuração na qual é utilizado, do tipo de terminal nas extremidades e do ângulo das pernas das cintas em relação à carga.

Cabo de aço

A capacidade de um cabo de aço se baseia em sua força nominal. Os fatores que afetam a força total do cabo incluem a eficiência do acessório e da conexão, a construção do cabo de aço e o diâmetro do gancho sobre o qual o olhal do cabo é montado. Considere a capacidade do cabo de aço de se dobrar sem distorções e de resistir a abusos e desgastes abrasivos. Uma dobra ou um nó, por exemplo, pode causar danos estruturais graves e perda de resistência.

Corrente

Apenas correntes de aço-liga são apropriadas para uso como cabos para levantamento por cima da área de trabalho — predominantemente correntes de liga de grau 80 ou grau 100. As correntes são ideais para cargas irregulares que causariam danos a outros tipos de cabos. As correntes podem ter de uma a quatro pernas conectadas a um elo principal.

FIGURA 17.32 Uso de tiras (fitas) para erguer uma carga.

Malha sintética

Os cabos de malha sintética são ideais para uso com cargas caras, peças de acabamento detalhado, peças frágeis e equipamentos delicados. Eles apresentam tendência menor a esmagar objetos frágeis do que os cabos de aço ou as correntes. Como são flexíveis, eles tendem a se moldar no formato da carga, prendendo-a com firmeza. Os cabos de malha sintética são elásticos e se esticam mais do que as correntes e os cabos de aço, absorvendo melhor os choques pesados e amortecendo as cargas.

Inspeção das cintas de amarração

A inspeção frequente das cintas de amarração é essencial para a segurança das operações de içamento.

Cintas de amarração de cabos de aço   Se os danos decorrentes de qualquer um dos itens a seguir for visível, avalie a situação de retirar o cabo de serviço:

1. Dobras, esmagamentos e outros danos resultantes da distorção da estrutura do cabo
2. Corrosão grave do cabo ou das conexões nas extremidades
3. Abrasão ou desgaste grave localizados

Cintas de amarração de correntes Inspecione a corrente elo a elo em busca de:

1. Desgaste excessivo
2. Elos torcidos, entortados ou cortados
3. Rachaduras na área de soldagem ou qualquer porção do elo
4. Elos distendidos

Cintas de amarração de material sintético Se os danos decorrentes de qualquer um dos itens a seguir for visível, retire o cabo de serviço:

1. Queimaduras ácidas ou cáusticas
2. Derretimento ou carbonização de qualquer parte do cabo
3. Buracos, rasgos, cortes ou saliências

SEGURANÇA

ACIDENTES COM GUINDASTES

Uma das principais causas de fatalidades durante a construção ocorre com o uso de guindastes durante operações de içamento. Os guindastes levantam e transportam diversas cargas próximas e acima de seres humanos; trabalhando em condições de falta de espaço, ocasionalmente com zonas de trabalho sobrepostas; e muitas vezes com limitações de tempo, orçamento e mão de obra. Esse regime de trabalho aumenta ainda mais o risco de segurança em canteiros de obras que já são lugares inerentemente perigosos. Reconhece-se que devido a sua configuração e seu conceito de operação, os guindastes móveis têm o potencial de serem mais perigosos do que os de torre. Entretanto, o uso de guindastes de torre traz seus próprios problemas de segurança. Eles possuem áreas de trabalho amplas, muitas vezes abrangendo todo o canteiro de obras e a lança do guindaste muitas vezes passa sobre áreas além dos limites desse canteiros. Esses fatores são fundamentais para a segurança geral do local de trabalho. Há décadas que são realizadas pesquisas e são feitas recomendações para reduzir as mortes durante operações com guindastes, mas a incidência de casos fatais ainda continua.

Os dados sobre acidentes com guindastes são limitados porque em geral apenas mortes e ferimentos são informados. Os incidentes de danos à propriedade normalmente não são informados, exceto para seguradoras. A gravidade de um acidente com um guindastes, no entanto, é evidente. Além disso, há diversos casos de "quase acidentes" que poderiam facilmente ter se transformado em casos graves ou até fatais. Somente no estado da Califórnia, 158 acidentes envolvendo um guindaste foram informados durante um período de três anos entre janeiro de 1997 e dezembro de 1999. Um estudo sobe óbitos relacionados com guindastes durante os anos de 1997 a 2003, abrangendo cerca de metade dos estados americanos, revelou que o uso de guindastes móveis com lanças reticuladas (treliçadas) e telescópicas, sobre caminhões ou esteiras, representava mais de 84% dos óbitos no uso de guindastes [3].

Nos Estados Unidos, a Occupational Safety and Health Administration (OSHA) [website 9], pertencente ao Department of Labor, dos E.U.A., é a agência regulatória responsável por emitir e fiscalizar normas de segurança e saúde no trabalho. Nos últimos anos, a OSHA tem desenvolvido uma norma revisada de segurança para guindastes e *derricks* [10]. Esse projeto reúne os esforços de outras autoridades regulatórias americanas em nível federal, estadual e municipal com o objetivo de instituir ou reformar completamente os requisitos de capacitação e credenciamento de operadores de guindastes. Um dos fatores por trás desses esforços regulatórios é uma série de acidentes famosos com guindastes que levaram a mortes de terceiros que estavam apenas nos arredores de um canteiro de obras.

A melhoria da segurança dos guindastes no local de trabalho exige, acima de tudo, que todas as partes envolvidas (gerente de projeto, superintendente geral, operador de guindaste, etc.) estejam perfeitamente cientes dos riscos de segurança — os fatores que aumentam a probabilidade de um acidente — daquele trabalho específico. As construtoras devem implementar um sistema que avalie o perigo de cada um de seus canteiros de obra em relação ao potencial de eventos relacionados a guindastes [3]. Os possíveis riscos de segurança, pelos quais o nível de segurança esperado de cada local pode ser avaliado, de preferência antes da construção começar de fato, se dividem em quatro categorias:

amarrador (também chamado de rigger ou slinger)
Pessoa responsável por prender (amarrar) e desprender (desamarrar) a carga do guindaste e pela seleção e uso corretos de cabos e outros acessórios de levantamento.

sobrepassagem
Oscilar (ou girar) a lança auxiliar (jib) do guindaste de modo que ela passe sobre propriedades, edifícios ou áreas públicas adjacentes ou vizinhas ao canteiro de obras.

1. O "fator humano" se reflete principalmente na experiência e competência do operador e também do **amarrador** (também chamado de **rigger** ou **slinger**), do sinalizador e do diretor de elevação; no vínculo empregatício do operador (ou seja, se você usa um operador da empresa ou o contrata de uma fonte externa); e na atitude de todo o pessoal envolvido com trabalhos com guindastes no canteiro de obras, principalmente o superintendente do local.
2. Os "fatores de projeto" são a presença de linhas de energia e o congestionamento no local; sobreposição das áreas de trabalho de guindastes e **sobrepassagem** da lança auxiliar do guindaste além dos limites do canteiro; a duração do dia de trabalho e dos turnos noturnos; as condições de trabalho fora da cabine do operador e o uso de sistemas avançados opcionais de ajuda ao operador; as maiores distâncias de visão e zonas de trabalho ocultas (resultando em "elevações às cegas"); e cargas e tarefas de levantamento perigosos (ver Figura 17.33).
3. Os "fatores ambientais" típicos são ventos; temperaturas extremas (calor, frio); e diversas dificuldades de visibilidade (devido a chuva, neblina, neve).
4. Os "fatores de gestão de segurança" se relacionam principalmente à fiscalização e ao clima de segurança no nível do local de trabalho como um todo; as políticas da empresa com relação à gestão de segurança; e a gestão de manutenção dos guindastes e acessórios de levantamento.

Não é apenas quando o guindaste está em operação que a segurança deve ser uma preocupação fundamental, mas também nas outras fases de sua presença no local de trabalho. Isso vale especialmente para os guindastes de torre durante a montagem, desmontagem, ascensão e horários de inatividade. Durante todos esses períodos, o guindaste não está em seu estado de trabalho completo ou "natural". O estado de trabalho "natural" ocorre quando o guindaste está fazendo o que foi projetado e construído para fazer, a saber, levantar cargas. Durante os horários de inatividade, quando as cargas não estão sendo levantadas, o equilíbrio de forças muda, mas não há um operador na cabine. Uma rajada de vento, uma falha estrutural local ou um problema nos freios que ocorram enquanto a cabine está vazia podem levar a um acidente.

FIGURA 17.33 Local perigoso: guindastes sobrepostos.

Ainda mais perigosas são as operações de montagem, ascensão e desmontagem de guindastes de torre. Um número significativo dos acidentes com guindastes de torre informados envolvem essas operações. Essas operações diferem do estado normal de uso do guindaste acima de tudo porque a estrutura do equipamento e seus diversos sistemas de operação e controle não estão completamente configurados; assim, o guindaste está em um equilíbrio de forças delicado e em constante mutação. Além disso, essas operações são especiais pelo fato de envolverem outros equipamentos, em forte proximidade, além de outros membros da equipe. Como essas operações normalmente são terceirizadas, ou seja, seus executores não estão sob o controle direto da construtora e não são sujeitos a seus planos e programas internos de segurança, o processo de pré-qualificação e seleção desses terceirizados deve ser realizado com o máximo de cuidado (p.ex., análise completa de currículos e registros de acidentes). A Figura 17.34 mostra os resultados de um acidente no qual um guindaste móvel virou.

PROGRAMAS E PLANOS DE SEGURANÇA

Deve haver um programa de segurança de guindastes generalizado no nível da empresa e um plano de segurança de guindastes específico do projeto.

Programa de segurança de guindastes

O plano de segurança de guindastes da empresa deve trabalhar:

1. Inspeção do equipamento
2. Análise de riscos (preocupação com o público, cabos de energia, etc.)

FIGURA 17.34 Acidente com um guindaste móvel.

3. Local do guindaste
4. Movimentos do guindaste
5. Definição de elevações (críticas, produção e gerais)
6. Determinação das zonas de responsabilidade e linhas de controle e reporte
7. Relatórios relativos a acidentes acontecidos e procedimentos de investigação

Plano de segurança de guindastes

Especificamente para o local de trabalho ou projeto, o plano de segurança de guindastes trata dos mesmos temas que o programa de segurança de guindastes. Os métodos de inspeção de equipamentos e normas utilizadas são detalhados. Sistemas de auxílio ao operador, como indicadores de carga e dispositivos de parada de fim de curso (prevenção de contato entre blocos ou *anti-two block*), devem ser inspecionados diariamente antes da operação do guindaste. A análise de riscos considera os perigos identificados nos documentos do contrato e aqueles associados com o local de trabalho e seu acesso: fios elétricos, condições do solo, clima, vento e frio. Além disso, o posicionamento de um guindaste próximo a trajetórias de voo exige coordenação com as autoridades aeroportuárias e agências de controle de voo. Nos EUA, a Federal Aviation Administration (FAA) exige um alvará para guindastes de construção sempre que eles excedam 200 ft de altura e/ou sejam colocados a menos de 20.000 ft (3,79 milhas) de um aeroporto, independentemente de sua altura. A FAA exige que o formulário FAA FORM 7460–1 "Notice of Proposed Construction or Alteration" seja apresentado até 30 dias antes (1) da data de início da construção proposta e (2) da data da solicitação de um alvará de construção ser apresentada.

O local do guindaste analisa os locais de montagem de guindastes, com atenção especial a problemas de interferências ou suportes incomuns. O movimento do guindaste define procedimentos para controlar a movimentação do guindaste. Para cada elevação crítica individual, deve ser preparado um plano de elevação independente por escrito, identificando equipamentos, propriedades da carga, pessoal, local e trajetória da carga. O objetivo do planejamento de elevação é eliminar todas as incertezas possíveis da operação de levantamento. Toda elevação crítica deve estar listada no plano de segurança de guindastes. As elevações de produção não exigem um plano para cada carga recolhida individual, mas é preciso preparar um plano que considere os parâmetros apropriados e específicos do local para cada tipo de elevação de produção. As elevações gerais não precisam ser listadas.

Sistemas avançados de ajuda ao operador

Quando solicitado pelo cliente, os fabricantes de guindastes fornecem suas máquinas com sistemas de ajuda ao operador opcionais além dos recursos padronizados que são exigidos pelas normas de segurança. Além disso, fornecedores independentes oferecem sistemas avançados de ajuda ao operador que podem ser utilizados com máquinas mais antigas para aprimorar os guindastes em termos de segurança. Exemplos incluem indicadores de carga segura (SLIs) com display digital, displays gráficos de operação de guindaste 2D/3D, sistemas de monitoramento remotos para diversos parâmetros da carga, sistemas antioscilação com sensores, sistemas de alerta climática e eólico baseados na tecnologia de GPS, sistemas anticolisão e de zonas para o controle computadorizado de locais de trabalho com guindastes sobrepostos e câmeras de vídeo instaladas nos guindastes para que operador possa acompanhar a carga e visualizar zonas de trabalho ocultas.

ZONAS DE RESPONSABILIDADE

Devido às diferentes situações de cada projeto, a alocação de responsabilidades pode variar bastante. Contudo, essas responsabilidades normalmente se dividem em três categorias gerais.

Pessoal de amarração

O pessoal de amarração prende a carga ao gancho e realiza outras operações de solo ou de estrutura. O pessoal de amarração ou rigging é responsável pela estabilidade da carga, linhas de manobra obrigatórias e procedimentos de recolhimento e posicionamento de cargas.

1. Confirmar o peso real da carga e comunicar essa informação ao operador do guindaste
2. Prender (amarrar) a carga usando equipamentos de elevação apropriados
3. Sinalizar ou dirigir o movimento da carga por meio de comunicações com o operador do guindaste

Operador do guindaste

O operador do guindaste controla a elevação. O operador pode abortar o procedimento em qualquer momento entre o recolhimento inicial e a colocação final. O operador é responsável por todos os movimentos do guindaste, do gancho para cima, além de movimentos de oscilação e deslocamento. As responsabilidades do operador envolvem:

1. Confirmar as direções individuais dadas. Além de um sinal de parada, o operador deve responder apenas a sinais comunicados pelo indivíduo sinalizador designado.
2. Confirmar que a configuração do guindaste é apropriada para a carga a ser levantada e está em conformidade com o gráfico de carga
3. Estar consciente das condições do local de trabalho abaixo do solo, no nível do solo e acima do solo
4. Confirmar o peso da carga
5. Saber o local e o destino da carga

Gerente de içamento

O gerente de içamento é responsável pelo içamento como um todo e deve garantir a obediência absoluta ao Plano de Segurança de Guindastes e ao plano de içamento apropriado. O gerente de içamento é especificamente responsável por:

1. Garantir que todas as outras partes (amarradores ou *riggers*, operadores de guindastes e sinalizadores) entendam suas funções.
2. Garantir que o sinalizador foi designado. Se forem necessários múltiplos indivíduos sinalizadores, é preciso explicar correta e completamente a transição entre eles junto ao operador do guindaste.
3. Determinar clara e definitivamente a configuração dos estabilizadores do guindaste e das responsabilidades envolvidas para evitar mal-entendidos referentes ao status da operação dos estabilizadores.
4. Garantir que todos saibam a quem devem comunicar preocupações sobre qualquer coisa que observarem e que acreditarem afetar a segurança.

RESUMO

Os guindastes são uma classe ampla de equipamentos de construção usados para içar e posicionar materiais, componentes e produtos de construção e maquinário. Os tipos mais comuns de guindastes móveis são: (1) em esteiras, (2) com lança telescópica montados em caminhões, (3) com lança reticulada montados em caminhões, (4) para terrenos acidentados, (5) para todo-terreno e (6) guindastes modificados para levantamento pesado. Os tipos mais comuns de guindastes de torre são: (1) de topo giratório e (2) de base giratória. Os guindastes de torre oferecem uma altura de elevação significativa e bom raio de trabalho ao mesmo tempo que ocupam uma área bastante limitada. Essas vantagens são obtidas ao custo de uma baixa capacidade de elevação e mobilidade limitada em comparação com os guindastes móveis.

A carga nominal de um guindaste, publicada por seu fabricante, se baseia em condições ideais, máquinas niveladas, ar calmo e ausência de efeitos dinâmicos. Os gráficos de carga podem ser documentos complexos que listam diversas lanças, lanças auxiliares (jibs) e outros componentes que podem ser empregados para configurar o guindaste para tarefas diversas. É importante consultar o gráfico referente à configuração de guindaste que será utilizada de fato. *NÃO é permitido interpolar entre valores publicados;* use o valor menor mais próximo. Os objetivos críticos de aprendizagem incluem:

- O entendimento dos tipos básicos de guindastes móveis e de torre
- O entendimento dos gráficos de carga e sua limitações
- A capacidade de ler gráficos de carga de guindastes móveis e de torre
- O entendimento das responsabilidades designadas por planos e programas de segurança de içamentos

Esses objetivos servem de base para os problemas a seguir.

PROBLEMAS

17.1 Usando a Figura 17.12, selecione o menor guindaste necessário para descarregar tubos pesando 166.000 lb por conjunto e baixá-los em uma vala quando a distância da linha de centro do guindaste até a vala for de 50 ft. (Guindaste de 300 toneladas.)

17.2 Usando a Figura 17.13, selecione a lança de comprimento mínimo necessária para içar uma carga de 80.000 lb de um caminhão no solo e colocá-la sobre uma plataforma a 76 ft do solo. A distância vertical mínima permitida do fundo da carga à extremidade da lança do guindaste é de 42 ft. A distância horizontal máxima do centro de rotação do guindaste até o cabo de içamento do guindaste quando levanta a carga é de 40 ft.

17.3 A High Lift Construction Co. determinou que a carga mais pesada a ser elevada em um projeto de cuja licitação pretende participar pesa 14.000 lb. Com base no local proposto para o guindaste de torre no canteiro de obras, verificou-se que o alcance necessário para essa elevação será de 150 ft. O guindaste será equipado com uma lança auxiliar (jib) L5 e um cabo de içamento de duas partes (ver gráfico de carga da Tabela 17.3). Essa elevação crítica será de um pedaço de revestimento de calcário e exigirá uma barra transversal (*spreader*) de 2.000 lb afixada a um conjunto de cintas de amarração de 300 lb. Se montado na configuração proposta, o guindaste poderá recolher a carga com segurança? (17.600 lb de capacidade > 17.115 lb de carga. Logo, o guindaste pode recolher a carga com segurança.)

17.4 A Low Ball Construction Co. determinou que a carga mais pesada a ser elevada em um projeto pesa 22.000 lb. Com base no local proposto para o guindaste de torre no canteiro de obras, verificou-se que o alcance necessário para essa elevação será de 100 ft. O guindaste será equipado com uma lança auxiliar (jib) L7 e um cabo de içamento de quatro partes (ver gráfico de carga da Tabela 17.3). Essa elevação crítica será uma parte de um equipamento mecânico e exigirá uma barra transversal (*spreader*) de 1.000 lb afixada a um conjunto de cintas de amarração de 200 lb. Se montado na configuração proposta, o guindaste poderá recolher a carga com segurança?

17.5 Um guindaste levanta uma carga com cabos, como mostrado na Figura 17.30. Qual é o ângulo entre a carga e cada cabo para o qual a reação horizontal é metade da carga?

17.6 Uma determinada carga e conjunto de cintas de amarração criam um ângulo de 20 graus entre a carga e cada perna da cinta. Usar uma barra transversal (*spreader*) para o mesmo içamento resultaria em um ângulo de 60 graus entre a carga e cada perna. Qual é a redução (percentual) de força na cinta e da reação horizontal quando for usada uma barra transversal?

17.7 Um guindaste hidráulico de 25 toneladas montado sobre um caminhão está sendo usado em um canteiro de obras. A distância horizontal máxima do centro de rotação do guindaste ao cabo de içamento do guindaste ao ser içada uma carga de 9.000 libras será de 40 ft. Utilize os dados de guindastes da Tabela 17.2 para selecionar a lança de menor comprimento necessária para içar a carga com segurança.

17.8 A Liftem High Ball Construction Co. determinou que a carga mais pesada a ser içada em um projeto pesa 26.000 lb. O guindaste de torre do projeto realizará esse içamento (ver Tabela 17.3). De acordo com o local proposto para o guindaste de torre no canteiro de obras, o alcance necessário para esse içamento será de 90 ft. O guindaste será equipado com uma lança auxiliar (jib) L6 e um cabo de içamento de quatro partes. Essa elevação crítica será de um equipamento HVAC e exigirá uma barra transversal (*spreader*) de 1.400 lb afixada a um conjunto de cabos de 300 lb. Se montado na configuração proposta, o guindaste poderá recolher a carga com segurança?

17.9 O gerente de construção de um projeto de arranha-céu está pensando em trocar a caçamba de concreto de 1,0 cy, usada atualmente para o lançamento de concreto, por uma de 2,0 cy, com o objetivo de economizar tempo à medida que a construção avança para os andares superiores. O peso de uma caçamba de 1,0 cy totalmente carregada é igual a 4.800 lb, enquanto o peso de uma caçamba de 2,0 cy totalmente carregada é igual a 9.200 lb. O guindaste de torre no projeto é o guindaste de cabo de içamento de 105 hp descrito na Tabela 17.4, trabalhando com um cabo de duas partes. Adotar a caçamba maior economizaria tempo?

FONTES DE CONSULTA

Articulating Boom Cranes (2006). ASME B30.22–2005, The American Society of Mechanical Engineers, New York.

Bates, Glen E. and Robert M. Hontz (1998). *Exxon Crane Guide, Lifting Safety Management System*, Specialized Carriers & Riggers Association, Fairfax, VA.

Beavers, James E., John R. Moore, Richard Rinehart, and William R. Schriver (2006). "Crane-related fatalities in the construction industry," *Journal of Construction Engineering and Management*, ASCE, Vol. 132, No. 9, pp. 901–910.

Below-the-Hook Lifting Devices (2007). ASME B30.20–2006, The American Society of Mechanical Engineers, New York.

Construction Tower Cranes (2005). ASME B30.3–2004, The American Society of Mechanical Engineers, New York.

Crane Load Stability Test Code—SAE J765 (1990). *SAE Standard*. Society of Automotive Engineers, Inc., Warrrendale, PA.

Crane Safety on Construction Sites (1998). ASCE Manuals and Reports on Engineering Practice No. 93, American Society of Civil Engineers, Reston, VA.

Goldenberg, Marat and Aviad Shapira (2007). "Systematic evaluation of construction equipment alternatives: case study," *Journal of Construction Engineering and Management*, ASCE, Vol. 133, No. 1, pp. 72–85.

Mobile Crane Manual (1982). Latest printing: 2008. Construction Safety Association of Ontario, Toronto, Canada.

Occupational Safety and Health Administration (OSHA) (2008). Cranes and derricks in construction, 29 CFR Part 1926, RIN 1218-AC01, Proposed Rule, *Federal Register*, Oct. 9, 2008, Dept. of Labor, Washington, DC.

Rigging Manual (1996). Latest printing: 2006. Construction Safety Association of Ontario, Toronto, Canada.

Shapira, Aviad and Jay D. Glascock (1996). "Culture of Using Mobile Cranes for Building Construction," *Journal of Construction Engineering and Management*, ASCE, Vol. 122, No. 4, pp. 298–307.

Shapira, Aviad and Marat Goldenberg (2005). "AHP-based equipment selection model for construction projects," *Journal of Construction Engineering and Management*, ASCE, Vol. 131, No. 12, pp. 1263–1273.

Shapira, Aviad, Gunnar Lucko, and Clifford J. Schexnayder (2007). "Cranes for building construction projects," *Journal of Construction Engineering and Management*, ASCE, Vol. 133, No. 9, pp. 690–700.

Shapira, Aviad and Beny Lyachin (2009). "Identification and analysis of factors affecting safety on construction sites with tower cranes," *Journal of Construction Engineering and Management*, ASCE, Vol. 135, No. 1, pp. 24–33.

Shapira, Aviad, Yehiel Rosenfeld, and Israel Mizrahi (2008). "Vision system for tower cranes," *Journal of Construction Engineering and Management*, ASCE, Vol. 134, No. 5, pp. 320–332.

Shapira, Aviad and Clifford J. Schexnayder (1999). "Selection of Mobile Cranes for Building Construction Projects," *Construction Management and Economics* (United Kingdom), Vol. 17, No. 4, pp. 519–527.

Shapira, Aviad and Meir Simcha (2009). "AHP-weighting of factors affecting safety on construction sites with tower cranes," *Journal of Construction Engineering and Management*, ASCE, Vol. 135, No. 4, pp. 307–318.

Shapiro, Howard I., Jay P. Shapiro, and Lawrence K. Shapiro (2000). *Cranes and Derricks*, 3rd ed., McGraw-Hill Book Company, New York.

FONTES DE CONSULTA NA INTERNET

http://www.aem.org/CBC/ProdSpec/PCSA A Power Crane and Shovel Association (PCSA) é um grupo específico de produtos da Association of Equipment Manufacturers (AEM). A PCSA explora questões de negócios, tecnológicas, legislativas e regulatórias que afetam os fabricantes de guindastes de lanças reticuladas (treliçadas) e sobre caminhões. Ela também promove a padronização e simplificação da terminologia e classificação dos guindastes em busca da harmonização mundial.

http://www.cranestodaymagazine.com A *Cranes Today* é uma revista mundial da indústria de guindastes.

http://www.csao.org A Construction Safety Association de Ontário, Canadá, auxilia a indústria no desenvolvimento de normas, procedimentos e regulamentações de saúde e segurança.

http://heavyduty.sae.org A Society of Automotive Engineers (SAE), Heavy Duty, é uma fonte de consulta para publicações de tecnologia, eventos e normas relativos a veículos automotores.

http://www.khl.com/magazines/american-cranes-and-transport A American Cranes & Transport é uma revista líder para a indústria de guindastes, amarração e transporte na América do Norte.

http://www.liebherr.com A Liebherr é uma fabricante global de guindastes móveis e de torre com sede na Alemanha.

http://www.linkbelt.com A Link-Belt Construction Equipment Company é uma grande fabricante americana de guindastes sobre esteiras e sobre rodas com lanças telescópicas e reticuladas.

http://www.manitowoccranegroup.com O Manitowoc Crane Group é um grande fabricante global de guindastes, incluindo os guindastes sobre esteiras de lança reticulada Manitowoc, os guindastes de torre Potain e os guindastes móveis de lança telescópica Grove.

http://www.osha.gov/SLTC/cranehoistsafety/index.html A Occupational Safety and Health Administration (OSHA) é uma agência do Department of Labor dos EUA. Esse site específico trata sobre a segurança de guindastes, *derricks* e talhas.

http://www.scranet.org A Specialized Carriers and Rigging Association (SCRA) fornece informações sobre transporte, levantamento e montagem segura de itens pesados e de grandes dimensões.

http://www.terex-cranes.com A Terex Cranes é um grande fabricante mundial de guindastes, incluindo guindastes American sobre esteiras com lanças reticuladas, guindastes Comedil e Peiner de torre, guindastes Bendini para terrenos acidentados, guindastes móveis Demag de lança reticulada sobre esteiras e de lança telescópica e guindastes PPM sobre caminhão e todo-terreno.

18

Estacas e equipamentos para cravar estacas

As estacas podem ser classificadas com base em seu uso ou nos materiais com as quais são feitas. Com base em seu uso, há duas classificações básicas: (1) estacas para cortinas de contenção (estacas-pranchas) e (2) estacas para fundação (portantes). As cortinas de estacas-pranchas são usadas principalmente para conter ou sustentar o solo. Já as estacas para fundações ou portantes, como o nome sugere, são utilizadas principalmente para a transmissão de cargas estruturais. Em geral, as forças que permitem a uma estaca sustentar uma carga também fazem com que ela consiga resistir aos esforços feitos para cravá-la. A função de um bate-estacas é fornecer a energia necessária para a cravação de uma estaca. Os bate-estacas são classificados por tipo e tamanho.

INTRODUÇÃO

Este capítulo trata da seleção de estacas e do equipamento necessários para cravá-las (veja a Figura 18.1). Estacas de madeira cravadas à mão já eram empregadas quando os humanos começaram a edificar abrigos perto de lagos e rios. Na Bíblia, podemos encontrar referências às estacas de madeira de cedro da Babilônia. Já as estacas de aço vêm sendo utilizadas desde o início do século XIX, e as de concreto desde 1900 aproximadamente. O primeiro equipamento "moderno" para a cravação de estacas foi desenvolvido pelo inventor sueco Christoffer Polhem em 1740. As estacas para fundações ou portantes, como sugere seu nome, são utilizadas principalmente para a transmissão de cargas estruturais através de camadas do solo que apresentam propriedades de sustentação inadequadas e apoiá-las em um extrato que seja capaz de resistir àquelas cargas. Quando a carga é transmitida ao solo por meio do atrito lateral entre a estaca e o solo, a chamamos de estaca de atrito ou estaca com reação lateral. Contudo, se a carga é transmitida ao solo através da extremidade inferior da estaca, ela é chamada de estaca de ponta ou estaca com resistência de reação de ponta. Muitas estacas dependem de uma ação conjunta do atrito e da resistência de ponta para sua capacidade de carregamento.

GLOSSÁRIO

O glossário a seguir define os vocábulos importantes que são utilizados para a descrição de estacas, equipamentos para cravar estacas e métodos de cravação de estacas.

FIGURA 18.1 A cravação de estacas de concreto de seção transversal quadrada.

Capacete. O bloco de aço colocado no topo de uma estaca a fim de evitar o dano à estaca durante sua cravação por percussão. Sua forma é feita de modo a se acomodar ao formato específico da estaca, junto com o coxim, se este for utilizado.

Carga de arraste. O atrito negativo do solo que segura uma estaca, no caso de solos com recalque. Esta condição aumenta a carga à qual a estaca instalada é submetida.

Coxim ou almofada. Material inserido entre o martelo do bate-estacas e o capacete e, no caso das estacas de concreto, também o material entre o capacete e a estaca. Este material oferece uma distribuição uniforme das forças de impacto. Os materiais mais comuns para o uso em *coxins* incluem micarta, aço, alumínio, cabos metálicos enrolados e madeira.

Cravação excessiva. Cravar de uma estaca de maneira que seu material fique danificado. Frequentemente isso é o resultado do uso continuado do bate--estacas após o momento em que o material encontra reação do solo.

Cutoff. A elevação prescrita na qual o topo de uma estaca cravada por percussão é cortada (aparada). Também se refere à parte de uma estaca removida da extremidade superior, após a cravação por percussão.

Engastamento. A extensão da estaca da superfície do solo ou do cutoff abaixo da superfície do solo até a ponta da estaca.

Estaca de ancoragem. Uma estaca que é conectada a uma estrutura por meio de um ou mais vínculos a fim de oferecer suporte lateral e resistir à tração.

Estaca de tração. Estaca projetada para resistir a esforços de tração.

Estaca-prancha metálica. Elemento em perfil H ou de abas largas (WF) cravado em intervalos de alguns pés e no qual uma chapa é inserida a fim de sustentar as paredes de uma escavação.

Grupo (cavalete) de estacas. Duas ou mais estacas cravadas por percussão no solo e amarradas entre si por um capacete ou sistema de travamento.

Penetração. A penetração bruta é o movimento axial para baixo da estaca provocado pelo golpe do bate-estacas (martelo). A penetração líquida é a penetração bruta menos o repique, isto é, o movimento líquido para baixo da estaca provocado pelo golpe do bate-estacas.

Ponta da estaca. A extremidade inferior de uma estaca, que, no caso das estacas de madeira, geralmente tem menor diâmetro.

Ponteira. Um revestimento de metal colocada na ponta da estaca a fim de evitar danos à estaca e para melhorar a penetração da cravação por percussão.

Topo da estaca. A extremidade mais grossa de uma estaca cônica; geralmente a extremidade superior de uma estaca cravada por percussão. A palavra também é empregada em sentido genérico, se referindo à parte superior de uma estaca.

TIPOS DE ESTACA

CLASSIFICAÇÃO DAS ESTACAS

As estacas podem ser classificadas com base em seu uso ou nos materiais com os quais são feitas. Com base no uso, há dois tipos principais de estaca: (1) *estacas-pranchas* (*cortinas de contenção* ou *pranchões*) e (2) estacas para fundações. As estacas-pranchas são utilizadas principalmente para formar uma barreira rígida ao solo e à água. Elas costumam ser empregadas em muros de contenção sob barragens, **ensecadeiras**, cortinas e valas. Com base nos materiais com os quais são feitas, as estacas-pranchas podem ser classificadas em cortinas de contenção de aço, de concreto protendido, de madeira ou de material composto.

ensecadeira
Uma construção de aço ou concreto erguida dentro da água, da qual a água é então bombeada para fora, a fim de criar uma área de trabalho seca.

Cada tipo de estaca para fundação tem seu uso na prática da engenharia, e, em alguns projetos, mais de um tipo pode ser satisfatório. O engenheiro é responsável para a seleção do tipo de estaca que é mais adequado para determinado projeto, levando em consideração todos os fatores que afetam tanto a instalação quanto o desempenho. Considerando-se tanto o tipo de material com o qual são feitas e o método de construção e cravação, as estacas para fundações podem ser classificadas como:

1. Estacas de madeira
    a. Tratadas com conservante (autoclavadas)
    b. Não tratadas
2. Estacas de concreto
    a. Estacas de concreto pré-moldadas
    b. Estacas de concreto moldadas *in loco* sem camisa
    c. Estacas de concreto escavadas e com camisa

TABELA 18.1 Informações sobre os diferentes tipos de estaca

Tipo de estaca	Capacidade típica (ton)	Comprimento típico (pés)	Faixa de preço (por pé, em dólares)
Madeira	15 a 60	10 a 45	8 a 15
Concreto (pré-moldada)	60 a 120	30 a 60	10 a 15
Aço (perfil tubular/extremidades fechadas)	60 a 150	30 a 90	16 a 22
Aço (perfil I)	60 a 150 (ou +)	60 a 200	18 a 30

3. Estacas de aço
    a. Estacas de aço de perfil H
    b. Estacas de perfil tubular de aço
4. Estacas de materiais compostos
    a. Estacas compostas de concreto e aço
    b. Estacas compostas de plástico com núcleo de perfil tubular de aço

A capacidade, o comprimento e o custo típicos de diferentes estacas é apresentado na Tabela 18.1.

ESTACAS DE MADEIRA

As estacas de madeira são feitas com o tronco de árvores. Elas são comuns na maior parte dos Estados Unidos e do mundo. Os comprimentos usuais para essas estacas são de 15 a 45 pés, mas há estacas de pinho no mercado com comprimentos de até 80 pés e estacas de abeto Douglas que ultrapassam 100 pés. Suas cargas de projeto costumam ficar entre 10 e 60 toneladas.

Estacas de madeira tratada (autoclavadas)

Se as estacas de madeira permanecerem sempre molhadas (ou seja, totalmente abaixo do lençol freático), elas poderão ter vida útil muito longa – a primeira ponte de Londres em alvenaria, construída em 1176, se apoiava em estacas de olmo não tratado e durou 600 anos. No entanto, se elas estiverem sujeitas a lençóis freáticos variados, estarão propensas ao apodrecimento. Em agosto de 1988, uma seção com 85 pés da ponte sobre o Rio Pocomoke, no estado de Maryland, Estados Unidos, desabou após o colapso de algumas estacas duplas que sustentavam a estrutura. Uma investigação revelou que as estacas de madeira não tratada haviam se deteriorado devido ao efeito combinado da infestação por bactérias, fungos e larvas de insetos aquáticos, além da abrasão das correntes de maré. Os tratamentos de preservação da madeira, como o uso de sal e creosoto, são empregados para reduzir o ritmo de apodrecimento e ataques de "brocas marinhas" (moluscos ou crustáceos que deterioram a madeira). O uso do sal para preservar a madeira é uma prática antiquíssima. A Figura 18.2 mostra trabalhadores inserindo a madeira na água salgada natural das fontes de Salineras de Maras, Inca uma salina nos Andes peruanos. Este depósito de sal é utilizado há séculos. A norma C3 da American Wood Preservers' Association (AWPA) exige o uso de 20 libras por pé cúbico de creosoto na madeira que será utilizada em águas marítimas. Esses conservantes e a técnica de tratamento devem ser selecionados cuidadosamente, pois às vezes têm efeitos nocivos ao meio ambiente.

FIGURA 18.2 A imersão em água salgada natural de peças de madeira para uma ponte, em Sanileras, Peru.

Os novos processos de tratamento com creosoto, segundo a norma P1/P13 da AWPA, minimizam a quantidade de creosoto residual que fica na superfície do produto tratado. A Environmental Protection Agency (agência de proteção ambiental do governo dos Estados Unidos) aprovou o uso de estacas de madeira tratadas por creosoto nas aplicações em água marinha. As estacas tratadas durarão 50 anos nas águas marinhas do norte dos Estados Unidos, enquanto nas águas sul, sua vida útil será de 20 anos. As águas do sul são definidas como aquelas ao sul do Cabo Hatteras, na Costa Leste, e abaixo de San Francisco, na Costa Oeste.

Estacas de madeira não tratadas

A madeira que ficar exposta ao intemperismo durará apenas alguns anos se não for tratada para suportar o apodrecimento. Embora raramente sejam especificadas, as estacas não tratadas também podem ser utilizadas como um elemento estrutural provisório econômico para fins de construção temporária. Quando as estacas não tratadas forem utilizadas, elas devem ser descascadas parcialmente (brutas) ou totalmente (lisas).

A qualidade das estacas de madeira Nos Estados Unidos, a norma ASTM D 25–99 *Standard Specification for Round Timber Piles* deve ser aplicada para utilizada para definir as exigências para aceitação de estacas de madeira de seção redonda enviadas a uma obra. Essa norma apresenta tabelas para determinar se as estacas de madeira atendem à circunferência nominal mínima medida a 3 pés do topo e da ponta da estaca. O prumo das estacas também deve ser conferido. Deve haver uma linha reta que fique inteiramente no corpo da estaca e conduza do centro do seu topo ao centro de sua ponta. As estacas também não devem ter curvaturas de pequena extensão que desviem o prumo em mais de 2,5 in em um comprimento de 5 pés. Os nós sadios (resistentes) não podem ter mais do que um sexto da circunferência da estaca no ponto onde ocorrem.

Tubos de concreto armado ocos para a utilização em estacas

Um grupo de estacas de concreto maciças de seção quadrada

FIGURA 18.3 Estacas de concreto ocas e maciças.

ESTACAS DE CONCRETO

As estacas de concreto podem ser pré-moldadas ou moldadas no local (*in loco*). A maioria das estacas pré-moldadas é feita em fábricas especializadas e é protendida ou pós-tracionada. Essas estacas podem ser de seção transversal quadrada, cilíndrica ou octogonal. As estacas moldadas *in loco* são feitas no canteiro de obras e são classificadas como encamisadas (cravadas por percussão, com o uso de um mandril, cravadas por percussão sem mandril ou perfuradas) ou sem camisa (compactadas ou perfuradas). As estacas encamisadas são construídas pela cravação de um perfil tubular oco com extremidade fechada no solo, ou pela perfuração do solo seguida da inserção de uma camisa, que então é preenchida com concreto. O tipo sem camisa é feito primeiro cravando uma camisa até a profundidade exigida. Porém, após o preenchimento com concreto, a camisa é removida, deixando o concreto em contato direto com o solo.

Estacas protendidas – pré-moldadas

Nos Estados Unidos, as estacas de concreto construídas em fábricas devem atender às prescrições do *Manual for Quality Control* (PCI MNL-116–85) [5] do Prestressed Concrete Institute. As especificações de muitos projetos, como aqueles utilizados por departamentos estaduais de estradas de rodagem, exigem que as estacas sejam produzidas em fábricas com certificação do Prestressed Concrete Institute. Todavia, em obras com um grande número de estacas, os custos de transporte das indústrias existentes até o canteiro de obras pode ser muito elevado. Portanto, às vezes é mais barato estabelecer uma instalação de moldagem na própria obra ou em um local próximo a ela.

As estacas de seção quadrada ou octogonal são criadas em formas horizontais sobre moldes, enquanto as estacas cilíndricas são moldadas em formas cilíndricas e então centrifugadas. As estacas de seção quadrada ou octogonal podem ser maciças ou ocas (veja a Figura 18.3). As estacas quadradas maciças variam, em seção de 10 a 20 in. Já as ocas têm entre 20 e 36 in e o diâmetro do vão interno varia de 11 a 18 in, conforme o tamanho da estaca. As estacas octogonais, sejam maciças, sejam ocas, têm de 10 a 24 in de diâmetro. No caso das ocas, o diâmetro interno do vão varia de 11 a 15 in, também dependendo do tamanho da estaca.

Após serem moldadas, as estacas normalmente são curadas a vapor até que atinjam a resistência suficiente para que possam ser removidas das formas. Se a cura for controlada e o concreto utilizado tiver resistência à compressão de, no mínimo, 5.000 lb/in², as estacas podem ser removidas das formas em apenas 24 horas ou assim que o concreto tenha desenvolvido uma resistência à compressão de 3.500 lb/in². As estacas são então armazenadas e curadas por 21 dias ou mais até que alcancem uma resistência adequada para a cravação por percussão.

As estacas de concreto protendido são armadas com cordoalhas ou cabos de protensão de alta resistência com alívio de tensões ou de baixa relaxação de 1/2 in ou 7/16 com 270-ksi[1]. O número e o tipo dos cabos de protensão são determinados pelas propriedades de projeto da estaca. Além disso, as estacas de concreto também apresentam uma armadura helicoidal. A quantidade de armadura helicoidal é maior nas extremidades da estaca, a fim de resistir à fissuração e descamação durante a cravação. Estacas para aplicação marinha podem exigir que a armadura helicoidal receba uma tinta epóxi. Às vezes são moldados tarugos no topo das estacas para reforçar a resistência à tração ou barras de ancoragem são moldadas no topo e os tarugos são então grauteados na estaca após a cravação. A Figura 18.4 mostra os detalhes de uma típica estaca de concreto protendido quadrada de 12 polegadas de diâmetro nominal.

protensão
Um método empregado para o aumento da capacidade de carregamento do concreto por meio da aplicação de esforços de tração extra nas cordoalhas ou barras de aço do elemento estrutural.

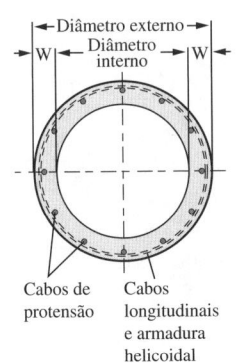

As estacas de seção quadrada ou octogonal são tradicionalmente moldadas em leitos de 200 a 600 pés de modo que várias estacas possam ser moldadas e protendidas simultaneamente. A cordoalha da **protensão** terá o comprimento do leito de moldagem. Painéis de fechamento são inseridos nas formas conforme o comprimento desejado para a estaca. Com o uso de macacos hidráulicos, cada cordoalha receberá uma tração entre 20 e 35 kips antes do lançamento do concreto. Em seguida ao lançamento do concreto, as estacas são cobertas com mantas de cura e é introduzido vapor de água. O vapor de água eleva a temperatura do ar de 30 a 60°F por hora até que se chegue à temperatura máxima de 140 a 160°F. A cura continua e as forças de protensão não são aliviadas até que o concreto tenha atingido uma resistência mínima à compressão de 3.500 lb/in².

As estacas cilíndricas são moldadas em pequenas seções de até 16 pés de comprimento, com bainhas ou dutos para a protensão moldados nas paredes. Os diâmetros externos mais comuns são 36, 42, 48, 54 e 66 in, enquanto a espessura das paredes varia entre 5 e 6 in, dependendo das propriedades de projeto da estaca. Uma vez lançado o concreto na forma, ambos são centrifugados, provocando o adensamento do concreto. Assim que as seções da estaca forem curadas e o concreto tenha atingido a resistência suficiente, as peças são unidas até compor o comprimento desejado para a estaca. As cordoalhas de protensão são colocadas através das bainhas ou dos dutos e então tracionadas com o uso de macacos hidráulicos. Por fim, as cordoalhas são grauteadas sob pressão nas bainhas.

As estacas protendidas *pré-moldadas* podem ser transportadas por caminhão em canteiros de obra terrestres ou levadas por barca, no caso de obras marítimas. As estacas de concreto devem ser manuseadas com cuidado, para evitar que se rompam

---

[1] Observe que ksi significa quilolibra por polegada quadrada.

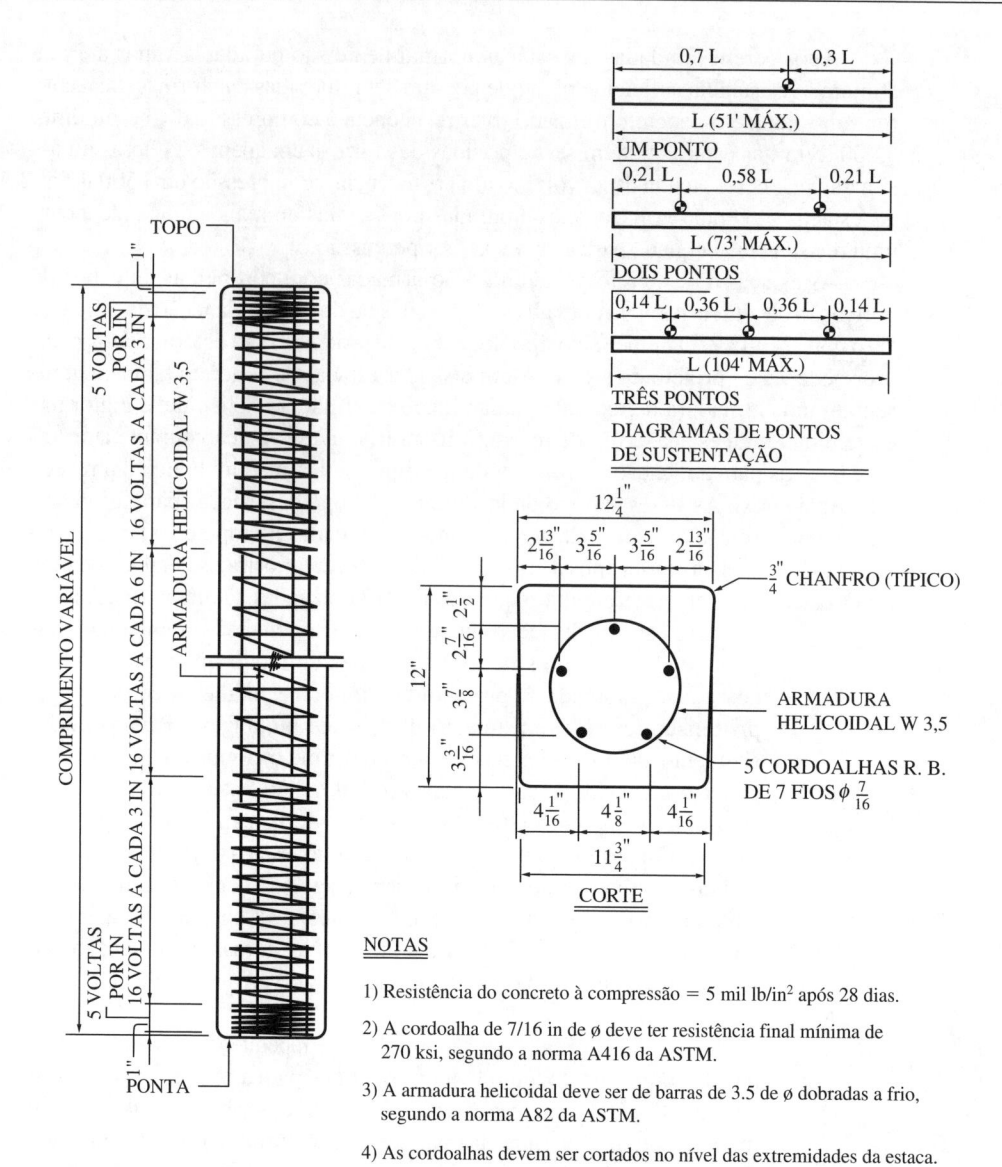

FIGURA 18.4 Detalhes típicos de uma estaca de concreto protendido de seção transversal quadrada de 12 in.
Fonte: Bayshore Concrete Products Corporation

NOTAS

1) Resistência do concreto à compressão = 5 mil lb/in² após 28 dias.

2) A cordoalha de 7/16 in de ø deve ter resistência final mínima de 270 ksi, segundo a norma A416 da ASTM.

3) A armadura helicoidal deve ser de barras de 3.5 de ø dobradas a frio, segundo a norma A82 da ASTM.

4) As cordoalhas devem ser cortados no nível das extremidades da estaca.

5) Tensão inicial por cordoalha = 23,3 k.

6) Transferência de força atual para um concreto de 3.500 lb/in² de resistência.

ou se danifiquem em função dos esforços de flexão. As estacas longas devem ser sustentadas por vários pontos, a fim de reduzir os comprimentos não apoiados, ou seja, que estariam sujeitos a esforços de flexão (veja a Figura 18.5). Quando as estacas são armazenadas ou transportadas, elas devem estar apoiadas em toda sua extensão ou nos vários pontos de sustentação (ou içamento).

FIGURA 18.5 Guindaste instalado em uma barca (150 ton) erguendo uma estaca cilíndrica de 54 in.
Fonte: Tidewater Skanska, Inc.

As estacas de concreto pré-moldadas podem ter qualquer diâmetro e comprimento. Para sustentar os cavaletes da obra do Túnel da Ponte da Baía de Chesapeake, que cruza a foz da Baía de Chesapeake, na Virgínia, foram empregadas 2.500 estacas cilíndricas de 54 in de diâmetro, totalizando cerca de 320 mil pés de comprimento. Essas estacas cilíndricas foram moldadas em uma fábrica vizinha construída especialmente para o projeto e depois foram carregadas em barcas e rebocadas até o canteiro de obras. A cravação por percussão foi executada principalmente por um guindaste Whirley de 150 ton instalado em uma barca.

Uma das desvantagens de usar estacas de concreto protendido pré-moldadas, especialmente quando forem exigidas estacas com diferentes comprimentos para um projeto, é a dificuldade de reduzir ou aumentar o comprimento das estacas. Por esta razão, em grandes projetos de estaqueamento, é mais econômico fazer uma análise do solo e um programa de ensaios das estacas, o que ajuda na previsão dos comprimentos corretos das estacas de concreto pré-moldadas.

A cravação de estacas de concreto por percussão

Todas as estacas cravadas por percussão devem permanecer estruturalmente intactas e não podem atingir seus limites estruturais, seja durante a cravação, seja durante a vida útil. Na maioria dos casos, os esforços mais elevados acontecem durante a cravação da estaca. Portanto, os danos à estaca frequentemente ocorrem devido aos níveis de esforços excessivos gerados durante a cravação. O controle dos esforços gerados durante a instalação é uma exigência crucial para a cravação por percussão.

1. A inserção de um material de proteção adequado (um coxim) entre o capacete do bate-estacas e o topo da estaca de concreto é uma maneira muito econômica de reduzir os esforços de cravação impostos à estaca. Em geral, usa-se um coxim que pode variar de 4 a 8 in de espessura, dependendo do comprimento da estaca e das características do solo. As especificações geralmente fazem essa exigência.

> As cabeças das estacas de concreto devem ser protegidas por um coxim quando a natureza da cravação for tal que as danificará. Quando se usa madeira compensada, a espessura mínima colocada na cabeça da estaca antes da cravação não deve ser inferior a 4 in (100 mm). Além disso, se durante a cravação o coxim for comprimido até atingir menos da metade de sua espessura original ou começar a queimar, deve-se providenciar um novo coxim. As dimensões do coxim devem ser suficientes para distribuir o golpe do bate-estacas através de toda a seção transversal da estaca.

Os coxins não são empregados em estacas de aço ou madeira. Os coxins costumam ser substituídos para cada estaca.

2. Os esforços de cravação por percussão são proporcionais à velocidade de impacto do martelo; portanto, serão reduzidos se for utilizado um bate-estaca com martelo pesado e baixa velocidade de impacto ou grande força.
3. Deve-se tomar cuidado com a cravação de estacas em solos ou camadas de solo que têm baixa resistência. Se tais solos forem previstos ou encontrados, é importante reduzir a velocidade do martelo ou a intensidade do golpe do bate-estacas a fim de evitar esforços de tração críticos na estaca.
4. No caso de estacas cilíndricas, é importante evitar que o plug (ou bucha) do solo dentro da estaca suba a uma elevação acima do nível do solo existente na parte externa da estaca, criando esforços desequilibrados na estaca. Isso deve ser monitorado e, se o plug (bucha) se elevar dentro da estaca, ele deve ser escavado até o nível do solo existente no exterior da estaca.
5. O capacete do bate-estacas deve ser instalado com folga ao redor do topo da estaca, de modo que a estaca possa girar levemente sem estar ligada ao capacete. Isso evitará o desenvolvimento de esforços de torção.
6. O topo da estaca deve ser quadrado ou perpendicular ao eixo longitudinal da estaca, a fim de eliminar a excentricidade que gera esforços.
7. As extremidades das cordoalhas de protensão ou da armadura devem ser cortadas em nível com o topo da estaca ou o capacete do bate-estacas deve ser projetado de modo que a armadura se espalhe no bloco de coroamento para evitar que o martelo do bate-estacas entre em contato direto com a armadura durante a cravação por percussão. A energia de cravação deve ser transmitida ao topo do concreto.

Estacas de concreto moldadas no local

Como o nome sugere, as estacas de concreto moldadas *in loco* são construídas lançando o concreto em um furo afunilado ou cilíndrico previamente escavado no solo ou em um furo do solo do qual um mandril cravado (com núcleo de aço) foi removido. Em ambos os casos, o furo é executado por um processo de cravação que remove o solo. Também existem estacas moldadas *in loco* sem deslocamento do solo, nas quais o solo é removido e o furo resultante é preenchido com concreto.

As estacas moldadas *in loco* sem retirada da broca podem ser de dois tipos. O primeiro envolve a cravação de um tubo de aço temporário com extremidade fechada no solo, formando um vazio, que então é preenchido com concreto, à medida que o solo é removido. O segundo tipo é quase igual, exceto pelo fato de que o tubo de aço é deixado no solo, de modo a formar um invólucro permanente (a "camisa"). Essas estacas podem ter seção transversal variável ou uniforme. Em geral, as estacas com seção transversal variável são cilíndricas, com estrias ou corrugações verticais. Tais estacas com seção transversal variável costumam ser chamadas de estacas monotube. As estacas monotube também podem ter seção variável ou diâmetro uniforme. O tubo de uma estaca monotube é cravado sem o uso de um mandril, inspecionado e preenchido com concreto. O comprimento desejado do tubo é obtido soldando-se as extensões de um tubo de comprimento padrão.

Também há estacas de concreto moldadas *in loco* nas quais a camisa, fechada na base com uma bucha de concreto seco ou brita ou com uma sapata, é cravada no solo até a profundidade exigida. A seguir lança-se o concreto no tubo e a estaca moldada *in loco* é formada dentro dele. Uma característica particular deste tipo de estaca é que, como o tubo é retirado e o concreto compactado, o concreto "fresco" irá se unir ao furo feito no solo e criar atrito entre a estaca e o solo. No entanto, na instalação destas estacas, deve-se ter o cuidado de garantir que a armadura seja posicionada de modo correto, para que fique totalmente recoberta.

As estacas tipo Franki (veja www.frankipile.co.za/company.html) são feitas com uma técnica patenteada. A técnica Franki usa um tubo de aço cravado e dotado de uma ponta de aço expansível que fecha a extremidade inferior da estaca. Usando um bate-estacas, o tubo é cravado até a profundidade desejada. Após a cravação do tubo na profundidade desejada, o bate-estacas é removido e uma carga de concreto seco é lançada dentro do tubo e compactada com um pilão, formando um plug (bucha) compacto e impermeável. O tubo é então erguido um pouco e mantido naquela posição enquanto golpes repetidos do pilão expulsam o plug de concreto da extremidade do tubo, deixando concreto suficiente para evitar a entrada de água ou solo. Concreto adicional é lançado no tubo e empurrado pelo pilão, saindo pela base do tubo, de modo a formar um bulbo ou pedestal. A última etapa consiste em erguer o tubo pouco a pouco. Após cada movimento para cima, mais concreto seco é lançado no tubo e comprimido com energia suficiente para forçar sua saída parcial após encher o furo no solo. Este ciclo é repetido até que o furo esteja preenchido até a elevação desejada. O fuste da estaca de concreto pode receber uma armadura helicoidal.

Também existem estacas de concreto moldadas *in loco* feitas sem deslocamento do solo – um tipo delas é o das estacas moldadas *in loco* escavadas mecanicamente com um trado. Tais estacas diferem das estacas moldadas *in loco* que já discutimos por não exigirem um revestimento ou tubo. As estacas escavadas com trado são construídas por meio da rotação de um trado contínuo com eixo oco no solo até uma profundidade predeterminada da ponta ou atingir a "nega" (o que acontecer primeiro). Quando a profundidade desejada for alcançada, um graute de alta resistência é inserido sob pressão através do eixo oco. Este graute sai através da ponta do trado. Um volume prescrito de graute é bombeado para fora do trado, construindo uma "ponta de graute" antes que o trado seja erguido. O trado é retirado de maneira controlada, à medida que continua o bombeamento do graute. O soquete de graute mantém a integridade do furo, evitando a entrada de solo ou água. O solo é removido à medida que o trado é girado e retirado. A seguir é colocada a armadura de aço dentro da coluna de graute fluido. As resistências típicas a compressão do graute são de 3.000 a 5.000 lb/in^2.

ESTACAS DE AÇO

Na construção de fundações que exigem que as estacas sejam cravadas a grandes profundidades, as estacas de aço costumam ser mais adequadas do todas as outras (Figura 18.6). As estacas de aço para fundações podem ser feitas de perfis I ou H, perfis retangulares ocos ou tubulares, ou tubos. Quando comparadas em termos de comprimento, as estacas de aço tendem a ser mais caras do que as de concreto, mas têm capacidade de carregamento superior, o que pode reduzir seus custos de cravação. A enorme resistência do aço combinada com o pequeno deslocamento do solo permite que grande parte da energia conferida pelo bate-estacas seja transmitida à base da estaca. Como resultado, as estacas de aço podem ser cravadas em solos que não permitem a penetração por outro tipo de estaca.

FIGURA 18.6 Martelo vibratório cravando estacas de aço em H.

Estacas de aço de perfil I ou H

Comparadas com as estacas de concreto, as estacas de perfil I ou H em geral têm melhores características de cravação e podem ser instaladas em maiores profundidades. Elas são utilizadas como estacas com resistência de ponta e com comprimento típico de 60 a 200 pés. As estacas de perfil I ou H estão sujeitas a deflexões quando atingem matacões, obstruções ou superfícies rochosas inclinadas. Elas são muito empregadas em virtude de sua facilidade de manuseio e cravação. Há uma grande variedade dessas estacas disponível no mercado, com diferentes tipos de aço. As estacas de aço de perfil I ou H não causam grandes deslocamentos no solo, são úteis em áreas urbanas ou adjacentes a estruturas nas quais o **levantamento hidráulico** (também chamado de **ruptura hidráulica**) do solo ao seu redor pode acarretar problemas.

levantamento hidráulico (ruptura hidráulica)
A elevação da superfície do solo entre as estacas cravadas ou perto delas devido ao deslocamento do solo em consequência do volume de estaca.

Como as estacas de perfil I ou H podem ser cravadas com perfis mais curtos (os quais são simplesmente soldados ao perfil cravado anteriormente), elas podem ser construídas com mais rapidez naquelas situações em que restrições de altura limitam o comprimento das estacas que pode ser cravado no solo.

Estacas de perfil tubular de aço

A superestrutura da viga caixão de aço da nova Ponte Woodrow Wilson, sob o Rio Potomac de Washington, D.C., é sustentada por 744 tubos de aço. Elas têm diâmetros variáveis (de 48 a 72 in), e a estaca mais longa tem 224 pés de comprimento. As estacas de fundação do vão leste da Ponte da Baía de São Francisco–Oakland são estacas de perfil tubular de aço com 8 pés de diâmetro (veja a Figura 18.7).

As estacas tubulares de aço são as mais eficazes como estacas de atrito por terem uma área lateral bastante grande que interage com o solo ao redor delas, criando uma significativa resistência por atrito. Uma estaca tubular pode ser cravada com a extremidade inferior fechada por uma chapa ou uma ponteira ou pode ser cravada com a extremidade inferior aberta. Uma estaca tubular com extremidade fechada é cravada como qualquer outro tipo de estaca cravada convencional. Se for necessário aumentar o comprimento da estaca, dois ou mais perfis poderão ser soldados entre si ou os perfis serão conectados com o uso de uma luva interna em cada junta. Este tipo de estaca é particularmente vantajoso em obras nas quais o espaço para cravação for limitado e perfis curtos devem ser acrescentados para que se obtenha o comprimento total desejado.

Uma estaca tubular sem ponta (estaca oca) é instalada com sua cravação até a profundidade desejada e a seguir removendo o solo do interior. Os métodos de remoção do solo incluem jatos de ar comprimido, uma mistura de água com ar comprimido ou o uso de um trado ou uma pequena caçamba de mandíbulas (*orange peel bucket*). Por fim, a estaca oca é preenchida com concreto.

FIGURA 18.7 Grandes estacas de aço colocadas na posição inclinada por meio de um gabarito e prontas para serem cravadas.

ESTACAS COMPOSTAS

Há vários tipos de estacas compostas. Elas geralmente são desenvolvidas e oferecidas para atender a situações especiais. Duas das situações problemáticas mais comuns para as estacas convencionais são a dificuldade de cravação e os ambientes marítimos com água quente. O problema da dificuldade de cravação é a aplicação da energia suficiente para a cravação da estaca sem destruí-la. Já os ambientes marítimos sujeitam as estacas ao ataque de brocas marinhas (moluscos ou crustáceos que deterioram a estaca) e ao ataque do sal sobre o metal e, portanto, geralmente exigem medidas de proteção especiais para as estacas.

Estacas compostas de concreto-aço

Com solos ou camadas de solo extremamente duras, pode ser economicamente interessante usar uma estaca composta de concreto e aço. A porção superior da estaca é uma estaca de concreto protendido, enquanto a ponta é uma estaca de aço de perfil I ou H engastada na estaca de concreto. Essa configuração composta é recomendável para aplicações marítimas, nas quais a parte de concreto da estaca oferece resistência à deterioração e a ponta de aço permite a penetração em solos duros.

Estacas compostas de aço-concreto

Este tipo de estaca compreende uma camisa de aço com núcleo oco de concreto apoiada em uma ponteira maciça. Ela combina as vantagens de um concreto de alta qualidade com a alta resistência à tração da camisa de aço externa. Essas estacas oferecem grande durabilidade e são mais fáceis de cravar.

Estacas plásticas com núcleo de tubo de aço

Desde meados da década de 1980, há estacas plásticas compostas disponíveis para aplicações especiais [2]. Essas estacas são imunes ao ataque de brocas marinhas (determinados moluscos e crustáceos), o que elimina a necessidade de tratamento com creosoto ou de capeamentos especiais para os ambientes marinhos. Sua resistência à abrasão as torna excelentes para o uso no sistema de defensas.

A variação da quantidade de aço no núcleo da estaca pode alterar as propriedades físicas da estaca, como sua dureza, resiliência e densidade relativa. Essas estacas podem ser fabricadas com diferentes formatos e cores. São comuns estacas de plástico de 24 in de diâmetro e até 50 pés de comprimento com núcleos de tubo de aço entre 12 e 16 in de diâmetro. O uso de um perfil tubular maior eleva a rigidez. Estacas com 13 in de diâmetro, 70 pés de comprimento e núcleo de perfil tubular de aço de 6 in foram utilizadas no sistema de defensas no Porto de Los Angeles (veja a Figura 18.8). Uma ponta de aço ou ponteira de cravação é soldada à extremidade da estaca antes da cravação. A ponteira facilita a cravação e veda a extremidade da estaca.

FIGURA 18.8 Estacas compostas de plástico e núcleo de aço do sistema de defensas utilizado no Porto de Los Angeles.
Fonte: Plastic Pilings, Inc.

ESTACAS-PRANCHAS

As estacas-pranchas, também chamadas de pranchões ou cortinas de contenção, são utilizadas principalmente para reter ou suportar o solo. Elas são comuns em câmaras estanques e cortinas, quando as profundidades de escavação ou as condições do solo exigem suportes temporários ou permanentes (veja a Figura 18.9) que possam resistir às cargas laterais impostas pelo solo ou pelo solo e pelas edificações adjacentes. As cargas suportadas também incluem cargas acidentais ou variáveis impostas pelas operações de construção. As estacas-pranchas podem ser de madeira, concreto ou aço. Cada um desses tipos pode suportar cargas limitadas sem a necessidade de sistemas adicionais de contraventamento ou de tirantes. Contudo, quando a profundidade de sustentação for grande ou as cargas forem elevadas, será necessário incluir um sistema de contraventamento ou de tirantes.

Estacas-pranchas de madeira

As estacas-pranchas de madeira podem ser utilizadas sempre que as cargas suportadas forem mínimas. Três fileiras de pranchões de mesma largura são pregadas e

FIGURA 18.9 Estacas-pranchas empregadas para proteger uma escavação junto a uma rodovia federal dos Estados Unidos.

parafusadas entre si de modo que as unidades das extremidades formem as "fêmeas" e o pranchão intermediário, o "macho". Três pranchões de 2 in por 12 in ou três pranchões de 3 in por 12 in geralmente são utilizados para formar cada estaca-prancha. Este padrão costuma ser chamado "cortina Wakefield". As chapas de madeira são cravadas com um martelo leve ou jateadas no local. Escoras de madeira e estacas podem ser empregados para conferir sustentação extra ao sistema. As estacas-pranchas de madeira são tradicionais em cortinas e para construir abóbadas de arestas. Quando utilizadas em aplicações marítimas permanentes, elas devem ser tratadas por pressão, a fim de resistirem à deterioração e às brocas marinhas.

Estacas-pranchas de concreto protendido

As estacas-pranchas de concreto são mais adequadas em aplicações nas quais a corrosão é um problema, como em cortinas marítimas. As placas de concreto protendido são pré-moldadas com espessuras que vão de 6 a 24 in e geralmente têm 3 ou 4 pés de largura. A Figura 18.10 mostra as dimensões e propriedades de estacas-pranchas de concreto de vários tamanhos. Bate-estacas convencionais a vapor de água, ar ou diesel podem ser utilizados para a cravação de estacas-pranchas de concreto. No entanto, o jateamento costuma ser necessário para que se consiga a cota adequada da ponta. Uma vez cravadas as placas, as fendas entre as unidades são grauteadas.

Estacas-pranchas de aço

As estacas-pranchas de aço são formadas por perfis laminados intertravados por perfis adjacentes, de modo a formar uma parede contínua. O processo de laminação a quente inclui a formação de um travamento definido geometricamente. O travamento produzido pelo processo de laminação a frio é bastante diferente daquele na laminação a quente e tende a ser uma conexão menos firme.

Nos Estados Unidos, as estacas-pranchas de aço são fabricadas tanto com chapas de aço planas como com perfis Z, que têm bordas longitudinais que se encaixam. Lá, mais de 10 fabricantes nacionais e estrangeiros listam quase 200 perfis para es-

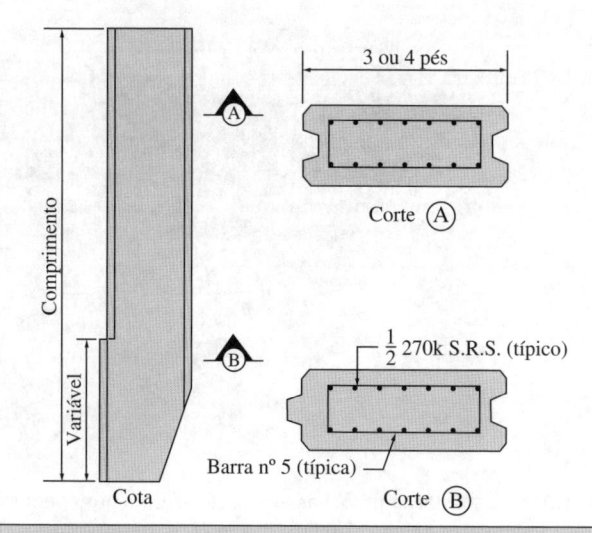

Propriedades das estacas-pranchas (por pé de largura)							
T Espessura	Área (in²)	I (in⁴)	S (in³)	\multicolumn{2}{c}{Momento fletor máximo admissível (quilolibras/pé)}		Peso aproximado
				$f'c$ = 5.000 psi	(2)$f'c$ = 6.000 PSI	por (1) pé (libras)
6"	72"	216	72	6,0	7,2	75#
8"	96"	512	128	10,6	12,8	100#
10"	120"	1.000	200	16,6	20,0	125#
12"	144"	1.728	288	24,0	28,8	150#
16"	192"	4.096	512	42,7	51,2	200#
18"	216"	5.832	648	54,0	64,8	225#
20"	240"	8.000	800	66,7	80,0	250#
24"	288"	13.824	1.152	96,0	115,2	300#

I - Momento de inércia.
S - Módulo de resistência à flexão.

(1) Pesos baseados em um concreto regular de 150 pcf.
(2) Com base em um esforço admissível "o" na face tracionada e esforço admissível de 0,4f'c na face comprimida.

FIGURA 18.10 Estacas-pranchas de concreto protendido e suas propriedades e pesos correspondentes.
Fonte: Bayshore Concrete Products Corporation.

tacas-pranchas em seus catálogos. A maioria das estacas-pranchas de aço é fabricada de acordo com a norma de tipo de aço ASTM 328, mas produtos feitos conforme as normas ASTM A572 e ASTM A690 (para ligas de aço com baixo conteúdo de carbono e alta resistência) também estão disponíveis quando grandes cargas devem ser transferidas ou a corrosão for um problema. Em aplicações marítimas, podem ser empregadas estacas-pranchas revestidas de epóxi, a fim de resistir à corrosão.

As chapas planas são projetadas para ter uma resistência ao intertravamento que as torne adequadas à construção de estruturas celulares. Já os perfis Z são projetados para resistir à flexão, o que os torna mais adequados para a construção de muros de arrimo, cortinas e câmaras estanques e para o uso como suporte para escavações. A Figura 18.11 mostra várias estacas-pranchas de aço produzidas nos Estados Unidos (PZ, PSA e PS) s suas propriedades correspondentes. Os pranchões PZ são os preferidos por muitas construtoras para aplicações temporárias, devido ao seu intertravamento articulado (tipo "ball and socket" ou "concha-bola") e giro de travamento favorável de 10 graus. O comprimento máximo para a laminação de perfis PZ é 85,0 pés (25,9 m).

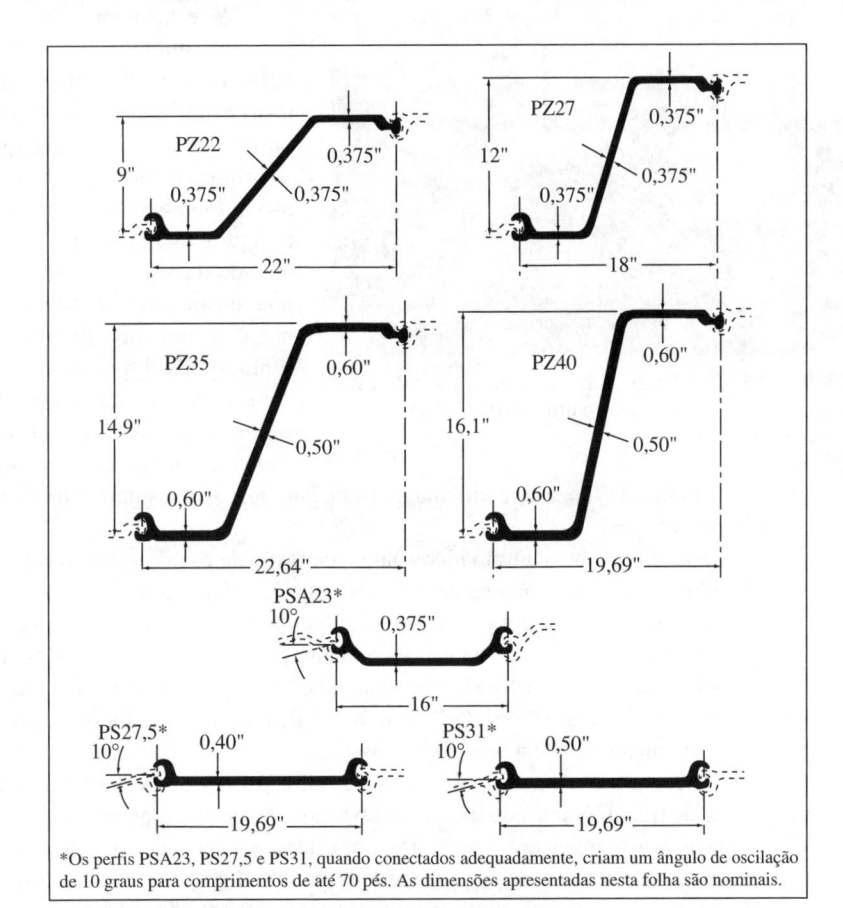

*Os perfis PSA23, PS27,5 e PS31, quando conectados adequadamente, criam um ângulo de oscilação de 10 graus para comprimentos de até 70 pés. As dimensões apresentadas nesta folha são nominais.

Propriedades e pesos

Designação do perfil	Área (in^2)	Largura nominal (in)	Peso (lb)		Momento de inércia (in^4)	Módulo de resist. à flexão (in^3)		Área de superfície (por pé^2 de perfil)	
			Por pé de perfil	Por pé^2 de muro		Perfil isolado	Por pé de muro	Área total	Área de cobrimento nominal*
PZ22	11.86	22	40.3	22.0	154.7	33.1	18.1	4.94	4.48
PZ27	11.91	18	40.5	27.0	276.3	45.3	30.2	4.94	4.48
PZ35	19.41	22.64	66.0	35.0	681.5	91.4	48.5	5.83	5.37
PZ40	19.30	19.69	65.6	40.0	805.4	99.6	60.7	5.83	5.37
PSA23	8.99	16	30.7	23.0	5.5	3.2	2.4	3.76	3.08
PS27.5	13.27	19.69	45.1	27.5	5.3	3.3	2.0	4.48	3.65
PS31	14.96	19.69	50.9	31.0	5.3	3.3	2.0	4.48	3.65

*Exclui a conexão macho-e-fêmea.

FIGURA 18.11 Estacas-pranchas de aço fabricadas nos Estados Unidos e suas propriedades e pesos correspondentes.
Fonte: Bethlehem Steel Corporation.

Vários fabricantes estrangeiros produzem estacas-pranchas de aço com propriedades similares às dos fabricantes norte-americanos. Esses produtos às vezes empregam um sistema de conexão diferente do norte-americano. Essa característica de projeto deve ser cuidadosamente analisada a fim de garantir que as estacas-pranchas tenham o desempenho adequado ao uso previsto e que o sistema de intertravamento permita que as chapas sejam conectadas e cravadas com facilidade.

As estacas-pranchas são cravadas individualmente ou em pares, muitas vezes com o uso de um martelo vibratório e um quadro (ou estrutura) guia ou um gabarito. Sempre que possível, é melhor cravar as estacas-pranchas em pares. O gabarito ou quadro guia (veja a Figura 18.12) deve ter, no mínimo, a metade da altura das estacas-pranchas, pois é fundamental que elas se mantenham aprumadas em ambos os planos. É muito difícil trabalhar com pranchões danificados, e eles devem ser evitados sempre que possível. Antes de conectar e cravar um pranchão no sistema, uma boa prática é golpeá-lo com uma marreta, para remover a sujeira que ficou retida nas interconexões.

FIGURA 18.12 Um quadro guia sendo utilizado para cravar estacas-pranchas com um martelo vibratório.
Fonte: Kokosing Fru-Con.

Equipamentos automáticos para a conexão de estacas-pranchas podem ser utilizados para fixar uma estaca em outra que já esteja conectada ou cravada. Esses equipamentos permitem que as pranchas sejam fixadas sem o auxílio da pessoa que está trabalhando no alto da estaca-prancha previamente instalada. Se uma estaca-prancha de aço for utilizada para sustentação temporária, as estacas individuais poderão ser extraídas ("puxadas") com o uso de um martelo vibratório após o término da construção e do reaterro.

Quando um martelo vibratório for utilizado, o vibrador já deve estar na velocidade de trabalho antes de iniciar a cravação. Da mesma maneira, não se deve extrair uma estaca-prancha antes de o vibrador estar operando. No caso da extração, muitas vezes é preferível começar cravando um pouquinho mais a estaca-prancha, para eliminar o atrito estático, antes de iniciar o procedimento de retirada da estaca.

A cravação de estacas-pranchas de metal

Antes de cravar qualquer tipo de estaca é importante estudar cuidadosamente as sondagens do solo a fim de prever as condições de cravação, e isso é especialmente importante no caso das estacas-pranchas. A presença de matacões ou tocos de raízes ou troncos pode tornar a cravação muito difícil. Uma boa instalação de estacas-pranchas de aço depende das seguintes diretrizes que derivam do bom senso:

- Trabalhe apenas com estacas perfeitas: se elas não forem retas, a cravação será difícil.
- Os encaixes devem estar sempre livres de qualquer sujeira, areia, lama ou outros resíduos.

- Sempre use um sistema de gabaritos. Além de garantir a criação de um muro de contenção reto, um gabarito ou sistema de quadros guias também ajudará a manter as estacas-pranchas niveladas quando houver condições de cravação difíceis ou for encontrada alguma obstrução.
- Sempre que possível, crave as estacas-pranchas aos pares.
- O comprimento do braço da escavadeira sempre deve ser longo o suficiente para conectar pranchões adicionais – em geral ele deve ter, no mínimo, o dobro do comprimento das estacas-pranchas sendo cravadas e uma folga de alguns pés.
- Sempre que possível, tente cravar as estacas com a conexão macho, a bola ou a esfera em primeiro lugar. Isso ajudará a eliminar o risco de a estaca criar um "tampão de solo" (a conexão ficar cheia de terra, areia ou lama).
- Jamais crave excessivamente. Quando as estacas-pranchas estiverem fletindo, balançando ou vibrando sem que haja penetração, isso pode indicar o excesso de cravação ou que a estaca-prancha atingiu uma obstrução. No entanto, isso também pode indicar que seria necessário usar um cravador ou extrator vibratório ou martelo de impacto hidráulico maior.

Muitas dessas orientações também são válidas para a cravação de estacas-pranchas de concreto protendido.

A CRAVAÇÃO DE ESTACAS

A RESISTÊNCIA DAS ESTACAS À PENETRAÇÃO

As forças que permitem com que uma estaca-prancha sustente uma carga também fazem com que ela resista aos esforços para sua cravação. A resistência total de uma estaca à penetração é igual à soma das forças produzidas pela resistência de atrito lateral e a resistência de ponta. A contribuição de cada um desses dois tipos de resistência varia de quase 0 a 100%, e isso depende mais do tipo de solo do que do tipo de estaca. Uma estaca de aço de perfil I ou H cravada até a nega em um solo argiloso duro deve ser classificada como uma estaca de atrito, enquanto a mesma estaca cravada em um depósito de lodo até se apoiar em uma rocha sólida deve ser classificada como uma estaca com resistência de ponta.

Inúmeros testes já foram feitos para determinar os valores do atrito lateral para os vários tipos de estacas e solos. Um valor representativo para o atrito lateral pode ser calculado determinando-se a força total exigida para que se consiga um pequeno movimento para cima da estaca com o uso de macacos hidráulicos com manômetros bem calibrados.

O valor do atrito lateral é uma função do coeficiente de atrito entre a estaca e o solo e a pressão do solo normal à superfície da estaca. No entanto, em solos como alguns terrenos argilosos, o valor do atrito lateral pode ser limitado à resistência ao cisalhamento do solo imediatamente adjacente à estaca. Considere uma estaca cravada em um solo que produz uma pressão normal de 100 lb/in^2 na superfície vertical da estaca. Essa não é uma pressão alta demais para certos solos, como a areia compactada. Se o coeficiente de atrito for 0,25, o valor do atrito lateral será:

$$0{,}25 \times 100 \text{ lb/in}^2 \times \frac{144 \text{ in}^2}{\text{ft}^2} = 3.600 \text{ libras/ft}^2$$

TABELA 18.2 O valor admissível aproximado do atrito lateral nas estacas*

Material	Atrito lateral [libras/pé² (kg/m²)]		
	Profundidade aproximada		
	20 pés (6,1 m)	60 pés (18,3 m)	100 pés (30,5 m)
Silte macio e matéria orgânica densa	50–100 (244–488)	50–120 (244–586)	60–150 (273–738)
Silte (úmido mas confinado)	100–200 (488–976)	125–250 (610–1.220)	150–300 (738–1.476)
Argila macia	200–300 (976–1.464)	250–350 (1.220–1.710)	300–400 (1.476–1.952)
Argila dura	300–500 (1.464–2.440)	350–550 (1.710–2.685)	400–600 (1.952–2.928)
Argila misturada com areia	300–500 (1.464–2.440)	400–600 (1.952–2.928)	500–700 (2.440–3.416)
Areia fina (mas não confinada)	300–400 (1.464–1.952)	350–500 (1.710–2.440)	400–600 (1.952–2.928)
Areia média misturada com pedregulho pequeno	500–700 (2.440–3.416)	600–800 (2.928–3.904)	600–800 (2.928–3.904)

* Devemos levar em consideração o efeito de usar as estacas em pequenos grupos.

A Tabela 18.2 apresenta valores típicos do atrito lateral em estacas. Os dados apresentados na Tabela 18.2 devem ser considerados apenas para que tenhamos um parâmetro, e não como informações precisas que possam ser utilizadas em todos os casos.

A magnitude da pressão exercida pela ponta da estaca pode ser calculada cravando-se uma estaca com ponta alargada (tipo button-bottom) e deixando a camisa (tubo) no local. Um segundo perfil tubular de aço, levemente menor do que a camisa, é inserida no tampão, e a força aplicada através do segundo tubo para cravar o tampão no solo é uma medida direta da resistência do solo ao carregamento. Isso acontece porque não há atrito lateral no tubo interno.

ANÁLISE DO SOLO E PROGRAMA DE ENSAIOS DE ESTACAS

Em projetos de médio ou grande porte, uma análise minuciosa do solo pode resultar em grandes economias. As informações geotécnicas coletadas com os furos de sondagem podem ser empregadas para determinar as características do solo e as profundidades dos estratos capazes de sustentar as cargas de projeto. O número de golpes por pé, calculados pelos testes geológicos como o ensaio de SPT (*standard penetration test*), normalmente é registrado durante as operações de retirada de amostra do solo. Essa informação é valiosa para a seleção dos comprimentos, tipos e tamanhos de estacas, bem como para a estimativa de suas capacidades de suporte. Uma vez selecionado um tipo de estaca (ou vários tipos, caso isso seja considerado interessante para determinado projeto), deve-se fazer um programa de ensaios de estacas.

Os comprimentos de estaca que serão utilizados para o programa de ensaios em geral são um pouco maiores do que os comprimentos previstos que foram calculados com base nas informações das amostras do solo. Isso possibilita que as estacas do ensaio sejam cravadas em profundidades maiores, caso necessário, e também permite

Capítulo 18   Estacas e equipamentos para cravar estacas   637

que seja utilizado um comprimento extra, para a instalação dos aparelhos de testes das cargas. Várias estacas de teste devem ser cravadas e cuidadosamente monitoradas em locais selecionados dentro da área do projeto. Os equipamentos de ensaios dinâmicos e as técnicas de ensaio podem ser empregados para coletar informações significativas sobre as características combinadas da estaca, do solo e dos equipamentos para cravar as estacas. Essas informações ajudarão o engenheiro a prever quais seriam os comprimentos de estaca necessários para o projeto e o número de golpes por pé necessários para que se obtenha a **capacidade de suporte** desejada.

capacidade de suporte
Capacidade de suporte admissível para uma estaca, limitada pela condição de que as pressões desenvolvidas nos materiais ao longo da estaca e abaixo de sua ponta não excedam os valores de carregamento admissíveis para o solo.

Conforme o tamanho do projeto, uma ou mais estacas de teste serão selecionadas para o teste de carga. Pesos de ensaio estáticos, tanques com água ou estacas de reação e macacos hidráulicos podem ser empregados para a aplicação de uma carga às estacas selecionadas. Os pesos estáticos ou tanques com água permitem que o peso de carregamento seja aplicado aos poucos diretamente sobre a estaca do ensaio, adicionando-se gradualmente pesos ou água. No caso do método da estaca de reação, estacas de aço de perfil I são utilizadas como estacas de reação. Elas são cravadas relativamente próximas à estaca que está sendo ensaiada. A magnitude da carga de ensaio a ser aplicada e as características do atrito do solo determinam o número necessário de estacas de reação.

Uma estrutura ou viga de reação é conectada às estacas de reação e se projeta sobre o topo da estaca de ensaio, de modo que a carga de ensaio possa ser aplicada com o uso de um macaco hidráulico (veja a Figura 18.13). O macaco hidráulico é localizado entre a viga de reação e o topo da estaca de ensaio. À medida que a carga é aplicada ao macaco, a viga de reação transfere a carga à estaca de ensaio, comprimindo-a e tracionando as estacas de reação.

Medidores hidráulicos calibrados são empregados para medir a quantidade de carga aplicada. A carga de teste é aplicada aos poucos ao longo de um período de

FIGURA 18.13   Teste de carga de uma estaca de aço tubular utilizando estacas de reação, vigas e macacos hidráulicos.

tempo, e o movimento da estaca é continuamente monitorado. No caso de qualquer um dos tipos de ensaio (de carga direta ou reação), a magnitude da carga de teste aplicada normalmente é duas ou três vezes a capacidade de suporte da estaca utilizada no projeto. Qualquer movimento repentino da estaca indicará seu rompimento.

Uma vez completo o programa de ensaios de estacas, os comprimentos e as capacidades de suporte das estacas podem ser previstos com certa precisão. Embora as estacas de concreto pré-moldadas existam para serem uma alternativa econômica para um terreno particular, um programa de ensaios de estacas pode verificar com boa precisão os comprimentos de estaca necessários.

Portanto, quando houver dados geotécnicos e de ensaios de carregamento confiáveis, as estacas podem ser pré-moldadas de acordo com comprimentos calculados, com pouco risco de que sejam curtas ou longas demais.

BATE-ESTACAS

As estacas cravadas por percussão costumam ser instaladas de acordo com critérios bem definidos: um número mínimo de golpes por unidade de penetração ou penetração mínima. As condições subsuperficiais variáveis podem determinar o uso de diferentes bate-estacas. A função de um bate-estacas é fornecer a energia necessária para a cravação de uma estaca. Os bate-estacas são classificados por tipo e tamanho. Os tipos de bate-estacas mais comuns incluem:

1. Bate-estacas de gravidade
2. Bate-estacas a vapor de água ou ar comprimido de ação simples
3. Bate-estacas a vapor de água ou ar comprimido de ação dupla
4. Bate-estacas a vapor de água ou ar comprimido de ação diferencial
5. Bate-estacas a diesel
6. Martelos ou macacos hidráulicos
7. Bate-estacas vibratórios

A energia de cravação para cada um dos cinco tipos de bate-estacas listados primeiramente e para o martelo hidráulico é fornecida por uma massa em queda livre que golpeia o topo da estaca. O tamanho de um bate-estacas de gravidade é designado por seu peso, enquanto o tamanho de cada um dos outros bate-estacas é designado pela energia teórica por golpe expressa em libras por pé.

Os seguintes fatores devem ser considerados na seleção de um método para a cravação de estacas:

- o tamanho e o peso da estaca;
- a resistência à penetração que deve ser vencida para que se obtenha a cravação necessária;
- a área e o pé-direito ou altura disponível para a instalação dos equipamentos; e
- as restrições a ruídos.

Bate-estacas de gravidade

Um bate-estacas de gravidade é um grande peso de metal que é erguido por um cabo de içamento e largado em queda livre sobre o topo da estaca, como mostrado na Figura 18.14. Devido às elevadas forças dinâmicas, coloca-se um bloco de coroamen-

FIGURA 18.14 Um bate-estacas de gravidade sendo utilizado para cravar estacas de madeira.

to entre o bate-estacas e a cabeça da estaca. O bloco de coroamento serve para distribuir uniformemente o golpe na cabeça da estaca, bem como de "amortecedor de choques". O bloco também contém um coxim que geralmente é feito de madeira. O martelo do bate-estacas pode ser solto após certa altura e cair livremente ou pode ser solto por meio da redução da correia de atrito do tambor de içamento, deixando-se cair o peso do martelo, que desenrola a corda do tambor. O segundo tipo de lançamento reduz a energia efetiva do martelo, em função do atrito existente entre o tambor e a correia. São utilizadas guias para manter a estaca na posição correta e dirigir o movimento do martelo, de modo que ele golpeie a estaca axialmente.

Os bate-estacas de gravidade são fabricados em tamanhos que variam de 500 a 3.000 libras. O peso do martelo deve equivaler a 0,5 a 2 vezes o peso da estaca. A altura da queda ou do lançamento na maioria das vezes varia de 5 a 20 pés. A altura máxima recomendada para a queda de pesos depende do tipo de estaca: 15 pés para estacas de madeira e 8 pés para estacas de concreto. Quando uma grande energia por golpe for necessária para cravar uma estaca, é melhor usar um bate-estacas pesado com pequena queda do que um bate-estacas leve com grande queda. Uma boa analogia seria tentar cravar um grande prego com um martelo para pregar tachas.

Os bate-estacas de gravidade são adequados para cravar estacas em canteiros de obra remotos, que exigem apenas algumas estacas e nos quais o tempo de finalização do serviço não é um fator importante. Um bate-estacas de gravidade normalmente aplica de quatro a oito golpes por minuto.

Bate-estacas de ação simples

Um bate-estacas a vapor de água ou ar de ação simples (veja a Figura 18.15) tem um peso que é solto em queda livre e é chamado de martelo e erguido por vapor, cuja pressão é aplicada à parte inferior de um pistão que está conectado ao martelo através de um êmbolo. Quando o pistão atinge o topo do seu curso, a pressão do vapor de água ou do ar é liberada e o martelo é solto em queda livre, atingindo o topo da estaca. Para alcançar sua energia de golpeamento, esses bate-estacas se baseiam unicamente na ação da gravidade sobre o peso de queda ao longo de uma distância. O grande peso golpeia com baixa velocidade, devido à distância de queda relativamente pequena, geralmente 3 pés; mas a queda pode variar de 1 a 5 pés, conforme o martelo. Enquanto um bate-estacas de gravidade pode produzir de 4 a 8 golpes por minuto, um bate-estacas a vapor de água ou ar de ação simples dará de 40 a 60 golpes por minuto transmitindo a mesma energia por golpe.

FIGURA 18.15 Um bate-estacas a vapor Raymond 60× cravando uma estaca cilíndrica de 54 in.

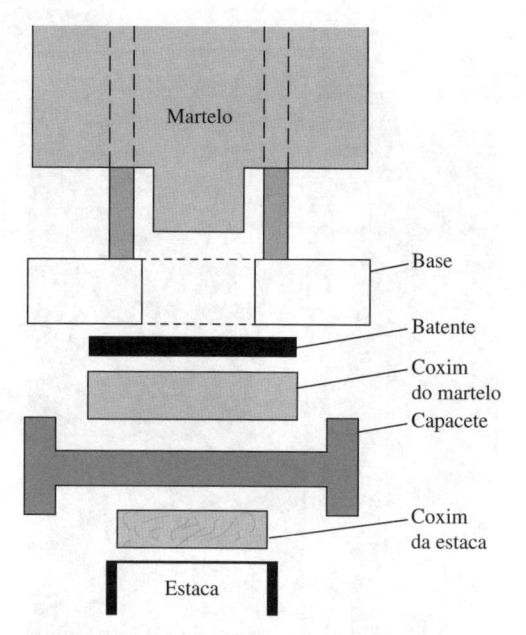

FIGURA 18.16 A sequência de instalação do coxim do martelo, do capacete e do coxim da estaca.

Geralmente usa-se um capacete no bate-estacas a vapor de água ou ar de ação simples. O capacete combina com o invólucro do martelo. Esse capacete às vezes também é chamado de pilão (veja a Figura 18.16). Esses martelos geralmente são utilizados com uma guia, embora também possam trabalhar soltos. Há martelos disponíveis em tamanhos que variam de cerca de 7 mil a 1,8 milhão de libras por pé de energia por golpe. A Tabela 18.3 apresenta dados sobre alguns dos maiores bate-estacas a vapor de água ou ar de ação simples.

Uma regra útil para a escolha de um peso adequado para um bate-estacas a vapor de água ou ar de ação simples é selecionar um martelo que tenha peso correspondente a aproximadamente a metade do peso da estaca.

Contudo, isso nem sempre é possível no caso de estacas de concreto armado pesadas, pois nesse caso o martelo provavelmente terá cerca de metade do peso da estaca. Mas ele não deveria pesar menos do que um terço da estaca. Para evitar que o martelo danifique a estaca, a altura de queda deve ser limitada a 4 pés. As estacas de concreto são especialmente suscetíveis ao rompimento causado por um golpe alto demais.

EXEMPLO 18.1

Um construtor usará um bate-estacas a vapor de água ou ar de ação simples para cravar estacas de concreto. Se a estaca pesar 21 mil libras, qual é o peso recomendado para o martelo? E qual é o peso mínimo de martelo que pode ser utilizado?

Peso recomendado para o martelo = peso da estaca = 21 mil libras

Peso mínimo do martelo = 0,33 peso da estaca = 0,33 × 21 mil libras = 6.930 libras

Capítulo 18 Estacas e equipamentos para cravar estacas

TABELA 18.3 Especificações de bate-estacas a ar comprimido ou vapor de água

Energia estimada	Modelo	Fabricante	Tipo	Estilo	Golpes por minuto	Peso das partes que golpeiam	Peso total (lb)	Compr. do bate-estacas (pés e pol.)	Dimensões da garra	Cavalos-vapor exigidos para a caldeira (ASME)	Consumo de vapor de água (lb/h)	Consumo de ar compr. (ft³/min)	Pressão de entrada (lb/in²)	Tam. da entrada (in)
1.800.000	6300	Vulcan	AÇÃO SIMP.	Aberto	42	300.000	575.000	300"	22" x 144"(M)	2.804	43.873	19.485(A)	235	2 a 6"
1.582.220	MRBS 12500	Menck	AÇÃO SIMP.	Aberto	36	275.580	540.130	359"	CAGE	2.400	52.910	26.500	171	2 a 6"
867.960	MRBS 8000	Menck	AÇÃO SIMP.	Aberto	38	176.370	330.690	30'10"	CAGE	1.380	30.860	15.900	171	8"
750.000	5150	Vulcan	AÇÃO SIMP.	Aberto	46	150.000	275.000	26'3$\frac{1}{2}$"	22" x 120"(M)	1.317	45.426	9.535(A)	175	2 a 6"
500.000	5100	Vulcan	AÇÃO SIMP.	Aberto	48	100.000	197.000	27'4"	22" x 120"(M)	1.043	35.977	7.620(A)	150	2 a 5"
499.070	MRBS 4600	Menck	AÇÃO SIMP.	Aberto	42	101.410	176.370	27'5"	CAGE	850	19.840	9.900	142	6"
325.480	MRBS 3000	Menck	AÇÃO SIMP.	Aberto	42	66.135	108.025	25'0"	CAGE	520	12.130	6.000	142	5"
325.000	5650	Conmaco	AÇÃO SIMP.	Aberto	45	65.000	139.300	230"	18$\frac{3}{4}$" x 100"	606	20.907	—	160	3 a 4"
300.000	3100	Vulcan	AÇÃO SIMP.	Aberto	60	100.000	195.500	23'3"	18$\frac{3}{4}$" x 88"(M)	900	30.153	6.644(A)	130	3 a 4"
300.000	560	Vulcan	AÇÃO SIMP.	Aberto	47	62.500	134.060	23'0"	18$\frac{3}{4}$" x 88"(M)	606	20.897	4.427(A)	150	2 a 5"
200.000	540	Vulcan	AÇÃO SIMP.	Aberto	48	40.900	102.980	22'7"	14" x 80"(M)	409	14.126	3.022(A)	130	2 a 5"
189.850	MRBS 1800	Menck	AÇÃO SIMP.	Aberto	44	38.580	64.590	225"	CAGE	295	7.060	3.700	142	4"
180.000	360	Vulcan	AÇÃO SIMP.	Aberto	62	60.000	124.830	190"	18$\frac{3}{4}$" x 88"(M)	506	17.460	3.736(A)	130	2 a 4"
180.000	060	Vulcan	AÇÃO SIMP.	Aberto	62	60.000	128.840	190"	18$\frac{3}{4}$" x 88"(M)	506	17.460	3.736(A)	130	2 a 4"
150.000	5300	Conmaco	AÇÃO SIMP.	Aberto	46	30.000	62.000	209$\frac{1}{2}$"	14" x 80"(m)	234	12.296	2.148(A)	160	4"
150.000	530	Vulcan	AÇÃO SIMP.	Aberto	42	30.000	57.680	205"	10$\frac{1}{2}$" x 54"(M)	234	8.064	1.711	150	3"
120.000	340	Vulcan	AÇÃO SIMP.	Aberto	60	40.000	98.180	187"	14" x 80"(M)	354	12.230	2.628(A)	120	2 a 3"
120.000	040	Vulcan	AÇÃO SIMP.	Aberto	60	40.000	87.673	17'11"	14" x 80"(M)	354	12.230	2.628(A)	120	2 a 3"
93.340	MRBS 850	Menck	AÇÃO SIMP.	Aberto	45	18.960	27.890	198"	CAGE	150	3.530	1.950	142	3"
90.000	030	Vulcan	AÇÃO SIMP.	Aberto	54	30.000	55.410	165"	10$\frac{1}{2}$" x 54"(M)	201	6.944	1.471(A)	150	3"
90.000	300	Conmaco	AÇÃO SIMP.	Aberto	55	30.000	55.390	16'10"	11$\frac{1}{2}$" x 56"(F)	201	6.944	1.833(A)	150	3"
81.250	8/0	Raymond	AÇÃO SIMP.	Aberto	40	25.000	34.000	194"	10$\frac{1}{2}$" x 25"	172	5.950	—	135	3"
75.000	30X	Raymond	AÇÃO SIMP.	Aberto	70	30.000	52.000	19'1"	—	246	8.500	—	150	3"
60.000	S-20	MKT	AÇÃO SIMP.	Fechado	60	20.000	38.650	155"	x 36'	190	—	—	150	3"
60.000	020	Vulcan	AÇÃO SIMP.	Aberto	59	20.000	43.785	148"	10$\frac{1}{2}$" x 54"(M)	161	5.563	1.195(A)	120	3"
60.000	200	Conmaco	AÇÃO SIMP.	Aberto	60	20.000	44.560	150"	11$\frac{1}{2}$" x 56"(F)	161	7.500	1.634(A)	120	3"
56.875	5/0	Raymond	AÇÃO SIMP.	Aberto	44	17.500	26.450	169"	10$\frac{1}{2}$" x 25"	100	4.250	—	150	3"
50.200	200-C	Vulcan	DIFEREN.	Aberto	98	20.000	39.000	13'11"	11$\frac{1}{2}$" x 37"	260	8.970	1.746(A)	142	4"
48.750	016	Vulcan	AÇÃO SIMP.	Aberto	58	16.250	33.340	138"	10$\frac{1}{2}$" x 54"(M)	121	4.182	899(A)	120	3"
48.750	4/0	Raymond	AÇÃO SIMP.	Aberto	46	15.000	23.800	161"	—	85	—	—	120	2 "
48.750	150-C	Raymond	DIFERE.	Aberto	95–105	15.000	32.500	159"	—	—	—	—	120	3"

Bate-estacas a vapor de água ou ar comprimido de ação dupla – bate-estacas de golpe rápido

Nos bate-estacas de ação dupla, o martelo (pistão) é acionado por ar comprimido ou vapor de água tanto na ascensão quanto na queda. O ar ou vapor de água entra em uma caixa que contém uma válvula lateral, que o envia alternadamente a cada lado do pistão, enquanto o lado oposto é conectado às aberturas de escape. Assim, com o peso de um martelo, é possível se conseguir uma quantidade desejada de energia por golpe com um curso de pistão menor do que seria possível com um bate-estacas de ação simples. Os bate-estacas de ação dupla em geral dão entre 95 e 300 golpes por minuto. Os valores inferiores são para os bate-estacas maiores, e os valores superiores para os menores.

Em comparação com os bate estacas de ação simples com a mesma altura total, o martelo dos bate-estacas de ação dupla é muito menor do que aquele dos equipamentos correspondentes de ação simples. Ele equivale a apenas de 10 a 20% do peso total do bate-estacas, mas seu efeito é ampliado pela pressão na extremidade superior do pistão. Noventa por cento da energia do golpe deriva da ação do ar ou vapor de água sobre o pistão. Contudo, este tipo de bate-estacas nem sempre é adequado à cravação por percussão de estacas de concreto. Embora o concreto possa estar sujeito aos esforços de compressão exercidos pelo martelo, a onda de choque que retorna após cada golpe do martelo pode provocar grandes esforços de tração no concreto, e isso pode provocar a ruína da estaca.

Um martelo mais leve e uma velocidade de queda maior podem ser vantajosos em um bate-estacas de ação dupla quando se cravam estacas leves ou de peso médio em solos com resistência à fricção normal. Diz-se que a alta frequência dos golpes fará com que a estaca desça continuamente e evite que o atrito lateral estático se desenvolva entre os golpes. No entanto, quando estacas pesadas são cravadas, especialmente em solos sem coesão (com alta resistência ao atrito), o peso mais elevado e a velocidade de um bate-estacas de ação simples transmitirão à cravação das estacas uma parte maior da energia criada.

Bate-estacas de ação diferencial

Um bate-estacas a vapor de água ou ar comprimido de ação diferencial é um bate-estacas de ação simples modificado no qual a pressão do ar ou vapor de água utilizado para erguer o martelo não se exaure na extremidade do movimento do pistão para cima, mas é levado por uma válvula para o pistão, a fim de acelerar o martelo no movimento para baixo. A energia do golpe, em tese, é

$$E_r = (W_s + A_{sp} + P_i)s \qquad \text{[18.1]}$$

onde:

E_r = energia estimada do golpe em libras por pé

W_s = peso das partes do martelo, em libras

A_{sp} = área do pistão pequeno, em polegadas quadradas

P_i = pressão de operação estimada no bate-estacas, em lb/in^2

s = golpe do martelo, em pés

O número de golpes por minuto é comparável àquele de um bate-estacas de ação dupla, enquanto o peso e a queda livre equivalente do martelo são comparáveis àqueles de um bate-estacas de ação simples. Assim, sustenta-se que este tipo de bate-estacas tem as vantagens tanto do bate-estacas de ação simples como do bate-estacas de ação dupla. Esses bate-estacas exigem o uso de um bloco de coroamento com material de proteção e um conjunto de guias.

É informado que esse tipo de bate-estacas cravará uma estaca na metade do tempo de um bate-estacas de ação simples e, portanto, usará de 25 a 35% a menos de ar comprimido ou vapor de água. A Tabela 18.3 inclui os dados de dois desses bate-estacas, o Vulcan 200-C e o Raymond 150-C. Os valores apresentados na tabela para a energia estimada por golpe estão corretos desde que a pressão do ar ou vapor de água seja suficiente para produzir os golpes normais indicados por minuto.

Bate-estacas a diesel

Um bate-estacas a diesel (veja a Figura 18.17) é um equipamento de cravação de estacas independente que não exige uma fonte de energia externa, como um compressor de ar ou uma caldeira. Neste sentido, ele é mais simples e mais fácil de deslocar de um local a outro do que um bate-estacas a vapor de água. Um equipamento completo consiste em um cilindro vertical, um pistão ou martelo, uma bigorna, tanques de combustível e óleo lubrificante, uma bomba de combustível, injetores e um lubrificador mecânico.

Após a colocação do martelo no topo da estaca, o pistão e martelo combinados são erguidos até a extremidade superior do curso do pistão e largados, para o início da cravação. A Figura 18.18 ilustra a operação de um bate-estacas a diesel. Quando o martelo se aproxima do final de seu percurso para baixo, ele ativa uma bomba a combustível que injeta o combustível na câmara de combustão, entre o martelo e a bigorna. Os golpes contínuos do martelo para baixo comprimem o ar e o combustível, colocando este em calor de ignição. A explosão resultante empurra a estaca para baixo e o martelo para cima, repetindo o golpe. A energia por golpe, que podem ser controlada pelo operador, pode variar bastante. A Tabela 18.4 lista as especificações para várias marcas e modelos de bate-estacas a diesel.

FIGURA 18.17 Bate-estacas a diesel cravando estacas de metal de perfil I ou H para as fundações de um prédio.

Os bate-estacas a diesel com extremidade aberta (open-end) geram de 40 a 55 golpes por minuto. Já os modelos com extremidade fechada (close-end) operam com 75 a 85 golpes por minuto. Nos Estados Unidos, os bate-estacas a diesel são quase sempre utilizados com um conjunto de guias, embora em outras partes do mundo costumem ser soltos. Esse tipo de bate-estacas requer um bloco de coroamento com material de amortecimento "vivo", a fim de proteger a cabeça da estaca durante a cravação.

TABELA 18.4 Especificações de bate-estacas a diesel

Energia estimada (ft/lb)	Modelo	Fabricante	Ação simples/ dupla	Golpes por minuto	Peso do pistão (lb)	Peso total (lb)	Golpe máximo (pés e polegadas)	Comprimento total (pés e polegadas)	Largura entre as garras	Consumo de combustível (g/h)
280.000–	K150	Kobe	Simples	45–60	33.100	80.500	8'6"	29'8"	CAGE	16–20
161.300–80.600	D62-02	Delmag	Simples	36–53	13.670	28.000	12'8"	17'9"	32	5,3
141.000–63.360	MB70	Mitsubishi	Simples	38–60	15.840	46.000	8'6"	19'6"	—	7–10
135.200	MH72D	Mitsubishi	Simples	38–60	15.900	44.000	8'6"	19'6"	—	7–10
117.175–62.566	D55	Delmag	Simples	36–47	11.860	26.300	9'10"	17'9"	32	5,54
105.600–	K60	Kobe	Simples	42–60	13.200	37.500	8'0"	24'3"	42	6,5–8,0
105.000–48.400	D46-02	Delmag	Simples	37–53	10.100	19.900	10'8"	17'3"	32	3,3
92.752	KC45	Kobe	Simples	39–60	9.920	24.700	9'4"	17'11"	—	4,5–5,5
91.100–	K45	Kobe	Simples	39–60	9.900	25.600	9'2"	18'6"	36	4,5–5,5
87.000–43.500	D44	Delmag	Simples	37–56	9.460	22.440	9'2"	15'10"	32	4,5
84.300	MH45	Mitsubishi	Simples	42–60	9.920	24.500	8'6"	17'11"	37	4,0–5,8
84.000–37.840	M43	Mitsubishi	Simples	40–60	9.460	22.660	8'10"	16'3"	37	4,0–5,8
83.100–38.000	D36-02	Delmag	Simples	37–53	7.900	17.700	10'8"	17'3"	32	3,0
79.500–	J44	IHI	Simples	42–70	9.720	21.500	8'2"	14'10"	37	6,86
79.000–	K42	Kobe	Simples	40–60	9.260	24.000	8'6"	17'8"	36	4,5–5,5
78.800–	B45	BSP	Duplo	80–100	10.000	27.500	—	19'3"	36	5,5
73.780–30.380	D36	Delmag	Simples	37–53	7.940	17.780	9'3"	14'11"	32	3,7
72.182	KC35	Kobe	Simples	39–60	7.720	17.400	9'4"	16'10"	—	3,2–4,3
70.800–	K35	Kobe	Simples	39–60	7.700	18.700	9'2"	17'8"	30	3,0–4,0
65.600–	MH35	Mitsubishi	Simples	42–60	7.720	18.500	8'6"	17'3"	32	3,4–5,3
64.000–29.040	M33	Mitsubishi	Simples	40–60	7.260	16.940	8'0"	13'2"	32	3,4–5,3
63.900–	B35	BSP	Duplo	80–100	7.700	21.200	—	18'5"	36	4,5
63.500–	J35	IHI	Simples	72–70	7.730	16.900	8'3"	14'6"	32	4,76
63.000–42.000	DE70/50B	MKT	Simples	40–50	7.000	14.600	10'6"	15'10"	26	3,3
62.900–31.800	D30-02	Delmag	Simples	38–52	6.600	13.150	10'7"	17'2"	26	1,7
60.100–	K32	Kobe	Simples	40–60	7.050	17.750	8'6"	17'8"	30	2,75–3,5
54.200–23.870	D30	Delmag	Simples	39–60	6.600	12.346	8'3"	14'2"	26	2,9
51.518–	KC25	Kobe	Simples	39–60	5.510	12.130	9'4"	16'10"	—	2,4–3,2
50.700–	K25	Kobe	Simples	39–60	5.510	13.100	9'3"	17'6"	26	2,5–3,0
48.400–24.600	D22-02	Delmag	Simples	38–52	4.850	11.400	10'7"	17'2"	26	1,6
46.900	MH25	Mitsubishi	Simples	42–60	5.510	13.200	8'6"	16'8"	28	2,4–3,7

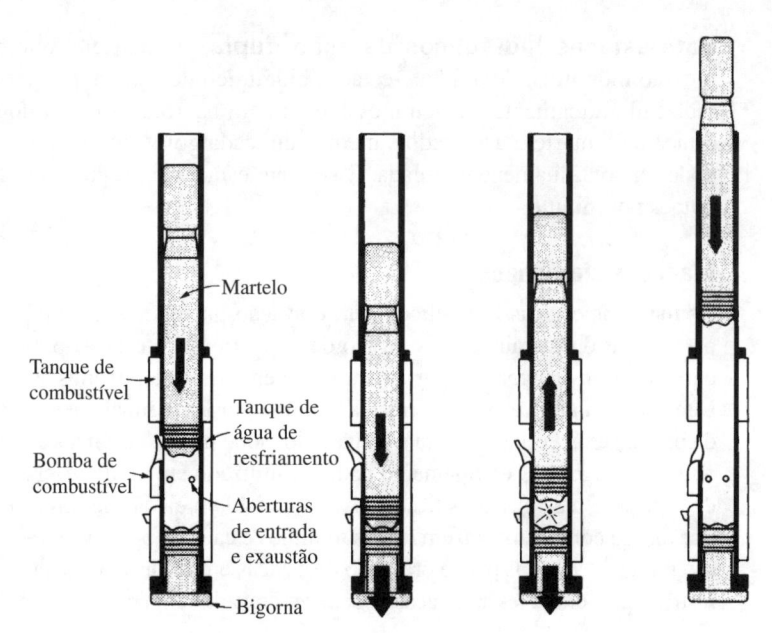

FIGURA 18.18 A operação de um bate-estacas a diesel.
Fonte: L. B. Foster Company

Os tempos da força que um bate-estacas a diesel aplica a uma estaca são bastante diferentes daqueles dos bate-estacas previamente discutidos. No caso de um bate-estacas a diesel, a força começa a crescer assim que o martelo que cai fecha as aberturas de escape do cilindro e comprime o ar preso. Com a explosão do combustível na base do curso do pistão, há um pico de força que diminui à medida que o martelo se desloca para cima. O importante é que o carregamento da estaca se prolonga no tempo e muda de magnitude ao longo desse período.

Os bate-estacas a diesel têm desempenho especialmente bom em camadas de solo coesivo ou muito denso. A energia por golpe aumenta à medida que também aumenta a resistência de cravação da estaca. Sob condições de terrenos normais, é comum selecionar uma relação entre peso de martelo e peso de estaca com bloco de coroamento entre 1:2 e 1,5:1. O bate-estacas a diesel às vezes não funciona bem na cravação de estacas em solo fofo. A menos que a estaca ofereça resistência à cravação suficiente para ativar o martelo, o bate-estacas não funcionará.

Bate-estacas de impacto hidráulicos

A última tendência é o uso de bate-estacas hidráulicos. Diz-se que eles têm, no mínimo, 90% de eficácia na transmissão de energia às estacas. Isso os torna muito mais eficazes do que os demais tipos de bate-estacas (a vapor de água, ar comprimido ou diesel). Um bate-estacas trabalha com a pressão diferencial do fluido hidráulico, em vez de ar ou vapor de água comprido.

Bate-estacas de gravidade hidráulicos Em alguns bate-estacas, o martelo é erguido pela pressão hidráulica até uma altura pré-definida e solto em queda livre contra a bigorna. A altura da queda pode variar bastante, conforme o tipo de estaca e solo.

Bate-estacas hidráulicos de ação dupla O martelo, que é erguido pela pressão hidráulica de um bate-estacas hidráulico de ação dupla, também é empurrado hidraulicamente em seu movimento para baixo. A energia líquida aplicada à estaca pelo martelo acelerado é medida em cada golpe em um painel de controle e pode ser continuamente regulada. Esses bate-estacas conseguem produzir de 50 a 60 golpes por minuto.

Macacos hidráulicos

Os macacos-estacas hidráulicos para cravação por prensagem podem ser utilizados para cravar ou extrair estacas de aço de perfil I ou H e estacas-pranchas (pranchões) e incluem um sistema de agarramento para empurrar ou puxar as estacas. Este tipo de bate-estacas agarra a estaca e então a empurra por aproximadamente 3 pés. No término da prensagem, a estaca é solta e o agarrador sobe pela estaca mais 3 pés, para começar outra prensagem. O equipamento pode ser utilizado em modo reverso, para a extração de estacas. Esses macados desenvolvem até 140 toneladas de força de pressão ou extração, são compactos, fazem ruídos mínimos e causam poucas vibrações no solo. Eles são muito adequados para a cravação de estacas em locais onde a altura ou pé-direito é restrito, pois com eles as estacas podem ser cravadas em pequenas seções e conectadas.

Bate-estacas vibratórios

Os bates-estacas vibratórios são especialmente efetivas quando as estacas devem ser cravadas em solos não coesivos e saturados de água. Contudo, eles nem sempre funcionam bem para se trabalhar em areia seca ou materiais similares ou em solos coesivos que não respondem às vibrações. A Tabela 18.5 lista as especificações de várias marcas e modelos de bate-estacas vibratórios.

Estes equipamentos são dotados de eixos, aos quais são conectados pesos excêntricos. Como os eixo giram aos pares em direções opostas e em velocidades variáveis, mas que passam de mil rotações por minuto, as forças produzidas pelos pesos rotatórios produzem vibrações, as quais são transmitidas à estaca, pois esta está rigidamente conectada ao bate-estacas por meio de grampos. As vibrações, então, são transmitidas da estaca ao solo adjacente. A agitação do material do solo reduz o atrito lateral entre o solo e a estaca. Isso é especialmente verdadeiro quando o solo estiver saturado com água. O peso morto combinado da estaca com o bate-estacas que nela se apoia cravará a estaca rapidamente. A Figura 18.19 mostra um bate-estacas vibratório cravando uma estaca de aço.

Neste tipo de bate-estacas, raramente são utilizadas guias. Os bate-estacas vibratórios são elétricos ou hidráulicos; portanto, é necessário um gerador ou uma fonte de energia hidráulica. Como não são utilizadas guias, um guindaste menor geralmente pode ser empregado para orientar os bate-estacas vibratórios.

Há cinco fatores de desempenho que determinam a efetividade de um bate-estacas vibratório.

1. *Amplitude*. Esta é a magnitude do movimento vertical da estaca produzido pelo equipamento vibratório. Ela pode ser expressa em polegadas ou milímetros.
2. *Momento excêntrico*. O momento excêntrico de um bate-estacas vibratório é uma medida ou indicação básica do tamanho do equipamento. Ele é o produto do peso das excentricidades multiplicado pela distância do centro de rotação

TABELA 18.5 Especificações de bate-estacas/extratores vibratórios hidráulicos

Forças dinâmicas (ton)	Modelo	Fabricante	Frequência (v/min)	Amplitude (in)	CV	Força máxima para extração (ton)	Força no gancho da estaca (ton)	Peso suspenso (lb)	Peso para transporte (lb)	Altura (ft-in)	Profundidade (ft-in)	Largura	Largura da garganta (in)
182	V-36	MKT	1600	0,75	550	80	80	18.800	36.300	13-1	1-0	12-0	14
145,4	812	ICE	750–1500	$\frac{1}{2}$–1	330	40	100	14.700	30.200	9-0	2-0	8-0	12
139	S0H1	PTC	1500	1,25	370	44							
100,5	V-20	MKT	1650	0,66	295	40	75	12.500	23.900	5-3	1-2		14
111,4	4000	Foster	1400	0,72	299	40	$\frac{100}{200}$	18.800	32.300	9-10	1-10	9-10	12
78,3	V-16	MKT	1750	0,47	161	50	75	11.700	20.600	5-3	1-2		14
71,0	V-14	MKT	1500	0,32	140	50	75	10.000	29.500	5-3	1-2		14
65,2	416	ICE	800–1600	$\frac{1}{4}$–1	175	40	100	12.200	26.200	8-9	1-10	8-0	12
55	20H6	PTC	1500	0,88	185	22							
48,5	1700	Foster	1400	0,39	147	30	$\frac{80}{100}$	12.900	26.900	7-0	1-10		12
38,8	14H2	PTC	1500	0,85	120	16,5							
36,4	216	ICE	800–1600	$\frac{1}{4}$–$\frac{3}{4}$	115	20	50	4.500	12.500	6-6	5-0	3-11	12
35,2	1200	Foster	1425	0,34	85	20	60	6.700	11.670	5-0	1-11		12
34,4	7H4	FTC	2000	0,50	115	16,5							
30,0	V-5	MKT	1450	0,50	59	20	31	6.800	10.800	5-4	1-2		14

FIGURA 18.19 Um bate-estacas vibratório.

dos eixos ao centro de gravidade das excentricidades. Quanto maior forem os pesos excêntricos e mais distantes eles estiverem do centro de rotação do eixo, maior será o momento excêntrico do equipamento.

3. *Frequência*. É uma expressão do número de movimentos verticais do vibrador por minuto, que também é o número de revoluções eixos rotatórios por minuto. Ensaios realizados em estacas cravadas por bate-estacas vibratórios têm mostrado que as forças de atrito entre as estacas cravadas e o solo na qual ela estão são mantidas em valores mínimos quando as frequências são conservadas na faixa de 700 a 1.200 vibrações por minuto. Em geral, as frequências para estacas cravadas em solos argilosos costuma ser inferiores às das estacas cravadas em solos arenosos.
4. *Peso vibrante*. O peso vibrante inclui a caixa de vibração e a cabeça vibratória do vibrador, além do peso da estaca sendo cravada.
5. *Peso não vibrante*. É o peso da parte do sistema que não vibra, incluindo o mecanismo de suspensão e os motores. O peso não vibrante empurra para baixo e ajuda na cravação das estacas.

Uma avaliação preliminar da energia de vibração necessária para cravar uma estaca é:

$$F = 15 \times \frac{(t + 2G)}{100} \quad [18.2]$$

onde:

F = força centrífuga em quilonewtons (kN)

t = profundidade de cravação em m

G = massa da estaca em kg

Costuma-se considerar uma taxa de penetração e 500 mm/min.

O SUPORTE E POSICIONAMENTO DAS ESTACAS DURANTE A CRAVAÇÃO

estaca inclinada
Uma estaca cravada quase na vertical, mas em ângulo, a fim de oferecer mais estabilidade.

Quando se cravam as estacas, é preciso ter um método que as posicionem no local adequado, com o alinhamento necessário (ou **inclinação**) que a sustentem durante a operação (veja a Figura 18.20). Os métodos seguintes são utilizados para conseguir tal alinhamento e suporte.

Guias fixas

As guias fixas têm um ponto de pivô no topo do braço do guindaste e uma braçadeira na base que as conectam ao guindaste (veja a Figura 18,21). As guias fixas oferecem bom controle da posição da estaca e a mantêm no alinhamento correto em relação ao martelo, de modo que são minimizados os impactos excêntricos que poderiam causar concentrações de esforços locais e danos à estaca.

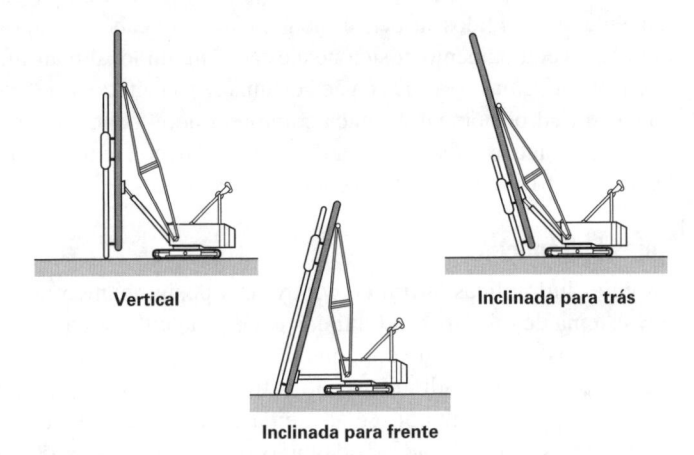

FIGURA 18.20 A nomenclatura do alinhamento das estacas.

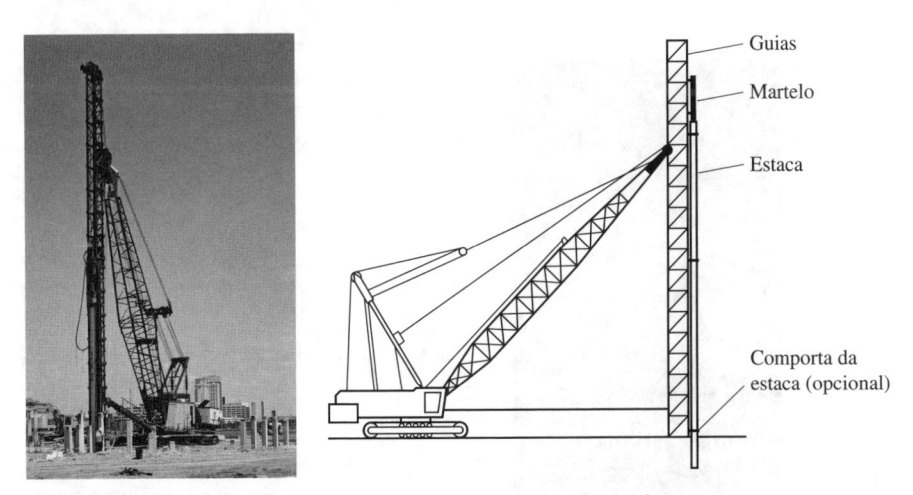

FIGURA 18.21 Guias fixas conectadas a um guindaste de esteiras.
Fonte: Tidewater Skanska, Inc.

guias
Os trilhos paralelos que mantêm uma estaca no posicionamento e percurso correto durante a cravação com um bate-estacas.

Normalmente, um conjunto de guias consiste em uma estrutura de treliça de aço de três lados similar, em termos de construção, a uma lança de guindaste, com um dos lados abertos. Elas são chamadas de guias em U (veja a Figura 18.22). O lado aberto permite o posicionamento da estaca nas **guias**, sob o martelo. As guias têm um conjunto de trilhos para conduzir o martelo. Ao correr nos trilhos, o martelo é erguido acima da altura da estaca, quando uma nova estaca é fixada à guia. Durante a cravação, o martelo desce ao longo da guia, levando a estaca para baixo, em direção ao solo. Quando as estacas são cravadas inclinadas, as guias são posicionadas em ângulo.

Guias oscilantes

Guias que não são fixadas na parte inferior ao guindaste ou à plataforma de cravação são chamadas de "guias oscilantes" (veja a Figura 18.22). As guias e o martelo geralmente são mantidos suspensos no guindaste por cabos distintos. Esse sistema permite que o equipamento posicione a estaca em um local mais afastado do que seria possível com guias fixas. Esse não costuma ser o método de cravação preferido, pois é mais difícil posicionar a estaca com precisão e manter seu alinhamento vertical (prumo) durante o trabalho. Quando a estaca tender a se torcer ou sair do alinhamento previsto, é difícil controlá-la com guias oscilantes.

Guias hidráulicas

As guias hidráulicas, a fim de controlar o posicionamento de uma estaca, usam um sistema de cilindros hidráulicos conectado entre a base da guia e o bate-estacas. Este sistema permite com que o operador posicione a estaca de modo rápido e preciso. As guias hidráulicas são extremamente úteis para cravar estacas inclinadas, pois o sistema consegue rápida e facilmente ajustar o ângulo das guias para cada estaca inclinada. Todavia, o sistema é mais caro do que as guias fixas comuns.

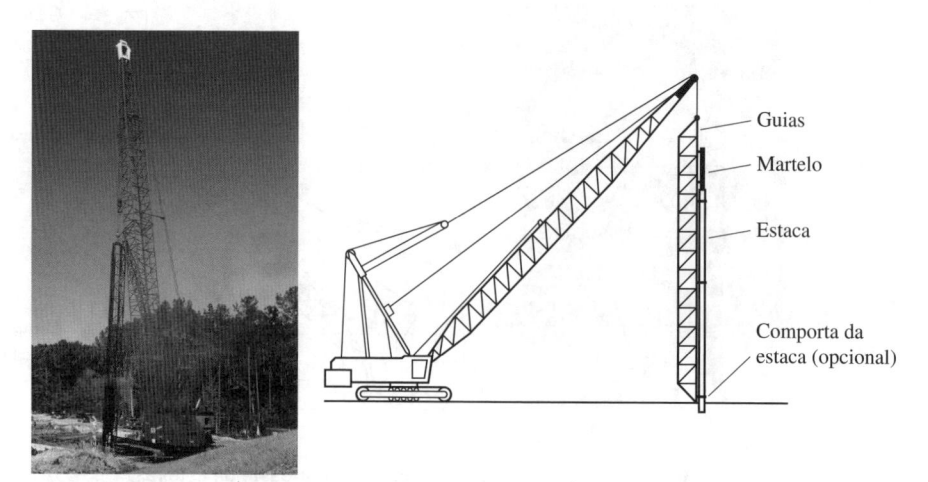

FIGURA 18.22 Guias oscilantes conectadas a um guindaste de esteiras.

Gabaritos

Muitas vezes se usa um gabarito para sustentar a estaca e mantê-la no posicionamento adequado durante a cravação. Os gabaritos costumam ser feitos de vigas ou perfis tubulares de aço e podem ter vários níveis de estrutura, a fim de sustentar estacas longas ou inclinadas (veja a Figura 18.1). Em obras marítimas, nas quais o acesso a grupos de estacas é restrito, a regra é o uso de gabaritos. Um conjunto de guias muitas vezes é fixado ou conectado a uma viga de gabarito, e os sistemas combinados são utilizados para sustentar e guiar a estaca durante a cravação. Gabaritos ou guias também são comuns para a cravação de estacas-pranchas. Quando se cravam células de estacas-pranchas, gabaritos circulares são empregados para manter um alinhamento apropriado (veja a Figura 18.12).

ESTACAS CRAVADAS COM JATO DE ÁGUA

O uso de um jato de água para auxiliar a cravação de estacas em um solo arenoso ou com pedregulho miúdo acelera o trabalho. A água, que é descarregada por um pulverizador na extremidade inferior da estaca, mantém o solo ao redor dela agitado, o que reduz a resistência do atrito lateral. Um bom jateamento exige um suprimento abundante de água sob uma pressão suficiente para que o solo afrouxe e seja removido do furo antes da penetração da estaca. Os tubos de jateamento mais comuns têm entre 2 e 4 in de diâmetro, com pulverizadores de $\frac{1}{2}$ a $1\frac{1}{2}$ in de diâmetro. O jateamento pode ser de baixa ou alta pressão. O jateamento de baixa pressão tem taxas de fluxo elevadas e baixa pressão. A pressão da água no bico fica entre 100 e 300 lb/in^2, e a quantidade de água consumida geralmente varia de 300 a 500 galões por minuto. Já o jateamento de alta pressão pode ter um fluxo de apenas 50 galões por minuto, mas a pressão alcança milhares de lb/in^2 (libras por polegada quadrada).

O jateamento de baixa pressão é aplicável a qualquer tipo de estaca e se baseia na redução do atrito durante a cravação e na dispensa da necessidade de um peso maior no martelo. O jateamento de alta pressão, por outro lado, é para cravar estacas em solos duros.

Embora estacas já tenham sido cravadas com jateamento até a penetração final, essa não é considerada uma boa prática, principalmente por que é impossível determinar com segurança a capacidade de suporte de uma estaca cravada desta maneira. A maioria das especificações exige que os últimos pés de uma estaca sejam cravados sem o uso do jateamento. O código de fundações da cidade de Nova York (Foundation Code of the City of New York) exige que um construtor obtenha uma licença especial antes de cravar estacas com jateamento e especifica que os últimos 3 pés de uma estaca sejam cravados com bate-estacas.

PERFURAÇÃO INICIAL E PRÉ-ESCAVAÇÃO

perfuração inicial
Inserção de uma ponta de metal duro no solo, sua remoção e subsequente cravação de uma estaca.

Em locais onde serão cravadas estacas e nos quais há evidências de uma construção anterior ou quando se suspeite que as fundações pre-existentes irão interferir com o estaqueamento, é prudente fazer uma **perfuração inicial** ou pré-escavação que chegue abaixo da possível interferência. Se houver evidências de um extrato de solo muito duro, pode ser necessário fazer a perfuração inicial ou pré-escavação antes de começar as operações de estaqueamento.

A pré-escavação também deve ser levada em consideração quando as estacas forem cravadas em aterro ou solo natural. Isso é bastante comum em blocos de ancoragem de pontes nos quais o aterro é feito antes da construção da ponte. A profundidade da pré-escavação deve coincidir com a profundidade da terra colocada, de modo que as estacas desenvolvam sua capacidade de carregamento máximo no solo natural.

A SELEÇÃO DO BATE-ESTACAS OU MARTELO

A seleção de um martelo ou bate-estacas adequado para determinado projeto envolve a consideração de vários fatores, como: (1) o tamanho e tipo das estacas, (2) o número de estacas, (3) o caráter do solo, (4) a localização da obra, (5) a topografia do terreno, (6) o tipo de guindaste disponível e (7) se o estaqueamento será feito em solo ou na água. Ao selecionar o bate-estacas ou martelo que será empregado em uma obra, uma empresa de estaqueamento geralmente se preocupa, antes de tudo, em manter os custos os mais baixos possíveis. Como a maioria das empresas deve ter apenas alguns tipos e tamanhos de bate-estacas, estes equipamentos devem ser selecionados entre aqueles que ela já possui, a menos que seja necessário ou mais barato comprar ou alugar um bate-estacas de outro tamanho ou tipo.

A função de um bate-estacas ou martelo é fornecer a energia necessária para a cravação de uma estaca. A fórmula básica é: a energia do bate-estacas equivale ao trabalho da resistência do solo (veja a equação [18.3] e Figura 18.23).

$$Wh = Rs \qquad [18.3]$$

onde:

W = peso da massa em queda (o pistão do bate-estacas), em libras

h = altura de queda livre da massa W, em pés

R = resistência do solo, em libras

S = penetração da estaca (assentamento da estaca), em pés

A fórmula para estacas da *The Engineering News* que é utilizada para a estimativa das capacidades de estimadas das estacas se baseia nessa relação. A equação para uma estaca cravada com um bate-estacas de ação única é:

$$R = \frac{2WH}{S + 0,1} \qquad [18.4]$$

onde

R = carga segura em uma estaca, em libras

W = peso de uma massa em queda, em pés

H = altura de queda livre da massa W, em pés

S = penetração média por golpe para os últimos 5 ou 19 golpes, em polegadas

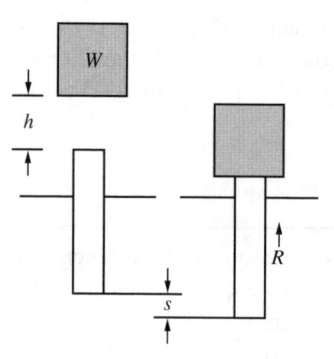

FIGURA 18.23 A fórmula básica para a cravação de estacas.

Observe que há um fator de segurança de seis incluído na equação [18.4]. A reordenação da Eq. [18.3] e a inclusão da exigência de que a carga seja suportada gera:

$$6R = \frac{W(\text{lb}) \times h(\text{ft})}{s(\text{ft})}$$

Na fórmula da *Engineering News*, s é dada em polegadas, portanto:

$$6R = \frac{W(\text{lb}) \times h(\text{ft})}{s(\text{in})} \times \frac{12 \text{ in}}{\text{ft}} \text{ ou}$$

$$R = \frac{2WH}{S}$$

A energia teórica por golpe será o produto do peso vezes a queda livre equivalente. A energia teórica por golpe para um bate-estacas de ação diferencial é dada pela Eq. [18.1]. Como parte desta energia se perde no atrito quando o peso desce, a energia líquida por golpe será menor do que a energia teórica. A quantidade real de energia líquida depende da eficiência do martelo em particular. A eficiência de um bate-estacas varia de 50 a 100%. Para ler uma discussão completa sobre a energia de cravação, a eficácia do bate-estacas e as perdas de energia, veja Efficiency and Energy Transfer in Pile Driving Systems (www.vulcanhammer.info/drivability/efficnt.php).

A Tabela 18.6 apresenta os tamanhos de bate-estacas recomendados para diferentes tipos de estacas e resistências à cravação. Os tamanhos são indicados pelos pés por libra teóricos da energia transmitida por golpe. A energia teórica por golpe

TABELA 18.6 Tamanhos recomendados de bate-estacas para a cravação de diferentes tipos de estaca*

Comprimento da estaca (ft)	Profundidade de penetração	Peso de vários tipos de estacas (lb/ft)						
		Chapa de aço**			Madeira		Concreto	
		20	30	40	30	60	150	400
Cravação em terra comum, argila úmida ou pedregulho solto (atrito lateral normal)								
25	½	2.000	2.000	3.600	3.600	7.000	7.500	15.000
	Total	3.600	3.600	6.000	3.600	7.000	7.500	15.000
50	½	6.000	6.000	7.000	7.000	7.500	15.000	20.000
	Total	7.000	7.000	7.500	7.500	12.000	15.000	20.000
75	½	—	7.000	7.500	—	15.000	—	30.000
	Total	—	—	12.000	—	15.000	—	30.000
Cravação em argila dura, areia compactada ou pedregulho (atrito lateral elevado)								
25	½	3.600	3.600	3.600	7.500	7.500	7.500	15.000
	Total	3.600	7.000	7.000	7.500	7.500	12.000	15.000
50	½	7.000	7.500	7.500	12.000	12.000	15.000	25.000
	Total	—	7.500	7.500	—	15.000	—	30.000
75	½	—	7.500	12.000	—	15.000	—	36.000
	Total	—	—	15.000	—	20.000	—	50.000

*Tamanho expresso em pés-libras por energia de golpe.
**A energia indicada se baseia em duas estacas-pranchas cravadas simultaneamente. No caso de cravação de estacas-pranchas isoladas, use aproximadamente dois terços da energia indicada.

apresentada nas Tabelas 18.3, 18.4 e 18.5 está correta desde que o bate-estacas seja operado de acordo com o número estabelecido de golpes por minuto.

Em geral, faz sentido selecionar o maior bate-estacas que possa ser empregado sem danificar uma estaca ou submetê-la a uma sobrecarga. Como discutimos anteriormente, quando um grande bate-estacas é utilizado, uma parte maior da energia é aproveitada para a cravação da estaca e isso resulta em uma maior eficácia de operação. Portanto, os tamanhos de bate-estacas mostrados na Tabela 18.6 devem ser considerados como tamanhos mínimos. Em alguns casos, pode ser vantajoso usar equipamentos 50% maiores.

As capacidades do guindaste que será empregado para segurar o martelo, as guias e a estaca também devem ser levadas em consideração. O guindaste deve ser capaz de suportar essa carga total no alcance máximo que será necessário para as condições da obra em questão. Portanto, embora seja importante saber o consumo de energia e a velocidade do martelo (golpes por minuto), quando consideramos a questão da capacidade para a cravação das estacas necessárias, a especificação do peso de operação total é importante para a escolha do guindaste que sustentará o bate-estacas (veja a Figura 18.24).

A questão final a ser considerada é qual é o tamanho da lança que o guindaste precisará. Isso depende do comprimento das estacas e do comprimento de operação do bate-estacas. Essas informações serão dadas nas especificações do bate-estacas (veja a Figura 18.25). Na soma dessas duas dimensões, deixe uma previsão para o posicionamento da estaca sob o martelo.

SEGURANÇA NA CRAVAÇÃO DE ESTACAS

Cravar estacas é uma das atividades mais perigosas da construção civil. Os acidentes associados à cravação de estacas geralmente são graves, devido às tremendas forças e aos enormes pesos envolvidos. Eis algumas regras que podem ajudar na sua segurança e de sua equipe:

1. Todas as conexões de mangueira, incluindo de mangueiras de bate-estacas a ar e tubulações com vapor de água, que chegam ao bate-estacas devem estar bem fixadas ao bate-estacas e ter uma corrente ou um cabo de pelo menos 14 in de diâmetro. Esta medida de segurança evita que a tubulação chicoteie, caso a junta com o bate-estacas se quebre.
2. Os bate-estacas hidráulicos podem estar sujeitos a altas pressões e a calor intenso, assim você sempre deve proteger essas tubulações.
3. Guias de bate-estacas penduradas ou oscilantes devem ser acessadas por meio de escadas de mão fixas. As guias fixas devem ser dotadas de pontos de ancoragem de proteção contra quedas, de modo que o operário que se desequilibrar ou cair possa engatar correias de proteção contra queda nas guias.
4. Os operários não podem permanecer nas guias ou escadas durante a cravação de uma estaca.
5. Sempre que você estiver trabalhando abaixo de um bate-estacas, coloque dispositivo de bloqueio capaz de suportar com segurança o martelo nas guias.
6. Quando o bate-estacas for deslocado, o martelo deve ser abaixado até a base das guias.

```
Especificações de trabalho
    Energia estimada .................................................42.000 ft-lb (5.807 kg-m)
    Energia mínima .....................................................16.000 ft-lb (2.212 kg-m)
    Cravação por golpe para a energia estimada .........................10' 3" (312 cm)
    Cravação máxima obtida ..............................................10' 5" (318 cm)
    Velocidade (golpes por minuto) ..............................................37-55
    Suporte baseado na fórmula da Engineering News .........210 tons (190 tons)

Pesos
    Bate-estacas (sem a estaca) ...........................................7.610 lbs (3.452 kg)
    Martelo ................................................................4.088 lbs (1.854 kg)
    Bigorna ...................................................................545 lbs (247 kg)
    Peso de operação típico, com o bloco de coroamento .....8.710 lb (3.950 kg)
```

FIGURA 18.24 Especificações de trabalho típicas para bate-estacas.

```
Dimensões do bate-estacas
    Largura (lado a lado)..............................................................20" (508 cm)
    Profundidade .....................................................................29" (737 cm)
    Eixo à frente..................................................................13 3/4" (349 mm)
    Eixo aos fundos................................................................15 1/4" (387 mm)
    Comprimento (apenas do bate-estacas)..............................................16' 1" (490 cm)
    Comprimento de operação (do alto do martelo até o topo da estaca)....27' 9" (846 cm)
```

FIGURA 18.25 Especificações de dimensões de bate-estacas típicos.

7. Use cabos de manobra para o controle de estacas sem guia e martelos suspensos.
8. Todos os trabalhadores devem usar protetores auriculares durante a cravação de estacas.

Nos Estados Unidos, as exigências ocupacionais específicas da Safety and Health Administration aplicáveis à cravação de estacas podem ser encontradas na Norma 1926.603. A Norma 1926.603(c)(2) afirma: "Todos os operários devem se manter afastados quando uma estaca estiver sendo içada até as guias". Isso não foi observado durante uma operação de estaqueamento em 2003 nos Estados Unidos e resultou na morte de um operário de 35 anos que estava por perto, posicionando uma mangueira de ar comprimido. O trabalhador foi atingido por uma estaca de aço de 2 mil libras que caiu enquanto estava sendo erguida pelo guindaste.

RESUMO

As estacas estruturais são empregadas principalmente para transmitir cargas estruturais através de formações do solo com propriedades de sustentação inadequadas e colocá-las sobre estratos de solo capazes de sustentar as cargas. Se o esforço for transmitido ao solo por meio do atrito lateral entre a estaca e o solo, a estaca será chamada de estaca de atrito ou estaca com reação lateral. Se a carga for transmitida ao solo através da ponta (extremidade inferior), a estaca será chamada estaca de resistência de ponta ou estaca de ponta.

As estacas podem ser classificadas com base nos materiais com os quais são feitas. Os tipos de estaca mais comuns, em termos de materiais, são: (1) estacas de madeira; (2) estacas de concreto; (3) estacas de aço; e (4) estacas compostas. A função de um bate-estacas é fornecer a energia necessária para a cravação de uma estaca. Os bate-estacas são classificados por tipo e tamanho. Ao se cravar estacas, é necessário ter um método que posicione a estaca no local apropriado e conforme o alinhamento exigido (a prumo ou inclinada), bem como de sustentá-la durante a operação. Os principais objetivos de aprendizagem deste capítulo são:

- Entender os diferentes tipos de estacas e as vantagens de cada um
- Entender os diferentes tipos de bate-estacas e as vantagens de cada um

Esses objetivos são a base dos problemas a seguir.

PROBLEMAS

18.1 As estacas podem ser fabricadas com muitos materiais diferentes. Compare as estacas de madeira com as de concreto, listando as vantagens de cada material.

18.2 Um bate-estacas de ação simples Raymond modelo 4/0 será empregado para um estaqueamento. A distância de queda do martelo desse equipamento é 39 in. A penetração média por golpe, para os últimos 10 golpes é 0,25 in. Qual será a carga nominal de segurança, usando a equação da *Engineering News*?

18.3 Um bate-estacas de ação simples Raymond modelo 5/0 será empregado para um estaqueamento. A distância de queda do martelo desse equipamento é 39 in. A penetração média por golpe, para os últimos 10 golpes é 0,25 in. Qual será a carga nominal de segurança, usando a equação da *Engineering News*?

18.4 Um bate-estacas de ação simples Conmaco 200 será empregado para um estaqueamento. A distância de queda do martelo desse equipamento é 39 in. A penetração média por golpe, para os últimos 10 golpes é 0,25 in. Qual será a carga nominal de segurança, usando a equação da *Engineering News*?

18.5 Um construtor planeja usar um bate-estacas a ar comprimido de ação simples para cravar estacas de concreto. As estacas são quadrados, com 12 polegadas de lado, e seu peso é aproximadamente 155 libras por pé cúbico. Seu comprimento é 66 pés. Qual será o peso mínimo do martelo?

18.6 Um bate-estacas vibratório será utilizado para cravar 23 estacas de aço de perfil tubular, que têm 12 polegadas de diâmetro e 75 pés de comprimento. Os tubos de aço pesam cerca de 65,4 libras por pé. Qual será a energia de vibração necessária para cravar essas estacas 65 pés?

FONTES DE CONSULTA

Adams, James, Dees, James e Graham, James (1996). "'Clean' Creosote Timber", *The Military Engineer*, Vol. 88, No. 578, pp. 25, 26, junho–julho.

Construction Productivity Advancement Research (CPAR) Program (1998). *USACERL Technical Report* 98/123, U.S. Army Corps of Engineers, Construction Engineering Research Laboratories, setembro.

"Design of Pile Foundations", *Technical Engineering and Design Guides as Adapted from the US Army Corps of Engineers*, No. 1 (1993). American Society of Civil Engineers, Nova York.

Guidelines for the Design and Installation of Pile Foundations (1997). ASCE Standard 20–96, American Society of Civil Engineers, Reston, VA.

Manual for Quality Control, 4a. ed. (1999). PCI MNL-116–99, Prestressed Concrete Institute, 201 N. Wells St., Chicago, IL.

FONTES DE CONSULTA NA INTERNET

http://www.berminghammer.com Berminghammer Corporation Limited, Wellington St. Marine Terminal, Hamilton, Ontario L8L 4Z9, Canadá.

http://www.pilebuck.com/ Um diretório de informações sobre a cravação de estacas.

http://*www.piledrivers.org/index.php* The Pile Driving Contractors Association (PDCA), Glenwood Springs, CO, é uma organização de empresas de estaqueamento.

http://www.usacivil.skanska.com Tidewater Skanska, Inc., localizada em Virginia Beach, VA, é uma subsidiária da Skanska USA Civil. Skanska USA Civil é uma unidade de negócios da Skanska AB, uma construtora internacional de Estocolmo, Suécia.

http://www.nasspa.com/ A North American Steel Sheet Piling Association (NASSPA) oferece informações e diretrizes sobre uma ampla variedade de tecnologias de cravação de estacas-pranchas de aço.

19

Compressores de ar e bombas

O ar comprimido é bastante usado em projetos de construção para acionar perfuratrizes de rochas e marteletes de bate-estacas. Como o ar é um gás, ele obedece às leis fundamentais que se aplicam a todos os gases. A perda de pressão devida ao atrito quando o ar flui por um tubo ou mangueira é um fator que deve ser considerado na seleção do tamanho de tubo ou mangueira para transportar o ar comprimido até os equipamentos ou ferramentas. A maioria dos projetos exige o uso de uma ou mais bombas de água em diversos estágios durante sua construção. Assim como ocorre com o ar comprimido, quando bombeamos água, as perdas por atrito nos tubos e mangueiras precisam ser analisadas antes da seleção de uma bomba específica para um determinado trabalho.

EQUIPAMENTO DE APOIO

Os primeiros compressores de ar foram os pulmões humanos; era soprando cinzas que os humanos começavam suas fogueiras. Com o surgimento da metalurgia, os seres humanos começaram a derreter metais, então era necessário obter temperaturas mais elevadas. Foi preciso inventar um compressor mais poderoso. O primeiro compressor mecânico, o fole manual, surgiu em 1.500 a.C. Hoje, o ar comprimido é amplamente utilizado em projetos de construção para acionar perfuratrizes (ver Figura 19.1), marteletes de bate-estaca, motores de ar, ferramentas manuais e bombas. Os compressores de ar são muito usados para fornecer a potência necessária para operar ferramentas e equipamentos de construção. Um compressor de ar não crava uma estaca, ele fornece o ar que alimenta o martelete que crava a estaca.

Da mesma forma, o equipamento de bombeamento usado para mover água em geral não contribui diretamente para a construção de um projeto. Contudo, escavações abaixo do lençol freático não podem ser realizadas de maneira eficiente se a remoção da água não for eficaz. As bombas remontam às rodas de água dos antigos persas, que erguiam água usando um sistema infinito de cordas nos quais potes de argila se moviam, e são indispensáveis ao trabalho de construção. Aquelas rodas persas foram os modelos dos sistemas de elevação de água usados nas minas subterrâneas europeias em séculos posteriores.

Quando lidamos com ar ou água, os princípios são os mesmos: uma quantidade de gás ou líquido é removida e ocorrem perdas por atrito à medida que o fluido se

FIGURA 19.1 Ar comprimido utilizado para alimentar uma perfuratriz de concreto.

move do compressor ou bomba e através de tubos e mangueiras. Essas perdas por atrito afetam a eficiência da operação e devem ser consideradas na elaboração de compressores ou bombas para atender as necessidades do projeto.

AR COMPRIMIDO

INTRODUÇÃO

Em muitos casos, a energia fornecida pelo ar comprimido é o método mais conveniente para operar equipamentos e ferramentas. Um sistema de ar comprimido é composto de um ou mais compressores, acompanhados de linhas de distribuição que transportam o ar até os pontos de uso.

Quando o ar é comprimido, ele recebe energia do compressor. Essa energia é transmitida através de um tubo ou mangueira até o equipamento em operação, onde parte da energia é convertida em trabalho mecânico. As operações de compressão, transmissão e uso do ar sempre resultam em uma perda de energia, dando ao processo uma eficiência geral inferior a 100%.

Como o ar é um gás, ele obedece as leis fundamentais que se aplicam aos gases. Essas leis tratam da pressão, volume, temperatura e transmissão do ar.

GLOSSÁRIO DE TERMOS DAS LEIS DOS GASES

O glossário a seguir define os termos importantes usados no desenvolvimento e aplicação das leis relativas a ar comprimido.

Condições padrão. Devido às variações no volume de ar com a pressão e a temperatura, é necessário expressar o volume em condições padrão para que ele tenha um significado definido. As condições padrão são uma pressão absoluta de 14,696 psi (14,7 psi é o valor usado na prática) e uma temperatura de 59°F (288 K ou 15°C).

Densidade do ar. O peso de uma unidade de volume de ar, geralmente expresso como libras por pé cúbico (lb/cf). A densidade varia com a pressão e a temperatura do ar. Para condições padrão, o peso do ar a 59°F (15°C) e 14,7 psi de pressão absoluta, a densidade do ar é 0,07658 lb/cf ou 1,2929 kg/m³.

Pressão. A relação de uma força (F) atuando sobre uma unidade de área (A). Em geral, é denotada por P e pode ser medida em atmosferas, polegadas de mercúrio, milímetros de mercúrio ou pascais.

$$P = \frac{F}{A} \qquad [19.1]$$

Pressão absoluta. A medição da pressão relativa à pressão no vácuo, ou seja, a pressão que ocorreria relativa à pressão zero absoluta. Ela é igual à soma do manômetro e da pressão atmosférica, correspondendo à leitura barométrica. A pressão absoluta é utilizada na aplicação das leis dos gases.

Pressão atmosférica. A pressão exercida sobre a superfície de um corpo por uma coluna de ar na atmosfera; a pressão do ar ao redor. Seu valor varia com a temperatura e a altitude acima do nível do mar.

Pressão manométrica. A pressão exercida pelo ar acima da pressão atmosférica. Em geral, é expressa em psi ou polegadas de mercúrio e mensurada por um manômetro.

Temperatura. A temperatura é uma medida da quantidade de calor contida por uma quantidade unitária de um material. Essa propriedade governa a transferência de energia térmica ou calor entre um sistema e outro.

Temperatura absoluta. A temperatura de um gás medida acima do zero absoluto. A escala Kelvin é chamada de temperatura absoluta e o Kelvin é a unidade SI para temperatura. As temperaturas Kelvin são anotadas sem um símbolo de grau (°). No sistema inglês, a temperatura absoluta é dada em graus Rankine (R).

Os símbolos representam, respectivamente, T_K = temperatura em Kelvin, T_F = temperatura em Fahrenheit e T_R = temperatura em Rankine. Assim, as relações são:

$$T_K^\circ = \left[\frac{5}{9} \left(T_F^\circ - 32^\circ \right) \right] + 273 \qquad [19.2]$$

$$T_R^\circ = T_F^\circ + 456{,}69^\circ \qquad [19.3]$$

A prática geral é utilizar 460°.

Temperatura Fahrenheit. A temperatura indicada por um aparelho medidor calibrado de acordo com a escala Fahrenheit. Para esse termômetro, em uma pressão de 14,7 psi, a água pura congela a 32°F e ferve a 212°F.

Vácuo. A definição do termo não é fixa, mas normalmente é interpretada como pressões abaixo da atmosférica. Assim, é uma medida de quanto a pressão é inferior à pressão atmosférica. Por exemplo, um vácuo de 5 psi é equivalente a uma pressão absoluta de 14,7 − 5 = 9,7 psi.

LEIS DOS GASES

Os gases se comportam de maneira diferente dos sólidos e líquidos. Eles não têm volume ou forma fixos, assumindo o formato dos recipientes nos quais estão contidos. Quando trabalhamos com um gás, três propriedades interagem: pressão, volume e temperatura. As mudanças em uma propriedade afetam as outras duas.

Em 1662, Robert Boyle conduziu uma pesquisa na qual fixou a quantidade de gás e sua temperatura durante o experimento. Boyle descobriu que quando mudava a pressão, o volume respondia na direção contrária. Essa relação é expressa pela equação:

$$P_1 V_1 = P_2 V_2 = K \qquad [19.4]$$

onde:

P_1 = pressão absoluta inicial

V_1 = volume inicial

P_2 = pressão absoluta final

V_2 = volume final

K = uma constante

A lei de Boyle não se aplica quando um gás sofre uma mudança de volume ou pressão com uma mudança de temperatura.

Quase um século depois de Boyle, os balões de ar quente se tornaram extremamente populares na França e os cientistas ansiavam por melhorar seu desempenho. Jacques Charles, um cientista francês proeminente, realizou medições detalhadas de como o volume de um gás era afetado pela temperatura. Ele descobriu que o volume de um determinado peso de gás sob pressão constante varia em proporção direta a sua temperatura absoluta. Em termos matemáticos:

$$\frac{V_1}{T_1} = \frac{V_2}{T_2} = C \qquad [19.5]$$

onde:

V_1 = volume inicial

T_1 = temperatura absoluta inicial (A)

V_2 = volume final

T_2 = temperatura absoluta final

C = uma constante

As leis de Boyle e Charles podem ser combinadas para criar a seguinte equação:

$$\frac{P_1 V_1}{T_1} = \frac{P_2 V_2}{T_2} = \text{uma constante} \qquad [19.6]$$

A Equação [19.6] pode ser usada para expressar as relações entre pressão, volume e temperatura para um gás qualquer, como ar. O fato está ilustrado no Exemplo 19.1.

EXEMPLO 19.1

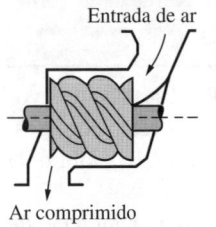

Mil pés cúbicos de ar, a uma pressão manométrica inicial de 40 psi e temperatura de 50°F, são comprimidos até um volume de 200 cf e temperatura final de 110°F. Determine a pressão manométrica final. A pressão atmosférica é igual a 14,46 psi.

$P_1 = 40$ psi $+ 14{,}46$ psi $= 54{,}46$ psi

$V_1 = 1.000$ cf

$T_1 = 460° + 50°F = 510°A$

$V_2 = 200$ cf

$T_2 = 460° + 110°F = 570°A$

Reescrevendo a Eq. [20.6] e inserindo esses valores, obtemos:

$$P_2 = \frac{P_1 V_1}{T_1} \times \frac{T_2}{V_2} = \frac{54{,}46 \text{ psi} \times 1.000 \text{ cf}}{510°A} \times \frac{570°A}{200 \text{ cf}} = 304{,}34 \text{ psi}$$

Pressão manométrica final: 304,34 psi − 14,46 psi = 289,88 psi ou 290 psi

Energia necessária para comprimir o ar

Quando um compressor de ar aumenta a pressão de um determinado volume de ar, é necessário fornecer energia ao gás. O ar é admitido ao compressor sob uma pressão P_1 e descarregado a uma pressão P_2. Se o gás sofre uma mudança de volume sem uma mudança de temperatura, o processo é chamado de *compressão* ou *expansão isotérmica*. Quando o gás sofre uma mudança de volume sem ganhar ou perder calor, o processo é uma *compressão* ou *expansão adiabática*. Para compressores de ar usados em projetos de construção, a compressão não será realizada sob condições isotérmicas. Os compressores de ar funcionam em condições entre compressão puramente isotérmica (sem mudança de temperatura) e compressão adiabática (sem ganho ou perda de calor). As condições de compressão reais para um determinado compressor podem ser determinadas por meio de experimentos.

GLOSSÁRIO DE TERMOS DE COMPRESSORES DE AR

O glossário a seguir define os termos importantes pertinentes aos compressores de ar.

Ar livre. Ar que existe sob condições atmosféricas em um lugar qualquer.

Compressor alternativo. Máquina que comprime ar por meio de um pistão alternativo em um cilindro.

Compressor centrífugo. Uma máquina na qual a compressão é criada por uma palheta giratória ou impulsor que transmite velocidade ao ar em fluxo para lhe dar a pressão desejada.

Compressor de dois estágios. Máquina que comprime o ar em duas operações separadas. A primeira operação comprime o ar até uma pressão intermediária, enquanto a segunda operação comprime-o até a pressão final desejada.

Compressor de estágio simples. Máquina que comprime o ar da pressão atmosférica até a pressão de descarga desejada em uma única operação de compressão.

Compressor de múltiplos estágios. Um compressor que produz a pressão final desejada através de dois ou mais estágios de compressão.

Eficiência do compressor. A relação entre a potência teórica e a potência ao freio exigida por um compressor.

Fator de carga. A relação entre a carga média durante um determinado período de tempo e a carga nominal máxima de um compressor.

Fator de diversidade. A relação da quantidade real de ar necessária para todos os usos sobre a soma das quantidades individuais necessárias para cada uso.

Pós-arrefecedor. Um permutador de calor que resfria o ar após este ser descarregado por um compressor.

Pressão de descarga. A pressão absoluta do ar na saída de um compressor.

Pressão de entrada. A pressão absoluta do ar na entrada de um compressor.

Radiador intermediário. Um permutador de calor é colocada entre dois estágios de compressão para remover o calor de compressão do ar.

Relação de compressão. A relação da pressão de descarga de pressão absoluta sobre a pressão de entrada absoluta.

COMPRESSORES DE AR

A capacidade de um compressor de ar é determinada pela quantidade de ar livre que consegue comprimir até uma pressão específica em um minuto, sob condições padrão (pressão absoluta de 14,7 psi a 59°F). O número de ferramentas pneumáticas que podem ser operadas a partir de um compressor de ar depende dos requisitos de ar das ferramentas específicas.

Compressores estacionários

Em geral, os compressores estacionários são usados em instalações nas quais o ar comprimido será necessário por um período prolongado em locais fixos. Um ou mais compressores podem fornecer a quantidade total de ar. O custo instalado de um único compressor geralmente será menor do que diversos compressores com a mesma capacidade. Contudo, o uso de diversos compressores cria a flexibilidade para variar as demandas de carga e eliminar a necessidade de interromper as atividades de toda a usina durante uma interrupção de funcionamento ou durante consertos.

FIGURA 19.2 Compressor de ar portátil em um projeto de reabilitação de autoestrada.

Compressores portáteis

Os compressores portáteis são bastante usados em canteiros de obras (ver Figura 19.2), com demandas de trabalho que mudam frequentemente, em geral em diversos locais no mesmo canteiro. Os compressores podem ser montados sobre pneus de borracha ou estrados. Em geral, os compressores usam motores diesel ou a gasolina e a maioria dos aparelhos usados em construção são do tipo giratório. Essas máquinas geram compressão pela ação de elementos giratórios.

Compressores rotativos

As peças funcionais de um compressor de parafuso são dois rotores helicoidais. O rotor macho possui quatro lobos e gira 50% mais rápido do que o rotor fêmea, que possui seis canais com os quais o rotor macho engrena. À medida que entra e flui através do compressor, o ar é comprimido no espaço entre os lobos e os canais. As portas de entrada e saída são cobertas e descobertas automaticamente pelas pontas dos rotores enquanto giram. Os compressores de um parafuso operam de maneira semelhante. A Figura 19.3 mostra um compressor de parafuso.

Os compressores de parafuso estão disponíveis em uma variedade relativamente ampla de capacidades, com compressão de estágio simples ou múltiplos estágios e com rotores que operam sob condições de lubrificação por óleo ou sem óleo; os últimos produzem ar livre de óleo.

Efeito da altitude na capacidade do compressor

A capacidade de um compressor de ar é avaliada com base em seu desempenho ao nível do mar, onde a pressão barométrica absoluta normal é de cerca de 14,7 psi.

FIGURA 19.3 Compressor de parafuso rotativo portátil, 185 cfm.

Se o compressor é operado em uma altitude mais elevada, como 5.000 ft acima do nível do mar, a pressão barométrica absoluta será de cerca de 12,2 psi. Assim, em altitudes mais elevadas, a densidade do ar é menor e o peso de ar em um pé cúbico de volume livre será inferior do que ao nível do mar. Se o ar é fornecido pelo compressor a uma determinada pressão, a relação de compressão será maior e a capacidade do compressor será reduzida. Isso pode ser demonstrado pela aplicação da Eq. [19.4].

Suponha que 100 cf de ar livre ao nível do mar são comprimidos até 100 psi manométricos sem mudança de temperatura. Aplicando a Eq. [19.4], obtemos:

$$V_2 = \frac{P_1 V_1}{P_2}$$

onde:

$V_1 = 100$ cf

$P_1 = 14,7$ psi absolutos

$P_2 = 114,7$ psi absolutos

$V_2 = \dfrac{14,7 \text{ psi} \times 100 \text{ cf}}{114,7 \text{ psi}} = 12,82$ cf

A 5.000 ft acima do nível do mar,

$V_1 = 100$ cf

$P_1 = 12,2$ psi absolutos

$P_2 = 112,2$ psi absolutos

$V_2 = \dfrac{12,2 \text{ psi} \times 100 \text{ cf}}{112,2 \text{ psi}} = 10,872$ cf

SISTEMA DE DISTRIBUIÇÃO DE AR COMPRIMIDO

O objetivo de instalar um sistema de distribuição de ar comprimido é fornecer um volume de ar suficiente para os locais de trabalho a pressões adequadas para a operação eficiente das ferramentas. Qualquer queda de pressão entre o compressor e o ponto de uso representa uma perda irrecuperável. Assim, o sistema de distribuição é um elemento importante da estrutura de fornecimento de ar. A seguir, apresentamos regras gerais para a elaboração de um sistema de distribuição de ar comprimido.

- Os tubos devem ser grandes o suficiente para que a queda de pressão entre o compressor e o ponto de uso não exceda 10% da pressão inicial.
- Cada coletor ou linha principal deve ter saídas o mais próximas possível do ponto de uso. Isso permite mangueiras mais curtas e evita grandes quedas de pressão pela mangueira.
- Os drenos de condensação devem ficar localizados em pontos baixos apropriados ao longo do coletor ou linhas principais.

Coletores de ar

Muitos projetos de construção precisam de mais ar comprimido por minuto do que qualquer compressor independente consegue produzir. O coletor de ar é um tubo de grande diâmetro usado para transportar ar comprimido de um ou mais compressores de ar sem uma perda de linha de atrito prejudicial.

Os coletores podem ser construídos usando qualquer tubo de alta durabilidade. Os compressores são conectados ao coletor por mangueiras flexíveis. Uma válvula de retenção unidirecional deve ser instalada entre o compressor e o coletor. A válvula mantém a contrapressão do coletor de forçar o ar de volta para o tanque de um compressor individual. Os compressores agrupados para fornecer um coletor de ar podem ter capacidades diferentes, mas a pressão de descarga final de cada um deve ser coordenada em uma pressão específica. No caso da construção, esse valor geralmente é de 100 psi. Compressores de tipos diferentes não devem ser utilizados com um mesmo coletor.

Perda de pressão de ar no tubo

A perda de pressão devida ao atrito quando o ar flui por um tubo ou mangueira é um fator que deve ser considerado na seleção do tamanho de um tubo ou mangueira. Não usar um tubo suficientemente grande pode fazer com que a pressão do ar caia tanto, a ponto de não funcionar de modo satisfatório a ferramenta à qual fornece energia.

A seleção do tamanho do tubo para uma linha de ar é um problema de produtividade (economia). A eficiência da maioria dos equipamentos operados por ar comprimido cai rapidamente à medida que a pressão do ar é reduzida.

> Em geral, os fabricantes de equipamentos pneumáticos especificam a pressão do ar mínima para a operação satisfatória de seus produtos. Contudo, esses valores devem ser considerados como mínimos e não como pressões operacionais desejadas. A pressão real deve ser maior do que o mínimo especificado.

Diversas fórmulas são utilizadas para determinar a perda de pressão em um tubo devido ao atrito. A Equação [19.7] é uma fórmula geral:

$$f = \frac{CL}{r} \times \frac{Q^2}{d^5} \qquad [19.7]$$

onde:

f = queda de pressão em psi
L = comprimento do tubo em pés
Q = pés cúbicos de ar livre por segundo
r = relação de compressão
d = diâmetro interno real (DI) do tubo em polegadas
C = coeficiente experimental

Para um tubo de aço normal, o valor de C é igual a $0,1025/d^{0,31}$. Se esse valor for inserido na Eq. [20.7], o resultado será:

$$f = \frac{0,1025L}{r} \times \frac{Q^2}{d^{5,31}} \qquad [19.8]$$

A Figura 19.4 apresenta um gráfico para determinar a perda de pressão em um tubo.

EXEMPLO 19.2

Determine a perda de pressão por 100 ft de tubo resultante da transmissão de 1.000 cfm de ar livre, sob pressão manométrica de 100 psi, através de um tubo de aço de peso padrão de 4 polegadas.
A pergunta pode ser respondida com o gráfico da Figura 19.4.
Localize 100 psi na escala horizontal superior do gráfico e desça verticalmente até o ponto oposto a 1.000 cfm (escala vertical direita). Do ponto de intersecção de 1.000 cfm, siga em paralelo às linhas de guia inclinadas até um ponto oposto ao tubo de 4 polegadas (escala vertical esquerda); a seguir, desça verticalmente até a escala horizontal inferior do gráfico, onde a queda de pressão é indicada como sendo 0,225 psi por 100 ft de tubo.

A Tabela 19.1 informa a perda de pressão em 1.000 ft de tubo de peso padrão devido ao atrito. Para comprimentos maiores ou menores de tubulação, a perda por atrito será proporcional ao comprimento.

As perdas informadas na tabela se referem a uma pressão manométrica inicial de 100 psi. Se a pressão inicial não for 100 psi, as perdas correspondentes podem ser obtidas pela multiplicação dos valores na Tabela 19.1 por um fator apropriado. Consultando a Eq. [19.8], vemos que para uma determinada taxa de fluxo através de um tubo de um determinado tamanho, a única variável é r, ou seja, a relação de compressão, com base em pressões absolutas. Para uma pressão manométrica de 100 psi, $r = 114,7/14,7 = 7,80$, enquanto para uma pressão manométrica de 80 psi, $r = 94,7/14,7 = 6,44$. A relação desses valores de $r = 7,80/6,44 = 1,211$. Assim, a perda para uma pressão inicial de 80 psi será 1,211 vezes a perda para uma pressão inicial de 100 psi.

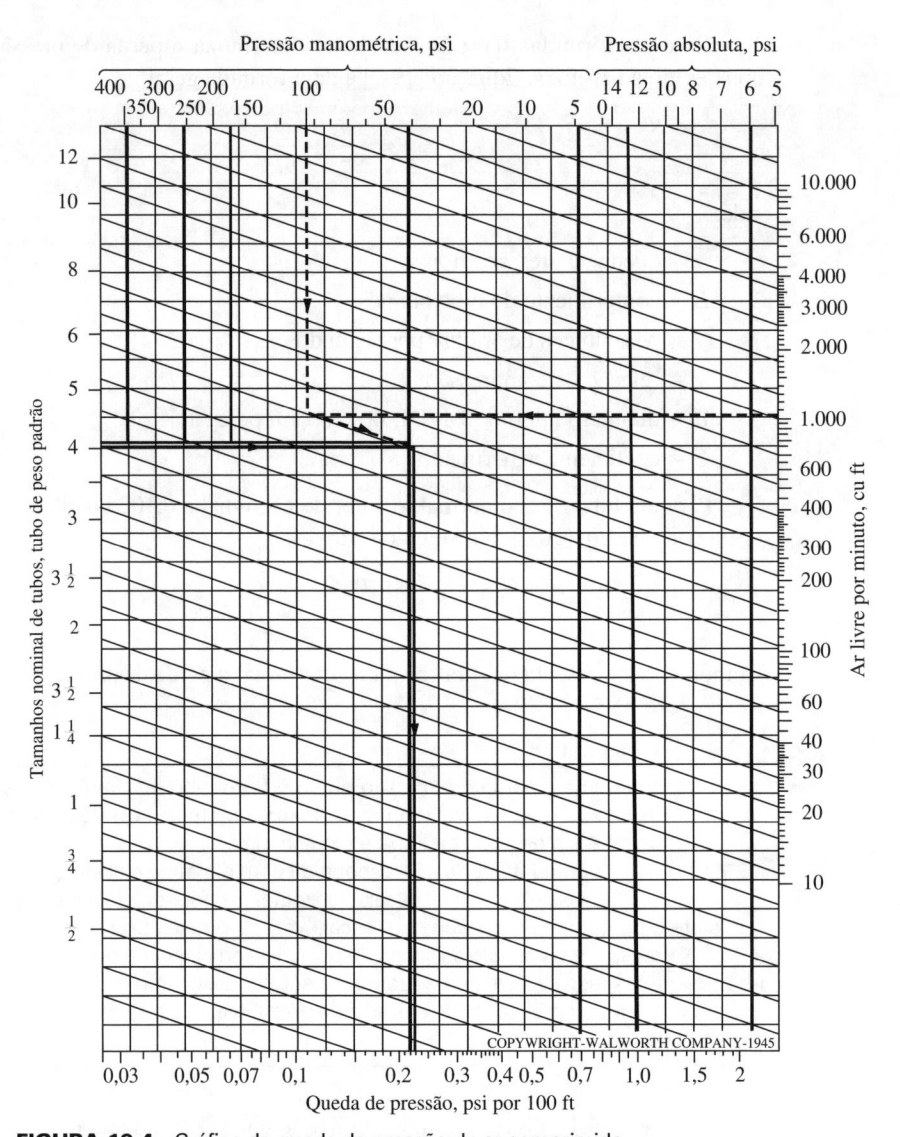

FIGURA 19.4 Gráfico de queda de pressão de ar comprimido.

Para calcular a perda de pressão resultante do fluxo de ar através das conexões, em geral convertemos uma conexão para comprimentos de tubos equivalentes com o mesmo diâmetro nominal. Esse comprimento equivalente deve ser adicionado ao comprimento real do tubo para determinar a perda de pressão. A Tabela 19.2 informa o comprimento equivalente de um tubo de peso padrão para calcular perdas de pressão.

TABELA 19.1 Perda de pressão em psi 1.000 ft de tubo de peso padrão devida ao atrito para pressão manométrica inicial de 100 psi

Ar livre por minuto (cf)	Diâmetro nominal (polegadas)												
	$\frac{1}{2}$	$\frac{3}{4}$	1	$1\frac{1}{4}$	$1\frac{1}{2}$	2	$2\frac{1}{2}$	3	$3\frac{1}{2}$	4	$4\frac{1}{2}$	5	6
10	6,50	0,99	0,28										
20	25,90	3,90	1,11	0,25	0,11								
30	68,50	9,01	2,51	0,57	0,26								
40	—	16,00	4,45	1,03	0,46								
50	—	25,10	6,96	1,61	0,71	0,19							
60	—	36,20	10,00	2,32	1,02	0,28							
70	—	49,30	13,70	3,16	1,40	0,37							
80	—	64,50	17,80	4,14	1,83	0,49	0,19						
90	—	82,80	22,60	5,23	2,32	0,62	0,24						
100	—	—	27,90	6,47	2,86	0,77	0,30						
125	—	—	48,60	10,20	4,49	1,19	0,46						
150	—	—	62,80	14,60	6,43	1,72	0,66	0,21					
175	—	—	—	19,80	8,72	2,36	0,91	0,28					
200	—	—	—	25,90	11,40	3,06	1,19	0,37	0,17				
250	—	—	—	40,40	17,90	4,78	1,85	0,58	0,27				
300	—	—	—	58,20	25,80	6,85	2,67	0,84	0,39	0,20			
350	—	—	—	—	35,10	9,36	3,64	1,14	0,53	0,27			
400	—	—	—	—	45,80	12,10	4,75	1,50	0,69	0,35	0,19		
450	—	—	—	—	58,00	15,40	5,98	1,89	0,88	0,46	0,25		
500	—	—	—	—	71,60	19,20	7,42	2,34	1,09	0,55	0,30		
600	—	—	—	—	—	27,60	10,70	3,36	1,56	0,79	0,44		
700	—	—	—	—	—	37,70	14,50	4,55	2,13	1,09	0,59		
800	—	—	—	—	—	49,00	19,00	5,89	2,77	1,42	0,78		
900	—	—	—	—	—	62,30	24,10	7,60	3,51	1,80	0,99		
1.000	—	—	—	—	—	76,90	29,80	9,30	4,35	2,21	1,22		
1.500	—	—	—	—	—	—	67,00	21,00	9,80	4,90	2,73	1,51	0,57
2.000	—	—	—	—	—	—	—	37,40	17,30	8,80	4,90	2,73	0,99
2.500	—	—	—	—	—	—	—	58,40	27,20	13,80	8,30	4,20	1,57
3.000	—	—	—	—	—	—	—	84,10	39,10	20,00	10,90	6,00	2,26
3.500	—	—	—	—	—	—	—	—	58,20	27,20	14,70	8,20	3,04
4.000	—	—	—	—	—	—	—	—	69,40	35,50	19,40	10,70	4,01
4.500	—	—	—	—	—	—	—	—	—	45,00	24,50	13,50	5,10
5.000	—	—	—	—	—	—	—	—	—	55,60	30,20	16,80	6,30
6.000	—	—	—	—	—	—	—	—	—	80,00	43,70	24,10	9,10
7.000	—	—	—	—	—	—	—	—	—	—	59,50	32,80	12,20
8.000	—	—	—	—	—	—	—	—	—	—	77,50	42,90	16,10
9.000	—	—	—	—	—	—	—	—	—	—	—	54,30	20,40
10.000	—	—	—	—	—	—	—	—	—	—	—	—	25,10
11.000	—	—	—	—	—	—	—	—	—	—	—	—	30,40
12.000	—	—	—	—	—	—	—	—	—	—	—	—	36,20
13.000	—	—	—	—	—	—	—	—	—	—	—	—	42,60
14.000	—	—	—	—	—	—	—	—	—	—	—	—	49,20
15.000	—	—	—	—	—	—	—	—	—	—	—	—	56,60

TABELA 19.2 Comprimento equivalente em pés de tubo de peso padrão com as mesmas perdas de pressão que conexões roscadas

Tamanho nominal do tubo (polegadas)	Válvula de gaveta	Válvula globo	Válvula em ângulo	Cotovelo de raio longo ou lateral de conexão em "T" padrão	Cotovelo padrão ou lateral de conexão em "T"	Conexão em "T" através de saída lateral
$\frac{1}{2}$	0,4	17,3	8,6	0,6	1,6	3,1
$\frac{3}{4}$	0,5	22,9	11,4	0,8	2,1	4,1
1	0,6	29,1	14,6	1,1	2,6	5,2
$1\frac{1}{4}$	0,8	38,3	19,1	1,4	3,5	6,9
$1\frac{1}{2}$	0,9	44,7	22,4	1,6	4,0	8,0
2	1,2	57,4	28,7	2,1	5,2	10,3
$2\frac{1}{2}$	1,4	68,5	34,3	2,5	6,2	12,3
3	1,8	85,2	42,6	3,1	6,2	15,3
4	2,4	112,0	56,0	4,0	7,7	20,2
5	2,9	140,0	70,0	5,0	10,1	25,2
6	3,5	168,0	84,1	6,1	15,2	30,4
8	4,7	222,0	111,0	8,0	20,0	40,0
10	5,9	278,0	139,0	10,0	25,0	50,0
12	7,0	332,0	166,0	11,0	29,8	59,6

EXEMPLO 19.3

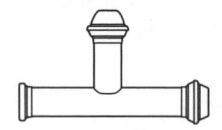

Um tubo de 6 polegadas com conexões roscadas é usado para transmitir 2.000 cfm de ar livre a uma pressão inicial de 100 psi de pressão manométrica. O tubo inclui os seguintes itens: 4.000 ft de tubo, oito conexões em "T" de lateral padrão, quatro válvulas de gaveta e oito cotovelos de raio longo. Determine a perda de pressão total na tubulação.

Tamanho do tubo, 6 polegadas $\quad V = 2.000$ cfm
Comprimento do tubo, 4.000 ft $\quad P_1 = 100$ psi manométrica

Usando os dados da Tabela 19.2, o comprimento do tubo equivalente será:

Comprimento do tubo		= 4.000,0 ft
Válvulas de gaveta	4 × 3,5 (Tabela 19.2) =	14,0 ft
Conexões em "T" laterais padrão	8 × 15,2 (Tabela 19.2) =	121,6 ft
Cotovelos, cotovelos de raio longo	8 × 6,1 (Tabela 19.2) =	48,8 ft
		Total 4.184,4 ft

Tabela 19.1: perda de 0,99 psi por 1.000 ft de tubos. Assim:

$$\frac{4.184,4 \text{ ft}}{1.000 \text{ ft}} \times 0,99 \text{ psi} = 4,14 \text{ psi}$$

Tamanhos recomendados de tubos

Não há livro, tabela ou dado fixo que possa informar o tamanho correto dos tubos para todas as instalações. O método certo para determinar o tamanho dos tubos para uma determinada instalação é realizar uma análise de engenharia completa das operações do projeto.

TABELA 19.3 Tamanhos recomendados de tubos para transmissão de ar comprimido sob pressão manométrica de 80 a 125 psi

Volume de ar (cfm)	Comprimento do tubo (ft)				
	500–200	200–500	500–1.000	1.000–2.500	2.500–5.000
	Tamanho nominal do tubo (polegadas)				
30–60	1	1	$1\frac{1}{4}$	$1\frac{1}{2}$	$1\frac{1}{2}$
60–100	1	$1\frac{1}{4}$	$1\frac{1}{4}$	2	2
100–200	$1\frac{1}{4}$	$1\frac{1}{2}$	2	$2\frac{1}{2}$	$2\frac{1}{2}$
200–500	2	$2\frac{1}{2}$	3	$3\frac{1}{2}$	$3\frac{1}{2}$
500–1.000	$2\frac{1}{2}$	3	$3\frac{1}{2}$	4	$4\frac{1}{2}$
1.000–2.000	$2\frac{1}{2}$	4	$4\frac{1}{2}$	5	6
2.000–4.000	$3\frac{1}{2}$	5	6	8	8
4.000–8.000	6	8	8	10	10

TABELA 19.4 Tamanhos recomendados de mangueira, para comprimentos curtos de mangueiras, para transmissão de ar comprimido sob pressão manométrica de 80 a 125 psi

Requisito de ar da ferramenta (cfm)	Tamanho nominal da mangueira (polegadas)	Ferramentas típicas
Até 15	$\frac{1}{4}$	Perfuratrizes e martelos pneumáticos pequenos
Até 40	$\frac{3}{8}$	Chaves de impacto, retificadoras e martelos buriladores
Até 80	$\frac{1}{2}$	Martelos buriladores pesados e de rebitar
Até 100	$\frac{3}{4}$	Perfuratrizes de rochas 35 a 55 lb, grandes vibradores de concreto e bombas de resíduos
100 a 200	1	Perfuratrizes de rochas 75 lb e perfuradores de galerias

A Tabela 19.3 informa os tamanhos recomendados de tubo para transmitir ar comprimido para diversos comprimentos laterais. Essas informações são úteis na seleção de tamanhos de tubos.

Perda de pressão de ar na mangueira

Uma mangueira de ar é uma mangueira de pressão revestida de borracha projetada para transmitir ar comprimido. Em geral, a mangueira é equipada com terminais de conexão rápida para ligar uma ferramenta, um compressor ou outra mangueira. O tamanho da mangueira se baseia na quantidade de ar que deve ser levada à ferramenta. Na transmissão de ar comprimido sob pressão manométrica de 80 a 125 psi, as orientações da Tabela 19.4 são válidas para mangueiras curtas (25 ft ou menos). À medida que o comprimento de mangueira necessário aumenta, o tamanho nominal também precisa aumentar. A perda de pressão resultante do fluxo de ar através da mangueira é apresentado na Tabela 19.5. Os dados da Tabela 19.5 podem ser usados na produção de mangueiras de comprimentos superiores a 25 ft.

TABELA 19.5 Perda de pressão, em psi, em 50 ft de mangueira com terminais de acoplamento

Tamanho da mangueira (polegadas)	Pressão manométrica na linha (psi)	Volume de ar livre através da mangueira (cfm)												
		20	30	40	50	60	70	80	90	100	110	120	130	140	150
$\frac{1}{2}$	50	1,8	5,0	10,1	18,1										
	60	1,3	4,0	8,4	14,8	23,5									
	70	1,0	3,4	7,0	12,4	20,0	28,4								
	80	0,9	2,8	6,0	10,8	17,4	25,2	34,6							
	90	0,8	2,4	5,4	9,5	14,8	22,0	30,5	41,0						
	100	0,7	2,3	4,8	8,4	13,3	19,3	27,2	36,6						
	110	0,6	2,0	4,3	7,6	12,0	17,6	24,6	33,3	44,5					
$\frac{3}{4}$	50	0,4	0,8	1,5	2,4	3,5	4,4	6,5	8,5	11,4	14,2				
	60	0,3	0,6	1,2	1,9	2,8	3,8	5,2	6,8	8,6	11,2				
	70	0,2	0,5	0,9	1,5	2,3	3,2	4,2	5,5	7,0	8,8	11,0			
	80	0,2	0,5	0,8	1,3	1,9	2,8	3,6	4,7	5,8	7,2	8,8	10,6		
	90	0,2	0,4	0,7	1,1	1,6	2,3	3,1	4,0	5,0	6,2	7,5	9,0		
	100	0,2	0,4	0,6	1,0	1,4	2,0	2,7	3,5	4,4	5,4	6,6	7,9	9,4	11,1
	110	0,1	0,3	0,5	0,9	1,3	1,8	2,4	3,1	3,9	4,9	5,9	7,1	8,4	9,9
1	50	0,1	0,2	0,3	0,5	0,8	1,1	1,5	2,0	2,6	3,5	4,8	7,0		
	60	0,1	0,2	0,3	0,4	0,6	0,8	1,2	1,5	2,0	2,6	3,3	4,2	5,5	7,2
	70	—	0,1	0,2	0,4	0,5	0,7	1,0	1,3	1,6	2,0	2,5	3,1	3,8	4,7
	80	—	0,1	0,2	0,3	0,5	0,7	0,8	1,1	1,4	1,7	2,0	2,4	2,7	3,5
	90	—	0,1	0,2	0,3	0,4	0,6	0,7	0,9	1,2	1,4	1,7	2,0	2,4	2,8
	100	—	0,1	0,2	0,2	0,4	0,5	0,6	0,8	1,0	1,2	1,5	1,8	2,1	2,4
	110	—	0,1	0,2	0,2	0,3	0,4	0,6	0,7	0,9	1,1	1,3	1,5	1,8	2,1
$1\frac{1}{4}$	50	—	—	0,2	0,2	0,2	0,3	0,4	0,5	0,7	1,1				
	60	—	—	—	0,1	0,2	0,3	0,3	0,5	0,6	0,8	1,0	1,2	1,5	
	70	—	—	—	0,1	0,2	0,2	0,3	0,4	0,4	0,5	0,7	0,8	1,0	1,3
	80	—	—	—	—	0,1	0,2	0,2	0,3	0,4	0,5	0,6	0,7	0,8	1,0
	90	—	—	—	—	0,1	0,2	0,2	0,3	0,3	0,4	0,5	0,6	0,7	0,8
	100	—	—	—	—	—	0,1	0,2	0,2	0,3	0,4	0,4	0,5	0,6	0,7
	110	—	—	—	—	—	0,1	0,2	0,2	0,3	0,3	0,4	0,5	0,5	0,6
$1\frac{1}{2}$	50	—	—	—	—	—	0,1	0,2	0,2	0,2	0,3	0,3	0,4	0,5	0,6
	60	—	—	—	—	—	—	0,1	0,2	0,2	0,2	0,3	0,3	0,4	0,5
	70	—	—	—	—	—	—	—	0,1	0,2	0,2	0,2	0,3	0,3	0,4
	80	—	—	—	—	—	—	—	—	0,1	0,2	0,2	0,2	0,3	0,4
	90	—	—	—	—	—	—	—	—	—	0,1	0,2	0,2	0,2	0,2
	100	—	—	—	—	—	—	—	—	—	—	0,1	0,2	0,2	0,2
	110	—	—	—	—	—	—	—	—	—	—	0,1	0,2	0,2	0,2

FATOR DE DIVERSIDADE

É necessário fornecer tanto ar comprimido quanto for necessário. Contudo, fornecer o suficiente para atender as necessidades de todos os equipamentos e as diversas ferramentas que podem estar conectados a um só sistema (ver Figura 19.5) exigiria mais capacidade de ar do que é realmente necessário. É improvável que todos os

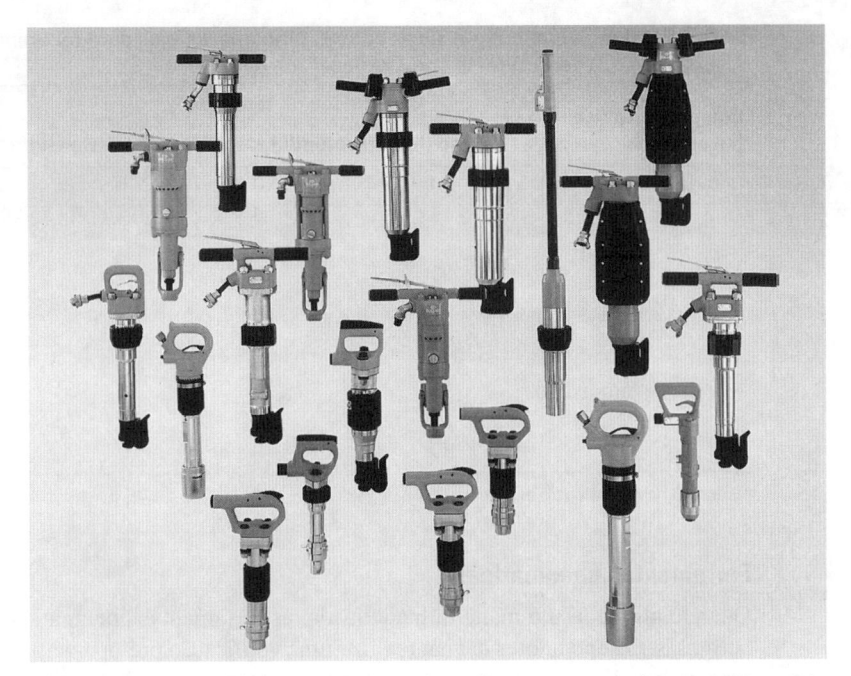

FIGURA 19.5 Ferramentas pneumáticas que podem ser conectadas a um sistema de ar.
Fonte: Sullair Corp.

equipamentos colocados em um projeto estejam em operação ao mesmo tempo. É preciso realizar uma análise do trabalho para determinar a necessidade real máxima provável antes de projetar o sistema de ar comprimido.

Por exemplo, se dez britadeiras estiverem presentes no local de trabalho, normalmente apenas cinco ou seis consumirão ar em um determinado momento. As outras estarão temporariamente ociosas devido a mudanças nas brocas ou hastes ou sendo levadas para novos locais. Assim, a quantidade real de ar necessário deve se basear em cinco ou seis brocas, não dez. A mesma condição se aplica a outras ferramentas pneumáticas.

O fator de diversidade é a razão da carga real (cfm) sobre a carga calculada máxima (cfm) que ocorreria se todas s ferramentas operassem ao mesmo tempo. Por exemplo, se uma britadeira precisar de 90 cfm de ar, dez precisariam de 900 cfm se operassem ao mesmo tempo. Contudo, com apenas cinco britadeiras operando simultaneamente, a demanda por ar seria de 450 cfm. Assim, o fator de diversidade seria 450/900 = 0,5.

As quantidades aproximadas de ar comprimido exigidas pelas britadeiras e pelos marteletes rompedores são informadas na Tabela 19.6. As quantidades se baseiam na operação contínua sob pressão manométrica de 90 psi.

SEGURANÇA

Tenha muito cuidado quando trabalhar com ar comprimido. A curta distância, ele é capaz de furar olhos e tímpanos, causar bolhas graves ou até matar um indivíduo. Antes de usar um compressor de ar, é preciso verificar que todos os manômetros estão em bom estado de funcionamento.

TABELA 19.6 Quantidades de ar comprimido necessárias para máquinas e ferramentas pneumáticas*

Equipamentos ou ferramentas	Capacidade ou tamanho		Consumo de ar (cfm)
	Peso (lb)	Profundidade do furo (ft)	
Britadeiras	10	0–2	15–25
	15	0–2	20–35
	25	2–8	30–50
	35	8–12	55–75
	45	12–16	80–100
	55	16–24	90–110
	75	8–24	150–175
Marteletes rompedores	35	—	30–35
	60	—	40–45
	80	—	50–65

*Pressão manométrica do ar a 90 psi.

Ferramentas pneumáticas

Quando utilizadas de maneira inadequada, as ferramentas pneumáticas podem ser perigosas. Os operadores devem realizar uma verificação pré-operacional de todas as mangueiras de ar, terminais e conexões para determinar se há algum vazamento ou outra danificação. Contudo, é responsabilidade da gerência treinar os funcionários no uso adequado de todas as ferramentas. A segurança exige que os funcionários:

- usem vestuário e equipamento de proteção apropriados (proteção auditiva e ocular devem ser usadas; luvas e respiradores muitas vezes são apropriadas) (OSHA Standard 1926.102, Personal Protective and Life Saving Equipment);
- instalem um grampo ou fixador para impedir que acessórios, como talhadeiras ou um martelo burilador, sejam lançados acidentalmente do cilindro;
- verifiquem que as mangueiras estão presas da maneira correta e não se desconectarão acidentalmente. Um arame de fixação curto (ver Figura 19.6) ou dispositivo de travamento positivo prendendo a mangueira de ar à ferramenta atua como sistema de proteção adicional;
- desliguem o ar e desconectem a ferramenta quando forem realizados ajustes ou consertos ou quando a ferramenta não estiver em uso;
- inspecionem a mangueira para garantir que esta está em boas condições e desobstruída antes de conectar uma ferramenta pneumática; e
- retirem de serviço as mangueiras com defeitos ou vazamentos. A mangueira de ar deve ser capaz de suportar a pressão exigida pela ferramenta.

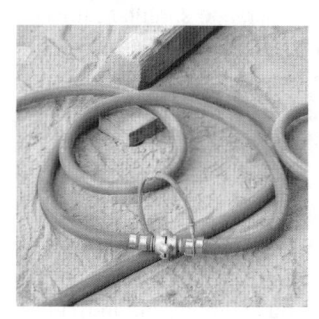

FIGURA 19.6 Arame de fixação positivo entre seções de mangueira conectadas.

Também é fundamental inspecionar a área de trabalho para eliminar riscos. Todos os sistemas de serviços públicos subterrâneos devem ser identificados antes do início da escavação com ferramentas pneumáticas. Em 1986, um trabalhador foi eletrocutado quando entrou em contato com um fio de energia subterrâneo de 13 kV enquanto cavava com uma pá pneumática.

EQUIPAMENTO PARA BOMBEAMENTO DE ÁGUA

INTRODUÇÃO

As bombas são bastante utilizadas em projetos de construção para operações como:

1. Remoção de água de poços, túneis e outras escavações
2. Drenagem de ensecadeiras
3. Provisão de água para jateamento e escoamento
4. Rebaixamento do lençol freático para escavações

As bombas para construção (ver Figura 19.7) frequentemente precisam funcionar sob condições difíceis, como aquelas resultantes de variações na carga de bombeamento ou uso de águas enlameadas ou altamente corrosivas. A taxa de bombeamento necessária pode variar consideravelmente durante o projeto de construção.

Os fatores que devem ser considerados na seleção de bombas para aplicações de construção incluem:

1. Confiabilidade
2. Disponibilidade de peças para conserto
3. Simplicidade para permitir consertos fáceis
4. Instalação e operação econômicas
5. Requisitos de potência operacional

FIGURA 19.7 Bomba centrífuga pequena sobre rodas.

GLOSSÁRIO DE TERMOS DE BOMBEAMENTO

O glossário a seguir define os termos importantes usados na descrição de bombas e operações de bombeamento.

Altura (carga) de descarga. A altura (carga) de descarga é a soma da altura (carga) estática de descarga mais as perdas de carga ao longo da linha de descarga.

Altura (carga) estática de aspiração. A distância vertical da linha de centro do impulsor da bomba até a superfície do líquido a ser bombeado (ver Figura 19.8). A capacidade de aspiração é limitada pela pressão atmosférica. Assim, a altura de aspiração prática máxima é de 25 ft. Reduzir a altura de aspiração aumenta o volume que pode ser bombeado.

Altura (carga) estática de descarga. A distância vertical da linha de centro do impulsor da bomba até o ponto de descarga (ver Figura 19.8).

Altura (carga) estática total. A carga de sucção mais a carga de descarga.

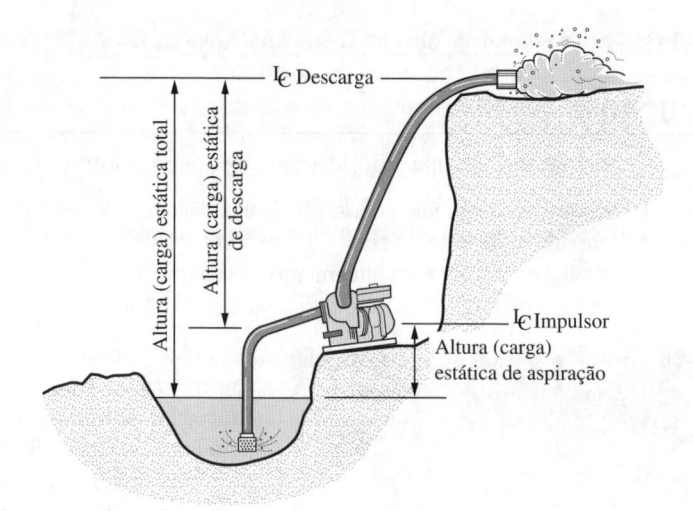

FIGURA 19.8 Terminologia dimensional para operações de bombeamento.

Autoescorvante. A capacidade de uma bomba de separar o ar de um líquido e criar um vácuo parcial na bomba, fazendo com que o líquido flua para o impulsor e através da bomba.

Capacidade. O volume total de líquidos que uma bomba consegue mover em um determinado período de tempo. Em geral, a capacidade é expressa em galões por minuto (gpm) ou galões por hora (gph).

Carga de sucção. A carga de sucção (total) é a soma da altura de aspiração estática mais a as perdas de carga da tubulação de sucção.

Mangueira de descarga. A mangueira usada para transportar o líquido desde a extremidade de descarga da bomba.

Mangueira de sucção. A mangueira conectada ao lado de sucção da bomba. A mangueira de sucção é composta de uma tubulação de plástico ou borracha pesada, com paredes reforçadas para que não sofra colapso.

Tela filtrante. Cobertura correspondente ao tamanho da bomba e fixada à extremidade da mangueira de sucção que limita o tamanho dos sólidos que podem entrar no corpo da bomba.

CLASSIFICAÇÃO DAS BOMBAS

As bombas mais utilizadas nos projetos de construção podem ser classificadas como (1) de deslocamento (alternativas e de diafragma) ou (2) centrífugas.

Bombas alternativas

Uma bomba alternativa opera com o movimento de um pistão dentro de um cilindro. Quando o pistão se move em uma direção, a água a sua frente é forçada para fora do cilindro. Ao mesmo tempo, o cilindro puxa um novo volume de água atrás do pistão.

Independentemente da direção de movimento do pistão, a água é expulsa de um lado do cilindro e sugada do outro. Essa máquina é classificada como uma bomba de ação dupla. Se a água for bombeada apenas em uma direção durante um movimento do pistão, a bomba será classificada como de ação simples. Se a bomba poossuir diversos cilindros montados lado a lado, ela será classificada como duplex para dois cilindros, triplex para três cilindros, etc. Assim, uma bomba pode ser classificada como duplex de ação dupla ou duplex de ação simples.

A capacidade de uma bomba alternativa depende basicamente da velocidade do ciclo de bombeamento e é independente da carga. A carga máxima na qual a bomba alternativa fornece a água depende da força de seus componentes e a energia disponível para operá-la. A capacidade desse tipo de bomba pode variar consideravelmente com ajustes à velocidade da bomba.

As vantagens das bombas alternativas são:

1. Elas conseguem bombear em velocidade proporção uniforme contra cargas variáveis.
2. O aumento da velocidade pode aumentar sua capacidade.

As desvantagens das bombas alternativas são:

1. Elas são bombas grandes e pesadas para suas capacidades.
2. Elas fornecem um fluxo de água pulsante.

Bombas de diafragma

A bomba de diafragma também é de deslocamento. A porção central do diafragma flexível é erguida e baixada alternadamente pela haste da bomba conectada a uma longarina móvel. Essa ação puxa água para dentro da bomba e expulsa-a de dentro dela. Como esse tipo de bomba pode processar água limpa ou com grandes quantidades de lama, areia, efluentes e lixo, ela é popular como bomba de construção. A máquina é apropriada para trabalhos nos quais a quantidade de água varia consideravelmente, pois continua bombeando misturas de ar e água sem maiores dificuldades.

O Contractors Pump Bureau especifica que as bombas de diafragma devem ser fabricadas nos tamanhos e nas capacidades nominais informados na Tabela 19.7.

BOMBAS CENTRÍFUGAS

Uma bomba centrífuga contém um elemento rotativo chamado impulsor (ver Figura 19.9) que dá velocidade suficiente à água que atravessa o equipamento para que ela flua da bomba mesmo contra pressões significativas. Uma massa de água pode possuir energia devido a sua altura acima de um determinado ponto ou devido a sua velocidade. A primeira é energia potencial, enquanto a segunda é energia cinética. Um tipo de energia pode ser convertido no outro sob condições favoráveis. A energia cinética transferida para uma partícula de água enquanto atravessa o impulsor é suficiente para fazer com que as partículas subam uma determinada altura.

Para ilustrar o princípio da bomba centrífuga, considere uma gota de água em repouso a uma altura h acima da superfície. Se a gota de água cair livremente, ela se

FIGURA 19.9 O impulsor de uma bomba centrífuga.

TABELA 19.7 Capacidades mínimas de bombas de diafragma em alturas de aspiração de 10 ft*

Tamanho	Capacidade (gph)
Simples de duas polegadas	2.000
Simples de três polegadas	3.000
Simples de quatro polegadas	6.000
Duplo de quatro polegadas	9.000

* As bombas de diafragma serão testadas com mangueiras de sucção de empreitada padrão 5 ft mais longos do que a altura de aspiração mostrada.

Fonte: The Association of Equipment Manufacturers, Contractors Pump Bureau, *Selection Guidebook for Portable Dewatering Pumps*

chocará contra a superfície a uma determinada velocidade, que pode ser calculada pela seguinte equação:

$$V = \sqrt{2gh} \qquad [19.9]$$

onde:

V = velocidade em pés por segundo

g = aceleração da gravidade, igual a 32,2 fps ao nível do mar

h = altura da queda em pés

Se a gota cair 100 ft, sua velocidade será de 80,2 fps. Se a mesma gota receber velocidade ascendente de 80,2 fps, ela subirá 100 ft. Esses valores presumem que não há perda de energia devido ao atrito através do ar. A função da bomba centrífuga é dar à água a velocidade necessária quando sair do impulsor. Se a velocidade da bomba for dobrada, a velocidade da água aumentará de 80,2 para 160,4 fps, ignorando-se qualquer aumento nas perdas de atrito. Com essa velocidade, a água pode ser bombeada até a altura informada pela equação a seguir:

$$h = \frac{V^2}{2g} = \frac{(160,4)^2}{64,4} = 400 \text{ ft}$$

Isso indica que se uma bomba centrífuga bombeia contra uma altura (carga) total de 100 ft, a mesma quantidade de água pode ser bombeada contra uma carga total de 400 ft se dobrarmos a velocidade do impulsor. Na prática, a carga máxima possível para o aumento de velocidade será inferior a 400 ft. A redução é causada pelas maiores perdas na bomba devidas ao atrito. Esses resultados ilustram o efeito do aumento de velocidade de um impulsor sobre o desempenho de uma bomba centrífuga.

A energia necessária para operar uma bomba é:

$$W = \frac{wQh}{e} \quad [19.10]$$

onde:

W = energia em ft-lb por min

w = peso de 1 gal de água em libras

h = carga de bombeamento total, em pés, incluindo perda por atrito no tubo

e = eficiência da bomba, expressa em decimais

A potência necessária para operar uma bomba centrífuga é dada por:

$$P = \frac{W}{33.000} = \frac{wQh}{33.000e} \quad [19.11]$$

onde:

P = potência em hp

33.000 = ft-lb de energia por min para 1 hp

Bombas centrífugas autoescorvantes

Em projetos de construção, as bombas frequentemente precisam ser colocadas acima da superfície da água que será bombeada. Em consequência, as bombas centrífugas autoescorvantes se adaptam bem às necessidades da construção. Tais bombas são autoescorvantes até alturas de 25 ft quando estão em boas condições mecânicas.

Efeito da altitude Em altitudes acima de 3.000 ft, há um efeito claro sobre o desempenho da bomba. A regra geral é que uma bomba autoescorvante perde 1 ft de capacidade de escorva para cada 1.000 ft de elevação. Uma bomba autoescorvante operada em Flagstaff, Arizona, a uma elevação de 7.000 ft, desenvolve apenas 18 ft de altura de aspiração em vez dos 25 ft normais.

Efeito da temperatura À medida que a temperatura da água aumenta acima de 60°F, a altura de aspiração máxima da bomba diminui. A bomba gera calor que é repassado para a água. Durante um longo período de operação, à medida que o calor aumenta, uma bomba localizada em alturas muito próximas ao máximo de aspiração pode perder escorva.

Bombas centrífugas multiestágios

Se a bomba centrífuga possuir um só impulsor, ela é descrita como sendo de estágio simples; se tiver dois ou mais impulsores e a água descarregada de um flui para a

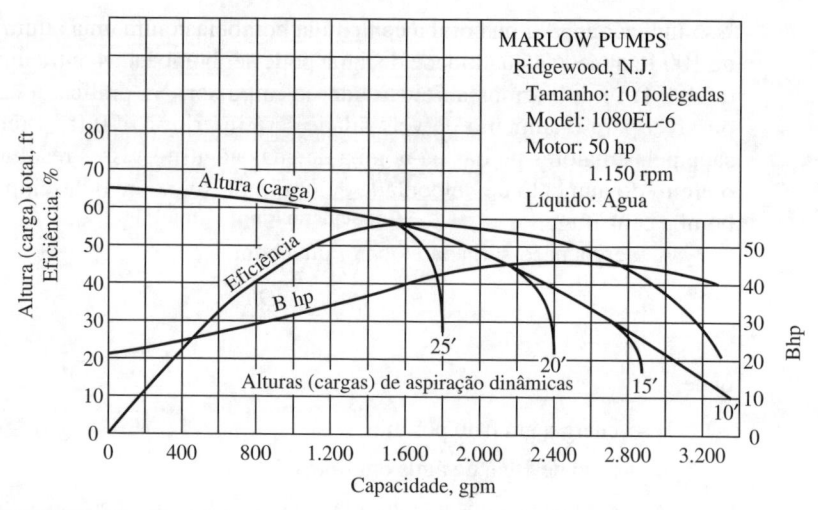

FIGURA 19.10 Curvas de desempenho para bombas centrífugas.

sucção de outro, ela é descrita como sendo multiestágios. As bombas multiestágios são especialmente úteis para o bombeamento contra altas cargas ou pressões, pois cada estágio dá pressão adicional à água. As bombas desse tipo são bastantes utilizadas para fornecer água para jateamento, quando a pressão pode chegar a várias centenas de libras por polegada quadrada.

Desempenho de bombas centrífugas

Os fabricantes de bombas fornecem curvas que apresentam o desempenho de suas bombas sob diferentes condições operacionais. Um conjunto de curvas para uma determinada bomba mostrará variações de capacidade, eficiência e potência para diferentes alturas de bombeamento. Essas curvas são úteis para a seleção da bomba mais apropriada para uma determinada condição de bombeamento. A Figura 19.10 ilustra um conjunto de curvas de desempenho para uma bomba centrífuga de 10 polegadas. Para uma altura total de 60 ft, a capacidade será de 1.200 gpm, a eficiência 52% e a potência necessária 35 bhp (potência ao freio). Se a altura (carga) total for reduzida para 50 ft e a altura de aspiração dinâmica estiver abaixo de 23 ft, a capacidade será de 1.930 gpm, a eficiência 55% e a potência necessária 44 bhp. Essa bomba não distribuirá nenhuma água em uma altura total acima de 66 ft, chamada de "altura (carga) de fechamento".

Como as bombas de construção normalmente funcionam sob cargas variáveis, é melhor selecionar uma bomba com curvas de potência e capacidade de carga relativamente planas, apesar de ser necessário sacrificar um pouco de eficiência para obter essas condições. Uma bomba com demanda de potência plana permite o uso de um motor a combustível ou elétrico capaz de fornecer potência para uma ampla faixa de bombeamento, sem excessos ou deficiências significativas, seja qual for a carga.

O Contractors Pump Bureau publica normas relativas a diversos tipos de bombas, incluindo bombas centrífugas autoescorvantes; os dados se encontram nas Tabelas 19.8a e 19.8b.

TABELA 19.8A Capacidades mínimas para bombas centrífugas autoescorvantes M fabricadas de acordo com as normas do Contractors Pump Bureau

Modelo 18-M (3 polegadas)

Altura (carga) total incluindo atrito [ft (m)]	Altura da bomba acima da água [ft (m)]									
	5	(1,5)	10	(3,0)	15	(4,6)	20	(6,1)	25	(7,6)
	Capacidade [gpm (1/min)*]									
5 (1,5)	300	(1.136)								
10 (3,0)	295	(1.117)								
20 (6,1)	277	(1.048)	259	(980)						
30 (9,1)	260	(984)	250	(946)	210	(795)	200	(757)		
40 (12,2)	241	(912)	241	(912)	207	(784)	177	(670)	160	(606)
50 (15,2)	225	(852)	225	(852)	202	(765)	172	(651)	140	(530)
60 (18,3)	197	(746)	197	(746)	197	(746)	169	(640)	140	(530)
70 (21,3)	160	(606)	160	(606)	160	(606)	160	(606)	138	(522)
80 (24,4)	125	(473)	125	(473)	125	(473)	125	(473)	125	(473)
90 (27,4)	96	(363)	96	(363)	96	(363)	96	(363)	96	(363)

Modelo 20-M (3 polegadas)

Altura (carga) total incluindo atrito [ft (m)]	Altura da bomba acima da água [ft (m)]								
	10	(3,0)	15	(4,6)	20	(6,1)	25	(7,6)
	Capacidade [gpm (1/min)*]								
30 (9,1)	333	(1.260)	280	(1.060)	235	(890)	165	(625)
40 (12,2)	315	(1.192)	270	(1.022)	230	(871)	162	(613)
50 (15,2)	290	(1.098)	255	(965)	220	(833)	154	(583)
60 (18,3)	255	(965)	235	(890)	205	(776)	143	(541)
70 (21,3)	212	(802)	209	(791)	184	(696)	130	(492)
80 (24,4)	165	(625)	165	(625)	157	(594)	114	(432)
90 (27,4)	116	(439)	116	(439)	116	(439)	94	(356)
100 (30,5)	60	(227)	60	(227)	60	(227)	60	(227)

Modelo 40-M (4 polegadas)

Altura (carga) total incluindo atrito [ft (m)]	Altura da bomba acima da água [ft (m)]								
	10	(3,0)	15	(4,6)	20	(6,1)	25	(7,6)
	Capacidade [gpm (1/min)*]								
25 (7,6)	667	(2.525)							
30 (9,1)	660	(2.498)	575	(2.176)	475	(1.798)	355	(1.344)
40 (12,2)	645	(2.441)	565	(2.139)	465	(1.760)	350	(1.325)
50 (15,2)	620	(2.347)	545	(2.063)	455	(1.722)	345	(1.306)
60 (18,3)	585	(2.214)	510	(1.930)	435	(1.647)	335	(1.268)
70 (21,3)	535	(2.025)	475	(1.798)	410	(1.552)	315	(1.192)
80 (24,4)	465	(1.760)	410	(1.551)	365	(1.382)	280	(976)
90 (27,4)	375	(1.419)	325	(1.230)	300	(1.136)	220	(833)
100 (30,5)	250	(946)	215	(815)	195	(738)	145	(549)
110 (33,5)	65	(246)	60	(227)	50	(189)	40	(151)

*Litros por minuto.
Fonte: The Association of Equipment Manufacturers, Contractors Pump Bureau, *Selection Guidebook for Portable Dewatering Pumps*

TABELA 19.8B Capacidades mínimas para bombas centrífugas autoescorvantes M fabricadas de acordo com as normas do Contractors Pump Bureau

		Modelo 90-M (6 polegadas)							
Altura (carga) total incluindo atrito [ft (m)]		**Altura da bomba acima da água [ft (m)]**							
		10	(3,0)	15	(4,6)	20	(6,1)	25	(7,6)
		Capacidade [gpm (1/min)*]							
25	(7,6)	1.500	(5.678)						
30	(9,1)	1.480	(5.602)	1.280	(4.845)	1.050	(3.974)	790	(2.990)
40	(12,2)	1.430	(5.413)	1.230	(4.656)	1.020	(3.861)	780	(2.952)
50	(15,2)	1.350	(5.110)	1.160	(4.391)	970	(3.672)	735	(2.782)
60	(18,3)	1.225	(4.637)	1.050	(3.974)	900	(3.407)	690	(2.612)
70	(21,3)	1.050	(3.974)	900	(3.407)	775	(2.933)	610	(2.309)
80	(24,4)	800	(3.028)	680	(2.574)	600	(2.271)	490	(1.855)
90	(27,4)	450	(1.703)	400	(1.514)	365	(1.382)	300	(1.136)
100	(30,5)	100	(379)	100	(379)	100	(379)	100	(379)
		Modelo 125-M (8 polegadas)							
Altura (carga) total incluindo atrito [ft (m)]		**Altura da bomba acima da água [ft (m)]**							
		10	(3,0)	15	(4,6)	20	(6,1)	25	(7,6)
		Capacidade [gpm (1/min)*]							
25	(7,6)	2.100	(7.949)	1.850	(7.002)	1.570	(5.943)		
30	(9,1)	2.060	(7.797)	1.820	(6.889)	1.560	(5.905)	1.200	(4.542)
40	(12,2)	1.960	(7.419)	1.740	(6.586)	1.520	(5.753)	1.170	(4.429)
50	(15,2)	1.800	(6.813)	1.620	(6.132)	1.450	(5.488)	1.140	(4.315)
60	(18,3)	1.640	(6.207)	1.500	(5.678)	1.360	(5.148)	1.090	(4.126)
70	(21,3)	1.460	(5.526)	1.340	(5.072)	1.250	(4.731)	1.015	(3.841)
80	(24,4)	1.250	(4.731)	1.170	(4.429)	1.110	(4.201)	950	(3.596)
90	(27,4)	1.020	(3.861)	980	(3.709)	940	(3.558)	840	(3.179)
100	(30,5)	800	(3.028)	760	(2.877)	710	(2.687)	680	(2.574)
110	(33,5)	570	(2.158)	540	(2.044)	500	(1.893)	470	(1.779)
120	(36,6)	275	(1.041)	245	(927)	240	(908)	240	(908)

*Litros por minuto.
Fonte: The Association of Equipment Manufacturers, Contractors Pump Bureau, *Selection Guidebook for Portable Dewatering Pumps*

Bombas submersíveis

A Figura 19.11 mostra bombas submersíveis operadas por motores elétricos. Elas são úteis para drenagem de túneis, valas e lugares semelhantes. Com uma bomba submersível, a altura (carga) de aspiração não tem limitações e, é claro, não é preciso usar uma mangueira de sucção. Outra vantagem é que não há problemas com ruídos. Para aplicações de construção, o melhor é utilizar uma bomba de ferro ou alumínio, pois outros materiais tendem a sofrer mais danos quando a bomba cai. Os cabos de energia de bombas submersíveis devem ter protetores de tração mecânica, pois é comum que tentar erguê-la pelos cabos de energia acidentalmente.

Basicamente, as bombas submersíveis se dividem em duas categorias de tamanho; as bombas de potência fracionária pequenas e as bombas maiores com unidades

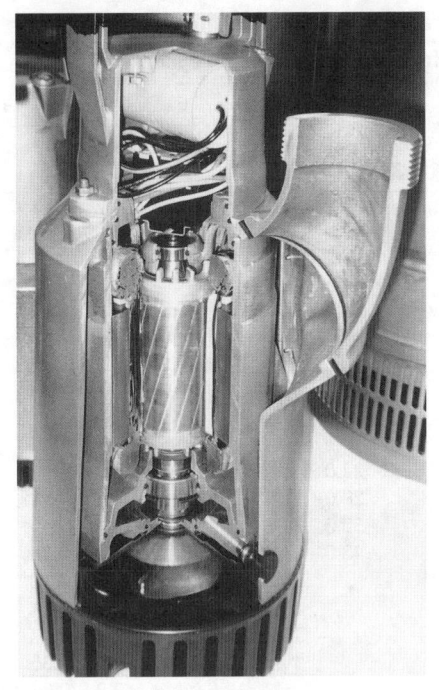

FIGURA 19.11 Bomba submersível operada por motor elétrico.

de potência de 1 hp ou mais. As bombas pequenas, geralmente unidades de 0,25, 0,33 e 0,5 hp, são usadas para aplicações de drenagem de menor vulto. As bombas de 1 hp e maiores são utilizadas para mover grandes volumes e/ou sob condições de alta carga.

PERDA DE CARGA DEVIDA AO ATRITO NO TUBO

A Tabela 19.9 informa a perda de carga nominal devida ao fluxo de água através de um novo tubo de aço. As perdas reais podem ser diferentes dos valores da tabela devido a variações no diâmetro do tubo e às condições da superfície interna do tubo.

A relação entre a carga de água em pés e a pressão em psi é dada pela equação:

$$h = 2,31p \qquad [19.12]$$

ou

$$p = 0,434h \qquad [19.13]$$

onde:

h = profundidade da água ou carga em pés

p = pressão na profundidade h em psi

A Tabela 19.10 fornece o comprimento equivalente de tubo de aço reto que causa a mesma perda de carga devida ao atrito da água que conexões e válvulas.

TABELA 19.9 Perda por atrito para água, em pés por 100 ft, de tubo de aço ou ferro forjado*

Fluxo nos EUA (gpm)	Diâmetro nominal do tubo (polegadas)													
	$\frac{1}{2}$	$\frac{3}{4}$	1	$1\frac{1}{4}$	$1\frac{1}{2}$	2	$2\frac{1}{2}$	3	4	5	6	8	10	12
5	26,5	6,8	2,11	0,55										
10	95,8	24,7	7,61	1,98	0,93	0,31	0,11							
15		52,0	16,3	4,22	1,95	0,70	0,23							
20		88,0	27,3	7,21	3,38	1,18	0,40							
25			41,6	10,8	5,07	1,75	0,60	0,25						
30			57,8	15,3	7,15	2,45	0,84	0,35						
40				26,0	12,2	4,29	1,4	0,59						
50				39,0	18,5	6,43	2,2	0,9	0,22					
75					39,0	13,6	4,6	2,0	0,48	0,16				
100					66,3	23,3	7,8	3,2	0,79	0,27	0,09			
125						35,1	11,8	4,9	1,2	0,42	0,18			
150						49,4	16,6	6,8	1,7	0,57	0,21			
175						66,3	22,0	9,1	2,2	0,77	0,31			
200							28,0	11,6	2,9	0,96	0,40			
225							35,3	14,5	3,5	1,2	0,48			
250							43,0	17,7	4,4	1,5	0,60	0,15		
275								21,2	5,2	1,8	0,75	0,18		
300								24,7	6,1	2,0	0,84	0,21		
350								33,8	8,0	2,7	0,91	0,27		
400									10,4	3,5	1,4	0,35		
500									15,6	5,3	2,2	0,53	0,18	0,08
600									22,4	6,2	3,1	0,74	0,25	0,10
700									30,4	9,9	4,1	1,0	0,34	0,14
800											5,2	1,3	0,44	0,18
900											6,6	1,6	0,54	0,22
1.000											7,8	2,0	0,65	0,27
1.100											9,3	2,3	0,78	0,32
1.200											10,8	2,7	0,95	0,37
1.300											12,7	3,1	1,1	0,42
1.400											14,7	3,6	1,2	0,48
1.500											16,8	4,1	1,4	0,55
2.000												7,0	2,4	0,93
3.000													5,1	2,1
4.000														3,5
5.000														5,5

* Para tubos velhos ou ásperos, adicione 50% aos valores de atrito.

Fonte: The Association of Equipment Manufacturers, Contractors Pump Bureau, *Selection Guidebook for Portable Dewatering Pumps*

MANGUEIRA DE BORRACHA

A flexibilidade de uma mangueira de borracha as torna bastante convenientes para uso com bombas. Tais mangueiras podem ser utilizadas no lado de sucção da bomba, caso sejam construídas com buchas (insertos metálicos ou *helicoil*) para impedir seu colapso sob vácuos parciais. As mangueiras de borracha estão disponíveis com conexões terminais correspondentes às de tubos de ferro ou aço. Como regra geral, o comprimento total da mangueira de uma bomba centrífuga deve ser inferior a 500 ft, e inferior a 50 ft para uma bomba de diafragma.

TABELA 19.10 Comprimento do tubo de aço, em pés, equivalente a conexões e válvulas

Item	Tamanho nominal (polegadas)											
	1	$1\frac{1}{4}$	$1\frac{1}{2}$	2	$2\frac{1}{2}$	3	4	5	6	8	10	12
Cotovelo de 90°	2,8	3,7	4,3	5,5	6,4	8,2	11,0	13,5	16,0	21,0	26,0	32,0
Cotovelo de 45°	1,3	1,7	2,0	2,6	3,0	3,8	5,0	6,2	7,5	10,0	13,0	15,0
Conexão em "T", saída lateral	5,6	7,5	9,1	12,0	13,5	17,0	22,0	27,5	33,0	43,5	55,0	66,0
Conexão em U fechada	6,3	8,4	10,2	13,0	15,0	18,5	24,0	31,0	37,0	49,0	62,0	73,0
Válvula de gaveta	0,6	0,8	0,9	1,2	1,4	1,7	2,5	3,0	3,5	4,5	5,7	6,8
Válvula globo	27,0	37,0	43,0	55,0	66,0	82,0	115,0	135,0	165,0	215,0	280,0	335,0
Válvula de retenção	10,5	13,2	15,8	21,1	26,4	31,7	42,3	52,8	63,0	81,0	105,0	125,0
Válvula de pé	24,0	33,0	38,0	46,0	55,0	64,0	75,0	76,0	76,0	76,0	76,0	76,0

Fonte: Cortesia do The Gorman-Rupp Company.

O tamanho da mangueira deve corresponder ao tamanho da bomba. Usar uma mangueira de sucção maior aumenta a capacidade de bombeamento (por exemplo, uma mangueira de 4 polegadas em uma bomba de 3 polegadas), mas pode causar uma sobrecarga do motor da bomba. Uma mangueira de sucção menor do que a bomba leva a falta de fluido dentro da bomba e pode causar cavitação. Isso, por sua vez, aumenta o desgaste do impulsor e da **voluta**, podendo levar a uma falha precoce da bomba.

voluta
A carcaça na qual o impulsor da bomba gira é conhecida como voluta. Ela possui canais fundidos no metal para direcionar o fluxo de líquido em uma determinada direção.

Uma mangueira de descarga maior do que a bomba simplesmente reduz a perda por atrito e pode aumentar o volume, caso envolva distâncias de descarga mais prolongadas. Se uma mangueira de descarga pequena for utilizada, a perda por atrito aumenta, o que reduz o volume de bombeamento.

A Tabela 19.11 informa a perda de carga, em pés por 100 ft, devida ao atrito causado pelo fluxo da água através da mangueira. Os valores da tabela também se aplicam a substitutos de borracha.

SELECIONANDO UMA BOMBA

Antes de selecionar uma bomba para um determinado trabalho, é necessário analisar todas as informações e condições que afetarão sua operação e desenvolver um entendimento sobre os requisitos de bombeamento. As informações necessárias incluem:

1. A velocidade na qual a água deve ser bombeada
2. A altura de elevação em relação à superfície da água existente até o ponto de descarga
3. A carga de pressão na descarga, se houver
4. As variações do nível da água na sucção ou descarga
5. A altitude (cota) do projeto
6. A altura da bomba acima da superfície da água a ser bombeada
7. O tamanho do tubo a ser usado, se já determinado
8. O número, tamanho e tipo das conexões e válvulas na tubulação

O Exemplo 19.4 ilustra uma análise das condições de bombeamento e seleção de uma bomba compatível com as condições.

TABELA 19.11 Perda por atrito da água, em pés por 100 ft de mangueira de tubo liso

Fluxo em galões (americanos) por minuto	Diâmetro interno real da mangueira (polegadas)											
	$\tfrac{5}{8}$	$\tfrac{3}{4}$	1	$1\tfrac{1}{4}$	$1\tfrac{1}{2}$	2	$2\tfrac{1}{2}$	3	4	5	6	8
5	21,4	8,9	2,2	0,74	0,3							
10	76,8	31,8	7,8	2,64	1,0	0,2						
15		68,5	16,8	5,7	2,3	0,5						
20			28,7	9,6	3,9	0,9	0,32					
25			43,2	14,7	6,0	1,4	0,51					
30			61,2	20,7	8,5	2,0	0,70	0,3				
35			80,5	27,6	11,2	2,7	0,93	0,4				
40				35,0	14,3	3,5	1,2	0,5				
50				52,7	21,8	5,2	1,8	0,7				
60				73,5	30,2	7,3	2,5	1,0				
70					40,4	9,8	3,3	1,3				
80					52,0	12,6	4,3	1,7				
90					64,2	15,7	5,3	2,1	0,5			
100					77,4	18,9	6,5	2,6	0,6			
125						28,6	9,8	4,0	0,9			
150						40,7	13,8	5,6	1,3			
175						53,4	18,1	7,4	1,8			
200						68,5	23,4	9,6	2,3	0,8	0,32	
250							35,0	14,8	3,5	1,2	0,49	
300							49,0	20,3	4,9	1,7	0,69	
350								27,0	6,6	2,3	0,90	
400									8,4	2,9	1,1	0,28
450									10,5	3,6	1,4	0,35
500									12,7	4,3	1,7	0,43
1.000										15,6	6,4	1,6

Fonte: The Association of Equipment Manufacturers, Contractors Pump Bureau, *Selection Guidebook for Portable Dewatering Pumps*

EXEMPLO 19.4

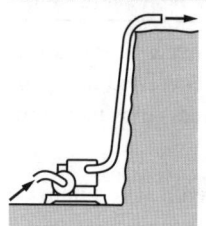

Selecione uma bomba centrífuga autoescorvante, com capacidade de 600 gpm, para o projeto ilustrado na Figura 19.12. Todos os tubos, conexões e válvulas serão de 6 polegadas, com conexões rosqueadas. Utilize as informações da Tabela 19.10 para converter as conexões e válvulas para os comprimentos de tubulação equivalentes.

Item mostrado na Fig. 19.12	Comprimento do tubo equivalente, ft
Válvula de 1 ft e tela filtrante	76
Três cotovelos em 16 ft	48
Duas válvulas de gaveta em 3,5 ft	7
Uma válvula de retenção	63
Total	194
Adicionar comprimento do tubo (25 + 24 + 166 + 54 + 10)	279
Comprimento total equivalente do tubo de 6 polegadas	473

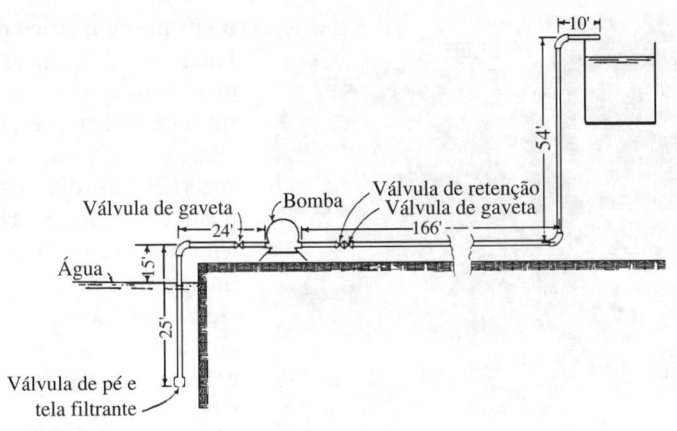

FIGURA 19.12 Instalação de bomba e tubulação do Exemplo 19.4.

De acordo com a Tabela 19.9, a perda por atrito por 100 ft de tubulação de 6 polegadas será de 3,10 ft. A altura (carga) total, incluindo elevação mais carga perdida no atrito, será:

Elevação, 15 + 54 = 69,0 ft
Carga perdida por atrito, 473 ft a 3,10 ft por 100 ft = 14,7 ft
Altura (carga) total = 83,7 ft

A Tabela 19.8b indica que uma bomba modelo 90-M produzirá a quantidade de água necessária.

SISTEMAS DE PONTEIRAS FILTRANTES (*WELLPOINT*)

Em escavações abaixo da superfície do solo, os construtores muitas vezes encontram lençóis freáticos antes de alcançar a profundidade de escavação necessário. No caso de escavações em areia e cascalho, o fluxo de água será grande se não for adotado algum método de interceptar e remover a água. A drenagem, rebaixamento temporário do nível piezométrico do lençol freático, passa a ser necessária. Após as operações de construção estarem concluídas, as ações de drenagem podem ser descontinuadas e o lençol freático devolvido a seu nível normal. No planejamento de uma atividade de drenagem, é preciso entender que os níveis do lençol freático podem mudar entre as estações devido a uma ampla variedade de fatores [6].

Valas localizadas dentro dos limites da escavação podem ser utilizadas para coletar e desviar o fluxo de lençol freático para reservatórios dos quais podem ser removidos por bombeamento. Contudo, a presença de valas coletores dentro da escavação normalmente cria um incômodo e interfere com as operações de construção. Um método comum para controlar os lençóis freáticos é a instalação de um sistema de ponteira ao longo da escavação ou ao seu redor para rebaixar o lençol freático abaixo do fundo da escavação, permitindo que o trabalho seja realizado sob condições relativamente secas.

Uma *ponteira filtrante* (*wellpoint*) é um tubo perfurado, contido dentro de uma tela instalada abaixo da superfície do solo para coletar água e, assim, reduzir o nível piezométrico do lençol freático. A Figura 19.13 ilustra as partes essenciais de uma ponteira filtrante. O topo da ponteira filtrante é ligado a um tubo de elevação vertical que se estende um pouco acima da superfície do solo, onde se liga a um tubo maior chamado de tubo coletor. O tubo coletor fica na superfície do solo e atua como linha principal à qual múltiplos tubos de elevação se conectam. Uma válvula é instalada entre cada ponteira filtrante e o tubo coletor para regular o fluxo de água. Os tubos coletores geralmente têm diâmetros de 6 a 10 polegadas. O tubo coletor é conectado à sucção de uma bomba centrífuga.

FIGURA 19.13 Peças de um sistema de ponteira.

Um sistema de ponteiras filtrantes pode incluir algumas ponteiras ou centenas delas, todas conectadas um ou mais tubos coletores e bombas.

A Figura 19.14 ilustra o princípio de operação de um sistema de ponteiras filtrantes. A figura mostra como um único ponto rebaixa a superfície do lençol freático no solo adjacente ao ponto. A Figura 19.15 mostra como diversos pontos, instalados razoavelmente próximos uns aos outros, reduzem o lençol freático em uma área mais ampla.

A operação das ponteiras filtrantes é satisfatória quando elas são instaladas em um solo permeável, como areia ou cascalho. Se forem instaladas em um solo menos permeável, como o silte, poderá ser necessário criar um poço permeável com antecedência. Um poço permeável pode ser construído pela penetração de um tubo de 6-10 polegadas de diâmetro para cada ponta, remoção do solo de dentro do tubo, instalação da ponteira, preenchimento do espaço dentro do tubo com areia ou casca-

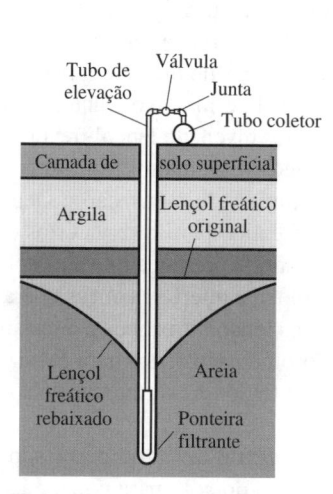

FIGURA 19.14 Rebaixamento de lençol freático resultante de ponteiras filtrantes.

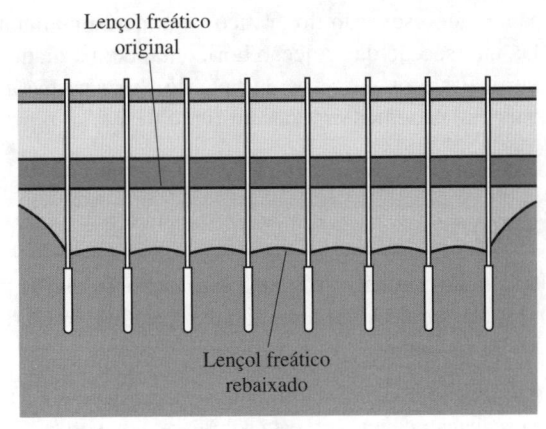

FIGURA 19.15 Como diversos pontos rebaixam o lençol freático.

lho fino e então retirada do tubo. O resultado é um volume de areia ao redor de cada ponteira que atua como reservatório coletor de água e filtro para aumentar o fluxo em cada ponto.

As ponteiras filtrantes podem ser instaladas com qualquer espaçamento, mas este geralmente varia entre 2 e 5 ft (ver Figura 19.13) ao longo do tubo coletor. A altura máxima de elevação da água é de cerca de 20 ft. Se for necessário rebaixar o lençol freático a profundidades menores, será preciso instalar um ou mais estágios adicionais de ponteiras filtrantes, cada um dos quais em uma profundidade maior dentro da escavação.

Capacidade de um sistema de ponteiras filtrantes (*wellpoint*)

A capacidade de um sistema de ponteiras filtrantes depende do número de pontos instalados, a permeabilidade do solo e a quantidade de água presente. Um engenheiro com experiência nesse tipo de trabalho pode realizar testes que fornecerão os dados necessários para uma estimativa razoavelmente precisa sobre a capacidade necessária para rebaixar a água até a profundidade desejada. O fluxo por ponteira filtrante pode variar de 3 a 4 gpm no caso de areias finas a médias a até 30 gpm ou mais para areias grossas. A Figura 19.16 apresenta as taxas de fluxo aproximadas para ponteiras filtrantes em diversas formações de solo.

Os dados da Figura 19.16 auxiliam na seleção do tamanho das bombas que serão usadas com um sistema de ponteira. Por exemplo, considere que é necessário drenar uma cratera de 15 ft de profundidade e que o lençol freático está 5 ft abaixo da superfície do solo. Os solos encontradores serão areias finas. Assim, começando com um requisito de rebaixamento de 10 ft

FIGURA 19.16 Fluxo aproximado através de diversas formações de solo até uma linha de ponteiras filtrantes.
Fonte: Moretrench America Corporation

(15 - 5) no lado esquerdo do gráfico, siga horizontalmente até a diagonal de areia final. Da intersecção da projeção horizontal com a diagonal de areia fina, faça uma linha vertical até os números de taxa de fluxo na parte de baixo do gráfico. Por consequência, podemos esperar um fluxo de 0,5 gpm por pé de tubo coletor nessas condições.

POÇOS PROFUNDOS

Outro método de drenagem de uma escavação é o uso de poços profundos. Os poços profundos de grandes diâmetros são apropriados para o rebaixamento do lençol freático em locais onde:

- a formação do solo se torna mais permeável com a profundidade; e
- a escavação penetra ou está sobre areia ou solos granulares grossos.

Além disso, é preciso haver materiais permeáveis de profundidade suficiente abaixo do nível até o qual o lençol freático será rebaixado para a submersão adequada de tubos perfurados e bombas. A vantagem dos poços profundos é que eles podem ser instalados fora da zona das operações de construção, como ilustrado na Figura 19.17.

RESUMO

Um sistema de ar comprimido é composto de um ou mais compressores em conjunto com um sistema de distribuição para levar o ar até os pontos de uso. Compressores portáteis são mais usados em canteiros de obras nos quais é necessário atender demandas de trabalho que mudam com frequência, normalmente em diversos pontos do local. A seleção do tamanho dos tubos e mangueiras para uma linha de ar exige uma análise das perdas por atrito.

As bombas para construção frequentemente precisam operar sob condições difíceis, como aquelas resultantes de variações na carga de bombeamento ou uso de águas enlameadas ou altamente corrosivas. A velocidade de bombeamento necessária pode variar consideravelmente durante o projeto de construção. A solução de bomba apropriada é selecionar os equipamentos que atenderão adequadamente as necessidades de bombeamento.

FIGURA 19.17 Poços profundos usados para drenar uma escavação profunda (observe o concreto projetado para estabilizar o talude).

Um método comum para controlar os lençóis freáticos é a instalação de um sistema de ponteiras filtrantes (*wellpoint*) ao longo da escavação ou ao seu redor para rebaixar o lençol freático abaixo do fundo da escavação, permitindo que o trabalho seja realizado sob condições relativamente secas. Outro método de drenagem de escavações é o uso de poços profundos. Os objetivos críticos de aprendizagem incluem:

- A capacidade de aplicar adequadamente as leis dos gases
- A capacidade de calcular a perda de pressão à medida que o ar flui através de um tubo ou mangueira
- O entendimento do fator de diversidade no cálculo da carga real no sistema de ar
- O entendimento dos tipos de bombas disponíveis
- O entendimento do efeito da altitude e temperatura no desempenho de uma bomba
- A capacidade de determinar o desempenho de uma bomba a partir dos gráficos apropriados
- A capacidade de calcular perdas por atrito
- A capacidade de selecionar bombas de tamanho adequado com base nas condições do projeto e na quantidade de água a ser removida

Esses objetivos servem de base para os problemas a seguir.

PROBLEMAS

19.1 Um compressor de ar extrai 800 cf de ar a uma pressão manométrica de 0 psi e temperatura de 75°F. O ar é comprimido até uma pressão manométrica de 90 psi e temperatura de 120°F. A pressão atmosférica é de 14,0 psi. Determine o volume do ar após sua compressão. (116,8 cf)

19.2 Um compressor de ar extrai 1.200 cf de ar a uma pressão manométrica de 0 psi e temperatura de 70°F. O ar é comprimido até uma pressão manométrica de 90 psi e temperatura de 125°F. A pressão atmosférica é de 12,0 psi. Determine o volume do ar após sua compressão.

19.3 Usando o gráfico da Figura 19.4, determine a perda de pressão por 100 ft de tubo resultante da transmissão de 100 cfm de ar livre, sob pressão manométrica de 50 psi, através de um tubo de aço de peso padrão de 1,25 polegadas. (1,1 psi por 100 ft)

19.4 Um compressor de ar extrai 1.000 cf de ar a uma pressão manométrica de 0 psi e temperatura de 95°F. O ar é comprimido até uma pressão manométrica de 110 psi e temperatura de 140°F. A pressão atmosférica é de 12,0 psi. Determine o volume do ar após sua compressão.

19.5 Qual será a pressão na extremidade da ferramenta pneumática de uma mangueira de 100 ft de comprimento e 1,5 polegadas de diâmetro se a ferramenta precisa de 120 cfm? A pressão que entra na mangueira é de 90 psi. (89,6 psi)

19.6 Um tubo de 5 polegadas com conexões rosqueadas é usado para transmitir 2.000 cfm de a livre a uma pressão inicial de 100 psi de pressão manométrica. O tubo inclui os seguintes itens:
1.000 ft de tubos
Quatro válvulas de gaveta
Oito conexões em "T" laterais padrão
Seis cotovelos de raio longo
Determine a perda de pressão total na tubulação.

19.7 Se o ar da extremidade da tubulação do Problema 19.6 atravessar uma mangueira de 60 ft e 1,5 polegadas até uma perfuratriz de rochas que precisa de 120 cfm de ar, determine a pressão na perfuratriz.

19.8 Qual será a pressão na extremidade da ferramenta pneumática de uma mangueira de 40 ft de comprimento e 1,25 polegadas de diâmetro se a ferramenta precisar de 90 cfm? A pressão que entra na mangueira é de 93 psi.

19.9 Uma bomba de diafragma é?
  a. Uma bomba centrífuga
  b. Pode lidar com água que contém lixo
  c. Bombeamento de alto volume

19.10 A altura de aspiração para uma bomba centrífuga autoescorvante é:
  a. Menos de 25 ft
  b. 25 ft
  c. Mais de 25 ft

19.11 O comprimento total da mangueira para uma bomba centrífuga seria:
  a. Menos de 50 ft
  b. Menos de 100 ft
  c. Menos de 500 ft

19.12 Uma bomba de diafragma é classificada e opera como qual tipo de bomba?
  a. Giratória
  b. Centrífuga
  c. Deslocamento positivo

19.13 Se uma bomba centrífuga bombeia contra uma carga total de 100 ft, a mesma quantidade de água pode ser bombeada contra uma carga total de 400 ft se:
  a. A velocidade do impulsor dobra
  b. A velocidade do impulsor triplica
  c. A velocidade do impulsor quadruplica

19.14 Uma bomba centrífuga será usada para bombear toda a água de uma pequena escavação que foi inundada. As dimensões do volume de água são 100 ft de largura, 75 ft de comprimento e 14 ft de profundidade. A água deve ser bombeada contra uma carga total média de 42 ft. A altura média da bomba acima da água será de 14 ft. Se a escavação deve ser esvaziada em 24 horas, determine o modelo mínimo de bomba autoescorvante classe M a ser utilizada com base nas classificações do Contractors Pump Bureau. (545 gpm, Modelo 40-M, aproximadamente 570 gpm)

19.15 Utilize a Tabela 19.8 para selecionar uma bomba centrífuga para processar 250 gpm de água. A água será bombeada de um lago através de um tubo de 6 polegadas de 500 ft até um ponto 30 ft acima do nível do lago, onde será descarregada no ar. A bomba será colocada 15 ft acima da superfície da água do lago. Qual é a designação da bomba selecionada?

19.16 Selecione uma bomba centrífuga autoescorvante para processar 620 gpm de água para o projeto ilustrado na Figura 19.12. Aumente a altura do tubo vertical de 54 ft para 85 ft. Todas as outras condições permanecerão iguais àquelas mostradas na figura. (Modelo 125-M, aproximadamente 636 gpm)

19.17 Selecione uma bomba centrífuga autoescorvante para processar 250 gpm de água para o projeto ilustrado na Figura 19.12. Altere o tamanho do tubo, conexões e válvulas para 4 polegadas.

19.18 Um tubo de 4 polegadas com conexões rosqueadas é usado para transmitir 600 cfm de a livre a uma pressão inicial de 90 psi de pressão manométrica. O tubo inclui os seguintes itens:
600 ft de tubos
Quatro válvulas de gaveta
Seis cotovelos de raio longo
Quatro cotovelos padrão
Determine a perda de pressão total na tubulação.

19.19 Qual será a pressão na extremidade da ferramenta pneumática de uma mangueira de 20 ft de comprimento e 0,75 polegadas de diâmetro se a ferramenta precisar de 110 cfm? A pressão que entra na mangueira é de 95 psi.

19.20 Se o ar da extremidade da tubulação atravessar uma mangueira de 40 ft e 1,5 polegadas até uma perfuratriz de rochas que precisa de 140 cfm de ar, determine a pressão na perfuratriz. A pressão na extremidade do tubo é de 95,3 psi.

19.21 Selecione uma bomba centrífuga autoescorvante para processar 350 gpm de água para um projeto descrito. A bomba será colocada 20 ft acima da fonte de água. A água será extraída da fonte usando um tubo de aço de 4 polegadas. Haverá uma seção vertical de 20 ft com uma válvula de pé e uma tela filtrante em sua extremidade inferior. Um cotovelo de 90 graus unirá o tubo vertical a um tubo horizontal de 10 ft que se conecta à bomba. Da descarga da bomba sai um tubo horizontal de 100 ft. Na extremidade do tubo de descarga há outro cotovelo de 90 graus, que por sua vez une o tubo horizontal a um tubo vertical de 42 ft. Na ponta desse tubo vertical há um terceiro cotovelo de 90 graus e um tubo de descarga horizontal de 8 ft.

FONTES DE CONSULTA

Powers, J. Patrick (1992). *Construction Dewatering: New Methods and Applications*, 2nd ed., John Wiley & Sons, New York.

The Contractors Pump Bureau (CPB). CPB é um escritório da Association of Equipment Manufacturers, Milwaukee, WI. O Contractors Pump Bureau desenvolve e publica padrões para contratos de bombas e equipamentos auxiliares.

Hand and Power Tools, OSHA 3080 (2002). U.S. Department of Labor, Occupational Safety and Health Administration, Washington, DC.

Portable Air-Compressor Safety Manual, Association of Equipment Manufacturers, Milwaukee, WI.

Portable Pump Safety Manual, Association of Equipment Manufacturers, Milwaukee, WI.

Schexnayder, Francis S., and Cliff J. Schexnayder (2001). "Understanding Project Site Conditions," *Practice Periodical on Structural Design and Construction*, ASCE, Vol. 6, No. 1, pp. 66–69, February.

Selection Guidebook for Portable Dewatering Pumps, Association of Equipment Manufacturers, Milwaukee, WI.

FONTES DE CONSULTA NA INTERNET

Ar comprimido

http://www.atlascopco.com Atlas Copco, Inc., 70 Demarest Drive, Wayne, NJ. A Atlas Copco é uma fabricante de compressores, geradores, equipamento de construção e mineração e ferramentas elétricas e pneumáticas.

http://www.chicagopneumatic.com Chicago Pneumatic Tool Company, Utica, NY. A Chicago Pneumatic fabrica ferramentas pneumáticas para a indústria da construção e demolição.

http://air.ingersollrand.com/IS/category_thumbs.aspx-en-12769 Ingersoll-Rand (IR), Mocksville, NC. A IR fabrica uma ampla variedade de compressores portáteis a diesel.

http://www.sullair.com Sullair Corporation, 3700 East Michigan Boulevard, Michigan City, IN. A Sullair é uma fabricante de compressores de parafuso rotativo.

Bombas

http://www.gormanrupp.com A Gorman-Rupp é uma fabricante de sistemas de bombeamento e bombas autoescorvantes centrífugas, submersíveis, centrífugas, para água suja e pneumáticas de diafragma para a indústria da construção.

http://www.griffindewatering.com/ A Griffin Dewatering Corp. oferece o *layout*, instalação e operação de sistemas de drenagem para construção, enquanto a Griffin Pump and Equipment, Inc., fabrica uma linha de bombas para a construção.

http://www.moretrench.com/services/cd/cdm.html A Moretrench American é uma empresa de drenagem especializada em problemas de controle de lençóis freáticos.

http://www.thompsonpump.com A Thompson Pump & Manufacturing Co. possui diversas linhas de bombas, incluindo bombas para água suja autoescorvantes, bombas de diafragma, bombas de ponteira rotativas e bombas a jato de alta pressão.

20

O planejamento da construção de edificações

A aquisição dos materiais, o sequenciamento das operações, a logística do terreno, os prazos da obra e os aspectos técnicos do projeto são os principais condutores da seleção de equipamentos para obras de edificação. Junto com essa escolha vêm importantes decisões relativas: (1) ao layout do canteiro de obras; (2) à seleção de equipamentos para içar e sustentar os materiais; e (3) ao controle das perturbações associadas com os equipamentos durante a construção do prédio. O layout do canteiro de obras afeta a capacidade que o construtor e os terceirizados têm de trabalhar de modo efetivo e eficiente. O construtor responsável pela obra zela pelo cumprimento das normas de segurança no trabalho e tem obrigações específicas relativas à manutenção e segurança do canteiro de obras. Grandes perturbações podem resultar das operações de construção, especialmente no que se refere aos ruídos, vibrações, pó e iluminação. Os construtores que trabalham em ambientes urbanos devem buscar a mitigação do efeito de tais problemas nos vizinhos da obra.

INTRODUÇÃO

Vários equipamentos podem ser empregados para sustentar os processos de edificação. Para a seleção de equipamentos de obras comerciais é necessário:

1. Ter uma compreensão absoluta das tarefas envolvidas pela obra – revisar o contrato, fazer estimativas e controlar o orçamento. Escreva os "planos de trabalho" da obra que definem as exigências críticas de recursos (tanto em termos de pessoas quanto de máquinas), coloque em sequência as atividades principais de um serviço e identifique e mitigue os riscos.
2. Considere as várias condições sob as quais uma máquina trabalhará.
3. Calcule o custo de colocar as máquinas na obra. Essas máquinas são basicamente de apoio, e o custo geralmente é calculado em termos semanais ou mensais, e não em termos de produção.

A aquisição de materiais, o sequenciamento de operações, a logística do terreno, os prazos da obra e seus aspectos técnicos são questões fundamentais que determinam a seleção de equipamentos em obras de construção civil. A aquisição de materiais costuma surgir já no início deste processo. Muitas vezes ela ocorre mesmo antes da geração do projeto executivo. Isso acontece para que, por exemplo, uma in-

FIGURA 20.1 Um terreno exíguo em Washington, D.C., definido pela 14th Street e Pennsylvania Avenue em dois de seus lados e por edificações preexistentes nos outros dois lados.

dústria de aço tenha tempo suficiente para produzir o aço encomendado ou para que uma usina de pré-moldados de concreto possa fabricar os elementos de concreto de acordo com a resistência exigida para o manuseio na obra e a transferência dos esforços estruturais da edificação. Assim que os elementos estruturais de aço são fabricados ou as peças de concreto são moldadas e curadas, eles precisam ser transportados ao canteiro de obras. À medida que os elementos chegam ao canteiro de obras eles devem ser armazenados em algum local ou instalados de acordo com o organograma produzido. Em um projeto urbano localizado em um terreno exíguo (veja as Figuras 20.1, 20.2 e 20.3), a coordenação das atividades de entrega, armazenamento e instalação pode determinar as escolhas de equipamentos da obra.

No canteiro de obras da Figura 20.1, uma usina de concreto temporária foi instalada no subsolo do futuro prédio para atender à obra, pois os caminhões-betoneira não tinham como manobrar para chegar ao terreno durante o horário de pico. O cimento e os agregados eram entregues na usina durante a noite, quando o tráfego era mínimo.

A obra de construção de um estádio mostrada na Figura 20.2 era em um terreno triangular apertado. O campo de atletismo existente precisava ficar disponível para sediar eventos durante toda a obra, e dormitórios universitários e um clube de tênis particular limitavam os outros dois lados do terreno. A construtora não tinha permissão para avançar no terreno de qualquer uma dessas propriedades adjacentes. Além disso, o acesso ao terreno era tão limitado que todos os principais elementos de concreto da estrutura tiveram de ser moldados no local, uma vez que não era possível transportá-los de uma usina de pré-moldados. Assim, foi muito importante organizar e planejar a obra junto com a seleção da maquinaria. Particularmente importante foi a armazena-

FIGURA 20.2 O canteiro de obras de um estádio, limitado por um clube de tênis existente e pelo campo de atletismo.

gem dos pilares e das vigas de concreto e o posicionamento dos guindastes necessários. O grande guindaste de esteiras empregado para erguer os pilares tinha 31 ft (9,5 m) de largura entre as extremidades externas das esteiras. O comprimento de sua superestrutura, da parte traseira do contrapeso à extremidade frontal da esteira, era 39 ft (12 m), então o simples posicionamento do guindaste exigiu um espaço considerável.

O *LAYOUT* DO CANTEIRO DE OBRAS

Um construtor deve levar em consideração muitos fatores ao organizar o canteiro de obras de modo a dar suporte às operações de construção:

1. O tamanho do terreno em relação à área de ocupação e configuração do prédio.
2. A localização de vias, edificações e utilidades públicas adjacentes, bem como o afastamento seguro do tráfego de pedestres em relação ao canteiro de obras; às vezes é necessária a construção de cercas e tapumes para bloquear parte do acesso por uma via ou todo ele durante a execução da obra.
3. As condições do solo e as necessidades de escavação – é importante considerar como as condições do terreno e sua escavação se modificarão ao longo da execução da obra. Deve-se verificar a capacidade de suporte dos solos em áreas onde um guindaste será instalado. Também é importante considerar a proximidade do guindaste em relação a uma escavação ou um muro de arrimo.
4. A sequência da construção e o organograma da obra.
5. A localização dos serviços públicos: o impacto de obstruções aéreas como redes de eletricidade ou telefonia deve ser levado em consideração; também devem ser tomadas precauções se houver máquinas trabalhando sobre utilidades subterrâneas.

FIGURA 20.3 Construção do Trump International Hotel & Tower Chicago, um terreno limitado pela by N. Wabash Street e pelo Rio Chicago.

6. As exigências dos equipamentos: o tamanho e a localização dos equipamentos para içar são determinados com base tanto nas necessidades de içamento físico como no cronograma da obra.
7. A quantidade, a entrega e o armazenamento dos materiais.
8. O estacionamento para os trabalhadores: a disponibilidade de estacionamento de veículos no canteiro de obras e ao redor dele costuma ser abordada no pacote de orçamento do projeto. Às vezes, os trabalhadores têm de ser trazidos à obra com o uso de ônibus.
9. Armazenagem de ferramentas e equipamentos.
10. Instalações temporárias e *trailers* de apoio no canteiro de obras [8]. As normas de saúde e emprego podem exigir instalações sanitárias no canteiro de obras. O *layout* do terreno em termos de atividades de construção, depósito de materiais, galpão (escritório) e equipamentos sanitários pode ser conferido nas plantas do projeto executivo (veja a Figura 20.4).

A coordenação inicial

Durante a preparação de seus orçamentos, o empreiteiro geral ou o gerente de obra definirá os pacotes de serviços terceirizados e solicitará orçamentos a terceiros (subem-

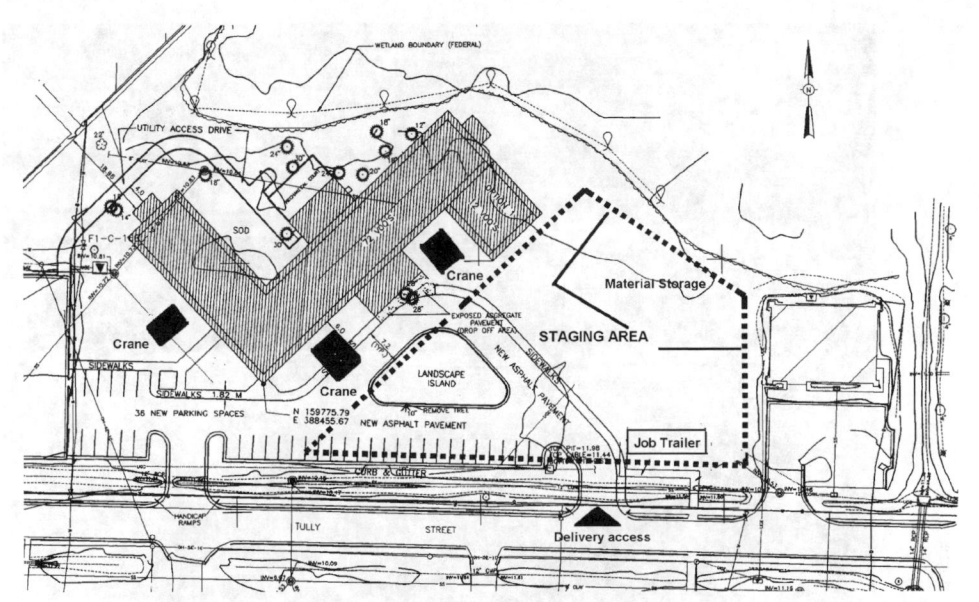

FIGURA 20.4 *Layout* esquemático do terreno apresentado em uma das plantas do projeto executivo.

preiteiros). Nos Estados Unidos, a maioria dos serviços na execução de uma obra de construção é terceirizada – na verdade, em projetos administrados por um gerente de obras, 100% da obra será terceirizada – então é importante que desde o início haja uma interação entre o empreiteiro geral ou o gerente de obra e os terceirizados ou subempreiteiros. Esses irão, por sua vez, buscar outros prestadores de serviço para executar serviços ainda mais especializados. Vejamos, por exemplo, o caso da execução de um prédio com estrutura independente de aço: a construtora normalmente terceirizará a construção da estrutura. O construtor da estrutura de aço, que geralmente é seu próprio fabricante, por sua vez buscará empreiteiros a ele subordinados para (1) erguer a estrutura de aço, (2) colocar conectores de cisalhamento, (3) fornecer e instalar os pisos de metal e (4) fabricar elementos especiais. Muitas vezes a construtora exigirá que os principais terceirizados, como o responsável pela execução da estrutura de aço, forneçam as informações necessárias para a elaboração do cronograma preliminar e *layout* do terreno. O *layout* do canteiro de obras afeta a eficácia dos serviços dos terceirizados.

O pacote de concorrência ou licitação

O pacote de concorrência ou licitação fornecido a cada construtora pelo proprietário do projeto geralmente incluirá informações relacionadas com:

- O escopo dos trabalhos, conforme as normas da ABNT ou a praxe local
- As condições do terreno e a implantação do prédio
- As limitações de espaço
- As instalações temporárias permitidas

Uma reunião antes da entrega das propostas pode ser feita para tirar as dúvidas relacionadas ao pacote da concorrência ou licitação. Durante esta etapa antes da apresentação das propostas, a construtora responsável pela obra e os principais

FIGURA 20.5 O aço armazenado em um canteiro de obras para a construção da estrutura.

terceirizados farão uma previsão preliminar dos equipamentos necessários para a execução da obra. O construtor da estrutura de aço estaria interessado principalmente nas questões de içamento dos materiais e na localização de uma área no canteiro de obras onde poderia acomodar os componentes de aço (veja a Figura 20.5). Já a empresa fornecedora do concreto ou construção dos elementos de concreto *in loco* se concentraria nas necessidades de içamento e no espaço para montar e instalar as formas e o aço para as armaduras (veja a Figura 20.6).

Essas empresas precisarão obter informações com o empreiteiro responsável pela obra (empreiteiro geral) ou com o gerente de obras, bem como lhe dar informações sobre:

- O cronograma
- A sequência de trabalho de terceirizados
- O tamanho do guindaste e seu fornecedor
- O posicionamento do guindaste, dos galpões e das áreas de depósito e manuseio de materiais
- A organização dos equipamentos de uso comum. Os terceirizados muitas vezes consideram que poderão usar as empilhadeiras da construtora responsável pela obra ou outros equipamentos de içamento para a descarga de seus materiais.

O *layout* do canteiro de obras e dos equipamentos utilizados será determinado pelos condicionantes do terreno. No caso dos terceirizados (subempreiteiros) com necessidades de içamento, como os construtores de estruturas de aço e concreto, uma das principais considerações será o tamanho e posicionamento do guindaste. Outras duas informações cruciais são: (1) o espaço disponível para depósito de materiais e (2) a localização desse espaço.

Armazenagem de armaduras de aço sobre uma laje de piso finalizada

A instalação da armadura de aço, 26 andares suspensos no ar

FIGURA 20.6 As operações de colocação das armaduras de aço na obra da Trump Tower (veja também a Figura 20.3).

Um guindaste todo-terreno ajudando na montagem das formas de concreto

Um guindaste com lança treliçada içando componentes pré-moldados de concreto em um edifício-garagem

FIGURA 20.7 As soluções de içamento em um canteiro de obras.

O objetivo do *layout* do canteiro de obras é otimizar os processos operacionais – o erguimento da estrutura de aço, a construção das formas para o concreto e o lançamento do concreto. O empreiteiro geral e os terceirizados e subempreiteiros buscarão limitar ao máximo os locais para instalação de guindastes. As áreas para o armazenamento de materiais devem ficar o mais próximo possível do prédio. Contudo, as decisões dependem todas do tamanho do projeto e das necessidades de içamento de materiais (veja a Figura 20.7).

Nos Estados Unidos, a norma 1926.752 da Occupational Safety & Health Administration (OSHA) confere responsabilidades especiais para o empreiteiro responsável pela obra:

1926.752(c)
Layout **do terreno**. O empreiteiro responsável pela obra deverá se certificar de que as seguintes determinações sejam cumpridas e preservadas:

1926.752(c)(1)
Vias de acesso adequadas até o canteiro de obras e dentro dele, para a entrega segura e o movimento de guindastes *derricks*, gruas, caminhões e outros equipamentos necessários, bem como dos materiais a serem utilizados e dos meios e métodos de controle de pedestres e veículos. Exceção: essa exigência não se aplica a vias fora do terreno da obra.

1926.752(c)(2)
Uma área firme, drenada e nivelada adequadamente, de acesso fácil e com espaço adequado para o depósito seguro de materiais e a operação segura dos equipamentos para erguimento da estrutura.

Como menciona a norma da OSHA, o empreiteiro responsável deve garantir que haja pontos de acesso ao terreno da obra. Os subempreiteiros devem comunicar ao construtor responsável quaisquer necessidades de acesso especial. O construtor responsável geralmente providencia o acesso dos trabalhadores (veja a Figura 20.8) à obra, mas a circulação dos empregados das empresas terceirizadas de um piso a outro pode ser responsabilidade dessas empresas.

FIGURA 20.8 Um monta-cargas instalado para o transporte de materiais e trabalhadores.

A relação entre a área de ocupação de um terreno e o tamanho total do terreno tem impacto significativo no planejamento e na sequência das operações de construção e seleção de equipamentos. Também é necessário prever espaço para os veículos de entrega e para o armazenamento dos materiais de construção. As áreas para descarregamento e depósito de materiais podem ser deslocadas à medida que uma obra avançar ou que as etapas de uma construção forem ditadas por condicionantes do terreno. O empreiteiro responsável pela obra terá de coordenar com cuidado todos os processos e as atividades dos subempreiteiros, caso seja necessário posicionar o guindaste dentro da área de piso do prédio sendo construída, pois tal situação frequentemente afeta a instalação de outros sistemas prediais (veja a Figura 20.9).

O cronograma geral do projeto e a sequência de execução da obra dependem da localização da grua e do tamanho (das dimensões) do prédio sendo construído. A norma 1926.753(d) da OSHA é específica sobre a segurança de pessoas que estejam trabalhando embaixo de cargas suspensas.

1926.753(d) O trabalho embaixo de cargas

- As rotas para as cargas suspensas devem ser planejadas anteriormente a fim de garantir que nenhum trabalhador precise trabalhar sob uma carga suspensa, exceto nos seguintes casos:
  - funcionários envolvidos com a conexão inicial de um elemento de aço; ou
  - funcionários necessários para fixar ou soltar a carga do sistema de içamento.
- Quando se está trabalhando sob cargas suspensas, os seguintes critérios devem ser seguidos:
  - os materiais sendo içados devem ser amarrados a fim de evitar que se soltem por acidente;

FIGURA 20.9 Devido aos condicionantes impostos pelo terreno, os guindastes tiveram de ser instalados dentro do futuro estádio para que as vigas de concreto desta obra pudessem ser içadas.

- devem ser empregadas trancas de segurança com fechamento automático ou sistemas equivalentes, para evitar que elementos se soltem dos ganchos; e
- todas as cargas devem ser fixadas por um amarrador (*rigger*) qualificado.

Nos Estados Unidos, a norma 1926.550(a)(19), Cranes and Derricks, da OSHA também estabelece: "Todos os trabalhadores devem se manter afastados de cargas que serão erguidas ou ficarão suspensas".

Essa norma de segurança exigirá o trabalho de outras equipes durante a instalação da estrutura de aço ou o lançamento do concreto. Se a construção e o canteiro de obras permitirem que o erguimento da estrutura de aço ou que o lançamento do concreto possa avançar de modo eficaz sem que haja a necessidade de içar materiais por cima de outros funcionários, estes poderão continuar trabalhando durante as operações de içamento.

A ENTREGA DE ELEMENTOS ESTRUTURAIS

Os elementos estruturais de aço e concreto pré-moldado costumam ser levados ao canteiro de obras com o uso de caminhões. Os elementos de concreto geralmente são içados do caminhão e instalados diretamente na estrutura. Já no caso do aço, uma prática comum é descarregar os elementos dos caminhões e colocá-los em uma área de depósito. A seguir, uma equipe de trabalhadores fará o **arranjo** ou a organização das peças na ordem correta para a montagem. Para prevenir a interrupção da montagem, geralmente haverá vários caminhões com elementos de aço descarregando na área de depósito ao mesmo tempo. O tamanho e a localização dessa área são fatores importantes a se considerar na montagem de uma estrutura de aço.

arranjo das peças
Organização dos elementos de aço entregues a fim de que possam ser montados na sequência correta.

A administração das entregas

Nos projetos em que o espaço para entrega é limitado, será necessária uma coordenação especial para que as descargas de materiais possam ser rápidas. As exigências podem incluir: (1) uma área de espera fora do canteiro de obras, para que os caminhões que chegam possam esperar antes de passarem ao canteiro de obras ou para que sejam largadas cargas ou caçambas até que sejam necessárias (veja a Figura 20.10); (2) um sistema de comunicação com rádio entre os motoristas dos caminhões de entrega e o canteiro de obras; e (3) um sinaleiro que controle o tráfego que entra ou que cruza o canteiro de obras e o direcione até o ponto de entrega. Esses controles de entrega também são necessários no caso de lançamentos de concreto em grande volume, quando os caminhões de concreto pré-misturado devem ser orientados até a bomba de concreto ou ao local de lançamento.

A área de depósito dos elementos de aço

A área onde os elementos de aço de uma estrutura serão armazenados deve ser plana, firme e bem drenada. Costumam ser colocados pontaletes sob os elementos de aço estruturais, para facilitar o içamento e manter as peças limpas. Os montadores de estruturas de aço em geral preferem ter pelo menos duas cargas de aço na área de depósito, para garantir que a montagem não tenha de ser interrompida por falta de material. Uma obra com estrutura independente de aço costuma exigir uma área entre 2.500 e 10.000

FIGURA 20.10 Uma carga de painéis de fachada de concreto pré-moldado.

pés quadrados (de 50 × 50 pés a 100 × 100 pés) para o depósito de material. Essa área permite que os elementos de aço possam ficar afastados e organizados de modo adequado e que torne o içamento eficaz. No entanto, alguns projetos nos quais são utilizadas treliças compostas muito grandes exigirão uma área de depósito muito maior no canteiro de obras para que se possa terminar de montar tais elementos no canteiro de obras.

O ERGUIMENTO DE ESTRUTURAS DE AÇO

O Code of Standard Practice (código de padrão de procedimentos) do American Institute of Steel Construction (AISC) estabelece claramente: "O montador será responsável pelos meios, métodos e segurança da montagem do quadro ou esqueleto estrutural de aço". As duas principais preocupações são proteger os montadores de quedas (veja a Figura 20.11) e tornar estável a estrutura durante o processo de erguimento antes que todos os componentes já estejam no local. A Norma 1926.760(e) da OSHA também aborda a proteção contra quedas da seguinte maneira:

O sistema de proteção contra quedas fornecida pelo montador da estrutura de aço será mantido na área onde a atividade de montagem da estrutura de aço foi concluída, para que seja utilizada por outros operários, somente se o construtor responsável pela obra ou seu representante autorizado:

- tiver orientado o montador da estrutura de aço para deixar a proteção contra quedas no local; e
- tiver inspecionado e assumido o controle e a responsabilidade do sistema de proteção contra quedas antes que o pessoal autorizado que não faz parte da equipe de montadores da estrutura de aço comece a trabalhar na área.

FIGURA 20.11 A proteção contra quedas é um item de segurança pessoal. Na imagem acima, em tradução livre, "Papai, use equipamentos de proteção e cuide-se bem para voltar são e salvo".

A questão da estabilidade surge imediatamente com a instalação do primeiro elemento estrutural, que costuma ser um pilar. Com o posicionamento dos primeiros pilares, os montadores da estrutura de aço os parafusarão em suas bases. Antes da montagem, o montador deve considerar a estabilidade do pilar, de acordo com as normas de segurança do Code of Standard Practice da AISC. As longarinas (vigas principais) são içadas após os pilares e seguidas das vigas secundárias, que são içadas e conectadas às longarinas. Pelo menos dois parafusos por conexão são empregados para conectar temporariamente cada vínculo. O trabalho em equipe e a comunicação são importantes na montagem de uma estrutura de aço. Os operários com essa qualificação costumam usar gestos (veja a Figura 20.12) para se comunicarem com o operador do guindaste.

prumo
Refere-se ao alinhamento vertical da estrutura.

Um contraventamento temporário é utilizado para conferir estabilidade lateral temporária à estrutura de aço e deixá-la no **prumo**. Esticadores ou tensores são comuns nesse sistema de travamento. O esticador é um dispositivo que consiste de uma conexão com roscas de parafuso em ambas as extremidades e que é girada a fim de aproximar ou afastar dois componentes. Com o uso de vários esticadores ou tensores conectados ao contraventamento temporário, a estrutura de aço é regulada até que esteja verticalmente alinhada, ou colocada no prumo.

Uma vez montada e alinhada verticalmente uma parte do esqueleto estrutural, os operários especializados fixam de modo permanente os elementos estruturais de aço com o uso de parafusos e soldas. O aço estrutural tem de ser protegido do fogo. O aço não queima, mas perde sua resistência quando exposto ao calor intenso. Os códigos de edificações regulam a necessidade de proteção contra fogo e os locais em que é necessária. Há vários tipos de proteção, inclusive o uso de materiais espargidos, jateados ou projetados. O material projetado pode ser o cimento Portland ou um produto à base de gesso que é aplicado diretamente aos elementos estruturais de aço (veja a Figura 20.13).

FIGURA 20.12 Um instalador orientando o posicionamento de uma viga de aço.

FIGURA 20.13 Trabalhador aplicando uma proteção contra fogo pulverizada nos elementos de aço.

A CONSTRUÇÃO NO SISTEMA *TILT-UP*

O método de construção de paredes de concreto no sistema *tilt-up* é um sistema de construção de paredes internas ou externas de concreto sem o uso de formas verticais e que minimiza o tempo dos equipamentos de içamento necessário (de uso do guindaste). O processo é empregado para reduzir o gasto com materiais e mão de obra na construção de paredes. Essa técnica de construção funciona muito bem em prédios com estrutura independente, ou seja, nas quais as paredes são meras vedações externas. Os painéis são moldados em formas, erguidos e sustentados muito rapidamente quando comparados a outros métodos de construção [9].

O *layout* dos painéis

Na construção com painéis do tipo *tilt-up*, o *layout* dos painéis pode ser feito de várias maneiras. Todos os painéis podem ser moldados diretamente sobre a laje do piso, se houver área suficiente. Caso a área seja insuficiente, alguns dos painéis poderão ser moldados em uma laje falsa que é construída ao lado do prédio. Se as condições do terreno restringirem muito a área de laje disponível, os painéis poderão ser construídos uns sobre os outros.

Cada painel tem uma função e um local específico na estrutura. O objetivo é deixar os painéis o mais perto possível do ponto onde serão erguidos. Isso não significa que eles tenham de estar diretamente acima ou ao lado de seu local de instalação final, mas que eles são lançados em um padrão que minimiza o tempo de uso dos guindastes no içamento e na sua montagem. Os painéis geralmente são erguidos no sentido horário, começando por um dos cantos da construção. Para garantir uma sequência de instalação apropriada, a colocação de alguns painéis no local e tempo corretos pode obrigar ao manuseio de algumas peças, que são deslocadas ou colocadas sob outras e permanecem no chão.

O planejamento do *layout* dos painéis é uma das partes mais importantes dessa técnica de construção. O planejamento é como um jogo de xadrez e o uso da estratégia adequada garante que a montagem dos painéis corra sem problemas. O objetivo é conseguir instalar os painéis de modo eficiente.

As formas

Uma vez construída a primeira laje de piso do prédio, as formas para os painéis de parede pré-moldados são posicionadas sobre ela (veja a Figura 20.14). Esta operação inclui a montagem das formas, a colocação do aço das armaduras, o corte de aberturas, os pontos para içamento e contraventamento e a instalação de placas de junção horizontal (*ledger*) e conduítes elétricos.

Um gabarito para o posicionamento dos painéis é empregado para desenhá-los sobre a laje. Deve-se deixar um espaçamento entre os painéis, para permitir que se trabalhe neles e ao redor deles. Após se fazer o desenho dos painéis de parede na laje de piso, as formas são montadas. Em geral, se usam formas em forma de aço em L. São usados chumbadores através da base do L para manter as formas no lugar durante o lançamento do concreto.

Nas formas também são feitos os cortes para aberturas de janelas, portas, alçapões e calhas (veja a Figura 20.14). Nas quinas dos painéis, deixam-se chanfros, de modo que quando os painéis forem erguidos e montados, o concreto não lasque nas bordas.

FIGURA 20.14 Painéis de concreto pré-moldados no sistema *tilt-up* prontos (no primeiro plano) e formas para a moldagem de novos painéis (ao fundo).

Para evitar que os painéis de parede colem na laje de concreto sobre a qual estão sendo moldados, usa-se um desmoldante comercial. Os operários têm de ser muito cuidadosos para não contaminar a superfície, uma vez aplicado o desmoldante. Todos os materiais que forem trazidos ao local devem estar bem limpos. É importante que o tempo transcorrido entre a aplicação do desmoldante e o lançamento do concreto seja o mínimo possível, para que este revestimento não suje.

Durante o processo de preparo das formas, são colocados insertos ou *insert*s para o içamento do painel e a fixação dos suportes laterais temporários (o contraventamento). Cada inserto tem seu uso específico. Os insertos em espiral são utilizados para conectar travamentos que correm entre a laje de piso e o painel, após o levantamento e a instalação deste. O número de insertos depende do tamanho do painel. Os insertos para içamento também são colocados em cada painel, de modo que o guindaste consiga manuseá-lo. Os insertos de içamento incluem um enchimento plástico em forma de meia lua, que tem dois furos, para que um anel de metal possa ser conectado e permita o levantamento do painel. O inserto para içamento não deve estar inclinado mais do que 20 graus em qualquer direção ou estar saliente em relação à superfície do concreto, porque o sistema de içamento deve ficar embutido no vão em que é formado. O vão para a colocação do inserto deve estar nivelado com a superfície do painel. Após o lançamento do concreto, o enchimento é retirado, formando um vazio, que é limpo e conferido para ver se sua superfície realmente ficou lisa. Uma vez colocados os insertos nas formas do painel, a armadura de aço e outros itens de metal são posicionados.

O lançamento do concreto

O próximo passo na produção de painéis de parede de concreto do sistema *tilt-up* é o lançamento do concreto. Geralmente o concreto é lançado com o uso de uma bomba lança montada sobre um caminhão. Usando a lança do caminhão, todos os painéis da maioria das obras podem ser alcançados sem que haja a necessidade de reposicionar o caminhão com a bomba. O operador consegue manobrar a lança e o fluxo do concreto com o controle manual e facilmente deslocar a direção de lançamento do concreto, conforme o necessário.

Uma vez que o concreto tenha sido lançado e se encontrar acabado, deve-se aguardar até que adquira a resistência suficiente para o içamento do material. Os furos para os parafusos de travamento e aneis de fixação nos insertos e para as instalações elétricas podem ser limpos assim que se possa caminhar sobre os painéis.

O erguimento dos painéis

A última fase na construção dos painéis de concreto pré-moldados da técnica *tilt-up* é o erguimento dos painéis. Uma vez curados, os painéis são removidos das formas e são fixadas as escoras temporárias, que são hastes de metal com extremidades expansíveis. Elas são utilizadas para transportar os painéis e posicioná-los na vertical. Uma vez fixado o painel de modo permanente, elas são removidas. Esses escoramentos são parafusados aos painéis e deixados acima deles até que cada painel seja içado.

O içamento dos painéis exige o uso de um guindaste móvel. Como o guindaste é um equipamento de custo elevado, a sequência correta de içamento deve ser seguida para que o guindaste transporte o maior número de painéis sem ter de ser reposicionado, pois o deslocamento de um guindaste implica atraso na montagem dos painéis.

Quando o guindaste se aproximar de um painel, o sistema de amarração é colocado. Uma barra espaçadora, com polias distribuídas homogeneamente e alças de içamento de cabos de aço, costuma ser empregada para erguer os painéis (veja a Figura 20.15). A alça de içamento em cada extremidade de um cabo de aço é fixada no anel do inserto de içamento embutido no painel. O painel é então erguido da laje sobre a qual foi fundido. O topo do painel é elevado em primeiro lugar, e lentamente o painel assume a posição vertical.

Quando o painel estiver alinhado e nivelado, os escoramentos são fixados à laje (veja a Figura 20.16). Deve-se evitar o içamento de painéis se o vento estiver soprando a uma velocidade superior a 33 km/h, pois isso fará com que os painéis ajam como se fossem grande velas e o risco de tombamento do guindaste será alto. Além disso, com a exceção da equipe de erguimento, nenhuma pessoa pode ficar dentro de uma área equivalente a 1 1/2 vezes a altura do painel, de modo que na ocorrência de um incidente seja garantindo um perímetro de trabalho seguro. Quando os escoramentos temporários estiverem bem fixados à laje, o sistema de amarração do guindaste é desconectado do painel. Essa tarefa pode ser feita por um operário em uma plataforma elevatória.

O uso de paredes de concreto no sistema *tilt-up* é uma técnica de construção inovadora. É um processo bastante simples de lançar concreto em uma forma horizontal, deixá-lo curar e então erguer os painéis para sua instalação. Contudo,

FIGURA 20.15 Um guindaste instalando painéis *tilt-up*.

FIGURA 20.16 O preparo para a fixação do sistema de escoras dos painéis *tilt-up* à laje.

esse processo exige planejamento e preparo cuidadosos. É necessário prestar muita atenção aos detalhes. O movimento do guindaste entre um içamento e outro também deve ser planejado cuidadosamente.

EQUIPAMENTOS PARA IÇAR E SUSTENTAR ELEMENTOS ESTRUTURAIS

A subempreiteira responsável pela instalação dos componentes estruturais, sejam de concreto, sejam de aço, normalmente fornecerá a maioria ou todos os equipamentos de montagem necessários. Os equipamentos mais usuais para o içamento e a montagem de estruturas de aço ou concreto pré-moldado são:

- Guindastes
- Plataformas aéreas
- Suportes de ferramenta integrados
- Manipuladores (*handlers*) telescópicos
- Geradores de energia
- Equipamentos de soldagem

OS GUINDASTES

A mobilização de um guindaste envolve seu transporte ao canteiro de obras e seu preparo para o uso. O deslocamento de guindastes todo-terreno ou telescópicos instalados em caminhões é um processo relativamente rápido. Esses equipamentos em geral podem ser posicionados e preparados para içar cargas em menos de 30 minutos.

A maioria dos guindastes todo-terreno pode se deslocar em ruas niveladas, mas não atinge uma velocidade superior a 30 mi/h. Quando é necessário um deslocamento longo entre dois canteiros de obra, os guindastes todo-terreno podem ser

FIGURA 20.17 Um guindaste todo-terreno sendo transportado em um caminhão com carroceria baixa.

transportados em carrocerias baixas de caminhão (veja a Figura 20.17). Guindastes todo-terreno e guindastes instalados em caminhões são projetados para serem levados a uma obra por ruas niveladas (veja o Capítulo 17).

Guindastes de esteiras e gruas de torre

A movimentação de um guindaste de esteiras (veja a Figura 20.18) ou de uma grua de torre é um processo mais complexo, que envolve o transporte das partes do guindaste ao canteiro de obras e seu preparo para uso. O tempo e o custo para carregar, transportar, montar, desmontar e recarregar um guindaste de esteiras ou uma grua de torre devem ser cuidadosamente analisados. Alguns dos maiores guindastes de esteiras precisam de 15 caminhões para serem transportados.

Além disso, a montagem das partes de um guindaste de esteiras ou uma grua de torres pode levar vários dias. Alguns guindastes de esteiras podem ser montados sozinhos, enquanto outros exigem o uso de outro guindaste, durante sua montagem.

Planos de içamento

içamento crítico
Qualquer içamento que envolva o uso de vários guindastes ou no qual o peso da carga seja similar à capacidade do guindaste, o içamento seja complexo e difícil ou a área de giro seja limitada.

Todo içamento feito por um guindaste deve ser planejado. Os içamentos em geral (isto é, aqueles que não envolvem **situações críticas**) podem ter apenas um conjunto de orientações para planejamento.

Os *planos de içamento gerais* cobrem atividades como a descarga de equipamentos diversos. O plano deve:

- Exigir a nomeação de um coordenador responsável pelo içamento que entenda a tarefa que será executada e que controle o serviço. O coordenador pode ser o operador do guindaste, um montador ou mesmo um carpinteiro.
- Exigir a escolha de um operário que fará a sinalização e será identificado pelo operador do guindaste.
- Exigir que o peso da carga e do sistema de içamento sejam conhecidos.
- Documentar as restrições a içamento (clima, temperatura, horário do dia) apropriadas ao guindaste sendo utilizado e ao canteiro de obras.
- Conduzir um ensaio para içamentos críticos.

Içamentos de produção são aqueles repetitivos que não se inserem na classificação de içamentos críticos. Eles geralmente são tratados como uma subcategoria

FIGURA 20.18 Um guindaste de esteiras com lança treliçada chegando ao canteiro de obras.

dos içamentos gerais, então seus planos de içamento devem modificar o plano de içamentos gerais. O plano para um içamento de produção incluiria:

- A descrição física dos itens que serão içados (tamanho, peso, formato e centro de gravidade).
- A descrição dos fatores operacionais apropriados dos içamentos, das velocidades de deslocamento vertical e horizontal das cargas e o percurso do guindaste.
- Os riscos envolvidos na fixação das peças e no controle de acesso à área sob o percurso de içamento.
- A identificação das restrições impostas por outras normas acima daquelas do plano de içamento geral.

Os *içamentos críticos* exigem um plano específico. Quando o risco geral de um içamento é considerado significativo por qualquer razão – o peso da carga, a dificuldade, a complexidade, o uso de mais de um guindaste, a área restrita – o içamento é classificado como crítico. Um plano de içamento crítico irá:

- Identificar o encarregado por todas as operações de içamento.
- Identificar as propriedades físicas do item sendo erguido, seu peso exato, suas dimensões e seu centro de gravidade.
- Identificar o equipamento para içar por tipo, capacidade, comprimento da lança e configuração.
- Identificar a conexão necessária, incluindo a capacidade dos itens e acessórios.
- Identificar o percurso de deslocamento da carga conforme o tipo de içamento possível pelo guindaste, isto é, a altura, o giro e os movimentos (veja a Figura 20.19).
- Incluir uma análise dos impactos do fator climático (vento, temperatura, visibilidade) e estabelecer os limites de controle do clima.
- Exigir a escolha de um operário que fará a sinalização com o operador do guindaste e fornecer um sistema de comunicação contínua.

O levantamento e posicionamento dos pilares de concreto do estádio que foram moldados no local da obra da Figura 20.9 foi um processo complexo que exigiu o içamento e posicionamento de cargas pesadas em um espaço de trabalho confinado. Além disso, todos os içamentos de pilares foram feitos ao mesmo tempo por duas máquinas: um grande guindaste de esteiras e um guindaste todo-terreno (veja a Figura 20.19). Todos esses içamentos seriam classificados como críticos e exigiriam um plano de içamento crítico. Portanto, o percurso de deslocamento previsto para o içamento das cargas e giro até o local de instalação final foi planejado para cada operação. A Figura 20.19 mostra o plano de deslocamento para içar o segundo pilar (um pilar de canto).

No início do içamento, o pilar de concreto se encontra na horizontal e é retirado de seus suportes (veja a Figura 20.19, 1º passo). Foi feito um furo no pilar, para que ele recebesse um pino de içamento que o conectaria aos cabos do guindaste de esteiras. A ideia era que o guindaste todo-terreno sempre carregaria uma parte fixa da carga durante essa etapa do içamento. O operador do guindaste todo-terreno monitorou isso com o indicador de carga. Uma vez que o pilar estava erguido e afastado da área de moldagem e depósito, o guindaste de esteiras começou a erguê-lo, e o guindaste todo-terreno manteve a base do guindaste afastada do solo até que o com-

1º passo: erguer o pilar

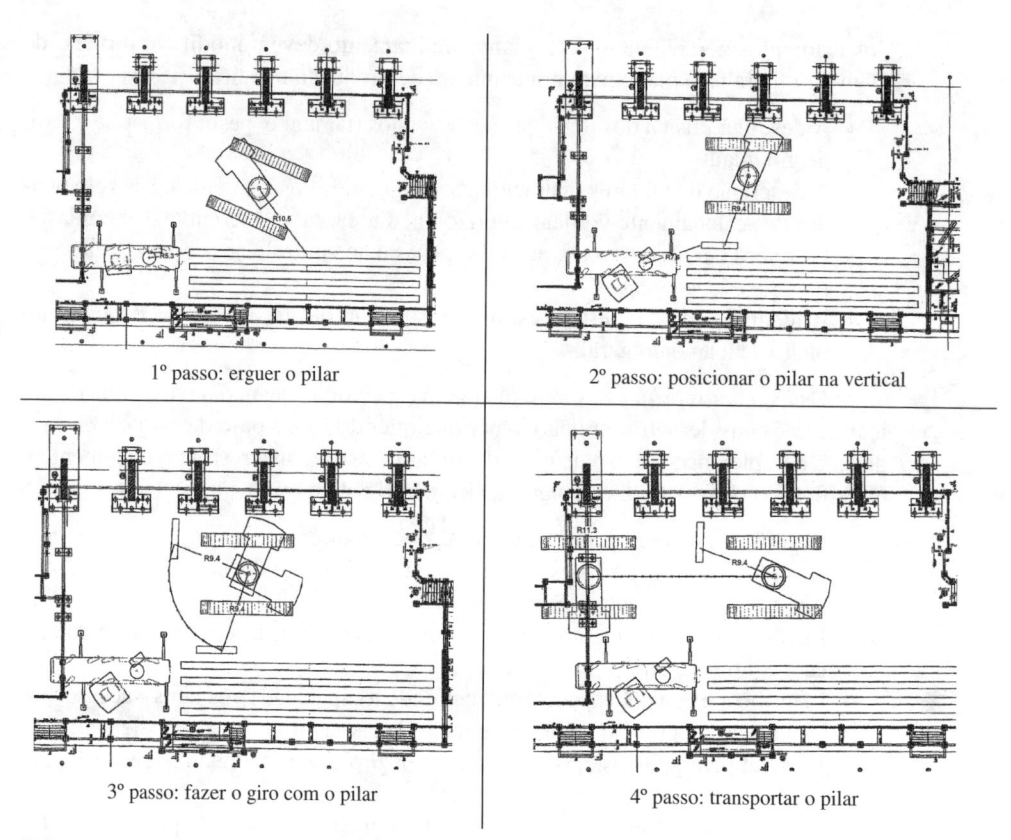

2º passo: posicionar o pilar na vertical

3º passo: fazer o giro com o pilar

4º passo: transportar o pilar

FIGURA 20.19 Plano de içamento para a instalação de um pilar de concreto com o uso de um grande guindaste de esteiras assistido por um guindaste todo-terreno [7]; os valores R da figura correspondem ao raio de giro da operação.

ponente estivesse girado até a posição vertical (veja a Figura 20.19, 2º passo). Uma vez completado o giro, o guindaste todo-terreno soltou seu cabo, largando o pilar. A partir desse momento, o pilar foi posicionado apenas pelo guindaste de esteiras (veja a Figura 20.19, 3º e 4º passo). Os içamentos variaram um pouco de um pilar para outro, em virtude de seus pontos de instalação específicos, mas a sequência comum foi: (1) erguer o pilar da área de moldagem e depósito, (2) afastá-lo da área de moldagem e depósito e colocá-lo na vertical, (3) girá-lo até a posição de transporte, (4) levar o guindaste até o local de instalação e (5) colocar o pilar em sua base. Como os pilares deveriam ser instalados nos fundos do estádio e a área de depósito estava na frente, todos os componentes tiveram de girar 180 graus, mas como o guindaste estava posicionado entre esses dois pontos, o giro do guindaste, na maioria das vezes, não passou de 120 graus.

PLATAFORMAS DE TRABALHO AÉREAS

Uma alternativa ao uso de escadas de mão, andaimes e cestos aéreos para guindastes tem sido as plataformas de trabalho aéreo portáteis (que costumam ser chamadas plataformas elevatórias) e que têm se tornado muito comuns em todos os tipos de canteiros de obras ao longo dos últimos anos (veja a Figura 20.20). Isso acontece porque:

- As escadas de mão devem ser fixadas à estrutura, enquanto as plataformas de trabalho aéreas são independentes.
- Os andaimes levam muito tempo para serem montados e, portanto, envolvem muitas horas de trabalho, especialmente quando devem ser deslocados na horizontal.
- Os cestos aéreos para guindastes representam um risco aos trabalhadores e, como resposta a isso, normas de segurança muito rígidas têm sido criadas a fim de garantir sua operação segura.

No caso da construção de prédios baixos, as plataformas elevatórias são uma alternativa para erguer o operário até o local de trabalho. Elas são motorizadas e podem ser rapidamente reposicionadas tanto na vertical como na horizontal (e às vezes simultaneamente), além de apresentarem a vantagem de otimizar a posição do trabalhador e aumentar a produtividade do canteiro de obras. Essa flexibilidade de posicionamento se perde quando os operários precisam ter acesso a tarefas externas, no caso da construção de edifícios altos. O acesso externo na construção de um prédio alto sempre será feito por algum tipo de equipamento suspenso (veja a Figura 20.21).

As plataformas elevatórias incluem uma variedade de equipamentos de elevação que são sustentados por lanças e têm uma plataforma de trabalho elevada. O componente sustentado pela lança ergue a plataforma usando a ação em tesoura (veja a Figura 20.20a), segmentos de lança reversível articulados (veja a Figura 20.20b) ou um guindaste telescópico (veja a Figura 20.20c). A plataforma de trabalho tem um guarda-corpo e rodapés de proteção, para segurar o operário e proteger aqueles que estão abaixo. Um sistema combinado de plataforma de trabalho e guarda-corpo costuma ser chamado de cesto.

O chassis com rolamentos desloca a plataforma elevatória pelo canteiro de obras, seja sob pneus de borracha ou pneus rígidos feitos de aço ou um material composto. As rodas e a plataforma elevatória são alimentados por um motor a ga-

(a) Plataforma (elevador) tipo tesoura

(b) Guindaste telescópico articulado

(c) Guindaste telescópico

FIGURA 20.20 Diferentes tipos de plataforma elevatória.

FIGURA 20.21 Um andaime suspenso elétrico para o acesso em áreas de trabalho externas de edifícios altos.

solina, eletricidade ou uma variedade de gases comprimidos, como GLP, butano ou propano. O gás comprimido e a energia elétrica são os preferidos quando se trabalha em uma seção fechada do prédio. Na maioria dos modelos, um sistema com bomba hidráulica ergue e abaixa a plataforma de trabalho. O operador pode controlar a posição horizontal e vertical do solo ou de dentro do cesto. A maioria dos modelos tem um alcance vertical máximo de 60 a 70 pés (mas alguns modelos telescópicos se estendem a 150 pés). Seu alcance horizontal fica entre 50 e 60 pés, mas os modelos maiores têm alcance máximo de 80 pés.

Assim como no uso de equipamentos de içamento e sustentação, uma operação segura é importante. As orientações do fabricante devem ser respeitadas, e a Norma 1910.68 da OSHA, *Powered Platforms, Manlifts, and Vehicle-Mounted Work Platforms*, regula sua operação em um canteiro de obras. É importante que a plataforma elevatória seja operada sobre uma superfície firme e nivelada. Quando a plataforma é erguida, a estabilidade da plataforma elevatória é afetada. O centro de gravidade da plataforma elevatória combinado com o do operador é naturalmente elevado quando a plataforma de trabalho sobe. Os modelos com lança maior têm um contrapeso para criar um momento de estabilização quando a lança ultrapassa a linha neutra vertical. Os modelos maiores também contam com estabilizadores.

O planejamento para o uso de uma plataforma elevatória em uma construção deve incluir o seguinte:

- O entendimento total das normas de segurança e das instruções de operação dadas pelo fabricante.
- O treinamento dos operários para operações de içamento e segurança.

- A identificação das normas legais e limitações apresentadas pelo fabricante que restringem o uso.
- A certificação de que a superfície de operação está firme e nivelada no momento de uso.
- O ordenamento e a organização de horários de trabalho, a fim de minimizar os conflitos em termos de espaço. O reposicionamento de uma plataforma elevatória exigirá uma área de solo ou piso adequada. A execução de outros serviços muito próximos à plataforma elevatória pode por em risco sua segurança.
- A determinação do espaço de trabalho da plataforma elevatória. O raio e a altura em relação a seu ponto fixo devem ser medidos ou estimados. Evite usar a plataforma elevatória em suas condições limites (alcance, altura, peso do operador e dos equipamentos, etc.).
- A estimativa da duração do trabalho com a plataforma elevatória. Deve-se avaliar o que é mais interessante em termos de custo: alugar ou comprar uma plataforma elevatória.
- A compreensão do efeito sobre a produtividade dos operários. Questione-se se o serviço poderia ser feito de modo mais produtivo ou barato com o uso de outro sistema de alcance (uma escada de mão, um andaime ou uma cesto aéreo).

TRANSPORTADORES DE FERRAMENTAS INTEGRADAS

Os transportadores de ferramentas integradas não estão restritos à aplicação em apenas uma tarefa, em virtude da variedade de acessórios que podem ser instalados no equipamento básico (veja a Figura 20.22). Essas máquinas podem ser empregadas com caçambas de pá-carregadeira, garfos de empilhadeiras ou escovas. Elas são adequadas para (1) erguer e depositar, (2) carregar e transportar, (3) executar tarefas de limpeza do canteiro de obras, (4) manusear resíduos, (5) fazer pequenas escavações, (6) reaterrar, (7) instalar tubulações.

Resumindo, podemos dizer que os transportadores de ferramentas integradas são máquinas desenvolvidas com um mecanismo de acoplamento integrado que permite a troca rápida de ferramentas de trabalho. Quando operados com uma caçamba, sua produção deve ser calculada usando-se a metodologia descrita no Capítulo 9 e ilustrada na Figura 9.3. Os fabricantes de equipamentos e seus representantes ou distribuidores oferecem uma grande variedade de acessórios para essas máquinas que foram especi-

FIGURA 20.22 Um suporte de ferramenta integrado equipado com uma caçamba de despejo lateral (à esquerda) e garfos (à direita).

ficamente projetados para muitas aplicações. A maioria dos transportadores de ferramentas integradas oferece uma altura de içamento e um alcance superior ao das carregadeiras de tamanho similar. Quando são utilizados como empilhadeiras, por exemplo, são capazes de manter uma elevação paralela ao nível do solo até sua altura máxima.

Os transportadores de ferramentas integradas são mais versáteis do que os equipamentos especializados, isto é, que foram projetados para uma tarefa específica. Por exemplo, um transportador de ferramenta pode deixar de ser uma empilhadeira para erguer tubulações e se transformar em uma pá-carregadeira em uma questão de minutos. Isso traz as vantagens de reduzir o número de máquinas que precisam ficar no canteiro de obras e reduzir os custos diretos. Contudo, uma desvantagem é conseguir fazer com que o transportador de ferramentas integradas consiga desempenhar tarefas múltiplas tão bem quanto os equipamentos especializados.

Os transportadores de ferramentas de menor tamanho têm 100 hp líquidos, podem manusear uma caçamba de uso geral com dentes e capacidade de 1,7 jarda cúbica e pesam cerca de 18 mil libras. Quando equipados com garfos de levantamento, seu alcance vertical é de 12 pés. Já as máquinas maiores têm 200 hp líquidos, podem manusear uma caçamba de uso geral com dentes e capacidade de 4,6 jardas cúbicas e pesam cerca de 44 mil libras. Quando equipados com garfos de levantamento, os suportes de ferramenta maiores têm alcance vertical de 12,5 pés. Os principais fatores que devem ser considerados na escolha de qual suporte de ferramenta integrado será utilizado são:

- O peso máximo da carga a ser manuseada (capacidade operacional)
- A altura máxima ou o alcance máximo necessário (capacidade de elevação)
- A carga estática de tombamento para o giro completo
- A versatilidade dos acessórios

A segurança

Têm ocorrido incidentes nos quais os acessórios instalados caíram de transportadores de ferramentas integradas, com alguns casos de morte resultantes. Os relatórios às vezes identificam as máquinas como sendo dotadas de equipamentos móveis de engate rápido, mas a descrição indica que na verdade se tratam de transportadores de ferramentas integradas com acessórios. As causas identificadas desses acidentes são:

- Problemas ou avarias na conexão do acessório
- Problemas ou avarias na máquina e nos ponto de ancoragem do acessório
- O uso inapropriado da máquina
- O treinamento inadequado do operador
- Procedimentos de acoplagem incorretos

Esses acidentes mostram claramente a necessidade de um bom treinamento do operador antes do uso de qualquer máquina com acoplagem rápida em um canteiro de obras.

MANIPULADORES (*HANDLERS*) TELESCÓPICOS E EMPILHADEIRAS

Para manusear componentes de aço, vigas de concreto pré-moldado ou paletes de tijolos, por exemplo, a maioria dos canteiros de obra precisa de um guindaste telescópico (muitas vezes chamado de "*telehandler*") ou uma empilhadeira convencional.

Ambos os tipos de equipamento são projetados especialmente para erguer e transportar materiais de construção. As empilhadeiras (veja a Figura 20.23) são utilizadas para selecionar e deslocar materiais no canteiro de obras. Os manipuladores telescópicos (veja a Figura 20.24) conseguem executar as mesmas tarefas, mas têm maior alcance vertical e horizontal que as empilhadeiras. Ambos os tipos de máquinas são adequados para: (1) erguer materiais e deslocá-los horizontalmente, (2) carregar e descarregar, (3) fazer serviços de limpeza no canteiro de obras e (4) movimentar resíduos. Esses equipamentos são desenhados para erguer e transportar materiais, não trabalhadores (para isso há as plataformas elevatórias). Nos Estados Unidos, a norma 1910.178, Powered Industrial Trucks, da OSHA regulamenta a segurança de uma grande variedade de equipamentos para o manuseio de materiais, entre os quais há modelos de empilhadeiras e guindastes telescópicos.

Uma empilhadeira separando o aço que será içado pelo guindaste

Uma empilhadeira levando material até os operários

FIGURA 20.23 Diferentes usos de uma empilhadeira.

Um manipulador telescópico erguendo vigas de aço

Um manipulador telescópico transportando pranchas para suporte de guindaste

FIGURA 20.24 Diferentes usos de um manipulador telescópico.

Antes da invenção dos manipuladores telescópicos de materiais, as empilhadeiras eram as máquinas preferidas para o deslocamento de materiais em um canteiro de obras. Fora da construção civil, as empilhadeiras também são muito utilizadas em madeireiras, depósitos de distribuição e mesmo hipermercados (ou "atacadões"). Os modelos projetados para a construção civil são diferenciados das máquinas projetadas para trabalhar em superfícies planas por serem mais altos em relação ao solo (e por isso muitas vezes são chamados de empilhadeiras todo-terreno). Uma empilhadeira padrão tem um garfo horizontal com duas pontas para erguer a carga verticalmente. A carga erguida pode ser movimentada na horizontal com a rotação das rodas motrizes, inclinação do sistema de elevação ou extensão hidráulica do garfo. Cabos de aço, correntes mecânicas de conexão direta ou sistemas de bombeamento hidráulico erguem e abaixam o garfo ao longo de um elevador. A maioria das empilhadeiras de tamanho médio tem capacidade de carga de 5 a 15 mil libras, enquanto alguns dos modelos industriais maiores são capazes de levantar 100 mil libras. As rodas e o sistema de elevação do garfo são acionados por um motor a gasolina, diesel, gás comprimido ou eletricidade. As empilhadeiras têm alguma capacidade de movimentação na altura máxima do garfo (15 a 20 pés), o que as torna capazes de erguer materiais até o segundo pavimento da maioria das edificações.

Os manipuladores telescópicos de materiais têm se tornado mais populares no setor da construção civil com o aumento da amplitude de seus movimentos, e, por serem acionados por um sistema de bomba hidráulica, têm alcance superior ao das empilhadeiras. Os modelos de tamanho médio conseguem alcançar entre 30 e 50 pés na vertical e 20 e 40 pés na horizontal. Os guindastes telescópicos muito grandes chegam a ter alcance vertical de 80 pés e horizontal de 60 pés. Em geral, suas capacidades de carregamento máximo variam entre 5 e 10 mil libras, mas podem chegar a mais de 45 mil libras nos modelos maiores; contudo a capacidade de carregamento máximo para o alcance horizontal costuma ser de 1 mil a 4 mil libras. A capacidade do momento estabilizador determina a carga máxima combinada para o alcance vertical e horizontal de cada modelo. Além de terem alcance maior, muitos guindastes telescópicos vêm sendo projetados para se deslocarem com mais rapidez pelo canteiro de obras. Pneus de borracha de maior diâmetro, altura da carroceria maior e velocidades de transporte maiores (muitas vezes chegando a 25 milhas por hora) minimizam os tempos de ciclo e aumentam a produção. Essas características são importantes para tarefas extremamente repetitivas que exigem um fornecimento contínuo de materiais, como a amarração de vergalhões, o transporte de tijolos e blocos de concreto e o içamento de vigas ou treliças de uma cobertura.

Os principais fatores a serem considerados na seleção de qual empilhadeira ou manipulador telescópico será utilizado são:

- O peso máximo da carga que será carregada (a capacidade de operação).
- A altura de içamento máxima ou o alcance vertical máximo necessário (capacidade de elevação). Os manipuladores telescópicos têm maior alcance vertical e horizontal, enquanto certas empilhadeiras conseguem ter capacidade de carregamento superior.
- A facilidade de manobras em espaços confinados.
- A visibilidade do operador ao redor da máquina.
- A capacidade do operador e a segurança no uso de algumas máquinas.

- A possibilidade de distribuição de materiais de modo a atender o nível de produção dos operários.

OS GERADORES DE ENERGIA

Muitos canteiros de obra têm a possibilidade de se conectarem a uma rede pública de eletricidade. Pode-se construir uma rede temporária de serviço ou modificar um sistema elétrico final durante a construção, a fim de abastecer temporariamente a obra com energia elétrica. Todavia, quando o canteiro de obras não estiver conectado a uma rede vizinha ou quando a obra estiver em um local remoto, um gerador elétrico portátil (veja a Figura 20.25) será a única opção viável.

A principal finalidade dos geradores é levar a energia elétrica a qualquer local do canteiro de obras. A eletricidade é necessária em todas as obras de edificação, alimentando uma grande variedade de equipamentos de construção, desde pequenas ferramentas de uso manual a bombas de drenagem de grande vazão. As usinas de concreto ou asfalto portáteis consomem muita energia elétrica que necessita de geradores instalados em longos reboques, com vários eixos (veja a Figura 20.26).

Os geradores produzem eletricidade usando motores a gasolina, diesel ou gás comprimido que giram um conjunto de ímãs dentro de bobinas de fios metálicos (geralmente de cobre), criando elétrons e um fluxo de corrente contínua. A corrente elétrica se desloca seja em apenas uma direção (corrente contínua ou CC, em inglês, DC, para *direct current*) ou em um fluxo de corrente alternado rápido (corrente alternada ou CA, em inglês AC, para *alternating current*). Os geradores mais avançados conseguem gerar tanto corrente contínua como alternada. Muitas ferramentas e máquinas elétricas utilizadas na construção civil exigem a corrente alternada, como a maioria dos eletrodomésticos de uso residencial. Contudo, também são comuns ferramentas de uso manual produzidas para usar corrente contínua a fim de eliminar a conexão direta a uma fonte de eletricidade de corrente alternada (a alimentação em

(a) Gerador portátil de transporte manual.

(b) Gerador portátil montado em um reboque.

FIGURA 20.25 Geradores de energia.

FIGURA 20.26 Um grande gerador de energia para uma usina de concreto.

linha). Os conjuntos de bateria são uma fonte comum de eletricidade em corrente contínua. A corrente contínua também pode ser conseguida com uma ligação a um veículo que esteja estacionado junto ao canteiro de obras.

A corrente contínua é gerada para trabalhar com voltagens pequenas, como 12 volts ou 24 volts. A corrente alternada tem uma classificação de 120 volts para linha de base, mas essa pode ser dobrada, chegando a 240 volts ou mais, conforme a capacidade do gerador e as necessidades dos equipamentos. A energia transformada por um gerador é medida em watts, que é um produto da força eletromotriz (voltagem) pela taxa de fluxo dos elétrons (amperagem). Em geral, a potência de um gerador é expressa em múltiplos de 1.000 watts (quilowatts – kW). A maioria dos geradores portáteis pequenos tem de 1 kW a 5 kW de potência, enquanto os modelos maiores, a diesel, geram de 20 kW a 2.000 kW.

Ao selecionar e dimensionar o gerador que será utilizado em uma obra, considere:

- O consumo máximo de energia elétrica em volts, ampères e kW.
- A potência máxima do gerador.
- A demanda de energia em corrente contínua ou alternada.
- Os tipos de combustível mais fáceis de obter no canteiro de obras e a proximidade dos operários até o combustível que está sendo consumido.
- A mobilidade no canteiro de obras. O gerador será pequeno e portátil ou do tipo transportado por um reboque?
- A capacidade de fornecer energia extra ("pico de energia") ou adicional quando o equipamento é ligado.
- A frequência de uso.
- As características de segurança, a presença de um sensor de nível de óleo e de uma proteção contra falta de aterramento.

OS EQUIPAMENTOS DE SOLDAGEM

Em 1917, a Lincoln Electric Company apresentou uma soldadora com motor a gasolina instalada em uma carroceria de caminhão. O primeiro uso da soldagem em construções com estrutura de aço foi em 1920, na fábrica da Electric Welding Company of America. As treliças Pratt que sustentavam sua cobertura foram soldadas. A Austin Company se deu conta das vantagens das estruturas de aço soldadas e, em 1928, usou soldadoras da Lincoln para completar o Edifício Upper Carnegie, em Cleveland. Embora o prédio tivesse apenas quatro pavimentos, ele serviu como demonstração da tecnologia da soldagem e atraiu a atenção em virtude da economia de 15% de aço em comparação com uma estrutura rebitada.

A soldagem

A soldagem é a união de peças de metal por meio do aumento da temperatura em uma conexão ou pelo uso da pressão. A soldagem a arco elétrico, empregada na construção, emprega o calor de um arco elétrico para a fusão dos metais. A fonte de energia é uma máquina de solda (soldadora) (veja a Figura 20.27). Essas máquinas podem ser a gasolina, diesel ou gás liquefeito de petróleo (GLP) e são comuns nos canteiros de obras. Um cabo que conduz corrente vem da máquina de solda e é fixado à obra e o outro cabo é ligado ao porta eletrodo.

O eletrodo consiste em uma barra de metal que fornece material de adição (*filler*) e geralmente é o elemento com carga positiva, enquanto a chapa que está sendo soldada é o material com carga negativa. Como o nome soldagem a arco elétrico sugere, quando o eletrodo e a placa se tocam o circuito é fechado e a corrente flui; então, com a retirada do eletrodo do metal, gera-se um arco. No ponto do arco há calor e luz intensos; glóbulos da barra e da chapa de metal se fundem na poça de fusão. Desta forma, a soldagem é realizada com a movimentação do arco ao longo da peça.

FIGURA 20.27 Máquina de soldagem (no fundo, à esquerda) fixa, em uma oficina.

FIGURA 20.28 Um soldador no canteiro de obras.

O calor desenvolvido do arco é proporcional ao quadrado da corrente. Na soldagem manual, é muito difícil para o soldador conseguir manter a distância do arco constante (veja a Figura 20.28). As diferenças na distância do arco também farão com que varie a queda de tensão. Portanto, a fonte de alimentação deve enviar uma corrente "constante", de modo que as variações no arco de voltagem produzam mudanças relativamente pequenas na corrente.

As máquinas de solda são muito avançadas e especializadas e há diversas opções adequadas para cada serviço em particular que contribuem para uma maior eficiência na soldagem. As máquinas são projetadas de modo a manter uma corrente contínua com voltagem suficientemente alta para conservar o arco. A maioria das máquinas de soldagem é muito compacta (veja a Figura 20.29) e seus tamanhos são determinados pelas exigências de corrente elétrica do serviço. Os critérios que devem ser analisados são: (1) a variação da amperagem produzida, (2) a capacidade de gerar tanto corrente alternada como contínua, (3) a corrente monofásica ou trifásica e (4) a capacidade máxima de espessura da solda.

A segurança na soldagem

A soldagem a arco elétrico é um processo seguro, desde que sejam seguidas as práticas de trabalho adequadas. Contudo, quando essas práticas são ignoradas, os soldadores correm vários riscos, como o choque elétrico, a superexposição a vapores e gases, à radiação do arco, ao fogo e à explosão. Todos esses riscos podem resultar em ferimentos sérios ou fatais.

Nos Estados Unidos, a norma American National Standard (ANSI) Z49.1:2005 – Safety in Welding, Cutting, and Allied Processes (que trata de segurança na soldagem, no corte e nos processos relacionados) faz as seguintes recomendações:

FIGURA 20.29 Uma máquina de solda apoiada em uma laje de piso durante a montagem de uma estrutura independente de aço.

3.1.1 Manutenção dos equipamentos e das condições de trabalho Todos os materiais de soldagem e equipamentos de corte devem ser inspecionados conforme o necessário a fim de assegurar que estejam em condições de operação segura.

- Todas as conexões estão bem firmes, incluindo o aterramento?
- As normas da OSHA exigem que os terminais de saída sejam isolados.
- O porta eletrodo e o cabo de soldagem estão bem isolados e em boas condições?
- As regulagens estão corretas para o serviço?

3.2.2.4 Equipamentos de proteção individual e proteção contra incêndio A administração da obra deve garantir que sejam utilizados os equipamentos de proteção individual e proteção contra incêndio.

4.1.2 Sinalização Deve ser colocada sinalização delimitando as áreas de soldagem e indicando que é obrigatório o uso de protetores oculares e outros equipamentos de proteção aplicáveis.

4.2.1.1 Soldagem a arco elétrico e corte a arco com arcos abertos Capacetes ou máscaras manuais com lentes filtrantes e lentes protetoras devem ser usadas pelos operadores e trabalhadores que estiverem por perto e visualizando o arco.

Também devem ser usados óculos de proteção com protetores laterais, óculos específicos para soldagem ou outros equipamentos de proteção ocular aprovados.

> Até mesmo uma breve exposição à radiação ultravioleta (UV) pode causar uma queimadura nos olhos conhecida como "*flash* do soldador" (fotoqueratite). Embora essa condição nem sempre seja notada antes que se passem várias horas após a exposição, ela pode causar extremo desconforto e resultar em inchamento dos olhos, secreção de fluidos e cegueira temporária. O *flash* do soldador normalmente passa, mas **sua repetição ou exposição prolongada pode acarretar ferimentos permanentes nos olhos**. [web 4]

4.3 Roupas de proteção As vestimentas devem ser selecionadas de modo a minimizar o risco de ignição, de queimaduras, de entrada de faíscas quentes ou de choques elétricos.

> Dentre todos os ferimentos que causados nos soldadores, os mais comuns são as queimaduras devido a centelhas que caem sobre a pele nua. As soldagens a arco são muito intensas e podem causar queimaduras na pele e nos olhos em apenas alguns minutos de exposição. [web 4]

4.3.2 Luvas Todos os soldadores e cortadores de chapas devem usar luvas protetoras resistentes a chamas. Todas as luvas devem estar em bom estado e secas e serem capazes de dar proteção contra choques elétricos de equipamentos de soldagem.

5 Ventilação

5.1 Ventilação geral Ventilação adequada deve ser providenciada em todos os trabalhos de soldagem, corte, brasagem e operações relacionadas.

Para mais informações sobre tópicos específicos relacionados à segurança na soldagem a arco elétrico, leia a norma ANSI Z49.1.

O CONTROLE DAS PERTURBAÇÕES PROVOCADAS PELA CONSTRUÇÃO

As principais perturbações associadas à construção civil são os ruídos, as vibrações, a poeira e a iluminação de serviços noturnos. Os empreiteiros que estiverem trabalhando em obras em ambientes urbanos devem atenuar os efeitos dessas perturbações sobre os vizinhos. Os problemas de ruído normalmente são provocados pelo uso de equipamentos pesados e, especificamente, por alarmes de segurança ou da marcha-ré de veículos. Muitas empreiteiras limitam as horas de trabalho em uma obra a fim de mitigar os ruídos provocados pela construção. Os problemas de vibração resultam principalmente da cravação de estacas por percussão, de operações de explosão ou do uso de rolos compactadores vibratórios. A poeira dispersa é gerada pelas operações da obra, assim muitas vezes as especificações de um contrato exigem que a construtora adote um plano de controle da poeira. Embora a boa iluminação seja necessária para que uma obra continue após o pôr do sol (e por questões de segurança), ela pode incomodar os vizinhos.

OS RUÍDOS DA CONSTRUÇÃO

O ouvido humano não percebe os sons em termos absolutos, mas sente a intensidade de quantas vezes um som é mais forte do que outro. A unidade básica de nível sonoro é o decibel, que representa uma razão de intensidade em relação a um som de referência. A maioria dos sons que os serem humanos percebem fica na faixa entre 0 e 140 decibéis (dB). Um sussurro tem cerca de 30 dB, um diálogo normal, 60 dB, e 130 dB é o limiar da dor física humana (veja a Figura 20.30).

Som e ruído não são a mesma coisa. O som se torna um ruído quando:

- É alto demais.
- É inesperado.

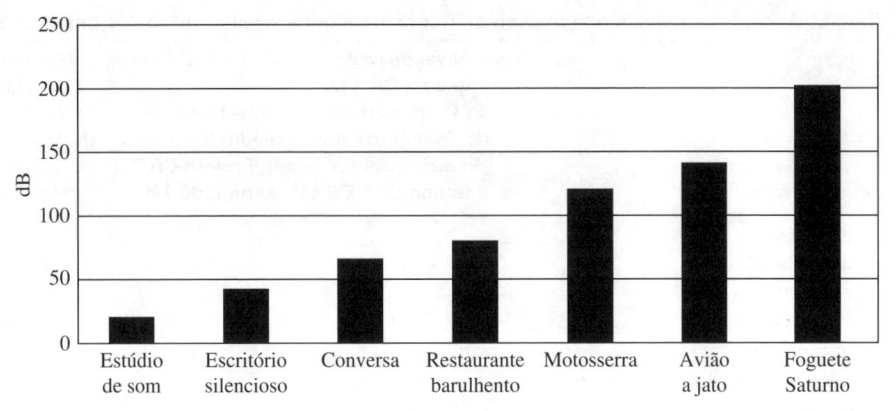

FIGURA 20.30 Níveis de som representativos [10].

- É incontrolável.
- Ocorre inesperadamente.
- Tem componentes de tom puros.

O ruído é qualquer som que pode incomodar ou irritar as pessoas ou nelas causar um efeito psicológico ou fisiológico adverso. A geração de ruídos na maioria dos projetos de construção é o resultado do uso de equipamentos (veja a Tabela 20.1), e os maiores causadores de ruídos são os motores a diesel. Os componentes de equipamentos que geram ruídos incluem o motor, o ventilador de arrefecimento, a entrada de ar, a exaustão, a transmissão e os pneus.

Alarmes de ré

Os alarmes de ré padrão emitem um ruído elevado, sejam quais forem os níveis de ruído de fundo. À noite, um alarme de ré padrão parece excessivamente alto em relação aos níveis inferiores de som de fundo. Os alarmes de ré reguláveis são sensíveis ao ambiente ou ajustáveis manualmente. Os modelos de alarme de ré que se ajustam automaticamente ao som ambiente aumentam ou diminuem seus volumes com base nos níveis de ruído do fundo. Esses alarmes funcionam melhor em equipamentos pequenos, como retroescavadeiras e caminhões. O alarme se ajusta sozinho, a fim de produzir um tom que seja imediatamente reconhecido em relação aos níveis de ruído do ambiente, mas não seja alto demais que possa se tornar um incômodo constante para os vizinhos. Já os alarmes de ajuste manual são efetivos para a redução dos incômodos do alarme de ré, mas devem ser ajustados no início de cada turno diurno e noturno.

A certificação Blue Angel

Devido às exigências ambientais rígidas comuns na Europa, os fabricantes têm desenvolvido máquinas para o mercado que são significativamente mais silenciosas do que os modelos similares vendidos nos Estados Unidos. O governo alemão confere uma certificação "Blue Angel" às máquinas que atendem às exigências que as tornam "amigáveis ao meio ambiente" [www.blauer-engel.de/en/blauer_engel/index.php]. A certificação Blue Angel exige que as máquinas não excedam os níveis de poluição sonora máxima permissível para os equipamentos e as máquinas móveis de

TABELA 20.1 Os níveis de emissão de ruídos de alguns equipamentos de construção

Equipamento	Nível de ruído típico (dBA*) 50 ft, Departamento de Transporte dos Estados Unidos, estudo de 1979	Nível de ruído médio (dBA*) 50 ft, Projeto CA/T, estudo de 1994	Nível de ruído típico (dBA*) 50 ft, Departamento de Transporte dos Estados Unidos, estudo de 1995
Compressor de ar		85	81
Retroescavadeira	84	83	80
Motosserra			
Compactador	82		82
Compressor	90	85	
Bomba de concreto			82
Betoneira			85
Caminhão betoneira		81	
Vibrador de concreto			76
Guindaste de navio	86	87	88
Guindaste móvel		87	83
Perfuratriz		88	
Caminhão com caçamba basculante		84	
Gerador	84	78	81
Equipamento Gradall		86	
Niveladora	83		85
Escavadeira com martelo hidráulicos		85	
Chave inglesa de impacto			85
Martelete pneumático		89	88
Pavimentadora	80		89
Bomba	80		85
Máquina de lama betonítica		91	
Usina de lama betonítica			
Caminhão	89	85	88
Escavadeira a vácuo			

*dBA, decibéis (unidade de pressão sonora) com ponderação A ajustados à variação da audição humana.

uso externo. Embora essas máquinas estejam disponíveis na Europa, é extremamente difícil comprá-las nos Estados Unidos. Contudo, tais máquinas demonstram que existe tecnologia disponível para reduzir os níveis de ruído de alguns equipamentos de construção para apenas 15 dBA.

A ATENUAÇÃO DE RUÍDOS

O ruído geral que resulta de um canteiro de obras é aquele que costuma mais afetar uma comunidade; o ruído de cada equipamento individual ou mesmo a fonte do ruído mais alto nem sempre é a maior prioridade do construtor. O controle de ruídos visa modificar um campo sonoro percebido. Ele busca mudar o impacto sobre o receptor, de modo que os sons fiquem dentro de um nível aceitável. A atenuação de sons indesejáveis deve levar em consideração o controle na fonte, o controle no percurso e o controle no receptor.

O controle na fonte

Os métodos mais efetivos de eliminar os incômodos sonoros provocados por uma construção são as técnicas de controle aplicadas à fonte. Os controles na fonte, que limitam o ruído, a vibração e as emissões de poeira são as maneiras mais fáceis de controlar uma obra. A atenuação na fonte reduz o problema em todos os locais e não simplesmente ao longo de apenas um caminho ou para um único receptor. Os equipamentos de construção são um dos principais geradores de ruídos e perturbações em praticamente todas as obras de construção. A especificação de limites de emissão de ruídos para os equipamentos força o uso de equipamentos modernos com isolamentos e silenciadores de motor de melhor qualidade. Métodos de construção e equipamentos alternativos podem ser empregados a fim de reduzir os possíveis impactos dos ruídos provocados pela construção (por exemplo, o uso de estacas moldadas no local, em vez de estacas cravadas por percussão; o uso do método *top-down*, em vez do método da trincheira ou vala a céu aberto; o uso de guindastes com motor elétrico em vez de motores a diesel; ou o uso de equipamentos com pneus de borracha em vez de equipamentos com esteiras de aço).

Planeje as operações de construção O ruído pode ser controlado com a restrição do movimento de entrada e circulação dos equipamentos no canteiro de obras. São gerados impactos de longo prazo dos ruídos ao longo de rotas de transporte quando grandes quantidades de materiais precisam ser transportadas. O planejamento de um projeto deve considerar o redirecionamento do tráfego de caminhões, a fim de evitar as ruas residenciais. Se uma construtora for trabalhar perto de uma área residencial, recomenda-se que ela consulte os representantes ou as associações do bairro sobre como aliviar os impactos decorrentes dos ruídos da obra.

Use equipamentos modernos Às vezes é necessário comprar equipamentos novos e mais silenciosos para se trabalhar em uma área na qual os ruídos são um problema. Às vezes as especificações de um projeto limitarão as emissões de ruídos dos equipamentos, forçando o uso de equipamentos que tenham isolamentos e silenciadores de motores melhores.

Trabalhe com potências mínimas Os níveis de emissão de ruídos tendem a acompanhar o aumento da potência de operação dos equipamentos. Essa é uma questão fundamental quando se trabalha com máquinas e equipamentos mais antigos e com caminhões a vácuo (*vac trucks*) (veja a Figura 20.31). Exija que tais equipamentos operem nos níveis de potência mais baixos possíveis.

Use equipamentos alternativos mais silenciosos Os equipamentos elétricos ou hidráulicos geralmente são mais silenciosos que as máquinas a diesel. As construtoras devem levar em consideração o uso de equipamentos alternativos, quando os ruídos puderem ser problemáticos. Por exemplo, use gruas de torre em vez de guindastes a diesel ou de esteiras.

O controle no percurso

Deve-se implementar o controle no percurso para atenuar as perturbações provocadas por ruídos, luzes, vibrações e poeira quando os controles não minimizarem adequadamente os impactos sobre os receptores sensíveis que estiverem por perto. Essa situação

FIGURA 20.31 Uma equipe de operários usando um sistema de caminhão a vácuo (*vac truck*) para localizar redes públicas.

pode resultar da grande proximidade – ou da própria natureza – da obra. Assim, uma vez exauridos todos os possíveis métodos de atenuação do controle na fonte de uma perturbação, a segunda linha de ataque será controlar a dispersão do ruído, luz, vibração ou poeira ao longo de seus caminhos de transmissão. Quando forem empregadas barreiras, elas devem reduzir significativamente os níveis de ruído, ser baratas e permitirem ser implementadas de modo prático sem limitar o acesso à obra.

Uma vez criado um campo sonoro aéreo, apenas o reflexo, isolamento por difração ou a dissipação podem modificá-lo. Em outras palavras, é necessário aumentar a distância da fonte ou usar alguma forma de objeto sólido para destruir parte da energia sonora por meio da absorção ou redirecionar parte da energia por meio da deflexão das ondas de som. Portanto, as três técnicas para a atenuação no percurso são:

- O distanciamento
- A reflexão
- A absorção

Afaste os equipamentos do receptor Dobrar a distância entre a fonte e o receptor produz uma redução sonora de 3 a 6 dBA. É importante lembrar que uma redução de 6 dB na pressão sonora representa uma mudança significativa no nível de ruídos.

Isole (enclausure) as atividades ou os equipamentos estacionários especialmente barulhentos Os enclausuramentos podem provocar uma redução de 10 a 20 dBA nos ruídos. Além disso, o impacto visual das atividades de construção também afeta o modo como são percebidos os sons por ela gerados. Uma questão importante na atenuação de ruídos, portanto, é o fator de sensibilidade audiovisual. Os enclausuramentos tratam tanto a questão sonora em si como o problema de sua percepção visual (veja a Figura 20.32).

Erga barreiras ou cortinas contra os ruídos As barreiras podem oferecer uma redução de 5 a 20 dBA nos sons indesejáveis. Elas podem ser sistemas temporários instalados em barreiras Jersey para facilitar o deslocamento ou paredes semipermanentes projetadas para durar vários anos, no caso de projetos de longa duração. O projeto de uma barreira contra ruídos deve envolver uma análise das cargas estruturais e de vento. Outra opção de barreira temporária contra ruídos é a cortina acústica. Conforme a aplicação, essas mantas conseguem reduzir os níveis de ruídos em cerca de 10 dBA. As cortinas costumam ser instaladas em segmentos verticais. Existe uma grande variedade desses produtos em painéis modulares para pronta entrega. Todas as juntas e conexões devem ter sobreposição mínima de 2 in e ser bem vedadas.

FIGURA 20.32 Uma usina de lama bentonítica enclausurada (isolada), para o controle da poeira e do distúrbio audiovisual.

O controle no receptor

O controle de uma perturbação no receptor deve ser feito quando todas as demais abordagens à atenuação tiverem falhado. Lembre-se de que o receptor crítico talvez não seja um ser humano. Certos equipamentos de alta precisão são sensíveis inclusive a níveis baixíssimos de ruídos e vibrações no ambiente. Além disso, a resposta dos seres humanos, sejam isolados, sejam em grupo, é um problema, devido à individualidade de cada pessoa. Nenhum indivíduo tem exatamente a mesma reação a um estímulo de ruído em dois dias sucessivos. O problema do receptor geralmente envolve indivíduos localizados muito próximos à atividade geradora do distúrbio, e nesse caso às vezes é mais fácil e mais efetivo melhorar o ambiente do indivíduo do que controlar todo o ruído, vibração ou poeira emitido.

As relações com a comunidade É vital estabelecer desde o início uma linha de comunicação com o público em geral. Informe o público sobre quaisquer ruídos que a construção poderá causar e as medidas que serão tomadas para reduzir tais problemas. Crie e divulgue um sistema de reclamações de resposta imediata para toda a duração do projeto. O estabelecimento de um bom relacionamento com a comunidade pode resultar em grandes benefícios, mesmo tendo baixo custo.

O programa de tratamento das janelas Em geral, as aberturas de janela são o elo fraco na fachada de uma edificação: é por meio delas que a maior parte dos ruídos entra em uma edificação. Um bom tratamento de janelas pode oferecer uma redução de 10 dBA nos ruídos recebidos por um prédio.

A ILUMINAÇÃO

A iluminação da área de trabalho tanto externa quanto interna (veja a Figura 20.33) é importante por questões de qualidade da obra como de sua segurança. Contudo, a iluminação temporária e o ofuscamento resultante podem criar problemas para

FIGURA 20.33 Um poste de iluminação portátil sendo utilizado para iluminar o interior de uma obra.

os vizinhos. A questão principal é iluminar as áreas de trabalho de modo adequado sem criar um ofuscamento intolerável e simultâneo. Portanto, uma boa prática é elaborar um plano de iluminação para todas as operações que serão feitas durante as horas com iluminação natural ou em espaços fechados.

Os passos que devem ser seguidos na elaboração de um plano de iluminação são:

1. Avalie a zona de trabalho que será iluminada.
2. Selecione o tipo da fonte luminosa.
3. Determine os níveis de iluminação recomendáveis.
4. Selecione os locais onde serão instaladas as luminárias.
5. Determine a potência das luminárias.
6. Selecione as luminárias e estabeleça os pontos a serem iluminados.
7. Confira se a iluminação ficou adequada e qual é o nível de ofuscamento.

A POEIRA

Em obras urbanas muito próximas a zonas residências, a poeira pode ser um problema. Caso se preveja que uma obra gerará uma grande quantidade de dispersão de poeira, a construtora deverá preparar um plano de controle da poeira. O plano deve incluir:

- Obras de terraplenagem – a rega ou umedecimento prévio do terreno.
- Áreas de superfície afetadas – regas, estabilizadores químicos, corta-ventos, protetores de vento, taludes ou estabilização com plantas ou pedregulho.
- Pilhas de materiais depositadas ao ar livre – regas, estabilizadores químicos, corta-ventos, protetores de vento, taludes, coberturas vegetais e fechamento com muros ou paredes.
- Vias não pavimentadas – regas, estabilizadores químicos, estabilização com pedregulho ou limitação de velocidade para os veículos.
- Via de acesso externo pavimentada – acesso limitado ou restrito; área de transição junto à entrada, estabilizada, com pedregulho ou pavimentada; posto de lavagem das rodas dos veículos; ou via pública com sistema de aspiração de pó ou escovação com água.
- Transporte de materiais até o canteiro de obras – mantenha uma borda livre mínima, lonas.
- Demolição – a rega ou a pré-rega do local.
- Limites aos trabalhos que podem ser realizados quando o vento estiver forte – interrupção temporária da obra no caso de certas direções de vento.

AS VIBRAÇÕES

As atividades da construção civil podem gerar diferentes níveis de vibração, que se difundem pelo solo. Embora a força das vibrações diminua com o aumento da distância até a fonte, elas podem provocar variações audíveis e táteis em edificações muito próximas a um canteiro de obras. Essas vibrações raramente alcançam níveis que possam danificar os prédios, mas o problema das vibrações é muito controverso. Quando estiver trabalhando com prédios antigos, frágeis ou históricos tome medidas extras para controlar as vibrações, em função do risco de danos estruturais significativos.

Os seres humanos e os animais são muito sensíveis a vibrações, especialmente àquelas de baixa frequência (entre 1 e 100 Hz). As vibrações provocadas pelas obras de construção civil normalmente são o resultado de explosões, cravação de estaca por percussão, demolições, escavações, perfurações ou o uso de rolos compactadores vibratórios (estabilizadores de terreno).

A atenuação de vibrações nas obras

As técnicas de atenuação para reduzir os impactos causados pelas vibrações de uma obra são similares àquelas utilizadas para controlar a emissão de ruídos. As diversas questões que devem ser abordadas em relação aos efeitos da vibração são:

1. Que tipos de vibração serão causados?
2. Há na vizinhança pessoas ou edificações sensíveis a vibrações?
3. Existe o risco de danos ou deteriorações causados por vibrações?
4. É possível conduzir ensaios no canteiro de obras para avaliar possíveis danos ou deteriorações provocados por vibrações?

A resposta a essas questões exige que se entenda claramente onde estarão localizados os equipamentos e os processos de construção em relação aos receptores sensíveis. Se a resposta à questão número três for sim, será necessário modificar a técnica de construção. A construtora pode ter acesso a leituras sísmicas a fim de documentar quais vibrações estão de acordo com as normas.

O acesso e o *layout* da obra   Crie uma rota para caminhões com cargas muito pesadas, retirando-os das ruas residenciais. Defina rotas obrigatórias para os caminhões de entrega de materiais, fazendo com que o número de moradias afetadas seja o menor possível. Posicione os equipamentos em uso no canteiro de obras o mais longe possível dos receptores sensíveis a vibrações.

RESUMO

O planejamento de uma obra é mais do que um mero cronograma de atividades. Devemos prestar atenção à melhor localização possível para as máquinas de içamento em termos de todas as atividades da obra. No entanto, a abordagem adequada não é fazer o planejamento dos içamentos apenas com base na localização das máquinas de modo a atender às exigências dessas atividades. O planejamento de cargas e descargas também deve considerar a posição dos equipamentos em relação a todas as atividades da obra. A localização dos equipamentos afeta o canteiro de obras como um todo. Os principais incômodos associados à construção civil são os ruídos, as vibrações e a iluminação artificial. As construtoras que estiverem trabalhando em obras dentro de contextos urbanos devem atenuar os efeitos de tais incômodos sobre os vizinhos. Os principais objetivos de aprendizagem deste capítulo são:

- A capacidade de planejar o *layout* de um canteiro de obras considerando as exigências de acesso e construção
- Um entendimento da relação entre as restrições a atividades impostas pelo próprio canteiro de obras e o cronograma da obra
- Um entendimento dos geradores de perturbações em uma obra e dos métodos de atenuação de tais problemas

Esses objetivos são a base dos problemas a seguir.

PROBLEMAS

20.1 A rega geralmente é o método mais fácil e mais comum para controlar a poeira gerada por um canteiro de obras. Contudo, às vezes é muito difícil fornecer a quantidade de água suficiente e, portanto, deve-se considerar o uso de supressores de poeira. Busque na Internet quais são as questões ambientais relacionadas ao uso de supressores de poeira químicos.

20.2 Analise a efetividade de usar uma grua de torre ou um guindaste móvel na construção de uma estação de tratamento de água. A equipe de projeto decidiu que a melhor estratégia para o lançamento do concreto na obra seria o bombeamento. A complexidade do concreto e das formas, bem como os problemas de acessibilidade a várias partes da obra, fizeram com que o bombeamento fosse identificado como uma solução melhor do que o uso de um guindaste com caçamba.

Uma vez tomada essa decisão, a equipe se voltou a análise de qual seria a melhor maneira de transportar as formas reutilizáveis e as armaduras dentro de um canteiro de obras tão exíguo. Grande parte da obra exigirá que se trabalhe dentro dos espaços e tanques de sedimentação, nos quais o uso de guindastes será inevitável. Os dois diretores da empresa discutiram o uso de guindastes de esteira na obra. Todavia, o uso deste tipo de equipamento exigiria que os trabalhos iniciassem em uma área e somente depois se passasse a outra parte do canteiro de obras, e isso resultaria uma obra muito sequencial. Um dos diretores considerou que esse seria um caso no qual uma grua de torre poderia oferecer uma alternativa apropriada.

Usar guindastes de esteiras seria uma opção mais barata em termos de custos do equipamento, mas a construção em fases seria obrigatória, por uma questão de acesso. Isso significaria que certas áreas da obra teriam de ser trabalhadas em momentos específicos, enquanto, com o uso de uma grua de torre, seria possível executar toda a obra simultaneamente. Pesquise o que essas escolhas implicariam e apresente sua seleção de guindaste, justificando-a.

20.3 Quais são as exigências impostas pelas normas da ABNT em relação ao içamento de caçambas com concreto por um guindaste?

20.4 Quais são as exigências impostas pelas normas da ABNT para se trabalhar embaixo de uma laje na qual o concreto está sendo lançado?

20.5 Reproduza a planta de localização da página seguinte e esboce seu *layout* de construção. Esta é a planta de um pequeno prédio de dois pavimentos com estrutura com esqueleto de aço e cerca de 145 pés de largura e 135 pés de profundidade. A altura total até o topo dos pilares de aço é 25 pés. Indique uma entrada para o canteiro de obras, posicione o galpão, escolha a área para depositar o aço e diga onde ficaria o guindaste. Qual seria o alcance exigido para o guindaste de acordo com a posição que você selecionou?

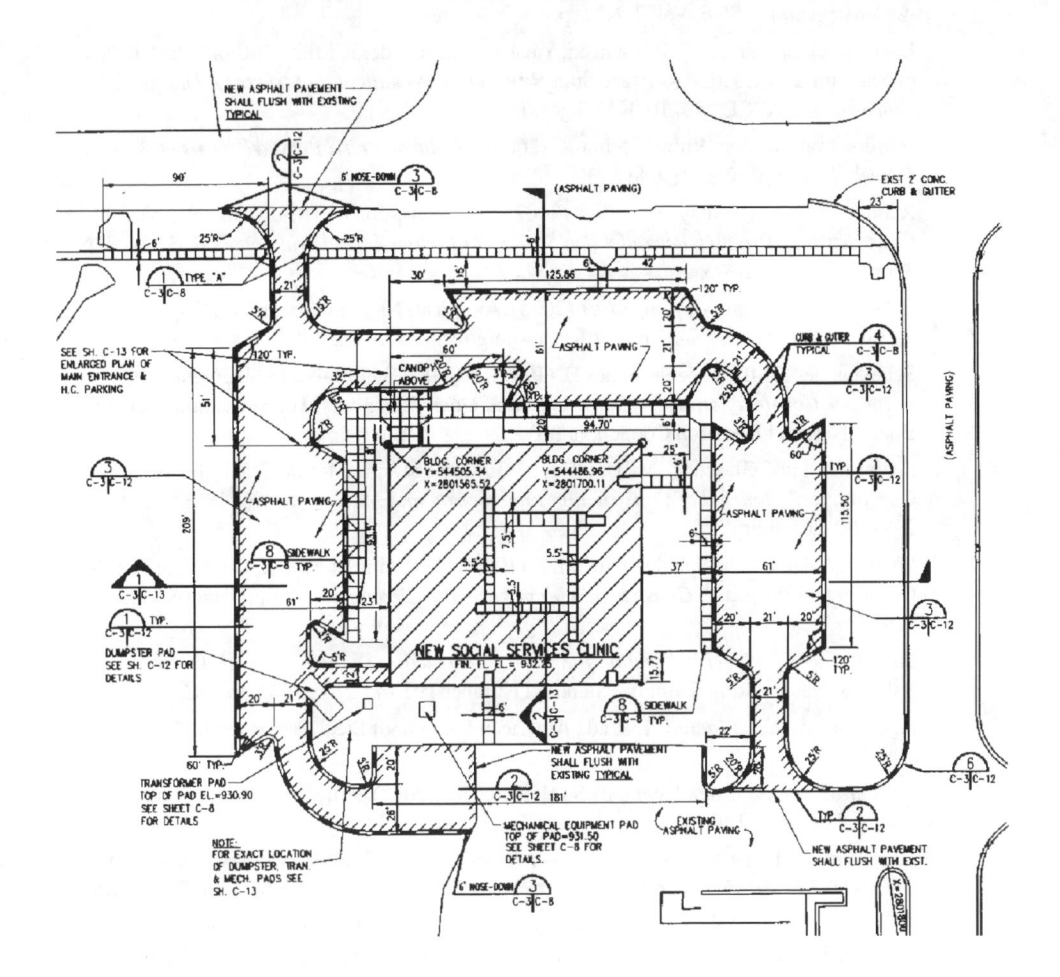

FONTES DE CONSULTA

Code of Standard Practice for Steel Buildings and Bridges (2005). American Institute of Steel Construction, Inc., Chicago, IL.

David, Scott A. e Schexnayder, Cliff J. (2000). "Hoisting Y Columns at the Phoenix Airport Parking Garage Expansion", *Practice Periodical on Structural Design & Construction*, ASCE, Vol. 5, Nº 4, pp. 138–141, novembro.

Crane Safety on Construction Sites (1998). ASCE Manuals and Reports on Engineering Practice No. 93, American Society of Civil Engineers, Reston, VA.

Central Artery/Tunnel Project Noise Control Review (1994). Harris Miller Miller & Hanson Inc., for Bechtel/Parsons Brinckerhoff, Boston, MA, abril.

James, David M. e Schexnayder, Cliff J. (2003). "Issues in Construction of a Unique Heavily-Reinforced Concrete Structure", *Practice Periodical on Structural Design & Construction*, ASCE, Vol. 8, Nº 2, pp. 94–101, maio.

King, Cynthia e Schexnayder, Cliff J. (2002). "Tower Crane Selection at the Jonathon W. Rogers Surface Water Treatment Plant Expansion", *Practice Periodical on Structural Design & Construction*, ASCE, Vol. 7, N° 1, pp. 5–8, fevereiro.

Lavy, Sarel, Shapira, Aviad, Botanski, Yuval e Schexnayder, Cliff J. (2005). "The Challenges of Stadium Construction –A Case Study", *Practice Periodical on Structural Design & Construction*, ASCE, Vol. 10, N° 3, agosto.

Powers, Mary B. com Rubin, Debra K. (2005). "*Contractor Trailers Are Focus of Blast Probe*", *ENR*, pp. 10 e 11, 4 de abril.

Ruhnke, Josh e Schexnayder, Cliff J. (2002). "A Description of Tilt-up Concrete Wall Construction", *Practice Periodical on Structural Design & Construction*, ASCE, Vol. 7, N° 3, pp. 103–110, agosto.

Safety in Welding and Cutting Z49.1 (2005), American National Standard ANSI; pode-se baixar uma cópia acessando http://files.aws.org/technical/facts/Z49.1–2005-all.pdf.

Schexnayder, Cliff e Ernzen, James E. (1999). NCHRP Synthesis 218, *Mitigation of Nighttime Construction Noise, Vibrations, and Other Nuisances*, Transportation Research Board, National Research Council, julho.

Shapira, Aviad e Glascock, Jay D. (1996). "Culture of Using Mobile Cranes for Building Construction", *Journal of Construction Engineering and Management*, Vol. 122, N° 4, pp. 298–307, dezembro.

Shapira, Aviad e Schexnayder, Clifford J. (1999). "Selection of Mobile Cranes for Building Construction Projects", *Construction Management & Economics* (Reino Unido), Vol. 17, pp. 519–527.

Site Layout, Site-Specific Erection Plan and Construction Sequence (2001). Occupational Safety & Health Administration, Standard Number 1926.752. Washington, DC.

Steel Construction Manual, 13a. ed., American Institute of Steel Construction, Chicago, IL 60601.

Structural Welding Code Steel (AWS D1.1/D1.1M) (2008), American Welding Society, Miami, Flórida 33126.

Toth, William J. (1979). *Noise Abatement Techniques for Construction Equipment*, DOT-TSC-NHTSA-79–45, para o U.S. Department of Transportation, Washington, DC, agosto.

Transit Noise and Vibration Impact Assessment (1995). DOT-T-95–16, by Harris Miller Miller & Hanson Inc., for U.S. Department of Transportation, Washington, DC, abril.

FONTES DE CONSULTA NA INTERNET

http://www.leia.co.uk A Lift and Escalator Industry Association, uma entidade localizada em Londres, Inglaterra, representa os produtos de seus associados para elevadores de passageiros e cargas, elevadores de serviço, escadas rolantes, esteiras rolantes, plataformas elevatórias, plataformas elevatórias inclinadas e elevadores de uso residencial.

http://www.osha.gov/pls/oshaweb/owastand.display_standard_group?p_toc_level=1&p_part_number=1926 Occupational Safety & Health Administration, Standard 1926, Washington, DC. Toda a norma está disponibilizada online.

http://files.aws.org/technical/facts/Z49.1–2005-all.pdf Safety in Welding and Cutting Z49.1 (2005), American National Standard ANSI.

http://content.lincolnelectric.com/pdfs/products/literature/e205.pdf Arc Welding Safety, Guide for Safe Arc Welding, The Lincoln Electric Company, Cleveland, OH 44117.

21

Sistemas de formas

A forma representa de 30 a 70% do custo de construção para edifícios com esqueleto estrutural de concreto, o que explica sua importância como um componente significativo dos equipamentos usados em tais projetos de construção. É impossível separar a seleção e uso de sistemas de forma dos guindastes locais e outros equipamentos de içamento e lançamento de concreto. Os sistemas de forma – para lajes, paredes, colunas e outros elementos de concreto repetitivos da estrutura – são projetados e fabricados para muitas reutilizações. O engenheiro de projeto da construtora se envolve intensamente com diversos aspectos de planejamento de sua seleção, encomenda, montagem, desforma e reutilização. As construtoras adquirem sistemas de forma por compra direta ou aluguéis de curto prazo. O custo de mão de obra associado com qualquer sistema selecionado é uma parte essencial dos cálculos econômicos e comparação das alternativas de formas.

CLASSIFICAÇÃO

A forma para concreto pode ser classificada em dois tipos principais: convencional e industrializada. A forma convencional é montada no local a partir de elementos padronizados para cada uso e desmontada após cada uso. As formas industrializadas geralmente são produzidas em fábricas e usadas muitas vezes como uma só unidade, sem serem desmontadas até seus componentes individuais após cada uso. A Tabela 21.1 apresenta as principais características e diferenças desses dois tipos de emprego de formas. Apesar de o termo "forma" estar relacionado a ambos os tipos, a prática geral é destacar a forma industrializada com o uso do termo sistemas de forma.

Ao contrário da forma convencional da construção tradicional não mecanizada, os sistemas de forma – tanto os antigos quanto os novos e inovadores que estão surgindo – refletem a industrialização da construção. A modularização e mecanização dos sistemas de forma os tornaram uma parte essencial dos equipamentos de construção da atualidade. Como as formas são partes de um procedimento de produção interligado, assim como uma escavadeira e um caminhão de transporte de carga, os sistemas de forma e equipamento de içamento devem ser compatíveis para criarmos um processo de construção eficiente. Os requisitos de tamanho, peso e manuseio do sistema de formas muitas vezes determinam o tipo e a capacidade dos guindastes e outros equipamentos de elevação usados no local de trabalho. É nesse contexto que os sistemas de forma serão trabalhados neste capítulo.

TABELA 21.1 Comparação entre forma convencional e industrializada

Forma convencional	Forma industrializada	Característica
Tipologia	Estrutura temporária	Equipamento de construção
Material	Tradicionalmente madeira, mas pode ser de aço ou alumínio	Principalmente de aço ou alumínio, com plataformas de compensado, mas também madeira
Peso	Máximo de 100 lb por elemento (a ser carregado por dois trabalhadores) e normalmente entre 20 e 60 lb (a ser carregado por um trabalhador)	Na faixa de 5 a 20 lb/sf
Manuseio	Manual	Por guindaste (ou outros meios mecânicos)
Número de usos	Único (mas os elementos padronizados que compõem a forma podem ser reutilizados muitas vezes, dependendo do material)	Múltiplos (até centenas de vezes para formas de aço)
Custos	Baixo custo de produção, mas alto custo por uso	Alto custo de fabricação inicial, mas baixo custo por uso
Mão de obra no local	Alta	Baixa
Uso principal	Elementos de concreto não repetitivos	Elementos de concreto repetitivos
Projeto/planejamento	O projeto é realizado no local ou pela construtora/empreiteira	O projeto é realizado pelo fabricante, enquanto o planejamento (pedido, custo, cronograma) ocorre no local ou é realizada pela empreiteira
Análise estrutural e testes	Os elementos são unidos por conexões articuladas (sem transferência de momentos); os elementos podem ser verificados separadamente pelo uso de métodos analíticos	Os elementos são unidos por conexões fixas, soldados (com transferência de momentos); a unidade espacial/painel total costuma ser verificada por ensaios de carga

Em comparação com a forma tradicional, os sistemas de formas industrializada quase sempre são excelentes em reduzir custos com a economia no tempo de montagem e desmontagem. Os custos de forma são reduzidos graças à alta rotatividade dos sistemas e o menor número de operações necessário para montar as formas. Além disso, a capacidade de produzir um acabamento de superfície de concreto liso e de alta qualidade com esses sistemas reduz o tempo de acabamento necessário, o que representa outra economia de custo e acelera todo o processo de construção. Com os altos índices de produção possibilitados por esses sistemas, são realizadas economias de custo de mão de obra significativas e os custos temporais do projeto são minimizados.

A FORMA E O ENGENHEIRO DE PROJETO

Normalmente o engenheiro de projeto não é um especialista em formas, mas muitas vezes ele se envolve com diversos aspectos do planejamento e projeto de forma:

- Projeto de engenharia de forma convencional para elementos simples.
- Seleção de componentes de formas convencionais com base em princípios de engenharia.

- Seleção do sistema de formas industrializada desejado que se adapte ao método de construção do projeto e aos equipamentos de elevação que serão usados, ou então adaptação do equipamento ao sistema de formas selecionado.
- Estudo dos tamanhos disponíveis e cálculo do número e tamanho das peças necessárias, de acordo com a geometria do elemento de concreto a ser formado. O processo muitas vezes ocorre em colaboração com o fornecedor do sistema de formas.
- Fornecimento de dados de construção, como a taxa de lançamento de concreto desejada em paredes e colunas, para o projetista de forma.
- Coordenação do transporte até o canteiro de obras, armazenamento e levantamento múltiplo para montagem e desmontagem do sistema de formas. O *layout* do canteiro de obras é bastante afetado pelos requisitos de armazenamento e manuseio de sistemas de forma, como demonstrado na Figura 21.1. O cronograma dos guindastes no local de trabalho muitas vezes é determinado pelas necessidades de elevação de componentes de forma.
- Monitoramento da montagem da formas para a garantir a conformidade com o projeto executivo e especificações do projetista (forma convencional) ou com os planos e instruções do fornecedor (sistemas de forma).
- Realizar uma inspeção de qualidade dos componentes e acessórios de forma (p.ex., para detectar componentes de madeira danificados, juntas abertas e, no caso de componentes de aço, soldas com defeito).
- Inspeção de detalhes de construção críticos (p.ex., soleiras para a melhor distribuição da carga abaixo do escoramento vertical, limitando as extensões de macacos de parafuso em torres de escoramento).
- Inspeção da forma durante o lançamento de concreto e monitoramento do processo de concreto (p.ex., para evitar o acúmulo excessivo de concreto sobre decks de lajes ou para garantir o alinhamento de formas ascendentes).

FIGURA 21.1 O *layout* do canteiro de obras é bastante afetado pelos requisitos de armazenamento e manuseio de sistemas de forma, especialmente no caso de espaços restritos.

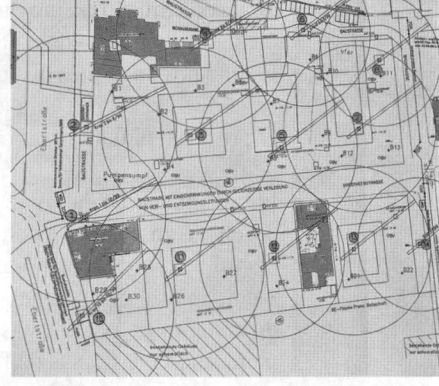

(a) Guindastes no local da obra

(b) Cópia da planta do local da obra do fornecedor de formas mostrando as envoltórias dos trabalhos dos guindastes

FIGURA 21.2 Forte inter-relação entre a engenharia/gerência do projeto e o fornecedor do sistema de formas no novo projeto da sede do Parlamento em Berlim, Alemanha.

- Orientação e monitoramento dos tempos de desforma de diversos elementos de concreto para garantir a conformidade com as normas e/ou resultados de ensaios de força do concreto. Isso exige muita atenção e envolvimento com a sequência de retirada de formas de elementos combinados (p.ex., sistema de laje e vigas) e de elementos com vãos grandes, nos quais é necessário conhecimento de engenharia sobre o comportamento estrutural do elemento de concreto durante e após a desforma.

A Figura 21.2 ilustra as inter-relações próximas entre engenharia de projeto, gestão do local de trabalho e fornecedor de formas. Nesse projeto, o fornecedor de formas mantinha um escritório de três salas totalmente equipado no local. Várias plantas baixas do *layout* do projeto, mostrando as áreas de trabalho de todos os guindastes empregados no canteiro de obras, estavam nas paredes desse escritório. Foi preciso coordenação bastante forte para decidir qual guindaste seria necessário ou estaria disponível para descarregar os caminhões que transportavam formas até o local.

PROJETO DE FORMAS

O projeto de forma no canteiro de obras é realizado quase exclusivamente para formas tradicionais, por isso está além do escopo deste capítulo, que trata principalmente sobre formas industrializadas. Outros livros detalham o projeto de formas convencionais [ver Referências 3, 4, 7]. O engenheiro do projeto deve, no entanto, possuir um entendimento básico sobre o projeto de formas e conhecimento sobre a literatura técnica disponível que orienta projetistas e usuários de formas. Os conceitos e métodos fundamentais utilizados no projeto de formas convencionais são os mesmos que aqueles aplicados pelos fabricantes de sistemas de formas pré-fabricadas. Além disso, a linha que divide as formas convencionais e os sistemas de formas não é sempre clara; alguns painéis funcionais para decks de lajes, por exemplo, podem ser considerados formas convencionais ou sistemas de formas industrializadas.

Cargas verticais em formas horizontais

As formas horizontais experimentam dois tipos de carga, o peso próprio e as cargas móveis. O peso próprio inclui o peso do concreto fresco, o reforço e a forma em si. O peso combinado do concreto fresco e do reforço de aço normalmente é calculado como sendo de 150 lb/cf, mas será modificado caso seja utilizado concreto mais leve ou mais pesado, ou caso o reforço seja feito de materiais compostos mais leves (como FRP, o polímero reforçado com fibras). O peso das formas aumenta à medida que passamos do componente de forma mais alto da estrutura para os mais baixos. Para fins de projeto, no entanto, o peso total de todos os componentes é utilizado na maioria dos casos, ficando normalmente na faixa de 5 a 10 lb/sf de forma horizontal. As cargas móveis incluem o peso dos trabalhadores, equipamentos que se deslocam ou repousam sobre a forma (p.ex., vibradores, vagonetes e lanças de lançamento de concreto), passarelas e materiais armazenados sobre as formas. As formas devem ser projetadas para uma carga móvel de no mínimo 50 lb/sf de forma horizontal, mas esse valor deve ser aumentado no caso de condições de carga mais pesadas e/ou dinâmicas, como aquelas resultantes de vagonetes motorizados.

Pressão lateral do concreto sobre formas verticais

Quando o concreto é lançado em formas verticais, ele produz uma pressão horizontal sobre a superfície das formas que é proporcional à densidade e à profundidade do concreto em um estado líquido ou semilíquido. À medida que o concreto endurece ou "pega", ele muda de líquido para sólido, com uma redução correspondente na pressão horizontal. O tempo necessário para a pega inicial do concreto varia com a temperatura, sendo que é necessário mais tempo sob temperaturas inferiores, mas o tempo de pega também é afetado pelo uso de aditivos que atrasam a pega do concreto (retardadores). Assim, a pressão lateral máxima produzida sobre as formas varia diretamente com a velocidade com a qual as formas são preenchidas com concreto e com o efeito retardador dos aditivos, além de inversamente com a temperatura do concreto.

O American Concrete Institute (ACI), que dedicou tempo e estudos consideráveis às práticas de construção com formas, recomenda as fórmulas a seguir para determinar a pressão máxima produzida sobre as formas por concreto vibrado internamente com abatimento de 7 polegadas ou menos [1].

Para formas com R inferior a 7 ft/hora e altura de colocação de até 14 ft:

$$P_m = C_w C_c \left(150 + \frac{9.000\,R}{T} \right) \quad\quad [21.1]$$

com mínimo de $600C_w$ lb/sf, mas nunca maior do que wh.

Para formas com R de menos de 7 ft/hora, em que a altura de lançamento é maior do que 14 ft, e para todas as paredes com R de 7 a 15 ft/hora:

$$P_m = C_w C_c \left(150 + \frac{43.400}{T} + \frac{2.800\,R}{T} \right) \quad\quad [21.2]$$

com mínimo de $600C_w$ lb/sf, mas nunca maior do que wh.

Para colunas:

$$P_m = C_w C_c \left(150 + \frac{9.000\,R}{T} \right) \quad [21.3]$$

com um mínimo de $600C_w$ lb/sf, mas nunca maior do que wh

onde:

P_m = pressão lateral máxima em lb/sf

R = velocidade de preenchimento das formas em ft/hora

T = temperatura do concreto durante o lançamento, em °F

C_w = coeficiente de peso unitário (na faixa de 0,8 a 1,0; reflete a variabilidade do peso do concreto)

C_c = coeficiente químico (1,0, 1,2 ou 1,4; reflete o tipo de cimento ou variabilidade da mistura)

w = peso unitário do concreto em lb/cf

h = profundidade de concreto fluido do alto do lançamento até o ponto de consideração na forma, em ft

A referência ACI [1] oferece orientações para a seleção dos coeficientes C_w e C_c.

Em todos os outros casos, a saber, nos quais qualquer uma das condições das Eqs. [21.1] a [21.3] não são atendidas (p. ex.: abatimento de mais de 7 polegadas ou paredes com R de mais de 15 ft/hora), a forma deve ser projetada para a pressão lateral p em lb/sf, como obtido pela carga líquida total (pressão hidrostática) do concreto:

$$p = wh \quad [21.4]$$

A Figura 21.3 é um desenho esquemático que ilustra a natureza dessas fórmulas de pressão. A Figura 21.3a mostra uma pressão carga líquida total, como seria obtida pela Eq. [21.4]. A Figura 21.3b mostra uma situação na qual o concreto começou a se enrijecer e, logo, exerce uma pressão sobre a parte inferior da forma que é menor do que a pressão de carga líquida total (Eqs. [21.1] a [21.3]). A profundidade do concreto fluido do alto do lançamento é h_1 e é obtida pela combinação da Eq. [21.4] com a fórmula correspondente das Eqs. [21.1] a [21.3]. A Figura 21.3c mostra uma situação semelhante à da Figura 21.3b, mas com uma velocidade menor de preenchimento das formas; o resultado é uma pressão máxima mais baixa e uma altura menor de pressão da carga líquida, $h_2 < h_1$.

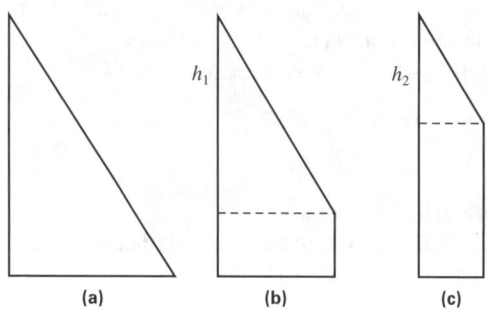

FIGURA 21.3 Pressão lateral do concreto sobre formas verticais.

Forma: Um sistema em camadas

As formas para a maioria dos elementos de concreto, sejam elas convencionais ou industrializadas, basicamente são compostas de *camadas* (ver Figuras 21.4 e 21.5): (1) painel ou revestimento, a primeira camada, que entra

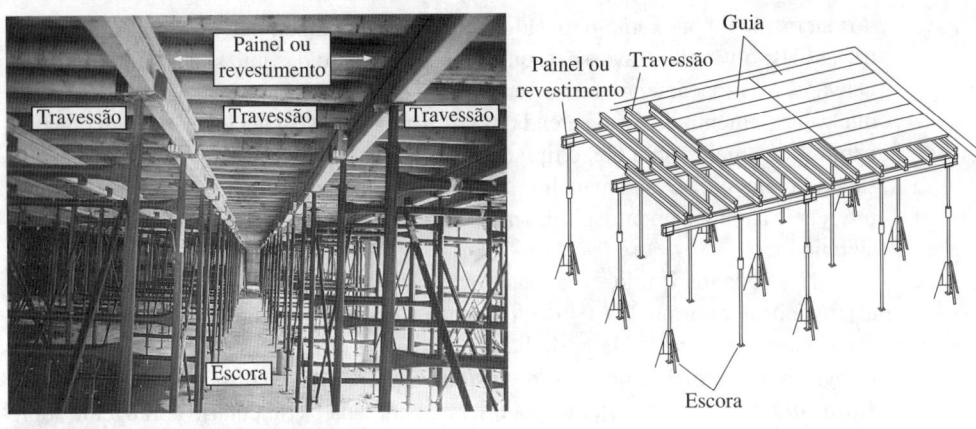

FIGURA 21.4 Componentes típicos da forma de laje.

vigas (ou longarinas) de contraventamento
Longos componentes horizontais, geralmente duplos, usados para prender os prisioneiros da forma em suas posições (Figura 21.5).

tirantes
Componentes de tração, normalmente hastes, usados para unir formas de modo que não se espalhem quando o concreto é colocado entre elas.

em contato com o concreto; (2) uma a três camadas adicionais (p.ex., vigotas ou travessões e guias ou longarinas em uma forma de laje; ou montantes, **vigas (ou longarinas) de travamento** e montantes de reforço em formas de parede) que criam a estrutura que sustenta o revestimento ou painel; e (3) a camada final que recebe ou absorve as cargas (p.ex., **tirantes** em uma forma de parede) ou transfere as cargas para uma superfície de apoio estável (p.ex., escoras verticais em uma forma de laje).

A essência do projeto de formas é a determinação do espaçamento dos elementos de cada camada; por exemplo, na forma de laje: o espaçamento dos travessões ou vigotas que apoiam o painel, depois o espaçamento das longarinas ou guias que apoiam os travessões e finalmente o espaçamento das escoras verticais que apoiam as guias. Uma abordagem de cálculo de cima para baixo (*top-down*) é a mais usada, ou seja, começando com o painel e terminando com os suportes finais. Em alguns casos, o *vão* entre os elementos é referenciado, não o espaçamento

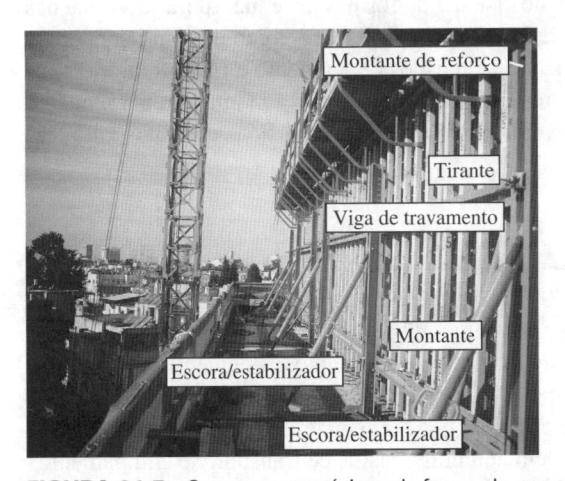

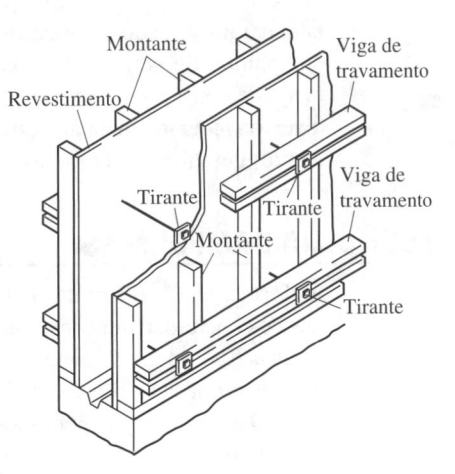

FIGURA 21.5 Componentes típicos da forma de parede.

dos elementos; por exemplo, o vão do elemento do painel, que é o espaçamento dos travessões; o vão dos travessões, que é o espaçamento das guias; e assim por diante. Os vãos, ou espaçamento, são determinados com base em um cálculo estatístico tal que cada elemento da forma atenda os requisitos de resistência, levando em conta as cargas que atuam sobre ele, o tipo de material da forma e as propriedades transversais do elemento. Dessa maneira, se avalia os elementos, quando apropriado, com referência a empenamento, cisalhamento, deflexão, tensão, compressão, deformação e apoio local.

Nos Estados Unidos, o documento que estabelece a base para esses cálculos estatísticos é a norma 347-04 do American Concrete Institute, *Guide to Formwork for Concrete* [1], revisada periodicamente pelo Comitê 347 do ACI, Formas para Concreto. O comitê também supervisiona a preparação da Special Publication 4, *Formwork for Concrete* [4], que pode ser considerada o comentário abrangente sobre a norma ACI. O método de projeto usado nesses documento é o de esforços admissíveis e cargas de trabalho. É preciso observar que ao contrário do método de projeto para estruturas temporárias, o projeto de estruturas permanentes nos Estados Unidos (e outros lugares também, aliás) adotou há muito tempo o método de estado limite último e fatores de segurança parciais, muitas vezes chamado de LRFD (método dos estados limites, *load and resistance factor design*). O estado limite último é o método de projeto usado para trabalhos com formas na Europa Ocidental e em muitos outros países [9].

O sistema de formas como um todo deve ser capaz de sustentar todas as cargas exercidas sobre si. Esse requisito para avaliar a *estabilidade geral* ocorre depois que os elementos de forma individuais foram avaliados como componentes independentes. Mas o projeto de forma é mais do que uma questão de resistência e estabilidade; ele também envolve a geometria, as dimensões e a superfície do elemento de concreto resultante, além da economia do sistema de formas. Assim, é preciso reiterar que o objetivo final do projeto de formas é encontrar a alternativa de forma mais econômica entre todas as que atendem os requisitos de resistência e qualidade.

No caso dos sistemas de formas, o projeto de um elemento também deve levar em conta diversas características adicionais que não são comuns nas formas convencionais. O projeto e a construção do sistema de formas deve incorporar observações para o transporte dos elementos de forma entre projetos, escoramento suficiente para que painéis de grande porte resistam às tensões de içamento e manuseio, incorporação de conectores e enrijecedores rápidos para acelerar a montagem e remoção e diversos recursos mecanizados e hidráulicos, além de cláusulas especiais para içamento (geralmente por guindastes).

ECONOMIA DAS FORMAS

As formas representam de 30 a 70% do custo de construção para esqueletos estruturais de concreto. Com construções com altura livre elevada, como lajes de concreto e vigas a 20 ft ou mais acima do solo ou entre os pavimentos, a porcentagem do custo total da construção representado pelas formas pode ser ainda maior.

O custo de formas consiste principalmente em materiais e mão de obra. As formas industrializadas também podem acumular custos de transporte e equipamentos de içamento, mas isso depende das práticas contábeis de cada empreiteira. Algumas empreiteiras cobram debitam as despesas referentes a equipamentos de elevação dos custos fixos gerais do projeto e não diretamente da operação com formas.

Custo de material

O cálculo do custo de material para formas de propriedade da construtora é diferente daquele para formas adquiridas por meio de aluguéis. Se as formas são compradas, o custo de material geralmente é calculado da seguinte forma:

$$C_F = \frac{P_F \times \text{USCRF}(n,i)}{N_Y} \quad [21.5]$$

onde:

C_F = custo de material para uma utilização

P_F = custo de compra

N = número total de utilizações antes da alienação

N_Y = número anual de utilizações

n = vida útil (anos)

i = juros anuais

USCRF (fator de recuperação de capital de uma série uniforme de pagamentos), ver Eq. [2.6].

A Eq. [21.5] pressupõe que as formas são usadas durante toda a sua vida útil e que não há valor de recuperação ao final do serviço Se o custo total das formas será debitado apenas de um projeto ou série de projetos, n será a duração total desse serviço (ou seja, menor do que a vida útil teórica total da forma) e N será o número total de utilizações nesses projetos. Caso se espere que haja um valor de recuperação L_n após n anos, o custo de material será dado por:

$$C_F = \frac{(P_F - L_n) \times \text{USCRF}(n,i) + L_n \times i}{N_Y} \quad [21.6a]$$

Outra abordagem é (a matemática é a mesma, os termos são apenas organizados de maneira diferente):

$$C_F = \frac{P_F \times \text{USCRF}(n,i) - L_n \times \text{USSFF}(n,i)}{N_Y} \quad [21.6b]$$

onde:

USSFF (fator de formação de capital de uma série unificada de pagamentos), ver Eq. [2.4].

É o caso, por exemplo, quando um fornecedor de formas dá à empreiteira adquirente a opção de vender de volta um sistema de formas ao final de um determinado projeto. Essa abordagem normalmente é utilizada para sistemas caros e especializados (p.ex., sistemas auto trepantes automáticos para formas), para os quais a empreiteira não terá usos futuros garantidos após o projeto para os quais foram adquiridos. O acordo lembra mais um contrato de arrendamento com uma disposição de recompra.

Quando $N \le N_Y$, a saber, a vida útil é de no máximo um ano (em geral, para elementos de banheiro), o efeito do valor temporal do dinheiro é mínimo e a Eq. [21.5] se torna:

$$C_F = \frac{P_F}{N} \qquad [21.7]$$

Os elementos de aço duradouros e, em menor escala, os elementos de alumínio precisam de manutenção/consertos periódicos de rotina (p.ex., pintura, solda, correção de formato e lisura das superfícies de metal com irregularidades), e tais despesas devem ser adicionadas ao custo de material:

$$C_M = \frac{T_M \times \text{USSFF}(f,i)}{N_Y} \qquad [21.8]$$

onde:

C_M = despesa de manutenção por uma utilização

T_M = despesa de manutenção periódica a cada f anos

A Eq. [21.8] somente deve ser utilizada se for realizado um número relativamente grande de operações de manutenção/conserto de rotina periódicas durante a vida útil da forma, além do entendimento de que ao usar a Eq. [21.8], estamos ignorando de nenhuma manutenção do tipo ser realizada ao final da vida útil da forma. Caso contrário, é preciso usar um cálculo mais preciso. Consulte a discussão mais detalhada sobre o custo de capital e os fatores de custo no Capítulo 2.

Observe que esses custos de consertos/manutenção de rotina não são relativos à manutenção normal, como a limpeza e a lubrificação das formas, que não exigem mão de obra especializada ou materiais caros e não estende significativamente a vida útil da forma. Esses custos são considerados da mesma maneira que o custo operacional de uma máquina. A manutenção associada com os elementos de madeira padrões nas formas convencionais quase sempre é de natureza contínua, então a Eq. [21.8] não é utilizada no cálculo desses custos. Os elementos de madeira proprietários em sistemas de forma, por outro lado, são como os elementos de aço e alumínio, exigindo atividades de manutenção periódicas.

Os sistemas de forma podem sofrer modificações, desde pequenas alterações a grandes reconfigurações, para ajustá-los à próxima rodada de reutilização em outro projeto. Nesse caso, o custo de modificação pode ser calculado da seguinte maneira:

$$C_R = \frac{R \times \text{PWCAF}(k,i) \times \text{USCRF}(n,i)}{N_Y} \qquad [21.9]$$

onde:

C_R = custo de modificação médio para uma utilização

R = despesa de modificação após k anos

PWCAF (fator de valor atual de um pagamento simples), ver Eq. [2.2].

Observe que C_R é *médio* apenas porque as reutilizações após a modificação são afetadas por ele, enquanto a Eq. [21.9] *distribui* o custo da modificação entre todo o uso das formas.

Se as formas forem alugadas, o custo de material é calculado simplesmente com base no tempo de aluguel. Para estimar esses custos, é preciso levar em conta a duração total do serviço das formas. Em uma construção com altura livre significativa, por exemplo, as torres de escoramento podem ser usadas por várias semanas para apenas um uso, pois são o primeiro elemento a ser montado e o último a ser removido. Os aluguéis mensais dos elementos e sistemas de forma normalmente variam entre 2 e 6% do custo de compra, dependendo do tipo de elemento/sistema, disponibilidade e diversas considerações de negócios. A limpeza e a lubrificação são de responsabilidade do locatário, enquanto o fornecedor normalmente se responsabiliza por consertos/manutenção de rotina. As despesas de transporte podem ser adicionadas ao custo de aluguel.

EXEMPLO 21.1

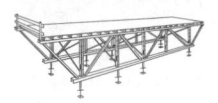

Uma construtora está pensando em comprar um conjunto de formas de mesa pré-fabricadas que serão usadas 110 vezes em um novo projeto, a uma velocidade de 10 vezes por mês. A reutilização das formas em outro projeto é incerta, então todo o custo das formas deve ser debitado do projeto atual. As formas custam $23/sf. Outra opção é alugar as formas ao custo de $0,90/sf ao mês. A empresa deveria comprar ou alugar as formas?

Se compradas, o custo de material por uso é dado pela Eq. [21.7]:

$$C_{F1} = \frac{\$23/\text{sf}}{110} = \$0,21/\text{sf}$$

Se alugadas, as formas serão utilizadas 110/10 = 11 meses, e o custo de material é:

$$C_{F2} = \frac{\$0,90/\text{sf por mês} \times 11 \text{ meses}}{110} = \$0,09/\text{sf}$$

Assim, nesse caso, a empresa deve preferir o aluguel e não a compra.

Observe que ao contrário do custo de compra por uso, que diminui com o número de reutilizações, o custo de aluguel por uso não é afetado pelo número total de reutilizações, mas sim pela da duração de cada uso (ou pelo número de utilizações por mês).

EXEMPLO 21.2

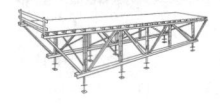

Para as condições descritas no Exemplo 21.1, qual é o número de utilizações para o qual o custo de compra é igual ao de aluguel?

Se ignoramos o custo de capital, então o número de utilizações do ponto de equilíbrio pode ser obtido pela Eq. [21.7]:

$$N = \frac{P_F}{C_{F2}} = \frac{\$23}{\$0,09} = 256$$

Assim, se espera-se que o número de utilizações seja maior do que 256, a empresa deve preferir a compra e não o aluguel.

Entretanto, com esse número de utiilizações, a duração do serviço é muito maior do que 1 ano (com base em dez utilizações por mês, haveria 120 usos por ano) e não atende mais a condição N ≤ N_Y, para a qual a Eq. [21.7] pode ser utilizada no lugar da Eq. [21.5]. Assim, o custo de capital deve ser considerado nesse caso e, para um taxa de juros anual de 6%, o número é obtido com o uso da Eq. [21.5]:

$$C_{F2} = \frac{P_F \times \text{USCRF}(N/N_Y,i)}{N_Y}$$

P_F = $23/sf do Exemplo 21.1
N_Y = 120 usos

$$\text{USCRF }(N/N_Y,i) = \frac{i(1+i)^n}{(1+i)^n - 1} \text{ ou } \frac{0,06(1,06)^{N/120}}{(1,06)^{N/120} - 1}$$

Então:

$$\$0,09 = \frac{\$23 \times \text{USCRF}(N/N_Y,i)}{120}$$

$$\frac{\$0,09 \times 120}{\$23} = \frac{0,06(1,06)^{N/120}}{(1,06)^{N/120} - 1}$$

$$0,4696 = \frac{0,06(1,06)^{N/120}}{(1,06)^{N/120} - 1}$$

$$0,4696(1,06)^{N/120} - 0,4696 = 0,06(1,06)^{N/120}$$

$$(1,06)^{N/120} = 1,1465$$

$$N = 281 \text{ ou } n = 2,34 \text{ anos}$$

Na verdade, a diferença entre esses dois resultados (256 e 281) expressa o custo de capital nesse caso.

O número total de utilizações possíveis para a forma, N, é o fator para o qual as informações normalmente estão ausentes ou são imprecisas; ou seja, a incerteza é alta. Deve haver uma distinção entre os elementos cuja vida útil é de até um ano (normalmente, madeira e compensado de baixo grau) e elementos e formas cuja vida útil é de mais de um ano. É preciso observar que, muitas vezes, o número total de usos na prática é governado mais pela duração de cada uso do que pelo número teórico máximo de usos. Por exemplo, se uma determinada forma de aço é usada uma vez por semana, então ela não terá dificuldade em alcançar seu número máximo de usos, normalmente considerado como sendo igual a 300. Contudo, se o tempo de ciclo de um determinado elemento de aço é de dois meses para cada utilização (p.ex., uma torre de escoramento em uma construção de altura livre significativa), é improvável que o número teórico máximo seja atingido: 180 utilizações significariam que o elemento precisaria ser utilizado durante 30 anos. Os valores médios do número total de utilizações, N, aparecem na Tabela 21.2; os valores médios do número anual de utiliações, N_Y, sob condições de trabalho comuns, aparecem na Tabela 21.3.

Um dos fatores que afetam a duração temporal de cada uso da forma é o tempo necessário até que as formas possam ser removidas com segurança. Isso vale especialmente para as formas de laje. Os tempos de desforma dependem da estrutura do

TABELA 21.2 Número total de utilizações das formas e dos elementos de forma

Tipo de forma ou elemento de forma	Número total de usos
Compensado como revestimento na forma convencional	10–20*
Compensado como revestimento em formas modulares e industrializadas (compensado revestido; bordas não protegidas)	20–40[†]
Compensado como revestimento em formas modulares e industrializadas (compensado revestido; bordas protegidas)	40–80[†]
Vigas de madeira em forma convencional	15–20[‡]
Vigas de aço em forma convencional	180
Vigas de madeira patenteada em forma convencional	50
Vigas de madeira patenteada em formas industrializadas	120
Elementos de aço em formas industrializadas (formas de mesa e de parede)	300
Formas de aço (formas de parede e de túnel)	300
Torres de escoramento em construção com altura livre elevada	60–90[§]

* Valores menores para compensado não revestido, valores maiores para compensado revestido.
[†] Dependendo da qualidade da madeira compensada.
[‡] Dependendo das dimensões transversais e da função das vigas como guias ou travessões.
[§] Esses valores baixos resultam do pequeno número anual de usos de torres de escoramento em construções de altura livre significativa devido ao tempo de utilização muito mais prolongado dessas torres de escoramento em comparação com as escoras verticais de lajes de altura normal.

elemento de concreto, seu vão e o desenvolvimento da resistência do concreto, como monitorado por ensaios. Consulte o guia da ACI sobre formas [1] para obter valores específicos.

Quando calculamos os custos das formas, os resultados geralmente são relativos à área livre das formas em contato com o concreto, normalmente chamada de área da superfície de contato. Para obter custos realistas, esses resultados devem ser aumentados para refletir a relação entre a área real ou bruta das formas e sua área líquida. A Tabela 21.4 informa coeficientes de multiplicação comuns.

Custo de mão de obra

É fácil calcular o custo de mão de obra depois que determinamos a produtividade dos trabalhadores. Em muitos casos, no entanto, os dados sobre produtividade da mão de obra para as operações de montagem e desforma são difíceis de obter. A Tabela 21.5 apresenta dados típicos de produtividade da mão de obra, mas estes são apenas indicações gerais dos requisitos de tempo médios.

TABELA 21.3 Número típico de usos de forma por ano

Tipo de forma	Número de usos por ano
Formas industrializadas	75
Formas de túnel e meio-túnel	75
Formas de painéis	50
Elementos na forma de laje convencional	12
Torres de escoramento em construção com altura livre elevada	4–6*

* Dependendo da altura do elemento de concreto apoiado (laje, viga).

TABELA 21.4 Razão da área bruta sobre a líquida das formas

Para obter a área bruta das formas	Multiplique a área líquida por
Formas industrializadas	1,20
Formas de mesa para lajes	1,20
Formas de túnel e meio-túnel	1,15

Devido à dificuldade inerente de generalizar índices de produtividade em construção, devido principalmente às variações no ambiente de trabalho e habilidades dos trabalhadores, sempre tome cuidado quando precisar aplicar dados de produtividade de um caso a outro.

Entre os fatores que afetam a produtividade da mão de obra na montagem e desmontagem de formas, temos a experiência e habilidade dos trabalhadores, tamanho e organização da equipe, tempestividade do apoio de equipamentos de levantamento, disponibilidade de peças sobressalentes, clima e forma de remuneração dos trabalhadores (salários horários ou por quotas de trabalho). Uma vantagem importante dos sistemas de forma em relação às formas convencionais nesse aspecto é a industrialização do processo de montagem de formas; ou seja, a montagem e a desmontagem são realizadas de maneira semelhante ao processo de produção em uma fábrica. Assim, o processo repetitivo é estabilizado após o desenvolvimento de experiência e competência por parte dos trabalhadores, o que reduz a incerteza na previsão da produtividade da mão de obra.

Diversas publicações informam a produtividade da mão de obra de operações com formas (p.ex., R. S. Means [2]), algumas das quais também detalham tamanhos de equipe comuns e outros dados pertinentes. Em geral, as construtoras criam suas estimativas com base nos próprios bancos de dados internos de produtividade, desenvolvidos a partir de sua própria experiência e dos dados acumulados em campo. Os fabricantes de formas também fornecem dados sobre a produtividade da mão de

TABELA 21.5 Produtividade da mão de obra para a montagem e desformação de formas

Formas	Produtividade da mão de obra (mão de obra hora/m²*)	Produtividade da mão de obra (mão de obra hora/sf*)
Paredes		
Forma convencional	0,8–1,1	0,07–0,10
Formas modulares, painéis pequenos	0,6–0,9	0,06–0,08
Formas industrializadas, painéis grandes	0,2–0,5	0,02–0,05
Lajes		
Forma convencional	0,6–0,8	0,06–0,07
Formas modulares, painéis pequenos	0,3–0,4	0,03–0,04
Formas de mesa	0,2–0,4	0,02–0,04
Paredes e lajes[†]		
Formas de túnel e meio-túnel	0,2–0,3	0,02–0,03

* Área líquida (área da superfície de contato).
[†] Produtividade da mão de obra por área de forma total.

obra que podem ser valiosos, especialmente no caso de sistemas de formas especiais. Esses dados, por mais confiáveis que sejam, normalmente são baseados no trabalho de formas para grandes áreas, formatos regulares do elemento de concreto formado e um ambiente de trabalho ideal. Para usar esses dados, é preciso levar em conta um certo nível de tolerância para refletir a realidade do projeto específico no qual serão utilizados.

A equação a seguir é uma fórmula simples para calcular o custo de mão de obra:

$$C_W = W \times S_W \quad \text{[21.10]}$$

onde:

C_W = custo de mão de obra em \$/sf

W = insumo de trabalho em hora de trabalho/sf

S_W = salário dos trabalhadores em \$/hora de trabalho

Observe que, apesar da produtividade e do custo da mão de obra normalmente serem medidos por unidade de área de contato, como vemos na Eq. [21.10], os dois também podem ser mensurados de modos diferentes (p. ex.: por elemento ou torre completa em torres de escoramento altas de múltiplos níveis).

EXEMPLO 21.3

Uma construtora está pensando em comprar um conjunto de formas de meio-túnel por \$20/sf. As formas serão usadas 200 vezes para a montagem de formas de 1.000 sf de paredes e 1.000 sf de lajes por uso em uma série de edifícios residenciais durante um período de 4 anos, quando serão vendidas. O valor de recuperação esperado é igual a 10% do preço de compra original. Não se espera que haja custos de manutenção. A produtividade da mão de obra é estimada em 0,025 horas de trabalho por sf. Os salários horários são de \$22. Considere uma taxa de juros anual de 5%. Qual é o custo médio das formas (material e mão de obra) por uso para esse projeto?

Área real das formas: (1.000 sf de laje + 2* × 1.000 sf de parede) × 1,15 (Tabela 21.4)
= 3.450 sf

Preço de compra: 3.450 sf a \$20/sf = \$69.000
Número médio de utilizações por ano: 200/4 = 50
Valor de recuperação: \$69.000 × 10% = \$6.900
Custo de material por utilização, Eq. [21.6a]:

$$C_F = \frac{\$69.000 \times 0{,}9 \times \text{USCRF } (4, 5\%) + 6.900 \times 0{,}05}{50}$$

$$= \frac{\$62.100 \times 0{,}28201 + \$345}{50} = \$357{,}16$$

Custo de mão de obra por sf, Eq. [21.10]: 0,025 mão de obra hora/sf a \$22/hora = \$0,55/sf
Custo de mão de obra por utilização: 3.450 sf × \$0,55/sf = \$1.897,50
Custo de forma por utilização: \$357,16 + \$1.897,50 = \$2.254,66

*Observe que, para cada 1 sf de parede, são necessários 2 sf de formas, em ambos os lados da parede.

SISTEMAS VERTICAIS

Os sistemas de formas verticais precisam resolver três questões causadas pela dimensão de altura dos elementos de concreto formado: (1) pressão lateral do concreto fresco sobre as formas, (2) estabilidade geral do sistema de formas como um todo e (3) acessibilidade dos trabalhadores ao topo da forma. É difícil lidar com essas questões em sistemas industrializados, que tendem a ser modulares e uniformes. Isso vale especialmente com relação à pressão do concreto, que muda com a altura de concreto *líquido* nas formas. As formas verticais são projetadas com base na velocidade de lançamento e a curva de pressão lateral resultante, ou seja, a pressão do concreto líquido e o tempo da pega inicial. As formas convencionais são mais fáceis de adaptar a essa curva de pressão, bastando aumentar o espaçamento entre as vigas horizontais ou fileiras de tirantes que absorvem a pressão lateral que fica menor em direção ao alto da forma. Os sistemas de formas industrializados para paredes e colunas, por outro lado, resolvem esse problema dando maior prioridade à uniformidade e à modularidade do que à economia potencial na melhor correspondência a diferenças de pressão.

Os dois outros problemas (estabilidade e acessibilidade) são resolvidos por soluções industrializadas. As formas industrializadas utilizam materiais mais resistentes, alto nível de mecanização e as capacidades de equipamentos de elevação.

Esses recursos são demonstrados por sistemas de suporte avançados, diversos mecanismos patenteados de retração e subida e inclusão de plataformas de trabalho que são parte integral do sistema de formas.

Formas para paredes

Os sistemas de formas para paredes podem ser agrupados em quatro grandes famílias:

formas modulares
Painéis pré-fabricados unidos para formar uma unidade muito maior.

1. Formas montadas a mão
2. **Formas modulares**
3. Formas de painéis grandes
4. Formas customizadas de grande porte

Formas montadas a mão   São formas modulares de painéis pequenos que podem ser utilizadas sem o auxílio de um guindaste para levantamento. O painel é composto de revestimento conectado permanentemente a uma estrutura protetora e vigas transversais. Os painéis se conectam uns aos outros através de buracos e fendas nas estruturas, por parafusos, cunhas ou outros sistemas patenteados. Também há dispositivos para a conexão de vigas de alinhamento horizontais, montagem de plataformas de trabalho e inserção de tirantes nas paredes. Tendo em vista o trabalho manual, o peso do painel se limita a 100 lb e seu tamanho máximo é de cerca de 20 sf. As dimensões comuns são 1-3 ft de largura e 3-10 ft de altura. Existem painéis 100% em aço, 100% em alumínio e de compensado, cujas armações e vigas transversais são feitas de aço ou de alumínio. A pressão de concreto fresco admissível máxima típica varia entre 800 e 1.200 psf (40 a 60 kN/m²).

Formas modulares   Também chamadas *formas agrupadas*. São basicamente formas montadas a mão ou painéis maiores unidos uns aos outros, muitas vezes com o uso de vigas adicionais (vigas de travamento ou montantes de reforço e vigas de

FIGURA 21.6 Formas modulares utilizadas para a construção de paredes.

travamento) para formar um só painel de grande porte rígido usado como forma industrializada completa elevada por guindaste (ver Figura 21.6). Parafusos, abraçadeiras ou outros meios conectam os painéis de modo que possam ser desmontados após terem cumprido sua finalidade em um determinado projeto e então remontados em uma configuração diferente para outro projeto. As formas modulares comuns usam revestimento de compensado; placas de compensado de alta qualidade, revestidas e com bordas protegidas garantem um maior número de reutilizações antes que os painéis precisem ser substituídos em seus quadros estruturais. Os sistemas de vigas são constituídos de vigas transversais e de travamento totalmente de alumínio, vigas transversais e vigas de travamento de aço ou vigas transversais de alumínio e vigas de travamento de aço. Os montantes de reforço, apesar de usados com menos frequência, geralmente são feitos de aço. O peso normal dessas formas varia de 6 a 14 lb/sf. Com ferramentas e componentes de direitos exclusivos de fabricantes, os sistemas de formas modulares oferecem soluções para extensões, cantos externos e internos, anteparos, pilastras e plataformas de trabalho, quando necessário, permitindo que a forma funcione como um produto industrializado completo. O tamanho do painel é limitado apenas pelo tamanho do elemento de concreto a ser moldado; a altura, no entanto, é limitada pela pressão lateral admissível máxima exercida pelo concreto sobre a forma, como especificada pelo fabricante da forma. Para uma determinada altura de forma, é preciso realizar cálculos para ajustar a velocidade de lançamento do concreto à resistência da forma. A pressão de concreto fresco admissível máxima normal é de 1.600 psf (80 kN/m²).

Formas de painéis grandes São formas 100% aço pré-fabricadas como unidades de grande porte cujas peças são soldadas umas às outras. A forma, içada por guindastes, frequentemente inclui plataformas de trabalho integrais, barreiras de proteção, escadas e parafusos com tecnologia exclusiva de fabricantes. Como tudo é integral à forma, ela pode ser considerada a forma de parede industrializada definitiva. Por outro lado, essas formas não oferecem o mesmo nível de flexibilidade que as formas modulares e, logo, são econômicas principalmente para edifícios com um grande número de elementos de concreto repetitivos idênticos. As formas de painéis grandes estão disponíveis em diversos tamanhos; um elemento grande típico tem um andar de altura (cerca de 10 ft) e até 20 ft de comprimento. Com um peso típico de 16 a 20 lb/sf, um painel de 200 sf pode chegar a 4.000 lb. Os painéis são construídos de modo a resistir a qualquer pressão de concreto líquido razoável, mesmo aquelas resultantes de altas velocidades de lançamento.

Formas personalizadas de grande porte São formas de grande porte feitas de acordo com especificações, compostas de elementos padronizados que se adaptam às necessidades específicas de um determinado projeto (ver Figura 21.7). Elas são construídas no local. O revestimento é feito de compensado, mas suas bordas, ao contrário das formas montadas a mão ou modulares, não são protegidas por quadros estruturais (e, logo, são substituídas com mais frequência). O sistema de vigas é composto por duas camadas (montantes e vigas de travamento ou vigas de travamento e montantes de reforço) ou três camadas (montantes, vigas de travamento e montantes de reforço). Em geral, esses grandes sistemas customizados usam vigotas e longarinas de alumínio, longarinas e perfis verticais ou prisioneiros de madeira com longarinas e perfis verticais de aço (ver Figura 21.7). Por serem formas de grande porte, elas utilizam as mesmas ferramentas e acessórios especiais (ex.: para cantos, paredes que se intersectam e anteparos) das formas de painéis grandes produzidas em fábricas. Assim como as formas modulares, o tamanho da forma é limitado apenas pelo tamanho do elemento de concreto formado. Contudo, como normalmente essas são formas mais pesadas, em termos de peso por área, em relação às formas modulares, a capacidade de levantamento do guindaste precisa ser verificada. Por exemplo, um elemento típico de 600 sf pode pesar ate 10.000 lb. Praticamente não há limite de pressão de concreto máxima, pois as formas são construídas com espaçamentos de elementos e resistência de tirantes adaptados à velocidade desejada de lançamento de concreto.

Todos esses tipos de formas de parede têm o mesmo problema: como montar as formas externas das paredes externas de edifícios com altura superior a um andar.

FIGURA 21.7 Formas personalizadas de grande porte com montantes de madeira e vigas de travamento e montantes de reforço de aço.

A solução mais comum é usar um sistema externo de andaimes e plataformas de trabalho conectado à parede do andar imediatamente inferior. Nesse andaime externo, a forma de parede externa é posicionada e escorada para garantir seu alinhamento e estabilidade geral (ver Figura 21.7). O andaime é aparafusado a elementos inseridos (insertos) no concreto lançado anteriormente ou conectado por montagens especiais que utilizam os furos deixados no concreto pelos tirantes de parede. Esses andaimes devem ser utilizados de modo que sua parte inferior, que exerce pressão sobre a parede, esteja colocada contra o pavimento do andar imediatamente abaixo. No caso da maioria dos sistemas de paredes modernos, mas especialmente nos sistemas de construção de arranha-céus, esses andaimes muitas vezes são parte integral da forma da parede externa, sendo que todo o sistema é içado como uma só unidade. A plataforma de trabalho também é utilizada para retrair a forma da parede de concreto completa (desforma), limpeza das formas e preparação das formas para reutilização. A maioria dos fabricantes oferece um sistema completo que inclui, além da plataforma de trabalho principal, duas plataformas adicionais mais estreitas: uma plataforma superior para a operação de lançamento de concreto e uma inferior (*traseira*) para diversos trabalhos de acabamento e pós-desforma. A Figura 21.8 mostra um sistema completo de formas de parede com uma plataforma de trabalho de três níveis.

Formas especializadas para paredes

Os fabricantes de diversos sistemas de formas especiais, geralmente baseados em seus sistemas de formas padrões, para casos nos quais os sistemas padrão não oferecem soluções adequadas.

FIGURA 21.8 Sistema de formas, incluindo plataforma de trabalho principal, plataforma de concretagem superior e plataforma traseira de acabamento.

Paredes centrais (núcleo) A formação de paredes para poços de elevadores e escadarias apresenta dificuldades especiais, pois a forma interna é basicamente uma caixa interna que ainda assim deve ser encolhida para permitir sua remoção. Os fabricantes oferecem diversas soluções patenteadas que basicamente fazem com que a forma se encolha quando o guindaste começa a içá-la. Outra preocupação é a seleção das formas centrais em relação ao local de um guindaste de torre ascendente ou mastro ascendente de uma bomba com lança dentro do núcleo. Nem todos os tipos de formas centrais podem ser ajustadas a um espaço tão confinado, cujas restrições são ainda mais graves devido à presença de um mastro. Assim, se um determinado tipo de forma central for escolhido (p.ex., uma forma que permitirá o avanço rápido da construção do núcleo, como costuma ser o caso em arranha-céus), o mastro do guindaste ou lança precisará ser posicionado em outro local. Por outro lado, se o guindaste ou mastro da lança ou ambos são colocados dentro do núcleo, isso pode afetar o tipo de forma de parede central selecionado para o projeto.

Paredes unilaterais As paredes unilaterais são paredes concretadas contra inclinações de escavações, muros de píeres ou qualquer outra superfície permanente preexistente tal que apenas um lado da parede concretada precisa receber formas. No caso de formas apenas em um lado, não há como usar tirantes de parede normais. As soluções mais comuns se baseiam no uso de escoras diagonais ancoradas no solo (ver Figura 21.9). Com o aumento da construção urbana que utiliza espaços subterrâneos para maximizar a utilização da terra, as paredes unilaterais se tornaram mais comuns, levando os fabricantes a oferecer uma variedade crescente de soluções.

Formas autotrepantes As formas autotrepantes (ver Figura 21.10) são sistemas de formas de paredes que se erguem hidraulicamente de um andar para o outro sem utilizar um guindaste. Esses sistemas oferecem quatro vantagens: (1) economia de tempo de guindaste, (2) capacidade de funcionar sob ventos fortes, (3) velocidade de progresso excepcionalmente rápida e (4) maior segurança. Os sistemas autotrepantes

FIGURA 21.9 Sistema de formas de parede unilateral.

FIGURA 21.10 Formas autotrepantes na construção de arranha-céus.

21.1

deslizantes
Um sistema de formas que se move continuamente com o lançamento do concreto.

utilizam diversos métodos, mas nenhum deles deve ser confundido com os **deslizantes**, pois a forma autotrepante opera pela retração da parede de concreto endurecido no nível atual antes de subir para o próximo nível. Após sua configuração inicial na estrutura, com o auxílio do guindaste, o sistema autotrepante moderno opera como uma unidade autocontida que inclui plataformas de trabalho com proteção climática, áreas de armazenamento de materiais e vergalhões, diversos recursos e instalações para trabalhadores e, quando necessário, lanças de lançamento de concreto, transformando esse sistema praticamente em uma *planta vertical*.

Devido a sua tecnologia avançada e recursos sofisticados, as formas autotrepantes modernas são utilizadas principalmente em arranha-céus (e outras estruturas altas, como torres de pontes) nos quais a altura da estrutura e o número de reutilizações resultante compensa o alto custo inicial do sistema. Um uso típico é a construção de núcleos de edifícios quando estes são erguidos antes dos pavimentos. Outro uso frequente é para a armação vertical completa do edifício (núcleos e colunas e paredes periféricas) nos quais o andar inteiro é moldado junto. A Figura 21.10 mostra uma aplicação na qual as formas de paredes laterais internas são suspensas de vigas integradas ao sistema autotrepante.

Formas de colunas

Em comparação com as paredes e lajes, é mais difícil industrializar as formas para colunas. Enquanto as lajes e paredes de concreto normalmente são vendidas em superfícies planas de área relativamente grande, o que as torna geometricamente propensas à padronização e à industrialização, as colunas de concreto existem em uma variedade mais ampla de tamanhos e geometrias. Contudo, o impacto de passar das formas convencionais para as industrializadas no caso das colunas, em termos de custo por volume (cf) de concreto, é maior do que para lajes e paredes, dada a maior razão entre a área de contato da forma e o volume de concreto nas colunas. A Tabela 21.6 oferece exemplos de valores para elementos típicos. Outro fator importante que determina a industrialização das formas de colunas é o alto nível de repetitividade das colunas, especialmente em arranha-céus.

Esses fatores conflitantes – grande variedade de formas e dimensões, por um lado, e área de formas relativamente grande com alta repetitividade por outro – geralmente resultam no uso comum e disseminado de formas industrializadas para colunas. Contudo, formas personalizadas e pré-fabricadas são mais utilizadas nas colunas do que nas paredes em relação ao uso de formas padrões.

Formas padrão para colunas Normalmente são derivadas dos sistemas de formas de parede, que oferecem soluções para problemas especiais da formação de colunas (ver Figura 21.11). Os sistemas de forma de coluna padrão avançados, que em muitos casos podem ser utilizados em alturas elevadas, oferecem recursos para diversas opções de tamanho, soluções versáteis para abraçadeiras, engates e tirantes externas, estabilizadores de painéis telescópicos (usados em duas laterais de formas perpendiculares), escadas e gaiolas de segurança integradas e plataformas de concretagem no alto das formas (ver Figura 21.11). A maioria dos sistemas padrão oferecidos pelos fabricantes são formas ajustáveis para colunas quadradas e retangulares. As configurações de forma se dividem basicamente em dois tipos:

1. A forma é composta de quatro painéis que podem ser combinados em um padrão sobreposto para produzir o tamanho necessário. Os ajustes de tamanho típicos variam de 8 a 50 polegadas. Não são usadas abraçadeiras e os painéis são

TABELA 21.6 Razão entre área de contato da forma e volume para elementos de concreto típicos

Elemento e dimensões	Razão entre a área de contato e o volume (sf/cf)
Laje	
8 polegadas de espessura	1,50
12 polegadas de espessura	1,00
16 polegadas de espessura	0,75
20 polegadas de espessura	0,60
Parede	
8 polegadas de espessura	3,00
12 polegadas de espessura	2,00
16 polegadas de espessura	1,50
20 polegadas de espessura	1,20
Coluna	
8 × 8 polegadas	6,00
12 × 12 polegadas	4,00
16 × 16 polegadas	3,00
20 × 20 polegadas	2,00

aparafusados externamente. Normalmente as formas são 100% aço, ou têm armações de aço ou alumínio sobre a qual chapas de compensado substituíveis são conectadas (ver Figura 21.11). Os painéis são fabricados em uma pequena variedade de comprimentos (p. ex.: 2, 7 e 10 ft, ou 1, 2, 4, 8 e 12 ft) que, combinados, permitem variações de altura em incrementos de 1 ou 2 ft, geralmente até um máximo de 25 ft. O lançamento de concreto rápido nas formas é possibilitado pelo desenvolvimento e fabricação das formas para suportar altas pressões de concreto, geralmente até um valor máximo de 1.600 a 2.400 psf (80 a 120 kN/m²).

2. A forma é composta de painéis de painéis e pontaletes e sarrafos, com vigas de travamento ajustáveis de aço ou de alumínio; tamanhos de coluna diferentes exigem o uso de painéis diferentes. O painel é feito de compensado e os pontaletes de aço, alumínio ou madeira. Um sistema típico, com peças de madeira de marca registrada como pontaletes, suporta pressões de concreto de até 2.000 psf (100 kN/m²) com seções transversais quadradas ou retangulares de até 4 × 4 ft e sem limite de altura.

FIGURA 21.11 Forma padrão de coluna.

Em ambas as configurações, os painéis normalmente são posicionados em duas metades em formato de "L" e cada uma delas é manuseada como uma unidade independente para o fechamento, desforma e içamento. Alguns sistemas oferecem a conexão articulada das duas metades em formato de "L" ao longo de um canto para acelerar as operações de colocação e desforma. Outros sistemas avançados possuem mecanismos de projeto e desforma de painéis que permitem o levantamento da forma completa de quatro painéis como uma única unidade. Para economizar o tempo de guindaste, esses sistemas podem ser montados manualmente sobre rodas para deslocamento horizontal e reposicionamento. O peso da unidade completa de quatro painéis desses sistemas pode chegar a 2.000 lb para uma forma de 10 ft de altura. Um recursos importante comum a muitos sistemas de formas de coluna é o uso de tirantes externos e diversos outros dispositivos de travamento, que eliminam o uso de tirantes internas através da armadura densa de aço que normalmente é necessária nas colunas de concreto. A densidade do aço da armadura se torna um problema ainda maior nos edifícios construídos para resistir a vibrações sísmicas – carga de terremotos.

As formas padrão para colunas circulares são feitas de aço. A forma é composta de duas metades com sistemas de trancamento rápido. Os diâmetros mais comuns para as colunas variam de 10 a 30 polegadas, mas alguns fabricantes oferecem diâmetros de forma de até 96 polegadas. As alturas de forma comuns variam de 1 a 10 ft, com uma pequena variedade de alturas para produzir a altura desejada em incrementos de 10 a 12 polegadas. O peso típico de um segmento de meia forma de 10 ft de altura é de 280 a 330 lb para 12 polegadas de diâmetro e 420 a 500 lb para 24 polegadas de diâmetro. A pressão de concreto fresco admissível máxima típica pode chegar a 3.000 psf (150 kN/m²).

Formas personalizadas Quando um projeto envolve a construção de uma série de colunas (ver Figura 21.12), uma solução de formas frequente é fabricar formas de aço personalizadas que se adaptem ao dimensionamento específico da coluna do projeto. Quanto maior o número de colunas repetitivas, mais vale a pena investir em formas sofisticadas, com recursos para trancamento rápido e fácil ou para ajustes a pequenas mudanças em suas dimensões, como costuma ser o caso na construção de arranha-céus. A robustez da forma a muitos e muitos ciclos de montagem, desforma e reposicionamento é outra consideração importante. A economia de mão de obra, as operações de trabalho rápidas e o acabamento de concreto de alta qualidade podem ser motivos suficientes para investir em formas mais caras.

Outro caso é o de uma pequena série de colunas na qual determinados requisitos obrigam o uso de formas pré-fabricadas. A Figura 21.13 mostra uma forma alta de aço para as colunas de uma ponte sendo construída em uma zona sísmica.

FIGURA 21.12 Forma personalizada de aço para grande série de colunas circulares.

FIGURA 21.13 Forma personalizada de aço para pequena série de colunas de ponte bastante altas.

SISTEMAS HORIZONTAIS

Os sistemas de formas comuns para lajes normalmente usam uma de duas configurações: formas montadas a mão e formas tipo mesa (*deslizante*). Uma terceira configuração, a das formas montadas sobre colunas (também chamadas de formas de "gaveta") podem oferecer uma solução para lajes com vão livre alto, pois eliminam a necessidade de erguer estruturas provisórias altas. As gavetas, no entanto, somente são apropriadas para um pequeno número de projetos de construção, pois dependem de uma grade ortogonal de colunas com pouco espaçamento entre si, o que explica o motivo de seu uso não ser disseminado.

Formas de laje montadas a mão

São formas modulares com painéis pequenos. Com relação à definição de formas industrializadas, em comparação com as formas convencionais (ver Tabela 21.1), as formas de laje montadas a mão podem ser consideradas formas semi-industrializadas: o painel de revestimento e as vigotas são pré-fabricadas como uma só unidade, enquanto as guias e as escoras verticais são elementos independentes. Alguns sistemas não usam guias; nesse caso, seus painéis são apoiados diretamente pelas escoras. Os painéis modulares são leves e carregados a mão, mas podem ser empilhados para levantamento por guindastes e para transporte de um local (ex.: andar de edifício) para outro. Tradicionalmente, as formas de laje montadas a mão usavam painéis de aço soldados, mas estes foram praticamente substituídos por revestimentos de compensado conectados a uma armação protetora de aço com vigas transversais que funcionam como vigotas. Nos últimos anos, o alumínio tem substituído gradualmente o aço no quadro estrutural e nas vigas transversais, resultando em painéis muito mais leves, o que por sua vez reduziu os tempos de montagem e desmontagem.

Ao contrário das formas de parede, que podem ser desformadas logo após o lançamento do concreto (12 horas, de acordo com [1]), os tempos mínimos de desforma para formas de laje são muito maiores. Isso criou um incentivo para descobrir maneiras de aumentar a utilização dos painéis pelo encurtamento do tempo de ciclo para cada uso. A solução mais comum é o uso de um *drophead* especial (ver Figura 21.14) para escoras verticais (ver Figura 21.15). Existem diversas configurações patenteadas de *dropheads*, todas oferecendo a capacidade de desformar os painéis modulares e separar as guias sem perturbar as escoras. A laje é então apoiada pelas escoras até que o escoramento não seja mais necessário. Diversos fabricantes oferecem outras soluções que permitem a desforma mais rápida dos painéis.

A Figura 21.15 mostra um exemplo típico de sistema de formas de laje montadas

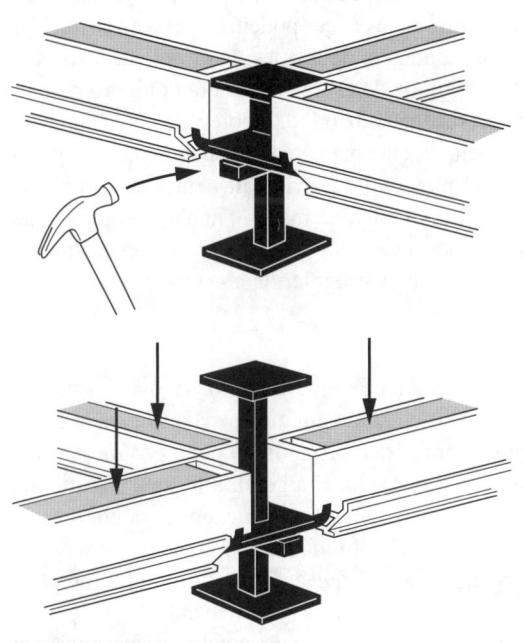

FIGURA 21.14 *Drophead*.

FIGURA 21.15 Formas de laje montadas a mão de compensado e alumínio com sistema de *drophead*.

a mão de compensado e alumínio com *dropheads*. O *drophead* do sistema mostrado é liberado com um golpe de martelo, fazendo com que a forma caia 2-3 polegadas para a remoção dos painéis e das guias de alumínio. Essas peças podem então ser transferidas imediatamente para o próximo ciclo de montagem de formas. Para utilizar o sistema dessa maneira, o construtor usa dois conjuntos de escoras com um conjunto de painéis e vigas. O tamanho de painel desse sistema é de 60 × 30 polegadas, mas também existem tamanhos menores, usados principalmente para áreas de enchimento. As guias de alumínio têm 90 polegadas de comprimento, o que cria baias entre as escoras da mesma largura que três painéis. Para facilitar o trabalho manual, nenhum componente pesa mais de 34 lb. São oferecidas provisões para áreas de enchimento, deslocamento de parede, formação em torno de colunas e outras irregularidades.

Formas tipo mesa

A mesa é uma forma de laje composta de painel de revestimento, vigotas ou travessões, guias ou longarinas e escoramento vertical, tudo em uma peça que é içada como unidade completa de um local de moldagem para o próximo. O painel da mesa (ou a face da forma) normalmente é feito de compensado. Em geral, a mesa é estruturada de modo que seu comprimento e sua largura possam ser modificados para um projeto qualquer pelo uso de vigotas ou travessões sobrepostos ou telescópicos (para a largura) e guias ou longarinas (para o comprimento). Depois que a peça estrutural foi montada de modo a acomodar as dimensões desejadas, a cobertura personalizada de compensado é afixada a ela. Ocasionalmente se utiliza revestimento de metal, mas a prática não é tão comum. Ela é menos flexível do que o compensado para alteração de tamanho, mas tem a vantagem de permitir o uso eficaz de sopradores para aquecer o concreto e, portanto, acelerar a cura e adiantar a desforma e reutilização das formas.

Existem dois sistemas básicos de laje:

1. Os sistemas de travessão (vigota) e guia (longarina) (normalmente duas longarinas únicas ou duplas) apoiadas pelas escoras de poste simples ou por torres de escoramento. Os travessões e as guias podem ser feitos do mesmo material, geralmente elementos 100% aço ou 100% madeira, ou então os travesões são de madeira enquanto as guias são de aço. O escoramento vertical, seja de postes simples ou torres, é feito de aço ou de alumínio.
2. Sistemas de treliça nos quais o escoramento vertical é fornecido pelas treliças (duas por laje; ver Figura 21.16). Elas também atuam como guias (ou seja, não há guias independentes). As treliças e travessões são feitos de alumínio (o mais comum) ou 100% aço. As pernas ajustáveis ou os macacos de parafuso sob as treliças são usados para chegar até a altura total da laje.

Ambos os tipos de sistema usam mecanismos de macaco (de escoras de poste, torres de escoramento ou pernas apoiando as treliças) para elevar a mesa até sua altura especificada e para desformar a mesa. Os macacos podem ser mecânicos ou hidráulicos. A altura padrão das formas tipo mesa em posição final de serviço varia entre 9 e 12 ft. As alturas de treliça variam de 4 a 6 ft.

Os tamanhos das mesa variam bastante, desde 100 sf até 500 sf. As faixas de dimensão comuns dos sistemas de travessões e guias são de 6 a 10 ft de largura e 13 a 17 ft de comprimento; dos sistemas de treliça, de 7 a 12 ft de largura e de 5 a 50 ft de comprimento. As mesas padrão são sempre retangulares, mas também podem ser fabricadas sob medida para receber formatos não ortogonais.

FIGURA 21.16 Forma tipo mesa de alumínio (sistema de treliça).

O peso da mesa é determinado principalmente pelo tamanho da forma, mas também pelo tipo de escoramento vertical e os materiais dos quais os elementos são compostos. Mesas pesadas, feitas principalmente de aço, chegam a pesar 13 lb/sf, enquanto as mesas leves, feitas de travessões e treliças de alumínio ou de travessões de madeira e guias e escoras de alumínio, pesam apenas 8 lb/sf. As mesas maiores sempre são sistemas de treliças leve 100% alumínio. Assim, uma mesa de tamanho médio normalmente pesa entre 1.000 e 2.000 lb, enquanto as maiores podem chegar a 4.000 lb.

Quando planejamos o posicionamento do guindaste no local de trabalho, é preciso considerar o peso da mesa e, muitas vezes mais importante ainda, suas dimensões. O posicionamento da mesa é executado pelo guindaste com um movimento descendente retilíneo, mas a remoção da forma (após ter sido baixada e liberada do concreto) é uma operação mais complicada. Existem três métodos de remoção:

1. Um dispositivo de elevação especialmente projetado (um quadro estrutural em C) é usado para levantar a mesa. Não é necessário usar uma plataforma de desmonte ou rolamento quando se emprega um quadro estrutural em C. Com esse método, a forma se sobressai uma distância mínima em relação à fachada do edifício durante a remoção; a altura livre necessária para um guindaste adjacente ao edifício também é mínima. Uma possível desvantagem desse método é o peso do quadro estrutural em C, que, combinado com o do sistema de correntes, pode chegar a 2.500 lb. Em geral, o quadro estrutural em C tem capacidade máxima de 5.000 lb, mas mesas muito compridas não podem ser removidas por esse método.
2. A mesa é transferida para uma plataforma de desmontagem em balanço (cantiléver) sobre o pavimento inferior e então presa ao guindaste e içada. Com esse método, a projeção da forma a partir da fachada do edifício e o espaço livre resultante exigido do guindaste são máximos (praticamente todo o comprimento da mesa). A mesa é movida horizontalmente para a plataforma por rodas presas às pernas de escoramento ou para os macacos de treliça, por sistemas de rolamento isolados ou por carrinhos especiais. Com os sistemas de treliça, os carrinhos também pode ser usados para baixar a mesa com macacos antes dela ser rolada para fora. Normalmente, são necessários quatro trabalhadores para empurrar uma mesa de tamanho médio ou grande, a menos que sejam utilizados carrinhos motorizados.
3. A mesa é movida para fora, mas sem o uso de plataformas (ver Figura 21.16). A amarração (fixação) ao guindaste é realizada em dois passos. Primeiro, a mesa é amarrada enquanto cerca de um terço de seu comprimento se projeta do edifício, ocasião em que ainda é equilibrada pelo comprimento que permanece dentro da construção. A seguir, enquanto o guindaste suporta parte do peso, a mesa é empurrada mais para fora, e a segunda amarração ocorre quando cerca de dois terços da mesa está em balanço (cantiléver) para fora do edifício. O método é particularmente apropriado para sistemas de treliça longos.

Há casos em que as mesas são utilizadas mais de uma vez no mesmo pavimento (p.ex., salões com áreas grandes). Nesses casos, as mesas normalmente são movidas por um sistema de carrinhos motorizados especiais, também equipado com dispositivos para baixar a mesa antes do movimento e erguê-la novamente no próximo local de lançamento. Alguns sistemas de carrinhos para esse movimento horizontal podem ser operados por um único trabalhador.

O uso de mesas é particularmente conveniente quando a estrutura do edifício é apoiada por paredes de sustentação. A montagem da mesa entre essas duas paredes exige apenas a cobertura do vão (espaço mínimo) entre a forma de mesa e a parede em cada lado (necessário para permitir a desforma). Essa montagem de forma no vão é executada com madeira ou outros materiais de enchimento leves. Se, no entanto, o esqueleto estrutural do edifício estiver baseado em colunas, é preciso reservar recursos especiais para as formas as faixas criadas pelas linhas de colunas. Em geral, o processo é executado com travessões de mesa extensíveis, mas outras soluções também podem funcionar, incluindo o uso de formas convencionais. Independentemente do sistema estrutural do edifício, as formas convencionais também podem ser necessárias para pequenas áreas do teto que não podem ser formadas por mesas, como escadarias nas quais seria impossível remover as mesas após o lançamento do concreto. Outras soluções para essas áreas seriam usar painéis de concreto pré-moldado finos que atuassem como formas *stay-in-place* (formas que permanecem como parte do edifício acabado) ou usar elementos de concreto pré-moldados com a espessura total.

Ocasionalmente, o lançamento do concreto dos pisos do edifício inclui elementos verticais monolíticos de altura mínima nos perímetros da laje. A presença desses ressaltos verticais acima do piso pode bloquear a remoção das mesas. Uma solução é utilizar sistemas de treliça que podem ser removidos por um dispositivo de armação em "C", desde que a altura combinada da treliça e do deck (ou seja, sem os macacos de treliça) seja menor do que a abertura na fachada. Outra solução é usar mesas com sistema de travessões e guias, com pernas dobráveis ou desmontáveis. Um caso semelhante é o da viga dos perímetros da construção, que, além de representar um obstáculo geométrico, precisa que sua forma seja montada e lançada com o resto do teto. A forma da mesa é então complementada por uma forma de viga para permitir a mudança na seção transversal do teto. A forma de viga é apoiada por perfis de aço suspensos das guias da mesa ou por vigas de aço conectadas às treliças da mesa e sustentadas, quando necessário, por uma fileira adicional de escoras verticais. Em ambos os casos, o sistema de formas de viga em balanço (cantiléver), que também inclui um deck de trabalho saliente, atua no sentido de tombar a mesa antes que o concreto seja lançado. Assim, a mesa precisa ser ancorada ao piso (ver Figura 21.17).

FIGURA 21.17 Mesas com formas estendidas de viga perimetral e deck de trabalho presas ao pavimento para resistir a tombamento.

As mesas normalmente são fabricadas e usadas com base em alturas comuns de salas, mas também podem fornecer soluções para formas de decks de lajes elevadas em alturas maiores. No projeto do Hong Kong Convention Center, foram utilizadas mesas de 36 ft de altura [5]. Apoiadas por torres de escoramento de alumínio e vigas de aço, essas mesas gigantes (45 ft de comprimento e 25 ft de largura) pesavam 21.000 lb cada uma. Para permitir a movimentação rápida e fácil para o próximo ponto de lançamento no mesmo pavimento, foi utilizado um sistema pneumático inovador para reposicionar as mesas sobre apoios flutuantes (*hoverpads*), de modo que eram necessários apenas três trabalhadores para mover as mesas.

SISTEMAS VERTICAIS E HORIZONTAIS COMBINADOS

Os sistemas para construção de formas de paredes e lajes se dividem em duas categorias: formas tipo meio-túnel e formas tipo túnel completo (que não devem ser confundidos com os sistemas de formas para a construção de túneis). Ambos costumam ser chamados de formas tipo túnel ou simplesmente túneis.

Sistemas de forma tipo túnel

As formas tipo túnel, usadas para construção de formas de paredes e lajes que serão concretadas em uma só operação, são apropriadas para uso repetitivo em um *layout* de paredes ortogonais, como aquelas encontradas em projetos de edifícios residenciais altos, e especialmente para construções celulares, como hotéis, edifícios de escritórios e hospitais (ver Figura 21.18). As paredes de concreto se tornam parte da estrutura da construção, com pouco ou nenhum uso de partições de materiais leves.

FIGURA 21.18 Construção de edifício de tipo celular.

As formas tipo túnel são compostas quase totalmente de aço, incluindo a face da forma. O concreto produzido possui acabamento liso de alta qualidade. Quando são utilizados meios túneis (ver Figura 21.19), eles são conectados por travas especiais que formam uma unidade de túnel completo. São precisas duas formas tipo túnel para construção da forma de uma parede, com uma em cada lado dessa parede. Para lançar uma parede externa, é possível usar uma forma tipo túnel no lado interno e uma forma de parede com painéis grandes no externo. Um painel de forma vertical também pode ser conectado ao túnel em sua traseira para permitir o lançamento simultâneo de paredes traseiras perpendiculares à orientação principal das paredes de sustentação.

FIGURA 21.19 Duas metades de forma tipo túnel conectadas para criar uma forma de unidade completa.

Em geral, as formas tipo túnel são fabricadas em tamanhos modulares fixos. Esses tamanhos modulares são combinados para produzir o comprimento desejado da sala, muitas vezes com o auxílio de painéis de extensão curtos. Alturas variáveis estão disponíveis em um pequeno número de incrementos padronizados, mas a forma pode ser ajustada pela substituição da seção inferior da forma da parede por um segmento mais alto. Para permitir larguras de sala maiores do que a largura da forma tipo túnel, podem ser utilizados painéis de enchimento, apoiados por vigas extensíveis especiais, ou uma forma de mesa pode ser colocada entre dois meios túneis. Os fabricantes também oferecem túneis personalizados para projetos específicos; essa opção é econômica para a empreiteira se o número de reutilizações for alto o suficiente.

A área horizontal e vertical combinada dos túneis normais varia de 100 a 350 sf, com peso de 14 a 16 lb/sf. Assim, um túnel completo de grande porte (p.ex., 9 ft de altura, 12 ft de largura, 20 ft de comprimento) pode pesar até 3 toneladas, o que deve ser considerado na seleção do guindaste para o projeto e para determinar seu posicionamento em relação ao edifício. Semelhante ao caso das formas de mesa, o guindaste de torre usado para trabalhar com as formas não pode ser colocado próximo demais à fachada do edifício; caso contrário, seu mastro bloqueará a remoção das formas diretamente à frente de sua posição. Por outro lado, a área de trabalho do guindaste precisa abranger a área do edifício e também pelo menos metade do comprimento da forma tipo túnel ou até mais, caso as formas devam ser puxadas da fachada oposta ao lado de operação do guindaste (ou qualquer outra fachada que não aquela mais próxima do guindaste).

Cada utilização de uma forma é constituída de lançar o concreto das paredes e do teto do pavimento atual. O teto completo também é o piso do próximo pavimento. Ao longo da borda inferior das formas de parede, são usados macacos para erguer a forma como um todo antes do lançamento do concreto, de modo que a forma possa ser baixada para desforma após o lançamento. Além disso, os macacos oferecem a capacidade de nivelar a forma. Devido a essa necessidade de erguer a forma acima da superfície do piso para que ela possa ser removida posteriormente, uma seção de aproximadamente 4 polegadas de altura da parede do pavimento superior será lançada com a operação de lançamento da parede e do teto do pavimento inferior.

Essa moldagem de uma parede de junção de 4 polegadas é realizada com a inserção de pequenos blocos cruciformes (em forma de cruz) de concreto pré-moldado no espaço entre duas formas tipo túnel adjacentes (ver Figura 21.20). Esses blocos cruciformes, que têm cerca de 2 polegadas de espessura para que o concreto possa ser lançado facilmente na forma de parede, atuam como espaçadores superiores das formas, mantendo-as na largura de parede correta. No alto dos

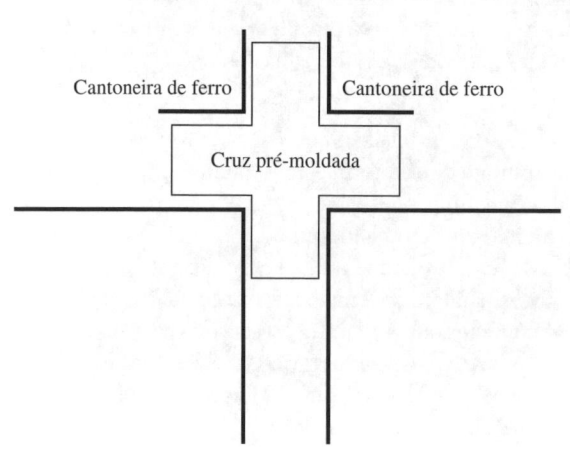

FIGURA 21.20 Espaçador de concreto pré-moldado com formato de cruz.

blocos cruciformes, são colocadas duas cantoneiras de ferro para criar uma forma para o concreto da parede de junção. As cantoneiras também servem como guias de nivelamento para o lançamento do concreto do teto. Do mesmo modo, elementos pré-moldados em forma de "T" são utilizados para as paredes externas.

Para remover formas tipo meio-túnel, primeiro são abertas as travas que conectam as duas metades da forma. Uma das formas é baixada e, ao mesmo tempo, ligeiramente destacada da parede. A seguir, ela é puxada para fora do edifício. O processo é repetido para a segunda forma. A remoção de túneis completos representa um problema mais difícil, pois as formas ficam presas na caixa de concreto enrijecida e precisam ser recolhidas de alguma maneira para que possam ser puxadas. Essa necessidade de encolher a forma para sua remoção é o fator principal por trás do projeto de formas tipo túnel completo e a explicação de por que os fabricantes oferecerem variações tão limitadas em termos de configurações de forma tipo túnel.

Basicamente, existem duas configurações de projetos e encolhimento de formas tipo túnel:

1. Três lados: A forma de túnel completa de três lados (lateral- topo-lateral) é uma unidade contínua. Diagonais que saem da parte inferior da forma lateral e vão até a forma de deck usam pistões hidráulicos para se retraírem, o que encurta essas diagonais. Quando isso acontece, o túnel inteiro se contrai. A forma de deck superior se curva no meio enquanto se destaca da laje de concreto, enquanto as formas laterais se dobram no topo, destacando-se das paredes de concreto. Alguns fabricantes disponibilizam um sistema mecânico com operação semelhante.
2. Duas seções: A forma de deck tem duas seções fixadas às formas de parede em ambos os lados do túnel e uma seção destacável estreita que pode subir ou descer com o auxílio de diagonais articuladas curtas, ou escoras em mãos francesas (ver Figura 21.21). Quando o túnel é levantado pelo guindaste, as escoras se prendem em sua posição "para cima" e a seção destacável é alojada no deck para criar um plano uniforme. As escoras são então presas para serviço por cunhas ou pinos de segurança. Para a desforma, as cunhas e os pinos de segurança são removidos; as escoras são destravadas pelo dobramento hidráulico de suas mãos francesas e a seção destacável é baixada ligeiramente. Depois disso, as formas laterais são movidas para dentro e liberadas do concreto.

Os túneis (meio e completos) são removidos da estrutura do edifício da mesma maneira que as formas de mesa. As formas são equipadas com rodas ou rolos especiais. As rodas ou rolos possibilitam que as formas tipo túnel sejam empurradas para fora do espaço do edifício durante o processo de remoção. As plataformas de desmontagem estão visíveis no alto do edifício na Figura 21.18.

Quando consideramos o uso de formas tipo meio-túnel em comparação com as de túnel completo, é preciso levar diversos fatores operacionais em conta. A Tabela 21.7 resume os fatores operacionais importantes que devem ser levados em consideração.

Para acelerar o processo de construção e melhorar a utilização das formas, o concreto normalmente é aquecido após seu lançamento para acelerar o processo de cura e permitir a desforma rápida para reutilização das formas. Um método de aquecimento comum é colocar sopradores dentro de cada túnel (observe os aquecedores cilíndricos suspensos do topo da forma na Figura 21.21). Os sopradores aquecem as

FIGURA 21.21 Vista interna de forma tipo túnel com escoras hidráulicas em mãos francesas e aquecedores suspensos de hastes de metal no alto da forma.

formas de aço que, por convecção, aquecem o concreto. Para reduzir a perda de calor, são penduradas cortinas de lona encerada no lado aberto do túnel (como pode ser visto no alto do edifício na Figura 21.18). O cronograma de trabalho para uso de formas tipo túnel é mais inflexível do que para outros sistemas de formas. Com formas de parede de painéis grandes ou com formas de mesa, a sequência da montagem da forma não é relevante; se uma unidade for danificada, o trabalho pode continuar com o uso de outras unidades. As formas tipo túnel, por outro lado, precisam seguir uma sequência de montagem fixa, pois não há como inserir uma forma entre duas outras formas montadas. Assim, cada forma deve ser montada no momento apropriado e, caso uma seja danificada, todo o processo de montagem é interrompido.

Para maximizar a utilização, é melhor manter um ciclo de trabalho de 24 horas. Um conjunto de túneis é o número de formas (de túneis e de paredes traseiras) necessário para uma operação de concretagem. O número de conjuntos empregados em um determinado projeto é o resultado do ritmo de trabalho desejado e o tempo de cura mí-

TABELA 21.7 Comparação de sistemas de forma tipo meio-túnel e túnel completo

Fator	Meio-túnel	Túnel completo
Custo das formas (por sf)	Menor	Maior
Capacidades de levantamento necessárias dos guindastes	Menor	Maior
Número de ciclos de levantamento e tempo de guindaste resultante	Maior	Menor
Quantidade de trabalho total de montagem e desmontagem	Maior	Menor
Necessidade de re-escoramento de pavimento inferior	Sim	Não

nimo necessário antes que a desforma seja possível. Por exemplo, se um arranha-céu residencial com quatro apartamentos por andar será construído à velocidade de um andar por semana e os túneis usados para formar os quartos podem ser desformados e reutilizados diariamente (ou seja, cura de um dia para o outro), então um conjunto completo de formas tipo túnel será necessário para criar o espaço retangular (compartimento) de cada apartamento. Se, por outro lado, os túneis usados na segunda-feira somente podem ser desformados na quarta-feira (ou seja, um ciclo de uso de 48 horas), serão necessários dois conjuntos completos de formas tipo túnel. Na verdade, com uma semana de trabalho de 5 dias, um dia é deixado para diversas funções de acabamento, serviços gerais e situações imprevistas. Tenha em mente que para concretar cada compartimento inicial nesse ciclo, os túneis também são necessários para o outro lado das paredes de separação entre compartimentos (ou seja, um conjunto de forma tipo túnel completo e pelo menos parte de um segundo que é necessário para completar o outro lado da parede). Assim, um conjunto de formas de um túnel na verdade é maior (em termos de área das formas) do que a área de contato (paredes e lajes) de um compartimento. Isso também significa que a quantidade de trabalho é maior no primeiro conjunto de salas (ou seja, o primeiro dia do ciclo semanal) e menor no quarto apartamento. Os túneis usados para concretar as paredes de separação são deixados em suas posições quando o trabalho passa para o próximo apartamento.

TORRES DE ESCORAMENTO

As formas para concreto moldado *in loco* para construções de alto vão livre normalmente se baseiam em torres de escoramento de múltiplos níveis, também chamadas de *torres de suporte*, que são basicamente sistemas *baseados em quadros estruturais*, para diferenciá-los dos sistemas de *tubos e acoplamentos*. Existem alguns outros tipos de solução (p. ex., as formas de "gaveta" mencionadas anteriormente), mas estes não são utilizados com frequência. Assim, as torres de escoramento de diversas alturas são uma parte inseparável da construção com concreto e se revelaram bastante úteis para outros processos de construção em projetos comerciais, residenciais, industriais, públicos e de engenharia civil (ver Figura 21.22). A demanda pelo uso dessas torres têm crescido ainda mais, pois a conveniência da sua montagem e desmontagem as torna uma solução de escoramento para construções de baixa altura livre, nas quais tradicionalmente se utilizam escoras. Além disso, as torres muitas vezes servem como suportes temporários na construção com concreto pré-moldado e até mesmo como andaimes de acesso.

Como as torres de escoramento são compostas de elementos carregados manualmente e remontados para cada uso, elas podem ser consideradas formas convencionais (ver Tabela 21.1). Sua natureza industrializada, no entanto, é diferente: (1) elas são modulares; (2) elas são feitas de aço ou alumínio e podem ser reutilizadas um grande número de vezes; (3) quando montadas até grandes alturas (e, muitas vezes, alturas menores também), elas normalmente são pré-montadas em módulos curtos no solo e então içadas até seu local final, da mesma maneira que qualquer outro sistema de formas industrializadas; e (4) elas muitas vezes compõem o escoramento vertical das formas de mesa industrializadas. A importância das torres de escoramento também advém do fato de terem um impacto significativo no custo de construção de formas em situações com alturas livres significativas.

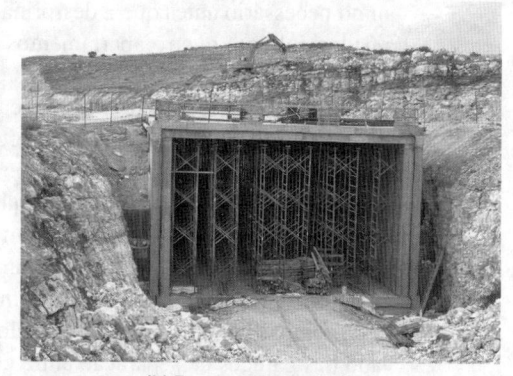

(a) Em um projeto de construção (b) Em um projeto de túnel

FIGURA 21.22 Torres de escoramento em construção com altura livre elevada.

As torres de escoramento estão disponíveis em uma ampla variedade de configurações, métodos de montagem e capacidades de suporte de carga. Elas são feitas de aço envernizado, aço galvanizado ou alumínio. Nos últimos anos, os desenvolvimentos têm dado preferência clara às torres de alumínio, com maior capacidade de suporte nas pernas. As torres de escoramento podem ser classificadas em quatro categorias:

1. As torres *padrão*, com capacidade de suporte típica de 8.000 lb/perna, são utilizadas principalmente para trabalhos de manutenção e construção leve.
2. As torres de *serviço pesado* têm cargas de trabalho seguras na faixa de 10.000 a 20.000 lb/perna; é a classe das torres utilizadas principalmente na construção de edifícios.
3. As torres de *serviço extra pesado* têm capacidades de suporte de até 50.000 lb/perna e são mais utilizadas em projetos civis pesados.
4. As torres de *serviço ultra pesado* têm cargas de trabalho de até 100.000 lb/perna (200 toneladas por torre de 4 pernas).

As torres com carga de trabalho de 20.000 a 30.000 lb/perna, ou seja, da terceira categoria, ocasionalmente são utilizadas em projetos de construção de edifícios. Observe, contudo, que com as cargas de construção de edifícios típicas e os tamanhos de elementos mais usados como guias e travessões (que limitam o espaçamento da torre), uma torre de 25.000 lb/perna provavelmente será extremamente subutilizada na maioria dos casos de construção.

Como estruturas espaciais, os sistemas de torre registrados pelos fabricantes diferem entre si em termos de sua (1) configuração básica dos painéis, (2) configuração de níveis (ou seja, o modo como os painéis básicos, muitas vezes com componentes adicionais, formam o nível da torre) e (3) configuração da torre completa (ou seja, o modo como os níveis se conectam uns aos outros). Assim, além da classificação por capacidade de suporte, as torres podem ser classificadas de acordo com sua configuração. A Tabela 21.8 apresenta quatro famílias de torres de escoramento [13], a Figura 21.23 mostra exemplos de torres de cada uma dessas famílias e a Tabela 21.9 apresenta dados técnicos típicos de torres de escoramento das quatro famílias.

TABELA 21.8 Classificação geral de tipos de torre de escoramento [13]

Família da torre	Configuração de níveis	Configuração de armação básica típica	Observações
A	Cada nível (camada) é composto de dois painéis paralelos conectados por dois pares de reforços transversais (contraventamentos)		Torres separadas podem ser interconectadas por reforços transversais ou contraventamentos para produzir um sistema de torre maior ou uma fileira de torres contínuas
B	A seção de torre típica é composta de quatro escoras telescópicas conectadas por conjuntos de quatro painéis de suporte (da mesma largura, ou duas de cada largura)		As escoras também podem ser usadas separadamente como postes de escoramento únicos; torres separadas podem ser interconectadas por painéis para produzir um sistema de torre maior ou uma fileira de torres contínuas
C	Cada nível (camada) é composto de dois painéis paralelos; os níveis são virados 90 graus em relação uns aos outros		As torres são sempre quadradas
D	Cada nível (camada) é composto de quatro painéis (da mesma largura, ou duas de cada largura) conectados entre si		A montagem de torres triangulares (além de quadradas ou retangulares) é possível alguns modelos; torres separadas podem ser interconectadas para produzir um sistema de torres maior em alguns modelos

A principal vantagem das torres de escoramento é sua capacidade de fornecer suporte vertical em praticamente qualquer altura desejada. Uma fonte [6] cita 200 ft como o limite de altura das torres de escoramento. A Figura 21.24, no entanto, mostra torres de alumínio de múltiplos níveis que oferecem escoramento vertical para uma laje de 240 ft de altura em um arranha-céu residencial. No 25º andar, a área do piso desse edifício aumenta, sendo que esse aumento é mantido até o 30º andar. Para ter uma altura como essa, uma estrutura temporária precisa ser projetada com muito cuidado; ela precisa ser bastante escorada, tanto internamente quanto na estrutura permanente, para resistir a deformações e manter a estabilidade geral. A decisão de usar torres tão altas foi adotada após uma investigação cuidadosa de diversas alternativas, conduzida em um projeto semelhante com uma laje de 200 ft de altura [12], que revelou que a solução baseada em torres seria a mais econômica sob essas condições.

(a) Família A

(b) Família B

(c) Família C

(d) Família D

FIGURA 21.23 Torres de escoramento de múltiplos níveis.

O principal problema para tentar estimar o custo das formas em situações que envolvem torres de escoramento de múltiplos níveis é a dificuldade de prever as horas de trabalho necessárias para montar e desmontar as torres. Quanto maior a altura de escoramento total envolvida, menor a disponibilidade de dados de produtividade publicados ou internos da empresa. O custo de montar e desmontar torres extremamente altas pode ser tão grande que o custo do concreto e do lançamento de concreto se torna um componente quase desprezível do custo total de construção

TABELA 21.9 Dados comparativos de famílias de torre de escoramento [13]

Dados técnicos	Família A	Família B	Família C	Família D
A dimensão vertical: dados relativos à altura da torre				
Faixa de alturas de níveis (B: comprimentos de escora) polegadas (cm)	35–83 (90–210)	59–246 (150–625)	20–71 (50–180)	20–59 (50–150)
Peso da armação básica (B: armação de escora e painel de suporte) lb (kg)	6–14 (14–31)	3–15 (7–34)	3–16 (7–36)	3–8 (7–17)
Elevação modular de seções de torre completas	Sim	Sim	Sim	Não
Tipos de componente padrão por nível (B: por nível de painel de suporte)	2	2	2	1
Componentes padrão gerais por nível (B: por nível de painel de suporte)	4	8	2–8	4
A dimensão horizontal: dados relativos ao *layout* da torre				
Faixa de medições horizontais, polegadas (cm)	24–181 (60–460)	22–150 (55–380)	39–59 (100–150)	39–79 (100–200)
Carga de serviço por perna, toneladas (kN)	5,0–9,0 (45–80)	5,0–6,7 (45–60)	5,6–6,7 (50–60)	5,6–7,9 (50–70)
Suporte de laje e viga combinado	Sim	Não	Não	Não
Montagem como formas de mesa modulares	Sim	Sim	Não	Não

FIGURA 21.24 Suporte de forma usando torres de escoramento de alumínio de 240 ft de altura com capacidade de suporte de 18.000 lb/perna.

com concreto. Os estudos de trabalho sobre a montagem e desmontagem de torres de escoramento [10, 11, 12] revelam que (1) enquanto a produtividade da mão de obra diminui com a altura de escoramento, a relação não é linearmente proporcional; e (2) quando falamos sobre produtividade da mão de obra, o número de níveis que compõem a torre é mais indicativo da produtividade do que o alcance vertical total. Esses dados ajudam a estimar a produtividade da mão de obra com base nos históricos de caso. Por exemplo, dada a quantidade de horas de trabalho necessária para uma torre de cinco níveis de altura, poderíamos prever que seria preciso um pouco mais do que 20% de horas de trabalho adicionais para montar uma torre semelhante com um sexto nível. Para ajudar melhor na estimativa dos índices de produção, podemos desenvolver modelos estimativos para diversas torres com base em estudos de trabalho [11]. As fórmulas dadas pelas Eqs. [21.11] e [21.12] se baseiam em tais estudos de trabalho. Essas fórmulas nos permitem prever as horas de trabalho de montagem e desmontagem para um modelo de torres de *aço* tipo A, enquanto as Eqs. [21.13] e [21.14] nos permitem prever as horas de trabalho necessárias para a montagem e desmontagem de um modelo de torres de *alumínio* tipo A (todas com trabalho manual). Essas fórmulas não podem ser aplicadas a todos os tipos de torre, sendo válidas apenas para os modelos descritos.

Torres de aço tipo A, montagem:

$$W = 0{,}085T^2 + 0{,}335T + 0{,}17 \qquad [21.11]$$

Torres de aço tipo A, desmontagem:

$$W = 0{,}030T^2 + 0{,}120T + 0{,}04 \qquad [21.12]$$

Torres de alumínio tipo A, montagem:

$$W = 0{,}0035T^3 + 0{,}024T^2 + 0{,}36T + 0{,}30 \qquad [21.13]$$

Torres de alumínio tipo A, desmontagem:

$$W = 0{,}0028T^3 + 0{,}016T^2 + 0{,}15T + 0{,}01 \qquad [21.14]$$

onde:

W = horas de trabalho (horas de trabalho por torre)

T = número de níveis.

Observe que, enquanto o número de níveis que compõem a torre afeta a produtividade da mão de obra significativamente mais do que a altura da torre em si, esse último fator não pode ser ignorado. As equações listadas acima foram desenvolvidas com base na prática comum na qual foram utilizadas as armações de maior altura disponíveis, dentro dos limites impostos pela altura total exata da torre necessária: espaçamento médio entre os níveis (camadas) de 5 ft e 3 polegadas para as Eqs. [21.11] e [21.12] (espaçamento máximo disponível entre painéis nesse modelo de torre: 6 ft); espaçamento médio entre os níveis (camadas) de 6 ft para as Eqs. [21.13] e [21.14] (espaçamento máximo disponível entre painéis nesse modelo de torre: 7 ft).

EXEMPLO 21.4

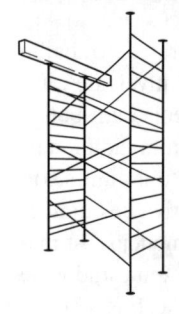

Qual é a quantidade total de trabalho prevista para a montagem e desmontagem de um sistema de torres composto de 20 torres de escoramento de aço tipo A com altura de 52 ft e 6 polegadas? As Equações [21.11] e [21.12] se aplicam às torres propostas.

Com um espaçamento médio entre os níveis (camadas) de 5 ft e 3 polegadas, uma torre de 52 ft e 6 polegadas é composta de 10 níveis.

Mão de obra de montagem Eq. [21.11]: $W = 0{,}085 \times 10^2 + 0{,}335 \times 10 = 0{,}17 = 12{,}02$ hr

Mão de obra de desmontagem Eq. [21.12]: $W = 0{,}030 \times 10^2 + 0{,}120 \times 10 + 0{,}04 = 4{,}24$ hr

Mão de obra total: $W = 16{,}26$ horas por uma torre

Logo, $20 \times 16{,}26 = 325{,}2$ horas de trabalho para o conjunto de 20 torres.

A Tabela 21.10 apresenta a produtividade da mão de obra para diversos tipos e alturas de torres de escoramento. A natureza limitada dos dados de produtividade já foi destacada; assim, os dados da Tabela 21.10 devem ser utilizados com muita

TABELA 21.10 Exemplo de produtividade da mão de obra em torres de escoramento

Tipo de torre	Altura da torre* (ft)	Número de níveis (camadas)	Seção transversal da torre (ft)	Parâmetros de construção	Produtividade da mão de obra (horas de trabalho por torre)		
					Montagem	Desmont.	Total
A Aço	20	3	6 × 4	Amostra muito grande	1,94	0,67	2,61
	33	6	6 × 4	Trabalho manual	5,24	1,84	7,08
	52	10	6 × 4	Montagem *in situ*	12,02	4,24	16,26
A Alumínio	26	4	8 × 6	Amostra muito grande	2,35	1,05	3,40
	43	7	8 × 6	Trabalho manual	5,19	2,81	8,00
	57	9	8 × 6	Montagem *in situ*	8,03	4,70	12,73
D Aço (Fig. 21.23d)	57	14	6 × 4	24 torres Trabalho manual Montagem in situ	16,17	6,47	22,64
B Alumínio (Fig. 21.23b)	87	(15)[†]	9 × 8	7 torres Auxiliado por guindaste Pré-montagem horizontal	41,28	24,77	66,05
A Alumínio (Fig. 21.23a)	200	8	8 × 6	7 torres Auxiliado por guindaste Pré-montagem horizontal	85,54	83,07	168,61

* A altura de todo o sistema de torres, medida da parte inferior das placas da base até a parte inferior das guias sobre as cabeças de torre.
[†] As torres tipo B não podem ser definidas em termos de níveis (camadas); este é o número de conjuntos de quatro painéis de suporte ao longo da torre.

cautela. Os parâmetros de construção a seguir devem ser considerados quando adotamos resultados de horas de trabalho, obtidos em um caso específico, para uma outra situação (diversos parâmetros são referentes especificamente a torres de escoramento, enquanto outros são gerais e se aplicam a qualquer tipo de forma):

- O método de montagem e desmontagem (com/sem auxílio de guindaste, pré-montagem horizontal no solo ou montagem *in situ* vertical). O auxílio do guindaste e a pré-montagem incorreriam em menos insumos.
- Distância entre a área de preparação e a área de montagem. Quanto maior a distância de transferência das peças da torre, mais horas de trabalho serão necessárias.
- Local de trabalho restrito. Quanto mais restrita a zona de montagem, mais horas de trabalho serão necessárias.
- Formato e tamanho do conjunto de torres como um todo (pequeno número de torres apoiando componente de concreto irregular com limitações geométricas *versus* maior número de torres em um padrão regular e repetitivo).

- Complexidade do sistema de contraventamento, incluindo o número de conexões necessárias entre as torres e com a estrutura permanente.
- Experiência dos trabalhadores e sua familiaridade com o sistema de torres específico utilizado.
- Modo de emprego dos trabalhadores. Pode-se esperar menor produtividade de mão de obra para trabalhadores contratados por hora de trabalho e maior produtividade para trabalhadores contratados por tarefa.
- Regulamentação de segurança. Quando trabalham em grandes alturas, os dispositivos (amarrações) de segurança dos trabalhadores podem atrasar a velocidade da montagem da torre.
- Duração do dia de trabalho. O uso de horas extras e/ou trabalho em más condições de iluminação reduz a produtividade.
- As condições climáticas afetam a produção (temperaturas extremamente altas/baixas, chuva).

A produtividade da mão de obra controla a economia das soluções de torre de escoramento que envolvem torres de múltiplos níveis, então as medidas realizadas pela construtora em todas as fases de projeto, seleção, planejamento e execução que resultam em reduções dos requisitos de mão de obra serão favoráveis à economia. É preciso considerar as seguintes recomendações:

- Seleção do tipo de torre: para reduzir os requisitos de mão de obra, selecione torres com grande espaço médio entre os níveis (altura), como determinado por (1) o tamanho da maior armação e (2) a variedade disponível de espaçamento entre níveis.
- Seleção do espaçamento entre níveis (para um determinado tipo de torre): selecione os maiores painéis possíveis, minimizando o número de níveis (camadas) para uma determinada altura de torre; quando duas torres (do mesmo tipo) que se erguem até a mesma altura são compostas de números de níveis (camadas) diferentes, a montagem da torre com o menor número de níveis incorrerá em requisitos menores de mão de obra.
- Quando utilizar diversos espaçamentos entre níveis, (camadas) coloque os espaços maiores entre níveis (ou seja, mais pesados) primeiro (na base da torre) e os espaços menores por último (no alto da torre).
- Selecione guias e travessões que maximizem o espaçamento da torre; muitas vezes, apenas uma pequena porcentagem da capacidade de suporte de carga das torres é utilizada.
- Selecione torres que correspondam às cargas esperadas. As torres com capacidades superiores às cargas esperadas não oferecem vantagem nenhuma e tendem a ser mais pesadas (resultando em maiores requisitos de mão de obra) e/ou mais caras.
- Há vantagens em selecionar um tipo de torre com o qual a equipe de trabalho esteja familiarizada; os tipos de torre podem ser muito diferentes entre si, então a experiência adquirida com um tipo não garante a eficiência do trabalho com outro tipo.
- Organize-se de modo a ter o tamanho de equipe ideal, com alocações claras de tarefas para cada trabalhador.

- Uma equipe pequena demais dificulta o trabalho de manter tarefas individuais e a transferência dos trabalhadores de uma tarefa para a outra aumenta os requisitos de mão de obra; uma equipe grande demais leva ao desperdício de recursos.
- O tamanho de equipe ideal depende, em parte, do tipo de torre e do método de montagem, além da distância de transferência das peças da torre; em geral, no entanto, ele é governado pela altura da torre.
- Como regra prática, torres baixas (até três níveis ou camadas) precisam de dois trabalhadores, torres médias (até seis níveis ou camadas) precisam de três e torres com mais de seis níveis ou camadas serão montadas eficientemente por quatro trabalhadores.
- As peças das torres devem ser colocadas o mais próximas possível da zona de montagem; isso deve ser considerado antes que as peças sejam fornecidas e descarregadas no local de trabalho.
- As torres que permitem pré-montagem horizontal no solo têm uma vantagem quando há um guindaste disponível para auxiliar na montagem de sistemas de grande porte. Ao mesmo tempo, observe que com alguns tipos de torre, a pré-montagem horizontal pode incorrer em maiores requisitos de mão de obra do que outros tipos montados *in situ*.
- O contraventamento (conexão de torres umas às outras e/ou à estrutura permanente) das torres deve se basear em uma análise de engenharia, não na intuição; suportes inadequados podem levar a falhas, então a intuição muitas vezes provoca o uso excessivo de contraventamentos, o que aumenta desnecessariamente as horas de trabalho.
- No escoramento de um elemento de concreto linear (p.ex., uma viga, ao contrário de uma laje), as torres que podem ser montadas como triângulos têm uma vantagem, pois os requisitos de mão de obra para torres de três pernas são cerca de 80% aqueles das torres de quatro pernas do mesmo tipo.

SEGURANÇA

Em geral, as formas são uma preocupação de segurança significativa, devido principalmente a sua natureza como trabalho temporário. Como tal, as agências regulatórias tratam em detalhes sobre segurança das formas, assim como diversas agências de segurança, fabricantes, empreiteiras, praticantes da construção e pesquisadores. Os sistemas de formas industrializados representam o potencial de riscos ainda maiores, pois adicionam outro aspecto ao problema devido a seu tamanho e peso, assim como o requisito de que sejam manuseados por guindastes e outros equipamentos de levantamento. Um exemplo é o uso do guindaste para auxiliar na desforma de formas de parede de painéis grandes por tração no sentido inclinado (em vez de usar o guindaste para levantamento estritamente vertical depois de a parede ter sido totalmente desformada). Essa prática perigosa muitas vezes leva a um desligamento súbito do painel de forma da parede de concreto, atingindo os trabalhadores mais próximos. Outro exemplo é a prática perigosa de usar o gancho do guindaste para puxar formas de mesa para fora do edifício em vez de mover a mesa horizontalmente por outros meios até ela se destacar da fachada do edifício para que o guindaste possa erguê-la verticalmente ou usar um dispositivo de armação em "C".

Ao mesmo tempo, os sistemas de formas industrializadas têm o potencial de limitar os riscos associados à fabricação de formas. Isso ocorre porque a essência da industrialização é retirar o processo de fabricação do canteiro de obras, fazendo com que o trabalho no local se concentre principalmente na montagem. Um ambiente de fábrica é muito mais fácil de controlar do que o de um canteiro de obras. Além disso, a qualidade das formas produzidas em fábricas geralmente é maior do que a daquelas construídas no local; assim, essas formas são menos suscetíveis a falhas.

A consciência dos fabricantes de formas sobre questões de segurança é muito maior do que a equipe de trabalho no local da obra, resultando em uma busca constante pela melhoria da qualidade e segurança de seus produtos. Assim, os sistemas de formas de paredes e colunas são fornecidos com plataformas de trabalho integradas, barreiras de proteção, escadas e gaiolas ascendentes protetoras. Também há sistemas de amarração avançados, olhais de içamento nos pontos exatos da forma nos quais serão necessários e sistemas de formas que utilizam recursos hidráulicos para serem elevados sem o uso de um guindaste, que pode ser afetado pelo vento.

Nos Estados Unidos, as principais organizações que tratam sobre questões de segurança relativas a formas e publicam regulamentações, orientações e recomendações são a Occupational Safety & Health Administration (OSHA) do U.S. Department of Labor [site 3], o American Concrete Institute (ACI) [site 1] e o Scaffolding, Shoring and Forming Institute, Inc. (SSFI) [site 2]. As regulamentações da OSHA relativas a formas estão listadas sob "Requirements for Cast-in-Place Concrete" (Subparte Q) de "Safety and Health Regulations for Construction" (Part 1926). O ACI trata sobre a segurança de formas em *Guide to Formwork for Concrete, ACI 347-04* [1] (3.1—Safety precautions). O SSFI publica suas recomendações em códigos de práticas seguras, organizados por tipo de forma/escoramento. Além disso, o American National Standards Institute e a American Society of Safety Engineers publicaram em conjunto a ANSI/ASSE A10.9-2004, "Concrete and Masonry Work Safety Requirements", cuja seção (7) trata sobre formas. Essas publicações tratam principalmente de segurança das formas em geral e suas instruções e recomendações devem ser seguidas à risca, seja qual for o tipo de forma praticada, convencional ou industrializada. Também há um pequeno número de publicações, principalmente do SSFI, que se concentram em tipos de forma específicos como aqueles tratados neste capítulo (p.ex., formas tipo deck pré-fabricadas e torres de escoramento); quando aplicáveis, elas também deve ser seguidas à risca.

O manuseio mecânico das formas no local de trabalho, uma característica dos sistemas de formas industrializadas, é uma operação crítica. Todas as partes envolvidas no manuseio da forma por guindastes devem estar cientes do peso da forma e do método de manuseio apropriado. Um exemplo é a desforma de formas de paredes quando a forma pode precisar ser elevada sobre obras parcialmente completas, com possíveis vergalhões salientes para níveis de trabalho subsequentes.

> Todas as partes envolvidas no desenho, fabricação e construção das formas devem lembrar que, além da clara responsabilidade moral e legal de manter condições de segurança para os trabalhadores e o público, a construção segura é, em última análise, mais econômica do que qualquer economia de custo de curto prazo que seria produzida pela adoção de atalhos na área da segurança [1].

RESUMO

Os sistemas de forma usados na construção dos diversos elementos de concreto repetitivos de uma estrutura são projetados e fabricados para muitas reutilizações. O engenheiro de projeto da construtora normalmente não é responsável pelo trabalho de projetar os principais elementos de formas, mas se envolve intensamente com diversos aspectos de planejamento de sua seleção, encomenda, montagem, desforma e reutilização. As formas industrializadas geralmente são produzidas em fábricas e usadas muitas vezes como uma só unidade, sem serem desmontadas e remontadas.

A modularização e mecanização dos sistemas de forma os tornaram uma parte essencial dos equipamentos de construção da atualidade. Em comparação com a forma tradicional, os sistemas de formas industrializadas quase sempre são excelentes em reduzir custos com a economia no tempo de montagem e desmontagem. O custo de formas consiste principalmente em materiais e mão de obra. O custo da mão de obra é controlado pela sua produtividade, algo frequentemente muito difícil de determinar. A Tabela 21.5 apresenta dados típicos de produtividade da mão de obra, mas estes devem ser utilizados com cuidado, pois são apenas indicações gerais dos requisitos de tempo médios.

As torres de escoramento de diversas alturas são uma parte inseparável da construção com concreto e se revelaram bastante úteis para outros processos de construção em projetos comerciais, residenciais, industriais, públicos e de engenharia civil. Elas são compostas de elementos carregados manualmente e remontados para cada uso. As torres de escoramento estão disponíveis em uma ampla variedade de configurações, métodos de montagem e capacidades de suporte de carga. Elas são feitas de aço envernizado, aço galvanizado ou alumínio, mas os desenvolvimentos atuais dão preferência clara às torres de alumínio, com maior capacidade de suporte nas pernas.

Devido a sua natureza como um trabalho temporário, as formas apresentam diversas preocupações de segurança distintas. Como uma falha da forma pode levar à morte dos trabalhadores acima e abaixo delas, a segurança dos sistemas de formas é amplamente controlada pelas agências regulatórias e diversas agências de segurança. Os sistemas de formas industrializadas têm o potencial de criar riscos ainda maiores, pois adicionam outro aspecto à questão da segurança devido a seu tamanho e peso, além do requisito de que sejam manuseadas por guindastes ou outros equipamentos de elevação. Os objetivos críticos de aprendizagem incluem:

- O entendimento da função do engenheiro de projeto na utilização de sistemas de forma
- O entendimento da magnitude da pressão que o concreto fresco exerce sobre a forma
- A capacidade de calcular o custo de sistemas de forma
- O entendimento dos diferentes tipos de sistemas de forma disponíveis para completar um projeto com sucesso
- O entendimento das questões de segurança inerentes ao emprego de sistemas de forma

Esses objetivos servem de base para os problemas a seguir.

PROBLEMAS

21.1 Uma parede de concreto de 13 ft de altura, 16 polegadas de espessura e 60 ft de comprimento será moldada a uma velocidade de 25 cy/hora. Considere uma temperatura de concreto de 60°F e um valor de 1,0 para os coeficientes químico e de peso unitário (C_w e C_c).
   a. Qual é a pressão lateral máxima sobre a forma?
   b. Qual é a profundidade de concreto fluido a partir do topo do lançamento?

21.2 Uma empreiteira está participando da licitação de um projeto composto de cinco arranha-céus, a serem construídos em sequência. A empresa está considerando utilizar sistemas de formas tipo túnel avançados e operados hidraulicamente, que seriam comprados e usados 60 vezes por edifício durante um período de um ano. As formas de túnel custam $28/sf. O valor de recuperação esperado ao final do projeto de 5 anos é nulo. Como os dois últimos edifícios a serem construídos têm projetos ligeiramente diferentes, as formas precisarão ser modificadas, ao custo de $5/sf. Espera-se que ocorra manutenção periódica a cada 120 utilizações, ao custo de 5% do custo de compra. Utilize uma taxa de juros anual de 4%. Qual é o custo de material médio esperado por sf para cada utilização?

21.3 Uma construtora está estudando duas opções de formas para um novo projeto de hotel. A Opção A é usar formas de painéis grandes para as paredes e formas de laje para as lajes. A Opção B é usar formas tipo túnel para as paredes e as lajes. Em ambos os casos, o equipamento será alugado, com área total é de 2.000 sf para as paredes e 2.000 sf para as lajes. No total, 160.000 sf de paredes e 160.000 sf de lajes serão formados. Os custos, produtividade da mão de obra e durações do trabalho são:

Parâmetro	Opção A	Opção B
Duração da construção (= período de aluguel), meses	12	10
Aluguel, $/sf de forma por mês:		
Formas	$0,37/sf	
Formas de mesa	$0,46/sf	
Formas tipo túnel		$1,44/sf
Produtividade da mão de obra		
Formas	0,04 hr/sf	
Formas de mesa	0,03 hr/sf	
Formas tipo túnel		0,03 hr/sf

Devido ao peso maior dos túneis, essa opção exige uma maior capacidade de elevação, resultando em um custo de guindaste adicional de $35.000. Não haveria diferença entre as duas opções na qualidade do concreto. Os salários horários são de $21. Os custos fixos do projeto somam $90.000 por mês. Qual é a opção mais econômica?

21.4 Uma equipe de quatro trabalhadores irá montar 40 torres de escoramento de alumínio tipo A. As Equações [21.3] e [21.4] se aplicam a essas torres. As torres têm 48 ft de altura. A duração do dia de trabalho é de 8 horas.
   a. Qual é a duração estimada (em dias úteis) da montagem?
   b. Qual é a duração estimada (em dias úteis) da desmontagem?
   c. Como as respostas para (a) e (b) mudariam se as torres altas tivessem o dobro da altura descrita?

FONTES DE CONSULTA

ACI 347-04, *Guide to Formwork for Concrete* (2003). American Concrete Institute, Farmington Hills, MI.

Building Construction Cost Data (published annually). R. S. Means Co., Kingston, MA.

Hanna, A. S. (1999). *Concrete Formwork Systems*, Marcel Dekker, New York.

Hurd, M. K. (2005). *Formwork for Concrete, SP-4*, 7th ed., American Concrete Institute, Farmington Hills, MI.

"Innovations in Formwork" (1997). *International Construction*, 36(6), pp. 49, 50, 55, 56, 58, June.

Johnston, R. S. (1996). "Design guidelines for formwork shoring towers," *Concrete Construction*, 41(10), 743–747.

Peurifoy, R. L., and G. D. Oberlender (1996). *Formwork for Concrete Structures*, 3rd ed., McGraw-Hill, New York.

Shapira, A. (1995). "Rational design of shoring-tower-based formwork," *Journal of Construction Engineering and Management*, ASCE, 121(3), pp. 255–260.

Shapira, A. (1999). "Contemporary trends in formwork standards—a case study," *Journal of Construction Engineering and Management*, ASCE, 125(2), pp. 69–75.

Shapira, A. (2004). "Work inputs and related economic aspects of multitier shoring towers," *Journal of Construction Engineering and Management*, ASCE, 130(1), pp. 134–142.

Shapira, A. and D. Goldfinger (2000). "Work-input model for assembly and disassembly of high shoring towers," *Construction Management and Economics*, UK, 18(4), pp. 467–477.

Shapira, A., Y. Shahar, and Y. Raz (2001). "Design and construction of high multi- tier shoring towers: case study," *Journal of Construction Engineering and Management*, ASCE, 127(2), pp. 108–115.

Shapira, A. and Y. Raz (2005). "Comparative analysis of shoring towers for high- clearance construction," *Journal of Construction Engineering and Management*, ASCE, 131(3), pp. 293–301.

FONTES DE CONSULTA NA INTERNET

http://www.aci-int.org American Concrete Institute (ACI), Farmington Hills, MI. O American Concrete Institute dissemina informações para a melhoria do projeto, construção, fabricação, uso e manutenção de produtos e estruturas de concreto, incluindo formas para concreto.

http://www.ssfi.org Scaffolding, Shoring & Forming Institute, Inc. (SSFI), Cleveland, OH. O SSFI é uma associação de empresas que produzem andaimes, escoras e produtos para formas na América do Norte. Ela desenvolve critérios de engenharia e procedimentos de testes de normas para andaimes, escoras e forma e dissemina informações atualizadas relativas a seu uso correto e seguro.

http://www.osha.gov Occupational Safety and Health Administration, U.S. Department of Labor. A OSHA Assistance for the Construction Industry está listada em www.osha.gov/doc/index.html e inclui "Standards", um link para a norma 29 CFR1926, Safety and Health Standards for Construction.

http://www.aluma.com Aluma Systems, Aluma Enterprises, Inc., Toronto, Ontário, Canadá. A Aluma Systems é uma fornecedora de soluções baseadas em alumínio para forma e escoramento de concreto, serviços de andaimes industriais e técnicas de construção.

http://www.doka.com A Conesco Doka, Ltd., Little Ferry, NJ, é parte do Doka Group. A Doka é uma fabricante europeia e fornecedora mundial de produtos de forma de concreto.

http://www.efco-usa.com Efco Corporation, Des Moines, IA. A Efco é uma fabricante americana de sistemas para construção de concreto.

http://www.outinord-americas.com Outinord Universal, Inc., Miami, FL. A Outinord é uma fabricante europeia e fornecedora mundial de sistemas de forma de concreto 100% em aço.

http://www.patentconstruction.com A Patent Construction Systems, Paramus, NJ, é membro da Harsco Corporation. A Patent é uma fornecedora americana de andaimes, forma de concreto e produtos de escoramento.

http://www.peri-usa.com Peri Formwork Systems, Inc., Hanover, MD. A Peri é uma fabricante europeia e fornecedora mundial de sistemas de forma, escoramento e andaimes.

http://www.safway.com Safway Services, Inc., Waukesha, WI, uma empresa do ThyssenKrupp Services AG. A Safway é uma fabricante americana de andaimes e sistemas de escoramento.

http://www.symons.com Symons Corporation, Des Plaines, IL, uma empresa Dayton Superior Company. A Symons é uma fabricante americana de formas de concreto.

http://www.wacoscaf.com Waco Scaffolding & Equipment, Cleveland, OH. A Waco é uma fabricante americana de produtos de escoramento, forma e andaimes.

APÊNDICE

LISTA DE UNIDADES E FATORES DE CONVERSÃO

Para converter de	para	Símbolo	Multiplicar por
Acre (EUA)	metro quadrado	m^2	$4,047 \times 10^3$
Acre-pé	metro cúbico	m^3	$1,233 \times 10^3$
Atmosfera (padrão)	pascal	Pa	$1,013 \times 10^5$
FBM (Board foot ou pé de tábua)	metro cúbico	m^3	$2,359 \times 10^3$
Grau Fahrenheit	Grau Celsius	°C	$t_{°C} = (t_{°F} - 32)/1,8$
Grau Fahrenheit	Absoluto	°A	$°A = (t_{°F} + 459,67)$
Pé	metro	m	$3,048 \div 10$
Pé quadrado	metro quadrado	m^2	$9,290 \div 10^2$
Pé cúbico	metro cúbico	m^3	$2,831 \div 10^2$
Pé cúbico por minuto	metros cúbicos por segundo	m^3/s	$4,917 \div 10^4$
Pés por segundo	metros por segundo	m/s	$3,048 \div 10$
Pé-libra força	joule	J	$1,355 \times 1$
Pés-libras por minuto	watt	W	$2,259 \div 10^2$
Pés-libras por segundo	watt	W	$1,355 \times 1$
Galão (líquido, EUA)	metro cúbico	m^3	$3,785 \div 10^3$
Galões por minuto	metros cúbicos por segundo	m^3/s	$6,309 \div 10^5$
HP (550 ft-lb/s)	watt	W	$7,457 \times 10^2$
HP	quilowatt	kW	$7,457 \div 10$
Polegada	metro	m	$2,540 \div 10^2$
Polegada quadrada	metro quadrado	m^2	$6,452 \div 10^4$
Polegada cúbica	metro cúbico	m^3	$1,639 \div 10^5$
Polegada	milímetro	mm	$2,540 \times 10$
Milha	metro	m	$1,609 \times 10^3$
Milha	quilômetro	km	$1,609 \times 1$
Milhas por hora	quilômetros por hora	km/h	$1,609 \times 1$
Milhas por minuto	metros por segundo	m/s	$2,682 \times 10$
Libra	quilograma	kg	$4,534 \div 10$
Libras por jarda cúbica	quilogramas por metro cúbico	kg/m^3	$5,933 \div 10$
Libras por pé cúbico	quilogramas por metro cúbico	kg/m^3	$1,602 \times 10$
Libras por galão (EUA)	quilogramas por metro cúbico	kg/m^3	$1,198 \times 10^2$
Libras por pé quadrado	quilogramas por metro quadrado	kg/m^2	$4,882 \times 1$
Libras por polegada quadrada (psi)	pascal	Pa	$6,895 \times 10^3$
Tonelada (2.000 lb)	quilograma	kg	$9,072 \times 10^2$
Tonelada (2.240 lb)	quilograma	kg	$1,016 \times 10^3$
Tonelada (métrica)	quilograma	kg	$1,000 \times 10^3$
Toneladas (2.000 lb) por hora	quilogramas por segundo	kg/s	$2,520 \div 10$
Jarda cúbica	metro cúbico	m^3	$7,646 \div 10$
Jardas cúbicas por hora	metro cúbico por hora	m^3/h	$7,646 \div 10$

Observação: Todos os símbolos SI são expressos em letras minúsculas, exceto aqueles usados para designar uma pessoa, que recebem letra maiúscula.
Fontes: *Standard for Metric Practice*, ASTM E 380-76, IEEE 268-1976, American Society for Testing and Materials, 1916 Race Street, Philadelphia, PA 19103.
National Standard of Canada Metric Practice Guide, CAN-3-001-02-73/CSA Z 234.1-1973, Canadian Standards Association, 178 Rexdale Boulevard, Rexdale, Ontario, Canada M94 IRS.

FATORES PARA CONVERSÃO DO SISTEMA INGLÊS PARA O SI

Multiplicar a unidade USC (inglesa)	por	Para obter a unidade métrica
Acre	0,4047	Hectare
Pé cúbico	0,0283	Metro cúbico
Pé-libra	0,1383	Quilograma-metro
Galão (EUA)	0,833	Galão imperial
Galão (EUA)	3,785	Litros
HP	1,014	HP métrico (CV)
Polegada cúbica	0,016	Litro
Polegada quadrada	6,452	Centímetro quadrado
Milhas por hora	1,610	Quilômetros por hora
Onça	28,350	Gramas
Libras por polegada quadrada	0,0689	Bares
Libras por polegada quadrada	0,0703	Quilogramas por centímetro quadrado

EQUIVALÊNCIAS DE UNIDADES

Unidades usuais americanas (inglesas)	Equivalente
1 acre	43.560 pés quadrados
1 atmosfera	14,7 lb por polegada quadrada
1 Btu	788 pés-libras
1 Btu	0,000393 hp-hora
1 pé	12 polegadas
1 pé cúbico	7,48 galões líquidos
1 pé quadrado	144 polegadas quadradas
1 galão	231 polegadas cúbicas
1 galão	4 quartos líquidos
1 cavalo-vapor	550 pés-libras por segundo
1 milha	5.280 pés
1 milha	1.760 jardas
1 milha quadrada	640 acres
1 libra	16 onças
1 quarto	32 onças fluídas
1 tonelada de deslocamento	2.240 libras
1 tonelada curta	2.000 libras

Unidades métricas	Equivalente
1 centímetro	10 milímetros
1 centímetro quadrado	100 milímetros quadrados
1 hectare	10.000 metros quadrados
1 quilograma	1.000 gramas
1 litro	1.000 centímetros cúbicos
1 metro	100 centímetros
1 quilômetro	1.000 metros
1 metro cúbico	1.000 litros
1 metro quadrado	10.000 centímetros quadrados
1 quilômetro quadrado	100 hectares
1 quilograma por metro quadrado	0,97 atmosfera
1 tonelada métrica	1.000 quilogramas

ÍNDICE

Abatimento, 515–516
Abertura livre, 455–456
Abrasão, perfuratrizes de, 362, 367–368
Acabamento, 172–173
Acabamento, equipamentos de. *Ver também* Motoniveladoras
    aplainadoras, 353–356
    GPS, controle por, 350–352
    gradalls, 352–354
    motoniveladoras, 341–353
Acabamento, rolamento de, 505–506
Acabamento de concreto, 549–553
Acabamento final, 341
    em operações de estabilização de cimento, 137–138
    estimativas de produção, 350–352
Ação diferencial, marteletes a vapor/ar, 642–643
Ação dupla, bombas de, 677
Ação dupla, marteletes de, 640–643, 645–646
Ação simples, bombas de, 677
Ação simples, marteletes de, 639–642
Acelerador, fatores de carga do, 37–38, 46–47
Acesso ao local, pontos de, 700–703
Acessórios, desenvolvimento futuro de, 8–9
Acidentes. *Ver também* Segurança
    britador, 461–463
    buldôzer, 195–197
    caçambas tipo pá, caçambas de arrasto e tratores, 302–303
    caminhão, 336–338
    custos anuais, 11–12
    desmonte, 424–425
    escavadeira, 254–256
    escrêiper, 247
    estaqueamento, 654–655
    guindaste, 62–65, 606–610
    niveladora, 351–352
    pá-carregadeira, 284–285
    planejamento para evitar, 62–65
    quedas, 704–706
    valeteamento, 304–305
Aço, áreas de armazenamento de, 704–705
Aço, elementos de, na forma, 748–749
Aço, estacas de, 628–635
Aço, rolos de roda de, 502–503
Aço para concreto armado, 623
Acoplamentos (broca), 375–376
Aços de alta resistência, 8–9
Acúmulo de água, 112–113
Adiabática, compressão, 662
Admissão, funis de, 537–538
Aeroportos, uso de guindastes próximo a, 610–611
Afastamento, 360, 395–396
Aglutinantes, 119, 467, 469–470

Agregado, fatores do tamanho do, 458–459
Agregados
    em pavimentos flexíveis, 471–474
    importância de avaliar, 94
    requisitos para concreto, 517–520, 544–545
    tipos, 94
Agregados, produção de
    britagem (*Ver* Britagem)
    considerações básicas, 430–432
    limpeza e manuseio, 460–462
    peneiramento e separação, 451–454
    segurança, questões de, 461–463
Água
    adicionando a pré-fabricado, 530
    efeitos na resistência do concreto, 515
    requisitos para concreto, 517–518, 520
Água, géis de, 398–399
Air-track, perfuratrizes, 365–367
Alargadores, 382–383
Alargamento, 384–387
Alarmes de marcha à ré, 726, 727
Alavancas articuladas, 434–435, 437
Alicerces para guindastes de torre, 588–591
Alienar/substituir, questão, 20–22
Alimentação, tamanho da (britador de rolos), 444
Alimentação a frio, sistemas de, 479–481, 485–486
Alimentadores, 449–451
Alisadora dupla, 550–551
Alisamento, 549–552
Alta pressão, jateamento de, 651–652
Alta resistência, aços de, 8–9
Altura (carga) de descarga, 675
Altura de aspiração estática, 675
Altura de bancada
    como fator na fragmentação, 405–406
    definição, 394–395
    modificação, 411–412
    para perfuração, 361
Altura de corte, efeitos na produção de escavadeiras com caçamba tipo pá frontal, 261–262
Altura escorada máxima (guindastes), 589–591
Altura livre para guindastes de torre, 597–598
Altura livre máxima (guindastes), 589–591
Aluguel
    como opção de suprimento de maquinário, 51–53
    de formas, 746–748
    sistemas internos, 19–20
    uso do dinheiro, 20–27
Aluguel de empresa, sistemas de, 19–20

Alumínio, contaminação do concreto por, 544–545
Aluminum Design Manual, 602–603
Amarração e movimentação da carga em guindastes, 602–604, 610–611
Ambientais, preocupações, 476
Amplitude, 123–124, 646–649
Análise de substituição, 19–20, 49–51
Ancinhos, 197–198, 467
Andaime, 754–756
Anel, guindastes sobre, 577–579
ANFO, 399–401, 419
Angulação de lâminas de buldôzeres, 178–180
Ângulos de oscilação, e produção da escavadeira com caçamba tipo pá frontal, 262–265
Anteparo de valas, 305
Antiaderentes, 708–709
Antiarrancamento, materiais, 473–474
Apatita, 371–372
Aplainadoras, 353–356
Aplainamento, 345–346
Apresentações gráficas, 66–69
Aquecedores de fluido térmico, 468, 489
Aquisição de materiais, 695–696
Ar comprimido
    compressores, tipos de, 663–665
    desenvolvimento inicial, 658
    distribuição, sistemas de, 666–672
    diversidade, fator de, 672–673
    segurança, questões de, 673–675
    terminologia, 659–663
    visão geral, 658–659
Ar livre, 663
Arado de disco, 114–115
Área da superfície de contato, 749–750
Área final média, método da, 70–74
Áreas de corte. *Ver também* Planejamento de construção de terraplenagem
    cálculo, 72–74
    vistas de seções transversais, 66–67, 70
Áreas de empréstimo, 96–97
Áreas finais, cálculos de volume baseados em, 67–70
Areia
    atrito superficial em estacas, 636
    classificação, 98
    compactadores para, 122–123
    definição, 96
    peso e dilatação, 103
    respostas a operações com buldôzeres, 185, 188
    transporte em caminhões, 318
Arenito, 379
Argilas
    atrito superficial em estacas, 636
    compactadores para, 122–123
    definição, 96–97
    peso e dilatação, 103

788 Índice

reações de cimentação do cal com, 132–134
respostas a operações com buldôzeres, 185
transporte em caminhões, 318
Armações de lâminas, 342–349
Armações em C
   para guindastes, 763–764
   para lâminas de buldôzeres, 177–180
Armazenamento, custos de, 36–37, 45–46
Armazenamento de ferramentas e equipamento, 697–698
Arrendamento, 28–29, 52–56
Árvores
   desmatamento, 198–203
   remoção, 198–199
Ascendente, perfuração, 365–366
Asfalto. *Ver também* Equipamento de pavimentação
   diluição, 476
   estrutura de pavimento, 469–471
   pavimentos flexíveis, 470–477
   terminologia, 467–470
   unidades de produção, 478–492
   visão geral, 466–467
Asfalto de mistura a quente
   definição, 469–470
   tambor misturador, usinas de, 484–488, 490–491
   usinas de dosagem e mistura, 478–485
Asfalto natural, 473-474
Asfalto-borracha, 468
Aspdin, Joseph, 513
Assistência de rampa, 146, 234–235
Assistência total, 235
Aterro, áreas de, 70, 72–77. *Ver também* Planejamento de construção de terraplenagem
Aterro de valas de serviço, 130–131
Atitude de pavimentadoras, 557–558
Ativos de caixa, 53–54
Atrito, estacas de, 617
Atrito negativo, 618
Atrito superficial
   redução, 646–649, 651–652
   resistência à penetração e, 635–636
Audição humana, limites da, 726
Austin Company, 723
Automação, 9–10, 19–20
Autopropulsores, compactadores de placa vibratória, 129–130
Autopropulsores, rolos pneumáticos, 125–127
Autotrepantes, formas, 755–757
Aventais de escrêiperes, 226–227

Baixa pressão sobre o solo, trens de rolamento de, 172–173
Baixos explosivos, 396–397
Balão, ensaios de compactação de, 108–109
Bancadas, banquetas, 394–395
Bancadas de valetas, 304
Barra espaçadora, 604–605, 709–710
Barreiras à redução de ruídos, 730–731

Basalto, 376–377
Base, 32–33
Base ajustada, 32–33
Base fixa, guindastes de torre de, 588–593. *Ver também* Guindastes; Guindastes de torre
Base não ajustada, 32–34
Bate-estacas vibratórios, 634–635, 646–649
Bavian, canal de (690 a.C.), 513
Bechtel, Warren A., 6
Best Manufacturing Company, 5
Betoneiras basculantes, 523–524
Betoneiras contínuas, 525–526
Bicomponentes, explosivos, 399–401
Blake, britadores tipo, 434–437
Bloqueio positivo de fontes de energia, 462–463
Blue Angel, certificação, 727–728
Bombas (água)
   centrífugas, 677–683
   classificação, 676–677
   desenvolvimento inicial, 658–659
   deslocamento, 676–677
   funções básicas, 675
   perdas por atrito para, 683–684, 686
   seleção, 685–687
   terminologia, 675–676
Bombas (concreto)
   com canais, 538–540
   com lança, canal e torre, 540–542
   desenvolvimento, 536–537
   quando usar, 544–546
   regras para, 543–545
   segurança, questões de, 560–562
   taxas de rendimento, 543–545
   tipo de lança, 539–541
Bombas alternativas, 676–677
Bombas autoescorvantes, 675, 679–680
Bombas duplex, 677
Bombas estacionárias, 538–539
Bordas centrais de ataque, 197–198
Boulder Dam, 7–8
Boyle, lei de, 661
Branco, composto de cura, 138–139
Breakdown (compactação inicial), 468
Breakdown, rolamento de, 505
Britadeiras, 364–366, 674
Britador primário, 410–418, 431–432
Britadores de cone, 441–443
Britadores de mandíbulas
   características e tipos, 432–435
   combinando com caçambas tipo pá, 430–431
   relações de redução, 433–434
   tamanhos dos produtos, 437–439
Britadores de rolos
   características e tipos, 441–447
   relações de redução, 433–434, 447
Britadores especiais, 433–434
Britadores giratórios
   características e tipos, 439–443
   combinando com caçambas tipo pá, 430–431
   como britadores primários, 432–434
   relações de redução, 433–434, 439
   verdadeiros, 439–441

Britadores secundários, 431–434, 439–443
Britadores terciários, 431–434, 439–443
Britagem
   alimentadores, 449–451
   características de britadores de impacto, 447–449
   características de britadores de mandíbulas, 432–439
   características de britadores de rolos, 444–447
   características de britadores giratórios, 439–443
   considerações básicas, 430–432
   estágios de, 431–432
   moinhos de barras e bolas, 448–450
   peneiramento e separação após, 455–461
   pilhas de regularização de, 450–452
   seleção de equipamentos, 430–431, 451–454
Brocas
   em pavimentadoras de asfalto, 492–493, 496–497
   em rebarbadores, 355–356
   ligadas a perfuratrizes, 381–382
Brocas de botões, 363–365
Brocas giratórias, 365–367
Brocas de perfuratrizes
   definição, 360, 362
   tempo de troca, 375–376
   tipos básicos, 363–365
   vida média por tipo de rocha, 376–379
Bucyrus Foundry and Manufacturing Company, 3, 5
Buldôzeres
   características de desempenho, 171–177
   carregamento de escrêiperes com, 221, 241–246
   distância de transporte econômica, 79–80
   escarificação de rochas, 204–208
   estimativas de produção, 184–191
   exemplo de análise de substituição, 49–50
   grandes trabalhos, 180–184
   lâminas, 177–182
   segurança, questões de, 195–197
   trabalhos de desmatamento, 196–203
   visão geral de tipos, 171
Buldôzeres de esteiras
   características básicas, 171–177
   carregamento de escrêiperes com, 221, 241–246
   desmatamento com, 196–199
   transmissões, 174–177
Buldôzeres de rodas
   características básicas, 171, 175–177
   transmissões, 175–177

Cabeça da estaca, 638–639
Cabeças de cravação
   com marteletes de ação simples, 639–640
   conexões de, 626
   definição, 618

Índice

Cabeças de martelo, 594–595
Cabines duplas em guindastes todo-terreno, 575–576
Cabo, perfuratrizes de, 362
Cabos, 603–607
Cabos de energia, 682
Cabos de energia, segurança do guindaste e, 607–608
Cabos de malha, 606–607
Caçamba (escrêiperes), 226–227
Caçamba de aplicações múltiplas, 274–276
Caçambas
  combinando as capacidades de unidades de transporte, 258–260, 320–322, 325–326
  combinando britadores com, 430–431
  concreto, 533–534
  de gradalls, 353–354
  de propósito especial, 269, 276–277
  ligadas a perfuratrizes, 382–383
  pás-carregadeiras, tipos de, 274–278
  tamanho de caçamba tipo pá frontal, classificação de, 257–258
  tamanho de caçamba tipo retroescavadeira, classificações de, 267–268
Caçambas de aplicação geral, 274–276
Caçambas de arrasto
  características básicas, 284–286
  componentes, 285–291
  estimativas de produção, 292–298
  operação, 287–289
  principais funções, 285–286
  tamanho de, 286–288
  zonas de escavação, 288–291
Caçambas de descarga pelo fundo, 533, 534
Caçambas de mandíbulas, escavadeiras com, 297–303
  caçambas de mandíbulas, 299–300
  caçambas de mandíbulas de lança reticulada, 298–299
  como opção de acessório de retroescavadeiras, 270
  índices de produção para, 300–302
  segurança, questões de, 302–303
Caçambas de mandíbulas, portas de, 316–317
Caçambas para rocha, 276–277
Cadeia, carregamento em, 241, 242
Cal, estabilização com, 134–135
Cal, modificação com, 134–135
Cal e cinza volante, estabilização com, 132–133, 135–136
Calcita, 371–372
Calhas (concreto), 534–536
Cálix, 367–368
Camada superficial, remoção da, cálculos de volume de, 72–74
Camadas antiderrapantes, 468
Camadas de desgaste, 469–471
Camadas de forma, 742–745
Caminhões
  asfalto, 492–493
  cálculos de desempenho da frota, 330–337
  capacidades, 317–319
  classificação, 312–314
  concreto, 521, 527–530
  distância de transporte econômica, 79–80
  efeitos de altitude, 158
  estimativas de produção, 320–328
  pneus, 328–331
  segurança, questões de, 336–338
  tamanho-produtividade, relação, 320–328
  tipos de descarga, 314–317
  visão geral de tipos e vantagens, 312–314
Caminhões, bombas para, 538–539
Caminhões basculantes, 314–317, 492–493
Caminhões basculantes de descarga pelo fundo
  características básicas, 316–318
  tempos de descarga, 322–324
  transporte de asfalto com, 492
Caminhões de transporte
  colocação de retroescavadeiras sobre, 273–274
  combinando com as capacidades das escavadeiras, 259–260, 320–322, 325–328
  monitoramento em tempo real, 336–337
Caminhões fora-de-estrada
  carroceria, configuração de, 314
  descarga pelo fundo, 316–317
  usos principais, 312, 314–316
Caminhões grandes, 320–321
Caminhões graneleiros, 136–137
Caminhões pequenos, 320–321
Caminhões-betoneiras, 520, 521, 527–530
Caminhões-pipa, 113–114
Canal do Panamá, 4
Capacetes, 618, 640–642
Capacidade coroada, 300
  caçambas de pás-carregadeiras, 276–277
  caçambas de retroescavadeiras, 267–268
  caçambas tipo pá frontal, 257–258
  caminhões, 318
  escrêiperes, 225
Capacidade de bombas, 675
Capacidade gravimétrica, 142–143, 317–319
Capacidade nominal de levantamento
  guindastes, 579–584, 599–602
  retroescavadeiras, 270–271
Capacidade rasa
  caçambas de retroescavadeiras, 268
  caçambas tipo pá frontal, 257–258
  caminhões, 317–318
  escrêiperes, 225
  retroescavadeiras, 270–271
Capeamento (estéril sobrejacente), 405–406
Capital circulante, ativos de, 53–54
Cápsulas explosivas, 402–403
Carga da lâmina, guia para estimativas de, 186–187
Carga de fechamento, 680
Carga segura, indicadores de, 610–611
Carga total, 676
Carga útil, capacidade de, 142–143
Carga volumétrica
  de escrêiperes, 225–227
  de lâminas de buldôzeres, 185–187
  métodos de expressão, 100–103, 142–143
Cargas, trabalho sob, 700–704
Cargas de base, 402–403
Cargas de explosivos, 395–396
Cargas móveis em forma, 740–741
Cargas suspensas, trabalho sob, 702–704
Carmichael & Fairbanks, 4, 5
Carregamento, densidade de, 397–398, 417–419
Carregamento lateral, 76–77, 82–83
Carrinhos de mão, 534–536
Carrinhos motorizados, 534–536
Carrocerias de serviço pesado para rochas, 314
Carros, sistemas de, 764–766
Cascalhos da perfuração, 362, 382–384
Caterpillar, Inc.
  automação de equipamentos, 9–10
  curvas de produção de buldôzeres, 191–193
  diretrizes sobre efeitos de altitude, 158
  escrêiperes, especificações de, 230
  escrêiperes, gráficos de desempenho de, 228, 229
  ríperes, gráficos de desempenho e produção de, 206, 212
  unidades automatizadas de transporte de rochas, 9–10
Cavaletes de estacas, 619
Centrais dosadoras, concreto de, 531–533
Central, formas de parede, 754–756
Centro de gravidade, cargas de guindastes, 602–604
Cesta, 715–716
Chapas laterais, 229–230, 319
Charles, lei de, 661
Cherry pickers (colhedores de cerejas), guindastes, 574–575
Chesapeake Bay Bridge Tunnel, 624
Ciclo de operação, trabalho de (guindastes), 568–569
Ciclos de produção. *Ver também* Tempos de ciclo
  escavadeiras com caçamba tipo pá frontal, 259–263
  escrêiperes, 230–231
Cilindros da caçamba, 266, 267
Cilindros do braço, 266, 267
Cimentação, reações de, 132–134
Cimento, 135–139, 515–518, 520. *Ver também* Concreto
Cimentos asfálticos, 474–477

Cinemático, GPS, 350–352
Cintas de amarração, 605–607
Cintos de segurança, 195–197, 247
Cinza volante, 132–133, 135–136
Classificações de tamanho (escavadeiras com caçamba tipo pá frontal e retroescavadeiras), 257–258, 267–268
Clima
 como consideração para a estabilização do cimento, 138–139
 impacto na umidade do solo, 114–115
 lançamento de concreto e, 560–561
Coeficiente de tração, 152–153, 156–157, 172–173
Coesão, 94–95
Colapso do solo sob guindastes, 568–570
Cold-Formed Steel Design Manual, 602–603
Coleta de dados, dispositivos de, 20–22
Coletores de ar, 666
Coletores de pó úmido, 469–470
Colunas de concreto, planejamento de levantamento para, 712–714
Combustão direta, aquecedores de, 489
Combustão interna, motores de, 5–6, 149–155
Combustível
 cálculo dos custos de, 37–38, 45–47
 uso em explosivos, 399–401
Comittee on European Construction Equipment (CECE), normas do, 257–258
Compactação, curvas de, 106, 110–111
Compactação de explosivos, 395–396
Compactação de pavimentos, 502–509
Compactação de solos
 ajuste, 109–115
 em operações de estabilização de cimento, 137–138
 importância, 105–106
 objetivos, 118–119
 teste, 106–111
Compactadores de percussão, acessórios de, 269
Compactadores de solo, 120–124
Compactadores manuais, 124–126, 130–131
Compactadores vibratórios
 principais tipos, 120–126
 uso em pavimentos, 503–504
Compartimentos para reduzir ruídos, 730
Compensado, revestimento de, 748–749, 752–753
Composto orgânico volátil (COV), 476
Compra-aluguel-arrendamento, decisões de, 50–56
Compressão, relação de, 663
Compressores centrífugos, 662
Compressores de ar, 663–665
Compressores giratórios, 365–367
Compton, efeito de, 108–109
Côncavos, 439
Concorrência na indústria de construção, 10–11
Concrete Plant Standards, 519–520

Concreto. *Ver também* Forma
 acabamento e cura, 549–553, 769–771
 asfáltico, 466, 467, 477–479
 centrais dosadoras, 531–533
 condições climáticas e, 560–561
 consolidação, 545–553
 contaminantes em, 517–520, 544–545
 contração, 552–553
 controle de dosagem, 519–520
 desenvolvimento, 513–514
 dosagem, 516–520
 lançamento, métodos de, 533–546, 708–709
 mistura, técnicas de, 520–533
 para bases de guindastes de torre, 588–589
 pavimentação, produção de, 558–560
 pavimentos, 552–560
 pré-fabricado, 521, 527–531
 pressão sobre formas, 740–743, 751–752
 proporções e trabalhabilidade, 515–516
 rolado, 547–548
 segurança, questões de, 560–562
Condição de estabilidade mínima dos guindastes, 580–582
Condições inesperadas do local, cláusulas de, 65–66
Condições padrão, 600
Conexões, perda de pressão do ar em, 668, 670
Congelamento, durante a estabilização do cimento, 138–139
Conglomerado, 379
Consertos
 adicionando ao valor da máquina, 44–46
 cálculo dos custos anualizados, 26–27
 como custo de propriedade, 35–36
 como custo operacional, 38–40, 46–48
 em equipamentos alugados, 51–52
Consolidadas, distâncias de transporte médias, 83–86
Construção, indústria da, ambiente econômico e regulatório, 10–12
Construção de edifícios, planejamento de. *Ver* Planejamento de construção
Construção de estradas, como ímpeto para o desenvolvimento de equipamentos, 6–9
Construction and Health Regulations, 12–14
Construction Specifications Institute (CSI), 698–699
Contagem de árvores, método da, 200–203
Contração, fator de, 101–103
Contração de formas tipo túnel completo, 769–770
Contração de solos, 94–95
Contractors Pump Bureau, 677, 680
Contralanças, 595–596
Contrapeso extensível, guindastes de, 576–578

Contrapesos
 em guindastes de esteiras, 576–578
 guindastes de torre de base giratória, 585–587, 596–597
Contratos, rotatividade de, 12–14
Contraventamento
 em paredes de concreto *tilt--up*, 708–710
 para formas de parede unilaterais, 755–756
 para guindastes de torre, 589–591
 para torres de escoramento, 778–779
Controles automáticos da mesa, 467
Controles automáticos de dosagem, 520
Cordel detonante, 404–405
Corindo, 371–372
Corte, 618
Corte em trincheira, 183–184
Cortinas antirruído, 730–731
Corveia, trabalhadores de, 4
Coxim ou almofada para estaqueamento, 618, 626
Crateras, nivelamento de superfícies com, 347–348
Cravação de tubos, 388–389
Cravação excessiva, 619, 635–636
Creosoto, 621
Crescimento da carga, curvas de (escrêiperes), 231, 232, 237–240
Crowe, Frank, 534
Cuba, misturadores de, 526–527
Cummins, motores diesel, 6
Cura
 do concreto, 551–553, 555–556, 769–771
 na estabilização da cal, 134–135
 na estabilização do cimento, 138–139
Cura com membrana, 134–135
Curta distância, carregamento à, 241, 242
Custo combinado por hora, valores de, 50–51
Custo de capital, 26–28
Customizadas de grande porte, formas, 753–756
Custos de equipamento. *Ver também* Estimativas de produção
 avaliação de alternativas, 27–30
 compra-aluguel--arrendamento, questão de, 50–56
 custos de propriedade, 29–37
 custos operacionais, 36–41, 45–50
 decisões de substituição, 49–51
 métodos de pagamento e, 22–27
 principais fatores que afetam, 19–20
 registros para, 19–22
Custos de mão de obra. *Ver também* Estimativas de produção
 forma, 749–752, 773–780
 regulamentação de, 10–11
Custos de produção, relação com custos O&O, 19–20
Custos de propriedade (equipamentos)
 em lances, 41–50
 impacto de projetos de escarificação pesada, 213
 principais elementos, 29–37

Índice 791

Custos unitários
 produção de buldôzeres, 187–188, 195–196
 produção de escrêiper--empurrador (*pusher*), 245–246

Da Vinci, Leonardo, 4
Data de entrega, preços de, 45–46
Davis-Bacon Act, 10–11
de Lesseps, Ferdinand, 4
Decapagem (remoção do solo superficial)
 cálculos de volume, 72–74
 com buldôzeres, 180–182
 de asfalto de agregados, 473–474
Decibéis, 726
Deck, fatores de, 457–459
Declive, carregamento em, 246–247
Defesa, sistemas de, 630–631
Deflagração, 395–396
Densidade
 como medida de compactação do solo, 118–119
 de explosivos, 395–396, 407–408, 417–419
 de rocha, 407–408
 do ar, 660
Densidade aparente de explosivos, 396–398
Densidade da vegetação rasteira, impacto no tempo de desmatamento, 201
Densidade dos grãos de explosivos, 397–398, 419
Densidade dos grãos do solo, 100–101
Densidade seca máxima, 105, 107
Densificado, ANFO, 399–401
Dentes
 como itens de alto desgaste, 40–41
 de escarificadores, 344–346
 em caçambas de pá--carregadeira, 274–276
Depreciação
 definição, 30–31, 41–42
 economia fiscal, 32–36, 43–45
 método do valor temporal do dinheiro, 41–43
Depreciação pelo método linear, 33–34
Derramamento lateral, redução do, 184
Descarga, mangueiras de, 675, 685
Descarga, para produção máxima do escrêiper, 246–247
Descarga, pressão de, 663
Descarga, taxas de (caminhão betoneira), 528–529
Descarga frontal, caminhão betoneira de, 528
Descarga traseira, caminhão betoneira de, 528
Desempenadeiras motorizadas, 550–552
Desempenho, graus de, do cimento asfáltico, 475–476
Desempeno mecânico, 549–550
Deslizantes, 755–757
Deslocamento, bombas de, 676–677
Desmatamento, 196–203
Desmatamento de velocidade constante, 199–200

Desmoldagem, 703–704
Desmoldagem, agentes de, 492–493
Desmontagem de guindastes de torre, 594–595
Desmonte. *Ver também* Perfuração
 cargas primárias e reforçadores, 401–402
 definição, 395–396
 fragmentação de rochas, 404–406
 fratura, controle da, 419–423
 iniciação e retardo, dispositivos de, 401–405
 padrões, 369–370
 pólvora, fatores de, 417–420
 principais tipos de explosivos, 396–401
 projeto do desmonte, fatores do, 405–418
 segurança, questões de, 424–427
 terminologia, 361, 395–397
 valas, 419–420
 vibração de, 424
 visão geral, 394–395
Desmonte sequencial, máquinas de, 404–405
Desmoronamentos, prevenção de, 304
Despejo lateral, caçamba de, 276–277
Despesa de compra, 29–31
Detonação, taxa de, 404–405
Detonação, velocidade de, 396–401
Detonadores, 399–401
Detonadores elétricos, 402–403
Detonadores não elétricos, 402–405
Diábase, 376–377
Diafragma, bombas de, 677
Diagonais em formas tipo túnel completo, 769–770
Diagramas de massa, 76–89
Diamante, brocas de, 362, 368–369
Diamante, dureza de, 371–372
Diamante, perfuratrizes de, 367–369
Digitalizadoras, mesas, 67–69
Diluído, asfalto, 476
Dinamite, 398–399
Distância, aumento da, para reduzir o ruído, 730
Distância de afastamento
 definição, 360, 361
 efeitos na fragmentação, 406–411
 em cálculos de projetos de desmonte, 406–407, 409–410
 fatores de correção, 407–410
Distância de percurso, impacto na seleção da máquina, 149
Distância de transporte econômica, 79–80, 239
Distância de transporte máxima, 79–81
Distância de transporte média, 79–80, 82–86
Distância escalada, 424
Distâncias de transporte
 cálculo, 82–86
 em diagramas de massa, 79–83
 em estimativas de produção de escrêiperes, 238–240

em estimativas de produção de pás-carregadeiras, 280–281
Distribuição, sistemas de
 ar comprimido, 666–672
 asfalto, 492–497
Distribuidores de água, 112–113
Diversidade, fator de, 663, 672–673
Dois eixos, britadores de mandíbulas de, 434–435, 437
Dois estágios, compressores de, 663
Dois rolos, britadores de, 443–445
Dolomita, 379
Dosagem de concreto, 515–520
Dôzeres. *Ver* Buldôzeres
Dragas, 4
Drenagem, sistemas de, 687–689
Drenagem de usinas de britagem, 453–454
Dropheads, 761–762
Duplos, britadores de impacto, 448–449
Duplos, sistemas de terraplenagem, 86–87, 89
Dureza, perfurabilidade e, 370–373

Eastside, projeto, 64–65
Econômico, tempo de carregamento, 238–240
Eells, Dan P., 5
Efeitos de altitude
 em bombas de água, 679
 na capacidade do compressor, 664–665
 na potência do motor, 156–160
Eficiência de compressores, 663
Eisenhower, Dwight D., 6–8
Eixo de ação simples, escrêiperes de, 220
Eixo duplo, misturadores de cuba de, 527
Eixo duplo, *pugmills* de, 483
Eixo horizontal, britadores de impacto de, 447–448
Eixo simples, britadores de, 433–434, 437
Eixo único, misturadores de cuba de, 526, 527
Eixo vertical, britadores de impacto de, 447–448
Ejetores, 226–227
Elasticidade da rocha, 423
Electric Welding Company of America, 723
Elevação, diretores de, 610–611
Elevação, tubos de, 688
Elevações
 controle de espessura com buldôzeres, 183
 definição, 108–109, 468
 efeito da espessura na produção de escrêiperes, 246–247
 para aterros com rochas, 122–123
Elevações de produção, planejamento de, 712–713
Elevador, poços de, 594–595, 754–756
Elevador de alta temperatura, 468
Elevadores de corrente, 223, 224
Elevadores de guindaste, 595–596
Elevadores de pessoal, 700–703

Êmbolos. *Ver* Marteletes (bate-
-estaca)
Emissão de títulos, capacidade de, 53–54
Emissões da produção de asfalto,
   508–510
Empilhadeiras
   acessórios, 276–277
   telescópicas, 718–721
Empilhamento, índices de produção de,
   202, 203
Empolamento, 395–396, 628
Empolamento, coeficiente de
   cálculo, 103
   em volumes de escrêiperes, 225
   regra prática, 105
Empreitadas, ambiente de, 12–15
Empreiteiros, deveres no *layout* do
   canteiro de obras, 697–704. *Ver também*
   Planejamento de construção
Empurrador (*pusher*), escrêiper
   carregado por, 220–222, 241–246
Empurra-puxa, escrêiperes, 221–223
Empuxo, paredes de, 387–388
Emulsões, 398–399, 476, 477
Enchimento, pressões de, 126–129
Energia elétrica, geradores e, 720–722
Energia relativa por volume, 408–409
Engastamento, 619
Engenharia geoespacial, 9–10
Engenheiros de projeto, envolvimento
   com formas, 738–741
Engineering News, fórmula de estaca
   da, 652
Engrenagens, 7–8
Enrocamento
   carregamento com escavadeira com
      caçamba tipo pá frontal, 256
   definição, 219
   materiais de grandes dimensões em,
      260–261
Ensaio de compactação de densímetro
   nuclear, 108–109
Ensecadeiras, 619, 630–631
Entrada, pressão de, 663
Entradas (pagamento), 53–54
Entrega de componentes estruturais,
   703–705
Equações
   ajustes de teor de umidade, 105,
      111–113
   área final média, 70
   bomba d'água, 678
   britador de rolos, capacidade do,
      443–445
   caçamba de arrasto, produção de,
      297–298
   cálculos trapezoidais, 67–70
   caminhões, produção de, 325–327
   caminhões, tempo de retorno de,
      322–323
   capacidade da peneira, 458–460
   características da camada rochosa,
      207
   carga explosiva, 422
   carga volumétrica (lâminas de
      buldôzeres), 186–187

centro de gravidade, 602–604
compactador, produção de, 130–132
consumo de gasolina, 37–39
contração, 101–103
custos de mão de obra, 750–752
custos de mão de obra da forma,
   775–777
custos de material da forma, 744–750
declive de distância de transporte
   médio, 81–82
depreciação pelo método linear,
   33–34
distância de afastamento, 406–407,
   409–410
distância escalada, 424
distribuição de asfalto, 494
empolamento, 103
escarificação de rochas, produção,
   211–212
escavadeira, produção de, 254–255
escrêiper, ciclo de produção de, 230
escrêiper, tempo de percurso de,
   236–237
espaçamento de furos de desmonte
   pré-fendilhado, 422
espaçamento entre furos, 416–417
estaqueamento, 642–643, 646–649,
   652
força aproveitável, 155
força de tração nas rodas, 152–153
impostos, seguro e armazenamento,
   custos de, 45–46
método do investimento anual médio,
   42–43
motoniveladora, produção de, 349–
   352
pagamentos únicos, 22–23
pagamentos uniformes, 23–27
pavimentação, produção de, 558–559
potência, 150
potência e torque, 151
pressão e carga da água, 683
pressões de concreto, 741–742
produção de buldôzeres, 187–190
produção de desmatamento, 199–200
produção de escrêiper-empurradora,
   243
profundidade de subperfuração,
   413–414
proteção contra depreciação fiscal,
   35–36
queda de pressão do ar, 667, 670
relações peso-volume do solo, 99–101
resistência ao rolamento, 145–146
resistência de rampa, 146–147
resistência total, 145–146, 148
retroescavadeira, produção de, 271
Roma, fórmula de corte de, 200
tampão superior, 412–414
temperatura e pressão, 660–662
tempo de carregamento de caminhões,
   321–322
tempo de transporte de carga por
   caminhões, 322–323
tempos de ciclo de caminhões, 324–
   325

tempos de ciclo de empurradoras, 241
tensão do cabo, 603–605
trabalho, 150
valor presente líquido, 28–30
velocidade do pneu e carregamento,
   329–330
volume de ingredientes de concreto,
   518–519
Equipamento
   classificação, 15–16
   história dos, 1–11
   múltiplos usos de, 2
Equipamento de apoio, 658–659
Equipamento de pavimentação
   compactadores, 502–509
   concreto, 552–560
   distribuidores, 492–497
   pavimentadoras de asfalto, 496–503
   terminologia, 467–470
   vassouras de arrasto e caminhões,
      492–493
   visão geral, 492–493
Equipamentos, planos de uso de, 14–16.
   Ver também Planejamento de construção
Equipamentos, registros de, 19–22
Equipamentos para conexão (estacas-
   pranchas), 634–635
Equipamentos pesados, classificação,
   15–16
Equivalência, 22–23
Erie, Canal, 4
Escadarias, 754–756
Escarificação, 134–137
   acessórios para, 208–212, 344–346
   avaliação de rochas para, 204–208
   custos de itens de alto desgaste, 48–49
   desenvolvimento de capacidades,
      203–204
   estimativas de produção, 211–214
   para aumentar a produção de
      escrêiperes, 246–247
Escarificação cruzada, 214
Escarificadores, 113–114, 344–346
Escavação, categorização da, 96–97
Escavação comum, 96–97
Escavação estrutural, 64–65
Escavadeiras. *Ver também* Caçambas
   de mandíbulas, escavadeiras com;
   Caçambas de arrasto
   caçambas e acessórios de pás-
      carregadeiras, 274–278
   características básicas, 252–255
   características de escavadeiras com
      caçamba tipo pá frontal, 256–259
   características de retroescavadeiras,
      264–267
   combinando com as capacidades
      dos caminhões, 258–260, 320–322,
      325–328
   custos estimados de conserto e
      manutenção, 47–48
   desenvolvimento inicial, 4–5
   desmonte *versus*, 394–395
   efeitos de altitude, 158
   estimativas de produção de pás-
      carregadeiras, 278–284

Índice

estimativas de produção de retroescavadeiras, 271–273
hidráulicas modernas, 3
Holland, carregadeiras, 303
múltiplos acessórios para, 8–9, 268–270
retroescavadeiras, 303–304
rodas compactadoras em, 129–130
seleção de escavadeiras com caçamba tipo pá frontal, 258–260
seleção de retroescavadeiras, 268–271
tipos e características de pás-carregadeiras, 274–275
valetadeiras, 303–304
variáveis de produção de escavadeiras com caçamba tipo pá frontal, 261–265
Escavadeiras com caçambas tipo pá frontal
características básicas, 256–259
ciclos de produção, 259–263
efeitos de altura e posição na produção, 261–265
seleção, 258–260
Escavadeiras de rodas, 47–48
Escoramento de valas, 305
Escoras, em forma, 742–744
Escoras temporárias, 708–710
Escrêiperes
automatizadas, 9–10
capacidades volumétricas, 225–227
ciclos de produção, 230–231
considerações operacionais, 245–247
distância de transporte econômica, 79–80
efeitos de altitude, 158
estimativas de produção, 231–246
gráficos de desempenho, 162, 164–165, 227–230
peças operacionais, 226–227
pontos fortes das, 219–220
tipos básicos, 220–227
Espaçamento de fileiras de furos de sondagem, 362, 416–417
Espalhamento
com buldôzeres, 183
com motoniveladoras, 347–348
de estabilizadores de solo, 136–137
Especificações operacionais (pás-carregadeiras), 278–279
Espessura, controles de, 469–470
Espiral, reforço, 623
Espoletas (explosivo), 399–402, 419–420
Estabilização, agentes de, 113–114, 132–139
Estabilização de base, 134–135
Estabilização do solo
agentes, 113–114, 132–139
visão geral, 130–134
Estabilizadores em guindastes, 572–574, 580–581
Estabilizadores giratórios, 132–133
Estaca-prancha metálica, 619
Estacas, 66–67
Estacas compostas, 629–631

Estacas compostas de concreto-aço, 629–630
Estacas de aço, intertravamento, 631–635
Estacas de ancoragem, 618
Estacas de concreto
estaqueamento, 625–626
moldadas *in loco*, 626–628
tipos, 622–628, 631–632
Estacas de madeira, 620–621, 631–632
Estacas inclinadas, 646–649
Estacas moldadas *in loco*, 626–628
Estacas tubular com extremidade fechada, 629–630
Estacas tubulares, 629–630
Estacas-pranchas, 619, 630–636
Estacionamento para trabalhadores, no local de trabalho, 697–698
Estádio, projeto de, 696–697
Estado limite último, 743–744
Estágio simples, compressores de, 663
Estaqueamento. *Ver também* Guindastes
classificação de estacas, 619–620
estacas compostas, 629–631
estacas de aço, 628–630
estacas de concreto, 622–628
estacas de madeira, 620–621
estacas-pranchas, 630–636
estudos e testes de locais, 636–639
jateamento de estacas, 651–652
marteletes, 638–649, 652–654
perfuração inicial e pré-escavação, 651–652
resistência à penetração, 635–636
segurança, questões de, 654–655
suporte e posicionamento de estacas, 646–652
terminologia, 617–619
Estática, altura (carga) de descarga, 675
Estáticos, rolos, de rodas de aço, 121–122
Esteiras, brocas montadas em, 365–367, 374–376
Esteiras, de buldôzeres, 171–173
Esteiras transportadoras, 534–537
Estimativas de custo, 12–14
Estimativas de produção
buldôzeres, 184–191
caminhões, 320–328
compactadores, 130–132
escarificação de rochas, 211–214
escavadeiras, 254–255
escavadeiras com caçamba tipo pá frontal, 259–263
escrêiperes, 231–246
fatores que causam variâncias, 12–14
frotas de equipamentos, 14–16, 86–89
pás-carregadeiras, 278–284
pavimentadoras, 501–503
perfuração, 372–381
retroescavadeiras, 271–273
trabalhos de desmatamento, 199–203
Estorcego, puxar por, 432–434, 443–445
Estradas de acesso, 700–703. *Ver também* Rotas de transporte de carga
Estrela, silos em, 533
Estrutura de ancoragem, 589–592

Estruturas protetoras contra acidentes na capotagem, 10–11
Estudos de produção de máquinas, 66–67
Excesso de pressão (pneus), 329–330, 348–349
Experiência, como guia para estimativas de carga da lâmina, 186–187
Explosão de furos de sondagem, 375–376
Explosivos, 396–401. *Ver também* Desmonte
no cordão detonante, 404–405
Explosivos não ideais, 410–411
Extensões de lança auxiliar, 571
Extracontábil, financiamento, 53–54

Fabricantes, capacidade nominal de lâminas segundo os (buldôzeres), 185–187
Fabricantes, estimativas de produção dos (buldôzeres), 189–190
Face da rocha, 369–370
Fahrenheit, temperaturas em, 660
Faixas de trabalho de guindastes, 583–585
Fator de acumulação de capital de um pagamento simples (SPCAF), 22–23
Fator de acumulação de capital de uma série uniforme de pagamentos (USCAF), 24
Fator de formação de capital de uma série unificada de pagamentos (USSFF), 745–746
Fator de formação de capital de uma série uniforme de pagamentos (USSFF), 24, 26
Fator de recuperação de capital de uma série uniforme de pagamentos (USCRF), 24, 26, 744–745
Fator de valor atual de um pagamento simples (PWCAF), 22–23, 26–30, 746–747
Fator de valor atual de uma série uniforme de pagamentos (USPWF), 24, 28–29
Fatores ambientais na segurança de guindastes, 608–609
Fatores de carga, 663
Fatores de correção
distância de afastamento, 408–410
produção de buldôzeres, 192–195
Fatores de eficiência
caçambas tipo pá, 263–265
caminhões, produção de, 325–327
escrêiper, produção de, 243
niveladoras, 349–350
peneiramento, 456–457
perfuração, 375–380
produção de buldôzeres, 194–195
Fatores de enchimento
caçambas de pás-carregadeiras, 276–278
definição, 254–255
escavadeira com caçamba tipo pá frontal, 257–258
retroescavadeira, 268

Fatores de projeto na segurança de guindastes, 607–608
Fatores de risco
  financeiros, 10–12
  impacto no custo de capital, 26–27
  planejamento de segurança para, 62–65
Fatores dinâmicos em guindastes, 582–583
Fatores temporais em custos de combustível, 37–38, 46–47
Federal Aviation Agency (FAA), regulamentações de guindastes da, 610–611
Ferramentas de aplicações múltiplas, retroescavadeiras como, 8–9, 268–270
Ferramentas integradas, transportadores, 716–718
Ferro fundido, aço substituindo, 7–8
Ferrovias, 4–5
Fiadoras, 53–55
Fileiras, elevadores de, 469–470, 497–499
Filtros de mangas, sistemas de filtragem de, 467, 488–489
Finos, 432–434
Fios condutores, 395–396, 402–403
Fios controladores, 395–396
Flash do soldador (fotoqueratite), 725
Fluorita, 371–372
Fluxo homogêneo, misturadores de, 526
Fluxo de caixa, diagramas de, 25
Fogos falhados, 402–403, 425
Folhas de volume de terraplenagem, 73–75
Folhelho, 379
Fontana, Giovanni, 4
Fonte, controle de ruído na, 728
Força de tração nas rodas
  cálculo, 152–154
  definição, 152–153
  gráficos de desempenho, 159–166, 228
Força na barra de tração
  aproveitável, 175–177
  definição, 152–153
  determinando, 154–155
  gráficos de desempenho, 159–160
  para buldôzeres de transmissão direta, 174–175
Força não vertical por guindastes, 779–780
Forças de explosivos, 396–397
Forma, vibradores de, 546–547
Forma. *Ver também* Concreto
  classificação, 737–739
  como fator do lançamento de concreto, 542–543
  custos, 744–752
  engenheiros de projeto, envolvimento com, 738–741
  para paredes de concreto *tilt-up*, 707–709
  projeto, 740–745
  segurança, questões de, 779–781
  sistemas horizontais, 759–766
  sistemas verticais, 751–761
  sistemas verticais-horizontais combinados, 765–772
  torres de escoramento, 771–780
Forma convencional, 737–738
Formas de coluna fabricadas, 759–761
Forma de cruz (cruciformes), blocos, 767–769
Forma deslizante, pavimentação de, 552–559
Forma especializada, 754–758
Forma horizontal, cargas de, 740–741
Forma industrializada, 737–738, 780–781
Formações (rocha), 371–372
Formas, 707–709, 752–756
Formas de coluna, 757–761
Formas de gaveta, 759–761
Formas tipo túnel, sistemas de, 765–772
Fórmulas. *Ver* Equações
Formwork for Concrete, 743–744
Fragmentação, 401–402, 404–406
Fragmentos, 198–199
Fragmentos, coleta e remoção, 198–199, 202–203
Franki, técnica, 627
Frasco de areia, ensaios de compactação de, 108–109
Fratura, controle da, técnicas de, 419–423
Frequências de equipamentos vibratórios, 123–124, 646–649
Fresagem a frio, 489
Fresagem e renovação, operação de, 491
Frotas de equipamentos
  elementos de, 10–11
  estimativas de produção, 14–16, 86–89
Fundo de poço, brocas de, 362, 376–379
Fundo de poço, perfuração de, 367–368
Fundo móvel, caminhões de, 492
Funis
  betoneiras, 523–524
  bombas de concreto, 536–538
  pavimentadoras, 496–497
  usinas de asfalto, 482–483, 490
Funis de pesagem, 469–470, 479–480, 482–483
Furos, padrões e espaçamento de, 369–370, 414–418
Furos de desmonte. *Ver também* Perfuração
  atacamento, 412–414
  definição, 395–396
  diâmetro, cálculos de, 410–414
  padrões e espaçamento, 369–370, 414–418
  pré-fendilhamento, 421–422
Furos-pilotos, 384–387
Fusíveis de segurança, 402–403

Gabaritos para cravação de estacas, 634–635, 650–652
Gaiolas ascendentes, 591–593
Garras, 269
Gasolina, motores a, 5–6, 37–38
Geofones, 206, 207
Geradores, 720–722
Gipsita, 371–372
Giro, 568–569
Giros com motoniveladoras, 348–349
Glen Canyon Dam, 534
Gneisse, 371–372, 377–378
Governamentais, riscos econômicos de ações, 10–11
GPS diferencial, 350–352
Gradalls, 352–354
Grade de discos, 114–115
Gráficos de desempenho
  bombas d'água, 680
  caminhões, 322–323
  escrêiperes, 227–230
  retardador, 163–166
  usos gerais, 159–166
Granalha, perfuratrizes a, 362, 367–370
Grande volume, escavações de, 64–65
Granito, 376–377
Granulação da rocha, 371–372
Grãos finos, solos de, 98
Gravimétrica, capacidade, 142–143, 317–319
Grout de pressão, 385–387
Grout ou graute, 384–387, 627–628
Guias fixas, 646–651
Guias oscilantes, 650–651
Guias, para estaqueamento, 650–651, 655
Guias para marteletes de estacas, 649–650
Guide to Formwork for Concrete, 743–744, 779–780
Guindastes. *Ver também* Forma; Estaqueamento
  amarração, 602–607
  capacidades de levantamento, 578–580, 598–600
  custos estimados de conserto e manutenção, 46–48
  faixas de trabalho, 583–585
  lança reticulada montados em caminhões, 568, 573–575
  lança telescópica montados em caminhões, 568, 572–574
  manuseio de forma com, 763–764, 768–769, 779–781
  modificados, 568, 576–579
  operação de guindaste de torre, 588–598
  para caçambas de concreto, 534
  para terrenos acidentados e todo-terreno, 568, 575–577
  planejamento do uso de, 699–700, 711–715
  segurança, questões de, 62–65, 606–611, 700–703
  seleção de guindaste de torre, 597–600
  seleção para estaqueamento, 654
  tipos de torres, 583–589
  visão geral de principais tipos, 567–569

Guindastes controlados remotamente, 596–597
Guindastes de esteiras, 568–573
  características e tipos, 568–573
  com torres, 583–585, 588–589
  custos estimados de conserto e manutenção, 46–48
  faixas de trabalho, 583–585
  ilustrados, 568
  mobilização, 710–712
  modificados, 576–579
  quadrante de levantamentos, 580–581
Guindastes de montagem rápida, 585–587
Guindastes de torre, giro por ação de vento (*weathervaning*), 591–593
Guindastes de torre
  capacidades de carga nominais, 599–602
  europeu, 583–586
  mobilização, 710–712
  operação, 588–598
  popularidade, 567
  seleção, 597–600
  tipos, 583–589
Guindastes de torre ascencionais, 593–595
Guinastes de torre automontáveis, 585–587
Guindastes de torre de base giratória
  características básicas, 585–587, 591–593
  como tipo comum, 568–569
  contrapesos, 585–587, 596–597
  dimensões e capacidades comuns, 591–593
Guindastes de torre de topo giratório
  características básicas, 583–591
  com lanças auxiliares em balanço (cantiléver), 595–596
  como tipo comum, 568–569
  dimensões e capacidades comuns, 589–591
Guindastes híbridos, 568–569
Guindastes montados em caminhões, 285–286
Guindastes móveis
  capacidades de levantamento, 578–580
  com torres, 585–586, 588–589
  faixas de trabalho, 583–585
  ilustração de tipos comuns, 568
  lança reticulada, montados em caminhões, 573–575
  lança telescópica montados em caminhões, 572–574
  modificados, 576–579
  para terrenos acidentados e todo-terreno, 575–577
  popularidade de, 567
  tipos em esteiras, 568–573
Guindastes tipo *derrick*, 594–595
Guindastes todo-terreno, 568, 575–577

Harnischfeger, Henry, 6
Haste
  definição, 363
  impacto de extensões sobre a produção, 374–375
  tempo de troca, 374–376
  vida média por tipo de rocha, 376–379
Hastes de perfuração, 381–382
Helicoidais, classificadores, 460–461
Helicoidal, transportador, 496–497
Hidráulicas, caçambas de mandíbulas, 297–299
Hidráulicas, guias, 650–651
Hidráulicos, acessórios de êmbolos, 269
Hidráulicos, bate-estacas, 645–646
Hidráulicos, guindastes, 583–584
Hidráulicos, marteletes de impacto, 645–646
Hidrostáticos, trens de força, 174–177
Holland, carregadeiras, 303
Holt, Benjamin, 7–8
Holt Manufacturing Company, 7–8
Hong Kong Convention Center, 764–766
Hoover, Represa, 7–8, 534
Horizontal, perfuração, 365–366
Horizontal, retificação, 383–388
Horsepower, 150, 151, 680
Hveem, 477

Identificação funcional, 15–16
Identificação operacional, 15–16
Ignição retardada, 398–399, 416–417
Iluminação, planos de, 731–732
Impacto, britadores de, 433–434, 447–449
Impacto, compactadores de, 128–129
Impostos
  como custo de propriedade, 36–37, 45–46
  deduções de equipamentos alugados, 53–54
  economia de depreciação, 32–36, 43–45
  sobre combustível, 37–38
Impostos sobre propriedade, 36–37
Imprimações, 492–493, 495
Incêndio, proteção contra, soldagem, 725
Incêndio, riscos de, 203, 508–509
Inclinação (rampa) média de transporte, 81–82
Inclinação, planos de, 371–372
Inclinação de lâminas de buldôzeres, 178–180
Inclinação transversal, 468
Inclinações. Ver também Rampas
  resistência total, 147
  trabalho com motoniveladoras, 321–323
Índice de perfurabilidade, 373–374
Índice PV, limites de, 329–330
Índices de ferimentos, 11–12. Ver também Acidentes; Segurança
Inflamabilidade de explosivos, 396–398
Iniciação (explosivo)
  definição, 396–397
  espaçamento de furos e, 416–417
  sistemas para, 401–405
Inserts para içamento, em paredes de concreto *tilt-up*, 708–709

Inspeção de cabos, 606–607
Instalações sanitárias no local de trabalho, 697–698
International Harvester, diretrizes de produção de buldôzeres da, 189–190
Investigação de locais para cravação de estacas, 636–639
Investigações de campo, 65–67
Investimento, opções de, 27–30
Isotérmica, compressão, 662
Itens de alto desgaste
  como custo operacional, 40–41, 48–50
  de rípeles, 208
  em perfuratrizes, 362, 377–380

Janelas, controle de ruídos com, 730–732
Jardas cúbicas compactadas, 71–74, 101–103
Jardas cúbicas natural
  capacidades de caçambas tipo pá em, 260–261, 264–265
  capacidades de escrêiperes em, 225
  definição, 101–103
Jardas cúbicas soltas, 101–103
Jardas de estacas, 77–78, 82–83
Jateamento de baixa pressão, 651–652
Jateamento de estacas, 651–652
Jatos de água, 651–652
JD Link (John Deere), 20–22
Jib com trole (*saddle jibs*), 594–595
Jibs de lance variável, 596–597
John Deere, JD Link da, 20–22
Joysticks, 575–576
Juntas de contração, 553–554
Juntas de expansão, 554–555
Juntas em pavimentos, 553–555
Juros
  cálculo de pagamentos com, 22–27
  definição, 20–22
  taxa de custo de capital, 26–28
Juros compostos, 22

K/G, lâminas, 197–198, 201
Kelvin, escala, 660

Lado-topo-lado, forma de túnel, 769–770
Lâmina a lâmina, trabalhos, 184
Lâminas (buldôzer)
  carga volumétrica, 185–187
  para desmatamento, 196–199
  principais tipos, 177–182, 185
Lâminas amortecedoras, 181–182
Lâminas anguláveis, 179–181
Lâminas desmatadoras, 196–199
Lâminas retas, 179–181, 185
Lança removível, 540–541
Lanças. Ver também Guindastes; Estaqueamento
  bombas de concreto com, 539–541
  opções de, 571, 578–579, 583–585
  seleção para estaqueamento, 654
Lanças auxiliares
  articuladas, 596–597
  em balanço (cantiléver), 595–596
  em guindastes de torre, 583–585, 594–598

extensões para lanças reticuladas, 571
fixas, 571
Lanças reticuladas
capacidades de carga nominais, 579–584
em guindastes de esteiras, 568, 571
em guindastes montados em caminhões, 568, 573–575
Lanças telescópicas
capacidades de carga nominais, 579–584
montadas em caminhões, 568, 572–574
montadas em esteiras, 571
Laser, controle, de nivelamento, 183
Lateral, amontoamento, 178–180
Lateral, tração, 346–347
Lavadores, 460–461
Layout do local, 696–704, 738–739
Leiras
de fragmentos, 198–199, 202, 203
de materiais de pavimentação, 469–470
movimentação com niveladoras, 345–346
para misturar solos, 118
Leis dos gases, 661–662
Lençóis freáticos, desvio de, 687–689
LeTourneau, R. G., 7–8
Levantamento, equipamentos de. *Ver* Guindastes
Levantamento crítico, 711–713
Levantamento geral, planos de, 711–713
Licitação
cálculos de custos para, 41–50
conteúdo de pacotes, 698–700
definição de preço de terraplenagem, 86–89
procedimentos, 12–14
Ligação, pinturas de, 469–470, 492–493, 495
Ligações, em formas, 742–743
Limites dos solos, 100–103
Lincoln Electric Company, 723
Lineares, silos, 533
Linha, bombas de, 537–540
Linha da placa, capacidade de, 300
Linha de perfil, 468, 557–558
Linha graduada, 469
Linhas de equilíbrio, 78–83
Linhas de visão de niveladoras, 351–352
Linhas principais, 404–405
Linhas secundárias, 404–405
Líquido, cimento asfáltico, 476–477
Líquido, cura de asfalto, 138–139
Locais apertados, 696
Longarina de contraventamento, 742–744, 753–754
Longo prazo, contratos de arrendamento de, 53–54
Longtan Dam, 534
Los Angeles Aqueduct, 7–8
Lubrificantes, custos de, 37–39, 46–47
Luvas protetoras, 726

Macacos, 638–642, 645–646
Macacos, apoio da forma com, 763–764, 768–769

Madeira de lei, desmatamento de, 201
Madeira não tratada, estacas de, 620–621
Madeira tratada, estacas de, 620–621
Malha, 455–456
Malhas de lâminas desmatadoras, 197–198
Mandris, 354–355
Mandris de corte, 354–355
Mangueira de borracha, 684–686
Mangueiras
bombeamento de concreto, 561–562
definição de tamanho, 670–671
estaqueamento, precauções de segurança, 655
perda de pressão do ar em, 671–672
perfuração, precauções de segurança, 388–389
segurança do ar comprimido, 674
uso com bombas d'água, 676, 684–685
Mangueiras de sucção, 676, 685
Manipulador telescópico, 718–719
Manipuladores telescópicos e empilhadeiras, 718–721
Manométrica, pressão, 660
Mantas de proteção para explosões, 419–420
Manual of Steel Construction, 602–603
Manutenção, 54–55. *Ver também* Consertos
Mão de obra humana, no início da indústria da construção, 3–4
Mão francesa, escora, 769–771
Máquinas de base, aplicações futuras, 8–9
Máquinas de preparação e classificação de areia, 459–461
Mármore, 377–378
Marshall, 477
Marteletes (bate-estaca)
ação diferencial, 642–643
ação dupla, 640–643, 645–646
ação simples, 639–642
diesel, 643–646
hidráulico, 645–646
macaco, 638–642, 645–646
seleção, 652–654
vibratórios, 634–636
Marteletes rompedores, 674
Martelos pneumáticos, 639–642
Mastros, 540–543. *Ver também* Guindastes de torre
Matacões, 96
Matéria orgânica, 96
Materiais coesos, 94–95
Materiais de base, 126–127
Materiais de grandes dimensões
como consideração no desmonte, 369–370
impacto na produção de escavadeiras, 260–261
peneiramento e separação de agregados, 454–461
separação, 454–455

Materiais geotécnicos. *Ver também* Planejamento de construção de terraplenagem; Rocha; Solos
categorização, 96–97
fatores de correção de desmonte para, 408–410
fatores de correção de produção de buldôzeres para, 193–194
impacto nos requisitos de potência de máquina, 141–143
mudanças de volume durante a construção, 101–105
principais tipos, 94–97
relações peso-volume, 99–101
respostas a operações com buldôzeres, 185, 188
Materiais granulares, 111–112
Materiais sem coesão, operação com buldôzeres em, 185
Matriz pétrea asfáltica (SMA), 469–470, 476
Medições de campo
carga volumétrica (lâminas de buldôzeres), 186–187
compactação, 108–109
escarificação de rochas, produção, 211–212
Meio-túnel, formas tipo, 765–771
Mesa, ângulo de ataque da, 499–500
Mesa, formas de, 762–766, 779–780
Mesas, 469–470, 499–501
Metalatita, 377–378
Método do investimento anual médio, 42–44
Método do valor temporal do dinheiro, 41–43
Método dos estados limites (LRFD), 743–744
Microtunelamento, 387–388
Middlesex Canal, 4
Miller Park Stadium, acidente do, 62–65
Mineração
automatizados, sistemas de transporte de rochas, 9–10
primeiro uso de explosivas, 394
sistemas de perfuração computadorizados, 381–382
Mistura
em operações de estabilização de cimento, 136–138
para secar o solo, 114–115
proporções de concreto, 517–519
técnicas para concreto, 520–533
Misturadores de contrafluxo, 525–526
Misturadores em esteiras, 526
Misturadores forçados, 522, 524–527
Misturados por lâmina, pavimentos, 470–471
Modelo padrão, britadores de cone de, 441
Modificação, custos de, 746–747
Modificação, estabilização *versus*, 134–135
Modulares, formas, 752–754
Modulares, formas de parede, 707–710

Índice

Mohs, classificações de dureza, 370–372
Moinhos de barras, 448–450
Moinhos de bolas, 448–450
Moinhos de martelo, 448–449
Moles, asfaltos, 474–475
Momento de carga, sistemas de classificação de, 581–582
Momento excêntrico de bate--estacas vibratórios, 646–649
Monighan Machine Company, 5
Monitoramento em tempo real de caminhões de transporte, 336–337
Monotubo, estacas, 627
Montadas a mão, formas de laje, 759–762
Montadas em esteiras, caçambas de arrasto, 285–286, 568–569
Montadas em esteiras, escavadeiras, 47–48
Montagem de aço, planejamento para, 704–707
Montantes de reforço, 752–754
Mortes
  britadores, 461–463
  caminhões, 336–337
  escavadeira, 254–256
  estaqueamento, 655
  niveladoras, 351–352
  pás-carregadeiras, 284–285
  perfuração, 388–389
  total da zona de trabalho de 2007, 62–64
  valeteamento, 304
Motoniveladora, dispersão e mistura com, 347–348
Motoniveladoras
  características básicas, 341–344
  efeitos de altitude, 158
  em operações de estabilização de cimento, 137–138
  escarificação do solo com, 113–114
  estimativas de produção, 349–352
  mistura do solo com, 113–114
  principais funções, 344–349
  segurança, questões de, 351–353
Motores diesel
  importância para o desenvolvimento de equipamentos, 8–9
  introdução nos equipamentos de construção, 6
  ruído, 727
  taxas de consumo de combustível, 37–38
  vantagens, 149
Motores para guindastes de torres, 599–600
Mulgrew-Boyce Company, 6
Mulholland, William, 7–8
Multiestágios, bombas centrífugas, 679–680
Múltiplas faixas, aplainadoras de, 353–354
Múltiplos estágios, compressores de, 663
Múltiplos portas-pontas, ríperes de, 209–210

National Institute for Occupational Safety and Health (NIOSH), 508–509
Nebraska, testes de, 155
Nitrato de amônio, 395–396, 399–401
Nitroglicerina, 395–396, 398–399
Nível de água, capacidade de, 300
Niveladoras. *Ver* Motoniveladoras
Número de passadas, com niveladoras, 348–350
Número de utilizações, forma, 748–750
Nylon, pneus com carcaça de, 8–9

Occupational Safety and Health Act, 10–11
Occupational Safety and Health Administration (OSHA)
  criação da, 11–14
  estaqueamento, normas de segurança, 655
  forma, regulamentações da, 779–780
  manipuladores telescópicos/ empilhadeiras, normas de, 719–720
  normas de empreiteiros, 700–704
  normas de segurança de desmonte, 426–427
  ordem de proteção contra capotagem, 10–11
  penas por violações, 12–14
  plataformas aéreas de trabalho e, 715–716
  Safety and Health Standards, 11–12
  segurança das valas, regulamentação de, 305–306
  trabalho sob normas de cargas, 702–704
Octogonais, estacas, 623
Oculares, lesões, 725
Ondulações, nivelamento de, 347–348
Operadores
  eliminação futura, 9–10
  fadiga, fatores de, 151–153
  fatores de correção de produção de buldôzeres para, 193–194
  localização em guindastes de torre, 595–596
  salários, 10–11, 36–37
  zonas de responsabilidade para guindastes, 610–611
Ordem crescente das estacas, 80–81
Ordem de grandeza, perfurabilidades de, 372–373
Ordem decrescente das estacas, 80–81
OSHA. *Ver* Occupational Safety and Health Administration (OSHA)
Otimização de frotas de equipamentos, 10–11
Otis, William S., 4–5
Otto, Nikolaus, 5

Pá-carregadeira de rodas
  características básicas, 274–275
  especificações operacionais, 278–279
  estimativas de produção, 278–283
  múltiplos acessórios para, 9–10
  taxas de consumo de combustível, 37–38
  tempos de ciclo, 278–281

Pá-carregadeira em esteiras
  características básicas, 274–275
  especificações operacionais, 278–279
  estimativas de produção, 282–284
  tempos de ciclo, 278–281
Padrão, formas de coluna, 758–761
Padrão, torres de escoramento, 771–773
Padrões de furo, 414–416
Padrões de perfuração, 369–370
Pagamentos, cálculo de, 22–27
Painéis grandes, formas de, 753–754
Painel, *layout* do, 706–708
Painted Rock Dam, 127–128
Paiol, 399–401
Palhetas, 227, 481
Paralelas, articulações do ríper, 209–210
Paralelogramo, articulações do ríper em, 209–210
Parede de junção, moldagem de, 768–769
Parede unilaterais, formas de, 755–757
Paredes e lajes, sistemas de formas de, 765–772
Pás-carregadeiras
  caçambas e acessórios, 274–278
  características básicas, 274–275
  efeitos de altitude, 158
  especificações operacionais, 276–281
  estimativas de produção, 278–284
Pastas explosivas, 398–401
Patas, compactadores vibratórios com, 121–126
Patins, 385–387
Pavimentação, produção de, 558–560
Pavimentação com formas fixas, 553–554
Pavimentos
  concreto, 552–560
  concreto asfáltico, 477–479
  definição, 94–95
  estrutura básica, 469–471
  flexíveis, 470–477
  seções transversais, 67–69
  terminologia, 467–470
  unidades de produção de asfalto, 478–492
  visão geral, 466–467
Pedregulho. *Ver também* Agregados, produção de; Britagem
  classificação, 98
  compactadores para, 122–123
  definição, 96–97
  peso e dilatação, 103
  transporte em caminhões, 318
Peneira de barras paralelas, 454–455
Peneiramento de agregados, 455–461, 481–482
Penetração, graus de, de cimento asfáltico, 474–475
Penetração de estacas, 619, 635–636
Percussão, compactadores de, 129–131
Percussoras, barras, 362
Perda de carga, 682–684
Perda de pressão
  ar comprimido, sistemas de, 666–672
  tubos de água, 683–684, 686

Perdas por atrito
  em bombas, 678
  em tubos de água, 683–684, 686
Perfil em H, estacas de, 628
Perfil longitudinal, 66–68, 78–80
Perfilador, 556–557
Perfurabilidade, 363
Perfuração. *Ver também* Desmonte
  estimativas de produção, 372–381
  métodos, 368–373
  para aplicações sem escavações, 382–389
  para controle da fratura, 419–423
  pedregulho, remoção de, 382–384
  segurança, 388–390
  solos, 381–383
  terminologia, 360, 362
  tipos de broca, 363
  tipos de perfuratrizes de rochas, 364–369
  visão geral, 359–360
Perfuração de percussão giratória, 365–367
Perfuração direcional, 383–387
Perfuração em linha, 419–421
Perfuração fixos, tempos de, 374–376
Perfuração inicial, vibradores de, 546–547
Perfuração inicial e pré--escavação, 651–652
Perfuradores de galerias, 365–366
Perfuratrizes, 362, 364–369
Permanência, tempo de, 486
Permeável, poço, 688–689
Personalizadas, formas, 753–756
Personalizadas, formas de coluna, 759–761
Perturbações, controle de, 726–734
Peso, capacidade de, 319, 322–323
Peso bruto do veículo, 162–163, 232–233
Peso da pavimentadora, 557–559
Peso das cargas, como fator da amarração de guindastes, 602–603
Peso do material, fatores de correção de, 193–194
Peso do veículo carregado, 162–163
Peso do veículo vazio, 162–163, 232–233
Peso dos sólidos, fórmula do, 100–101
Peso específico de materiais, 99–100, 319
Peso líquido do veículo, 162–163
Peso não vibratório, 646–649
Peso próprio na construção de formas, 740–741
Peso seco do solo, 99–100
Pesos de cargas, 232–233, 319, 322–323
Pessoal, elevadores de, 702–704
PETN, 404–405
Petróleo, asfalto de, 473–474
Pilhas de regularização, 450–452
Piso, elevação de, 413–414
Placas, alimentadores de, 450–451
Planejamento de construção
  considerações básicas, 14–16, 61–65, 695–697

construção de painéis *tilt-up*, 706–712
entrega de componentes estruturais, 703–705
layout do local, 697–704
levantamento e suporte, equipamento de, 711–715
montagem de aço, 704–707
perturbações, controle de, 726–734
Planejamento de construção de terraplenagem
  apresentações gráficas, 66–69
  categorização de materiais, 96–97
  considerações básicas, 61–67
  definição de preço, abordagem de, 86–89
  diagramas de massa, 76–89
  estimativas de quantidades de materiais, 14–16, 67–77
  mudanças de volume, cálculos de, 101–105
Planejamento de içamento, 610–611, 711–715
Planejamento e planejamento de contingência, 1
Planetários, misturadores, 525
Planta, vista em, 66–67
Plasticidade, 94–95
Plasticidade, índice de, 100–101
Plástico, estacas de, 630–631
Plataforma, carregamento, 413–414
Plataformas aéreas de trabalho, 714–718
Plataformas elevatórias, 710–712, 714–718
Pneumáticas, ferramentas, 674–675. *Ver também* Ar comprimido
Pneus
  coeficiente de tração, 156–157
  como custo operacional, 39–41, 47–48
  de motoniveladoras, 348–349
  de rolos pneumáticos, 125–129
  exemplo de cálculos de custo, 26–27, 47–48
  introdução da carcaça de nylon nos, 8–9
  lastro para, 172–173
  resistência ao rolamento, 144
  seleção para caminhões, 328–331
  sobrecarga, 319
Pneus pneumáticos, rolos com, 121–123, 125–129
Pocomoke, ponte do rio, 620
Poços profundos, 690
Poeira
  coletores em usinas de asfalto, 488–489
  da estabilização do cimento, 136–137
  planos de controle, 731–732
Polhem, Christoffer, 617
Pólvora, 394
Pólvora, colunas de, 361
Pólvora, fatores de, 417–420
Ponta da estaca, 619
Ponta de carboneto, brocas com, 363
Pontas de ríperes, 208

Ponteiras filtrantes, sistemas de, 687–690
  capacidade de, 689–690
  ponteira filtrante, definição, 688
Pontos cegos, 247
Pontos de controle de tamanho de agregado Superpave, 471–472
Pontos de transição, em diagramas de massa, 78–79
Porosidade do agregado, 471–474
Porosidade do solo, 99–100
Porta-ponta
  de perfuratrizes de percussão, 362, 379–381
  de ríperes, 208–212
Portáteis, britadores, 430–431
Portáteis, compressores, 664
Portáteis, geradores, 720–722
Portland, cimento, 135–139, 513–514, 517–519. *Ver também* Concreto
Pós-arrefecedores, 662
Potência, 150
Potência ao freio, 151
Potência bruta, 151
Potência de máquina
  aproveitável, 155–160
  considerações básicas, 141–143
  disponível, 149–155
  fatores de potência necessária, 142–149
  gráficos de desempenho, 159–166
Potência no volante, 151
Potência útil das máquinas, 155–160
Power Crane and Shovel Association (PCSA), 284–285
  alturas de corte da caçamba tipo pá ideais, 261–262
  estudos de guindastes, 568–569
  tamanho de caçamba, classificações de, 257–258
Pozolânicas, reações, 132–134
Pratt, treliças, 723
Pré-escavação, 651–652
Pré-fabricadas, formas de coluna, 759–761
Pré-fabricado, concreto, 521, 527–531
Pré-fissuramento (pré-corte), 421–422
Pré-licitação, reuniões, 699–700
Prematuras, explosões, 425
Pré-montagem para torres de escoramento, 776–777
Pressão, 660
Pressão insuficiente, pneus com, 328–330
Pré-umedecimento, 137–138, 246–247
Prills, 395–396
Primacord, 404–405, 422
Proctor padrão, ensaio de compactação, 106, 107
Product Link (monitoramento de produtos), 20–22
Produtividade. *Ver também* Estimativas de produção
  estimativas, 14–16
  forma, mão de obra da, 749–752, 773–780
  tamanho do caminhão e, 320–328

Profundidade do corte
  aplainadoras e, 355–356
  diâmetro do furo de desmonte, 410–411
  retroescavadeiras, 271
Projeções, 410–411, 425
Projeto, distâncias de transporte médias do, 83–86
Projeto da forma, 740–745
Projeto-construção, contratos de, 12–14
Projeto-licitação-construção, método de empreitada de, 12–14
Propagação, 395–396
Propriedades estipuladas, lotes de concreto com, 530–531
Proteção contra incêndio em estruturas de aço, 706–707
Protendido, estacas de concreto, 622–625, 631–632
Prumo, armações de aço, 705–706
Pugmills
  definição, 468
  mistura, 483–485
Pulmões, silos, 484–485
Pulverização, na estabilização da cal, 134–135
Pulverização e renovação, operação de, 491, 492
Pulverizada ou projetada, proteção contra incêndio, 706–707
Pulverizadoras, barras, 492–494

Quadradas, estacas, 623
Quadrante, posições de, para guindastes, 580–582
Quadros estruturais, sistemas baseados em, 771–772
Quantidade, pesquisas de, 64–65
Quantidade de material, 499–500
Quantificação de materiais, 14–16
Quartzita, 377–378
Quartzo, 371–372
Quebra, características de, das rochas, 371–372
Quebra para trás (backbreak), 401–402
Queda livre, misturadores de, 522–524, 529
Quedas, prevenção de, 704–706
Queima de entulhos, 198–199
Querosene, 492–493

Radiadores intermediários, 663
Radiais, articulações do ríper, 209–210
Rampa, fatores de correção de, 194–195
Rampa efetiva
  determinando a velocidade a partir de, 162–164
  resistência total como, 147–148
Rampas
  de distância de transporte médios, 81–82
  desempenho de caminhões em, 315–316
  escrêiper, produção de, e, 234–235
  fórmulas de resistência e assistência, 147

Reação, estacas de, 637–638
Reaterro
  com buldôzeres, 180–183
  definição, 119
  problemas de valas de serviço, 130–131
Rebocáveis, compactadores de impacto, 126–129
Reboque, bombas de, 538–539
Receptor, controle de ruído no, 730–732
Recortes, em formas, 708–709
Recuperação, valor de, 26, 30–33
Recursos de segurança, evolução dos, 9–10
Redução do tamanho da partícula. *Ver* Britagem
Redução em passos, 431–432
Redutores, 544–545
Reduzido, silo, 533
Referência, linhas de, 77–78
Reforçadores, 401–402
Regulamentação (governo), 10–12. *Ver também* Occupational Safety and Health Administration (OSHA)
Regularização, braços de, 468
Regularização, camadas de, 468
Relações com a comunidade, ruído de construção e, 730–731
Relações de redução de britadores, 433–434, 439, 447
Represas, construção de, caçambas de concreto para, 534
Requirements for Cast-in-Place Concrete, 780–781
Reserva, caminhões de, 335–336
Resíduos na produção de agregados, 432–434
Resistência à penetração (estacas), 635–636
Resistência ao rolamento
  definição, 142–143
  elementos da, 142–146
  escrêiper, produção de, e, 233–234
  pneus de caminhão, 328–331, 333–334
Resistência de ponta de estacas, 617, 635–636
Resistência de rampa, 142–143, 146–147
Resistência total
  cálculo, 142–143, 147–148
  determinando a velocidade a partir de, 162–164
  escrêiper, produção de, e, 235
Ressaltos em pisos, 764–766
Restrições de local, 696
Retardadores, gráficos de desempenho de, 163–166, 229
Retardo em milissegundos, detonadores de, 395–396, 404–405
Retirada de formas
  custos de mão de obra, 749–751
  para formas tipo túnel, 769–772
  para lajes montadas a mão, 760–761
  segurança, questões de, 779–780
  tempo, 739–740, 749–750

Retrobasculantes, caminhões, 315–317
  exemplo de desempenho de frota, 330–337
  gráficos de desempenho, 322–323
  tempos de descarga, 322–324
  tipos, 314–317
Retroescavadeiras, 303–304
  características básicas, 264–267
  estimativas de produção, 271–273
  seleção, 268–271
  tamanho de caçamba, classificações de, 267–268
Retroescavadeiras de rodas, 264–266
Retrovisoras, câmeras, 351–352
Revenda, dados de, 30–31
Reversíveis, betoneiras, 524
Revestimento
  de valas, 305
  em forma, 742–744, 748–749
Revestimento asfáltico recuperado, 468, 490–491
Revestimentos
  para estacas moldadas *in loco*, 625–626
  para perfuração de solos instáveis, 382–383
  puxando com perfuração e retificação direcional, 384–387
Revibração, 547–549
Revisões, 35–36, 38–39, 44–46
Rigidez, índice de, 405–406, 411–412, 416–417
Rígidos, caminhões retrobasculantes, 314–316
Riólito, 376–377
Riscos. *Ver* Acidentes; Segurança
Rocha
  densidade e densidade dos grãos, 407–408
  dureza, 370–373
  impacto do tipo sobre a vida da broca, 376–379
  importância de avaliar, 94
  peso e dilatação, 103
  remoção antes da estabilização do solo, 136–137
  terminologia, 94–95
  tipos básicos, 94–97
Rochas, camadas de, 122–123
Rochas ígneas
  capacidade de escarificação, 204, 206
  definição, 96–97
  impacto em brocas e aço, 376–377
Rochas metamórficas
  capacidade de escarificação, 204, 206
  definição, 96–97
  impacto em brocas e aço, 377–378
Rochas sedimentares
  capacidade de escarificação, 204, 206
  definição, 96–97
  impacto em brocas e aço, 379
Rodas, guindastes de, 285–286
  custos estimados de conserto e manutenção, 47–48
  lança reticulada, 573–575
  lança telescópica, 572–574

para terrenos acidentados e todo-terreno, 575–577
principais tipos, ilustração, 568
quadrante de levantamentos, 580–581
Rodas compactadoras, 128–129
Rodas-guias, 171–172
Rodovias interestaduais, 7–8
Rolado, concreto, 547–548
Rolagem intermediária, 505–506
Roldanas, 579–580
Rolo único, britadores de, 441–443
Rolos
 antigos, 118
 compactação de asfalto, 502–509
 estimativas de produção, 130–132
 principais tipos, 120–124
Rolos compactadores
 em operações de estabilização de cimento, 137–138
 estimativas de produção, 130–132
 métodos usados por, 119–122
 terminologia, 119
 tipos comuns, 120–131
Rolos lisos, britador de, capacidades de, 447
Rolos pé de carneiro, 119, 121–122
Romanos, construção de estradas pelos, 118
Rome K/G, lâminas desmatadoras, 197–198, 201
Rome Plow Company, estimativas de produção de desmatamento da, 200–203
Rotas de transporte de carga
 coeficiente de tração, 156
 impacto na produção de caminhões, 335–336
 impacto na produção de escrêiperes, 234
 layout, 149
 manutenção, 346–348
 mudanças de rampa, 149
 resistência ao rolamento, 144, 233–234
 seleção de caminhões e, 315–316
Rotativas, peneiras, 455–456
Rotatividade de contratos, 12–14
Rotores de bombas centrífugas, 677, 678
Rugosidade de pavimentos de concreto, 556–559
Ruído
 como perturbação, 726–728
 controle de, 728–732
 guindaste de torre, limite de, 599–600

SAE, normas
 capacidade acumulada de escrêiperes, 225
 capacidade de caçamba de pá-carregadeira, 276–277
 lâminas de buldôzeres, capacidades nominais, 186–187
 tamanho de caçamba, classificações de, 257–258
SAE, potência nominal do motor, 157
Safety and Health Regulations for Construction, 780–781

Saída de valas, 305
Salários, 10–11, 36–37
San Francisco-Oakland Bay Bridge, 1–2, 628
Sapatas de estaqueamento, 619
Secantes, ações (solo), 113–114
Secundário, desmonte, 412–414
Segregação de agregados, 461–462, 471–473
Segregação térmica, 499–500
Segurança
 ar comprimido, 673–675
 asfalto, produção de, 508–510
 britagem, 461–463
 buldôzer, 195–197
 caminhão, 336–338
 como risco econômico, 11–14
 concreto, 560–562
 cravação de estacas, 654–655
 desmatamento, 203
 desmonte, 402–403, 424–427
 escavadeira, 255–256
 escrêiper, 247
 forma, 779–781
 gradall, 353–354
 guindaste, 605–611
 motoniveladoras, 351–353
 pá-carregadeira, 284–285
 perfuração, 388–390
 planejamento para, 61–65
 soldagem, 723–726
 transportadores de ferramentas integradas, 717–718
 valeteamento, 304–306
Segurança, regulamentações de, desenvolvimento das, 11–14. *Ver também* Occupational Safety and Health Administration (OSHA)
Seguro, 36–37, 45–46
Selantes, capas, 492–493, 495
Seleção de faixa de tamanho, torres de escoramento, 778–779
Sem escavações, tecnologia, 383–389
Semi-U (SU), lâminas, 181–182, 185
Sensibilidade de explosivos, 395–399
Sensibilizadores, 398–399
Sensor, resposta de, e concreto, 557–558
Sensores de rampa, 499–500
Separação, 454–455
Sequência de erros, 62–65
Sequenciamento da iniciação, 404–405
Serviço extra pesado, torres de escoramento de, 771–773
Serviço leve, caçambas de arrasto de, 294–295
Serviço médio, caçambas de arrasto de, 294–295
Serviço pesado, torres de escoramento de, 771–773
Serviço ultra pesado, torres de escoramento de, 771–773
Serviços públicos, localização de, e *layout* do local, 697–698
Shapiro, Howard I., 62–64
Siever J, valores, 373–374

Silos
 em usinas de asfalto, 484–487
 em usinas de concreto, 533
Silos quentes, 468, 482
Silte, 688
 atrito superficial em estacas, 636
 classificação, 98, 102
 compactadores para, 122–123
 definição, 96
 efeitos de compactação, 110–111
Simpatia, detonação por, 398–399
Simples, britadores de impacto, 447–448
Simples, dinamite, 398–399
Sinais com as mãos, 705–706
Sismografia de refração, 205, 206
Sismógrafos, 205, 207
Sistema de posicionamento global (GPS)
 aplicações atuais e futuras, 9–10
 cinemático, 350–352
 diferencial, 350–352
 monitoramento em tempo real, 336–337
 motoniveladoras, controle de, 350–352
 para colocação de furos de sondagem, 375–376, 380–382
Sistema ligado, taxa de produção, 86–87
Sistema unificado de classificação de solos, 98
Sistemas de aquecimento
 armazenamento de asfalto, 489
 formas de túneis, 769–771
 mesas, 501
Sistemas de computadores
 em equipamentos de terraplenagem, 9–10
 para perfuração, 380–382
 para registros, 19–20
 sistemas de ajuda ao operador de guindaste, 610–611
Snell, lei de, 205
Sobrecarga de equipamentos, 142–143, 319
Sobrefragmentação, 419–420
Sobrepassagem, 597–598
Sobreposição de torres de guindaste, 595–596
Soldado, equipamento, 7–8
Soldagem, equipamento de, 723–726
Soldagem a arco, 723–725
Solos, 109–115. *Ver também* Compactação de solos
 ajuste do teor de umidade, 105
 ensaios de compactação, 106–111
 importância de avaliar, 94, 105–106
 limites, 100–103
 métodos de compactação, 118–121
 mudanças de volume durante a construção, 101–105
 perfuração, 381–383
 relações peso-volume, 99–101
 terminologia, 94–95
 tipos básicos, 96–98
Sopradores para formas tipo túnel, 769–771
Sub-base, 119

Subempreiteiros, 698–700
Subleito, 119
Subleito, estabilização do, 134–135
Submersíveis, bombas, 682–683
Subperfuração
  definição, 362
  determinação da profundidade, 413–416
  ilustração, 361
  propósito de, 373–374
Substituição de itens de desgaste elevado, 40–41, 48–50
Substituição por arrebentamento/corte de tubos, 387–388
Sucção, carga de, 676
Sucção a vácuo, caminhões de, 729–730
Suez, Canal de, 4
Supercompressores, 158–160
Superfície, vibradores de, 546–547
Superpave, misturas, 469–472
Suporte, capacidade de, 637–638
Suporte, torres de, 771–772
Symons, britadores de cone, 441–444

Tabela de depreciação da legislação tributária, 34–35
Talco, 371–372
Taludamento de valas, 304
Tamanho da equipe, 542–543, 778–779
Tamanho do grão, análise de, 105
Tamanho do grão, curva de, 94–95
Tamanho máximo nominal do agregado, 468, 471–472
Tambor misturador, usinas de, 478–479, 484–488, 490–491
Tambores lisos, compactadores vibratórios com, 121–122, 124–126
Tambores secadores, 479–481
Tampão, 361, 412–414
Taxa de retorno atraente mínima, 28–29
Taxa padrão, abordagem da, 19–20
Taxas de consumo de combustível, 37–38
Técnicas operacionais para escarificação de rochas, 213–214
Telas filtrantes, 675
Temperatura
  absoluta, 660
  definição, 660
  efeitos nas bombas de água, 679
  para compactação de asfalto, 504–505
Tempo de máquina, registros de, 20–22
Tempo de percurso, 236–237, 278–281
Tempo ocioso, com combinações escrêiper-empurradora, 244
Tempos de carregamento
  em estimativas de produção de caminhões, 321–322, 331–333
  em estimativas de produção de escrêiperes, 236–240
  no ciclo de produção de escrêiperes, 231
Tempos de ciclo
  betoneiras, 522
  buldôzeres, 186–187
  caçambas tipo enxada, 272–274

caminhões, 312, 319, 324–325, 333–334
escrêiperes, 241–243
pás-carregadeiras, 278–281
Tempos de descarga
  caminhões, 319, 322–324, 333–334
  em estimativas de produção de escrêiperes, 238–240
Tempos de retorno, 322–323, 333–334
Tempos de transporte de carga, 322–323, 332–333
Tenacidade da rocha, 371–372
Tensões
  da cravação de estacas, 625–626
  de cargas de guindastes, 603–605
  em estruturas, 423
Tensores (esticadores), 705–706
Teor de umidade dos solos
  ajuste, 105, 109–115
  cálculo, 99–100
  estradas de transporte de carga, 347–348
  importância, 106, 107
  limites do solo, 100–103
  teste, 106–110
Terraplenagem, lâmina de, 196–197
Terrenos acidentados, guindastes para, 568, 575–576, 711–712
Teste, estacas de, 637–638
Testemunhos, broca de, 362
Textura da rocha, 371–372
Texturização de superfícies, 554–556
Tilt-up, construção de painéis, 706–712
Tipo 1 e Tipo 2, condições inesperadas do local de, 65–66
Tipo de material, fatores de correção de, 193–194
Tipo plano, guindastes de torre, 596–597
TNT, 395–396
Tombamento
  armações de lâminas, 343–345
  lâminas de buldôzeres, 178–180
Tombamento, cargas de, 579–580
Tombamento, condição de, 579–580
Topázio, 371–372
Topo de estacas, 618
Topógrafos, impacto dos sistemas de GPS nos, 9–10
Torque, 151
Torque, conversores de
  características básicas, 151–153
  em buldôzeres, 174–175
  introdução de, 7–9
Torres, lanças de concreto em, 540–542
Torres ascendentes, 540–542
Torres de escoramento, 771–780
Torres de suporte, 771–772
Trabalhabilidade do concreto, 515–516, 557–558
Trabalhista, legislação, 10–14
Trabalho, cálculo do, 150
Trabalho emparelhado, 184
Trabalho manual, história inicial, 3–4
Tração
  coeficiente, 152–153, 156–157, 172–173

como desvantagem dos escrêiperes carregados por empurrador (*pusher*), 221–222
impacto na força na barra de tração aproveitável, 175–177
melhoramento, 172–173
Tração, estacas de, 619
Tração de pavimentadora, 557–559
Tração mecânica, protetores de, 682
Traço estipulado, lotes de (concreto), 530
Trailer, no local de trabalho, 697–698
Trajeto, controle de ruído no, 729–731
Transbordamento, redução do, 183, 184
Transferência de material, dispositivos de, 498–500
Transferência de potência, transmissões de, 7–8, 174–177
Transmissão direta, máquinas de, 151–153, 174–175
Transmissões
  de buldôzeres, 174–175, 194–195
  funções básicas, 151–153
Transportadores contínuos, 355–356, 534–537
Transportadores contínuos de ripas, 496–497
Transportadores de ferramentas integradas, 716–718
Transportation Research Board (TRB), 263–264
Transporte, despesa, 746–747
Transporte, impacto no desenvolvimento dos equipamentos, 4
Transporte de rochas, impacto nos caminhões, 328–329
Trapezoidais, cálculos, 67–70
Traseiras, plataformas, 754–756
Traseiro, carregamento, 241, 242
Tratamentos de superfícies, 470–471
Trator de esteiras, escrêiperes de dois eixos "rebocados" por, 220
Tratores, 158, 316–318
  segurança, questões de, 302–303
Tratores de escrêiper, 162, 164–165. *Ver também* Escrêiperes
Tratores de esteiras
  coeficiente de tração, 156, 157
  força na barra de tração, 152–155, 160–161
  resistência ao rolamento, 143
Trator-escrêiper de rodas, 162, 164–165
Travessões, em forma, 742–744
Travessões e guias e longarina, sistemas de forma de mesa de, 762–764
Treliça, sistemas de forma de mesa de, 762–764
Trem de rolamento, configurações de (buldôzeres), 172–173
Tremonha, operações com, 534–536
Trens, colisões com, 351–352
Trens de rolamento extra longos, 172–173
Trepidação, 347–348
Três lados, forma de túnel de, 769–770
Trilhos, guindastes de torre em, 593–594
Trincamento radial em furos de desmonte, 405–406

Trincheira (entivação), caixas de, 270, 305
Triplex, bombas, 677
Troca de unidade de transporte, 260–261
Trocadores de calor, 662
Trocas de óleo, 46–47
Troncos, eliminação de, 198–199
Troncos, remoção de, 202
Trump International Hotel & Tower, 697–698, 701
Tubos (água), perda de carga em, 683–684, 686
Tubos (ar comprimido)
    definição de tamanho, 670–671
    perda de pressão em, 666–670
Tubos coletores, 688
Tubos de queda, 534–536
Tubulação d'água, estabelecimento de, 387–388
Tubulações (concreto), 538–542
Tubulações de esgoto, estabelecimento de, 384–387
Túnel completo, formas tipo, 765–772
Túnel de plataforma, forma de, 769–771
Tungstênio, carboneto de, 363
Turbocompressão, 8–9, 158–160
Turbomisturadores, 525

Umidade. *Ver* Teor de água dos solos
Umidade ótima, 94–95
Uniformidade de lotes de concreto, 530, 531
Universais (U), lâminas, 179–182, 185
Universais, máquinas, 568–569
Usinas de contrafluxo, 487
Usinas de dosagem e mistura de asfalto, 478–485, 490
Usinas de pasta, compartimentos de, 730–731
Uso intenso de equipamentos, projetos com, 10–11

V, padrão em, desmonte de, 414–416
Vácuo, 661
Vagonetes (concreto), 534–536
Vala, rocha de, 419–420
Valas, corte de, 341–347
Valas, segurança das, 304–306
Valetadeiras, 303–304

Valor contábil, 33–34, 45–46
Valor de fragilidade, 373–374
Valor de mercado, custo de capital de, 27–28
Valor presente descontado, análise de, 27–30
Valor presente líquido, 28–30
Valor temporal do dinheiro, 20–27, 48–49
Válvulas de escape, 355–356
Vapor, máquinas a, 4–5
Vapor, marteletes a, 639–642
Vapores tóxicos de explosivos, 397–398
Variância nos lances, 12–14
Vassouras de arrasto, 492
Vazios, índice de, 99–100
Vegetação, remoção de, 198–199
Velocidade
    como vantagem dos buldôzeres de rodas, 173–174
    como vantagem dos escrêiperes carregados por empurrador (*pusher*), 221
    de niveladoras, 347–350
    de pavimentadoras, 500
    determinação, a partir da rampa efetiva, 162–164
    fatores de controle para caminhões, 322–324
    força de tração nas rodas *versus*, 162
    força na barra de tração *versus*, 160–161
    operação de guindaste de torre, 599–601
Velocidade, equação de, 678
Velocidade de aplicação de água, 112–113
Velocidade de penetração (perfuração), 369–375
Velocidade sísmica, método de, 211–213
Velocidades de percurso, 235–237, 281–283
Ventilação, soldagem e, 726
Vento, cargas de, 591–593
Venturi, filtragem de, 488
Vestuário de proteção, 726
Vibração
    do concreto, 557–558
    do desmonte, 424
    planejamento do controle de, 733–734

Vibração excessiva do concreto, 547–549
Vibradores internos, 546–548
Vibradores para concreto em adensamento, 546–549
Vibratórias, peneiras, 455–458
Vickers, teste de dureza, 370–372
Vida útil de broca giratória, por tipo de rocha, 376–379. *Ver também* Brocas; Perfuração
Vigas de madeira em formas, 748–749
Vigas de perímetro, 764–766
Vigias para operações de aterro, 247
Vinhas, impacto no tempo de desmatamento, 201
Viscosidade, graus de, do cimento asfáltico, 474–475
Visibilidade, fatores de correção de, 193–194
Vistas transversais, 66–67
Volume, planilhas de, 73–77, 84
Volume compactado, 72–74
Volume de contrato, 12–15
Volume líquido (terraplenagem), 72–74
Volume natural, 73–74
Volume total do solo, 100–101
Volumes acumulados, 76–77
Volumes de material
    cálculo para projetos de terraplenagem, 67–77
    mudanças durante a construção, 101–105
    relação com peso do solo, 99–101
Volutas, 685

Wakefield, cortina, 631–632
Washington Department of Transportation, graus de desempenho de asfalto, 476
Watt, James, 150
Williams-Steiger Act, 11–12
Woodrow Wilson Bridge, 628

Yankee Geologists, 4
Yerba Buena Island Viaduct, 1

Z, seções em, 631–632
Zonas ativas de *pugmills*, 483–485
Zonas de aplicação, 245–246
Zonas de responsabilidade, 610–611